EUROPA-FACHBUCHREIHE
für Metallberufe

D1721784

ZERSPANTECHNIK

Fachbildung

6. neu bearbeitete Auflage

Bearbeitet von
Lehrern an beruflichen Schulen und Ingenieuren
unter der Leitung von Armin Steinmüller

VERLAG EUROPA-LEHRMITTEL · Nourney, Vollmer GmbH & Co. KG
Düsselberger Straße 23 · 42781 Haan-Gruiten

Europa-Nr.: 14914

Die Autoren sind Fachlehrer in der gewerblich-technischen Ausbildung und Ingenieure:

Bergner, Oliver; Dipl.-Berufspädagoge — Dresden
Dambacher, Michael; Dipl.-Ing., StD — Aalen
Gresens, Thomas; Dipl.-Berufspädagoge — Schwerin
Kretzschmar, Ralf; Dipl.-Ing.-Pädagoge — Lichtenstein
Morgner, Dietmar; Dipl.-Ing.-Pädagoge — Chemnitz
Steinmüller, Armin; Dipl.-Ing. — Hamburg
Wieneke, Falko; Dipl.-Ing., StD — Essen

Der Arbeitskreis dankt Herrn Dr. Frömmer und Herrn Lohr
für ihre Mitarbeit an der 1. bis 5. Auflage.

Leitung des Arbeitskreises und Lektorat:
Armin Steinmüller, Dipl.-Ing., Hamburg

Bildentwürfe: Die Autoren
Fotos: Leihgaben der Firmen (Verzeichnis letzte Seite)
Bildbearbeitung:
Grafische Produktionen Neumann, Rimpar
Zeichenbüro des Verlages Europa-Lehrmittel, Ostfildern

6. Auflage 2015
Druck 5 4 3 2 1
Alle Drucke derselben Auflage sind parallel einsetzbar, da sie bis auf die Korrektur von Satz- und
Zeichenfehlern untereinander unverändert sind.

ISBN 978-3-8085-1496-2

Umschlaggestaltung: Grafische Produktion Jürgen Neumann, 97222 Rimpar
Umschlagfoto: Seco Tools GmbH, Erkrath

Satz: Satz+Layout Werkstatt Kluth GmbH, 50374 Erftstadt
Druck: M.P. Media-Print Informationstechnologie GmbH, 33100 Paderborn

Vorwort

Seit der 4. Auflage dieses bewährten Lehrbuchs für die Berufsausbildung der Zerspanungsmechaniker sind die innovativen Impulse, die die neuen Lehrpläne darstellen, Basis der inhaltlichen Gliederung dieses Buches. Ohne die systematischen Zusammenhänge der einzelnen inhaltlichen Bereiche aufzuheben, orientieren sich die Lern- und Unterrichtseinheiten an den Zielen und Inhalten der Lernfelder 5 bis 13 der Rahmenlehrpläne. Hervorgehoben werden konkrete berufliche Aufgabenstellungen, die der Herausbildung von Handlungskompetenz dienen. Neben der Vermittlung von Kernqualifikationen wird auch Wert auf einige Inhalte gelegt, die zum selbstständigen Arbeiten und zur Weiterbildung notwendig sind.

Die nebenstehend erkennbare Gliederung des Buches ist überwiegend am Rahmenlehrplan ausgerichtet. Um die Inhalte der eigentlichen spanenden Fertigung konzentriert darzustellen, werden lernfeldübergreifende Sachgebiete ausgegliedert und an den Anfang und das Ende des Buches gestellt.

Im ersten Kapitel wird ein Szenarium vorgestellt, in dem ein virtuelles Unternehmen mit unterschiedlichen Fertigungsaufgaben beschrieben wird. In den darauffolgenden Kapiteln wird immer wieder durch konkrete Fertigungsaufträge in bestimmten Lernsituationen auf diese Aufgabenstellung zurückgegriffen.

Die Autoren dieses Lehrbuches stellen auf der Basis der herkömmlichen auch die modernste Technik vor. Für diese **6. Auflage** haben wir in fast jedem Kapitel Seiten mit neuen Verfahren und Arbeitsmethoden hinzugefügt. Am Ende einiger Kapitel befinden sich kurze Zusammenfassungen in englischer Sprache.

Um einzelne Informationen aufzufinden, steht dem Leser außer dem ausführlichen Inhaltsverzeichnis ein umfangreiches Sachwortverzeichnis mit einer englischen Übersetzung der Begriffe zur Verfügung. Im 1. Kapitel befindet sich eine grafisch gestaltete Übersicht über die einzelnen Lernfelder, deren Lernziele und Lerninhalte. Dort werden jeweils konkrete Hinweise auf diejenigen Seiten des Buches gegeben, wo die einzelnen Lerninhalte stehen.

Merksätze und Formeln werden hervorgehoben. Die Seiten wurden so gestaltet, dass textliche und bildliche Informationen eng aufeinander bezogen sind. Bei der Auswahl der ca. 2000 Bilder wurde Zeichnungen und Grafiken der Vorrang vor Fotografien gegeben, wenn das Wesentliche in einer grafischen Darstellung besser herausgestellt werden konnte.

Wir danken für Fehlerhinweise und Anregungen unserer Leser und werden auch weiterhin für neue Verbesserungsvorschläge dankbar sein, die wir Sie bitten, an Lektorat@europa-lehrmittel.de zu senden.

Frühjahr 2015 Autoren und Verlag

Kegelrad – Wälzfräsmaschine

Inhaltsverzeichnis

1 Das Aufgabenfeld des Zerspanungsmechanikers

Zerspanungsmechaniker arbeiten in Unternehmen der metallverarbeitenden Industrie und des Handwerks. Sie stellen an konventionellen und numerisch gesteuerten Werkzeugmaschinen sowie flexiblen Fertigungszellen Bauelemente aus metallischen und nichtmetallischen Werkstoffen durch vorwiegend spanabhebende Bearbeitungsverfahren in Einzel- und Serienfertigung her (Bild 1).

Berufstypische Handlungen

Zur Vorbereitung der Fertigung analysieren sie Fertigungsaufträge und prüfen diese auf technische Realisierbarkeit. Dazu richten sie Fertigungs-, Handhabungs- und Prüfsysteme ein (Bild 2). Vor allem bei der Fertigung von Einzelteilen und Kleinserien planen sie selbstständig Fertigungsabläufe.

Zerspanungsmechaniker erstellen, ändern und optimieren Programme für numerisch gesteuerte Fertigungssysteme (Bild 3). Sie führen Fertigungsprozesse unter Berücksichtigung qualitativer Vorgaben durch. Dabei steuern und kontrollieren sie die notwendigen Abläufe unter Beachtung zeitlicher und ökonomischer Kenngrößen und sichern die Prozessfähigkeit von Fertigungsanlagen.

Beim Ermitteln und Auswerten von Prüfdaten im Rahmen des Qualitätsmanagements wenden sie Prüfverfahren an und dokumentieren die Fertigungsergebnisse. Sie leiten daraus Maßnahmen zur Optimierung des Fertigungsprozesses ab.

Zur Lösung ihrer beruflichen Aufgaben wenden Zerspanungsmechaniker Normen, Regeln und Vorschriften zur Sicherung der Produktqualität und zum Arbeitsschutz bewusst an. Sie kontrollieren Sicherheitseinrichtungen und führen Wartungsarbeiten durch. Bei Funktionsstörungen wirken sie bei der systematischen Suche nach Ursachen und Fehlern mit.

Sie nutzen deutsch- und englischsprachige Datenblätter, Handbücher und Betriebsanleitungen und setzen Informations- und Kommunikationssysteme zum Beschaffen von Informationen, Bearbeiten von Aufträgen und Dokumentieren der Fertigungsergebnisse ein.

Zerspanungsmechaniker arbeiten in vielen Unternehmen im Team und stimmen ihre Tätigkeiten mit ihren Kollegen sowie Mitarbeitern anderer Unternehmensbereiche ab.

1 Spanende Fertigung

2 Einrichtearbeiten an der CNC-Maschine

```
%7707
N01 G17
N02 G54
N03 G97 S630 T01 M06
N04 G90
N05 G00 X-55 Y0 Z2
N06 G00 Z0
N07 G01 X150 F250 M13
N08 G00 Z2 M09
N09 G97 F1250 S3980 T02 M06
N10 G00 X120 Y-40 Z2
N11 G00 Z-4.25 M08
N12 G22 L2002 H1
N13 G00 Z-8.5
N14 G22 L2002 H1
```

3 CNC-Programm (Auszug)

Szenarium des Modellunternehmens

Das folgende Szenarium beschreibt kurz das virtuelle Unternehmen VEL Mechanik GmbH, Kastanienallee 12, 09120 Chemnitz, und gibt die wichtigsten Informationen zu ausgewählten Fertigungsaufträgen des Betriebes. Die Angaben zu den unterschiedlichen Aufgaben werden in den einzelnen Abschnitten des Buches entsprechend der dort betrachteten Thematik ergänzt und vertieft.

Die VEL GmbH ist ein mittelständisches Unternehmen der Metall verarbeitenden Industrie, beschäftigt ca. 220 eigene Mitarbeiter und bildet 25 Auszubildende in verschiedenen gewerblich-technischen bzw. kaufmännischen Berufen aus. Sie stellt unterschiedlichste Bauteile aus metallischen und nichtmetallischen Werkstoffen durch spanende Bearbeitung in Einzel- und Serienfertigung her. Große wirtschaftliche Bedeutung für das Unternehmen hat die Geschäftstätigkeit als Zulieferer der Automobilindustrie.

In der Fertigung kommen nahezu alle Verfahren der spanenden Formgebung zum Einsatz. Der Maschinenpark der VEL GmbH umfasst neben konventioneller Technik und numerisch gesteuerten Werkzeugmaschinen auch flexible Fertigungszellen. Der betriebliche Prozess und die Produkte des Unternehmens unterliegen dem Qualitätsmanagement und sind nach DIN EN ISO 9001:2000 zertifiziert. Die einzelnen Abteilungen sind als eigenständige wirtschaftliche Einheiten organisiert, sodass auch innerhalb des Unternehmens kunden- und marktorientiert gearbeitet wird.

Die Vielfalt der zu lösenden Fertigungsaufgaben und das Leistungsspektrum des Bereichs der mechanischen Fertigung wird durch sechs repräsentative Kundenaufträge vorgestellt, die in diesem Lehrbuch mehrere Male beispielhaft vorkommen.

Das **Aufnahmestück** ist ein typisches Drehteil, das zunächst als Prototyp in Einzelfertigung an einer konventionellen Drehmaschine hergestellt wird (Bild 1). Falls der erwartete Kundenauftrag eingeht, wird es an einer CNC-Drehmaschine in Serie gefertigt.

Einen **Maschinentisch** für die Ständerbohrmaschine in der Lehrwerkstatt anzufertigen, ist ein unternehmensinterner Auftrag, der von den Auszubildenden des 2. Ausbildungsjahres projektorientiert bearbeitet und an einer konventionellen Fräsmaschine erfüllt wird (Bild 2).

1　Aufnahmestück

2　Maschinentisch

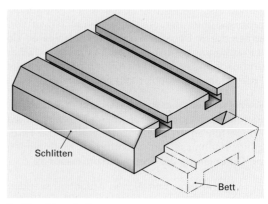

3　Getriebewelle

Die **Getriebewelle** wird wegen der hohen Oberflächengüte nach der Vorbearbeitung an einer CNC-Drehmaschine an einer CNC-Rundschleifmaschine fertig gestellt (Bild 3). Sie ist ein Zulieferteil für einen Automobilbauer und wird in großen Stückzahlen gefertigt. Die Fertigung wird durch ausgewählte Methoden des Qualitätsmanagements überwacht und gesteuert.

Das Herstellen der **Keilprofilwelle** erfordert den Einsatz unterschiedlicher Fertigungsverfahren. Neben der Bearbeitung durch Drehen, Fräsen, Bohren und Schleifen kommt auch eine Wärmebehandlung zum Einsatz (Bild 1). Diese erfolgt außerhalb des Unternehmens. Deshalb und weil die Keilprofilwelle „Just in Time" zu einem Fahrzeughersteller geliefert werden muss, gibt es bei diesem Werkstück höchste Anforderungen an die zeitliche Organisation der Fertigung.

1 Keilprofilwelle

Die VEL GmbH stellt für namhafte Spannmittel-Hersteller unterschiedliche Einzelteile her. So wird die Grundplatte für den **Maschinenschraubstock** an einer CNC-Fräsmaschine in kleinen Stückzahlen gefertigt (Bild 2).

Die Funktion des **Hülsenspanndorns** verlangt den Einsatz von Bauteilen mit geringen Fertigungstoleranzen und hohen Oberflächengüten (Bild 3). Bei einigen Einzelteilen müssen zur Lösung der Fertigungsaufgabe zudem unterschiedliche Verfahren zum Einsatz kommen. Um die vorgenannten Anforderungen zu erfüllen, findet die Herstellung auf CNC-Bearbeitungszentren statt.

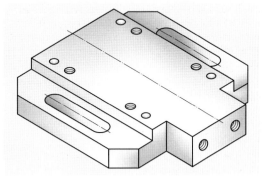

2 Grundplatte für den Maschinenschraubstock

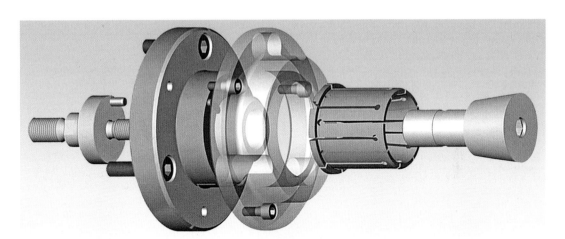

3 Hülsenspanndorn

Ein neues Produkt der VEL GmbH ist die **Getriebewelle** (Bild 4). Ihre Fertigung wird mit modernsten Methoden der Fertigungsorganisation und des Qualitätsmanagements geplant, durchgeführt, überwacht und gesteuert.

4 Getriebewelle

Der Ausbildungsberuf Zerspanungsmechaniker

Die Ausbildung zum Zerspanungsmechaniker ist eine Duale Berufsausbildung. Sie erfolgt grundsätzlich an den Lernorten Ausbildungsbetrieb und Berufsschule und dauert 42 Monate.

Entsprechend dem Berufsbild muss die Ausbildung an unterschiedlichen Werkzeugmaschinensystemen in allen gebräuchlichen spanenden Bearbeitungsverfahren erfolgen. Um diesen Anforderungen gerecht zu werden, organisieren sich die teilweise hoch spezialisierten Ausbildungsbetriebe häufig in Ausbildungsverbünden. Dabei werden Teile der betrieblichen Ausbildung von Dienstleistungsunternehmen der Bildungsbranche übernommen.

1   Berufsschulunterricht in modernen Labors

Mit der Neuordnung der industriellen Metallberufe erschließt sich die Berufsausbildung im betrieblichen Gesamtzusammenhang und orientiert sich an vollständigen Geschäftsprozessen. Der Erwerb von Kenntnissen und die Ausprägung von Fähigkeiten und Fertigkeiten sollen prozessbezogen erfolgen. Deshalb orientiert sich der Unterricht in der Berufsschule verbindlich an konkreten beruflichen Aufgabenstellungen und Handlungsabläufen in Lernfeldern und zielt auf die stetige Entwicklung beruflicher Handlungskompetenz der Auszubildenden (Bild 1).

Im Rahmenlehrplan zum Ausbildungsberuf beschreiben Zielformulierungen zu den Lernfeldern die Qualifikationen und Kompetenzen, die am Ende des schulischen Lernprozesses erwartet werden. Sie bringen auch das Anforderungsniveau des jeweiligen Lernfeldes zum Ausdruck. Zur Veranschaulichung und Orientierung sind auf den folgenden Seiten mit Bezug auf die Handlungsstufen Informieren/Analysieren, Planen, Durchführen und Beurteilen wichtige Zielformulierungen der Lernfelder 5 bis 13 in Mindmaps dargestellt und darin jenen Seitenzahlen des Buches zugeordnet, deren Inhalte maßgeblich zum Erfüllen des jeweiligen Zieles beitragen.

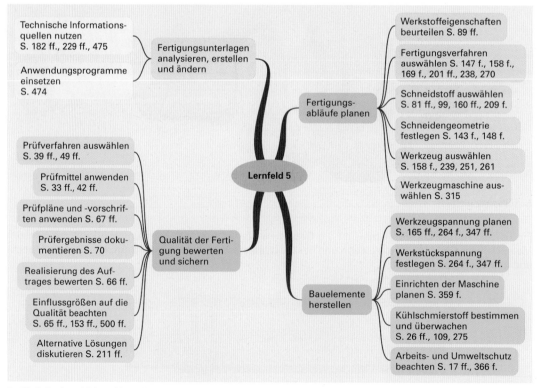

Technische Informationsquellen nutzen
S. 182 ff., 229 ff., 475

Anwendungsprogramme einsetzen
S. 474

Fertigungsunterlagen analysieren, erstellen und ändern

Werkstoffeigenschaften beurteilen S. 89 ff.

Fertigungsverfahren auswählen S. 147 f., 158 f., 169 f., 201 ff., 238, 270

Fertigungsabläufe planen

Schneidstoff auswählen S. 81 ff., 99, 160 ff., 209 f.

Schneidengeometrie festlegen S. 143 f., 148 f.

Werkzeug auswählen S. 158 f., 239, 251, 261

Werkzeugmaschine auswählen S. 315

Prüfverfahren auswählen S. 39 ff., 49 ff.

Prüfmittel anwenden S. 33 ff., 42 ff.

Prüfpläne und -vorschriften anwenden S. 67 ff.

Prüfergebnisse dokumentieren S. 70

Qualität der Fertigung bewerten und sichern

Realisierung des Auftrages bewerten S. 66 ff.

Einflussgrößen auf die Qualität beachten S. 65 ff., 153 ff., 500 ff.

Alternative Lösungen diskutieren S. 211 ff.

Lernfeld 5

Werkzeugspannung planen S. 165 ff., 264 f., 347 ff.

Werkstückspannung festlegen S. 264 f., 347 ff.

Bauelemente herstellen

Einrichten der Maschine planen S. 359 f.

Kühlschmierstoff bestimmen und überwachen S. 26 ff., 109, 275

Arbeits- und Umweltschutz beachten S. 17 ff., 366 f.

2   Ziele im Lernfeld 5 – Herstellen von Bauelementen durch spanende Fertigungsverfahren

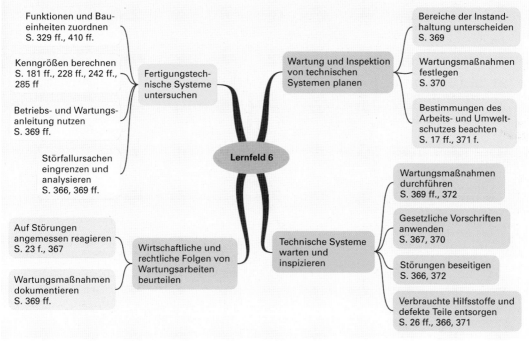

1   Ziele im Lernfeld 6 – Warten und Inspizieren von Werkzeugmaschinen

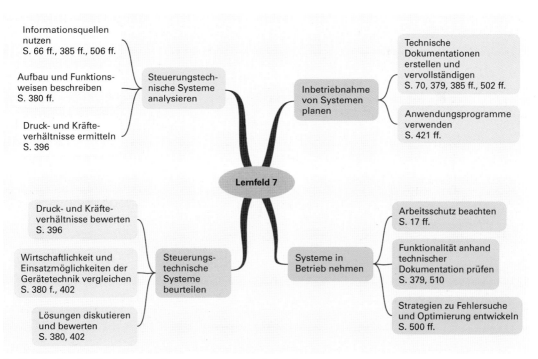

2   Ziele im Lernfeld 7 – Inbetriebnahme steuerungstechnischer Systeme

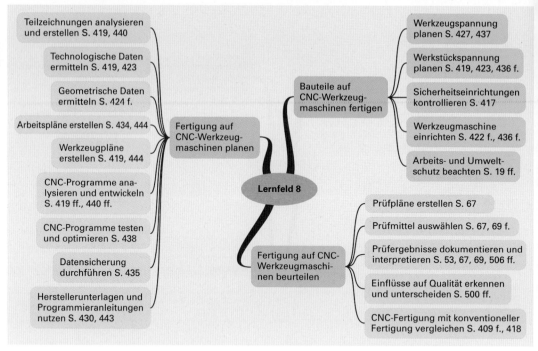

1   Ziele im Lernfeld 8 – Programmieren und Fertigen mit numerisch gesteuerten Werkzeugmaschinen

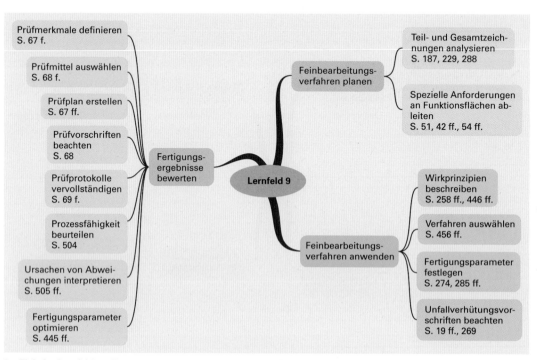

2   Ziele im Lernfeld 9 – Herstellen von Bauelementen durch Feinbearbeitungsverfahren

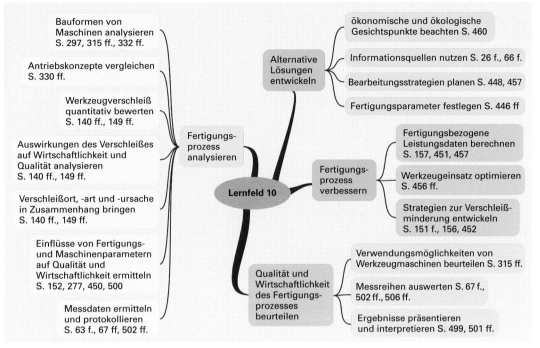

1   Ziele im Lernfeld 10 – Optimieren des Fertigungsprozesses

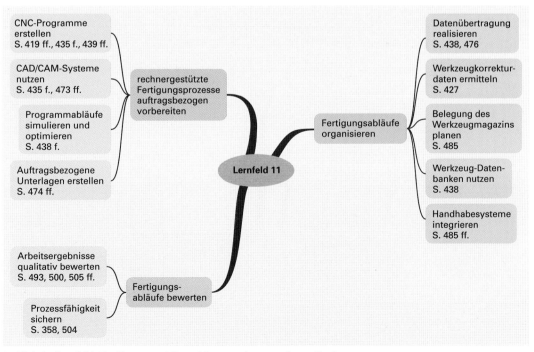

2   Ziele im Lernfeld 11 – Planen und Organisieren rechnergestützter Fertigung

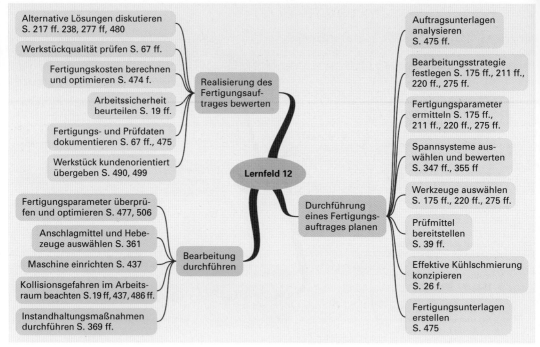

1   Ziele im Lernfeld 12 – Vorbereiten und Durchführen eines Einzelfertigungsauftrages

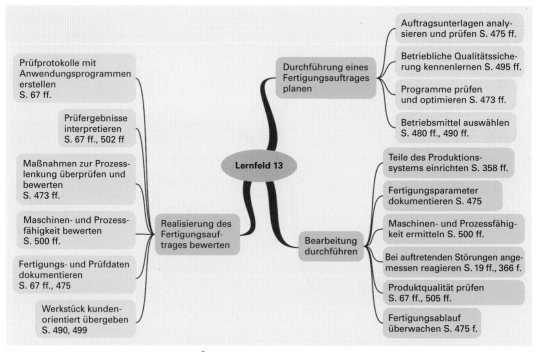

2   Ziele im Lernfeld 13 – Organisieren und Überwachen von Fertigungsprozessen in der Serienfertigung

2 Arbeitssicherheit beim Spanen

Mit zunehmender Mechanisierung der Arbeitswelt seit ca. 200 Jahren wurden auch die Unfälle, die den Menschen bei der Arbeit zustießen, immer häufiger und schrecklicher. Da Arbeiter in großer Menge vorhanden waren, interessierte man sich wenig für deren Belange. Arbeitsunfälle passierten täglich und wer nicht mehr arbeitsfähig war, wurde einfach entlassen. Maßnahmen zur Beseitigung vieler Unfallursachen waren den Unternehmern zu teuer, weil sich daraus kein Gewinn errechnen ließ.

Um diese Missstände zu beenden, wurden ab der zweiten Hälfte des 19. Jahrhunderts nach und nach Gesetze zum Schutz von Leben und Gesundheit des Arbeitnehmers geschaffen. Heutzutage sind sie ein Teil des „sozialen Netzes" unseres Landes und haben dazu geführt, dass Maschinen und Anlagen bedienungssicher gebaut werden.

2.1 Allgemeine Sicherheitsregeln

Der Arbeitsschutz in der Bundesrepublik Deutschland umfasst Regeln und Verbote, die in **zwei Arten von Schutzvorschriften** unterteilt werden.

Die **staatlichen Vorschriften** legen den Arbeitsschutz in sechs verschiedenen Sachgebieten fest:

■ Die **Arbeitsstättenverordnung** regelt den Zustand der Arbeitsstätte (z.B. Beleuchtung, Lüftung, Sanitäreinrichtungen u. a.).

■ Im **Gerätesicherheitsgesetz** werden Sicherheitsmaßnahmen für den Umgang mit Maschinen, Geräten und Anlagen gefordert.

■ Die **Gefahrstoffverordnung** fordert die Kennzeichnung aller gefährlichen Stoffe durch genau festgelegte Angaben.

■ Die **Arbeitszeitordnung** regelt die Einhaltung von Arbeits- und Pausenzeiten für bestimmte Tätigkeiten.

■ Nach dem **Jugendarbeitsschutzgesetz** gelten für Jugendliche besondere Arbeitsschutzgesetze über Art und Dauer der Tätigkeit.

■ Im **Arbeitssicherheitsgesetz** werden vom Gesetzgeber auch ergänzende betriebliche Maßnahmen zur Einhaltung des Arbeitsschutzes am Arbeitsplatz gefordert. An der Durchführung der Arbeitsschutzmaßnahmen sind neben dem Arbeitgeber der Betriebsrat, sowie je nach Art und Größe des Betriebes Sicherheitsbeauftragte und andere Fachkräfte beteiligt.

All diese Gesetze und Vorschriften sind jedoch nutzlos, wenn der, den sie schützen sollen, sie nicht kennt oder bewusst leichtsinnig missachtet. Gerade Neulingen im Betrieb ist zu raten:

| **Informieren Sie sich!**
Übernehmen Sie nicht die Unvorsichtigkeiten „erfahrener Kollegen".

Die **berufsgenossenschaftlichen Unfallverhütungsvorschriften** legen allgemein den Umgang mit Maschinen, Geräten und Anlagen zur Vermeidung von Unfällen fest.

1   Logo der Berufsgenossenschaft

2   Exemplarische Darstellung auf Arbeitsschutzplakaten

Die Hersteller erhalten, bevor z.B. eine Werkzeugmaschine verkauft werden darf, ein **amtliches Prüfzeichen**. Außerdem darf eine Maschine erst dann in Betrieb genommen werden, wenn alle Sicherheitsbestimmungen beachtet worden sind.

2.2 Warn- und Hinweisschilder

Um Gefahren „auf einen Blick" zu erkennen, aber auch für Menschen, die nicht lesen oder die jeweilige Landessprache nicht verstehen können, wurden Symbole entwickelt, die für jeden verständlich sind. Diese Darstellungen zeigen **Verbote, Gebote, Warnungen** oder **Hinweise** und werden inzwischen in ähnlicher Art weltweit verwendet. Man unterscheidet sie durch unterschiedliche Farben und Formen.

> Verbote sind unter allen Umständen einzuhalten! Das Nichtbeachten kann Menschenleben kosten, unter Umständen auch Ihr eigenes.

Alle **Verbotszeichen** sind kreisrund und stellen die verbotene Handlung schwarz dar. Sie sind rot umrandet sowie durchgestrichen. Das Nichtbeachten kann strafrechtliche Folgen haben (Bild 1).

> Gebotszeichen schreiben bestimmte Maßnahmen vor, die beim Ausüben gefährlicher Arbeiten Ihre Gesundheit schützen.

Gebotszeichen sind blau, kreisrund und stellen die zu verwendenden Schutzmittel dar. Das Nichtbefolgen von Geboten kann im Schadensfall unter Umständen die Verweigerung von Versicherungsleistungen bewirken (Bild 2).

> Einige Warnzeichen kennzeichnen gefährliche Orte, die nur unter größter Vorsicht oder allein von autorisierten Personen betreten werden dürfen. Andere warnen vor gefährlichen Stoffen in Behältnissen (Bild 3).

Warnschilder sind dreieckig. Die Gefahr, vor der gewarnt werden soll, ist schwarz auf gelbem Untergrund dargestellt.

> Rettungszeichen geben Hinweise auf wichtige Wege und Orte im Notfall.

Rettungszeichen sind weiß auf grünem Untergrund und viereckig (Bild 4).

Brandschutz

Ein Rauchverbotszeichen an einzelnen Maschinen gilt im Umkreis von 8 m, an Türen für den ganzen dahinterliegenden Raum. Der Grund hierfür können brennbare Flüssigkeiten oder explosive Gase sein. Bei Bränden elektrischer Anlagen, wie z. B. Werkzeugmaschinen, sowie von Flüssigkeiten ist das Löschen mit Wasser oder Nassfeuerlöschern nicht erlaubt. Informieren Sie sich über die Einsatzmöglichkeiten des Feuerlöschers an einem neuen Arbeitsplatz! Leere oder defekte Feuerlöscher müssen schnellstens ausgetauscht werden. Sollte doch einmal ein Brand ausbrechen gilt immer:

> Erst melden, dann löschen!

- Die Meldung erfolgt über **Telefon Nr. 112** oder Feuermelder.
- Enge, brennende Räume müssen als Erstes gut belüftet werden, da der oft entstehende Rauch die Löscharbeiten und die Gesundheit flüchtender Personen am meisten gefährdet.
- Überschätzen Sie nicht Ihre eigenen Möglichkeiten bei der Brandbekämpfung. Ihre Gesundheit ist wichtiger als die Rettung von Maschinen und Anlagen.

Allgemeines Verbotszeichen   Rauchen verboten

Keine offene Flamme; Feuer, offene Zündquelle und Rauchen   Für Fußgänger verboten

1 Verbotszeichen

Gehörschutz benutzen   Augenschutz benutzen

Handschutz benutzen   Fußschutz benutzen

2 Gebotszeichen

Allgemeines Warnzeichen   Warnung vor Laserstrahl

3 Warnzeichen

Notausgang (links)   Erste Hilfe

4 Rettungszeichen

2.3   Arbeitssicherheit an Werkzeugmaschinen

Einige Regeln zur Arbeitssicherheit gelten speziell beim Umgang mit allen Werkzeugmaschinen und werden durch besondere Regeln an jedem Arbeitsplatz ergänzt. Die Wichtigsten werden hier genannt. Sie werden außerdem durch die Vorschriften Ihres Betriebes zu speziellen Tätigkeiten ergänzt.

| Alle angebrachten Verbots-, Gebots- oder Warnzeichen sind unbedingt zu beachten.

Anderenfalls gefährden Sie die Gesundheit aller anwesenden Personen. Bedenken Sie auch die Folgen der Zerstörung von Anlagen und Gebäuden. Ihr Arbeitsplatz könnte verloren gehen!

Bei allen größeren Werkzeugmaschinen müssen an jederzeit gut erreichbaren Stellen **„Not-Aus"-Schalter** angebracht sein. Diese sollten in regelmäßigen Abständen auf Funktionstüchtigkeit untersucht werden. Das Betätigen des Not-Aus-Schalters muss den sofortigen Stillstand der Maschine zur Folge haben! Ein Nachlaufen wird durch eingebaute Bremsen verhindert.

2.3.1 Allgemeine Sicherheitsregeln

Arbeitssicherheit geht jeden an!

- Melden Sie gefährliche Stellen oder Situationen vorgesetzten Personen und drängen Sie auf Beseitigung der Gefährdung!
- Vermeiden Sie das Essen am Arbeitsplatz! Sie verhindern damit die ungewollte Aufnahme giftiger oder krebsfördernder Stoffe. Die Wirkung mancher Arbeitsmittel auf den menschlichen Organismus wird oft erst nach vielen Jahren des Einsatzes als ungesund erkannt.

1   Ungeeignetes Schuhwerk

- Benutzen Sie Arbeitsschutzkleidung, auch wenn diese unmodern erscheint! Ungeeignetes Schuhwerk gefährdet Sie durch Eintreten von Spänen oder bei herunterfallenden Teilen (Bild 1).
- Bei älteren Maschinen sind manche rotierenden Teile nicht ummantelt. Hier ist besonders auf eng anliegende, nicht reißfeste Kleidung zu achten. Lange Haare müssen fest aufgesteckt werden (Bild 2). Auch kurze Haare sollten durch einen geeigneten Kopfschutz bedeckt sein. Insbesondere hängender Schmuck (Ketten), Armbänder, Uhren und Ringe müssen auf jeden Fall abgelegt werden (Bild 3).
- Überprüfen Sie beim Umspannen die Werkstücke auf hohe Temperaturen oder scharfe Kanten (Grat). Benutzen Sie auch im Zweifelsfalle Schutzhandschuhe.

2   Umgang mit langen Haaren

- Defekte oder stark verschlissene Werkzeuge und Maschinenteile sind unverzüglich zu erneuern.
- Das Reinigen der Maschine mit Druckluft ist gefährlich und nur unter bestimmten Voraussetzungen erlaubt.
- Am Arbeitsplatz aufbewahrte Flüssigkeiten wie Petroleum oder Schmierstoffe sind keinesfalls in Lebensmittelbehälter zu füllen. Immer wieder müssen Menschen den Griff zur falschen Flasche mit Gesundheit oder Leben bezahlen.
- Melden Sie auch kleinste Verletzungen und lassen Sie diese behandeln. Dadurch können langwierige Erkrankungen verhindert werden.
- Scherzen, Ärgern und Necken verringern die Aufmerksamkeit und können in Maschinenräumen besonders böse Folgen haben. Warten Sie damit bis Arbeitsende.

3   Hängender Schmuck

2.3.2 Arbeitssicherheit beim Drehen und Fräsen

Wegen häufig ungeschützter rotierender Wellen und Achsen älterer Drehmaschinen sowie vieler Fräsmaschinen müssen hier die Anforderungen an die Arbeitsschutzkleidung besonders beachtet werden.

Während des Betriebes darf nicht in den Zerspanungsprozess eingegriffen werden!

- Manuelles Arbeiten an rotierenden Teilen ist sehr gefährlich und nicht gestattet.
- Bei manchen Arbeiten, wie beim Zustellen von Hand, kann wegen ungünstiger Spanabfuhr eine Schutzbrille nötig sein. Entscheiden Sie nicht zu spät!

- Drehautomaten und CNC-Werkzeugmaschinen sind von einer geschlossenen Verkleidung umgeben, die den Betrieb der Maschine beim Öffnen sofort unterbricht. Beim verbotenen Außerkraftsetzen dieser Schutzvorrichtung könnten auch unbeteiligte Personen zu Schaden kommen. Durch das Sichtfenster können sich anbahnende, ungünstige Entwicklungen beim Zerspanprozess zeitig erkannt und verhindert werden.

1 Sicherheitseinrichtungen einer CNC-Maschine

Wenn vorhanden, sollte die Einrichtung zum automatischen Spanabtransport genutzt werden, weil dadurch gefährliche Berührungen mit Spänen vermieden werden (Bild 1).

- Die Absaugung entstehender Dämpfe vermindert das unnötige Einatmen von Kühl-Schmierstoffdämpfen.
- Zum Entfernen von Wirr-, Schrauben- und Bandspänen ist nur das dafür vorgesehene Werkzeug (z.B. Haken) zu benutzen (Bild 2). Die Späne können selbst Arbeitsschutzhandschuhe problemlos zerschneiden.

2 Werkzeuge zum Entfernen von Spänen

Späne können sehr heiß und scharfkantig sein. Benutzen Sie einen Pinsel oder Handfeger. Vorsicht: Lange Späne können beim Entfernen zurückschnellen.

- Beim Scharfschleifen des Drehwerkzeuges, werden alle überflüssigen Ecken und Kanten abgerundet.
- Achten Sie stets auf exakte Einstellungen sowie richtig gespannte Werkstücke. Durch die oft hohen Arbeitswerte, können sich Teile lösen und eine hohe Durchschlagskraft erreichen (Fliehkraftwirkung).

3 Schlüssel im Spannfutter

Worauf Sie beim Drehen besonders achten sollten:

- Vergessen Sie nie beim Ein- und Ausspannen den Schlüssel vom Spannfutter zu ziehen (Bild 3)!
- Benutzen Sie nur Drehherzen, die rundumlaufend verkleidet sind!

Worauf Sie beim Fräsen besonders achten sollten:

- Vor dem Einschalten der Maschine sind immer die Schutzvorrichtungen wirkungsvoll einzustellen (Bild 4).
- Das mehrschneidige Werkzeug Fräser erfordert höhere Spannkräfte. Deshalb ist ein exakter Sitz des Spannmittels notwendig.
- Beschädigte Fräser sind sofort auszuwechseln.

4 Schutzvorrichtungen einer Fräsmaschine

2.3.3 Arbeitssicherheit beim Schleifen

Schleifmaschinen sind heute mit den üblichen Sicherheitseinrichtungen wie Schutzummantelung und Not-Aus-Schalter ausgestattet. Deshalb gelten hier die gleichen Sicherheitsbestimmungen wie für andere CNC-gesteuerte Werkzeugmaschinen.

Von Zeit zu Zeit müssen Werkzeuge an der Werkzeugschleifmaschine (Schleifbock) geschärft werden.

- Beim Trockenschleifen ist immer eine Schutzbrille zu tragen.
- Die Montagevorschriften beim Wechseln von Schleifscheiben sind genau einzuhalten, da durch die hohe Drehzahl das Zerspringen einer Schleifscheibe verheerende Auswirkungen haben kann (Vorschriften auf S. 269).
- Der sichere Sitz der Schutzhaube sollte von Zeit zu Zeit überprüft werden (Bild 1).
- Die Werkstückauflage muss allseitig dicht an der Schleifscheibe sitzen. Der Abstand zwischen Schleifscheibe und Auflage sollte nicht größer als 3 mm sein!
- Aluminium- und Magnesiumstaub können explodieren! Deshalb gilt bei Arbeiten mit diesen Materialien striktes Verbot von offenem Licht und Feuer.

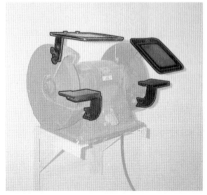

1 Schleifmaschine mit Schutzhaube und Auflage

2.3.4 Arbeitssicherheit beim Bohren

Beim Bohren ist darauf zu achten, dass die Werkstücke gegen Mit- und Hochreißen gesichert sind.

Dies kann in seltenen Fällen durch das Eigengewicht des Werkstückes geschehen. In den meisten Fällen jedoch muss das Spannen des zu bohrenden Teiles durch eine spezielle Vorrichtung oder durch Festspannen am Bohrmaschinentisch erfolgen (Bild 2). Auch hier sind die bekannten Hilfsmittel zum Entfernen der Späne zu benutzen.

Zusätzlich zu den anderen Regeln gilt hier besonders:

- Um Verletzungen zu vermeiden werden scharfkantige Bohrungen im Anschluss meist gesenkt.
- Bei langem Haar ist immer ein geeigneter Haarschutz zu tragen!
- Bei Benutzung von Handbohrmaschinen sind Handschuhe besonders gefährlich.

2 Gegen Hochreißen gesichertes Werkstück

2.4   Sicheres Arbeiten mit Hebezeugen und Anschlagmitteln

Sie bekommen den Auftrag einige schwere Werkstücke auf einen Transportwagen zu laden. Sie müssen dazu erstmalig ein Hebezeug (Kran) benutzen. Ihr Meister gibt Ihnen den Hinweis, aus Sicherheitsgründen auf die Auswahl der richtigen Anschlagmittel zu achten.

Anschlagmittel sind Haken, Ösen, Ketten, Gurte und spezielle Vorrichtungen, mit denen Lasten sicher am Hebezeug oder auf dem Transportfahrzeug verankert werden können. In einigen Betrieben wird diesen sicherheitstechnisch wichtigen Betriebsmitteln zu wenig Beachtung geschenkt (Bild 3).

3 Korrodiertes Anschlagmittel

Anschlagmittel dürfen nicht als persönliche Schutzausrüstungen (z. B. Haltegurte, Seile oder Karabinerhaken) verwendet werden (Arbeiten in Höhenlagen). Hierfür gelten abweichende Bestimmungen. Anschlagmitteln muss eine Gebrauchsanweisung in deutscher Sprache beiliegen. Sie müssen mindestens mit folgenden dauerhaft lesbaren Angaben gekennzeichnet sein (s.a. S. 361 ff).

■ Name, Zeichen oder Marke des Herstellers

■ Tragfähigkeit (in Abhängigkeit von der Anschlagart)

■ Werkstoff, Material

■ Nennlänge (bei Gurten oder Ähnlichem)

In der **Gebrauchsanweisung** können Sie nachlesen, ob das Anschlagmittel für diesen Zweck geeignet ist, wie man es richtig und sicher anwendet und bei welcher Art von Beschädigung es nicht mehr verwendet werden darf.

Nach Gebrauch können Sie in der **Bedienungsanleitung** des Anschlagmittels nachlesen, wie durch richtige Lagerung und Pflege eine möglichst lange Lebensdauer erreicht werden kann.

> Hebewerkzeuge dürfen Sie nur benutzen, wenn Sie älter als 18 Jahre sind und durch eine dazu berechtigte Person eingewiesen wurden.

Hebezeuge und Anschlagmittel dürfen nur verwendet werden, wenn sie in einwandfreiem Zustand sind (Bild 2).

1 Anschlagmittel

2 Defektes Hebezeug

Um Unfälle beim Hantieren mit Hebezeugen und Anschlagmitteln zu vermeiden, sind folgende Regeln zu beachten:

■ Niemand darf unter schwebenden Lasten hindurchlaufen oder sich darunter aufhalten!

■ Anschlagketten, Hebebänder und Rundschlingen dürfen nicht verknotet oder verdreht werden!

■ Anschlagseile, Anschlagketten, Hebebänder und Rundschlingen dürfen nicht über scharfe Kanten gespannt und gezogen werden, weil sie reißen könnten!

■ Bei scharfen Kanten müssen Kantenschoner oder Schutzschläuche verwendet werden!

■ Haken müssen mit einer Hakensicherung ausgerüstet sein und dürfen nicht auf der Spitze belastet werden!

■ Eine heiße Arbeitsumgebung oder heiße Werkstücke können die Tragfähigkeit der Anschlagmittel vermindern!

■ Beschädigte Anschlagmittel dürfen nicht mehr verwendet werden (z. B. Draht- und Litzenbrüche, Gurtbandeinschnitte, aufgebogene Haken).

■ Anschlagmittel müssen entsprechend der Bedienungsanleitung gelagert werden!

■ Die Anschlagmittel müssen hinsichtlich der Tragfähigkeit mindestens für die Masse der Last ausgelegt sein!

■ Anschlagmittel und Hebezeug müssen vor jeder Benutzung einer Sichtprüfung auf Mängel unterzogen werden!

■ Die Last ist immer sicher gegen Verrutschen, Herausfallen und Umkippen zu befestigen (anschlagen), damit ein Lösen der Last unmöglich ist!

■ Beim Heben und Senken der Last muss die volle Kontrolle des Vorgangs immer bei Ihnen liegen!

2.5 Sicherheitsanforderungen an Fertigungssysteme

| Durch Fertigungssysteme kann eine erhebliche Erhöhung der Produktivität erreicht werden.

Halb oder vollständig automatisierte Fertigungssysteme erledigen oft mehrere Schritte des Fertigungs-prozesses selbstständig. Sie werden von Computern gesteuert. Durch Roboterarme werden Werkstücke geprüft, umgespannt oder dem nächsten Produktionsschritt zugeführt.
Dabei sollen Fertigungssysteme unter anderem möglichst wenig Platz benötigen, kurze Stillstandzeiten nach Störung oder Wartung benötigen und die Beobachtung des Fertigungsprozesses ermöglichen.

Sicherheitsmaßnahmen sind damit nicht einfach zu verbinden. Menschen, die sich im Wirkungsbereich die-ser Maschinensysteme befinden, wären jedoch einer hohen Gefahr ausgesetzt, wenn diese Systeme nicht über spezielle Sicherheitseinrichtungen verfügen würden. Deshalb gibt es eine Reihe von Normen und Richtlinien, die Sicherheitsanforderungen an Fertigungssystemen europaweit genau regeln (Tabelle 1).

Automatisierte Fertigungssysteme müssen gegen-über einzeln agierenden Werkzeugmaschinen nach besonderen **Sicherheitskriterien** betrachtet werden.

■ Die **Wirkungsbereiche** des Fertigungssystems dürfen während des Betriebes keinesfalls betre-ten werden. Das wird durch verschiedene Sicher-heitseinrichtungen erreicht:

■ **Feststehende oder verriegelbare Schutzwände**

Der Betrieb der Maschine ist nur bei geschlosse-nen Schutzwänden möglich. Sie sind stabil be-festigt und schützen gegen herausschleudernde Werkstücke.

■ **Mechanische Schutzelemente**

Mit Anschlägen kann der Wirkungsbereich von Maschinenteilen (z. B. Roboterarm) auf ungefähr-liche Bereiche eingeschränkt werden. Außerdem können damit die Folgen von Fehlfunktionen durch Programmier- oder Softwarefehler für Menschen und Maschine abgemildert werden.

■ **Positionsschalter**

Die Maschine ist nur zu bedienen, wenn sich der Bediener an einer bestimmten Position befindet (Trittplatte) oder bestimmte Bedienelemente per-manent betätigt.

■ **Optoelektronische Schutzeinrichtungen**

Durch Lichtschranke, Laserscanner oder ähnlich wirkende Bauelemente wird der Betrieb der Ma-schine sofort unterbrochen, wenn eine Person den Wirkungsbereich betritt.

■ **Verhaltensregeln**

Alle Sicherheitseinrichtungen dürfen sich nicht auf einfache Art und Weise außer Kraft setzen lassen. Not-Aus-Schalter müssen in ausreichen-der Anzahl vorhanden sein.

Zugänge zur Maschine müssen so gestaltet sein, dass die Wahrscheinlichkeit des Stolperns oder Ausrutschens gering ist. Erreicht wird das durch Haltegriffe, Geländer oder rutschhemmende Oberflächen.

Tabelle 1: Einige Sicherheitsnormen	
ISO 11161	Sicherheit von integrierten Fertigungs-systemen
ISO 10218	Industrieroboter, Sicherheit
EN 1088	Verriegelungseinrichtungen
EN 953	Trennende Schutzeinrichtungen
EN 349	Mindestabstände zur Vermeidung des Quetschens von Körperteilen
EN 811	Sicherheitsabstände untere Gliedmaßen
EN 294	Sicherheitsabstände obere Gliedmaßen

1   Fertigungszelle

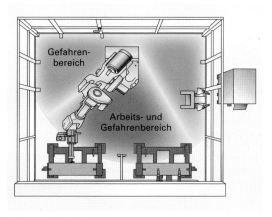

2   Gefahrenbereich

- Jede Maschine neueren Baujahres darf bestimmte **Lärmemissionswerte** nicht überschreiten. Die Werte sind in der Betriebsanleitung festgelegt.
- Entstehen **giftige Dämpfe oder Nebel** (z. B. durch Kühlschmierstoffe) in gesundheitsgefährdenden Konzentrationen, sind wirkungsvolle Rückhaltesysteme vorgeschrieben (Seite 26).

2.6 Umgang mit elektrischen Betriebsmitteln und Anlagen

Elektrogeräte haben viele unserer Lebensbereiche erobert. Das Radio am Morgen, die Fahrt mit der Straßenbahn zur Arbeit oder das Telefonat mit dem Handy sind ohne die ständige Verfügbarkeit von Elektroenergie nicht denkbar. Auch die meisten Tätigkeiten im Bereich der Zerspantechnik sind ohne elektrisch betriebene Maschinen und Anlagen nicht mehr zu meistern.

Dass elektrischer Strom dem Menschen bei direktem Kontakt schaden kann weiß jeder. Doch warum ist das so und ab wann wird er gefährlich?

Das menschliche Nervensystem und viele andere Funktionen werden durch sehr schwache elektrische Ströme gesteuert. Überlagert ein Strom von außen die körpereigenen Signale, können Reaktionen erfolgen, die der Mensch nicht mehr beeinflussen kann. Eine Hand kann sich so stark verkrampfen, dass sie den elektrischen Leiter nicht mehr loslassen kann. Das Herz bekommt falsche Signale und kann nicht im gewohnten Rhythmus schlagen. Das Blut transportiert keinen Sauerstoff mehr zum Kopf. Das kann nach einigen Sekunden bereits zu Hirnschäden und später zum Tod führen. Durch den elektrischen Strom können auch einzelne Zellen oder ganze Körperteile direkt zerstört werden.

Damit das nicht passiert, müssen alle stromführenden Geräte und Einzelteile (z. B. Elektrokabel) komplett isoliert sein.

Jeder Stromkreislauf eines Gebäudes und zusätzlich einige Geräte verfügen über elektrische Sicherungen, die den Stromfluss bei Unregelmäßigkeiten unterbrechen.

> Wurde eine elektrische Sicherung ausgelöst, muss vor erneuter Inbetriebnahme des Gerätes die Ursache gefunden sein. Das Außerkraftsetzen dieser Sicherheitsmaßnahme (z. B. durch Überbrücken) ist verboten und sehr gefährlich.

Die **elektrische Spannung** kann erzeugt werden durch:

- Licht (Solarzelle)
- Zielgerichtete Bewegung eines elektrischen Leiters im Magnetfeld (Generator)

- Zug, Druck oder Biegung bestimmter Materialien
- Wärme
- Reibung (statische Aufladung) (Bild 1)
- Chemische Reaktionen

Elektrische Leiter

Werkstoffe, die Strom sehr gut leiten, z. B. Kupfer, Aluminium, Gold, einige Gase und Flüssigkeiten

Isolatoren

Werkstoffe, die elektrischen Strom sehr schlecht leiten, z. B. viele Kunststoffe, Keramik

Spannung (U)

Höchstzulässige Berührungsspannung für Menschen

Wechselspannung 50 V, Gleichspannung 120 V

Stromstärke (I)

Gefährliche Stromstärken	
ab 10 mA	Muskelkrämpfe
ab 25 mA	starke Muskelkrämpfe, die zu Knochenbrüchen führen können
ab 80 mA	Herzkammerflimmern bis hin zum Tod
ab 5000 mA	starke innere und äußere Verbrennungen

Erste-Hilfe-Maßnahmen bei Elektrounfällen
■ Den Strom abschalten
■ Den Verunglückten aus dem Gefahrenbereich bringen
■ Einen Arzt rufen
■ Lebenserhaltende oder schmerzlindernde „Erste Hilfe" leisten

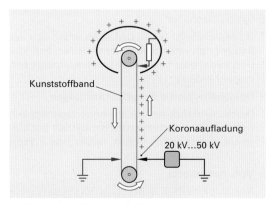

1   **Van-de-Graaff-Generator (Versuch zur Spannungserzeugung durch Reibung)**

Aufgabe:

Recherchieren Sie Beispiele, durch welche Materialien oder Anlagen Spannung erzeugt oder genutzt werden kann.

Fast alle Arbeitsgeräte des Zerspanungsmechanikers werden elektrisch betrieben. Der direkte Kontakt mit unter Spannung stehenden Teilen führt oft zu schweren Verletzungen oder zum Tod. Außerdem können defekte Elektrogeräte Brände oder Produktionsausfälle verursachen. Aus diesem Grund sind Betriebe verpflichtet, **elektrische Betriebsmittel** entsprechend der **BGV A3, DIN VDE 0701, VDE 0702** in regelmäßigen Abständen auf Betriebssicherheit zu prüfen.

Wird dies versäumt, weigern sich viele Versicherungen den entstandenen Schaden zu übernehmen. Werden Menschen verletzt oder getötet, schließen auch die BG die Haftung aus. Damit ist der Arbeitgeber in vollem Umfang haftbar und muss zusätzlich mit einer hohen Geldstrafe rechnen (Bild 1).

1 **Fragwürdige Installation**

> Die Kosten für eine Betriebssicherheitsprüfung sind geringer als die Kosten für die Haftung bei einem Schaden!

Ende 2002 wurden viele Regelungen und Vorschriften zum Prüfen von Arbeitsmitteln in der **Betriebssicherheitsverordnung (BetrSichV)** zusammengefasst und zum Teil geändert. Neu war unter anderem, dass der Arbeitgeber nun selbst bestimmen muss, welche Geräte geprüft werden müssen und wer die Prüfung durchführt (Bild 2).

Für die zeitlichen Abstände der Wiederholungsprüfungen existieren Empfehlungen und Richtwerte, die je nach Art und möglicher Beweglichkeit des elektrischen Anschlusses zwischen 6 Monaten und 4 Jahren schwanken (Tabelle 1).

Werden nur geringe Schäden festgestellt, können die Fristen verlängert werden.

Die Prüfung erfolgt in 3 Schritten:
- Sichtprüfung
- Messen von Strom und Spannung
- Funktionsprüfung

Dabei werden alle Geräte durch Barcode oder Prüfdatum gekennzeichnet (Bild 3).

Wird bei einem der Prüfschritte eine Unregelmäßigkeit entdeckt, darf das Gerät nicht mehr betrieben und muss entsprechend DIN VDE 0701 repariert werden.

> Stellen Sie erhöhten Verschleiß oder Schäden an Strom führenden Teilen fest, melden Sie dies unverzüglich! Die Reparatur darf nur vom Fachmann vorgenommen werden.

2 **Betriebssicherheitsverordnung**

Tabelle 1: Richtwerte für Prüffristen	
Anlagen, Geräte	Richtwerte
ortsveränderliche elektrische Betriebsmittel	6, 12, 24 Monate
Verlängerungs- u. Geräteanschlussleitungen mit Steckvorrichtungen	6, 12, 24 Monate
Anschlussleitungen mit Stecker	12 Monate
Bewegliche Leitungen mit Stecker und Festanschluss	2 Jahre
ortsfeste Anlagen	1 bis 4 Jahre

Aufgaben:

Einigen Sie sich mit einem Mitschüler, der in einem anderen Betrieb arbeitet auf fünf Elektrogeräte, die in beiden Betrieben verwendet werden. Informieren Sie sich über deren Prüfabstände und Prüfnachweise. Vergleichen Sie die Ergebnisse.

3 **Kennzeichnung geprüfter Geräte**

2.7   Umgang mit Kühlschmiermitteln

> Kühlschmiermittel besitzen nicht nur ein gegenwärtiges, sondern auch ein langfristiges Gefahrenpotenzial.

Vom Gesetzgeber ist dafür gesorgt, dass Gefahren weitgehend auszuschließen sind. Den Arbeitgebern sind Auflagen erteilt worden, was beim Einführen von neuen Gefahrstoffen zu beachten ist und wie die Belegschaft darüber zu informieren ist. In der **Gefahrstoffverordnung** (GefStoffV) sind auch die Beteiligungsrechte der Betriebs- und Personalräte festgehalten, z.B. das Anhörungsrecht bei der Einführung neuer Gefahrstoffe (§ 19) oder das Mitbestimmungsrecht bei der Festlegung von technischen Schutzmaßnahmen und bei der Bereitstellung von persönlichem Körperschutz (§ 87).

Persönliches Verhalten im Umgang mit Kühlschmierstoffen	
1. Verschaffen von Informationen	■ über die eingesetzten Kühlschmiermittel ■ über Regeln des Umgangs mit den Kühlschmiermitteln, Einhalten von Grenzwerten u.a. ■ über rechtliche Vorschriften und Beteiligungsrechte
2. Verhalten	■ das mich schützt – nicht berühren – nicht einatmen ■ das das Werkstück und den Arbeitsplatz schützt – Abstand halten – Abschirmen ■ das der Umwelt nützt – Material und Hilfsstoffe sparsam verwenden
3. Kontrolle	■ ob ich mich selbst immer an die Regeln halte ■ ob sich andere an die Regeln halten

Die Kühlschmiermittel werden entsprechend ihrer für den Spanungsprozess wichtigen Eigenschaften eingesetzt. Die Eigenschaften werden nach den Grundstoffen und den Zusätzen (Additiven) bestimmt. Bei einigen Kohlenwasserstoffverbindungen kommen auch **p**olyzyklische **a**romatische **K**ohlenwasserstoffe (PAK's) vor. Diese **PAK's gelten als krebserregend**. Ein Vertreter ist das Benzo(a)pyren, das auch im Zigarettenrauch enthalten ist. PAK's werden auch als Grillgift bezeichnet, weil sie beim Grillen im heißen Fett entstehen. Ein ähnlicher Prozess läuft beim Spanen ab, wo auch die Öle aus dem Kühlschmierstoff erhitzt werden.

Benzo(a)pyren darf nicht mehr als **0,002 mg/m³** Luft bzw. 50 mg/kg Kühlschmierflüssigkeit vorhanden sein.

Als Richtwert für Mineralöl in der Raumluft gilt:

für Ölnebel	**5 mg/m³**
für Öldampf + Ölnebel	**20 mg/m³**

> Weitere Stoffe, für die Grenzwerte beachtet werden müssen, sind **Nitrite, Amine** und **chlorierte Stoffe.**
> Beim Verbrennen chlorierter Stoffe können **Dioxine** entstehen, die als Ultragift gelten.

Verwertung: Die wichtigste Möglichkeit für die weitere Verwertung gebrauchter Kühlschmiermittel ist die Einhaltung des **Vermischungsverbotes** mit anderen gebrauchten Ölen. Vor der erneuten Verwertung müssen die Kühlschmiermittel, aber auch die Luft gereinigt werden.

Reinigungsverfahren			
Reinigung	in **Absetzbecken** durch **Filter** in **Zentrifugen**	**Abscheiden**	von Aerosolen und Dämpfen

Entsorgung: Die Entsorgung der Rückstände wird vom eigenen Betrieb oder Fremdfirmen vorgenommen. Bei der Entsorgung erfolgt eine „Belohnung" oder „Bestrafung" der Verwender von weniger oder mehr schädlichen Kühlschmiermitteln. Die Preise für die Entsorgung eines Kubikmeter Kühlschmiermittel beginnen bei unter Hundert und enden bei ca. 1600 €.

Gesetzliche Regelungen und betriebliche Dokumente

Da der richtige Umgang mit gesundheitsgefährdenden Stoffen für die betroffenen Menschen eine existenziell wichtige Bedeutung hat und andererseits deren Gefährlichkeit oft grob unterschätzt wird, hat der Gesetzgeber ein komplexes System von Gesetzen und Verordnungen zum Schutz der Menschen und der Umwelt geschaffen.

Ausgangspunkt der Gefahrenabwehr ist das **Chemikaliengesetz**. Dies nimmt den Hersteller von Chemikalien, wozu die **Kühlschmierstoffe** zählen, in Produkthaftung. Der Hersteller wird zur Einstufung und Kennzeichnung seiner Produkte verpflichtet. Den genaueren Umgang mit den Gefahrstoffen regelt die **Gefahrstoffverordnung** (GefStoffV). In dieser werden in 9 Abschnitten genaue Vorschriften zur Einstufung, Kennzeichnung, Verpackung, Verboten und Umgangsvorschriften gegeben.

In der GefStoffV werden die Hersteller verpflichtet, dem Anwender ein **Sicherheitsdatenblatt** mitzugeben. Das Sicherheitsdatenblatt, das auf einer EU-Richtlinie basiert, liefert dem Anwender wichtige Angaben zum Produkt.

In dem **Sicherheitsdatenblatt** sind Angaben enthalten:

- zum Hersteller,
- zur Zusammensetzung des Produktes,
- zu möglichen Gefahren bei der Zubereitung,
- zu Erste-Hilfe-Maßnahmen,
- zu Maßnahmen zur Brandbekämpfung,
- zu Maßnahmen bei unbeabsichtigter Freisetzung,
- zu Handhabung und Lagerung,
- zur Expositionsbegrenzung (Kontaktdauer) und persönlicher Schutzausrüstung,
- zu den genauen physikalischen und chemischen Eigenschaften (Farbe, Geruch, Flammpunkt usw.)
- bis hin zu Entsorgung, Transport und Kennzeichnung.

Aus den meist mehrseitigen Sicherheitsdatenblättern sei hier am Beispiel des Blattes für den Kühlschmierstoff Zubora 92 F der Punkt 2 Zusammensetzung/Angaben zu Bestandteilen angeführt:

Chemische Charakterisierung

Wassermischbarer Kühlschmierstoff, enthält Mineralöl, Fettstoffe, anionische und nichtionische Tenside, Korrosionsinhibitoren und Biozide.

Gefährliche Inhaltsstoffe:

CAS-Nr.	Bezeichnung	Gehalt %	Kennzeichen	R-Sätze
6204-44-2	Oxazolidinderivat	<3	Xn	20/21/22-36-38-43
	Fettalkoholpolyglykolether	4	Xn	22-36-38

Mit dem Erarbeiten und Übergeben des Sicherheitsdatenblattes an den Anwender hat der Hersteller des Kühlschmierstoffes seine Pflicht erfüllt. Es kommt aber darauf an, dass an jeder Maschine jeder Zerspanungsmechaniker (und auch Wartungspersonal u. a.) in klarer und verständlicher Form erfährt, worauf er im Umgang mit diesem Kühlschmierstoff zu achten hat.

2010 und 2011 wurde die GefStoffV europäischen Regeln angepasst und in einigen Punkten eindeutiger und schärfer formuliert. **Arbeitgeber werden nun verpflichtet, die Arbeitnehmer** über alle Gefährdungen und Schutzmaßnahmen **mündlich zu unterweisen und zu beraten**. Auch die inhaltlichen Mindestanforderungen an eine Betriebsanweisung sind nun klarer bestimmt.

Auszug aus § 14 GefStoffV Unterrichtung und Unterweisung der Beschäftigten

1) Der Arbeitgeber hat sicherzustellen, dass den Beschäftigten eine schriftliche Betriebsanweisung, die der Gefährdungsbeurteilung nach § 6 Rechnung trägt, in einer für die Beschäftigten verständlichen Form und Sprache zugänglich gemacht wird. Die Betriebsanweisung muss mindestens Folgendes enthalten:

1. Informationen über die am Arbeitsplatz vorhandenen oder entstehenden Gefahrstoffe, wie beispielsweise die Bezeichnung der Gefahrstoffe, ihre Kennzeichnung sowie mögliche Gefährdungen der Gesundheit und der Sicherheit,
2. Informationen über angemessene Vorsichtsmaßregeln und Maßnahmen, die die Beschäftigten zu ihrem eigenen Schutz und zum Schutz der anderen Beschäftigten am Arbeitsplatz durchzuführen haben;...

(2) Der Arbeitgeber hat sicherzustellen, dass die Beschäftigten anhand der Betriebsanweisung nach Absatz 1 über alle auftretenden Gefährdungen und entsprechende Schutzmaßnahmen mündlich unterwiesen werden. Teil dieser Unterweisung ist ferner eine allgemeine arbeitsmedizinisch-toxikologische Beratung.

Sicherheitsdatenblätter sind für Nicht-Techniker nicht immer klar verständlich. Der zusätzliche Einsatz von Piktogrammen (s. Bild S. 28) ist deshalb empfehlenswert.

Nummer: Datum:	**BETRIEBSANWEISUNG** **gem. § 14 GefStoffV**	Betrieb:

GEFAHRSTOFFBEZEICHNUNG

Zubora 92 F

Form: flüssig   **Farbe:** braun   **Geruch:** typisch

GEFAHREN FÜR MENSCH UND UMWELT

Gefahren für Mensch
Reizt die Haut, Allergiegefahr

Gefahren für Umwelt
Nicht in die Kanalisation gelangen lassen

SCHUTZMASSNAHMEN UND VERHALTENSREGELN

Technische Schutzmaßnahmen und Verhaltensregeln
Handhabung: persönliche Schutzausrüstung tragen, Aerosolbildung verhindern. Absaugen täglich prüfen. Zustand des KSS beobachten und regelmäßig prüfen.
Lagerung: vor Hitze und Frost schützen und trocken lagern. Behälter geschlossen halten.

Persönliche Schutzmaßnahmen und Verhaltensregeln
Allgemein: von Nahrungsmitteln und Getränken fernhalten, verschmutzte Kleidung wechseln. Bei der Arbeit nicht essen, rauchen und trinken. Vor Pausen und bei Arbeitsende Hände waschen.
Atemschutz: bei unzureichender Belüftung
Handschutz: Schutzhandschuhe tragen, wenn sicherheitstechnisch zulässig Hautpflegemittel verwenden.
Augenschutz: Schutzbrille bei Spritzgefahr tragen.

VERHALTEN IM GEFAHRFALL

Maßnahmen zur Brandbekämpfung
Umluftunabhängiges Atemschutzgerät tragen.
Löschmittel: Schaum, Pulver, Kohlendioxid.
Reinigung: mit Papiertüchern aufnehmen, daheim Schutzhandschuhe tragen.

Wichtige Telefonnummern:
Feuerwehr: 0-112   **Tor 2: 1214**

ERSTE HILFE

Hautkontakt: mit Wasser und Seife waschen, Arzt rufen.
Augenkontakt: Augen gründlich mit Wasser ausspülen.
Verschlucken: kein Erbrechen auslösen, sofort Arzt rufen.

SACHGERECHTE ENTSORGUNG

Entsorgung: Abfall der betrieblichen Sammelstelle zuführen und nach behördlichen Vorgaben entsorgen.
Verpackungen: vollständig entleeren. Der Entsorgung bzw. Wiederverwertung zuführen.

1   **Betriebsanweisung zum Kühlschmierstoff ZUBORA 92 F**

Auf der Basis des Sicherheitsdatenblattes und der konkreten betrieblichen Bedingungen hat ein Betrieb die hier als Beispiel für ähnliche abgebildete **Betriebsanweisung** zum Kühlschmierstoff ZUBORA 92 F erarbeitet und an den betreffenden Maschinen ausgehängt.

Die Bedeutung der Piktogramme ist denjenigen, die die Maschinen bedienen, zu erläutern. Es kann davon ausgegangen werden, dass hier – bei Beachtung der noch folgenden Hinweise – die nötigen Vorkehrungen für den Schutz der Bediener als auch für die Umwelt gegeben sind.

Hautschutzplan

Wenn die Angaben zum Kühlschmierstoff im Sicherheitsdatenplan es erfordern, ist ein Hautschutzplan zu erarbeiten. Der Hautschutzplan ist auf die im Betrieb vorhandenen Hautschutz-, -reinigungs- und -pflegemittel bezogen.

Muster eines Hautschutzplanes			
Hautschutzplan			
Hautverschmutzung oder Belastung durch	**Hautschutz** vor der Arbeit	**Hautreinigung**	**Hautpflege** nach der Arbeit
Nichtwassermischbare Kühlschmierstoffe,	Hautschutzcreme A	Hautreinigungsmittel B	Hautpflegemittel C
Wassermischbare Kühlschmierstoffe	Hautschutzcreme D	Hautreinigungsmittel E	Hautpflegemittel C
Organische Lösungsmittel	Hautschutzcreme F	Hautreinigungsmittel G	Hautpflegemittel H

Im **Wartungsplan** ist festgehalten, in welchem Messintervall, z.B. täglich, mit welchen Messmethoden, z.B. mit Teststäbchen, die Werte für Nitrite, die Keimzahl, den pH-Wert und die Konzentration gemessen werden. Im Vergleich zu den vorgegebenen Grenzwerten sind dann bestimmte Maßnahmen einzuleiten, z.B. Emulsion zugeben oder nach Ursachen für die hohe Keimzahl suchen. Keime entstehen meist durch Verunreinigung oder schlechte Reinigung der Kühlmittelbehälter.

Über den Umgang mit Gefahrstoffen gibt es noch eine Reihe weitere Hilfen für den Facharbeiter:

a) Hinweise auf besondere Risiken und Gefahren (R-Sätze)

In 48 Sätzen werden Hinweise gegeben, z.B.

R 4   Bildet hochempfindliche explosionsgefährliche Metallverbindungen

R 23   Giftig beim Einatmen

R 35   Verursacht schwere Verätzungen

b) Sicherheitsratschläge (S-Sätze)

In 53 Sicherheitssätzen wird auf richtiges Verhalten hingewiesen, z.B.

S 22   Staub nicht einatmen

S 24   Berührung mit der Haut vermeiden

S 38   Bei unzureichender Belüftung Atemschutz anlegen.

c) Symbole

Gefahrensymbole (Beispiele)

1   ätzend   2   giftig

Die S- und R-Sätze können auch kombiniert werden, wie das auch beim Kühlschmierstoff ZUBORA 92 F der Fall ist. Die hier angeführten R-Sätze bedeuten:

20/21/22 Gesundheitsschädlich beim Einatmen, Verschlucken und Berührung mit der Haut

36   Reizt die Augen

38   Reizt die Haut

In die Betriebsanweisung sind diese Sätze sinngemäß eingegangen.

Vollständig sind die R- und S-Sätze in den Metalltechnik-Tabellenbüchern zu finden. Die Einhaltung aller Vorschriften bietet eine hohe Sicherheit, auch wenn damit meist ein erhöhter Aufwand und manche Unbequemlichkeit verbunden sind.

Aufgaben:

1 Überprüfen Sie, ob in Ihrem Betrieb zu den Kühlschmiermitteln Betriebsanweisungen und Sicherheitsdatenblätter vorhanden sind und ob Wartungs- und Hautschutzpläne erstellt worden sind.

2 Welche Möglichkeiten gibt es, ein zu häufiges Entsorgen von Kühlschmiermitteln zu vermeiden?

3 Welche Hinweise auf Gesundheitsgefahren sind in der Betriebsanweisung und auf den Sicherheitsblättern enthalten?

4 Begründen Sie die Regel Vermeidung vor Verwertung und Verwertung vor Entsorgung.

5 Welche Verordnungen und Richtlinien müssen bei der Arbeit mit Kühlschmierstoffen beachtet werden?

6 Welche Rechte haben Betriebsräte bei der Überwachung der Gefahren, die von Kühlschmierstoffen ausgehen?

7 Wird in Ihrem Betrieb mit den R- und S-Sätzen gearbeitet? Werden diese Sätze als Hilfe eingeschätzt?

2.8 Brandschutz

Verhalten im Brandfalle

1. Menschen retten
2. Feuer melden
   über **Feuermelder**
   nächster Standort: **Treppenhaus**

   Meldung alarmiert automatisch die Feuerwehr

   und löst Hausalarm aus

oder

   über **Haustelefon** Nr. **100** oder **112**

   Melde ruhig und deutlich: Wo brennnt es? Was brennt?

   Sind Menschen in Gefahr? Wer meldet?

3. Brand bekämpfen
4. Türen und Fenster schließen
5. Verständigen Sie die Teilnehmer in
   den angrenzenden Räumen und
   Toiletten
6. Angriffswege für die Feuerwehr frei
   halten
7. Feuerwehr einweisen
8. Anordnungen der Einsatzleitung
   befolgen
9. Bei drohender Gefahr:

   Gefahrenbereich verlassen   keine Aufzüge benutzen

   Sammelplatz nach
   Evakuierungsplan aufsuchen

RUHE BEWAHREN

3 Prüftechnik

Prüfen ist eine qualitätssichernde Maßnahme des Herstellers zur Gewährleistung der geforderten Eigenschaften von Produkten.

3.1 Die Entwicklung der Prüftechnik

Die Möglichkeiten, Produkte anzubieten, die den Forderungen der Kunden entsprechen, haben sich in dem Maß verbessert, in dem sich die Qualitätsanforderungen überprüfen ließen. Dies wiederum war von der Entwicklung von Mitteln zum Prüfen, den Prüfmitteln oder allgemein der Prüftechnik abhängig. Die Entwicklung von Prüfmitteln lässt sich über einen Zeitraum von mehreren Jahrtausenden verfolgen, wobei die stürmischste Entwicklung in den vergangenen Jahrzehnten mit der Anwendung der Rechentechnik auf die Auswertung der Prüfergebnisse einsetzte.

Das grundsätzliche Anliegen, Kunden eine zugesicherte Qualität zu liefern, ist schon mehrere Tausend Jahre alt. So sind bereits aus dem alten Ägypten und aus Mesopotamien geeichte Messmittel nachweisbar (Bild 1). Die Hersteller versahen ihre Waren mit Siegeln oder Zeichen. Diese Marken waren ein Symbol der Garantie für die Produkte. Sie waren die Vorläufer der heutigen Markenartikel.

In Bild 2 zeigen die Winkel und Zirkel den Stand der Prüfmittel im antiken Griechenland. Diese Prüfmittel dienten auch als Qualitätsmarken.

Im Mittelalter dienten als Grundlage für die Maßverkörperungen die Körperteile der Landesfürsten, ihre Füße, Ellen, Arme oder ihr Schrittmaß. Mit dem Meter sollten die vielen verschiedenen Maße überwunden werden. Das Meter wurde 1795 vom Erdumfang abgeleitet (Bild 3). Es sollte der 40-millionste Teil des Erdumfanges sein. Seit 1983 wird das Meter durch die Länge der Strecke definiert, die das Licht im Vakuum während der Zeit von 1/299 792 458 Sekunden durchläuft. Damit ist das Meter als SI-Einheit jederzeit reproduzierbar. Dies ist die Grundlage des Messens und der Entwicklung überall einsetzbarer Messmittel (Bild 4).

Mit dem Prozess der Industrialisierung setzte eine zeitweilige Krise des Prüfens und der Qualitätssicherung ein. Es bestand die Annahme, dass durch die maschinelle Fertigung auch eine gleichmäßige Fertigung abgesichert ist. Die Sicherung der Qualität wurde durch das Aussondern der offensichtlich fehlerhaften Produkte (= Ausschuss) angestrebt. Dies erwies sich als ein zu kostenträchtiger Weg.

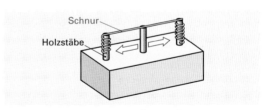

1 Prüfen der Ebenheit (altes Ägypten)

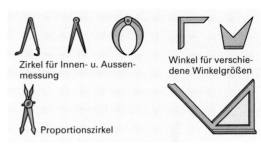

Zirkel für Innen- u. Aussenmessung

Winkel für verschiedene Winkelgrößen

Proportionszirkel

2 Zirkel und Winkel (antikes Griechenland)

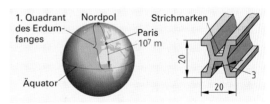

1. Quadrant des Erdumfanges — Nordpol — Paris -10^7 m — Äquator — Strichmarken — 20 — 20 — 3

3 a) Ableitung des Meters   b) Urmeter

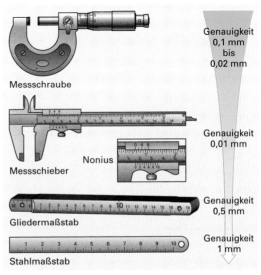

Messschraube

Genauigkeit 0,1 mm bis 0,02 mm

Nonius
Messschieber

Genauigkeit 0,01 mm

Gliedermaßstab

Genauigkeit 0,5 mm

Stahlmaßstab

Genauigkeit 1 mm

4 Entwicklung der Messmittel

Abhilfe geschaffen wurde durch zwei Entwicklungen die bis in die Gegenwart fortgeführt werden:

1. Es wurden immer genauere Messmittel entwickelt, d.h. mit einer höheren Auflösung.

2. Es wurden die Erkenntnisse der Statistik beim Prüfen genutzt.

Die Entwicklung der Mess- und Reglungstechnik und die Verbesserungen der Werkzeugmaschinen und Werkzeuge ermöglichen eine immer präzisere Fertigung. Diese wird allerdings mit zunehmender Genauigkeit teurer. Dabei ist es so, dass die Kostensteigerung für eine genauere Fertigung größer ist als für das genauere Prüfen. In der modernen Fertigung gilt daher der Grundsatz:

TU	Werkstücktoleranz T = 25 µm		TO
Unsicherer Bereich	Sicherer Bereich	Unsicherer Bereich	
U = 8,5 µm ≙ (34 %)	8 µm ≙ (32 %)	U = 8,5 µm ≙ (34 %)	
U = 2,1 µm (8,4 %)	20,8 µm ≙ (83,2 %)		U = 2,1 µm (8,4 %)
Unsicherer Bereich	Sicherer Bereich		Unsicherer Bereich

1 **Reduzierung der Fertigungstoleranzen**

Die Toleranz gehört der Fertigung.

Es muss also gesichert sein, dass ungenaue Messungen während der Fertigung nicht die vorgegebene Toleranz schmälern (Bild 1).

Um die teuren Fertigungsinvestitionen sinnvoll zu gestalten, müssen die Funktionsgrenzen der Werkstücke bestmöglich bekannt sein. Die Ermittlung dieser Funktionsgrenzen erfordert eine höchstgenaue und reproduzierbare Analyse der Werkstücke.

Durch die geforderte Genauigkeit der immer präziser arbeitenden Automobilbranche und anderer Industriezweige werden konventionelle Prüfmittel und manuelle Messmittel mehr und mehr von Koordinatenmessmaschinen (Bild 2) verdrängt. Koordinatenmessgeräte sind höchstgenau und messen ähnlich wie CNC-Maschinen mit einem Programm automatisch und bei hoher Geschwindigkeit. Zunehmend werden diese Messmaschinen auch direkt in der Fertigung eingesetzt. Durch ihre speziellen Konstruktionen und temperaturresistenten Werkstoffe kann dort gemessen werden, wo gefertigt wird. Messlabore werden entlastet und die einstmals langen Wartezeiten bis zur Vorlage der Ergebnisse entfallen. Damit ist die **real-time-Prozessüberwachung** umgesetzt. Die Qualität liefern allerdings nicht nur die Maschinen alleine, sondern auch die Anwendungstechniker, die die Maschine bedienen oder Programme dafür schreiben.

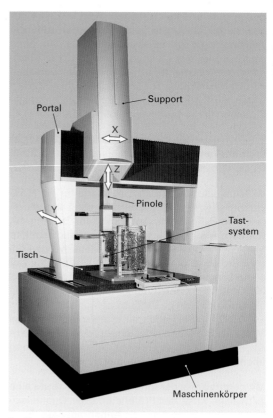

2 **Koordinatenmessmaschine zum Messen komplexer Werkstücke**

Zertifizierte Koordinatenmesstechniker tragen zur hohen Qualität der Messergebnisse bei und sparen somit unnötige Kosten und Zeit.

3.2 Aufbau der Messanordnung

Wenn auch das Messen im Mittelpunkt des Interesses steht, sei darauf verwiesen, dass alle Prüfmethoden insgesamt für das Spanen Bedeutung besitzen.

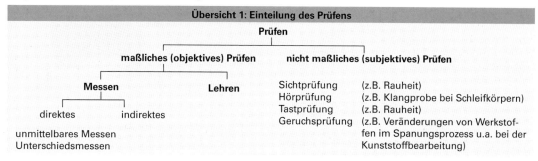

Übersicht 1: Einteilung des Prüfens

Prüfen
- maßliches (objektives) Prüfen
  - Messen
    - direktes
    - indirektes
    - unmittelbares Messen
    - Unterschiedsmessen
  - Lehren
- nicht maßliches (subjektives) Prüfen
  - Sichtprüfung (z.B. Rauheit)
  - Hörprüfung (z.B. Klangprobe bei Schleifkörpern)
  - Tastprüfung (z.B. Rauheit)
  - Geruchsprüfung (z.B. Veränderungen von Werkstoffen im Spanungsprozess u.a. bei der Kunststoffbearbeitung)

Beim **Prüfen** wird festgestellt, ob der Prüfgegenstand vereinbarte, vorgeschriebene oder erwartete Bedingungen erfüllt. Vor allem wird ermittelt, ob vorgegebene Toleranzen oder Fehlergrenzen eingehalten werden.

Beim **subjektiven Prüfen** werden mithilfe der Sinnesorgane qualitative Merkmale erfasst.

Beim **objektiven Prüfen** wird das Prüfen durch Prüfmittel (Messgeräte, Lehren) unterstützt.

Beim **Messen** erfolgt der quantitative Vergleich einer Messgröße (z.B. einer Länge) mit einer bekannten Größe, der Maßverkörperung.

Beim **(Grenz-)Lehren** wird festgestellt, ob ein Maß zwischen zwei Grenzen liegt (Grenz- und Maßlehren). Weiterhin kann mit Formlehren festgestellt werden, ob Formen eingehalten werden (Bild 1).

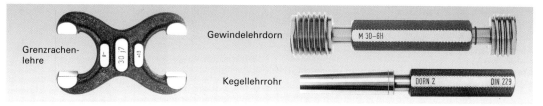

Grenzrachenlehre

Gewindelehrdorn — M 30–6H

Kegellehrrohr — DORN 2   DIN 229

1 Lehren

Unabhängig davon, was und wie im konkreten Fall gemessen wird, gibt es einen prinzipiellen Aufbau von Messanordnungen (Messeinrichtungen) (Übersicht 2).

Mithilfe der Messanordnung lassen sich die Messverfahren verwirklichen.

Übersicht 2: Aufbau einer Messanordnung

Sender	Übertragungskanal	Empfänger
Messgrößenaufnehmer	– Messgrößenwandler – Messgrößenverstärker – Korrekturglieder – Filter	Messwertausgeber

Messgröße → ... → Messwert

Störungen

Prinzipiell lässt sich die Messanordnung unter der Sicht der Informationstechnik betrachten:

Sender ⟶ Übertragungskanal ⟶ Empfänger

Für das Messen gibt es genormte Begriffe, die einer eindeutigen Verständigung dienen.

In DIN 1319 und DIN 2258 sind die Begriffe vollständig definiert, hier wird eine Auswahl geboten.

3.2.1 Begriffe der Messtechnik

Messgerät   Ein Messgerät ist ein Gerät, das allein oder mit anderen Einrichtungen zusammen für die Messung einer Messgröße vorgesehen ist (Bild 1).

Messgröße M   Die Messgröße ist eine physikalische Größe, die durch die Messung erfasst werden soll. Messgrößen können sein: Länge, Masse, Kraft.

Der Träger der Messgröße ist das **Messobjekt** (Bild 2) (z. B. ein prismatisches Werkstück).

Messgrößenaufnehmer   Der Aufnehmer ist der Teil des Messgerätes, der auf die Messgröße unmittelbar anspricht.

Der Aufnehmer wandelt die im Werkstück gespeicherte Größe (die Länge) in ein Signal um. Die Messwertaufnahme kann mechanisch, elektrisch, pneumatisch oder optisch erfolgen. Ein Beispiel ist der bewegliche Bolzen an der Messuhr (Bild 2).

Messgrößenwandler   Der Messgrößenwandler wandelt die Messgröße um, damit diese besser verglichen und bewertet werden kann. Längen können so in Kräfte, elektrische Widerstände oder Kapazitäten umgewandelt werden.

Messgrößenverstärker   Der Verstärker verstärkt ein Signal so, dass kleine Änderungen der Messgröße übertragen und angezeigt werden können. Ein einfacher Verstärker kann eine Zahnradübersetzung wie bei der Messuhr sein.

Messwertausgeber   Der gemessene Wert der Messgröße (**Messwert**) wird über Skalen oder Ziffernanzeige ausgegeben.

Der Messwert kann auf unterschiedliche Weise gewonnen werden.

> Beim **direkten Messen** (Bild 3) wird der Messwert direkt durch einen Vergleich mit einer Maßverkörperung ermittelt.

Das kann als unmittelbares Messen erfolgen, bei dem eine Maßverkörperung benutzt wird, deren Wertevorrat bei Null beginnt und über den Wert der Messgröße hinausgeht.

Dies kann auch als Unterschiedsmessen erfolgen. Hier wird der Unterschied zwischen der Messgröße und einer Maßverkörperung direkt gemessen. Die Maßverkörperung ist hier nahezu so groß wie der Wert der Messgröße. Der Messwert wird nach dem Messvorgang berechnet.

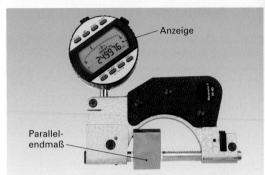

1 Anzeigendes Messgerät und Maßverkörperungen

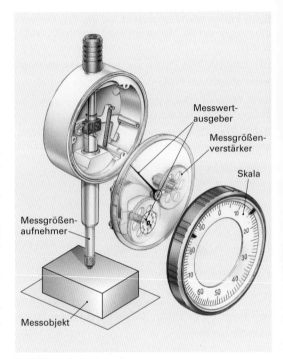

2 Aufbau einer Messuhr

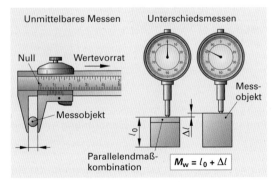

$$M_W = l_0 + \Delta l$$

3 Direktes Messen

Beim **indirekten Messen** (Bild 1) wird der Messwert einer Messgröße aus Messwerten einer anderen physikalischen Messgröße ermittelt.

Aus der Veränderung einer Induktivität von elektrischen Messanordnungen (S. 36) oder einer Durchflussmenge von pneumatischen Messanordnungen (S. 36) wird über bestehende physikalische Zusammenhänge die Länge eines Werkstückes ermittelt.

Begriffe (Bild 2):

Anzeige A_z Die Anzeige ist die unmittelbar mit den menschlichen Sinnen erfassbare Information über den Messwert (**Mw**).

Skalenanzeige Eine Skalenanzeige ist der an einer Strichskala ablesbare Stand einer Marke.

Ziffernanzeige Eine Ziffernanzeige ist die Anzeige in Form einer Ziffernfolge, die den Messwert diskontinuierlich darstellt.

Skalenteilungswert Skw Der Skalenteilungswert ist die Änderung des Wertes der Messgröße, die eine Änderung der Anzeige um einen Skalenteil bewirkt. Der Skalenteilungswert wird in der Einheit der Messgröße angegeben.

Ziffernschritt Zst Der Ziffernschritt ist die Differenz zweier aufeinander folgender Ziffern.

Ziffernschrittwert Zw Der Ziffernschrittwert einer Ziffernskala ist die Änderung des Wertes der Messgröße, die eine Änderung der Anzeige um einen Ziffernschritt bewirkt.

Empfindlichkeit E Bei Messgeräten mit Skalenanzeige ist die Empfindlichkeit E gleich dem Verhältnis der Anzeigeänderung L zu der sie verursachenden Änderung M der Messgröße. Bei Messgeräten mit Ziffernanzeige ist die Empfindlichkeit E gleich dem Verhältnis der Anzahl Z der Ziffernschritte zu der sie verursachenden Änderung M der Messgröße.

Anzeigebereich Azb Der Anzeigebereich ist der Bereich zwischen der größten und kleinsten Anzeige eines Messgerätes.

Messbereich Meb Der Messbereich eines anzeigenden Messgerätes ist derjenige Bereich von Messwerten, in dem vorgegebene Fehlergrenzen nicht überschritten werden. Der Messbereich ist kleiner oder gleich dem Anzeigebereich.

Messspanne Mes Die Messspanne ist die Differenz zwischen dem Endwert und Anfangswert des Messbereiches.

Messkraft Die Messkraft ist die Kraft, die von der Messeinrichtung auf den Prüfgegenstand beim Messen ausgeübt wird.

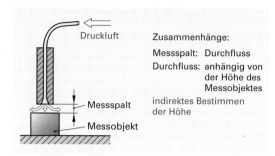

Druckluft

Zusammenhänge:
Messspalt: Durchfluss
Durchfluss: anhängig von der Höhe des Messobjektes
indirektes Bestimmen der Höhe

Messspalt

Messobjekt

1 Indirektes Messen

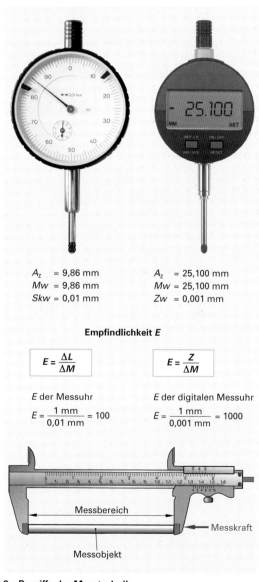

A_z = 9,86 mm
Mw = 9,86 mm
Skw = 0,01 mm

A_z = 25,100 mm
Mw = 25,100 mm
Zw = 0,001 mm

Empfindlichkeit E

$$E = \frac{\Delta L}{\Delta M}$$

$$E = \frac{Z}{\Delta M}$$

E der Messuhr

$$E = \frac{1\ \text{mm}}{0,01\ \text{mm}} = 100$$

E der digitalen Messuhr

$$E = \frac{1\ \text{mm}}{0,001\ \text{mm}} = 1000$$

Messbereich

Messkraft

Messobjekt

2 Begriffe der Messtechnik

3.2.2 Messanordnungen

Mechanische Messanordnung

Bei mechanischen Messanordnungen wird die mechanische Veränderung am Messgegenstand vom Messgrößenaufnehmer aufgenommen und über Übersetzungsglieder auf einen Zeiger übertragen. In den gesamten Vorgang sind nur mechanische Bauglieder einbezogen.

Eine typische Anwendung der mechanischen Messanordnung ist der mechanische Feinzeiger (Bild 1).

Ein Mangel der mechanischen Messanordnung ist der begrenzte Messbereich, da auf mechanischem Weg nicht beliebig übersetzt werden kann. Da dieser Messbereich teilweise nur 0,05 mm beträgt, werden diese Geräte vor allem zu Unterschiedsmessungen verwendet. Sie dienen auch zum Bestimmen von Parallelität und Ebenheit von Flächen oder zum Rundlauf von Wellen.

Der **Vorteil der mechanischen Messanordnung** besteht darin, dass sie von der Zufuhr anderer Energiequellen unabhängig ist.

Elektrische Messanordnung

Bei der elektrischen Messanordnung wird die durch den Messgrößenaufnehmer aufgenommene Längenänderung durch Messgrößenwandler in elektrische Größen (Bild 2) umgewandelt.

Beim induktiven Messtaster ist der Taster (Bild 2) mit dem Eisenkern verbunden, der innerhalb zweier Spulen beweglich angeordnet ist. Die Bewegung des Tasters und damit die des Eisenkerns verändert die Spannung in den Spulen. Das elektrische Signal wird verstärkt und angezeigt.

Die **Vorteile der elektrischen Messanordnung** sind
- der große Messbereich
- die hohe Messgenauigkeit
- die leichte Erfassung und Nutzung der Daten in Rechnern bzw. Steuerungen.

Pneumatische Messanordnung

Bei der pneumatischen Messanordnung werden die Längenänderungen in Druckdifferenzen oder die Veränderung einer durchfließenden Volumenmenge umgewandelt.

Nach dem angewendeten Messprinzip wird zwischen Differenz- oder Druckmessverfahren bzw. Volumenmessverfahren unterschieden.

Druckmessverfahren

Abhängig von der Werkstückgröße ändert sich die Größe des Messspaltes. Die entstehende Druckänderung wird im Manometer in eine Längenanzeige umgewandelt. Gerätejustierung vor jeder Prüfung.

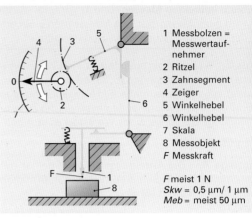

1 Messbolzen = Messwertaufnehmer
2 Ritzel
3 Zahnsegment
4 Zeiger
5 Winkelhebel
6 Winkelhebel
7 Skala
8 Messobjekt
F Messkraft

F meist 1 N
Skw = 0,5 µm/ 1 µm
Meb = meist 50 µm

1   Dreistufiger Feinzeiger

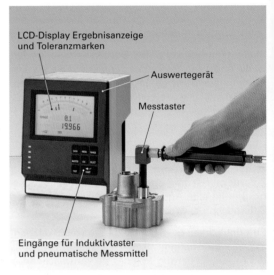

LCD-Display Ergebnisanzeige und Toleranzmarken

Auswertegerät

Messtaster

Eingänge für Induktivtaster und pneumatische Messmittel

2   Elektronisches Messgerät mit induktivem Messtaster

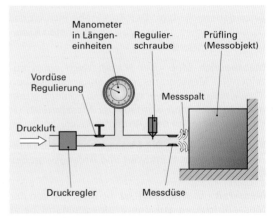

Manometer in Längeneinheiten

Regulierschraube

Prüfling (Messobjekt)

Vordüse Regulierung

Messspalt

Druckluft

Druckregler

Messdüse

3   Druckmessverfahren

Volumenmessverfahren

Bei diesem Verfahren werden die Veränderungen in der Durchflussmenge, die durch die Abstandsänderung Düse-Werkstück entstehen, registriert. Ein kleinerer Messspalt bewirkt eine kleinere Durchflussmenge und damit ein Senken des Schwebekörpers. An einer Skala kann die Größe des Werkstückes abgelesen werden. Eine genaue Einstellung des Gerätes vor der Messung ist nötig. Das Volumenmessverfahren wird vor allem angewendet, wenn größere Stückzahlen zu messen sind (Bild 1).

Es kann auch an mehreren Messpunkten gemessen werden (Bild 2).

Das **Druckmessverfahren** erlaubt demgegenüber größere Messbereiche und höhere Messdrücke (s. S. 36).

Die **Vorteile der pneumatischen Messanordnung** liegen in
- dem berührungslosen oder berührungsarmen Messen, wodurch es zu keinen Beschädigungen (Kratzer u.a.) kommt,
- der reinigenden Wirkung der ausströmenden Luft (Schmutz, Öl, Spanpartikel werden weggeblasen),
- der hohen Messgenauigkeit.

Der Messbereich ist allerdings sehr klein (0,01 mm bis 1 mm), deshalb erfolgt nur Unterschiedsmessung.

Das Messen kann berührungslos oder über mechanische Berührung erfolgen (Bild 3). Das berührungslose Messen erfolgt in der Regel nur bis zu einer Oberflächenrauheit von 3 µm.

Die Vorteile des *berührungslosen Messens* sind:
- es entstehen keine Beschädigungen am Werkstück
- Späne und Verunreinigungen werden weggeblasen

Beim *Kontaktmessen* wird das Werkstück berührt.

Es muss angewendet werden, wenn größere Rauigkeiten (> 3 µm) am Werkstück vorliegen.

Optische Messanordnung

Optische Messanordnungen werden an CNC-Maschinen in den Wegmesssystemen verwendet. (vgl. S. 414)

Koordinatenmessmaschinen

Wenn komplizierte Werkstücke mit einfachen Messmitteln nicht mehr gemessen werden können, kommen Koordinatenmessmaschinen zum Einsatz. Sie messen in drei Achsen und arbeiten wie CNC-Maschinen (Bild 4). Das Werkzeug wird durch einen Taster ersetzt, der die Messwerte aufnimmt und an den Rechner weiterleitet.

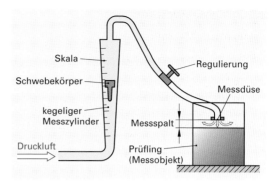

1 Volumenmessverfahren

2 Messen an mehreren Messpunkten

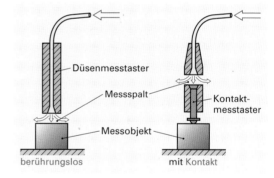

3 Messgrößenaufnehmer

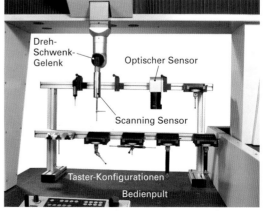

4 Koordinatenmessmaschine mit Multisensorik

3.2.3 Messabweichungen

Das Messergebnis wird nie genau der tatsächlichen Größe des zu messenden Gegenstandes entsprechen. Es treten **Messabweichungen** (Fehler) auf. Diese können unterteilt werden in:

systematische und zufällige Messabweichungen

> **Systematische Messabweichungen** treten regelmäßig und in gleicher Größe auf. Das Messergebnis ist unrichtig, die Abweichungen kann man aber **berücksichtigen**.

Ein Beispiel aus dem Alltag: Eine Uhr geht immer 1 Minute vor oder nach, das kann berücksichtigt werden.

Ursachen für systematische Messabweichungen: Fehler in den Messgeräten, z. B. Abweichungen in der Steigung der Gewindespindel der Messschraube, Abnutzung der Messflächen beim Messschieber (Bild 1).

Umweltbedingungen: Die Maßverkörperungen sind auf 20 °C geeicht. Auch für die Prüflinge wird von einer Messbezugstemperatur von 20 °C ausgegangen. Alle Abweichungen davon verfälschen das Messergebnis.

Persönliche Fehler beim Messen: Persönliche Fehler, die immer in der gleichen Weise begangen werden, können berücksichtigt werden, z. B. wenn die Messkraft konstant zu groß ist.

> **Zufällige Messabweichungen** treten unregelmäßig auf, sie machen das Messergebnis unsicher. Die Abweichungen können **nicht berücksichtigt** werden.

Ursachen für zufällige Messabweichungen:

Fehler in den Messgeräten, z.B. Abnutzung der Führungen (Spiel)

Mängel am Prüfling: Schmutz, Grat oder Unregelmäßigkeiten in der Form des Prüflings führen zu zufälligen Messabweichungen (Bild 2).

Umweltbedingungen: Schwankende Umwelteinflüsse führen zu schwankenden Messergebnissen.

Persönliche Fehler beim Messen: Unkonzentriertes Messen, unterschiedliche Messkraft, Verkanten des Messgerätes oder Ablesefehler führen zu zufälligen Abweichungen. Zufällige Fehler können nur durch mehrmaliges Messen und das Bilden von Mittelwerten eingegrenzt werden (Bild 3).

> Messabweichung = gemessener Wert – tatsächlicher Wert
>
> oder   Fehler = Falsch – Richtig

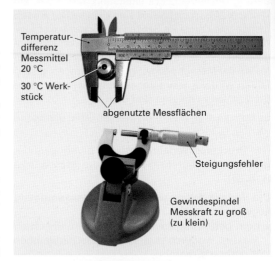

1 **Beispiele für systematische Messabweichungen**

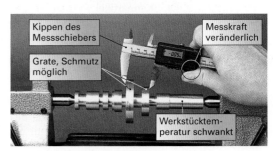

2 **Beipiele für zufällige Messabweichungen**

$$\bar{x} = \frac{\sum\limits_{i=1}^{n} x_i}{n} = \frac{x_1 + x_2 + x_3 + x_4 + x_5}{5}$$

Messung n	Messwert x_i	
1	60,001 mm	Mit der Zahl
2	60,003 mm	der Messungen
3	59,995 mm	wird das Ergebnis
4	59,999 mm	weniger unsicher,
5	60,002 mm	die systematischen
		Abweichungen
$\bar{x}$	60,000 mm	bleiben erhalten.

3 **Arithmetischer Mittelwert**

Übung und Kontrolle

1 Was versteht man unter den Begriffen Messen, Lehren, unmittelbares Messen und Unterschiedsmessen?

2 Erläutern Sie den Aufbau von mechanischen, elektrischen und pneumatischen Messanordnungen.

3 Welche Vorteile bringen Koordinatenmessmaschinen?

4 Aus welchen Gründen treten Messabweichungen auf?

5 Worin unterscheiden sich zufällige von systematischen Messabweichungen und wie sind sie jeweils zu berücksichtigen?

6 Beobachten Sie einmal zielgerichtet Ihre Messtätigkeiten und suchen Sie nach Ursachen für Messabweichungen.

3.3 Prüfen von Maßen, Formen und Lagen

Während und nach der Fertigung von Werkstücken sind entweder deren Maße, die Einhaltung von vorgegebenen Toleranzen oder auch die Lage einzelner Bezugsflächen zueinander zu prüfen.

3.3.1 Prüfen von Maßen und Maßtoleranzen

Für das Messen von Längenmaßen kommen die mechanische, die elektrische, die pneumatische und die optische Messanordnung in Betracht. Die Auswahl der Messgeräte hängt von der konkreten Messaufgabe ab. Dabei ist die geforderte Genauigkeit oft bestimmend.

Mechanische Messmittel

Der Messschieber

Für viele Messaufgaben, bei denen es nicht auf höchste Genauigkeit ankommt, ist der Messschieber ein bewährtes Messgerät. Mit ihm lassen sich Innen-, Außen- und Tiefenmessungen (Bild 1) durchführen.

Durch das Aufbringen des Nonius ist es möglich, Messwerte mit einer Genauigkeit von 0,1 mm bis 0,02 mm abzulesen.

Das Prinzip des Nonius (von none = neun) beruht darauf, dass 9 mm in 10 Abschnitte (oder 49 mm in 50 Abschnitte) geteilt werden. Die entsprechenden Skalenteile sind so um 0,1 mm kleiner als auf dem Strichmaßstab des Messschiebers. Der Strich des Nonius, der mit einem Strich des Strichmaßstabes in einer Flucht liegt, zeigt die 1/10 mm, 1/20 mm oder 1/50 mm an (Bild 2).

Messschieber werden zunehmend mit einer elektronischen Ziffernanzeige angeboten. Ablesefehler entfallen hier. Die Ziffernanzeige kann meist wahlweise in Millimeter oder Zoll erfolgen. Regeln zum Umgang mit dem Messschieber hängen meist in den Werkstätten aus.

Messschrauben

Messschrauben werden angewendet, wenn durch unmittelbares Messen auf 0,01 mm genau gemessen werden soll (Bild 3).

Als Maßverkörperung dient bei den Messschrauben eine Messspindel (Gewindespindel). Diese hochgenaue, gehärtete und geschliffene Spindel hat meist eine Steigung von 0,5 mm. Die um die Messspindel liegende Skalentrommel ist mit 50 Teilstrichen versehen, eine Längenänderung von 0,01 mm wird durch das Nachstellen der Messspindel um einen Teilstrich auf der Skalentrommel registriert. Durch das Addieren der ganzen und halben Millimeter von der Skalenhülse mit den hundertstel Millimetern von der Skalentrommel wird das exakte Messergebnis ermittelt. Messschrauben werden auch für das Innenmessen verwendet. Wegen des schwierigen Messens und um Messfehler zu vermeiden werden selbstzentrierende Messschrauben verwendet (Bild 4).

Werkstück (s. "Drehen" S. 147)

Messen der Nut mit Messschenkel für Innenmessung

1 Innenmessen mit dem Messschieber

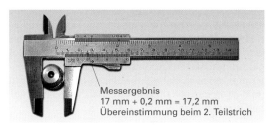

Messergebnis
17 mm + 0,2 mm = 17,2 mm
Übereinstimmung beim 2. Teilstrich

2 Ablesen des Nonius

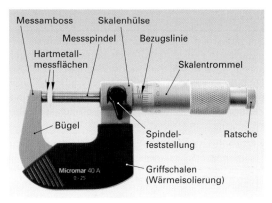

Messamboss   Skalenhülse
Messspindel   Bezugslinie
Hartmetall-messflächen
Skalentrommel
Bügel
Spindel-feststellung   Ratsche
Micromar 40 A
0 · 25
Griffschalen (Wärmeisolierung)

3 Bügelmessschraube für Außenmessung

Messtaster austauschbar (Hartmetall)   Gefühlsratsche
526.14
Micromar
Zifferanzeige

4 Innenmessschraube mit elektronischer Zifferanzeige

Messschraube mit Feinzeiger

> Für höhere Ansprüche an die Genauigkeit sind die Messschrauben mit Feinzeigern versehen.

Damit kann bei Serienteilen die Einhaltung der Toleranzen festgestellt werden. Der Messbereich des Feinzeigers liegt allerdings meist bei 50 µm (Bild 1).

Deshalb ist das Unterschiedsmessen anzuwenden. Die Messschraube wird mit Parallelendmaßen (Bild, S. 34) eingestellt. Dann kann die Differenz des Maßes des Werkstückes mit dem voreingestellten Maß ermittelt werden. Toleranzmarken, die die erlaubten Höchst- und Mindestmaße repräsentieren, machen das genaue Ablesen des Messwertes überflüssig.

Die Messuhr

> Bei der Messuhr wird der durch die Längenänderung am Werkstück hervorgerufene Weg des Messbolzens über ein Übersetzungssystem vergrößert.

Sie enthält keine absoluten Maßverkörperungen wie der Messschieber oder die Messschraube. Für das Messen wird immer eine Bezugsbasis benötigt, z. B. Parallelendmaße. Über Unterschiedsmessen wird das Maß des Messobjektes ermittelt. Auf zwei getrennten Skalen lassen sich ganze und Hundertstel mm ablesen. Betrachten Sie dazu noch einmal (Bild 36-1). Digitale Messuhren erleichtern auch hier das Messen (Bild 2).

Die Feinzeiger

> Die genauesten mechanischen Messgeräte sind die Feinzeiger.

Die unter den verschiedensten Firmennamen angebotenen Feinzeiger können sogar auf weniger als ein Tausendstel Millimeter genau messen (Skw bis 0,5 µm) (Bild 3). Diese hohe Genauigkeit wird durch ein Übersetzungsverhältnis aus Hebeln und Zahnrädern erreicht. Daraus ergeben sich sehr kleine Anzeige- und Messbereiche.

> Messuhren und Feinzeiger dienen auch zum Feststellen von Form- und Lageabweichungen.

Elektronische Messmittel

Die elektronischen Messgeräte, die meist mit dem induktiven Messsystem arbeiten (Bild, S. 36), sind in unterschiedlichen Messverfahren einzusetzen. Für die Längenmessung sind interessant:

Einzelmessung: Ein einzelner Messtaster wird wie eine Messuhr zur Längen-(Dicken-)messung genutzt.

Summenmessung: Aus der Summe der von zwei Messtastern gemessenen Werte wird der Messwert ermittelt. Messfehler werden so eingegrenzt (Bild 4).

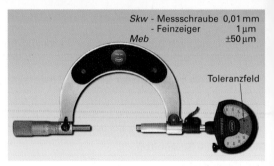

Skw - Messschraube 0,01 mm
     - Feinzeiger   1 µm
Meb   ±50 µm

Toleranzfeld

1   Messschraube mit Feinzeiger und Toleranzfeld

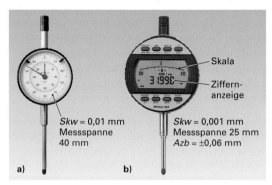

Skala

Ziffernanzeige

$Skw = 0,01$ mm
Messspanne
40 mm

$Skw = 0,001$ mm
Messspanne 25 mm
$Azb = ±0,06$ mm

a)   b)

**2   a) Langweg-Messuhr mit großem Messbereich
     b) Digitale Messuhr mit Ziffern- und Skalenanzeige**

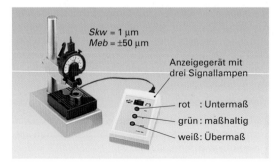

$Skw = 1$ µm
$Meb = ±50$ µm

Anzeigegerät mit drei Signallampen

rot   : Untermaß
grün : maßhaltig
weiß : Übermaß

3   Feinzeiger mit zwei Grenzkontakten

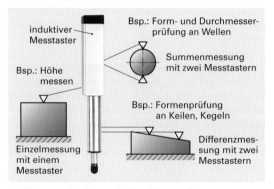

induktiver Messtaster

Bsp.: Form- und Durchmesserprüfung an Wellen

Bsp.: Höhe messen

Summenmessung mit zwei Messtastern

Einzelmessung mit einem Messtaster

Bsp.: Formenprüfung an Keilen, Kegeln

Differenzmessung mit zwei Messtastern

4   Messen mit elektronischen Messgeräten

Maßliches Prüfen mit Lehren

Für sehr viele Werkstücke, die keine fertigen Einzelteile, sondern Elemente von Baugruppen oder Maschinen sind, ist nicht so sehr entscheidend, wie ihr genaues Maß ist. Sie müssen **„passen"**, d. h. mit anderen Bauteilen zusammen eine Funktion erfüllen. Damit die Teile passen, muss sich das Maß innerhalb bestimmter geduldeter Grenzen bewegen. Das Einhalten solcher Grenzmaße wird sehr häufig mit Lehren überprüft.

> Beim **Lehren** wird festgestellt, ob das Werkstück „gut" ist, d.h. zwischen den erlaubten Grenzwerten liegt, oder ob es zu klein oder groß ist.

Je nachdem, ob am Bauteil ein Innen- oder Außenmaß (Bilder 2/3) geprüft wird, zeigt das „zu groß" oder „zu klein" Ausschuss oder Nacharbeit an.

So vorteilhaft das Prüfen mit einer Lehre ist, setzt es aber das gesonderte Anfertigen einer Lehre für jedes Passmaß voraus. Eine bestimmte Anzahl von zu prüfenden Werkstücken ist also die Voraussetzung für den Einsatz von Lehren.

> Die Messflächen der **Gutseite** der Lehren sind länger, da mit der Gutseite der Lehre zugleich die Form des Werkstückes mit geprüft wird.
>
> Die **Ausschussseite** (rot) der Lehre repräsentiert nur das Maß.

Der Einsatz dieser Grenzlehren dürfte zurückgehen, da immer mehr Lehren mit Feinzeigern zum Einsatz kommen. Diese Lehren sind auf verschiedene Passmaße einstellbar und zeigen zudem konkrete Messwerte an. Für höchste Genauigkeiten sind Elektronik-Rachenlehren (Bild 4) mit Skw bzw. Zw von 0,1 µm erhältlich.

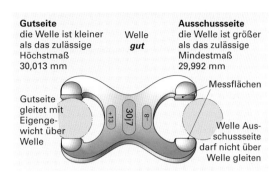

Gutseite		Ausschussseite
die Welle ist kleiner als das zulässige Höchstmaß 30,013 mm	Welle **gut**	die Welle ist größer als das zulässige Mindestmaß 29,992 mm

Gutseite gleitet mit Eigengewicht über Welle

Messflächen

Welle Ausschussseite darf nicht über Welle gleiten

2 Grenzrachenlehre zum Passmaß 30j7

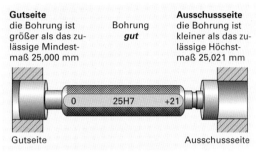

Gutseite		Ausschussseite
die Bohrung ist größer als das zulässige Mindestmaß 25,000 mm	Bohrung **gut**	die Bohrung ist kleiner als das zulässige Höchstmaß 25,021 mm

Gutseite   Ausschussseite

3 Grenzlehrdorn zum Passmaß 25H7

4 Feinzeigerrachenlehre im Einsatz

Übung und Aufgaben

1 Mit einem Messschieber kann mittels indirektem Messen auch ein Durchmesser einer Welle bestimmt werden, wenn dieser Durchmesser größer als der Messbereich des Messschiebers ist (Bild 1). Bei einem Verfahren wird eine Sehne des Kreises gemessen und nach folgender Formel der Durchmesser berechnet:

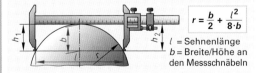

$$r = \frac{b}{2} + \frac{l^2}{8 \cdot b}$$

l = Sehnenlänge
b = Breite/Höhe an den Messschnäbeln

1 Messen der Sehnenlänge

Probieren Sie das Verfahren mit unterschiedlich großen Messschiebern aus! Können Sie die Richtigkeit der Formel bestätigen?

Welche Messunsicherheiten treten bei einer solchen Messung auf?

2 Welche Faktoren bestimmen die Auswahl von Messgeräten?

3 Welche Möglichkeiten stehen Ihnen offen, wenn
- ein Außenmaß (Welle) größer ist als die Gutseite der Rachenlehre,
- ein Außenmaß (Welle) kleiner ist als die Ausschussseite der Rachenlehre,
- ein Innenmaß (Bohrung) kleiner ist als die Gutseite des Lehrdornes,
- ein Innenmaß (Bohrung) größer ist als die Ausschussseite des Lehrdornes?

4 Warum werden zum Prüfen Maßverkörperungen, anzeigende Messgeräte und Lehren eingesetzt? Worin sehen Sie die spezifischen Anwendungsgebiete dieser Prüfmittel?

5 Erkunden Sie, welche Hinweise zum Umgang mit Messmitteln in Ihrer Ausbildungsstätte zugänglich sind. Stellen Sie eine Übersicht zum richtigen Umgang mit Messschiebern, Messschrauben, Messuhren und Feinzeigern zusammen.

3.3.2 Prüfen von Formen und Lagen

Werkstücke lassen sich hinsichtlich ihrer Maße **nicht absolut genau fertigen**, auch die geometrische Form der Werkstücke und die Lage einzelner Flächen zueinander lassen sich **nicht nach der Idealform** eines Kreises oder anderer geometrischer Figuren herstellen. Deshalb müssen auch die Formen und Lagen und ihre Abweichungen von den vorgeschriebenen Werten geprüft werden.

Form- und Lagetoleranzen sind genormt und in DIN ISO 1101 aufgeführt (Tabelle 1).

> Eine Form- und Lagetoleranz eines Elementes definiert die Zone, innerhalb der jeder Punkt dieses Elementes liegen muss, wenn das Werkstück die Anforderungen erfüllen soll.

Als Elemente werden Flächen, Achsen u.a. bezeichnet.

Toleranzzonen können z.B. sein:

- die Fläche innerhalb eines Kreises,
- die Fläche zwischen zwei parallelen Geraden,
- die Fläche zwischen zwei konzentrischen Kreisen,
- der Raum zwischen zwei koaxialen Zylindern.

In der technischen Zeichnung wird das Symbol für die jeweilige Form- und Lagetoleranz und ein Toleranzwert angegeben. Ein Pfeil gibt den Bezug zur Achse oder Fläche an, für die die Toleranz gilt.

Tabelle 1: Übersicht über Form- und Lagetoleranzen (nach DIN ISO 1101)

Eigenschaft/ Symbol	Bild	Definition	Beispiel (Alle Längenangaben in mm)
Geradheit		Die Toleranzzone wird in der Messebene durch zwei parallele, gerade Linien vom Abstand t begrenzt.	Die Mantellinie der tolerierten, zylindrischen Fläche muss zwischen zwei parallelen Geraden vom Abstand 0,05 liegen.
Ebenheit		Die Toleranzzone wird durch zwei parallele Ebenen vom Abstand t begrenzt.	Die tolerierte Fläche muss zwischen zwei parallelen Ebenen vom Abstand 0,05 liegen.
Rundheit		Die Toleranzzone wird in der zur Achse senkrechten Messebene durch zwei konzentrische Kreise vom Abstand t begrenzt.	Die Umfangslinie muss in jedem Querschnitt zwischen zwei konzentrischen Kreisen vom Abstand 0,05 liegen.
Zylindrizität		Die Toleranzzone wird durch zwei koaxiale Zylinder vom Abstand t begrenzt.	Die tolerierte, zylindrische Fläche muss zwischen zwei koaxialen Zylindern vom Abstand von 0,1 liegen.
Neigung		Die Toleranzzone wird durch zwei parallele Ebenen vom Abstand t begrenzt, die zum Bezug im vorgeschriebenem Winkel geneigt sind.	Die tolerierte Fläche muss zwischen zwei parallelen Ebenen vom Abstand 0,05 liegen, die zur Bezugsebene A um 15° geneigt sind.
Parallelität		Die Toleranzzone wird in der Messebene durch zwei zum Bezug parallele, gerade Linien vom Abstand t begrenzt.	Die Linie der tolerierten Fläche muss zwischen zwei Ebenen vom Abstand 0,1 liegen, die zur Bezugsfläche A parallel liegen.

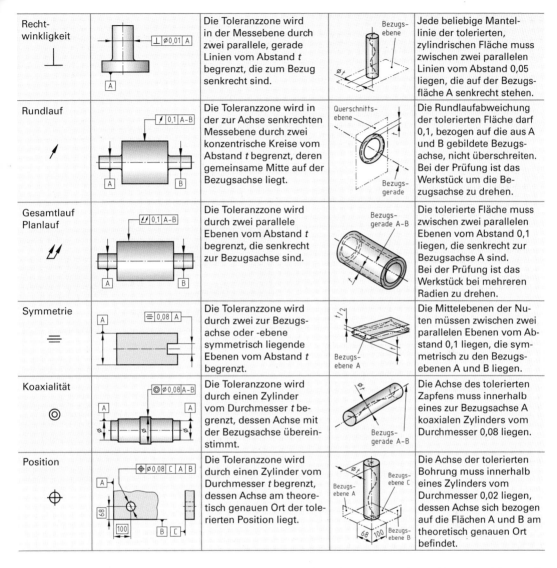

Rechtwinkligkeit ⊥	⊥ ⌀0,01 A / A	Die Toleranzzone wird in der Messebene durch zwei parallele, gerade Linien vom Abstand t begrenzt, die zum Bezug senkrecht sind.	Bezugsebene / ⌀t	Jede beliebige Mantellinie der tolerierten, zylindrischen Fläche muss zwischen zwei parallelen Linien vom Abstand 0,05 liegen, die auf der Bezugsfläche A senkrecht stehen.
Rundlauf ↗	↗ 0,1 A-B / A B	Die Toleranzzone wird in der zur Achse senkrechten Messebene durch zwei konzentrische Kreise vom Abstand t begrenzt, deren gemeinsame Mitte auf der Bezugsachse liegt.	Querschnittsebene / Bezugsgerade	Die Rundlaufabweichung der tolerierten Fläche darf 0,1, bezogen auf die aus A und B gebildete Bezugsachse, nicht überschreiten. Bei der Prüfung ist das Werkstück um die Bezugsachse zu drehen.
Gesamtlauf Planlauf ↗↗	↗↗ 0,1 A-B / A B	Die Toleranzzone wird durch zwei parallele Ebenen vom Abstand t begrenzt, die senkrecht zur Bezugsachse sind.	Bezugsgerade A-B	Die tolerierte Fläche muss zwischen zwei parallelen Ebenen vom Abstand 0,1 liegen, die senkrecht zur Bezugsachse A sind. Bei der Prüfung ist das Werkstück bei mehreren Radien zu drehen.
Symmetrie ≡	A / ≡ 0,08 A	Die Toleranzzone wird durch zwei zur Bezugsachse oder -ebene symmetrisch liegende Ebenen vom Abstand t begrenzt.	$t/2$ / Bezugsebene A	Die Mittelebenen der Nuten müssen zwischen zwei parallelen Ebenen vom Abstand 0,1 liegen, die symmetrisch zu den Bezugsebenen A und B liegen.
Koaxialität ◎	◎ ⌀0,08 A-B / A A	Die Toleranzzone wird durch einen Zylinder vom Durchmesser t begrenzt, dessen Achse mit der Bezugsachse übereinstimmt.	⌀t / Bezugsgerade A-B	Die Achse des tolerierten Zapfens muss innerhalb eines zur Bezugsachse A koaxialen Zylinders vom Durchmesser 0,08 liegen.
Position ⊕	⊕ ⌀0,08 C A B / A / 68 / 100 / B C	Die Toleranzzone wird durch einen Zylinder vom Durchmesser t begrenzt, dessen Achse am theoretisch genauen Ort der tolerierten Position liegt.	⌀t / Bezugsebene A / Bezugsebene C / 68 / 100 / Bezugsebene B	Die Achse der tolerierten Bohrung muss innerhalb eines Zylinders vom Durchmesser 0,02 liegen, dessen Achse sich bezogen auf die Flächen A und B am theoretisch genauen Ort befindet.

Alle die angeführten und noch weitere Elemente lassen sich mit programmierten Messmaschinen prüfen. Mit dem Tastkopf werden die einzelnen Messpunkte angefahren. Die gewonnenen Daten werden verarbeitet und das Prüfergebnis gibt genaue Auskunft über das Einhalten der Toleranzen. Die Arbeit an den Messmaschinen gehört in der Regel nicht zum Aufgabengebiet des Zerspanungsmechanikers. Deshalb werden einige zumeist einfacher handhabbare und nachvollziehbare Prüfverfahren beschrieben.

Prüfen von Geradheit, Ebenheit und Parallelität

Eine sehr einfache Prüfung der **Geradheit** eines Werkstückes ist die mit einem Haarlineal. Dies ist in jeder Werkstatt möglich. Je nach der geforderten Genauigkeit genügt schon die Sichtprüfung (bis 1 μm genau), oder es werden Fühllehren oder Feinzeiger zu Hilfe genommen (Bild 1).

Auch optische Geräte eignen sich zum Prüfen der Geradheit.

a) Sichtprüfung mit Haarlineal
b) Prüfung mit Fühllehre
c) Prüfung mit Feinzeiger

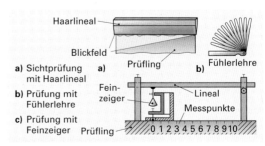

1 Prüfen der Geradheit

Die **Ebenheit** kann wie die Geradheit mit einem Haarlineal geprüft werden. Allerdings ist das Haarlineal dazu an verschiedenen Stellen und in verschiedenen Richtungen aufzulegen.

Das Prüfen der Ebenheit ist auch mit anzeigenden Messgeräten möglich (Bild 1).

Die **Parallelität** wird mit anzeigenden Messgeräten geprüft. Die Messplatte oder ein Messtisch dienen als Bezugsbasis. Die Ebenheit dieser Flächen wird vorausgesetzt (Bild 2).

Für das Prüfen der Parallelität langer Nuten oder Führungen gibt es Sonderprüfvorrichtungen.

Prüfen von Neigungen und Winkeln

Neigungen unterscheiden sich von Winkeln dadurch, dass die Bezugsfläche für Neigungen immer eine horizontale oder vertikale Ebene ist.

Eine Neigung bedeutet immer eine Abweichung von der Horizontalen oder Vertikalen.

Das Prüfen der Neigung verfolgt zwei Ziele:

a) Feststellen, ob ein Bauteil geneigt ist – und dies gegebenfalls beseitigen, z.B. bei Maschinenbetten.

b) Die Größe der Neigung feststellen.
Die Neigung wird mit Richtwaagen (Bild 3) ermittelt.

Bei der **Winkelprüfung** wird die Lage von Kanten und Flächen festgestellt, wobei diese Kanten und Flächen eine beliebige Lage einnehmen können.

Das Prüfen erfolgt mit anzeigenden Messgeräten und Lehren (z.B. Stahlwinkel).

Als anzeigende Messgeräte (Bild 4) kommen die unterschiedlichsten Winkelmesser zum Einsatz. Ein besonderes Winkelmessgerät ist das Sinuslineal, mit dem auch Kegel gemessen werden. Mit dem Sinuslineal können Winkel eingestellt oder geprüft werden (Bild 5).

Der Zusammenhang zwischen dem Winkel und der Endmaßkombination über die Sinusfunktion lässt beides zu.

$$\sin \alpha = \frac{E}{L} \Rightarrow E = L \cdot \sin \alpha$$

Entweder wird vom bekannten Winkel aus über die Endmaßkombination die Lage des Teils eingestellt oder die notwendige Endmaßkombination dient zur Berechnung des Winkels (Bild 5).

Mit modernen Präzisions-Kontroll-Sinus-Winkeleinstellgeräten können Winkel und Neigungen bis auf 2 Bogensekunden genau eingestellt und gemessen werden (Bild 6).

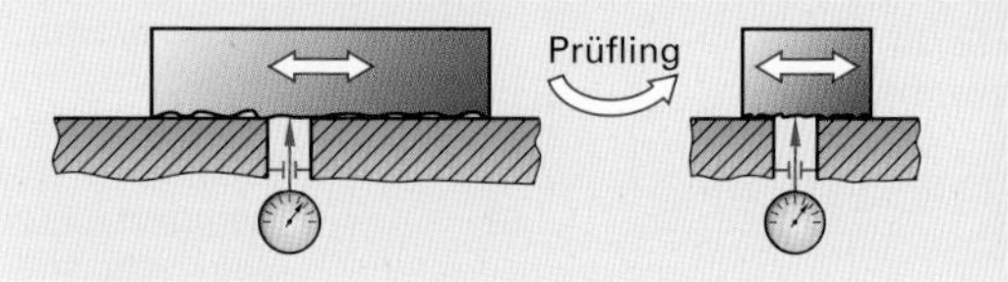

1 Prüfen der Ebenheit mit der Messuhr

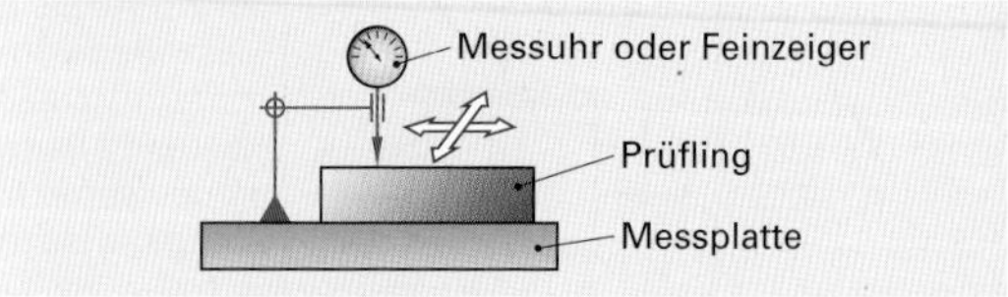

2 Prüfen der Parallelität

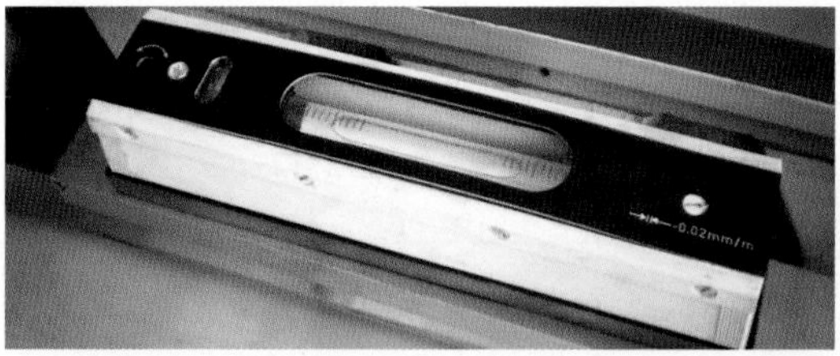

3 Richtwaage für Neigungsprüfung

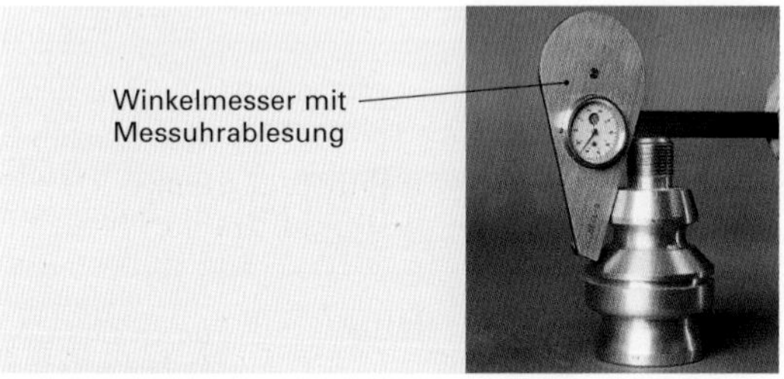

4 Winkelprüfung

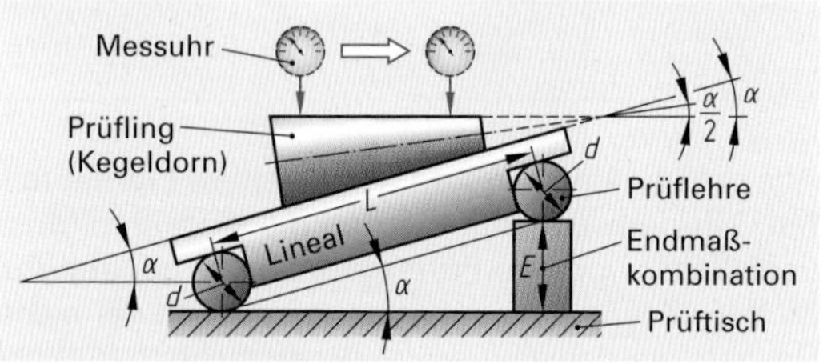

5 Sinuslineal

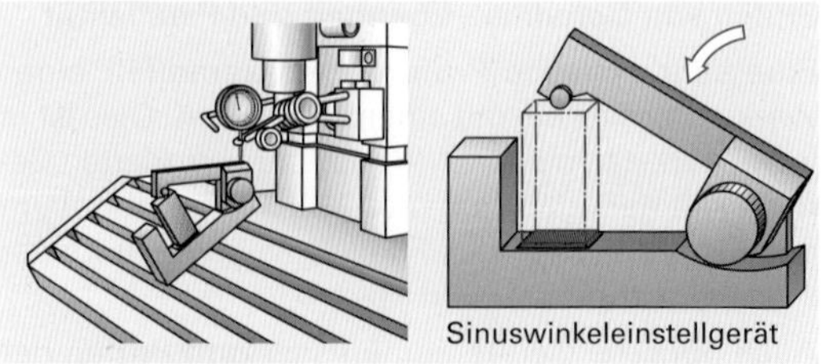

6 Einstellung einer Tischneigung mit einem Sinus-Winkeleinstellgerät

Prüfen von Rundheit und Zylindrizität

Rundheit und **Zylindrizität** lassen sich am günstigsten in der Messmaschine prüfen.

Aber auch mit einfachen Mitteln kann über Zwei- und Dreipunktmessungen die Rundheit bestimmt werden. Es ist allerdings zu beachten, dass die oft beim spitzenlosen Schleifen entstehenden Gleichdicke mit der Zweipunktmessung nicht ermittelt werden. Auch Ellipsen lassen sich so nicht immer feststellen (Bild 1).

Bei der Dreipunktmessung in Prismen mit 108° Öffnung wird die Rundheit näherungsweise richtig angezeigt.

In Formprüfgeräten mit sich drehendem Prüfling oder drehendem Feinzeiger kann die Kreisform auch exakt ermittelt werden (Bild 2).

> Bei der Prüfung der Zylindrizität muss neben der Prüfung der Kreisform auch noch die Geradheit und Parallelität der Mantellinien geprüft werden.

Prüfen von Rundlauf und Planlauf

Rundlauf und **Planlauf** lassen sich relativ einfach mit einer Messuhr oder einem Feinzeiger prüfen.

> Die Abweichungen im Rundlauf beruhen auf Mängeln der Rundheit oder der Koaxialität.
>
> Die Toleranzen für den Rundlauf grenzen damit auch Abweichungen der Rundheit oder der Koaxialität mit ein.

Eine Prüfung wie in Bild 3 ermittelt allerdings nur den Rundlauffehler insgesamt, nicht seine Ursachen.

Der Planlauf ist stark von der Ebenheit der Planflächen abhängig.

Prüfen von Konzentrizität und Koaxialität

Abweichungen von der Konzentrizität und Koaxialität spielen bei allen Bauteilen mit Bohrungen eine Rolle.

Konzentrizität bezieht sich auf mehrere Kreise um einen Mittelpunkt, z. B. den Umfangskreis einer Welle oder Scheibe und einer Bohrung darin.

Koaxialität bezieht sich auf die Achsen von hintereinanderliegenden Bohrungen oder Wellen.

Bei einfachen Messungen ist Rundlauf- und Koaxialitätsabweichung nicht zu unterscheiden. Dazu sind genaue Analysen mit rechnergestützter Auswertung nötig.

Moderne **Formtester** (Bild 4) sind stationär und mobil mit einem Laptop zu betreiben.

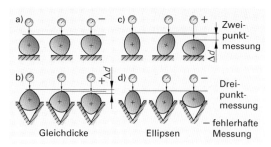

1 Gleichdicke und Ellipsen bei der Rundheitsprüfung

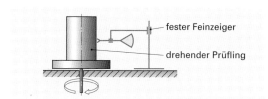

2 Prüfen der Rundheit mit Formprüfgerät

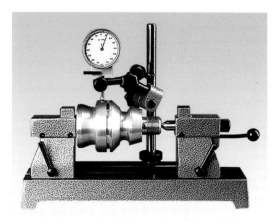

3 Prüfen des Rundlaufs

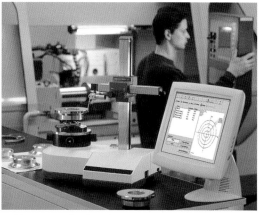

4 Formtester für Rundlauf, Planlauf, Planparallelität, Konzentrizität, Koaxialität, Rundheit, Ebenheit und Welligkeitsanalyse

Prüfen von Gewinden

Gewinde lassen sich mit anzeigenden Messgeräten und mit Lehren prüfen.

Wenn nur die Passfähigkeit von Innen- und Außengewinde von Bedeutung ist, genügt das Prüfen mit Lehren (Bild 2).

Durch das Zusammenschrauben von Mutter und Bolzen und die feststellbare (Leicht-)Gängigkeit ist eine Gewähr für Funktionstüchtigkeit gegeben.

Sind allerdings die einzelnen Bestimmungsgrößen (Bild 3) am Innen- und Außengewinde exakt zu ermitteln, sind anzeigende Messgeräte zu verwenden. Hierfür ist ein umfangreiches Sortiment an Prüfmitteln vorrätig. Über Einsätze (Bild 1) in Gewindemessschrauben oder Gewinde-Rachenlehren (Bild 4) lassen sich für beliebige Flankenwinkel und Steigungen die Flanken-, Kern- und Außendurchmesser ermitteln.

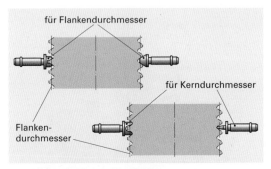

1　Einsätze für Gewindemessung

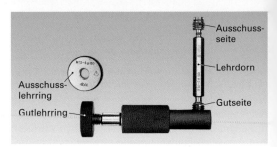

2　Gewindelehren für Innen- und Außengewinde

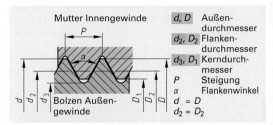

3　Bestimmungsgrößen am Gewinde

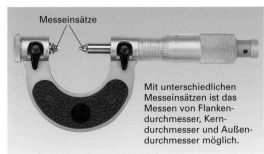

Mit unterschiedlichen Messeinsätzen ist das Messen von Flankendurchmesser, Kerndurchmesser und Außendurchmesser möglich.

4　Gewindemessschraube

Mit der **Dreidrahtmessmethode** lässt sich derFlankendurchmesser des Gewindes berechnen.

Dabei werden drei Prüfstifte bekannten Durchmessers in die Gewindelücken gelegt und der **Messbolzenabstand M** gemessen. Über eine Rechnung oder Tabellen erhält man d_2 (Bild 5).

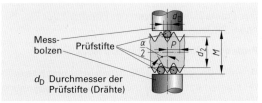

d_D Durchmesser der Prüfstifte (Drähte)

5　Gewindeprüfung mit der Dreidrahtmethode

Gewindesteigungsprüfung

Für viele Bauteile mit Gewinden, z. B. Antriebsspindeln, ist die Steigung von besonderer Bedeutung. Die Steigung eines Gewindes ist der achsparallele Abstand zweier benachbarter, zum selben Gewindegang gehörender, gleichgerichteter Flanken.

Ganz einfach mit dem Messschieber (Messen des Abstandes mehrerer Gänge und Teilen durch die Anzahl der Gänge) oder genauer mit Gewindesteigungsprüfern lässt sich die Größe und Konstanz der Steigung prüfen (Bild 6).

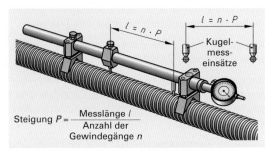

$$\text{Steigung } P = \frac{\text{Messlänge } l}{\text{Anzahl der Gewindegänge } n}$$

6　Gewindesteigungsprüfer für Spindeln

Prüfen von Laufverzahnungen

> Zahnräder greifen immer ineinander. Ein störungsfreier Lauf setzt passende Zahnräder voraus.

Bei der Prüfung der Zahnräder gibt es grundsätzlich zwei Methoden:

- die Erfassung der Einzelabweichungen der einzelnen Bestimmungsgrößen oder

- die Erfassung der Sammelabweichungen (Gesamtabweichungen).

Die Prüfung auf Gesamtabweichung kann durch Aufnahme des Tragbildes, durch Geräuschprüfung oder durch die Einflanken- und Zweiflanken-Wälzprüfung erfolgen.

Das Tragbild erhält man durch Antuschieren und Abrollen eines Lehrrades.

> Bei der am häufigsten angewandten **Zweiflanken-Wälzprüfung** (Bild 4) werden zwei Zahnräder spielfrei aufeinander abgewälzt. Aus der Veränderung des Achsabstandes wird auf die Fehler geschlossen.

Bei Präzisionszahnrädern oder bei der Fehlersuche sind allerdings die Einzelabweichungen zu ermitteln: Zahnweite, -dicke und -höhe, Teilung, Profilform, Rundlauf und Flankenlinie sind zu messen (Bilder 3 und 6).

Zahnweiten-Messschrauben, Zahndickenmessschieber, Rundlaufprüfgeräte und Zahnradprüfgeräte (Bilder 5, 1, 2 und 6) ermöglichen die Messungen.

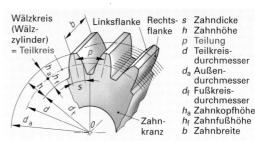

s	Zahndicke
h	Zahnhöhe
p	Teilung
d	Teilkreisdurchmesser
d_a	Außendurchmesser
d_f	Fußkreisdurchmesser
h_a	Zahnkopfhöhe
h_f	Zahnfußhöhe
b	Zahnbreite

3 Wichtige Bestimmungsgrößen am Stirnrad

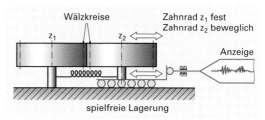

4 Zweiflanken-Wälzprüfung

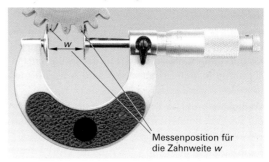

5 Zahnweiten-Messschraube

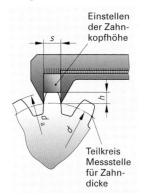

1 Zahndickenmessschieber

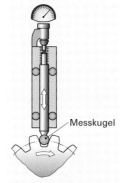

2 Messung der Rundlaufabweichung

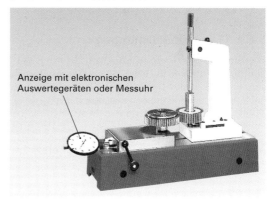

6 Zahnradprüfgerät

Aufgaben

1 Welche Bestimmungsgrößen sind bei Gewinden und Zahnrädern wichtig? Wie können sie gemessen werden?

2 Wie können Geradheit und Ebenheit in der Werkstatt geprüft werden?

3 Welche Abweichungen erfassen Sie mit der Rundlaufprüfung?

4 Welche Endmaßkombination benötigen Sie, wenn Sie mit einem Sinuslineal mit Rollenachsabstand 100 einen Winkel von 15° einstellen wollen?

5 Welche Vor- und Nachteile bringt der Einsatz von Lehren bei der Prüfung von Form- und Lageabweichungen?

3.4 Prüfen von Oberflächen

Die von den Zerspanungsmechanikern hergestellten Werkstückoberflächen unterscheiden sich auf Grund der verschiedenen spanabhebenden Fertigungsverfahren und der zu bearbeitenden Werkstoffe in vielen Merkmalen. Dabei weicht die tatsächliche Werkstückoberfläche von der völlig glatten und geometrisch definierten Idealoberfläche (Zeichnungsvorgabe) ab. Besonders bei bewegten Teilen von Baugruppen ist jedoch die Oberflächenqualität ein wesentlicher Faktor für die Betriebssicherheit und Lebensdauer. Die praxisorientierte Prüfung festgelegter Toleranzen wie z.B. Form, Welligkeit, Rauheit usw. sichern die Funktionsfähigkeit der Bauteile.

Die im Bild 1 zu erkennende und auf den Seiten 11 und 53 im Übungsbeispiel groß dargestellte Keilprofilwelle wird als Fertigungsbeispiel auch in anderen Teilen dieses Lehrbuchs beschrieben.

3.4.1 Grundbegriffe

Solloberfläche – durch normgerechte Zeichnungsangaben vorgeschriebene Werkstückoberfläche.

Istoberfläche – messtechnisch erfassbare durch die Fertigung entstandene Werkstückoberfläche (Bild 1).

Istprofil (P-Profil) – ungefilterte Gesamtheit der erfassten Oberflächenstruktur. Die vom Messgerät gebildete Mittellinie liegt in der Mitte der Flächeninhalte der Erhebungen und Vertiefungen (Bild 2).

Welligkeitsprofil (W-Profil) – Durch die Ausfilterung der Rauheit entsteht die Welligkeit des dargestellten Werkstücks.

Rauheitsprofil (R-Profil) – Die Ausfilterung der Welligkeit durch das Messgerät ergibt das gerichtete Profil (Bild 3).

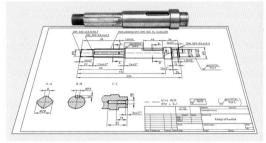

1 Ist- und Solloberfläche

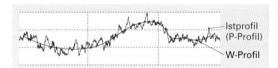

2 Ist- und Welligkeitsprofil

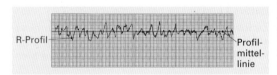

3 Rauheitsprofil

3.4.2 Gestaltabweichungen

Die Summe aller möglichen Abweichungen der Istoberflächen, die während der Fertigung auftreten können, werden nach DIN 4760 als **Gestaltabweichung** bezeichnet und in sechs Ordnungen eingeteilt.

Tabelle 1: Gestaltabweichungen nach DIN 4760				
Ordnung	Darstellung	Bezeichnung	mögliche Ursachen	Beeinflussbarkeit durch Zerspanungsmechaniker
1.		Form	Zerspanungskräfte z.B. F_P	Spanungswerte, Führungselemente
2.		Wellen	Maschinen- und Wz-**schwingung.**	Werkzeugeinspannung, Fertigungsparameter
3.		Rillen	Vorschub f, v_f Wz-**schneide**	Schneidengeometrie
	Vergrößerung			
4.		Riefen	**Span**bildung	Schneidengeometrie
5.		Gefüge	**Kristallisations**vorgänge	Arbeitstemperatur zwischen Werkzeug
6.		Gitteraufbau	**Ent**kohlen od. **Ent**härten	und Werkstoff

3.4.3 Rauheitsmessgrößen

Alle **Rauheitsangaben** in den Dokumentationsunterlagen werden aus dem Istprofil der Werkstückoberflächen messtechnisch erfasst und in der **Maßeinheit µm** angegeben.

Primärprofil (Istprofil; P-Profil):

Das ungefilterte Primärprofil ist die Grundlage für die Berechnung der Kenngrößen des Primärprofils und die Ausgangsbasis für das Welligkeit- und Rauheitsprofil. Die Gesamthöhe des Profils **Pt** ist die Summe aus der Höhe der **größten Profilspitze Zp** und der Tiefe des größten **Profiltales Zv** innerhalb der Messstrecke l_n (Bild 1).

Rauheitsprofil (R-Profil):

Arithmetischer Mittenrauwert Ra

Die Messwerte für *Ra* und *Rz* werden aus dem R-Profil eines Werkstücks ermittelt.

Ausgehend von der Mittellinie ist aus der errechneten Flächengleichheit (Rechteckfläche = Flächen ober- und unterhalb des P-Profils) die Höhe *h = Ra*.

Gemittelte Rautiefe Rz

Die definierte Messstrecke l_n wird im Regelfall in fünf Einzelmessstrecken unterteilt. Der arithmetische Mittelwert der Profilordinaten *Ra* ist der arithmetische Mittelwert der Beträge aller Ordinatenwerte *Z (t)* innerhalb einer Einzelmessstrecke l_r. Die größte Höhe des Profils *Rz* ist die Summe aus der Höhe der größten Profilspitze *Zp* und der Tiefe des größten Profiltales *Zv* innerhalb der Einzelmessstrecke l_r (Bild 2).

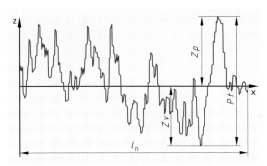

1 Primärprofil (Ist-Profil; P-Profil)

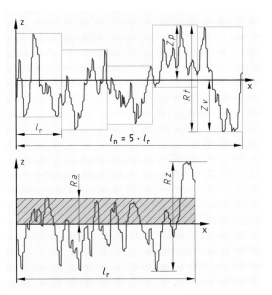

2 Rauheits-Profil (R-Profil)

3.4.4 Oberflächenprüfverfahren

Die Wahl der Oberflächenprüfverfahren ist maßgeblich von den betrieblichen Möglichkeiten bzw. von den messtechnischen Erfordernissen abhängig. Dabei reicht die Palette der Möglichkeiten von einfachsten handwerklichen Verfahren bis zu hochempfindlichen elektronischen Geräten mit Computerauswertung.

Sichtprüfung (subjektive Methode)

Durch wechselweises Überstreichen der Werkstücke und der Oberflächenvergleichsnormale mit einem Fingernagel lassen sich mit einiger praktischen Erfahrung typische Oberflächenfehler (Rillen, Risse und Kratzer) mit **Rauheitsunterschieden bis 2 µm** ertasten.

Die unterschiedlichen spanabhebenden Fertigungsverfahren erzeugen auf Grund der spezifischen Schneidengeometrie der Werkzeuge sowie deren Bewegungen verfahrenstypische Oberflächenstrukturen, deshalb muss für jedes Verfahren eine ent-

3 Werkstückprüfung mit Vergleichsnormalen

sprechende Oberflächenverkörperung zugänglich sein.

Hinreichend genaue und wirtschaftliche Prüfergebnisse bringen diese Oberflächenvergleichsnormale, wo keine errechneten Messwerte laut Zeichnungsvorlagen toleriert sind (Bild 3).

Tastschnittverfahren

Die **mechanisch** arbeitenden **Oberflächenmessgeräte tasten** die Gestaltabweichungen der Werkstücke in einem Profilschnitt ab. Dabei wird ein Tastsystem mit 0,5 mm/s in Vorschubrichtung über eine definierte Taststrecke bis 12,5 mm gezogen. Der Taster (meist eine Diamantspitze mit 2 µm ... 5 µm Spitzenradius) erfasst durch eine Prüfkraft von $F = 0,7$ mN das Istprofil. Die Auslenkungen der Tastspitze entsprechen den Gestaltabweichungen gegenüber dem Tastsystem, werden in elektrische Signale umgewandelt und somit im Anzeigegerät verwertbar gemacht (Bild 1).

Gefilterte Profile des Tastschnittverfahrens:

Durch die fertigungsbedingten Überlagerungen der Gestaltabweichungen 1. bis 4. Ordnung sind die Grenzen der einzelnen Einflussfaktoren nicht deutlich sichtbar. Durch Filterung des Istprofils mittels geeigneter technischer Zusatzeinrichtungen ist eine Trennung der einzelnen Gestaltabweichnungen möglich. Die grafische Darstellung der charakteristischen Profilarten gestattet die eindeutige Auswertung.

P-Profil (ungefiltert):

Das P-Profil (Istprofil) wird messtechnisch erfasst analog übertragen und aufgezeichnet, d.h. die gezeichnete Profilkurve ist identisch mit dem Istprofil (Bild 2).

R-Profil (gefiltertes Rauheitsprofil)

Durch die gerätetechnische Verbindung zwischen Kufe und Messstreifen werden die Wellen der Werkstückoberfläche nicht erfasst. Das Profil wird demzufolge gerichtet aufgezeichnet (Bild 3).

W-Profil (gefiltertes Welligkeitsprofil)

Die Kufe unterdrückt das Rauheitsprofil, sodass nur die Wellen der Werkstückoberflächen dargestellt werden können (Bild 4).

Optischer Mikrotaster

Der optische Mikrotaster **FOCODYN** arbeitet nach dem Prinzip der dynamischen Fokussierung. Als Lichtquelle dient eine in das Gehäuse eingebaute Laserdiode. Das Licht wird in einem Kollimator zu einem parallelen Strahlengang zusammengefasst und über ein Prisma zum Mikroobjektiv geführt. Durch ein weiteres Prisma tritt das Licht nach unten aus dem Messhebel aus. Das Objektiv bündelt den Lichtstrahl, sodass er 0,9 mm unter der Austrittsöffnung einen Fokus bildet. Im gleichen Strahlengang gelangt das von der Oberfläche reflektierte Licht in das optische System zurück und wird auf den Fokusdetektor gelenkt. Ein induktives Wegmesssystem wandelt die Bewegungen des Messhebels in ein elektrisches Signal um (Bild 5).

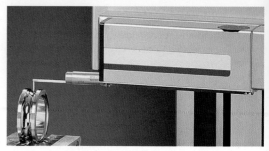

1 **Tastschnittgerät**

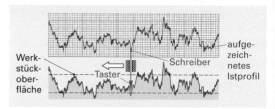

2 **P-Profil**

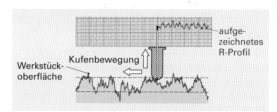

3 **R-Profil**

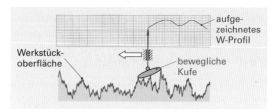

4 **W-Profil**

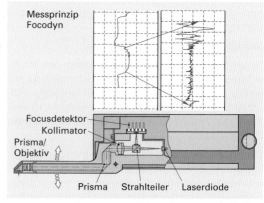

5 **Messprinzip des optischen Messtasters FOCODYN**

3.4.5 Bewertung der Oberflächengüte

> Die optimalen Gebrauchseigenschaften von bewegten Bauteilen werden unter anderem direkt durch deren Oberflächenbeschaffenheit wesentlich beeinflusst.

Mit seinen an der Werkzeugmaschine eingestellten Fertigungsparametern garantiert der Facharbeiter die Vorgaben der Oberflächenqualität am Werkstück und beeinflusst somit die Fertigungskosten.

Entscheidend für die qualitative Bewertung technischer Oberflächen ist der Zusammenhang zwischen den geforderten Eigenschaften und der zu messenden Größe (Tabelle 1).

Tabelle 1: Technische Oberflächengüte		
Bauteil	geforderte Eigenschaft des Werkstücks	Messgröße
Führungsbahn einer Wzm.	Gleiteigenschaft Tragfähigkeit	Rautiefe Traganteil

Die Zuordnung der Rauheitsklassen N1...N12 zu den Rauheitswerten ist die in einschlägigen Tabellenbüchern übliche Verfahrensweise der Oberflächenbewertung. Die erreichbaren Rautiefen z. B. **Ra**, **Rz** der verschiedenen spanabhebenden Fertigungsmöglichkeiten in Form einer grafischen Darstellung als Balkendiagramm ergibt einen raschen Überblick (Tabelle 2).

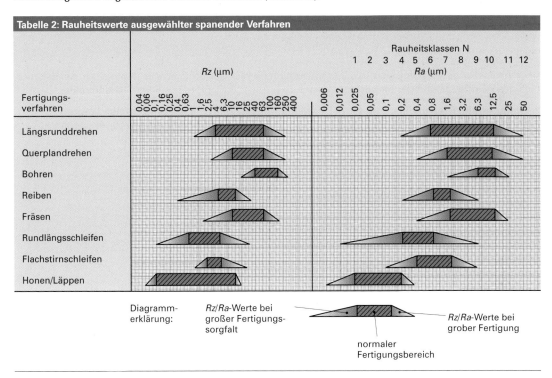

Tabelle 2: Rauheitswerte ausgewählter spanender Verfahren

Diagrammerklärung: Rz/Ra-Werte bei großer Fertigungssorgfalt · normaler Fertigungsbereich · Rz/Ra-Werte bei grober Fertigung

Die Bandbreite der erreichbaren Ra-, Rz-Werte ergibt sich aus den zahlreichen Einflüssen bei der spanenden Fertigung von Werkstücken:

- Schneidengeometrie
- Werkstoff – Schneidstoffpaarung
- Einstellwerte der Werkzeugmaschine
- Verschleiß, Schmierzustand usw.

3.4.6 Oberflächenangaben in Zeichnungen

Die symbolhafte Kennzeichnung der Werkstückoberflächen gestattet dem Zerspanungsmechaniker eine schnelle und eindeutige Festlegung der durchzuführenden Bearbeitungsverfahren. Dazu wird nach DIN ISO 1302 ein Grundsymbol mit den entsprechenden Varianten verwendet (Bild 1).

a Oberflächenkenngröße mit Zahlenwert in µm, Übertragungscharakteristik/Einzelmessstrecke in mm
b Zweite Anforderung an die Oberflächenbeschaffenheit (wie bei a beschrieben)
c Fertigungsverfahren
d Sinnbild für die geforderte Rillenrichtung
e Bearbeitungszugabe in mm

1 Grundsymbol der Oberflächenangabe

3.4.7 Rauheitsberechnung

Nach den betrieblichen Bedingungen werden die Werkstückoberflächen in den Zeichnungsunterlagen vorrangig mit *Ra*- bzw. *Rz*-Werten angegeben. Die Definition der Rauheitskenngrößen finden Sie in Tabellenbüchern oder im Lehrbuch (S. 49). Mit den wesentlichen Einflussfaktoren **Vorschub „f"** und dem **Eckenradius** des Werkzeuges **„r_ε"** lassen sich die zu fertigenden Oberflächenvorgaben folgendermaßen berechnen:

1. Einflussgröße Vorschub f (in mm): Die gemittelte Rautiefe bzw. theoretische Rautiefe wird mit der Gleichung $$Rz = \frac{f^2}{8 \cdot r_\varepsilon}$$ bestimmt.

geg.: geforderte Rz = 16 µm, Eckenradius des Drehmeißels r_ε = 0,4 mm

ges.: Welcher Vorschub f in mm ist zu wählen?

Lösung:
$$Rz = \frac{f^2}{8 \cdot r_\varepsilon}$$

$$f = \sqrt{Rz \cdot 8 \cdot r_\varepsilon}$$
$$f = \sqrt{0,016 \text{ mm} \cdot 8 \cdot 0,4 \text{ mm}}$$
$$f = 0,23 \text{ mm}$$

Der einzustellende Vorschubwert f = 0,23 mm liegt im Bereich der Schlichtbearbeitung, d.h. der Eckenradius des Werkzeugs und der eingestellte Vorschub bringen die geforderte Oberflächenqualität.

2. Einflussgröße Eckenradius r_ε (in mm): Der Mittenrauwert kann mit der empirischen Formel $$Ra = \frac{f^2}{18 \sqrt{3 \cdot r_\varepsilon}}$$ für den Geltungsbereich f bis 0,1 mm hinreichend genau berechnet werden. Für größere Vorschubwerte erhält man **noch** brauchbare Werte.

geg.: geforderte Ra = 12,5 µm, bei einem Vorschub f = 0,7 mm

ges.: Eckenradius r_ε in mm des einzusetzenden Drehmeißels

Lösung:
$$Ra = \frac{f^2}{18 \sqrt{3 \cdot r_\varepsilon}}$$

$$r_\varepsilon = \frac{f^4}{Ra^2 \cdot 18^2 \cdot 3}$$

$$r_\varepsilon = \frac{(0,7 \text{ mm})^4}{(0,0125 \text{ mm})^2 \cdot 18^3 \cdot 3}$$

$$r_\varepsilon = 1,58 \text{ mm}$$

Der eingestellte Vorschubwert f = 0,7 mm und der Eckenradius r_ε = 1,58 mm des Drehmeißels ergeben eine typische Schruppbearbeitung. Primär ist dabei das Spanungsvolumen, die raue Oberfläche ist zweitrangig.

3. Bestimmung von Zerspanungswerten mit dem Rauheitsdiagramm (Bild, Seite 51):

Der zu bestimmende Zerspanungswert kann durch die Kombination der beiden anderen Werte sehr schnell und hinreichend genau bestimmt werden (Bild 1).

Zum Beispiel ergibt ein Vorschub f = 0,45 mm mit einem Eckenradius r_ε = 0,8 mm eine theoretische Rautiefe Rth = 35 µm.

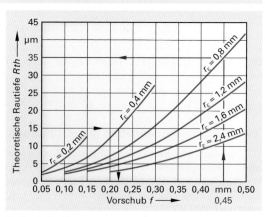

1 Rauheitsdiagramm

Übungsbeispiel:

Aufgaben: 1. Begründen Sie für die Zeichnungsangabe $\sqrt{\overset{\text{geschliffen}}{\text{Rz } 6,3}}$ ein geeignetes Oberflächenprüfverfahren (Bild 1).

2. Für die Drehbearbeitung mit der geforderten Oberflächenrauheit von $\sqrt{\text{Rz } 25}$ sind mithilfe des Diagramms auf S. 52 die möglichen Einstellwerte für den **Vorschub f** und den **Eckenradius r_ε** des Drehmeißels zu bestimmen.

3. Bestimmen Sie einen geeigneten Werkstoff und begründen Sie das durchzuführende Härteverfahren ∅ 20 x 27.

Überprüfen Sie rechnerisch die gefundenen Einstellwerte mit den Vorgaben des Tabellenbuches für die geforderte Oberflächenqualität.

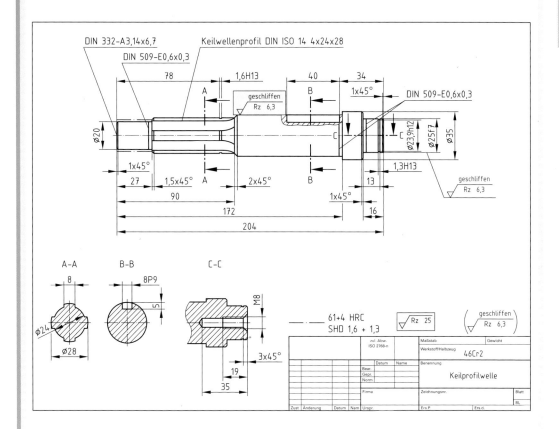

1 Keilprofilwelle (als Übungsbeispiel)

Aufgaben

1 Unterscheiden Sie die Begriffe Soll- und Istoberfläche.

2 Definieren Sie die Begriffe Istprofil, Rauheitsprofil und Welligkeitsprofil!

3 Wodurch unterscheiden sich die definierten Rauheitskenngrößen Rz, und Ra?

4 Bewerten Sie das Tastschnittverfahren und den optischen Mikrotaster für Ihre praktische Tätigkeit.

5 Begründen Sie die Notwendigkeit der Angabe von Oberflächenkennzeichnungen in Zeichnungen!

6 Erstellen Sie einen Prüfmittelplan für die Keilprofilwelle!

3.5 Toleranzen und Passungen

Alle Werkstücke unterscheiden sich verfahrensbedingt in der Herstellungsgenauigkeit (**Istmaße**) von den vorgegebenen Zeichnungsangaben (**Sollmaße**). Die aus Fertigungs- und Kostengründen geduldete (**tolerierte**) Abweichung der Werkstücke ist die **Toleranz**. Damit ein Werkstück seine Aufgaben erfüllen kann, müssen seine Istwerte innerhalb definierter Bereiche liegen. Die Größe der **Maßtoleranz** sowie der **Form-** und **Lagetoleranzen** sind abhängig von der Funktion der Werkstücke in den Baugruppen. Durch passend gefügte Werkstücke (**Passungen**) können folgende Aufgaben realisiert werden:

- **Führungsaufgaben** (Welle-Nabe)
- **Austauschbau** (Austausch von Einzelteilen)
- **Maßverkörperung** (Messmittel)

3.5.1 Grundbegriffe

Nennmaß N: Gemeinsames Zeichnungsmaß (z.B. von Welle und Nabe), wobei die Grenzabmaße die Fertigungstoleranz der Einzelteile bestimmen. Das Nennmaß wird als Längenmaß dargestellt (Bild 1).

Istmaß: Gemessenes Werkstückfertigmaß (z.B. $\varnothing$ 14,8 mm).

Toleriertes Maß: Ist eine Maßangabe bestehend aus: ■ Nennmaß + Grenzabmaße (z.B. 14,3 + 0,1)
   ■ Nennmaß + Toleranzklasse (z.B. 1,1 H13).

Grenzmaße:

Höchstmaß G_o: Zugel. Werkstückgrößtmaß.

Mindestmaß G_u: Zugel. Werkstückkleinstmaß.

Grenzabmaße:

Oberes Abmaß ES, es: Ist die Differenz zwischen Höchst- und Nennmaß.

Unteres Abmaß EI, ei: Ist die Differenz zwischen Mindest- und Nennmaß.

Grundabmaß: Vorhandener Minimalwert zwischen oberem bzw. unterem Abmaß und der Nulllinie, d.h. Bestimmung der Lage der Toleranz zur Nulllinie.

Maßtoleranz T: Differenz zwischen oberem und unterem Abmaß bzw. zwischen Höchst- und Mindestmaß (Bild 2).

Toleranzintervall: Grafische Darstellung von Toleranzen, d.h. Bereich zwischen Höchst- und Mindestmaß.

Toleranzklasse: Angabe der Kombination eines Grundabmaßes mit einem Toleranzgrad (H7).

Toleranzgrad: Zahlenangabe des Grundtoleranzgrades.

Passung: Zahlen- bzw. wertmäßiger Ausdruck der Fügeverhältnisse von Bohrung und Welle.

Passung = Innenpassmaß – Außenpassmaß.

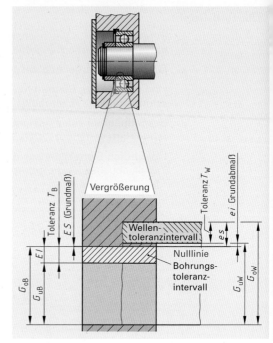

1 Grundbegriffe

Berechnung zum Bild 1:

Allg. Hinweis: Empfohlene Toleranzfelder lt. DIN 5425
   Welle: $\varnothing$ 25 k6
   Lager: $\varnothing$ 25 $\varnothing$ 25 $_{-10\ \mu m}^{\ \ 0\ \mu m}$ Normaltoleranz PO
   (Herstellerdaten)

Welle	Lagerbohrung
geg.: Nennmaß N = 25 mm	**geg.**: Nennmaß N = 25 mm
es = + 15 µm	ES = 0 µm
ei = + 2 µm	EI = –10 µm

ges.: G_{oW}, G_{uW}, T_W **ges.**: G_{oB}, G_{uB}, T_B

Höchstmaß G_{oW}:	**Höchstmaß G_{oB}:**
$G_{oW} = N + es$	$G_{oB} = N + ES$
G_{oW} = 25 mm + 0,015 mm	G_{oB} = 25 mm + 0,000 mm
G_{oW} = **25,015 mm**	G_{oB} = **25,000 mm**

Mindestmaß G_{uW}:	**Mindestmaß G_{uB}:**
$G_{uW} = N + ei$	$G_{uB} = N + EI$
G_{uW} = 25 mm + 0,002 mm	G_{uB} = 25 mm + (– 0,010 mm)
G_{uW} = **25,002 mm**	G_{uB} = **24,990 mm**

Toleranz T:

$T_W = G_{oW} - G_{uW} = es - ei$	$T_B = G_{oB} - G_{uB} = ES - EI$
T_W = 25,015 mm – 25,002 mm	T_B = 25,000 mm – 24,990 mm
= 0,015 mm – 0,002 mm	= 0,000 mm – (– 0,010) mm
T_W = **0,013 mm**	T_B = **0,010 mm**

2 Berechnungsbeispiel von Grenzmaßen und Toleranzen

Lage der Toleranzintervalle zur Nulllinie

Die Lage eines Toleranzintervalls ist an die konkreten Aufgaben und Funktionen eines Bauteils gebunden. Aus den technischen Unterlagen wird durch die Angabe des Nennmaßes mit den Grenzabmaßen bzw. durch die Passungsangabe die Lage des Toleranzintervalls zum Nennmaß (Nulllinie) erkennbar. Es ergeben sich damit grundsätzlich fünf verschiedene Toleranzintervalllagen (Tabelle 1).

Tabelle 1: Toleranzintervalllagen

Praktisches Beispiel	Beschreibung	Symbolische Darstellung
Laufrad auf Welle ø20r6	$\varnothing 20r6 \; {}^{+41}_{+28}$ Das Toleranzintervall liegt **über** der Nulllinie – **es, ei** sind positiv, G_{oW}, $G_{uW} > N$ – **ei** ist das Grundabmaß – Istmaß > Nennmaß	
Säulenführung ø40H7	$\varnothing = 40 \; {}^{+0,025}_{0}$ Das Toleranzintervall liegt **oberhalb** und an der Nulllinie **an** – **ES** ist positiv, $EI = 0$ – $G_{oB} > N$, $G_{uB} = N$ – **EI** ist das Grundabmaß – Istmaß > Nennmaß	
Nabennutbreite b 8JS9	$\varnothing_B = 18 +/- 0,1$ bzw 8JS9 ${}^{+18}_{-18}$ $\varnothing_B = 18j6 \; {}^{+8}_{-3}$ Das Toleranzintervall liegt **beiderseits** der Nulllinie (gleich bzw. ungleich) – **ES** ist positiv, **EI** ist negativ – $G_{oB} > N$, $G_{uB} < N$ – das kleinere Maß ist das Grundabmaß – Istmaß > Nennmaß < Nennmaß	
Keilwelle ø36h7	$\varnothing = 36h7 \; {}^{0}_{-25}$ Das Toleranzintervall liegt **an** und **unterhalb** der Nulllinie – **es** = 0, **ei** ist negativ – $G_{oW} = N$, $G_{uW} < N$ – **es** ist das Grundabmaß – Istmaß < Nennmaß	
Passfederverbindung 6 P9	$6P9 \; {}^{-12}_{-42}$ Das Toleranzintervall liegt **unterhalb** der Nulllinie – **ES, EI** sind negativ, G_{oB}, $G_{uB} > N$ – **ES** ist das Grundabmaß – Istmaß < Nennmaß	

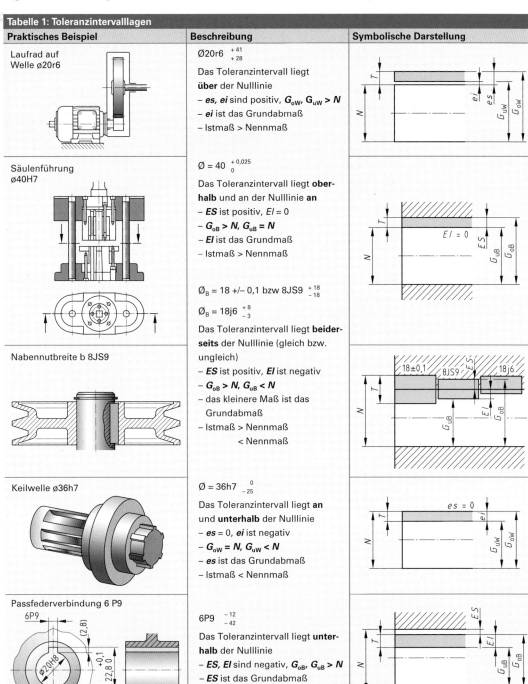

3.5.2 Allgemeintoleranzen

Für alle nichttolerierten Werkstückmaße (Freimaße) sind die Allgemeintoleranzen zu verwenden. Die Einteilung erfolgt nach gestaffelten **Nennmaßbereichen** und in die **Toleranzklassen** fein, mittel, grob und sehr grob (Tabellen 1, 2, 3). Allgemeintoleranzen sind zahlenmäßig gleichgroße **Plus-Minus-Toleranzen**, die für Längenmaße, Rundungsdurchmesser, Fasenhöhen und Winkelmaße durch Normhinweise DIN 7168 T 1 in Zeichnungen angegeben werden.

Allgemeintoleranzen für Längenmaße:

Sie gelten für Werkstücke mit typischen rotationssymmetrischen und prismatischen Formen (Bohrungen, Nuten usw.). Ausgenommen sind Werkstückmaße, die durch andere Abmaße bestimmt sind, wie z.B. Montagemaße von Baugruppen, Bemaßung von Schmiede- und Gussstücken sowie Winkelmaße bei Werkstückteilungen.

Allgemeintoleranzen für Rundungshalbmesser und Fasenhöhen:

Werden angewendet für bearbeitete Werkstückkanten durch Radien und Fasen.

Allgemeintoleranzen für Winkelmaße:

Das kürzere Schenkelmaß der Werkstückform ist das Nennmaß für die Winkelbemaßung.

Beispiel: Schenkelmaße 75 mm und 55 mm, Toleranzklasse mittel:

oberes Abmaß: + 20' unteres Abmaß: – 20' und damit die Toleranz T = 40'.

Tabelle 1: Allgemeintoleranzen für Längenmaße

Toleranzklasse	Grenzabmaße in mm für Nennmaßbereich in mm					
	0,5 bis 3	über 3 bis 6	über 6 bis 30	über 30 bis 120	über 120 bis 400	über 400 bis 1000
f fein (f)	±0,05	±0,05	±0,01	±0,15	±0,2	±0,3
m mittel (m)	±0,1	±0,1	±0,2	±0,3	±0,5	±0,8
c grob (g)	±0,2 (0,15)	±0,3 (0,2)	±0,5	±0,8	±1,2	±2
v sehr grob (sg)	–	±0,5	±1	±1,5	±2,5(2)	±4(3)

Tabelle 2: Allgemeintoleranzen für Rundungshalbmesser und Fasenhöhen

Toleranzklasse	Grenzabmaße in mm für Nennmaßbereich in mm		
	0,5 bis 3	über 3 bis 6	über 6
f fein (f) m mittel (m)	±0,2	±0,5	±1
c grob (g) v sehr grob (sg)	±0,4 (0,2)	±1	±2

Tabelle 3: Allgemeintoleranzen für Winkelmaße

Toleranzklasse	Grenzabmaße in Winkeleinheiten für Länge des kürzeren Schenkels in mm			
	bis 10	über 10 bis 50	über 50 bis 120	über 120 bis 400
f fein (f) m mittel (m)	±1°	±30'	±20'	±10'
c grob (g)	±1° 30'	±1° (50')	±30' (25')	±15'
v sehr grob (sg)	±3°	±2°	±1°	±30'

3.5.3 Maßtoleranzen

Für eine kostengünstige Montage von Werkstücken und die Funktion von Baugruppen sind alle Einzelteile in **tolerierten Maßen** herzustellen. Das gilt unabhängig von den unterschiedlichen Fertigungsverfahren und den verschiedenen Herstellungsbetrieben. Besondere Bedeutung erlangt diese Forderung bei der Reparatur von Baugruppen (Einbau von Ersatzteilen ohne Nacharbeit – **Austauschbau!**) Vom Konstrukteur kann aus konstruktiven Gründen bei der Angabe der Grenzabmaße von Passmaßen zwischen **Zahlen mit Vorzeichen** und **ISO-Toleranzkurzzeichen** gewählt werden (Bild 1).

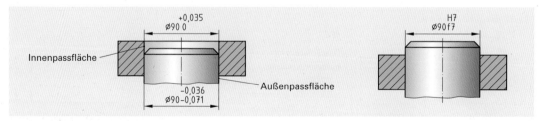

1 Zahlenmäßige Grenzabmaße **ISO-Toleranzkurzzeichen**

3.5.4 ISO-Toleranzen

Das ISO-Toleranzsystem verwendet für die Angabe der Grenzabmaße von Passmaßen aller möglichen Toleranzintervalllagen **Buchstaben** und **Zahlen** (Bild 1).

> Die Buchstaben für das Grundabmaß geben die Lage der Toleranz zur Nulllinie an.
>
> Die Zahlen des Toleranzgrades sind Kennzahlen für die Größe der Toleranz.

Aus einer ISO-Toleranzangabe lassen sich somit Aussagen über die Nennmaßgröße, Toleranzintervallgröße und die Lage der Toleranzintervalle zur Nulllinie ableiten.

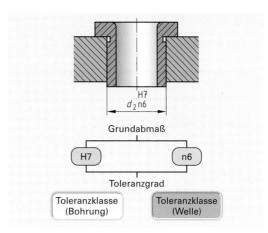

1   ISO-Toleranzangabe

Informationsgehalt der ISO-Toleranzangabe aus Bild 1:			
Zeichnungsangabe	**Bedeutung**	**Zeichnungsangabe**	**Bedeutung**
⌀18H7	Passmaß	⌀18n6	Passmaß
⌀	Kreisform	⌀	Kreisform
18	Nennmaß N = 18 mm	18	Nennmaß N = 18 mm
H	Toleranzintervalllage (Innenpassfläche)	n	Toleranzintervalllage (Außenpassfläche)
7	Toleranzklasse 7	6	Toleranzklasse 6
ES	oberes Grenzabmaß = + 18 µm	es	oberes Grenzabmaß = + 23 µm
EI	unteres Grenzabmaß = 0 µm	ei	unteres Grenzabmaß = + 12 µm
G_{oB}	Höchstmaß = 18,018 mm	G_{oW}	Höchstmaß = 18,023 mm
G_{uB}	Mindestmaß = 18,000 mm	G_{uW}	Mindestmaß = 18,012 mm
T_B	Toleranz = 0,018 mm	T_W	Toleranz = 0,011 mm

Größe der Toleranzfelder (ISO-Qualitäten)

Die Größe der Toleranzintervalle ist abhängig vom **Toleranzgrad** und von der **Größe des Nennmaßes N** der Werkstücke. Für eine Unterteilung der **Grundtoleranzgrade** werden mit den Buchstaben **IT** (Internationale Toleranzen) die Zahlen **01, 0, 1, ..., 18 (20 Toleranzgrade)** verwendet (Bild 2).

Die Qualität 01 kennzeichnet somit innerhalb eines bestimmten Nennmaßbereichs die kleinste und die Qualität 18 die größte Toleranz. Die Toleranzgröße steigt innerhalb eines Nennmaßbereichs um den **Faktor 1,6**. Die zulässige Toleranz eines bestimmten Toleranzgrades ist weiterhin vom Nennmaß abhängig.

Aus Fertigungs- und Kostengründen haben größere Nennmaße größere Toleranzen. Die Nennmaße sind in bestimmte **Nennmaßbereiche** abgestuft: Insgesamt 21 Nennmaßbereiche für Werkstückgrößen zwischen 1 mm...3150 mm.

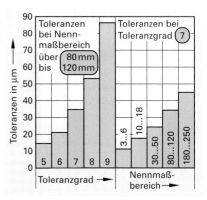

2   Zusammenhang zwischen Toleranzgrad und Nennmaßbereich

Ein bestimmter Toleranzgrad (01...18) ist in Abhängigkeit von der erforderlichen Werkstückgenauigkeit auszuwählen. Die Wahl eines geeigneten Fertigungsverfahrens ist somit abhängig von der **Maßstreu-ung** bei der Herstellung (Toleranzgrade 01, 0 – kleine Streuung, 16, 17, 18 – große Streuung (Tabelle 1).

Tabelle 1: Anwendungsgebiete der Toleranzgrade				
ISO-Toleranzgrade	01 0 1 2 3 4	5 6 7 8 9 10 11	12 13 14 15 16 17 18
Anwendungsgebiete	Prüfmittel, Arbeitslehren	Werkzougmaschinen, Maschinen- und Fahrzeugbau	Halbfabrikate, Gussteile, Konsumgüter
Fertigungsverfahren	Feinbearbeitung Läppen, Honen	Reiben, Drehen, Fräsen, Schleifen, Feinwalzen	Walzen, Schmieden, Pressen

Lage der Toleranzintervalle zur Nulllinie

Die fünf grundsätzlichen Toleranzintervalllagen sind für die unterschiedlichen praktischen Anforderungen nicht ausreichend. Durch das ISO-Toleranzsystem werden deshalb **24 Grundtoleranzintervalle** (plus 4 Sondertoleranzintervalle) festgelegt. Die Lage aller Toleranzintervalle zur Nulllinie wird durch das **Grundabmaß** (Minimalwert zur Nulllinie) festgelegt (Bild 1).

Grundabmaße für Bohrungen (*ES*, *EI*) werden mit **großen Buchstaben von A ... ZC**, **Grundabmaße für Wellen** (*es*, *ei*) werden mit **kleinen Buchstaben von a ... zc** bezeichnet.

Besonderheiten der Toleranzintervallbezeichnung

- Die Buchstaben **I, L, O, Q** und **W** (in Groß- und Kleinbuchstaben) werden nicht verwendet, um Verwechslungen auszuschließen.

- Dafür wurden für die häufiger angewendeten **Toleranzgrade 6 ... 11** die **Z-Toleranzen** für Bohrungen um die Toleranzintervalle **ZA**, **ZB**, **ZC** und die **z-Toleranzen** für Wellen um die Toleranzintervalle **za, zb, zc** erweitert.

- Die Nennmaßbereiche **bis 10 mm** besitzen **zusätzlich** die Bohrungstoleranzintervalle **CD**, **EF**, **FG** und die Wellentoleranzintervalle **cd, ef, fg**.

  Mit gleichen symmetrisch zur Nulllinie liegenden **Plus-Minus-Toleranzen** für die Sondertoleranzintervalle „**JS, js**".

Der Abstand eines Toleranzintervalls von der Nulllinie ist umso größer, je weiter der betreffende Buchstabe im Alphabet von **H**, **h** entfernt ist.

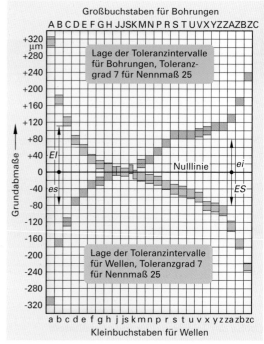

1 Lage der Toleranzintervalle zur Nulllinie

Toleranzintervalllagen H, h

Bei Bohrungen sowie weiteren nichtzylindrischen **inneren Formelementen** ist das **Mindestmaß „EI"** bei **H-tolerierten** Maßen **gleich** dem **Nennmaß N**. Bei Wellen sowie weiteren nichtzylindrischen **äußeren Formelementen** ist das **Höchstmaß „es"** bei **h-tolerierten** Maßen gleich dem **Nennmaß N**.

Für alle Werkstücke mit inneren und äußeren Formelementen mit ISO-Toleranzen gilt (Bild 2):

Je größer die Kennzahl des Toleranzgrades ist, **desto größer ist die Toleranz.**

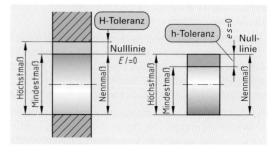

2 Lage der Toleranzintervalle H und h

3.5.5 Passungsarten

Bei allen Werkstücken finden sich fertigungsbedingte Maßstreuungen. Sollen zylindrische oder nicht-zylindrische Einzelteile (**Passteile** mit Innen- und Außenpassflächen) zu Baugruppen gefügt werden, garantiert das ISO-Toleranzsystem durch die Maßtoleranzen die Erfüllung der geforderten Aufgaben.

> Unter Passung versteht man die Differenz zwischen Bohrungs- und Wellenmaß vor dem Zusammenbau bei gleichen Nennmaßen der Passteile.

Aus den theoretischen Kombinationsmöglichkeiten von Innen- und Außenpassflächen und deren Höchst- und Mindestmaßen ergibt sich beim Zusammenbau **Spiel „P_s"** oder **Übermaß „$P_ü$"** (Bild 1).

Damit lassen sich zwei **Grenzpassungen** definieren.

Höchstpassung: „P_{SH}"	Höchstmaß der Innenpassfläche – Mindestmaß der Außenpassfläche
Mindestpassung: „$P_{ÜM}$"	Mindestmaß der Innenpassfläche – Höchstmaß der Außenpassfläche

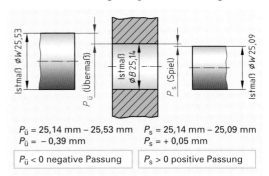

$P_ü = 25{,}14\ mm - 25{,}53\ mm \qquad P_s = 25{,}14\ mm - 25{,}09\ mm$

$P_ü = -0{,}39\ mm \qquad P_s = +0{,}05\ mm$

$P_ü < 0$ negative Passung	$P_s > 0$ positive Passung

1 Passungen

G_{oB} = Höchstmaß der Innenpassfläche

G_{uB} = Mindestmaß der Innenpassfläche

G_{oW} = Höchstmaß der Außenpassfläche

G_{uW} = Mindestmaß der Außenpassfläche

Die Maßunterschiede der Grenzpassungen können **positiv** (Spiel), **negativ** (Übermaß) und im Sonderfall **Null** sein.

Grenzpassungen werden unterteilt in

Spielpassungen Übergangspassungen Übermaßpassungen

Spielpassungen (positive Passung) entstehen, wenn sich die Toleranzfelder der Innenpassflächen (Bohrung) und der Außenpassflächen (Welle) bei jeder möglichen Istmaßgröße innerhalb der Grenzmaße **nicht berühren** (Spiel). Die Spielgröße ist von der Toleranzfeldlage und -größe abhängig. Dies gilt für folgende Bedingungen (Bild 2):

Höchstspiel $P_{SH} = G_{oB} - G_{uW} > 0$

Mindestspiel $P_{SM} = G_{uB} - G_{oW} > 0$

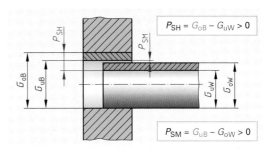

$P_{SH} = G_{oB} - G_{uW} > 0$

$P_{SM} = G_{uB} - G_{oW} > 0$

2 Spielpassung

Berechnungsbeispiel:

Welche Höchst- und Mindestspielpassung ergibt sich für die im Bild 3 abgebildete Passung des Schieberadgetriebes?

⌀ 30 H7/g6:	$G_{oB} = 30{,}021\ mm$
H7: +21/ 0	$G_{uB} = 30{,}000\ mm$
g6: –7/–20	$G_{oW} = 29{,}993\ mm$
	$G_{uW} = 29{,}980\ mm$

$P_{SH} = G_{oB} - G_{uW} = 30{,}021\ mm - 29{,}980\ mm$

$P_{SH} = +0{,}041\ mm$

$P_{SM} = G_{uB} - G_{oW} = 30{,}000\ mm - 29{,}993\ mm$

$P_{SM} = +0{,}007\ mm$

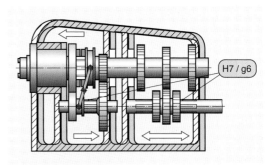

H7 / g6

3 Schieberadgetriebe

Übergangspassungen (positive oder negative Passung) entstehen, wenn sich die **Toleranzfelder** der Innenpassflächen (Bohrung) und der Außenpassflächen (Welle) bei jeder möglichen Istmaßgröße innerhalb der Grenzmaße **teilweise überschneiden** (Bild 1).

Dies gilt für folgende Bedingung:

> Höchstspiel $\quad P_{SH} = G_{oB} - G_{uW} > 0$
> Höchstübermaß $P_{ÜH} = G_{uB} - G_{oW} < 0$

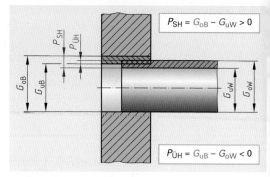

1 Übergangspassung

Berechnungsbeispiel:

Welche Höchst- und Mindestpassung ergibt sich für die im Bild 2 abgebildete Passung der Bohrbuchse der Bohrvorrichtung DIN 172 – A – 26 x 36?

$\varnothing$ 26 H7/n6: $\qquad G_{oB}$ = 26,021 mm

$\quad$ H7: +21/ 0 $\qquad G_{uB}$ = 26,000 mm

$\quad$ n6: +28/+15 $\qquad G_{oW}$ = 26,028 mm

$\qquad\qquad\qquad G_{uW}$ = 26,015 mm

$P_{SH} = G_{oB} - G_{uW}$ = 26,021 mm – 26,015 mm

P_{SH} = **+ 0,006 mm**

$P_{ÜH} = G_{uB} - G_{oW}$ = 26,000 mm – 26,028 mm

$P_{ÜH}$ = **– 0,028 mm**

(Übermaß wahrscheinlicher als Spiel!)

2 Schnellspann-Bohrvorrichtung nach DIN 6348

Übermaßpassung (negative Passung) entsteht, wenn die **Toleranzfelder** der Innenpassflächen (Bohrung) und der Außenpassflächen (Welle) so liegen, dass das Istmaß der Welle in keinem Fall **kleiner** als das Istmaß der Bohrung ist (Bild 3).

Dies gilt für folgende Bedingung:

> Höchstübermaß $\quad P_{ÜH} = G_{uB} - G_{oW} < 0$
> Mindestübermaß $P_{ÜM} = G_{oB} - G_{uW} < 0$

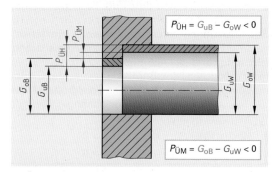

3 Übermaßpassung

Berechnungsbeispiel:

Welche Höchst- und Mindestpresspassung ergibt sich für die im Bild 4 abgebildete Passung der Führungssäule?

$\varnothing$ 40 R6/ h3: $\qquad G_{oB}$ = 39,966 mm

$\quad$ R6: –34/ –50 $\qquad G_{uB}$ = 39,950 mm

$\quad$ h3: –4/ 0 $\qquad G_{oW}$ = 40,000 mm

$\qquad\qquad\qquad G_{uW}$ = 39,996 mm

$P_{ÜH} = G_{uB} - G_{oW}$ = 39,950 mm – 40,000 mm

$P_{ÜH}$ = **– 0,050 mm**

$P_{ÜM} = G_{oB} - G_{uW}$ = 39,966 mm – 39,996 mm

$P_{ÜM}$ = **– 0,030 mm**

4 Eingeschrumpfte Führungssäule

Die Funktion von Baugruppen wird wesentlich von gefügten Passteilen beeinflusst. Eine Kombination bestimmter Istmaße führt daher in der Praxis zu Spiel- oder Übermaßpassungen. Durch die Sonderstellung der Übergangspassung (Überlagerung der Toleranzintervalle) können nach dem Fügen, abhängig von den Istmaßen der Passteile ebenfalls nur Spiel- oder Presspassungen entstehen (Bild 1).

Die entstandenen Passungen schwanken innerhalb bestimmter Toleranzintervalle, weil die verschiedenen Istmaße der Innen- und Außenpassflächen innerhalb zulässiger Grenzen hergestellt wurden. Diese Passungen sind von P_H und P_M abhängig und werden als **Passtoleranz P_T** bezeichnet (Bild 2).

Passtoleranz	= Höchstpassung	– Mindestpassung
P_T	= P_H	– P_M

Das ISO-Toleranzsystem legt für die Innen- und Außenpassflächen **28 verschiedene Toleranzintervalllagen** (A … ZC, a … zc) fest. Für jedes Toleranzintervall gibt es **20 Toleranzgrade** (IT 01 … 18). Somit könnten z.B. für ein Nennmaß 28 x 20 = **560** verschiedene Toleranzintervalle gebildet werden. Bei der Kombination aller möglichen Innen- und Außenpassflächen entsteht somit die Zahl von **313600 Passtoleranzintervallen**. Der erforderliche Werkzeug- und Prüfmittelbedarf wäre dabei aus Kostengründen nicht vertretbar, deshalb wurden die anzuwendenden Passtoleranzintervalle sinnvoll eingeschränkt. Die ISO-Normung schreibt vor, dass wahlweise eines der beiden Passteile mit den Toleranzintervallen „H" bzw. „h" herzustellen ist. Das erforderliche Passtoleranzintervall mit Spiel oder Pressung erhält man durch die Festlegung eines bestimmten Toleranzintervalls für das Gegenstück. Die Auswahlreihen der Passtoleranzintervalle erfüllen in einem wirtschaftlich vertretbaren Rahmen alle Anforderungen der Praxis.

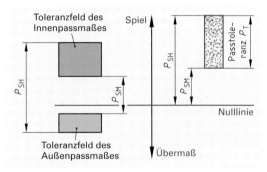

1   Lage der Passtoleranzintervalle

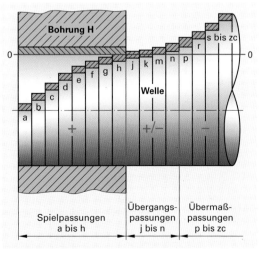

2   Passtoleranz P_T

3.5.6 Passungssysteme

Beim ISO-Passungssystem **Einheitsbohrung EB** nach DIN 7154 erhalten alle Innenpassmaße das **Toleranzintervall „H"**. Die gewünschte Passung (Spiel- oder Übermaßpassung) erhält man, indem den Außenpassflächen geeignete Toleranzintervalle zugeordnet werden (Bild 3).

Merkmale:

- Bohrungsmindestmaß G_{uB} = Nennmaß N
- Unteres Bohrungsabmaß $EI = 0$

Die festgelegte Lage des Bohrungstoleranzintervalls „H" und die verschiedenen Lagen der Wellentoleranzfelder „a … zc" ergeben drei charakteristische Passtoleranzfeldlagen.

EB-Toleranz-intervall H	Gewähltes Toleranz-intervall der Welle	Entstehende Passtoleranz
H	a … h	Spielpassung
H	j … n	Übergangsp.
H	p … zc	Übermaßpassung

3   ISO-Passungssystem Einheitsbohrung

Beim ISO-Passungssystem **Einheitswelle „EW"** nach DIN 7154 erhalten alle Außenpassflächen das **Toleranzintervall „h"**. Um die gewünschte Passung (Spiel- oder Übermaßpassung) zu erhalten, werden den Innenpassflächen geeignete Toleranzintervalle zugeordnet (Bild 1).

Merkmale:

- Wellengrößtmaß G_{oW} = Nennmaß **N**
- Oberes Wellenabmaß **es = 0**

Die festgelegte Lage des Wellentoleranzintervalls „h" und die unterschiedlichen Lagen der Bohrungstoleranzintervalle „A ... ZC" ergeben drei charakteristische Passtoleranzintervalllagen.

EW-Toleranzintervall **h**	**Gewähltes** Toleranzintervall der Bohrung	**Entstehende** Passtoleranz
h	A ... H	Spielpassung
h	J ... N	Übergangsp.
h	P ... ZC	Übermaßpassung

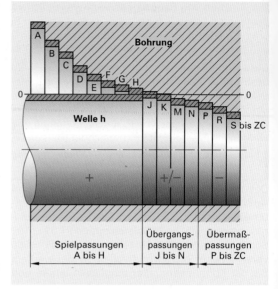

1 ISO-Passungssystem Einheitswelle

Anwendung der Passungssysteme „EB; EW"

Für die Fertigung **größerer Stückzahlen** ist das System **Einheitswelle vorteilhaft**. Der Fertigungsaufwand entfällt bei der Verwendung blankgezogener Wellen (h9 ... h11). Der Einbau ist ohne Nacharbeit möglich, z.B. im Textil- und Landmaschinenbau. Bei kleineren Stückzahlen wird die Anwendung von Einheitswellen unwirtschaftlich wegen des höheren Kostenfaktors für Werkzeuge und Messgeräte.

Außenmaße mit geforderten Passmaßen lassen sich grundsätzlich leichter fertigen und prüfen als Innenpassmaße. Deshalb wird das System **Einheitsbohrung** vorwiegend im allgemeinen Maschinen- und Fahrzeugbau kostengünstig angewendet. Eine Übersicht typischer Anwendungsbeispiele von Passtoleranzfeldlagen (Spiel-, Übergangs- und Übermaßpassungen) der Systeme Einheitsbohrung und Einheitswelle zeigt die Tabelle 1.

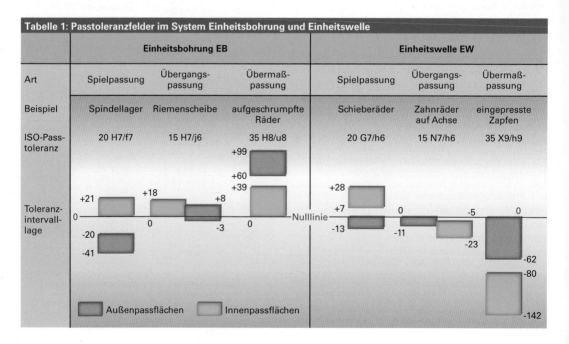

Tabelle 1: Passtoleranzfelder im System Einheitsbohrung und Einheitswelle						
	Einheitsbohrung EB			**Einheitswelle EW**		
Art	Spielpassung	Übergangspassung	Übermaßpassung	Spielpassung	Übergangspassung	Übermaßpassung
Beispiel	Spindellager	Riemenscheibe	aufgeschrumpfte Räder	Schieberäder	Zahnräder auf Achse	eingepresste Zapfen
ISO-Passtoleranz	20 H7/f7	15 H7/j6	35 H8/u8	20 G7/h6	15 N7/h6	35 X9/h9
Toleranzintervalllage	+21 / 0 / -20 / -41	+18 / 0 / -3	+99 / +60 / +39 / +8 / 0	+28 / +7 / -13	0 / -11 / -23	-5 / 0 / -62 / -80 / -142

Außenpassflächen   Innenpassflächen

3.5.7 Auswahl und Auswertung von Passtoleranzintervallen

Für eine wirtschaftliche Fertigung und Prüfung von Passteilen steht dem Konstrukteur eine ausreichende Anzahl von Passtoleranzintervallen zur Verfügung. Die **Vorzugsreihe1** als Grundreihe ist für den größten Teil der Aufgaben **ausreichend**. Für **spezielle** Aufgaben steht die **Vorzugsreihe 2** zur Verfügung (Tabelle 1).

Tabelle 1: Auswahl von Passtoleranzintervallen

Vorzugsreihen Reihe 1 ist Reihe 2 vorzuziehen		Einheitsbohrung		Einheitswelle		Kurz-zeichen	Beispiele	
Bohrung	Welle	Bohrung	Welle	Bohrung	Welle			Merkmale und Anwendung
Spiel						H7 – f7 F8 – h6	Die Teile laufen mit merklichem Spiel, z.B. Kulissensteine in Führungen	
1	2			C11	h11			
1	1			C11	h9	H7 – g6 G7 – h6	Die Teile laufen ohne merkliches Spiel, z.B. Spindellager an Schleifmaschinen, Zahnräder, Teilkopfspindeln	
1	2			D10	h11			
1	2	H8	d9					
1	1			E9	h9	H7 – h6 H7 – h6	Die Teile gleiten, von Hand bewegt, gerade noch, z. B. Pinole im Reitstock, Säulenführungen, Abstandsringe auf Fräsdornen	
1	1	H8	f7					
1	1			F8	h6			
1	1	H7	f7					
1	2	H7	g6			H7 – j6 J7 – h6	Die Teile lassen sich mit leichten Schlägen oder von Hand verschieben, z.B. Riemenscheiben, Zahnräder mit Nabe und Welle bei Keil- und Federverbindungen, die wieder ausgebaut werden.	
2	1			G7	h6			
2	1	H11	h9	H11	h9			
1	1	H7	h6	H7	h6			
Spiel oder Übermaß						H7 – m6 M7 – h6	Die Teile lassen sich nur mit größerem Kraftaufwand wieder auseinandertreiben, z.B. Lagerbuchsen, Kolbenbuchsen, Führungssäulen in Grundplatte	
1	2	H7	j6					
1	2	H7	k6	nicht festgelegt				
1	1	H7	n6					
Übermaß						H7 – s6 S7 – h6	Die Teile pressen sich gegenseitig so fest, dass eine Sicherung gegen Verdrehen nicht erforderlich ist, z.B. Schrumpfringe, Spurkränze, Zahnkränze	
1	1	H7	r6	nicht festgelegt				
1	2	H7	s6					

Auswertung der Passmaße aus der Tabelle 1 (vorherige Seite)

Passmaß Mp	20 G7/h6		15 H7/j6		35 X9/h9	
Passsystem	Einheitswelle		Einheitsbohrung		Einheitswelle	
Passfläche	Innen-passfläche	Außen-passfläche	Innen-passfläche	Außen-passfläche	Innen-passfläche	Außen-passfläche
ISO-Toleranz-kurzzeichen	20 G7	20 h6	15 H7	15 j6	35 X9	35 h9
ob. Grenzabmaß ES, es	+ 28 µm	0	+ 18 µm	+ 8 µm	– 80 µm	0
unt. Grenzabmaß EI, ei	+ 7 µm	– 13 µm	0	– 3 µm	+ 142 µm	– 62 µm
Höchstmaß G_{oB}, G_{oW}	20,028 mm	20,000 mm	15,018 mm	15,008 mm	34,920 mm	35,000 mm
Mindestmaß, G_{uB}, G_{uW}	20,007 mm	19,987 mm	15,000 mm	14,997 mm	34,858 mm	34,938 mm
Toleranz T_B, T_W	0,021 mm	0,013 mm	0,018 mm	0,011 mm	0,062 mm	0,062 mm
Höchstpassung P_H	+ 0,041 mm		+ 0,021 mm		– 0,142 mm	
Mindestpassung P_M	+ 0,007 mm		– 0,008 mm		– 0,018 mm	
Passtoleranz P_T	0,034 mm		0,029 mm		0,124 mm	
Toleranzintervallart	Spieltoleranzintervall		Übergangstoleranzintervall		Übermaßtoleranzintervall	

Aufgaben

1 Was ist unter den Begriffen Nenn- und Istmaß zu verstehen?
2 Welche Zusammenhänge bestehen zwischen Höchst-/Mindestmaß und dem oberen/unteren Grenzabmaßen?
3 Wie werden Bohrungs- bzw. Wellentoleranzklassen bezeichnet?
4 Welche Vorteile bringt die Anwendung von Allgemeintoleranzen?
5 Worin liegen die Besonderheiten der Toleranzintervalle H bzw. h?
6 Worin unterscheiden sich die Passungssysteme Einheitswelle und -bohrung?
7 Begründen Sie an praktischen Anwendungsbeispielen die Bedeutung beider Passungssysteme!
8 Werten Sie folgende Passungsangaben aus: 12 H7/r6, 44 F8/h9, 75 H11/a11

3.6 Beispiel zur Prüfmittelauswahl

Zur Gewährleistung der geforderten Gebrauchseigenschaften von Drehteilen sind sowohl das entsprechende Drehverfahren als auch die notwendigen Prüfverfahren und Prüfmittel für die zu prüfenden Parameter des Werkstücks begründet auszuwählen.

Bei der Festlegung der zu verwendeten Prüfmittel ist zu beachten (Bild 1):

- Geforderte Genauigkeit des Prüfmerkmals
- Losgröße (Stichprobe)
- Verfügbarkeit der Prüfmittel

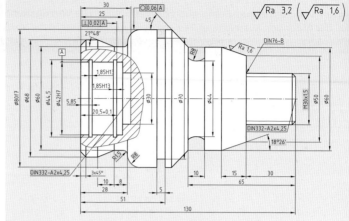

1   Prüfmittelauswahl für das Aufnahmestück

Qualitätsformular										
Qualitätsformular Prüfplanung										
Sachnummer:	Benennung: **Aufnahmestück**			Losgröße:	Bearbeiter: *Lars Lanitz*			Dateiname:		
Merk-malnr.	Merkmal	Nenn-mass	Untere Tol.	Obere Tol.	Prüfmittel Werker	Prüfmittel-fähigkeit	Prüfumfang Werker %	Prüfmittel QS	Prüfum-gang QS	Bemerkung
1	Länge	130	−0,5	+0,5	Messschieber	ja	1	Messschieber	1	

Prüfung von Maßen, Formen und Lagen

Die komplexe Form des Aufnahmestückes zur Darstellung der unterschiedlichen Drehverfahren und damit die Vielzahl an Maßen, Formen und Lagen sind bei der Auswahl der Prüfmittel besonders zu beachten.

Längen- und Durchmessermaße ohne weitere zusätzliche Angaben: Messschieber
Radien, Gewinde und Kegelneigungen: Lehren, Winkelmessgerät
Rechtwinkligkeit, Rundheit: Rundlaufprüfgerät
Freistiche und Zentrierbohrungen: Messschieber, Kugel

Prüfung von Oberflächen

Das Aufnahmestück ist lt. Zeichnungsangaben mit einem Mittenrauwert *Ra* 3,2 bzw. der Kegel *D* = 60, *d* = 50 als besonders ausgewiesenen Fläche mit *Ra* 1,6 herzustellen.

Die Anwendung eines mechanisch arbeitenden **Tastschnittgerätes** garantiert die Erfassung der Messwerte und dokumentiert diese durch einen einfach auswertbaren Messstreifen.

Die subjektive Prüfung mit Vergleichsnormalen kann mit einiger Übung bei der Fertigung von Übungsstücken angewendet werden.

Prüfung von Toleranzen und Passungen

Die Passungen ⌀ 80f7 und ⌀ 42H7 sind aufgrund der Nennmaße und der zugehörigen Passungsangaben mit einer Rachenlehre bzw. einem Lehrdorn zu prüfen. Die Einstiche 1,85 H13 für Sicherungsringe können nur mit Sonderanfertigungen von Parallelendmaßen hinreichend genau geprüft werden.

Qualitätsmanagement

Das Aufnahmestück wird als Musterwerkstück zur Darstellung der verschiedenen Drehverfahren in diesem Lehrbuch eingesetzt. Hierzu gehören die Teilbereiche Fertigung und Prüfung des Qualitätskreises (S. 496). Die Bewertung in den praxisüblichen Karten ist bei Einzelfertigung nicht sinnvoll.

> Die werkstückspezifische Prüfmittelauswahl ist die Grundlage für eine qualitätsgerechte Bewertung der gefertigten Werkstücke.

3.7 Qualitätsprüfung

Die Qualitätsprüfung ist ein Teil des Qualitätsmanagements. Ein Qualitätsmanagementsystem besteht aus den Elementen Qualitätsplanung, Qualitätslenkung, Qualitätssicherung und Qualitätsverbesserung (siehe Kapitel 11).

Die Qualitätssicherung hat das Ziel, eine gleichbleibende und wiederholbare Produktqualität zu gewährleisten. Hierzu wird in der **Prüfplanung** festgelegt, welche Merkmale des Werkstückes geprüft werden, mit welcher Methode und welchen Mitteln dies geschieht, wer prüft und wie häufig geprüft wird (s. S. 67). Nach diesen Vorgaben und allgemeinen Hinweisen zum Prüfen erfolgt die **Prüfdurchführung**. Die Ergebnisse der Prüfung werden in einem **Prüfprotokoll** festgehalten (s. S. 70).

Anschließend werden in der Prüfdatenverarbeitung die ermittelten Daten ausgewertet, protokolliert und ggf. weiterverarbeitet. Um die Rückverfolgbarkeit bei Ausschuss zu gewährleisten und Folgeschäden zu vermeiden, erfolgt eine **Prüfdokumentation** und **Datensicherung**.

Der Einsatz des „richtigen" Prüfmittels ist entscheidend für die Richtigkeit des Prüfergebnisses. Dies bedeutet, dass sowohl das passende Prüfmittel ausgewählt werden muss, als auch, dass dieses Prüfmittel fähig sein muss, ein korrektes Ergebnis zu liefern. Um ein sicheres Ergebnis zu erzielen, sollte die Messgenauigkeit etwa ein Zehntel höher sein als das zu prüfende Maß. Außerdem sollte die Messunsicherheit maximal ein Zehntel der zu prüfenden Toleranz betragen. Die Aufgabe der **Prüfmittelüberwachung** (PMÜ) besteht darin, dieses zu gewährleisten.

Alle Qualitätsmanagementsysteme, wie zum Beispiel ISO 9001 und ISO/TS 16949:2002, fordern, dass für jede Art von Messsystem statistische Untersuchungen zur Analyse der Streuung der Messergebnisse durchgeführt werden. Für diese **Prüfmittelfähigkeitsanalysen (PMFA)**, englisch **Measurement System Analysis (MSA)** sind in Abhängigkeit von der Art des Prüfmittels und der durchzuführenden Prüfung unterschiedliche Maßnahmen vorgeschrieben. Die Anforderungen an die Produktqualität und die internationale Rechtsprechung bezüglich der Produkthaftung zwingen die Unternehmen, Nachweise über die getroffenen Maßnahmen zur Sicherung der Produktqualität zu erbringen.

Eichen	Kalibrieren	Justieren
Amtliche Prüfung und Kennzeichnung eines Prüfmittels entsprechend der Eichvorschrift	Feststellung der systematischen Messabweichung, ohne Veränderung des Prüfmittels	Minimierung der systematischen Messabweichung durch Veränderung (Einstellung) des Prüfmittels

Zur Überwachung der Prüfmittel existieren verschiedene Institutionen. Wie viele andere Industrienationen verfügt auch die Bundesrepublik Deutschland über ein staatlich überwachtes Messwesen. Die Physikalisch-Technische Bundesanstalt (PTB) ist ein ingenieurwissenschaftliches Staatsinstitut und die oberste Behörde der Bundesrepublik Deutschland für das Messwesen und die physikalische Sicherheitstechnik.

Der Deutsche Akkreditierungsrat (DAR) ist die Akkreditierungsstelle des Deutschen Kalibrierdienstes (DKD). Der DKD ist ein Zusammenschluss akkreditierter (staatlich anerkannter) Laboratorien, Forschungsinstituten und technischer Behörden. Die vom DKD ausgestellten Kalibrierscheine sind international anerkannt. Der DKD ist Mitglied der European Cooperation for Accreditation of Laboratories (EA).

Eichungen werden von amtlichen Eichbehörden und öffentlich rechtlichen Anstalten vorgenommen.

Die Entscheidung, ob ein Prüfmittel geeicht oder kalibriert wird, liegt nicht allein beim Anwender. Messgeräte in Unternehmen, die z.B. nach ISO 9001 oder ISO TS 16949 zertifiziert sind, dürfen nur von autorisierten Kalibrierstellen kalibriert werden. Hingegen werden für Messungen im öffentlichen Warenverkehr, z.B. Heizöl, Zapfsäulen oder auch bei der Lebensmittelkontrolle, ausschließlich geeichte Messgeräte verwendet.

3.7.1 Prüfmittelüberwachung

Alle Prüfmittel, die direkten Einfluss auf die Qualität der Produkte haben, sind zu überwachen und in regelmäßigen Abständen zu kalibrieren.

Ziele der Prüfmittelüberwachung (PMÜ)

- Sicherung der Genauigkeit der Prüfmittel
- Sicherung der Verfügbarkeit der Prüfmittel
- Sicherung der Vergleichbarkeit der Messergebnisse im Unternehmen und beim Kunden
- Nachweispflicht bei Produzentenhaftung
- dauerhafte Sicherung der geforderten Fertigungsqualität

Die meisten Prüfmittel unterliegen in ihrem Lebenszyklus einem gewissen Verschleiß. Dazu reagieren viele Prüfmittel auf veränderte Umweltbedingungen, wie z.B. Temperatur, Luftfeuchtigkeit oder Erschütterungen. Darum sind die Überprüfung der Prozessfähigkeit der eingesetzten Prüfmittel vor erstmaligem Einsatz und die regelmäßige Kalibrierung zwingend notwendig.

Elemente der PMÜ

Prozessfähigkeitsuntersuchung für das Prüfmittel:

- beim erstmaligen Einsatz eines neuen Prüfmittels ist durch ein geeignetes Verfahren zu überprüfen und sicher zu stellen, dass das Prüfmittel unter den gegebenen Einflüssen am Einsatzort die geforderte Genauigkeit einhält.

Aufnahme des Prüfmittels in die Prüfmitteldatenbank:

- Erstellung einer Prüfmittelstammkarte mit zulässigen Grenzwerten der Umweltfaktoren (Bild 1).

Festlegung des Überwachungsintervalls:

- entsprechend den Herstellervorgaben und den Einsatzbedingungen.

Übergabe des Prüfmittels:

- Festlegung des Verantwortlichen,
- Übergabe der Prüfmittelstammkarte.

Überprüfen des Prüfmittels nach Ablauf des Überwachungsintervalls:

- Prüfen durch eine autorisierte Stelle,
- bei ungewöhnlich hohem Verschleiß des Prüfmittels Überwachungsintervall korrigieren.

Prüfmittelstammkarte	Prüfmittel-ID: BMS MDC – 25 MJ Code – Nr. 293 - 230
Prüfmittel: Bügelmessschraube digital	
Messbreich:　　　0 mm – 25 mm Messgenauigkeit: 0,01 mm Messabweichung: max. ± 0,001 mm	
Standort: Ha. 1 Drehtechnik	Prüfmittelwart: Herr Müller
Temperaturbereich: + 17 °C ... + 24 °C	
Luftfeuchtigkeit: max. 60 %	
Prüfmittelüberwachung: Abteilung QS	
I/2011 Datum: *16.02.2011* Signum: *X Müller*	II/2011 Datum: *13.09.2011* Signum: *X Müller*
I/2012 Datum: Signum:	II/2012 Datum: Signum:

1   Prüfmittelstammkarte

Prüfplanung

Am Beispiel der Welle (Bild 1) wird auszugsweise die Prüfplanung dargelegt. Dem Zerspanungsmechaniker (hier Werker) wird mit dem Arbeitsplan der Prüfplan (Bild 2) übergeben. Hier sind alle Merkmale (Längen, Durchmesser, Winkel, Rundlauf usw.) angeführt. Diese sind mit Maßen und Toleranzen versehen. Es sind die Prüfmittel vorgegeben sowie der vom Werker zu erfüllende Prüfumfang. Es ist ebenso festgelegt, welche Prüfungen das Qualitätswesen noch vornimmt. Dem Prüfplan sind auch Aussagen zur Prüfmittelfähigkeit und den Maschinenfähigkeitsuntersuchungen (s. Kapitel 11) zu entnehmen.

Bei der Prüfplanung wird auch festgelegt, wie später die Auswertung der Daten erfolgt.

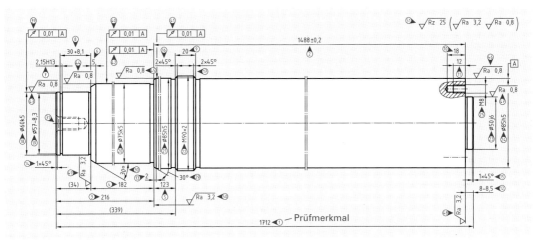

1 Welle

Qualitätsformular

Qualitätsformular

VA51/21

QRLFZ038

Prüfplanung MRO-Teile

Sachnummer: 30.96811-0034 011 P 0118 30	Benennung: **Welle**			Losgröße :		Bearbeiter: Lanitz, Lars		Dateiname: Welle11-0034_Plan.doc	

Merk-malnr.	Merkmal	Nenn-mass	Untere Tol.	Obere Tol.	Prüfmittel Werker	Prüf-mittel-fähigkeit	Prüfum-fang Werker %	Prüfmittel QS	Prüfum-fang QS	Bemer-kung
1	Länge	1712	-1,2	+1,2	Messschieber	ja	1	Messschieber	1	
2	Länge	1488	-0,2	+0,2	Messschieber	ja	25	Messschieber	1	
3	Länge	216	-0,5	+0,5	Tiefenmessschieber	ja	1	Tiefenmaß	1	
18	Durchmesser	60 k5	+0,002	+0,015	Feinzeiger-Messschraube	ja	100	Maramter	25	
19	Durchmesser	57	-0,3	+0	Messschieber	ja	1	Messschieber	1	
20	Durchmesser	75 k5	+0,002	+0,015	Feinzeiger-Messschraube	ja	100	Maramter	25	
21	Durchmesser	85 h5	-0,015	+0	Feinzeiger-Messschraube	ja	100	Maramter	25	
22	Durchmesser	M90x2			Gewindelehrring	ja	25	Gewindelehrring	10	
23	Durchmesser	50 j6	-0,007	+0,012	Feinzeiger-Messschraube	ja	100	Maramter	25	
24	Durchmesser	85 h5	-0,015	+0	Feinzeiger-Messschraube	ja	100	Maramter	25	
39	Rundlauf zu A	0,01			Feinzeiger	ja	100	Feinzeiger	25	
40	Rundlauf zu A	0,01			Feinzeiger	ja	100	Feinzeiger	25	
41	Rundlauf zu A	0,01			Feinzeiger	ja	100	Feinzeiger	25	
42	Planlauf zu A	0,01			Feinzeiger	ja	100	Feinzeiger	25	
55	Signierung					ja	100			Sicht-prüfung

Prozessverantwortlicher: Herr Prüfer	Änderungsstand: Revision 3, 15.06.2011

2 Prüfplan (Auszug)

Prüfdurchführung

Um die Werkerselbstkontrolle erfolgreich praktizieren zu können, erhalten in vielen Betrieben die Werker eine zusätzliche Unterstützung. Eine solche Unterstützung, die die Werker ggf. über das betriebliche Intranet abrufen können, wird unten vorgestellt. Wie ein Zerspanungsmechaniker ohne solche Hilfsmittel seine Prüfmittel auswählen kann, wird auf der folgenden Seite beschrieben.

Arbeitsanweisung
Werkerselbstprüfung

1 Zweck und Geltungsbereich
Diese Arbeitsrichtlinie regelt die Tätigkeiten bei der Durchführung der Werkerselbstprüfung in der Fertigung. Sie hat zum Ziel, dass nach der Beendigung des Arbeitsganges nur Werkstücke weitergegeben werden, die die Qualitätsforderungen erfüllen bzw. für die gemäß der entsprechenden Organisationsanweisungen eine Sonderfreigabe erteilt wurde.
Diese Arbeitsrichtlinie gilt in allen Abteilungen der mechanischen und manuellen Fertigung des Unternehmens.

2 Allgemeine Grundsätze
- Jeder ist für die Einhaltung der Qualitätsforderungen, die er durch seine Arbeit zu erfüllen hat, selbst verantwortlich.
- Mit den ihm zur Verfügung stehenden Arbeitsmitteln ist vor Weitergabe der Arbeit an andere das Ergebnis eigenverantwortlich zu prüfen.
- Jeder ist verpflichtet, über festgestellte Abweichungen aus vorhergegangenen Arbeitsschritten seinen Vorgesetzten zu informieren. Hierzu zählen besonders die Abarbeitung aller vorgelagerten Arbeitsgänge, Qualitätsabweichungen, Stückzahlfehler oder sonstige Schäden.
- Bei Abweichungen in der Abarbeitung des Fertigungsauftrages hat erst nach Klärung des Sachverhaltes und nach Anweisung durch den Vorgesetzten eine Weiterbearbeitung zu erfolgen (Nicht als abgearbeitet gekennzeichnete Arbeitsgänge müssen abgezeichnet oder eine Nacharbeit eingeleitet sein).

3 Prüfmerkmale
Der Werker hat alle von ihm erzeugten und beeinflussten Merkmale zu prüfen und entsprechend der Forderungen der Zeichnung, des Arbeitsplanes, einer Arbeitsunterweisung oder ihm in einer anderen Form mitgeteilten Art, einzuhalten.
Kann er einzelne Merkmale nicht prüfen, ist über den Vorarbeiter eine Prüfung durch den Fertigungsprüfer zu veranlassen. Dies erfolgt durch Einarbeitung eines Prüfarbeitsganges in den Arbeitsplan.

4 Prüfumfang
Die Entscheidung über den Prüfumfang trifft der Werker in Kenntnis der Sicherheit seines Prozesses selbst. Er kann während des Abarbeitens des Loses schwanken (Bsp. 1.,2.,3., 5. 10., letztes Teil).
Der Prüfumfang ist aber mindestens so zu wählen, dass das erste und letzte Stück geprüft wurde.
Zur Entscheidung dient ihm die Tabelle über den Prüfumfang der einzelnen Fertigungsverfahren nach Anlage 2.
Prüfmerkmale, die der Werker nicht selbst prüfen kann, sind von den Fertigungsprüfern zu prüfen. Die Entscheidung wird vom Arbeitsvorbereiter getroffen.
Für diese Fälle ist ein Prüfarbeitsgang im Arbeitsplan vorgesehen oder es werden die pauschalen Regelungen zur Erstteilprüfung angewendet.

5 Prüfmittel
Dem Werker stehen Standardprüfmittel und positionsgebundene Prüfmittel über die Werkzeugausgabe zur Verfügung. Eine Aufstellung der Messmittel und deren Anwendungsgrenzen ist in der **Anlage 1** dargestellt.
Der Werker hat die Pflicht darauf zu achten, dass er nur mit Prüfmitteln arbeitet, die eine gültige Prüfplakette haben. Bei Abweichungen davon ist das Prüfmittel sofort dem zuständigen Messraum zur Überprüfung zuzuleiten.

6 Prüfvorschrift
Wenn keine Angaben zu Prüfvorschriften im Arbeitsplan enthalten sind bzw. keine pauschalen Prüfvorschriften für die Arbeitsaufgabe am Arbeitsplatz vorliegen, gilt für die Prüfung der einzelnen gefertigten bzw. beeinflussten Merkmale die Anwendung und Handhabung der Prüfmittel nach den allgemein üblichen Regeln des Maschinenbaus.
Die Vorschriften der Hersteller bzw. die allgemeinen Regeln zur Anwendung der Prüfmittel (Bsp. Handhabung der Lehren, Kalibriervorschriften, Temperaturunterschiede, Sauberkeit usw.) sind einzuhalten.

7 Qualitätsabweichungen
Mengenmäßige Abweichungen (bis Losgröße 50 Stück) sowie Abweichungen vom Arbeitsablauf sind bei Anlieferung im Fertigungsabschnitt bzw. bei Bearbeitungsbeginn dem Vorarbeiter anzuzeigen.
Mengenmäßige Abweichungen bei Losgröße über 50 Stück sind spätestens nach Abschluss des Arbeitsganges vom Fertiger dem Vorarbeiter anzuzeigen.
Qualitätsmängel sind sofort nach dem Feststellen dem Vorarbeiter oder Fertigungsprüfer zu melden und die **fehlerhaften Teile zu kennzeichnen**.
Die Verfahrensweise ist in der Verfahrensanweisung „Lenkung fehlerhafter Teile" geregelt.

8 Nachweisführung
Die Nachweisführung über die ausgeführten Prüfungen erbringt der Werker durch die Ende-Meldung seines Arbeitsganges und Abzeichnen auf dem Arbeitsbegleitzettel mit Stückzahl, Datum und Personalstammnummer.
Wurde im Arbeitsgang das Ausfüllen eines Prüfprotokolls angewiesen, so ist dieses entsprechend der Vorgabe mit Signum, Name und Datum auszufüllen.

9 Allgemeine Qualitätsforderungen
Um ein allgemein hohes Qualitätsniveau des Fertigungsprozesses zu gewährleisten, ist durch den Werker bei der Weitergabe des Fertigungsauftrages auf einen sauberen, den Konservierungs- und Schontransportanforderungen entsprechenden Zustand der Werkstücke und der Transportmittel zu achten. Werden z. Bsp. alte Kennzeichnungen oder Schmutz und Späne festgestellt, sind diese von den Transportbehältern zu entfernen.

10 Anlagen
Anlage Nr. 1 „Anwendungsgrenzen der Standardmess- und Prüfmittel"
Anlage Nr. 2 „Prüfumfang – Werkerselbstkontrolle"

Genehmigt durch den Leiter Fertigung und Montage

Astadt, 15.06.2014

Werkerselbstprüfung
Anlage Nr. 1 „Anwendungsgrenzen der Standardmess- und -prüfmittel"

Messmittel	Mess-bereich mm	Skalen-einheit	Anwendungsgrenze Frei-maß	> IT8	>= IT5	< IT5
Messschieber	bis 300	0,1 mm	X			
Messschieber	über 300	0,1 mm	X			
Tiefenmessschieber	bis 300	0,1 mm	X			
Tiefenmessschieber	über 300	0,1 mm	X			
Messschieber, digital	bis 300	0,01 mm	X			
Messschieber, digital	über 300	0,01 mm	X			
Bügelmessschraube	bis 500	0,01 mm		X		
Bügelmessgerät A	bis 150	0,002 mm / 0,005 mm		X	X	
Bügelmessgerät B	150 bis 400	0,001 mm				X
Feinzeigerrachenlehre	30 bis 400	0,001 mm				X
Grenzrachenlehren	3 bis 200	lt. Toleranz	X	X	X	
Innenmessschraube	5 bis 1500	0,01 mm		X		
3-Punkt-Innenmessschraube	125 bis 250	0,001 mm			X	
Bohrungsmessgerät A	6 bis 500	0,01 mm		X		
Bohrungsmessgerät B	50 bis 300	0,001 mm			X	
Bohrungsmessgerät C	20 bis 120	0,002 mm / 0,005 mm		X	X	
Bohrungsmessgerät D	20 bis 110	0,001 mm			X	
Grenzlehrdorne	3 bis 500	lt. Toleranz	X	X	X	
Gewindelehrring	3 bis 200	lt. Toleranz			X	
Gewindegrenzrollenrachen-lehre	3 bis 50	lt. Toleranz			X	
Gewindegrenzlehrdorn	3 bis 200	lt. Toleranz		X		
Standardmessuhr	10	0,01 mm		X		
Sondermessuhren (Fühlhebelmessgerät)	0,8	0,01 mm		X		
Feinzeiger	0,12	0,001 mm		X		

Werkerselbstprüfung
Anlage Nr. 2 „Prüfumfang – Werkerselbstprüfung"

■ Die Auswahl erfolgt nach der kleinsten Toleranz, die gefertigt bzw. beeinflusst wird.
■ Werden fehlerhafte Teile festgestellt, ist solange jedes (rückwirkend) Teil zu prüfen, bis eine Fehlerfreiheit über den vorgegebenen Prüfumfang erreicht wurde.

Verfahren	Bearbeitungsmerkmal	100 %	1., jedes weitere 5.	1., jedes weitere 10.	1., jedes weitere 20.
Bohren	Durchmesser	<=IT8	>IT8	Freimaß	
Bohren	Tiefen	<=0,1	>0,1	>0,3	
Bohren	Abstände (Achsabstände, Abstände zu Bezugselementen)	<=0,1	>0,1	>0,3)	
Bohren	Parallelität	<=0,1	>0,1	Freimaß	
Bohren	Winkligkeit	<=0,1/100	>0,1/100	Freimaß	
Bohren	Gewinde, Durchmesser, Länge			X	
Drehen	Durchmesser, innen, außen (einschließlich Einstiche, Nuten usw.)	<=IT8	>IT8	Freimaß	
Drehen	Längen	<0,1	>0,1 <0,2	Freimaß	
Drehen	Rundlauf, Stirnlauf, eine Spannung		<0,02	>0,02 <=0,05	>0,05
Drehen	Rundlauf, Stirnlauf, mehrmaliges Spannen		<0,02	>0,02 <=0,05	>0,05
Drehen	Form, Fasen, Radien, Freistiche			X	
Drehen	Exzentrizität	<0,02	>0,02 <0,05	>0,05	
Drehen	Winkel	>20°	>20° <40°	>40°	
Drehen	Gewinde, innen, außen, Länge			X	
Fräsen	Länge, einschl. Absätze, Nuten, Radien	<=IT8	>IT8	Freimaß	
Fräsen	Rechtwinkligkeit	<=0,05	>0,05	>0,1	
Fräsen	Winkligkeit	<=20°	>20°	>40°	
Fräsen	Parallelität	<0,1	>0,1	Freimaß	
Fräsen	Symmetrie	>0,2	>0,05	<=0,05	
Fräsen	Geradheit, Ebenheit	>0,2	>0,05	<=0,05	
Flach-schleifen	Länge	<=IT9	>IT9	Freimaß	
Flach-schleifen	Parallelität	<=0,05	>0,05	>0,1	
Flach-schleifen	Winkel	<=10°	>10°	>30°	
Flach-schleifen	Ebenheit, Geradheit	<=0,1	>0,1	Freimaß	
Rundschleifen innen/außen	Durchmesser, innen, außen	<=IT7	>IT7	>IT11	
Rundschleifen innen/außen	Schrägen, Winkel, Fasen	<=10°	>=10°	>30°	
Rundschleifen innen/außen	Rundlauf, Stirnlauf	<=0,05	>0,05	>0,05	
Rundschleifen innen/außen	Absätze, Einstiche	<=0,1	>0,1	Freimaß	
Räumen/Stoßen	Nutbreite	<=IT9		>IT9	
Räumen/Stoßen	Nuttiefe	<=0,1		>0,1	
Räumen/Stoßen	Symmetrie	<=0,05		<0,1	

Maße ohne Maßeinheit in mm!

In einem **Prüfprotokoll** werden die Ergebnisse der Prüfung festgehalten. Der Werker trägt die gefertigten und geprüften Maße (Bild 1) in das Prüfprotokoll ein. Von der Werkstatt geht das Protokoll zum Qualitätsbeauftragten, der das Protokoll bestätigt. Das Protokoll wird aufbewahrt und entsprechend der betrieblichen Regeln archiviert. Zudem dient es als Unterlage für statistische Auswertungen.

Bezug auf Prüfplan _038   Qualitätsformular

Prüfprotokoll
Fertigungsprüfung

| Sachnummer: 30.96811-0034 | Benennung: **Welle** | Werk-Nr.: **1 080 002** | Stückzahl: gesamt: geliefert: | Protokolltyp: **Schleifen** | Prüfumfang: | Ident-Nr.: Protokolle pro Los: Seite: von: |

Merk-mals-nr.	Merkmal	Nenn-mass	Untere Tol.	Obere Tol.	Teil-Nr.: 1	Teil-Nr.: 2	Teil-Nr.: 3	Teil-Nr.: 4	Teil-Nr.: 5	Teil-Nr.:	Teil-Nr.:	Teil-Nr.:	Teil-Nr.:	Teil-Nr.:	Teil-Nr.:
18	Durchmesser	60 k5	+0,002	+0,015	+0,009	+0,014	+0,010	+0,011	+0,006						
39	Rundlauf zu A	0,01			0,003	0,004	0,008	0,003	0,002						
20	Durchmesser	75 k5	+0,002	+0,015	+0,012	+0,010	+0,008	+0,007	+0,006						
40	Rundlauf zu A	0,01			0,002	0,004	0,006	0,004	0,003						
21	Durchmesser	85 h5	−0,015	+0	−0,002	−0,008	−0,007	−0,009	−0,013						
41	Rundlauf zu A	0,01			0,006	0,005	0,007	0,004	0,003						
23	Durchmesser	50 j6	−0,007	+0,012	−0,004	+0,007	+0,009	+0,009	0						
41	Rundlauf zu A	0,01			0,003	0,003	0,005	0,002	0,005						
24	Durchmesser	85 h5	−0,015	+0	−0,008	−0,006	−0,009	−0,007	−0,007						
41	Rundlauf zu A	0,01			0,004	0,003	0,003	0,005	0,004						
42	Planlauf zu A	0,01			0,002	0,001	0,003	0,002	0,003						
	Unterschrift Werker:				Rä	Rä	Rä	Rä	Rä						

Bemerkung:

| Bestätigung des Qualitätsbeauftragten: | Freigabe: ☐ ☐ | Datum / Name / Unterschrift: |

1   Prüfprotokoll Schleifen

3.7.2 Prüfdokumentation und Datensicherung

Der Begriff **Dokumentation** (lat. documentum) wird im juristischen Sprachgebrauch als Beweismittelsammlung verwendet. Da aus dem **Produkthaftungsgesetz** sowie dem Geräte- und Produktsicherheitsgesetz (GPSG) von 05/2004 ernsthafte Konsequenzen bei nachweisbar fehlerhaften Produkten für die Organisation erwachsen, kommt der Prüfdokumentation und Datensicherung eine bedeutsame Rolle zu. Diese Dokumentationen können in schriftlicher Form (z. B. Prüfprotokolle), körperlicher Form (z. B. Erstmuster für die Erteilung von Serienaufträgen) oder, zunehmend, in digitaler Form (z. B. digitale Messergebnisse, die direkt auf Datenträgern intern in der Maschine oder extern auf Servern gespeichert werden) vorliegen. Es besteht zwar rechtlich keine Pflicht zur Dokumentation, aber die ISO 9001:2000 unterstützt in mehreren Abschnitten ausdrücklich die Forderung nach lückenloser Dokumentation. Außerdem bestehen in vielen Bereichen, in denen Zerspanungsunternehmen Lieferanten sind, weiterführende Forderungen bezüglich der Rückverfolgbarkeit, wie in den normativen Dokumenten der Automobilindustrie oder in Normen zu Medizinprodukten.

Wie viele Jahre Dokumente aufzubewahren sind, ist gesetzlich nicht geregelt, viele Organisationen orientieren sich an Verjährungsfristen (Tab. 1). Die Dokumentation beschränkt sich nicht nur auf den Nachweis der Erfüllung von Qualitätsmerkmalen, sondern umfasst alle Produktlebensphasen. Dazu zählen in der Herstellung bei der Beschaffung z. B. der Nachweis der Rohteilqualität, bei der Fertigungsüberwachung die Produktionsdatenerfassung, bei der Endprüfung die Prüfnachweise sowie bei Lagerung und Versand die Verpackungs- und Transportvorschriften.

Tabelle 1: Richtwerte für Aufbewahrungszeiten		
Dokumentation	**Beispiel**	**Jahre**
Erstmuster	Serienfertigung von Pumpengehäusen	mindestens 10 Jahre
Nullserienprüf-dokumente	Antriebswelle für Getriebe von Getränkelaufbändern	mindestens 10 Jahre
Prüfberichte und Messprotokolle von Serienteilen	Zahnstange für Fahrstuhlantrieb (langlebiges Produkt mit hoher Sicherheitsrelevanz)	30 Jahre (und Mitgabe der Originaldokumente an den Kunden)
Personalakte	Für Werker im sicherheitsrelevanten Tätigkeitsbereich	30 Jahre

3.8   Testing and Measuring

Work piece characteristics can be defined by the aid of quantities. The base quantities and base units (see Metal Trades Handbooks) are determined in the International System of Units SI (System International). All physical quantities can be inspected by different procedures, measuring or gauging, even under difficult conditions (Figure 1). The selection of the test method and the choice of the measuring instrument depends on the task and the required test accuracy.

1   Measuring the length with vernier callipers

1. Measuring errors

Each measurement process is subject to different influences, thus the test results are falsified.

Systematic deviations are caused by the same variables, e.g. temperature influences. This can cause false measuring results. Random deviations in size and value can not be determined, for example, measuring forces, which means measuring results are uncertain (Figure 2).

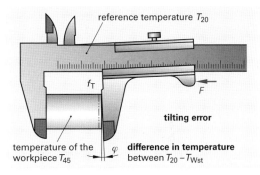

reference temperature T_{20}

f_T

F

tilting error

temperature of the workpiece T_{45}

φ

difference in temperature between $T_{20} - T_{Wst}$

2   Types of measurement errors

2. Dimensional checking

The length of products in the field of machining technology are inspected by means of mechanical or electrical, pneumatic or optical measurement devices. The measuring result is always a numerical value (Figure 3). Decisive for the selection of the measuring device is the required accuracy and the type of measurement. To avoid deviations in measurements, the measuring device must be set to „zero" before starting inspecting.

3   Measuring the depth of a workpiece

3. Non-dimensional checking

Gauges represent forms and dimensions, which can be carried out by comparing the work piece with the gauge (Figure 4). This means:

Refinishing operation – Good – Scrap

- Dimensional representations are gauges with increasing dimensions, e.g. slip gauges

- Form gauges represent the shape of work-pieces using the light gap method.

- Limit gauges represent the maximum limit and the minimum limit of a nominal dimension.

4   Gauging of an internal dimension

Chronological word list		Tasks
1. Measuring and gauging		
Base quantities	Basisgrößen	**1. Translate the text from the previous page into German**
Base units	Basiseinheiten	
International SI-units	Internationale SI-Einheiten	**2. Translate the terms in figure 1**
Inspection procedure	Prutvorgang	**3. Answer the following questions:**
Inspection procedure	Prüfverfahren	■ Name the SI-base quantities and their units.
Measuring accuracy	Prüfgenauigkeit	■ Explain the difference between the inspection procedures: measuring and gauging.
Length measuring	Längenprüfung	
2. Measuring errors		
Measuring procedure	Messvorgang	**1. Translate the text from the previous page into German**
Measuring result	Messergebnis	
Influences	Einflüsse	**2. Translate the terms in figure 2**
Systematic error	Systematische Abweichung	**3. Answer the following questions:**
Random error	Zufällige Abweichungen	■ The statement: *"I have measured precisely"* is wrong, why?
Measuring forces	Messkräfte	
Tilting error	Kippfehler	■ Explain the difference between the detected measured value and the actual measured quantity.
Reference temperature	Bezugstemperatur	
Temperature difference	Temperaturdifferenz	
Wrong measuring results	Falsche Messwerte	■ Why is the reference temperature T_{20} specified in precision measuring?
Unreliable measuring results	Unsichere Messwerte	
3. Dimensional checking		
Measurement arrangements	Messanordnung	**1. Translate the text from the previous page into German**
■ mechanical	■ mechanisch	
■ electrical	■ elektrisch	**2. Translate the terms in figure 3**
■ pneumatic	■ pneumatisch	**3. Answer the following questions:**
■ optical	■ optisch	■ What are the advantages of dimensional checking?
Accuracy	Genauigkeit	
Unit of measurement	Maßeinheit	■ Name characteristic features of the measurement arrangements for length measuring.
Numerical value	Zahlenwert	
Comparison measurement	Unterschiedsmessung	■ Summarize comparison measurement with a practical example.
Test surface	Prüffläche	
Support surface	Auflagefläche	
4. Non-dimensional checking: gauging		
Gauges	Lehren	**1. Translate the text from the previous page into German**
Dimensional gauges	Maßlehren	
Form gauges	Formlehren	**2. Translate the terms in figure 4**
Limit gauges	Grenzlehren	**3. Answer the following questions:**
Maximum limit	Höchstwert	■ Explain the difference in the applied measuring force for measuring and gauging.
Minimum limit	Mindestwert	
Nominal value	Nennmaß	
Limit plug gauge	Bohrungslehre	■ The test result of gauging can only be: refinishing operation – good – scrap. Evaluate these statements according to the quality of produced workpieces.
Operating condition	Arbeitslage	
Test result	Prüfergebnis	
Refinishing operation good – scrap	Nacharbeit-Gut-Ausschuss	■ Which advantages does a three-point testing procedure have?

4 Werkstofftechnik

Werkstoffe sind feste Stoffe, die nutzbare technische Eigenschaften besitzen. Sie sind aus Rohstoffen gewonnene Ausgangsmaterialien, die zur Herstellung von Halbfabrikaten und Fertigerzeugnissen dienen. Von den Werkstoffen werden die Hilfsstoffe, wie Schmier- und Kühlmittel, unterschieden.

4.1 Aufbau der Werkstoffe

Die Materialien, aus denen die uns umgebenden Gegenstände bestehen, sind aus den ca. 100 Elementen aufgebaut, aus denen das Periodensystem besteht. Allerdings besitzen nur wenige Stoffe im elementaren Zustand für den Menschen nutzbare Eigenschaften. Gold ist eines dieser Elemente und es ist deshalb seit Jahrtausenden in Gebrauch. In Industrie- und Handwerk sind die Werkstoffe fast immer Kombinationen von zweien oder mehreren Elementen.

Der Werkstoffkreislauf

Bei der Nutzung aller Werkstoffe (Bild 1) befinden sich diese in einem ständigen Kreislauf zwischen ihren natürlichen und den künstlich geschaffenen Zuständen.

Im Zerspanungsprozess treffen an der Wirkstelle zwei verschiedene Werkstoffe gezielt aufeinander. Sie befinden sich im Werkstoffkreislauf an verschiedenen Positionen und besitzen unterschiedliche Eigenschaften.

Bei der Bearbeitung des Werkstückwerkstoffes ist die Zerspanbarkeit zu beachten.

Vom Schneidstoff sind vor allem die Härte, die Verschleißfestigkeit und Temperaturbeständigkeit von ausschlaggebender Bedeutung.

Optimale Zerspanungsergebnisse werden durch die eingesetzten Werkstoff-Schneidstoff-Paarungen erzielt.

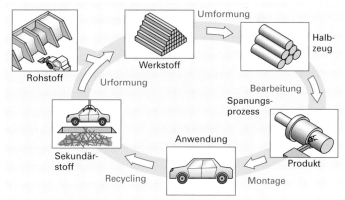

1 Werkstoffkreislauf

Beim Zerspanungsprozess soll sich der Werkstoffzusammenhalt im Werkstück möglichst problemlos aufheben lassen, dagegen muss der Werkstoffzusammenhalt des Werkzeuges sehr hoch sein (Übersicht 1).

Der Zusammenhang zwischen dem Werkstoffaufbau, den daraus resultierenden Eigenschaften sowie der Anwendung wird durch zahlreiche Werkstoffprüfverfahren dokumentiert.

Die ermittelten Kennwerte aus der Werkstoffprüfung und die fachspezifischen Kenntnisse sind die Grundlage für die praktische Anwendung.

Übersicht 1: Werkstoffaufbau – Eigenschaften – Anwendung

4.2　Einteilung der Werkstoffe

Die Legierungen des Eisens sind seit Jahrhunderten die weitest verbreiteten metallischen Werkstoffe. Deshalb stehen sie auch traditionell im Mittelpunkt der Einteilung der Werkstoffe für die industrielle Fertigung:

Eisenwerkstoffe　Nichteisenmetalle　Nichtmetalle

Durch die immer größere Bedeutung der Kunststoffe und der „Werkstoffe nach Maß", die meist Verbundwerkstoffe sind, bietet sich eine andere Einteilung an. In dieser sollen die grundsätzlichen Eigenschaften der jeweiligen Werkstoffgruppen (Tabelle 1) stärker berücksichtigt werden.

Tabelle 1: Einteilung der Werkstoffe

Metalle				Nichtmetalle						
				anorganische						organische
Eisenwerkstoffe		Nichteisenmetalle		Keramische Werkstoffe			Naturstoffe	Kunststoffe		
Stähle	Gusseisen-werkstoffe	Leicht-metalle	Schwer-metalle	Kristallin Kera-miken	amorph Gläser	keramische Bindemittel	Diamant Holz	Thermo-plaste	Duro-plaste	Elasto-merene
unlegiert legiert nichtrostend	EN-GJL EN-GJS EN-GJMB GE	– Al – Mg – Ti	– Cu, Cr – Ni, W	– Oxid-keramik – Nicht-oxid-keramik		– Gips – Zement	abge-wan-delte Natur-stoffe – Papier	PVC-U PA 66 PMMA PS	PF+ UF+	BR SBR PUR IR

Verbundwerkstoffe				
Hartmetalle	Stahlbeton	Cermets	Glasfaserverbund	Faserverbund

4.2.1　Einteilung, Bezeichnung und Normung der Eisenwerkstoffe

Die Einteilung der Eisenwerkstoffe in Stahl und Gusseisen ist mit dem Punkt E des Eisen-Kohlenstoff-Diagramms bei 2,06 %C festgelegt. Die Bezeichnungen und die Normung dagegen unterliegen unterschiedlichen nationalen Bedingungen.

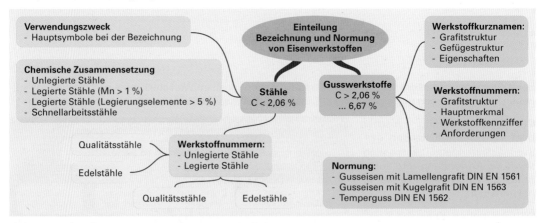

Die nationalen Bezeichnungen für gleiche Stähle wie z.B. NS 12 153, 50C, E 36-3, St 52-3, AE 355 C, Fe510 C, AE 355 C usw. wurden durch die europaeinheitliche aktuelle Stahlbezeichnung **S355JO** ersetzt.

Die dafür zuständige DIN EN 10025-2 ist seit 2005-04 verbindlich und erleichtert damit wesentlich die Handelsbeziehungen zwischen den europäischen Ländern. Allerdings erweist sich der Übergang von den nationalen Bezeichnungen zu dem einheitlichen europäischen Normsystem als ein langwieriger Prozess.

Normung der Einteilung

Die deutschen, europäischen und internationalen Normen zur Einteilung und Bezeichnung der Stähle sind in einem ständigen Prozess der Überarbeitung. Dabei sind die verschiedenen Normen in einem unterschiedlichen Stadium ihrer Gültigkeit und noch nicht vollständig aufeinander abgestimmt. Die geltende Norm für das Bezeichnungssystem für Stähle **DIN EN 10027** ist seit 1992 gültig. Inzwischen wird an einer neuen Fassung gearbeitet. Teil 1 der Norm (Kurznamen und Hauptsymbole) liegt seit 2001 vor und ist seit 2005 verbindlich.

Die Norm für die Einteilung der Stähle **DIN EN 10020** „Begriffsbestimmung für die Einteilung der Stähle" ist aus dem Jahre 2000. So treten gewisse Widersprüche auf: In den Normen aus dem Jahr 1992 werden noch Grundstähle angeführt, die es in der neueren Norm zur Einteilung der Stähle nicht mehr gibt. Hier werden die ehemaligen Grundstähle den unlegierten Qualitätsstählen zugeordnet.

| Die Einteilung der Stähle erfolgt nach verschiedenen Kriterien.

Einteilung nach der chemischen Zusammensetzung

Nach Legierungsgehalten

Nach dieser Einteilung wird nur zwischen legierten und unlegierten Stählen unterschieden. Es ist genau festgelegt, bei welchen Anteilen anderer Elemente im Stahl die Grenze zwischen legiert und unlegiert liegt. Diese Grenzwerte (Übersicht 1) unterscheiden sich sehr.

Nach Klassen

Nach dieser Einteilung werden alle Stähle drei Klassen zugeordnet (Übersicht 1):

- **Unlegierte Stähle**

  Zu den unlegierten Stählen gehören nach dieser Norm alle Stahlsorten, bei denen kein einziges Element den in der Übersicht 1 festgelegten Grenzwert erreicht.

- **Nichtrostende Stähle**

  Zu den nichtrostenden Stählen gehören alle Stähle mit mindestens 10,5 % Chrom und höchstens 1,2 % Kohlenstoff.

- **Andere legierte Stähle**

  Alle Stahlsorten außerhalb der nichtrostenden Stähle, die mindestens bei einem Element die Grenzwerte der Übersicht 1 erreichen.

Einteilung nach Hauptgüteklassen

- **Unlegierte Stähle**

Unlegierte Qualitätsstähle

Diese Stähle erfüllen im Allgemeinen bestimmte festgelegte Anforderungen, z. B. an die Zähigkeit, die Korngröße oder die Umformbarkeit.

Unlegierte Edelstähle

Edelstähle haben einen höheren Reinheitsgrad als Qualitätsstähle. Dadurch sind die Anforderungen besser zu erfüllen. Die unlegierten Edelstähle werden häufig für das Vergüten und Oberflächenhärten eingesetzt. Festgesetzte Härtetiefen, Kerbschlagzähigkeit oder Höchstgehalte an Einschlüssen (z. B. P, S) sind wesentliche Eigenschaften.

Übersicht 1: Grenzwerte zur Unterscheidung von unlegierten und legierten Stählen

Elemente	Grenzwerte in %
Bor (B)	0,008
Titan (Ti)	0,05
Vanadium (V)	0,10
Selen (Se)	0,10
Wismut (Bi)	0,10
Aluminium (Al)	0,30
Kobalt (Co)	0,30
Chrom (Cr)	0,30
Nickel (Ni)	0,30
Wolfram (W)	0,30
Kupfer (Cu)	0,40
Blei (Pb)	0,40
Silizium (Si)	0,60
Mangan (Mn)	1,65

Übersicht 2: Einteilung der Stähle

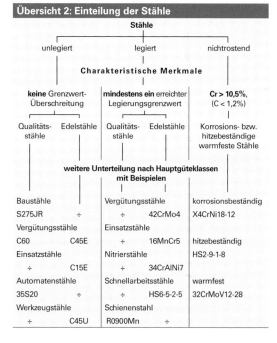

■ Nichtrostende Stähle

Die nichtrostenden Stähle, die als Hauptelement neben Eisen Chrom (Min. 10,5 %) enthalten, werden nach dem Gehalt des nächsten wichtigen Legierungselementes Nickel weiter unterteilt:

- Nichtrostende Stähle mit weniger als 2,5 % Nickel,
- Nichtrostende Stähle mit 2,5 % oder mehr % Nickel;

eine weitere Unterteilung erfolgt nach den weiteren wichtigen Eigenschaften in:

- korrosionsbeständige Stähle,
- hitzebeständige Stähle,
- warmfeste Stähle,

Diese Eigenschaften können gleichzeitig noch miteinander verknüpft werden, z. B. zu den chemisch beständigen und außerdem hochwarmfesten Stählen.

■ Andere legierte Stähle

Die anderen (außer den nichtrostenden) legierten Stähle werden wie die unlegierten Stähle in Qualitäts- und Edelstähle eingeteilt:

legierte Qualitätsstähle	legierte Edelstähle
Diese Stähle erfüllen im Allgemeinen bestimmte festgelegte Anforderungen, z. B. an die Zähigkeit, die Korngröße oder Umformbarkeit. Diese Stähle sind im Allgemeinen nicht für das Vergüten oder Oberflächenhärten vorgesehen. Beispiele für solche Stähle sind: ■ schweißgeeignete Feinkornbaustähle, ■ legierte Stähle für Schienen, ■ Stähle für schwierige Kaltumformungen.	Diese Edelstähle sind durch eine hohe Reinheit, eine genaue chemische Zusammensetzung, besondere Herstellungs- und Prüfbedingungen gekennzeichnet. Sie erfüllen deshalb besonders hohe Anforderungen. Beispiele für solche Stähle sind: ■ legierte Maschinenbaustähle, ■ Stähle für Druckbehälter, Wälzlagerstähle, ■ Werkzeugstähle, Schnellarbeitsstähle.

Normung der Bezeichnungen

Bezeichnungen nach DIN EN 10027-1

Die jetzt gültige Norm geht von zwei Möglichkeiten der Bezeichnung aus:

1. mit **Kurznamen**: wiederum mit zwei Varianten:

   1. Kurznamen, die Hinweise auf die Verwendung und die mechanischen oder physikalischen Eigenschaften der Stähle enthalten.

   2. Kurznamen, die Hinweise auf die chemische Zusammensetzung enthalten.

2. mit **Werkstoffnummern** (S. 78):

Ein **Kurzname** beginnt mit einem Hauptsymbol.

Diesem Symbol folgt eine Zahl, die der Mindeststreckgrenze in MPa (1 MPa = 1 N/mm²) entspricht.

Bei anderen Stählen, z. B. **M** Elektrobleche, kann die Zahl andere physikalischen Größen, hier die Magnetisierungsverluste angeben.

Ein **G** vor das erste Symbol gesetzt, bedeutet Stahlguss.

Zusätzliche Zeichen nach der Zahl geben Informationen zu Wärmebehandlung, Verwendung, besonderen Eigenschaften u.a.

Hauptsymbole (Beispiele)

S Stähle für den allgemeinen Stahlbau
E Maschinenbaustähle
P Stähle für den Druckbehälterbau
R Stähle für Schienen
B Betonstähle
L Stähle für Leitungsrohre

Beispiele: **S185**

Stahl für den allgemeinen Stahlbau — Mindeststreckgrenze R_e = 185 N/mm²

S500Q

Vergüteter Baustahl mit höherer Streckgrenze (warmgewalzt) — vergütet — Streckgrenze R_e = 500 N/mm²

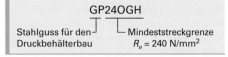

GP24OGH

Stahlguss für den Druckbehälterbau — Mindeststreckgrenze R_e = 240 N/mm²

Die **Kurznamen** nach dieser Version (2.) kommen den herkömmlichen Bezeichnungen nahe.

Unlegierte Stähle – keine Grenzwertüberschreitung (Mangangehalt < 1 %, außer Automatenstähle).

Der Kurzname besteht aus:
- dem Kennbuchstaben **C** für Kohlenstoff
- einer Zahl, die dem Hundertfachen des Kohlenstoffgehaltes entspricht

Beispiel: C15

unlegierter Stahl   0,15 % C

Legierte Stähle, Automatenstähle – Grenzwertüberschreitung **mindestens** eines Legierungselementes (Mangangehalt > 1 %).

Der Kurzname besteht aus:
- einer **Zahl**, die dem Hundertfachen des Kohlenstoffgehaltes entspricht
- chemischen Symbolen der Legierungselemente, geordnet nach abnehmendem Gehalt. Bei gleichem Gehalt werden die chemischen Symbole in alphabetischer Reihenfolge angeordnet.
- Zahlen, die in der Reihenfolge der Legierungselemente einen Hinweis auf ihren Gehalt geben. Die Prozentgehalte werden mit einem Faktor multipliziert und ergeben die Zahlen.

Die Zahlen sind durch Bindestriche zu trennen.

Beispiel: 15MnMoV4 – 5

legierter Stahl 0,15 % C,   1% Mn,   **0,5 % Mo**

Tabelle 1: Grenzwerte für Stähle in %

Al	0,30	Mn	1,65	Se	0,10
Bi	0,10	Mo	0,08	Si	0,60
Co	0,30	Nb	0,06	Ti	0,05
Cu	0,40	Ni	0,30	V	0,10
Cr	0,30	Pb	0,40	W	0,30

Hochlegierte Stähle – mindestens ein Element erreicht einen Legierungsanteil > 5%, die Schnellarbeitsstähle werden gesondert bezeichnet.

Der Kurzname besteht aus:
- dem Kennbuchstaben **X**
- einer Zahl, die dem Hundertfachen des C-Gehalts entspricht
- chemischen Symbolen für die Legierungselemente, geordnet nach abnehmendem Gehalt
- Zahlen, die in der Reihenfolge der Legierungselemente deren Gehalt angeben.

Die Zahlen sind durch Bindestriche zu trennen.

Beispiel: X5CrNi18-10

hoch-
legierter Stahl   0,05 % C,   18 % Cr,   10 % Ni

Schnellarbeitsstähle

Der Kurzname besteht aus:
- den Kennbuchstaben **HS**
- Zahlen, die in fester Reihenfolge die Gehalte folgender Elemente angeben:
  Wolfram – Molybdän – Vanadium – Kobalt.

Beispiel: HS10 – 4 – 3 – 10

Schnell-   10 % W, 4 % Mo, 3 % V, 10 % Co
arbeitsstahl

Die Zahlen sind durch Bindestrich zu trennen. Fehlt in der Stahlbezeichnung die vierte Ziffer, handelt es sich um kobaltfreie Schnellarbeitsstähle.

Bei beiden Stahlgruppen kann ein **G** (für Guss) oder **PM** (für Pulvermetallurgie) der Bezeichnung vorangestellt werden.

Entsprechend den Vorgaben der europäischen Normeninstitute ist die bisherige DIN EN 10027-1 mit der Norm CR 10260 verknüpft worden. In der CR 10260 sind alle Zusatzsymbole für die Stahlbezeichnungen enthalten. Diese Zusatzsymbole waren für die deutschen Anwender als deutsche Vornorm DIN V 17006 vorhanden.

Die Zusatzsymbole werden an die bisher beschriebenen Kurznamen angehängt.

Mit den Zusatzsymbolen für Stahl und Stahlerzeugnisse lassen sich Aussagen zur Kerbschlagarbeit, Wärmebehandlung, zu besonderen Anforderungen (z. B. +F = Feinkornstahl), zum Behandlungszustand usw. treffen. (vgl. Tabellenbuch)

Beispiel:
S235JR: Stahlbaustahl, R_e = 235 N/mm², Kerbschlagarbeit 27 J bei +20 °C
S235J2W: Wetterfester Stahlbaustahl, R_e = 235 N/mm², Kerbschlagarbeit 27 J bei –20 °C

Werkstoffnummern (nach DIN EN 10027-2)

Ziel dieses Systems ist es, jeden verwendeten Werkstoff mit einer Nummer zu versehen. Damit lassen sich Bestellungen und Lieferungen mit EDV stark vereinfachen und die Suche nach geeigneten Werkstoffen für bestimmte Anwendungsfälle wird erleichtert.

Jedem Werkstoff wird eine fünfstellige Zahl zugeordnet (kann bei Bedarf auf sieben Stellen erweitert werden).

Tabelle 1: Werkstoffhauptgruppe – gekennzeichnet durch die **erste** Stelle

0	Reineisen, Gusseisen	3	Leichtmetalle
1	Stahl	4	Sinterwerkstoffe
2	andere Schwermetalle	5 – 8	nichtmetallische Werkstoffe

Das System ist vorerst nur für Stahl voll verwirklicht: 1. **XX** XX (XX)

Tabelle 2: Stahlgruppe – gekennzeichnet durch die **nächsten beiden** Stellen

00 und 90	Grundstähle	20 bis 28	Edelstähle: Legierte Werkzeugstähle
01 bis 02	unlegierte Baustähle	32 bis 33	Schnellarbeitsstähle
15 bis 17	unlegierte Werkzeugstähle	40 bis 45	nichtrostende Stähle
		50 bis 85	Edelstähle: Legierte Baustähle

Die Gruppennamen geben meist alle zutreffenden Einteilungskriterien wieder:

Die letzten beiden Ziffern benennen den konkreten Stahl.

> **Beispiel: Gruppe 85** legierte Edelstähle: Baustähle, Nitrierstähle
>
> **1.8550** ist der Stahl 34CrAlNi7, ein Nitrierstahl, aus dem Spindeln für Werkzeugmaschinen hergestellt werden

■ **Beachten Sie:** Die Gliederung der Werkstoffnummern entspricht nicht vollständig der Einteilung der Stähle nach der jetzt gültigen DIN EN 10020. Er werden in der DIN EN 10027-2 noch die Grundstähle ausgewiesen und die grundsätzliche Einteilung erfolgt nur in legierte und unlegierte Stähle. Die jetzt als besondere Klasse ausgewiesenen nichtrostenden Stähle sind innerhalb der Werkstoffnummern nur als Untergruppe innerhalb der legierten Edelstähle zugeordnet.

Tabelle 3: Stahlgruppennummern (Auswahl)

unlegierte Stähle			legierte Stähle			
Grundstähle	Qualitäts- stähle	Edelstähle	Edelstähle			
			Werkzeug- stähle	verschiedene Stähle	Chemisch beständige Stähle	Bau-, Maschi- nenbau- und Behälterstähle

Gruppennummer	Stahlgruppen für unlegierte Stähle
00,90	Grundstähle
Qualitätsstähle	
01, 91	Allgemeine Baustähle mit $R_m < 500$ N/mm²
02, 92	Nicht für eine Wärmebehandlung bestimmte Baustähle $R_m < 500$ N/mm²
06, 96	Stähle mit im Mittel ≥ 0,55 % C oder $R_m ≥ 700$ N/mm²
07, 97	Stähle mit einem höheren P- oder S-Gehalt
Edelstähle	
10	Stähle mit besonderen physikalischen Eigen- schaften
11	Bau-, Maschinenbau-, Behälterstähle < 0,50 % C
12	Maschinenbaustähle mit ≥ 0,50 % C
15...18	Werkzeugstähle

Gruppennummer	Stahlgruppen für legierte Stähle
Qualitätsstähle	
08, 98	Stähle mit besonderen physikalischen Eigen- schaften
Edelstähle	
20...28	Werkzeugstähle
32, 33	Schnellarbeitsstähle
40...45	nicht rostende Stähle
47...48	hitzebeständige Stähle
50...84	Bau-, Maschinenbau- und Behälterstähle mit jeweiligen Festlegungen zu Legierungsele- menten, z. B. 77 Cr-Mo-V
85	Nitrierstähle
87...89	Nicht für eine Wärmebehandlung vorgesehene hochfeste schweißgeeignete Stähle

4.2.2 Bezeichnung der Gusswerkstoffe

Die bisher recht einfach handhabbaren Bezeichnungen für Gusswerkstoffe wie GG für Grauguss oder GS für Stahlguss sind ebenfalls überholt. Die neuen Bezeichnungen nach EN 1560 sind teils ähnlich, teils völlig anders.

Analog der Norm für Stahl gibt es auch hier Bezeichnungen durch Kurzzeichen und durch Werkstoffnummern.

Bezeichnung von Gusswerkstoffen durch Kurzzeichen

Die Kurzzeichen bestehen aus 6 Teilen, von denen die Teile 1, 2 und 5 obligatorisch sind.

1 **EN**
2 **GJ** für Gusseisen
3 Angabe der Grafitstruktur, z. B.
    S kugelartig (sphärisch)
    L lamellar
4 zur Mikro- oder Makrostruktur, z.B. **F** Ferrit
5 mechanische Eigenschaften oder chemische Zusammensetzung
6 zusätzliche Anforderungen

Bezeichnung von Gusswerkstoffen durch Nummern

Nach der Vorsilbe **EN** und **J** für Gusseisen folgt ein Buchstabe zur Grafitstruktur.
Anschließend bezeichnen vier Ziffern den konkreten Werkstoff und wichtige Merkmale.

4.2.3 Bezeichnung und Normung von Nichteisenmetallen

> Die Nichteisenmetalle sind Reinmetalle und Legierungen, bei denen Eisen **nicht** die größten Masseanteile besitzt.

Üblicherweise werden Nichteisenlegierungen in Knet- und Gusslegierungen unterteilt, wobei die Gusslegierungen durch ein **G** gekennzeichnet werden. In den Bezeichnungen werden die Legierungselemente aufgeführt, wobei die %-Zahlen für die auf den Hauptbestandteil folgenden Legierungselemente in ihrem Anteil angegeben werden.

Bsp.: GD – ALSi8Cu3 ist eine **D**ruck**g**usslegierung mit 8% Si und 3% Cu.

Auch für Nichteisenmetalle kommen schrittweise neue Normen zur Geltung. Beispielhaft sei die Norm für Aluminium vorgestellt. Auch hier kann die Bezeichnung mit Nummern (DIN EN 573-1) oder mit chemischen Symbolen (DIN EN 573-2) erfolgen.

Bezeichnung mit Nummern

Nach der Vorsilbe **EN** folgt **A** für Aluminium und **W** für Halbzeug.

Anschließend folgen vier Ziffern.

Die erste Ziffer (Tabelle 1) gibt das Hauptlegierungselement an.

Die 2. Ziffer gibt Legierungsabweichungen an.

Die letzten beiden Ziffern geben Hinweise auf die Zusammensetzung, bei dem 99%igen Al sind es die %-Angaben über 99,00%.

Tabelle 1: Bedeutung der ersten Ziffer:		
1	mehr als 99 % Aluminium	
2	Al-Legierung mit Kupfer	Als
3	Al-Legierung mit Mangan	wich-
4	Al-Legierung mit Silizium	tigstem
5	Al-Legierung mit Magnesium	Legie-
6	Al-Legierung mit Mg und Si	rungs-
7	Al-Legierung mit Zink	element

Bezeichnung mit chemischen Symbolen

Nach dem Symbol für Aluminium folgen die chemischen Symbole der Legierungselemente und Ziffern für die prozentualen Anteile. Die Bezeichnung mit chemischen Symbolen soll nur ausnahmsweise erfolgen. Die korrekte Angabe lautet für diesen Werkstoff EN AW-5052 [ALMg2,5].

4.2.4 Schneidstoffe nach DIN ISO 513

Zu den hier bezeichneten harten Schneidstoffen gehören Hartmetall, Schneidkeramik, Diamant und Bornitrid nach DIN ISO 513-2005.

Hartmetalle

Hartmetalle (Tabelle 1) werden nach dieser Form grundsätzlich nach ihren Hauptbestandteilen (WC, TiC, TIN) und dem Kriterium beschichtot oder unbeschichtet unterteilt.

Eine weitere Unterteilung erfolgt dann in die Anwendungsgruppen P, K und M.

Mit Ziffern werden die Gruppen weiter unterteilt. In jeder Gruppe bedeuten die niedrigen Ziffern höchste Verschleißfestigkeit, die höheren Ziffern höhere Zähigkeit.

Tabelle 1: Hartmetalle

Kennbuchstabe	Hartmetallgruppe
HW	Unbeschichtetes Hartmetall, vorwiegend aus Wolframcarbid (WC) mit Korngröße $\geq 1\,\mu m$
HT (auch Cermet)	unbeschichtetes Hartmetall, vorwiegend mit Korngröße $< 1\,\mu m$
HF	Unbeschichtetes Hartmetall, vorwiegend aus Titancarbic (TiC) oder Titannitrid (TiN) oder aus beiden
HC	beschichtete Hartmetalle

Tabelle 2: Zerspanungshauptgruppen

Gruppe	Anwendung	Farbe
P	langspanende Werkstoffe	blau
K	kurzspanende Werkstoffe	rot
M	lang- und kurzspanende Werkstoffe	gelb
N	NE-Metalle	grün
S	Titan	braun
H	gehärteter Stahl und Guss	grau

Die Buchstaben P, K, M, N, S und H (Tabelle 2) sind ausschließlich für die Kennzeichnung der Zerspanungshauptgruppen vorgesehen und dürfen nicht für Firmenbezeichnungen der Schneidstoffe verwendet werden. Innerhalb der Anwendungsgruppen können deshalb von verschiedenen Firmen Schneidstoffe mit unterschiedlichen Bezeichnungen angeboten werden.

Beispiel: HW-P01 oder P01

unbeschichtetes Hartmetall — Zerspanungshauptgruppe P, langspanende Werkstoffe — Anwendungsgruppe P01 sehr hohe Verschleißfestigkeit

Schneidkeramik

Als Schneidstoffe (Tabelle 3) haben die kristallinen Keramiken ein breites Anwendungsspektrum.

Die Keramiken werden unterteilt in oxidische (Al_2O_2, und Zn_2O_2) und nichtoxidische (Si_3N_4, SiC) Sorten.

In Mischkeramiken aus oxidischen und nichtoxidischen Keramiken kommen vor allem Al_2O_3, TiC und TIN vor.

Tabelle 3: Schneidkeramik

Kennbuchstabe	Schneidkeramikgruppe
CA	Oxidkeramik, vorwiegend aus Aluminiumoxid (Al_2O_3)
CM	Mischkeramik, auf der Basis von Al_2O_3, jedoch auch andere Oxide
CN	Siliziumnitridkeramik, vorwiegend aus Siliziumnitrid (Si_3N_4)
CR	Oxidkeramik, Al_2O_3 verstärkt
CC	beschichtete Schneidkeramik

Beispiel: CA-K10

Schneidkeramik — Zerspanungshauptgruppe K, kurzspanende Werkstoffe — Anwendungsgruppe K10 hohe Verschleißfestigkeit

Diamant

Mono- und polykristalline Diamanten (Tabelle 4) sind die härtesten Schneidstoffe. Sie werden deshalb als superharte Schneidstoffe bezeichnet.

Bornitrid

Die kubisch-kristalline Bornitride (CBN) ergänzen die Gruppe der superharten Schneidstoffe (Tabelle 4).

Tabelle 4: Diamant- und Bornitridgruppe

Kennbuchstabe	Diamantgruppe
DP	polykristalliner Diamant
DM	monokristalliner Diamant

Kennbuchstabe	Bornitridgruppe
BL	kubisch-kristallines Bornitrid mit niedrigem Bornitridgehalt
BH	kubisch-kristallines Bornitrid mit hohem Bornitridgehalt
BC	kubisch-kristallines Bornitrid, beschichtet

Tabelle 1: Schneidstoffe – Zusammensetzung und Eigenschaften

Schneidstoff	chemische Zusammensetzung	Eigenschaften
Werkzeugstahl *unlegiert* WS *legiert*	Stahl mit 0,6 bis 1,7% Kohlenstoff Stahl mit 0,6 bis 1,7% Kohlenstoff, geringe Mengen von Cr, W, Mo, V, Mn	Große Härte durch den Zementit, aber geringe Warmhärte, Schneiden nur bis ca. 200 °C beständig, biegebruchfest. Durch die zusätzlichen Metallcarbide größere Härte und Warmhärte (bis 300 °C), größere Zähigkeit als unlegierter WS, schlagfest.

Schnellarbeitsstahl (HS)	4 Legierungsgruppen
	 a) 18% W
	     18% W, 0,6...0,8% C
	     ca. 4% Cr, Mo, V,
	     4...16% Co
	 b) 12% W
	     12% W, 0,8...1,4% C
	     ca. 4% Cr, Mo, V,
	     3...5% Co
	 c) 6% W + 5% Mo
	     6% W, 5% Mo
	     0,8...1,2% C, V,
	     4% Cr, z.T. Co
	 d) 2% W + 9% Mo
	     2% W, 9% Mo
	     0,8...1,2% C, V
	     4% Cr, z.T. Co
		Große Härte, vor allem durch die Wolframcarbide (WC), bei höherem Co-Anteil auch größere Warmhärte (bis 600°C) möglich; V erhöht die Warmhärte, Cr verbessert die Durchhärtung, Mo verbessert ebenfalls die Warmhärte.
		 Neben den Legierungsbestandteilen hat auch die Herstellung des HSS (High Speed Steel) großen Einfluss auf die Eigenschaften. Die Art der Gewinnung (Schmelzen oder pulvermetallurgisch) und die Wärmebehandlung hat Einfluss auf die Verteilung der Körner und die Feinheit des Gefüges. In allen 4 Legierungsgruppen gibt es je nach der Zusammensetzung HSS für mittlere und höchste Beanspruchung.

Hartmetalle **unbeschichtet** (HW, HF, HAT)	**P-M- und K-Gruppe** WC TiC/TaC Co P02 33% 59% 8% ... P40 76% 12% 14% M10 84% 10% 6% M40 79% 6% 15% K03 92% 4% 4% K40 88% 0 12%	In jeder Gruppe nimmt mit zunehmender Zahl hinter dem Gruppenzeichen (P, K, M) die Härte, die Verschleiß- und Druckfestigkeit ab, die Biegefestigkeit und Zähigkeit zu. P02 ist also härter und verschleißfester, aber weniger zäh als P40 und K03 ist härter und verschleißfester und weniger zäh als K40. Für die Härte sind vor allem die Karbide verantwortlich, Kobalt beeinflusst die Zähigkeit positiv.
Hartmetalle **beschichtet** (HC)	Beschichtung mit Titankarbid TIC oder TiC/TiN oder Al_2O_3	Durch die sehr harten Schichten wird das Verschleißverhalten verbessert, wobei die Grundplatte relativ zäh ist.
Schneidkeramik beschichtet unbeschichtet (CA, CM, CN, CR und CC)	wichtigster Stoff: Al_2O_3 daneben: Al_2O_3 + TiC +TiN Si_3N_4	Härter, verschleißfester, warmhärter und spröder als Hartmetalle Kantenfester als Al_2O_3 Biegefester als Al_2O_3
Diamant (DP und DM)	natürlich oder synthetisch: reiner Kohlenstoff (C)	Extreme Härte und Verschleißfestigkeit, aber ab 800 °C Affinität zu Eisenwerkstoffen und Erweichen.
Bornitrid (BN)	Bornitrid	Härter als HM, fast so hart wie Diamant, aber höhere Wärmebeständigkeit.

Anwendung und Vergleich von Schneidstoffen

Werkzeugstähle werden verwendet in der Holz- und Gesteinsbearbeitung, in der Metallbearbeitung nur für niedrige Schnittgeschwindigkeiten: Feilen, Sägeblätter, Gewindeschneidwerkzeuge, Reibahlen, Formdrehmeißel, Schabwerkzeuge. Bei legierten WS sind etwas höhere Schnittgeschwindigkeiten möglich.

HS wird vor allem bei mehrschneidigen Werkzeugen wie Fräsern, Bohrern, Gewindebohrern und Räumwerkzeugen eingesetzt.

HS mit hohem Wolframgehalt (18 % W) sind für schwere Bearbeitung (Schruppen) geeignet.

HS mit 12 % W werden vor allem zum Schlichten eingesetzt, mit zusätzlichem V-Gehalt kann die Belastung steigen.

HS mit 6 % W sind für Schrupp- und Schlichtbearbeitung geeignet, mit steigendem Co-Gehalt steigt die Belastbarkeit (Fräser und Räumnadeln mit hoher Beanspruchung).

HS mit 2 % W ist für verschiedenste Werkzeuge geeignet, der Mo- und Co-Gehalt zeigt die mögliche Beanspruchung an.

Spanungshauptgruppe

P ...   für langspanende Werkstoffe (vor allem Stahl)

M ...   für lang- und kurzspanende Werkstoffe

K ...   für kurzspanende Werkstoffe (Gusseisen u.a.)

N, S, H für besondere Aufgaben

HM mit hohem TiC-Gehalt (P01) für höchste v_c, nur kleine Spanquerschnitte → Feindrehen HM mit hohem Kobaltanteil (P40) sind zäher und eignen sich für das Schruppen.

Durch die Beschichtung werden verschiedene Eigenschaften kombiniert (Härte, Zähigkeit), dadurch wird die Anwendungsbreite dieser Sorten erhöht.

Doppelte v_c wie bei HM möglich, für Fein- und Schlichtbearbeitung. Schwingungs-, Schlag- und Kühlungsempfindlichkeit beachten.

Al nur mit SK aus Siliziumnitrid spanen.

Nur für Feinbearbeitung. Vor allem für Nichteisenmetalle geeignet. Beste Maß- und Oberflächenqualität möglich.

Für die Feinbearbeitung aller Werkstoffe. Vor allem beim Drehen eingesetzt.

Tabelle 1: Hartstoffanteil der (Oxide, Carbide) am Schneidstoff (%)

Werkzeugstahl WS	5 ... 10
Schnellarbeitsstahl HSS	20 ... 40
Hartmetall HM	40 ... 80
Schneidkeramik SK	80 ... 100
Bornitrid BN	voll hart
Diamant DP	natürlich voll hart

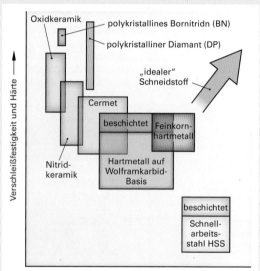

1   Eigenschaften von Schneidstoffen

2   Einsatzbedingungen der Schneidstoffe

4.3 Eisenwerkstoffe

Die herausragende technische und wirtschaftliche Bedeutung der Eisenwerkstoffe unter den metallischen Werkstoffen beruht auf deren werkstoffspezifischen Eigenschaften sowie auf der relativ guten Verfügbarkeit.

Durch gezielt eingesetzte Legierungselemente und Wärmebehandlungsverfahren können die chemischen und physikalischen Eigenschaften wie sonst bei keinen anderen Legierungen auf die Verwendungszwecke abgestimmt werden. Den Haupteinfluss übt der Kohlenstoff aus. Weitere Legierungselemente erweitern die technischen Möglichkeiten, verschiedenartige Eisenwerkstoffe herzustellen.

Die endgültige Formgebung der Werkstücke durch spanende Verfahren kann durch günstige Paarung von Werkstoff und Schneidstoff optimiert werden.

4.3.1 Zerspanbarkeit von Eisenwerkstoffen

Der Begriff **Zerspanbarkeit** beruht auf zahlreichen Wechselwirkungen bei der Spanbildung zwischen

Werkzeug – Werkzeugmaschine – Werkstück

Die Zerspanbarkeit ist nicht durch eine Maßzahl definierbar, sondern je nach Anwendungsfall durch
Schnittkraft, Spanform, Verschleiß/Standzeit und **Oberflächengüte** bestimmt (Bild 1).

1 Zerspanungskenngrößen

Durch verbindliche anwendungsorientierte Zerspanungsversuche stehen dem Praktiker geeignete Daten für eine kostengünstige und qualitätsgerechte Fertigung zur Verfügung.

4.3.2 Einfluss der Einstellwerte auf die Zerspanbarkeit

1. Zerspanungskenngröße: Zerspankraft F

Die Kenntnis von Richtung und Größe der Komponenten F_c, F_f und F_p der Zerspankraft F hat bei der Werkstückbearbeitung wesentlichen Einfluss auf die Festlegung der Maschineneinstellwerte und das Arbeitsergebnis (Gestaltabweichung 1. Ordnung – Werkstückform). Die Richtung der Wirkungslinien der Kräfte sind verfahrensspezifisch, lassen sich jedoch am Beispiel Längsdrehen am deutlichsten darstellen (Bild 2). Die Zerspankraft F ist ein Maß für:

- die erforderliche Kraft der Spanverformung und Spanabtrennung,
- die Reibungsüberwindung zwischen Werkstück und Werkzeug (ablaufender Span!).

Unter Versuchsbedingungen stehen dazu geeignete Messmethoden zur Verfügung (Dehnungsmessstreifen, piezoelektrisch arbeitende Messgeräte).

Mit den Einstellwerten Vorschub f, Schnittgeschwindigkeit v_c, Schnitttiefe a_p und dem Einstellwinkel κ besteht die direkte Einflussnahme auf die Zerspankraft und damit unmittelbar auf das Arbeitsergebnis.

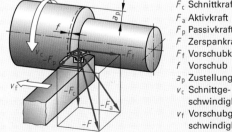

F_c Schnittkraft
F_a Aktivkraft
F_p Passivkraft
F Zerspankraft
F_f Vorschubkraft
f Vorschub
a_p Zustellung
v_c Schnittgeschwindigkeit
v_f Vorschubgeschwindigkeit

2 Kräfte und Einstellwerte beim Längsrunddrehen

Auswirkungen der Maschineneinstellwerte auf:

1. **Vorschub f:** Mit zunehmenden Vorschubwerten steigen alle drei Kräfte fast linear an, am stärksten wird die Schnittkraft F_c beeinflusst.

2. **Schnittgeschwindigkeit v_c:** Die Unregelmäßigkeiten des Kraftbedarfs bei kleineren v_c-Werten sind abhängig von den entstehenden Spanarten. Fließspäne sind mit geringeren Kräften zu erzielen.

3. **Einstellwinkel κ:** Die Schnittkraft fällt linear mit größerem Einstellwinkel ab. Vorschubkraft und Passivkraft ändern linear ihre Wirkungen.

4. **Schnitttiefe a_p:** Alle drei Kräfte steigen linear mit zunehmender Schnitttiefe an. Der Steigungswinkel der Schnittkraft ist fast doppelt so groß wie der von Vorschub- und Passivkraft (Bild 1).

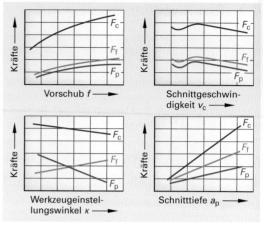

1 Einflussgrößen auf die Schnittkraft F_c (F_f, F_p)

Der Zusammenhang und die Abhängigkeit der Antriebsleistung P_c bzw. der Schnittkraft F_c von den Bestimmungsgrößen des Spannungsquerschnittes bei der Drehbearbeitung ergeben sich aus:

Antriebsleistung	$P_c = F_c \cdot v_c$	Spanungsquerschnitt	$A = f \cdot a_p = h \cdot b$
Schnittkraft	$F_c = A \cdot k_c$	Spanungsdicke	$h = f \cdot \sin \kappa$
		Spanungsbreite	$b = \dfrac{a_p}{\sin \kappa}$

Berechnungsbeispiel: Eine Welle aus 42CrMo4 (1.7225) wird längsrund schruppend bearbeitet. Zur Optimierung des Zerspanungsprozesses ist die zu bestimmende Zustellung a_p bzgl. der Antriebsleistung mit den Herstellervorgaben von Wendeschneidplatten aus Hartmetall zu vergleichen.

geg.: Vorschub $f = 0,3$ mm Schnittgeschwindigkeit $v_c = 150 \dfrac{m}{min}$

ges.: Schnittkraft F_c, $a_{p\ theoretisch}$ bzw. $a_{p\ Hersteller}$

Einstellwinkel $\kappa_p = 60°$ Schneidstoff: beschichtetes HM

Antriebsleistung $P_c = 6,8$ kW

Lösung: $P_c = F_c \cdot v_c$ $F_c = \dfrac{P_c}{v_c} = \dfrac{6,8 \text{ kW}}{150 \dfrac{m}{min}} = \dfrac{6800 \text{ Nm} \cdot 60 \dfrac{s}{min}}{150 \dfrac{m}{s}}$

$F_c = 2720$ N verfügbare Schnittkraft aufgrund der Antriebsleistung

$F_c = A \cdot k_c$ Bestimmung der Spanungsdicke

$h = f \cdot \sin \kappa_p$ $= 0,3 \text{ mm} \cdot \sin 60°$ $h = 0,26$ mm

k_c-Bestimmung aus der Tabelle auf Seite 132:

$k_c = k \cdot C$ $k = 3419$ N/mm²

$C = 1$ (v_c-Einfluss)

$k_c = 3419$ N/mm² $\cdot 1$ $k_c = 3419$ N/mm²

$a_{p\ theo} = \dfrac{F_c}{k_c \cdot f} = \dfrac{2720 \text{ N}}{3419 \text{ N/mm}^2 \cdot 0,3 \text{ mm}} = 2,65$ mm $a_{p\ Hersteller}$: 0,3 mm ... 5,0 mm

Ergebnisbewertung: Die Einstelldaten für die Schruppbearbeitung und die vorhandene Maschinenleistung zeigen, dass bei $a_p = 2,65$ mm die empfohlenen Herstellerdaten für $a_{p\ Hersteller}$ bis 5,0 mm gut ausgelastet werden.

Durch die Anwendung von **fertigungsspezifischen Werkstoffen** (z.B. Automatenstähle) in der Serienfertigung von Kleinteilen ergeben sich günstigere Zerspanungswerte.

Berechnungsbeispiel:

$F_c = k_c \cdot A = k_c \cdot f \cdot a_p$

$F_c = 1490\ \text{N/mm}^2 \cdot 0,2\ \text{mm} \cdot 0,5\ \text{mm}$

$\mathbf{F_c =\ 149\ N}$

Werkstoffwahl: Automatenstahl 95MnPb28 (1.0718)

$k_c = k \cdot C$ Tabellenwerte:
$C = 1,0$
$k = 1490\ \text{N/mm}^2$

$k_c = 1490\ \text{N/mm}^2 \cdot 1,0$

$\mathbf{k_c = 1490\ N/mm^2}$

f / a_p-Werte s. Berechnungsbeispiel Seite 84

$$P_c = \frac{F_c \cdot v_c}{60000}$$

Für die aufzubringende **Schnittleistung** (in kW) sind die werkstoffspezifische Schnittgeschwindigkeit v_c (m/min, Tabellenwert) und die Schnittkraft F_c (N) entscheidend, d.h. der Energiebedarf ist direkt abhängig vom zu bearbeitenden Werkstoff.

2. Zerspanungskenngröße: Spanform

Für alle spanabhebenden Fertigungsverfahren mit geometrisch bestimmter Schneide ist die bewusste Beeinflussung der entstehenden Spanarten bzw. -formen für den Arbeitsprozess und das Werkstück von Bedeutung. Einige Spanformen sind aus Gründen großer Unfallgefahr und Störung des Produktionsablaufes auszuschließen. Durch praxisorientierte Versuche mit den Einstellgrößen **Vorschub f**, **Schnitttiefe a_p** und variiertem **Spanungsquerschnitt A** sind mit weiteren Schnittbedingungen z.B. Schnittgeschwindigkeit v_c, Spanwinkel γ usw. Aussagen für den Praktiker bzgl. des Bereiches günstiger Spanformen möglich.

Ablauf der Spanbildung (Bild 1):

■ **elastische Phase:** Beim Eindringen des Schneidkeiles (Spanungsbeginn) in den Werkstoff erfolgt zunächst eine elastische Werkstoffverformung ①.

■ **plastische Verformung:** Durch die eingeleitete Schnitt- und Vorschubbewegung beginnt der Werkstoff zu fließen und fortschreitend kommt es im Bereich der Scherebene ② zu einer Werkstoffstauchung.

■ **Werkstofftrennung:** Zu einer kontinuierlichen Spanbildung ③ kommt es im Bereich der Scherzone, wenn die Scherfestigkeit des Werkstoffs überwunden ist, verbunden mit der Werkstofftrennung vor der Schneidkante.

Bestimmungsgrößen: **Stauchfaktor** und **Scherwinkel**.

Durch die Werkstoffumformung in der 2. Phase der Spanbildung ergeben sich Unterschiede zwischen den eingestellten Spanungswerten und den Abmessungen des Spanes (Bild 1).

$$\lambda_h = \frac{h_{St}}{h}$$

Der Stauchfaktor λ (Lambda) ist eine Kenngröße der Werkstoffstauchung, unter anderem zählt z. B. der **Spandickenstauchfaktor λ_h** dazu.

Berechnungsbeispiel:

eingestellte Spanungsdicke $h\ \ = 0,7\ \text{mm}$
gemessene Spandicke $h_{St} = 2,1\ \text{mm}$

$$\lambda_h = \frac{h_{St}}{h} = \frac{2,1\ \text{mm}}{0,7\ \text{mm}} = 3$$

Der Scherwinkel Φ ist der Winkel zwischen der Schnittrichtungswirkungslinie und der sich ergebenden Scherebene (Bild 2).

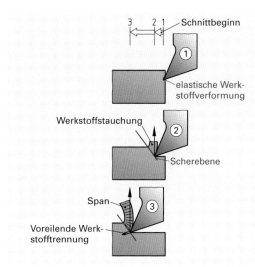

1   Phasen der Spanbildung

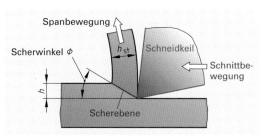

2   Stauchfaktor und Scherwinkel

Günstige Spanungsverhältnisse ergeben sich bei **Scherwinkeln $\Phi < 45°$**, dadurch entstehen stets dickere Späne als die eingestellte Spanungsdicke $h_{St} > h$. Die Abweichung der Einstellwerte Schnittgeschwin-

digkeit v_c und des Spanwinkels γ von den werkstoffspezifischen Tabellenwerten wirkt sich unmittelbar auf die Spanbildung durch veränderte Stauchwerte und Scherwinkel aus (Diagramm 1).

Im direkten Zusammenhang der Spanbildung mit der Oberflächengüte der Werkstücke kommen folgende Einflussfaktoren in Betracht:

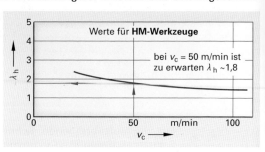

Diagramm 1: v_c-Einfluss

Schnittkraft F_c

Durch die Veränderung der Schnittgeschwindigkeit v_c und des Spanwinkels γ sind die entstehenden **Spanarten beeinflussbar:**

$$
\begin{array}{lll}
v_c = 30 \text{ m/min} & \gamma = 0° & \Phi = 10° \text{ Reißspäne} \\
\vdots & \vdots & \Phi = 20° \text{ Scherspäne} \\
v_c = 300 \text{ m/min} & \gamma = 10° & \Phi = 30° \text{ Fließspäne}
\end{array}
$$

Der mittlere Schnittkraftbedarf ist zwar bei allen drei Spanarten fast gleich groß, unterscheidet sich aber wesentlich im Schwankungsbereich.

Eine Auswirkung auf die Rauheitswerte ist zwangsläufig (Diagramm 2).

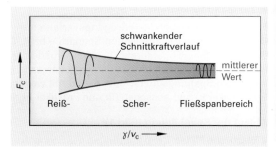

Diagramm 2: Schnittkrafteinfluss

Aufbauschneidenbildung

Bei der Bearbeitung von **zähen Werkstoffen** mit Schnittgeschwindigkeitswerten $v_c = 5$ **m/min ... 50 m/min** kommt es vorwiegend bei der Entstehung von Scherspänen zur Aufbauschneidenbildung.

Dabei setzen sich hochverfestigte Werkstoffteilchen kurzfristig (**0,01 s ... 0,5 s**) an der Werkzeugschneide fest. Diese Schichten des zerspanten Werkstoffs übernehmen dabei kurzzeitig die Funktion der Werkzeugschneide (mit undefinierbarer Schneidengeometrie). Durch die periodische Zerstörung der Aufbauschneide gleiten einige Bruchstücke mit der Spanunterseite ab. In die Werkstückoberfläche lagern sich schuppenartig Teilchen der zerstörten Aufbauschneide ein (Bild 1).

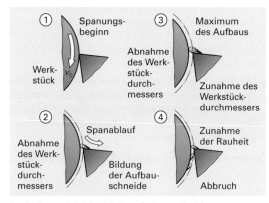

1 Aufbauschneidenbildung (schematisch)

> Die gefertigten Werkstücke weisen eine **verminderte Maßhaltigkeit** und eine **raue Oberfläche** auf. Die aufgeführten Spanungsbedingungen führen zu **erhöhtem Verschleiß** der **Werkzeugschneide.**

Spanbildungseinfluss auf das **Randgefüge**

Die plastische Werkstoffverformung der 2. und 3. Phase der Spanbildung erfasst ebenfalls die Werkstückoberfläche.

Aufgrund dieser Werkstoffbeanspruchung wird das Kristallgefüge der Randschicht verändert (Verfestigung). Geeignete Wärmebehandlungsverfahren und Schnittgeschwindigkeitswerte bringen Abhilfe. Dagegen erzeugen niedrige v_c-Werte durch Herausbrechen der Gefügekörner eine spürbare Oberflächenverschlechterung (Bild 2).

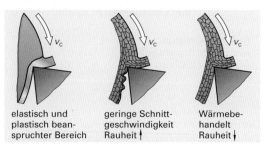

2 Randgefügeveränderung

3. Zerspanungskenngrößen: Verschleiß und Standzeit T

Die werkzeugspezifischen Kenngrößen Verschleiß und Standzeit stehen in unmittelbaren Zusammenhang mit den Phasen des Spanbildungsprozesses und der Schnittkraft. Durch die Veränderung der Schneidengeometrie ergeben sich beträchtliche Auswirkungen auf das Arbeitsergebnis (z.B. Rauheit und Maßhaltigkeit). Solide Kenntnisse über Erscheinungsbild, Möglichkeiten der messtechnischen Erfassung und die Folgen des Verschleißes und der Standzeit ermöglichen dem Facharbeiter gezielt Einfluss zu nehmen.

Verschleiß: Der Werkzeugschneidenverschleiß ist das komplexe Zusammenwirken von mehreren Faktoren des Zerspanungsprozesses, die kontinuierlich oder schlagartig wirken.

Reibung: Entsteht zwischen dem ablaufenden Span und der Spanfläche sowie zwischen Werkstück und der Werkzeugfreifläche. Zwangsläufig kommt es zu einer starken **Erwärmung** (v_c-abhängig!), die die einsetzenden Diffusionsvorgänge begünstigt bzw. zur Schneidstofferweichung führt. Die hochverfestigten Bruchstücke der **Aufbauschneiden** reißen kleinste Werkstoffteilchen des Schneidstoffes der Werkzeugschneide ab. **Schneidenbruch** kann durch starken Temperaturwechsel, unterbrochenen Schnitt oder zu kleine Keilwinkel des Werkzeuges auftreten und somit die Werkzeuge unbrauchbar machen.

Verschleißarten: Die spanabhebenden Fertigungsverfahren unterscheiden sich durch die verschiedenen Bewegungen von Werkzeug und Werkstück, demzufolge entstehen unterschiedliche Beanspruchungen der Werkzeugschneiden. Charakteristische Erscheinungsformen des Verschleißes lassen sich wie folgt unterteilen. (Übersicht)

Übersicht: Verschleißarten (schematisch)	Erscheinungsbild (vereinfacht)	messtechnische Größe	Ursache	Folgen	Abhilfemaßnahmen	%Verschlissene Werkzeugschneiden
Freiflächenverschleiß Zurückversetzen der Werkzeugschneide		**VB** Verschleißmarkenbreite	Reibung zw. Werkstück und Freifläche	$F\uparrow$ bis 50%	■ Zerspanvolumen (z.B. Schnitttiefe) erhöhen ■ Schnittgeschwindigkeit verringern	
Spanflächenverschleiß Herabsetzen der Werkzeugschneide (Spanwinkelabnahme)		**SV** Schneidenversatz	Spanablauf	Werkzeugerwärmung	■ Schnittgeschwindigkeit verringern ■ Vorschub reduzieren ■ Werkstückein-/austritte anfasen	
Kantenabrundung **Kanten**ausbruch (Verschleißkombination)		—	extreme Schneidkantenbelastung	Spanbildung Rz, Ra-Werte $\uparrow$	■ gefaste Schneidplatte einsetzen ■ Werkstückunterbrechungen anfasen (Ein-/Austritte, Nuten, Bohrungen) ■ Eingriffsfrequenz der Schnittunterbrechungen variieren ■ Systemsteifigkeit erhöhen	
Kolkverschleiß muldenartige Schneidkeilschwächung		**KT, KM** Kolktiefe und Mittenabstand	Diffusion Aufbauschneide	Maßhaltigkeit $\downarrow$	■ Zeitspanvolumen (z.B. Vorschub) reduzieren ■ Schnittgeschwindigkeit reduzieren ■ Vorschub erhöhen	

Standzeit T: Die Standzeit ist die Einsatzdauer (in min) eines spanenden Werkzeuges zwischen zwei Anschliffen. Das Standzeitende eines Werkzeuges ist erreicht, wenn die laut Übersicht aufgezeigten messtechnischen Verschleißgrößen (VB, SV, KT, KM) überschritten sind und sich zwangsläufig auf Maßhaltigkeit und Oberflächengüte der Werkstücke auswirken. Die Standzeit von Werkzeugen ist ebenfalls von mehreren Einflussfaktoren abhängig. Haupteinfluss ist die Schnittgeschwindigkeit v_c.

Schneidstoffabhängig gibt es: v_{c15}, v_{c60}, v_{c120} d.h. bei Vorgabe einer bestimmten Schnittgeschwindigkeit (Tabellenwerte) beträgt die zu erwartende Standzeit 15 min, 60 min oder 120 min.

Weitere Einflussfaktoren sind:

- **Werkstoffe** von Werkstück/Werkzeug,
- **Schnittgrößen** (Spanungsquerschnitt),
- **Werkzeugschneidengeometrie,**
- **Kühlschmierung.**

Die gewählte Standzeit ist meist ein Kompromiss zwischen den Einflussfaktoren zur Erzielung einer kostengünstigsten Fertigung (Diagramm 1).

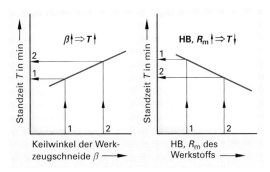

Diagramm 1: Standzeiteinflussgrößen

4. Zerspanungskenngröße Oberflächengüte

Mit den in der Praxis gebräuchlichen **Rauheitskenngrößen *Rz* und *Ra*** lässt sich die Oberflächenqualität eines Werkstückes für die Verwendung sicher bewerten. Geringe Rautiefen entsprechen somit einer guten Zerspanbarkeit. In der Fertigung ist das erreichbar durch:

- Vergrößerung des Eckenradius,
- Erhöhung der Schnittgeschwindigkeit,
- Verringerung des Vorschubes,
- Verwendung von Kühlschmierstoffen.

Weitere Einflüsse, wie z.B. das Schwingungsverhalten und die Steifigkeit der Werkzeugmaschine, sind vom Zerspaner nur schwer zu beeinflussen.

Das geometrisch ideale Oberflächenprofil eines Werkstückes wird vom **Vorschub *f*** und dem **Eckenradius *r*** der Schneidplatte bestimmt (Bild 1).

Für *Rt* gilt bei *f* > 0,1mm:

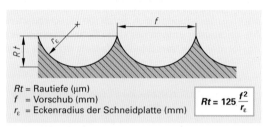

Rt = Rautiefe (µm)
f = Vorschub (mm)
r_ε = Eckenradius der Schneidplatte (mm)

$$Rt = 125\,\frac{f^2}{r_\varepsilon}$$

1   Werkstückoberflächenprofil

> **Ablesebeispiel:** $f = 0,3$ mm; $r_\varepsilon = 1,6$ mm
> Rautiefe $Rt = 7,5$ µm (Bild 2)

Für die Schruppbearbeitung besteht nahezu Deckungsgleichheit zwischen den errechneten und praktisch gemessenen Werten. Die Ergebnisse für eine Schlichtbearbeitung werden durch weitere Einflussgrößen stark beeinträchtigt.

Die Neigung einiger Werkstoffe zur Bildung von Aufbauschneiden unter bestimmten Schnittbedingungen beeinflusst beträchtlich die erreichbaren Rauheitskennwerte der Werkstücke.

Bei geringen Schnittgeschwindigkeitswerten ergibt sich ein Maximum der Rauheitswerte auf Grund der ständig abwandernden Aufbauschneidenteilchen.

Durch die Erhöhung der Schnittgeschwindigkeit kommt man bei der Bearbeitung in den Fließspanbereich. Damit verbunden ist eine wesentliche Reduzierung der Aufbauschneidenbildung und eine Verbesserung der **Oberflächenqualität** (Bild 3).

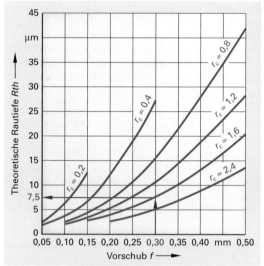

2   Einfluss von Eckenradius und Vorschub

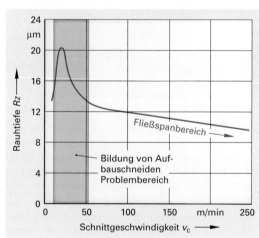

3   Einfluss der Schnittgeschwindigkeit

Aufgaben

1. Was verstehen Sie unter dem Begriff Zerspanbarkeit von Eisenwerkstoffen?

2. Beschreiben Sie die Zusammenhänge der Zerspanungskenngrößen!

3. Welche Faktoren beeinflussen die Schnittkraft F_c?

4. Welche Faktoren bewirken bei der Fertigung eine günstige Spanbildung?

5. Nennen Sie Möglichkeiten der Einflussnahme auf die Standzeit und den Verschleiß!

6. Wie gewährleisten Sie die geforderten Rauheitsangaben bei der spanenden Fertigung?

4.3.3 Einfluss des Werkstoffs auf die Zerspanbarkeit

Auf die Eigenschaften der zu bearbeitenden Werkstoffe muss der Zerspanungsmechaniker während des Fertigungsprozesses Rücksicht nehmen.

Stahlwerkstoffe: Durch die Kontrolle nichtmetallischer Einschlüsse, die Zugabe von Desoxidationsmitteln (Al, Si) sowie besonderer Desoxidationsverfahren kann die Zerspanbarkeit von Stählen während des Schmelzprozesses positiv beeinflusst werden.

Legierungselemente beeinflussen die Zerspanbarkeit indirekt durch typische Stahleigenschaften wie z.B. Festigkeit, Härtbarkeit, Zähigkeit usw. Die massenhafte Teilefertigung in Automaten ist u.a. an günstige Spanformen gebunden. Die Anhebung des Schwefelgehaltes bis auf 0,35 % brachte eine deutlich verbesserte Zerspanbarkeit mit sich (bis zu 20 %-ige Standzeiterhöhung).

Gusswerkstoffe: Besondere Beachtung müssen bei der Bearbeitung von Gusswerkstoffen die fertigungsbedingten Einflüsse des Form- und Gießverfahrens auf die Randzone finden. Ihre wesentlich verschlechterte Zerspanbarkeit gegenüber dem Kernbereich beruht auf nichtmetallischen Einschlüssen (Formsand), Zundereinschlüssen und abweichenden Gefügeausbildungen (steigender Perlitanteil).

Bearbeitungshinweise für die Werkstückrandzonen:

- Geeignete Werkstück*vorbehandlung* (Sandstrahlen)
- Ständiger Werkzeugeingriff durch ausreichende Schnitttiefe (unter die Gusshaut!)
- Schnittgeschwindigkeits*verminderung* bei größerem Vorschub

Die Oberflächenqualität der Werkstücke ist abhängig vom Fertigungsverfahren, den Zerspanungsgrößen, dem Verschleißzustand der Werkzeugschneide und der Gefügebeschaffenheit der Werkstoffe.

Allgemein gültige Zerspanungshinweise:

- Mögliche Aufbauschneidenbildung bei der Bearbeitung von ferritischen Gusswerkstoffen beachten (Zunahme der Rauheit!).
- Günstige Spanbildung für automatisierte Fertigung (Gefügeunterbrechung durch Grafitauslagerung).
- Die Schnittkraft ist von der Werkstofffestigkeit und der Gefügeausbildung abhängig.
- Die Härte des Werkstoffs beeinflusst wesentlich das Standzeit-Schnittgeschwindigkeitsverhalten (Bild 1).
- Eine exakte Gefügeanalyse und die darauf abgestimmte Wärmebehandlung ermöglicht eine Schnittgeschwindigkeitserhöhung bis zu 300 %.

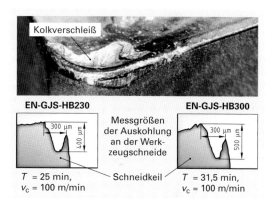

1 **Schneidenverschleiß durch Auskolkung auf Grund unterschiedlicher Werkstoffhärten**

Einfluss der Legierungselemente:

Die Eigenschaften und daraus folgend die Bearbeitung und Verwendung der Eisenwerkstoffe werden direkt von den zugesetzten **Legierungselementen** und den herstellungsbedingten **Eisenbegleitern** bestimmt. Dafür kommen metallische und nichtmetallische Elemente in Betracht, die durch ihren prozentualen Anteil und das Zusammenwirken der einzelnen Elemente bestimmte Eigenschaften erzeugen. Unlegierte Stähle werden vor allem durch die Eisenbegleiter beeinflusst. Die Legierungselemente verbessern z.B. die Eisenkarbidbildung (Cr, W), die Verschleißfestigkeit und Korrosionsbeständigkeit der legierten Stähle.

Einfluss des Kohlenstoffs:

Der Kohlenstoff bestimmt als **Hauptlegierungselement** des **Eisens** wesentlich die mechanischen Eigenschaften der verschiedenen Eisenwerkstoffe. Dabei tritt er in folgenden Modifikationen auf:

- als reiner Kohlenstoff **Grafit** (Lamellen- oder kugelförmig) in Gusswerkstoffen,
- als chemische Verbindung **Fe_3C Eisencarbid**,
- gelöst im Eisen als Einlagerungsmischkristall **Austenit** (max. 2,06 %) (Bild 2).

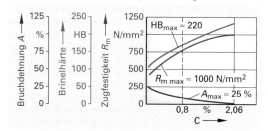

2 **Kohlenstoffeinfluss auf wesentliche mechanische Eigenschaften**

Zerspanungseigenschaften von Kristallgemischen und Mischkristallen

Die metallischen und nichtmetallischen Legierungselemente bilden je nach Atomgröße und differenzierten Bindungskräften (Gittertyp) zusammn mit dem Grundwerkstoff Eisen unterschiedliche Gefügearten aus. Daraus ergeben sich durch verschiedene Legierungselemente Verbesserungen bestimmter Eigenschaften des Grundmetalls, die sich auf die Zerspanbarkeit unmittelbar auswirken.

Kristallgemisch:

Die getrennt kristallisierten Bestandteile der Legierung bilden ein **heterogenes Gefüge**. Bei Gusseisen mit Kugelgrafit ist z.B. gegenüber dem Grundmetall eine wesentliche Festigkeitszunahme zu verzeichnen.

EN-GJS-400-25	R_m = 400 N/mm²
EN-GJS-800-2	R_m = 800 N/mm² (Tabellenwerte)

Der globularkristallisierte Kohlenstoff als Legierungsbestandteil hebt sich im Schliffbild deutlich vom Grundwerkstoff ab (Bild 1).

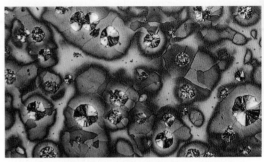

1   Gefüge des Kristallgemisches Gusseisen mit Kugelgraphit

Bei der spanabhebenden Bearbeitung von Kristallgemischen entstehen auf Grund der unterschiedlichen Festigkeit der Gefügebestandteile **kurzbrüchige Späne**. Automatenstähle und Gusswerkstoffe lassen sich je nach Zusammensetzung und weiterer zerspanungstechnischer Einflussgrößen **gut** bis **sehr gut bearbeiten**. Darüber hinaus sind Kristallgemische schwer umformbar, aber gut gießbar (Bild 2).

Mischkristalle:

Das **homogene Gefüge** der Mischkristalllegierungen wirkt sich auf die Zerspanbarkeit durch geringere Zähigkeit aus (Bild 3).

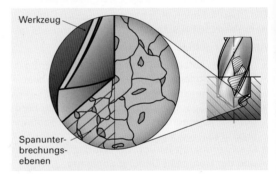

2   Spanbildung von Kristallgemischen

Die Legierungselemente bewirken sowohl im Einlagerungs- als auch im Substitutionsmischkristall **höhere Bindungskräfte**, sodass die **Härte** und die **Festigkeit** der Werkstoffe zunehmen.

Die Bearbeitung von Werkstoffen kann durch geeignete Maßnahmen zielgerichtet beeinflusst werden (Bild 4).

Richtwerte für die spezifische Schnittkraft k_c

Abhängig vom Werkstoff ist k_c eine aussagekräftige Kenngröße, die für die Leistungsberechnung bei der Drehbearbeitung Berücksichtigung findet (Bild 4). Spezifische Schnittkraftwerte k_c in N/mm² sind in Tabellen für unterschiedliche Spanungsdicken h aufgelistet (S. 132).

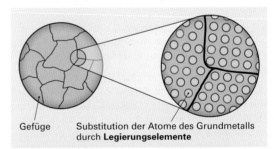

Gefüge   Substitution der Atome des Grundmetalls durch **Legierungselemente**

3   Mischkristallgefüge

z.B.: 16MnCr5 mit h = 0,20 mm
bearbeitet erfordert k_c = 3190 N/mm²

Für die Berechnung des spezifischen Schnittkraftwertes k_c wird der Tabellenwert für k_c mit dem Einflussfaktor C für die Schnittgeschwindigkeit v_c multipliziert (S. 133).

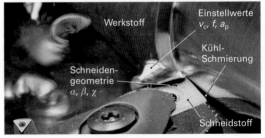

4   Einflussfaktoren auf den Zerspanungsprozess

4.3.4 Wärmebehandlung von Werkstücken und Werkzeugen

Durch spezifische Wärmebehandlungsverfahren kann auf die Optimierung der Zerspanungseigenschaften von Eisenwerkstoffen gezielt Einfluss genommen werden. Bei den zu bearbeitenden Werkstückwerkstoffen wird dabei im Wesentlichen die Werkstoffhärte fertigungsbedingt verändert. Für alle spanenden Werkzeuge ist die Warmhärte im Zusammenhang mit der Standzeit von Bedeutung.

Wärmebehandlung von Eisenwerkstoffen

Bei allen Eisenwerkstoffen treten in Abhängigkeit von den einwirkenden Temperaturen und der Kohlenstoffkonzentration charakteristische Gefügearten auf. In einem Eisen-Kohlenstoff-Zustandsdiagramm (Bild 1) werden die verschiedenen Gefügearten durch Linien und Buchstaben voneinander abgegrenzt.

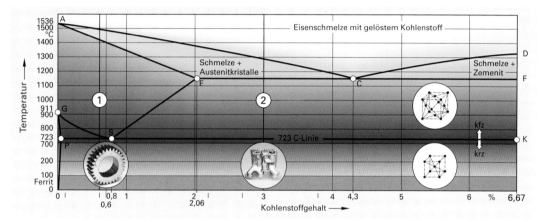

1 **Eisen-Kohlenstoff-Zustandsdiagramm**

Den größten Anteil bei der Bearbeitung von Eisenwerkstoffen nehmen die verschiedenartigsten Stähle ein. Der Kohlenstoffanteil beträgt in der Regel bis 2,06 %, in Ausnahmefällen bis 2,2 %. Die Wärmebehandlungstemperaturen reichen bis 1100°C. Die angestrebten Eigenschaften der Stähle bei der Bearbeitung und Verwendung müssen nach dem Vergießen bzw. nach der Warm- und Kaltumformung durch zielgerichtete Wärmebehandlungsverfahren hergestellt werden.

Wichtige Wärmebehandlungsverfahren sind durch farbig dargestellte Bereiche in der Stahlecke des Eisen-Kohlenstoff-Zustandsdiagramms dargestellt (Bild 2).

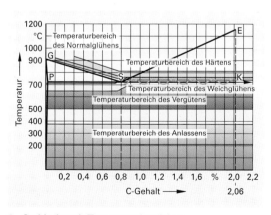

2 **Stahlecke mit Temperaturbereichen**

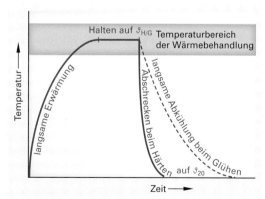

3 **Zeit-Temperatur-Diagramm**

Alle Wärmebehandlungsverfahren durchlaufen drei charakteristische Bereiche. Nach einer langsamen Erwärmung wird die erforderliche Wärmebehandlungstemperatur gehalten und anschließend verfahrensbedingt abgekühlt (Bild 3).

Weichglühen

Die Härte von Stählen kann durch Weichglühen wesentlich verringert werden, z.B. vor der spanenden Bearbeitung von Aktivbauteilen der Schneidwerkzeuge (Bild 1). Bei untereutektoiden Stählen (bis 0,8 % C) wird unterhalb der P-S-Linie im Eisen-Kohlenstoff-Diagramm geglüht. Übereutektoide Stähle (> 0,8 % C) werden pendelnd um die S-K-Linie geglüht. Charakteristisch ist die Umwandlung der durchgehend harten Zementitlamellen bzw. des Korngrenzenzementits in **körnigen Zementit**.

Weichgeglühte Stähle sind mit geringem Kraftaufwand spanbar, da die eindringende Werkzeugschneide die Zementitkugeln nicht zertrennt, sondern herauslöst. Dies kann zur Rauigkeitszunahme führen.

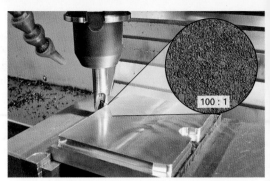

1 **Bearbeitung einer weichgeglühten Werkzeugplatte**

Normalglühen

Durch Normalglühen wird ein homogenes feinkörniges Gefüge zur Verbesserung der Gebrauchseigenschaften von Bauteilen erzeugt (Bild 2).

Werkstücke, deren Gefüge durch Gießen, Schweißen sowie durch Warm- und Kaltumformung unterschiedliche Strukturen aufweist, erhalten durch Normalglühen eine einheitliche Gefügestruktur.

Charakteristisch für das Normalglühen ist eine vollkommene Kornneubildung. Die Stähle werden ca. 40°C oberhalb der G-S-K-Linie geglüht.

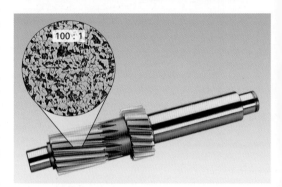

2 **Normalgeglühtes Zahnrad**

Härten und Anlassen

Eine wesentliche Steigerung der Härte und der Verschleißfestigkeit von Stählen wird durch den Härtevorgang (Bild 3) erreicht.

Voraussetzungen dafür sind:

- Kohlenstoffgehalt > 0,3 %
- Haltetemperatur ca. 40°C über G-S-K-Linie
- Verfahrenbezogenes Abschreckmittel

Die Härtezunahme ist die Folge des zwangsweise im α-Eisen gelösten Kohlenstoffs, d.h. im Martensitgefüge.

Das anschließende Anlassen bis 400°C vermindert die Spannungen im Werkstück durch langsame Abkühlung.

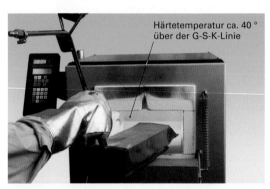

Härtetemperatur ca. 40 ° über der G-S-K-Linie

3 **Härten und Anlassen**

Vergüten

Bei dynamisch belasteten Bauteilen muss zwischen den Festigkeitswerten und der Zähigkeit durch Vergüten ein Kompromiss gefunden werden.

Mithilfe der Verfahrenskombination von Härten und anschließendem Anlassen bei Temperaturen zwischen 500°C bis 700°C werden die erforderlichen Werkstoffeigenschaften erzielt. Durch Vergüten sind Festigkeitswerte R_m bis 1400 N/mm² erreichbar (Bild 4).

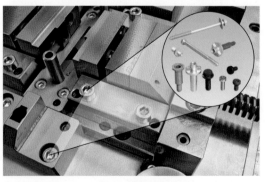

4 **Verwendung vergüteter Schrauben**

Wärmebehandlung von Nicht-Eisenwerkstoffen

Durch gezielte Wärmebehandlungen können vorwiegend bei Aluminiumlegierungen die Härte und die Festigkeit wesentlich gesteigert werden. Voraussetzung dafür ist die Fähigkeit der Legierungen, Mischkristalle zu bilden. Es entstehen hochbeanspruchbare Bauteile mit fast stahlähnlichen Festigkeitswerten bzw. es ergibt sich eine verbesserte Zerspanbarkeit.

Der Ablauf der Wärmebehandlung von Aluminium-Gusswerkstoffen und Aluminium-Knetwerkstoffen ist durch charakteristische Bereiche gekennzeichnet (Bilder 1 und 2).

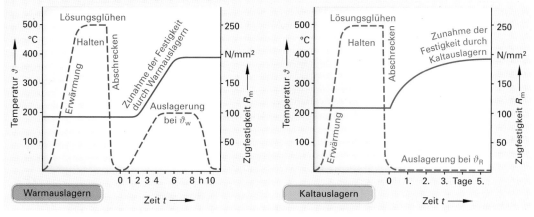

1 Warmauslagern

2 Kaltauslagern

Aluminium-Gusswerkstoffe werden auf die Lösungstemperatur erwärmt, gehalten und in Wasser oder Öl abgeschreckt. Die Auswahl der jeweiligen legierungsspezifischen Temperatur ergibt nach einigen Stunden die optimale Zunahme der Festigkeit und Härte.

Der Werkstoff AC-AlSi10Mg(Fe)DF für die im Bild 3 abgebildete Ölwanne besitzt nach der Wärmebehandlung folgende Werte:

Streckgrenze	$R_{p0,2}$ bis 96 N/mm²
Zugfestigkeit	R_m bis 224 N/mm²
Dehnung	A bis 10 %

Wärmebehandelte Bauteile können dünnwandig ab 1,5 mm, mit Bearbeitungszugaben bis 0,5 mm und durch alle üblichen spanabhebenden Fertigungsverfahren endbearbeitet werden.

Bei aushärtbaren **Aluminium-Knetwerkstoffen** erfolgt die Auslagerung der Mischkristalle bei Temperaturen nahe der Raumtemperatur. Für die gewünschte Festigkeitszunahme benötigt man jedoch mehrere Tage.

Hydroextrudierte Profile z.B. aus AlMgSi (6060) mit Längen im Meterbereich werden zunehmend für Fahrzeugaufbauten sowie für Türen und Fenster verwendet.

Bearbeitungshinweis: Ausgehärtete Werkstoffe dürfen keiner höheren Zerspanungswärme ausgesetzt werden – Enthärtung!

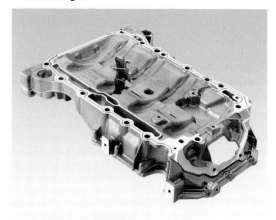

3 Ölwanne eines V6-Ottomotors

4 Hydroextrudierte Profile

Wärmebehandlung von Schneidwerkzeugen

Die thermische Belastung der Schneidkeile aller Schneidwerkzeuge beeinflusst wesentlich die Standzeit der Werkzeuge. Die erforderliche Kühlung erweist sich oft als problematisch. Die Auswahl des optimalen

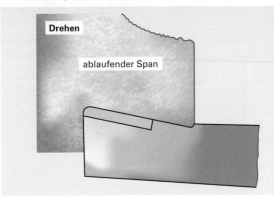

1   Wirkung der Schnittkraft beim Spanen

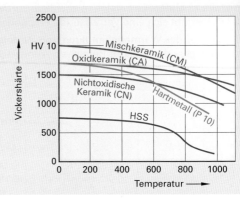

2   Warmhärteverlauf von Schneidstoffen

Schneidstoffes für die entsprechende Fertigungsaufgabe ist von zentraler Bedeutung.

Die Warmhärte der Schneidstoffe kann durch Wärmebehandlungsverfahren bzw. durch spezielle verfahrenstechnische Prozesse erreicht werden.

Schneidwerkzeuge aus HS-Stählen werden für die Weichenbearbeitung von Stählen z.B. beim Drehen, Fräsen und Bohren verwendet. Mit bis zu 50 % Legierungsanteile (Cr, Co, Mo und V) und den realisierten Wärmebehandlungen entsprechen die Werkzeuge den Anforderungen.

- Härtetemperatur bis 1240°C

- Abkühlmittel: Öl, Warmbad und Luft

- Zweimaliges Anlassen > 1h, bei 540°C ... 570°C

Verfahrenstypisch ist die pulvermetallurgische Herstellung der HM-Werkzeuge.

Hochverschleißfeste Partikel (Karbide aus Wo, Ti, Ta und Ni) sowie Kobalt als Bindemittel ergeben ein hitze- und verschleißfesteres Gefüge als das von gehärteten HSS-Werkzeugen.

3   HSS-Bohrer

Das charakteristische Wärmebehandlungsverfahren von HM-Werkzeugen ist der Sintervorgang. Durch Diffusionsvorgänge entsteht abhängig von der Korngröße ein homogenes Gefüge

- $t_{Sintern} \sim 0,9 \cdot t_{Schmelztemperatur\ Co}$

Die keramischen Schneidstoffe sind pulvermetallurgisch hergestellte, nichtmetallische anorganische Werkstoffe. Die gepressten Grünlinge schrumpfen beim Sintern beträchtlich. Die verschiedenen Keramikarten erfordern spezifische Sinterbedingungen:

- Oxidatives Sintern bei 1500°C

- Drucksintern bei 1700°C / 300 bar

- Heißpressen bei 1750°C / 300 bar

4   HM-Bohrwerkzeuge

5   Keramikbohrer

4.4 Nichteisenmetalle

Die Werkstoffgruppe der NE-Metalle (reine Metalle und deren Legierungen) sind Werkstoffe ohne nennenswerten Eisenanteil. In der Bronzezeit wurden einige vom Menschen als erste metallische Werkstoffe verwendet. Die meisten erlangten aber erst in unserem Jahrhundert wesentlich an Bedeutung (Bild 1).

Reine NE-Metalle und -Legierungen mit ihren speziellen Eigenschaften sind heute aus vielen Technikbereichen nicht mehr wegzudenken.

4.4.1 Einteilung und Benennung

Für eine Systematisierung der NE-Metalle eignen sich charakteristische Eigenschaften, die für die praktische Anwendung entscheidend sind (Tabelle 1).

Wenig aussagefähig sind die im üblichen Sprachgebrauch auftretenden Begriffe Buntmetall für Kupfer und -legierungen sowie Weißmetall für Zinn, Blei und Antimon.

Genormte Bezeichnungen

Reine Metalle werden nach dem Reinheitsgrad bezeichnet. Dabei wird unterschieden zwischen dem Ausgangsmaterial (z.B. Rohkupfer) und durch bestimmte Veredelungsverfahren entstandene Endprodukte. Verwendung finden dabei die Begriffe **Fein-, Rein- und Elektrolyt-**.

(z.B. **Elektrolytkupfer**) (Übersicht 1).

Die **Werkstoffangabe** besteht aus:

- **Kennbuchstabe** (Aussage zur Herstellung/Verwendung),
- **Metall + %-Gehaltsangabe.**

NE-Legierungen werden durch ihre unterschiedlichen chemischen Zusammensetzungen und Verarbeitungseigenschaften in Guss- und Knetlegierungen unterteilt. Die Werkstoffangabe besteht aus:

- **Europäische Norm + Werkstoff- und Herstellerangaben**
- **Chemische Zusammensetzung**
- **Gießverfahren und Werkstoffzustand**

Werkstoffnummern nach DIN EN 1706 und DIN EN 1412

Die Werkstoffnummern setzen sich aus Buchstaben- und Zahlenkombinationen zusammen.

- **Legierungsgruppe**
- **Sorten-Nummer**
- **Gießverfahren und Werkstoffzustand**
- **Kennbuchstabe des Werkstoffs**
- **Kennbuchstabe der Werkstückherstellung**
- **Zählnummer**
- **Kennbuchstabe für die Werkstoffgruppe**

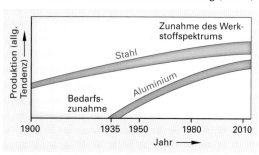

1 Bedarfsentwicklung von Aluminium

Tabelle 1: Einteilung der NE-Metalle		
	Leichtmetalle	Schwermetalle
niedrigschmelzend (660 °C)	Mg, Al	Sn, Pb, Zn
hochschmelzend (960 °C ... 1903 °C)	Be, Ti	Cu, Ni, Co, Cr, Mn, Ag, Au, Pt
höchstschmelzend (über 2000 °C)		W, Mo, Ta

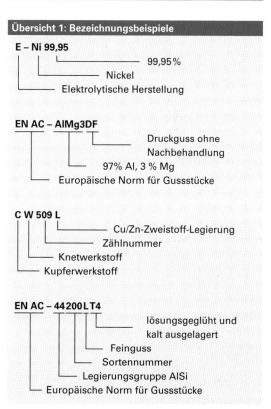

Übersicht 1: Bezeichnungsbeispiele

E – Ni 99,95
99,95%
Nickel
Elektrolytische Herstellung

EN AC – AlMg3DF
Druckguss ohne Nachbehandlung
97% Al, 3 % Mg
Europäische Norm für Gussstücke

C W 509 L
Cu/Zn-Zweistoff-Legierung
Zählnummer
Knetwerkstoff
Kupferwerkstoff

EN AC – 44200LT4
lösungsgeglüht und kalt ausgelagert
Feinguss
Sortennummer
Legierungsgruppe AlSi
Europäische Norm für Gussstücke

Handelsformen der NE-Metalle

Für die Zerspanungsmechanik sind sowohl die durch Gießen hergestellten Werkstücke (**Gusslegierungen**) als auch die Halbzeuge (**Knetlegierungen**) bei der Weiterverarbeitung von Bedeutung.

Die umfangreichen Normangaben (Bild 1) liefern dem Zerspanungsmechaniker die erforderlichen Bearbeitungswerte.

4.4.2 Aluminium und Aluminiumlegierungen

Eigenschaften und Verwendung

Aluminium ist ein sehr bedeutender Werkstoff (Platz 2 nach Stahl), dessen günstige Eigenschaften ein breites Anwendungsspektrum als reines Metall oder Legierung ausfüllen (Tabelle 1).

Für die Bearbeitung und Verwendung lassen sich die wesentlichen mechanischen Werkstoffeigenschaften ■ Zugfestigkeit,
　　　　　　　　　■ Dehnung,
　　　　　　　　　■ Härte und Festigkeit

gezielt durch Legierungselemente beeinflussen (Tabelle 2).

Aluminium mit ca. **12 % Silizium** legiert besitzt bei 600 °C sehr gute Gießeigenschaften.

Anwendung als Gusslegierung:

Motoren- und Getriebegehäuse

Zusätze von **Magnesium, Kupfer, Zink und Mangan** erhöhen die Festigkeit und Härte des reinen Aluminium wesentlich. Die Umformbarkeit ist gut.

Anwendung als Knetlegierung:

Stranggepresste Profile

Härten von Al-Legierungen

Durch eine gezielte Wärmebehandlung – **Aushärten** – lassen sich die Härte- und Festigkeitswerte von Al-Legierungen nahezu verdoppeln (R_m...600 N/mm²)

Aushärtephasen (Bild 2):

Lösungsglühen:

Die Legierungselemente Kupfer, Zink, Magnesium und Silizium bilden bei ca. 500 °C mit Aluminium Mischkristalle.

Abschrecken:

Durch **schnelles Abkühlen** bleibt das Mischkristallgefüge (Träger der Härte) erhalten.

Auslagern:

Die Maximalwerte der Härte werden im Gegensatz zu Stahl erst durch langsam sich aufbauende Gitterverspannungen erreicht.

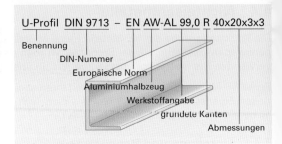

U-Profil　DIN 9713　–　EN AW-AL 99,0 R 40x20x3x3

Benennung
　　DIN-Nummer
　　　　Europäische Norm
　　　　　　Aluminiumhalbzeug
　　　　　　　　Werkstoffangabe
　　　　　　　　　　grundete Kanten
　　　　　　　　　　　　Abmessungen

1　Normgerechtes Bezeichnungsbeispiel

Tabelle 1: Eigenschaften von Aluminium	
Eigenschaften	Verwendung
geringe Dichte ϱ (2,7 g/cm³)	**Leicht**bauweise Verkehrs- und Bauwesen
guter **elektrischer Leiter**	E-Technik (**Kabel**)
gute **Umformbarkeit**	stark umgeformte **Halb-** und **Fertigprodukte** (Folien, Profile...)
Bildung einer sehr **widerstandsfähigen** Oxidschicht	Behälterbau (**Chemieanlagen**)
gute **Legierbarkeit**	verbesserte Spanungsbed. (**Spanbildung**)

Tabelle 2: Legierungsmetalle für Aluminium						
Beeinflusste Eigenschaft	Legierungsmetalle					
	Mg	Cu	Si	Zn	Mn	Pb
Festigkeit	++	++	+	++	+	0
Korrosions- beständigkeit	++	–	++	–	++	0
Gießbarkeit	+	0	++	++	0	0
Spanbarkeit	+	0	–	+	–	++

++ sehr positiver Einfluss, + positiver Einfluss
– negativer Einfluss, 0 kein Einfluss

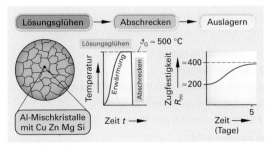

Lösungsglühen　→　Abschrecken　→　Auslagern

Lösungsglühen $\vartheta_G \approx 500$ °C

Temperatur
Erwärmung
Abschrecken
Zeit t

Zugfestigkeit R_m
≈400
≈200
Zeit
(Tage)
5

Al-Mischkristalle mit Cu Zn Mg Si

2　Härtephasen

Spanende Bearbeitung von Aluminium und Al-Legierungen

Gute Zerspanungsergebnisse (Bearbeitungszeit Oberfläche usw.) lassen sich durch sachgerechte Abstimmung zwischen den spezifischen Werkstoffeigenschaften und den Einstelldaten erreichen (Bild 1).

Als **Schneidstoffe** eignen sich besonders **HSS, HM**.

Bei Schnittgeschwindigkeiten v_c **bis 600 m/min** können die Kühlschmierstoffe **Schneidöle** (**Gr. 1** bis **3**) oder **Emulsionen (2% ....5%)** auf Grund der guten Wärmeleitfähigkeit zum Einsatz kommen.

Die Spanwinkel und Zahnteilungen der Werkzeuge müssen gegenüber der Stahlbearbeitung vergrößert werden.

Bearbeitung von Reinaluminium

Unzureichende Bearbeitungsergebnisse mit Neigung zur **Aufbauschneidenbildung** resultieren aus der geringen Werkstoffhärte in Verbindung mit ungünstigen Schnittgeschwindigkeiten (v_c-Werte).

Bearbeitung von Knetlegierungen

Durch Zulegieren geringer **Blei**mengen ergibt sich eine **verbesserte Spanbildung**. Schmieren und die Bildung langer Späne wird unterdrückt (Automatenlegierungen).

Bearbeitung von Gusslegierungen

Der **Si-Anteil** erzeugt wesentliche Eigenschaftsveränderung gegenüber dem Grundwerkstoff (Zugfestigkeit, Härte) und somit gute bis sehr **gute Zerspanbarkeit** (Bild 2).

4.4.3 Kupfer und Kupferlegierungen

Kupfer wird auf Grund seiner spezifischen Eigenschaften sowohl als reines Metall als auch mit seinen Hauptlegierungselementen Zink, Zinn, Nickel, Aluminium und Blei in der Technik sehr oft verwendet.

Legierungen und Reinmetall unterscheiden sich in wesentlichen Eigenschaften beträchtlich (Zugfestigkeit, Dehnung) (Tabelle 1).

Spanende Bearbeitung von Kupfer

Reines Kupfer neigt bei der spanenden Bearbeitung zur Bildung von **Aufbauschneiden**. Durch angepasste Schneidengeometrie (große Spanwinkel und scharfe Werkzeuge) wird der Aufbauschneidenbildung sowie langer Wendel- und Wirrspäne entgegengewirkt.

Geringes Zulegieren von **Schwefel** und **Blei verbessert** die **Zerspanbarkeit** spürbar.

Als **Kühlschmierstoffe** eignen sich Lösungen, Emulsionen und Schneidöle (SESW, SEMW und SN) (Bild 3).

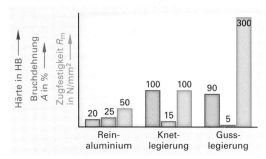

1 **Wichtige Werkstoffwerte für die Bearbeitung**

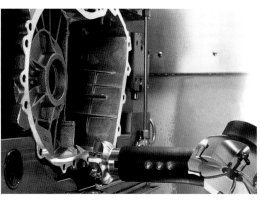

2 **Fräsbearbeitung einer Gusslegierung**

Tabelle 1: Eigenschaften von Kupfer	
Eigenschaften	Anwendung
sehr gute elektr. **Leitfähigkeit**	**Elektrotechnik**
sehr gute **Wärmeleitfähigkeit**	**Wärmetauscher**
gute **Umformbarkeit** (Kfz-Gitter)	Halbzeuge **bis 0,01 mm** Dicke (Folien, Drähte)
legierungsabhängige **Zerspanbarkeit** (von sehr gut bis problemhaft)	Bearbeitung von **Guss-** und **Knetlegierungen**

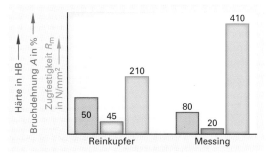

3 **Wichtige Werkstoffwerte für die Bearbeitung**

Spanende Bearbeitung von Kupferlegierungen

Messing (Kupfer-Zink-Legierung)

Eine Kupfer-Zink-Legierung mit mindestens 50% Kupferanteil und Zink als Hauptlegierungsbestandteil zeigt gegenüber dem Grundmetall wesentlich verbesserte mechanische Eigenschaften (Bild 1).

Für die Verarbeitung ist ein mindestens 38%-iger Zinkanteil ausschlaggebend (Bild 2).

Unter 38% Zinkanteil besteht Messing aus kubisch-flächenzentrieten **Mischkristallen**. Die vorhandenen Gleitebenen gewährleisten die gute Umformbarkeit. Geringe Zusätze von Eisen, Zinn, Mangan und Silizium verbessern zusätzlich die Zug-, Verschleißfestigkeit und Korrosionsbeständigkeit. Als Knetlegierung finden sie z.B. Anwendung als

- CuZn15   Druckdosen
- CuZn31Si1   Lagerbuchsen,
- CuAl8Fe3   Schneckenräder, Ventilsitze.

Über 38% Zinkanteil (Bild 3) bildet sich ein **Kristallgemenge,** das sich gut gießen und zerspanen lässt. Durch Zulegieren bis 3,5% Blei wird die Spanbarkeit positiv beeinflusst. Gusslegierungen finden vor allem bei den sogenannten **Automatenlegierungen** Anwendung, z.B. CuZn39Pb3 für Drehteile.

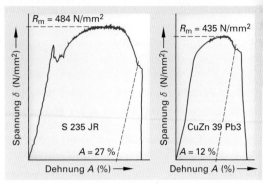

1   Spannungs-Dehnungsverhalten von Baustahl und einer Kupferlegierung

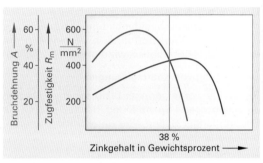

2   38%-Grenze von Messing

Zinnbronze (Kupfer-Zinn-Legierung)

Die Zinnbronzen sind im Vergleich zu Messing korrosionsbeständiger sowie zug- und verschleißfester (R_m bis 690 N/mm², HB bis 210). Zinn wird zwischen 2% ... 15% zulegiert, werkstoff- und **bearbeitungsentscheidend** ist die **9%-Zinn-Grenze.**

Knetlegierungen (Sn-Gehalt bis 9%) lassen sich gut umformen auf Grund des Kristallaufbaus.

Werkstücke aus Gusslegierungen sind das Hauptbetätigungsfeld für die Zerspanung.

Zinnbronze mit 9%...15% Sn (Kristallgemisch) lässt sich gut spanend bearbeiten (Bild 4).

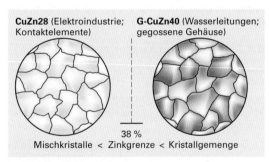

3   Messinggefüge (schematisch)

Aluminiumbronze (Kupfer-Aluminium-Legierung)

Bestehen aus mindestens 70% Kupfer und dem Hauptlegierungszusatz Aluminium. Bis 2% Al ist die Farbe der Legierung rot, ab 5% Al gelb.

Die Zugfestigkeit R_m von Aluminiumbronzen beträgt 450 N/mm²...750 N/mm². Konstruktionsteile aus Stahl für den chemischen Apparatebau, die starken Korrosionseinflüssen ausgesetzt sind, können durch eine geeignete Kupfer-Aluminium-Legierung, z.B. CuAl10Fe3Mn2, ersetzt werden. Die Zerspanbarkeit ist bei einer Härte bis 180 HB gut.

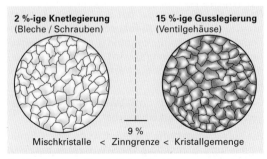

4   Zinnbronzegefüge (schematisch)

Rotguss

Der hohe Anteil an Zinn und Zink als Hauptlegierungselemente sowie weitere Beimengungen ergibt beim Erstarren ebenfalls ein Kristallgemenge. Daraus ist die gute Zerspanbarkeit gegossener Halbzeuge ableitbar.

Rotguss ist sehr korrosionsbeständig und eignet sich zum Vergießen für dünnwandige Werkstücke.

Beispiele: G – CuSn5ZnPb (Bild 1):
- dünnwandige profilierte Pumpengehäuse,
- Lager, Spindelmuttern, Schnecken- und Schraubenräder und Rohrverbindungen

1 Bearbeitung von Rotgussteilen

Neusilber (Kupfer-Zink-Nickel-Legierung)

Der Nickelgehalt bis zu 30 % dominiert das Aussehen und die Eigenschaften von Neusilber.

- günstige Zerspanungseigenschaften (Pb-Zusatz),
- chemiekalienbeständig,
- silberähnliches Aussehen **(German Silver).**

Der Zinkgehalt beeinflusst die Gießbarkeit, während Kupfer die Legierung für die Kaltumformung geschmeidig macht. Ein geringer Bleizusatz erleichtert die spanende Bearbeitung (Bild 2).

Anwendung:
- Uhrenindustrie,
- Feinmechanik, Optik,
- Geschirr- und Besteckteile.

Die starke Lunkerbildung (bis 2 % Schwund!) beeinflusst die spanende Bearbeitung negativ.

Einstellwerte:
Drehzahl $n \approx 6000$ 1/min
Zustellung $a_p = 0,5$ mm
Vorschub $f = 0,22$ mm

2 Bearbeitung von Neusilber

4.4.4 Bearbeitungsrichtwerte ausgewählter NE-Legierungen und Kunststoffe

Tabelle 1: Bearbeitungsrichtwerte für die Drehbearbeitung

Werkstoffeigenschaften			Werkzeugangaben						
	Zugfestigkeit R_m (N/mm²)	Härte HB	Schneidstoffe	Einstellwerte			Schneidengeometrie		Standzeit
				f (mm)	a_p (mm)	v_c (m/min)	α (°)	γ (°)	T (min)
AL-Legierungen	bis 400	bis 90	HS10-4-3-10	0,6	6	180...120	10	25...35	240
Cu-Legierungen	bis 750	bis 100	HS10-4-3-10	0,6	6	120...80	10	18...30	120
			HM: P10	0,6	6	950	6	5	120
Mg-Legierungen	bis 300	bis 85	K 10	0,6	6	1200	10	15...25	30
Kunststoffe									
Duroplaste	bis 150		HS14-1-4-5	0,2	3	250...150	10	0	480
Thermoplaste	bis 85		HS6-5-2	0,2	3	400...200	10	0	480
Schicht- und Pressstoffe	bis 350		HM: K20	0,2	5	bis 40	8	6	120

4.4.5 Sinterwerkstoffe

Urgeformte Werkstücke aus Sinterwerkstoffen entstehen aus metallischen oder nichtmetallischen Ausgangsstoffen in drei Fertigungsstufen (Bild 1).

Pulverherstellung und -mischung:

Durch mechanische Verfahren, besser jedoch durch Verdüsen, entsteht ein feines und gleichmäßiges Ausgangsgefüge (kleine Pulverteilchen ergeben große Abkühlgeschwindigkeit).

Metallische Werkstücke bestehen aus:

■ reinen und legierten Metallen
■ Metallverbindungen
■ Pulvergemischen

Oxidkeramische Werkstücke bestehen aus:

■ Hartstoffen Al_2O_3
■ Bindemitteln MgO, ZrO_2

Pressen der Rohlinge:

In formgebenden Presswerkzeugen wird durch hohen Druck das Pulver stark verdichtet. Der Werkstoffzusammenhalt entsteht durch mechanische Verankerung und Adhäsion zwischen den Pulverteilchen (Kaltverfestigung an den Korngrenzen).

Sintern:

Die anschließende Wärmebehandlung der Rohlinge bringt die endgültige Festigkeit durch:

■ Diffusionsvorgänge an den Korngrenzen
■ Rekristallisation der kaltverfestigten Berührungsstellen

Die Kristallbildung ist zeit- und temperaturabhängig. Einstoffpulver erwärmt man bis ca. 80% der Schmelztemperatur. Bei Mehrstoffpulvern ist der niedrigste Schmelzpunkt entscheidend.

Normung der Sinterwerkstoffe

Die am häufigsten in der Praxis anzutreffenden Sintermetalle sind:

■ Sintereisen und -stahl (Bild 2)
■ Sinterbronze (CuSn)
■ Sintermessing (CuZn)
■ Sinteraluminium

Neben der Zusammensetzung und den Grundeigenschaften der Metalle ist das vom Pressdruck abhängige Porenvolumen nach dem Sintern ein wichtiges Merkmal und deshalb Grundlage der Normung. Die **genormten Kurzzeichen** aller Sintermetalle bestehen aus:

■ Kennsilbe SINT: als verfahrenstechn. Hinweis
■ Kennbuchstabe: für die Werkstoffklasse
■ 2-stellige Kennziffer: Zusammensetzung und Zählziffer

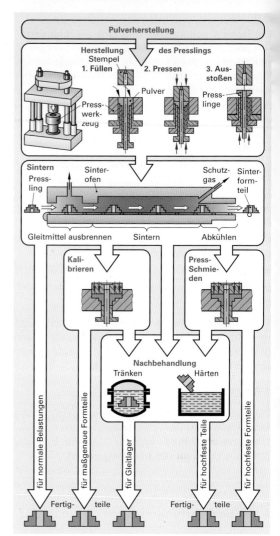

1   **Allgemeines Herstellungsprinzip von Sinterteilen**

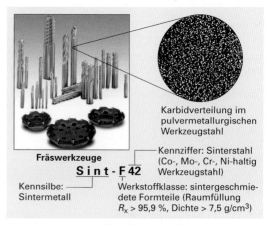

Fräswerkzeuge

Karbidverteilung im pulvermetallurgischen Werkzeugstahl

Kennsilbe: Sintermetall

$$S\,i\,n\,t\,\text{-}\,F\,\textbf{42}$$

Kennziffer: Sinterstahl (Co-, Mo-, Cr-, Ni-haltig Werkzeugstahl)

Werkstoffklasse: sintergeschmiedete Formteile (Raumfüllung $R_x > 95{,}9\,\%$, Dichte $> 7{,}5\,g/cm^3$)

2   **Anwendungs- und Bezeichnungsbeispiel**

4.5 Nichtmetalle

Die nichtmetallischen Werkstoffe treten aufgrund unterschiedlichster Eigenschaften in verschiedenen Teilbereichen der Zerspanungstechnik in Erscheinung. Dabei ist grundsätzlich zwischen zu bearbeitendem Werkstoff und der Verwendung als Schneidstoff bzw. verfahrensunterstützendem Hilfsstoff zu unterscheiden.

Spezielle Aufgaben (z.B. Schleifscheibenprofilierung) sind ohne den härtesten Naturstoff – Diamant – nur unzureichend auszuführen. Keramische Schneidstoffe eignen sich zur Nachbearbeitung von gehärteten Werkstücken. Richtig eingesetzte Schmier- und Kühlstoffe wirken grundsätzlich positiv auf die Werkstückbearbeitung ein.

Unter bestimmten Maschinenvoraussetzungen ist eine wirtschaftliche Bearbeitung von Gusswerkstücken mit **künstlich hergestellten Schneidkeramiken** wegen der großen Härte und Verschleißfestigkeit des Schneidstoffs zu erzielen.

Mit den **Hilfsstoffen** soll unter anderem beim Zerspanungsprozess die Reibung und die Wärmeabfuhr positiv beeinflusst werden.

Die **Kunststoffe** spielen in der Zerspanungstechnik nur eine untergeordnete Rolle.

Eine Ausnahmestellung nimmt der **Naturstoff** Diamant ein.

Die organischen und anorganischen Stoffe lassen sich ihrer Herkunft nach leicht zuordnen (Tabelle 1).

4.5.1 Künstlich hergestellte Stoffe

Die Eigenschaften von Aluminiumoxid Al_2O_3 (hohe Temperatur- und Druckbeständigkeit sowie chemische Beständigkeit) als Basismaterial aller Schneidkeramiken sind für die Anwendung in der Zerspanungstechnik die erforderlichen Grundlagen für harte und verschleißfeste Werkzeuge (Bild 1).

Schneidkeramik

Keramische Schneidstoffe sind Sinterwerkstoffe mit sehr großer Härte und Verschleißfestigkeit, jedoch großer Stoßempfindlichkeit (Tabelle 2 und Bild 1).

Oxidkeramik

Reines Aluminiumoxid **Al_2O_3** ist der Grundstoff oxidkeramischer Schneidstoffe.

Mischkeramik

Aus **Al_2O_3** und metallischen Zusätzen z.B. **TiC, Cr_2O_3** entstehen Verbundstoffe mit den spezifischen Eigenschaften der Ausgangsstoffe.

Al_2O_3 – Härte
Cr, Ti – Festigkeit, Zähigkeit

Nichtoxidkeramik

Siliciumnitrid **Si_3N_4** als Grundstoff hat gegenüber Aluminiumoxid verbesserte Werte bei

- Bruch- und Schlagfestigkeit
- Temperaturschockbeständigkeit

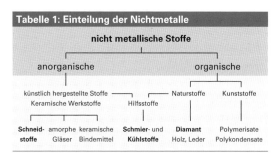

Tabelle 1: Einteilung der Nichtmetalle

Tabelle 2: Einteilung der künstlich hergestellten Schneidstoffe

Keramik-Schneidstoffe		
Oxidkeramik	**Misch**keramik	**Nichtoxid**keramik
Reines Aluminiumoxid	Aluminiumoxid + metallische Zusätze	Siliciumnitrid

1 **Keramik-Schneidplatten**

Einsatzkriterien:

Die relativ preiswerten **Wendeschneidplatten** können durch formentsprechende Klemmhalter mehrfach nutzbar gemacht werden. **Kein Nachschleifen!** (Tabelle 1)

Tabelle 1: Einsatzbedingungen für Schneidkeramik	
spezifische Eigenschaften	Anwendung
Härte	spanende Bearbeitung von Guss, Einsatz- und Vergütungsstahl, Hartguss, gehärteter Stahl
Warmfestigkeit	Arbeitstemperaturen bis 1400 °C bei Schnittgeschwindigkeit v_c bis 1500 m/min
Sprödigkeit, Schlagempfindlichkeit	Gleichmäßige Schnittbedingungen erforderlich (ununterbrochener Schnitt!)
Temperaturschockempfindlichkeit	Ohne Kühlung arbeiten!
Schlechter Wärmeleiter	Hohe Arbeitstemperaturen

Kunststoffe

Kunststoffe sind hochmolekulare, durch Synthese organischer Kohlenwasserstoffverbindungen hergestellte Werkstoffe.

Eigenschaften und Einteilung (Tabelle 2)

Das breite Spektrum der spezifischen Eigenschaften machen Kunststoffe für die Technik als Alternative zu den metallischen Werkstoffen interessant.

Charakteristische Kunststoffeigenschaften

- relativ geringe Dichte   → Leichtbau
- saubere einfärbbare
  Oberflächen   → Ausbau
- korrosions- und
  säurebeständig   → Chemie
- elektrischer Nichtleiter   → Elektrotechnik
- gut umform- und spanbar → Fahrzeugbau

Problematisch in der Zerspanungstechnik ist die schlechte Wärmeleitfähigkeit. Schon Bearbeitungstemperaturen ab 50 °C durch Wärmestau hervorgerufen, lassen den Bearbeitungswiderstand rasch absinken, wirken sich aber auf die Spanbildung und somit auf die Oberflächenrauheit negativ aus (Bild 1).

Tabelle 2: Kunststoffarten		
Kunststoffe		
Thermoplaste	Duroplaste	Elastomere
Polyvinylchlorid **PVC**	Epoxidharz **EP**	Naturgummi **NR**
Polystyrol **PS**	Polyurethanharze **PUR**	Styrol-Butadien-Gummi **SBR**
Polycarbonate **PC**		Silikon-Gummi **Q**

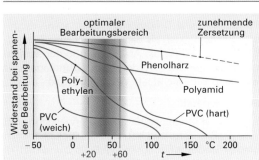

1 **Wärmeverhalten von Kunststoffen**

Das **thermische Werkstoffverhalten** in der Kontaktzone Werkzeug – Werkstoff ist ein wesentliches Kriterium für die Kunststoffbearbeitung. Die starke Wärmeabhängigkeit der Kunststoffe wirkt sich sowohl bei der Bearbeitung als auch bei der Anwendung der bearbeiteten Werkstücke aus.

Thermoplaste **erweichen**   Duroplaste **verbrennen**   Elastomere werden **weich** und **schmieren**

Allgemeine Zerspanungshinweise (Tabelle 1, S. 103):

- Gute Späneabfuhr und Kühlung (meist Luft) sowie HSS-/HM-Werkzeuge mit scharfen Schneiden bringen gute Ergebnisse.
- Die entstehenden Spanformen sind bei Thermo- und Duroplasten kurz und brüchig, bei Plastomeren entstehen lange, gutablaufende Späne.
- Für die Schnittwerte gilt: hohe Schnittgeschwindigkeiten bei kleinen Vorschüben (Bild 2).

Problematische Kunststoffbearbeitung (Werkstoffaufschmelzung)

2 **Bearbeitungsbeispiel**

Tabelle 1: Eigenschaften, Anwendung und Einstellwerte für die Kunststoffbearbeitung

Werkstoff	typische Eigenschaften	Beispiel	Zerspanungswerte Drehen
Polyamid	$\rho = 1{,}14$ g/cm³, $R_m = 80$ N/mm² Bruchdehnung $A = 200\%$ verschleißfest, gleitfähig, chemiekalienbeständig	Lagerschalen, Zahnräder Führungselemente	HS, HM: $v_c = 200$ m/min...500 m/min $f = 0{,}1$ mm...0,5 mm a_p...6 mm
PVC-U	$\rho = 1{,}14$ g/cm³, $R_m = 60$ N/mm² $A = 100\%$, hart und zäh	Halbzeuge (Rohre, Profile) Behälterbau, Gehäuse	HS: $v_c = 200$ m/min...500 m/min $f = 0{,}1$ mm...0,2 mm a_p...6 mm
Phenoplaste	$\rho = 1{,}3$ g/cm³, $R_m = 250$ N/mm² $A = 1\%$, chemiekalienbeständig	Zahnräder, Lagerschalen Bedienelemente	HM, Diamant: $v_c < 40$ m/min $f = 0{,}05$ mm...0,5 mm a_p...10 mm

4.5.2 Hilfsstoffe

Hilfsstoffe sind Zusatzstoffe, die bei der spanenden Fertigung erforderlich sind, am Werkstück jedoch nach der Bearbeitung nicht mehr vorhanden sind.

Hilfsstoffe der Spanungstechnik sind (Bild 1):

- **Schmier- und Kühlschmierstoffe,**
- **Schleif- und Poliermittel,**
- **Reinigungsmittel.**

Intensive Sattstrahlkühlung

1   Hilfsstoffeinsatz beim Werkzeugscharfschleifen

4.5.2.1 Kühlschmierstoffe

Der **Werkzeugschneidenverschleiß** ist direkt abhängig von der Zerspanungstemperatur. Der richtigen Wahl eines Kühlschmierstoffs kommt entsprechend den Zerspanungsbedingungen größte Bedeutung zu.

Je höher die Schnittgeschwindigkeit, je größer die Zerspankraft, je zäher der Werkstoff, je ungünstiger die Schneidengeometrie, je schlechter die Wärmeleitfähigkeit des Werkstoffs und je geringer die Kühlschmierung ist, desto höher wird die **Zerspantemperatur**.

Daraus leiten sich die Aufgaben der Kühlschmierung ab. Alle Kühlschmierstoffe nach DIN 51385 unterliegen der Tatsache, dass die Kühlwirkung auf Kosten der Schmierwirkung in Abhängigkeit der zugesetzten Mengen von Additiven (Emulgatoren und EP-Zusätzen) abnimmt (Bild 2).

Folgende **Anforderungen** an einen **Kühlschmierstoff** sind für die Anwender bei der Auswahl wichtig:

- **Kühl- und Schmierfähigkeit,**
- **Druckaufnahmefähigkeit/Viskosität,**
- **Spülvermögen/Korrosionsschutz,**
- **benetzend, alterungsbeständig,**
- **geruchsfrei, gesundheitsunschädlich,**
- **abbaubar, naturverträglich,**
- **schwer entflammbar.**

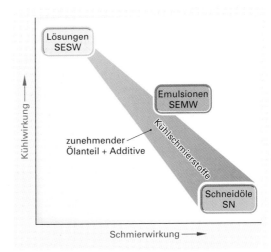

2   Kühl- und Schmierwirkung von Kühlschmierstoffen

4.5.2.2 Schmierstoffe

Zwischen aufeinander gleitenden Flächen von Werkzeugmaschinen entsteht eine **unerwünschte Reibung**, die die erforderliche Leistung erhöht. Der Schmierstoffeinsatz beeinflusst das Verhältnis zwischen P_{zu} und der **Zerspanungsleistung** durch verminderten Verschleiß positiv.

Physikalische Grundlagen

Die bei Bewegung entstehende **Reibungskraft** F_R wirkt der Bewegungsrichtung der Maschinenteile entgegen (Bild 1). Sie ist abhängig von der:

- **Normalkraft** F_N ▪ **Werkstoffpaarung** ▪ **Schmierung**
- **Oberflächengüte der Gleitflächen** ▪ **Reibungsart**

Außer der Normalkraft F_N werden alle Einflussfaktoren in der **Reibungszahl „μ"** zusammengefasst (Tabelle 1).

Berechnungsgrundlage für die Reibungskraft: $\boxed{F_R = \mu \cdot F_N}$

Ist die Verschiebkraft $F < F_R = \mu \cdot F_N$, d.h. es erfolgt keine Bewegung, dann herrscht **Haftreibung**.

Bei der Bedingung $F > F_R$ erfolgt eine Bewegung, es herrscht **Bewegungsreibung** (Bild 2).

Bestimmte Betriebszustände, wie z.B. große Normalkräfte, ungünstige Werkstoffpaarungen und Geschwindigkeitsverhältnisse (kleine Drehzahlen) beeinflussen die Reibung in den Lagern negativ (Bild 3).

Trockenreibung:

Das direkte Gleiten der Bauteile aufeinander bewirkt Erwärmung und Verformung des Oberflächenprofils. Erhöhter Verschleiß und das Verschweißen der hocherhitzten Gleitflächen, das gefürchtete **„Fressen"**, können eintreten (Bild 4 links).

Mischreibung:

Bei Bewegungsbeginn oder unzureichender Schmierung (Wartung und Pflege!) kommt es noch zu einer **punktweisen Berührung** der Gleitflächen. Reibung und Verschleiß sind verringert. Diesen Drehzahlbereich meiden!

Flüssigkeitsreibung:

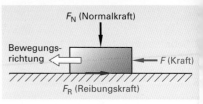

1 Grundprinzip der Reibung

Tabelle 1: Reibungszahlen

Werkstoffpaarung	Haftreibungszahl μ_H trocken	Gleitreibungszahl μ_G	
		trocken	geschmiert
Stahl auf Gusseisen	0,2	0,18	0,09
Stahl auf Stahl	0,2	0,15	0,07
Stahl auf CuSn-Leg.	0,2	0,1	0,04
Stahl auf Reibbelag	0,6	0,5	0,25

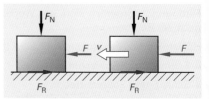

2 Haft- und Bewegungsreibung

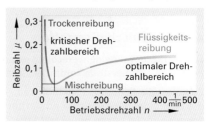

3 Drehzahlabhängige Reibwerte

Eine ausreichende Schmierstoffmenge verhindert die Berührung der Gleitflächen. Die restliche Reibung entsteht durch die **Gleitbewegung der Schmierstoffmoleküle** (Bild 4).

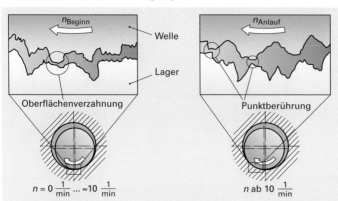

4 Reibungszustände

Aus den allgemeinen physikalischen Grundlagen und den technischen Anforderungen lassen sich die wichtigsten Aufgaben eines Schmierstoffs ableiten.

Schmierstoffe bewirken Verminderung der Reibung, Wärmetransport und Beseitigung des Abriebes aus der Kontaktzone, Dämpfung von Stößen und Schwingungen sowie Korrosionsschutz.

Schmierstoffart

Die einzelnen Schmierstoffarten (Tabelle 1) werden durch charakteristische Kennwerte definiert.

Die wichtigste Eigenschaft ist die **Viskosität** (Zähflüssigkeit). Darunter ist der Verschiebewiderstand zweier benachbarter Flüssigkeitsschichten (innere Reibung) zu verstehen. Die Viskosität ist temperaturabhängig!

Die Temperatur, die einen Schmierstoff nicht mehr fließen lässt, heißt **Stockpunkt** (unter 0°).

Tabelle 1: Schmierstoffarten		
Zustand der Schmierstoffe		
fluid	**plastisch**	**fest**
Öle	Fette	Festschmierstoffe
SAE 10W – 30	K 3 N – 20	Grafit

Bei höheren Temperaturen entweichen dem Schmierstoff brennbare Gase, der Beginn wird als **Flammpunkt** bezeichnet.

Schmierstoffe der Zerspantechnik sollten folgende Eigenschaften besitzen:
großer Temperaturbereich, geringe Viskosität und Viskositätsänderung bei Temperaturwechsel, haftbeständig und druckfest, säure- und wasserfrei, alterungsbeständig, hoher Flamm- und niedriger Stockpunkt.

Schmierfette

Schmierfette sind durch feinste Verteilung von „Seifen" in Mineral- oder Syntheseölen pastenartige Schmierstoffe (Bild 1).

Barium-, Natrium- oder Lithiumseifen beeinflussen nachhaltig die Schmierfetteigenschaften.

Spezifische Kenngrößen klassifizieren die einzelnen Schmierfettarten und bestimmen somit deren Einsatz nach DIN 2137 (Tabelle 2).

Seifenstruktur

1 Struktur von Schmierfetten

Tabelle 2: Klassifizierung von Schmierfetten	DIN ISO 2137 (12.81)		
Konsistenzklasse NLGI-Klassen	Walkpenetration bei 25 °C in 1/10 mm	Konsistenz	Verwendung
000	445…475	ähnlich sehr dickem Öl	
00	400…430	halb fließend	
0	355…385	sehr weich	Getriebefette
1	31…340	weich	
2	265…295	salbenartig	
3	220…250	beinahe fest	
4	175…205	fest	Wälzlagerfette Gleitlagerfette
5	130…160	sehr fest	
6	85…115	sehr fest	Blockfette

(zunehmend / zunehmend)

Kennzeichnung:

Die symbolhafte Darstellung soll dem Anwender als zweifelsfreie Richtlinie in der praktischen Arbeit dienen (Bild 2).

Beispiel für die Kennzeichnung eines Schmierfettes auf Mineralölbasis: K 3 N –20
  Kennbuchstabe für Schmierfettart: K
  NLGI-Klasse: 3; Walkpenetration 220…250
  Zusatzbuchstabe: N
  Keine oder geringe Veränderung gegenüber Wasser; obere
  Gebrauchstemperatur +140°C; untere Gebrauchstemperatur –20°C

2 Bezeichnungsbeispiel

Schmieröle

Schmieröle sind flüssige Schmierstoffe auf Mineral- oder Syntheseölbasis. Die wichtigste Kenngröße ist ebenfalls die Viskosität, die nach DIN 51519 in Viskositätsklassen von ISO VG 2 (dünnflüssig) bis ISO VG 1500 (zähflüssig) eingeteilt wird.

Mineralöle

Sind Destillationsprodukte der Erdölchemie, deren Eigenschaften gezielt durch Zusätze beeinflusst werden, z.B. Schmierwirkung, Druckfestigkeit, Temperaturbereich, Alterungsbeständigkeit.

Syntheseöle

Gleiche Kohlenwasserstoffe ergeben bei der Synthese bessere Schmieröle in Bezug auf Alterungsbeständigkeit und vor allem im Viskositäts-Temperatur-Verhalten (Tabelle 1).

Tabelle 1: Schmieröle Auszug aus DIN 51 502			
Stoffgruppe Symbol	Kennbuchstabe	DIN-Nr.	Schmierstoffart Eigenschaften, Anwendung
Mineralöle	AN	51501	▪ Normalschmieröle ohne Zusätze, Öltemperatur bis 50 °C, Umlaufschmierung
	C	51517	▪ Schmieröle ohne Zusätze, alterungsbeständig, Umlaufschmierung bei Gleit- und Wälzlager
	CG	8659 T2	▪ Mineralöle mit Wirkstoffzusatz, Verschleißminderung bei Mischreibung z.B. Führungsbahnen
	L	–	▪ Öle zur Wärmebehandlung
Syntheseöle	E		▪ Esteröle, geringe Viskositätsänderung, Lagerstellen mit großen Temperaturschwankungen
	PG	–	▪ Polyglykolöle, hohe Alterungsbeständigkeit, gutes Mischreibungsverhalten, teilweise wasserabweisend
	SI	–	▪ Silikonöle, hohe Alterungsbeständigkeit, stark wasserabweisend, Einsatz bei großen Temperaturschwankungen

Bei der Wartung der Getriebe von Werkzeugmaschinen ist unbedingt auf die vorgeschriebene Ölsorte zu achten. Die zu verwendende Ölsorte (s. nachfolgendes Beispiel) wird durch Berechnung und Diagrammauswertung bestimmt.

Berechnungsbeispiel:

Bestimmen Sie die Ölqualität (Viskosität) für ein Stirnradgetriebe einer Werkzeugmaschine mit Hilfe der gegebenen Berechnungsgrundlage und des Diagramms.

geg.: i = 1,8 : 1   Übersetzungsverhältnis
    b = 25 mm   Zahnradbreite
    d_1 = 78 mm   Teilkreisdurchmesser
    F = 3500 N   Umfangskraft am Teilkreisdurchmesser
    v = 3,5 $\frac{m}{s}$ Umfangsgeschwindigkeit
    Diagramm zur Viskositätsauswahl

ges.: Ölsorte nach ISO – VG

Lösung: Berechnungsgleichung

$$f = \frac{F}{b \cdot d_1} \cdot \frac{i+1}{i} \cdot 3 \cdot \frac{1}{v}$$

Diagramm zur Bestimmung der Viskosität ($f-v$-Diagramm)

$$f = \frac{3500\ N}{25\ mm \cdot 78\ mm} \cdot \frac{1,8+1}{1,8} \cdot 3 \cdot \frac{1}{3,5\ \frac{m}{s}}$$

$$f = 2,39\ \frac{N \cdot s}{mm^2 \cdot m}$$

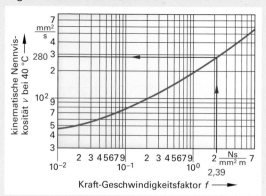

Diagramm 1: Viskositätsbestimmung für Kegel- und Stirnradgetriebe

Mit dem Kraft-Geschwindigkeitsfaktor für f = 2,39 $\frac{N \cdot s}{mm^2 \cdot m}$ ergibt sich

lt. Diagramm für v = 280 $\frac{mm^2}{s}$ eine Ölsorte **ISO VG 280**

Festschmierstoffe

Extreme Betriebsbedingungen (geringe Gleitgeschwindigkeit, zu hohe oder niedrige Temperatur) verhindert die Bildung eines funktionsfähigen Schmierfilms aus Ölen/Fetten.

Die Blättchenstruktur der Festschmierstoffe:

Grafit, PTEE und MoS$_2$ erzeugen eine höhere Adhäsionskraft zu den Schmierflächen, d.h. ein Verdrängen des Schmierstoffs aus den Unebenheiten des Schmierspaltes wird verhindert.

Bei einsetzender Bewegung richten sich die Blättchen bewegungsorientiert aus und gleiten aufeinander ab (Bild 1).

Festschmierstoffe sollten nur dann eingesetzt werden, wenn eine Flüssigkeitsreibung nicht erreichbar ist, z. B. bei hohen Betriebstemperaturen und bei stoßartigen Schmierfilmbelastungen.

Oft erfüllen Festschmierstoffe eine Funktion als **Notlaufschmierstoff**! (Tabelle 1).

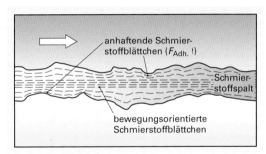

anhaftende Schmierstoffblättchen ($F_{Adh.}$ ↑)

Schmierstoffspalt

bewegungsorientierte Schmierstoffblättchen

1 Schmierspaltbildung

Tabelle 1: Festschmierstoffe					
	Farbe	Betriebstemperatur °C	Beständigkeit gegen		Reibungszahl µ
			Chemikalien	Korrosion	
Grafit	grauschwarz	−18 bis +450	sehr gut	gut	0,1 bis 0,2
Molybdändisulfid	grauschwarz	−180 bis +400	gut	schlecht	0,04 bis 0,09
PTFE	weiß bis transparent	−250 bis +260	gut	gut	0,04 bis 0,09

4.5.3 Naturstoffe

Die Naturstoffe, z.B. Holz, Leder usw., spielen in der modernen Zerspantechnik metallischer Werkstoffe kaum eine Rolle.

Eine andere Berufsgruppe, die Holzmechaniker, beschäftigt sich ausführlich mit dem Werkstoff Holz.

Der Lederflachriemen als Drehmoment-Übertragungsmittel bei Werkzeugmaschinen findet sich noch in technischen Museen.

Verschiedene Gummiprodukte werden für Bauteile von elastischen Kupplungen, Schwingungsdämpfern und als Zugmittel an Werkzeugmaschinen verwendet.

Wiederholungsaufgabe:

Beim Ölwechsel eines Stirnradgetriebes ist Öl mit der Bezeichnung **ISO VG 300** verwendet worden.
Das Getriebe arbeitet mit folgenden Parametern:

Übersetzungsverhältnis	i	$= 2,5 : 1$
Zahnradbreite	b	$= 25$ mm
Teilkreisdurchmesser	d_1	$= 80$ mm
Umfangskraft F an d_1	F	$= 4000$ N
Umfangsgeschwindigkeit	v	$= 3 \frac{m}{s}$

Aufgaben

1 Entspricht die verwendete Ölsorte der Wiederholungsaufgabe den Bedingungen nach ISO?

2 Begründen Sie anhand der Eigenschaften von Schneidkeramik die besonderen Einsatzbedingungen!

3 Worauf müssen Sie bei der Bearbeitung von Kunststoffen achten?

4 Welche Vorteile bringt der Einsatz von Kühlschmierstoffen bei der Zerspanung?

5 Beschreiben Sie das allgemeine Grundprinzip der Reibung!

6 Beschreiben Sie verschiedene Reibzustände an Werkzeugmaschinen!

7 Begründen Sie den zweckgebundenen Einsatz von verschiedenen Schmierstoffarten!

8 Begründen Sie, in welchen Fällen eine niedrige Viskosität des einzusetzenden Schmierstoffes zu wählen ist:
hohe Drehzahl,
hohe Betriebstemperatur,
kleines Lagerspiel,
hohe Lagerbelastung.

4.6 Korrosion

Die Korrosion und der Kampf dagegen kostet jährlich Milliarden. Richtiger Umgang mit den Werkstoffen kann diese Ausgaben verringern und Schäden begrenzen.

Alle Stoffe haben das Bestreben, in einem stabilen und energiearmen Zustand zu verharren oder dorthin zurückzukehren. Bei den meisten Metallen besteht dieser energieärmste Zustand in Form des Metalloxides. Metalle, bis auf edle Metalle wie Gold, Silber und Platin, kommen in der Natur als Oxid oder in anderen Verbindungen vor. Durch aufwändige Verfahren werden die Metalle gewonnen, ihre unerwünschte Rückkehr in den „verunreinigten" Zustand nennen wir Korrosion.

Der Zerspanungsmechaniker muss vor allem wissen, wie er mit korrodierten Rohteilen (verrostet, verzundert) umgeht und wie er seine Werkstücke und Maschinen vor weiterer Korrosion schützt.

> Korrosion kann nie ganz vermieden werden, sie wird durch Schutzmaßnahmen nur begrenzt.

4.6.1 Korrosionsformen und Korrosionsarten

Nach den Ursachen der Korrosion und den Korrosionsvorgängen lassen sich zwei wesentliche Korrosionsformen unterscheiden: die chemische und die elektrochemische Korrosion.

Nach dem Erscheinungsbild der Korrosion werden mehrere Korrosionsarten unterschieden, z.B. gleichmäßige und örtlich wirkende Korrosion, Korrosion bei gleichzeitiger mechanischer Spannung oder Narbenkorrosion (Bild 1).

Das Erscheinungsbild der Korrosionsarten ist oft erst in Verbindung mehrerer Bauteile sichtbar (z.B. Kontaktkorrosion). Für den Zerspanungsmechaniker ist das typische Erscheinungsbild die gleichmäßige Flächenkorrosion durch Rosten.

Chemische Korrosion

> Chemische Korrosion tritt vor allem durch die Einwirkung von Gasen auf heiße Metalle auf.

Ein technisch häufig auftretender Fall ist das Verzundern von Stahl, z.B. im Walzwerk. Je nach der Temperatur des Stahls bilden sich die Eisenoxide FeO, Fe_2O_3 oder Fe_3O_4 (Bild 2).

Wenn das Ausgangsmaterial nicht vorbehandelt ist, kann auf der Oberfläche der Rohteile noch eine Zunderschicht sein. Die Schicht selbst ist sehr hart und kann die Werkzeugschneiden beschädigen.

Andererseits platzen Zunderschichten leicht ab.

Normalerweise spielt die chemische Korrosion beim Spanen keine Rolle.

Korrosion

ist die Reaktion eines metallischen Werkstoffes, die eine messbare Veränderung des Werkstoffes bewirkt und zu einer Beeinträchtigung der Funktion eines metallischen Bauteils oder eines ganzen Systems führen kann. In den meisten Fällen ist die Reaktion elektrochemischer Natur, in einigen Fällen ist sie jedoch auch chemischer oder metallphysikalischer Natur (DIN 50900).
Die Definition für Metalle kann sinngemäß auf Nichtmetalle übertragen werden.

Korrosionserscheinung

ist die messbare Veränderung des metallischen Werkstoffes.

Korrosionsschaden

ist eine Beeinträchtigung der Funktion des metallischen Bauteils oder Systems durch Korrosion.

Korrosionsschutz

betrifft alle Maßnahmen mit dem Ziel, Korrosionsschäden zu vermeiden.

Unterscheidung der Korrosion		
nach den Ursachen		
Korrosionsformen		
■ chemische Korrosion	■ elektrochemische Korrosion	
nach dem Erscheinungsbild		
Korrosionsarten		
■ gleichmäßige Korrosion bzw. Flächenkorrosion	■ örtlich begrenzte Korrosion, z.B. Lochfraß	■ Korrosion unter mechanischer Belastung, z.B. Spannungsrisskorrosion

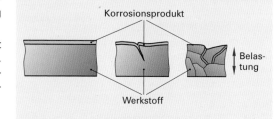

1   Darstellungsformen der Korrosion

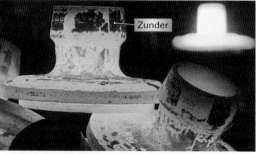

2   Verzundertes Werkstück

Elektrochemische Korrosion

Beim Zusammentreffen zweier Metalle und einer wässrigen Lösung, dem Elektrolyten, entsteht ein galvanisches Element (Bild 1). Die dabei entstehende Spannungsdifferenz ist ein Maß für die Abgabe von Metallionen des einen Metalls an das andere.

In der Spannungsreihe (Bild 2) sind die Metalle entsprechend ihren Potenzialen im Vergleich zu Wasserstoff angeordnet.

Die elektrochemische Korrosion wirkt wie ein ungewolltes galvanisches Element. Besonders anfällig gegen Korrosion sind die unedlen Metalle, sie gehen leichter in Lösung, sie **korrodieren** (Bild 3).

> Bei der elektrochemischen Korrosion tritt die Zerstörung des Materials unter Anwesenheit von Elektrolyten auf, wobei ein Stromfluss stattfindet.

Bedingungen für elektrochemische Korrosion:

1. Metallteile mit unterschiedlichem elektrochemischen Potenzial,
2. Kontakt zwischen den Metallteilen, um den Elektronenaustausch zu sichern,
3. Ein Elektrolyt, der den Ionenaustausch (Metallionenabgabe) ermöglicht.

Beachte:

- Die verschiedenen Metallteile können auch Legierungsbestandteile in einem Metallkörper sein.

- Die unterschiedlichen Potenziale können sich an einem Metallkörper befinden, z. B. Rosten des Eisens (Bild 4).

Rosten von Eisenwerkstoffen

Die häufigste und für den Zerspanungsmechaniker bedeutendste Korrosionserscheinung ist das Rosten von Eisenwerkstoffen in feuchter Umgebung.

Bei Vorhandensein von Sauerstoff und Wasser bilden sich auf der Oberfläche viele kleine lokale Anoden und Katoden (Bild 4).

In der Mitte des Wassertropfens geht Eisen in Form von Fe^{++}-Ionen in Lösung.

Am Rand des Tropfens reagieren die Fe^{++}-Ionen mit den OH^--Ionen, die aus Wasser und dem gelösten Sauerstoff entstanden sind.

Als Gesamtreaktion bildet sich der Rost, $FeO(OH)$ oder $Fe_2O_3 - H_2O$.

Der Rost scheidet sich ringförmig am Rand des Wassertropfens bzw. der Feuchtigkeit ab. Nach einiger Zeit ist die gesamte Oberfläche des Metalls von Rost bedeckt. Eine gleichmäßige und dichte Rostschicht schützt dann vor weiterer Korrosion.

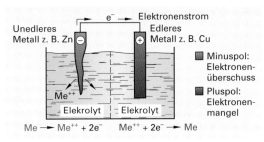

1 Galvanisches Element

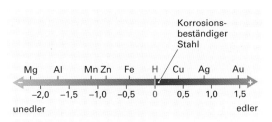

2 Spannungsreihe der Metalle

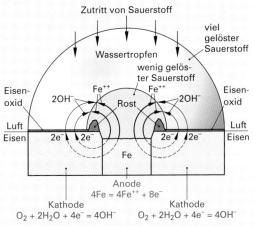

3 Elektrochemische Korrosion

Zutritt von Sauerstoff

bei wenig Sauerstoff entsteht:
$2Fe^{++} + 4OH^- \longrightarrow 2Fe(OH)_2$
lösliches Eisen (II)-hydroxid

bei mehr Sauerstoff entsteht:
$FeO(OH)$
unlösliches, braunes Eisen (III)-oxidhydrat
Hauptbestandteil des Rostes

Im Rost existieren meist mehrere Bestandteile, je nach den Umweltbedingungen.

4 Rosten von Eisenwerkstoffen

4.6.2 Korrosionsschutz

Metalle lassen sich vor Korrosion schützen, wenn die Umstände, bei denen Korrosion eintritt, ausgeschlossen werden. Wenn wir die Metalle total von feuchter Luft fern halten könnten, wäre dies gegeben. Im Alltagsleben wie auch im Industriebetrieb kann Korrosion nur eingeschränkt vermieden werden.

Grundsätzlich kann

a) das Metall von innen geschützt werden: durch Legierungselemente, die sehr korrosionsbeständig sind bzw. korrosionsbeständige Verbindungen erzeugen. Korrosionsbeständiger Stahl wirkt wie ein Edelmetall. Die Bearbeitung solcher Stähle wird dadurch aber erschwert.

b) das Metall von außen geschützt werden: durch Anstriche, metallische Überzüge oder besondere konstruktive Gestaltung.

Korrosionsschutz bei der spanenden Fertigung
zu schützen sind vor der Einwirkung von Luftfeuchtigkeit und Kühlschmiermitteln

Maschinen, Werkzeuge und Messmittel   Werkstücke vor, während und nach der Fertigung

Maßnahmen des Korrosionsschutzes

- Blanke Bauteile von Maschinen oder Messzeugen werden durch **Einölen oder Einfetten** vor Korrosion geschützt. Wenn diese Schutzschicht undicht geworden ist, ist sofort eine Nachbehandlung nötig.
- Korrosion kann auch entstehen, wenn die Kühlschmiermittel und die Schutzmittel auf den Führungsbahnen miteinander unverträglich sind. Die gegenseitige **Verträglichkeit** muss ständig gewährleistet werden. Die Anleitungen der Hersteller der Maschinen und der Kühlschmiermittel sind dabei zu beachten.
- Beim Spanen werden vorherige Schutzschichten zerstört. Das Werkstück ist dann korrosionsanfällig. Wassermischbaren Kühlschmiermitteln sind deshalb Zusätze (Inhibitoren) beigemischt, die einen undurchlässigen **passivierenden oder einen polarisierten Film** auf der Metalloberfläche bilden.
- Die **Emulsionen müssen ständig überwacht** werden: Konzentration der Lösung, pH-Wert und Temperatur müssen den Vorschriften entsprechen, Verschmutzungen müssen beseitigt werden (Bild 2).
- Nach dem Spanen wird eine **Schutzschicht** aufgetragen, die von Arbeitsgang zu Arbeitsgang vor Korrosion schützen soll. Diese Schicht wird aufgesprüht, kann aber auch durch Eintauchen aufgebracht werden.
  Diese Schutzschicht wird auch bei Werkstücken benötigt, die trocken bearbeitet werden. Schon die normale Luftfeuchtigkeit oder auch Handschweiß sind ausreichend, eine Korrosion auszulösen.
- Nach der Fertigung bzw. vor der Lagerhaltung können die Werkstücke **mit Wachs oder ölhaltigen Emulsionen konserviert** werden.

Angriff durch Sauerstoff   polarisierter Film

O_2 O_2 O_2 O_2 O_2 O_2 O_2 O_2 O_2 O_2 O_2 O_2

passivierender Film   Metall   passivierender Film
Rostschutz durch   Rostschutz durch
passivierenden Film   Polarisation

1 Rostschutzmaßnahmen

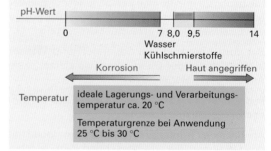

pH-Wert
0   7 8,0 9,5   14
Wasser
Kühlschmierstoffe
Korrosion   Haut angegriffen

Temperatur | ideale Lagerungs- und Verarbeitungstemperatur ca. 20 °C
Temperaturgrenze bei Anwendung 25 °C bis 30 °C

2 Einsatzbedingungen für Emulsionen

Aufgaben

1 Nennen Sie alle Gefahrenquellen für Korrosion bei Werkstücken in der spanenden Fertigung.

2 Warum kann Korrosion kaum verhindert, sondern nur eingeschränkt werden?

3 Wie wird den äußeren Angriffen auf die Maschinen, Messmittel und Werkstücke durch korrosionsauslösende Medien begegnet?

4 Warum sind dem Korrosionsschutz von innen durch Legieren Grenzen gesetzt?

4.7 Werkstoffprüfung

Die Werkstoffprüfung hat die Aufgabe, aufzuzeigen:

■ wie sich Werkstoffe bei ihrer Bearbeitung voraussichtlich verhalten werden,
■ wie sich die hergestellten Werkstücke bei ihrer Nutzung voraussichtlich verhalten werden,
■ ob die hergestellten Werkstücke Materialfehler haben,
■ warum Schäden an Bauteilen aufgetreten sind.

Die traditionelle Werkstoffprüfung bedient sich verschiedener Methoden, bei denen jeweils Probestücke aus den einzelnen Werkstoffen unterschiedlichen Belastungen (Tabellen 1 und 2) ausgesetzt werden.

Aus den Ergebnissen dieser Prüfungen wird auf die Werkstoffeigenschaften wie Härte, Festigkeit oder Umformvermögen geschlossen.

Zunehmend werden Methoden angewendet, bei denen die fertigen Bauteile ohne Beschädigung geprüft werden (= zerstörungsfreie Werkstoffprüfung, z.B. Röntgenprüfung von Schweißnähten).

4.7.1 Mechanische Prüfverfahren

Mit mechanischen Werkstoffprüfungen wird die Belastbarkeit von Bauteilen ermittelt.

Tabelle 1: Festigkeitsprüfungen (Auswahl)

Belastungsart	Prüfverfahren		Ziel der Prüfung
Zug	Zugversuch		Ermittlung der **Zugfestigkeit**, der **Dehnbarkeit** und der **Elastizität** der vorwiegend metallischen Werkstoffe. Aus dem **Zugversuch** lassen sich die wichtigsten Schlussfolgerungen für das Werkstoffverhalten ziehen.
Druck	Druckversuch		Ermittlung der **Druckfestigkeit** metallischer Werkstoffe, besonders wichtig, wenn die Druckfestigkeit von der Zugfestigkeit abweicht
Biegung	Biegeversuch		Ermittlung der **Biegefestigkeit** oder **Biegewechselfestigkeit** bei Bauteilen
Scherung	Scherversuch		Ermittlung der **Scherfestigkeit**, wichtig bei Scherschneidverfahren

Tabelle 2: Härteprüfverfahren

Belastungsart	Prüfverfahren		Auswertung der Härteprüfverfahren
F_P / Druck	Brinellprüfung		**Brinellhärte:** Durch Messung von d_1 und d_2 des Prüfkugelabdruckes und die zugeordnete Prüfkraft wird die Härte weicher Werkstoffe in **HB** bestimmt.
	Vickersprüfung		**Vickershärte:** Durch Messung von d_1 und d_2 des Pyramidenabdruckes und der zugeordneten Prüfkraft wird die Härte härterer Werkstoffe in **HV** bestimmt.
	Rockwellprüfung		**Rockwellhärte:** Die Eindrucktiefe der Prüfkörper gilt unter Beachtung der Prüfkräfte F_0 und F_1 als Maß der Rockwellhärte in **HR**.

4.7.2 Zerstörungsfreie Werkstoffprüfung

> Durch die zerstörungsfreie Werkstoffprüfung ist es möglich, viele oder alle Werkstücke einer Serie zu prüfen, ohne dass ihre weitere Verwendung gefährdet wird.

Schwerpunkte dabei sind zum einen das Entdecken von Fehlern im Innern der Werkstücke, wie z. B. Lunker. Dazu dienen die Röntgen- und die Ultraschallprüfung. Zum anderen geht es um das Erkennen von feinen, mit dem Auge nicht erkennbaren Rissen in der Werkstoffoberfläche. Dies kann durch Aufbringen von bestimmten Flüssigkeiten erreicht werden, die Fehler sichtbar machen, oder durch das Nutzen des Magnetismus.

Prüfung mit Röntgenstrahlen

Röntgenstrahlen können metallische Körper durchdringen. Die Röntgenstrahlen werden abhängig von der Dichte des Werkstoffes und der Dicke des Werkstückes gebremst und schwärzen nach dem Durchgang einen Röntgenfilm. Fehler wie Lunker oder Einschlüsse im Werkstück sind durch eine unterschiedliche Schwärzung des Röntgenfilms erkennbar.

Beim Einsatz der Röntgenprüfung sind allerdings Strahlenschutzbestimmungen einzuhalten. Statt mit Röntgenstrahlen kann die Prüfung auch mit Gammastrahlen erfolgen.

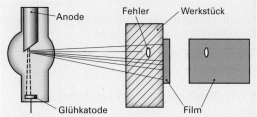

1 Röntgenprüfung

Ultraschallprüfung

Das Prinzip der Ultraschallprüfung besteht darin, dass Metalle den Schall leiten und an ihren Begrenzungen und an Fehlstellen (Rissen, Poren, Einschlüssen) reflektieren. Schallwellen mit Frequenzen zwischen 0,5 MHz und 25 MHz werden beim Durchschallungsverfahren durch die Fehlstellen geschwächt und die empfangene Schallintensität deutet auf den Fehler hin. Beim Impuls-Echo-Verfahren werden die vom Fehler reflektierten Schallwellen angezeigt, wodurch eine Ortung des Fehlers möglich ist.

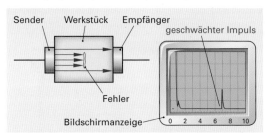

2 Ultraschallprüfung – Durchschallungsverfahren

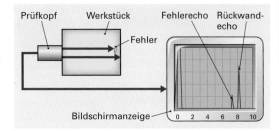

3 Ultraschallprüfung – Impuls-Echo-Verfahren

Farbeindringverfahren

Die Farbeindringverfahren gehören zur Oberflächen-Haarrissprüfung. Es lassen sich mit diesen Verfahren feinste Fehler an der Oberfläche wie Risse, Poren oder Falten erkennen. Auf das zu prüfende Werkstück werden Flüssigkeiten aufgetragen, die wegen der Kapillarwirkung in die Fehlstellen eindringen. Nach Entfernen der Flüssigkeit an der Oberfläche sind die Fehler sichtbar. Durch bestimmte Farben oder auch fluoreszierende Mittel (mit UV-Licht anstrahlen) kann der Effekt noch verstärkt werden.

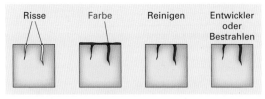

4 Farbeindringverfahren

Magnetpulververfahren

Diese Verfahren lassen sich bei ferromagnetischen Werkstoffen anwenden. Mithilfe von Eisenoxidpulver und einem angelegten Magnetfeld lassen sich Kraftfeldlinien sichtbar machen. Fehler auf oder nahe der Oberfläche stören die Feldlinien und lassen Fehler wie Risse, Einschlüsse oder Härteunterschiede erkennen.

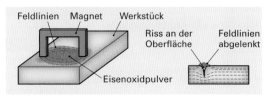

5 Magnetpulververfahren

Technologische Prüfverfahren

Technologische Prüfverfahren (Tabelle 1) werden vor allem angewendet, um die Bearbeitbarkeit von Blechen oder Rohren vorauszusagen. Zu diesen Verfahren gehören z.B. die Tiefziehversuche, bei denen festgestellt wird, wie weit Bleche dehnbar sind ohne zu reißen.

Ein besonderes technologisches Prüfverfahren ist die spektrochemische Analyse (Spektralanalyse). Bei dem Verfahren wird die Eigenschaft der Elemente ausgenutzt, dass sie im Zustand des Leuchtens ein Licht von einer charakteristischen Wellenlänge aussenden. Aus dem Vergleich mit einer Wellenlängenskala können die Art und die Menge von Legierungsbestandteilen bestimmt werden.

Tabelle 1: Werkstattversuche

Neben den standardisierten Werkstoffprüfverfahren gibt es traditionelle Werkstattversuche, mit denen annähernd Werkstoffzusammensetzung und -verhalten ermittelt werden können.

Ritzversuch	Stahlnadel — Werkstoffhärte $H_1 > H_2$	Mit einer gehärteten Stahlnadel oder einer Diamantspitze kann auf die Härte des geritzten Materials geschlossen werden.
Rückprall-versuch		Wegen des Zusammenhangs von Elastizität und Härte kann aus dem Rückprall von Kugeln oder eines Hammers auf die Härte geschlossen werden.
Funkenprobe	F — höherer Kohlenstoffanteil ⇒ mehr sprühende Funken	Die einzelnen Legierungselemente und Beimengungen des Stahles hinterlassen beim Schleifen ein unterschiedliches Funkenbild. Aus der erkannten Zusammensetzung können die Eigenschaften abgeleitet werden.

Anwendung der Prüfverfahren

Der einzelne Zerspanungsmechaniker wird die Verfahren der Werkstoffprüfung selten anwenden. In den größeren Industriebetrieben werden die Verfahren von speziellen Betriebsabteilungen vorgenommen. In der Instandhaltung oder in kleineren Betrieben kann es wichtig sein, selbst bestimmte Prüfverfahren zu beherrschen. Mit der Funkenprobe kann z.B. grob bestimmt werden, welcher Werkstoff vorliegt. Mit dem Ritzversuch oder durch die Klangprobe (härtere Werkstoffe klingen heller) können auch grobe Zuordnungen getroffen werden.

4.7.3 Prüfung der Zerspanbarkeit

Für das Ermitteln der Zerspanbarkeit der Werkstoffe gibt es kein genormtes Prüfverfahren.

> Die Zerspanbarkeit ist eine komplexe Eigenschaft. Sie lässt sich deshalb nur durch mehrfach wiederholte Versuche feststellen.

Mit geeigneten Versuchen kann die Zerspanbarkeit (Tabelle 2) der verschiedenen Werkstoffe bewertet werden. Die entstehende Spanform, die erreichbare Oberflächengüte und der erforderliche Leistungsbedarf sind geeignete Vergleichskriterien. Die Einstellwerte und die Schneidengeometrie müssen dabei den jeweiligen Werkstoffen zugeordnet werden.

Tabelle 2: Zur Bewertung der Zerspanbarkeit

Werkstoff	Spanform	Oberfläche	Leistungsbedarf
Baustahl	Schrauben-späne	gut	mittel
Werkzeug-stahl	Schrauben-bruchspäne	gut	groß
gehärteter Stahl	Spiralspäne	sehr gut	mittel
Gusseisen	Spanbruch-stücke	schlecht	gering
Al-Legierun-gen	Schrauben-späne	seht gut	gering
Cu-Legierun-gen	Schrauben-bruchspäne	gut	mittel
Thermoplaste	Bandspäne	mittel	sehr gering

Aufgaben

1 Wie können Sie die Zerspanbarkeit von Werkstoffen ermitteln?

2 Welche Vorteile besitzen zerstörungsfreie Werkstoffprüfverfahren?

4.8 Technology of materials

The material testing is an indispensable part of a modern production (Figure 1) and is divided into three areas:

- **Determination of technological properties**
  forms the basis for regarding the usage of the material, the possible stresses, eg. the hardness.

- **Examination and test of finished products**
  for possible faulty manufactured items, for example, improper choice of materials, faulty heat treatment.

- **Damage analysis**
  of defective components with the aim of optimization of materials for similar uses.

1. Testing of mechanical properties

The important parameters, such as the yield strength R_e / R_p 0.2, the tensile strength R_m and elongation A categorized in the three above mentioned areas for material testing can be determined by using a universal testing machines (Figure 2).

The tensile specimens are defined by DIN 50125 or DIN EN ISO 527-1. The tensile test must comply with the requirements of DIN EN ISO 6892-1.

2. Non-destructive material testing

Methods of non-destructive material testing are primarily performed on very large work pieces which are difficult to transport. Cracks, voids, structural defects and their location and size in structures are identified by using portable devices (Figure 3). The evaluation of the test can be done immediately on the spot, but requires a high level of expertise.

3. Diagrams and tables

The parameters of the technological properties obtained by material testing are used for the construction, manufacturing control and failure analysis. The diagrams (Figure 4) show the elongation of a specimen under a certain load. The numerical values of the tables define the load ranges or limits. The predetermined reference values for the safety coefficient should be observed.

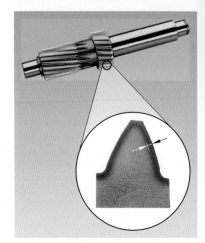

1 gear shaft made of 25CrMo4 (1.7218)

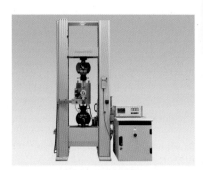

2 universal testing machine

3 ultrasound testing machine

Steel type		Tensile strenght R_m N/mm²	Yield strenght R_e in N/mm² for product thickness in mm				Elongation at fracture A %
Designation	Material number		≤ 16	> 16 ≤ 40	> 40 ≤ 63	> 63 ≤ 80	
S185	1.0035	290...510	185	175	175	175	18
S235JR S235J0 S235J2	1.0038 1.0114 1.0117	360...510	235	225	215	215	26
S275JR S275J0 S275J2	1.0044 1.0143 1.0145	410...560	275	265	255	245	23
S355JR S355J0 S355J2	1.0045 1.0553 1.0577	470...630	355	345	335	325	22

4 data from the diagram and table

5 Spanende Fertigung auf Werkzeugmaschinen

5.1 Grundlagen des maschinellen Spanens

5.1.1 Historischer Rückblick

Die Geschichte der Werkzeug- und Bearbeitungstechnik geht zurück bis in die Altsteinzeit (ca. 800000–10000 v. Chr.). Funde aus dieser Zeit beweisen, dass die frühen Menschen als Jäger und Sammler einfache Werkzeuge aus Stein anfertigten (Faustkeilkulturen, Bild 1). Bis in die Jungsteinzeit hinein (20000–3500 v. Chr.) wurden durch verbesserte Bearbeitungsverfahren Werkzeuge wie Steinbeile, Feuersteinsicheln, Sägen und Fiedelbohrer sowie Waffen, Schmuck- und Kultgegenstände hergestellt.

1   Faustkeil

Die entscheidende Verbesserung der Herstellverfahren war die Entwicklung von einfachen Maschinen. Bereits der steinzeitliche Mensch benutzte zum Herstellen von Bohrungen in Steinen und Knochen einen Bohrapparat mit Fiedelantrieb. Der eigentliche Werkstoffabtrag wurde von Sandkörnern erbracht, die ringförmig von einem hohlen Knochen über einen mit einem Stein beschwerten Hebel aufgepresst wurden. Durch die Verwendung eines hohlen Bohrwerkzeuges erhöhte sich die Anpresskraft pro mm² zerspanter Fläche und der im Zentrum verbleibende Bohrkern musste nicht abgetragen werden (Kernbohren, Bild 2).

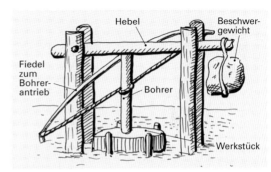

2   Steinzeitliche Bohrmaschine

Ein großer Schritt für die Weiterentwicklung der Bearbeitungstechniken war um 1800–750 v. Chr. die Gewinnung und die Anwendung von Eisen. Die ersten technisch verwendeten Metalle waren Kupfer und Zinn. Durch Zusammenschmelzen fand man heraus, dass die Mischung der beiden damals technisch kaum verwendbaren weichen Metalle eine harte Legierung, Bronze, ergab. Mit der Verbesserung der Verhüttungstechnik zur Gewinnung von Reinmetallen aus Erzen konnte bei Temperaturen von über 1000°C auch Eisenerz erschmolzen werden (Bild 3). Mit Beginn der Eisenzeit entstanden geschmiedete Eisenwerkzeuge.

3   Eisenerze

Durch die Spezialisierung des Handwerks im Mittelalter wurden, nicht zuletzt wegen des steigenden Bedarfs an hochwertigen Waffen und Geschützen, vielfältige Fertigungstechniken wie das Geschützbohren und dazugehörende Werkzeugmaschinen und Werkzeuge entwickelt.

Leonardo da Vinci (1452–1519) war als genialer Künstler, Ingenieur und Naturforscher in der Lage, Geräte und Maschinen zu konstruieren, die seiner Zeit weit voraus waren (Bild 4).

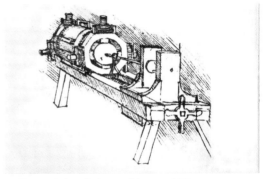

4   Entwurf einer Bohrmaschine um 1490, Leonardo da Vinci

Im 15. und 16. Jh. wurde der Hochofen entwickelt. Auf der Basis erster einfacher Eisen-Kohlenstoff-Diagramme entstanden gießbare, härtbare, schmiedbare und legierte Stähle.

Um 1800 entstanden in England, Amerika und Deutschland die ersten Zug- und Leitspindeldrehmaschinen mit Kreuzsupport, Reitstock und Kegelradgetriebe, ganz aus Metall gefertigt. Im Verlaufe des 19. Jh. war die Entwicklung des Werkzeugmaschinenbaus so weit fortgeschritten, dass die Herstellung der verschiedenen Maschinenelemente keine wesentlichen Schwierigkeiten mehr bereitete. Es entstanden mit Transmissionsriemen angetriebene Bohr-, Fräs- und Schleifmaschinen mit Übersetzungsgetrieben für Spindel- und Vorschubantrieb (Bild 1).

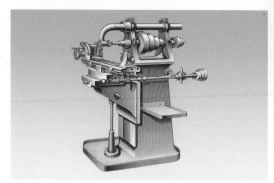

1   Universalfräsmaschine um 1900

Zu Beginn des 20. Jh. wurden die Grundlagen der Zerspanungstechnik systematisch untersucht und Schneidstoffe mit höherer Härte und Warmfestigkeit eingeführt. Der Amerikaner F.W. Taylor zeigte im Jahre 1900 auf der Weltausstellung in Paris eine Drehbearbeitung von Stahl mit dem von ihm entwickelten legierten Schnellschnittstahl mit einer vierfach höheren Schnittgeschwindigkeit als bisher üblich. Taylor erarbeitete in vielen Versuchsreihen die heute noch gültigen mathematischen Zusammenhänge zur Werkzeugstandzeit und veröffentlichte eine große Anzahl wissenschaftlicher Untersuchungen auf dem Gebiet der Zerspanungs- und Werkstofftechnik (Bild 2).

2   Zerspantechnik Mitte des 20. Jh.

Durch das Zulegieren von karbidbildenden Metallen wie Chrom, Kobalt, Vanadium und Wolfram entstanden Gusslegierungen (Speedaloy, Stellit) mit verbesserter Verschleißfestigkeit.

1926 stellte die Firma Krupp auf der Leipziger Messe erstmals pulvermetallurgisch hergestelltes Hartmetall auf Wolframkarbidbasis mit Kobalt als Bindemittel vor (WIDIA, Hart wie Diamant, Bild 3). Konnte durch den Einsatz harter Gusslegierungen als Schneidstoff die Fertigungszeit im Vergleich zu Schnellstahl halbiert werden, so halbierte sich die Bearbeitungszeit durch den Schneidstoff Hartmetall abermals. In den 40er und 50er Jahren des letzten Jahrhunderts wuchs der Bedarf an gelöteten HM-Werkzeugen ständig. Im Jahre 1955 wurden keramische Schneidstoffe auf der Basis von Aluminiumoxid mit großem Erfolg eingeführt.

3   Fräser mit Schneidplatten aus Hartmetall

Heute spielen hartstoffbeschichtete Hartmetalle neben neueren Schneidstoffentwicklungen wie Kubisches Bornitrid (CBN) und Diamant eine bedeutende Rolle in der Zerspantechnik (Bild 4).

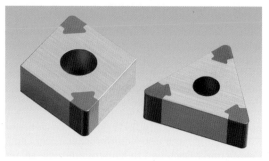

4   Schneidplatten mit eingelöteten CBN-Segmenten

5.1.2 Zerspanverfahren

Die Fertigungsverfahren werden in der DIN 8580 in 6 Hauptgruppen eingeteilt (Bild 1). In der Hauptgruppe 3 sind die Trennverfahren systematisiert, die eine Formänderung durch Überwinden der Werkstofffestigkeit eines Werkstückes erzeugen. Verfahren wie das Scherschneiden, Thermisches Abtragen durch Erodieren und die Zerspanungstechnik finden hier eine Zuordnung. Die spanabhebenden Verfahren werden unterteilt in:

- Spanen mit geometrisch bestimmter Schneide
- Spanen mit geometrisch unbestimmter Schneide

Bei allen spanabhebenden Fertigungsverfahren werden mit ein- oder mehrschneidigen, keilförmigen Werkzeugschneiden Werkstoffteilchen vom Werkstückwerkstoff abgetrennt und somit eine gewünschte Bauteilform erzeugt (Bild 2).

Die moderne Fertigungswelt wird durch zwei zentrale Zielvorgaben bestimmt:

- hohe Werkstückqualität
- hohe Wirtschaftlichkeit

Qualitätskriterien wie Oberflächengüte und Maßgenauigkeit konnten in den vergangenen Jahren immer weiter gesteigert werden. Möglich wird dies durch gezielte Innovationen in den prozessbestimmenden Teilsystemen (Bild 3).

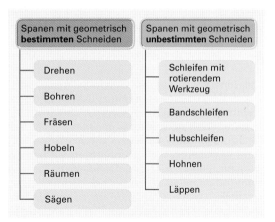

Spanen mit geometrisch **bestimmten** Schneiden	Spanen mit geometrisch **unbestimmten** Schneiden
Drehen	Schleifen mit rotierendem Werkzeug
Bohren	Bandschleifen
Fräsen	Hubschleifen
Hobeln	Hohnen
Räumen	Läppen
Sägen	

1 **Einteilung der Verfahren des Spanens**

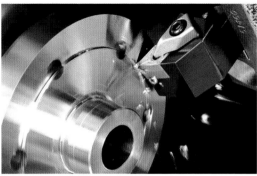

2 **Drehbearbeitung**

Eingangsgrößen			Ergebnis- und Bewertungsgrößen

ZERSPANUNGSPROZESS

Werkzeug	Werkstück	Bearbeitungsverfahren
• Schneidstoff	• Werkstoffeigensch.	• Bohren
• Schneidstoffhärte	• Härte	• Drehen
• Biegebruchfestigkeit	• Zähigkeit	• Fräsen
• Beschichtung	• Anlieferungszustand	• Feinbearbeitung
• Verschleißzustand	• Wärmebehandlung	• Hartbearbeitung
• Schneidengeomet.	• Herstellung Halbzeug	• Hochgeschwindigkeitsbearbeitung
	• Gefüge	
Schnittgrößen	• Zusammensetzung	
• Schnittgeschwindigkeit	• Zerspanbarkeit	
• Drehfrequenz	• Spezif. Schnittkraft	**Zerspanungsbedingungen**
• Vorschub		• Kühlschmierstoffdruck
• Schnitttiefe	**Maschine**	• Kühlschmierstoffmenge
• Schnittbreite	• Stabilität, Steifigkeit	• IKZ, extern
• Spanungsdicke	• Werkstückaufspannung	• Trocken
• Spanungsbreite	• Werkzeugaufnahme	• Minimalschmierung
• Spanungsquerschnitt	• Achsbeschleunigung	• Unwucht, Wuchtgüte
	• Mehrachsenbearbeitung	

Werkzeug	Werkstück
• Verschleiß	• Formgenauigkeit
• Verschleißmarkenbreite	• Maßgenauigkeit
• Kolkverschleiß	• Oberflächengüte
• Standzeitgerade	
• Auslenkung	**Technologische Kenngrößen**
• Vibrationen	• Maschinenleistung
	• Schnittkräfte
Wirtschaftliche Kenngrößen	• Maschinenfähigkeitsindex
• Werkzeugkosten	• Prozessfähigkeitsindex
• Fertigungskosten	• Spanform
• Fertigungszeit	• Standweg
• Werkzeugwechselzeiten	

3 **Prozessparameter der Zerspantechnik**

Vielfältige Neuentwicklungen in den Bereichen Werkzeug-, Schneidstoff- und Beschichtungstechnik zeigen, dass in den Kernbereichen der Zerspantechnik noch viel Entwicklungspotenzial steckt. Weiter verbesserte oder neuartige Schneidstoffe und Hartstoffschichten ermöglichen Zerspanungsanwendungen, die vor wenigen Jahren in dieser Form noch nicht möglich waren. Schwer zu zerspanende Werkstoffe wie z.B. gehärteter Stahl werden heute mit polykristallinem kubischen Bornitrid unter Anwendung hoher Schnittwerte erfolgreich zerspant (Bild 1). Hierbei substituiert die Zerspanung mit geometrisch bestimmter Schneide den klassischen Schleifprozess. Unter ökonomischen und ökologischen Gesichtspunkten werden große Anstrengungen unternommen, den Anteil der Kühlschmierstoffe in der Fertigung zu reduzieren.

1   **Hartbearbeitung**

Mit optimierten Schneidstoffsorten kann die Nassschmierung häufig durch eine prozesssichere und wirtschaftliche Trockenbearbeitung ersetzt werden. Dort wo die Trockenbearbeitung Probleme bereitet, führt häufig die Minimalmengenschmierung (MMS) zum Erfolg. Bei dieser „Quasi-Trockenbearbeitung" wird eine geringe Menge (wenige ml pro Stunde) meist ökologisch abbaubares Öl mit Hilfe eines Luftstromes zerstäubt und durch entsprechende Düsenapplikationen an die Bearbeitungsstelle gebracht (Bild 2).

2   **Fräswerkzeug mit Minimalmengenschmierung**

Die spanenende Fertigung ist heute durch einen zunehmenden Automatisierungsgrad geprägt. Die Forderung nach hoher Prozessstabilität erfordert den Einsatz von automatisierten Mess- und Regelkreisen. Ein Beispiel ist die Werkzeugbruch- bzw. Werkzeugverschleißüberwachung in Werkzeugmaschinen. Um die Maßhaltigkeit des Bearbeitungsvorganges sicherzustellen, wird durch berührungslose Messsysteme der durch Verschleiß verursachte Schneidkantenversatz am Werkzeug im Maschinenraum laufend kontrolliert und entsprechend korrigiert (Bild 3). Die Verlagerung von Sensoren und Aktoren direkt an die Werkzeugschneide ermöglichen die Feinverstellung der Schneide während der Zerspanung.

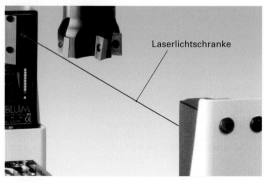

Laserlichtschranke

3   **Werkzeugüberwachung**

Durch Messung der Leistungsaufnahme des Hauptspindelantriebes erkennt die Maschinensteuerung den Werkzeugbruch bzw. das Standzeitende des Werkzeuges und veranlasst bei Erreichen der voreingestellten Grenzwerte einen Werkzeugwechsel. Die Zerspanungstechnik ist im System „Maschine – Werkzeug – Mensch" einem sehr dynamischen Entwicklungsprozess unterworfen, so dass Hersteller und Anwender zusammen laufend aktuelle Entwicklungen erarbeiten, um auch für die Zukunft gerüstet zu sein (Bild 4).

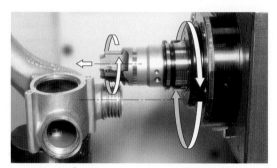

4   **Zirkulargewindefräsen an einem Gehäuse**

5.1.3 Zerspanungsprinzip

5.1.3.1 Spanungsbewegungen

Alle spanabhebenden Verfahren beruhen auf demselbem Grundprinzip. Das Werkzeug trennt mit einer oder mehreren keilförmigen Schneiden durch die Spanungsbewegungen spanförmige Werkstoffteilchen aus dem zu bearbeitenden Werkstück ab und erzeugt so die gewünschte Oberflächenform.

Die Art der Spanungsbewegung (Tabelle 1) und die Bauform des Werkzeuges unterscheidet die verschiedenen spanabhebenden Fertigungsverfahren:

Spanungsbewegungen (Bild 1)

- Die **Schnittbewegung** ist die Spanungsbewegung in Schnittrichtung.
- Die **Vorschubbewegung** ist die Spanungsbewegung in Vorschubrichtung.
- Die **Positionierbewegung** positioniert das Werkzeug vor und während des Zerspanungsvorganges. Dazu gehören die Anstellbewegung, die Zustellbewegung und die Nachstellbewegung.
- Die **Anstellbewegung** ist die Spanungsbewegung, die das Werkzeug an die Stelle des Werkstücks führt, von der aus der Zerspanungsvorgang beginnen soll.
- Die **Zustellbewegung** ist die Spanungsbewegung, die die Dicke der abzuspanenden Schnitttiefe bzw. Schnittbreite bestimmt.
- Die **Nachstellbewegung** ist die Spanungsbewegung, die Anstell- und Zustellbewegung während des Spanens korrigiert.
- Die **Wirkbewegung** ist die Spanungsbewegung als Resultierende aus Schnittbewegung und gleichzeitig ausgeführter Vorschubbewegung.

Tabelle 1: Spanungsbewegungen		
Fertigungs-verfahren	⇨ Schnittbewegung	
	Art	Ausführung
Drehen	rotatorisch	Werkstück
Fräsen	rotatorisch	Werkzeug
Bohren	rotatorisch	Werkzeug
Reiben	rotatorisch	Werkzeug
Fertigungs-verfahren	⇨ Vorschubbewegung	
	Art	Ausführung
Drehen	translatorisch	Werkzeug
Fräsen	translatorisch	Werkstück
Bohren	translatorisch	Werkzeug
Reiben	translatorisch	Werkzeug

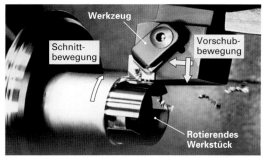

2 Drehen

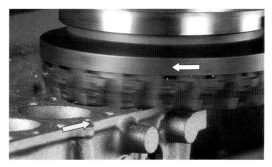

3 Fräsen

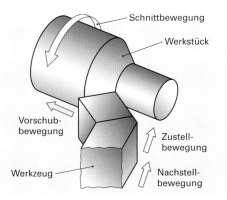

1 Spanungsbewegungen

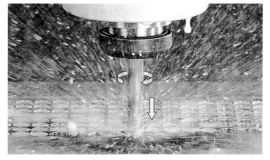

4 Bohren

5.1.3.2 Spanungsgeschwindigkeit

Um die Spanungsbewegungen quantitativ zu beschreiben werden entsprechende Spanungsgeschwindigkeiten zugeordnet.

Spanungsgeschwindigkeiten	
Schnittgeschwindigkeit	Die Schnittgeschwindigkeit v_c ist die momentane Geschwindigkeit des Schneidenpunktes in Schnittrichtung.
Vorschubgeschwindigkeit	Die Vorschubgeschwindigkeit v_f ist die momentane Geschwindigkeit des Werkzeuges in Vorschubrichtung.
Wirkgeschwindigkeit	Die Wirkgeschwindigkeit v_e ist die momentane Geschwindigkeit des betrachteten Schneidenpunktes in Wirkrichtung.
Positioniergeschwindigkeit	Die Positioniergeschwindigkeit ist die Stellgeschwindigkeit beim Positionieren (Anstellen, Zustellen, Nachstellen).

Schnittgeschwindigkeit v_c

Die Schnittgeschwindigkeit beeinflusst entscheidend die Fertigungszeit und damit die Arbeitsproduktivität. Daher arbeiten alle Hersteller von Werkzeugmaschinen und Werkzeugen daran, die Schnittgeschwindigkeit im Zerspanungsprozess zu erhöhen. Die Erhöhung der Schnittgeschwindigkeit wurde in den vergangenen Jahren vor allem durch die Entwicklung und den Einsatz immer temperaturbeständigerer und verschleißfesterer Schneidstoffe ermöglicht.

Für alle Werkstoff-/Schneidstoffpaarungen und die vorher festgelegten Werte für Vorschub und Schnitttiefe hat man optimale Schnittgeschwindigkeiten in Versuchen ermittelt. Diese sind Richtwerttafeln zu entnehmen. Aus der entnommenen Schnittgeschwindigkeit ist die an der Maschine einzustellende Dreh- oder Hubzahl zu berechnen oder von Schaubildern abzulesen.

Bei der Berechnung der **Drehzahl** beim Drehen ist vom Ausgangsdurchmesser des Werkstückes auszugehen. Wenn an der Drehmaschine nur eine bestimmte Auswahl an Drehzahlen einstellbar ist, ist wegen des Einhaltens der installierten Leistung immer die nächstniedrigere Drehzahl zu wählen.

Bei modernen Antrieben wird die Drehzahl automatisch und stufenlos gesteuert. Wird auf der Drehmaschine gebohrt, gesenkt, gerieben oder Gewinde geschnitten, sind die Schnittgeschwindigkeit und Drehzahl nach den Besonderheiten dieser Verfahren zu bestimmen.

Die Einheit der Drehzahl (Drehfrequenz) kann mit negativer Potenz min^{-1} oder als Bruch 1/min geschrieben werden. Bei der Drehzahl n oder dem Vorschub f kann ein Zeichen für die Umdrehung mitgeschrieben (z.B. U/min, mm/U) oder weggelassen werden (1/min, mm).

Schnittgeschwindigkeit bei	
rotatorischer	translatorischer
Schnittbewegung	
$v_c = \pi \cdot d \cdot n$	$v_c = 2 \cdot L \cdot n$

n	v_c	d, L
1/min	m/min	mm

v_c Schnittgeschwindigkeit
n Drehzahl bzw. Doppelhubzahl
d Ausgangsdurchmesser bzw. Werkzeugdurchmesser
L Werkstücklänge plus Bearbeitungszugaben

Drehzahl beim Drehen

$$n = \frac{v_c}{\pi \cdot d}$$

n	v_c	d
1/min	m/min	mm

n Drehzahl
v_c Schnittgeschwindigkeit
d Ausgangsdurchmesser des Werkstückes

1   Spanungsgeschwindigkeiten beim Drehfräsen

Beim **Fräsen** ist beim Berechnen von v_c jeweils von dem am weitesten außen liegenden Schneidenpunkt des Fräswerkzeugs (von seinem größten Durchmesser) auszugehen.

Die gewählte Schnittgeschwindigkeit ist an der Fräsmaschine indirekt über die Fräserdrehzahl unter Berücksichtigung des Fräserdurchmessers einzustellen (Bild 1).

Beim **Bohren** sind bei der Wahl der Schnittgeschwindigkeit noch stärker als beim Drehen die Kühlung und der Werkstoff des Werkstückes zu beachten, da die Abfuhr der Spanungswärme ungünstiger ist (Bild 2).

> Es ist stets zu beachten, dass sich die angegebenen Schnittgeschwindigkeiten immer auf die Schneidenecken beziehen; in der Bohrermitte geht die Schnittgeschwindigkeit gegen Null.

Wegen der Gefahr des Abquetschens der Schneide in der Bohrermitte gibt es die unterschiedlichsten Konstruktionen der Bohrerspitze.

Wird auf der Bohrmaschine gesenkt, gerieben oder Gewinde gebohrt, sind die Besonderheiten dieser Verfahren zu beachten. Beim Reiben und Gewindebohren liegen die v_c-Werte viel niedriger.

Beim **Schleifen** entspricht die Schnittgeschwindigkeit der Umfangsgeschwindigkeit des Schleifkörpers. Die Festigkeit des Schleifkörpers, die Maschinen hinsichtlich Leistung und Steife und die nötige Sicherheit begrenzen die Erhöhung der Schnittgeschwindigkeit.

> Eine besondere Bedeutung beim Schleifen hat das Geschwindigkeitsverhältnis q zwischen den Umfangsgeschwindigkeiten von Schleifkörper und Werkstück.

Das **Geschwindigkeitsverhältnis q** bestimmt wesentlich die Qualität des Schleifergebnisses. Je größer q, d.h., je höher die Schleifkörpergeschwindigkeit und je niedriger die Werkstückgeschwindigkeit, umso feiner wird die Werkstückoberfläche. Beim Schlichten wird q vor allem durch Herabsetzen der Werkstückgeschwindigkeit erhöht. Allgemein gilt $q = 50 ... 125$.

Beim spitzenlosen Schleifen wirkt sich eine Veränderung von q anders aus, da sich Schleifkörper und Werkstück in die gleiche Richtung bewegen (mitlaufendes Schleifen).

Auch an der Schleifmaschine werden nicht die Geschwindigkeiten, sondern Drehzahlen eingestellt: Die Werkstückdrehzahl für das Innenrundschleifen errechnet sich überschlägig nach der nebenstehenden Gleichung.

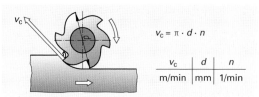

$$v_c = \pi \cdot d \cdot n$$

v_c	d	n
m/min	mm	1/min

1 Schnittgeschwindigkeit beim Fräsen

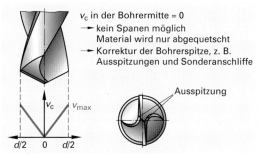

v_c in der Bohrermitte = 0
→ kein Spanen möglich Material wird nur abgequetscht
→ Korrektur der Bohrerspitze, z. B. Ausspitzungen und Sonderanschliffe

Ausspitzung

$d/2 \quad 0 \quad d/2$

2 Verlauf der Schnittgeschwindigkeit über die Bohrerschneiden

Geschwindigkeit beim Schleifen		

$$v_c = \pi \cdot d_s \cdot n_s$$

v_c	d_s	n_s
m/s	mm	1/min

v_c Umfangsgeschwindigkeit des Schleifkörpers
d_s Durchmesser des Schleifkörpers
n_s Drehzahl des Schleifkörpers

Geschwindigkeitsverhältnis

$$q = \frac{v_c}{v_w}$$

v_c Umfangsgeschwindigkeit des Schleifkörpers
v_w Umfangsgeschwindigkeit des Werkstückes

Drehzahlen beim Schleifen	

$$n_s = \frac{v_c}{\pi \cdot d_s} \qquad n_w = \frac{v_w}{\pi \cdot d_w}$$

n_s, n_w	v_c	v_w	d_s, d_w
1/min	m/s	m/min	mm

n_w *Werkstückdrehzahl*
d_w *Werkstückdurchmesser*

$$n_w = 320 \, \frac{v_w}{d} \qquad \begin{array}{l} d \text{ (mm)} \\ \text{Bohrungsdurchmesser} \end{array}$$

Beim **Hobeln** (s. S. 297) und **Stoßen** (s. S. 297) sind die Schnittgeschwindigkeiten geringer als vergleichsweise beim Drehen, Fräsen oder Schleifen, da die bewegten großen Massen und das laufende Beschleunigen und Abbremsen Grenzen setzen. Die Schnittgeschwindigkeit während eines Hubs ist nicht konstant. Moderne hydraulische Antriebe ermöglichen allerdings einen fast gleichmäßigen Geschwindigkeitsverlauf. Es wird zumeist in den Bereichen von $v_c = 20$ m/min bis $v_c = 40$ m/min gearbeitet. Aber auch $v_c = 80$ m/min sind möglich.

Es wird zwischen der Schnitt-(Vorlauf-) und der Rücklaufgeschwindigkeit des Tisches mit Werkstück (beim Hobeln) sowie des Stößels mit Werkzeug (beim Stoßen) unterschieden (Bild 1).

Die Geschwindigkeit der unproduktiven Rücklaufbewegung soll möglichst hoch sein. Allerdings setzen die Beschleunigungs- und Bremskräfte auch hier Grenzen. Außerdem könnten sich gespannte Werkstücke lösen.

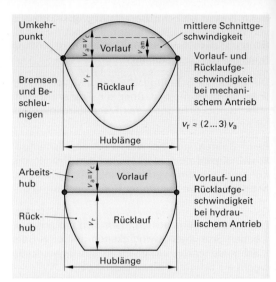

1 **Vorlauf- und Rücklaufgeschwindigkeit beim Hobeln**

Vorschubgeschwindigkeit v_f

Die Größe der Vorschubgeschwindigkeit berechnet sich aus dem Weg, den das Werkzeug oder das Werkstück in Vorschubrichtung in einer Minute zurücklegt (Bild 2), z. B. 2 mm/min.

Meist wird aber mit der Größe Vorschub gearbeitet.

> Der **Vorschub f** ist der Weg in Vorschubrichtung, der vom Werkzeug oder Werkstück je Umdrehung oder Hub zurückgelegt wird.

Beim **Drehen** hängt die Größe des Vorschubs vor allem vom Werkstück und dessen geforderten Eigenschaften ab. Für eine saubere Oberfläche darf der Vorschub nur Hunderstel oder Zehntel Millimeter betragen (Schlichten), während beim Schruppen bei einigen Millimeter Vorschub pro Umdrehung viel Material abgetragen wird.

Beim **Fräsen** wird zum Ermitteln von v_f vom Zahnvorschub f_z ausgegangen. Die Größe von f_z wird bestimmt von der Belastbarkeit der einzelnen Fräserschneide und von der zulässigen Rauheit der zu bearbeitenden Fläche.

Beim **Bohren** und **Senken** verteilt sich der Vorschub auf mehrere Schneiden. So kann bei gleicher v_f beim Senken wegen der größeren Schneidenzahl ein höherer Vorschub gewählt werden.

Beim **Schleifen** kann die v_f in weiten Grenzen variieren und dem Tischvorschub oder der Werkstückumdrehung entsprechen. Für einen sauberen Schliff ist es beim Längsschleifen wichtig, dass der Vorschub f je Werkstückumdrehung geringer als die Schleifkörperbreite ist (Bild 3).

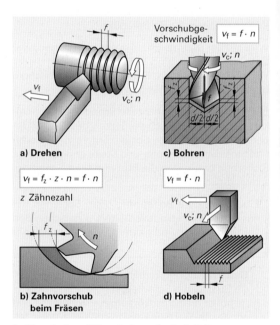

2 **Vorschub und Vorschubgeschwindigkeit**

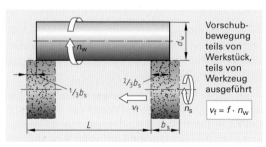

3 **Vorschub beim Längsschleifen**

5.1.3.3 Schnitt- und Spanungsgrößen

Schnittgrößen sind technologisch- physikalische Kenngrößen, die zur Durchführung des Zerspanungsprozesses eingestellt werden:

- Schnittgeschwindigkeit v_c in m/min
- Vorschub f in mm
- Schnitttiefe a_p in mm
- Schnittbreite a_e in mm

Beim Drehen entsteht a_p durch die Zustellbewegung

1 Schnittgrößen beim Drehen

Schnitttiefe bzw. Schnittbreite a_p

Die Schnitttiefe bzw. Schnittbreite a_p ist die Eingriffstiefe bzw. die Eingriffsbreite der Hauptschneide. Sie wird je nach Fertigungsverfahren axial oder radial, aber immer rechtwinklig zur Arbeitsebene bestimmt.

Sie legt die Größe der abzuspanenden Schicht fest. Beim Lang- und Plandrehen (Bild 1), Stirnfräsen und Seitenschleifen entspricht die Schnitttiefe a_p der Tiefe des Eingriffs des Werkzeuges. Beim Einstechen, Umfangsfräsen und Umfangsschleifen entspricht a_p der Breite des Eingriffs des Werkzeuges. Beim Bohren entspricht a_p dem halben Durchmesser des Bohrers (Bild 2). Das gilt für das Bohren ins Volle. Beim Aufbohren und Senken ist der vorgebohrte Durchmesser zu berücksichtigen.

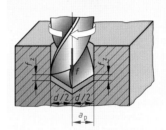

$f = 2 \cdot f_z$ bei zwei Schneiden

$a_p = \dfrac{d}{2}$

Die Zustellung ergibt sich aus der Größe des Werkzeugs.

2 Schnittgrößen beim Bohren

Arbeitseingriff a_e

Der Arbeitseingriff a_e ist die Größe des Eingriffs der Schneide in der Arbeitsebene. Er wird senkrecht zur Vorschubrichtung gemessen.

Der Arbeitseingriff a_e bestimmt gemeinsam mit der Schnitttiefe bzw. -breite a_p die Größe der abzuspanenden Schicht. a_e tritt vor allem beim Fräsen und Schleifen auf. Beim Stirn- und Umfangsfräsen unterscheiden sich a_p und a_e. Beim Stirnfräsen wird a_e durch den Fräserdurchmesser und a_p durch die Zustellung bestimmt. Beim Umfangsfräsen bestimmt die Zustellung a_e (Bild 3).

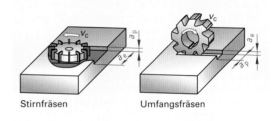

Stirnfräsen   Umfangsfräsen

3 Schnittgrößen beim Fräsen

Spanungsverhältnis $G = a_p : f$

Das Spanungsverhältnis ist das Verhältnis zwischen der Schnitttiefe bzw. -breite a_p und dem Vorschub f.

Es gibt für die einzelnen Schneidstoffe in Abhängigkeit vom Werkstoff des Werkstückes und der Art der Bearbeitung vorzugsweise anzuwendende Spanungsverhältnisse. Die Hersteller der Werkzeuge geben in einem Spanformdiagramm Bereiche für G an, innerhalb deren eine günstige Spanbildung erfolgt (Bild 4).

mögliche G bei verschiedenen Wendeschneidplatten aus HM

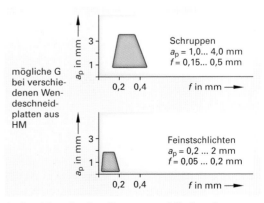

Schruppen
$a_p = 1,0 \dots 4,0$ mm
$f = 0,15 \dots 0,5$ mm

Feinstschlichten
$a_p = 0,2 \dots 2$ mm
$f = 0,05 \dots 0,2$ mm

4 Bereiche günstiger Spanungsverhältnisse G

Spanungsgrößen

> Spanungsgrößen sind aus den Schnittgrößen abgeleitete Größen, die die Form und Größe des abzuspanenden Elements im Voraus charakterisieren.

Die Spanungsgrößen sind jedoch nicht mit den Maßen der tatsächlich abgehobenen Späne identisch. Es sind:

- Spanungsbreite
- Spanungsdicke
- Spanungsquerschnitt
- Spanungsvolumen

Spanungsbreite b

> Die Spanungsbreite b ist die Breite des abzunehmenden Spans. Sie wird rechtwinklig zur Schnittrichtung in der Schnittfläche gemessen.

b ist eine von der Schnittbreite a_p abgeleitete Größe. Bei Werkzeugen mit geraden Schneiden und einem Einstellwinkel von $\kappa = 90°$ ist $b = a_p$.

Bei Werkzeugen mit geraden Schneiden ohne Eckenrundung besteht zwischen der Schnittgröße a_p und der Spanungsgröße b die Beziehung

$$b = \frac{a_p}{\sin\kappa}$$

b Spanungsbreite
a_p Schnitttiefe, Schnittbreite
κ Einstellwinkel der Hauptschneide

Die Spanungsbreite bringt zum Ausdruck, über welche Breite die Werkzeugschneide im Eingriff steht. Bei unregelmäßigen oder gekrümmten Schneiden, z.B. an Formfräsern, ist die Spanungsbreite gleich der gestreckten Länge der im Eingriff stehenden Hauptschneidenabschnitte.

Spanungsdicke h

> Die Spanungsdicke ist die Dicke des abzunehmenden Spans. Sie wird senkrecht zur Schnittfläche gemessen.

Erfolgen Schnitt- und Vorschubbewegung rechtwinklig zueinander, so gilt:

$h = f \cdot \sin\kappa$

Ist $\kappa = 90°$, so ist $\sin\kappa = 1$; somit ist:

$b = a_p$
$h = f$

Die **Spanungsdicke h beim Fräsen** ist eine vom Zahnvorschub f_z abgeleitete Größe; sie bezeichnet beim Fräsen die jeweils größte Spanungsdicke.

Die Dicke des beim Fräsen abzunehmenden Spans ändert sich jedoch ständig. Insbesondere beim Umfangsfräsen steigt sie von einer Minimalhöhe (bei Null beginnend) kontinuierlich auf den Maximalwert h und fällt danach steil auf Null zurück. Beim Stirnfräsen verläuft die Dicke des abzunehmenden Spans gleichmäßiger. Für Berechnungen muss auf die mittlere Spanungsdicke zurückgegriffen werden.

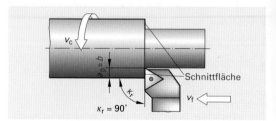

1 Spanungsbreite bei einem Einstellwinkel $\kappa = 90°$

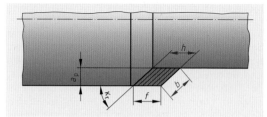

2 Spanungsgrößen beim Drehen

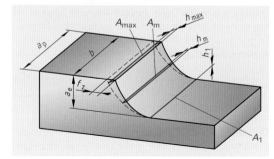

3 Spanungsgrößen beim Umfangsfräsen

Mittlere Spanungsdicke h_m

Die mittlere Spanungsdicke ist die durchschnittliche Dicke eines beim Fräsen abzunehmenden Spans.

Beim Fräsen mit Walzenfräser ändert sich die Spanungsdicke entsprechend der Kommaform des Spans von einem minimalen Wert bis zum Maximum (Bild 3). Für die Größe von h_m gilt allgemein:

$$h_m < h$$

Die mittleren Spanungsdicken sind von grundlegender Bedeutung für die Schnittkraft- und Leistungsberechnung beim Fräsen. Dazu kann h_m aus Diagrammen abgelesen oder aus dem Fräserdurchmesser, dem Zahnvorschub und dem Arbeitseingriff berechnet werden.

Spanungsquerschnitt A

> Der Spanungsquerschnitt A ist der Querschnitt des abzunehmenden Spans senkrecht zur Schnittrichtung.

Er wird für die Kraft- und Leistungsberechnung benötigt. Er ist der auf der Schneide wirksame Querschnitt des Spanes (Bild 1).

> $A = b \cdot h$

Bei Verfahren, bei denen die Vorschubrichtungswinkel $\varphi = 90°$ betragen (z.B. beim Drehen und Hobeln), gilt außerdem:

> $A = a_p \cdot f$

Beim **Fräsen** ändert sich der Spanungsquerschnitt in Abhängigkeit von der Eingriffslage der Schneide und der sich ändernden Schneidendicke. Es wird mit der mittleren Spanungsdicke gerechnet.

Beim **Bohren** ist der Spanungsquerschnitt je Schneide A_z bedeutsam.

Da der Bohrerradius gleich der Schnittbreite ist ($D/2 = a_p$), lässt A_z sich leicht angeben.

Beim Aufbohren und Senken ist der Durchmesser des vorgebohrten Lochs zu beachten.

Zeitspanungsvolumen Q

> Das Spanungsvolumen Q ist das in einer bestimmten Zeiteinheit abgespante Volumen.

> $Q = A \cdot v_c$ A Spanungsquerschnitt
> v_c Schnittgeschwindigkeit

Es gilt als ein Maß für die Effektivität des Spanungsvorgangs und für die Produktivität der Werkzeugmaschine (Bild 2).

Bei Werkzeugen mit gerader Schneide ohne Eckenrundung ergibt sich:

> $Q = b \cdot h \cdot v_c$ Q Spanungsvolumen (cm³/min)

Beim Fräsen und Schleifen errechnet man Q einfacher aus der Querschnittsfläche der abzutragenden Schicht, multipliziert mit der Vorschubgeschwindigkeit v_f.

Beim Bohren ist die Kreisform der abgetragenen Schicht zu beachten. Beim Aufbohren und Senken ist das vorgebohrte Loch herauszuhalten.

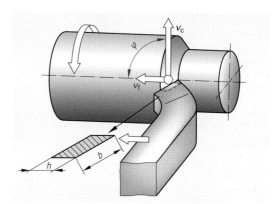

1 Spanungsquerschnitt

Spanungsquerschnitt		
Drehen	**Fräsen**	**Bohren**
$A = b \cdot h$ $A = a_p \cdot f$	$A = b \cdot h_m$	$A_z = \dfrac{D \cdot f}{4}$

A Spanungsquerschnitt f Vorschub
A_z Spanungsquerschnitt D Bohrungsdurchmesser
     je Schneide h_m mittlere Spanungsdicke
b Spanungsbreite a_p Schnitttiefe

2 Spanungsvolumen beim Umfangsfräsen

Zeitspanungsvolumen		
Drehen Hobeln	**Fräsen Schleifen**	**Bohren**
$Q = b \cdot h \cdot v_c = a_p \cdot f \cdot v_c$	$Q = a_p \cdot a_e \cdot v_f$	$Q = \pi \cdot a_p^2 \cdot v_f$

Q Zeitspanungsvolumen a_e Arbeitseingriff
v_f Vorschubgeschwindigkeit $b, h, f, a_p \cdot$ wie oben

Aufgaben

1. Nennen Sie den Unterschied von Schnittgrößen wie f und a_p zu Spanungsgrößen wie b und h.

2. Berechnen Sie die Spanungsbreite beim Stirnfräsen (Gegeben: $a_p = 3$ mm und drei Fräsköpfe mit den Einstellwinkeln $\kappa = 90°$, $\kappa = 75°$ und $\kappa = 42°$).

3. Welche Bedeutung hat das Spanungsverhältnis für die Arbeit an spanenden Werkzeugmaschinen?

4. Erläutern Sie den Begriff „Spanungsquerschnitt" anhand einer Skizze.

5. Warum ist das Spanungsvolumen ein Kriterium für die Produktivität einer Werkzeugmaschine?

6. Welcher Zusammenhang besteht zwischen dem Spanungsverhältnis G und dem Spanungsquerschnitt A?

5.1.4 Spanbildung

Der vordringende Schneidkeil verformt zunächst den Werkstückwerkstoff elastisch. Nach Überschreiten der Werkstoffelastizität (Streckgrenze) verursachen die zunehmenden Schubspannungen τ (Tau) im Werkstoff eine plastische Verformung die nach Überschreiten der Werkstofffestigkeit (Scherfestigkeit τ_{aB}) die Werkstofftrennung durch Scherkräfte auslösen. Durch die Schneidengeometrie fließt der abgetrennte Werkstoff in Spanform über die Spanfläche ab (Bild 1).

Bei ausreichender Verformungsfähigkeit des Werkstoffs fließen die abgescherten Späne kontinuierlich ab (Fließspan, Lamellenspan). Bei der Zerspanung von spröden Werkstoffen führt bereits eine geringe Verformung in der Umformungszone bzw. Scherebene zum vorzeitigen Spanbruch (Scherspan, Reißspan).

Durch die Gefügeumbildung in der Scherebene und die darauffolgende Stauchung des Spans auf der Spanfläche kommt es zu einer Gefügeverhärtung im abfließenden Span. Die ursprünglichen Zähigkeitswerte des Werkstückwerkstoffs gehen dabei weitestgehend verloren (Bild 2).

Der **Scherwinkel** Φ wird kleiner und die Schnittkräfte erhöhen sich durch die Verfestigung der Gefügestruktur im Span. Die Spanumformung hängt maßgeblich von der Größe des Spanwinkels ab. Ein kleiner Spanwinkel hat einen kleineren Scherwinkel zur Folge, damit erhöhen sich die Verformungsarbeit in der Scherebene und die Scherkräfte. Außerdem wird das Abfließen des Spans auf der Spanfläche durch die große Umlenkung behindert (Spandickenstauchung, Bild 3).

An der Spanunterseite herrschen aufgrund großer Kräfte (Reibung, Spanpressung) und Temperaturen extreme Verhältnisse. Diese Bedingungen erzeugen häufig eine dünne Fließzone im unteren Spanbereich. Der Werkstoff nimmt hier ähnliche Eigenschaften an wie sie in einer Metallschmelze vorkommen. Einige Werkstoffe neigen dann zum Aufbau von Werkstoffschichten, die auf der Spanfläche verschweißen (Aufbauschneide). Vorgänge wie Adhäsion, Diffusion und Abrasion sind hierfür verantwortlich.

5.1.4.1 Spandickenstauchung λ_h

Durch die Zerspankraft wird der abgetrennte Werkstoff auf der Spanfläche gestaucht, so dass der ablaufende Span gegenüber den eingestellten Spanungsgrößen veränderte Abmessungen annimmt.

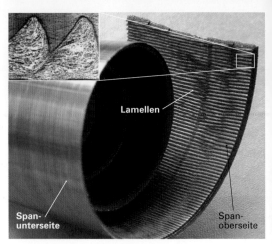

1 Spanlamellen auf der Spanoberseite Spanunterseite mit sichtbarer Fließzone

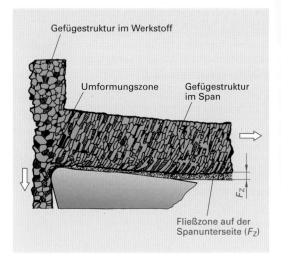

2 Gefügeumwandlung in der Scherzone

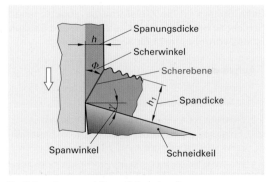

3 Scherebene und Spandickenstauchung

Eine wichtige Kenngröße stellt hierbei die Spandickenstauchung λ_h dar:

$$\lambda_h = h_1 / h \qquad \lambda_h > 1$$

λ_h ist das Verhältnis zwischen gestauchter Spandicke h_1 und undeformierter Spandicke h (Bild 2).

Die Spandickenstauchung λ_h wird im Wesentlichen von den mechanischen Eigenschaften des Werkstückwerkstoffs und den Reibverhältnissen zwischen ablaufendem Span und der Spanfläche der Werkzeugschneide bestimmt.

5.1.4.2 Spangeschwindigkeit v_{sp}

Die Berechnung der Spangeschwindigkeit v_{sp} ist mit Hilfe der Schnittgeschwindigkeit v_c und der Spandickenstauchung λ_h möglich:

$$v_{sp} = v_c / \lambda_h \qquad \begin{array}{l} v_{sp} \text{ in m/min} \\ v_{sp} < v_c \end{array}$$

5.1.4.3 Scherwinkel Φ

In direktem Zusammenhang (Bild 2) zur Spandickenstauchung λ_h steht der Scherwinkel Φ (Phi):

$$\tan \Phi = \cos \gamma / (\lambda_h - \sin \gamma)$$

5.1.4.4 Spanflächenreibwert μ_{sp}

Die Reibbedingungen, die durch die Schneidstoffart bzw. Schneidstoffbeschichtung, die Oberflächengüte und Spanpressung, Temperatur und die Gleitgeschwindigkeit v_{sp} des Spans auf der Spanfläche definiert sind, werden durch den Spanflächenreibwert μ_{sp} zusammengefasst.

Durch Messung der Schnittkraftkomponenten F_N und F_R kann man mit der Gleichung

$$\tan \Phi = F_R / F_N = \mu_{sp}$$

den Spanflächenreibwert μ_{sp} berechnen.

Die Bestimmung der Komponenten F_N und F_R ist jedoch meist nicht möglich (Bild 1, nächste Seite).

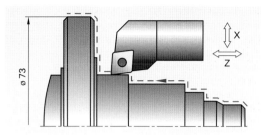

1 Drehbearbeitung

Aufgabe zu Scherwinkel und Spandickenstauchung

Gegeben:
Werkstoff: C45, Schneidstoff: HC – P10
$v_c = 240$ m/min, $a_p = 3$ mm, $f = 0,2$ mm
Spanwinkel $\gamma = 6°$, Einstellwinkel $\kappa = 93°$

Gesucht:
Spandickenstauchung λ_h, Scherwinkel Φ

Lösung:
$h = f \cdot \sin \kappa = 0,2$ mm $\cdot \sin 93° \approx 0,2$ mm
gemessene Spandicke $h_1 = 0,55$ mm
Spandickenstauchung
$\lambda_h = h_1 / h = 0,55$ mm$/0,2$ mm $= \underline{2,75}$
Scherwinkel
$\tan \Phi = \cos \gamma / (\lambda_h - \sin \gamma)$
$\tan \Phi = \cos 6° / (2,75 - \sin 6°) = 0,376$
$\underline{\underline{\Phi = 20,6°}}$

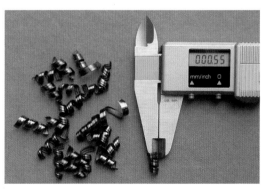

2 Spandickenmessung

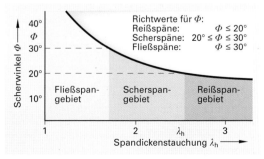

3 Scherwinkel und Spandickenstauchung

Für den Fall, dass der Spanwinkel $\gamma = 0°$ und der Einstellwinkel $\kappa = 90°$ betragen, reduziert sich die Aufgabe auf die Messung der Schnittkraft F_c (tangentiale Schnittkraft) und der Vorschubkraft F_f (axiale Schnittkraft).

Für $\gamma = 0°$ und $\kappa = 90°$ gilt: $F_N = F_c$ und $F_R = F_f$.

$$\mu_{sp} = F_f / F_c$$

In der Praxis kann μ_{sp} auch Werte > 1 annehmen, da die Scher- und Druckkräfte an der Freifläche die Verhältnisse auf der Spanfläche und die Spanform beeinflussen (Bild 1, 2)

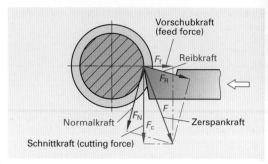

1 Kraftkomponenten

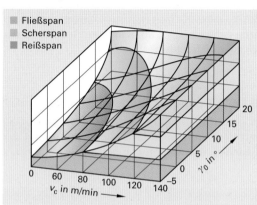

2 Einfluss von Schnittgeschwindigkeit v_c und Werkzeug-Spanwinkel γ_0 auf die Spanform

5.1.4.5 Einfluss der Reibung auf die Spanbildung

Die Spanstauchung beschreibt den Stauchvorgang in der Scherzone und auf der Spanfläche. Die zwischen Scherebene und Kontaktzone liegende Spanwurzel stellt einen Keil dar. Betrachtet man die Kräfte an der Spanwurzel unter Vernachlässigung der Trennarbeit und der Freiflächenreibung, so verlangt das Gleichgewicht der Kräfte, dass die auf die Scherebene wirkende Zerspankraft F_z gleich groß und entgegengesetzt der auf die Spanfläche wirkenden Kraft ist.

F_z lässt sich zerlegen in eine Reibungskraft F_R parallel zur Richtung der Spanfläche und eine Normalkraft F_N senkrecht dazu. Da der Span über die Spanfläche gleitet, ist das Verhältnis F_R/F_N gleich dem Gleitreibungskoeffizienten μ, sodass F_z und F_N den Reibungswinkel φ einschließen (Bild 3).

$$\tan \varphi = F_R / F_N = \mu$$

Werte für μ oder φ können aus Schnittkraftmessungen ermittelt werden.

Der Reibbeiwert μ ist eine veränderliche physikalische Größe, die von

- der Werkstückstoff- Schneidstoff-Paarung,
- der Oberflächenbeschaffenheit und
- der Kontaktzonentemperatur

abhängt.

Mit der Schnittgeschwindigkeit ändern sich auch der Reibbeiwert und die Spandickenstauchung, sodass die unterschiedlichen Spanstauchungen vorwiegend aus der Spanflächenreibung μ_{sp} erklärt werden können (Bild 4)

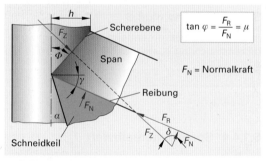

3 Reibungswinkel

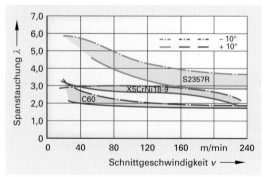

4 Einfluss der Schnittgeschwindigkeit auf die Spandickenstauchung

Im Allgemeinen fallen der Reibbeiwert und die Spanstauchung mit zunehmender Schnittgeschwindigkeit und größer werdender Festigkeit des Werkstückstoffs kleiner aus.

In Bild 1 sind der Einfluss des Scherwinkels Φ, der Schnittgeschwindigkeit v_c, des Spanwinkels γ und des Gleitreibungskoeffizienten μ auf die Spanart dargestellt.

5.1.4.6 Spanformen

Die spanende Bearbeitung kann nur dann wirtschaftlich und prozesssicher durchgeführt werden, wenn die entstehenden Späne so verformt werden, dass sie den Arbeitsablauf nicht stören. Für moderne Werkzeugmaschinen mit weitgehend automatisierten Arbeitsabläufen ist eine kontrollierende Spanformung unbedingte Voraussetzung, da eine ständige Überwachung durch das Bedienungspersonal nicht gegeben ist. Produktionsstörungen wegen ungenügender Spanformung haben schwerwiegende wirtschaftliche und technologische Konsequenzen.

Man unterscheidet drei verschieden Spanarten:

Reißspan, Scherspan und Fließspan

Innerhalb dieser Spanarten werden entsprechend der geometrischen Form verschiedene Spanformen klassifiziert (Bild 2).

Die Spanformung wird überwiegend vom Werkstückwerkstoff und den Schnittwerten (v_c, a_p, f...) beeinflusst. Aber auch die Schneidkantenverrundung, Werkzeuggeometrie, Verschleißzustand und Spanformer bzw. Spanleitstufen auf der Spanfläche der Wendeschneidplatte verändern die Gestalt der entstehenden Späne. Zur Beurteilung des Zerspanungsvorgangs sind die Art, Form und Farbe der Späne in besonderem Maße geeignet, da deren Entstehung gut beobachtbar ist und das Ergebnis direkt ausgewertet werden kann.

5.1.4.7 Spanformdiagramm

Zur Auswertung entsprechender Zerspanungsversuche werden die entstehenden Späne in einer Spanformmatrix nach Vorschub f und Schnitttiefe a_p einander zugeordnet. Dabei werden unter Beibehaltung der anderen Zerspanungskenngrößen wie Schneidstoff, Werkzeuggeometrie, Schnittgeschwindigkeit, Werkstückwerkstoff u.a. die Spanformen klassifiziert und hinsichtlich ihrer technologischen Zweckmäßigkeit in Zerspanungsbereiche zusammengefasst.

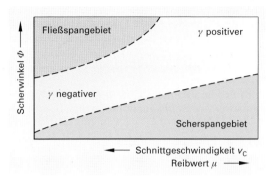

1 **Beeinflussung der Spanart durch die Prozessgrößen**

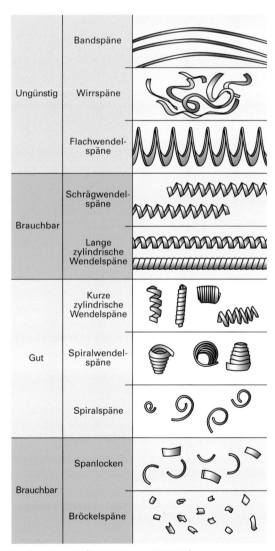

2 **Spanformen (Einteilung nach König)**

Die herstellerspezifischen Spanformgeometrien ergeben für bestimmte f-a_p-Kombinationen optimierte Spanformen. Die Herstellerempfehlungen sollten nicht wesentlich unter- bzw. überschritten werden, da der auf der Spanfläche auftreffende Span in einem vom Vorschub vorbestimmten Bereich des Spanformers auftrifft und dabei die gewünschte Geometrie annimmt (Bild 1).

5.1.4.8 Einflüsse auf die Spanformung

In Bild 2 sind die wichtigsten Spanformen zusammengefasst. Jeder Spanform ist eine **Spanraumzahl R** zugeordnet.

Diese gibt das Verhältnis des Transportvolumens zum eigentlichen Werkstoffvolumen des Spans an. In der Beurteilung sind die beiden Kriterien (Sicherheit des Menschen und Transportfähigkeit) enthalten. Band-, Wirr- und Wendelspäne sind nicht erwünscht.

Günstige Spanformen sind kurze Wendelspäne, Spiralspäne und Spiralspanstücke.

Die **Spanformklasse** stellt eine weitere Beurteilungsmöglichkeit der Spanform dar. Dabei werden die in den Klammem angeführten Kennziffern zugeordnet:

- Bandspan (1)
- Wirrspan (2)
- Wendelspan (3)
- kurzer Wendelspan (4)
- Spiralspan, Spanstücke (5, 6, 7)

In Bild 3 und Bild 1 auf der nächsten Seite sind der Einfluss der Spanbedingungen und der Schneidengeometrie auf die Spanform schematisch dargestellt. Die Ergebnisse lassen sich zusammenfassen:

- Mit zunehmender Schnittgeschwindigkeit v_c verschlechtert sich die Spanform.
- Mit zunehmendem Vorschub f verbessert sich die Spanbrechung, allerdings bedingen hohe Vorschübe eine schlechte Oberflächengüte.
- Je größer die Schnitttiefe a_p, desto schlechter die Spanbrechung.
- Negative Spanwinkel (-γ) bedingen gute Spanbrechung, jedoch schlechtere Oberflächenqualität.
- Je größer der Einstellwinkel κ, desto besser die Spanbrechung.

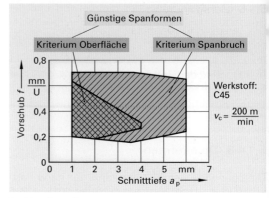

1   Spanformdiagramm

Spanform		Span-raumzahl R	Beurteilung
Band-späne		≥ 90	ungünstig
Wirr-späne			
Wendel-späne	lang	≥ 50	brauchbar
	kurz	≥ 25	gut
Spiral-späne		≥ 8	
Span-bruch-stücke		≥ 3	brauchbar

2   Spanformen mit Spanraumzahl

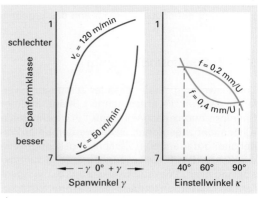

3   Einfluss der Werkzeuggeometrie auf die Spanformung

5.1.5 Zerspankräfte

Die Zerspanung von metallischen Werkstoffen ist nur mit erheblichen Kräften und Antriebsleistungen möglich. Damit der Schneidkeil beim Zerspanen in den Werkstückwerkstoff eindringen kann, muss er eine Kraft ausüben. Der zu bearbeitende Werkstoff setzt dem Schneidkeil einen Widerstand entgegen, der überwiegend von den spezifischen Werkstoffeigenschaften abhängt. Die auf das Werkstück wirkende Kraft des Schneidkeils und die auf den Schneidkeil wirkende Gegenkraft des Werkstückes sind gleich groß (**actio = reactio**).

Eine hohe Zerspanungsleistung bei gleichzeitig hoher Prozesssicherheit erfordert von Werkzeugentwicklern und Anwendern umfangreiches Wissen über Entstehung, Art, Größe, Richtung und Wirkungen von Zerspanungskräften auf die Produktqualität und dem wirtschaftlichen Einsatz der Werkzeuge.

Schnittkräfte lassen sich theoretisch berechnen, sind aber auch mit Schnittkraftaufnehmern unterschiedlicher Bauart messbar.

Die größten Belastungskräfte treten entlang der Hauptschneidkante auf und schwächen sich dann entlang der Frei- und Spanfläche ab. Der Spanfläche kommt hierbei eine bedeutende Rolle bei der geometrischen Ausführung von Werkzeugschneiden und Schneidkantstabilität zu.

Die beim Zerspanungsprozess auftretenden Kräfte sind überwiegend Druck-, Scher- und Reibkräfte, die in verschiedenen Richtungen auf Werkzeug und Werkstück wirken. Nicht nur die Größe der Kräfte, sondern auch die Richtungsabhängigkeit ist von großer Bedeutung für den Zerspanungsprozess (Bild 2).

5.1.5.1 Zerspankraftkomponenten

Betrachtet man die Werkzeugschneide dreidimensional, so lässt sich die Zerspankraft in drei grundlegende Komponenten zerlegen (Bild 1):

F_c = **Schnittkraft** (Tangentiale Schnittkraft)
F_p = **Passivkraft** (Radiale Schnittkraft)
F_f = **Vorschubkraft** (Axiale Schnittkraft)

Nicht unerheblich ist der Betrachtungsstandpunkt, werkzeug- oder werkstückbezogen, und die definierten Koordinatenrichtungen (+/-x, +/-y, +/-z) für die Wirkrichtung der Zerspanungskraft und deren Komponenten. Der Verlauf der Vorschubkraft F_f und der Passivkraft F_p über dem Einstellwinkel κ ergibt sich aus der geometrischen Lage der Schneidkante zur Werkstückachse (Bild 3).

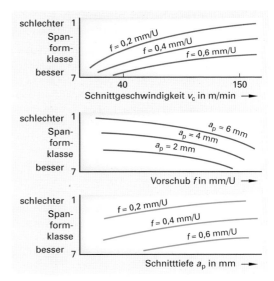

1 Einfluss der Schnittbedingungen auf die Spanformung

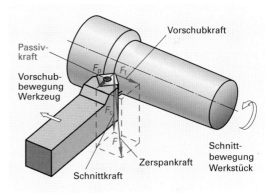

2 Kraftkomponenten

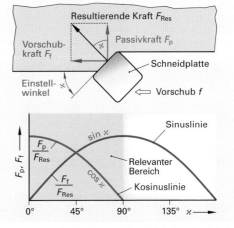

3 Vorschubkraft F_f und Passivkraft F_p in Abhängigkeit vom Einstellwinkel κ

5.1.5.2 Spezifische Schnittkraft k_c

Jeder Werkstoff setzt dem Vordringen der Werkzeugschneide einen von den Festigkeitseigenschaften abhängigen Widerstand entgegen (Zerspanungswiderstand). Um vom tatsächlichen Spanungsquerschnitt unabhängig zu sein, wird diese erforderliche Schnittkraft auf 1 mm² des Spanungsquerschnitts bezogen.

> k_c ist die spezifische Schnittkraft in N/mm².

Neben der Werkstoffabhängigkeit ist k_c außerdem von der Spanungsdicke h, dem Spanwinkel γ, der Schnittgeschwindigkeit v_c, der Schneidstoffart und der verfahrensbedingten Art der Spanabnahme abhängig. Die Spanungsbreite b bzw. die Schnitttiefe a_p hat auf k_c kaum einen Einfluss (**aber a_p ist proportional F_c!**).

k_c-Werte für die verschiedenen Werkstoffe sind in Tabelle 1 dargestellt.

Hierbei bezieht man sich häufig auf den im Versuch ermittelten **Hauptwert der spez. Schnittkraft $k_{c1.1}$**, dem ein Spanungsquerschnitt $A = 1$ mm² zugrunde gelegt wird.

Die Spanungsdicke h bzw. der Vorschub f beeinflussen die spez. Schnittkraft maßgebend. Bei konstantem Spanungsquerschnitt A führt eine Vergrößerung von f und von h zu einer Verringerung von a_p bzw. von b und damit zu einer Verringerung des k_c-Wertes und zu einer reduzierten Schnittkraft F_c und Schnittleistung P_c. Da die Schnitttiefe a_p bzw. die Spanungsbreite b einen geringen Einfluss auf k_c ausübt, ist es zum Erreichen einer hohen Zerspanungsleistung bei geringer Schnittkraft günstiger, in mehreren Schnitten bei kleinerer a_p, aber mit max. Vorschub f zu arbeiten (Bild 1 nächste Seite).

Wenn überschlägige Betrachtungen genügen, kann man für kc mit der Näherungsgleichung $k_c \cong (4...6)R_m$ arbeiten.

R_m = Mindestzugfestigkeit in N/mm²
Faktor 4 für $h = 0,2......0,8$mm
Faktor 6 für $h =$ bis 0,2mm

Tabelle 1: Tabellenwerte der spezifischen Schnittkraft

Werk-stoff-Nr.	Werkstoff-bezeichnung	$k_{c1.1}$ N/mm²	m_c	Tabellenwert k in N/mm² für Spanungsdicke h in mm											
				0.05	0.06	0,00	0.10	0.16	0.20	0.30	0,40	0,50	0,80	1,0	1.60
1.0037	S235JR	1790	0,17	2962	2872	2735	2633	2431	2340	2184	2080	2003	1849	1780	1643
1.0044	S275JR	1820	0,25	3849	3677	3422	3236	2878	2722	2459	2289	2164	1924	1820	1618
1.0050	E295	1950	0,26	4249	4052	3760	3548	3140	2963	2667	2475	2335	2066	1950	1726
1.0060	E355	2070	0,17	3445	3340	3180	3062	2827	2721	2540	2419	2329	2150	2070	1911
1.0401	C15	1480	0,22	2861	2748	2580	2456	2215	2109	1929	1811	1724	1554	1480	1335
1.7131	16MnCr5	2100	0,26	4576	4364	4050	3821	3382	3191	2872	2665	2515	2225	2100	1858
1.0503	C45	1680	0,26	3661	3491	3240	3057	2705	2553	2298	2132	2012	1780	1680	1487
1.1191	C45E	1050	0,14	2814	2743	2635	2554	2391	2318	2190	2103	2039	1909	1850	1732
1.1221	C60E	2130	0,18	3652	3534	3356	3224	2962	2846	2645	2512	2413	2217	2130	1957
1.7038	37CrS4	1810	0,26	3944	3761	3490	3294	2915	2750	2475	2297	2167	1918	1810	1602
1.7218	25CrMo4	2070	0,25	4378	4182	3892	3681	3273	3095	2797	2603	2462	2189	2070	1841
1.7035	41Cr4	2070	0,25	4378	4182	3892	3681	3273	3095	2797	2603	2462	2189	2070	1841
1.8159	50CrV4	2220	0,26	4837	4614	4281	4040	3575	3374	3036	2817	2658	2353	2220	1965
1.7220	34CrMo4	2240	0,21	4202	4044	3807	3633	3291	3141	2884	2715	2591	2347	2240	2029
1.7225	42CrMo4	1950	0,26	5448	5195	4821	4549	4026	3799	3419	3173	2994	2649	2500	2212
1.0718	9SMnPb28	1200	0,18	2058	1991	1891	1816	1669	1603	1490	1415	1359	1249	1200	1103
1.2067	1000r6	1410	0,39	4535	4224	3776	3461	2881	2641	2255	2016	1848	1538	1410	1174
1.2842	90MnCrV	2300	0,21	4315	4153	3909	3730	3380	3225	2962	2788	2660	2410	2300	2084
1.4301	X5CrNi18-10	2350	0,21	4408	4243	3994	3811	3453	3295	3026	2849	2718	2463	2350	2129
1.4580	X10CrNiMoNbI8-10	2550	0,18	4372	4231	4018	3860	3546	3407	3167	3007	2889	2655	2550	2343
0.6025	GJL-250	1160	0,26	2528	2411	2237	2111	1868	1763	1586	1472	1389	1229	1160	1027
0.6040	GJL-400	1470	0,26	3203	3055	2835	2675	2367	2234	2010	1865	1760	1558	1470	1301
0.7035	GJS-350	1000	0,25	2115	2021	1880	1778	1581	1495	1351	1257	1189	1057	1000	889
0.7040	GJS-400	1080	0,23	2151	2063	1931	1834	1646	1564	1425	1333	1267	1137	1080	969
1.0446	GS-45	1600	0,17	2663	2581	2458	2367	2185	2104	1963	1870	1800	1662	1600	1477
3.2382	AlSi10Mg	412	0,3	1012	958,2	879	822	713,9	667,7	591,2	542,3	507,2	440,5	412	357,8
3.2581	AlSi12	454	0,28	1050	998,1	920,9	865,1	758,4	712,5	636	586,8	551,2	483,3	454	398
3.2163	AlS19Cu3	456	0,27	1024	974,7	901,8	849,1	747,9	704,2	631,2	584	549,8	484,3	456	401,7
3.3545	AlMg4	509	0,27	1143	1088	1007	947,8	834,8	786	704,5	651,9	613,8	540,6	509	448,3
21240	MgAl7Mn	280	0,19	494,7	477,9	452,5	433,7	396,6	380,2	352	333,2	319,4	292,1	280	256,1
2.0380	CuZn39Pb2	780	0,18	1337	1294	1229	1181	1085	1042	968,8	919,9	883,6	812	780	716,7

Überträgt man die Werte aus dem Diagramm in Bild 1 in ein Diagramm mit logarithmischer Achsenteilung, erhält man eine Gerade. Der Tangens des Steigungswinkels α der Geraden ist werkstoffabhängig und wird deshalb als **Werkstoffkonstante** m_c definiert (Bild 2):

$$\tan \alpha = \Delta k_c / \Delta h = m_c$$

Die spezifische Schnittkraft k_c in N/mm² lässt sich mit dem Hauptwert $k_{c1.1}$, der Werkstoffkonstanten m_c und der Spanungsdicke h bestimmen:

$$k_c = k_{c1.1} / h^{mc} \qquad \begin{array}{l} k_{c1.1} \text{ in N/mm}^2 \\ h \text{ in mm} \end{array}$$

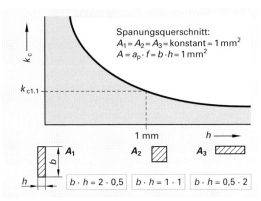

1   **Die Form des Spanungsquerschnitts A beeinflusst die spezifische Schnittkraft**

5.1.5.3 Schnittkraftberechnung

Die Schnittkraft F_c lässt sich mit folgenden Gleichungen berechnen:

$$F_c = A \cdot k_c \qquad \begin{array}{l} F_c \text{ in N} \\ k_c \text{ in N / mm}^2 \end{array}$$
$$F_c = a_p \cdot f \cdot k_c = b \cdot h \cdot k_c$$

Optimierte k_c-Werte verlangen weitere Korrekturen wie z.B. für Schnittgeschwindigkeit, Bearbeitungsverfahren, Spanwinkel, Schneidstoff und Abstumpfung der Schneidkante (Tabelle 1).

Die hier verwendete Methode der Schnittkraftberechnung wie auch die Tabelle auf Seite 133 beruhen auf den Forschungsarbeiten von Victor Kienzle.

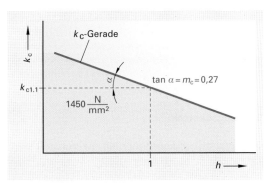

2   **k_c-Gerade für C 45 im doppelt logarithmischen Diagramm**

Tabelle 1: Korrekturfaktoren für k_c	
Korrekturfaktoren K_{St} für die Spanstauchung	
Außendrehen HSS	1,05
Außendrehen HM	1,0
Außendrehen Keramik	0,95
Innendrehen HSS	1,45
Innendrehen HM	1,2
Innendrehen Keramik	1,25
Ein- und Abstechdrehen HM	1,3
Bohren ins Volle HSS	1,0
Bohren ins Volle HM	0,95
Stirnfräsen HSS	1,2
Stirnräsen HM	1,0
Umfangsfräsen HSS	1,55
Umfangsfräsen HM	1,3
Reiben HSS	1,3
Reiben HM	1,2
Räumen	1,2
Korrekturfaktor K_{vc} für die Schnittgeschwindigkeit	
$K_{vc} = 1,0$ für HM- Werkzeug, 80 bis 250 m/min	
$K_{vc} = 1,15$ für HSS- Werkzeug, 25 bis 80 m/min	
$K_{vc} = 1,2$ für $v_c < 25$ m/min	

Beispiel zur Berechnung der Schnittkraft F_c beim Längsdrehen

Werkzeug: Wendeplattenhalter mit HC- P20, Einstellwinkel $\kappa = 63°$

Schnittwerte: $v_c = 180$ m/min, $f = 0,3$ mm, $a_p = 3$ mm

Werkstoff: Vergütungsstahl 42CrMo4

Lösung:

1.) Spanungsdicke $h = f \cdot \sin \kappa = 0,3$ mm $\cdot \sin 63°$
$\underline{h = 0,26 \text{ mm}}$

2.) Spezifische Schnittkraft
(Werte siehe Tabelle auf Seite 132)
$k_c = k_{c1.1} / h^{mc} \cdot K_{St} \cdot K_{vc}$
$k_c = 1950 / 0,26^{0,24} \cdot 1,0 \cdot 1,0$
$\underline{k_c = 2694 \text{ N/mm}^2}$

3.) Spanungsquerschnitt
$A = a_p \cdot f = 3$ mm $\cdot 0,3$ mm $= \underline{0,9 \text{ mm}^2}$

4.) Schnittkraft
$F_c = A \cdot k_c = 0,9$ mm² $\cdot 2694$ N/mm²
$\underline{F_c = 2424 \text{ N}}$

5.1.5.4 Einflussgrößen auf die Zerspankraft

Für eine praxisorientierte Betrachtung der Zerspankraft muss der Einfluss der wesentlichen Zerspanbedingungen auf die leistungsführende Komponente der Zerspanung (Schnittkraft F_c) sowie auf die Zerspankraftkomponenten Vorschubkraft F_f und Passivkraft F_p bekannt sein.

Schnittgeschwindigkeit

Der Einfluss der Schnittgeschwindigkeit auf die Zerspankraft wird durch deren Einfluss auf den Spanentstehungsprozess bestimmt.

So zeigt die Zerspankraft im zur Aufbauschneiden- und Scherspanbildung neigenden Schnittgeschwindigkeitsbereich ein Maximum. Die Abnahme der Kräfte mit steigender Schnittgeschwindigkeit ist in der temperaturabhängigen Festigkeitsabnahme des Werkstückstoffs und in der zunehmenden Fließspanbildung begründet.

Spanungsquerschnitt

Die Zerspankraftkomponenten steigen mit dem Vorschub f bzw. der Spanungsdicke h degressiv an (Bild 1a). Die Zerspankraftkomponenten steigen über die Schnitttiefe a_p bzw. der Spanungsbreite b proportional an (Bild 1b).

Werkzeuggeometrie

Der Werkzeugeinstellwinkel κ (Kappa) übt auf die Schnittkraft F_c einen verhältnismäßig geringen Einfluss aus. Mit zunehmendem Spanwinkel γ nimmt die Schnittkraft wegen der günstigeren Abscherung des Werkstoffs ab (Bild 1c). Mit größerem Einstellwinkel nimmt die in Vorschubrichtung weisende Komponente der Zerspankraft zu und erreicht bei $\kappa = 90°$ ihr Maximum. Wird der Einstellwinkel κ bei konstantem Spanungsquerschnitt A vergrößert, so erhöht sich die Spanungsdicke h im gleichen Maß wie die Spanungsbreite b abnimmt. Da die Schnittkraft F_c mit der Schnitttiefe a_p proportional, über den Vorschub aber degressiv ansteigt, ergibt sich eine leichte Abnahme von F_c bei steigendem Einstellwinkel κ. Mit kleiner werdendem Spanwinkel γ steigt die Schnittkraft an (Bild 1d). Tabelle 1 gibt Richtwerte an, wie sich die Zerspankraftkomponenten ändern, wenn der Spanwinkel γ oder der Neigungswinkel λ variiert werden. Eine Veränderung des Freiwinkels im Bereich von $3° < \alpha < 12°$ hat keine nennenswerte Auswirkung auf die Zerspankraftkomponenten.

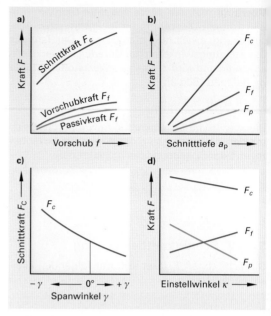

1 Einfluss des Spanwinkels γ und des Einstellwinkels κ auf die Zerspankraft

Tabelle 1: Einfluss der Werkzeuggeometrie

Einflussgrößen	Änderung der Zerspankomponenten je Grad Winkeländerung		
	Schnittkraft F_c	Vorschubkraft F_f	Passivkraft F_p
abnehmend ↓ Spanwinkel	⇧ 1,5 %	⇧ 5,0 %	⇧ 4,0 %
Neigungswinkel	⇧ 1,5 %	⇧ 1,5 %	⇧ 10 %
zunehmend ↑ Spanwinkel	⬇ 1,5 %	⬇ 5,0 %	⬇ 4,0 %
Neigungswinkel	⬇ 1,5 %	⬇ 1,5 %	⬇ 10 %

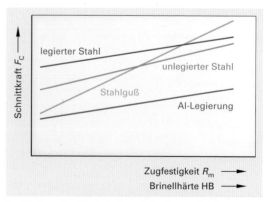

2 Einfluss des Werkstoffs auf die Zerspankraft

Werkstoff

Bei der Bearbeitung verschiedener Werkstoffe ergeben sich aufgrund der mechanischen Eigenschaften auch unterschiedliche Schnittkräfte. Bild 2 auf Seite 134 zeigt, dass die Schnittkraft für einzelne Werkstoffgruppen mit steigender Festigkeit bzw. Brinellhärte linear mit unterschiedlichen Steigungswinkeln ansteigt. Dennoch lässt sich aus der chemischen Zusammensetzung und den Festigkeitswerten des Werkstoffs nicht immer auf die Größe der erforderlichen Zerspankraft schließen, da sich trotz erheblicher Unterschiede in der Zugfestigkeit die Schnittwerte häufig nur unwesentlich unterscheiden.

5.1.5.5 Spanungsarbeit

Die aufzubringende Gesamtspanungsarbeit wird beim Zerspanungsvorgang in Verformungs-, Scher-, Reibungsarbeit und Wärmeenergie umgesetzt. Die Schnittarbeit W_c ergibt sich als Produkt aus dem zurückgelegten Vorschubweg l_c und den in ihrer Richtung wirkenden Komponente der Zerspanungskraft F_c.

Schnittarbeit W_c $$W_c = l_c \cdot F_c$$

Vorschubarbeit W_f $$W_f = l_f \cdot F_f$$

(l_c und l_f in m, F_c und F_f in N, W_c und W_f in Nm)

Damit ergibt sich die **Wirkarbeit W_e** als Summe der entsprechenden Schnitt- und Vorschubanteilen.

$$W_e = W_c + W_f$$

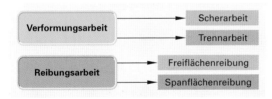

1 Spanungsarbeit

5.1.6 Zerspanungsleistung

5.1.6.1 Schnittleistung

Die tangentiale Schnittkraft F_c wird hauptsächlich durch die Zerspanbarkeitseigenschaften (Scherfestigkeit, Härte, Zähigkeit) und durch die Umformkräfte in der Scherebene zwischen undeformierter Spanungsdicke h und der Spandicke h_1 des abfließenden Spans, den Reibungskräften an Span- und Freifläche und den Kühlschmierbedingungen an der Schneide bestimmt. Das auftretende Drehmoment beim Zerspanungsprozess ist von der Größe der Schnittkraft abhängig und daraus ergibt sich die erforderliche **Zerspanungsleistung P_c** an der Werkzeugschneide.

Aufgabe zur Schnittkraft und Leistungsberechnung

Längsdrehen, Schruppbearbeitung mit zwei verschiedenen Spanungsquerschnittsformen

Werkstoff: Vergütungsstahl, C45
Werkzeug: HM-Wendeschneidplatte HC-P35
Einstellwinkel $\kappa = 63°$, Spanwinkel $\gamma = 6°$
Schnittgeschwindigkeit $v_c = 180$ m/min

Wie groß sind die Schnittkräfte und die Leistungsdifferenz?

$a_{p1} = 5$ mm, $f_1 = 0,4$ mm
$a_{p2} = 2,5$ mm, $f_2 = 0,8$ mm

2 Spanungsquerschnitt

Lösung:

Spanungsquerschnitte $A_1 = A_2$

$A_1 = a_{p1} \cdot f_1 = 5,0$ mm $\cdot 0,4$ mm $= 2$ mm²
$A_2 = a_{p2} \cdot f_2 = 2,5$ mm $\cdot 0,8$ mm $= 2$ mm²

Spanungsdicke

$h_1 = f_1 \cdot \sin \kappa = 0,4$ mm $\cdot \sin 63° = 0,07$ mm
$h_2 = f_2 \cdot \sin \kappa = 0,8$ mm $\cdot \sin 63° = 0,13$ mm

Spezifische Schnittkraft

$k_{c1} = k_{c1.1} / h_1{}^{mc} \cdot K_{St} \cdot K_{vc}$
$k_{c1} = 1680 / 0,07^{0,26} \cdot 1,0 \cdot 1,0 = 3354$ N/mm²
$k_{c2} = k_{c1.1} / h_2{}^{mc} \cdot K_{St} \cdot K_{vc}$
$k_{c2} = 1680 / 0,13^{0,26} \cdot 1,0 \cdot 1,0 = 2855$ N/mm²

Schnittkraft

$F_{c1} = A_1 \cdot k_{c1} = 2$ mm² $\cdot 3354$ N/mm² $= 6708$ N
$F_{c2} = A_2 \cdot k_{c2} = 2$ mm² $\cdot 2855$ N/mm² $= 5710$ N

Schmale dicke Späne erfordern weniger Schnittkraft als breite dünne Späne!!!

Schnittleistung

$P_{c1} = F_{c1} \cdot v_c = 6708$ N $\cdot 180$ m/60s $= 20,12$ kW
$P_{c2} = F_{c2} \cdot v_c = 5710$ N $\cdot 180$ m/60s $= 17,13$ kW

Leistungsdifferenz $\Delta P_c \approx 3$ kW

Entsprechend den physikalischen Grundgesetzen zur Leistungsberechnung ergibt sich für die Zerspanung in Schnittrichtung die **Schnittleistung P_c**.

$$P_c = F_c \cdot v_c$$

P_c in Nm/s = W
v_c in m/min bzw. m/60s

in Vorschubrichtung die **Vorschubleistung P_f**

$$P_f = F_f \cdot v_f$$

P_f in Nm/s = W

in Wirkrichtung die **Wirkleistung P_e**

$$P_e = F_c \cdot v_c + F_f \cdot v_f$$

Beim Drehen ist die Vorschubgeschwindigkeit v_f im Vergleich zur Schnittgeschwindigkeit v_c klein.

Entsprechend gering fällt der Anteil der Vorschubleistung P_f an der Wirkleistung P_e aus ($P_f < 3\%$).

Deshalb kann man näherungsweise $P_c \approx P_e$ setzen.

5.1.6.2 Maschinenleistung

Die Bestimmung der erforderlichen Maschinenleistung P_e erfolgt mit der Schnittleistung P_c und dem Wirkungsgrad η (Eta) der Maschine (Bild 1).

$$P_e = P_c / \eta$$

η = Maschinenwirkungsgrad
($75\% \leq \eta \leq 90\%$)

5.1.6.3 Schnittmoment

Das Schnittmoment M_c (Drehmoment) ergibt sich physikalisch aus der Schnittkraft F_c, dem wirksamen Hebelarm l_c und der Anzahl z der im Eingriff befindlichen Schneiden:

$$M_c = F_c \cdot l_c \cdot z$$

M_c in Nm

Bei den zerspanenden Verfahren herrschen an den im Eingriff stehenden Schneiden unterschiedliche Verhältnisse. Wie in Bild 2 dargestellt, sind bei einem Wendelbohrer die Zerspanungsverhältnisse entlang der Schneiden sehr unterschiedlich. Von außen zum Zentrum hin nimmt die Schnittgeschwindigkeit linear ab. Damit verschlechtern sich die Zerspanungsbedingungen. Dies wird zwar durch eine angepasste Schneidengeometrie etwas ausgeglichen, aber die Verteilung der Schnittkraft über die Schneidenlänge bleibt uneinheitlich. Damit lässt sich für die Berechnung des Schnittmomentes kein Kraftangriffspunkt und damit kein eindeutiger Hebelarm zuordnen. Für überschlägige Berechnungen kann beim Wendelbohrer als Hebelarm $l_c = d/4$ eingesetzt werden.

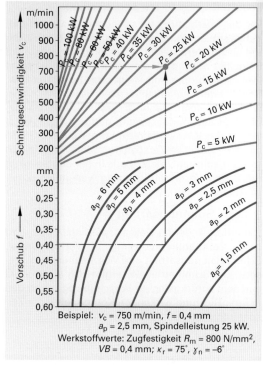

Beispiel: v_c = 750 m/min, f = 0,4 mm
a_p = 2,5 mm, Spindelleistung 25 kW.
Werkstoffwerte: Zugfestigkeit R_m = 800 N/mm^2,
VB = 0,4 mm; κ_r = 75°, γ_n = −6°

1 Spindelleistung für das Drehen von C45

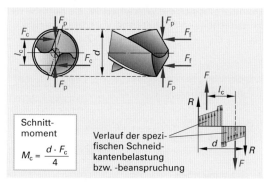

Schnittmoment	Verlauf der spezifischen Schneidkantenbelastung bzw. -beanspruchung
$M_c = \dfrac{d \cdot F_c}{4}$	

2 Schnittmoment beim Bohren

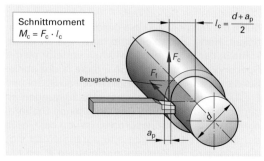

Schnittmoment
$M_c = F_c \cdot l_c$

$l_c = \dfrac{d + a_p}{2}$

Bezugsebene

3 Schnittmoment beim Drehen

Beim Drehen sind die Eingriffsverhältnisse am besten mathematisch zu erfassen. Bei konstantem Vorschub bleibt die Spanungsdicke h konstant. Durch die im Vergleich zum Werkstückdurchmesser geringe Schnitttiefe a_p kann die Verringerung der Schnittgeschwindigkeit vernachlässigt werden. Der Kraftangriffspunkt liegt bei der halben Schnitttiefe (Bild 3, Seite 136). Der wirksame Hebelarm berechnet sich dann zu: $l_c = d + a_p / 2$

1   Drehbearbeitung von C45

5.1.7 Standkriterien des Werkzeugs

5.1.7.1 Standzeit

Die Standzeit T eines Werkzeugs bzw. einer Werkzeugschneide wird heute unabhängig vom Fertigungsverfahren über ein gefordertes Qualitätskriterium am Werkstück definiert. Werkstückbezogene Merkmale wie Oberflächenqualität, Maßhaltigkeit usw. begrenzen die Einsatzdauer der Werkzeugschneide.

Die Konsequenz dieser Betrachtungsweise ist, dass dem Verschleißzustand der Schneidkante eine sekundäre Bedeutung zukommt. Die Standzeit lässt sich auch über maschinenbezogene Kennwerte wie z. B. die Leistungsaufnahme während der Zerspanung festlegen. Da mit zunehmender Abstumpfung der Schneide die erforderliche Zerspanungsleistung P_c ansteigt, lässt sich im laufenden Fertigungsprozess die Standzeit über einen max. Grenzwert der aufgenommenen Maschinenleistung P_e kontinuierlich überwachen. So kann ein erforderlicher Werkzeugwechsel automatisch durchgeführt werden.

In der Praxis wird häufig mit dem **Standweg L_f** und der **Standmenge N** gearbeitet.

5.1.7.2 Standweg L_f

Der Standweg L_f ist der gesamte Vorschubweg, den eine Schneide oder bei mehrschneidigen Werkzeugen alle Schneiden zusammen innerhalb der Standzeit T zurücklegen.

$$L_f = T \cdot v_f = T \cdot n \cdot f_z \cdot z$$

T Standzeit in min
v_f Vorschubgeschwindigkeit in mm/min
n Drehzahl in 1/min
f_z Vorschub / Zahn in mm
z Zähnezahl

Berechnungsbeispiel zu Standweg und Standmenge

Werkstoff C45, Schneidstoff HC-P15
Schnittwerte: $a_p = 2{,}5$ mm, $f = 0{,}3$ mm, $v_c = 210$ m/min
Standzeit: $T = 15$ min, VB = 0,6 mm
Gesucht: Standmenge N

Lösung:

Drehzahl
$n = v_c / (D \cdot \pi) = 210$ m/min $/(0{,}06$ m $\cdot \pi)$
$n = 1115$ min^{-1}

Vorschubgeschwindigkeit
$v_f = n \cdot f = 1115$ min$^{-1} \cdot 0{,}3$ mm $= 334{,}5$ mm/min

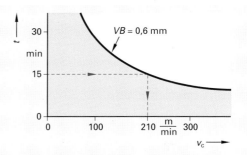

2   Standzeit in Abhängigkeit von der Schnittgeschwindigkeit v_c

1. Möglichkeit mit Standweg L_f:
$L_f = T \cdot v_f = 15$ min $\cdot 334{,}5$ mm/min $= 5017{,}5$ mm
$N = L_f / l = 5017{,}5$ mm $/ 355$ mm $= $ **14 Werkstücke**

2. Möglichkeit mit Hauptnutzungszeit t_h:
$t_h = L \cdot i / v_f$
$t_h = 355$ mm $\cdot 1 / 334{,}5$ mm/min $= 1{,}06$ min
$N = T / t_h = 15$ min $/ 1{,}06$ min $= $ **14 Werkstücke**

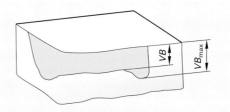

3   Verschleißmarkenbreite VB

5.1.7.3 Standmenge

Die Standmenge N ist die Anzahl der Werkstücke, die innerhalb der Standzeit bearbeitet werden können.

$$N = T / t_h$$

t_h Hauptnutzungszeit in min

5.1.7.4 Ermittlung der Standzeit

Zur Verschleiß- und Standzeitermittlung werden Zerspanungsversuche durchgeführt. Die maßgebliche Abhängigkeit der Standzeit von der Schnittgeschwindigkeit ist hier in besonderem Maße geeignet. Bei konstanten Zerspanungsbedingungen (Werkzeug, Schneidstoff, Maschine, Vorschub und Schnitttiefe) wird v_c variiert und als Bewertungskriterium für den Verschleiß die Verschleißmarkenbreite VB an der Freifläche gemessen. Das Ergebnis der Versuchsreihe wird in einem v_c-VB-Diagramm dargestellt (Bild 1).

Die Ermittlung von VB ist einfach durchzuführen, da der Übergang von der Verschleißfläche zur Freifläche in etwa parallel zur Hauptschneide verläuft. Gemessen wird von der ursprünglichen Hauptschneide aus. Geringe Unregelmäßigkeiten werden ausgeglichen.

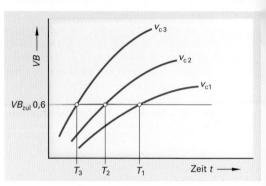

1 **Standzeit in Abhängigkeit von der Schnittgeschwindigkeit**

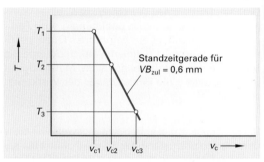

2 **Standzeitgerade im doppelt logarithmischen Diagramm**

5.1.7.5 Standzeitgerade

Da der Verschleißzustand der Schneidkante direkt die Fertigungsqualität beeinflusst, wird eine zulässige Verschleißmarkenbreite VB_{zul} (z.B. 0,6mm) festgelegt, bei der die geforderte Oberflächenqualität (R_a, R_z) am Werkstück noch erreicht wird.

Damit liegen in einer Versuchsreihe die Standzeiten (T_1, T_2, T_3) für die einzelnen Schnittgeschwindigkeiten ($v_{c1} < v_{c2} < v_{c3}$) fest (Bild 2).

Überträgt man die Wertepaare (T_1- v_{c1}), (T_2- v_{c2}), (T_3- v_{c3}) in ein T-v_c-Diagramm mit logarithmischer Achsenteilung, so ergibt sich die **Standzeitgerade** für VB_{zul}. Wiederholt man diese Vorgehensweise für verschiedene VB_{zul}, so erhält man ein T-v_c-Diagramm für einen großen Einsatzbereich der Schneidkante (Bild 3).

Die Schnitttiefe a_p und der Vorschub f beeinflussen die Standzeit direkt und sind im Versuch gut nachweisbar. Im Diagramm mit logarithmischer Skalenteilung lassen sich die jeweiligen Standzeitgeraden für die verschiedenen Schneidstoffe darstellen (Bild 4), die bei dezimaler Teilung die Form von Hyperbeln hätten.

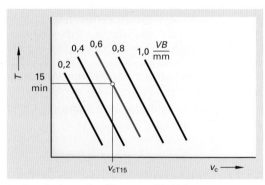

3 **Standzeitgeraden für unterschiedliche Verschleißmarkenbreiten VB**

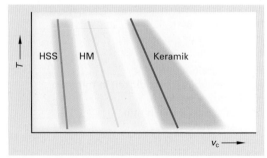

4 **Standzeitgeraden für unterschiedliche Schneidstoffe**

5.1.7.6 Einflüsse auf die Standzeit

Die Standzeit unterliegt einer Vielzahl von Einflüssen, die sich meist nicht einzeln auswirken, sondern häufig miteinander in einem direkten oder indirekten Zusammenhang stehen. Die direkte Zuordnung der Einzelparameter zur gemessenen Standzeitveränderung ist nur möglich, wenn entsprechende Untersuchungen gezielt vorbereitet und statistisch ausgewertet werden.

Ordnet man die verschiedenen Einflüsse, so ergibt sich folgender Überblick:

Werkzeug

- Art des Schneidstoffs
- Schneidstoffbeschichtung
- Werkzeugwinkel
- Eckenradius, Schneidkantenverrundung
- Stabilität Werkzeug, Ausspanlänge
- Spanabfuhr

Maschine

- dynamisches Schwingungsverhalten
- Stabilität Werkzeug-, Werkstückaufnahme

Werkstück,

- Zerspanbarkeitseigenschaften, Legierungsbestandteile
- Gefügeaufbau
- Stabilität, Form und Werkstückgeometrie

Schnittbedingungen

- Kühlschmierstoff, Art, Menge, Aufbringung
- Trockenbearbeitung
- Schnittgeschwindigkeit, Vorschub, Schnitttiefe
- Form des Spanungsquerschnitts
- Vorschubweg, unterbrochener Schnitt

Prozessbedingungen

- Bearbeitungsverfahren, Bearbeitungsstrategie
- Verschleißkriterium
- Oberflächengüte, Maßhaltigkeit

5.1.8 Energiebilanz

Die bei der Zerspanung notwendige mechanische Energie wird nahezu ganz in Wärmeenergie umgewandelt. Die sich einstellende Temperaturverteilung an der Schneide ergibt sich als Gleichgewichtszustand zwischen der bei der Zerspanung entstehenden und abgeführten Wärme (Bild 1). Sie beeinflusst das Verschleißverhalten der Schneidkante nachhaltig, wie ebenso der Verschleißzustand des Schneidkeils die Zerspanungstemperatur beeinflusst.

Durch Scherung des Werkstoffs, Umformung des Gefüges und Reibarbeit an Frei- und Spanfläche wird die aufgewendete Energie in Wärme umgesetzt. Die entstehende Wärmemenge hängt i.W. von dem zu bearbeitenden Werkstoff und der Schnittgeschwindigkeit ab. Idealerweise nimmt der abfließende Span ca. 80% der Zerspanungswärme Q_c mit. Die hohen Spantemperaturen sind durch Anlassfarben auf den Spänen erkennbar. Die höchsten Temperaturen entstehen aber nicht an der Schneidkante, sondern direkt dahinter auf der Spanfläche (Bild 1).

An dieser Stelle ist es notwendig, durch wärmebeständige Hartstoffschichten den Kolkverschleiß zu minimieren.

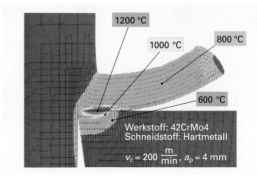

Werkstoff: 42CrMo4
Schneidstoff: Hartmetall
$v_c = 200\ \frac{m}{min}$, $a_p = 4$ mm

1 Temperaturverteilung

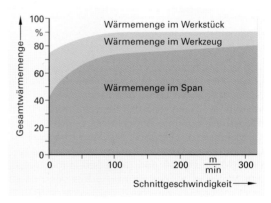

2 Verteilung der Gesamtwärmemenge

Damit vom Schneidstoff selbst so wenig Wärme-energie wie möglich aufgenommen wird, bringt man wärmeisolierende Schichten (z. B. Al$_2$O$_3$) mit geringer Wärmeleitfähigkeit zwischen Hartstoff-schicht und Grundsubstrat (Tabelle 1) auf. Der abfließende Span behält seine hohe Temperatur und führt den größten Teil der Wärme ab. Durch entsprechende Spanflächengeometrien wird die Kontaktlänge des Spans auf der Spanfläche auf wenige Berührungsstellen reduziert.

5.1.9 Werkzeugverschleiß

An jedem Schneidwerkzeug wird durch den Zerspa-nungsvorgang ein gewisser Verschleiß verursacht (Bild 1). Dieser Verschleiß kann akzeptiert werden, solange die Schneidkante das Werkstück inner-halb festgelegter Qualitätsmerkmale zerspant. Die produktive Verfügbarkeit der Schneidkante wird durch die Standzeit bzw. ein Standzeitkriterium begrenzt. Bei Schlichtoperationen bedeutet meist schon ein kleiner Verschleiß der Schneidkante das Standzeitende, da sich gute Oberflächengüten mit einer Verschleißmarkenbreite VB > 0,2mm und ei-ner abgenutzten Schneidenspitze nicht mehr reali-sieren lassen. Bei Schrupparbeiten kann aufgrund geringerer Anforderungen an die Oberflächengüte und Maßgenauigkeit ein wesentlich größerer Ver-schleiß zugelassen werden.

Die optimierte Auswahl von Schneidstoffen, Schnei-dengeometrie und Schnittwerten ist maßgebend für hohe Produktivität und Standzeit, aber auch statische und dynamische Steifigkeit von Werk-zeughalter und Werkstückaufspannung bewirken häufig einen hohen Verschleiß der Schneidkante und damit nicht zufriedenstellende Bearbeitungs-wirtschaftlichkeit. Werkzeugverschleiß ist ein unver-meidlicher Vorgang. Solange sich der Verschleiß bei gleichzeitig hoher Zerspanungsleistung über einen längeren Zeitraum hinweg aufbaut, ist dies nicht unbedingt als negativer Prozess anzusehen. Verschleiß wird erst dann zum Problem, wenn er übermäßig und unkontrollierbar auftritt und damit die Produktivität und Prozesssicherheit nachhaltig stört.

Werkzeugverschleiß entsteht durch mehrere, gleichzeitig wirkende Belastungsfaktoren, die die Schneidengeometrie so verändern, dass der Zer-spanungsvorgang nicht mehr optimal verläuft und das Arbeitsergebnis verschlechtert wird (Bild 2). Verschleiß ist das Ergebnis des Zusammenwirkens von Werkzeug- bzw. Schneidstoffeigenschaften, Werkstückwerkstoff und Bearbeitungsbedingun-gen. Während der Zerspanung wirken verschiede-ne grundlegende Verschleißmechanismen (Bild 3) nebeneinander.

Tabelle 1: Eigenschaften von Hartstoffschichten

	TiN	CrN	TiCN	AlTiN	TiAlN
Härte HV	2500±400	2300±400	2900±400	3000±400	3600±400
Oxidations-temp. in °C	550±50	650±50	450±50	750±50	850±50
Reibkoef. [100Cr6]	0,65±0,5	0,55±0,5	0,45±0,5	0,6±0,5	0,2...0,4
Typ. Schicht-dicke	2...4	3...8	2...4	2...4	2...4
Farbe	Gold	Silber	Rot-braun/grau	Blau/schwarz	Schwarz-violett

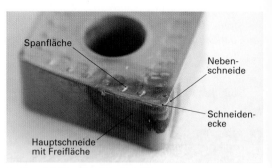

1 Verschleißgefährdete Bereiche an einer Wendeschneidplatte

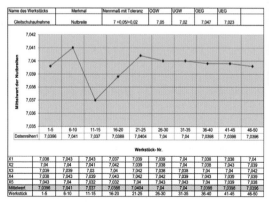

2 Qualitätsregelkarte aus einem Drehprozess

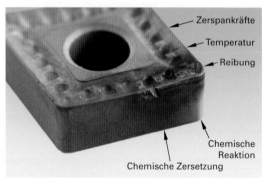

3 Belastungsfaktoren

5.1.9.1 Verschleißursachen

Abrasion

Die Abrasion ist die am häufigsten auftretende mechanische Verschleißform. Sie erzeugt durch abrasive Hartstoffpartikel im Werkstückwerkstoff eine ebene Fläche an der Freifläche der Schneide (Freiflächenverschleiß). Hohe Schneidstoffhärte bzw. Hartstoffbeschichtung verringern den Abrasivverschleiß (Bild 1).

Diffusion

Die Diffusion entsteht durch chemische Affinität zwischen Schneidstoff- und Werkstoffbestandteilen. Der Diffusionsverschleiß ist von der Schneidstoffhärte unanhängig. Die Bildung des Kolks auf der Spanfläche ist überwiegend das Ergebnis der temperaturabhängigen Affinität von Kohlenstoff zu Metall bzw. Metallkarbiden (Bild 2).

Oxidation

Die Oxidation entsteht bei hohen Temperaturen auf metallischen Oberflächen zusammen mit Luftsauerstoff. Besonders anfällig für Oxidation ist das Wolframkarbid und Kobalt in der Hartmetallmatrix, da die poröse Oxidschicht vom ablaufenden Span leicht abgetragen werden kann. Oxidkeramische Schneidstoffe sind weniger anfällig, da Aluminiumoxid sehr hart ist (Bild 3).

Die Oxidschicht bildet sich bevorzugt an den Stellen der Schneidkante, an denen hohe Temperaturen auftreten und der Luftsauerstoff freien Zugang hat (Kerbverschleiß).

Bruch

Der Bruch einer Schneidkante ist häufig auf thermische und mechanische Belastungen zurückzuführen. Harte, verschleißfeste Schneidstoffe reagieren auf schlagartige Beanspruchung oder starke Temperaturschwankungen z.B. nicht gleichmäßige Kühlschmiermittelzufuhr mit Riss- und Bruchbildung. Zähere Schneidstoffe verformen sich unter großen Belastungen plastisch, dies führt zu Erhöhung der Schnittkräfte und letztendlich zum Bruch.

Adhäsion

Die Adhäsion tritt meist bei geringeren Schnittwerten zwischen Schneidstoff und Werkstückwerkstoff auf. Am deutlichsten wird Adhäsion durch die Aufbauschneidenbildung auf der Spanfläche sichtbar. Zwischen Span, Schneidkante und Spanfläche verschweißen Werkstoffpartikel durch Schnittdruck und hohe Bearbeitungstemperatur schichtweise aufeinander (Bild 4).

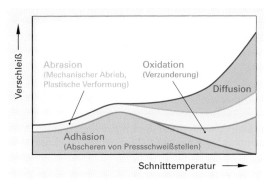

1 Verschleißursachen bei der Zerspanung (nach Vieregge)

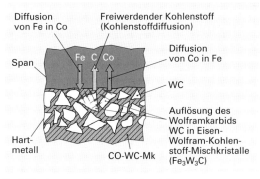

2 Diffusionsvorgänge im Hartmetall

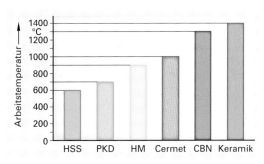

3 Maximale Arbeitstemperaturen der Schneidstoffe

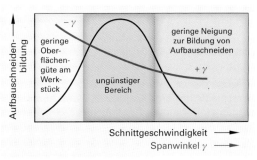

4 Aufbauschneidenbildung

Die aufgeschweißten Schichten führen zu einer Veränderung der Schneidengeometrie und zu einer Verschlechterung der Zerspanungsbedingungen.

Die genannten Verschleißerscheinungen greifen den Schneidstoff in integrierter Form an. Deshalb ist es gerade bei der Beurteilung von auftretenden Verschleißformen wichtig, Ursache und Wirkung genau zu analysieren, um Schneidstoffeigenschaften und Schnittwerte zielgerichtet zu optimieren.

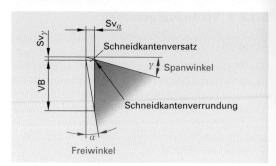

1   Schneidkantenverschleiß

5.1.9.2   Verschleißformen

Schneidkantenverschleiß

Der Schneidkantenverschleiß entsteht durch ein gleichmäßiges Abtragen von Werkstoffteilchen entlang der Schneidkante. Der dadurch entstandene Abrieb an Frei- und Spanfläche erzeugt einen Schneidkantenversatz Sv_α und Sv_γ (Bild 1).

Freiflächenverschleiß

Dieser Verschleiß an der Freifläche der Schneidkante hat überwiegend abrasive Ursachen. Der Freiflächenverschleiß ist zur Bewertung des Verschleißzustandes der Werkzeugschneide und damit für Standzeitbewertungen gut geeignet, da er gleichmäßig zunimmt und als **Verschleißmarkenbreite VB** leicht messbar ist.

Der Freiflächenverschleiß wird von der ursprünglichen Schneidkante aus gemessen. Bei ungleichmäßigem Auftreten über die Schnittbreite ist ggf. der Mittelwert zu bilden (Bild 2).

Spanflächenverschleiß

Wie der Freiflächenverschleiß entsteht der Spanflächenverschleiß durch Abrasion. Mit zunehmender Schneidenbelastung geht der Spanflächenverschleiß in den Kolkverschleiß über.

Kolkverschleiß

Ursache dieser auf der Spanfläche auftretenden Verschleißform sind Diffusions- und Abrasionsvorgänge. Der intensive Kontakt des ablaufenden Spanes mit der Spanfläche erzeugt durch Reibung sehr hohe Temperaturen, die Diffusionsvorgänge zwischen Schneidstoff und zu zerspanendem Werkstoff auslösen.

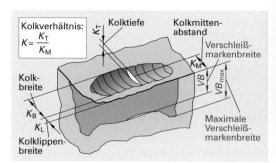

2   Kolkverschleiß

Plastische Deformation

Tritt meist bei zu hoher thermischer und mechanischer Schneidkantenbelastung auf. Ursache sind hier meist hohe Festigkeitswerte des zu bearbeitenden Werkstoffs und hohe Schnitt- und Vorschubwerte.

Bruch- und Rissbildung

Diese Erscheinungen sind die Folge hoher thermischer und mechanischer Belastungen der Schneidkante.

Aufbauschneidenbildung

Es kommt zu einer Pressschweißung von Spanpartikeln auf der Spanfläche des Schneidkeils. Dieser Effekt tritt i. A. in einem für den Schneidstoff niederen v_c-Bereich auf. Mit zunehmenden Schnittwerten (v_c, f) lässt sich die Aufbauschneide häufig vermeiden. Nichtrostende Stähle, einige Aluminiumlegierungen neigen hartnäckig zu dieser Verschleißform. Hier erreicht man mit beschichteten Schneidstoffen, positiver Geometrie, Erhöhung der Schnittwerte und Kühlschmiermittel meist eine Verbesserung.

5.1.10 Schneidengeometrie

Diese Winkel beziehen sich auf die verschiedenen Ebenen, in denen die Winkel gemessen werden.

Arbeitsebene
Die Arbeitsebene wird von der Schnitt- und Vorschubrichtung gebildet.

Bezugsebene
Die Bezugsebene ist eine Ebene, die parallel zur Auflageebene liegt.

Schneidenebene
Die Schneidenebene ist eine Ebene, die die Schneide enthält und senkrecht auf der Bezugsebene steht.

Orthogonalebene (Keilmessebene)
Die Orthogonalebene entsteht durch einen Schnitt senkrecht zur Hauptschneide (alles Bild 1).

Winkel in der Bezugsebene

Einstellwinkel κ: Der Einstellwinkel wird von der Hauptschneide und der Vorschubrichtung gebildet.

Eckenwinkel ε: Der Eckenwinkel liegt zwischen Haupt und Nebenschneide.

Winkel in der Orthogonalebene

Freiwinkel α: Der Freiwinkel ist der Winkel zwischen der Freifläche und der Schneidenebene.

Keilwinkel β: Der Keilwinkel ist der Winkel zwischen der Freifläche und der Spanfläche.

Spanwinkel γ: Der Spanwinkel ist der Winkel zwischen der Spanfläche und der Bezugsfläche. Je nach Lage der Spanfläche kann er positiv oder negativ sein.

Winkel in der Schneidenebene

Neigungswinkel λ: Der Neigungswinkel ist der Winkel zwischen der Schneide und der Bezugsebene.

Auf die Darstellung der **Wirkwinkel** im Bezugssystem wird hier verzichtet.

Die bisher angeführten Winkel haben bei allen spanenden Werkzeugen Bedeutung. Daneben gibt es Winkel, die nur bei einzelnen Werkzeugen auftreten. Dazu gehört beim Bohrer der **Spitzenwinkel σ.** Er wird aus den beiden Hauptschneiden gebildet. Von diesem Winkel ist das Anschnittverhalten des Bohrers abhängig (Bild 2).

Einfluss der Winkel auf den Spanungsprozess

Von der Größe der Winkel wird der Spanungsprozess entscheidend beeinflusst. Am Beispiel des Drehens werden einige Wirkungen benannt.

> **Eckenwinkel ε:** Seine Größe bestimmt die Wärmeableitung und die Schneidenstabilität.

Große Eckenwinkel verbessern die Wärmeableitung und stabilisieren die Schneide (Bild 3).

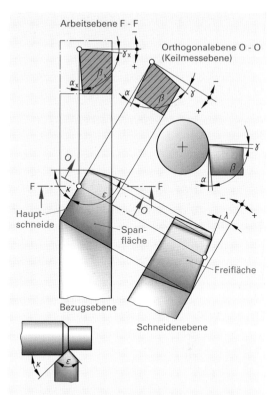

Bemerkung: Die Winkel α, β, γ, ε, κ und λ werden auch oft mit den Indizes der Ebenen versehen, in denen sie gemessen werden. Sie heißen dann: α_0, β_0, γ_0, ε_r, κ_r und λ_s.

1 Drehwerkzeug in verschiedenen Ebenen

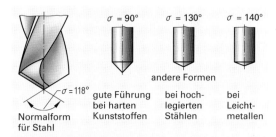

2 Spitzenwinkel beim Bohrer

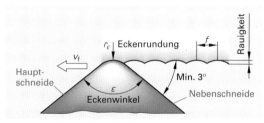

3 Einfluss des Eckenwinkels

Einstellwinkel κ Seine Größe bestimmt maßgeblich das Verhältnis von Vorschub- und Passivkraft.

Große Einstellwinkel bewirken kleine Passivkräfte, die Späne brechen besser, aber die Schneide verschleißt eher (Bild 1).

Kleine Einstellwinkel ermöglichen einen größeren Schneideneingriff.

Freiwinkel α Seine Größe beeinflusst den Werkzeugverschleiß und die Stabilität der Schneide.

Zu kleine Freiwinkel führen zu hohem Freiflächenverschleiß. Zu große Freiwinkel schwächen den Schneidkeil (Bilder 2 und 3).

Keilwinkel β Die Größe des Keilwinkels beeinflusst die mechanische und thermische Belastbarkeit des Schneidkeils und seine Spanfähigkeit.

Kleine Keilwinkel schwächen den Schneidkeil, der Keil dringt aber besser in den Werkstoff ein.

Große Keilwinkel führen zu einer höheren Belastbarkeit des Schneidkeils. Es gilt:

Kleine Keilwinkel für weiche Werkstoffe
Große Keilwinkel für harte und feste Werkstoffe

Spanwinkel γ Seine Größe beeinflusst ähnlich wie der Keilwinkel das Spanverhalten des Werkstoffs und die Stabilität der Schneide.

Große Spanwinkel ermöglichen einen guten Spanablauf bei geringer Schnittkraft.

Kleine Spanwinkel, vor allem negative Spanwinkel, erhöhen die Schnittkraft und den Verschleiß, sie ermöglichen aber das Bearbeiten harter und fester Werkstoffe (Bild 3). Hier gilt:

Große Spanwinkel für weiche Werkstoffe
Kleine Spanwinkel für harte und feste Werkstoffe.

Neigungswinkel λ Seine Größe beeinflusst die Spanform und die Ablaufrichtung des Spanes.

Positive Neigungswinkel führen zu einer günstigen Späneabfuhr, belasten aber die Schneidenecke. Negative Neigungswinkel erhöhen die Schnittkraft, schonen aber die Schneidenecke (Bild 4).

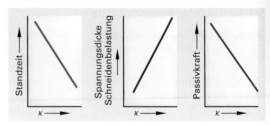

1   Einfluss des Einstellwinkels

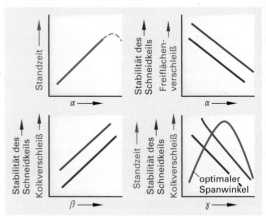

2   Einflüsse von Frei-, Keil- und Spanwinkel

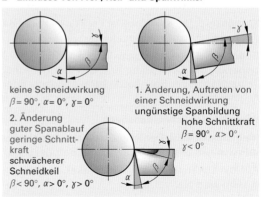

keine Schneidwirkung
$\beta = 90°$, $\alpha = 0°$, $\gamma = 0°$

2. Änderung
guter Spanablauf
geringe Schnittkraft
schwächerer
Schneidkeil
$\beta < 90°$, $\alpha > 0°$, $\gamma > 0°$

1. Änderung, Auftreten von einer Schneidwirkung
ungünstige Spanbildung
hohe Schnittkraft
$\beta = 90°$, $\alpha > 0°$,
$\gamma < 0°$

3   Entstehen spanungsgünstiger Winkel beim Drehen

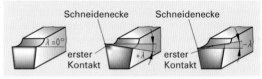

Schneidenecke   Schneidenecke

$\lambda = 0°$ erster Kontakt $+\lambda$ erster Kontakt $-\lambda$

4   Einfluss des Neigungswinkels beim Drehen

Übung und Kontrolle

1   Welchen Einfluss haben der Frei-, Keil- und Spanwinkel auf die Spanbildung?
2   Welchen Einfluss haben der Einstell- und der Spanwinkel auf die Schnittkraft?
3   Welche Wirkungen erreicht man durch Verändern des Keilwinkels?
4   In welchen Fällen wird mit negativen Spanwinkeln gearbeitet?
5   Welcher rechnerische Zusammenhang besteht zwischen Frei-, Keil- und Spanwinkel?
6   Wie beeinflusst der Neigungswinkel der Schneide den Spanungsprozess?

5.1.11 Fundamentals of metal cutting

Kinematics during cutting

1. Machining movements are movements that are involved in chip formation:

■ **Cutting motion:** (main motion) Causes the chip removal during one revolution.
■ **Cutting speed:** Speed of the considered cutting point in the cutting direction.
■ **Active movement:** Resulting motion from cutting and feed motion.
■ **Infeed:** Determines the thickness of the layer to be removed.

2. Machining parameters that must be set for cutting:

■ **Feed:** Path in the direction of Feed.
■ **Feed per tooth:** Path directly in the feed direction between two succession resulting cut surfaces.
■ **Machining ratio:** Ratio between depth of cut to feed.
■ **Cutting depth, cutting width:** Width and depth of engagement of the main cutting edge.

Setting parameters of machining technology are derived from forces and tool geometry:

■ **Chip thickness:** Thickness of the chip to be removed.
■ **Cutting width:** Width of the chip to be removed.
■ **Machining cross section:** Cross-sectional area of the chip to be removed.
■ **Removal rate:** Of a tool in a given time chipped volume.

3. Three stages of chip formation

First of the three stages the upsetting takes place, the wedge penetrates into the material and compresses the material solidifies. The pressure and shear stress in the workpiece increases up to the breaking limit and a chip is sheared off.
The shearing is done at the point of maximum shear stress, that forms the shear angle with the workpiece surface. The chip is now flowing from the chip surface of the wedge.

4. Chip types

■ **Breaking or crumbling chips:** Are short chip pieces that do not hang together. They are formed in brittle, hard materials, large depths of cut, low cutting speeds and small rake angles.
■ **Shear chips:** Arise when single, completely separate damping parts to weld together again. They are formed in ductile materials at moderate rake angles and low cutting speed.
■ **Continuous chips:** Emergence of long-chipping materials, high cutting speed and large rake angles. They are desirable because of the good surface quality.

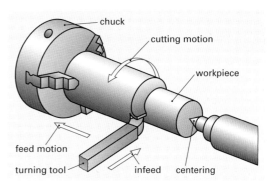

1   Machining movements

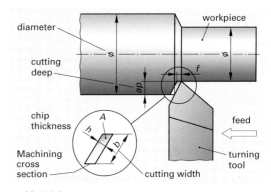

2   Machining parameter

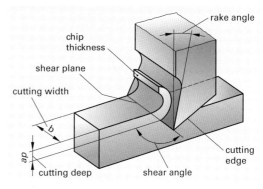

3   Stages of chip formation

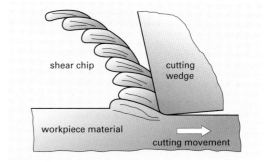

4   Shear chip

Chronological word list		Tasks regarding the text of page 145
1. Machining movements		
movement	Bewegung	**1. Translate the text from the previous page into German**
chip formation	Spanbildung	
cutting motion	Schnittbewegung	**2. Translate the terms in figure 1**
chip removal	Spanabfuhr	
revolution	Umdrehung	**3. Answer the following questions:**
cutting speed	Schnittgeschwindigkeit	■ What is meant by machine movements?
cutting direction	Schnittrichtung	■ Describe the difference between the cutting movement and feed movement.
active movement	Wirkbewegung	
feed motion	Vorschubbewegung	■ What is the resulting motion of cutting motion and feed motion?
thickness	Dicke	
layer	Schicht	■ Who carries out drilling, turning and milling, the cutting motion and the feed motion?
infeed	Zustellbewegung	
determine	bestimmen	
2. Machining parameter		
set	einstellen	**1. Translate the text from the previous page into German**
feed	Vorschub	
feed per tooth	Vorschub pro Zahn	**2. Translate the terms In figure 2**
machining ratio	Bearbeitungsverhältnis	
chip thickness	Spandicke	**3. Answer the following questions:**
cutting deep	Schnitttiefe	■ Describe the difference between the chip thickness and the cutting width.
cutting width	Schnittbreite	
cutting edge	Schneide	■ How is the chip cross section calculated?
3. Stages of chip formation		
chip thickness	Spandicke	**1. Translate the text from the previous page into German**
machining cross section	Spanungsquerschnitt	
removal rate	Abtragsleistung	**2. Translate the terms in figure 3**
repeat	Wiederholung	
upset	Anstauchen	**3. Answer the following questions:**
crack	Riss	■ Describe the shear angle and the shear plane.
wedge	Schneide, Keil	■ Why the chip on the rake face is compressed again?
penetrate	vordringen	
material solidifies	Material verfestigt sich	■ Which stresses in the material, the chips are sheared?
shear angle	Scherwinkel	
shear plane	Scherebene	■ What influence do the cutting speed and rake angle on the chip shape?
breaking limit	Bruchgrenze	
shear stress	Schubspannung	
4. Chip types		
breaking chips	Bruchspäne	**1. Translate the text from the previous page into German**
crumbling chips	Bröckelspäne	
brittle	spröde	**2. Translate the terms in figure 4**
rake angle	Spanwinkel	
shear chips	Scherspäne	**3. Answer the following questions:**
weld	schweißen	■ Why are formed in hard and brittle materials only short chips?
ductile	verformbar	
continuous chips	Fließspäne	■ In what conditions the continuous chips form?
desirable	wünschenswert	

Gemeinsam ist allen spanenden Verfahren das Herstellen der Werkstückform durch Abtrennen von Stoff-teilchen mittels keilförmiger Werkzeugschneiden. Sie unterscheiden sich vor allem durch die Hauptbewe-gung und die Nebenbewegungen der Werkzeuge, die der Werkstückgeometrie entsprechen, sowie in den Schneiden, die zur Erzielung der Oberflächengüte erforderlich sind (S. 117).

5.2 Drehen

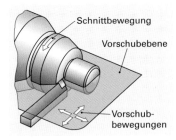

Das Aufnahmestück (Bild 2) aus dem Werkstoff C60 ist an einer konventionellen Drehmaschine in Ein-zelfertigung aus einem Rohteil Ø 90 x 132 zu ferti-gen. Beim Betrachten der Fertigungsaufgabe wird deutlich, dass das Rohteil mit unterschiedlichen Werkzeugen und in einer zweckmäßi-gen Reihenfolge bearbeitet werden muss, um die fertigen Formen erzeugen zu können.

Drehen ist Spanen mit geometrisch bestimmter Schneide zur Fer-tigung meist rotationssymmetrischer Innen- und Außenkonturen.

1 Prinzip des Drehens

Die geschlossene, kreisförmige Schnittbewegung wird in der Regel vom Werkstück ausgeführt. Das einschneidige Werkzeug ist fest eingespannt und wird im Vorschub beliebig in einer quer zur Schnitt-richtung verlaufenden Ebene an der Bearbeitungsfläche entlang bewegt (Bild 1).

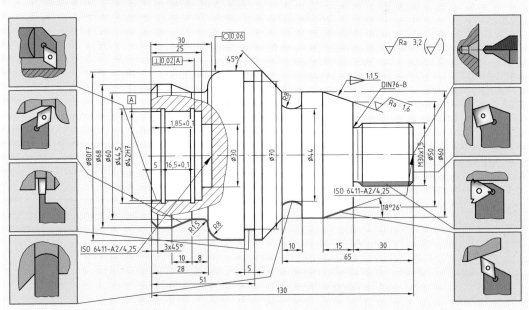

2 Fertigungsaufgabe

Einteilung der Drehverfahren

Als Kriterien dienen einzelne Merkmale der hergestellten Formen und der dafür notwendigen Arbeitsschritte (Bild 1). Da jeder Vorgang nach allen Kriterien betrachtet werden kann, kommt es zu Begriffsüberlagerungen, die für die genauere Beschreibung des konkreten Drehverfahrens genutzt werden. Das Herstellen des Innendurchmessers ∅42H7 ist beispielsweise ein **Innen-Längs-Rund-Drehen**.

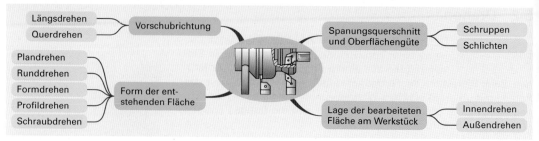

1 **Möglichkeiten der Einteilung von Drehverfahren**

Beispiel (Bild 2 der vorherigen Seite):

Der ∅42H7 und die Kontur mit R1,5/R8 unterscheiden sich zunächst durch ihre Lage am Werkstück. Zum Fertigen von ∅42H7 und der Form R8 am ∅44 werden unterschiedliche Vorschubrichtungen benötigt. Alle hervorgehobenen Flächen unterscheiden sich durch ihre Form. Bevor die Fertigkonturen am Werkstück mit allen ihren Eigenschaften erzeugt werden können, müssen eine Reihe von Vorbearbeitungen erfolgen. Die Zentrierbohrung A2/4,25 nach ISO 6411 ist ein Beispiel für Formen, die nicht durch das Verfahren Drehen hergestellt, jedoch auf Drehmaschinen erzeugt werden können.

5.2.1 Spanungsbedingungen und Oberflächengüte

Entsprechend dem technologischen Zweck von Arbeitsschritten innerhalb eines Arbeitsplanes unterscheidet man in **Vordrehen** und **Fertigdrehen**. Mit Blick auf die Schwere der Bearbeitung wird das Vordrehen auch als Schruppen und das Fertigdrehen als Schlichten bezeichnet.

Schruppen (Vordrehen)

Ziel des Schruppens ist das Erreichen eines größtmöglichen **Zeitspanungsvolumens Q**. Diese Größe wird von der Schnitttiefe a_p, dem Vorschub f und der Schnittgeschwindigkeit v_c bestimmt.

$$Q = a_p \cdot f \cdot v_c$$

Q Zeitspanungsvolumen
a_p Schnitttiefe
f Vorschub
v_c Schnittgeschwindigkeit

Die verfügbare Antriebsleistung der Maschine, die Stabilität des Werkstückes und die Belastbarkeit des Werkzeuges begrenzen jedoch die Zielstellung, mit maximalem Zeitspanungsvolumen zu fertigen. Die entstehenden Späne müssen zügig und sicher aus dem Bearbeitungsbereich entfernt werden und deshalb eine günstige Form und Länge haben. Die erzielbare Spanform hängt hauptsächlich vom Werkstoff ab, kann jedoch durch geeignete Auswahl der Makro- bzw. Mikrogeometrie des Werkzeuges und sorgfältige Festlegung der Schnittdaten gesichert werden.

> Unter Beachtung der Fertigungsaufgabe wird zum Schruppen ein Werkzeug mit größtmöglichem Keilwinkel, Eckenradius und Eckenwinkel, kleinem Einstellwinkel und negativem Neigungswinkel gewählt.

Ein großer **Keilwinkel** β_0 sichert ein mechanisch und thermisch stabiles Werkzeug. Ein großer **Eckenradius** r_ε bewirkt eine verschleißfeste Schneidenecke und ermöglicht die Wahl eines großen Vorschubes. Je größer der Vorschub gewählt werden kann, desto größer ist die im Rahmen der Fertigungsaufgabe einstellbare Schnitttiefe. Um eine akzeptable Spanform zu erreichen, wird in der Praxis je nach Werkstückwerkstoff die Schnitttiefe **4mal bis 12mal** größer als der Vorschub gewählt.

Tabelle 1: Eckenradius und Vorschub	
Eckenradius r_ε in mm	Empfohlener max. Vorschub f in mm
0,4	0,25
0,8	0,5
1,2	0,8
1,6	1,0

Durch das Verkleinern des **Einstellwinkels** κ_r wird der Span breiter und dünner (Bild 1). Das begünstigt die Spanbildung. Die angreifenden Kräfte verteilen sich auf eine längere Schneidkante. Je kleiner aber der Einstellwinkel wird, desto größer wird die **Passivkraft** F_P (Bild 2). Deshalb werden Werkzeuge mit einem kleinen Einstellwinkel von ca. 45° nur bei sehr stabilen Werkstücken eingesetzt.

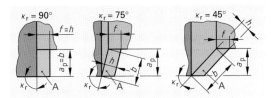

1   Einstellwinkel und Spanungsquerschnitt

Ein in Bezug auf die Fertigungsaufgabe maximaler **Eckenwinkel** ε_r stabilisiert das Werkzeug mechanisch und thermisch und verringert somit den Verschleiß. Ein negativer **Neigungswinkel** λ_s entlastet die Schneidenecke beim Anschnitt. Er wird deshalb auch bei unregelmäßigem oder unterbrochenem Schnitt gewählt (Bild 2, S. 154).

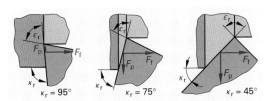

2   Einstellwinkel und Passivkraft

Beispiel:

Auf einer konventionellen Drehmaschine muss das Werkstück mithilfe verschiedener Drehmeißel vorbearbeitet werden (Bild 3). Die Werkzeuge werden unter Beachtung aller beschriebenen Kriterien entsprechend der herzustellenden Form ausgewählt.

Bei Verwendung einer CNC-Drehmaschine kann durch Programmieren eines Längs-Schruppzyklus mit abschließendem Konturschnitt das Vordrehen mithilfe von zwei Werkzeugen erfolgen.

Beim späteren Schlichten entlang der Kontur ändern sich Einstellwinkel und damit Spanungsdicke und Spanungsbreite ständig (Bild 1, S. 155). Deshalb muss das Aufmaß so festgelegt werden, dass immer eine einwandfreie Spanbildung möglich ist.

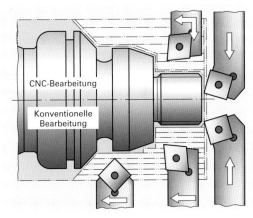

3   Beispiele für Vordrehen

Verschleißformen beim Drehen

Wegen der meist hohen Schnittgeschwindigkeit und Spanungstemperatur beim Drehen sind Reibung und Diffusion die wichtigsten Verschleißursachen. Deshalb sind **Freiflächenverschleiß** und **Kolkverschleiß** die hauptsächlichen Verschleißformen. Das Bilden von **Aufbauschneiden** und das daraus möglicherweise folgende Ausbröckeln der Schneidkanten ist vor allem bei zähen Werkstoffen und geringen bis mittleren Schnittgeschwindigkeiten eine wichtige Verschleißform (Bild 4).

Durch **Reibung** verschleißen die Spanfläche und die Freifläche des Schneidenkeils. Die Höhe der auftretenden Spanungstemperatur wird durch die Schnittgeschwindigkeit, den Vorschub und die Schnitttiefe bestimmt. Die Schnittgeschwindigkeit hat dabei besondere Bedeutung. Ihre Erhöhung bewirkt einen überproportionalen Anstieg des Verschleißes, während die Schnitttiefe den geringsten Einfluss hat. Unter dem Einfluss hoher Spanungstemperatur tritt Verschleiß durch **Diffusion** auf. Schneidstoffteilchen sondern sich aus und werden mit dem ablaufenden Span abtransportiert. So verändert sich das Gefüge des Schneidstoffs.

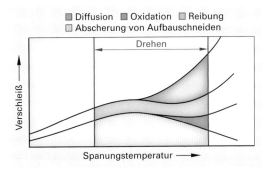

4   Verschleißformen beim Drehen

Besonders bei der Zerspanung von zähen Werkstoffen und bei geringen bis mittleren Schnittgeschwindigkeiten schweißen sich periodisch kleine Werkstoffteilchen auf der Spanfläche fest, bilden **Aufbauschneiden** und werden wieder abgetrennt (vgl. S. 151). Dadurch raut die Spanfläche auf. Es kann zu Ausbröckelungen an der Schneidkante kommen. Bei sehr hohen Spanungstemperaturen verschleißt die Schneide auch durch **Oxidation**. Dies bewirkt ein Verzundern der Schneide.

Je höher das während einer Zerspanung erreichte Zeitspanungsvolumen, desto schneller verschleißt die Werkzeugschneide. Ursache für übermäßiges Auftreten von Verschleiß sind ungünstige Spanungsbedingungen. Es kommt zu Erscheinungen, die den Zerspanungsvorgang und das Fertigungsergebnis ungünstig beeinflussen (Bild 1). Der Facharbeiter muss auf sie angemessen reagieren. Dazu werden Kenntnisse über spezielle Ursachen extremen Verschleißes und Möglichkeiten der Abhilfe benötigt, die es erlauben, wirtschaftlicher zu spanen (Tabelle 1 der folgenden Seite).

Spanungsbedingungen und Standzeit

Der maßgebliche Einfluss der Schnittgeschwindigkeit auf die Standzeit des Werkzeuges ist durch Versuche belegt und wird zur rechnerischen Vorbestimmung des Werkzeugwechsels benutzt (vgl. die Standzeitdiagramme auf S. 152 f.). Es ergibt sich die Möglichkeit, vor allem Fertigungsabläufe in der Serienfertigung detaillierter zu planen.

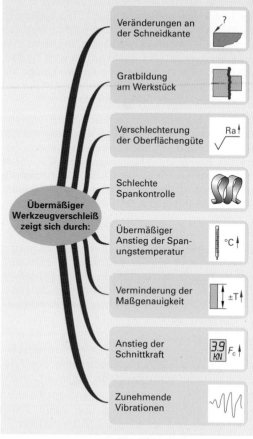

1 Anzeichen für übermäßigen Werkzeugverschleiß

In Tabellenbüchern und Unterlagen der Werkzeughersteller sind Richtwerte für Schnitttiefe, Vorschub und Schnittgeschwindigkeit meist nur für eine Standzeit angegeben. Soll z. B. die Schnittgeschwindigkeit verändert werden, um ein höheres Zeitspanungsvolumen oder eine längere Standzeit zu erreichen, dann müssen die Richtwerte korrigiert werden. Die Korrekturen können aus vorhandenen Diagrammen oder Wertetabellen, die Ergebnisse konkreter Zerspanungsversuche abbilden, abgelesen und ggf. interpoliert oder müssen durch neue Versuche ermittelt und berechnet werden.

Die zur Ermittlung der Standzeitgeraden konstant gehaltenen Bedingungen haben ihrerseits Einfluss auf die Standzeit des Werkzeuges (Tabelle 1, S. 152). Weitere, vor allem geometrische Bedingungen (Freiwinkel, Einstellwinkel, Eckenradius usw.) müssen bei der Werkzeugwahl beachtet werden, da auch sie das Standzeitverhalten des Werkzeuges beeinflussen. Auch die Wahl eines höheren zulässigen Verschleißkriteriums führt zu einer längeren Standzeit. Jedoch sinkt dadurch die Bearbeitungssicherheit und die Gefahr von Werkzeugbruch nimmt zu.

Aufgaben

1 Wodurch unterscheidet sich das Drehen von anderen spanenden Verfahren?

2 Warum sind beim Drehen Freiflächenverschleiß und Kolkverschleiß die hauptsächlichen Verschleißformen?

3 Benennen Sie das Verfahren, das zum Herstellen der Form M30 x 1,5 erforderlich ist (S. 147).

4 Wie lässt sich beim Drehen einer Welle aus EN AC-AlSi10Mg die Bildung von Aufbauschneiden am Werkzeug vermeiden?

5 Beim Fertigen des Aufnahmestücks kommt es plötzlich zur Verschlechterung der Oberflächengüte und Vibrationen. Welche Ursachen kann das haben?

Tabelle 1: Verschleißformen

Verschleißform und mögliche Erscheinungen	mögliche Ursachen	Abhilfe
Freiflächenverschleiß 	zu hohe Schnittgeschwindigkeit	Schnittgeschwindigkeit verringern
	zu geringe Verschleißfestigkeit des Schneidstoffes	verschleißfesteren Schneidstoff wählen
	zu kleiner Vorschub	Vorschub erhöhen
Kolkverschleiß 	zu hohe Spanungstemperatur durch zu hohe Schnittgeschwindigkeit, zu großen Vorschub oder nicht ausreichende Kühlung	Schnittgeschwindigkeit verringern Vorschub verringern positiveren Spanwinkel wählen
	zu geringe Verschleißfestigkeit des Schneidstoffes	kolkfesteren Schneidstoff wählen
Aufbauschneide 	zu geringe Schnittgeschwindigkeit	Schnittgeschwindigkeit erhöhen Kühlschmierung einsetzen
	zu negativer Spanwinkel	positiveren Spanwinkel wählen
Plastische Verformungen 	thermische Überlastung durch zu hohe Schnittgeschwindigkeit und zu großen Vorschub	härteren Schneidstoff wählen Schnittgeschwindigkeit und Vorschub verringern Kühlung verbessern
Thermische Kammrisse 	thermische Spannungen durch unterbrochenen Schnitt oder ungleichmäßige Kühlung	zäheren Schneidstoff wählen gleichmäßige Kühlung gewährleisten
Ausbrechen/Bruch 	zu spröder Schneidstoff	zäheren Schneidstoff wählen
	zu hohe Schnitttiefe zu großer Vorschub	Spanungsquerschnitt (besonders Vorschub) verringern
	zu schwache Schneidengeometrie	stabilere Schneidengeometrie wählen
	Aufbauschneidenbildung	Schnittgeschwindigkeit erhöhen, positiven Spanwinkel wählen

Tabelle 1: Einflüsse von ausgewählten Spanungsbedingungen auf die Standzeit

Spanungsbedingung	Art der Veränderung	Standzeitdiagramm	Auswirkung auf die Standzeit
Werkstückwerkstoff	Verschlechterung der Zerspanbarkeit **Werkstoff 1 $\Rightarrow$ Werkstoff 2**		Je schlechter ein Werkstoff zerspanbar ist, desto kürzer ist die Standzeit.
Schneidstoff	Verwendung eines verschleißfesteren Schneidstoffs **Schneidstoff 1 $\Rightarrow$ Schneidstoff 2**		Je verschleißfester ein Schneidstoff ist, desto höher ist die Standzeit.
Schnitttiefe	Erhöhung der Schnitttiefe $a_{p2} > a_{p1}$		Je größer die Schnitttiefe eingestellt wird, desto kleiner ist die Standzeit.
Vorschub	Erhöhung des Vorschubs $f_2 > f_1$		Je größer der Vorschub gewählt wird, desto kleiner ist die Standzeit
Kühlschmierung	Einsatz eines Kühlschmiermittels		Erhöhung der Standzeit Beim Einsatz einiger Schneidstoffe wird jedoch auf eine Kühlschmierung verzichtet, um durch eine hohe Bearbeitungstemperatur günstige Bearbeitungsbedingungen zu erreichen (vgl. S. 460).

Schlichten (Fertigdrehen)

Ziel des Schlichtens ist es, die Grenzen der durch die Fertigungszeichnung zugelassenen Gestaltabweichungen der Werkstückoberfläche mit minimalem Fertigungsaufwand einzuhalten (Bild 1). Oft werden auch kleine Konturelemente (Fasen, Freistiche usw.) erst beim Schlichten erzeugt. Maßgebend für die erreichbare Qualität sind

- der allgemeine Zustand der Maschine,
- die Reihenfolge der Arbeitsschritte,
- die Stabilität von Werkzeug, Werkstück und Spannung,
- die festgelegten Verschleißkriterien sowie
- die auszuwählenden Spanungsbedingungen.

Die Einhaltung der Lagetoleranzen wird hauptsächlich durch eine zweckmäßige Reihenfolge der Arbeitsschritte gesichert. Die erzielbare Formgenauigkeit ist abhängig vom allgemeinen Zustand der Maschine und der Bearbeitungsstabilität, wird aber über die ausgewählten Spanungsbedingungen beeinflusst. Die erreichbare Rauheit der Werkstückoberfläche wird durch die gewählten Spanungsbedingungen und den Verschleißfortschritt am Werkzeug bestimmt.

> Prinzipiell wird beim Schlichten ein kleiner Vorschub eingestellt und dazu ein relativ großer Eckenradius gewählt. Mit einer positiven Schneidengeometrie und einer hohen Schnittgeschwindigkeit kann die Oberflächenqualität oft noch verbessert werden.

Durch Reduzieren des Vorschubs verringert sich die Rautiefe der Oberfläche (Bild 2). Gleichzeitig verlängert sich die Fertigungszeit und erhöht damit die Kosten. Deshalb soll der Vorschub nur so klein, wie zum Erreichen der geforderten Rauheit notwendig, gewählt werden. Wird der Vorschub zu klein gewählt, ist zudem eine einwandfreie Spanbildung nicht mehr möglich und das Werkzeug verschleißt sehr stark.

Je größer der Eckenradius des Werkzeuges gewählt wird, desto kleiner wird die Rautiefe der Oberfläche. Gleichzeitig nimmt aber die Gefahr von Vibrationen zu.

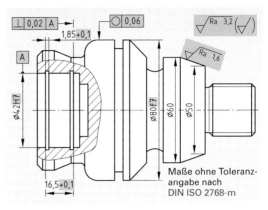

1 Fertigungszeichnung

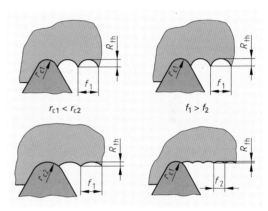

2 Vorschub, Eckenradius und Rautiefe

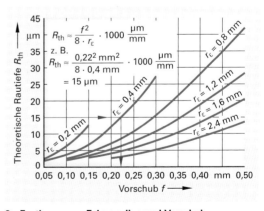

3 Festlegen von Eckenradius und Vorschub

Der Zusammenhang zwischen dem eingestellten **Vorschub f**, dem gewählten **Eckenradius** r_ε und der **Rautiefe R_{th}**, die theoretisch auf der Werkstückoberfläche entsteht, lässt sich grafisch und durch eine Berechnungsvorschrift darstellen (Bild 3). Aus dem Diagramm können bei bekannter theoretischer Rautiefe mögliche Vorschub-Eckenradius-Kombinationen abgelesen werden. Da die Stabilität von Werkstück und Werkzeug sowie der Zustand der Maschine die erreichbare Qualität beeinflussen, sind die angegebenen Werte als Ausgangsgrößen zu betrachten und müssen ggf. korrigiert werden.

Tabelle 1: Zuordnung theoretische Rautiefe R_{th} – Arithmetischer Mittelwert der Profilordinaten Ra														
R_{th} in µm	1,8	2,2	2,6	3,0	3,5	4,0	4,5	5,0	6,0	7,0	8,0	9,0	10,0	15,0	20,0
Ra in µm	0,35	0,44	0,53	0,63	0,71	0,80	0,90	1,0	1,2	1,4	1,6	1,8	2,0	3,2	4,4

Auf der Fertigungzeichnung sind meist die Messgrößen größte Höhe des Profils Rz (gemittelte Rautiefe) oder Arithmetischer Mittelwert der Profilordinaten Ra (Mittenrauwert) eingetragen. Zwischen den Kenngrößen des Rauheitsprofils gibt es keinen mathematischen Zusammenhang. Jedoch finden sich in der Literatur unterschiedliche Hinweise, die Zuordnungen ermöglichen (Tabelle 1). Der Praktiker setzt die theoretische Rautiefe R_{th} und die größte Höhe des Profils Rz ungefähr gleich und bestimmt darüber mögliche Vorschub-Eckenradius-Kombinationen.

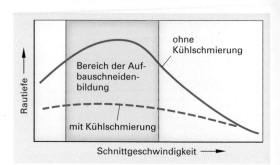

1 Schnittgeschwindigkeit und Rautiefe

Beispiel (Bild 2, S. 147):
Auf der Fertigungzeichnung des Aufnahmestücks ist ein Ra-Wert von 3,2 µm vorgegeben. Aus Tabelle 1 ergibt sich eine Gesamthöhe des Rauheitsprofils R_{th} von 15 µm. Diese Oberflächengüte kann z. B. mit einem Eckenradius von 0,4 mm bei einem Vorschub von 0,22 mm erreicht werden (Bild 3 der vorherigen Seite).

Die Bildung von Aufbauschneiden verschlechtert die Oberflächengüte. Mit der Erhöhung der Schnittgeschwindigkeit und/oder dem zusätzlichen Einsatz eines Kühlschmierstoffs wird vor allem bei zäheren Werkstoffen die Bildung von Aufbauschneiden verringert oder ganz verhindert. Dadurch entsteht eine höhere Oberflächenqualität (Bild 1).

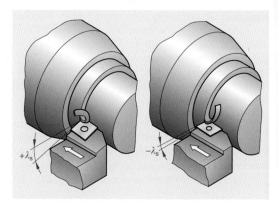

2 Neigungswinkel und Spanablenkung

Ein positiver Spanwinkel γ_0 begünstigt die Spanbildung. Der entstehende Span läuft besser ab. Das vermindert den Schnittkraftbedarf und die Vibrationsgefahr. Die entstehende Oberfläche hat eine höhere Güte. Bei der Wahl eines positiven Neigungswinkels λ_s wird der entstehende Span von der Werkstückoberfläche weggelenkt und beschädigt sie dadurch nicht (Bild 2).

Hinsichtlich der effektiven Herstellung hoher Oberflächengüten hat die Entwicklung von Wendeschneidplatten mit besonders gestalteter Schneidenecke große Bedeutung. Die geringere Profilhöhe des Werkzeuges wirkt sich beim Längsdrehen und beim Plandrehen direkt auf die entstehende Werkstückoberfläche aus (Bild 3). Dadurch reduziert sich in der Praxis bei gleichem Vorschub die Höhe des Rauheitsprofils R_{th} um die Hälfte. Der Einsatz derartiger Wendeschneidplatten beim Formdrehen erfordert zum Erhalt der exakten Maße unter Umständen eine zusätzliche Radiuskompensation.

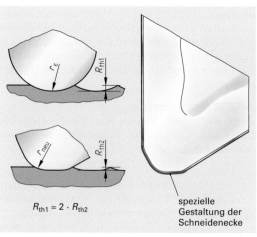

3 Wendeschneidplatte mit spezieller Gestaltung der Schneidenecke

Die Spantiefe beim Schlichten wird durch das beim Schruppen belassene Aufmaß bestimmt. Beim Formdrehen verändern sich ständig der Einstellwinkel und damit Spanungsdicke und Spanungsbreite (Bild 1). Bei der Festlegung von Aufmaß und Vorschub muss darauf geachtet werden, dass Spanungsbreite und Spanungsdicke immer so groß sind, dass eine einwandfreie Spanbildung möglich ist.

Die beim Drehen entstehenden Gestaltabweichungen der Werkstückoberfläche haben unterschiedlichste Ursachen. Genaue Kenntnisse über Möglichkeiten, die Ursachen in ihren Wirkungen zu beeinflussen, sind für ein effektives Erzeugen der erforderlichen Qualität notwendig (Tabelle 1).

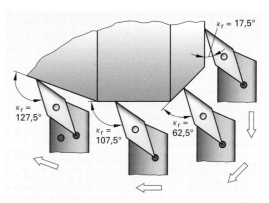

1   Einstellwinkel beim Formdrehen

Tabelle 1: Gestaltabweichungen beim Drehen, Ursachen und Abhilfe		
Ursachen	**Auswirkungen auf die Gestaltabweichung**	**Abhilfe**
Führungsfehler Durchbiegung	**Formabweichung** Unebenheit, Unrundheit	Reduzierung der Schnittkraft durch: ■ Vergrößern des Spanwinkels bzw. des Vorschubes ■ Verkleinern der Schnitttiefe ■ Verwenden von scharfkantigen Wendeplatten mit speziellen Spanleitstufen Reduzierung der Passivkraft durch: ■ Vergrößern des Einstellwinkels
Schwingungen	Welligkeit Wellen	Verbessern der Bearbeitungsstabilität durch: ■ Vergrößern des Spanwinkels bzw. des Einstellwinkels ■ Verwenden scharfkantiger Wendeplatten ■ Verkleinern des Eckenradius
Vorschub **Eckenradius**	Rauheit Rillen	Verringern des Vorschubs Vergrößern des Eckenradius
Spanbildung **Aufbauschneiden** **Verschleißfortschritt**	Rauheit Riefen, Schuppen	Verbesserung der Spanbildung durch: ■ Vergrößern des Spanwinkels ■ Verwenden eines positiven Neigungswinkels Einsetzen eines Kühlschmierstoffs Erhöhen der Schnittgeschwindigkeit Verkleinern des Verschleißkriteriums

5.2.2 Schnittkraft und Schnittleistung

Dem Ziel, beim Schruppen mit maximalem Zeitspanungsvolumen zu fertigen, steht bei Verwendung modernster Werkzeuge immer öfter die an der Maschine verfügbare Schnittleistung P_c gegenüber. Die von den Herstellern der Werkzeuge und Wendeschneidplatten vorgegebenen Richtwerte für die Spanungsbedingungen sind besonders beim Schruppen auf kleineren Maschinen meist nicht realisierbar und müssen zielgerichtet korrigiert werden. Die benötigte Schnittleistung berechnet sich aus der eingestellten Schnittgeschwindigkeit und der benötigten Schnittkraft. Die Größe der Schnittkraft soll grundsätzlich möglichst gering gehalten werden, weil dadurch

- die benötigte Schnittleistung kleiner wird,
- die mechanische Belastung des Werkstücks und der Werkzeugmaschine begrenzt wird und
- sich letztlich die Genauigkeit der Bearbeitung und die dabei erreichbare Oberflächengüte erhöht.

$$P_c = F_c \cdot v_c$$

P_c Schnittleistung
F_c Schnittkraft
v_c Schnittgeschwindigkeit

Die Veränderung von Spanungsbedingungen beeinflusst den Schnittkraftbedarf unterschiedlich stark. Gleichzeitig ändert sich das Verschleißverhalten des Werkzeuges. Genaue Kenntnisse über Möglichkeiten der Einflussnahme und deren oft gegenläufige Nebenwirkungen auf den Verschleißfortschritt erlauben es, zielgerichtet Spanungsbedingungen festzulegen und zu verändern (Tabelle 1).

Tabelle 1: Spanungsbedingungen und Schnittkraft

Bedingung	Art der Veränderung	Auswirkungen auf die Schnittkraft	Auswirkungen auf den Verschleiß
Schnitttiefe	Halbieren der Schnitttiefe $a_{p2} = a_{p1}/2$	Halbierung der Schnittkraft $F_{c2} = F_{c1}/2$	Geringere Verzögerung des Verschleißfortschritts
Vorschub	Halbieren des Vorschubs $f_2 = f_1/2$	Reduzierung der Schnittkraft je nach Werkstoff $F_{c2} = 0,8 \ldots 0,4 \cdot F_{c1}$	Mittlere Verzögerung des Verschleißfortschritts
Werkstoff	Auswahl von weniger verschleißfesten und weicheren Werkstoffen	Reduzierung der Schnittkraft $F_{c2} < F_{c1}$	Verzögerung der Verschleißfortschritts
Spanwinkel	Vergrößern des Spanwinkels um 1° $\gamma_{01} = 6°$ $\gamma_{02} = 7°$	Reduzierung der Schnittkraft um ca. 1,5% $F_{c2} = 0,985 \cdot F_{c1}$	Beschleunigung des Verschleißfortschritts mit zunehmender Vergrößerung des Spanwinkels
Einstellwinkel	Verringern des Einstellwinkels $\kappa_{r2} < \kappa_{r1}$	Erhöhung der Schnittkraft $F_{c2} > F_{c1}$	Verzögerung des Verschleißfortschritts
Schneidkante	Verwenden von verrundeten bzw. gefasten Schneidkanten	Erhöhung der Schnittkraft um 5% ...10% $F_{c2} = 1,05 \ldots 1,1 \cdot F_{c1}$	Verzögerung des Verschleißfortschritts
Schneidstoff	Verwenden von beschichteten Hartmetallen mit polierten Oberflächen	Reduzierung der Schnittkraft $F_{c2} < F_{c1}$	Verzögerung des Verschleißfortschritts

Festlegen der Spanungsbedingungen

Unter Beachtung der Zielstellungen maximales Zeitspanungsvolumen, kostengünstige Standzeit und realisierbare Schnittleistung werden die Werte für eine Schruppbearbeitung ausgewählt und dann rechnerisch überprüft. Wegen des relativ geringen Einflusses auf den Verschleißfortschritt bzw. Schnittkraftbedarf werden zunächst für das gewählte Werkzeug unter Beachtung der konkreten Schnittaufteilung eine maximale Schnitttiefe und ein entsprechend großer Vorschub festgelegt. Unter Berücksichtigung der gewünschten Standzeit wird dann aus Richtwerttabellen der Schneidstoffhersteller oder dem Tabellenbuch eine Schnittgeschwindigkeit gewählt. Mithilfe der gültigen Berechnungsvorschriften wird geprüft, ob die Antriebsleistung P_a der Werkzeugmaschine ausreicht.

Die verfügbare Schnittleistung $P_{c\,ver}$ wird über den Wirkungsgrad aus der Antriebsleistung des Hauptmotors der Werkzeugmaschine berechnet. Der Wirkungsgrad beträgt bei modernen Werkzeugmaschinen 0,75 bis 0,92. Die für die Zerspanung benötigte Schnittleistung $P_{c\,erf}$ wird durch die Schnittkraft und die Schnittgeschwindigkeit bestimmt. Die Größe der Schnittkraft berechnet sich aus dem Produkt von Schnitttiefe, Vorschub und spezifischer Schnittkraft.

Beispiel (Bild 2, S. 147)

Das Aufnahmestück aus C60 soll in der 1. Aufspannung mit einer Schnittgeschwindigkeit lt. Richtwerttabelle des Schneidstoffherstellers von $v_c = 200$ m/min vorgeschruppt werden (Bild 1). Als Schneidstoff ist eine beschichtete Hartmetallsorte P20 vorgesehen. Es sind unter Berücksichtigung eines Schlichtaufmaßes auf der Kontur von 0,5 mm für beide Arbeitsschritte drei unterschiedliche Schnittaufteilungen zu planen und es ist zu prüfen, ob die an der Drehmaschine verfügbare Schnittleistung für die einzelnen Bearbeitungsvarianten ausreicht. Die Antriebsleistung der Maschine P_a beträgt 11 kW. Der Wirkungsgrad η der Drehmaschine wird mit 0,8 angegeben.

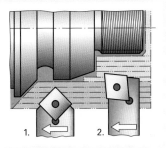

1 Vordrehen des Aufnahmestücks

Lösung (Beispiel Arbeitsschritt 1, 5 Schnitte):

Spanungsdicke $h = f \cdot \sin \kappa_r = 0,63$ mm $\cdot \sin 45° = 0,45$ mm

spezifische Schnittkraft $k_c = \dfrac{k_{c1.1}}{h^{mc}} = \dfrac{1835 \text{ N/mm}^2}{0,45^{0,22}} = 2187$ N/mm² oder aus Tabelle abgelesen

Schnittkraft $F_c = a_p \cdot f \cdot k_c = 2,9$ mm $\cdot 0,63$ mm $\cdot 2187$ N/mm² $= 3996$ N

erforderliche Schnittleistung $P_{c\,erf} = F_c \cdot v_c = \dfrac{3996 \text{ N} \cdot 200 \text{ m/min}}{60 \text{ s/min}} = 13320$ Nm / s $= 13320$ W $= 13,3$ kW

verfügbare Schnittleistung $P_{c\,ver} = P_a \cdot \eta = 11$ kW $\cdot 0,8 = 8,8$ kW (88 000 W)

Erforderliche Werte	Arbeitsschritt 1			Arbeitsschritt 2		
Anfangsdurchmesser d_a in mm	91			61		
Enddurchmesser d_e in mm	61			31		
Einstellwinkel κ_r	45°			95°		
Anzahl der Schnitte	3	4	5	3	4	5
Schnitttiefe a_p in mm	4,8	3,6	2,9	5	3,75	3
Vorschub f in mm	0,4	0,5	0,63	0,4	0,5	0,63
Spanungsdicke h in mm	0,28	0,35	0,45	0,4	0,5	0,63
Spezifische Schnittkraft k_c in N/mm²	2428	2312	2187	2245	2137	2031
Schnittkraft F_c in N	4662	4162	3996	4490	4007	3839
erforderliche Schnittleistung $P_{c\,erf}$ in W (Nm/s)	15540	13873	13320	14967	13357	12797

Die erforderliche Schnittleistung ist bei allen Verfahrensvarianten größer als die verfügbare Schnittleistung. Die Bearbeitung ist nicht möglich. Beim Einsatz einer unbeschichteten Hartmetallsorte P20 kann lt. Tabellenbuch mit einer Schnittgeschwindigkeit v_c von 120 m/min gearbeitet werden.

erforderliche Schnittleistung $P_{c\,erf}$ in W (Nm/s)	9324	8324	7992	8980	8014	7678

Dann ist die erforderliche Schnittleistung für beide Arbeitsschritte bei den Varianten mit 4 und 5 Schnitten kleiner als die verfügbare Schnittleistung. Die Bearbeitung ist in diesen Fällen möglich.

5.2.3 Bedeutung der Vorschubrichtung

Das sachgerechte Lösen konkreter Fertigungsaufgaben erfordert unterschiedliche Vorschubrichtungen (Bild 1). Die Vorschubrichtung ist ein weiteres Merkmal zur grundsätzlichen Einteilung der Drehverfahren. Beim Drehen mit numerisch gesteuerten Werkzeugmaschinen werden oft Arbeitsschritte ausgeführt, bei denen die Vorschubrichtung sich während des Arbeitsschrittes durch Überlagerung der Längs- und Querbewegung der Achsschlitten mehrfach ändert. Deshalb ist eine Erweiterung der üblichen Einteilung sinnvoll (Tabelle 1).

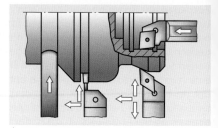

1 **Vorschubrichtungen beim Drehen**

Tabelle 1: Einteilung der Drehverfahren nach der Vorschubrichtung		
Längsdrehen	**Drehen mit beliebiger und veränderlicher Vorschubrichtung Formdrehen bzw. Konturdrehen**	**Querdrehen**
Das Werkzeug bewegt sich parallel (längs) zur Werkstückachse.	Das Werkzeug bewegt sich in einer beliebigen, sich z.T. ständig ändernden Richtung zur Werkstückachse.	Das Werkzeug bewegt sich rechtwinklig (quer) zur Werkstückachse.

Entscheidend für die während der Bearbeitung realisierbaren Vorschubrichtungen und Einstellwinkel ist die Form des Drehmeißels. Bei wendeplattenbestückten Drehwerkzeugen ist neben dem Klemmhalter (vgl. S. 165) auch die Form der Wendeschneidplatte dafür ausschlaggebend.

Auswahl der Wendeschneidplatte

Die Wendeschneidplatte muss entsprechend der zu lösenden Fertigungsaufgabe ausgewählt werden. Neben den Vorschubrichtungen während des Arbeitsganges haben der Werkstoff des Werkstücks, die Größe der Schnitttiefe und die Ausführung des Klemmhalters besonderen Einfluss auf die Auswahl (Bild 2).

Fertigungsaufgaben erfordern abhängig vom eingesetzten Werkzeug bestimmte **Vorschubrichtungen**. Die Werkzeugschneide muss so gestaltet und ausgerichtet sein, dass die sachgerechte Ausführung der notwendigen Vorschubbewegungen möglich ist. Besonders das Einhalten der festgelegten Größe des Einstellwinkels und eines Mindestwinkels zwischen Nebenschneide und Werkstückkontur ist bei der Auswahl der Wendeschneidplattenform und der Zuordnung des Halters zu beachten (Bild 3).

Je nach **Werkstückwerkstoff** müssen Schneidstoff und Schneidengeometrie, die Ausführung von Spanfläche bzw. Schneidkante der Wendeschneidplatte festgelegt werden. Die äußeren Abmaße der Wendeschneidplatte, der Eckenradius, die Ausführung der Schneidkante und die Toleranzklasse werden entsprechend dem technologischen Zweck des Arbeitsganges gewählt.

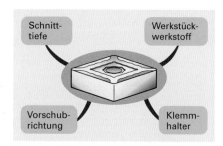

2 **Auswahl der Wendeschneidplatte**

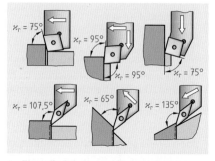

3 **Einstellwinkel $\varkappa_r$ und Vorschubrichtungen**

Zur Sicherung der erforderlichen Schneidkantenstabilität wird für jede Form von Wendeschneidplatten die maximal nutzbare Schneidkantenlänge angegeben (Bild 1). Die Größe der Wendeschneidplatte wird unter Berücksichtigung von **Schnitttiefe** und Einstellwinkel dementsprechend festgelegt. Beim Drehen gegen eine Schulter kann die Schnitttiefe sich erheblich vergrößern. Dem muss durch Wahl einer größeren Wendeschneidplatte Rechnung getragen werden.

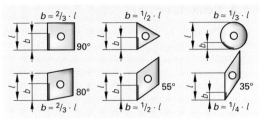

1 Nutzbare Schneidkantenlänge

Die Ausführung von **Klemmhalter** und Wendeschneidplatte steht im engen Zusammenhang und bedingt einander. Die Form, der Typ und die Größe der Wendeschneidplatte müssen der am Klemmhalter vorgesehenen Aufnahme entsprechen. Die Bezeichnung und Ausführung von Wendeschneidplatten ist genormt (Tabelle 1). Der Bezeichnungsschlüssel ist eine Kombination aus Buchstaben und Ziffern, die die entsprechenden Merkmale der Wendeschneidplatte charakterisieren. Exakte Kenntnisse über die verwendeten Bezeichnungen ermöglichen eine effektive und fehlerfreie Auswahl der benötigten Wendeschneidplatten.

Tabelle 1: Bezeichnungsbeispiel für Wendeschneidplatten nach DIN 4987

1 Plattenform	2 Freiwinkel	3 Toleranzklasse	4 Plattentyp
D 55°	C 7°	G zulässige Abweichung für d ±0,025	T

DCGT 11 03 04 F

5 Plattengröße	6 Plattendicke	7 Eckenradius	8 Schneidkante
11	03 Angabe ohne Dezimalstelle	04 R0,4	F scharfe Schneidkante

Beispiel (Bild 2, S. 147):

Für das Vor- und Fertigdrehen der linken Außenkontur mit den R1,5/R8 mittels Formdrehen und das Fertigdrehen der Bohrung ⌀42H7 werden Wendeschneidplatten mit einem Eckenwinkel von 55° eingesetzt. Zum Vordrehen des ⌀42H7 kann eine Wendeschneidplatte mit einem Eckenwinkel von 80° eingesetzt werden. Die Einstichform R8 am ⌀44 wird in diesem Fall mithilfe eines Profildrehmeißels aus HSS hergestellt (vgl. S. 178).

Im Beispiel besteht das Werkstück aus dem Vergütungsstahl C60. Zum Schlichten werden Wendeschneidplatten mit leicht positiver Schneidengeometrie, Spanleitstufe und möglichst scharfer Schneidkante gewählt. Als Schneidstoff dient z. B. eine beschichtete Hartmetallsorte der Hauptanwendungsgruppe P (vgl. S. 162).

Die zur Fertigbearbeitung eingesetzten Wendeschneidplatten haben einen Eckenradius von 0,4 mm (vgl. S. 154). Zum Schruppen kann ein Eckenradius von 0,8 mm gewählt werden. Als Toleranzklasse sollte wegen der höheren Genauigkeitsanforderungen G verwendet werden. Für das Schruppen genügt Klasse M. Die Mindestplattengröße ist abhängig von der während der Bearbeitung maximal auftretenden Spanungsbreite. Darüber hinaus sollten die zur Verfügung stehenden Klemmhalter ausschlaggebend für die verwendeten Plattengrößen sein. Die Platten sind entsprechend des verwendeten Spannsystems am Klemmhalter bei der Außenbearbeitung und beim Vordrehen innen vom Typ M und bei der Fertigbearbeitung innen vom Typ T (vgl S. 166).

5.2.4 Schneidstoffe für die Drehbearbeitung

Die Anzahl der heute verfügbaren Schneidstoffe ist beträchtlich und vergrößert sich durch technische Weiterentwicklungen ständig (Bild 1). Nicht nur die chemische Zusammensetzung, sondern auch die Herstellung der Schneidstoffe verändert sich. Es sind Schneidstoffe und damit Bearbeitungsverfahren entstanden, die vor Jahren unvorstellbar gewesen wären.

Die Drehwerkzeuge sind während des Spanens entsprechend der konkreten Bearbeitungsbedingungen mehr oder weniger hohen mechanischen, chemischen und thermischen Belastungen ausgesetzt. Verschiedene Verschleißformen sind das Ergebnis dieser Beanspruchungen (vgl. S. 151).

Je nach Fertigungsaufgabe werden bestimmte Anforderungen an den Schneidstoff gestellt. Sie werden in der Praxis durch die Eigenschaften **Verschleißfestigkeit** und **Zähigkeit** zusammenfassend charakterisiert (Bild 2). Wird bei einer Bearbeitung eine hohe Schnittgeschwindigkeit verwendet, ist die Verschleißfestigkeit des Schneidstoffs wichtig. Wird z. B. ein unterbrochener Schnitt ausgeführt, ist die Zähigkeit des Schneidstoffs entscheidend. Die Auswahl des konkreten Schneidstoffs ist oft problematisch, da Zähigkeit und Verschleißfestigkeit bei vielen Schneidstoffen gegenläufige Tendenzen aufweisen (Bild 3). Die Weiterentwicklung von Schneidstoffen hat auch das Ziel, diesen Gegensatz abzumildern, was im Fall der Schneidkeramik eindrucksvoll gelingt.

Schnellarbeitsstahl

Schnellarbeitsstähle sind hoch legierte Werkzeugstähle mit einem Legierungsgehalt bis ca. 35 %. Die Legierungsbestandteile sind Wolfram, Molybdän, Vanadium und Kobalt, die im Grundgefüge z. T. Karbide bilden. Schnellarbeitsstähle behalten ihre Härte nur bis zu Temperaturen von 600°C. Aufgrund dieser geringen Warmhärte und wegen ihrer großen Zähigkeit werden sie bei geringen bis mittleren Schnittgeschwindigkeiten und hohen dynamischen Beanspruchungen eingesetzt.

Vor allem wegen der hohen Zähigkeit, dem günstigen Preis und dem relativ geringen Aufwand bei der Herstellung von individuell geformten Drehmeißeln haben sich Schnellarbeitsstähle in der Praxis behauptet. Die Weiterentwicklung der Schnellarbeitsstähle hat ihren Einsatzbereich erweitert. Neben den konventionell erschmolzenen Schnellarbeitsstählen gibt es auch pulvermetallurgisch hergestellte und beschichtete (Bild 4).

1   Moderne Schneidstoffe als Wendeschneidplatten

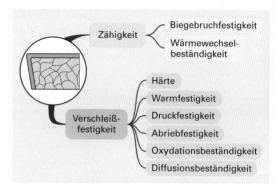

2   Anforderungen an die Schneidstoffe

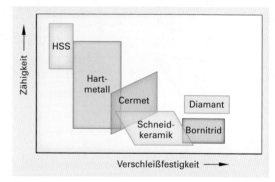

3   Eigenschaften von wichtigen Schneidstoffen

4   Drehwerkzeuge aus Schnellarbeitsstahl

Der Einsatz der beschichteten Schnellarbeitsstähle schließt hinsichtlich der realisierbaren Schnittgeschwindigkeit die Lücke zwischen dem unbeschichteten Schnellarbeitsstahl und dem Hartmetall. Die Eigenschaften von Schnellarbeitsstählen ermöglichen die Lösung spezieller Fertigungsaufgaben beim Spanen von Stahlwerkstoffen, Nichteisenmetallen und Kunststoffen (Bild 1).

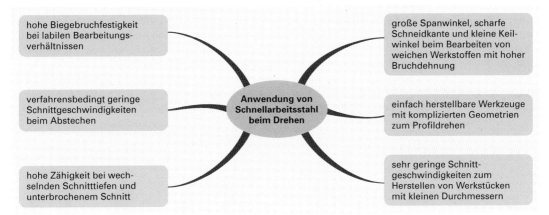

hohe Biegebruchfestigkeit bei labilen Bearbeitungsverhältnissen

große Spanwinkel, scharfe Schneidkante und kleine Keilwinkel beim Bearbeiten von weichen Werkstoffen mit hoher Bruchdehnung

verfahrensbedingt geringe Schnittgeschwindigkeiten beim Abstechen

Anwendung von Schnellarbeitsstahl beim Drehen

einfach herstellbare Werkzeuge mit komplizierten Geometrien zum Profildrehen

hohe Zähigkeit bei wechselnden Schnitttiefen und unterbrochenem Schnitt

sehr geringe Schnittgeschwindigkeiten zum Herstellen von Werkstücken mit kleinen Durchmessern

1 Anwendung von Schnellarbeitsstahl

Harte Schneidstoffe

Die harten Schneidstoffe für die spanende Bearbeitung sind hinsichtlich Bezeichnung und Anwendung nach DIN ISO 513 genormt. Um dem Anwender Richtlinien zum Einsatz der Schneidstoffe beim Zerspanen bestimmter Werkstückwerkstoffe zu geben, sind sie in sechs Hauptanwendungsgruppen P (blau), M (gelb), K (rot), N (grün), S (braun) und H (grau) unterteilt. Jede Hauptanwendungsgruppe ist in Anwendungsgruppen unterteilt. Dazu wird der Kennbuchstabe der Hauptgruppe mit einer Kennzahl ergänzt (Tabelle 1, folgende Seite). Die Hersteller ordnen ihre Schneidstoffsorten entsprechend der Verschleißfestigkeit und Zähigkeit in dieses System ein. Für das Fertigungsverfahren Drehen kommen heute nahezu alle harten Schneidstoffe zum Einsatz.

Hartmetall (HW, HF, HC)

Pulvermetallurgisch hergestellte Hartmetalle sind als Wendeschneidplatten der führende Schneidstoff für die allgemeine Drehbearbeitung. Sie bestehen aus Hartstoffen und Bindestoff. Als Hartstoffe werden Wolframkarbid, Titankarbid und Tantalkarbid verwendet. Als Bindestoff werden Kobalt und Nickel eingesetzt. Die Anteile und die Art der Legierungselemente bestimmen die Eigenschaften des Hartmetalls (Bild 2).

Die Forderungen der Praxis nach Schneidstoffen mit größerer Zähigkeit bei hoher Härte führte zur Entwicklung von Feinkorn- und Feinstkorn-Hartmetallen. Durch die Verringerung der Korngröße steigen die Verschleißfestigkeit und die Zähigkeit, ohne dass der Bindestoff verändert werden muss.

Eine besondere Form der Hartmetalle ist **Cermet** (HT). Als Hartstoff wird an Stelle des Wolframkarbid Titankarbid und Titankarbonitrid verwendet. Cermet hat eine gute chemische Beständigkeit, ist verschleißfester als unbeschichtetes Hartmetall, gleichzeitig kantenfester als Schneidkeramik. Mit diesem Schneidstoff können hohe Schnittgeschwindigkeiten bei kleiner Schnitttiefe und geringem Vorschub realisiert werden (Bild 3).

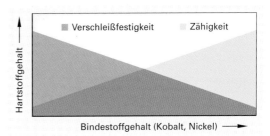

■ Verschleißfestigkeit ■ Zähigkeit

Hartstoffgehalt ⟶

Bindestoffgehalt (Kobalt, Nickel) ⟶

2 Einfluss der Legierungselemente

3 Bearbeitung mit Cermet

Beschichtung von Hartmetall

Beschichtete Hartmetalle besitzen eine meist mehrlagige Hartstoffschicht aus Titannitrid, Titankarbid, Titankarbonitrid, Titanaluminiumnitrid oder Aluminiumoxid, die eine erhöhte Verschleißfestigkeit bietet. Durch Veränderungen bei der Zusammensetzung der Beschichtung kann der Schneidstoff auf konkrete Verschleißursachen angepasst werden. Die Synthese der positiven Eigenschaften der Schichtbestandteile bringt z. B. eine Erhöhung der Verschleißfestigkeit ohne Verringerung der Zähigkeit. Mit beschichteten Hartmetallen ist es möglich, bei gleichen Schnittwerten höhere Standzeiten oder bei gleicher Standzeit ein größeres Zeitspanungsvolumen zu erreichen. Beschichtete Hartmetalle gewinnen in der Praxis immer mehr an Bedeutung und verdrängen zunehmend die unbeschichteten Hartmetalle.

Tabelle 1: Einteilung und Anwendung harter Schneidstoffe (vgl. DIN ISO 513)

Hauptanwendungsgruppen			Anwendungsgruppen			
Kennbuchstabe	Werkstückwerkstoff	Schneidstoff	Eigenschaften des Schneidstoffs	Bearbeitungsbedingungen	Spanungsbedingungen	
P	Stahl: Alle Arten von Stahl und Stahlguss, ausgenommen nichtrostender Stahl	P01 P05 P10 ... P50	1 ↑ ↓ 2		3 ↑	4 ↑ ↓ 5
M	Nichtrostender Stahl: Nichtrostender Stahl und Stahlguss	M01 M05 M10 ... M40	1 ↑ ↓ 2		3 ↑	4 ↑ ↓ 5
K	Gusseisen: Gusseisen mit Lamellengrafit Gusseisen mit Kugelgrafit Temperguss	K01 K05 K10 ... K40	1 ↑ ↓ 2		3 ↑	4 ↑ ↓ 5
N	Nichteisenmetalle: Aluminium Andere Nichteisenmetalle Nichtmetallische Werkstoffe	N01 N05 N10 ... N30	1 ↑ ↓ 2		3 ↑	4 ↑ ↓ 5
S	Titan und Speziallegierungen: Hochwarmfeste Legierungen auf der Basis von Eisen, Nickel und Kobalt Titan- und Titanlegierungen	S01 S05 S10 ... S30	1 ↑ ↓ 2		3 ↑	4 ↑ ↓ 5
H	Harte Werkstoffe: Gehärteter Stahl Gehärtete Gusseisenwerkstoffe Gusseisen für Kokillenguss	H01 H05 H10 ... H30	1 ↑ ↓ 2		3 ↑	4 ↑ ↓ 5

Legende
1 – Verschleißfestigkeit
2 – Zähigkeit
3 – Bearbeitungsstabilität
4 – Schnittgeschwindigkeit
5 – Vorschub

Bezeichnungsbeispiel: HT – P10

Anwendungsgruppe: P10
Schneidstoff: Cermet

Der Schneidstoff besitzt eine hohe Verschleißfestigkeit und eine relativ geringe Zähigkeit. Sein Einsatz wird für stabile Bearbeitungsbedingungen, hohe Schnittgeschwindigkeit und geringen Vorschub empfohlen.

Schneidkeramik

Drehwerkzeuge aus Schneidkeramik gibt es als pulvermetallurgisch hergestellte Wendeschneidplatten mit meist negativer geometrischer Grundform, ohne Spanleitstufen und meist ohne Mittelbohrung. Die Schneidkante ist oft angefast, um die Bruchgefahr zu mindern und auch bei hohen Schnittgeschwindigkeiten den Spanbruch zu ermöglichen (Bild 1). Die Vorteile der Schneidkeramik liegen in der hohen Härte und Warmfestigkeit sowie der hohen chemischen und thermischen Beständigkeit. Nachteilig ist die relativ geringe Zähigkeit und Temperaturwechselbeständigkeit.

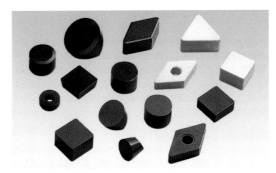

1 Wendeschneidplatten aus Schneidkeramik

Der grundsätzliche Einsatzbereich von Schneidkeramik ist das Zerspanen von Gusseisen und gehärtetem Stahl meist ohne die Verwendung von Kühlschmierstoffen. Durch technische Weiterentwicklung wurden die nachteiligen Eigenschaften der Keramik zurückgedrängt. Heute gibt es vier Arten von Schneidkeramik mit unterschiedlichen Eigenschaften:

- Oxidkeramik (CA) mit großer Härte und Warmhärte, aber großer Empfindlichkeit gegen Temperaturwechsel, auch teilchenverstärkt (CR)
- Mischkeramik (CM) mit höherer Zähigkeit und besserer Temperaturwechselbeständigkeit als Oxidkeramik
- Nitridkeramik (CN) mit großer Zähigkeit und hoher Schneidkantenstabilität
- Beschichtete Keramik (CC), die wegen der höheren Verschleißfestigkeit bei gleichbleibender Zähigkeit zunehmend an Bedeutung gewinnt.

Diamant

Diamant ist der härteste aller bekannten Stoffe. Als Schneidstoff gibt es ihn in zwei Formen, monokristallin und polykristallin. Für das Drehen hat in der Praxis der synthetisch hergestellte, polykristalline Diamant (DP) Bedeutung. Er wird hauptsächlich zum Schlichten von Nichteisenmetallen, faser- bzw. teilchenverstärkten Kunststoffen, Glas und Keramik verwendet. Die kleinen Diamantschneiden sind in Hartmetall-Wendeschneidplatten eingesetzt (Bild 2). Bei der Bearbeitung darf die Temperatur in der Zerspanungszone nicht über 600°C steigen. Wegen der hohen Affinität zu Eisen ist Diamant nicht für die spanende Bearbeitung von Eisenmetallen geeignet. Seine hohe Sprödigkeit erfordert stabile Bearbeitungsbedingungen.

2 Wendeschneidplatten mit polykristallinem Diamant

Kubisches Bornitrid (BN)

Kubisches Bornitrid ist ein sehr harter Schneidstoff. Es hat eine höhere Bruchfestigkeit, Härte und Warmhärte als Schneidkeramik und eine geringe Affinität zu Eisen. Drehwerkzeuge aus diesem Schneidstoff werden als Hartmetall-Wendeschneidplatten mit aufgesinterten oder aufgelöteten Schneidenecken, die teilweise zusätzlich formschlüssig mit dem Träger verbunden sind, ausgeführt (Bild 3). Der Einsatzbereich von kubischem Bornitrid ist die spanende Bearbeitung von harten Eisenwerkstoffen.

Beispiel (Bild 2, S. 147):

Zur Vorbearbeitung des Werkstücks aus C60 kann eine Hartmetallsorte P20 verwendet werden. Zum Schlichten bietet sich der Einsatz eines Cermet an. Die Herstellung des Einstichs mit dem Radius R8 am ∅44 erfolgt durch einen Profildrehmeißel aus Schnellarbeitsstahl.

3 Hartdrehen mit kubischem Bornitrid

5.2.5 Lage der Bearbeitungsfläche

Drehverfahren unterscheiden sich auch durch die Lage der bearbeiteten Fläche am Werkstück. Je nachdem, ob die Bearbeitungsfläche bei einem Drehvorgang innen oder außen am Werkstück liegt, unterscheidet man in Innendrehen und Außendrehen (Bild 1, S. 158).

Bearbeitungsstabilität

Die Sicherung einer maximalen Bearbeitungsstabilität ist eine grundsätzliche Zielstellung der Fertigungsplanung. Die Stabilität der Bearbeitung ist hauptsächlich abhängig von der verwendeten Werkzeugmaschine, den Spanungsbedingungen, dem herzustellenden Werkstück und der entsprechenden Aufspannung sowie dem gewählten Werkzeug und dessen Verschleißzustand (Bild 1).

Die **Stabilität der Werkzeugmaschine** ist dabei von ihrer Art, Bauform, Baugröße und von ihrem Verschleißzustand abhängig. Ungünstig gewählte Spanungsbedingungen, wie z. B. zu kleine Schnitttiefe, zu geringer Vorschub, kleiner Einstellwinkel und zu großer Eckenradius sowie der Verschleißfortschritt am Werkzeug, führen während der Bearbeitung zu Vibrationen, vermindern damit die Bearbeitungsstabilität entscheidend.

Die **Stabilität des Werkstücks** ist von seiner Form, der Lage der Bearbeitungsfläche und der dementsprechend zu wählenden Art der Einspannung abhängig. Als Kenngröße der Starrheit von Drehteilen gilt das Verhältnis der freien Länge l zum Werkstückdurchmesser d nach der Spanabnahme.

Nach Art der Einspannung wird in Abhängigkeit dieses Verhältnisses in stabile, halbstabile und labile Werkstücke unterschieden (Bild 2).

Um die Bearbeitungsstabilität bei Wellenteilen zu erhöhen, kann das Werkstück zwischen Spitzen gespannt werden. Dies erfordert das vorherige Herstellen von Zentrierbohrungen (vgl. S. 177). Ist das Spannen zwischen Spitzen nicht möglich oder nicht ausreichend, kann ein bereits vorgefertigtes Werkstück durch den Einsatz eines Setzstockes (Lünette) zusätzlich abgestützt und geführt werden (Bild 3). Ein feststehender Setzstock wird an der Stelle auf dem Drehmaschinenbett angeordnet, wo die größte Durchbiegung des Werkstückes erwartet wird. Mitlaufende Setzstöcke werden auf dem Bettschlitten so nah wie möglich an der Bearbeitungsstelle montiert.

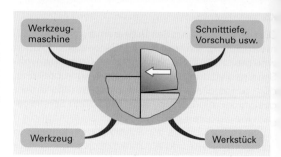

1   Einflüsse auf die Bearbeitungsstabilität

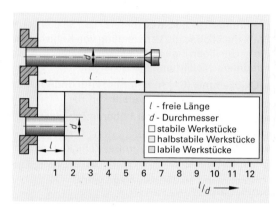

l - freie Länge
d - Durchmesser
☐ stabile Werkstücke
☐ halbstabile Werkstücke
☐ labile Werkstücke

2   Futter- und Wellenteile

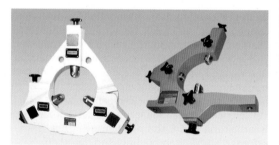

3   Feststehender und mitlaufender Setzstock

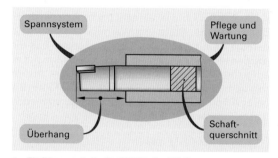

4   Einflüsse auf die Stabilität des Werkzeuges

Die **Stabilität des Werkzeuges** wird durch einen minimalen Überhang, einen maximalen Schaftquerschnitt, sichere Werkzeugspannung und regelmäßige Pflege und Wartung der Klemmhalter sichergestellt (Bild 4).

Klemmhalter für Wendeschneidplatten

Die richtige Auswahl des Drehwerkzeugs ist für die Bearbeitungsstabilität von großer Bedeutung. In den meisten Anwendungsfällen werden heute mit Wendeschneidplatten bestückte Klemmhalter als Drehwerkzeuge eingesetzt. Drehwerkzeuge mit aufgelöteten Schneiden und Drehmeißel, die vollständig aus Schneidstoff bestehen, werden nur noch für wenige Fertigungsaufgaben verwendet. Die Befestigung der Wendeschneidplatten erfolgt je nach Spannsystem durch Klemmen oder Verschrauben. Dies hat gegenüber Werkzeugen mit aufgelöteten Schneiden wesentliche Vorteile:

- Genormte Wendeschneidplatten gibt es in einer Vielzahl von Formen, Typen, Ausführungen und Größen aus den unterschiedlichsten Schneidstoffen. Dadurch wird es möglich, das optimale Werkzeug für jede konkrete Fertigungsaufgabe auszuwählen.

- Das Spannsystem ermöglicht einen einfachen und wiederholgenauen Schneidkantenwechsel am eingespannten Werkzeug. Dadurch reduziert sich entscheidend der Aufwand für die Voreinstellung und den Wechsel der Werkzeuge.

Die **Wahl des Klemmhalters** wird beeinflusst von der zu lösenden Fertigungsaufgabe, der dementsprechend vorausgewählten Wendeschneidplatte, dem Werkzeugsystem und der Werkzeugmaschine (Bild 1).

Es gibt heute die unterschiedlichsten technischen Lösungen für Spannsysteme an Klemmhaltern. Für die allgemeine Drehbearbeitung basieren sie im Wesentlichen auf vier genormten Grundprinzipien (Tabelle 1). Jedes **Spannsystem** hat konkrete Eigenschaften und Kennwerte, die bei der Auswahl beachtet werden müssen (Bild 2).

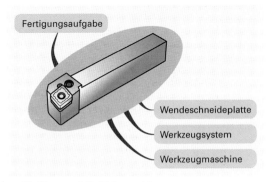

1 Einflüsse auf die Halterwahl

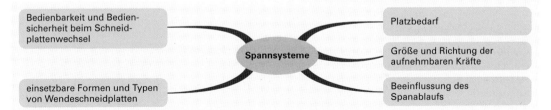

2 Merkmale von Spannsystemen

Tabelle 1: Spannsysteme – Eigenschaften und Verwendung

	C	M	P	S
Prinzip	Von oben gespannt	Von oben und über die Bohrung gespannt	Über die Bohrung gespannt	Über die Bohrung geschraubt
wesentliche Eigenschaften	für positive Wendeschneidplatten ohne Mittelbohrung; für geringere Kräfte und nicht wechselnde Kraftrichtung	kombinierte Klemmung; Schneidkanten gut zugänglich; für mittlere Kräfte; großer Platzbedarf	einfacher, schneller und sicherer Wechsel der Wendeschneidplatte; keine Behinderung des Spanabflusses	für positive Wendeschneidplatten mit Mittelbohrung; geringer Platzbedarf
Verwendung	für feine bis mittlere Bearbeitung von Werkstoffen mit geringer Festigkeit; nicht für Formdrehen und ziehende Schnitte	für feine bis mittlere Bearbeitung von Werkstoffen mit größerer Festigkeit; nicht für Innendrehen	für Schruppbearbeitung außen und innen	für Schlichtbearbeitung innen und außen

Entsprechend den Anforderungen der Fertigungsaufgabe wird der zweckmäßige Halter ausgewählt. Die notwendigen Vorschubrichtungen und die dabei realisierbaren Einstellwinkel bestimmen hauptsächlich die Ausführung und Form des Klemmhalters und die Form der Wendeschneidplatte. Die Form der vorausgewählten Wendeschneidplatte muss der am Halter vorgesehenen Aufnahme entsprechen. Die Abmessungen des Klemmhalters werden entsprechend dem Werkzeugsystem der verwendeten Werkzeugmaschine gewählt. Die Lage der Bearbeitungsfläche und die damit gegebenen geometrischen Bedingungen bestimmen, ob ein Halter für die Außenbearbeitung oder für die Innenbearbeitung eingesetzt wird.

Die Bezeichnung der **Halter für Wendeschneidplatten** zur allgemeinen Drehbearbeitung für innen und außen sind genormt (Tabellen 1 und 2). Sichere Kenntnisse über die normgerechte Bezeichnung ermöglichen eine fehlerfreie Auswahl der benötigten Klemmhalter.

Tabelle 1: Bezeichnungsbeispiel für Klemmhalter zur allgemeinen Außenbearbeitung nach DIN 4983

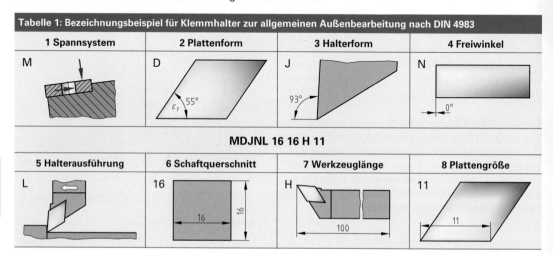

MDJNL 16 16 H 11

Beispiel (Bild 2, S. 147):

Zur Vorbearbeitung der Außenkontur wird entsprechend der Wendeschneidplatte (DNMM 11 03 08 F) ein Halter mit einem Einstellwinkel von 93° (J) und dem Spannsystem M verwendet. Die Maße des Halters sind abhängig von der eingesetzten Werkzeugmaschine. Unter dem Aspekt der Bearbeitungsstabilität sollen die Werkzeugbreite und Werkzeughöhe möglichst groß und die Werkzeuglänge möglichst klein gewählt werden. Die Bearbeitung erfolgt hinter Drehmitte. Deshalb muss die linke Ausführung des Halters verwendet werden.

Tabelle 2: Bezeichnungsbeispiel für Klemmhalter zur Innenbearbeitung

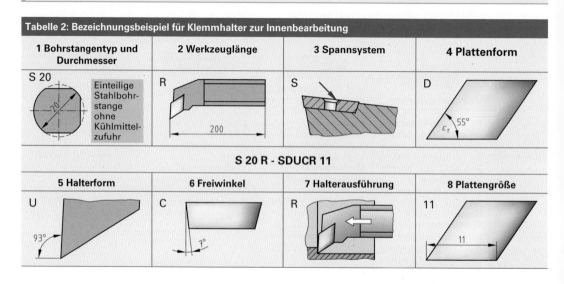

S 20 R - SDUCR 11

Beispiel (Bild 2, S. 147):

Der zum Fertigdrehen der Bohrung $\varnothing$42H7 vorausgewählten Wendeschneidplatte (DCGT 110304F) wird ein Halter mit einem Einstellwinkel von 93° (U) und dem Spannsystem S zugeordnet. Das an der Werkzeugmaschine verwendete Werkzeugsystem bestimmt den Bohrstangendurchmesser und die Werkzeuglänge. Die Bearbeitung erfolgt vor Drehmitte. Deshalb wird eine rechte Halterausführung verwendet werden. Zur Lösung der Fertigungsaufgabe genügt eine einfache Stahlbohrstange ohne innere Kühlmittelzufuhr (S).

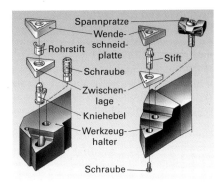

1   **Spannsysteme an Klemmhaltern**

Die regelmäßige Pflege und Wartung der Klemmhalter ist ein wesentlicher Faktor zur Sicherung der Bearbeitungsstabilität. Exakte Kenntnisse z.B. über den konkreten Aufbau und die sachgerechte Bedienung der unterschiedlichen Spannsysteme sind für einen effektiven Umgang mit diesen Werkzeugen unbedingt notwendig (Bild 1).

Modulare Werkzeugsysteme

Der Anteil der produktiven Bearbeitungszeit an der Gesamtlaufzeit der Maschine ist bei Verwendung konventioneller Werkzeugsysteme relativ gering. Mehr als die Hälfte der Zeit muss für Nebentätigkeiten wie Rüsten und Prüfen, Werkstück- und Werkzeugwechsel sowie Pflege und Wartung aufgebracht werden.

Ein modulares Werkzeugsystem besteht aus verschiedenen Haltern, Adaptern und Schneidwerkzeugen, die durch ein Schnellspannsystem wahlweise kombiniert werden können (Bild 2). Durch seine Verwendung kann der Aufwand für die Werkzeugvoreinstellung entscheidend reduziert werden.

Besonders vorteilhaft ist der Einsatz dieser Systeme auf Maschinen mit automatischem Werkzeugwechsler und Bearbeitungszentren. Die teilweise über die Verfahrensgrenzen hinausgehende Flexibilität beim Zusammenbau des Werkzeuges ist eine wesentliche Voraussetzung für eine optimale Ausnutzung der vorhandenen Ausrüstung und eine variable Fertigungsplanung.

Besonderheiten bei der Innenbearbeitung

Das Einhalten der Stabilitätsfaktoren Überhang und Schaftquerschnitt ist bei der Innenbearbeitung oft problematisch. Je nach Fertigungsaufgabe sind große Überhänge und kleine Schaftquerschnitte notwendig. Auch die Zufuhr von Kühlschmierstoff und der Abtransport der Späne können schwierig sein. Es kommt bei der Bearbeitung zu Vibrationen, die die Standzeit des Werkzeuges verkürzen, schlechte Qualität erzeugen und Lärm verursachen. Entscheidend für die Beurteilung der Fertigungsaufgabe und die Auswahl der Bohrstange ist das Verhältnis von Überhang zum notwendigem Bohrstangendurchmesser (Bild 3).

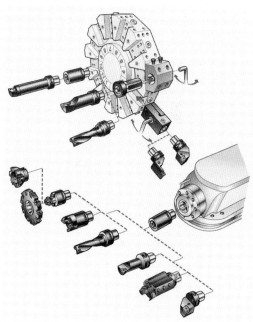

2   **Modulare Werkzeugsysteme**

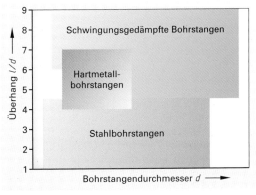

3   **Einsatz von Bohrstangen**

Entsprechend der Fertigungsaufgabe wird eine Bohrstange mit dem größtmöglichen Durchmesser gewählt. Jedoch muss berücksichtigt werden, dass noch ausreichend Raum für die Abfuhr der entstehenden Späne vorhanden ist. Die Länge der Bohrstange muss so festgelegt werden, dass bei kleinstmöglichem Überhang die vom Hersteller empfohlene Einspannlänge erreicht wird.

Um die auftretenden Kräfte und damit die Werkzeugablenkung zu verringern, wird bei der Innenbearbeitung mit einem Einstellwinkel $x_r \approx 90°$, einer positiven Schneidengeometrie und einer scharfen Schneidkante gearbeitet. Die Schnitttiefe a_p muss größer als der Eckenwinkel r_ε sein. Dadurch wird eine einwandfreie Spanbildung gesichert und die Vibrationsneigung verringert.

Schwingungsgedämpfte Bohrstangen ermöglichen die Bearbeitung von sehr tiefen Innenkonturen, können aber auch wegen der vorgeschriebenen Einspannung nur für größere Überhänge verwendet werden. Ihr Einsatz führt zu einer Erhöhung der Oberflächengüte. Gleichzeitig werden der Verschleiß an Werkzeug und Werkzeugmaschine sowie die Lärmbelästigung reduziert. Schwingungsgedämpfte Bohrstangen besitzen oft wechsel- und verstellbare Schneidköpfe (Bild 1).

Bohrstangen werden zum Aufarbeiten vorgearbeiteter Bohrungen und zum Fertigdrehen beliebiger Innenkonturen eingesetzt. Zur Vorbearbeitung und auch zur Fertigbearbeitung zylindrischer Innenkonturen auf CNC-Drehmaschinen und Bearbeitungszentren werden oft Wendeplattenbohrer verwendet (Bild 2).

Mit einem **Wendeplattenbohrer** wird ohne vorherige Zentrierung ins volle Material gearbeitet. Durch nachfolgendes seitliches Versetzen ist es möglich, Bohrungen maßgenau und mit hoher Oberflächengüte herzustellen (Bild 3). Der maximal mögliche seitliche Versatz muss dem Werkzeugkatalog entnommen werden.

Der Einsatz von Wendeplattenbohrern ist bis zum Verhältnis Bohrungstiefe zu Bohrungsdurchmesser gleich 13:1 und bis ca. 65 mm Bohrungsdurchmesser möglich.

Durch die Verwendung eines anderen Schneidstoffs für die innere Wendeschneidplatte ist eine optimale Anpassung an die geringe Schnittgeschwindigkeit im Zentrum des Bohrers möglich. Unterschiedlich hoch angeordnete und speziell gestaltete Schneidplatten ermöglichen höhere Vorschübe, eine bessere Führung des Werkzeuges und eine Optimierung des Zerspanungsprozesses.

1 Bohrstange mit wechselbaren Schneidköpfen

2 Wendeplattenbohrer

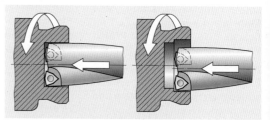

3 Einsatz von Wendeplattenbohrern

Beispiel (Bild 2, S. 147):
Zur Herstellung der Innenkontur $\varnothing 42H7$ können alternativ Wendeplattenbohrer eingesetzt werden. Nach dem Bohren ins Volle mit einem Bohrer $\varnothing 30$ und dem Aufbohren auf $\varnothing 40$ wird mit einem seitlichen Versatz von 1,007 mm fertig bearbeitet. Die Planfläche im Grund der Bohrung muss mit einer Stahlbohrstange und entsprechender Wendeschneidplatte fertiggedreht werden.

Aufgaben

1 Erläutern Sie Einflussfaktoren auf die Schneidstoffwahl.

2 Was sind Cermets?

3 Für welche Werkstoffe ist Diamant als Schneidstoff nicht verwendbar? (Begründung)

4 Entschlüsseln Sie folgenden Bezeichnungen:
Schneidplatte DIN 4987 – CNMM 12 04 08 E – M20
Halter DIN 4984 – PCANL 1616 M 11

5 Diskutieren Sie den effektiven Einsatz von modularen Werkzeugsystemen.

5.2.6 Geometrische Form der Werkstückkontur

Die Geometrie des herzustellenden Werkstücks ist durch verschiedenste Formen gekennzeichnet. Deren Herstellung erfordert den Einsatz unterschiedlicher Drehverfahren. Die Form der während der Bearbeitung entstehenden Fläche ist ein weiteres wesentliches Merkmal zur Unterscheidung der Drehverfahren (Tabelle 1).

Tabelle 1: Einteilung der Drehverfahren nach der Form der bearbeiteten Fläche (Auswahl)

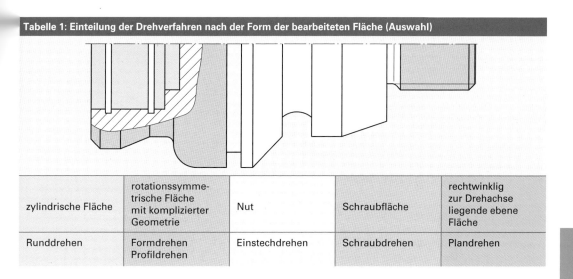

zylindrische Fläche	rotationssymmetrische Fläche mit komplizierter Geometrie	Nut	Schraubfläche	rechtwinklig zur Drehachse liegende ebene Fläche
Runddrehen	Formdrehen Profildrehen	Einstechdrehen	Schraubdrehen	Plandrehen

Zylindrische Mantelflächen und rechtwinklig zur Drehachse liegende ebene Flächen

Runddrehen und Plandrehen sind die einfachsten Drehverfahren, die ohne besondere Probleme auf jeder Drehmaschine ausgeführt werden können. Unter Beachtung der verwendeten Vorschubrichtungen lassen sie sich weiter unterscheiden (Tabelle 2).

Tabelle 2: Runddrehen und Plandrehen (Verfahrensvarianten)

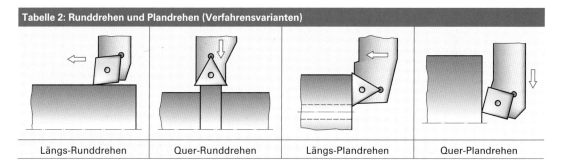

Längs-Runddrehen	Quer-Runddrehen	Längs-Plandrehen	Quer-Plandrehen

Das Längs-Runddrehen und das Quer-Plandrehen sind die typischen Verfahrensvarianten für das Drehen von zylindrischen Mantelflächen und rechtwinklig zur Drehachse liegenden ebenen Flächen.

Das Quer-Runddrehen und das Längs-Plandrehen treten als eigenständige Arbeitsschritte selten auf, sind jedoch Bestandteil komplexerer Bearbeitungsvorgänge.

Beim **Längs-Runddrehen** ist neben der Lage der Bearbeitungsfläche, dem technologischem Zweck und der Vorschubrichtung vor allem **die angrenzende Bearbeitungsfläche** maßgebend für die Auswahl des Werkzeuges (Bild 1).

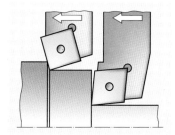

1 Längs-Runddrehen

Zum Bearbeiten von Stangenmaterial wird ein besonderes Längs-Runddrehverfahren eingesetzt, das **Schäldrehen**. Bei diesem Verfahren wird **das stillstehende Werkstück** durch **einen rotierenden Drehkopf** geführt (Bild 1).

Der Drehkopf ist mit drei oder mehr gleichmäßig am Umfang angeordneten Wendeschneidplatten bestückt. Beim Schäldrehen wird mit sehr kleinem Einstellwinkel gearbeitet. Dadurch wird die hohe Beanspruchung besser über die Werkzeugschneide verteilt und damit die Standzeit erhöht. Um eine gute Werkstückoberfläche zu erhalten, muss der Vorschub kleiner als die Länge der Nebenschneide sein.

> Das Schäldrehen liefert maßhaltiges Stangenmaterial mit geringer Oberflächenrauheit, das vielfältig weiterverarbeitet werden kann.

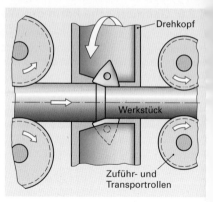

1 Schäldrehen

Das Hauptproblem beim **Querplandrehen** ist die während der Bearbeitung mit dem Durchmesser gegen null gehende Schnittgeschwindigkeit. Auch bei modernen Werkzeugmaschinen kann die Drehzahl nur bis zu einem technisch bedingten Maximalwert zunehmen, um die Schnittgeschwindigkeit konstant zu halten (Bild 2).

Die Schnittgeschwindigkeit verringert sich und durchläuft den Bereich der Aufbauschneidenbildung. Im weiteren Verlauf wird der für das Spanen notwendige Grenzwert unterschritten. Die Werkzeugschneide quetscht den Werkstoff und neigt zu Vibrationen. Plandrehen bis auf Werkstückmitte soll deshalb möglichst vermieden werden.

Besitzt das Werkstück eine Innenkontur, kann zunächst eine Mittenbohrung eingebracht werden. Werkstücke ohne Innenkontur erhalten, wenn möglich, eine Zentrierung. Muss aus technologischen Gründen bis auf Mitte gedreht werden, ist es wichtig, das Werkzeug exakt auf die Werkstückachse auszurichten (Bild 3). Steht das Werkzeug unter der Werkstückmitte, bleibt ein zapfenförmiger Ansatz. Steht es über Mitte, wird dieser Ansatz weggedrückt. Es besteht Bruchgefahr am Werkzeug.

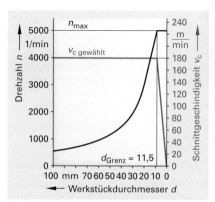

2 Drehzahl und Schnittgeschwindigkeit

Abstechdrehen

Werden Drehteile aus Stangenmaterial hergestellt, wird als abschließendes Trennverfahren das Abstechdrehen eingesetzt (Bild 4). Dieses Verfahren kann je nach verwendetem Werkzeugsystem bis zu einem Werkstückdurchmesser von 150 mm bis 200 mm angewendet werden. Zu den beim Querplandrehen bereits beschriebenen Problemen kommen beim Abstechdrehen zusätzliche Schwierigkeiten:

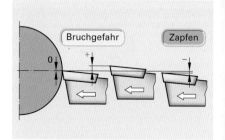

3 Werkzeugeinstellung

■ Auf beiden Seiten des Werkzeuges befindet sich Werkstückwerkstoff. Es kann zu Störungen in der Spanabfuhr kommen, die zur Verschlechterung der Oberflächengüte und zum Verklemmen von Spänen bis hin zum Werkzeugbruch führen können.

■ Die Spanbildung muss so eingestellt werden, dass der Abtransport der Späne auch bei größerem Werkstückdurchmesser gewährleistet ist.

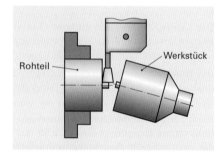

4 Abstechdrehen

- Aus Gründen der Materialersparnis werden minimale Stechbreiten angestrebt. Dies beeinträchtigt jedoch die Werkzeugstabilität.

Werkzeuge zum Abstechdrehen sind heute hauptsächlich wendeplattenbestückt (Bild 1). Für Werkstückdurchmesser bis 50 mm gibt es Schaftwerkzeuge. Für größere Durchmesser werden Stechklingen verwendet, die in besondere Aufnahmen gespannt werden.

Die **Schneidplatte** zum Abstechen hat meist eine symmetrische Form, einen kleinen Spanwinkel und besitzt spezielle Spanleitstufen, die den entstehenden Span quer stauchen (Bild 1). Damit sie nicht klemmt, verjüngt sie sich von der Schneidkante nach hinten und besitzt an den Seitenflächen Freiwinkel. Um über den gesamten Durchmesserbereich günstige Bearbeitungsbedingungen zu erzielen, wird ein Schneidstoff mit hoher Zähigkeit verwendet.

1   Werkzeuge zum Abstechdrehen

Beim Abstechen wird oft „über Kopf" gearbeitet. Dadurch wird der Abtransport der Späne verbessert. Besonders wichtig ist beim Abstechen der Einsatz eines Kühlschmierstoffs. Er begünstigt den Spänetransport und mindert den Werkzeugverschleiß.

Zur **Sicherung der Werkzeugstabilität** muss unter Berücksichtigung von Richtwerttabellen je nach Werkstückdurchmesser eine Mindeststechbreite festgelegt werden. Dementsprechend wird die Wendeschneidplatte gewählt. Der Werkstückdurchmesser bestimmt auch die Halterwahl. Grundsätzlich wird der Halter mit dem kleinstmöglichen Überhang, der kleinstmöglichen Auskragung, der größtmöglichen Plattensitzgröße und dem größtmöglichen Schaftquerschnitt gewählt.

Neu entwickelte Werkzeuge zum Stechdrehen haben trotz geringerer Stechbreiten eine höhere Stabilität. Die größere Anzahl verfügbarer Schneiden und das größere Einsatzspektrum des Halters helfen, das Werkzeug effizienter einzusetzen (Bild 2).

2   Moderner Stechdrehmeißel

Zur weiteren **Verminderung der Vibrationsgefahr** wird der Halter mit einem Einstellwinkel von 90° eingebaut. Das Werkstück muss so gespannt werden, dass die Abstichstelle so nahe wie möglich am Spannmittel liegt (Bild 3). Oft ist die Reduzierung des Vorschubes zur Werkstückmitte hin sinnvoll. So kann die wegen der ungünstigen Spanungsbedingungen zunehmende Beanspruchung der Schneidkante ausgeglichen werden. Kurz vor dem Abtrennen des Werkstücks kann der Vorschub auf 25 % reduziert werden. Dadurch verringert sich auch die Größe des verbleibenden Zapfens.

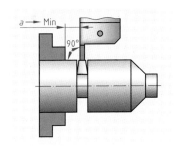

3   Vermindern der Vibrationsgefahr

Beim Abfallen des Werkstücks kann es zu Beschädigungen am Werkstück oder Werkzeug kommen. An Dreh-Bearbeitungszentren gibt es Einrichtungen, die das fertige Werkstück abfangen bzw. die sofortige Rückseitenbearbeitung in der Gegenspindel organisieren.

Nach dem Abstechen bleibt ein kleiner Zapfen am Werkstück. Wird die Rückseite in der zweiten Aufspannung nicht weiterbearbeitet, bietet sich das zapfenfreie Abstechen an (Bild 4). Durch Verwendung einer rechten oder linken Wendeschneidplatte wird die Zapfenbildung unterbunden. Beim Abstechen von Rohren verhindert diese Maßnahme eine störende Ringbildung. Wegen der seitlich wirkenden Abdrängkräfte muss der Vorschub je nach Werkstoff um bis zu 50 % verringert werden.

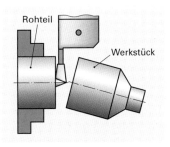

4   Zapfenfreies Abstechen

Nuten

Das **Einstechdrehen** dient der Fertigung schmaler und breiter Nuten in Umfangs- und Planflächen von rotationssymmetrischen Werkstücken (Bild 1). Unter Beachtung von Vorschubrichtung und Lage der Bearbeitungsfläche lassen sich Verfahren des Einstechdrehens unterscheiden (Tabelle 1). Abhängig von Nutbreite und Nuttiefe sowie ihrer Lage am Werkstück und der Stabilität des Werkstücks bieten sich unterschiedliche Bearbeitungsstrategien an (Bild 2). Außerdem müssen neben den beim Abstechdrehen beschriebenen Problemen weitere Besonderheiten beachtet werden.

> Je kleiner die Stechbreite und je tiefer die Nut, desto kleiner muss der Vorschub gewählt werden.

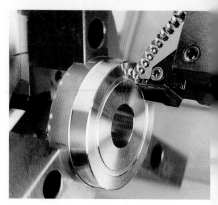

1   Fertigen einer Nut in der Planfläche

Tabelle 1: Gebräuchliche Verfahren des Einstechdrehens		
Außen-Quer-Einstechdrehen	**Außen-Längs-Einstechdrehen**	**Innen-Quer-Einstechdrehen**

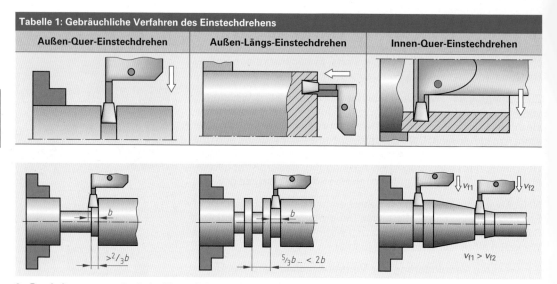

2   Bearbeitungsstrategien beim Einstechdrehen

Für die Innenbearbeitung und das Längs-Einstechdrehen wird die Schnittgeschwindigkeit um bis zu 60 % verringert. Um beim Stechen breiter Nuten durch Mehrfacheinstechen die seitlich wirkenden Abdrängkräfte zu verringern, wird das Werkzeug zwischen den einzelnen Schnitten um mindestens 2/3 der Plattenbreite versetzt. Alternativ kann der Versatz auch 5/3 der Plattenbreite betragen. Dadurch bleiben zunächst Ringe stehen, die beim zweiten Durchlauf entfernt werden. So werden die Schneidplatte gleichmäßiger beansprucht und die entstehenden Späne optimal abgeleitet. Beim Herstellen von Einstichen an Kegelflächen wird während der Anschnittphase der Vorschub um bis zu 50 % reduziert (Bild 2).

Die Tiefe und die Lage der Nut am Werkstück bestimmen hauptsächlich die Wahl des Wendeplattenhalters. Der Überhang wird nur so groß gewählt, wie für das Fertigen der Nut notwendig. Die Werkzeughalter für das Längseinstechdrehen sind jeweils nur für einen bestimmten Durchmesserbereich verwendbar (Bild 3). Der Durchmesser der zu fertigenden Nut muss in diesem Bereich liegen, da sonst die Schneidplattenunterstützung am Werkstück anliegt und es beschädigt. Beim Herstellen der Nut wird vom größten zum kleinsten Durchmesser gearbeitet.

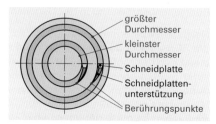

3   Nutzbarer Durchmesserbereich

Für das Einstechdrehen finden oft Werkzeugaufnahmen mit Federspannung Anwendung (Bild 1, links). Die Vorteile dieses Systems liegen im einfachen, sicheren und wiederholgenauen Plattenwechsel. Zur Herstellung breiter Nuten werden oft Bearbeitungsabläufe programmiert, bei denen mit Quer- und Längsvorschub gearbeitet wird. Dann muss unbedingt ein Schraubspannsystem eingesetzt werden (Bild 1, rechts). Solche Plattenhalter werden oft auch zum CNC-Formdrehen verwendet. Die Schneidkanten der Werkzeuge sind sehr gut zugänglich und es gibt eine Vielzahl von Plattengeometrien für die verschiedensten Fertigungsaufgaben.

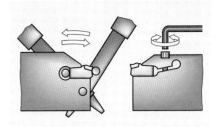

1   Spannsysteme

Schraubflächen (Gewinde)

Zum Herstellen von Gewinden auf Drehmaschinen gibt es verschiedene Möglichkeiten, die entsprechend der Anforderungen der Fertigungsaufgabe eingesetzt werden (Tabelle 1).

Tabelle 1: Verfahren der spanenden Gewindeherstellung				
Fertigungs-aufgabe (Beispiel)	Gewinde mit mittlerer Qualität und kleinem Nenndurchmesser	Gewinde mit hoher Qualität in allen Gewindearten	Lange Gewinde und Rohrverschrau-bungen	Gewindespindeln
Verfahren	**Gewindeschneiden**	**Gewindedrehen**	**Gewindestrehlen**	**Gewindewirbeln**
Werkzeuge	Schneideisen, Gewindebohrer	Gewindedrehmeißel	Gewindestrehler	Gewindewirbel-einrichtung

Beim **Gewindeschneiden** entsteht das fertige Gewinde meist in einem Arbeitsschritt. Zum Schneiden von Außen- und Innengewinden werden Schneideisen bzw. Schneidbohrer verwendet (Bild 2). Das Werkzeug verformt während der Bearbeitung den Werkstoff leicht. Deshalb wird beim Außengewinde der Bolzendurchmesser etwas kleiner als der Nenndurchmesser und beim Innengewinde der Bohrungsdurchmesser etwas größer als der Kerndurchmesser des Gewindes gefertigt. Konkrete Werte werden aus Tabellen abgelesen bzw. mittels Faustformeln berechnet.

2   Werkzeuge zum Gewindeschneiden

Zum Anschneiden wird das Schneideisen mithilfe der Pinole leicht gegen das Werkstück gedrückt. Aufnahme für den Gewindebohrer ist auf konventionellen Drehmaschinen der Reitstock. Soll auf einer CNC-Maschine mit einem Schneidbohrer gearbeitet werden, empfiehlt sich ein Spannmittel mit axialem Längenausgleich (Bild 3). Um ein einwandfreies Anschneiden zu gewährleisten, wird das Werkstück exakt und breit angefast. Beim Gewindeschneiden wird mit sehr kleinen Schnittgeschwindigkeiten und reichlich Kühlschmierung gearbeitet.

3   Werkzeugaufnahme

Das **Gewindedrehen** mit wendeplattenbestückten Werkzeugen ist die häufigste Art der Gewindeherstellung. Bei diesem Verfahren entsteht das Gewinde durch eine exakte Vorschubbewegung des abhängig vom herzustellenden Gewindeprofil geformten Werkzeuges. Der Vorschub muss der Steigung des Gewindes entsprechen (Bild 1).

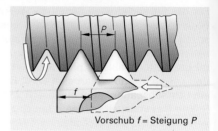

Vorschub f = Steigung P

1 Prinzip des Gewindedrehens

Beim Gewindedrehen auf konventionellen Werkzeugmaschinen wird die Vorschubbewegung über Leitspindel und Schlossmutter realisiert. Die Bewegung der Leitspindel wird über ein Wechselrädergetriebe von der Bewegung der Arbeitsspindel abgegriffen (Bild 2). Die Einstellung der notwendigen Gewindesteigung erfolgt über Schalthebel und falls erforderlich durch vorherigen Austausch der Wechselräder.

Beim Gewindedrehen auf CNC-Maschinen wird der Vorschub von der Steuerung aus Drehzahl und Gewindesteigung errechnet. Der Vorschubmotor bewegt dann den Werkzeugschlitten in der notwendigen Geschwindigkeit. Bei älteren Steuerungen muss dabei unbedingt eine konstante Drehzahl programmiert sein.

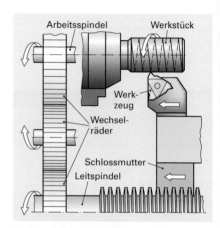

2 Vorschubbewegung

Die Auswahl von Typ und Form der Schneide des Gewindedrehmeißels wird hauptsächlich vom zu fertigenden Gewinde beeinflusst. Die Form der Wendeschneidplatte muss grundsätzlich dem herzustellenden Gewindeprofil entsprechen. Es können jedoch unterschiedliche Plattentypen eingesetzt werden (Bild 3).

Bei Verwendung von **Vollprofil-Wendeschneidplatten** entsteht ein vollständiges Gewindeprofil, bei dem Gewindetiefe und Radien absolut normgerecht ausgeführt sind. Der Ausgangsdurchmesser wird während der Bearbeitung mit kalibriert. Eine solche Wendeschneidplatte kann nur für genau eine konkrete Gewindesteigung verwendet werden.

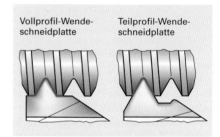

3 Plattentypen zum Gewindedrehen

Teilprofil-Wendeschneidplatten sind innerhalb eines kleinen Steigungsbereichs einsetzbar. Die Gewindemaße sind auf die kleinste Steigung innerhalb des Bereichs ausgelegt und der Ausgangsdurchmesser wird nicht bearbeitet. Daher weicht das entstehende Gewindeprofil geringfügig von der Norm ab. Um an beiden Gewindeflanken annähernd gleiche geometrische Bedingungen zu gewährleisten, muss der Neigungswinkel λ des Werkzeuges dem Steigungswinkel ρ des Gewindes entsprechen (Bild 4).

Damit wird ein einseitiger Freiflächenverschleiß verhindert und die Standzeit erhöht. Um Wendeplattenhalter zur Herstellung von Gewinden unterschiedlicher Steigung benutzen zu können, wird der Neigungswinkel durch entsprechende Zwischenlagen angepasst. Der notwendige Neigungswinkel des Werkzeuges wird berechnet oder aus einem Diagramm abgelesen.

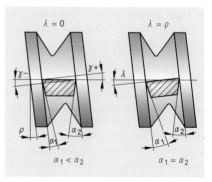

4 Neigungswinkel am Werkzeug

Um Maß- und Formfehler zu verhindern, werden Gewindedrehwerkzeuge exakt auf Werkstückmitte gespannt. Wegen des hohen Verschleißes wird beim Gewindedrehen mit wesentlich geringeren Schnittgeschwindigkeiten gearbeitet als beim Außen-Längsdrehen. Dadurch verstärkt sich die Gefahr der Aufbauschneidenbildung. Auch deshalb ist der Einsatz von Kühlschmiermitteln unbedingt zu empfehlen.

Zur Herstellung von Links- oder Rechtsgewinden innen oder außen am Werkstück gibt es verschiedene Möglichkeiten der Kombination von Drehrichtung der Arbeitsspindel, Vorschubrichtung und Ausführung des Werkzeuges (Tabelle 1).

Je nach Fertigungsaufgabe und zur Verfügung stehender Werkzeugmaschine wird die günstigste Variante ausgewählt. Die Bearbeitung erfolgt meist zum Spannfutter hin. Sie kann aber auch entgegengesetzt verlaufen. Dann müssen Drehrichtung der Arbeitsspindel und Einbaulage des Werkzeuges geändert werden oder für Rechtsgewinde Werkzeuge in Linksausführung – und umgekehrt – verwendet werden. Prinzipiell muss die Ausführung von Wendeschneidplatten und Haltern übereinstimmen.

> Beim Gewindedrehen wird das Gewinde **nicht** in einem einzigen Durchlauf hergestellt.

Die erforderliche **Anzahl der Schnitte** ist von der Gewindesteigung und dem Werkstückwerkstoff abhängig (Tabelle 2). Bei gleicher Steigung müssen für einen schwer zerspanbaren Werkstoff mehr Schnitte geplant werden als für einen leicht zerspanbaren. Die bei jedem Schnitt notwendige Zustellung kann radial, seitlich oder wechselseitig erfolgen (Bild 1 der folgenden Seite).

Bei der **radialen Zustellung** entsteht ein V-förmiger Span, der vor allem bei größeren Steigungen schwer zu brechen ist. Dadurch können Vibrationen entstehen. Die Schneide wird relativ gleichmäßig an ihrer Spitze, jedoch mechanisch und thermisch hoch belastet.

Die radiale Zustellung wird hauptsächlich für Gewinde mit kleinen Steigungen und kurzspanende Werkstoffe verwendet. Sie ist auf konventionellen Drehmaschinen einfacher realisierbar als die seitliche Zustellung entlang der Gewindeflanke.

Bei dieser Art muss die Zustellung durch Planschlitten und Oberschlitten erfolgen. Der Zustellwert für den Oberschlitten muss berechnet werden. Auf CNC-Drehmaschinen lässt sich diese Zustellart programmieren.

1 Fertigen eines Außengewindes

Tabelle 1: Varianten zum Gewindedrehen (Ausw.)

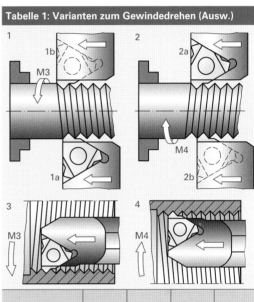

Gewinde	Klemmhalter und Platte	Drehsinn	Vorschub in Richtung	Beispiele
Außen rechts	rechts	M3	Futter	1a, 1b
Außen links	links	M4	Futter	2a, 2b
Innen rechts	rechts	M3	Futter	3
Innen links	links	M4	Futter	4

Tabelle 2: Anzahl der Schnitte

Steigung P in mm	1,0	1,5	2,0	2,5	3,0
Schnitte	4...8	6...10	7...12	8...14	10...16

Bei der **seitlichen Zustellung** wird der Span besser gebildet und abgeführt. Dadurch verringert sich die Ratterneigung. Die Schneide wird geringer thermisch und mechanisch belastet als bei der radialen Zustellung. Die in Vorschubrichtung liegende Schneide leistet den Großteil der Zerspanungsarbeit.

Um die Oberflächengüte zu verbessern und übermäßigen Freiflächenverschleiß an der gegen die Vorschubrichtung liegenden Schneide zu verhindern, kann der Zustellwinkel etwas kleiner als der Flankenwinkel des Gewindes gewählt werden.

Die seitliche Zustellung ist für langspanende Werkstoffe, labile Werkstücke und Innenbearbeitung vorteilhaft. Die wechselseitige Zustellung eignet sich besonders zur Herstellung großer Gewindeprofile. Die Wendeschneidplatte verschleißt gleichmäßig. Dadurch ergeben sich gute Standzeiten. Diese Zustellungsart lässt sich auf einer konventionellen Drehmaschine nur mit großem Aufwand realisieren. Sie wird deshalb hauptsächlich auf CNC-Maschinen verwendet.

Da der Spanungsquerschnitt je Zustellung ungefähr gleich bleiben soll, muss die radiale Zustellung kontinuierlich abnehmen. Es ist darauf zu achten, dass die zur einwandfreien Spanbildung notwendige Spanungsdicke nicht unterschritten wird. Zum Gewindedrehen gibt es unterschiedlichste, für konkrete Anwendungsfälle angepasste Werkzeuge (Bild 2).

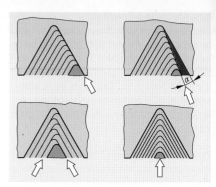

1 Zustellmöglichkeiten

2 Werkzeuge zum Gewindedrehen

> **Beispiel** (Bild 2, S. 147):
> Zur Fertigung des Gewindes M30x1,5 am Aufnahmestück wird die Variante 1a (vgl. Tabelle 1, vorherige Seite) gewählt. Da das Einzelteil auf einer konventionellen Drehmaschine hergestellt wird, erfolgt eine radiale Zustellung. Entsprechend der Steigung des Gewindes sind unter Beachtung des Werkstückwerkstoffs C60 8 Schnitte geplant.

Das **Gewindestrehlen** ist Gewindedrehen mit Mehrzahn-Wendeschneidplatten (Tabelle 1, S. 173). Die Anzahl der zur Herstellung des Gewindes notwendigen Durchläufe ist beim Gewindestrehlen um den Zähnefaktor geringer. Die Zustellung kann nur in radialer Richtung erfolgen. Wegen der auftretenden Schnittkräfte und hohen Ratterneigung ist das Verfahren nur für stabile Werkstücke geeignet. Bei kleineren Werkstücken können Platzprobleme auftreten, weil ein großer Gewindeauslauf notwendig ist.

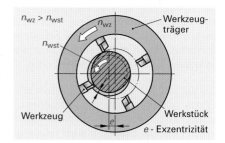

3 Prinzip des Gewindewirbelns

Zum **Gewindewirbeln** muss die Drehmaschine mit einem angetriebenen Werkzeugträger ausgerüstet sein. Wie beim Schäldrehen umkreisen mehrere Werkzeuge mit hoher Geschwindigkeit das Werkstück. Die Vorschubbewegung wird wie beim Gewindedrehen über die Leitspindel realisiert. Wegen der exzentrischen Lage von Werkstück und Werkzeug stehen die Schneiden nur zeitweise im Eingriff. Deshalb werden zum Gewindewirbeln Schneidstoffe mit hoher Zähigkeit eingesetzt (Bild 3). Es wird eine hohe Form- und Maßgenauigkeit erreicht, wie sie z.B. an Gewindespindeln für Werkzeugmaschinen benötigt wird.

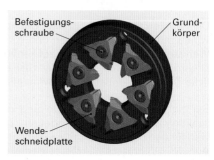

4 Wirbelkopf

Das **Kegeldrehen** auf konventionellen Drehmaschinen ist noch weit verbreitet. Mögliche Verfahrensvarianten sind das Schwenken des Oberschlittens und das Verstellen des Reitstocks (Tabelle 1). Entsprechend der Fertigungsaufgabe wird die Verfahrensvariante gewählt. Nach den Angaben auf der Fertigungszeichnung müssen die benötigten Größen abgelesen oder berechnet und an der Maschine eingestellt werden.

Tabelle 1: Möglichkeiten der Kegelherstellung auf konventionellen Drehmaschinen		
	Schwenken des Oberschlittens	**Verstellen des Reitstocks**
Anwendung	wegen des begrenzten Verfahrweges des Oberschlittens nur für kurze Kegel geeignet	wegen abnehmender Stabilität nur für sehr schlanke Kegel geeignet (maximale Reitstockverstellung 2 % der Werkstücklänge)
Bestimmung der zum Einrichten der Maschine benötigten Größe	Kegelerzeugungswinkel $\frac{\alpha}{2}$ $\tan \frac{\alpha}{2} = \frac{D-d}{2 \cdot L}$	Reitstockverstellung V_R $V_R = \frac{D-d}{2} \cdot \frac{L_w}{L}$
Verfahrensprinzip	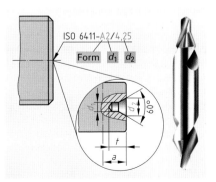	
Hinweise	Die Einstellung des Oberschlittens kann durch eine Kegellehre geprüft werden.	Die Werkstücklänge und die Tiefe der Zentrierbohrung wirken sich auf den Verstellwert aus. Zur Verbesserung der Sicherheit soll als Reitstockspitze eine Kugelform verwendet werden.

Um Maß- und Formfehler zu vermeiden, muss beim Kegeldrehen das Werkzeug exakt auf Werkstückmitte ausgerichtet sein.

Zentrierbohrungen

> Damit Werkstücke zwischen Spitzen gespannt werden können, müssen sie an ihren Stirnseiten zentriert werden.

Zentrierbohrungen werden auf Drehmaschinen mithilfe von Zentrierbohrern hergestellt. Sie sind in Form und Größe genormt und werden entsprechend der Fertigungsaufgabe ausgewählt. Die Auswahl wird hauptsächlich durch

- die Masse und den Werkstückwerkstoff,
- die notwendigen Spannkräfte und
- den technologischen Ablauf bestimmt.

Alle zum Herstellen der Zentrierbohrung notwendigen Angaben sind in der Fertigungszeichnung enthalten (Bild 1).

ISO 6411–A2/4,25

| Form | d_1 | d_2 |

1 Auswahl des Zentrierbohrers

Rotationssymmetrische Flächen mit beliebiger Geometrie

Durch Profildrehen oder Formdrehen werden beliebig geformte Mantelflächen hergestellt. Die Verfahren unterscheiden sich durch die Komplexität von Werkzeug und Vorschubbewegung.

Beim **Profildrehen** ist die herzustellende Form im Werkzeug gespeichert. Deshalb genügt eine einfache Vorschubbewegung, um die Kontur zu fertigen. Das **Formdrehen** ist durch komplizierte Vorschubbewegungen mit einem einfachen Werkzeug gekennzeichnet (Bild 1).

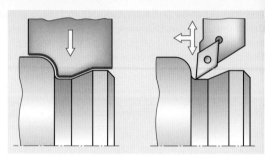

1 Profil- und Formdrehen

Beispiel (Bild 2, S. 147):

Am Aufnahmestück kann das Formelement R8 am ⌀44 durch Quer-Profildrehen hergestellt werden. Das dazu notwendige Werkzeug wird aus einem geeigneten Drehling aus Schnellarbeitsstahl geschliffen. Um Maß- und Formfehler zu vermeiden, muss der Spanwinkel 0° betragen und das Werkzeug beim Einbau exakt auf Werkstückmitte ausgerichtet werden. Steht zur Herstellung des Werkstückes eine CNC-Drehmaschine mit Bahnsteuerung zur Verfügung, lässt sich das Element R8 effektiver durch Formdrehen erzeugen.

Das Formdrehen auf konventionellen Drehmaschinen ist aufwändig, kompliziert, auf relativ einfache Formen beschränkt und genügt oft nicht den Genauigkeitsanforderungen. Der Einsatz von modernen CNC-Drehmaschinen verbessert entscheidend die Möglichkeiten der Fertigung von beliebigen rotationssymmetrischen Mantelflächen. Durch die Überlagerung von Längs- und Querbewegungen der Achsschlitten lassen sich beliebige geometrisch bestimmbare Konturen erzeugen. Komfortable Programmzyklen erleichtern die Vorbearbeitung.

Beim **Nachformdrehen** wird ein Muster des herzustellenden Werkstückes abgetastet. Die Bewegung des Tasters wird verstärkt und auf das Drehwerkzeug übertragen (Bild 2). Das Nachformdrehen findet bei vorhandenem Maschinenpark in der automatisierten Klein- und Mittelserienfertigung Anwendung. Beim **Freiformdrehen** bewegt der Maschinenbediener den Werkzeugschlitten und den Planschlitten von Hand, um die gewünschte Form zu erzeugen. Die entstehende Kontur wird mithilfe einer Lehre geprüft. Dieses Verfahren wird an Einzelteilen eingesetzt, wenn größere Form- und Maßabweichungen zulässig sind.

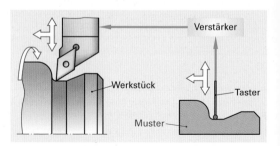

2 Nachformdrehen

Außermittig liegende Formen

Formelemente an kleinen Werkstücken, deren Symmetrieachsen nicht deckungsgleich mit der Mittelachse des Werkstücks sind, aber parallel dazu liegen, werden auf konventionellen Drehmaschinen durch **Außermittedrehen** hergestellt (Bild 3). Das Werkstück erhält an beiden Planflächen zusätzliche Zentrierbohrungen, die sich auf der Symmetrieachse der außermittig liegenden Form befinden. Zur Bearbeitung wird das Werkstück darüber gespannt.

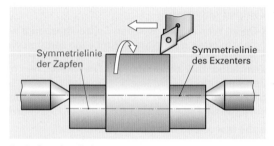

3 Außermittedrehen

Futterteile können auch auf einer Planscheibe ausgerichtet und gespannt werden. Für die Herstellung großer exzentrischer Teile werden spezielle Vorrichtungen und Maschinen verwendet.

Auf CNC-Drehmaschinen mit steuerbarer Hauptspindelbewegung (C-Achse) kann die exzentrische Form durch Interpolation zwischen der C-Achse und dem Quervorschub des Drehmeißels (X-Achse) erzeugt werden.

Ist die Maschine im Werkzeugrevolver mit angetriebenen Werkzeugen ausgerüstet, lassen sich diese und noch wesentlich komplexere Formen sehr effektiv durch Fräsen herstellen (Bild 1). Das Vorhandensein einer realen Y-Achse an der Maschine eröffnet weitere Fertigungsmöglichkeiten.

Prägungen (Rändel)

> Oberflächenstrukturen an Werkstückflächen können durch Rändeldrücken oder Rändelfräsen hergestellt werden.

1 Herstellen eines Sechskants an einem Drehteil

Beim **Rändeldrücken** entsteht die Oberfläche durch spanlose Formung. Während der Bearbeitung drücken die an einer stabilen Aufnahme befestigten Rändelräder ihr Oberflächenprofil in das Werkstück (Bild 2). Je nach Prägung vergrößert sich dadurch der Werkstückdurchmesser um 1/3 bis 2/3 der Rändelteilung. Die mechanische Beanspruchung von Werkstück und Werkzeug ist sehr hoch. Deshalb wird mit einer geringen Schnittgeschwindigkeit und reichlich Kühlschmierstoff gearbeitet. Ist die herzustellende Prägung breiter als das Rändelrad, so kann der Längsvorschub verwendet werden.

Beim **Rändelfräsen** entsteht die Oberfläche durch Spanabnahme. Die mechanische Beanspruchung ist kleiner. Deshalb wird dieses Verfahren zum Bearbeiten von weniger stabilen Werkstücken eingesetzt (Bild 3).

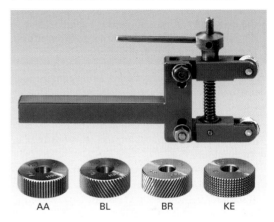

2 Rändelwerkzeug und Rändelräder

Für das Herstellen verschiedener Prägungen werden unterschiedliche Rändelräder bzw. deren Kombination benötigt. Beim Rändeldrücken werden Rändelräder mit Fase eingesetzt. Die Rändelräder zum Rändelfräsen sind scharfkantig. Rändelräder gibt es in verschiedenen genormten Teilungen. In Abhängigkeit von Werkstückdurchmesser, Rändelbreite und Werkstoff wird die Größe der Teilung festgelegt.

3 Rändelfräsen

Aufgaben

1 Unterscheiden Sie das Schäldrehen von anderen Drehverfahren.

2 Erläutern Sie, weshalb Querplandrehen bis auf Werkstückmitte zu vermeiden ist.

3 Welche Maßnahmen sind notwendig, um beim Abstechen die Vibrationsgefahr zu verringern?

4 Worauf ist beim Stechen einer Nut in die Planfläche des Werkstücks zu achten?

5 Unterscheiden Sie Gewindedrehen und Gewindestrehlen.

6 Wovon ist die Anzahl der Schnitte beim Gewindedrehen abhängig?

7 Erläutern Sie Möglichkeiten der Kegelherstellung auf konventionellen Drehmaschinen.

8 Wovon sind Form und Größe von Zentrierbohrungen abhängig?

5.2.7 Arbeitsplanung beim Drehen

Die praktische Tätigkeit eines Facharbeiters erfordert in hohem Maße eigenverantwortliches Handeln. Reagieren auf unterschiedliche Kundenwünsche, vor allem bei Kleinserien und Einzelanfertigungen, ist unerlässlich. Bei Großserien stehen ausgereifte Arbeitsunterlagen zur Verfügung, die aufgabenspezifisch abzuarbeiten sind. Je nach Arbeitsaufgabe und Einsatzbedingungen, d.h. Größe und Organisation des Unternehmens, muss der Facharbeiter bestimmte Teilaufgaben der Auftragsabwicklung selbstständig übernehmen.

In ständig steigendem Maße ist von ihm die **Arbeitsplanung** zu realisieren. Daran schließen sich weitere Teilaufgaben des Arbeitsauftrages an wie Bestimmung der Einstellwerte, Festlegung der Spannmittel, Veränderungen der vorhandenen CNC-Programme und die Qualitätskontrolle.

Allgemeine Grundlagen der Arbeitsplanung

Für die in Bild 1 dargestellten typischen durch Dreh-, Fräs- und Schleifbearbeitung hergestellten Werkstücke muss eine Fertigungsfolge so aufgebaut werden, dass sie kostengünstig ist.

> Die gesamte Auftragsabwicklung gliedert sich in die Bereiche **Konstruktion, Arbeitsvorbereitung, Fertigung** und **Qualitätskontrolle**.

Wie und womit produziert wird, sind Festlegungen der Arbeitsplanung (Teilgebiet der Arbeitsvorbereitung), die sich in vier Schritte gliedert:

- **Bestimmung des Ausgangsmaterials**
  (Festlegung von Rohteilart und -abmessung)
- **Technologie**
  (schrittweise Werkstückentstehung)
- **Auswahl der Fertigungs-, Spann- u. Hilfsmittel**
  (Eindeutige Zuordnung Werkstück – Werkzeug)
- **Vorgabezeit** (Fertigungszeit)

Vorgabezeit

Das ist die auf den arbeitenden Menschen bezogene **Auftragszeit**, die das gesamte Zeitvolumen zur Realisierung eines Arbeitsauftrages beinhaltet. Sie ist die notwendige Grundlage für die **Planung, Durchführung** und **Entlohnung** von Arbeitsabläufen. Vorgabezeiten können je nach Arbeitsauftrag ermittelt werden durch:

- **Vergleichendes Schätzen**
  (ähnliche Arbeitsaufgaben)
- **Planzeiten**
  (wiederkehrende Arbeitsvorgänge)
- **Arbeitsplatzgebundene Zeitaufnahmen**
  (Zeitmessung)
- **Berechnungen** (Hauptnutzungszeit)

Nach **REFA** – Verband für Arbeitsstudien und Betriebsorganisation e.V. – setzt sich die **Auftragszeit** T aus der Rüstzeit t_r und der Ausführungszeit t_a zusammen (Übersicht 1).

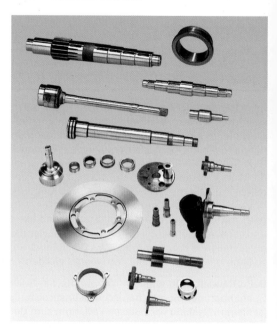

1 Fertigungsbeispiele

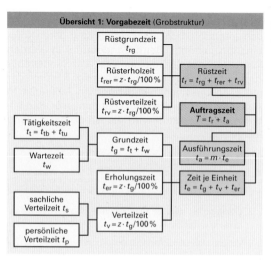

Übersicht 1: Vorgabezeit (Grobstruktur)

Rüstgrundzeit t_{rg}

Rüsterholzeit $t_{rer} = z \cdot t_{rg}/100\%$

Rüstzeit $t_r = t_{rg} + t_{rer} + t_{rv}$

Rüstverteilzeit $t_{rv} = z \cdot t_{rg}/100\%$

Auftragszeit $T = t_r + t_a$

Tätigkeitszeit $t_t = t_{tb} + t_{tu}$

Grundzeit $t_g = t_t + t_w$

Ausführungszeit $t_a = m \cdot t_e$

Wartezeit t_w

Erholungszeit $t_{er} = z \cdot t_g/100\%$

Zeit je Einheit $t_e = t_g + t_v + t_{er}$

sachliche Verteilzeit t_s

Verteilzeit $t_v = z \cdot t_g/100\%$

persönliche Verteilzeit t_p

> **Rüstzeit t_r:** Erfasst alle erforderlichen Zeiten für die Arbeitsbereitschaft der Maschine
> **Ausführungszeit t_a:** Ist die Fertigungszeit je Einheit t_e multipliziert mit der Stückzahl m

Berechnungen und Beispiele zur Arbeitsplanung

Unabhängig vom Schwierigkeitsgrad der Arbeitsaufgabe und vom anzuwendenden Drehverfahren mit den zugehörigen Werkzeugen gilt für die Arbeitsplanung von Drehteilen eine gemeinsame Berechnungsgrundlage. Zu beachten sind die unterschiedlichen Werkzeugbewegungen der einzelnen Drehverfahren bei den verschiedenen Arbeitsaufgaben, die sich jedoch sinnvoll einschränken lassen.

> Wesentlich für die Arbeitsplanung sind die Berechnungen bzw. die Festlegung von Maschineneinstellwerten (Tabellenwerte oder praktische Erfahrungswerte), die Werkzeugwahl, der Einsatz der erforderlichen Spannmittel sowie die zu verwendenden Hilfsstoffe.

Berechnungsgrundlagen:

1. **Vorschub „f":**

$$f = \sqrt{8 \cdot Rth \cdot r_\varepsilon}$$

f : Vorschub des Werkzeuges (mm)
Rth : Theoretische Rauheit (mm) $Rth \sim Rz$
r_ε : Eckenradius des Drehmeißels (mm)

2. **Schnitttiefe „a_p":** Die Schnitttiefe kann aus dem Spanungsverhältnis $G = a_p/f$ festgelegt werden. Bestimmte Zahlenwerte sind nur in Verbindung mit konkreten Aussagen zu den verwendeten Werkzeugen, Drehverfahren, Maschinen und den zu bearbeitenden Werkstoffen möglich. Eine günstige Spanbildung ist bei einem Verhältnis $G = 2:1$ bis $10:1$ zu erwarten. Schneidstoffspezifische Spanungsverhältnisse:

Schneidstoff	Schlichten	Schruppen
HM-gelötet	3:1	10:1
-Wendeplatten	5:1	8:1
Cermet	5:1	7:1
Keramik	2:1	–

3. **Drehzahl „n":**

$$n = \frac{v_c}{\pi \cdot d}$$

Die an der Werkzeugmaschine einzustellende Drehzahl n (1/min) ist vom Drehdurchmesser und der Werkstoff-Schneidstoffpaarung (v_c-Wert) abhängig.

Verfahrensmerkmale:

1. Längsrunddrehen

   Vorschub „f": Berechnungsgröße – abhängig von der geforderten Oberflächenrauheit und dem Eckenradius des Werkzeugs

   Schnitttiefe „a_p": Aufgabengebundene Größe (Schlichten/Schruppen)

   Drehzahl „n": Berechnungsgröße – abhängig vom Werkstückdurchmesser ($\varnothing$ = konst.) und dem ermittelten Schnittgeschwindigkeitswert (Bild 1)

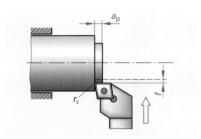

1 Einstellwerte: Längsrunddrehen

2. Querplandrehen

   Vorschub „f": Konstante Berechnungsgröße oder von Hand

   Zustellung „a_p": Konstante Einstellungsgröße

   Drehzahl „n": Berechnungsgröße – abhängig von der ermittelten Schnittgeschwindigkeit und dem Anfangsdurchmesser Wst.-$\varnothing \downarrow \Rightarrow Rz \uparrow$ (Bild 2)

2 Einstellwerte: Querplandrehen

> Die Arbeitsplanung für alle weiteren Drehverfahren (Tabellen, S. 147, 148) kann auf der Grundlage von Längsrund- und Querplandrehen erfolgen.

Berechnungsbeispiel

Aufgabe: Für die vereinfachte Fertigungsfolge der Halteplatte (Bild 1) aus 16MnCr5 (1.7131) ist mit der vorgegebenen Berechnungsgrundlage die Arbeitsplanung für die Drehbearbeitung durchzuführen. Die ermittelten Ergebnisse für die Verfahrensskizzen, die verwendeten Werkzeuge und die berechneten Einstellwerte sind in Tabellenform zusammenzustellen.

Arbeitsschritte beim Drehen:

10 Spannen des Rohteils ⌀125 x 13 in Weichbacken

20 Zentrieren und Bohren ⌀20 mm

30 Bohrung auf ⌀68 x 5 und ⌀90 x 5H7 aufdrehen

40 Werkstück innen spannen

50 Querplandrehen 1. Seite

60 Längsrunddrehen des Rohteils auf ⌀120 x 10,5

70 Werkstück wenden

80 Querplandrehen der 2. Seite auf die Werkstückdicke von 10 mm

90 2. Seite mit 2 x 45° anfasen

100 Qualitätskontrolle

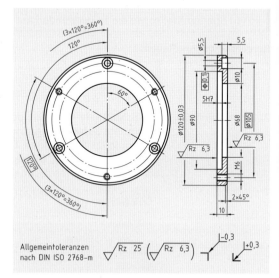

1 Halteplatte (Berechnungsbeispiel)

Arbeitsschritt 30:

geg.:   Bohrungsdurchmesser ⌀ = 20 mm, Rauheit Rz 25 µm, Werkstoff 16MnCr5, Innendrehmeißel $r_\varepsilon = 0,4$ mm (hartmetallbestückt)

ges.:   Einstellwerte: Vorschub f (mm), Schnitttiefe a_p (mm), Drehzahl n ($\frac{1}{min}$)

Lösung: Bearbeitungsaufgabe: (Bild 2)

Längsrunddrehen **innen ⌀68 x 5 und ⌀90 x 5H7**

Schlichtbearbeitung Rz 25 µm, HM: **P10** (beschichtet)

Wendeschneidplatte CCGH 11 03 04 F

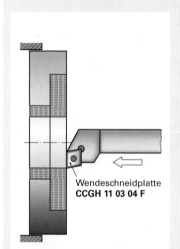

Wendeschneidplatte CCGH 11 03 04 F

2 Bohrung ⌀20 aufdrehen

$$f = \sqrt{8 \cdot Rz \cdot r_\varepsilon}$$

$$f = \sqrt{8 \cdot 0,025 \text{ mm} \cdot 0,4 \text{ mm}}$$

$$\mathbf{f = 0,28 \text{ mm}}$$

$$a_p = 4 \cdot f$$

$$a_p = 4 \cdot 0,28 \text{ mm}$$

a_p (theoret.) bis ≈ 1,13 mm möglich

a_p (prakt.) < 0,5 mm

Messansatz drehen – Werkstück messen – weitere Schnitttiefe

a_p < 0,5 mm auf die vorgeschriebenen ⌀68 mm, ⌀90 mm

$$n = \frac{v_c}{\pi \cdot d}$$

v_c **= 100 m/min** (Tabellenwert aus der Kombination: 16MnCr5/P10 beschichtet)

$$n = \frac{1000 \frac{mm}{m} \cdot 100 \frac{m}{min}}{\pi \cdot 20 \text{ mm}}$$

$$n = 1592 \tfrac{1}{min}$$

$$\mathbf{n_{R20} = 1600 \tfrac{1}{min}}$$

Arbeitsschritt 50:

geg.: Werkstückdurchmesser ⌀125 mm (Ausgangsmaterial), Rauheit der Planseite Rz 6,3 μm, Werkstoff 16MnCr5, Drehmeißelradius r_ε = 0,4 mm (hartmetallbestückt)

ges: Einstellwerte: Vorschub f (mm), Zustellung a_p (mm), Drehzahl n ($\frac{1}{\text{min}}$)

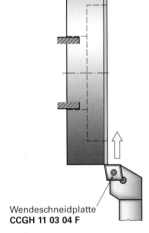

Wendeschneidplatte
CCGH 11 03 04 F

1 Querplandrehen 1. Seite

Lösung: Bearbeitungsaufgabe: **Querplan**drehen **1. Seite** (Bild 1)

Schlichtbearbeitung (Rz 6,3 μm), HM: **P10** (beschichtet)

Wendeschneidplatte CCGH 11 03 04 F

$f = \sqrt{8 \cdot Rz \cdot r_\varepsilon}$

$f = \sqrt{8 \cdot 0{,}0063 \text{ mm} \cdot 0{,}4 \text{ mm}}$

$f = \mathbf{0{,}14}$ **mm**

$a_p \approx 4 \cdot f$

$a_p \approx 4 \cdot 0{,}14$ mm

a_p (theoret.) bis ≈ 0,57 mm

a_p **(prakt.) 0,5 mm ... 1 mm** – Schnitttiefe ist abhängig vom vorangegangenen Trennverfahren

$n = \dfrac{v_c}{\pi \cdot d}$; $n = \dfrac{1000 \frac{\text{mm}}{\text{m}} \cdot 200 \frac{\text{m}}{\text{min}}}{\pi \cdot 125 \text{ mm}}$

v_c = **200 m/min** (Tabellenwert) aus der Kombination: 16MnCr5/P10 beschichtet)

n = 509,3 $\frac{1}{\text{min}}$

n_{R20} = **500** $\frac{1}{\text{min}}$

Arbeitsschritt 60:

geg.: Werkstückdurchmesser ⌀125 mm (Ausgangsdurchmesser), Rauheit der Umfangsfläche Rz 25 μm, Werkstoff 16MnCr5, Drehmeißelradius r_ε = 0,4 mm (mit HM)

ges: Einstellwerte: Vorschub f (mm), Schnitttiefe a_p (mm), Drehzahl n ($\frac{1}{\text{min}}$)

Lösung: Bearbeitungsaufgabe: **Längsrund**drehen (Bild 2)

Schlichtbearbeitung Rz 25 μm

Wendeschneidplatte CCGH 11 03 04 F, HM: **P10** (beschichtet)

$f = \sqrt{8 \cdot Rz \cdot r_\varepsilon}$

$f = \sqrt{8 \cdot 0{,}025 \text{ mm} \cdot 0{,}4 \text{ mm}}$

$f = \mathbf{0{,}28}$ **mm**

$a_p \approx 4 \cdot f$

$a_p \approx 4 \cdot 0{,}28$ mm

a_p (theoret.) bis ≈ 1,13 mm

a_p **gewählt = 0,8 mm**

(a_p-Werte entsprechend der Arbeitsaufgabe ⌀125 ⇒ ⌀120)

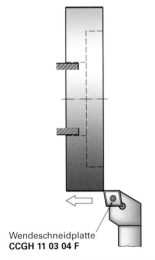

Wendeschneidplatte
CCGH 11 03 04 F

2 Längsrunddrehen ⌀120 x 10,5

$n = \dfrac{v_c}{\pi \cdot d}$

$n = \dfrac{1000 \frac{\text{mm}}{\text{m}} \cdot 100 \frac{\text{m}}{\text{min}}}{\pi \cdot 120 \text{ mm}}$

v_c = **100 m/min** (Tabellenwerte aus der Kombination 16 MnCr5/P10 beschichtet)

n = 265 $\frac{1}{\text{min}}$

n_{R20} = **250** $\frac{1}{\text{min}}$

Arbeitsschritt 80:

geg.: Werkstückdurchmesser $\varnothing$120 mm (Ausgangsmaterial), Rauheit der Planseite Rz 6,3 µm, Werkstoff 16MnCr5, Drehmeißelradius $r_\varepsilon = 0{,}4$ mm (hartmetallbestückt)

ges: Einstellwerte: Vorschub f (mm), Schnitttiefe a_p (mm), Drehzahl n $\left(\frac{1}{min}\right)$

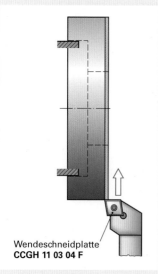

Wendeschneidplatte
CCGH 11 03 04 F

1 Querplandrehen 2. Seite auf Maß

Lösung: Bearbeitungsaufgabe: **Querplan**drehen **2. Seite** (Bild 1)

Schlichtbearbeitung (Rz 6,3 µm), HM : **P10** (beschichtet)

Wendeschneidplatte CCGH 11 03 04 F

$f = \sqrt{8 \cdot Rz \cdot r_\varepsilon}$

$f = \sqrt{8 \cdot 0{,}0063 \text{ mm} \cdot 0{,}4 \text{ mm}}$

$f = 0{,}14$ mm

$a_p \approx 4 \cdot f$

$a_p \approx 4 \cdot 0{,}14$ mm

a_p (theoret.) bis $\approx 0{,}56$ mm

a_p (prakt.) 0,5 mm ... 1 mm – Schnitttiefe auf Maß

$n = \dfrac{v_c}{\pi \cdot d}$; $\qquad n = \dfrac{1000 \frac{mm}{m} \cdot 200 \frac{m}{min}}{\pi \cdot 120 \text{ mm}}$

v_c = 200 m/min (Tabellenwert aus der Kombination: 16MnCr5/P10 beschichtet)

$n = 530{,}5 \frac{1}{min}$

$n_{R20} = 500 \frac{1}{min}$

Arbeitsschritt 90:

geg.: Werkstückdurchmesser $\varnothing$120 mm (Ausgangsmaterial), Rauheit der Planseite Rz 25 µm, Werkstoff 16MnCr5, Drehmeißelradius $r_\varepsilon = 0{,}4$ mm (hartmetallbestückt)

ges: Einstellwerte: Vorschub f (mm), Schnitttiefe a_p (mm), Drehzahl n $\left(\frac{1}{min}\right)$

Lösung: Bearbeitungsaufgabe: **Querplan**drehen (Bild 2)

Schlichtbearbeitung (Rz 25 µm), HM : **P10** (beschichtet)

Wendeschneidplatte CCGH 11 03 04 F

$f = \sqrt{8 \cdot Rz \cdot r_\varepsilon}$

$f = \sqrt{8 \cdot 0{,}025 \text{ mm} \cdot 0{,}4 \text{ mm}}$

$f = 0{,}28$ mm

$a_p \approx 4 \cdot f$

$a_p \approx 4 \cdot 0{,}28$ mm

a_p (theoret.) bis $\approx 1{,}13$ mm

a_p (prakt.) 0,5 mm ... 1 mm – Schnitttiefe

$n = \dfrac{v_c}{\pi \cdot d}$; $\qquad n = \dfrac{1000 \frac{mm}{m} \cdot 100 \frac{m}{min}}{\pi \cdot 120 \text{ mm}}$

v_c = 100 m/min (Tabellenwert aus der Kombination: 16MnCr5/P10 beschichtet)

$n = 265 \frac{1}{min}$

$n_{R20} = 250 \frac{1}{min}$

Wendeschneidplatte
CCGH 11 03 04 F

2 Fase 2 x 45° drehen

Ergebniszusammenstellung

Arbeitsschritt	Verfahrensskizze	Werkzeug		Einstellwerte		
		Form	Schneidstoff	f (mm)	a_p (mm)	n_{R20} (1/min)
10 Werkstück spannen						
30 Bohrung auf $\varnothing$ 68,5 und $\varnothing$ 90 x 5H7 aufdrehen		DIN 4974 $r_\varepsilon = 0,4$ mm	P10 beschichtet	0,28	< 0,5	1600
50 Querplandrehen 1. Seite		DIN 4977 $r_\varepsilon = 0,4$ mm	P10 beschichtet	0,14	... 1 mm	500
60 Längsgrunddrehen $\varnothing$ 120 x 10,5		DIN 4980 $r_\varepsilon = 0,4$ mm	P10 beschichtet	0,28	0,8	250
80 Querplandrehen 2. Seite auf Maß		DIN 4977 $r_\varepsilon = 0,2$ mm	P10 beschichtet	0,14	auf Maß	500
90 Fase 2 x 45° drehen		DIN 4977 $r_\varepsilon = 0,4$ mm	P10 beschichtet	0,28	... 1 mm	250

Übungsbeispiel zur Arbeitsplanung Drehen: Werkstoff: 45Cr2 (1.7005)
Erarbeiten Sie für die typische Werkstückform (Welle) den Fertigungsplan, vereinfacht dargestellt in der Spalte **„Verfahrensskizze"**. Legen Sie die zu verwendenden **„Werkzeuge (Form und Schneidstoff)"** fest und berechnen Sie nach der allgemein gültigen Berechnungsgrundlage die **„Einstellwerte"** für den **Vorschub „f"** (mm), die **Schnitttiefe „a_p"** (mm) und die **Drehzahl „n"** (1/min).

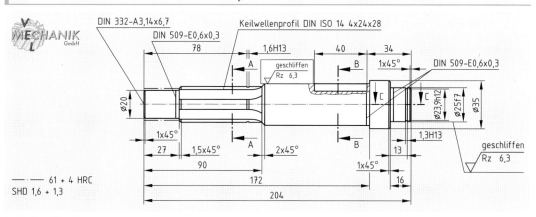

1   Keilprofilwelle

Berechnungen zur Arbeitsplanung

Die Berechnung der **Hauptnutzungszeit** t_h (min) beim Drehen (Bild 2) erfordert eine exakte Unterscheidung der angewendeten Fertigungsverfahren. Die folgende Berechnung ist auf die vorangegangene Bearbeitung des **Drehteils** (Einführungsbeispiel Bild 1) bezogen. Das Rohteil wird im Arbeitsschritt 50 an einer Planseite schlichtend ($Rz = 6,3$ µm) bearbeitet. Die verfahrensspezifischen Berechnungsgrößen sind aus der Zuordnung im Tabellenbuch **Querplandrehen (Hohlzylinder)** ersichtlich.

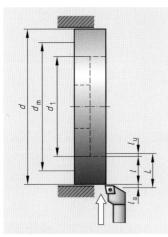

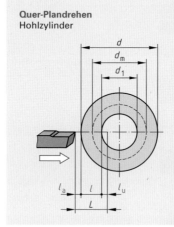

Quer-Plandrehen
Hohlzylinder

Vorschubweg

$$L = \frac{d - d_1}{2} + l_a \cdot l_u$$

Mittlerer Durchmesser   **Drehzahl**

$$d_m = \frac{d + d_1}{2}; \quad n = \frac{v_c}{\pi \cdot d_m}$$

Hauptnutzungszeit

$$t_h = \frac{\pi \cdot d_m; L \cdot i}{v_c \cdot f}$$

1   **Drehteil (Arbeitsschritt 50)**   2   **Hauptnutzungszeit beim Querplandrehen (Hohlzylinder)**

geg.: $d = 25$ mm   ges.: Vorschubweg L (mm),   Berechnungs- bzw. Tabellenwerte:
$d_1 = 90$ mm   mittlerer Durchmesser d_m in mm $f = 0,90$ mm
$l_a = l_u = 1,5$ mm (allg. festgelegt!)   Hauptnutzungszeit t_h (min) $v_c = 200 \frac{m}{min}$

$$L = \frac{d - d_1}{2} + l_a + l_u \qquad d_m = \frac{d + d_1}{2} \qquad t_h = \frac{\pi \cdot d_m \cdot L \cdot i}{v_c \cdot f}$$

$$L = \frac{25 \text{ mm} - 14 \text{ mm}}{2} + 1,5 \text{ mm} + 1,5 \text{ mm} \qquad d_m = \frac{25 \text{ mm} + 14 \text{ mm}}{2} \qquad t_h = \frac{\pi \cdot 107,5 \text{ mm} \cdot 20,5 \text{ mm} \cdot 1}{200000 \frac{mm}{min} \cdot 0,14 \text{ mm}}$$

$$L = 20,5 \text{ mm} \qquad\qquad d_m = 107,5 \text{ mm} \qquad\qquad t_h = 0,25 \text{ min}$$

Für die Bearbeitung der ersten Planseite in einem Schnitt (Fertigungsschritt 30) wird eine Hauptnutzungszeit von 15 s benötigt.

Beim Einsatz einer **beschichteten Wendeschneidplatte** (Typ MA US 735 – ultradünne TiC/TiN-Zweilagenschicht 4 µm) ergeben die vom Hersteller empfohlenen Schnittdaten betriebswirtschaftliche Vorteile. Die Werte für den **Vorschub f** und die **Schnitttiefe a_p** liegen im Bereich der allgemeinen Zerspanungswerte. Beeindruckend ist die fast **3-fache** Standzeitverlängerung, durch den geringen Freiflächenverschleiß VB (mm) dokumentiert (Bild 3).

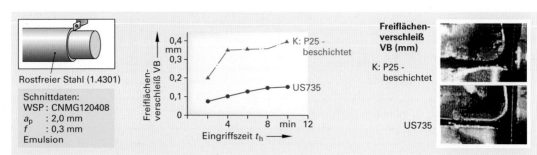

Rostfreier Stahl (1.4301)

Schnittdaten:
WSP: CNMG120408
a_p : 2,0 mm
f : 0,3 mm
Emulsion

Freiflächenverschleiß VB (mm)

K: P25 - beschichtet

K: P25 - beschichtet

US735

3   **Leistungsdiagramm von US 735**

Komplexaufgabe zur Arbeitsplanung Drehen

Für das in der Zeichnung dargestellte Aufnahmestück (Bild 1) ist die vollständige Arbeitsplanung nach dem vorangegangenen Schema durchzuführen.

Fertigungsspezifische Besonderheiten werden für den entsprechenden Arbeitsschritt in den Spalten Verfahrensskizze, Werkzeuge (Form und Schneidstoff) und den Einstellwerten (f, a_p und n) berücksichtigt.

Das Aufnahmestück soll in **Einzelfertigung** nach der Zeichnung hergestellt werden (Bild 2).

Werkstoff: **Vergütungsstahl C60 (1.0601)**

1 Aufnahmestück

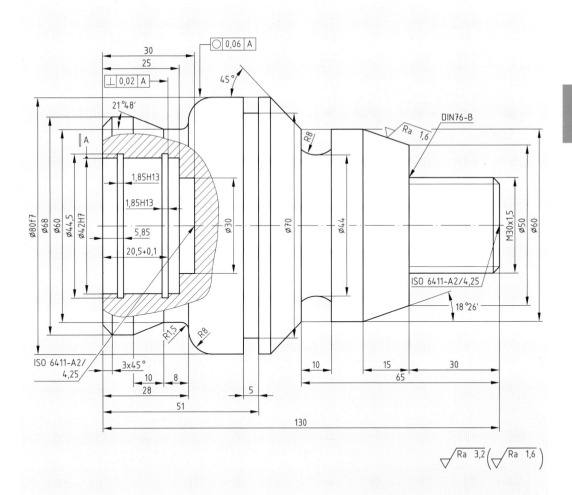

2 Fertigungszeichnung des Aufnahmestückes

Arbeitsschritt 10:

Überprüfung der Rohmaße ⌀90 x 132 lang (**Rd 90 x 132 warmgewalzter Rundstahl** nach **DIN 1013 – C60**) entsprechend der Fertigungszeichnung und Spannen des Rohlings.

Arbeitsschritt 20:

geg.:   Werkstückdurchmesser ⌀90 mm (Ausgangsmaterial), geforderte Rauheit der Planseite Ra 3,2 µm, Werkstoff C60, Drehmeißelradius r_ε = 0,4 mm (hartmetallbestückt)

ges.:   Einstellwerte: Vorschub f (mm), Schnitttiefe a_p (mm), Drehzahl n ($\frac{1}{min}$)

Lösung: Bearbeitungsaufgabe: (Bild 1)
Querplandrehen 1. Seite ⌀90
Schlichtbearbeitung: Ra 3,2 µm ≈ Rz 12,5 µm
Wendeschneidplatte CCGH 11 03 04 F
Hartmetallsorte **P10** (beschichtet)

$$f = \sqrt{8 \cdot Rz \cdot r_\varepsilon}$$
$$f = \sqrt{8 \cdot 0{,}0125 \text{ mm} \cdot 0{,}4 \text{ mm}}$$
$$\mathbf{f = 0{,}2 \text{ mm}}$$

$$a_p \approx 4 \cdot f$$
$$a_p \approx 4 \cdot 0{,}2 \text{ mm}$$
a_p theoretisch bis ~ 0,8 mm möglich
$\mathbf{a_p \approx 0{,}5 \text{ mm} ... 1 \text{ mm}}$ (praktischer Erfahrungswert!)

$$n = \frac{v_c}{\pi \cdot d}$$

v_c = **350 m/min** (Tabellenwert aus der Kombination Werkstoff – Schneidstoff)

$$n = \frac{1000 \frac{mm}{m} \cdot 350 \frac{m}{min}}{\pi \cdot 90 \text{ mm}}$$

$$n = 1238 \tfrac{1}{min}$$
$$\mathbf{n_{R20} = 1250 \tfrac{1}{min}}$$

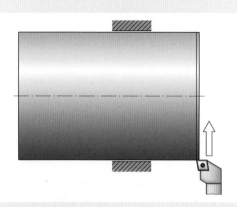

1   Querplandrehen 1. Seite

Arbeitsschritt 30:

geg.:   geplante Werkstückseite, Werkstoff C60, geforderte Rauheit der Zentrierbohrung Ra 3,2 µm

ges.:   Einstellwerte: Vorschub f (mm), Drehzahl n ($\frac{1}{min}$)

Lösung: Bearbeitungsaufgabe: (Bild 2)
Zentrierbohrung 1. Seite nach DIN 332 – A2x4,25

Zentrierbohrer DIN 333 Form **A** aus HSS (unbeschichtet)

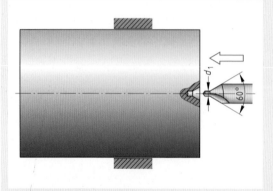

Werte siehe Tabellenbuch:
v_c = **40 m/min**
f = **0,05 mm**

$$n = \frac{v_c}{\pi \cdot d}$$

$$n = \frac{1000 \frac{mm}{m} \cdot 40 \frac{m}{min}}{\pi \cdot 4{,}25 \text{ mm}}$$

$$n = 2996 \tfrac{1}{min}$$
$$\mathbf{n_{R20} = 2800 \tfrac{1}{min}}$$

2   Zentrierbohrung 1. Seite

Arbeitsschritt 40: Werkstück umspannen

Arbeitsschritt 50: Zentrierbohrung 2. Seite – Einstellwerte/Verfahren analog Arbeitsschritt 30

Arbeitsschritt 60: **Querplan**drehen 2. Seite **auf Länge** – Einstellwerte und Drehverfahren analog

Arbeitsschritt 20:

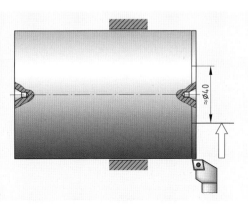

Messansatz drehen

Werkstücklänge ermitteln

Fertigmaß l = 130 mm ist mit einer Zustellung erreichbar (Bild 1)

(! aus nachfolgenden spanntechnischen Gründen nur bis ca. Ø40 fertigdrehen)

1 Plandrehen auf Fertigmaß (Länge l = 130 mm)

Arbeitsschritt 70: Werkstück zur weiteren Bearbeitung **zwischen Spitzen** spannen

Arbeitsschritt 80:

geg.: Werkstückausgangsdurchmesser Ø90, geforderte Rauheit Ra 3,2 µm am Ø80f7, Werkstoff C60, Drehmeißelradien r_ε 1,2 / 0,4 mm (hartmetallbestückt)

ges.: Einstellwerte: Vorschub f (mm), Schnitttiefe a_p (mm), Drehzahl n $(\frac{1}{min})$ für die Schrupp- und Schlichtbearbeitung

Lösung: Bearbeitungsaufgabe: (Bild 2)

Längsrunddrehen Ø90 ⇒ Ø**80f7**

Schruppbearbeitung Ra 16 µm ≈ Rz 63 µm

Schlichtbearbeitung Ra 3,2 µm ≈ Rz 12,5 µm

Wendeschneidplatte CCGH 11 03 04 F

HM: **P10** (beschichtet)

1. Schruppbearbeitung 2. Schlichtbearbeitung
   (Vordrehen)   (Fertigdrehen)

$$f = \sqrt{8 \cdot Rz \cdot r_\varepsilon}$$

$f = \sqrt{8 \cdot 0{,}063 \text{ mm} \cdot 1{,}2 \text{ mm}}$

$f = 0{,}78 \text{ mm}$

$f = \sqrt{8 \cdot 0{,}0125 \text{ mm} \cdot 0{,}4 \text{ mm}}$

$f = 0{,}2 \text{ mm}$

$a_p \approx 7 \cdot f$ $a_p \approx 4 \cdot f$

$a_p \approx 7 \cdot 0{,}78 \text{ mm}$ $a_p \approx 4 \cdot 0{,}2 \text{ mm}$

$a_p \text{ (theoret.)} \approx 5{,}5 \text{ mm}$ $a_p \text{ (theoret.) bis} \approx 0{,}8 \text{ mm}$

$a_p = 2{,}25 \text{ mm}$

$i = 2: ⇒ Ø81 \text{ mm}$ $a_p = 0{,}5 \text{ mm}: ⇒ Ø80f7$

$$n = \frac{v_c}{\pi \cdot d}$$

$n = \dfrac{1000 \frac{mm}{m} \cdot 200 \frac{m}{min}}{\pi \cdot 90 \text{ mm}}$ $n = \dfrac{1000 \frac{mm}{m} \cdot 350 \frac{m}{min}}{\pi \cdot 81 \text{ mm}}$

$n = 707 \frac{1}{min}$ $n = 1375 \frac{1}{min}$

$n_{R20} = 710 \frac{1}{min}$ $n_{R20} = 1400 \frac{1}{min}$

2 Längsrundvor- und -fertigdrehen Ø90 ⇒ Ø80f7

Arbeitsschritt 90:

geg.: Werkstückdurchmesser ∅80f7, geforderte Rauheit Ra = 3,2 µm am ∅68, Werkstoff C60, Drehmeißelradien r_ε = 1,2 mm / 0,4 mm (hartmetallbestückt)

ges.: Einstellwerte: Vorschub f (mm), Zustellung a_p (mm), Drehzahl n ($\frac{1}{min}$) für die Schrupp- und Schlichtbearbeitung

Lösung: Bearbeitungsaufgabe: (Bild 1)

Längsrunddrehen ∅80f7 ⇒ ∅68 x 28
Schruppbearbeitung Ra 16 µm ≈ Rz 63 µm
Schlichtbearbeitung Ra 16 µm ≈ Rz 12,5 µm

Wendeschneidplatte CCGH 11 03 04 F
HM: **P10** (beschichtet)

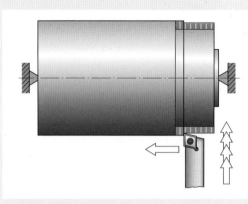

1 Längsrundvor- und -fertigdrehen
   ∅80f7 ⇒ ∅68 x 28

1. Schruppbearbeitung   2. Schlichtbearbeitung
   (Vordrehen)   (Fertigdrehen)

$$f = \sqrt{8 \cdot Rz \cdot r_\varepsilon}$$

$f = \sqrt{8 \cdot 0,063 \text{ mm} \cdot 1,2 \text{ mm}}$
f = 0,78 mm

$\qquad f = \sqrt{8 \cdot 0,0125 \text{ mm} \cdot 0,4 \text{ mm}}$
$\qquad$ **f = 0,2 mm**

$a_p ≈ 7 \cdot f$ $\qquad\qquad a_p ≈ 4 \cdot f$
$a_p ≈ 7 \cdot 0,78$ mm $\qquad a_p ≈ 4 \cdot 0,2$ mm
a_p *(theoret.) bis* ≈ 5,5 mm $\quad a_p$ *(theoret.) bis* ≈ 0,8 mm
a_p = 2,75 mm $\qquad\qquad$ **a_p= 0,5 mm**: ⇒ ∅68 mm
i = 2: ⇒ ∅69 mm

$$n = \frac{v_c}{\pi \cdot d}$$

$n = \dfrac{1000 \frac{mm}{m} \cdot 200 \frac{m}{min}}{\pi \cdot 80 \text{ mm}}$ $\qquad n = \dfrac{1000 \frac{mm}{m} \cdot 350 \frac{m}{min}}{\pi \cdot 69 \text{ mm}}$

n = 796 $\frac{1}{min}$ $\qquad\qquad n$ = 1615 $\frac{1}{min}$
n_{R20} = **800** $\frac{1}{min}$ $\qquad\quad n_{R20}$ = **1600** $\frac{1}{min}$

Arbeitsschritt 100:

geg.: Werkstückdurchmesser ∅68, geforderte Rauheit der Fase Ra 3,2 µm, Werkstoff C60
Einstellwinkel am Drehmeißel κ = 45°, hartmetallbestückt

ges.: Einstellwerte: Vorschub f (mm), Schnitttiefe a_p (mm) Drehzahl n ($\frac{1}{min}$)

Lösung: Bearbeitungsaufgabe (Bild 2)

Längsdrehen: Fase 3 x 45°
Schlichtbearbeitung Ra 3,2 µm ≈ Rz 12,5 µm

Wendeschneidplatte SCGH 10 03 04 F
P10 (beschichtet)

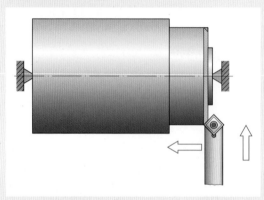

2 Längsdrehen der Fase 3 x 45°

Berechnung des Vorschubes f mit der allgemeinen Formel $f = \sqrt{8 \cdot Rz \cdot r_\varepsilon}$ nicht möglich!

Praktische Erfahrungswerte:

Vorschub f durch **Handzustellung**
Schnitttiefe a_p entspricht der **Fasengröße**
Drehzahl n ≈ **400** $\frac{1}{min}$

Arbeitsschritt 110:

geg.: Werkstückdurchmesser ∅68, geforderte Rauheit Ra 3,2 µm am ∅60 mm, Werkstoff C60, hartmetallbestückt

ges.: Einstellwerte: Vorschub f (mm), Schnitttiefe a_p (mm), Drehzahl n ($\frac{1}{min}$)

Lösung: Bearbeitungsaufgabe: (Bild 1)

Einstechdrehen **∅68** ⇒ **∅60 (R2,5)**

Schlichtbearbeitung Ra 3,2 µm ≈ Rz 12,5 µm

Breiter Drehmeißel DIN 4976/ISO 4, HM: **P10** (gelötet)

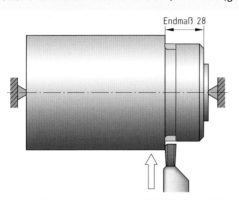

Berechnung des Vorschubes **f** mit der allgemeinen Formel $f = \sqrt{8 \cdot Rz \cdot r_\varepsilon}$ nicht möglich!

Praktische Erfahrungswerte:

Vorschub **f** durch **Handzustellung**

Schnitttiefe $\boldsymbol{a_p}$ entspricht der **Einstichbreite**

Drehzahl $\boldsymbol{n}$ ≈ **400** $\frac{1}{min}$

1 Einstechdrehen ∅68 ⇒ ∅60 (R2,5)

Arbeitsschritt 120:

geg.: Werkstückdurchmesser ∅68/60, geforderte Rauheit der Kegelfläche Ra 3,2 µm, Werkstoff C60, Drehmeißeleckenradius r_ε = 0,4 mm, hartmetallbestückt

ges.: Einstellwerte: Vorschub f (mm), Schnitttiefe a_p (mm), Drehzahl n ($\frac{1}{min}$), Einstellwinkel $\alpha/2$

Lösung: Bearbeitungsaufgabe: (Bild 2)

Längsrundkegeldrehen ▷ 1 : 1,25

Schlichtbearbeitung Ra 3,2 µm ≈ Rz 12,5 µm

Wendeschneidplatte CCGH 11 03 04 F
P10 (beschichtet)

$$f = \sqrt{8 \cdot Rz \cdot r_\varepsilon}$$
$$f = \sqrt{8 \cdot 0,0125\ mm \cdot 0,4\ mm}$$
$$\boldsymbol{f = 0,2\ mm}$$

$$a_p \approx 4 \cdot f$$
$$a_p \approx 4 \cdot 0,2\ mm$$
$$a_p\ (theoret.)\ bis \approx 0,8\ mm$$
$$i = 5:\ \boldsymbol{a_p = 0,8\ mm}$$

$$n = \frac{v_c}{\pi \cdot d}$$

$$n = \frac{1000\ \frac{mm}{m} \cdot 350\ \frac{m}{min}}{\pi \cdot 68\ mm}$$

$$n = 1638\ \tfrac{1}{min}$$
$$\boldsymbol{n_{R20} = 1600\ \tfrac{1}{min}}$$

$$\tan \alpha/2 = \frac{D - d}{2 \cdot L}$$

$$\tan \alpha/2 = \frac{68\ mm - 60\ mm}{2 \cdot 10\ mm} = \frac{8\ mm}{20\ mm} = 0,4$$

$$\alpha/2 = 21,801° = 21°\ 48'$$

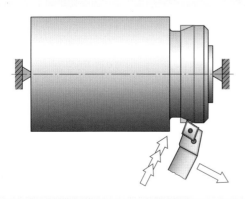

2 Kegeldrehen ▷ 1 : 1,25

Arbeitsschritt 130:

geg.: Werkstückdurchmesser ∅80f7, geforderte Rauheit *Ra* 3,2 µm am Radius R8, Werkstoff
      C60, Schneidstoff des Profildrehmeißels HSS
ges.: Einstellwerte: Vorschub *f* (mm), Schnitttiefe a_p (mm), Drehzahl *n* ($\frac{1}{min}$)

Lösung: Bearbeitungsaufgabe (Bild 1)

Profileinstechdrehen am ∅80 (**R8**)
Schlichtbearbeitung *Ra* 3,2 µm ≈ *Rz* 12,5 µm

Profildrehmeißel **R8** DIN 4964 (Form B), Schneidstoff: **HSS**

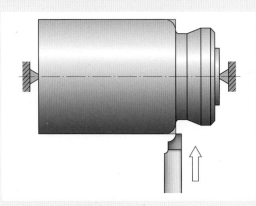

Berechnung des Vorschubes *f* mit der allgemeinen Formel $f = \sqrt{8 \cdot Rz \cdot r_\varepsilon}$ nicht möglich!

Praktische Erfahrungswerte:

Vorschub *f* durch **Handzustellung**
Schnitttiefe a_p entspricht dem **Radius**
Drehzahl *n* < 100 $\frac{1}{min}$

1   Profildrehen Radius R8

Arbeitsschritt 140:

geg.: Werkstückdurchmesser ∅80f7, geforderte Rauheit des Einstichs *Ra* 3,2 µm, Werkstoff
      C60, Stechdrehmeißel hartmetallbestückt
ges.: Einstellwerte: Vorschub *f* (mm), Schnitttiefe a_p (mm), Drehzahl *n* ($\frac{1}{min}$)

Lösung: Bearbeitungsaufgabe: (Bild 2)

Einstechdrehen ∅80f7 ⇒ ∅**70   5 mm breit**
Schlichtbearbeitung *Ra* 3,2 µm ≈ *Rz* 12,5 µm

Wendeschneidplatte LCGW 12 04 F, HM: P10 (beschichtet)

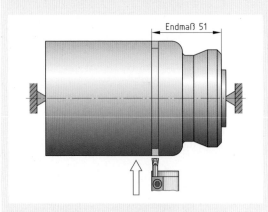

Endmaß 51

Berechnung des Vorschubes *f* mit der allgemeinen Formel $f = \sqrt{8 \cdot Rz \cdot r_\varepsilon}$ nicht möglich!

Praktische Erfahrungswerte:

Vorschub *f* durch **Handzustellung**
Schnitttiefe a_p entspricht der **Nutbreite**
Drehzahl *n* ≈ **400** $\frac{1}{min}$

2   Einstich ∅80 ⇒ ∅70   5 mm breit

Arbeitsschritt 150: Werkstück wenden und zwischen Spitzen spannen

Arbeitsschritt 160:

geg.: Werkstückdurchmesser $\varnothing$80f7, geforderte Rauheit Ra 3,2 µm am $\varnothing$60, Werkstoff C60, Drehmeißelradien
r_ε = 1,2 mm/0,4 mm (hartmetallbestückt)

ges.: Einstellwerte: Vorschub f (mm), Schnitttiefe a_p (mm), Drehzahl n $\left(\frac{1}{min}\right)$ für die Schrupp- und Schlichtbearbeitung

Lösung: Bearbeitungsaufgabe (Bild 1)

Längsrunddrehen $\varnothing$**80f7** $\Rightarrow$ $\varnothing$**60 x 65**

Schruppbearbeitung Ra 16 µm $\approx$ Rz 63 µm

Schlichtbearbeitung Ra 3,2 µm $\approx$ Rz 12,5 µm

Wendeschneidplatte CCGH 11 03 04 F, HM: **P10** (beschichtet)

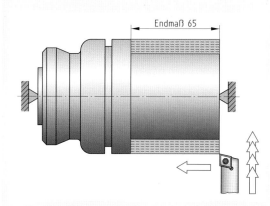

1 Längsrundvor- und -fertigdrehen
$\varnothing$80f7 $\Rightarrow$ $\varnothing$60 x 65

1. Schruppbearbeitung (Vordrehen)
2. Schlichtbearbeitung (Fertigdrehen)

$$f = \sqrt{8 \cdot Rz \cdot r_\varepsilon}$$

$f = \sqrt{8 \cdot 0{,}063 \text{ mm} \cdot 1{,}2 \text{ mm}}$ $f = \sqrt{8 \cdot 0{,}0125 \text{ mm} \cdot 0{,}4 \text{ mm}}$

$\mathbf{f = 0{,}78}$ **mm** $\mathbf{f = 0{,}2}$ **mm**

$a_p \approx 7 \cdot f$ $a_p \approx 4 \cdot f$

$a_p \approx 7 \cdot 0{,}78$ mm $a_p \approx 4 \cdot 0{,}8$ mm

a_p (theoret.) bis $\approx 5{,}5$ mm a_p (theoret.) bis ≈ 3 mm

$\mathbf{a_p = 3{,}0}$ **mm** $\mathbf{a_p = 0{,}5}$ **mm**

i = 3 Schnitte, es entsteht ein $\varnothing_{Wst} = 62$ mm i = 2 Schnitte, es entsteht ein $\varnothing_{Wst} = 60$ mm

$$n = \frac{v_c}{\pi \cdot d}$$

$n = \dfrac{1000 \frac{mm}{m} \cdot 200 \frac{m}{min}}{\pi \cdot 80 \text{ mm}}$ $n = \dfrac{1000 \frac{mm}{m} \cdot 350 \frac{m}{min}}{\pi \cdot 62 \text{ mm}}$

$n = 796 \frac{1}{min}$ $n = 1797 \frac{1}{min}$

$\mathbf{n_{R20} = 800} \frac{1}{min}$ $\mathbf{n_{R20} = 1800} \frac{1}{min}$

Arbeitsschritt 170:

geg.: Werkstückdurchmesser $\varnothing$60 mm, geforderte Rauheit Ra 3,2 µm am $\varnothing$30, Werkstoff C60, Drehmeißelradien
r_ε = 1,2 mm/0,4 mm (hartmetallbestückt)

ges.: Einstellwerte: Vorschub f (mm), Schnitttiefe a_p (mm), Drehzahl n $\left(\frac{1}{min}\right)$ für die Schrupp- und Schlichtbearbeitung

Lösung: Bearbeitungsaufgabe (Bild 2)

Längsrunddrehen $\varnothing$**60f7** $\Rightarrow$ $\varnothing$**30 x 30**

Schruppbearbeitung R_a 16 µm $\approx$ R_z 63 µm

Schlichtbearbeitung R_a 3,2 µm $\approx$ R_z 12,5 µm

Wendeschneidplatte CCGH 11 03 04 F, HM: **P10** (beschichtet)

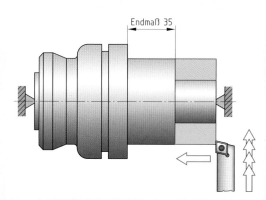

2 Längsrundvor- und -fertigdrehen
$\varnothing$60 $\Rightarrow$ $\varnothing$30 x 30

1. Schruppbearbeitung (Vordrehen)
2. Schlichtbearbeitung (Fertigdrehen)

$$f = \sqrt{8 \cdot Rz \cdot r_\varepsilon}$$

$f = \sqrt{8 \cdot 0{,}063 \text{ mm} \cdot 1{,}2 \text{ mm}}$ $f = \sqrt{8 \cdot 0{,}0125 \text{ mm} \cdot 0{,}4 \text{ mm}}$

$\underline{\mathbf{f = 0{,}78}\text{ mm}}$ $\underline{\mathbf{f = 0{,}2}\text{ mm}}$

$a_p \approx 7 \cdot f$ $a_p \approx 4 \cdot f$

$a_p \approx 7 \cdot 0{,}78$ mm $a_p \approx 4 \cdot 0{,}2$ mm

a_p (theoret.) bis $\approx 5{,}5$ mm a_p (theoret.) bis $\approx 0{,}8$ mm

$\underline{\mathbf{a_p = 2}\text{ mm}}$ $\underline{\mathbf{a_p = 0{,}5}\text{ mm}}$

i = 7 Schnitte, es entsteht ein $\varnothing_{Wst} = 32$ mm i = 2 Schnitte, es entsteht ein $\varnothing_{Wst} = 30$ mm

$$n = \frac{v_c}{\pi \cdot d}$$

$n = \dfrac{1000 \frac{mm}{m} \cdot 200 \frac{m}{min}}{\pi \cdot 60 \text{ mm}}$ $n = \dfrac{1000 \frac{mm}{m} \cdot 350 \frac{m}{min}}{\pi \cdot 31 \text{ mm}}$

$n = 1061 \frac{1}{min}$ $n = 3594 \frac{1}{min}$

$\underline{\mathbf{n_{R20} = 1000} \frac{1}{min}}$ $\underline{\mathbf{n_{R20} = 3550} \frac{1}{min}}$

Arbeitsschritt 180:

geg.:   Werkstückdurchmesser ⌀60, geforderte Rauheit Ra 3,2 µm am Einstich, Werkstoff C60, Schneidstoff des Profildrehmeißels HSS

ges.:   Einstellwerte: Vorschub f (mm), Schnitttiefe a_p (mm), Drehzahl n ($\frac{1}{min}$)

Lösung: Bearbeitungsaufgabe (Bild 1)

Einstechdrehen am ⌀60 ⇒ ⌀44 **(R8)**
Schlichtbearbeitung Ra 3,2 µm ≈ Rz 12,5 µm

Profildrehmeißel **R 8** DIN 4964 Form B (10 mm breit), Schneidstoff: **HSS**

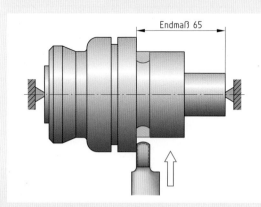

Berechnung des Vorschubes f mit der allgemeinen Formel $f = \sqrt{8 \cdot Rz \cdot r_\varepsilon}$ nicht möglich!

Praktische Erfahrungswerte:

Vorschub f durch **Handzustellung**
Schnitttiefe a_p entspricht der **Nutbreite**
Drehzahl n < **100** $\frac{1}{min}$

Endmaß 65

1   Profileinstich R8 x 10

Arbeitsschritt 190:

geg.:   Werkstückdurchmesser ⌀80, geforderte Rauheit Ra 3,2 µm an der Fase 45°, Werkstoff C60, Einstellwinkel am Drehmeißel κ = 45°, Schneidstoff des Drehmeißels HSS

ges.:   Einstellwerte: Vorschub f (mm), Schnitttiefe a_p (mm), Drehzahl n ($\frac{1}{min}$)

Lösung: Bearbeitungsaufgabe (Bild 2)

Längsdrehen: **Fase 45°** am ⌀80f7
Schlichtbearbeitung Ra 3,2 µm ≈ Rz 12,5 µm

Wendeschneidplatte SCGH 10 03 04 F, HM: **P10** (beschichtet)

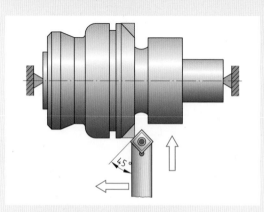

Berechnung des Vorschubes f mit der allgemeinen Formel $f = \sqrt{8 \cdot Rz \cdot r_\varepsilon}$ nicht möglich!

Praktische Erfahrungswerte:

Vorschub f durch **Handzustellung**
Schnitttiefe a_p entspricht der **Fase**
Drehzahl n < **100** $\frac{1}{min}$

45°

2   Längsdrehen der Fase 45° am ⌀80f7

Arbeitsschritt 200: Werkstück wenden und zwischen Spitzen spannen

Arbeitsschritt 210:

geg.: Werkstückdurchmesser ∅60/50, geforderte Rauheit der Kegelfläche Ra 1,6 µm, Drehmeißel-radius $r_\varepsilon = 0,2$ mm, Werkstoff C60

ges.: Einstellwerte: Vorschub f (mm), Schnitttiefe a_p (mm), Drehzahl n $(\frac{1}{min})$, Einstellwinkel $\alpha/2$ (Kegelerzeugungswinkel)

Lösung: Bearbeitungsaufgabe: (Bild 1)

Längsrunddrehen ▷ 1 : 1,5

Feinschlichtbearbeitung Ra 1,6 µm ≈ Rz 6,3 µm

Wendeschneidplatte CCGH 11 03 04 F

HM: **P10** (beschichtet)

$$f = \sqrt{8 \cdot Rz \cdot r_\varepsilon}$$
$$f = \sqrt{8 \cdot 0{,}0063 \text{ mm} \cdot 0{,}2 \text{ mm}}$$
$$\mathbf{f = 0{,}1 \text{ mm}}$$

$$a_p \approx 3 \cdot f$$
$$a_p \approx 3 \cdot 0{,}1 \text{ mm}$$
$$a_p \text{ (theoret.) bis} \approx 0{,}3 \text{ mm}$$
$$i = 5: \mathbf{a_p = 0{,}2 \text{ mm}}$$

$$n = \frac{v_c}{\pi \cdot d}$$
$$n = \frac{1000 \frac{mm}{m} \cdot 350 \frac{m}{min}}{\pi \cdot 60 \text{ mm}}$$
$$n = 1857 \tfrac{1}{min}$$
$$\mathbf{n_{R20} = 1800 \tfrac{1}{min}}$$

$$\tan \alpha/2 = \frac{D - d}{2 \cdot L}$$
$$\tan \alpha/2 = \frac{60 \text{ mm} - 50 \text{ mm}}{2 \cdot 15 \text{ mm}} = \frac{10 \text{ mm}}{30 \text{ mm}} = 0{,}333$$
$$\mathbf{\alpha/2 = 18{,}43° = 18° \, 26'}$$

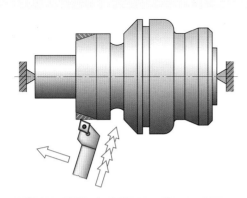

1 Kegeldrehen ▷ 1 : 1,5 am ∅60

Arbeitsschritt 220: Werkstück wenden und zwischen Spitzen spannen

Arbeitsschritt 230:

geg.: Werkstückdurchmesser ∅30, geforderte Rauheit des Gewindefreistiches Ra 3,2 µm, Schlicht-bearbeitung, hartmetallbeschichtet, Werkstoff C60

ges.: Einstellwerte: Vorschub f (mm), Schnitttiefe a_p (mm), Drehzahl n $(\frac{1}{min})$

Lösung: Bearbeitungsaufgabe (Bild 2)

Einstechdrehen ∅30 **(DIN 76-B)**

Schlichtbearbeitung Ra 3,2 µm ≈ Rz 12,5 µm

Wendeschneidplatte VDAH 12 03 04 F, HM: **P10** (beschichtet)

Berechnung des Vorschubes f mit der allgemeinen Formel $f = \sqrt{8 \cdot Rz \cdot r_\varepsilon}$ nicht möglich!

Praktische Erfahrungswerte:

Vorschub f durch **Handzustellung**

Schnitttiefe a_p entspricht der **Freistichbreite**

Drehzahl n **< 400** $\tfrac{1}{min}$

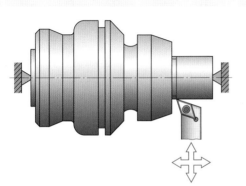

2 Freistichdrehen DIN 76-B am ∅30

Arbeitsschritt 240:

geg.:   Werkstückdurchmesser $\varnothing$30, geforderte Rauheit der Fase Ra 3,2 μm, Werkstoff C60
           Einstellwinkel am Drehmeißel κ = 45°, hartmetallbestückt
ges.:   Einstellwerte: Vorschub f (mm), Schnitttiefe a_p (mm) Drehzahl n ($\frac{1}{min}$)

Lösung: Bearbeitungsaufgabe (Bild 1)

Längsdrehen der **Gewindefase 45°**
Schlichtbearbeitung Ra 3,2 μm $\approx$ Rz 12,5 μm

Wendeschneidplatte SCGH 10 03 04 F, HM: P10 (beschichtet)

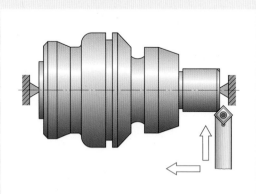

Berechnung des Vorschubes f mit der allgemeinen Formel $f = \sqrt{8 \cdot Rz \cdot r_\varepsilon}$ nicht möglich!

Praktische Erfahrungswerte:

Vorschub f durch **Handzustellung**
Schnitttiefe a_p entspricht der **Fasengröße**
Drehzahl $n \approx$ **400** $\frac{1}{min}$

1   **Längsdrehen der Gewindefase**

Arbeitsschritt 250:

geg.:   Werkstückdurchmesser $\varnothing$30, geforderte Rauheit des Gewindes M30 x 1,5 Ra 3,2 μm,
           Werkstoff C60, Schneidstoff des Gewindedrehmeißels HSS
ges.:   Einstellwerte: Vorschub f (mm), Schnitttiefe a_p (mm), Drehzahl n ($\frac{1}{min}$)

Lösung: Bearbeitungsaufgabe (Bild 2)

Feingewindedrehen **M30 x 1,5**
Schlichtbearbeitung Ra 3,2 μm $\approx$ Rz 12,5 μm

Wendeschneidplatte TCGH 11 03 05 F, HM: P10 (beschichtet)

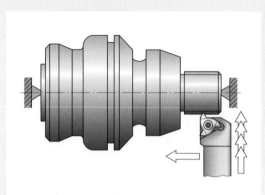

Gewindespezifische Einstellwerte lassen sich nach den allgemeinen Berechnungsunterlagen **nicht** bestimmen!

Praktische Erfahrungswerte:

Vorschub f entspricht der **Gewindesteigung P**
Schnitttiefe a_p (i = 8) – Schnittaufteilung!

Drehzahl $n \approx$ **50** $\frac{1}{min}$
Eine seitliche Schnitttiefe
$b \approx$ **0,02 mm** verhindert
das Einhaken bei der
Gewindeherstellung

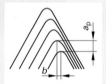

2   **Feingewindedrehen M30 x 1,5**

Arbeitsschritt 260: Werkstück wenden und auf dem Außendurchmesser $\varnothing$ 60 spannen

Arbeitsschritt 270:

geg.: Plangedrehte und zentrierte linke Werkstückseite, Werkstoff C60, Tabellenwerte für die Schnittgeschwindigkeit v_c (m/min) und den Vorschub f (mm), Hartmetall P20

ges.: Einstellwerte: Vorschub f (mm), Drehzahl n ($\frac{1}{\text{min}}$)

Lösung: Bearbeitungsaufgabe (Bild 1)

Grundlochbohren Ø28 x 31 tief
Voll-Hartmetall-Spiralbohrer
HM: **P20**

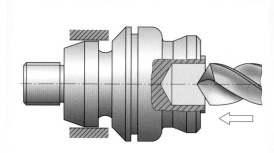

Werte siehe Tabellenbuch:

$$v_c \approx 70 \text{ m/min}$$
$$f = 0,32 \text{ mm ... } 0,5 \text{ mm}$$

$$n = \frac{v_c}{\pi \cdot d}$$

$$n = \frac{1000 \frac{mm}{m} \cdot 70 \frac{m}{min}}{\pi \cdot 28 \text{ mm}}$$

$$n = 796 \tfrac{1}{min}$$
$$n_{R20} = 710 \tfrac{1}{min}$$

1 Grundlochbohren Ø28 x 31 tief

Arbeitsschritt 280:

geg.: Bohrungsdurchmesser Ø28, geforderte Rauheit Ra 3,2 µm der $Ø_{Innen}$ = 30/ 42H7, Drehmeißelradius r_ε = 0,4 mm, hartmetallbestückt, Werkstoff C60

ges.: Einstellwerte: Vorschub f (mm), Schnitttiefe a_p (mm), Drehzahl n ($\frac{1}{\text{min}}$)

Lösung: Bearbeitungsaufgabe (Bild 2)

Längsrundinnendrehen Ø30 x 30/ Ø42H7/ x 25
Schlichtbearbeitung Ra 3,2 µm ≈ Rz 12,5 µm

Wendeschneidplatte S 15 R - SCUDR 10,
HM: **P10** (beschichtet)

1. **Ø30**

2. **Ø42H7**

$$f = \sqrt{8 \cdot Rz \cdot r_\varepsilon}$$
$$f = \sqrt{8 \cdot 0,0125 \text{ mm} \cdot 0,4 \text{ mm}}$$
$$f = 0,2 \text{ mm}$$

$$a_p \approx 4 \cdot f$$
$$a_p \approx 4 \cdot 0,2 \text{ mm}$$
$$a_p \text{ (theoret.) bis} \approx 0,8 \text{ mm}$$

$i = 2$: a_p = **0,5 mm** $i = 12$: a_p = **0,5 mm**

(Ø28 ⇒ Ø30)   (Ø30 ⇒ Ø42H7)

(Messansätze beachten!)

$$n = \frac{v_c}{\pi \cdot d}$$

$$n = \frac{1000 \frac{mm}{m} \cdot 280 \frac{m}{min}}{\pi \cdot 30 \text{ mm}} \qquad n = \frac{1000 \frac{mm}{m} \cdot 280 \frac{m}{min}}{\pi \cdot 42 \text{ mm}}$$

$$n = 2971 \tfrac{1}{min} \qquad\qquad n = 2122 \tfrac{1}{min}$$

$$n_{R20} = \textbf{2800} \tfrac{1}{min} \qquad\qquad n_{R20} = \textbf{2000} \tfrac{1}{min}$$

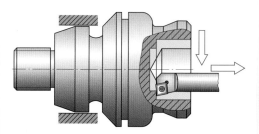

2 Längsrundinnendrehen Ø30 x 30 / Ø42H7 x 25

Arbeitsschritt 290:

geg.:   Werkstückinnendurchmesser $\varnothing$42H7, geforderte Rauheit der Nuten Ra 3,2 µm, Wirkstoff C60, Drehmeißelradius r_ε = 0,4 mm, Schneidstoff des Inneneinstechmeißels HSS

ges.:   Einstellwerte: Vorschub f (mm), Schnitttiefe a_p (mm), Drehzahl n ($\frac{1}{min}$)

Lösung: Bearbeitungsaufgabe (Bild 1)

Einstechdrehen $\varnothing$**42H7 / $\varnothing$44,5 x 1,85H13**
Schlichtbearbeitung Ra 3,2 µm $\approx$ Rz 12,5 µm

Rechter Inneneinstechdrehmeißel DIN 4963
Schneidstoff: **HSS**

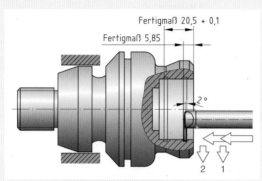

Fertigungsspezifische Einstellwerte lassen sich nach der allgemeinen Berechnungsgrundlage **nicht bestimmen!**

Praktische Erfahrungswerte:
Vorschub f durch **Handzustellung**
Schnitttiefe a_p = **Nutbreite**
Drehzahl n < **100** $\frac{1}{min}$

(Achtung: **Gratbildung**)

1   Einstechen der Nuten $\varnothing$44,5 x 1,85H13

Arbeitsschritt 300: Qualitätskontrolle ausgewählter Fertigungsaufgaben

2   Rauheitsprüfung

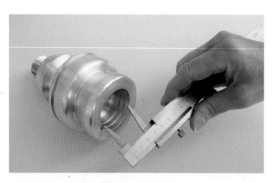

3   Prüfung der Nut $\varnothing$ 44,5 x 1,85H13

4   Prüfung des Rundlaufs $\varnothing$80f7

5   Prüfung des Neigungswinkels 18° 25′

5.2.8 Turning

The attempt to develop the technology of turning further to that effect, that both efficiency and safety of the production are improved and a high environmental soundness and global sustainability are ensured, leads to the development and application of optimized procedural principles, innovative tools and tool holders as well as enhanced cutting materials.

Medical engineering is one of the most technically demanding growth industries. Production orders from this economic sector become more and more important for the companies. The work pieces made of corrosion-resistant and wear-proof titanium alloys and stainless steels which often have to be produced make great demands on the configuration of the cutting operation.

An example is the straight turning gaining in importance as a procedural principle. Contrary to the basic principle of turning, with this process variant not only the cutting motion but also the feed motion is realized by the work piece (figure 1).

According to this, the tools are tightly aligned and built into the head which ensures a minimal tool change time (figure 2). The essential advantage of this process variant lies in the synchronously running, but axially fixed guide bush, positioned directly at the area of tool contact, which guarantees a minimal tendency of vibration during the machining. This enables efficient and highly accurate work on tough materials at very long work pieces.

Important goals in the development of cutting materials are a high wear resistance, long service lives and their certain predictability. For this purpose, the development of cutting material coatings consisting of unidirectional aligned crystals makes a major contribution. The densely packed crystals are in vertical position to the cutting zone and to the swarf that is draining off (figure 3). The heat from machining can be dissipated more effectively. Cracks developing in the coating run horizontally. The corresponding spalling of coating particles guarantees a consistent and slow abrasion.

The recycling of hard metal cutting materials makes a major contribution to the enhancement of both environmental soundness and sustainability of production. Manufacturers offer their customers a comfortable take-back of used tools. Afterwards, the cutting materials are recycled with the help of certified mechanical and/ or chemical procedures. The raw materials gained from this process can be used for the production of new tools. The customers are now provided with new tools (figure 4).

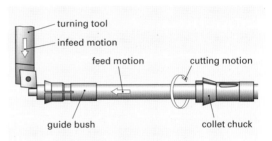

1   principle of turning with a guide bush

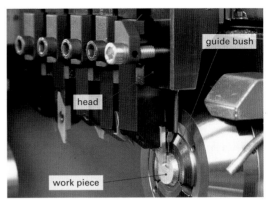

2   working space of a swiss type lathe

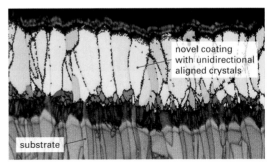

3   structure of modern cutting material coatings

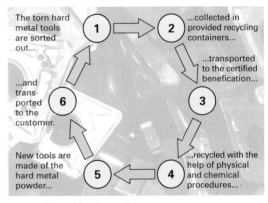

4   recycling of hard metals

Chronological word list		Tasks
Turning processes		
turning	Drehen	**1. Translate the paragraph 1 to 4 of the text from the previous page into German**
attempt	Bestreben	
efficiency	Effizienz	**2. Translate the terms in figures 1 to 2**
safety	Sicherheit	
environmental soundness	Umweltverträglichkeit	**3. Answer the following questions:**
sustainability	Nachhaltigkeit	■ Which are the goals of the further development of the turning processes?
development	Entwicklung	
application	Anwendung	■ Name possible results of the further development of turning.
cutting material	Schneidstoff	
medical engineering	Medizintechnik	■ Why do customers from the medical technology sector gain in importance?
production order	Fertigungsauftrag	
work piece	Werkstück	■ Why does the production of medical-technical work pieces make great demands on the configuration of the cutting operation?
corrosion-resistant	korrosionsbeständig	
wear-proof	verschleißfest	
titanium alloys	Titan-Legierung	■ Explain the production principle of straight turning.
stainless steel	rostfreier Stahl	
straight turning	Langdrehen	■ Name the advantages of this process variant
cutting motion	Schnittbewegung	
feed motion	Vorschubbewegung	
head	Werkzeugträger	
synchronously running	synchron mitlaufend	
guide bush	Spannzange	
tendency of vibration	Vibrationsneigung	
tough	zäh	
Cutting tool materials		
wear resistance	Verschleißfestigkeit	**1. Translate the paragraph 5 of the text from the previous page into German**
service life	Standzeit	
predictability	Vorhersagbarkeit	**2. Translate the terms in figure 3**
coating	Beschichtung	
unidirectional aligned	unidirectional ausgerichtet	**3. Answer the following questions:**
crystals	Kristalle	■ Name major aims of the development of cutting materials.
abrasion	Verschleiß	
		■ Which benefits do the unidirectional aligned crystals of the cutting material coating have?
Recycling loop		
recycling	Wiederverwertung	**1. Translate the paragraph 6 of the text from the previous page into German**
manufacturer	Hersteller	
offer	Angebot	**2. Translate the terms in figure 4**
customer	Kunde	
certified	zertifiziert	**3. Answer the following question:**
raw material	Rohmaterial	■ Explain the phases of the recycling loop of tools made of hard metal.

5.3 Fräsen

Fräsverfahren sind in vielen Arbeitsgebieten, weit über die Metallindustrie hinaus, zu finden. Sie werden vorzugsweise dort angewendet, wo ebene Flächen herzustellen sind.

> Fräsen ist ein spanendes Fertigungsverfahren mit geometrisch bestimmter Schneide.

Das meist mehrzahnige Werkzeug führt die kreisförmige Schnittbewegung aus. Die Vorschubbewegung wird je nach der Verfahrensweise vom Werkstück oder vom Werkzeug durchgeführt und ist senkrecht oder schräg zur Drehachse des Werkzeugs gerichtet.

Neben dem Drehen ist das Fräsen in der Metalltechnik das wichtigste Bearbeitungsverfahren. Es ist möglich, Produkte mit großer Formenvielfalt auf Fräsmaschinen zu fertigen. In der Regel werden Fräsverfahren zum Bearbeiten prismatischer und manchmal auch rotationssymmetrischer Werkstücke eingesetzt, die vorher durch Ur- oder Umformen hergestellt wurden. So können unter anderem Profile, unregelmäßige Formen, aber vorzugsweise ebene Flächen hergestellt werden.

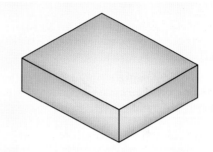

1 Rohteil

5.3.1 Fertigungsauftrag

Da in Ihrer Lehrwerkstatt der Aufspanntisch einer Ständerbohrmaschine nicht mehr gebrauchsfähig ist, haben Sie den Auftrag erhalten, aus einem Gussteil EN-GJS-500-7 durch Fräsen dieses Werkstück zu fertigen (Bilder 1, 2). Das Rohteil ist an einer Seite mit einer Gusshaut überzogen und wird mit den Aufmaßen angeboten, die beim Gießen üblich sind.

Um diese Aufgabe zu erfüllen, sind einige Grundlagenkenntnisse sowie eine Reihe von Bearbeitungsschritten mit unterschiedlichen Fräsverfahren nötig.

Das Merkmal A kennzeichnet die möglichen Bearbeitungsrichtungen sowie notwendiges Grundlagenwissen (Bild 2).

Die Kennzeichnungen B bis E weisen auf die unterschiedlichen Fräsverfahren hin, die zur Herstellung des Schlittens notwendig sind (ab Seite 217).

5.3.2 Einteilung der Fräsverfahren

Abhängig vom Verfahren oder vom Ergebnis lassen sich Fräsverfahren nach unterschiedlichen Gesichtspunkten ordnen und einteilen.

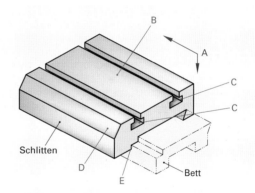

2 Fertigungsauftrag

3 Einteilung der Fräsverfahren

5.3.3 Arten der Bearbeitung

Um den zu Beginn dieses Kapitels vorgestellten Fertigungsauftrag zu erledigen, ist die Anwendung mehrerer Fräsverfahren notwendig. Anfangs wird das Rohteil meist durch **Schruppen** bearbeitet – die Bearbeitungsart mit hoher Spanleistung.

Da die **Oberflächengüte** bei diesem Fertigungsschritt kaum eine Rolle spielt, erfolgt das Schruppen bei normalen Bearbeitungsaufmaßen in einem Schnitt. Hierfür sind kleine Schnittgeschwindigkeiten bei großem Zahnvorschub vorteilhaft. Die entsprechenden Werte sind stark vom Werkstückmaterial und Schneidstoff abhängig. Wegen der schnellen Entwicklung auf dem Werkzeugmarkt sollten deshalb Richtwerte aus den aktuellen Tabellen der Hersteller entnommen werden.

Schruppen > Rz 20

Durch die Mehrschneidigkeit des Werkzeuges entstehen sehr schnell hohe wechselnde Bearbeitungskräfte. Werkstückspannung und Maschine müssen dazu geeignet sein!

> Die Leistungsfähigkeit moderner Schruppwerkzeuge übersteigt oft die maximal zulässige Belastung kleiner Fräsmaschinen der Werkstattfertigung.

Schlichten Rz 10

Das anschließende **Schlichten** wird im Unterschied zum Schruppen mit höheren Schnittgeschwindigkeiten sowie geringeren Vorschüben und Schnitttiefen durchgeführt. Wegen der geforderten Oberflächengüte erfordert dieser Arbeitsgang in diesem Fall zwei Schnitte. So können die geforderten Werte unter Rz 20 erreicht werden.

Falls die Qualitätsanforderungen eine gemittelte Rautiefe Rz 6,3 oder eine noch bessere Oberflächengüte vorschreiben, werden beim **Feinfräsen** besondere Spanungsbedingungen eingestellt (Bild 1). Diese Spanungsbedingungen entsprechen meist der betrieblichen Erfahrung oder werden durch spezielle Fräsverfahren, wie dem **Hochgeschwindigkeitsfräsen** oder auch High Speed cutting (HSC) genannt, erfüllt (Seite 447).

Feinfräsen Rz 6,3

1 Durch Fräsen erreichbare Oberflächengüte

5.3.4 Werkzeugeingriff

Grundsätzlich wird beim Fräsen je nach Lage von Fräserachse, Schneiden und Werkstückoberfläche zueinander unterschieden in **Stirnfräsen, Umfangsfräsen** und **Stirn-Umfangsfräsen**.

Stirnfräsen

Das Stirnfräsen wird heute bei den meisten Fertigungsaufgaben bevorzugt. Der Grund dafür sind die zahlreichen Vorteile, die sich daraus ergeben, dass sich die Werkzeugachse senkrecht zur Werkstückoberfläche befindet (Bild 2).

> Beim Stirnfräsen können gleichzeitig mehr Schneiden im Eingriff sein als beim Umfangsfräsen.

Je mehr Schneiden im Eingriff sind, umso höhere Arbeitswerte können eingestellt werden, weil sich die Zerspankräfte auf viele Schneiden aufteilen.

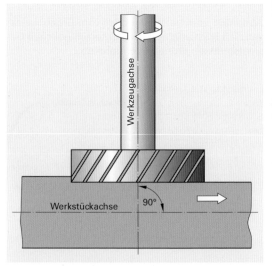

2 Prinzip des Stirnfräsens

Stirnfräsende Werkzeuge eignen sich besonders gut für das Bestücken mit Wendeschneidplatten (S. 212). Wendeschneidplatten sind sehr hoch belastbar und weisen ein größeres Zeitspanvolumen bei günstigeren Kosten als Schneiden aus HSS auf.

Wegen der kurzen Schneiden wird der Arbeitsprozess sehr stabil. Außerdem lassen sich Schneidplatten schnell wenden bzw. wechseln, was zeitraubendes Nachschleifen erspart.

Beim **Stirnfräsen** sind immer mehrere Schneiden im Eingriff (Bild 1). Weil so die beim Fräsen wirkenden Kräfte nicht so stark schwanken können, entsteht ein gleichmäßiger Schnitt. Wegen des hohen Zeitspanvolumens eignet sich also das Stirnfräsen sehr gut zum Bearbeiten von Rohteilen bis zu einem Aufmaß von 2 mm ... 3 mm.

In Abhängigkeit von der Werkstückform ist sowohl Planfräsen als auch Rundfräsen möglich (Bilder 1 und 2).

Umfangsfräsen

Beim Umfangsfräsen befindet sich die Werkzeugachse parallel zur bearbeiteten Werkstückfläche. Dabei sind nur die Umfangsschneiden an der Spanungsarbeit beteiligt (Bild 2). Es entsteht meist eine wellige Werkstückoberfläche.

Stirn-Umfangsfräsen

Sind die Schneiden so angelegt, dass in einem Arbeitsgang Stirn- und Umfangsseite des Werkzeugs zur Bearbeitung genutzt werden, spricht man vom Stirn-Umfangsfräsen. Bleibt ein Teil der gefrästen Werkstückoberfläche erhalten, spricht man auch von **Eckfräsen** (Bild 3).

Die Umfangsschneiden verrichten hauptsächlich die Spanarbeit, während die Stirnschneiden glättende Wirkung haben. Dadurch entsteht trotz hoher Spanleistung bereits eine gute Werkstückoberfläche.

5.3.5 Geometrische Form der Werkstückkontur

Planfräsen

Planfräsen ist die Bearbeitung einer eben (plan) verlaufenden Oberfläche mit Fräswerkzeugen (Bilder 1 und 2).

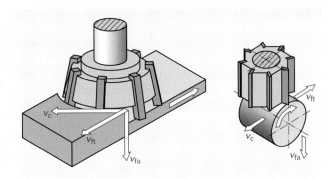

v_{fa} axiale Vorschubgeschwindigkeit
v_{ft} tangentiale Vorschubgeschwindigkeit
v_c Schnittgeschwindigkeit

1 Stirn-Planfräsen   **Stirn-Rundfräsen**

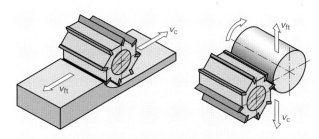

v_{fa} axiale Vorschubgeschwindigkeit
v_{ft} tangentiale Vorschubgeschwindigkeit
v_c Schnittgeschwindigkeit

2 Umfangs-Planfräsen   Umfangs-Rundfräsen

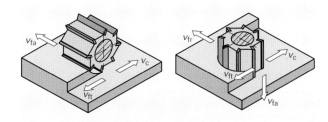

v_{fr} radiale Vorschubgeschwindigkeit
v_{fa} axiale Vorschubgeschwindigkeit
v_{ft} tangentiale Vorschubgeschwindigkeit
v_c Schnittgeschwindigkeit

3 Stirn-Umfangsfräsen

Aufgaben

1 Notieren Sie, welche Fräsverfahren in Ihrem Ausbildungsbetrieb zu finden sind.

2 Erläutern Sie einem Mitschüler, welche Produkte jeweils gefertigt werden.

Rundfräsen

Das Rundfräsen ermöglicht die Bearbeitung von zylindrischen Flächen oder auch plattenförmigen Werkstücken, an denen Rundungen nicht durch Drehen zu fertigen sind (Bild 1). Dabei können sowohl Außen- als auch Innenrundungen gefräst werden.

Dazu werden die Werkstücke auf Rundtische oder Teilapparate gespannt. Die kreisförmig verlaufende Vorschubbewegung kann je nach Ausführung maschinell oder von Hand betrieben werden.

Als Werkzeuge werden vorwiegend Walzenfräser in Gegen- oder Gleichlaufrichtung eingesetzt.

Mit CNC-gesteuerten Werkzeugmaschinen können auch unrunde und unregelmäßige Kurven (z. B. Ovale) hergestellt werden.

Nutenfräsen

Nuten sind längliche, meist schmale Vertiefungen in der Werkstückoberfläche (Bild 2). Bei der Verwendung von Scheibenfräsern oder Walzenstirnfräsern können die stabilsten Prozessbedingungen geschaffen werden. Sie sollten deshalb insbesondere bei hohen Stückzahlen dem Schaftfräser vorgezogen werden. Wegen der zunehmenden Anzahl von Vertikalfräsmaschinen und Bearbeitungszentren werden jedoch Schaftfräser immer häufiger eingesetzt.

Schraubfräsen

Schraubfräsen ermöglicht die Herstellung von Lang- und Kurzgewinde durch unterschiedliche Fräsverfahren. Im Vergleich zu anderen Herstellungsverfahren ist diese Variante relativ aufwendig und teuer. Insbesondere im CNC-Bereich bei kleinen Stückzahlen werden Gewinde jedoch wieder zunehmend gefräst.

Beim **Langgewindefräsen** werden der Gewindegang oder eine Wendelnut mit einem scheibenförmigen Fräser herausgearbeitet. Die Schneiden dieses Fräsers beinhalten das Gewindeprofil. Der Steigungswinkel des Gewindes wird durch die Neigung der Werkzeugachse zur Werkstückachse bestimmt. Dieser Einstellwinkel muss berechnet werden (Bild 3).

Da bei diesem Verfahren die Umfangsgeschwindigkeit des Werkstückes und die axiale Vorschubgeschwindigkeit v_{fa} genau übereinstimmen müssen, sind Gewindefräsmaschinen mit speziellen Einrichtungen (z. B. Wechselradgetrieben) ausgestattet. Langgewindefräsen kann auch auf Universalfräsmaschinen mit Teilkopf durchgeführt werden. Hier muss außerdem das Zähnezahlverhältnis der Wechselräder z_t/z_g berechnet werden (Bild 3).

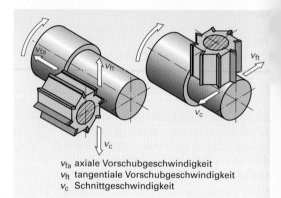

v_{fa} axiale Vorschubgeschwindigkeit
v_{ft} tangentiale Vorschubgeschwindigkeit
v_c Schnittgeschwindigkeit

1 Rundfräsen

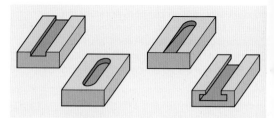

2 Einige Nutformen

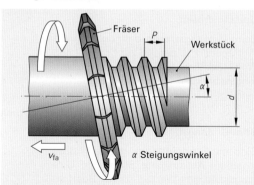

α Steigungswinkel

Gewindesteigung: $\quad P = \pi \cdot d \cdot \tan\alpha$

Steigungswinkel: $\quad \tan\alpha = \dfrac{P}{\pi \cdot d}$

Einstellwinkel: $\quad \tan\beta = \dfrac{\pi \cdot d}{P}$

Wechselräderverhältnis: $z_t/z_g = \dfrac{P_T \cdot i \cdot i_1}{P}$

P_T Steigung der Tischspindel

i Schneckengetriebe

i_1 Kegelräder

3 Langgewindefräsen und dafür notwendige Formeln

Gewindeschlagfräsen

Ein ähnliches Fertigungsverfahren wie das Langgewindefräsen ist das Gewindeschlagfräsen.

Das Werkzeug ist hier ein Schlagfräser mit Wendeschneidplatte, welcher mit sehr hoher Drehzahl rotiert. Dadurch kann eine hohe Schnittgeschwindigkeit erreicht werden. Der meist einschneidige Schlagfräser ist wegen der schlagenden Arbeitsweise starken Belastungen ausgesetzt, erzeugt jedoch eine hohe Oberflächengüte. Bedingungen sind dabei eine geringe Spantiefe und ein geringer Zahnvorschub (Bild 1).

Schlagfräsen wird auch bei ebenen Flächen zur Feinbearbeitung angewandt. Je nach Lage der Schneide unterscheidet man Stirnschlagfräsen und Walzschlagfräsen (Bild 2).

Beim **Kurzgewindefräsen** werden sowohl die Gewindeart als auch die Gewindelänge durch das Werkzeug bestimmt. Das Werkzeug ist ein walzenförmiger Profilfräser.

Durch eine Drehung des Werkstückes von 60° wird der Fräser auf die volle Gewindetiefe in den Werkstoff gebracht. Anschließend ist nur noch eine Werkstückumdrehung nötig, um das Gewinde zu fertigen. Der Fräser wird dabei bei einer vollen Drehung axial um die Steigung P bewegt (Bild 3).

Dieses Fertigungsverfahren ist recht effektiv und deshalb für die Herstellung größerer Stückzahlen geeignet.

Wälzfräsen

Eines der wichtigsten Fertigungsverfahren zur Herstellung von achsparallelen und schraubenförmig gewundenen Verzahnungen ist das Wälzfräsen.

Die Zähne des Walzenfräsers verlaufen wie Gewindegänge um den Grundkörper, sind durch Spanlücken unterbrochen und hinterdreht. Werkstück und Werkzeug bewegen sich beim Fertigungsprozess genau definiert zueinander (Bild 4).

Je nach Art des Anschneidens unterscheidet man Axial-, Radial-, Diagonal- und Tangentialwälzfräsen.

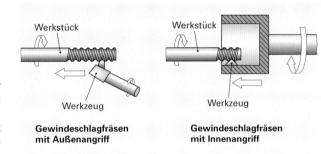

Gewindeschlagfräsen mit Außenangriff   **Gewindeschlagfräsen mit Innenangriff**

1   Gewindeschlagfräsen

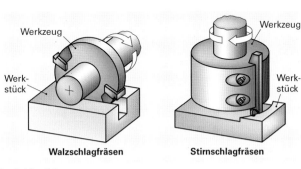

Walzschlagfräsen   **Stirnschlagfräsen**

2   Schlagfräsen

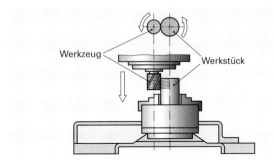

3   Kurzgewindefräsen

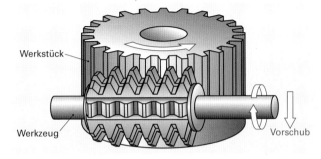

4   Wälzfräsen

Aufgabe

Diskutieren Sie die Relevanz von Rund-, Nuten-, Schraub-, Gewindeschlag- und Wälzfräsen. Werden diese Verfahren oft angewendet?

5.3.6 Bewegungen des Werkzeugs

Beim Fräsen erfolgt die Spanabnahme durch die kreisförmige Schnittbewegung der Fräserschneiden. Dabei kann die Vorschubbewegung je nach Konstruktion der Maschinen vom Werkzeug oder vom Werkstück ausgeführt werden.

In Bezug auf einen Arbeitsprozess ist es jedoch unwichtig, ob das Werkzeug oder das Werkstück die Vorschubbewegung ausführt. Für die Spanbildung ist wichtig, wie sich Vorschubbewegung und Schnittbewegung zueinander verhalten. Es kommt also auf die **Relativbewegung** an.

Bei der Werkzeugdrehrichtung in Bezug zum Vorschub sind zwei Möglichkeiten der Relativbewegung denkbar.

> Sind Vorschubbewegung und Schnittbewegung einander entgegengerichtet, handelt es sich um **Gegenlauffräsen**.

Da die Schneide vor dem Eindringen über die Werkstückoberfläche schabt, ist ein relativ hoher Freiflächenverschleiß zu beobachten. Dieses Verfahren ist bei unstabilen Arbeitsbedingungen oder ungünstiger Oberflächenbeschaffenheit des Werkstückes wie bei Lunkern, sandiger Gusskruste, harter Schmiedehaut oder Schweißnähten anzuwenden (Bild 1).

In den meisten Fällen ist das Gleichlauffräsen vorteilhafter und wirtschaftlicher.

> Sind Vorschubbewegung und Schnittbewegung einander gleichgerichtet, erfolgt **Gleichlauffräsen**.

Voraussetzung dafür ist eine Gleichlaufeinrichtung der Fräsmaschine. Durch den auslaufenden Span wird eine genauere und gleichmäßigere Oberfläche erreicht als beim Gegenlauffräsen. Wegen des geringeren Schneidenverschleißes können die Schnittgeschwindigkeiten und Vorschübe bis auf das 1,5-fache erhöht werden. Die Standzeit der Werkzeuge verringert sich dadurch nicht (Bild 2).

Vorteilhaft ist der Einsatz von Fräsern mit kleinem Keilwinkel und relativ großem Spanwinkel (S. 208).

Da diese Bewegungseinrichtung die Werkstückaufspannung unterstützt, ist Gleichlauffräsen für schwierig zu spannende Werkstücke gut geeignet.

Ein weiterer Vorteil des Gleichlauffräsens ist das Erreichen großer Spanmengen beim Schruppen.

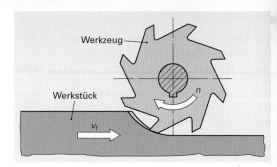

1   Gegenlauffräsen

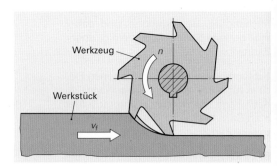

2   Gleichlauffräsen

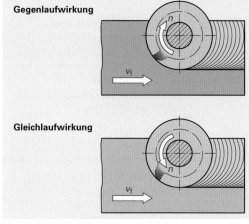

3   Gegen- und Gleichlaufwirkung beim Stirnfräsen

Aufgaben

1 Was verstehen Sie unter Relativbewegung?

2 Welche Unterschiede bestehen zwischen Gegenlauffräsen und Gleichlauffräsen?

3 Unter welchen Voraussetzungen wendet man das eine oder das andere Verfahren an?

4 Beschreiben Sie, wie die Spanbildung beim Gegen- und Gleichlauffräsen erfolgt.

5 Welche Auswirkungen hat die Spanbildung auf den Fertigungsprozess?

Fräsen mit Spindelsturz

Weil beim Fräsen mit senkrechter Spindelachse (Stirnfräsen) die Schneiden auf dem Rückweg nachschneiden, entstehen auf der Werkstückoberfläche Kreuzspuren (Bild 1). Dieser Vorgang wird **Nachschneideffekt** genannt. Er schädigt die Schneiden und verkürzt damit die Standzeit. Außerdem wird eine unregelmäßige Oberfläche hergestellt.

Beides kann vermieden werden, indem die Frässpindel oder (seltener) der Maschinentisch leicht geneigt wird. Diese Neigung bezeichnet der Fachmann als **Sturz**. Der **Sturzwinkel** sollte zwischen **0,005° und 0,03°** (30" ... 1'48") von der Werkzeugachse in **Vorschubrichtung** eingestellt werden (Bild 2).

Wird der Sturz zu groß eingestellt, werden die Schneiden ungünstig beansprucht. Zu beachten ist, dass bei eingestelltem Sturz auf dem Werkstück eine leicht konkave Oberfläche entsteht.

> Beim Fräsen mit senkrechter Spindelachse muss der Sturz eingestellt werden, um den Nachschneideffekt zu verhindern.

Im Gegensatz zu anderen Fertigungsverfahren wird beim Fräsen die Schnittbewegung immer vom Werkzeug ausgeführt (Bild 3).

Die Ausführung der Vorschubbewegung und der Zustellbewegung ist abhängig vom Maschinentyp. Bei herkömmlichen, kleinen Fräsmaschinen, wie der Konsolfräsmaschine, werden der Vorschub und die Zustellbewegung durch den Maschinentisch, auf den das Werkstück gespannt ist, realisiert (Bild 4).

Möglich ist jedoch auch die Zustellbewegung durch das Werkzeug wie bei der Bettfräsmaschine. Bei größeren, aber auch moderneren, meist NC-gesteuerten Werkzeugmaschinen führt das Werkzeug die Schnittbewegung, die Vorschubbewegung und die Zustellbewegung aus. Das hat den Vorteil, dass nicht ein zweites Maschinenelement (der Maschinentisch) zusätzlich zur Arbeitsspindel beweglich gestaltet werden muss. Das ist billiger und ermöglicht ein genaueres Positionieren.

Aufgaben

1 Wodurch entstehen Kreuzspuren?

2 Wie können Kreuzspuren vermieden werden?

3 Welche Bewegungen kann das Fräswerkzeug unter Umständen übernehmen?

4 Wie beeinflusst der Spindelsturz die Ebenheit der Werkstückoberfläche?

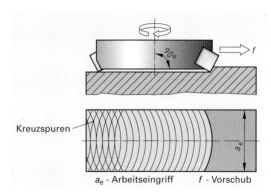

Kreuzspuren

a_e - Arbeitseingriff f - Vorschub

1   Nachschneideffekt

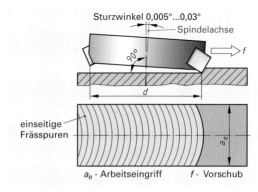

Sturzwinkel 0,005°...0,03°
Spindelachse

einseitige Frässpuren

a_e - Arbeitseingriff f - Vorschub

2   Stirnfräsen mit Spindelsturz

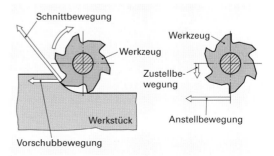

Schnittbewegung

Werkzeug

Werkzeug

Zustellbewegung

Werkstück

Anstellbewegung

Vorschubbewegung

3   Bewegungen beim Fräsen

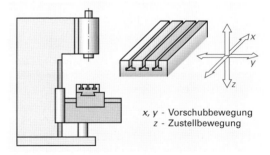

x, y - Vorschubbewegung
z - Zustellbewegung

4   Bewegungen einer Konsolfräsmaschine

Bezeichnung von Fräswerkzeugen

Damit das Fräswerkzeug besonders gut an die jeweilige Fertigungsaufgabe angepasst ist, wurde eine Vielzahl verschiedenartiger Fräser entwickelt.

Um einen Überblick zu erhalten, werden die Fräswerkzeuge nach bestimmten Merkmalen unterschieden. Daraus ergeben sich oftmals die Bezeichnungen. So unterscheidet man nach der:

- Aufspannung an der Fräsmaschine (Schaftfräser, Aufsteckfräser, Fräsköpfe, Messerköpfe),
- Schneidengeometrie (Drall- und Schneidrichtung),
- Art des Verfahrens (Stirn-, Walzenfräsen),
- Werkzeugform (z.B. Scheibenfräser, Walzenfräser),
- damit herzustellenden Fläche (z. B. Nutenfräser, Schlitzfräser),
- Leistungsfähigkeit (z.B. Hochleistungsfräser),
- Herstellungsart (durch Fräsen oder Hinterdrehen),
- Ausführung (z. B. massiv aus HSS oder mit eingesetzten Schneiden).

Auf einige Werkzeuge können auch mehrere der genannten Bearbeitungsfälle oder Schnittbedingungen zutreffen. So kann ein Schaftfräser gleichzeitig ein Stirnfräser sowie ein Nutenfräser sein.

> Für die Bezeichnung des Fräswerkzeuges wird das am meisten zutreffende Merkmal verwendet.

Trotz der unterschiedlichen Werkzeugtypen gibt es doch einige grundsätzliche Gemeinsamkeiten aller Fräser im Unterschied z.B. zu Drehmeißeln.

5.3.7 Eigenschaften der Fräswerkzeuge

Schneidengeometrie

Das vielschneidige Fräswerkzeug kann man sich als eine Kombination mehrerer zusammenwirkender Schneidkeile vorstellen (Bild 1). Sie müssen in Form, Größe und Lage genau übereinstimmen. Betrachtet man eine einzelne Schneide, findet man alle bekannten Flächen und Winkel des Schneidkeiles wieder (S. 143). Neu ist bei diesem Werkzeug, dass der Drallwinkel eine große Rolle spielt. Durch die gegen die Achse geneigten Schneiden können eine bessere Laufruhe und Spanabfuhr erreicht werden.

Der wesentliche Unterschied zu anderen spanenden Verfahren (z.B. Drehen oder Bohren) liegt bei den sich stetig verändernden Eingriffsverhältnissen der Werkzeugschneide. Diese kommen durch den unterbrochenen Schnitt sowie die sich ständig ändernde Spandicke zustande.

Freifläche, Spanfläche, Hauptschneide und bei vielen Werkzeugen auch Nebenschneide und Nebenfreifläche sind wie bei anderen Werkzeugen zur spanenden Bearbeitung auch am Fräser zu finden (Bild 2).

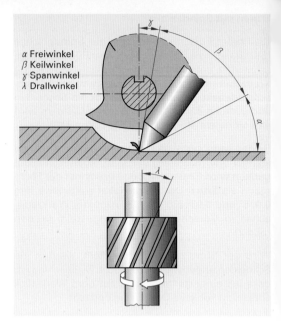

α Freiwinkel
β Keilwinkel
γ Spanwinkel
λ Drallwinkel

1 Winkel am Fräser

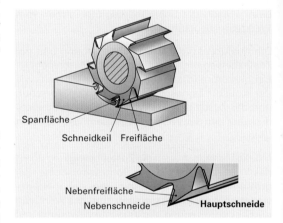

Spanfläche
Schneidkeil   Freifläche
Nebenfreifläche
Nebenschneide   **Hauptschneide**

2 Flächen und Schneiden am Fräser

Aufgaben

1 Informieren Sie sich, welche Angaben Ihr Tabellenbuch zum Thema Fräsen enthält.

2 Welche Suchstrategien sind bei der Arbeit mit dem Tabellenbuch möglich?

3 Inwiefern ist das Tabellenbuch in Ihrer Ausbildung während einer Leistungskontrolle oder Prüfung nutzbar?

Jeder Fräser besitzt mehrere Hauptschneiden. Da die einzelne Schneide während einer Umdrehung nur zeitweise an dem Zerspanungsprozess teilnimmt und in der übrigen Zeit leerläuft, können die Schneiden sich immer wieder etwas abkühlen. Das erhöht die Standzeit.

Im Vergleich zu anderen Fertigungsverfahren wird beim Fräsen oft mit niedrigen Schnittgeschwindigkeiten und hohen Vorschüben gearbeitet. Der Grund dafür ist wiederum eine Maximierung der Standzeit des oftmals teuren Werkzeuges. Wie in dem Standzeitdiagramm zu sehen ist, gibt es einen Idealwert, bei dem die Standzeit sehr hoch ist (Bild 1). Wird nun die Schnittgeschwindigkeit v_c erhöht, verschleißt das Werkzeug schneller. Besser ist deshalb die Vergrößerung des Vorschubes, da hier bei gleicher Erhöhung des Zeitspanvolumens ein geringerer Verschleiß zu beobachten ist.

Schneidstoffe

Fräswerkzeuge können komplett aus Schnellarbeitsstahl oder Vollhartmetall hergestellt werden. Weil die besondere Beanspruchung am Fräswerkzeug während der Bearbeitung fast ausschließlich an der Randzone der Schneiden auftritt, werden für den Großteil des Werkzeugs die kostenintensiven Schneideneigenschaften wie große Härte oder Verschleißfestigkeit gar nicht benötigt. Deshalb bestehen besonders die Werkzeuge mit großem Durchmesser zunehmend aus einem Grundkörper aus weniger beanspruchbarem und preiswertem Werkzeugstahl, auf den Schneidplatten aufgelötet, geklemmt oder geschraubt werden (Bild 2).

Für Schaftfräser sind komplette Wechselschneidköpfe im Angebot, die durch ihr spezielles Spannsystem ebenfalls eine sehr hohe Prozesssicherheit versprechen (Bild 3).

Alle gängigen Spannsysteme gewährleisten eine schnelle, unkomplizierte und lagesichere Einspannung der Schneidplatten oder Schneidköpfe. Das macht die Werkzeuge schnell wieder einsetzbar, da nur die beschädigten und verschlissenen Schneidplatten ausgewechselt werden müssen.

Häufig verwendete Schneidstoffe sind Hochleistungs-Schnellarbeitsstähle sowie Hartmetalle, aber auch Schneidkeramik und Diamant werden zunehmend eingesetzt (Tabelle 1 nächste Seite). Zum Fräsen verwendete Schneidstoffe müssen wegen des unterbrochenen Schnittes bei ausreichend großer Härte sehr zäh sein. Außerdem sollten sie einen ständigen Temperaturwechsel unbeschadet überstehen. Die unterschiedlichen Eigenschaften des Schneidstoffs ermöglichen verschiedene Anwendungsmöglichkeiten.

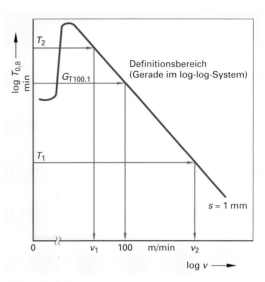

1 Standzeitdiagramm

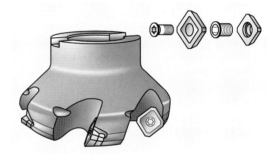

2 Fräser mit Schneidplatten

3 Fräser mit Wechselschneidkopf

Tabelle 1: Beim Fräsen verwendete Schneidstoffe in der Übersicht	
Schneidstoff	**Eigenschaften, Anwendungsmöglichkeit**
Schnellarbeitsstahl HSS	Hohe Zähigkeit und Kantenfestigkeit, deshalb relativ großer Spanwinkel möglich. Für kompliziert geformte Fräser, z.B. Profilfräser, Gewindefräser.
Hartmetall HM	Große Härte bei ausreichender Zähigkeit. Für Fräsarbeiten aller Art bei hoher Wirtschaftlichkeit.
Keramik	Ist noch härter als HM. Große Warmfestigkeit bis 1200 °C. Für das Arbeiten mit sehr hohen Schnittgeschwindigkeiten, das Bearbeiten von gehärteten Werkstoffen ist möglich.
Diamant	Besitzt die größte Härte aller Schneidstoffe. Für die Feinbearbeitung von Aluminium-Legierungen, Kunststoffen, NE-Metallen, Glas, Keramik, Hartmetallen.
Bornitrit	Gehört wie Diamant zu den superharten Schneidstoffen. Größte Warmfestigkeit, bis 2000 °C.

Fräser aus Schnellarbeitsstahl sind in der Anschaffung relativ billig und verfügen über eine hohe Biegebruchfestigkeit sowie günstige Zähigkeit. Deshalb und wegen ihrer Formvielfalt werden sie bei Werkstoffen mit guter Bearbeitbarkeit oft eingesetzt. Sie werden auch massive Fräser genannt. Die Schneiden werden direkt aus dem Trägermaterial herausgearbeitet. Man unterscheidet hier drei Werkzeugtypen:

- **1. Typ W** für langspanende, **weiche** Werkstoffe wie z.B. Leichtmetall
- **2. Typ N** für **normale** Werkstoffe bis zu einer Mindestzugfestigkeit von 1000 N/mm²
- **3. Typ H** für kurzspanende, hochfeste und **harte** Werkstoffe

> Je härter das zu bearbeitende Material wird, umso kleiner muss der Spanwinkel sein und umso mehr Zähne sind am Spanvorgang beteiligt.

Rundprofil (Kordelverzahnung)

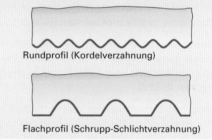

Flachprofil (Schrupp-Schlichtverzahnung)

1   Spanteiler am Schruppfräser

Spanteiler an Schruppfräsern

Da es besonders beim Schruppen unerwünscht ist, wenn breite, lange Späne entstehen, werden die Schneiden von Schruppfräsern mit einer Profilierung versehen. Dieses Profil, der Spanteiler, auch Spanleitstufe genannt, bricht die entstehenden Späne (Bild 1). Die runde Profilierung erhält das Kürzel **R** und die flache Profilierung den Buchstaben **F**. Ein HSS-Fräser vom Typ Normal mit rund profilierten Schneiden erhält so die Bezeichnung **NR**. Das runde Profil eignet sich besonders gut zum Schruppen (Vorfräsen). Das flache Profil hinterlässt eine bessere Oberfläche und eignet sich deshalb am besten zum Schrupp-Schlichten. Durch

> **Hinweis:** Schnellarbeitsstahl (früher HS) hat nur noch in der Ausführung „Hochleistungs-Schnellarbeitsstahl" (früher: HSS) wirtschaftliche Bedeutung. In der Praxis taucht deshalb noch das Kürzel **HSS** auf, obwohl diese Stähle nach DIN ISO 4957 als **HS**-Stähle genormt sind.

die Profilierung der Schneiden bei Schruppfräsern entstehen kurze, dicke Späne. Das wirkt sich beim Schruppen positiv auf den Bearbeitungsprozess aus.

Zahnform massiver Fräser aus HSS

An massiven Fräsern sind zwei unterschiedliche Zahnformen üblich. Diese ergeben sich aus der Art der Herstellung und sind optisch sehr gut zu unterscheiden (Bild 1).

Spitzgezahnte Fräser sind an ihrer spitzen Zahnform erkennbar. Sie werden durch Fräsen hergestellt. Damit können jedoch nur Fräser mit geradlinig verlaufenden Konturen gefertigt werden (z.B. Scheiben-Walzenfräser).

Bei Verschleiß können diese Fräser an Spanfläche und Freifläche scharfgeschliffen werden.

Hinterdrehte Fräser können nur auf einer speziellen Hinterdrehmaschine gefertigt werden (Bild 3). Vorher müssen jedoch die Zahnlücken durch Fräsen hergestellt werden (Bild 2). Der Herstellungsprozess ist also aufwendiger.

Im Vergleich zu spitzgezahnten Fräswerkzeugen sind durch Hinterdrehen mithilfe eines Formdrehmeißels auch Formfräser herstellbar (z.B. nach innen oder außen gewölbte Halbkreisfräser).

> Bei Verschleiß werden hinterdrehte Fräser nur an der Spanfläche geschliffen, um die Maßhaltigkeit des Werkzeuges zu gewährleisten.

Hinterdrehte Fräser besitzen oftmals einen zu geringen Drallwinkel (meist $\lambda = 0°$). Diesem daraus folgenden Nachteil der geringeren Standzeit stehen jedoch Vorzüge, wie z.B. die verhältnismäßig hohe Gesamtlebenszeit, gegenüber.

Hartmetall-Schneidstoffe

Hartmetalle besitzen eine große Härte, Warmverschleißfestigkeit sowie eine große Druckfestigkeit. Damit bieten sich für diesen Schneidstoff die meisten Anwendungsmöglichkeiten. Am häufigsten werden zum Fräsen Hartmetalle der K-Gruppe nach DIN ISO 513 (2005-11) eingesetzt. Zum Bearbeiten von Stahl verwendet man oft Wendeschneidplatten für die Anwendungsgruppe P20 bis P40 und zum Schlichtfräsen Platten für M10 und M20.

Besonders verschleißfest sind Hartmetalle mit Titankarbid- oder Aluminiumoxid-Beschichtung.

Werden an Verschleiß- und Kantenfestigkeit besonders hohe Anforderungen gestellt, verwendet man **Feinstkorn-Hartmetallplatten**.

Hartmetallschneidstoffe werden aufgelötet oder in Form von Wendeschneidplatten auf den Werkzeuggrundkörper geklemmt oder geschraubt (Bild 4).

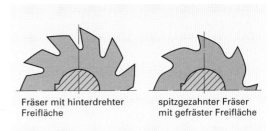

Fräser mit hinterdrehter Freifläche

spitzgezahnter Fräser mit gefräster Freifläche

1 Zahnformen

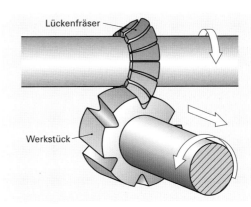

Lückenfräser

Werkstück

2 Fräsen der Zahnlücken

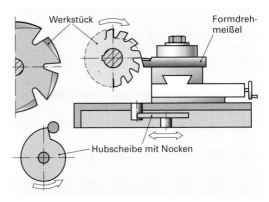

Werkstück

Formdrehmeißel

Hubscheibe mit Nocken

3 Vorgang des Hinterdrehens

4 Hartmetall-Wendeschneidplatten

Wendeschneidplatten für Fräswerkzeuge

Wendeschneidplatten werden überwiegend aus Hartmetallen sowie aus keramischen Schneidstoffen hergestellt. Sie sind in ihren Abmaßen genormt und werden mit einem Loch zum Schrauben oder ohne Loch zum Klemmen angeboten.

Die **Vierkantplatten** besitzen eine höhere Schneidenstabilität und eine größere Anzahl von Schneiden als die Dreikantplatten. **Dreikantplatten** benötigt man zum Eckfräsen, weil damit ein Einstellwinkel von $\varkappa = 90°$ erreicht wird (Bild 1).

Außerdem werden Wendeschneidplatten mit positivem oder negativem Freiwinkel verwendet. Bei einem Keilwinkel von 90° handelt es sich um negative Schneidplatten. Deren Schneiden können im Gegensatz zu positiven Schneidplatten an der Ober- und Unterseite genutzt werden.

Viele Schneidplatten besitzen eine **Spanleitstufe**. Dadurch kommt ein positiver Spanwinkel zustande und es werden eine geringere Schnittkraft sowie weniger Leistung benötigt.

Schneidplatten, die mit einem Eckenradius ausgestattet wurden, haben zwar eine längere Lebensdauer, bewirken aber eine raue Oberfläche. Sie werden deshalb überwiegend zum Vorfräsen/ **Schruppen** eingesetzt.

Zum **Schlichten** verwendet man Schneidplatten mit Planfase oder mit Breitschlichtfase. Um eine optische Oberfläche zu erhalten, muss aber der Vorschub je Fräserumdrehung kleiner als die Breitschlichtfase sein (Bild 2). Deshalb muss die passende Vorschubgeschwindigkeit v_f errechnet werden.

Für Präzisionsarbeiten gibt es neben der Normalausführung auch eine **Genauigkeitsausführung**. Mit diesen Schneidplatten lassen sich ohne zusätzliche Justierung Werkstücktoleranzen von 0,1 mm einhalten.

Die maximale Vorschubgeschwindigkeit ergibt sich aus der Drehzahl, die aus Tabellen entnommen oder rechnerisch ermittelt werden kann, der Anzahl der Zähne am Werkzeug und dem Vorschub je Schneide. Der Vorschub je Schneide ist den Tabellen des Schneidplattenherstellers zu entnehmen oder kann annäherungsweise dem Tabellenbuch entnommen werden.

Weitere Hinweise zur Schneidstoffauswahl siehe S. 82.

Die Entwicklung von neuen Beschichtungswerkstoffen für Wendeschneidplatten ist nicht beendet. Sie eröffnet seit vielen Jahren immer neue Anwendungsmöglichkeiten und immer höhere Schnittwerte. Für den Zerspanungsmechaniker bedeutet dies, dass er sich ständig über neue Entwicklungen informieren muss.

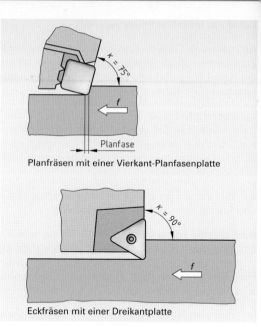

Planfräsen mit einer Vierkant-Planfasenplatte

Eckfräsen mit einer Dreikantplatte

1　Einstellwinkel beim Plan- und Eckfräsen

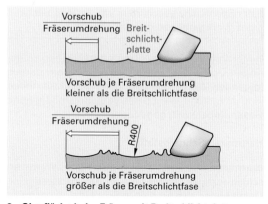

2　Oberfläche beim Fräsen mit Breitschlichtplatte

Aufgaben

1　Suchen Sie im Tabellenbuch die Formel oder die Formeln zum Ermitteln der Vorschubgeschwindigkeit.

2　Wie verändert sich die Schnittgeschwindigkeit, wenn ein größerer Fräserdurchmesser gewählt wird?

3　Formulieren Sie in Worten, wie der Wert für die Vorschubgeschwindigkeit beim Fräsen ermittelt wird.

4　Ermitteln Sie mit Hilfe des Lehrbuches weitere Grundformen und Geometrien von Wendeschneidplatten.

Keramik und Diamant als Schneidstoff

Seltener als aus Hartmetallen werden Fräserschneiden aus keramischen Werkstoffen gefertigt (Bild 1). Diese Materialien haben zwar den Vorteil einer sehr großen Härte, der Nachteil ist jedoch die hohe Empfindlichkeit gegen Schlagbeanspruchung, welche beim Fräsen notwendigerweise ständig auftritt. Gegenwärtig werden jedoch neue **Mischkeramik**-Werkstoffe entwickelt, die den Belastungen immer besser standhalten können. Keramik wird meist für die Feinbearbeitung von gehärtetem Stahl oder Hartguss eingesetzt. Dabei arbeitet man mit negativem Span- und Neigungswinkel.

Besonders zu beachten ist die Tatsache, dass Keramik auf schnellen Temperaturwechsel sehr empfindlich reagiert.

> Beim Spanen mit keramischen Schneidstoffen ist immer ohne Kühlmittel zu arbeiten!

1 **Fräswerkzeuge mit keramischen Schneiden**

Naturdiamanten werden nur beim Ultrapräzisionsfräsen oder beim Hochglanzfräsen von Metallspiegeln verwendet. Die Spandicke bewegt sich hier im Mikrometerbereich.

Häufiger dagegen wird mit künstlich hergestelltem, synthetischem Diamant, dem **Polykristallinen Diamant (PKD)** gearbeitet (Bild 2). PKD wird überwiegend für Nichteisen-Werkstoffe wie Aluminium, Kupfer, Kunststoffe verwendet. Wegen seiner sehr großen Härte ist der Verschleiß so gering, dass Tausende von Werkstücken mit einer Schneide hergestellt werden können.

2 **Fräswerkzeuge mit Diamant-Schneiden**

> Diamanten sind vor hohen Temperaturen zu schützen. Sie verbrennen bereits bei ca. 800 °C!

Standzeit und Verschleiß

Wie bei jedem spanenden Verfahren tritt auch beim Fräsen an der Werkzeugschneide Verschleiß auf.

Eine Besonderheit des Fräsens ist der unterbrochene Schnitt. Dadurch wird die Schneide bei jeder Werkzeugumdrehung durch den schlagartigen Eintritt in das Material des Werkstückes mechanisch stark belastet. Tritt die Schneide aus dem Werkstoff heraus, wird sie ebenso plötzlich wieder entlastet. Außerdem kühlt der Schneidstoff, nachdem er sich beim Arbeiten auf einige hundert Grad Celsius erhitzt hat, an der Umgebungsluft plötzlich ab. Diese Vorgänge werden **mechanische und thermische Beanspruchung** genannt.

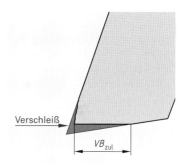

Verschleiß

VB_{zul}

3 **Verschleißmarkenbreite VB**

Prinzipiell sind alle bekannten Verschleißformen – also Freiflächen-, Spanflächen-, Schneidkanten-, Kolkverschleiß sowie die Aufbauschneide – auch beim Fräsen zu beobachten (Bild 4).

Am häufigsten tritt **Freiflächenverschleiß** auf. Er wird durch Messung der Verschleißmarkenbreite VB bestimmt, die mit der zulässigen VB verglichen wird (Bild 3). Wird die zulässige VB überschritten, muss das Werkzeug geschliffen oder ausgewechselt werden, weil in diesem Zustand das Werkstück Schaden nehmen könnte.

Besonders oft kommen beim Fräsen infolge des unterbrochenen Schnitts Kammrisse, aber auch Querrisse vor (Bild 4 unten).

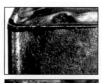
Freiflächenverschleiß

Kolkverschleiß

Kammrissbildung

4 **Verschleißformen**

Werkzeugverschleiß verursacht jährlich beträchtliche Kosten. Nicht nur die Werkzeuge werden immer teurer, auch die Kosten der Stillstandszeit der Maschine beim Werkzeugwechsel steigen ständig.

Verschleiß kann nicht verhindert werden, aber man kann ihn vermindern, wenn seine häufigsten Ursachen bekannt sind. Die Mittel und Methoden zur Vermeidung der zu schnellem Verschleiß führenden Vorgänge folgen meistens aus den Ursachen. In der folgenden Tabelle sind Ursachen des normalen Verschleißes und Wege zu seiner Verminderung sowie die vermeidbaren Veränderungen an der Werkzeugschneide zusammengefasst:

Tabelle: Verschleißformen und ihre Vermeidung		
Verschleißform	**Ursache**	**Verminderung/Vermeidung**
normaler Freiflächenverschleiß	Abrieb	nicht zu vermindern
erhöhter Freiflächenverschleiß	▪ zu kleiner Zahnvorschub ▪ beim Umfangsfräsen im Gegenlauf	▪ Erhöhung des Zahnvorschubes ▪ Verwendung eines anderen Schneidstoffes
normaler Kolkverschleiß	Abrieb	nicht zu vermindern
erhöhter Kolkverschleiß	hohe Werkzeugtemperatur	▪ Verringerung der Schnittgeschwindigkeit ▪ Verwendung eines anderen Schneidstoffes
Kammrisse	schneller, häufiger Temperaturwechsel	▪ Verringerung der Schnittgeschwindigkeit ▪ Arbeiten ohne Kühlmittel
Querrisse	zu hohe Schlagbeanspruchung	günstigeren Anschnitt einstellen
Ausbröckelungen und Aussplitterungen	▪ zu hohe Schnittkräfte ▪ schneller, häufiger Temperaturwechsel	▪ Verringerung der Schnittgeschwindigkeit ▪ Arbeiten ohne Kühlmittel ▪ Verwendung eines anderen Schneidstoffes
Aufbauschneide	zu niedrige Schnittgeschwindigkeit	Erhöhung der Schnittgeschwindigkeit
Verformungen	zu hoher Schneidendruck	▪ Verringerung des Zahnvorschubes ▪ Verwendung eines anderen Schneidstoffes

> Standzeit bzw. Standweg sind abhängig vom Schneidstoff, dem Werkstückmaterial sowie den Einstellwerten und der Kühlschmierung.

Drall- und Schneidrichtung

Um die schlagende Wirkung beim Eintritt in das zu bearbeitende Material zu vermeiden, werden einige Fräswerkzeuge mit einem Drall versehen. Die Schneide arbeitet sich dadurch allmählich in den Werkstoff ein (Bild 1). Die Folge ist eine starke Erhöhung der Standzeit. Außerdem wirkt eine axiale Kraft. Dadurch lassen sich mittels der Kombinationsmöglichkeiten von Drall- und Schneidrichtung die Größe und Richtung auftretender Schnitt- und Axialkräfte positiv beeinflussen.

Die Drallrichtung wird wie bei Gewinden bestimmt, also Links- oder Rechtsdrall. Zur Bestimmung der Schneidrichtung wird das Werkzeug von der Antriebsseite aus betrachtet (Bild 2).

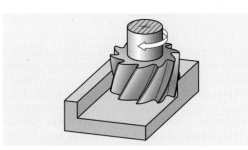

1 Walzenstirnfräser mit Drall im Eingriff

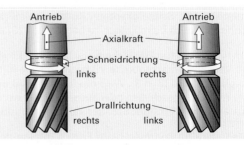

2 Drall- und Schneidrichtung am Schaftfräser

Schneid- und Drallrichtung sollten an einem Fräser entgegengesetzt sein, damit die Axialkraft gegen das Spindellager gerichtet ist.

> Fräser mit Drall gewährleisten einen ruhigen, gleichmäßigen Lauf während der Bearbeitung.

Dadurch erhöhen sich die Maßgenauigkeit und die Oberflächengüte. Die wegen des Zahndralls auftretenden Axialkräfte, die bei **geradgezahnten Fräsern** in Richtung der Frässpindellagerung wirken, können durch eine **Kreuzzahnung** aufgehoben werden (Bild 1). Die dadurch entstehende gleichförmige Schnittkraft hat zur Folge, dass die Maschine ruhiger arbeitet.

Ein ähnlich ruhiger Lauf kann durch **wendelgezahnte Schneidkanten** erreicht werden.

Bei wendelgezahnten Walzenfräsern kann die Axialkraft durch Kuppeln zweier Werkzeuge mit entgegengesetzter Drallrichtung aufgehoben werden. Dazu wird der zweite Fräser einfach entgegengesetzt aufgesteckt (Bild 2).

Werden mehrere Fräswerkzeuge auf einer Spindel kombiniert, spricht der Fachmann von einem **Satzfräser** (S. 223).

Teilung am Fräswerkzeug

Der effektive Abstand zwischen den Schneiden im Eingriff wird als Teilung (u in mm) bezeichnet (Bild 3). Man kann damit bewirken, wie viele Schneiden beim Zerspanungsprozess gleichzeitig im Eingriff sein sollen.

Allgemein wird unterschieden in:

Weite Teilung (L)

Die geringe Anzahl der Schneiden ermöglicht den Einsatz des Fräsers bei langspanenden Werkstoffen. Auch durch die geringe Leistungsfähigkeit des gesamten Zerspanprozesses empfiehlt sich dieses Werkzeug für die Bearbeitung einiger NE-Werkstoffe.

Enge Teilung (M)

Die mittlere Anzahl von Wendeschneidplatten führt zu einer guten Produktivität bei normalen Zerspanungsbedingungen. Die Fräser sind gut geeignet zum Schruppen von Stahl und rostfreiem Stahl.

Extra enge Teilung (H)

Die maximale Anzahl an Schneidplatten ermöglicht ein hohes Zeitspanvolumen harter Werkstoffe bei geringem Arbeitseingriff a_e.

Diese Fräser sind gut geeignet zum Schruppen von Gusseisen und warmfesten Superlegierungen und zum Schlichten von Gusseisen.

Sind die Schneiden ungleichmäßig angeordnet, spricht man von einer **Differentialteilung**. Damit kann der Zerspanungsprozess unter Umständen günstig beeinflusst werden (Bild 3).

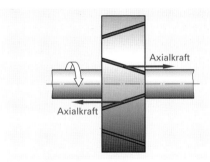

1 **Scheibenfräser kreuzgezahnt**

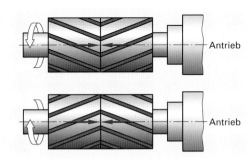

2 **Entgegengesetzt gekuppelte Walzenfräser**

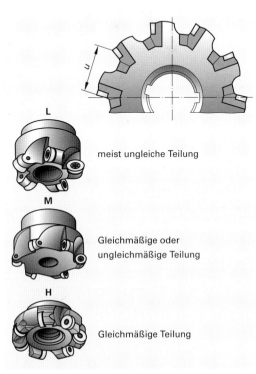

meist ungleiche Teilung

Gleichmäßige oder ungleichmäßige Teilung

Gleichmäßige Teilung

3 **Teilungsarten am Fräswerkzeug**

5.3.8 Spanungsgrößen

Um den Aufspanntisch der Ständerbohrmaschine zu fertigen (S. 201), müssen Sie noch einige Berechnungen anstellen, um an der Fräsmaschine die richtigen Arbeitswerte einstellen zu können. Da sich das Fräswerkzeug immer auf einer Kreisbahn bewegt, wird die Schnittgeschwindigkeit v_c folgendermaßen errechnet:

> **Schnittgeschwindigkeit** $v_c = \pi \cdot d \cdot n$

Sie ist abhängig vom Werkstoff des bearbeiteten Werkstückes, vom Schneidstoff sowie von der Art der Bearbeitung. Auch die Steifigkeit von Maschine und Werkstück müssen beachtet werden.

Die **Schnitttiefe** a_p wird in Richtung der Werkzeugachse bestimmt, während der **Arbeitseingriff** a_e von der in Schnittrichtung bearbeiteten Fläche abhängt (Bilder 1 und 2). Der Arbeitseingriff liegt jedoch immer rechtwinkelig zur Werkzeugachse.

Weil an den meisten Fräswerkzeugen mehrere Schneiden vorhanden sind, ergibt sich der **Vorschub f** aus dem Weg, den das Werkzeug gegenüber dem Werkstück bei einer Werkzeugumdrehung zurücklegt. Die Strecke, die eine Schneide während des Eingriffs zurücklegt, der **Zahnvorschub** f_z, wird dazu mit der **Anzahl der Schneiden z** des benutzten Werkzeuges multipliziert.

> **Vorschub** $f = f_z \cdot z$

Der Zahnvorschub ist abhängig von der geforderten Oberflächengüte sowie von der Schnitttiefe. Schnittgeschwindigkeit und Zahnvorschub sind den Richtwerttabellen der Werkzeughersteller zu entnehmen. Sie hängen aber auch von der Leistungsfähigkeit der Maschine ab.

Aus dem Vorschub pro Umdrehung und der **Drehzahl n** kann nun auch die Vorschubgeschwindigkeit bestimmt werden (Bilder 3 und 4).

> **Vorschubgeschwindigkeit** $v_f = f_z \cdot z \cdot n = f \cdot n$

Die **Schnittleistung** P_c und die **Antriebsleistung** P_a werden wie beim Bohren und Drehen berechnet. Das geschieht ebenfalls über das **Zeitspanungsvolumen Q**. Das Zeitspanvolumen sagt aus, wie viel cm³ Werkstoff in einer Minute gespant werden.

$$Q = A \cdot v_f = a_e \cdot a_p \cdot v_f$$
$$P_c = Q \cdot k_c$$
$$P_a = \frac{P_c}{\eta}$$

A	Spanungsquerschnitt
k_c	spezifische Schnittkraft
η	Wirkungsgrad

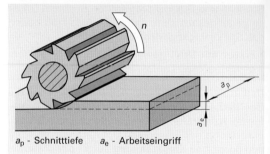

a_p - Schnitttiefe a_e - Arbeitseingriff

1   Schnitttiefe und Arbeitseingriff beim Umfangsfräsen

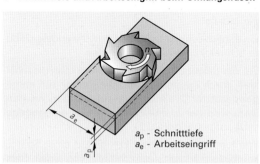

a_p - Schnitttiefe
a_e - Arbeitseingriff

2   Schnitttiefe und Arbeitseingriff beim Stirnfräsen

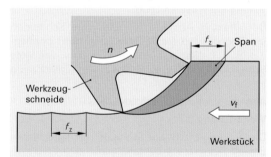

3   Vorschubgeschwindigkeiten beim Umfangsfräsen

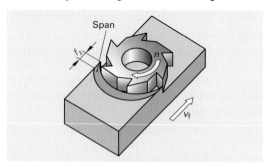

4   Vorschubgeschwindigkeit beim Stirnfräsen

Aufgabe

Finden Sie die zur Berechnung zu verwendenden Einheiten für folgende technologische Größen heraus: v_c, d, π, f, f_z, z, n, Q, A, k_c, P_c, P_a, η (Hinweis: Wiederholen Sie die Grundlagen).

5.3.9 Arbeitsbeispiel

Nachdem Sie sich das notwendige Wissen angeeignet haben, können Sie nun beginnen, den Aufspanntisch entsprechend der Aufgabenstellung auf S. 201 zu fertigen. Als Erstes muss das Rohteil (S. 218 unten) durch Planfräsen den äußeren Zeichnungsmaßen angepasst werden.

> **Planfräsen** ist die Erzeugung einer ebenen Fläche mit geradliniger Vorschubbewegung durch Stirnfräsen, Umfangsfräsen oder Stirnumfangsfräsen.

Nach Möglichkeit wird zum Planfräsen die Verfahrensvariante Stirnfräsen eingesetzt.

Stirnfräsen hat gegenüber dem Umfangsfräsen folgende Vorteile:

- Da sich der Anschnitt weg von den Schneidecken verlegen lässt, werden die Schneiden geschont. Der Kühlschmierstoff kann besser an die Schneiden gelangen.

- Die erforderliche Schnittleistung ist beim Stirnfräsen geringer. Die Maschinenleistung lässt sich besser nutzen.

- Da beim Stirnfräsen mehr Zähne im Eingriff sind, sind der Spanungsquerschnitt und die Maschinenbelastung gleichmäßiger.

Zur Einsparung von Fertigungszeit wird versucht, mit wenigen Arbeitsgängen zu produzieren. Deshalb wählt man beim Planfräsen durch Stirnfräsen einen möglichst großen Fräserdurchmesser.

Besteht auf der vorhandenen Maschine die Möglichkeit, einen Fräskopf einzusetzen, dessen Durchmesser ein wenig größer ist als die dickste Stelle des Werkstückes, kann die Oberfläche mit einem Schnitt gefräst werden.

> Der Durchmesser des Fräskopfes sollte mindestens das 1,3-fache der Werkstückdicke betragen.

Außerdem ist beim Planfräsen mit Stirnfräsern der Einstellwinkel κ (Kappa) zu beachten. Ist dieser Winkel größer als 75°, kann die Werkstückkante ausbrechen (Bild 1).

Werden sehr schmale Werkstücke bearbeitet, muss die Fräserachse innerhalb des Werkstückes liegen. Dadurch wird vermieden, dass die Schneidkante direkt aufschlägt und damit schnell verschleißt (Bild 2).

Weiterhin muss der Sturz beachtet werden, da das Nachschneiden ebenfalls einen unnötig hohen Verschleiß verursacht (S. 207).

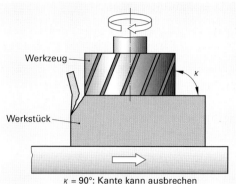

$\kappa = 90°$: Kante kann ausbrechen

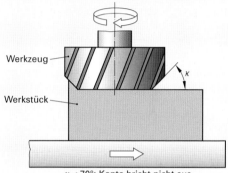

$\kappa < 70°$: Kante bricht nicht aus

1 Günstiger Einstellwinkel beim Stirn-Planfräsen

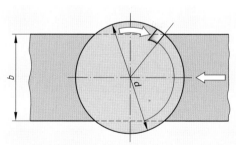

Günstig! $d = 1,3 \cdot b$ und Fräserachse innerhalb des Werkstückes

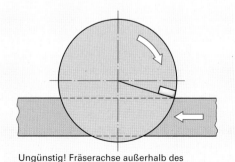

Ungünstig! Fräserachse außerhalb des Werkstückes

2 Möglichkeiten der Fräserachslage

Nach diesen Vorüberlegungen ist es möglich, mit der Herstellung des Aufspanntischs nach Zeichnung zu beginnen (Bild 1).

Als Erstes muss ein **Arbeitsplan** mit den günstigsten Bearbeitungsschritten aufgestellt werden.

Dabei muss Folgendes beachtet werden:

- Kann das Werkstück vor jedem Arbeitsgang stabil gespannt werden?
- Ist die Reihenfolge der Arbeitsgänge rationell? Das bedeutet konkret:
  - minimale Werkzeugwechsel
  - so wenige Umspannvorgänge beim Werkstück wie nötig!
- Mögl. kein Einsatz von Spezialwerkzeugen und Spezialspannmitteln, da diese meist teuer sind.
- Welche Maschinen, Werkzeuge, Spannmittel stehen zur Verfügung?

Aus diesen Überlegungen könnte sich folgender Arbeitsplan ergeben:

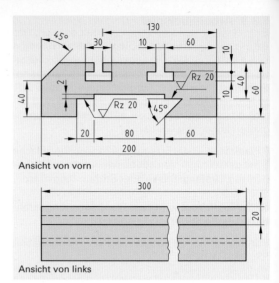

Ansicht von vorn

Ansicht von links

1 Auszug aus der Fertigungszeichnung

Arbeitsplan		Bearbeiter:	
Auftrags-Nr.:		Datum:	
Benennung:	Aufspanntisch	Losgröße:	1
Werkstoff:	EN-GJS-500-7	Gewicht/Teil:	5,5 kg
Abmessungen:	200 · 60 · 300	Termin:	sofort
Arb.-gang	Arbeitsvorgang	Werkzeug	
10	Fräsen 200 · 62 · 300	Planfräskopf D 270	
20	Schlichtfräsen Oberseite 200 · 60 · 300	Planfräskopf D 270	
30	Eckfräsen 100 · 18 · 300	Eckfräskopf D 100	
40	Schlichten 100 · 20 · 300	Eckfräskopf D 100	
50	Planfräsen 80 · 22 · 300	Planfräskopf D 80	
60	Winkelfräsen 45°	Winkelstirnfräser 45°	
70	Fräsen Rechtecknut 10 · 20 · 300	Scheibenfräser b = 10	
80	Fräsen T-Nut 30 · 10 · 300	T-Nutenfräser D 30, b =10	
90	Fräsen Schräge 45°	Winkelfräser 45°	

So oder ähnlich könnte der Arbeitsplan (AP) unter den hier vorgegebenen Bedingungen aussehen. In anderen Fällen sind aber auch weitere Varianten denkbar. Die folgenden Arbeitsgänge sind für die Fräserei uninteressant.

Das Rohteil, welches verwendet werden soll, hat die Abmaße 200 · 70 · 300 (B · H · L).

Es hat an fünf Seiten eine durch Sägen erzeugte Oberfläche. Auf der sechsten Seite (Höhe) ist eine Gusshaut vorhanden (Bild 2).

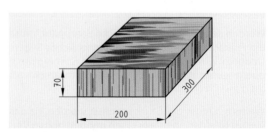

2 Abmaße des Rohteils

Vor Beginn der Fertigung müssen verschiedene **Einstellwerte** der Maschine ermittelt werden. Das ist notwendig, um Werkzeuge und Maschine vor Überlastung zu schützen. Die Ermittlung der Richtwerte erfolgt als Erstes nach den bestimmenden Faktoren:

- dem Werkstoff (EN-GJS-500-7),
- dem Schneidstoff (HM),
- der Fräserart (Stirnfräser),
- der beabsichtigten Bearbeitung (Schruppen),
- dem Spanvolumen (Schnitttiefe und Schnittbreite)
- Leistungsfähigkeit der Maschine.

Schnittgeschwindigkeit v_c und Vorschub je Zahn f_z werden aus Tabellen abgelesen. Sie sind dort auf bestimmte Werkstoffe und Fräswerkzeuge bezogen (Tabellen 1, 2 und 3).

Bei Schneidplatten sollten außerdem die Richtwerttabellen des Schneidenherstellers genutzt werden, so können die Einstellwerte der Maschine am besten ermittelt werden. Ist dies nicht möglich, werden allgemein gültige Tabellenbücher verwendet. Zu beachten ist bei Gusseisen als Erstes die Brinellhärte. Diese liegt für EN-GJS-500-7 unter 180 HB. Die abzulesenden Richtwerte für einen Fräskopf mit Hartmetallschneiden lassen jedoch noch einen großen Spielraum zu.

Tabelle 1: Richtwerte für Schnittgeschwindigkeit v_c in m/min und Vorschub

Fräswerkzeug	Art der Bearbeitung		Unl. Stahl R_m bis 700 N/mm²	Legierter Stahl R_m bis 750 N/mm²	R_m bis 1000 N/mm²	Gusseisen bis 180 HB
Fräskopf (Messerkopf)			Schneiden aus Hartmetall			
	Schruppen	v_c	80...150	80...150	60...120	70...120
		f_z	0,1...0,3	0,1...0,3	0,1...0,3	0,1...0,3
	Schlichten	v_c	100...300	100...300	80...150	80...160
		f_z	0,1...0,2	0,1...0,2	0,06...0,15	0,1...0,2

Tabelle 2: Werkstoffwerte

Kurzzeichen	Zugfestigkeit R_m in N/mm²
EN-GJS-400-15	400
EN-GJS-500-7	500
EN-GJS-600-3	600
EN-GJS-700-2	800

Tabelle 3: Vorschub und Schnittgeschwindigkeit

Fräswerkzeug	Art der Bearbeitung		Unl. Stahl R_m bis 700 N/mm²	Legierter Stahl R_m bis 750 N/mm²	R_m bis 1000 N/mm²	Gusseisen bis 180 HB
Walzenfräser			Fräser aus Schnellarbeitsstahl			
	Schruppen	v_c	30...40	25...30	15...20	20...25
		f_z	0,1...0,2	0,1...0,15	0,1...0,15	0,1...0,3
	Schlichten	v_c	30...40	25...30	15...20	20...25
		f_z	0,05...0,1	0,05...0,1	0,05...0,1	0,1...0,15

Es können folgende Werte abgelesen werden (Tab. 1): $v_c = 70$ m/min...120 m/min; $f_z = 0,1$ mm...0,3 mm.

Um die genauen Arbeitswerte zu erhalten, müssen weitere Einflussgrößen berücksichtigt werden, die ebenfalls bei der Bearbeitung wirksam werden. Diese **beeinflussenden Faktoren** sind:

- Walz- oder Gusshaut bzw. Schmiedekruste,
- Gleichlauf- oder Gegenlauffräsen,
- spezielle Hochleistungsfräser mit/ohne angefaste Schneidecken,
- Stabilität des Werkstücks, des Werkzeugs sowie der Maschine.

Sie können durch Korrekturfaktoren rechnerisch eingebracht werden. Positiv wirkende Faktoren erhalten einen **Korrekturwert** > 1; Faktoren, die die Bearbeitung erschweren, werden < 1 eingesetzt.

Beispiel:

Fräser hat angefaste Schneidecken:	Korrekturfaktor: 1,2
Gusshaut ist zu fräsen:	Korrekturfaktor: 0,8
Gewählte Schnittgeschwindigkeit:	$v_{c/gewählt} = 100$ m/min
Tatsächliche Schnittgeschwindigkeit:	$v_c = 100$ m/min · 1,2 · 0,8 = **96 m/min**

Es muss ein geringerer Arbeitswert eingestellt werden, als ursprünglich angenommen wurde.

In der Werkstattfertigung ist die Basis der Arbeitswerte jedoch oft die Erfahrung des Facharbeiters. Zum Schruppen der Ober- und Unterseite des Gussteils bei einer Schnitttiefe von jeweils 4 mm werden unter Beachtung der beeinflussenden Faktoren folgende Werte gewählt:

$v_c = 90$ m/min; $f_z = 0,1$ mm.

Für die Drehzahlermittlung muss der Fräserdurchmesser (D = 270) eingesetzt werden:

$$n = \frac{v_c}{\pi \cdot d} = \frac{90 \text{ m/min}}{\pi \cdot 0,27 \text{ m}} = 106 \ \frac{1}{\text{min}}$$

$$v_f = z \cdot f_z \cdot n = 18 \cdot 0,1 \text{ mm} \cdot 106 \text{ 1/min} = \underline{\textbf{190 mm/min}}$$

Aufgabe

Ermitteln Sie n und v_f für den Fall, dass statt des im Arbeitsbeispiel gewählten nur ein Walzenfräser aus HSS mit 16 Zähnen und einem Durchmesser $D = 100$ zur Verfügung steht. Nutzen Sie die kleinstmöglichen Werte (Tabelle 3). Beurteilen Sie das Ergebnis!.

Besonders wichtig ist es beim Schruppen festzustellen, ob die zur Verfügung stehende Maschine überhaupt in der Lage ist, die notwendige Leistung zu erbringen, die für die errechneten Schnittwerte erforderlich ist (Seite 136). Diese **Schnittleistung** P_c ist notwendig, um den Werkstoffwiderstand zu überwinden. Sie ergibt sich aus **Schnittkraft** F_c und **Schnittgeschwindigkeit** v_c.

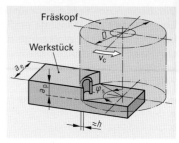

1   Arbeitswerte beim Stirnfräsen

Die ständigen Weiterentwicklungen der Werkzeughersteller lassen heute Arbeitswerte zu, die man nur auf modernen Maschinen voll nutzen kann. Die Wirtschaftlichkeit bei der Herstellung größerer Stückzahlen erfordert es, dass mit den höchstmöglichen Einstellwerten gearbeitet wird.

Da ein Teil der Leistungsaufnahme der Maschine nicht als Zerspankraft zur Verfügung steht, wird am Typenschild die **Antriebsleistung** P_a angegeben. Hier ist der Wirkungsgrad η (Eta) berücksichtigt. Der Wirkungsgrad liegt bei Fräsmaschinen etwa zwischen 70 % ($\eta = 0{,}7$) und 90 % ($\eta = 0{,}9$).

Eine Maschine ist ausgelastet, wenn die erforderliche Schnittleistung der Antriebsleistung entspricht.

$$\text{Die Antriebsleistung} = \frac{\text{Schnittleistung}}{\text{Wirkungsgrad}} \qquad\qquad P_a = \frac{P_c}{\eta}$$

Weil sich die Spanungsdicke während des Schnittes ändert, wird beim Fräsen mit gemittelten Werten gearbeitet:

$$\text{Die mittlere Schnittleistung} = \text{mittlere Schnittkraft} \cdot \text{Schnittgeschwindigkeit} \qquad P_{cm} = F_{cm} \cdot v_c$$

Die **Schnittkraft** F_c ist die Kraft, die erforderlich ist, um den Werkstoff zu zerspanen. Sie ergibt sich aus dem Spanungsquerschnitt A und einem Wert, der für alle Werkstoffe unter gleichen Bedingungen ermittelt wurde, der spezifischen Schnittkraft k_c.

$$\text{Die mittlere Schnittkraft} = \text{spezifische Schnittkraft} \cdot \text{Spanungsquerschnitt} \qquad F_{cm} = k_c \cdot A$$

Der mittlere Spanungsquerschnitt A_m kennzeichnet die Dicke der entstehenden Späne aller im Eingriff befindlichen Schneiden (Bild 1).

$$\begin{array}{l}\text{Mittlerer Spanungsquerschnitt} = \\ \text{Schnitttiefe} \cdot \text{Spanungsdicke} \cdot \text{Anzahl der im Eingriff befindlichen Schneiden}\end{array} \qquad A_m = a_p \cdot h \cdot z_e$$

Für die Spanungsdicke h kann beim Stirnfräsen vereinfacht angenommen werden:

$$\text{Spanungsdicke} \approx 0{,}9 \cdot \text{Vorschub je Schneide} \qquad h \approx 0{,}9 \cdot f_z$$

Die Anzahl der im Eingriff befindlichen Schneiden z_e wird aus dem Fräserdurchmesser D, der Anzahl der am Fräser befindlichen Schneiden z und der zu bearbeitenden Werkstückbreite a_e ermittelt (Bild 1).

$$z_e = \frac{\varphi_s \cdot z}{360°}$$

$$\begin{array}{l}\text{Anzahl der Schnei-} \\ \text{den im Eingriff}\end{array} = \frac{\text{Winkel zw. Schneideein- und -austritt} \cdot \text{Anzahl d. Schneiden}}{360°} \qquad \sin\frac{\varphi}{2} = \frac{a_e}{D}$$

Beispiel:

Hier soll die mittlere Schnittkraft $F_{cm} = 5850$ N betragen. Durch Einsetzen für F_c erhält man für die Errechnung der Antriebsleistung in kW:

$$P_c = \frac{F_c \cdot v_c \ (\text{m/min})}{60000} = \frac{5850 \ \text{N} \cdot 96 \ \text{m/min}}{60000} = \underline{8{,}77 \ \text{kW}}$$

$$P_a = \frac{P_c}{\eta} = \frac{8{,}77 \ \text{kW}}{0{,}8} = \underline{10{,}96 \ \text{kW}}$$

Um die geforderte Schnittleistung von 8,77 kW zu erzeugen, muss die Maschine über eine Antriebsleistung von mindestens 11 kW verfügen.

Die Zeit, während der sich das Werkzeug zum Ausführen eines Arbeitsganges im Arbeitsvorschub befindet, ist die Hauptnutzungszeit.

$$\text{Hauptnutzungszeit } t_h = \frac{L \cdot i}{v_f} = \frac{L \cdot i}{n \cdot f}$$

Ist die genaue **Hauptnutzungszeit** bekannt, wird verhindert, dass der Fräser einen zu langen Anlauf oder Überlauf mit Arbeitsgeschwindigkeit ausführt. Auch die Abteilung für Arbeitsvorbereitung muss mit der exakten Hauptnutzungszeit t_h des Arbeitsganges kalkulieren.

Deshalb ist insbesondere beim Programmieren von NC-gesteuerten Fräsmaschinen außer den bisher ermittelten Arbeitswerten noch wichtig zu wissen, an welchem Punkt der Eilgang beendet ist, der Arbeitsvorschub beginnt und ab wann das Werkzeug wieder mit Eilgang in die Ausgangslage verfahren kann. Der praktische Nutzen liegt bei einer optimalen Maschinenauslastung.

Der Weg L ergibt sich dabei aus der Werkstücklänge l, dem Anlaufweg l_a, dem Überlauf l_u sowie beim Umfangsfräsen dem Anschnitt l_s (Bild 2).

Der Anschnitt l_s sollte besonders bei großem Fräserdurchmesser sorgfältig gewählt werden, da hier beträchtliche Zeit eingespart werden kann. Der Fräser befindet sich beim Umfangsfräsen schon über dem Werkstück, führt aber noch keine Fräsarbeit aus (Bild 1).

Der Anlaufweg l_a dient als Sicherheitsabstand zwischen Eilvorschub und Arbeitsvorschub.

Durch Multiplikation mit der **Anzahl der Schnitte i** wird die wirklich zu fräsende Länge ermittelt (Bilder 2, 3, 4).

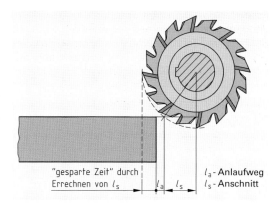

"gesparte Zeit" durch Errechnen von l_s

l_a - Anlaufweg
l_s - Anschnitt

1 Notwendigkeit der Ermittlung von l_s

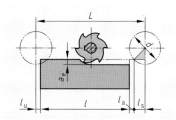

2 Vorschubwege beim Umfangsfräsen

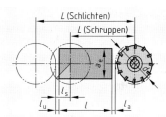

L (Schlichten)
L (Schruppen)

3 Vorschubwege beim Stirnfräsen

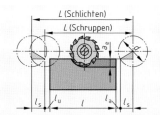

L (Schlichten)
L (Schruppen)

4 Vorschubwege beim Stirn-Umfangsfräsen

Beispiel:
Die Unterseite des Rohteils zur Schlittenherstellung soll in zwei Schnitten von $h = 70$ mm auf 62 mm mit einem Stirnfräser D 270 durch Schruppen plangefräst werden. Der Arbeitseingriff beträgt deshalb $a_e = 4$ mm.
Es wurde eine Drehzahl $n = 106$ 1/min und der Vorschub $f = 1,8$ ermittelt. Als An- und Überlauf genügt $l_a = l_u = 1$ mm.
Lösung:

$$L = l + \frac{d}{2} - l_s + l_a + l_u; \quad l_s = \frac{1}{2}\sqrt{d^2 - a_e^2}$$

$$l_s = \frac{1}{2}\sqrt{270\,mm^2 - 4\,mm^2} = \underline{135\,mm}$$

$$L = 300\,mm + 135\,mm + 1\,mm + 1\,mm = 437\,mm$$

$$t_h = \frac{L \cdot i}{n \cdot f} = \frac{437\,mm \cdot 2}{106\,\frac{1}{min} \cdot 1,8} = \underline{\textbf{4,58 min}}$$

Um ein gleichmäßiges Fräsbild zu erhalten, muss der Stirnfräser die bearbeitete Fläche ganz verlassen haben (Nachschneiden).

Die Oberseite des Rohteils wird bei einer Schnitttiefe von 2 mm in einem Schnitt auf $h = 60$ mm geschlichtet.

Lösung:
$$L = 1 + d + l_a + l_u$$
$$L = 300\,mm + 270\,mm + 1\,mm + 1\,mm = \underline{572\,mm}$$
$$\underline{\textbf{t}_h = \textbf{2,99 min}}$$

Nachdem der Grundkörper durch das Planfräsen die geforderten Außenmaße erhalten hat, kann mit der Fertigung der Lauffläche begonnen werden. Dazu bietet sich der Einsatz eines Eckfräskopfes mit Dreikantplatten an. Mit diesem Werkzeug lassen sich rechtwinklige Oberflächen und Vertiefungen am besten herstellen.

Fräsköpfe gehören zur Gruppe der **Aufsteckfräser**. Sie werden durch **Fräsdorne, Zentrierdorne** oder **Zwischenstücke** mit **Zentrierring** an der Spindel befestigt.

| **Aufsteckfräser** werden über eine Bohrung an einem Aufsteckfräsdorn mit Morse- oder Steilkegelschaft befestigt.

Dafür gibt es verschiedene Varianten, die vom Hersteller und von der Art des Fräskopfes abhängig sind.

Damit alle Schneiden gleichmäßig beansprucht werden, muss der Fräser über eine hohe Plan- und Rundlaufgenauigkeit verfügen. Deshalb verfügen Fräsköpfe über eine Außen- oder Innenzentrierung (Bild 1). Bei Universalfräsmaschinen ist meist die Innenzentrierung mit einem in die Spindel eingesetzten Zapfen zu finden.

Der mit Dreikantplatten ausgerüstete Fräskopf neigt wegen seiner relativ schwachen Schneidkanten zu Vibrationen. Er sollte deshalb ausschließlich zum Fräsen rechtwinkliger Konturen verwendet werden. Sind mehrere Schnitte notwendig, kann der Einsatz eines Fräskopfes mit Vierkantplatten zum Vorfräsen nützlich sein.

Die Arbeitswerte werden nach den bisher verwendeten Formeln errechnet.

Nachdem Arbeitsgang 30/40: Eckfräsen und Schlichten 100 · 20 · 300 abgeschlossen ist, wird mit einem Planfräskopf D 80 der Arbeitsgang 50 durchgeführt. Da die entstehende Fläche keine besondere Funktion zu erfüllen hat, ist hier eine völlig exakte Ecke nicht nötig. Der Vorteil gegenüber dem Eckfräser liegt in der längeren Standzeit des Planfräsers mit Vierkantplatte und einem Einstellwinkel $\kappa = 75°$. Auch die Oberfläche spielt für die Funktion des Schlittens keine Rolle. Ein Schlichten muss deshalb ebenfalls nicht stattfinden (Bild 2).

Der Einsatz eines Walzenfräsers auf einer Waagerecht-Fräsmaschine wäre für die Arbeitsgänge 30...50 ebenfalls möglich. Stirnfräsen hat jedoch gegenüber dem Umfangsfräsen mit einem Walzenfräser einige Vorteile (S. 217). Deshalb sollte in diesem Fall vom Umfangsfräsen möglichst abgesehen werden, wenn sich daraus keine Nachteile für die Funktion des Werkstückes ergeben (Bild 3).

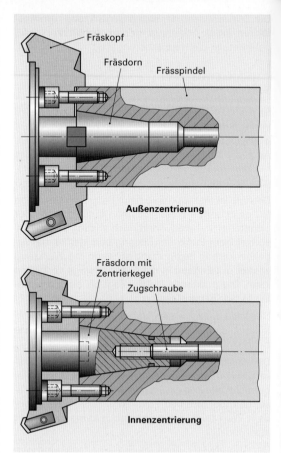

1   Befestigung und Zentrierung von Fräsköpfen

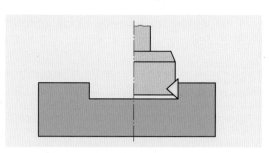

2   AG 30/40 Eckfräsen und Schlichten 100 · 20 · 300

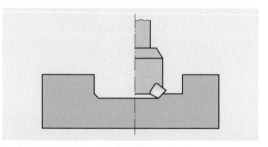

3   AG 50 Planfräsen 80 · 22 · 300

Um die schräge 45°-Fläche der ersten Führungsbahn herzustellen, ist ein geeigneter **Winkelstirnfräser** notwendig (Bild 1).

> Winkelstirnfräser dienen der Herstellung von Winkelführungen (Schwalbenschwanzprofil) und können einen Profilwinkel von 45°, 50°, 55° oder 60° haben.

Sie gehören auch zur Gruppe der Aufsteckfräser und bestehen meist aus HSS.

Ein geeigneter Fräser hätte die Bezeichnung:

Fräser DIN 842 – A 45° x 100 L – HSS

(Profilwinkel 45°, Form A; d_1 = 100 mm; linksschneidend; Material: HSS)

Nicht verwechselt werden sollten diese Fräser mit **Winkelfräsern** (Bild 2).

> Winkelfräser sind Lückenfräser, die zur Herstellung der Spannuten an spitzgezahnten Werkzeugen gebraucht werden.

Deren Profilwinkel und Form sind nicht genormt, da sie von der Drallsteigung und dem geforderten Werkzeugwinkel abhängig sind. Sie werden auch als Schaftfräser (s. folgende Seite) angeboten.

Im nächsten Arbeitsschritt ist es notwendig, die T-Nuten in zwei Schritten zu fertigen.

Im ersten Arbeitsschritt werden Rechtecknuten gefräst. Sie ermöglichen im nächsten Arbeitsschritt den Zugang für den T-Nutenfräser.

Aus der Zeichnung ist ersichtlich, dass für die Rechtecknut ein **Scheibenfräser** mit einer Breite b = 10 mm verwendet werden kann.

> Scheibenfräser verfügen über Schneiden an allen drei Seiten. Sie sind kreuzverzahnt (Form A) für tiefe Nuten oder geradverzahnt (Form B) für flache Nuten und bis max. 50 mm breit (Bild 3).

Der hier benötigte Scheibenfräser könnte folgende Bezeichnungen tragen:

Fräser DIN 885 – A 50 x 10 N – HSS

(Form A; d_1 = 50 mm; b = 10 mm; Werkzeug-Anwendungsgruppe N; Material: HSS)

Da die zu fertigenden Nuten genau parallel zueinander verlaufen, bietet es sich geradezu an, zwei Fräser gleichzeitig auf den Fräsdorn der Waagerecht-Fräsmaschine zu spannen. Die Herstellung der beiden Nuten ist dadurch in einem Arbeitsschritt möglich (Bild 4).

Den exakten Abstand zwischen den Werkzeugen erhält man durch spezielle Ringe und Buchsen, mit denen jeder beliebige Abstand mit ausreichender Genauigkeit eingestellt werden kann. Solche Kombination mehrerer Aufsteckfräser wird **Satzfräser** genannt. Der Vorteil des Satzfräsens ist die hohe Produktivität (Bild 5).

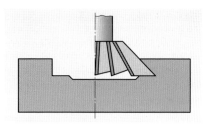

1 AG 60 Winkelfräsen mit Winkelstirnfräser

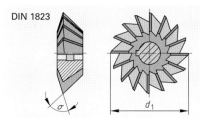

DIN 1823

2 Winkelfräser, Form B

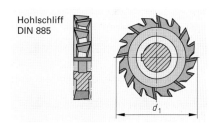

Hohlschliff DIN 885

3 Scheibenfräser, Form A

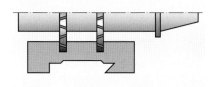

4 AG 70 Fräsen Rechtecknut

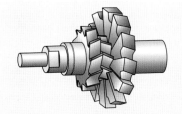

Haben die einzelnen Werkzeuge unterschiedliche Durchmesser, wird zur Berechnung der Arbeitswerte der größte Durchmesser oder das schwächste Material angenommen.

5 Satzfräser (dreiteilig)

Die am Aufspanntisch (Bild 4 der vorherigen Seite) gefertigten Rechtecknuten sind auch durch andere Fräsverfahren herstellbar. Die hier vorgestellten eignen sich aber besonders gut für verschiedene Nutarten. Für jede gibt es spezielle, besonders gut geeignete Werkzeuge. Zum Fräsen von Passfedernuten werden Schlitzfräser, Langlochfräser (Bild 1) oder einfache **Schaftfräser** verwendet.

> Schaftfräser sind meist rechtsschneidend sowie rechtsgedrallt und haben Durchmesser von 2 mm ... 65 mm.

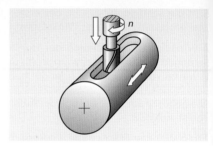

1   **Tauchstirnfräsen mit Langlochschaftfräser**

Einige Modelle verfügen über auswechselbare HM-Platten (Igelfräser). Sollen Nuten für Scheibenfedern gefräst werden, finden **Schlitzfräser** Anwendung (Bild 2).

> Schlitzfräser sind Schaftfräser und arbeiten nach dem Verfahren des Tauchfräsens. Die kreuz- oder geradeverzahnten Schneiden sitzen nur am Umfang (eine Seite).

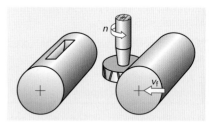

2   **Tauchwälzfräsen mit Schlitzfräser**

Beim Tauchfräsen wird die Stirnseite des Werkzeuges zum Bearbeiten des Werkstücks benutzt, nicht die Schneiden der Werkzeugperipherie. Dadurch belasten die Schnittkräfte das Fräswerkzeug vorwiegend axial anstatt radial.

Der im Arbeitsbeispiel zu fertigende Aufspanntisch verfügt nun über zwei Rechtecknuten. Für den zweiten Arbeitsgang gibt es spezielle Werkzeuge, die **T-Nutenfräser** (Bild 3).

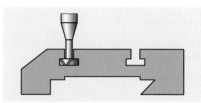

3   **AG 80 Fräsen der T-Nuten**

> T-Nutenfräser gehören zur Gruppe der Schaftfräser und besitzen an drei Seiten Schneiden. Sie sind meist kreuzverzahnt (Bild 4).

Zur Fertigung der Schräge 45° bieten sich verschiedene Möglichkeiten. Erlaubt die vorhandene Maschine, die Frässpindel zu schwenken, ist normales Stirnfräsen mit einem Fräskopf oder einem Walzenstirnfräser möglich (Bild 6). Besteht die Möglichkeit nicht, kann durch schräges Spannen des Werkstückes das gleiche Ziel erreicht werden. Dazu bietet sich ein Dreh-Kipp-schraubstock an. Durch diese Schwenk-Spanneinrichtung kann jeder beliebige Winkel erreicht werden.

4   **T-Nutenfräser**

Bei einem günstigen Winkel wie 45° ist es am einfachsten, das Fräsen bei senkrechter Frässpindel mit einem genormten **Winkelfräser** durchzuführen (Bild 5). Wie die Aufsteck-Winkelstirnfräser, die den gleichen Zweck erfüllen können, gibt es den Winkelfräser mit Profilwinkeln 45°, 50°, 55°, 60°.

Bei parallel verlaufenden Schrägen und günstigem Winkel kann bei waagerechter Frässpindel sehr günstig im Satz gefräst werden (Satzfräsen, vorherige Seite).

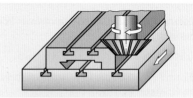

5   **AG 90 Fräsen der Schräge 45° mit Winkelfräser**

> Zur **Herstellung von Schrägen** gibt es drei Möglichkeiten:
> - Walz- oder Stirnfräsen durch schwenkbaren Frässpindelkopf,
> - schräges Spannen,
> - Prismen- oder Winkelfräser.

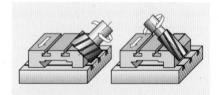

6   **Fräsen mit geschwenktem Frässpindelkopf**

5.3.10 Sonder-Fräswerkzeuge

Die Herstellung des Aufspanntisches (letzter Arbeitsgang der Fertigungsaufgabe auf der vorherigen Seite) konnte mit häufig verwendeten Werkzeugen ausgeführt werden. Da jedoch beim Fräsen sehr viele Fertigungsaufgaben nur mit Sonder-Fräswerkzeugen und Sonderfräsmaschinen durchführbar sind, sollen einige davon kurz vorgestellt werden.

Zur **Gewindeherstellung** bietet das Fräsen mehrere Möglichkeiten (S. 204, 205).

Zur Herstellung von **langen Trapezgewinden** oft mit einem Flankenwinkel 30°, werden **Gewinde-Scheibenfräser** verwendet (Bild 1, 2). Allerdings ist die Profilgenauigkeit meist unzureichend. Deshalb müssen die Flanken im Anschluss oft noch geschliffen oder nachgedreht werden. Diese Arbeiten sind nur auf einer **Langgewindefräsmaschine** oder einer Maschine mit entsprechender Ausstattung möglich. Dabei muss sich die drehende Werkstückbewegung mit der Längsbewegung des Frässchlittens im genau abgestimmten definierten Zwangslauf befinden. Die Arbeitswerte sind abhängig von der Maschine und werden deshalb den Empfehlungen des Herstellers entnommen.

Gerade oder gedrallte zylindrische Verzahnungen bei Zahnrädern oder Zahnradwellen werden meist auf **Langgewindefräsmaschinen** oder **Zahnradabwälzmaschinen** mit speziellen Wälzfräsern hergestellt (Bild 3). Gewindeprofil und Steigung sind im jeweiligen Werkzeug enthalten. Der Arbeitsablauf kann axial, tangential oder radial verlaufen (Bild 4).

Kurze Gewinde werden mit **Aufsteck-(Kurz)Gewindefräsern** oder **Schaftgewindefräsern** hergestellt (Bild 5). Dazu benötigt man eine Kurzgewindefräsmaschine. Die Werkzeuge sind etwas länger als das zu fertigende Gewinde und verfügen über gerade Gewinderillen. Die Steigung wird erreicht, indem das sich drehende Werkstück oder das Werkzeug während der Bearbeitung gehoben bzw. gesenkt wird. Durch Schlichtfräsen können sehr saubere Gewinde erreicht werden.

Aufgaben

1. Wie unterscheiden sich die Vorschubwege beim Umfangsfräsen und beim Stirnfräsen?
2. Wie können Fräsköpfe zentriert werden?
3. Woraus setzt sich ein Satzfräser zusammen?
4. Wie können winklige Führungen gefertigt werden?
5. Wie können Schrägen gefertigt werden?
6. Welche Möglichkeiten der Gewindeherstellung durch Fräsen gibt es?

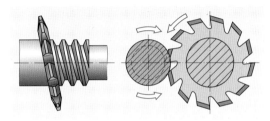

1 Gewinde-Scheibenfräsen

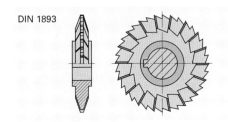

DIN 1893

2 Gewinde-Scheibenfräser

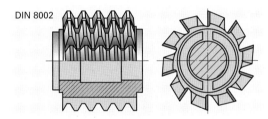

DIN 8002

3 Wälzfräser für Stirnräder

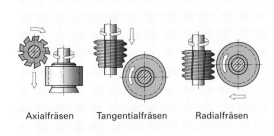

Axialfräsen   Tangentialfräsen   Radialfräsen

4 Vorschubrichtungen beim Wälzfräsen

DIN 852

5 Aufsteck-Gewindefräser

5.3.11 Maschinen- und Werkzeugauswahl

Fräsen ist die vielfältigste aller Zerspanungsverfahren, da fast alle Werkstückgeometrien durch eine große Zahl an Technologien, Werkzeugen und Schneidstoffen herstellbar sind. Diese Vielfalt erschwert die Auswahl. Besonders beim Fräsen kann durch geschickte Wahl der passenden Maschine, mit dem richtigen Werkzeug, dem sinnvollsten Schneidstoff und den optimalen Einstellwerten viel Zeit, Energie und Geld gespart werden. Das bedeutet oft den entscheidenden Wettbewerbsvorteil für eine Fertigung in Deutschland.

Maschinenauswahl

Nicht immer ist das moderne 5-Achs-Bearbeitungszentrum die beste Wahl. Bei der Herstellung von Einzelteilen, wie beispielsweise im Werkzeug- oder Modellbau, ist es manchmal besser, eine herkömmliche Fräsmaschine zu wählen, weil diese nicht durch langwierige Programmierung, Simulation und Optimierung eingestellt werden muss. Außerdem sind die Betriebs- und Wartungskosten bei diesen einfachen und kostengünstigen Maschinen meist wesentlich geringer, was zusätzlich die Benutzung gegenüber der CNC-Maschine stark verbilligt.

Werkzeugauswahl

Die Fülle der angebotenen Werkzeuge und Schneidstoffe ist sehr groß.

Die Kataloge der Werkzeughersteller bieten manchmal eine Schrittfolge an, die folgendermaßen aussehen könnte:

1. Bestimmen Sie den zu bearbeitenden Werkstoff gemäß Tabelle DIN-ISO 513. (Seiten 80 und 162)
2. Bestimmen Sie das oder die Bearbeitungsverfahren.
3. Wählen Sie einen passgenauen Fräser aus.

Bei Auswahl eines Werkzeuges mit Schneidplatte:

4. Wählen Sie die optimale Schneidplatte entsprechend dem geplanten Fräsverfahren.

Schneidstoffauswahl

Meist verfügen die Mitarbeiter der Betriebe über einen großen Erfahrungsschatz und wählen entsprechend die Schneidstoffe. Schneidstoffe können aber auch leicht anhand von Tabellen der Werkzeughersteller gewählt werden (Bild 1). Oft ist es möglich, zwischen Schneidstoffen mit einer unterschiedlich langen Standzeit zu wählen. Hier kann unter Umständen der Preis ausschlaggebend sein. Sollen nur wenige Werkstücke aus weichen Werkstoffen, wie z. B. Aluminium- oder Kupferlegierungen, bearbeitet werden, können billige Schneidstoffe eine wirtschaftliche Alternative sein.

Vorüberlegungen zur Maschinenauswahl

- Welche Maschinen sind für die am Werkstück notwendigen Arbeiten prinzipiell geeignet?
- Welche Werkstoffe in welcher Stückzahl sollen bearbeitet werden?
- Welche Fräsverfahren sollen angewendet werden?
- Sind auf einer Maschine weitere Bearbeitungsschritte ohne Umspannen möglich?
- Was besagen die Maschinenbelegungspläne über die Auslastung im geplanten Zeitraum?
- Welche Maschinen erfüllen die Anforderungen hinsichtlich der Schnittdaten wie Drehzahl und Vorschub?
- Welche Maschinen erfüllen die Vorgaben hinsichtlich Toleranzen und erreichbarer Oberflächengüte?
- Stimmt die elektrische Leistung mit den errechneten Maximalwerten überein?
- Sind geeignete Zerspanungsfacharbeiter verfügbar?

Checkliste zur Werkzeugauswahl

1 Werkstückwerkstoff
- P (Stahl) ....
- M (Nichtrostender Stahl) ....
- K (Gusseisen) ....
- N (Nichteisenmetalle) ....
- S (Titan und Speziallegierungen) ....
- H (Harte Werkstoffe) ....

2 Bearbeitungsverfahren
- Planfräsen, Eckfräsen ....
- Profilfräsen, Rundfräsen ....
- Nutenfräsen, Schraubfräsen ....

3 Fräserauswahl
- Fräskopf, Walzenfräser, Schaftfräser ....
- Aufnahme ....
- Teilung ....

4 Wendeschneidplattentyp ....
- Plattengeometrie (Vierkant, Rund ...) ....
- Plattengröße, Plattendicke ....
- Freiwinkel und Eckenradius ....
- Schneidstoff (HM, CA, BL ...) ....

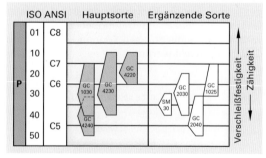

1 Auswahltabelle eines Werkzeugkatalogs

Hinweis: ISO – International Organization for Standardization
            ANSI – American National Standards Institute

Vermeidung von Problemen beim Spanen

Warmfeste Superlegierungen (HRSA) und **Titan** lassen sich nur schlecht zerspanen. Deshalb sollten möglichst **runde Wendeschneidplatten** mit einem positiven Spanwinkel und einem Einstellwinkel kleiner als 45° verwendet werden. Durch die reduzierte Spandicke können Schneidkantenausbrüche und Kerbverschleiß verringert werden. Fräser mit extra enger Teilung ermöglichen wegen vieler eingreifender Schneiden trotz widriger Bedingungen eine hohe Produktivität. Um eine zu hohe Wärmeentwicklung zu vermeiden, sollte am besten Hochdruck-Kühlschmierstoff (nicht bei Schneidkeramik!) verwendet werden. Die Schnittgeschwindigkeit ist von der gewählten Platte abhängig (ca. v_c = 30 m/min bis 50 m/min) und sollte bei auftretenden Vibrationen eher nach unten geregelt werden (siehe auch Bild 457-3).

Vibrationen erzeugen eine ungenügende Werkstückoberfläche und erhöhten Verschleiß an Werkzeug und Maschine. Die Zerspanungsleistung sinkt. Das kann verschiedene Ursachen haben. **Am Werkzeug** erzeugen kleine Einstellwinkel κ_r eine Ablenkung der Schnittkräfte in axiale Richtung (in Richtung der Frässpindel). Axial ist die Werkzeugspindel deutlich schwingungsstabiler als radial (Bild 2). Günstig auch hier: runde Schneidplatten. Fräswerkzeuge mit Differentialteilung können Vibrationen oft wirkungsvoll unterbinden, weil das „aufschaukeln" harmonischer Schwingungen unterbunden wird (Bild 3).

Beim Werkzeugwechsel oder der regelmäßig durchzuführenden Kontrolle der Schneiden müssen alle Teile (Aufnahmen, Unterlegscheiben, Schrauben) sorgfältig gereinigt und auf Beschädigung überprüft werden. Weil zu geringe Spannkräfte Vibrationen verursachen können, empfiehlt sich die Befestigung der Schneidplatten mit einem Drehmomentschlüssel entsprechend dem Anzugsdrehmoment nach Herstellerangabe. Zu hohe Spannkräfte beschädigen unter Umständen Spannteile.

Weitere Möglichkeiten zur **Vibrationsvermeidung**:

- Fräserdurchmesser nach Möglichkeit 20% bis 50% größer wählen als den Arbeitseingriff a_e
- Werkzeug-Werkzeughalter-Kombination möglichst kurz wählen und größtmöglichen Adapterdurchmesser einsetzen
- Werkzeug und Werkzeughalter auswuchten
- Schwingungsgedämpfte Fräser einsetzen
- Spindeldrehzahl leicht variieren
- Werkstückspannung überprüfen – Spannvorrichtung stabil und nahe am Maschinentisch
- Vorschubrichtung immer zur stabilsten Stelle der Einspannung hin

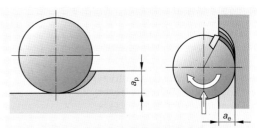

Die Schnittgeschwindigkeit v_c, der Arbeitseingriff a_e und die Schnitttiefe a_p beeinflussen wesentlich die Standzeit

Die Schnittgeschwindigkeit v_c, der Arbeitseingriff a_e und die Schnitttiefe a_p beeinflussen wesentlich die Standzeit

1 Runde Wendeschneidplatte mit reduzierter Spandicke

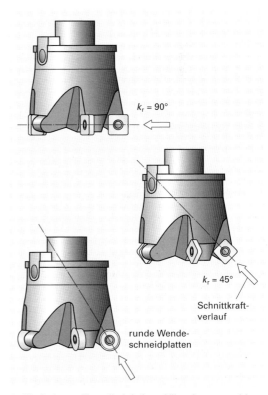

k_r = 90°

k_r = 45°

Schnittkraftverlauf

runde Wendeschneidplatten

2 Veränderter Einstellwinkel zur Vibrationsvermeidung

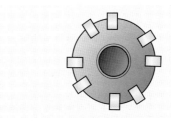

3 Differentialteilung am Fräswerkzeug

5.3.12 Arbeitsplanung beim Fräsen

Die Herstellung der unterschiedlichen Werkstückformen durch das Fertigungsverfahren „Fräsen" erfordert die Anwendung differenzierter Fräsverfahren (S. 202 ff.) wie:

- Wälzfräsen (Walzenfräser)
- Stirnfräsen (Walzenstirnfräser)
- Nutenfräsen (Scheibenfräser)
- Langlochfräsen (Schaftfräser)

Die unterschiedliche Werkzeugbelastung, die Bewegungsspezifik und der verwendete Schneidstoff verlangen stark voneinander abweichende Werte für die **Schnitt- und Vorschubgeschwindigkeiten** v_c (m/min), v_f (m/min). Bei der Werkzeugbereitstellung und Berechnung ist die **Zähnezahl z** der Fräser als verfahrenstypische Größe zu beachten.

Die Arbeitsplanung bei der Fertigung von Frästeilen baut auf den Planungsgrundlagen der Drehbearbeitung (S. 208 ff.) auf und wird durch Besonderheiten der Fräsverfahren ergänzt (S. 180 ff.).

Berechnungsgrundlage:

1. Drehzahl „n":

$$n = \frac{v_c}{d \cdot \pi}$$

Die einzustellende Drehzahl n (1/min) des Werkzeuges ist vom Fräsverfahren, der Werkstoff-Schneidstoffpaarung sowie vom Werkzeugdurchmesser abhängig.

2. Vorschubgeschwindigkeit „v_f":

$$v_f = n \cdot f_z \cdot z$$

Die Vorschubgeschwindigkeit v_f (mm/min) ist vom Fräsverfahren/Fräser (f_z, z) und der berechneten Drehzahl n abhängig.

3. Schnittgeschwindigkeit „v_c":

Vom Hersteller angegebener Wert (m/min)

Verfahrensmerkmale:

1. Herstellung ebener Flächen (Bild 1)
   z.B. durch Walzen-, Walzenstirn-, Scheiben- und Schaftfräser

   Schnitttiefe „a_p": Konstante aufgabengebundene Größe
   a_p = 0,5 mm für Schlichten (Rz 10)
   a_p = 8 mm für Schruppen (Rz 63)

   Schnittgeschwindigkeit v_c und **Vorschub pro Zahn f_z**
   Tabellenwerte: Es sind konstante Größen, abhängig von der Werkstoff-Schneidstoffpaarung.

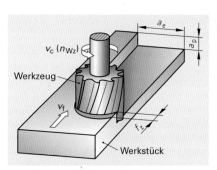

2. Herstellung gekrümmter Flächen (Bild 2) sowie
   z. B. Zahnrad-, Gewinde- und Nachformfräsen (S. 203 ff.)

1 Einstellwerte beim Fräsen ebener Flächen

   Schnitttiefe a_p, Schnittgeschwindigkeit v_c und **Zahnvorschub f_z** sind durch Tabellenwerte und die Berechnungsformeln zu bestimmen.

Der grundsätzliche Verfahrensunterschied gegenüber dem Fräsen einer planen Fläche wie in Bild 1 besteht in der unterschiedlichen Bewegungskombination der Schnittgeschwindigkeit v_c und der Vorschubgeschwindigkeit v_f.

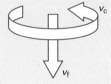

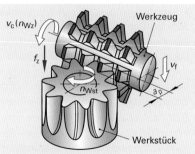

Beispiel: Wälzfräsen von Zahnrädern (Bild 3, S. 225)

2 Einstellwerte beim Fräsen gekrümmter Flächen

Berechnungsbeispiel

Aufgabe: Für die vorgegebene Fräsbearbeitung der Grundplatte (Gussteil Bild 1) aus EN-GJL-HB235 (EN-JL2050) ist mit der speziellen Berechnungsgrundlage der Fräsverfahren die Arbeitsplanung zu erstellen. Analog der Arbeitsplanung beim Drehen sind die ermittelten Ergebnisse für die Verfahrensskizze, Werkzeuge und Einstellwerte in Tabellenform zusammenzustellen.

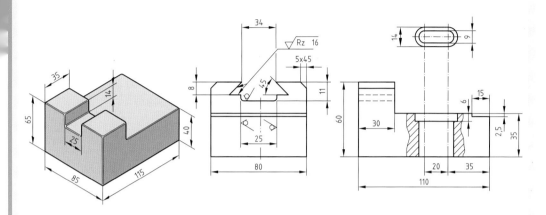

unbemaßte Radien R2

1 Gussteil (Rohteil und Fertigwerkstück)

Arbeitsschritte beim Fräsen:

10 Gussrohteil auf Maßhaltigkeit prüfen, Hauptmaße anreißen.

20 Werkstück mithilfe von Parallelleisten in der entsprechenden Lage sichern und längs im Maschinenschraubstock spannen (obere Werkstückseite nach oben!).

30 Die drei oberen Flächen mit einem Walzenstirnfräser nach Anriss bzw. vorgegebenem Maß planfräsen.

40 Umspannen, Lagesicherung! Bearbeitung der Werkstückunterseite mittels Fräskopf, dabei auf die vorgeschriebenen Maße planfräsen.

50 Umspannen, Lagesicherung (Werkstück senkrecht)! Stirnflächen mit Fräskopf bearbeiten.

60 Umspannen, Lagesicherung! Seitenflächen mit Fräskopf bearbeiten.

70 Fräskopf um 45° neigen und damit die Fasen 5 x 45° fräsen.

80 Fräskopf zurückschwenken! Mit einem Winkelstirnfräser 45°, ∅ 40 x 10, die Schwalbenschwanznut fräsen.

90 Anzeichnen der Langlöcher.

100 Mit Spiralbohrer die Fräseransätze vorbereiten (∅ 9 mm durchbohren, ∅ 14 mm, 6 mm tief anbohren)

110 Mit Schaftfräser ∅ 9 mm bzw. ∅ 14 mm in mehreren Schnitten die Langlöcher fräsen.

Arbeitsschritt 30:

geg.:   Werkstoff EN-GJL-HB235, geforderte Rauheit Rz 25 µm, Walzenstirnfräser

ges.:   Einstellwerte: Drehzahl n ($\frac{1}{\text{min}}$), Vorschubgeschwindigkeit v_f (mm/min)
          Tabellenwerte: Schnittgeschwindigkeit v_c (m/min), Vorschub je Zahn f_Z (mm)

Lösung: Bearbeitungsaufgabe: **Stirn-Planfräsen** (Bild 1)

Walzenstirnfräser $\varnothing$ = 125 mm, z = 12
DIN 1880, **Schlicht**bearbeitung Rz 25 µm

Schneidstoff: **HSS** (unbeschichtet)

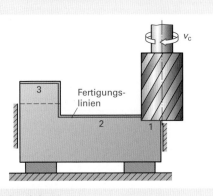

1   Arbeitsschritt 30

Tabellenwerte:

$v_c = 30 \ \frac{m}{min}$, $f_Z = 0,05$ mm ... 0,15 mm

$$n \ = \ \frac{v_c}{\pi \cdot d}$$

$$n \ = \ \frac{1000 \ \frac{mm}{m} \cdot 30 \ \frac{m}{min}}{\pi \cdot 125 \ mm}$$

$n \ = 76,4 \ \frac{1}{min}$
$n_{R20} = $ **71** $\frac{1}{min}$

$v_f \ = n \cdot f_Z \cdot z$
$v_f \ = 71 \ \frac{1}{min} \cdot 0,1 \ mm \cdot 12$
$\boldsymbol{v_f} \ = $ **85,2** $\frac{mm}{min}$

Jede Teilfläche (1, 2, 3,) mit einem Schnitt herstellbar a_p ... **3 mm** möglich! (entspricht der Materialzugabe)

Arbeitsschritt 40:

geg.:   Werkstoff EN-GJL-HB235, geforderte Rauheit Rz 25 µm, Fräskopf

ges.:   Einstellwerte: Drehzahl n ($\frac{1}{\text{min}}$), Vorschubgeschwindigkeit v_f (mm/min)
          Tabellenwerte: Schnittgeschwindigkeit v_c (m/min), Vorschub je Zahn f_Z (mm)

Lösung: Bearbeitungsverfahren: **Planfräsen mit Fräskopf** (Bild 2)

Fräskopfdurchmesser $\varnothing$ = 160 mm, z = 8
Schlichtbearbeitung Rz 25 µm

Schneidstoff HM (**K10**)

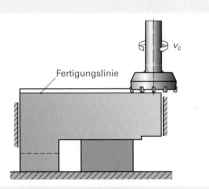

2   Arbeitsschritt 40 (Fräsen mit Fräskopf)

Tabellenwerte:

$v_c = 200 \ \frac{m}{min}$, $f_Z = 0,05$ mm ... 0,15 mm

$$n \ = \ \frac{v_c}{\pi \cdot d}$$

$$n \ = \ \frac{1000 \ \frac{mm}{m} \cdot 200 \ \frac{m}{min}}{\pi \cdot 160 \ mm}$$

$n \ = 398 \ \frac{1}{min}$
$n_{R20} = $ **400** $\frac{1}{min}$

$v_f \ = n \cdot f_Z \cdot z$
$v_f \ = 400 \ \frac{1}{min} \cdot 0,15 \ mm \cdot 8$
$\boldsymbol{v_f} \ = $ **480** $\frac{mm}{min}$

a_p nach geg. **Werkstückmaßen einstellen**
(Anzahl der Schnitte beachten!)

Arbeitsschritt 50/60:

geg.:   Werkstoff EN-GJL-HB235, geforderte Rauheit Rz 25 µm, Fräskopf

ges.:   Einstellwerte: Drehzahl n $(\frac{1}{min})$, Vorschubgeschwindigkeit v_f (mm/min)
Tabellenwerte: Schnittgeschwindigkeit v_c (m/min), Vorschub je Zahn f_z (mm)

Lösung: Bearbeitungsaufgabe: **Planfräsen mit Fräskopf** (Bild 1/2)

Fräskopfdurchmesser $\varnothing$ = 160 mm, z = 8
Schlichtbearbeitung Rz 25 µm

Schneidkopf HM (**K10**)

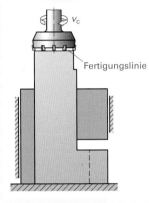
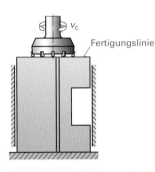

Tabellenwerte:

v_c = **200 m/min**
f_z = **0,05 mm ... 0,15 mm**

$$n \quad = \quad \frac{v_c}{\pi \cdot d}$$

$$n \quad = \quad \frac{1000 \, \frac{mm}{m} \cdot 200 \, \frac{m}{min}}{\pi \cdot 160 \, mm}$$

$$n \quad = \quad 398 \, \tfrac{1}{min}$$
$$n_{R20} \quad = \quad \mathbf{400 \, \tfrac{1}{min}}$$

$$v_f \quad = \quad n \cdot f_z \cdot z$$
$$v_f \quad = \quad 400 \, \tfrac{1}{min} \cdot 0{,}15 \, mm \cdot 8$$
$$\mathbf{v_f} \quad = \quad \mathbf{480 \, \tfrac{mm}{min}}$$

1 Arbeitsschritt 50/60

a_p auf der ersten Bearbeitungsseite **unter die Gusshaut**! Zweite Bearbeitungsseite **auf Maß** zustellen!

Arbeitsschritt 70:

geg.:   Werkstoff EN-GJL-HB235, geforderte Rauheit Rz 25 µm, Walzenstirnfräser

ges.:   Einstellwerte: Drehzahl n $(\frac{1}{min})$, Vorschubgeschwindigkeit v_f (mm/min)
Tabellenwerte: Schnittgeschwindigkeit v_c $(\frac{m}{min})$, Vorschub je Zahn f_z (mm)

Lösung: Bearbeitungsaufgabe: **Walzenfräsen der Fasen** (Bild 2)

Walzenstirnfräser $\varnothing$ = 125 mm, z = 12
DIN 1880, **Schlicht**bearbeitung Rz 25 µm

Schneidstoff: **HSS** (unbeschichtet)

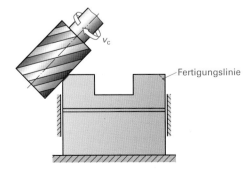

Tabellenwerte:

v_c = **30 m/min**
f_z = **0,05 mm ... 0,15 mm**

$$n \quad = \quad \frac{v_c}{\pi \cdot d}$$

$$n \quad = \quad \frac{1000 \, \frac{mm}{m} \cdot 30 \, \frac{m}{min}}{\pi \cdot 125 \, mm}$$

$$n \quad = \quad 76{,}4 \, \tfrac{1}{min}$$
$$n_{R20} \quad = \quad \mathbf{71 \, \tfrac{1}{min}}$$

$$v_f \quad = \quad n \cdot f_z \cdot z$$
$$v_f \quad = \quad 71 \, \tfrac{1}{min} \cdot 0{,}1 \, mm \cdot 12$$
$$\mathbf{v_f} \quad = \quad \mathbf{85{,}2 \, \tfrac{mm}{min}}$$

$$a_p \quad = \quad \mathbf{5 \, mm}$$

2 Arbeitsschritt 70

Arbeitsschritt 80:

geg.:   Werkstoff EN-GJL-HB235, geforderte Rauheit Rz 16 µm, Winkelstirnfräser

ges.:   Einstellwerte: Drehzahl n $(\frac{1}{min})$, Vorschubgeschwindigkeit v_f (mm/min)
         Tabellenwerte: Schnittgeschwindigkeit v_c (m/min), Vorschub je Zahn f_z (mm)

Lösung: Bearbeitungsverfahren: **Fräsen der Prismenführung mit Winkelstirnfräser**

Winkelstirnfräser 45°, $\varnothing$ 40 x 10, z = 16, DIN 842 (Bild 1)
Feinschlichtbearbeitung (Führungsqualität Rz 16 µm)

Schneidstoff **HSS** (unbeschichtet)

Tabellenwerte:

v_c = **30 m/min**
f_z = **0,05 mm ... 0,15 mm**

(Werte analog Walzenstirnfräsen gewählt!)

$$n = \frac{v_c}{\pi \cdot d}$$

$$n = \frac{1000\,\frac{mm}{m} \cdot 30\,\frac{m}{min}}{\pi \cdot 40\ mm}$$

n = 238,7 $\frac{1}{min}$
n_{R20} = **224 $\frac{1}{min}$**

v_f = $n \cdot f_z \cdot z$
v_f = 224 $\frac{1}{min} \cdot$ 0,1 mm $\cdot$ 16
v_f = **358 $\frac{mm}{min}$**

(mehrere Schnitte erforderlich, a_p entsprechend aufteilen!)

1 Arbeitsschritt 80

Arbeitsschritt 110:

geg.:   Werkstoff EN-GJL-HB235, geforderte Rauheit Rz 25 µm, Schaftfräser

ges.:   Einstellwerte: Drehzahl n $(\frac{1}{min})$, Vorschubgeschwindigkeit v_f (mm/min)
         Tabellenwerte: Schnittgeschwindigkeit v_c (m/min), Vorschub je Zahn f_z (mm)

Lösung: Bearbeitungsverfahren: **Langlochfräsen** (Bild 2)

Schaftfräser $\varnothing$ 9 mm, $\varnothing$ 14 mm, z = 5, DIN 327 B
Schlichtbearbeitung Rz 25 µm

Schneidstoff HM **(K10)**

Tabellenwerte:

v_c = **200 m/min**
f_z = **0,08 mm**

$$n = \frac{v_c}{\pi \cdot d}$$

$n_1 = \dfrac{1000\,\frac{mm}{m} \cdot 200\,\frac{m}{min}}{\pi \cdot 9}$ $n_2 = \dfrac{1000\,\frac{mm}{m} \cdot 200\,\frac{m}{min}}{\pi \cdot 14}$

n_1 = 7074 $\frac{1}{min}$ n_2 = 4547 $\frac{1}{min}$
$n_{1/2\ gewählt\ R20}$ = **4500 $\frac{1}{min}$**

v_f = $n \cdot f_z \cdot z$
v_f = 4500 $\frac{1}{min} \cdot$ 0,08 mm $\cdot$ 2
v_f = **720 $\frac{mm}{min}$**

(Zustellung in mehreren Schnitten, a_p entsprechend aufgeteilt!)

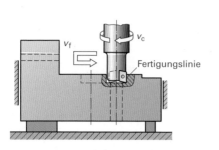

2 Arbeitsschritt 110

Tabelle 1: Ergebniszusammenstellung

Arbeitsschritt	Verfahrensskizze	Werkzeug		Tabellen- und Einstellwerte				
		Form	Schneidstoff	v_c (m/min)	f_z mm	n_{R20} 1/min	v_f mm/min	a_p mm
10 Werkstück spannen								
30 Stirnplan-fräsen		DIN 1880, Ø 125, z = 12	HSS unbe-schichtet	30	0,1	71	85,2	...3
40 Planfräsen mit Fräskopf		Ø 160, z = 8	HM (K10)	200	0,15	400	480	nach Maß
50 Planfräsen mit Fräskopf		Ø 160, z = 8	HM (K10)	200	0,15	400	480	nach Maß
60 Planfräsen mit Fräskopf		Ø 160, z = 8	HM (K10)	200	0,15	400	480	nach Maß
70 Walzenfräsen der Fasen		DIN 1880, Ø 125, z = 12	HSS unbe-schichtet	30	0,1	71	85,2	5
80 Prismen-führung fräsen		DIN 842, 45°, Ø 40x10, z = 16	HSS unbe-schichtet	30	0,1	224	358	auf-ge-teilt!
110 Langloch fräsen		DIN 327 B, Ø 9, Ø14, z = 2	HM (K10)	200	0,08	4500	720	auf-ge-teilt!

Übungsbeispiel: Stempelführung

Für die dargestellte Stempelführung (Bild 1) aus E 295 (1.0050) mit den Rohmaßen 140 x 40 x 55 ist der Fertigungsplan nach dem vorangegangenen Beispiel zu erarbeiten. Gesucht sind:

Verfahrensskizze, Werkzeug, Tabellen- und **Einstellwerte** (v_c, f_z, n_{R20}, v_f, a_p)

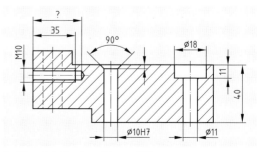

1 Grundplatte einer Stempelführung

Berechnungen zur Arbeitsplanung

Die Berechnung der **Hauptnutzungszeit** t_h (Bild 2) unterscheiden sich im Gegensatz zum Drehen durch die Anwendung **mehrschneidiger** Werkzeuge und die verschiedenen Fräsverfahren **(Achsenlage)**.

Die folgenden Berechnungsbeispiele sind auf die vorangegangenen Fertigungsstufen des Frästeils (Bild 1) bezogen. Die Grundfläche des Gussteils wird im Fertigungsschritt 40 mit einem Fräskopf bearbeitet. Die Fertigbearbeitung des Werkstücks durch Langlochfräsen erfolgt im Fertigungsschritt 110. Die Oberflächengüte beider Fertigungsschritte ist mit Rz festgelegt.

Die verfahrensspezifischen Berechnungsgrößen sind aus der Zuordnung im Tabellenbuch **Stirn-Planfräsen (mittig)** und **Nutenfräsen** ersichtlich.

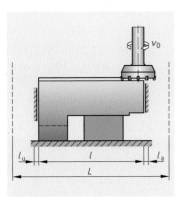

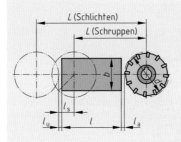

Walzenstirnfräser

Fräsweg $L = l + d + l_a + l_u$

Schlichten
$l_a = l_u \approx 1{,}5\ mm$

Vorschubgeschwindigkeit
$v_f = n \cdot f$

Vorschub je Umdrehung
$f = f_z \cdot z$

Hauptnutzungszeit
$$t_h = \frac{L \cdot i}{v_f}$$

1 Frästeil (Arbeitsschritt 40) 2 Hauptnutzungszeit beim Stirn-Planfräsen (mittig)

geg.: Fräskopfdurchmesser $d = 160\ mm$
Zähnezahl $z = 8$
An- und Überlauf $i_a = l_u \approx 1{,}5\ mm$

ges.: Vorschubweg L (mm), Vorschub f (mm),
Vorschubgeschwindigkeit v_f (mm/min),
Hauptnutzungszeit t_h (min)

Berechnungs- bzw. Tabellenwerte
für Schneidstoff HM (K10)
$f_z = 0{,}05\ mm \dots 0{,}15\ mm$
$v_c = 200\ \frac{m}{min}$
$n = 400\ \frac{1}{min}$

Lösung: $L = l + d + l_a + l_u$
$L = 115\ mm + 160\ mm + 1{,}5\ mm + 1{,}5\ mm$
$L = 278\ mm$

$$t_h = \frac{L \cdot i}{v_f}$$

$$t_h = \frac{278\ mm \cdot 1}{480\ \frac{mm}{min}}$$

$t_h = 0{,}58\ min$

$f = f_z \cdot z$
$f = 0{,}15\ mm \cdot 8$
$f = 1{,}2\ mm$

$v_f = f \cdot n$
$v_f = 1{,}2\ mm \cdot 400\ \frac{1}{min}$
$v_f = 480\ \frac{mm}{min}$

Die Bearbeitung der Grundfläche mit einem Fräskopf ($z = 8$) mit Hartmetallsorte K 10 bestückt nimmt 0,58 Minuten in Anspruch.

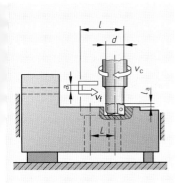

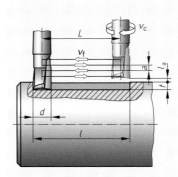

Geschlossene Nut

$$L = l - d$$

$$i = \frac{t + l_a}{a}; \quad l_u = l_a \approx 1{,}5 \text{ mm}$$

Vorschub je Umdrehung

$$f = f_z \cdot z$$

Vorschubgeschwindigkeit

$$v_f = n \cdot f$$

Hauptnutzungszeit

$$t_h = \frac{L \cdot i}{v_f}$$

1 Frästeil (Arbeitsschritt 110)

2 Hauptnutzungszeit beim Nutenfräsen

geg.: PVD-beschichteter Vollhartmetall-Schaftfräser **SSM 200 C** $\varnothing$ 14 mm, Zähnezahl $z = 2$
Schnittwerte (Herstellerdaten): $n = 1500 \frac{1}{\text{min}}$, $v_f = 365$ mm/min, $t = 6$, $l_a = 1$ mm (Bilder 1/2)

ges.: Vorschubweg L (mm), Vorschub f (mm), Drehzahl n ($\frac{1}{\text{min}}$), Hauptnutzungszeit t_h (min)

Lösung: $L = l - d$
$L = 34 \text{ mm} - 14 \text{ mm}$
$\mathbf{L = 20 \text{ mm}}$

$$i = \frac{t + l_a}{a} = \frac{6 \text{ mm} + 1 \text{ mm}}{2 \text{ mm}} = 3{,}5 \text{ (4)}$$

$f = f_z \cdot z$
$f = 0{,}12 \text{ mm} \cdot 2$
$\mathbf{f = 0{,}24 \text{ mm}}$

$$v_c = \pi \cdot d \cdot n = \frac{\pi \cdot 14 \text{ mm} \cdot 1500 \frac{1}{\text{min}}}{1000 \frac{\text{mm}}{\text{m}}} = \mathbf{66 \frac{m}{min}}$$

$$f_z = \frac{v_f}{n \cdot z} = \frac{365 \frac{\text{mm}}{\text{min}}}{1500 \frac{1}{\text{min}} \cdot 2} = \mathbf{0{,}12 \text{ mm}}$$

$t_h = \dfrac{L \cdot i}{v_f}$

$t_h = \dfrac{20 \text{ mm} \cdot 4}{365 \frac{\text{mm}}{\text{min}}}$

$\mathbf{t_h = 0{,}22 \text{ min}}$

Durch die verfahrensbedingte geringe Schnitttiefe eines Schaftfräsers ist der Einsatz eines **beschichteten Schaftfräsers** mit seinen **hohen Schnittdaten (v_c, f_z)** vorteilhaft.

Die Hauptnutzungszeit beträgt **nur noch** 0,22 Minuten! (Bei ca. **3-facher Standzeit!**)

Übungsbeispiel:

Erarbeiten Sie für die Prismenbacke eines Spannschraubstockes (Bild 3) aus C22 (1.0402) den Fertigungsplan für die durchzuführenden Fräsarbeiten.

Gesucht sind: **Verfahrensskizze, Werkzeuge, Tabellen- und Einstellwerte v_c, f_z, n_{R20}, v_f, a_p** und berechnen Sie für die Hauptnutzungszeit t_h.

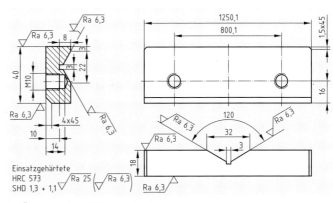

3 Übungsbeispiel Prismenbacke

5.3.13 Milling

Milling is the most important metal-cutting manu-facturing process, which produces planar surfaces. Many components, such as gears, profiles, grooves and threads can be milled.

A multi-edge tool with circular cutting movement removes chips. The main cutting edges are the peripheral cutting edges. They lie on the lateral surface of an imaginary cylinder. The minor cutting edge or face edge is located on the circular surface.

The cutter blade is in the shape of a wedge (Figure 1). The wedge angle ß, the clearance angle a of the surface and the rake angle y with the rake face create a right angle.

The cutting edges are often inclined by the helix angle ? opposite the cutter axis, so that the cutting edge does not suddenly penetrate into the work piece.

Operating movements

The chip removal is carried out by the use of suc-cessively following cutting edges and almost with-out a break.

The feed motion is realized by the motion of the work piece. It is usually completed in one direction or simultaneously, in longitudinal, transverse and vertical direction.

The feed can be performed by the work piece and the tool. The thickness (depth of cut) and the width (cutting width) of the work piece are determined by the infeed movement.

Milling procedures

Peripheral milling (roll milling): The main cutting edges are located on the periphery, which produce the work piece's surface. The axis of the cutter is parallel to the machined surface.

Face milling: The secondary cutting edges locat-ed on the end face of the cutter produce the work piece surface. The cutter axis is perpendicular to the surface.

Face-peripheral milling: The work piece's surface is generated simultaneously from the major and minor cutting edge.

Down-cut milling (Climb milling): in the engage-ment region of the cutting edges the direction of rotation of the cutter and the feed direction of the work piece are in the same direction.

Conventional milling (Up-cut milling): In the en-gagement area of the milling cutters, the cutter rotation and the feed motion of the work piece are opposite to each other.

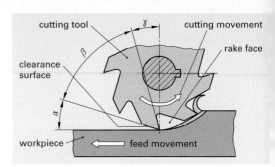

1   angles at a milling cutter

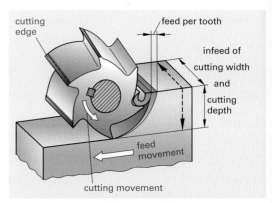

2   movements at plain milling (peripheral milling)

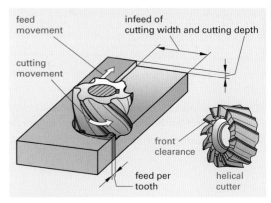

3   movements at face milling

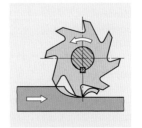

4   down-cut milling

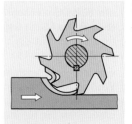

5   up-cut milling

Chronological word list		Tasks
Milling		
Manufacturing process	Fertigungsverfahren	**1. Translate the text „Milling" from the previous page into German**
Gear wheel	Zahnrad	
Profile	Profil	**2. Translate the technical terms of the figures 1, 2, 3 into German**
Groove	Nut	
Thread	Gewinde	**3. Answer the following questions:**
Chip removal	Spanabnahme	▪ Name the difference between the manufacturing processes milling, turning and drilling.
Tool	Werkzeug	
Cutting movement	Schnittbewegung	▪ Which similarities do these processes have?
Main cutting edge	Hauptschneide	
Circumference cutting edge	Umfangsschneide	▪ Before the introduction of milling, plane surfaces were produced by planing and shaping (see page 297). Why is milling advantageous?
Surface area	Mantelfläche	
Side cutting edge	Nebenschneide	
Face cutting edge	Stirnschneide	▪ Which facilities must a milling machine have in order to carry out an infeed movement by the tool?
Milling cutter edge	Fräserschneide	
Wedge	Keil	
Workpiece surface	Werkstückoberfläche	▪ How is the infeed to the workpiece performed?
Milling cutter axis	Fräserachse	▪ What happens when the helix angle is zero. Is a higher or smaller cutting force necessary than if the helix angle isn't parallel to the axis of the miller?
Wedge angle	Keilwinkel	
Clearance angle	Freiwinkel	
Clearance surface	Freifläche	
Rake surface	Spanfläche	▪ Describe the advantages and disadvantages of conventional milling and climb milling.
Rake angle	Spanwinkel	
Cutting edge	Schneidkante	▪ How should a milling cutter be formed to mill gear wheels?
Workpiece	Werkstück	
Helix angle	Drallwinkel	
Operating movement	Arbeitsbewegung	
Feed movement	Vorschubbewegung	**Übersetzen Sie ins Englische:**
Infeed movement	Zustellbewegung	Durch das Fertigungsverfahren Fräsen werden hauptsächlich plane Flächen hergestellt. Bei hohen Anforderungen an die Beschaffenheit der Oberflächen folgt dem Fräsen das Schleifen. Die Spanabnahme ähnelt derjenigen beim Drehen, aber im Gegensatz dazu hat das Fräswerkzeug mehrere Schneiden, die kreisförmig angeordnet sind. Innerhalb des Werkzeugs befindet sich die Fräserachse, durch die die Schnittbewegung übertragen wird. Die Zahl der Schneiden hängt vom Werkstoff ab. Bei weicheren Werkstoffen entstehen größere Mengen an Spänen. Bei gleichem Fräserdurchmesser müssen deshalb die Zahnlücken größer sein.
Infeed	Zustellung	
Cutting depth	Spanungstiefe	
Cutting width	Spanungsbreite	
Material layer	Werkstoffschicht	
Milling process	Fräsverfahren	
Peripheral milling	Umfangsfräsen	
Roll milling	Walzfräsen	
Face milling	Stirnfräsen	
End face	Stirnfläche	
Face-peripheral milling	Stirn-Umfangsfräsen	
Climb milling	Gleichlauffräsen	
Engagement area	Eingriffsbereich	
Turning direction	Drehrichtung	
Feed direction	Vorschubrichtung	
Conventional milling	Gegenlauffräsen	
Feed per tooth	Vorschub je Zahn	
Cutting width	Schnittbreite	

5.4   Bohren, Senken, Reiben

Die Firma VEL Mechanik GmbH erhält den Auftrag, 250 Papierlocher (Bild 1) herzustellen. Die Fertigung der Grundplatte, der Schneidplatte, des Querträgers, des Bügels und des Stempels erfolgt in der Abteilung „Spanende Fertigung". Während die Fräsbearbeitung der Stempelführung (Bild 2) in der laufenden Produktion durchgeführt wird (Seite 235), sollen die Bohr-, Senk- und Reibarbeiten an der Stempelführung in der Ausbildungsabteilung getätigt werden. Den Auszubildenden des 2. Lehrjahres stehen hierfür mehrere Ständerbohrmaschinen zur Verfügung.

Die gefertigte Stempelführung wird in der Montageabteilung mit der Schneid- und der Grundplatte zusammengesetzt. Die Befestigung erfolgt hierbei durch Innensechskantschrauben und Zylinderschrauben.

Überblick der Bohr-, Senk- und Reibverfahren

In Bild 3 sind die Fertigungsverfahren Bohren, Senken und Reiben der Stempelführung zugeordnet. Bei diesen Fertigungsverfahren wird durch das Werkzeug eine **kreisförmige Schnittbewegung** ausgeführt. Während sich auf der Bohrmaschine das Werkzeug dreht, wird bei der Drehmaschine die Schnittbewegung durch das Werkstück erzeugt. Die **Vorschubbewegung** wird **geradlinig** in axialer Richtung durchgeführt.

Beim Bohren wird zwischen Rundbohren (Bohren ins Volle, Aufbohren, Tiefbohren und Kurzlochbohren), Schraubbohren (Gewindebohren mit der Hand oder auf der Maschine) sowie dem Profilbohren (z. B. Zentrierbohren, NC-Anbohren) unterschieden.

Das Verfahren Senken wird eingeteilt zwischen dem Planein- und dem Planansenken sowie dem Profilsenken. Das Reiben erfolgt durch das Rund- oder Profilreiben.

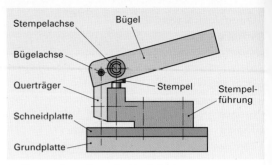

1   Gesamtdarstellung des Papierlochers

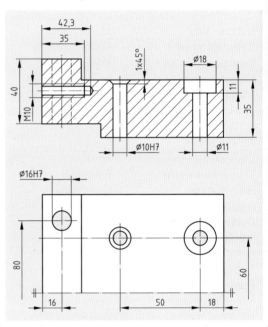

2   Fertigungszeichnung der Stempelführung

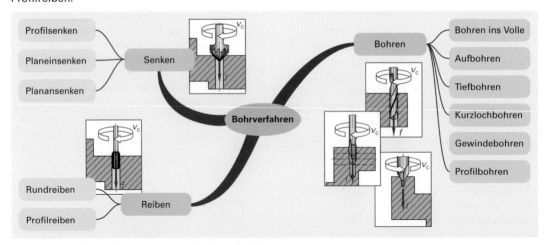

3   Fertigungsverfahren zur Herstellung der Stempelführung

5.4.1 Verfahren des Rundbohrens

Bohren ins Volle

Für das Bohren ins Volle wird ein Spiralbohrer oder ein Bohrer mit Wendeschneidplatten benötigt (Bild 1).

Spiralbohrer sind hierbei die meist verwendeten Bohrwerkzeuge, da sie ein gutes Führungsverhalten beim Bohrvorgang zeigen und somit auch für einfache Bohrmaschinen einsetzbar sind. Weitere Vorteile des Spiralbohrers sind:

- gleich bleibender Durchmesser beim Nachschleifen
- selbsttätige Spanabfuhr aus der Bohrung
- gute Einspannmöglichkeit

Bohrer mit Wendeschneidplatten (Bild 2) besitzen geringere Führungseigenschaften als Spiralbohrer und werden daher vorwiegend an Werkzeugmaschinen mit spielfreiem Schlittenantrieb eingesetzt. Sie finden aufgrund der Wendeschneidplatten und der inneren Kühlmittelzufuhr bei hohen Schnittgeschwindigkeiten Verwendung.

Schneiden und Winkel am Spiralbohrer

Geometrisch betrachtet sind es Wendelbohrer, doch hat sich diese exakte Bezeichnung gegenüber der umgangssprachlichen nicht durchsetzen können. Zur Verschleißminderung können Spiralbohrer auch mit einer Titannitrid-Schicht (TIN) ausgeführt werden. Während Spiralbohrer zum Spannen in das Bohrfutter einen **Zylinderschaft** (Bild 3) besitzen, können Spiralbohrer mit **Kegelschaft** (Bild 4) direkt über Reduzierhülsen in die Bohrspindel der Werkzeugmaschine getrieben werden. Die **Austreiblappen** dienen zum Ausspannen der Bohrer aus der Bohrspindel.

Die **Bohrschneide** (Bild 5) besteht aus einem Schneidkeil, dessen Spitze die Querschneide bildet. Die beiden wendelförmigen Spannuten ermöglichen den Abfluss der Späne und das Kühlen der Schneiden. Durch die äußere Fase der Wendelnut wird der Bohrer im Bohrloch geführt. Zur Verringerung der Reibung der Führungsfase in der Bohrung wird der Spiralbohrer auf 0,02 mm bis 0,08 mm auf einer Länge von 100 mm verjüngt.

Den Übergang von der Fase zur Wendelnut bildet die Nebenschneide, während die Hauptschneide durch das Ende der Wendelnut und der Freifläche des Schneidkeils entsteht. Bei richtigem Anschliff bildet die Hauptschneide eine gerade Linie. Um dies zu erreichen, wird die Freifläche von der Hauptschneide aus bogenförmig angeschliffen.

Die Berührungslinien der beiden Freiflächen bilden die Bohrerspitze mit ihrer Querschneide. Der **Querschneidenwinkel** Ψ (Bild 6) liegt je nach Anschliff der Freifläche zwischen 49° und 55°. Die Querschneide hat eine schabende Wirkung und erfordert

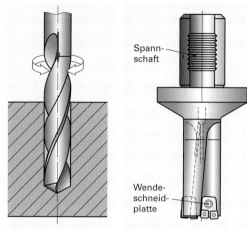

1 Bohren ins Volle (Prinzip) 2 Bohrer mit Wendeschneidplatten

3 Spiralbohrer mit Zylinderschaft

4 Spiralbohrer mit Kegelschaft

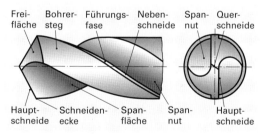

5 Bezeichnungen am Spiralbohrer

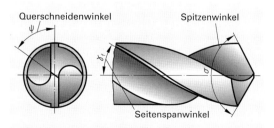

6 Winkel am Spiralbohrer

nahezu ²/₃ der Vorschubkraft. Zum Bohren von Stahlwerkstoffen ist die Vorschubkraft bei einem Querschneidenwinkel $\Psi = 55°$ am geringsten. Der Sonderanschliff der Querschneide verringert die Vorschubkraft.

> Spiralbohrer werden in drei unterschiedliche Typenklassen eingeteilt, die Bohrertypen N, H und W.

Die Bohrertypen bestimmen sich nach den jeweiligen Einsatzbereichen und Winkeln (Bild 1).

Der **Seitenspanwinkel** γ_f (Bild 1) wird durch den Drall der wendelförmigen Nut gebildet und deshalb auch Drallwinkel genannt. Bei Bohrern mit einem geringen Drall kann der Span von harten Werkstoffen besser abgeführt werden. Entsprechend wird bei hartem bzw. zähhartem Werkstoff ein Seitenspanwinkel von 10° bis 19° verwendet. Diese Größes des Seitenspanwinkels besitzt der **Bohrertyp H**.

Bei weichen Werkstoffen kann der Spanraum durch einen kleinen Drall des Bohrers vergrößert werden. Deshalb werden hier Bohrer mit einem Seitenspanwinkel von 27° bis 45° verwendet. Sie werden dem **Bohrertyp W** zugeordnet.

Bei allgemeinen Baustählen und einigen Nichteisenmetallen werden Bohrer mit einem mittleren Drall eingesetzt. Der Seitenspanwinkel kann je nach Stahlwerkstoff zwischen 19° und 40° liegen. Es wird vom **Bohrertyp N** gesprochen.

Der Winkel zwischen den beiden Hauptschneiden wird als **Spitzenwinkel** σ (Bild 1) bezeichnet. Die Größe des Spitzenwinkels liegt je nach dem zu bohrenden Werkstoff zwischen 80° und 140°.

Bei Werkstoffen mit geringer Wärmeleitfähigkeit (z.B. Kunststoffe) oder kurzspanenden Werkstoffen (z.B. unlegierter Stahl) wählt man einen kleinen Spitzenwinkel von $\sigma = 80°$ bis 118°. Langspanende Werkstoffe (z.B. hochlegierter Stahl) oder gut wärmeleitende und zähe Werkstoffe (z.B. Kupfer) benötigen Spiralbohrer mit einem Spitzenwinkel $\sigma = 118°$ bis 140°.

Werkzeugverschleiß am Spiralbohrer

Der **Verschleiß am Spiralbohrer** (Bild 2) findet hauptsächlich an der Hauptschneide statt. Bei zu hoch gewählten Schnittgeschwindigkeiten können zusätzlich die Schneidenecken und die Fase der Wendelnut verschleißen. Ein zu großer Vorschub verursacht einen Verschleiß der Querschneide und der Freiflächen des Bohrers.

Zu hohe **Spanungstemperaturen** verursachen einen Kolkverschleiß an der Hauptschneide.

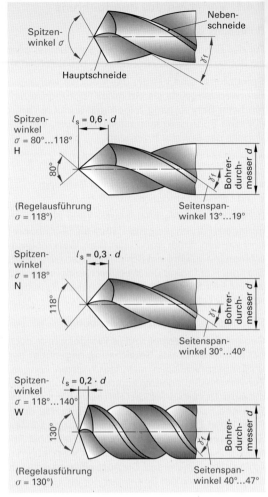

1 Bohrertypen N, H und W

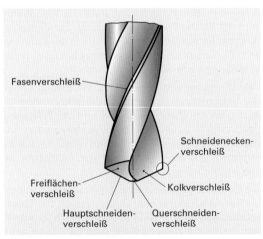

2 Verschleiß am Spiralbohrer

Hierfür gibt es folgende Gründe:

- falsches oder fehlendes Kühlmittel
- das Kühlmittel erreicht nur unzureichend die Hauptschneide, z.B. durch zu viele Späne in der Wendelnut oder zu große Bohrtiefe.

Zur **Beseitigung des Verschleißes** muss der Spiralbohrer so weit nachgeschliffen werden, bis der Verschleiß an der Haupt- und Nebenschneide sowie an der Führungsfase der Wendelnut beseitigt ist. Wird der Verschleiß an der Führungsfase nicht vollständig beseitigt, kann es zu einem Klemmen des Bohrers kommen.

Aufgrund von **Schleiffehlern** (Bild 1) werden die Maßgenauigkeit der zu fertigenden Bohrung und die vom Hersteller angegebene Standzeit des Bohrers nicht mehr erreicht.

Während ein **zu großer Freiwinkel** ein Haken und Brechen der Hauptschneide bewirkt, muss bei einem **zu kleinen Freiwinkel** eine zu hohe Vorschubkraft aufgebracht werden. Hierbei besteht die Gefahr des Bohrerbruchs.

Bei **ungleich langen Hauptschneiden** sitzt der Bohrer außerhalb der Mitte der Bohrung und verursacht eine zu große Bohrung. **Ungleiche Schneidenwinkel** führen dazu, dass nur eine Hauptschneide des Bohrers im Eingriff ist. Durch die hohe Belastung der im Eingriff befindlichen Schneide verringert sich die Standzeit des Bohrers.

Sonderanschliffe für den Spiralbohrer (Bild 2)

Für die meisten Bearbeitungsfälle hat sich der **Kegelmantelanschliff** als geeignetste Grundform durchgesetzt. Beim Kegelmantelanschliff sind die Freiflächen Bestandteil eines Kegelmantels.

Durch den **Kegelmantelanschliff mit ausgespitzter Querschneide** wird die Zentrierfähigkeit des Spiralbohrers wesentlich verbessert. Gleichzeitig werden durch die Verkürzung der Querschneide kleinere Vorschubkräfte benötigt, die Bohrerspitze hat jedoch eine geringe Festigkeit.

Der **Kegelmantelanschliff mit ausgespitzter Querschneide und korrigierter Hauptschneide** wird bei der Bearbeitung harter Werkstoffe eingesetzt. Durch die Vergrößerung des Spanwinkels an der Hauptschneide entsteht ein sehr stabiler Schneidkeil, ohne dass der Spänetransport beeinträchtigt wird.

Der **Doppelkegelmantelanschliff** wurde speziell für die Bearbeitung von Graugusswerkstücken entwickelt. Durch den zweiten Kegelmantel mit kleinerem Spitzenwinkel werden die empfindlichen Schneidenecken geringer beansprucht und die harte Gusshaut kann gut bearbeitet werden.

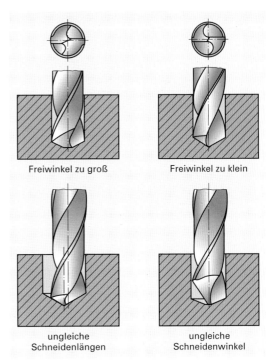

Freiwinkel zu groß   Freiwinkel zu klein

ungleiche
Schneidenlängen   ungleiche
Schneidenwinkel

1 Schleiffehler am Spiralbohrer

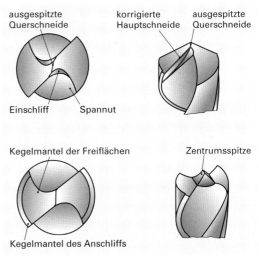

ausgespitzte
Querschneide   korrigierte
Hauptschneide   ausgespitzte
Querschneide

Einschliff   Spannut

Kegelmantel der Freiflächen   Zentrumsspitze

Kegelmantel des Anschliffs

2 Sonderanschliffe

Der **Spiralbohrer mit Zentrumsspitze** wird eingesetzt, wenn runde und gratfreie Löcher in Blechen herzustellen sind. Während der Spitzenwinkel das zentrische Anbohren sichert, bearbeiten die Hauptschneiden sofort auf ihrer ganzen Länge das Werkstück. Die Führungsfasen können sich sofort an der Bohrungswand abstützen.

Schnittkraft und Schnittleistungen beim Bohren ins Volle

Die Größe der **Schnittkraft F_c** beim Bohren ist abhängig von der Größe und der Geometrie des Bohrers, dem zu bearbeitenden Werkstoff sowie dem eingestellten Vorschub.

Die aufzubringende **Schnittleistung P_c** wird noch zusätzlich durch die gewählte Schnittgeschwindigkeit bestimmt. Die einzustellenden Vorschübe und Schnittgeschwindigkeiten werden vom Hersteller angegeben oder können Tabellenbüchern entnommen werden. Hierbei muss beachtet werden, dass die meist hohen Angaben der Vorschübe und Schnittgeschwindigkeiten nicht auf jeder Werkzeugmaschine realisiert werden können und dementsprechend vom Zerspanungsmechaniker angepasst werden müssen.

Arbeitsbeispiel:

Für die Fertigung der Durchgangsbohrung ∅ 11 der **Stempelführung** (Bild 1) wird nachfolgend überprüft, ob die verfügbare Schnittleistung der Bohrmaschine mit einer Antriebsleistung $P_a = 5$ kW bei einem Wirkungsgrad $\eta = 0,8$ ausreicht. Der für die Bearbeitung zu verwendende Spiralbohrer mit 2 Schneiden aus HSS besitzt einen Drallwinkel $\gamma_f = 25°$ und wurde mit einem Spitzenwinkel $\sigma = 118°$ angeschliffen. Die Schnittgeschwindigkeit des Bohrers beträgt $v_c = 35$ m/min. An der Bohrmaschine wurde ein Vorschub von $f = 0,18$ mm eingestellt.

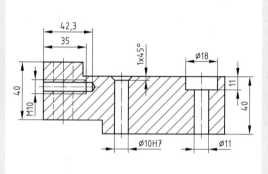

1 Stempelführung

Berechnung:

gegeben: Werkstoff: E295

Bohrerschneidstoff: HSS		
Bohrertyp N, Seitenspanwinkel:	γ_f	= 25°
Bohrerdurchmesser:	d	= 11 mm
Spitzenwinkel:	σ	= 118°
Anzahl der Schneiden:	z	= 2
Schnittgeschwindigkeit:	v_c	= 35 m/min
Vorschub:	f	= 0,18 mm
Antriebsleistung:	P_a	= 5 kW
Wirkungsgrad:	η	= 0,8

gesucht:
verfügbare Schnittleistung:	$P_{c\,ver}$	in kW
Spanungsdicke:	h	in mm
Spanungsquerschnitt:	A	in mm²
spezifische Schnittkraft:	k_c	in N/mm²
Schnittkraft:	F_c	in N
erforderliche Schnittleistung:	$P_{c\,erf}$	in kW

Lösung: verfügbare Schnittleistung

$$P_{c\,ver} = P_a \cdot \eta$$
$$P_{c\,ver} = 5 \text{ kW} \cdot 0,8$$
$$P_{c\,ver} = \mathbf{4\ kW}$$

Spanungsdicke

$$h = \frac{f}{2} \cdot \sin\frac{\sigma}{2}$$
$$h = \frac{f}{2} \cdot \sin\frac{118°}{2}$$
$$h = f \cdot 0,43$$
$$h = 0,18 \cdot 0,43$$
$$h = \mathbf{0,08\ mm}$$

Spanungsquerschnitt

$$A = d \cdot \frac{f}{4}$$
$$A = 11 \text{ mm} \cdot 0,18 \text{ mm} / 4$$
$$A = \mathbf{0,495\ mm^2}$$

spezifische Schnittkraft

$$k_c = k \cdot C$$

Korrekturwert C für die Schnittgeschwindigkeit

Schnittgeschwindigkeitsbereiche v_c in m/min	C-Wert
10 ... 30	1,3
31 ... 80	1,1

$$k_c = 3200 \text{ N/mm}^2 \cdot 1,1$$
$$k_c = \mathbf{3520\ N/mm^2}$$

(Ermittlung des Tabellenwertes für die spezifische Schnittkraft k siehe Tabellenbuch)

Schnittkraft

$$F_c = 1,2 \cdot A \cdot k_c$$
$$F_c = 1,2 \cdot 0,495 \text{ mm}^2 \cdot 3520 \text{ N/mm}^2$$
$$F_c = 2091 \text{ N}$$

erforderliche Schnittleistung

$$P_{c\,erf} = \frac{z \cdot F_c \cdot v_c}{2}$$
$$P_{c\,erf} = \frac{z \cdot 2091 \text{ N} \cdot 35 \text{ m}}{2 \cdot 60 \text{ s}}$$
$$P_{c\,erf} = 1220 \text{ Nm/s} = \mathbf{1,22\ kW}$$

Die verfügbare Schnittleistung ($P_{c\,ver} = 4$ kW) ist größer als die erforderliche Schnittleistung ($P_{c\,erf} = 1,22$ kW). Die Bearbeitung ist unter den festgelegten Bedingungen durchführbar.

Schnittmomente beim Bohren ins Volle

Für die Fertigung der Durchgangsbohrung $\varnothing$ 11 der Stempelführung soll überprüft werden, ob ein Festhalten des Maschinenschraubstockes von Hand erfolgen kann. Hierbei wird angenommen, dass der Facharbeiter zum Festhalten des Schraubstocks höchstens eine Handkraft von F_{Hand} = 50 N sicher aufbringen kann (Bild 1). Die wirksame Hebellänge l_{Hand} zwischen Hand und Bohrermitte beträgt 120 mm.

Die Berechnungen der erforderlichen Handkraft zeigen, dass ein sicheres Festhalten des Schraubstocks bereits beim Bohrungsdurchmesser von $\varnothing$ 11 mm nicht mehr möglich ist. Daher wird zur Verhütung von Unfällen vorgeschrieben, Werkstücke immer ordnungsgemäß zu spannen und bei Bohrungsdurchmessern über 8 mm zusätzlich gegen Herumreißen zu sichern.

Aufbohren

> Durch das Aufbohren sollen vorgegossene, vorgestanzte oder vorgebohrte Bohrungen vergrößert werden.

Große Bohrungen können hierbei in mehreren Stufen aufgebohrt werden. Ziel des Aufbohrens ist die Bohrung auf das Nennmaß mit Untermaß zum nachfolgenden Reiben oder direkt auf das Nennmaß zu fertigen. Hierfür sind folgende Aufbohrwerkzeuge einsetzbar:

- Spiralbohrer mit zwei Schneiden

- Aufbohrer (Spiralsenker) mit drei Schneiden

- Bohrstange mit Senkmesser

- Ausdrehkopf mit Bohrmesser

Spiralbohrer mit zwei Schneiden erzeugen beim Aufbohren eine grobe Oberfläche. Sie sind nur dann zum Aufbohren geeignet, wenn die Rauheit der Oberfläche der Bohrung ohne Bedeutung ist. Spiralbohrer mit zwei Schneiden besitzen relativ schlechte Führungseigenschaften. Es ist daher beim Aufbohren mit diesen Bohrern darauf zu achten, dass der Anschliff des Bohrers gleichmäßig durchgeführt wird.

Aufbohrer (Spiralsenker) mit drei Schneiden (Bild 3) sorgen für eine gute Führung, eine bessere Oberflächenqualität und höhere Formgenauigkeit als beim Spiralbohrer mit zwei Schneiden. Durch die größere Schneidenanzahl ist auch dementsprechend die Schnittleistung größer. Die Schneidengeometrie ist ähnlich wie beim Spiralbohrer mit zwei Schneiden, allerdings reichen die Hauptschneiden nicht bis zum Zentrum des Werkzeuges.

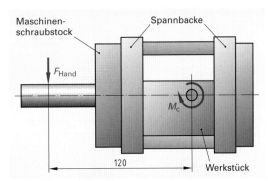

1 Kräfte und Momente am Maschinenschraubstock

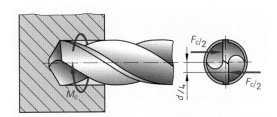

2 Kräfte am Bohrer

Berechnungsbeispiel:

gegeben: Schnittkraft: F_c = 4182 N
Bohrerdurchmesser: d = 11 mm
wirksame Hebellänge: l_{Hand} = 120 mm
zulässige Handkraft: F_{Hand} = 50 N

gesucht: Schnittmoment: M_c in Nm
erforderliche Handkraft: F_{erf} in N

Lösung: **Schnittmoment**
Das Schnittmoment wird durch die Kräfte am Bohrer bestimmt (Bild 2):
$M_c = F_c \cdot d / 4$
M_c = 4182 N $\cdot$ 11 mm / 4
M_c = 11500 Nmm = $\underline{11,5\ Nm}$

erforderliche Handkraft
$F_{erf} = M_c / l_{Hand}$
F_{erf} = 11500 Nmm / 120 mm
F_{erf} = 96 N

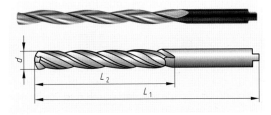

3 Aufbohrer (Spiralsenker) mit drei Schneiden

Bohrstangen mit Senkmesser (Bild 1) sind besonders zum Aufbohren größerer Bohrungen sowie zum fluchtgenauen Aufbohren hintereinander liegender Bohrungen geeignet. Das Senkmesser besteht meist aus Hartmetall oder Oxidkeramik und wird in der Bohrstange festgeklemmt. Die Führung des Bohrers erfolgt über den Führungszapfen.

Ausdrehbohrköpfe mit Bohrmesser (Bild 2) werden zur Herstellung genauer Bohrungen (z.B. Passbohrungen) eingesetzt. Sie dienen aber auch zum Plan- und Ausdrehen und zum Einstechdrehen auf Bohr- und Fräsmaschinen. Der Ausdrehdurchmesser wird durch Drehen der gerändelten Mikrometertrommel verändert und kann präzise mittels der Skala eingestellt werden. Durch das Schwenken des Bohrmessers können bei axialer Position des Stahls kleinste Bohrungen und bei schräger Position des Stahls größere Bohrungen ausgedreht werden. Ein Klemmmechanismus verhindert die Veränderung des eingestellten Ausdrehdurchmessers.

Spezielle Bohrverfahren und Bohrwerkzeuge

Tiefbohren

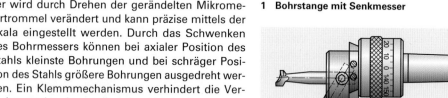

1   Bohrstange mit Senkmesser

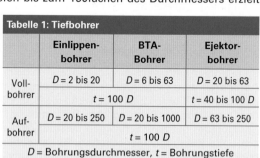

2   Ausdrehknopf mit Bohrmesser

Bohrungen mit einer Tiefe vom 3- bis 5fachen des Durchmessers lassen sich problemlos mit Spiralbohrern in einem Arbeitsgang herstellen.

> Bei einer größeren Bohrungstiefe als dem 5fachen des Durchmessers spricht man von einer „tiefen Bohrung".

Die Bearbeitung einer tiefen Bohrung erfolgt bei mittleren Tiefen mit besonders ausgelegten Spiralbohrern und einem häufigen Unterbrechen des Schnittvorganges zum Entspanen der Bohrung. Für größere Tiefen (ab einem Verhältnis von Tiefe/Durchmesser = 20) muss ein Tiefbohrer eingesetzt werden. Mit dem Einsatz eines Tiefbohrers können Bohrungstiefen bis zum 150fachen des Durchmessers erzielt werden. Hierbei kann man hohe Oberflächenqualitäten erzielen, die weitere Bearbeitungsgänge oft überflüssig machen.

Vom herkömmlichen Bohren unterscheidet sich das Tiefbohren hauptsächlich durch die Verwendung eines unter Druck stehenden Kühlschmiermittels. Das Kühlschmiermittel wird direkt den Schneiden zugeführt und die Späne werden herausgespült.

Bei den Tiefbohrwerkzeugen wird zwischen dem **Einlippenbohrer, dem BTA-Bohrer (Boring and Trepanning Association)** und dem **Ejektorbohrer** (Tabelle 1) unterschieden. Alle drei Bohrerarten können für das Bohren ins Volle sowie für das Aufbohren verwendet werden.

Einlippenbohrer

Beim **Tiefbohren mit dem Einlippenbohrer** (Bild 3) erfolgt die Kühlmittelzufuhr innen über den Bohrerschaft. Die Späne werden durch den Druck des Kühlmittels außen in einer V-förmigen Aussparung am Umfang abgeführt.

Tabelle 1: Tiefbohrer			
	Einlippen- bohrer	BTA- Bohrer	Ejektor- bohrer
Voll- bohrer	D = 2 bis 20	D = 6 bis 63	D = 20 bis 63
	t = 100 D		t = 40 bis 100 D
Auf- bohrer	D = 20 bis 250	D = 20 bis 1000	D = 63 bis 250
	t = 100 D		
D = Bohrungsdurchmesser, t = Bohrungstiefe			

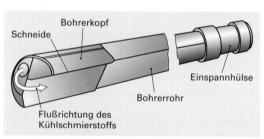

3   Einlippen-Tiefbohrwerkzeug

Das **Einlippen-Tiefbohrwerkzeug** (Bild 3 der vorherigen Seite) wird als Vollbohrer oder Aufbohrer eingesetzt, wobei das Vollbohren in der Fertigung überwiegt. Der Einlippenbohrer besteht aus drei Einzelteilen, dem Bohrerkopf, dem Bohrerrohr und der Einspannhülse. Der Bohrerkopf kann sowohl aus Vollhartmetall als auch aus hartmetallbestückten Schneiden bestehen. Der Einlippenbohrer besitzt lediglich eine Schneide und muss vor dem Eindringen in das Werkstück durch eine Bohrbuchse und Führungsleisten am Bohrkopf geführt werden. Es kann bis zu einer Tiefe von 4000 mm gebohrt werden.

Das **Tiefbohren mit dem BTA-Bohrer** (Bild 1) wurde entwickelt, um das Kratzen der Späne beim Transport an der Bohrerwand zu vermeiden. Es werden Oberflächen mit einer Rauhigkeit von Rz 1 erreicht.

Beim **BTA-Bohrwerkzeug** (Bild 2) wird das Kühlschmiermittel von außen unter hohem Druck durch einen ringförmigen Spalt zwischen Bohrerrohr und Wandung zugeführt. Der Rückfluss der Kühlschmiermittels mit den Spänen erfolgt dann durch das Spanmaul und das innere Bohrerrohr. Für das Tiefbohren mit dem BTA-Bohrer wird eine spezielle Tiefbohrmaschine benötigt, bei der die Bohrbuchse und das Bohrrohr völlig abgedichtet werden. Es kann bis zu einer Tiefe von 15000 mm gebohrt werden.

Für die Herstellung von tiefen Bohrungen auf besonders ausgeführten Maschinen wurde der **Ejektorbohrer** (Bild 3) entwickelt. Der Bohrerschaft des Ejektorbohrers besteht aus einem doppelten Rohr. Dementsprechend wird die Kühlmittelzufuhr nicht mehr durch die Bohrerwand abgegrenzt, sondern durch ein zweites Rohr. Somit entfällt die aufwendige Abdichtung der Bohrung wie beim BTA-Bohrer.

Beim Ejektorbohrer kann ein Teil des Kühlmittels bereits über Düsen in das innere Bohrerrohr eindringen, bevor es zur Schneide gelangt. Hierdurch entsteht im inneren Rohr eine Saugwirkung, die den Spänetransport zusätzlich fördert.

Kurzlochbohren

Kurzlochbohrer (Bild 4) besitzen hartmetallbestückte Wendeschneidplatten und werden im Durchmesserbereich von 16 mm bis über 120 mm eingesetzt. Beim Bohren mit dem Kurzlochbohrer kann eine bis zu 15fach höhere Schnittgeschwindigkeit als beim herkömmlichen Spiralbohrer aus HSS verwendet werden. Aufgrund der unsymmetrisch auftretenden Zerspankräfte und der damit verbundenen Rattergefahr sollten Kurzlochbohrer nur an Werkzeugmaschinen mit spielfreiem Schlittenantrieb eingesetzt werden.

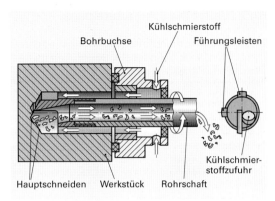

1   Tiefbohren mit dem BTA-Bohrer

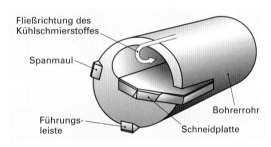

2   BTA-Tiefbohrwerkzeug

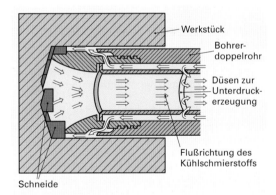

3   Ejektorbohrer

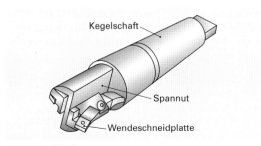

4   Kurzlochbohrer

5.4.2   Verfahren des Rundreibens

Rundreiben ist ein Feinbearbeitungsverfahren mit dem Zweck, zylindrische Bohrungen in ihrer Qualität zu verbessern.

Rundreiben gehört zum Fertigungsverfahren Reiben, bei dem feinste Späne entstehen. Beim Rundreiben wird die Bohrung mit einer geringen Spanungsdicke aufgebohrt.

Durch das Rundreiben können keine Lagefehler der Bohrung ausgeglichen werden. Die Bohrung erhält nur eine hohe Oberflächengüte (Rz 4 bis Rz 10) und ein genaues Durchmessermaß mit einer guten Rundheit. In der Regel entspricht eine geriebene Bohrung der Passungsgröße H 7.

Neben dem Rundreiben wird zu der Gruppe der Reibverfahren das **Profilreiben** (Abschnitt 5.4.3) gezählt. Es dient zur Herstellung kegeliger oder profilierter Bohrungen und wird daher im Kapitel Profilbohren genauer beschrieben.

Schneiden und Winkel an der Reibahle

Zum Rundreiben werden als Werkzeug Reibahlen mit HSS-Schneiden oder Hartmetallschneiden verwendet. Reibahlen sind als Hand- oder Maschinenahlen einsetzbar.

Die Schneiden befinden sich am **Anschnitt** und der **Führung** der Reibahle (Bild 1). Während die eigentliche Schneidarbeit vom kegelförmigen Anschnitt ausgeführt wird, sorgt die Führung der Reibahle nur für die Maßhaltigkeit, Rundheit und Glätte.

Die Form und Länge des Anschnittes richtet sich nach der jeweiligen Bearbeitungsaufgabe und der Verwendung einer Hand- oder Maschinenreibahle. Die Führung ist nach dem Anschnitt nur ein kurzes Stück zylindrisch. Danach setzt zum Schaft hin eine sehr geringe Verjüngung der Führung ein, damit ein Klemmen während des Reibens vermieden wird.

Die Zähnezahl der Reibahlen ist gerade, wobei sich jeweils zwei Schneiden zur besseren Durchmesserbestimmung gegenüberliegen. Um ein Rattern während des Reibens zu vermeiden, besitzen die Reibahlen allerdings eine **ungleichmäßige Teilung** (Bild 2).

Der **Spanwinkel** γ der keilförmigen Zähne ist bei Reibahlen aus HSS leicht positiv oder leicht negativ. Hartmetallreibahlen erhalten einen Spanwinkel $\gamma = 0°$. Die hierdurch erzielte **schabende Wirkung** der Schneiden trägt zur Erzeugung einer guten Oberfläche bei.

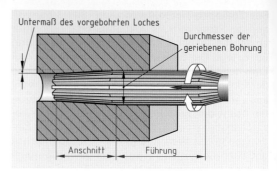

1   Anschnitt und Führung der Reibahle

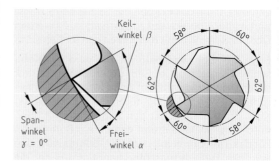

2   Teilung und Winkel der Reibahlenschneiden

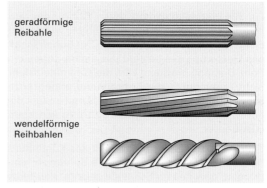

3   Geradförmige und wendelförmige Reibahlen

Reibahlen sind **geradförmig** oder **wendelförmig** ausgeführt (Bild 3). Die Schneiden der geradförmigen Reibahlen verlaufen parallel zur Drehachse. Die Schneiden der wendelförmigen Reibahlen besitzen einen Linksdrall, Drall und Drehrichtung laufen hierbei entgegengesetzt. Hätten die Schneiden einen Rechtsdrall, würde sich die Reibahle wie ein Korkenzieher in die Bohrung hineinziehen, da die Schneidkraft in Vorschubrichtung wirkt. Durch die wendelförmige Reibahle kann eine gerade Längsnut überbrückt werden.

Arbeitsregeln und Richtwerte beim Reiben

Zum Erreichen der geforderten Maß- und Formgenauigkeit der Bohrung sowie der zu erzielenden
Oberflächengüte sind folgende Regeln beim Arbeiten mit der Reibahle zu beachten:

■ Die Reibahle darf **niemals entgegen der Schnittbewegung** gedreht werden. Diese Forderung gilt
auch beim Herausdrehen der Reibahle, da sich
sonst Späne zwischen den Schneiden und der
Bohrungswand einklemmen würden. Hierdurch

entstehen Riefen an der Bohrungswand oder es
wird ein Schneidenbruch verursacht.

■ Die aufzureibende Bohrung muss mit dem richtigen **Untermaß vorgebohrt** werden. Falls das
Untermaß der Vorbohrung zu klein ist, werden
die durch das Bohren entstandenen Bearbeitungsspuren nicht beseitigt. Bei einem zu großen Untermaß kann die Reibahle verlaufen und
die Oberflächengüte abnehmen. In der Praxis
haben sich folgende Bearbeitungszugaben als
Richtwerte bestätigt:

Tabelle 1: Untermaße beim Reiben

Durchmesser der fertig geriebenen Bohrung in mm	unter 5	5 bis 20	20 bis 30	30 bis 50	50 bis 100	über 100
Untermaß der vorge-bohrten Bohrung in mm	0,1	0,2	0,3	0,4	0,5	0,6

■ Zur Erzielung der geforderten Oberflächengüte muss das **geeignete Kühlschmiermittel** eingesetzt
werden. Da beim Reiben die Schmierwirkung wichtiger ist als das Kühlen, werden z.B. für unlegierte
Stähle 10%ige bis 20%ige Kühlschmieremulsionen verwendet. Während Gusswerkstoffe und Duroplaste
trocken gerieben werden, ist für weiche Aluminiumlegierungen auch Petroleum geeignet.

■ Die **Schnittgeschwindigkeit beim Reiben** muss wesentlich geringer als beim Bohren gewählt werden.
Als Richtwert gilt ca. $1/3$ der Schnittgeschwindigkeit eines Bohrers mit vergleichbarem Durchmesser. Der
einzustellende Vorschub entspricht dem des Bohrers.

Tabelle 2: Kühlen und Schmieren beim Reiben

Werkstoffe	Stahl mit R_m < 900 N/mm², Kupferlegierungen, Aluminiumlegierungen Thermoplaste	Stahl mit R_m > 900 N/mm², Hochlegierte Stähle, Titanlegierungen	Gusswerkstoffe, Magnesium-legierungen, Duroplaste	weiche Aluminium-legierungen
Kühlschmiermittel	10%ige bis 20%ige Emulsion	Schneidöl	trocken/Druckluft	Petroleum

Werkzeuge zum Rundreiben

Bei den Reibahlen wird grundsätzlich zwischen **Handreibahle, Maschinenreibahle und Schälreibahle** (Tabelle 1) unterschieden. Handreibahlen und Maschinenreibahlen sind zum Rundreiben als unverstellbare
oder verstellbare Reibahlen erhältlich. Beide Ausführungen haben geradförmige oder wendelförmige
Schneiden mit einem Drallwinkel von 7°. Bei Schälreibahlen sind sie nur wendelförmig und besitzen
einen Drallwinkel von 45°.

Reibahlen besitzen einen **Anschnitt.** Durch diesen Anschnitt wird die Reibahle in eine Bohrung, die mit
einem Untermaß von nur wenigen Zehntelmillimeter vorgebohrt wurde, geführt. Durch die Schnitt- und
Vorschubbewegung trennt der Anschnitt feine Späne ab.

Die Zähne der Reibahle sind keilförmig. An den Zähnen befindet sich eine Fase, die meistens durch Rund-
schliff erzeugt wurde. Reibahlen haben in der Regel eine gerade Zähnezahl (6, 8, 10 usw.), sodass der
Durchmesser der Reibahle einwandfrei an zwei gegenüberliegenden Zähnen gemessen werden kann. Die
Zahnteilung der Reibahlen ist ungleich, d.h. der Abstand von Zahn zu Zahn ist unterschiedlich. Hierdurch
werden an der Lochwand **Rattermarken** vermieden. Bei gleicher Teilung würde der nachfolgende Zahn
immer wieder in die Ratterstelle des vorhergehenden Zahnes einhaken. Durch eine ungleiche Teilung
wird dieser Nachteil vermieden.

Tabelle 1: Handreibahle, Maschinenreibahle, Schälreibahle

unverstellbare Reibahle		verstellbare Reibahle	
■ Reibahle mit Zylinder-schaft oder Kegelschaft	■ Aufsteckreibahle mit Aufsteckhalter	■ Einstellbar mit Verstellbereich	■ Nachstellbar nach Abnutzung

Unverstellbare Reibahlen

> Unverstellbare Reibahlen unterliegen wie jedes spanende Werkzeug dem Verschleiß.

Am Ende der Standzeit unterschreitet die fertig geriebene Bohrung im Durchmesser ihr Toleranzmaß.

Unverstellbare Handreibahlen (Bild 1) werden zur besseren Führung mit einem langen kegeligen Anschnitt und einem längeren Führungsteil versehen. Der zylindrische Schaft der Handreibahle besitzt zur Aufnahme des Windeisens am Ende einen Vierkant.

Unverstellbare Maschinenreibahlen (Bild 2) sind im Anschnitt und im Führungsteil etwas kürzer, weil eine genauere Führung über die Maschinenspindel erfolgt. Sie besitzen einen zylindrischen oder kegeligen Schaft zum Einspannen. Maschinenreibahlen mit einem größeren Durchmesser als 10 mm werden mit einem Morsekegel als Schaft ausgeführt.

Unverstellbare Schälreibahlen (Bild 3) sind Maschinenreibahlen mit einem Drallwinkel von 45° und können nur für Durchgangsbohrungen wegen ihres langen Anschnittes verwendet werden. Ihr Einsatzgebiet liegt bei langspanenden Werkstoffen. Wegen der höheren einstellbaren Schnittgeschwindigkeit sind Schälreibahlen besonders für die Serienfertigung geeignet.

Unverstellbare Aufsteckreibahlen (Bild 4) sind als Maschinenreibahlen oder als Schälreibahlen einsetzbar. Sie werden vorwiegend bei größeren Bohrungen ab einem Durchmesser von ca. 25 mm verwendet. Für die Bearbeitung werden die Aufsteckreibahlen auf einem Aufsteckhalter befestigt.

Verstellbare Reibahlen

> Verstellbare Reibahlen werden als einstellbare oder nachstellbare Reibahlen eingesetzt.

Bei der **einstellbaren Reibahle** (Bild 5) wird je nach Größe ein Einstellbereich von 1 mm bis 10 mm genutzt. Sie sind als Handreibahlen und Maschinenreibahlen erhältlich und werden mit einer Verstellmutter und Einstellskala eingerichtet. Hierbei wird die hintere Mutter gelöst und die vordere Mutter angezogen.

Bei der **nachstellbaren Reibahle** (Bild 6) sind die verstellbaren Messer so befestigt, dass sie bis zum Grunde schneiden können. Die Messer werden durch Klemmstücke gehalten. Das Nachstellen der Messer erfolgt durch Drehen der oberen zwei Muttern.

1   Unverstellbare Handreibahle

2   Unverstellbare Maschinenreibahle

3   Unverstellbare Schälreibahle

4   Unverstellbare Aufsteckreibahle

5   Einstellbare Reibahle

6   Nachstellbare Reibahle

Aufgaben zum Rundbohren und Reiben

Auswahl und Auslegung der Rundbohrverfahren für die Stempelführung

Auf einer Ständerbohrmaschine soll die bereits vorgestellte Stempelführung nach der im Bild 1 dargestellten **Fertigungszeichnung** gebohrt und gerieben werden.

Der **Arbeitsplan zum Rundbohren** sieht folgende Fertigungsfolge vor:

- Vorbohren der Bohrung $\varnothing$ 11
- Fertigbohren der Bohrung $\varnothing$ 11
- Vorbohren der Bohrung $\varnothing$ 10 H7 mit Untermaß zum Rundreiben
- Rundreiben der Passung $\varnothing$ 10 H

1 Für den Prototyp der Stempelführung soll eine weiche Aluminiumlegierung verwendet werden. Wählen Sie für die Bearbeitung der Bohrungen die geeigneten Bohrer aus. Geben Sie für die ausgewählten Bohrer den Bohrertyp, Seitenspanwinkel und Spitzenwinkel an.

2 Die Serienfertigung der Stempelführung soll mit dem Werkstoff E360 (St 70-2) erfolgen. Welche Bohrertypen müssen bei diesem Werkstoff verwendet werden? Begründen Sie Ihre Auswahl.

3 Zur Optimierung des Bohrverfahrens sollen die ausgewählten Bohrer für die Serienfertigung mit einem Sonderanschliff versehen werden. Geben Sie für die Bohrungen geeignete Sonderanschliffe an und begründen Sie den gewählten Anschliff.

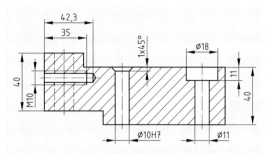

1 Fertigungszeichnung der Stempelführung

4 Nennen Sie Schleiffehler, die beim Anschleifen der Bohrer gemacht werden können, und erläutern Sie die Auswirkungen.

5 Für die Prototypenherstellung sollen die Bohrer keinen Sonderanschliff erhalten. Entsprechend müssen die größeren Löcher vorgebohrt und anschließend aufgebohrt werden. Beschreiben Sie hierfür die geeigneten Aufbohrer.

6 Wählen Sie zum Rundreiben der Passung $\varnothing$ 10 H7 eine entsprechende Reibahle aus und beschreiben Sie ihre Wirkungsweise.

5.4.3 Verfahren des Gewindebohrens

Die Herstellung von Innengewinden kann von Hand oder auf einer Werkzeugmaschine erfolgen.

Als Werkzeuge werden hierbei je nach Bearbeitungsaufgabe unterschiedliche Gewindebohrer verwendet. Für die Auswahl des Fertigungsverfahrens und des Gewindebohrers müssen die nebenstehenden Gesichtspunkte berücksichtigt werden:

- Zerspanbarkeit des zu bearbeitenden Werkstoffs
- Anzahl der zu fertigenden Gewindebohrungen
- geforderte Genauigkeit und Oberflächengüte
- Art der Gewindebohrung (Durchgangs- oder Grundbohrung)
- Art des Gewindes (z.B. metrisches Gewinde)

Vorbereitung der Gewindebohrung

Innengewinde müssen vor der Bearbeitung durch den Gewindebohrer mit einem Kernloch versehen werden. Der **Kerndurchmesser D_1** wird für alle metrischen ISO-Gewinde (Regelgewinde und Feingewinde) aus dem Nenndurchmessr D abzüglich der Steigung P ermittelt. Beim Whitworth-Gewinde errechnet sich der Kerndurchmesser D_1 aus dem Nenndurchmesser D abzüglich dem 1,28fachen der Steigung P (Tabelle 1).

Tabelle 1: Kerndurchmesser für Gewinde			
Metrisches ISO-Gewinde		Whitworth-Gewinde	
D	D_1	D	D_1
M 5	4,2	$^1/_4$ Zoll	5,1
M 6	5,0	$^3/_8$ Zoll	7,9
M 8	6,8	$^1/_2$ Zoll	10,5
M 10	8,5	$^3/_4$ Zoll	16,5
M 12	10,2	1 Zoll	22,0
M 16	14,0	$1^1/_4$ Zoll	28,0

Nachdem das Kernloch gefertigt wurde, schneidet der Gewindebohrer die Flanken des Gewindes. Hierbei bestimmt sich der **Vorschub des Gewindebohrers** aus seiner jeweiligen Steigung. Der Gewindebohrer schneidet pro Umdrehung mit der Steigung P in das Kernloch hinein.

> Beim Schneiden wird der Werkstoff leicht gequetscht, sodass der erste Gewindegang an der Oberseite der Bohrung etwas herausgedrückt wird.

Um einen Grat zu vermeiden, werden Kernlöcher mit einem 90°-Kegelsenker angesenkt oder mit einem NC-Anbohrer zentriert und gesenkt.

Zur **Reduzierung der Einschraublänge** können Gewinde in langen Durchgangsbohrungen von unten freigeschnitten werden. Beim Einbringen von Grundlöchern muss das Grundloch tiefer als die nutzbare Gewindelänge sein. Der Gewindebohrer schneidet durch den Anschnitt die letzten Gewindeflanken flacher aus und benötigt daher einen Kernlochüberstand. Der **Kernlochüberstand von Innengewinden** ist hinsichtlich seines Größenwertes festgelegt (Tabelle 1).

Schneiden und Winkel am Gewindebohrer

> Gewindebohrer sind mehrschneidige Werkzeuge mit keilförmigen Schneiden.

Die Schneiden des Gewindebohrers arbeiten lediglich das Gewindeprofil heraus. Das Gewinde bildet sich durch keilförmige Schneiden. Der Span wird über drei oder vier **Spannuten**, die gerade oder drallgenutet sind, abgeführt (Bild 1).

Der **Schneidvorgang** wird hauptsächlich von der Größe des **Spanwinkels** γ (Bild 2) bestimmt. Während bei langspanenden Werkstoffen (z.B. Aluminium- oder Kupferlegierungen) der Spanwinkel groß gewählt werden soll, müssen bei harten und spröden Werkstoffen Gewindebohrer mit einem kleinen Spanwinkel eingesetzt werden.

Die Größe des **Freiwinkels** α (Bild 3) bestimmt die Reibung zwischen den Gewindeflanken von Werkstück und Werkzeug. Der Hinterschliff am Umfang des Gewindebohrers ergibt den Freiwinkel. Hierdurch wird die Gefahr des Klemmens und des Werkzeugbruchs des Gewindebohrers verringert.

Der Schneidkeil des Gewindebohrers bildet den **Keilwinkel** β (Bild 4). Je größer der Keilwinkel ist, desto stabiler ist der Schneidkeil ausgeprägt. Dementsprechend wird für harte und spröde Werkstoffe ein Gewindebohrer mit einem großen Keilwinkel bevorzugt.

Die Größe des Keilwinkels verringert aber auch die Größe der Spannut. Bei langspanenden und zähen Werkstoffen neigt der Span zum Verklemmen im Spanraum. Daher ist es bei diesen Werkstoffen wichtiger, einen Gewindebohrer mit einem größeren Spanraum einzusetzen, als bei einem Gewindebohrer mit einem stabilen Schneidkeil.

Tabelle 1: Kernlochüberstand von Innengewinden

Gewinde	Kernlochüberstand
M 4	3,8
M 5	4,2
M 6	5,1
M 8	6,2
M 10	7,3
M 12	8,3
M 16	9,3
M 20	11,2
M 24	13,1
M 30	15,2
M 36	16,8
M 42	18,4
M 48	20,8

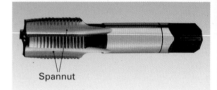

Spannut

1 Spannuten am Gewindebohrer

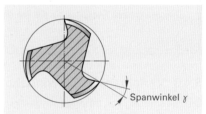

Spanwinkel γ

2 Spanwinkel

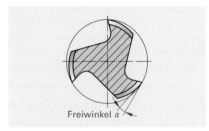

Freiwinkel α

3 Freiwinkel

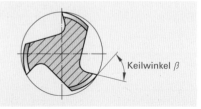

Keilwinkel β

4 Keilwinkel

Werkzeuge zum Gewindebohren von Hand

Beim Gewindebohren mit der Hand werden in der Regel mehrere abgestufte Werkzeuge für ein Gewinde benötigt. Während Metrische ISO-Gewinde mit einem **3-teiligen Handgewindebohrersatz** (Bild 1) hergestellt werden, braucht man für Feingewinde und Whitworth-Gewinde nur einen **2-teiligen Handgewindebohrersatz**.

Der **3-teilige Gewindebohrersatz** besteht aus einem **Vor-, Mittel- und Fertigschneider**. Alle drei Gewindebohrer besitzen zum Einführen des Werkzeuges in das Bohrloch einen kegeligen Anschnitt. Hierbei besitzt der Vorschneider den längsten kegeligen Anschnitt. Die Gewindeflanken des Vorschneiders sind flacher ausgeprägt als die der nachfolgenden Werkzeuge. Der Mittel- und Fertigschneider haben jeweils kürzere Anschnittlängen. Das Gewindeprofil nähert sich bis zum Fertigschneider der Endform. Die Spanabnahme wird durch die Verwendung des 3-teiligen Gewindebohrersatzes auf alle Werkzeuge verteilt.

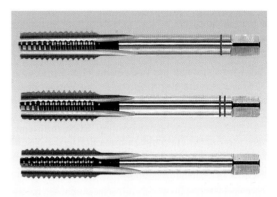

Weiche Werkstoffe (z. B. Aluminium-, Kupfer- oder Zinklegierungen) können mit einem **Innengewindeformer** (Bild 2) bearbeitet werden. Hierbei besitzt das Gewindewerkzeug keine Spannuten, sondern einen unrunden Querschnitt.

1 3-teiliger Gewindebohrersatz

Innengewindeformer werden vorwiegend zur Herstellung von Gewinden in Blechen einsetzt. Der Werkstoff wird hierbei verdichtet, wobei sich die Festigkeit des Gewindes erhöht.

2 Innengewindeformer

Werkzeuge zum Gewindebohren auf der Maschine

Zum Gewindebohren auf der Bohr-, Dreh- oder Fräsmaschine werden **Maschinengewindebohrer** verwendet. Da die Führung des Gewindebohrers durch die Werkzeugmaschine erfolgt, ist ein Vorschneiden und Nachschneiden des Gewindes mit unterschiedlichen Werkzeugen nicht erforderlich. Beim Maschinengewindebohrer wird mit den ersten Gewindeflanken des Bohrers vor- und nachgeschnitten und mit den letzten Gewindeflanken die Gewindebohrung fertiggeschnitten.

Maschinengewindebohrer für Durchgangsgewinde (Bild 3) besitzen einen Schälanschnitt und eine gerade Spannut. Die anfallenden Späne werden hierbei vor dem Gewindebohrer hergeschoben und fallen aus dem Bohrloch nach unten heraus. Der Schälanschnitt sorgt zusätzlich für eine hohe Spanleistung.

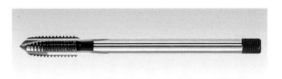

3 Maschinengewindebohrer für Durchgangsgewinde

Maschinengewindebohrer für Grundlochgewinde (Bild 4) sind mit einem Rechtsdrall versehen. Der Span wird hierbei durch den Rechtsdrall aus der Bohrung herausgeführt. Bei kurzspanenden Werkstoffen (z.B. Messing) beträgt der Rechtsdrall des Gewindebohrers 15°. Bei langspanenden Werkstoffen wird ein Drallwinkel von 35° bevorzugt. Während durch den kleinen Drallwinkel von 15° der Span besser nach oben aus der Bohrung herausgedrückt wird, sorgt der große Drallwinkel von 35° für einen guten Spanabfluss der langen Späne.

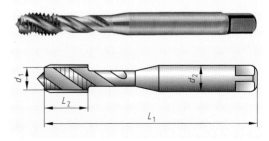

4 Maschinengewindebohrer für Grundlochgewinde

5.4.4 Verfahren des Profilbohrens

Zu den Verfahren des Profilbohrens zählen alle Bohr-, Senk- und Reibverfahren, bei denen eine nicht-zylindrische Bohrung oder Stufenbohrung entsteht. Profilbohrungen können als Vorbohrungen (z.B. Zentrieren) für weitere Bohrverfahren oder als Fertigbohrungen (z.B. Profilsenken) verwendet werden.

Beim Profilbohren wird zwischen drei Verfahren unterschieden:
- Profilbohren ins Volle
- Profilaufbohren
- Profilreiben

Profilbohren ins Volle

Beim Profilbohren ins Volle (Bild 1) entsteht eine nichtzylindrische Bohrung durch die Verwendung eines Werkzeuges. Profilbohrungen können durch **Zentrierbohrer** oder **Stufenbohrer** gefertigt werden. Der Einsatz von **NC-Bohrern** oder **Stufenbohrsenkern** ermöglicht ein gleichzeitiges Bohren und Senken der Profilbohrung mit einem Werkzeug.

Werkzeuge zum Profilbohren ins Volle

Zentrierbohrungen dienen als Vorbohrung, damit ein Verlaufen bei Bearbeitung mit einem nachfolgenden Sprialbohrer vermieden wird. Weiterhin wird die Zentrierbohrung als Führungsbohrung gefertigt. Sie dient hierbei zum Aufnehmen der Spitzen der Arbeitsspindel und des Reitstocks bei Dreh- und Schleifmaschinen. Die Form der Zentrierbohrungen sind genormt. Zentrierbohrungen der Formen A und B besitzen einen zentrierenden kegeligen Teil und einen zylindrischen Teil. Zentrierbohrungen werden je nach Verwendungszweck in drei unterschiedlichen Ausführungen eingesetzt (Bild 2).

Der **Zentrierbohrer** mit der **Form A** wird als Vorbohrer für nachfolgende Spiralbohrer oder als Führungsbohrung für geplante gerade Flächen eingesetzt.

Die Zentrierbohrung **Form B** besitzt gegenüber Form A eine zusätzliche kegelige Schutzsenkung und dient als Führungsbohrung für ungeplante oder unebene Flächen.

Die Zentrierbohrung **Form R** hat eine gewölbte Lauffläche und wird beim Kegeldrehen mit Reitstockverstellung verwendet. Weiterhin wird ein Ausgleich der Formabweichung nach der Wärmebehandlung eines Drehteils ermöglicht. Hierbei können geringe Fluchtfehler beim Schleifen zwischen Spitzen verhindert werden.

Zentrierbohrungen, die am Fertigteil nicht verbleiben dürfen, aber zum Drehen oder Schleifen des Werkstücks notwendig sind, müssen besonders gekennzeichnet werden.

Zylinderbohrungen in unterschiedlichen Abstufungen können in einem Arbeitsgang mit einem **Stufenbohrer** (Bild 3) gefertigt werden. Der Einsatz dieser Sonderwerkzeuge wird besonders in der Serienfertigung genutzt, da die Fertigungszeiten erheblich verkürzt werden.

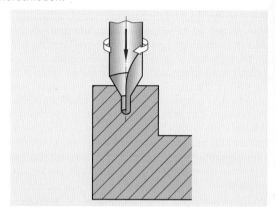

1   **Prinzip des Profilbohrens**

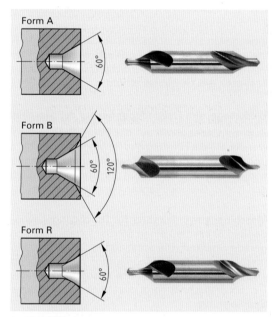

2   **Zentrierbohrer**

Form A

Form B

Form R

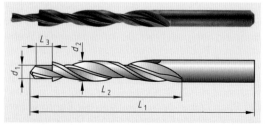

3   **Stufenbohrer**

Ein gleichzeitiges Bohren und Senken ermöglicht der **Stufenbohrsenker** (Bild 1). Hierbei kann direkt mit einem Werkzeug in einem Arbeitshub die zuvor hergestellte Bohrung gesenkt werden.

Mit dem **NC-Anbohrer** wird ein Zentrieren und Ansenken der Bohrung auf CNC-Werkzeugmaschinen durchgeführt (Bild 2). Der NC-Anbohrer besitzt einen Spitzenwinkel von 90°. Der mit dem NC-Anbohrer gebohrte Kegel ist mit seinem Durchmesser an der Oberseite größer als der Durchmesser des nachfolgenden Bohrers.

Der nach dem NC-Anbohrer eingesetzte Spiralbohrer wird durch den eingebrachten Kegel geführt und hinterlässt aufgrund seines kleineren Durchmessers eine Senkung an der Oberseite der Bohrung.

Profilaufbohren

Beim **Profilaufbohren** wird das jeweilige Innenprofil durch Aufbohren einer zuvor hergestellten zylindrischen Bohrung gefertigt (Bild 3). Der Profilaufbohrer, auch Stiftlochbohrer genannt, wird meistens zur Bearbeitung von kegeligen Innenflächen für Kegelstifte eingesetzt.

5.4.5 Verfahren des Profilreibens

Zum Profilreiben wird als Werkzeug die **Kegel-Reibahle** eingesetzt. Die mit unterschiedlichen Kegelgrößen ausgeführten Reibahlen werden zum **Reiben konischer Bohrungen für Kegelstifte** (Bild 4) oder zur **Feinbearbeitung von Morsekegeln** verwendet (Bild 5). Hierbei werden die Kegel-Reibahlen als geradegenutete oder drallgenutete Reibahlen eingesetzt.

Zum **Vorreiben** von konischen Bohrungen sind die Kegel-Schälreibahlen in zwei Ausführungen erhältlich. Die **Kegel-Schälreibahle** (Bild 6) wird zum Vorreiben von Bohrungen für Kegelstifte benutzt.

Die **geradegenutete Reibahle mit Spanbrechern** wird zum Vorreiben für Morsekegel (Bild 7) verwendet. Die Schneiden sind unterbrochen und führen zu einem Spanbruch. Hierdurch wird eine größere Spanabnahme ermöglicht.

Bevor mit dem Profilreiben begonnen werden kann, muss eine zylindrische Vorbohrung in das Werkstück eingebracht werden. Nachfolgend wird je nach Bearbeitungsaufgabe die Reibahle mit Spanbrechern bzw. die Kegelschälreibahle zum Vorreiben benutzt. Zum Fertigreiben wird die drallgenutete Morsekegel-Reibahle oder die geradegenutete Kegel-Reibahle eingesetzt. Hierdurch wird die geforderte Oberflächengüte erreicht. Die Kegelreibahle muss unter allen Umständen zur vorgearbeiteten zylindrischen Bohrung rund laufen, sonst wird der Kegel vorn zu stark aufgeweitet. Deshalb werden das Vorbohren und Reiben in der Regel in einer Aufspannung durchgeführt.

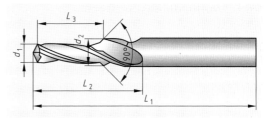

1 Stufenbohrsenker

2 NC-Anbohrer

3 Profilaufbohrer

4 geradegenutete Kegel-Reibahle für Kegelstifte

5 drallgenutete Morsekegel-Reibahle

6 Kegel-Schälreibahle

7 geradegenutete Reibahle mit Spanbrechern

5.4.6 Verfahren des Senkens

Das Senken unterscheidet sich vom Bohren im Wesentlichen dadurch, dass nicht ins volle Material gearbeitet wird, sondern von einer bereits vorgefertigten Bohrung der Randbereich bearbeitet wird. Beim Senken kann in einer vorgebohrten, gegossenen oder gestanzten Bohrung eine ebene, kegelige oder zylindrische Senkung hergestellt werden. Dementsprechend werden beim Senken die Verfahrensvarianten **Profilsenken, Planansenken und Planeinsenken** unterschieden (Übersicht 1).

Übersicht 1: Senken		
Profilbohren	**Plansenken**	
Profilsenken	**Planansenken**	**Planeinsenken**
Herstellung einer kegeligen oder entsprechend profilierten Fläche	Herstellung einer hervorstehenden ebenen Fläche	Herstellung einer zylindrischen Einsenkung mit einer vertieften ebenen Fläche

Schneiden und Winkel am Senker

Die Spanabnahme beim Senken erfolgt durch einschneidige oder mehrschneidige Werkzeuge. Bei mehrschneidigen Senkern wird das Werkzeug besser geführt, da sich die Schnittkraft und die Vorschubkraft auf mehrere Schneiden verteilen. Im Vergleich zum Bohrer hat der Senker einen kleineren Freiwinkel mit einer größeren Freifläche. Diese Geometrie bewirkt ein ratterfreies Arbeiten des Senkers.

Richtwerte für das Senken mit Werkzeugen aus Schnellarbeitsstahl (HSS)

Beim Arbeiten mit Senkern werden in der Regel bessere Ergebnisse erzielt, wenn kleinere Schnittgeschwindigkeiten und höhere Vorschübe als beim Bohren zur Anwendung kommen (Tabelle 1).

Werkstoff	Schnittgeschwindigkeit v_c in m/min	Vorschub f in mm je Umdrehung bei Nenndurchmesser des Senkers in mm							
		5	8	10	12,5	16	25	40	63
Stahl unlegiert bis 700 N/mm²	20...30	0,06	0,08	0,10	0,12	0,14	0,18	0,22	0,30
Stahl unlegiert über 700 N/mm²	16...25	0,04	0,05	0,07	0,08	0,10	0,14	0,18	0,24
Stahl legiert	10...15	manuell	0,04	0,06	0,07	0,08	0,09	0,12	0,17
Grauguss	10...20	0,06	0,08	0,12	0,14	0,17	0,22	0,27	0,27
Kupfer	25...40	0,06	0,09	0,11	0,12	0,14	0,18	0,22	0,27
Messing	30...80	0,09	0,11	0,13	0,15	0,17	0,22	0,28	0,35
Al-Legierung, langspanend	40...80	0,09	0,11	0,14	0,16	0,18	0,22	0,28	0,35
Al-Legierung, kurzspanend	25...40	0,07	0,09	0,11	0,13	0,14	0,18	0,22	0,30
Kunststoff, weich	20...40	0,06	0,08	0,10	0,11	0,14	0,18	0,22	0,30
Kunststoff, hart	12...20	0,05	0,06	0,08	0,09	0,11	0,14	0,18	0,22

Tabelle 1: Schnittgeschwindigkeiten und Vorschübe beim Senken

Profilsenken

Das Fertigungsverfahren **Profilsenken** (Bild 1) wird der Verfahrensgruppe Profilbohren zugeordnet. Hierbei wird in der Regel ein kegeliges Profil in die bereits vorhandene Bohrung angesenkt. Es können aber auch ballige oder entsprechend geformte Profile hergestellt werden.

Kegelige Profilsenkungen werden aus folgenden Gründen gefertigt:

- Entgraten von Bohrungen oder Rohren
- Ansenken einer Bohrung zum Gewindeschneiden
- Anfertigen von Auflageflächen für Schraubenköpfe

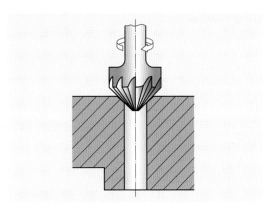

1   **Prinzip des Profilsenkens**

Werkzeuge zum Profilsenken

Zum Entgraten und Ansenken von Bohrungen werden in der Regel **Kegelsenker mit einem Spitzenwinkel von 90°** verwendet (Bild 2). Der Kegelsenker besitzt drei Schneiden und ist mit einem Zylinderschaft oder Morsekegelschaft erhältlich.

2   **Kegelsenker mit einem Spitzenwinkel von 90°**

Je nach Bearbeitungsaufgabe werden auch Kegelsenker mit einem Spitzenwinkel von 60° zum Entgraten, 75° für Nietköpfe oder 120° für Blechnieten eingesetzt (Bild 3).

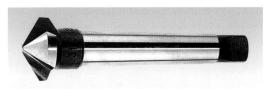

3   **Kegelsenker mit einem Spitzenwinkel von 120°**

Eine besondere Ausführung des Kegelsenkers stellt der **Entgratungssenker** dar (Bild 4). Dieses Werkzeug zeichnet sich besonders durch ein ratterfreies Arbeiten aus und erzeugt eine hohe Oberflächengüte aufgrund der guten Spanabfuhr.

4   **Entgratungssenker**

Zum Herstellen von Auflageflächen für Schraubenköpfe ist der **Kegelsenker mit festem Führungszapfen** (Bild 5) geeignet. Durch den Führungszapfen ist ein zentrischer Sitz der Senkung zur Durchgangsbohrung gewährleistet. Der mit einem Spitzenwinkel von 90° ausgeführte Kegelsenker erzeugt Auflageflächen für Senkschrauben, Linsenschrauben und Gewindeschneidschrauben.

5   **Kegelsenker mit festem Führungszapfen**

Eine Sonderform des Profilsenkers stellt der **Rohrentgrater** dar (Bild 6). Hierbei werden durch einen innenliegenden Kegelsenker die Schnittkanten des Rohrs von innen und durch das äußere Messer von außen gleichzeitig entgratet. Durch eine Verstellschraube wird die Vorschubkraft des inneren Kegelsenkers für verschiedene Rohrdurchmesser eingestellt.

6   **Rohrentgrater**

Planeinsenken

Planeinsenken gehört zur Verfahrensgruppe Plansenken und beschreibt die Herstellung vertiefter ebener Flächen an Durchgangsbohrungen. Beim Planeinsenken werden zylindrische Senkungen mit einer Auflagefläche für den Kopf von Zylinderschrauben hergestellt. Die Größe der zylindrischen Einsenkung ist, je nachdem welche Innensechskantschraube verwendet wird, genormt.

Werkzeuge zum Planeinsenken

Als Werkzeug zum Planeinsenken wird der **Flachsenker** mit einem Spitzenwinkel von 180° eingesetzt (Bild 2). Der genormte Flachsenker hat einen festen Führungsschaft für die Führung des Senkers in der bereits vorgefertigten Durchgangsbohrung und ist mit Zylinderschaft oder Morsekegelschaft erhältlich.

Werden bei der Fertigung von Bauteilen häufig Senkungen für unterschiedliche Zylinderkopfschrauben benötigt, bietet sich der Erwerb eines **Kombi-Flachsenker-Satzes** an (Bild 3). Hierbei werden die Flachsenker auf die jeweils zu benötigenden Führungszapfen geschoben. Die Drehbewegung auf den Flachsenker wird über den Normhalter realisiert.

Planansenken

Planansenken (Bild 4) gehört zur Verfahrensgruppe Plansenken und ist ein Fertigungsverfahren zur Bearbeitung hervorstehender, ebener Flächen. Hierbei können z.B. glatte Auflageflächen für den Kopf von Sechskantschrauben gefertigt werden. Die hervorstehenden Flächen werden direkt bei der Konstruktion von Gusswerkstücken oder Schmiedeteilen eingeplant. Die restliche Fläche bleibt im Rohzustand.

Kühlschmiermittel zum Senken

Zur Vermeidung der Aufbauschneidenbildung muss beim Senken auf eine gute Kühlung geachtet werden und für den jeweiligen Werkstoff der geeignete Kühlschmierstoff ausgewählt werden (Übersicht 1).

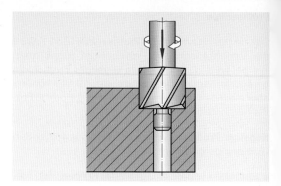

1   **Prinzip des Planeinsenkens**

2   **Flachsenker**

3   **Kombi-Flachsenker-Satz**

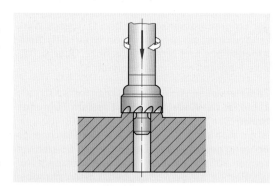

4   **Prinzip des Planansenkens**

Übersicht 1: Kühlschmierstoffe zum Senken			
Werkstoff	Kühlschmierstoff	Werkstoff	Kühlschmierstoff
Stahl, Aluminium-legierungen	Kühlschmieremulsion	zäher Messing, Kupfer	Schneidöl
Grauguss, Magnesium-legierungen	trocken	Duroplaste, Thermoplaste	Druckluft

Vertiefungsaufgaben

Auswahl und Auslegung der Verfahren zum Schraubbohren, Profilbohren und Senken der Stempelführung

Im Kapitel 5.4.2 wurden Vertiefungsaufgaben zur Fertigung der Bohrungen $\varnothing$ 11, $\varnothing$ 10 H7 der **Stempelführung** gestellt (Bild 1). In den nachfolgenden Vertiefungsaufgaben wird die Auswahl und Auslegung der Fertigungsverfahren zur Bearbeitung der Gewindebohrung M10, der Profilsenkungen und der Flachsenkungen gefordert.

Der **Arbeitsplan zur Fertigbearbeitung** der Stempelführung sieht folgende Fertigungsfolge vor:

- Herstellung der Kernlochbohrung für die Gewindebohrung M10
- Ansenken der Kernlochbohrung
- Gewindeschneiden M10
- Ansenken der Bohrung $\varnothing$ 10 H7
- Planeinsenken an der Bohrung $\varnothing$ 11
- Entgraten der noch nicht gesenkten Bohrungen

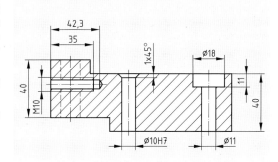

1 **Fertigungszeichnung der Stempelführung**

1 Für den Prototyp der Stempelführung wurde eine weiche Aluminiumlegierung verwendet. Wählen Sie für die Vorbereitung der Gewindebohrung den geeigneten Kernloch-Bohrerdurchmesser aus und kontrollieren Sie die Maßangabe der Gesamttiefe der Grundbohrung.

2 Der Arbeitsplan sieht im zweiten Schritt das Ansenken der Kernlochbohrung für das Gewinde M10 vor. Erklären Sie, warum dieser Fertigungsschritt notwendig ist.

3 Wählen Sie das Werkzeug zum Ansenken der Kernlochbohrung für den Prototypen aus und begründen Sie Ihre Wahl.

4 Begründen Sie, welcher Gewindebohrer bei der weichen Aluminiumlegierung für den Prototypenbau am sinnvollsten ist und geben Sie hierzu eine Alternative für die Serienfertigung der Stempelführung an.

5 Welcher Kühlschmierstoff muss beim Gewindeschneiden des Prototypen eingesetzt werden?

6 In der Serienfertigung steht Ihnen für die Bearbeitung der Stempelführung aus E360 (St 70-2) eine CNC-Fräsmaschine zur Verfügung. Zeigen Sie auf, welche Werkzeuge Sie zum Zentrieren und Senken der Kernlochbohrung für das Gewinde M10 einsetzen. Begründen Sie Ihre Werkzeugwahl.

7 Bestimmen Sie für das Ansenken der Bohrung $\varnothing$ 10 H7 das einzusetzende Werkzeug. Bestimmen Sie für Ihr Senkwerkzeug die Schnittgeschwindigkeit und den einzustellenden Vorschub. Berechnen Sie die Drehzahl des Senkers bei einem Außendurchmesser des Werkzeuges von 15 mm.

8 Beschreiben Sie charakteristische Merkmale des Werkzeuges zum Planeinsenken an der Bohrung $\varnothing$ 11 für die Serienfertigung.

9 Wählen Sie für die noch nicht entgrateten Bohrungen das zu verwendende Werkzeug aus und begründen Sie Ihre Wahl.

5.5 Schleifen

Der Maschinenbau unterliegt heute immer kürzeren Zyklen technischer Veränderungen. Im Fahrzeugbau z.B. steigen die Anforderungen nach höherer Wirtschaftlichkeit und verbesserter Umweltverträglichkeit, nach mehr Sicherheit und Fahrkomfort.

Die Fertigung in gleichem Maße hoch präziser und wirtschaftlich hergestellter Einzelteile nimmt im Maschinen- wie im Fahrzeugbau ständig an Bedeutung zu. Die rasche Anpassung an internationale Marktforderungen wird damit garantiert.

Präzisionsteile für den Motorenbau, die Getriebe- und Fahrwerkstechnik sowie zahlreiche Hilfsaggregate erfordern das Know-how der Schleifbearbeitung, um den hohen Genauigkeitsansprüchen zu entsprechen (Bild 1).

1   Geschliffene Präzisionsteile

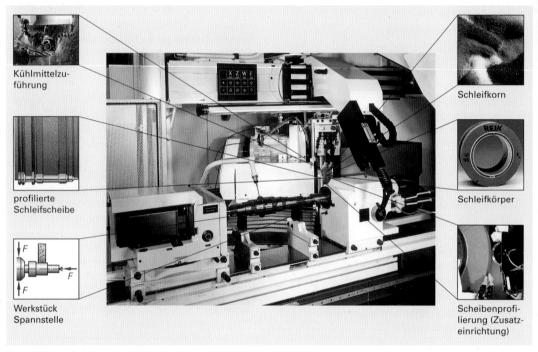

Kühlmittelzuführung

Schleifkorn

profilierte Schleifscheibe

Schleifkörper

Werkstück Spannstelle

Scheibenprofilierung (Zusatzeinrichtung)

2   Schleifbearbeitung einer Schaltgetriebewelle

Wegen der geometrischen Form der Getriebewelle und der Art der verwendeten Schleifscheibe sind mehrere Schleifkörner gleichzeitig im Eingriff. In der Kontaktzone zwischen der Schleifscheibe und dem bearbeiteten Werkstück entstehen dadurch unterschiedliche Spanungsbedingungen. Mit Zusatzbaugruppen und der Verwendung von Hilfsstoffen ergeben sie einen komplexen Schleifvorgang (Bild 2).

Schleifen ist ein spanendes Fertigungsverfahren **mit geometrisch unbestimmten Schneiden**.

Das vielschneidige **Werkzeug** besteht aus einer großen Anzahl **natürlicher** oder **synthetischer gebundener Schleifkörner**. Dabei ist das einzelne Schleifkorn am Umfang der mit **hoher Drehzahl** rotierenden Schleifscheibe **nicht ständig** im Eingriff.

Schleifen kommt besonders zum Einsatz bei der **Bearbeitung von gehärteten Werkstoffen** und bei Werkstücken **mit hohen Ansprüchen** an die **Oberflächengüte** sowie an die **Formgenauigkeit**. Das Ergebnis der Schleifbearbeitung wird durch zahlreiche Einflussfaktoren bestimmt; die wichtigsten sind das Schleifmittel, der Werkstoff, die Bearbeitungsgeschwindigkeit und weitere Zerspanungsgrößen.

5.5.1 Schleifmittel

Wegen der differenzierten Fertigungsaufgaben beim Schleifen ist der Einsatz unterschiedlicher Schleifmittel erforderlich. Ohne größeren technischen Aufbereitungsaufwand kommen die **natürlichen** Schleifmittel **Diamant** und **Schmirgel** zum Einsatz. Hoher Energieaufwand ist bei der Erschmelzung bzw. für den Pressvorgang unter hohem Druck und hoher Temperatur bei der Herstellung **künstlicher** Schleifmittel (**Korunde** – Aluminiumoxide, **Carbide** – Kohlenstoffverbindungen, **Nitride** – Stickstoffverbindungen und **Diamant**) notwendig. Die Kurzbezeichnungen, Härteangaben und typischen Einsatzbeispiele sind aus der Tabelle 1 zu entnehmen.

Tabelle 1: Schleifmittelarten

Zeichen	Schleifmittel		Härte nach		Einsatzgebiete
			Mohs	Knoop-härte	
A	Normalkorund	(Al$_2$O$_3$)	~ 9	18000	mittelzähe bis harte Werkstoffe unter 60 HRC (R_m < 500 N/mm²) wie ungehärteter Stahl, Temperguss
	Edelkorund	(Al$_2$O$_3$)	9,0...9,2	21000	zähharte Stähle über 60 HRC wie Werkzeugstahl; Schleifen und Polieren von Glas
C	Siliciumkarbid	(SiC)	9,5...9,7	24800	Planschleifen von HM, GG, Keramik, NE-Metalle; Tiefschleifen von Stahl, Abrichten, Abziehen
B	Bornitrid	(BN)	—	60000	Präzisionsschleifen von zähharten Stählen wie HSS-Stahl, Warm- und Kaltarbeitsstahl
D	Diamant	(C)	10	70000	Präzisionsschleifen von zähharten und spröden Werkstoffen wie HM, GG, Glas, Keramik, Nimonic

Körnung

Die Größe der Schleifmittelkörner wird durch den Begriff Körnung festgelegt. Die definierten Körnungen **grob, mittel, fein und sehr fein** erhält man durch Siebvorgänge mit verschiedenen Siebgrößen. Die angewendete **Maschenzahl pro 1 Zoll Seitenlänge** wird als Körnungsnummer für die Schleifmittel verwendet. Sehr feine Körnungen müssen jedoch durch spezielle Schlämmverfahren abgetrennt werden. Ausnahmen in der Bezeichnung der Körnung gelten für Bornitride und Diamant. Die **Siebmaschenweite** wird für beide Schleifmittelarten in μm angegeben.

Bezeichnungsbeispiele: (Tabelle 2)

B 320: Bornitrid BN der Körnung **(sehr fein)**

D 80: Diamantschleifkorn der Körnung **(fein)**

C 46: Siliciumkarbid SiC der Körnung **(mittel)**

A 24: Korundschleifkorn Al$_2$O$_3$ der Körnung **(grob)**

Die zu verwendende Körnung ist von der geforderten Rauheit der Werkstücke abhängig. Je komplizierter die Schleifprofile und je kleiner die zu fertigenden Rautiefen sind, umso feiner muss die Körnung der Schleifscheiben sein. Als allgemeine Richtwerte für die Praxis kommt für Schrupparbeiten von gehärteten Stählen eine Körnung von 24/30 in Betracht. Für präzisere Schleifarbeiten z.B. Feinschleifen sind Körnungen von 80/100 anzuwenden (Tabelle 3).

Anwendungskriterien

feines Korn – **Fein- oder Präzisionsschleifen**

grobes Korn – **Schruppschleifen**

Tabelle 2: Körnung nach DIN 69101

Makrokörnungen			Mikrokörnung
grob	mittel	fein	sehr fein
4	30	70	230
5	36	80	240
6	40	90	280
7	46	100	320
8	54	120	360
10	60	150	400
12		180	500
14		220	600
16			800
20			1000
22			1200
24			

Tabelle 3: Verwendung der Körnungen

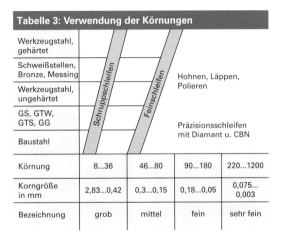

	Schruppschleifen	Feinschleifen		
Werkzeugstahl, gehärtet				
Schweißstellen, Bronze, Messing			Hohnen, Läppen, Polieren	
Werkzeugstahl, ungehärtet				
GS, GTW, GTS, GG			Präzisionsschleifen mit Diamant u. CBN	
Baustahl				
Körnung	8...36	46...80	90...180	220...1200
Korngröße in mm	2,83...0,42	0,3...0,15	0,18...0,05	0,075...0,003
Bezeichnung	grob	mittel	fein	sehr fein

Körnungsarten

Natürliche und künstlich hergestellte Schleifkörner unterscheiden sich in der Kornform. Die **spitzen** oder **blockigen** Körner eignen sich entsprechend ihrer Eigenschaften für spezifische Verwendungszwecke. Für die Bearbeitung von langspanenden Werkstoffen werden Schleifscheiben mit spitzen Körnern vorteilhaft verwendet. Die scharfen Kanten der blockigen Körner sind bei der Bearbeitung von spröden Werkstoffen verschleißfester.

Monokristalline Körner (Einkornkristalle)

Die blockigen Körner besitzen eine hohe Kornfestigkeit. Für die Bearbeitung von harten und spröden Werkstoffen sind sie gut geeignet, z.B. diamantbestückte Trennscheiben.

Polykristalline Körner (Mehrkornkristalle).

Die unregelmäßig aufgebauten Körner besitzen eine vergrößerte zerklüftete Oberfläche. Dadurch entstehen beim Schleifprozess bedeutend mehr kleinere abgetrennte Werkstoffpartikel als bei monokristallinen Schleifkörnern. Die größere raue Kornoberfläche garantiert eine bessere Haftung in der Bindung der Schleifscheiben. Durch den erhöhten Reibungsverschleiß bei der Bearbeitung härterer Werkstoffe ergibt sich eine bessere Kornausnutzung.

Kornummantelung

Dünne metallische oder nichtmetallische Schichten aus Kupfer oder Nickel bzw. Keramiküberzüge als Schleifkornummantelung erhöhen die Kornhaltekraft in der Bindung der Schleifkörper und verbessern gleichzeitig die **Wärmeabfuhr** Q_{ab} aus dem Schleifkörper (Bild 1).

5.5.2 Schleifkörper

Die Zusammensetzung und die geometrische Form der Schleifkörper (Bild 2) richten sich nach den Einsatzbedingungen der betrieblichen Praxis. Alle

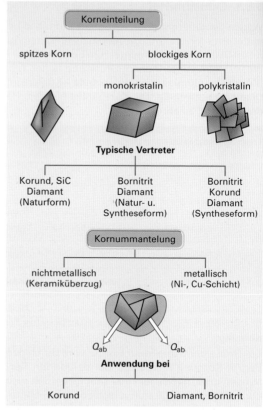

1   **Körnungsarten und Kornummantelung**

charakteristischen Merkmale der Schleifkörper sind durch die DIN-Normung erfasst. Die **Form** und **Abmessung** des Schleifkörpers wird durch die **Werkstückform** bestimmt. Der zu bearbeitende Werkstoff bestimmt das **Schleifmittel**, die **Körnung**, den **Härtegrad**, das **Gefüge** und die **Bindung** (Tabelle 1, S. 261).

Bezeichnungs-beispiel:	Schleifscheibe	DIN 69120 – 1 – A	630 x 80 x 305	A 80 Jot 5 V – 35
	Nummer:	1 2	3	4 5 6 7 8 9
	Angaben:	Form	Abmessung	Schleifmittelangaben

2   **Schleifkörperformen**

Tabelle 1: Klassifikation von Schleifkörpern

Nummer	DIN-Angaben	Inhaltliche Bedeutung des **Bezeichnungsbeispiels** auf S. 250 Allgemeine Angaben
1	DIN 69120 Form 1 ISO Form 1	**Gerade** Schleifscheibe **ohne** Aussparung mit einer stirnseitig bevorzugten Wirkfläche Anwendungsbeispiele: Plan-, Außen- und Innenrund-, Profil-, Trenn- und Werkzeugschleifen

A: stirnseitig gerade Randform

Bezeichnung	A	B	C	D	E	F
Form		65°	45°	60°	60°	60°	

3 — Hauptabmessumg der Schleifscheibe

630 x 80 x 305
D: Außendurchmesser   = 630 mm
T: Schleifscheiben**breite** = 80 mm
H: Bohrungsdurchmesser = 305 mm

4 — Schleifmittelsorte

A: Edelkorund

Schleifmittel	Zeichen	Chem. Zusammensetzung	Härte nach	
			Mohs	Knoop
Schmirgel	SL	$AL_2O_3 + SiO_2 + Fe_2O_3$	8	
Edelkorund	A	AL_2O_3	9	 2080
Silciumkarbid	C	SIC	9,6	2480
Bornitrid	B	BN	—	4700
Diamant	D	C	10	7000

5 — Körnungsangabe

80: fein (= 80 Maschen pro Inch Sieblänge)

Einteilung	Maschen pro Inch Sieblänge
grob	4 5 6 7 8 10 12 14 16 20 22 24
mittel	30 36 46 54 60
fein	70 80 90 100 120 150 180 220
sehr fein	230 240 280 320 360 400 500 600 800 1000 1200

6 — Angabe der Scheibenhärte

Jot: weich – für normales Schleifen

Einteilung	Buchstaben
äußerst weich	A B C D
sehr weich	E F G
weich	H I Jot K
mittel	L M N O
hart	P Q R S
sehr hart	T U V W
äußerst hart	X Y Z

7 — Gefügeangabe

5: mittlere Gefügedichte

Kennziffer:	0 1 2 3 4 5 6 7 8 9 10 11 12 13 14
Gefüge:	geschlossen (dicht) offen (porös)

8 — Bindungsart

V: Keramische Bindung

Bindungsart	Zeichen	Eigenschaften	Anwendung
Keramisch	V	porös, spröde	Feinschleifen
Kunstharz	B	elastisch	Trennschleifen
Metall	M	zäh, druckfest	Profilschleifen
Galvanische Bindung	G	hohe Griffigkeit	Hartmetallinnenschleifen
Gummibindung	R	elastisch	Trennschleifen
Schellackbindung	E	zähelastisch	Formschleifen
Magnesitbindung	Mg	weich	Trockenschleifen

9 — Umfangsgeschwindigkeit (maximaler Wert)

35: Höchstumfangsgeschwindigkeit in **m/s**

Farbkennzeichnung	blau	gelb	rot	grün	grün+blau	grün+gelb	grün+rot
Umfangsgeschwindigkeit v_c max (m/s)	50	63	80	100	125	140	160

Schleifkörper aus gebundenem Schleifmittel (nach DIN 69111 T 1)

Ausgewählte Anwendungsbeispiele (9 8 7 6 5 4 3 2 1)	Form-Nr. (DIN 69100 T 1)	Nennmaße	Bildliche Darstellung (◀ Zeichen für die bevorzugte Wirkfläche)	Untergruppe (Benennung)	Hauptgruppe
9 Handschleifen · 8 Schleifböcke · 7 Werkzeugschleifen · 6 Sägeblattschleifen · 5 Zahnflankenschleifen · 4 Innenrundschleifen · 3 Außenrundschleifen · 2 Trennschleifen · 1 Planschleifen	1	D x T x H Beispiel: 300 x 20 x 127		1.1.1. ohne Aussparung	Gruppe 1.1 Gerade Schleifscheiben
	5	D x T x H – P ... x F ... Beispiel: 508 x 50 x 304,8 – P 390 x F 20		1.1.2. einseitig ausgespart	
	7	D x T x H – P ... x F/G ... Beispiel: 760 x 100 x 304,8 – P 410 x F 30/G 30		1.1.3. zweiseitig ausgespart	
	38	D/J x T/U x H Beispiel: 610/390 x 32/20 x 304,8		1.1.4. einseitig abgesetzt	
	39	D/J x T/U x H Beispiel: 610/390 x 32/20 x 304,8		1.1.5. zweiseitig abgesetzt	
	3	D/J ... x T/U ... x H Beispiel: 300/J 100 x 32/U 4 x 76,2		1.2.1. einseitig konisch	Gruppe 1.2 Konische und verjüngte Schleifscheiben
	4	D ... x T ... x H Beispiel: 150 x 25 x 20		1.2.2. zweiseitig konisch	
	20	D/K ... x T/N ... x H Beispiel: 508/K 400 x 50/N 5 x 304,8		1.2.3. einseitig verjüngt	
	21	D/K ... x T/N ... x H Beispiel: 508/K 400 x 50/N 5 x 304,8		1.2.4. zweiseitig verjüngt	
	26	D x T/N ... x H – P ... x F ... /G ... Beispiel: 508 x 80/N 5 x 304,8 – P 390 x F 10/G 5		1.2.5. zweiseitig ausgespart und zweiseitig verjüngt	

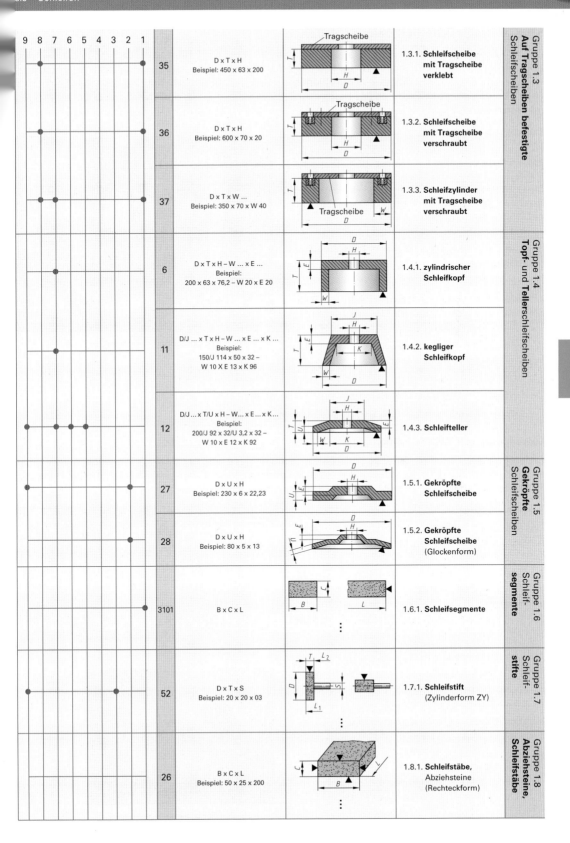

9 8 7 6 5 4 3 2 1	Nr.	Abmessung	Bild	Bezeichnung	Gruppe
8, 2	35	D x T x H Beispiel: 450 x 63 x 200	Tragscheibe	**1.3.1. Schleifscheibe** mit Tragscheibe verklebt	Gruppe 1.3 **Auf Tragscheiben befestigte** Schleifscheiben
8, 2	36	D x T x H Beispiel: 600 x 70 x 20	Tragscheibe	**1.3.2. Schleifscheibe** mit Tragscheibe verschraubt	
8, 7, 2	37	D x T x W ... Beispiel: 350 x 70 x W 40	Tragscheibe	**1.3.3. Schleifzylinder** mit Tragscheibe verschraubt	
7	6	D x T x H – W ... x E ... Beispiel: 200 x 63 x 76,2 – W 20 x E 20		**1.4.1. zylindrischer** Schleifkopf	Gruppe 1.4 **Topf- und Tellerschleifscheiben**
6	11	D/J ... x T x H – W ... x E ... x K ... Beispiel: 150/J 114 x 50 x 32 – W 10 X E 13 x K 96		**1.4.2. kegliger** Schleifkopf	
9, 6, 5, 4	12	D/J ... x T/U x H – W... x E ... x K ... Beispiel: 200/J 92 x 32/U 3,2 x 32 – W 10 x E 12 x K 92		**1.4.3. Schleifteller**	
8, 3	27	D x U x H Beispiel: 230 x 6 x 22,23		**1.5.1. Gekröpfte** Schleifscheibe	Gruppe 1.5 **Gekröpfte** Schleifscheiben
3	28	D x U x H Beispiel: 80 x 5 x 13		**1.5.2. Gekröpfte** Schleifscheibe (Glockenform)	
2	3101	B x C x L		**1.6.1. Schleifsegmente**	Gruppe 1.6 **Schleif-segmente**
9, 3	52	D x T x S Beispiel: 20 x 20 x 03		**1.7.1. Schleifstift** (Zylinderform ZY)	Gruppe 1.7 **Schleif-stifte**
	26	B x C x L Beispiel: 50 x 25 x 200		**1.8.1. Schleifstäbe,** Abziehsteine (Rechteckform)	Gruppe 1.8 **Abziehsteine, Schleifstäbe**

5.5.3 Betriebssicherheit beim Schleifen

Die im Vergleich zu vielen anderen spanabhebenden Fertigungsverfahren höheren Schnittgeschwindigkeitswerte (v_c **bis 100 m/s**) erfordern wegen der erheblichen Unfallgefahren verschärfte Arbeitsschutzvorschriften. Durch die Einhaltung der verbindlichen **U**nfall**v**erhütungs**v**orschriften **UVV** der Eisen- und Metall-Berufsgenossenschaft und des Deutschen Schleifscheibenausschusses können die Unfallgefahren minimiert werden.

Transport und Lagerung

> Die unterschiedlichen Fertigungsaufgaben beim Schleifen verlangen sprödes bis elastisches Arbeitsverhalten der Schleifkörper.

Ausschlaggebend für das Verhalten der Schleifkörper ist das Bindemittel.

Dünne Schleifkörper (elastisch gebunden) müssen **liegend** und mit entsprechenden **Zwischenlagen** gelagert werden.

(Stapelhöhe = Außendurchmesser)

Ab **Außendurchmesser 300 mm** erfolgen der Transport und die Lagerung **stehend** in entsprechenden Gestellen (Bruchgefahr!) (Bild 1).

Aufgeflanschte und **ausgewuchtete** Schleifscheiben sind **hängend** aufzubewahren (Unwucht).

1   Sachgemäß gelagerte Schleifscheibe

- Schleifkörper dürfen **nicht** in **feuchten Räumen** aufbewahrt werden!
- Größere Temperatur**schwankungen** sind zu **vermeiden!**
- **Chemisch aggressive Stoffe** sind **fernzuhalten!**

Überprüfung von Schleifscheiben

Die vorhandene Sprödigkeit der Schleifscheiben, vor allem die der keramisch gebundenen, machen diese sehr stoßempfindlich. Beschädigungen durch unsachgemäße Herstellung, Transport oder Lagerung führen unweigerlich zur Zerstörung der Schleifscheiben.

Akustische Härteprüfung

Das akustische Prüfverfahren ermöglicht die **zerstörungsfreie Härtemessung** keramisch gebundener Schleifscheiben (Bild 2).

Dabei wird die **Eigenfrequenz** des Schleifkörpers ermittelt, die von dessen Geometrie und der Schallgeschwindigkeit in der Schleifscheibe bestimmt wird.

Die Schallgeschwindigkeit ist ein Maß für die Härte der Schleifscheibe (je höher, desto härter!).

2   Härteprüfung einer Schleifscheibe

Aufspannen von Schleifscheiben

Die Form des Schleifkörpers und die auszuführende Fertigungsaufgabe bestimmen die Aufnahme bzw. Befestigung der Schleifscheiben.

Für die Befestigung mit Flanschen gilt:

- Spindeldurchmesser = Bohrungsdurchmesser H
- Flanschwerkstoff: Stahl/Guss
- Flanschdurchmesser = $1/3 \cdot D$ (Scheibenaußendurchmesser mit Schutzhaube)
- Zwischenlagen aus elastischem Material

(Flächenpressung) aus Gummi oder Leder (Bild 3).

Durchmesserunterschied

Schleifscheibe

Flansch

Elastische Zwischenlage

3   Aufgeflanschte Schleifscheiben

Auswuchten von Schleifscheiben

Die **Arbeitssicherheit** und die hohen Ansprüche an die **zu erreichenden Schleifqualitäten** (Lauf- und Ebenheitstoleranzen bis $t = 1$ µm und die Oberflächenrauheit bis zu Rz 0,1 µm) erfordern **vor Arbeitsbeginn** das Auswuchten der Schleifscheiben. Eine vorhandene **Unwucht von Schleifscheiben** führt bei steigenden Drehzahlen zu stark anwachsenden Fliehkräften, die folgende z.T. gefährliche Auswirkungen nach sich ziehen:

- Unkontrollierbare **Rauheitszunahme** der geschliffenen Werkstückoberflächen.
- Erhöhte Beanspruchung durch Schwingungen führt zum **Verschleiß der Schleifspindelführung!**
- **Zerplatzen der Schleifscheiben – Unfallgefahr!**

Auswuchtverfahren

- **Statisches** Auswuchten

Die aufgespannten Schleifkörper (d.h. mit Welle und Flansch) werden zunächst **ruhend** auf die Auswuchtwaage gelegt. Die vorhandene Unwucht erzeugt ein Drehmoment und dadurch ein **Abrollen** der auszuwuchtenden Schleifscheibe. Ein entsprechendes Verschieben von Ausgleichsmassen in den vorhandenen Ringnuten erzeugt ein Kräfte- bzw. Drehmomentengleichgewicht.

Die **ausgewuchteten** Schleifscheiben verharren in jeder Position **in Ruhe** (Bild 1).

1 **Statisches Auswuchten**

Stillstand der Schleifscheibe

- **Dynamisches** Auswuchten

Schnelllaufende, größere Scheiben **(T > 1/6 · D)** müssen dynamisch mit festgelegten Drehzahlen (Herstellerdaten) ausgewuchtet werden.

Dazu sind die Schleifscheiben bereits auf der Schleifspindel montiert.

Als Zusatzeinrichtungen gehören dynamische Auswuchteinrichtungen zum Lieferprogramm von Schleifmaschinenherstellern (Bild 2).

n_{Wkz}

2 **Dynamisches Auswuchten**

Abrichten von Schleifscheiben

Den Besonderheiten des spanabhebenden Werkzeugs (Schleifscheibe) muss vor Arbeitsbeginn und oftmals zwischenzeitlich durch aufgabenspezifische Abrichtvorgänge Rechnung getragen werden.

Die Hauptaufgaben des Abrichtens sind:
- **Rundlaufoptimierung** neu aufgespannter Schleifscheiben
- **Profilierung** der Schleifscheiben entsprechend der Arbeitsaufgabe
- **Wiederherstellung** der ursprünglichen Schneidfähigkeit – Schärfen

Abrichten am Schleifbock

Stark verschlissene Schleifscheiben an Schleifböcken werden hauptsächlich von Hand mittels **Abrichtsteinen** oder **Stahlwellenrädern** relativ genau, dem Verwendungszweck entsprechend z.B. Scharfschleifen von Spiralbohrern, abgerichtet. Dabei werden durch das Abtragen der Bindung bzw. eine Zertrümmerung verschlissener Körner neue schneidfähige Körner an der Schleifscheibenoberfläche freigelegt (Bild 3).

3 **Abrichtvorgang am Schleifbock**

Abrichten von Schleifscheiben in Schleifmaschinen

Spezielle Fertigungsaufgaben, z. B. die Herstellung von Wasserpumpenwellen, Schleifbearbeitung von Ventilen und Getriebewellen usw., erfordern wesentlich genauere Abrichtergebnisse bzgl. des Rundlaufs und des Schleifscheibenprofils, als durch einfaches Abrichten (siehe S. 265) möglich sind.

Einzelkornabrichter

Das sind einzeln gefasste Diamanten (bis 2,5 Karat), die ca. $^2/_3$ ... $^3/_4$ ihrer Größe in ein Lot eingebettet sind.

Der günstigste Eingriffsbereich der Diamantspitze liegt ab Scheibenmitte bis geringfügig versetzt bis 3 mm unter ca. 10° Neigung in Drehrichtung.

Dadurch entsteht ein **ziehender Abrichtvorgang.** Aus Sicherheitsgründen dürfen folgende **Abrichtwerte** nicht überschritten werden:

> **Zustellung: 0,03 mm ... 0,05 mm**
> **bei 0,01 mm ... 0,02 mm**
> **Vorschub je Scheibenumdrehung**

Anschließendes 2 ... 3-maliges Abrichten ohne Zustellung mit unterschiedlichem Vorschub über die Scheibenbreite erzielt wesentlich bessere Werkstückrauheiten.

Vielkornabrichter

Sie bestehen aus zahlreichen kleinkarätigen Diamanten (kleiner 0,1 Karat), die schichtweise in ein Metall eingebettet sind. Der Abrichtprozess verteilt sich dadurch gleichzeitig auf mehrere Schneiden.

Das Abrichtwerkzeug wirkt immer **mittig und senkrecht** auf die Schleifscheibe (Bild 1).

Teilkornabrichter

Sie bestehen aus zahllosen kleinsten Diamantsplittern, die in ein Grundmetall eingesintert sind.

Der Abrichtvorgang entspricht dem des Vielkornabrichters (Bild 2).

Profilieren

Für komplizierte Fertigungsaufgaben, z.B. Gewindeschleifen, erhält die Schleifscheibe durch **Profilierung** (Abdrehen) die Negativform des Werkstücks.

Mit diamantbestückten Abrichtrollen profilierte Schleifscheiben erreichen sehr gute Werkstückgenauigkeiten.

Der Antrieb erfolgt über die Rolle, die die Schleifscheibe mit einer Anpresskraft bis **1000 N/mm** Scheibenbreite im Gegenlauf bewegt. Die Geschwindigkeitsverhältnisse verhalten sich

> $v_{Rolle} : v_{Scheibe} \approx 1{:}5$

Die Abrichtzeit ist vom Durchmesser der Schleifscheiben abhängig, liegt jedoch in der Regel zwischen 0,05 Minuten ... 0,15 Minuten (Bild 3).

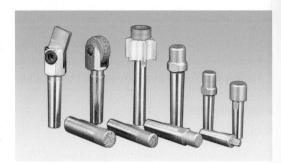

1 Vielkornabrichter

2 Abrichtwerkzeuge

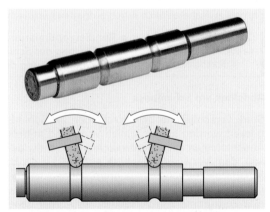

3 **Profilierte Schleifscheibe für die Herstellung von Wasserpumpenwellen im Einstechschleifverfahren**

Werkstückspannung beim Schleifen

Die anzuwendenden Werkstückaufnahmen bzw. Werkstückspanner sind beim Schleifen sehr sorgfältig entsprechend der Fertigungsaufnahme und des Schleifverfahrens auszuwählen.

Im Gegensatz zum Spannen z.B. bei Dreh- oder Fräsarbeiten kommt es beim Schleifen auf eine exakte Lagebestimmung, d.h. **Positionierung der Werkstücke zur Schleifscheibe mit kleinen Spannkräften**, an. Folgende Anforderungen müssen erfüllt werden:

- Exakte und eindeutige **Positionierung** der Werkstücke zum Werkzeug
- Aufnahme und Weiterleitung der **Spannkräfte**
- **Deformationsfreies** Spannen der Werkstücke
- **Schneller, einfacher,** aber **sicherer** Werkstückwechsel
- **Unfallfreie** und **bedienungsfreundliche** Handhabung

> Werkstückaufnahmen und -spannmittel sind **fertigungsbezogen auszuwählen**, **vorschriftsmäßig zu bedienen** und **sorgfältig zu warten!**

Werkstückspannung beim Flachschleifen (Planspannung)

Unterschiedliche Fertigungsaufgaben bei der planparallelen Bearbeitung von verschiedenen Werkstücken (Größe, Form, Menge usw.) erfordern spezielle Spannmittel.

Spannschrauben, Spanneisen und **Nutensteine** werden für einfache Zwecke oder in Verbindung mit weiteren Spannmitteln auf dem Tisch von **Flachschleifmaschinen** verwendet.

Universell einsetzbar sind **Maschinenschraubstöcke**, besonders bei der Bearbeitung von Werkstücken mit kleinen Auflageflächen, Nichteisenmetallen und bei der Herstellung bestimmter Winkelflächen (Sinusschraubstock).

Schleifvorrichtungen werden verwendet bei der Bearbeitung größerer Stückzahlen mit gleichen Werkstückformen.

Zur Grundausstattung von Flachschleifmaschinen gehören **elektro- oder permanentmagnetische Spannplatten** (Bild 1).

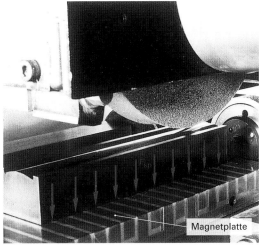

1 **Werkstückspannung beim Flachschleifen**

Werkstückspannung beim Rundschleifen

Bei der Bearbeitung rotationssymmetrischer Werkstücke erfordern die unterschiedlichen Fertigungsaufgaben noch stärker differenzierte Werkstückführungs- bzw. -spanneinrichtungen im Vergleich zum Flachschleifen (Bild 2).

Die anzuwendenden Werkstückführungen oder -spanner unterscheiden sich grundsätzlich z.B. beim Längs-Umfangs-Schleifen zwischen Spitzen, Quer-Umfangs-Innenschleifen im Futter und dem spitzenlosen Durchgangsschleifen mit Führungsschiene.

2 **Spannprinzip beim Rundschleifen**

Außenrundschleifen

Zum Führen und zur zentrischen Lagebestimmung der zu bearbeitenden Werkstücke kommen **feststehende Zentrierspitzen** zum Einsatz. Der verwendete Werkstoff (Werkzeugstahl/HM), die geschliffenen Zentrierspitzenschäfte mit der Morsekegelreihe MK 1 ... MK 6 und der Spitzenwinkel von 60° sind die wesentlichsten Merkmale.

Einsatzhülsen dienen der wahlweisen Reduzierung auf einen kleineren Morsekegel der Werkstückspindel bzw. der Reitstockpinole.

Schleifmitnehmer gehören in abgestuften Größen zum Normalzubehör einer Rundschleifmaschine. Sie dienen der Übertragung des Drehmoments auf das Werkstück. Schleifdorne werden eingesetzt zum exakten Zentrieren und Spannen von vorgearbeiteten Werkstücken mit Durchgangsbohrungen. Feste und verstellbare Schleifdorne unterscheiden sich in unterschiedlichen Spannkegelverhältnissen.

Spannzangen sind als selbstzentrierende, radialspannende Schnellspanneinrichtung vor allem für runde Werkstücke einsetzbar.

Setzstöcke als Zweipunkt-, Dreipunktausführung oder in geschlossener Form verhindern die werkstückbedingte Durchbiegung langer, dünner Wellen durch den Schleifdruck der Schleifscheibe (Bild 1).

Werkstückführung beim Spitzenlosschleifen

Die entsprechend positionierte Führungsschiene übernimmt mit der Regel- und Schleifscheibe die Werkstückführung beim spitzenlosen Außenschleifen. Ebenfalls eine Dreipunktführung wird durch die Druck- bzw. Stützrolle und durch eine Regelscheibe beim futterlosen Innenrundschleifen garantiert. Die Regelrolle überträgt die Drehzahl n_r, um das gewünschte q-Verhältnis zu erreichen. Die zu bearbeitenden Werkstücke können quer- und längsgeschliffen werden (Bild 2).

Innenrundschleifen

Mehrbackenfutter als universelle Spannmittel eignen sich für die Bearbeitung von Einzelteilen und Kleinserien. Für größere Stückzahlen mit gleichen Werkstückdurchmessern werden vorteilhaft die radialspannenden selbstzentrierenden **Gleitbackenfutter** verwendet. **Stirnbackenfutter** mit Außen- und Innenzentrierung werden für vor- oder fertiggearbeitete Werkstücke, die durch radiales Spannen verformt würden, verwendet. Die Werkstückspannung erfolgt stirnseitig und zentrisch in vorgearbeiteten Bohrungen. **Aufspannbacken** finden Anwendung beim Schleifen von großen, unregelmäßig geformten Werkstücken, die mittels Zentrierdornen ausgerichtet werden (Bild 3).

Werkstückspannung beim Profilschleifen

Im Wesentlichen kommen für das Profilschleifen aufgrund der Werkstückformen die gleichen Führungs- und Spannelemente in Betracht, die für die Außenrund-, Innenrund- und Planbearbeitung verwendet werden. Die komplizierten Relativbewegungen und die Werkstückform müssen bei der Spannmittelwahl beachtet werden.

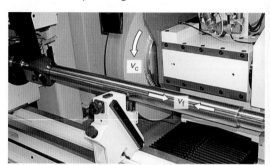

1   Außenrundschleifen einer Kolbenstange

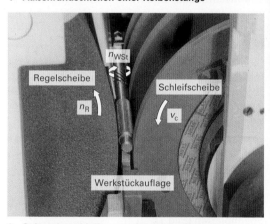

2   Spitzenlosschleifen von Getriebewellen

3   Innenrundschleifen von Laufringen

Werkstückspannung beim Werkzeugschleifen (Scharfschleifen)

An verschlissenen einfachen Werkzeugen (Drehmeißel) kann bei entsprechender Erfahrung die erforderliche Schneidengoemetrie am Schleifbock hergestellt werden. Dabei muss mit großer Sorgfalt gearbeitet werden, da in der Regel das zu schleifende Werkzeug mit der Hand **geführt** und **gehalten** wird. Komplizierte und genaue Werkzeuganschliffe (Spezialanschliffe an Spiralbohrern oder Werkzeuge für die CNC-Bearbeitung) müssen auf gesonderten Scharfschleifmaschinen durchgeführt werden. Diese Schleifarbeiten sind mit dem Profilschleifen zu vergleichen.

Arbeits- und Umweltschutz beim Schleifen

Für die Vorbereitung und Durchführung der unterschiedlichsten Schleifarbeiten sind für die Gewährleistung einer hohen Arbeitssicherheit **eindeutige Arbeitsregeln** erlassen worden. Die **Unfallverhütungsvorschriften UVV** der Berufsgenossenschaft Eisen und Metall und des **DSA** (**D**eutscher **S**chleifscheibenausschuss) **sind verbindliche Vorschriften.** Schuldhafte Verstöße gegen die Vorschriften der UVV können zivil- und strafrechtlich geahndet werden.

Unfallverhütungsvorschriften

- **Schleifkörper** dürfen nur von einem **bestimmten Personenkreis aufgespannt** werden. (nachweisliche Qualifikation muss vorhanden sein!)

- Eine **Klangprobe** ist **vor** jedem **Aufspannen** durchzuführen.
  Die Schleifkörper sind dabei in der Bohrung freihängend leicht anzuschlagen.

- **Schadlose Schleifscheiben** ergeben einen **klaren Klang. Klirren und Nebengeräusche** deuten auf **schadhafte** Schleifkörper, die **sofort zerschlagen** werden müssen.

- Die Schleifscheiben müssen sich **zwanglos** auf die Spindel schieben lassen.

- Die Schleifscheiben müssen **zwischen Flanschen** gespannt werden.

- Der **Mindestdurchmesser** der Flansche ist wie folgt festgelegt:
  - **1/3 D** mit Schutzhaube
  - **1/2 D** bei konischen Scheiben
  - **2/3 D** ohne Schutzhaube und gerade Scheiben

- Schleifscheiben dürfen **nicht auf Biegung** beansprucht werden, deshalb sind gleichgroße und gleichgeformte Flansche mit **elastischen Zwischenlagen** aus Gummi, Filz usw. zu verwenden.

- Jede **Neuaufspannung** der Schleifkörper macht einen **Probelauf** zwingend notwendig (5 Minuten mit der höchstzulässigen Drehzahl) – Gefahrenbereich absichern.

- **Schutzhauben** müssen aus **zähen Materialien** bestehen und der Schleifscheibenabnutzung entsprechend **nachstellbar** sein. Beim Schleifen sind **Schutzbrillen** zu tragen.

- Die angegebene **maximale Schnittgeschwindigkeit** v_c **(m/s)** darf **nicht überschritten** werden.

Praktizierter Arbeitsschutz und Umweltschutz:

Durch die moderne Gestaltung der Schleifmaschinen können die beim Fertigungsprozess unvermeidlichen verfahrensspezifischen Nebenerscheinungen minimiert werden. Durch die komplette Vollumhausung des Arbeitsraumes wird der ungehinderte Austritt der Schleifemulsion verhindert, die Arbeitsgeräusche werden auf ein erträgliches Maß gedämpft und die Festigkeit der verwendeten Materialien gewährleistet eine höhere Sicherheit, z.B. beim Schleifscheibenbruch (Bild 1).

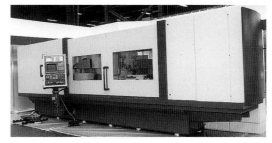

1 Arbeitsschutz- und umweltgerecht konzipierte Rundschleifmaschine

5.5.4 Systematik der Schleifverfahren

Die Einteilung der **Schleifverfahren mit rotierendem Werkzeug** mit der Gliederung nach DIN 8589 Teil 11 (1984 – 01) wird durch die **Werkstückform** (4. Stelle der Ordnungsnummer), durch die **Lage der Schleifscheibe zum Werkstück** (5. und 6. Stelle der Ordnungsnummer) und durch die **Vorschubbewegung** (7. Stelle der Ordnungsnummer) getroffen.

4. Stelle der Ordnungsnummer

... 1	... 2	... 3
Planschleifen	Rundschleifen	Schraubschleifen
... 4	... 5	... 6
Wälzschleifen	Profilschleifen	Formschleifen

5. Stelle der Ordnungsnummer

... 1	... 2
Außenschleifen	Innenschleifen

6. Stelle der Ordnungsnummer

...... 1	 2
Umfangsschleifen	Seitenschleifen

7. Stelle der Ordnungsnummer

...... 1	 2	 3
Längsschleifen	Querschleifen	Schrägschleifen
...... 4	 5	 6
Freiformschleifen	Nachformschleifen	kinematisch Formschleifen
......7	 8	 9
NC-Formschleifen	kontinuierliches Wälzschleifen	diskontinuierliches Wälzschleifen

Übersicht der wichtigsten Schleifverfahren und ihrer Stellgrößen

	Planschleifen	Drehschleifen	Außenrundschleifen	Innenrundschleifen
Umfang-Querschleifen				
Umfang-Längsschleifen				
Seiten-Querschleifen				
Seiten-Längsschleifen				

Zeichenerklärung: a_p Schnittbreite bzw. -tiefe, a_e Arbeitseingriff, v_c Schnittgeschwindigkeit v_w Werkstückgeschwindigkeit ⇐ kontinuierlich ⇐ diskontinuierlich v_f Vorschubgeschwindigkeit

5.5.5 Zerspanungsvorgang und Zerspanungsgrößen

Schneidengeometrie

Schneidenform: Entsprechend der Einordnung der Schleifverfahren in die Gruppe der Fertigungsverfahren **Spanen mit geometrisch unbestimmten Schneiden** (DIN 8580) ergeben sich folgende Aussagen:

> Bei Schleifwerkzeugen sind die Anzahl der **Schneiden**, die **Geometrie des Schneidkeils** und die **Lage der Schneiden zu den Werkstückflächen unbestimmt!**

Für den Schleifvorgang günstige Schneidenformen, d.h. das Größenverhältnis zwischen der Korngröße und dem Spitzenradius, erfüllen die Bedingungen:

- **negativer Spanwinkel** γ (– 80° ... – 60°)
- **Verhältnis** Korngröße: Spitzenradius 1/12 ...1/15

Diese Vorgaben sind für **künstliche** und **natürliche** **Schleifmittel** anzustreben.

Für einen anschaulichen Vergleich zwischen einem Schneidkeil mit einer definierten Schneidengeometrie und der Schneidenform beim Schleifen ermittelt man mit statistischen Verfahren ein **mittleres Schneidenprofil** durch Abtasten der Schleifkörperoberfläche. Die Schneidenform (Schneidkeil) wird vorrangig durch den **Freiwinkel** α und den **negativen Spanwinkel** γ definiert (Bild 1).

Die **Verschleißfläche** A_{VK} ist mit der Freifläche am Drehmeißel vergleichbar.

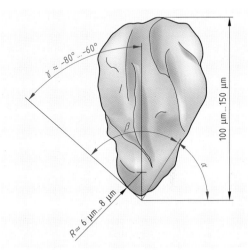

1   Form und Schneidengeometrie eines idealen Schleifkorns

Schneideneingriff

Die Bewegungsverhältnisse, Einstellwerte und die Scheidenform unterscheiden sich grundsätzlich von den Fertigungsverfahren mit geometrisch bestimmten Schneiden.

Die Spanabnahme ist gekennzeichnet durch:

- **Elastische** Werkstoffverformung beim Kontakt zwischen Schleifkorn und Werkstoffoberfläche.
- **Plastische** Werkstoffverformung mit zunehmender Eindringtiefe der Körner (Werkstoffstauchung).
- **Werkstofftrennung** in der Scherebene (Späne).
- Gleichzeitige **Werkstoffverfestigung** in seitlicher und radialer Richtung (Bild 2).

Diese Vorgänge überlagern sich mehrfach und führen somit zu einer kontinuierlichen Spanabnahme.

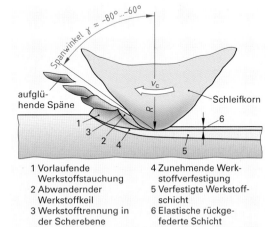

1 Vorlaufende Werkstoffstauchung
2 Abwandernder Werkstoffkeil
3 Werkstofftrennung in der Scherebene
4 Zunehmende Werkstoffverfestigung
5 Verfestigte Werkstoffschicht
6 Elastische rückgefederte Schicht

2   Schneideneingriff

Bei allen Schleifverfahren erfolgt der Werkstoffabtrag durch ein **vielschneidiges Werkzeug**. Die einzelnen gebundenen Körner mit ihrer unterschiedlichen Form und Lage und sich dadurch ständig ändernden Winkeln zum Werkstück erzeugen **unterschiedlichste Zerspanungsvorgänge**.

Die Spanbildung ist mit den allgemeinen Grundlagen der Zerspanungstheorie (Freiwinkel α, Keilwinkel β und negativer Spanwinkel $\gamma \approx -80°$ ... $-60°$) der einzelnen Körner der Schleifscheibe erklärbar (Bild 1).

Spanbildung

Die **Zustellung** a_e und die **Relativbewegung** zwischen Werkstück und Werkzeug sowie die Schleifkornabstände sind die Ursachen für die Entstehung **minimaler kommaförmiger Späne** (Bild 1).

Durch die Abtrennung von kontinuierlich entstehenden, zahlreichen Spanquerschnitten **AEE'** entsteht beim Schleifen zylindrischer Werkstücke allmählich ein Polygon als Werkstückquerschnitt.

Das entstehende Polygon besitzt umso mehr Ecken (Annäherung an die ideale Kreisform), je größer die Schnittgeschwindigkeit v_c im Verhältnis zur Werkstückgeschwindigkeit v_w ist. Die Schnittgeschwindigkeit v_c ist durch die Schleifscheibenstruktur begrenzt. Die farbliche Markierung der Schleifscheiben nach den Richtlinien des DSA und den Unfallverhütungsvorschriften kennzeichnen die zugelassenen maximalen Schnittgeschwindigkeitswerte.

Das Geschwindigkeitsverhältnis

$$q = \frac{v_c}{v_w}$$

lässt sich am besten durch die Wahl der Werkstückgeschwindigkeit v_w erreichen (Tabelle 1).

Darüber hinaus beeinflussen das Schleifverfahren, die Schleifart (Schruppen/Schlichten), der zu bearbeitende Werkstoff sowie das Gefüge, die Härte und die Körnung der Schleifscheibe das Geschwindigkeitsverhältnis q (Tabelle1).

Die möglichst stufenlose Einstellung der Werkstückdrehzahl n_w ist berechenbar aus den Einflussgrößen.

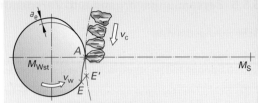

	– Werkstückgeschwindigkeit
v_w	– Werkstückgeschwindigkeit
v_c	– Schnittgeschwindigkeit
a_e	– Zustellung
M_{Wst}/M_S	– Werkstück/Werkzeug-Mittelpunkte
AEE'	– stark vergrößert dargestellte theoretische **Spanform**
A	– Anfang der Spanabnahme durch ein Korn
E	– Ende der Spanabnahme durch ein Korn
AE	– Werkstück-Istoberfläche (Polygon)
EE'	– entspricht dem Zahnvorschub f_z

1   Spanbildung beim Schleifen

Tabelle 1: Geschwindigkeitsverhältnis „q" (herkömmliches Schleifen)				
	Planschleifen		Rundschleifen	
Werkstoff	Umfangsschleifen	Seitenschleifen	außen	innen
Stahl	80	50	125	80
Gusseisen	65	40	100	65
Cu, Cu-Leg.	50	30	80	50
Leichtmetall	30	20	50	30

$$n_w = \frac{D \cdot n_1}{d \cdot q} \ (1/min)$$

D	– Schleifscheibendurchmesser (mm)
n_1	– Schleifscheibendrehzahl (1/min)
d	– Werkstückdurchmesser (mm)
q	– Geschwindigkeitsverhältnis

Hinweise für die praktische Arbeit:

- Eine **größere Geschwindigkeitsverhältniszahl** q ergibt eine **bessere Werkstückoberfläche.**
- Das **Zerspanvolumen nimmt** dabei **ab**, d.h. die Schleifbearbeitungszeit wird größer.
- **Brandflecke sind** durch die intensiveren Werkstück-Werkzeug-Kontakte **möglich.**

Der **Zahnvorschub** „f_z" wird aus dem Vorschubweg und der Summe der Schleifvorgänge je Werkstückumdrehung berechnet.

$$f_z = \frac{\pi \cdot d}{\pi \cdot q \cdot d / \lambda_{ke}} = \frac{\lambda_{ke}}{q} \ (mm)$$

d	– Werkstückdurchmesser (mm)
q	– Geschwindigkeitsverhältniszahl
λ_{ke}	– Effektiver Kornabstand (mm)

Der **Längsvorschub** „f" richtet sich nach dem zu schleifenden Werkstoff, der Schleifbreite, vorrangig aber nach der Schleifart.

$f = 1/4 ... 1/2\ T$ **(mm) für Schlichten**
$f = 2/3 ... 3/4\ T$ **(mm) für Schruppen**

T Schleifscheibenbreite (mm)

Die Maßhaltigkeit und die geometrische Werkstückform bearbeiteter Werkstücke kann durch ein zusätzliches Überschleifen ohne Zustellung – **Ausfeuern** – wesentlich verbessert werden.

Ausfeuerungshubzahlen der Praxis:

Werkstücke mit **IT 5**	**5 Ausfeuerungshübe**
Werkstücke mit **IT 6**	**3 Ausfeuerungshübe**
Werkstücke mit **IT 7**	**2 Ausfeuerungshübe**

5.5.6 Bewegungen, Kräfte und Schnittleistung

Koordinierte Haupt- und Nebenbewegungen sind Wesensmerkmale aller spanabhebender Fertigungsverfahren. Die Hauptbewegungen, entscheidend für die Werkstoffabtrennung, sind die **Schnittbewegung** der **Schleifscheibe** und die **Werkstückbewegung**.

Die resultierende **Wirkbewegung** ist die augenblickliche **Bewegung eines Schleifkorns**.

Nicht unmittelbar beteiligt am Werkstoffabtrag sind die erforderlichen Nebenbewegungen: **An-, Rück-, Zu-** und **Nachstellbewegungen**.

Alle Stellbewegungen zwischen Schleifscheibe und Werkstück erfolgen relativ zueinander.

Mit a_p wird die Schnittbreite oder -tiefe, mit a_e der Arbeitseingriff bzw. die Eindringtiefe bezeichnet.

Die betragsmäßige Bestimmung der wirkenden Einzelkräfte beim Schleifen ist wegen der unterschiedlichen Schneidengeometrie der Schleifkörner kompliziert. Für die im Verhältnis zu anderen spanabhebenden Fertigungsverfahren relativ kleinen Kräfte sind zahlreiche **empirische Berechnungsgleichungen** entwickelt worden.

Die in Betracht kommenden Einflussfaktoren ergeben sich aus den unterschiedlichen Anwendungsgebieten. Wichtige Einflussfaktoren sind die Scherfestigkeit der Werkstoffe, die Geschwindigkeitsverhältnisse, die spezifische Schnittkraft k_c und die Zustellwerte a_e und a_p (Bild 1).

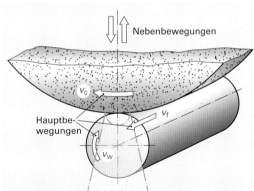

Bewegungen beim Schleifen:
Hauptbewegungen sind die Schnittbewegung v_c, die Werkstückrotation v_w und die Vorschubrichtung v_f
Nebenbewegungen sind An-, Rück-, Zustell- und Nachstellbewegungen

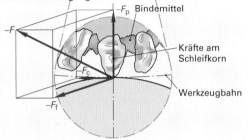

Kraftkomponenten am Schleifkorn:
F – Spankraft beim Schleifen
F_c – Schnittkraft
F_f – Vorschubkraft
F_p – Passivkraft ($F_p > F_c$)

1   Bewegungen und Kräfte beim Schleifen

Vereinfachte Berechnung der Schnittkraft, der Schnitt- und der Antriebsleistung

Mithilfe der vereinfachten Berechnungsgleichung ergeben sich für die Praxis verwertbare **Schnittkraftwerte** F_c, wenn für die spezifische Schnittkraft k_c ca. 30000 N/mm² (prakt. Erfahrungswert) angesetzt wird. Daraus folgen dann wie nebenstehend die Leistungen.

Der Schleifscheibenverschleiß, die Kühlschmierung, die Schleifscheibenart und der tatsächlich zu bearbeitende Werkstoff werden in Tabellen für k_c berücksichtigt, können aber oft vernachlässigt werden. Mit Hilfe von F_c und v_c wird die **Schnittleistung** „**P_c**" berechnet.

Die tatsächliche **Antriebsleistung** „**P_a**" erhält man daraus durch die Berücksichtigung des mechanischen Wirkungsgrades η.

$$F_c = \frac{v_w}{v_c}\, a_e \cdot a_p \cdot k_c \text{ (kN)}$$

v_c – Schnittgeschwindigkeit (m/s)
v_w – Werkstückgeschwindigkeit (m/min)
a_e – Zustellung (mm)
a_p – Schnittbreite (mm)
k_c – spezifische Schnittkraft (N/mm²)

$$P_c = F_c \cdot v_c \text{ (kW)}$$
$$P_c = v_w \cdot a_e \cdot a_p \cdot k_c \text{ (kW)}$$

$$P_a = \frac{P_c}{\eta} \text{ (kW)}$$

Berechnungsbeispiel:

Für die im Kapitel **5.5.9** (S. 290) **Arbeitsplanung beim Schleifen** Arbeitsschritt 60 zu bearbeitende Getriebe-welle (Vorschleifen des Einstechschleifsitzes) ⌀70h5 (Bild 1) sind zu berechnen:

ges.: Schnittkraft F_c (N)
      Schnittleistung P_c (kW)
      Antriebsleistung P_a (kW)

geg.: Arbeitseingriff (Zustellung) $a_{eV} = 0{,}0016$ mm
      Schleifscheibenbreite $b_s = a_p = 80$ mm
      Schnittgeschwindigkeit $v_c = 45 \frac{m}{s}$
      Werkstückgeschwindigkeit $v_w = 20 \frac{m}{min}$
      spezifische Schnittkraft $k_c = 30000 \frac{N}{mm^2}$
      mechan. Wirkungsgrad $\eta = 0{,}6$

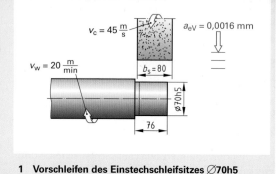

Lösung: $F_c = \dfrac{v_w}{v_c}\, a_{eV} \cdot a_p \cdot k_c$

$$F_c = \frac{20\,\frac{m}{min}}{45\,\frac{m}{s} \cdot 60\,\frac{s}{min}}\ 0{,}0016\ \text{mm} \cdot 80\ \text{mm} \cdot 30000\ \tfrac{N}{mm^2}$$

$$F_c = 28{,}4\ \text{N}$$

1 Vorschleifen des Einstechschleifsitzes ⌀70h5

$$P_c = v_w \cdot a_{eV} \cdot a_p \cdot k_c$$

$$P_c = \frac{20\,\frac{m}{min}}{60\,\frac{s}{min}}\ 0{,}0016\ \text{mm} \cdot 80\ \text{mm} \cdot 30000\ \tfrac{N}{mm^2}$$

$$P_c = 1280\ \tfrac{Nm}{s} = 1{,}28\ \text{kW} \qquad P_a = \frac{P_c}{\eta} = \frac{1{,}28\ \text{kW}}{0{,}6} \qquad P_a = 2{,}13\ \text{kW}$$

Für das Vorschleifen des Einstechschleifsitzes müsste entsprechend der Hauptreihe R 20 der Normzahlen nach DIN 323 Teile 1 eine Antriebsleistung $P_a = 2{,}24$ kW zur Verfügung stehen. Für die geringere Zustellung $a_{eF} = 0{,}0008$ mm und den unveränderten weiteren Einstellwerten ist die Antriebsleistung P_a ausreichend.

Aufgabe

Ist die Antriebsleistung von 2,24 kW für die **Fertigungsaufga-be 50** Vor- und Fertigschleifen des Längsschleifsitzes ⌀77h7 mit den lt. Tabellen gegebenen Einstellwerten zu realisieren?

geg.: Arbeitseingriff (Zustellung) $a_{eV} = 0{,}0057$ mm
      Schleifscheibenbreite $b_s = a_p = 80$ mm
      Schnittgeschwindigkeit $v_c = 45 \frac{m}{s}$
      Werkstückgeschwindigkeit $v_w = 20 \frac{m}{min}$
      spezifische Schnittkraft $k_c = 30000 \frac{N}{mm^2}$
      mechan. Wirkungsgrad $\eta = 0{,}6$

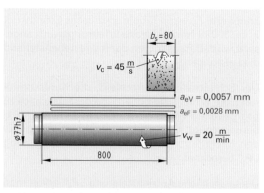

Wenn **„Nein"**: Welche **Einstellwerte** müssten Sie **wie** ver-ändern (Bild 2)?

2 Vor- und Fertigschleifen des Längsschleifsitzes ⌀77h7

5.5.7 Zerspanungsbedingungen

Der ungünstige Zerspanvorgang beim Schleifen durch den meist **schabenden** statt schneidenden **Werkstoffabtrag** (der Spanwinkel γ ist unbestimmt!) und der relativ **hohen Schnittgeschwindigkeit** v_c erfordern große Antriebsleistungen an Schleifmaschinen. Die zugeführte Wirkleistung wird jedoch bis zu 90 % in Wärme umgewandelt. Temperaturen bis 1000 °C sind möglich (Funkenflug). Dadurch entstehen erhebliche **verfahrensspezifische Wärmebelastungen** am Werkstück und an der Schleifscheibe.

- **Maßabweichung** (Ausdehnung – Ausschussgefahr nach der Werkstückabkühlung).

- **Werkstückspannungen** mit möglicher **Rissbildung** aufgrund der Werkstückausdehnung.

- **Brandflecken** als oberflächliches Zeichen bis in den Anlasstemperaturbereich und einer Tiefenwirkung bis 0,15 mm (Bild 1).

- **Bindungsauflockerung** der Schleifscheiben.

Örtliche Farbveränderung durch Überhitzung

Polierband

Schraubenlinien

1 Schleifschäden durch Wärmebelastung am Werkstück

Der negative Wärmeeinfluss auf das Werkstück und die Schleifscheibe kann durch geeignete anzustrebende Zerspanungsbedingungen entscheidend verringert werden.

Verringerung von Wärmeschäden:

- **Einstellwerte (kleine** Zustellwerte a_e, **kleine** Geschwindigkeitsverhältnisse q)
- **Schleifkörperauswahl** (Fertigungsaufgabe bestimmt die zu verwendende Schleifscheibe)
- Kombiniert mit einer **intensiven Kühlschmierung**

Kühlschmierung

Durch die Kühlschmierung entsteht beim Schleifen spürbar weniger Reibungswärme. Das Werkstück kann sich nur begrenzt erwärmen, da der Flüssigkeitsstrom für einen ständigen Wärmeabtransport sorgt. Gleichzeitig werden die Spankammern der Schleifscheiben freigespült.

Arten und Wirkungen von Kühlschmierstoffen

Die **erreichbare Schmierwirkung** eines Kühlschmierstoffes (Übersicht 1) ist für den praktischen Einsatz ausschlaggebend.

- **Lösungen** bestehen aus in Wasser gelösten anorganischen Stoffen z.B. Soda. Sie besitzen eine sehr gute Kühlwirkung bei mäßiger Schmierwirkung.

- **Emulsionen** sind mit einem entsprechenden Mischungsverhältnis feinverteiltes Öl in Wasser. Sie besitzen eine gute Kühlwirkung, aber nur geringe Schmierwirkung.

- **Schneidöle** sind Öle mit polaren EP-Zusätzen. Sie besitzen gute Schmierwirkung, jedoch nur noch geringe Kühlwirkung.

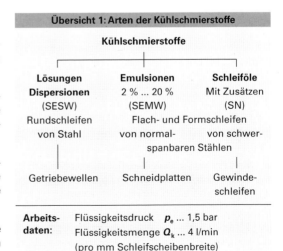

Übersicht 1: Arten der Kühlschmierstoffe

Kühlschmierstoffe

Lösungen Dispersionen (SESW)	Emulsionen 2 % ... 20 % (SEMW)	Schleiföle Mit Zusätzen (SN)
Rundschleifen von Stahl	Flach- und Formschleifen	
	von normal-	von schwerspanbaren Stählen
Getriebewellen	Schneidplatten	Gewindeschleifen

Arbeitsdaten: Flüssigkeitsdruck p_e ... 1,5 bar
Flüssigkeitsmenge Q_k ... 4 l/min
(pro mm Schleifscheibenbreite)

Werkzeugverschleiß beim Schleifen

Die Eigenschaften der verwendeten Schleifmittel, der Aufbau der Schleifkörper sowie weitere äußere Einflüsse sind für den Werkzeugverschleiß entscheidende Faktoren. In Abhängigkeit der Einflussfaktoren treten die definierten Verschleißformen vorwiegend einzeln oder in überlagerter Form auf.

Ursachen des Werkzeugverschleißes

Mikroverschleiß

Der Mikroverschleiß von Schleifkörpern ist von der thermischen und chemischen Beständigkeit abhängig. Der Kontakt des Schleifmittels mit dem Werkstoff, der Kühlschmierstoff- und Luftzutritt führen zu chemischen Reaktionen, der den Kornverschleiß begünstigt.

Mit steigenden Arbeitstemperaturen nimmt der Diffusionsverschleiß zu. Bei Verwendung von Diamantschleifkorn und Arbeitstemperaturen > 800 °C diffundieren Kohlenstoffatome aus dem Schleifmittel in das Stahlgefüge und bilden mit Eisen und bestimmten Legierungselementen Karbide, die die Ursache für den erhöhten Verschleiß sind. Die Absplitterung kleinster Schleifkornpartikel, die **Mikrosplitterung,** tritt besonders bei polykristallinem Korn und bei geringer Kornbelastung auf (Tabelle 1).

Makroverschleiß

Der Makroverschleiß entsteht durch die Belastung der Bindung und der einzelnen Körner der Schleifkörper durch die **Schnittkraft F_c** (Bild 1).

Die Reibung in der Kontaktzone Werkstück – Schleifkörper verursacht zunächst eine Kornabsplitterung und danach erst bei steigenden Reibungswerten einen gesamten Kornausbruch (Bindungslockerung durch steigende Temperatur). Die darunter liegenden frei werdenden Körner können damit die Schleifarbeit voll funktionsfähig übernehmen (Selbstschärfeffekt).

Der Makroverschleiß von Schleifkörpern macht sich bemerkbar durch:

Kanten- oder **Radienveränderung**

Sie ist die Formabweichung in radialer und axialer Richtung der Schleifkörper (Welligkeit, Profilabweichung) (Bild 2).

Ein **Maß** für die **Verschleißfestigkeit** von Schleifkörpern ist der **Schleifmittelabtrag** durch die auftretenden Mikro- und Makroverschleißformen.

In der technologisch begründeten Standzeit (Fertigungszeit zwischen zwei Abrichtvorgängen) muss der Schleifkörper eine vorgeschriebene Werkstückmenge in tolerierten Grenzen scharf bearbeiten.

Tabelle 1: Thermische und chemische Eigenschaften von Schleifmitteln

Schleif-mittel	Chemische Reaktion	Wärmebe-ständigkeit	Wärmeleit-fähigkeit
Korund	keine	beständig bei Schleif-temperatur	niedrig
Silicium-karbid			hoch
Kubisches Bornitrid	mit Kühl-wasser oberhalb 1050°C	ab 1200°C Zerfall	hoch
Diamant	ab 800°C Karbid-bildung ab 1000°C CO_2-Bildung	ab 800°C weicher als CBN und Umwandlung in Grafit	sehr hoch

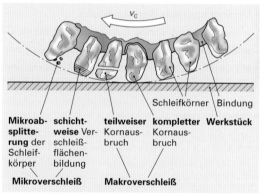

1 Mikro- und Makroverschleiß an Schleifkörnern

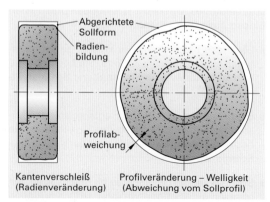

2 Geometrischer Werkzeugverschleiß

5.5.8 Einsatz der Schleifverfahren

Für den Verwendungszweck erforderliche Qualitätsmerkmale (Oberflächenrauheit, Ebenheit) zahlreicher Bauteile der Maschinenbauindustrie lassen sich durch die Anwendung von aufgabenspezifischen Schleifverfahren kostengünstig realisieren.

Planschleifen – Herstellung ebener Flächen

> Planschleifverfahren erzeugen ebene Werkstückoberflächen durch Stirn- und Umfangsschleifen mit geradlinig reversierender oder rotierender Vorschubbewegung der Werkstücke und stets vom Werkzeug ausgeführter Schnittbewegung.

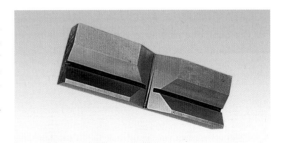

1 Plangeschliffene Prismenbacke

Umfangs-Planschleifen

Gute Arbeitsergebnisse bei der Schleifbearbeitung von gehärteten planparallelen Spannbacken können durch das Umfangs-Planschleifen erreicht werden (Bild 1).

Große und breite Schleifscheiben sind aus wirtschaftlichen Gründen zu verwenden. Die dadurch entstehende kleine Kontaktlänge zwischen Werkzeug und Werkstück gewährleistet eine optimale Kühlschmierstoffwirkung, sodass die Wärmebelastung minimiert werden kann.

Kleine Zustellungswerte a_e (mm) und große Werte für den Quervorschub f (mm) (ca. 20% ... 50%) der Scheibenbreite b_s (mm) bewirken eine gleichmäßige Verteilung der Schleifarbeit und somit einen geringen Kantenverschleiß (Tabelle 1).

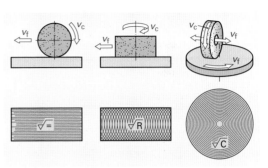

2 Schliffbilder von Planschleifverfahren

Unterschiedliche Oberflächenstrukturen (Schliffbilder) entstehen auf den Werkstücken durch die verschiedenen Lagen der Werkzeug-Werkstück-Achsen der Planschleifverfahren.

Umfangsplanschleifen: **parallele** Rillenrichtung
Stirn-Planschleifen: **radiale** Rillenrichtung
Plan- bzw.
Stirnumfangsschleifen: **zentrische** Rillenrichtung
(Bild 2)

Zur Gewährleistung der zu erreichenden Schleifqualität bzgl. Formtoleranz, Maßhaltigkeit und Rautiefen (beim Feinschleifen bis ISO-Toleranz 4 und Rz-Werte bis 0,1 µm) müssen die Schleifspindeln der Schleifmaschinen sehr gute Steifigkeit und Rundlaufgenauigkeit besitzen. Hohe Ansprüche an die Tischführung und -bewegung garantieren vor allem beim Ausfeuern i ... 8 die erforderliche Lagewiederholung (Bild 3).

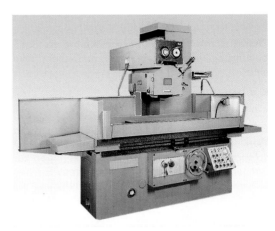

3 Planschleifmaschine

Tabelle 1: Richtwerte zum Schleifen von Eisenwerkstoffen mit Korund/Siliciumcarbid						
Schleifverfahren	Aufmaß in mm	Zustellung a_e mm	Rz in µm	Körnung	v_c in m/s	v_f in m/min
Vorschleifen	0,5 ... 0,2	0,1 ... 0,02	10 ... 3	30 ... 46	20 ... 35	20 ... 30
Fertigschleifen	0,1 ... 0,02	0,05 ... 0,005	5 ... 1	46 ... 80		
Feinstschleifen	0,02 ... 0,005	0,008 ... 0,002	1,6 ... 0,1	80 ... 120		

Herstellung rotationssymmetrischer Flächen durch Rundschleifen

> Rundschleifverfahren erzeugen rotationssymmetrische Innen- und Außenflächen mit hochtourig rotierenden Umfangsschleifscheiben und langsam rotierenden Werkstücken.
>
> Radial- und Axialrundschleifverfahren unterscheiden sich durch die Vorschub- und Zustellbewegung.

Für die Schleifbearbeitung von Getriebewellen in der Massenproduktion (z. B. bei Kraftfahrzeugteilen Schleifbearbeitung einer Schaltgetriebewelle) bietet das Rundschleifkonzept bei der Bearbeitung mit einem Schleifscheibensatz beste Voraussetzungen zur Gewährleistung hoher Produktivitätsansprüche (Bild 1).

Rundschleifmaschinen sind auf die jeweilige Einzelaufgabe zugeschnitten, im Gegensatz zu den reinen Einzweckmaschinen jedoch geeignet, nach entsprechenden CNC-Programmen auch ganze Teilefamilien zu bearbeiten (Bild 2).

Werkstückerkennungssysteme bewirken die Selbstumrüstung der Maschine und den Abruf der zugehörigen Bearbeitungsprogramme.

Fertigung durch Rundschleifen

Für eine flexible Bearbeitung unterschiedlicher Werkstücke eignet sich die Fertigung auf einer Hochgeschwindigkeits-Schälschleifmaschine mit CBN-Schleifscheiben (Bild 3).

Alle Bewegungen werden durch das Werkzeug ausgeführt und ermöglichen dadurch die Bearbeitung komplizierter Werkstückkonturen in einer Aufspannung.

Charakteristische **Verfahrensvorteile** bei der Bearbeitung beliebiger rotationssymmetrischer Teile sind:

- kurze Rüstzeiten
- hohe Dauergenauigkeit

Durch die Abmessungen und die Achsenlagen von Werkstück und Werkzeug bei allen Rundschleifmaschinen entstehen sehr kurze Kontaktlängen zur Spanabnahme. Für den Fertigungsprozess ergeben sich daraus weitere typische **Verfahrensvorteile** bei entsprechenden Einstellwerten (Bild 4):

- Günstige Kühlschmierstoffwirkung
- Geringe Wärmebelastung für das Werkstück
- Ungehinderte Spanaufnahme in die Porenräume der Schleifscheiben

Typische **Fertigungsbeispiele** sind:

- Getriebe- und Motorteile
- Fahrwerksteile
- Gehäuseinnenformen
- Einzelteile von Hydraulikbaugruppen

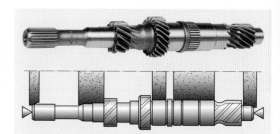

1 Schleifen einer Getriebewelle mit Scheibensatz im Einstechverfahren

2 CNC-Produktions-Rundschleifmaschine

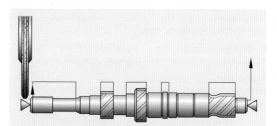

3 Längsformschleifen der Getriebewelle mit CBN-Schleifscheibe in HSG-Schleiftechnik (High Speed Grinding)

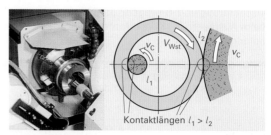

4 Kontaktlängen beim Innen- und Außenrundschleifen von Getrieberädern

Fertigungsbeispiel für Rundschleifverfahren

Neue Schleifmaschinen werden vom Hersteller an die Kunden mit normgerechten Abnahmewerkstücken (Bild 1) übergeben. Für Rundschleifverfahren gelten unter anderem folgende Bedingungen:

Alle geschliffenen Flächen: $Ra < 0,4\ \mu m$

Rundlauf: $< 2\ \mu m$ (außen), $< 3\ \mu m$ (innen)

Zylindrizitätsfehler: $< 2\ \mu m$ (außen), $< 4\ \mu m$ (innen)

Bearbeitungsfolge des Abnahmewerkstückes

Tabelle 1: Bearbeitungsfolge des Abnahmewerkstückes	
Arbeitsgang	**Toleranzgröße**
① außen Längsschleifen $\varnothing$ 300, L = 300 mm	m4
② außen Einstechschleifen $\varnothing$ 330, L = 50 mm	f4
③ innen Längsschleifen $\varnothing$ 190, L = 150 mm	H5
④ innen Planschleifen $\varnothing$ 120/190	
⑤ innen Kegellängsschleifen $\varnothing$ 190/200, L = 150 mm	nach Lehre

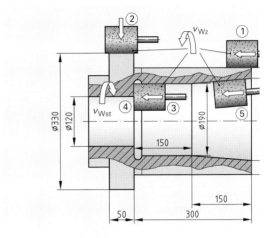

1 Abnahmewerkstück

Längsrundschleifen

Durch den Längsvorschub des Werkstückschlittens wird das Werkstück ($\varnothing$ 300) an der Schleifscheibe entlanggeführt (Bild 2).

Freistiche an Durchmesserübergängen bzw. der Schleifscheibenüberlauf am Werkstückende gewährleisten einen konstanten Werkstückdurchmesser über die gesamte Werkstücklänge.

Die Größen der Einstellwerte für den **Vorschub f** und die **Zustellung a_e** sind vom Bearbeitungszustand (**Vor- oder Fertigschleifen**) abhängig.

Die zwangsläufig auftretende Durchbiegung von Wellen mit großen Schlankheitsgraden muss durch mitlaufende Setzstöcke abgefangen werden.

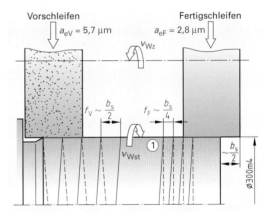

2 Einstellgrößen beim Längsrundschleifen

Einstechschleifen

Die Zustellung einer breiten Schleifscheibe erfolgt kontinuierlich bis zum Erreichen des Fertigmaßes $\varnothing$330f4 (Bild 3).

Zunächst durch **Vorschleifen** mit $a_{eV} \approx$ **1,2 µm** und abschließend durch **Fertigschleifen** mit $a_{eF} \approx$ **0,6 µm**.

Die **Schleifscheibenbreite b_s** (max. 100 mm) ist größer als die **Werkstückbreite l**, der Längsvorschub entfällt somit.

Längere Wellen > 200 mm werden fertigungstechnisch günstig zuerst abschnittsweise auf Fertigmaß bearbeitet und danach abschließend mit mehreren Längshüben ohne Zustellung (Ausfeuern!) fertigbearbeitet.

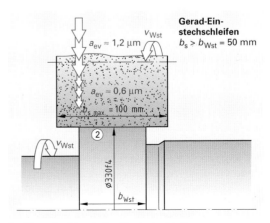

3 Einstellgrößen beim Einstechschleifen

Schrägeinstechschleifen

Zur gleichzeitigen Bearbeitung von Mantel- und Planflächen an Werkstücken wird die Schleifscheibe 30° schräg gestellt und für die vorgesehene Fertigungsaufgabe profiliert (Bild 1).

Der Einsatz von geeigneter Messtechnik während der Schleifbearbeitung von Zahnradpumpenwellen minimiert die Fertigungszeit. Eine große Schleifscheibenbreite und -profilierung ermöglichen ein breites Anwendungsspektrum des Schrägeinstechschleifens.

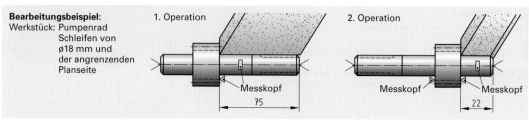

Bearbeitungsbeispiel:
Werkstück: Pumpenrad
        Schleifen von
        ø18 mm und
        der angrenzenden
        Planseite

1. Operation

2. Operation

Messkopf
75

Messkopf   Messkopf
22

1   Schleifbearbeitung von Zahnradpumpenwellen durch Schrägeinstechen

Innenrundschleifen

Durch die aufgabenspezifische Umkehrung der Größenverhältnisse zwischen $\varnothing_{Wst} > \varnothing_{Wz}$ ergeben sich veränderte Spanungsverhältnisse beim Innenrundschleifen (Bild 2). Die Durchmesserabnahme des Werkzeuges ist größer und die Schleifkontaktlänge ist kleiner. Dünnwandige Werkstücke und die Schleifspindel dürfen nur geringen Schleifkräften (Durchbiegung) zur Gewährleistung der geforderten Qualität ausgesetzt werden. Dementsprechend **klein** sind die **Zustellwerte** $a_e < 1\ \mu m$ und die **Schleifkörperbreite** zu wählen.

Das Längsschleifverfahren kommt deshalb für die Bearbeitung des Innendurchmessers $\varnothing 190 H5$ in Betracht (Bild, S. 279).

Ist die Bearbeitungslänge kleiner als die Schleifkörperbreite, wird im Querschleifverfahren bearbeitet.

Planschleifen von Innenformen mit kleinen Durchmesserunterschieden wird mit den Stirnflächen der Schleifkörper durchgeführt. Durch geneigte Schleifspindeln ist die Bearbeitung von kegeligen Innenformen durch **Kegellängsschleifen** realisierbar (Bild 3).

Werkstückabhängige Verfahrenskombination

Die wirtschaftlichste Schleifbearbeitung eines Getrieberades erfolgt in simultaner Komplettbearbeitung der Innen- und Außenkontur in einer Aufspannung. Annähernd gleich große Einstellwerte für die Vor- und Fertigbearbeitung sind die Voraussetzungen zum Erreichen der geforderten Qualitätsmerkmale der Werkstücke.

Kurze Bearbeitungzeiten und hohe Genauigkeiten werden in Fertigungszellen erreicht. Dabei kommen auch Automatisierungslösungen mit maschinenintegrierter oder beigestellter Handhabungstechnik einschließlich der Einbindung in den vor- bzw. nachgelagerten Fertigungsprozess zum Einsatz (Bild 4).

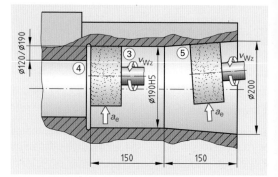

2   Innenschleifen des Abnahmestückes

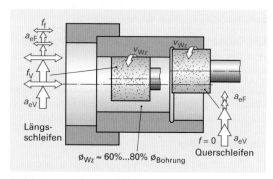

3   Längs- und Querschleifen

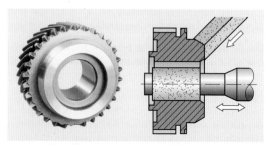

4   Simultanschleifen eines Getrieberades

Spitzenlosschleifen

Zylinderstifte, Wälzkörper und ähnliche ansatzlose Teile werden im Spitzenlos-Durchgangsschleifen hergestellt.

Die Schleifmaschinengeometrie und vor allem die Konstanthaltung des **Schleifmaulwinkels** γ sind verfahrensspezifische Merkmale (Bild 1).

Die längere geneigte Regelscheibe bewirkt den Werkstückvorschub und sorgt mit der Auflage für die Werkstückführung. Die Schleifarbeit wird von einer großen Umfangsschleifscheibe ausgeführt. Regelscheibe und Schleifscheibe haben den gleichen Drehsinn und stehen im Verhältnis zueinander.

CNC-Schleifen

Die zwei Hauptachsen einer CNC-Bahnsteuerung werden durch die Längsbewegung des Werkstückschlittens (Z-Achse) und die Zustellbewegung des Querschlittens (X-Achse) gebildet (Bild 2).

Die Werkstückgeometrie zahlreicher rotationssymmetrischer Teile wird damit bearbeitet.

Mit weiteren Hilfsachsen und Bewegungen kann das Bearbeitungsspektrum wesentlich erweitert werden.

Durch Schwenken der Hilfsachse (B-Achse) können Kegel geschliffen werden. Eine Mehrfachbearbeitung bei einer Aufspannung ist durch Schwenken der Schleifeinheit mit mehreren Schleifspindeln möglich. Hohe Schleifqualitäten für Innen- und Außenschleifarbeiten werden damit erreicht.

Schleifzyklen und Einrichtprogramme (Bild 3)

1. Bahngesteuertes Profilieren der Schleifscheibe
2. Werkstückposition erfassen
3. Eichen des Absolutmesskopfes
4. Werkstück-Axialmessposition erfassen
5. Einstechschleifen mit programmierbaren Vorschüben $f_1 \ldots f_4$ für Anfunken, Schruppen, Schlichten und Feinschleifen
6. Mehrfach-Einstechen mit programmierbaren Vorschüben $f_1 \ldots f_3$ für mehrmaliges Einstechschleifen mit anschließendem Längsschleifen
7. Längsschleifen mit drei programmierbaren Vorschüben $f_1 \ldots f_3$
8. Planschleifen mit drei programmierbaren Vorschüben $f_1 \ldots f_3$, Schleifaufmaß oder Fertigmaßposition programmierbar
9. Kegellängsschleifen – wie Längsschleifen
10. Kegel-Mehrfach-Einstechschleifen – wie Mehrfach-Einstechschleifen
11. Radiusschleifen mit zwei programmierbaren Vorschüben, Anfunksteuerung möglich

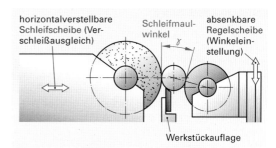

1   Verfahrensprinzip Spitzenlosschleifen

$$n_R \sim n_{Wst} < n_S$$

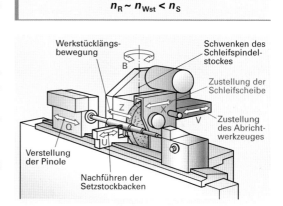

2   Achsen und Verfahrbewegungen CNC-Rundschleifmaschine

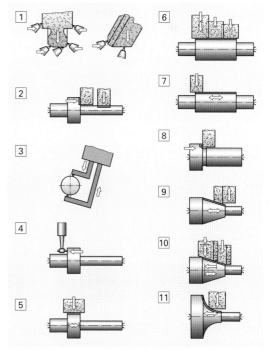

3   CNC-Schleifzyklen und Einrichtprogramme

Rundschleifmaschinen

Die Klassifizierung der Rundschleifmaschinen erfolgt nach der Fertigungsaufgabe in **Innen-Rundschleifmaschinen** zum Bohrungsschleifen und **Außen-Rundschleifmaschinen** zum Schleifen von Wellen und Sonderprofilen. Als **Universal-Rundschleifmaschine** werden Maschinen bezeichnet, die sowohl für die Innen- und Außenbearbeitung ausgestattet sind (Bild 1).

Innen-, Außen- und Universal-Rundschleifmaschinen werden zum Längs- oder Querschleifen (Gerad- bzw. Schrägeinstechschleifen) verwendet.

Dem **Spannen** der rotierenden Werkstücke ist wegen der Abdrängkraft der Schleifspindel besondere Aufmerksamkeit zu widmen (Bild 2).

- **Kurze Werkstücke** ($\varnothing_{Wst} > l_{Wst}$) werden in **Spannzangen** oder **-futter** „fliegend" gespannt.
- **Lange Werkstücke** ($\varnothing_{Wst} < l_{Wst}$) müssen zur Vermeidung der Durchbiegung mit einem mitlaufenden Setzstock und zwischen Spitzen gespannt werden.

Spezielle aufgabenbezogene Schleifverfahren

Wälzschleifen

Ist die Schleifbearbeitung von Werkstückoberflächen, die aus dem Bezugsprofil Werkzeug – Werkstück im **Abwälzverfahren** entstehen.

Die Zustell-, Vorschub- und Schnittbewegung wird von einer profilierten Schleifscheibe ausgeführt.

Das Werkstück führt eine Pendelbewegung aus. Zur Fertigbearbeitung werden die Lenkritzel in eine Dreifachteil-Wälzvorrichtung aufgenommen und ausgerichtet. Ein Rundschwenktisch $\varnothing$ bis 1600 mm mit zwei Aufspannvorrichtungen ermöglicht das Be- und Entladen der Werkstücke während des Schleifprozesses (Bild 3).

Schraubschleifen

Ist die Schleifbearbeitung von **Schraubflächen** für eine kontinuierliche Bewegung von Werkstücken und Bauteilen in Längsrichtung.

Das Werkstück und die entsprechend der Fertigungsaufgabe profilierte Schleifscheibe bewegen sich durch den Vorschub relativ zueinander. Der Vorschubwert ist gleich der zu schleifenden Steigung. Die Zustellbewegung wird von der Schleifscheibe ausgeführt. Der Drehsinn von Werkstück und Werkzeug ist gleich.

Die Herstellung der Schraubflächen erfolgt in Einzelfertigung, gespannt wird zwischen Spitzen (Bild 4).

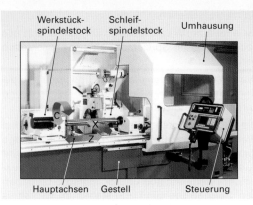

1 Rundschleifmaschine

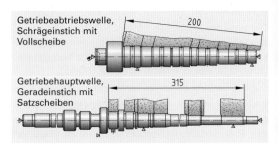

2 Bearbeitungsbeispiele

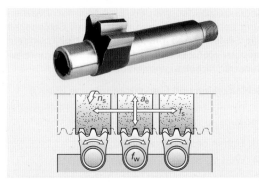

3 Wälzschleifen eines Lenkritzels

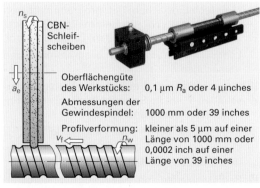

Oberflächengüte des Werkstücks: 0,1 µm R_a oder 4 µinches

Abmessungen der Gewindespindel: 1000 mm oder 39 inches

Profilverformung: kleiner als 5 µm auf einer Länge von 1000 mm oder 0,0002 inch auf einer Länge von 39 inches

4 Schraubschleifen von Kugelspindeln

Tiefschleifen

Ist eine Schleifbearbeitung zur Herstellung von **starkprofilierten Werkstückkonturen** durch einmalige Schleifscheibenzustellung.

Die Schleifscheibe wird zunächst durch eine Diamant-Abrichtrolle für die auszuführende Bearbeitungsaufgabe abgerichtet. Danach im Anschnitt auf die volle Tiefe zugestellt und anschließend mit einer gegenüber anderen Schleifverfahren relativ kleinen Vorschubgeschwindigkeit im Bereich von v_f = 20mm/min ... 100mm/min in einem Bearbeitungszyklus fertig geschliffen.

Die Zuführung von ausreichend Kühlschmierstoff mit hohem Druck verhindert die Erwärmung des Werkstücks und spült die Schleifspäne und den Abrieb aus dem entstehenden Profil (Bild 1).

Verfahrenstypische Merkmale sind das große Zerspanvolumen und die erreichbare Schleifqualität.

Profilschleifen

Ist die Schleifbearbeitung komplizierter Werkstückformen durch die Direktübertragung des Werkzeugprofils (z. B. Schleifen von Einstichen) oder durch eine Bewegungskombination zwischen Schleifscheibe und Werkstück.

Profilschleifen im Einstechverfahren

Die Zustellbewegung bringt die profilierte Schleifscheibe zum Eingriff an das vorgearbeitete Werkstück. Die Schnittbewegung und die Vorschubbewegung des Werkstücks bewirken den Bearbeitungsprozess (Bild 2).

Profilschleifen unregelmäßiger Querschnitte

Im modernen Werkzeugbau findet eine spezielle Form des Profilschleifens Anwendung.

Die unregelmäßige Form eines zu bearbeitenden Stempelquerschnittes wird zunächst abschnittsweise auf dem Projektionsschirm der Schleifmaschine sichtbar gemacht. Detail- und Projektionsvergrößerungen gewährleisten die hohe Abbildungsgenauigkeit. Die Schleifscheibe führt außer der Hauptbewegung (Schnittbewegung) zusätzlich noch eine ca. 80 mm lange Hubbewegung aus.

Die nichtprofilierte Schleifscheibe wird durch die Zustellbewegung eines Schlittens am Stempel entlanggeführt. Der Schleifkopf folgt unmittelbar dieser Bewegung. Der Schlitten wird bei Einzelfertigung manuell durch Handräder betätigt.

Vorteilhafter ist der Einsatz einer Profilschleifmaschine mit CNC-Steuerung bei Wiederholteilen bzw. der Serienfertigung (Bild 3).

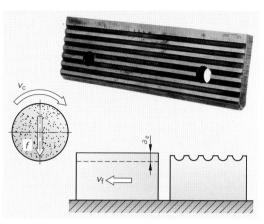

1 Verfahrensprinzip des Tiefschleifens

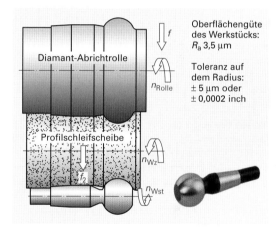

Oberflächengüte des Werkstücks: R_a 3,5 µm

Toleranz auf dem Radius: ± 5 µm oder ± 0,0002 inch

2 Profilschleifen von Lenkungskugeln

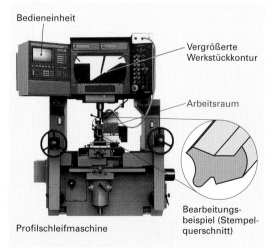

3 Profilschleifmaschine

Scharfschleifen von Werkzeugen

Die Schleifbearbeitung von geometrisch bestimmten ebenen und gewölbten Flächen an Werkzeugen zur Herstellung bzw. Wiederherstellung einer bestimmten Schneidengeometrie umfasst die unterschiedlichsten Einzelverfahren.

Abgesehen von wenigen Ausnahmen beim Scharfschleifen (z. B. Drehmeißel, Spiralbohrer für die Werkstattfertigung) wird die erforderliche Schneidengeometrie ausschließlich auf speziellen Maschinen hergestellt (Bild 1).

Aus der Vielfalt der verschiedenen Werkzeuge (Größe, Schneidengeometrie usw.) resultieren unterschiedliche zu schleifende Flächen und Formen: **eben, konisch, gewendelt** usw. < 1mm²

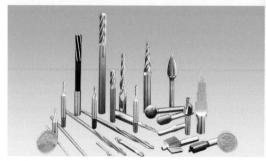

1　Scharf geschliffene Werkzeuge

Achsensystem beim Scharfschleifen

Die Wirkebene zwischen Werkstück und Werkzeug ergibt die verschiedenen Achsenlagen beim Scharfschleifen.

Hauptachsenlage und Bewegungen sind identisch mit vergleichbaren Schleifverfahren. Die Besonderheit moderner Scharfschleifmaschinen sind zwei **Soft-Achsen,** die anstelle von Nebenschlitten für das Nachstellen der Schleifscheibenposition verwendet werden (Bild 2).

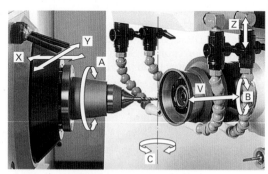

2　7-Achsen-System beim Scharfschleifen

Maschinenkonzept

Bei der Konzipierung von modernsten Scharfschleifmaschinen wird unter anderem auf folgende Details großer Wert gelegt (Bild 3).

- **Vollintegriertes Design** bei den Hauptabmessungen der Maschinen (Umhausung).
- Garantie der perfekten **Geradlinigkeit der Hauptachsen** durch Polymerbeton-Sockel (erreicht bis zu achtfach höhere Stabilität und Dämpfung gegenüber herkömmlichen Maschinengestellen).
- **Statistische Prozessüberwachungssysteme** gewährleisten die Kompensation der erfassten Maßtoleranzen.
- Ausstattung mit einem Telefonmodem zur **Ferndiagnostik** bei Betriebsstörungen.

3　Produktionsschleifmaschine zur Bearbeitung von HSS/HM-Werkzeugen

Aufgaben

1 Wie ist das Fertigungsverfahren „Schleifen" allgemein zu definieren?
2 Nennen Sie die wichtigsten Einflussgrößen auf das Schleifergebnis.
3 Was sind Schleifmittel? Nennen Sie die wichtigsten Arten bezogen auf praktische Anwendungsbeispiele.
4 Definieren Sie die Kornbezeichnung: D 60, A 16!
5 Welche Angaben nach DIN 6910 kennzeichnen einen Schleifkörper?
6 Welcher Zusammenhang besteht zwischen Schleifscheibenhärte und Werkstoffhärte?
7 Wie erfolgt die Klangprobe von Schleifkörpern?

8 Wie erfolgt das statische und dynamische Auswuchten von Schleifscheiben?
9 Was wird mit dem Abrichten von Schleifscheiben beabsichtigt?
10 Was sagt das q-Verhältnis aus?
11 Nennen Sie die wichtigsten Kühlschmierstoffe für das Schleifen!
12 Was wird durch die Kühlschmierung beabsichtigt?
13 Charakterisieren Sie mögliche Schleiffehler.
14 Welche Verfahrensunterschiede gibt es zwischen Umfangs- und Stirnschleifen?
15 Erarbeiten Sie den Fertigungsplan für die Schleifbearbeitung einer Reitstockspitze.

5.5.9 Arbeitsplanung beim Schleifen

Zur wesentlichen Verbesserung der Oberflächengüte und Formgenauigkeit von durch andere Verfahren vorgefertigten Werkstücken werden in der Praxis am häufigsten die Verfahren des Schleifens eingesetzt.

Die wichtigsten Schleifverfahren sind: **Außenrund-, Innenrundschleifen** und **Flachschleifen** sowie deren Verfahrensvarianten (S. 270). Die verschiedenen Schleifverfahren unterscheiden sich in ihren spezifischen Werkzeug- und Werkstückbewegungen (Bilder 1, 2, 3). Diese charakteristischen Merkmale sind bei der Arbeitsplanung zur Erzielung optimaler Arbeitsergebnisse zu beachten.

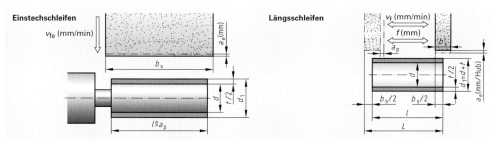

1 Einflussgrößen für Außenrundschleifen (Einstech- und Längsschleifen)

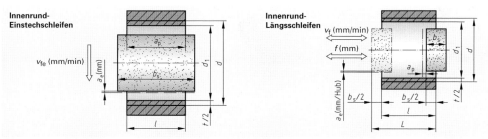

2 Einflussgrößen für Innenrundschleifen (Einstech- und Längsschleifen)

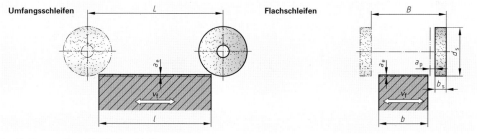

3 Einflussgrößen für Flachschleifen

Kurzzeichen der Werkstückgeometrie und der Zerspanungsgrößen:

b_s – Schleifscheibenbreite (mm)

B – Schleifbreite (Flachschleifen) + Zugabe für An- und Überlauf (mm), (mm/Hub)

d_s – Schleifscheibendurchmesser (mm)

i – Anzahl der Schnitte (÷)

f – Quervorschub (mm/Hub)
   – Vorschub je Umdrehung (mm)

v_{fe} – Zustellgeschwindigkeit (mm/min)

v_f – Vorschubgeschwindigkeit (mm/min)

a_p – Schnittbreite bzw. -tiefe (mm/Hub)

a_e – Arbeitseingriff beim Einstechen (mm) bzw. beim Längsschleifen (mm/Hub)

l, b – Werkstücklänge, -breite (mm)

L – Schlieflänge, Schleifbreite = Werkstücklänge oder -breite + Zugabe für An- und Überlauf (mm)

d_1 – Werkstückausgangsdurchmesser (mm)

d – Fertigdurchmesser des Werkstücks (mm)

t – Schleifzugabe, Aufmaß (mm)

Berechnungsgrundlagen

Die anzuwendenden Berechnungen leiten sich aus den Einflussgrößen der verschiedenen Schleifverfahren ab (S. 272). **Einflussgrößen sind:**

- **Zerspanungsbedingungen** (v_c, a_e, f u. a.)
- **Aufspannart** (Werkstücksteifigkeit)
- **Wechselwirkung** zwischen Werkstoff und Werkzeug
- **Qualitätsanforderungen**
- **Maschinengröße und -ausrüstung**
- **Kühlung**
- **Abrichtung des Schleifkörpers**

Die Berechnung von Schleifprozessen ist neben der **Beachtung der Einflussgrößen** besonders von der **Prozessgestaltung** abhängig. Schleifprozesse werden gestaltet nach:

- **dem technischen Maschinenausrüstungsgrad**
- **den Qualitäts- und Zeitanforderungen**
- **den zu bearbeitenden Stückzahlen**

Einfache Schleifprozesse

Konstante Zustellung während des gesamten Schleifvorganges (konst. Aufmaßverminderung).

Aufteilung des Schleifprozesses in **Vor- und Fertigschleifen** – wobei schnell aber ungenau vorgeschliffen wird und danach in einem zweiten Arbeitsgang ca. 0,05 mm (Richtwert) vom Aufmaß mit deutlich geringeren Zustellwerten fertiggeschliffen wird.

Vorteil: ■ Besonders bei hohen Oberflächengenauigkeiten kann das Fertigschleifen **mit einem Werkzeug** (Schleifkörper) durchgeführt werden.

Mehrstufige Schleifprozesse

Die Programmsteuerung moderner Schleifmaschinen ermöglicht die **stufenweise Verminderung der Zustellung** zum Fertigmaß hin. Es wird in einem Prozess so weit wie möglich mit hoher Zerspanleistung an das Fertigmaß herangeschliffen, um dann gerade noch sicher Maß-, Form- und Oberflächenqualität durch Änderung der Schnittbedingungen (Zustellung, Drehzahlen, Durchbiegungskompensation durch Zustellrücksprung) zu erreichen (Tabelle 1).

Vorteile: ■ Verbesserung der Automatisierungsmöglichkeiten messgesteuert ablaufender Schleifprozesse
- deutlich stabilere Fertigungsqualität (Messsteuerung)
- Einsparung von Nebenzeiten (einmaliger Werkstückspannvorgang)

Nachteilig sind der höhere technische Aufwand, speziellere Schleifkörper und der Aufwand zur Optimierung der mehrstufigen Prozesse. Deshalb werden mehrstufige Schleifprozesse hauptsächlich für das Schleifen großer Losgrößen verwendet.

Tabelle 1: Richtwerte zur Berechnung von Schleifprozessen (Außenrundschleifen)			
Schleifscheibenumfangsgeschwindigkeit v_s (m/s) aufgabenbezogen	**Werkstücksumfangsgeschwindigkeit** v_W (m/min)		**Geschwindigkeitsverhältnis** q (÷)
	biegesteife Teile	biegsame Teile	$q = \dfrac{v_s}{v_W}$
35 dünnwandige Teile, thermisch empfindliche Werkstoffe	20	15	105 ... 140
45 Standardaufgaben, Stahl hart und weich	30	20	90 ... 135
60 Hohe Abtragsleistung und großes Werkstoffaufmaß	20 ... 30	–	120 ... 180
15 ... 20 Hartmetall, Keramik (mit Diamantscheibe)	35 ... 40	35 ... 40	25 ... 35
25 ... 35 Innenschleifen Stahl hart und weich	22 ... 28	22 ... 28	65 ... 75

Vorschub „f" (mm)

Einflussfaktoren auf den Vorschub:
- **Schleiflänge „L"**
- **Werkstückdurchmesser „d"**
- **Schleifscheibenbreite „b_s"**

Praktischer Richtwert für den
Werkstückseitenvorschub

$$f = 0,5 \cdot b_s$$

Aufgrund der Tischbeschleunigung und -verzögerung an den Umkehrpunkten bei kürzeren Schleifhüben kann der Längsvorschub von $f = 0,5 \cdot b_s$ nicht erreicht werden. Mit den relativ großen Werkstückdrehzahlen bei kleinen Werkstückdurchmessern ist ebenfalls der Wert für den Längsvorschub kleiner als $0,5 \cdot b_s$ (Tabelle 1).

Tabelle 1: Richtwerte für Vorschub „f"

Schleiflänge L	Vorschub „f" mm beim Außenschleifen „d" Werkstückdurchmesser in mm und b_s = 100 mm		
mm	< 30	> 30 ... 50	> 50
150	13	23	39
200	16	25	41
250	18	27	43
300	21	30	44
400	26	34	46
500	30	38	47
600	—	42	49
700	—	45	50
800	—	—	50

Ermittlung der Zustellung „a_e" (µm)

Einflussfaktoren auf die Zustellung:
- **Stabilität der Werkstücke**
- **Prozess (Vor- oder Fertigschleifen)**
- **Schleifscheibenbreite**

Die angegebenen Tabellenwerte der Zustellung sind gültig für ungehärtete und gehärtete Bau- und Werkzeugstähle bis 62 HRC und enthalten die Anzahl der erforderlichen Ausfeuerungshübe entsprechend der herzustellenden Qualität.

Anzahl der Ausfeuerungshübe: IT 7 = 2 Ausfeuerungshübe
                              IT 5 = 5 Ausfeuerungshübe

Die Stabilität kann als charakteristische Kennzahl entsprechend der Werkstückform ermittelt werden. In der Praxis wird aufgrund des Zeitaufwandes vereinfacht mit Erfahrungswerten gearbeitet. Die Stabilitätskennzahlen gelten nicht für „fliegende Spannung" (Tabelle 2).

Stabilitätskennzahl SK:

$$SK = \frac{\text{mittlerer Durchmesser}}{\text{Entfernung der nächsten Spannstelle}}$$

Tabelle 2: Richtwerte für Zustellung „a_e"

	Ermittlung der Zustellung „a_e" in µm									
	Längsschleifen				Einstechschleifen					
	Vorschleifen IT 7		Fertigschleifen IT 5		Vorschleifen IT 7			Fertigschleifen IT 5		
SK	Scheibenbreite b_s in mm				wirksame Scheibenbreite b_s in mm					
	30...60	80...100	30...60	80...100	30	60	100	30	60	100
0,20	8,6	5,7	4,2	2,8	3,0	2,0	1,2	1,5	1,0	0,6
0,25	9,0	6,0	4,7	3,1	3,2	2,2	1,5	1,8	1,3	0,9
0,30	9,3	6,2	5,1	3,4	3,4	2,5	1,7	2,2	1,6	1,2
0,35	9,5	6,4	5,4	3,6	3,6	2,7	2,0	2,4	1,8	1,5
0,40	9,9	6,6	5,6	3,7	3,8	2,8	2,2	2,5	2,1	1,7
0,45	10,0	6,7	5,7	3,8	3,9	3,1	2,4	2,7	2,3	1,8
0,50	10,2	6,8	5,8	3,9	4,1	3,3	2,5	2,8	2,4	2,0
0,55	10,2	6,8	5,8	3,9	4,2	3,4	2,7	2,9	2,5	2,2
0,60	10,4	6,9	6,0	4,0	4,3	3,5	2,9	3,0	2,6	2,3
0,65	10,4	6,9	6,0	4,0	4,3	3,6	3,0	3,1	2,7	2,3
0,70	10,5	7,0	6,0	4,0	4,4	3,7	3,2	3,2	2,8	2,4
0,75	10,5	7,0	6,0	4,0	4,5	3,8	3,3	3,2	2,8	2,5
0,80	10,5	7,0	6,0	4,0	4,5	3,9	3,3	3,3	2,9	2,6

Berechnungsbeispiel:

Außenschleifen einer Getriebewelle (Bild 1) mit den Schleifsitzen ∅77h7 (Längsschleifsitz) und ∅70h5 (Einstechschleifsitz). Für die gegebene Fertigungsaufgabe ist entsprechend der Besonderheiten beim Schleifen die Arbeitsplanung zu erarbeiten. Die festgelegten und ermittelten Zerspanungswerte, Verfahrensskizzen und Verfahrenshinweise sind in Tabellenform zusammenzustellen. Werkstoff: **C60** (1.0601) gehärtet, Schleifaufmaß $t = 0,25$ mm.

Die Welle wird mit den Verfahrensvarianten **Längs- und Einstechschleifen** bearbeitet, dabei soll die Aufteilung des Schleifprozesses in **Vor- und Fertigschleifen** vorgenommen werden.

Arbeitsschritte beim Schleifen

10   Schleifkörper auswählen und aufspannen
20   Drehzahl n_s (1/min) einstellen
30   Schleifkörper abrichten
40   Werkstück spannen und die Werkstückdrehzahl n_W (1/min) einstellen

50   Längsschleifsitz: – Vorschleifen
                         – Fertigschleifen
60   Einstechsitz: – Vorschleifen
                         – Fertigschleifen

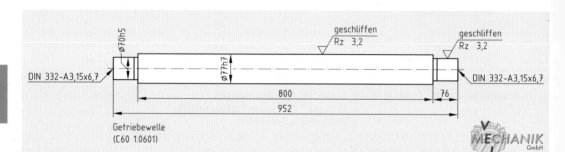

geschliffen Rz 3,2   geschliffen Rz 3,2

∅70h5   ∅77h7

DIN 332–A3,15x6,7   DIN 332–A3,15x6,7

800   76
952

Getriebewelle
(C60 1.0601)

1   **Getriebewelle**

Arbeitsschritt 10:

ges.: Schleifkörper   Lösung: **DIN 69120 –1A– 630 x 80 x 305 – A 70 Jot 5 V – 35**
                                         (s. Tabellenbuch)

Arbeitsschritt 20:

ges.: Schleifscheibendrehzahl n_s (1/min)
geg.: Auszug aus v_s-**Tabelle**
       (Schleifscheibenumfangsgeschwindigkeit m/s)

Lösung: lt. Tabelle $v_s = 45$ m/s

$$n_s = \frac{v_s}{\pi \cdot d} = \frac{1000\,\frac{mm}{m} \cdot 60\,\frac{s}{min} \cdot 45\,\frac{m}{s}}{\pi \cdot 630\,mm} = 1365\,\frac{1}{min}$$

Schleifscheibenumfangsgeschwindigkeit v_s (m/s) aufgabenbezogen	
35	dünnwandige Teile, thermisch empfindliche Werkstoffe
45	**Standardaufgaben, Stahl hart und weich**
60	Hohe Abtragsleistung und großes Werkstoffaufmaß
15 ... 20	Hartmetall, Keramik (mit Diamantscheibe)
25 ... 35	Innenschleifen Stahl hart und weich

Arbeitsschritt 30: Schleifkörper abrichten (Bild 2)

2   **Abrichtvorgang**

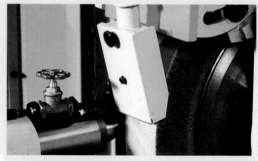

Arbeitsschritt 40:

ges.: Werkstückdrehzahl n_W (1/min)

geg.: Auszug aus v_W-Tabelle (Werkstücksumfangsgeschwindigkeit m/min)

Werkstücksumfangsgeschwindigkeit v_W $\left(\frac{m}{min}\right)$	
biegesteife Teile	biegsame Teile
20	15
30	20
20 ... 30	
35 ... 40	35 ... 40
22 ... 28	22 ... 28

Lösung:

lt. Tabelle $v_W = 20 \frac{m}{min}$

$$n_{W1} = \frac{v_W}{\pi \cdot d_1} = \frac{1000 \frac{mm}{min} \cdot 20 \frac{m}{min}}{\pi \cdot 77 \text{ mm}}$$

$$n_{W1} = 83 \frac{1}{min}$$

$$n_{W2} = \frac{v_W}{\pi \cdot d_2} = \frac{1000 \frac{mm}{min} \cdot 20 \frac{m}{min}}{\pi \cdot 70 \text{ mm}}$$

$$n_{W2} = 91 \frac{1}{min}$$

Arbeitsschritt 50 (Längsschleifsitz):

geg.: Werkstückmesser $d_W = 77$ mm, Schleifscheibenbreite $b_s = 80$ mm, Schleifzugabe $t = 0,25$ mm, Schleiflänge $L = 800$ mm (Überlauf des Schleifkörpers beidseitig 40 mm), Werkstückdrehzahl $n_{W1} = 83$ 1/min, Tabellen für Zustellung a_e (µm) und Vorschub f bzw. Berechnungsgleichung für den Werkstückseitenvorschub f (mm) SK = 0,20

1. **Vor**schleifen (Bild 1)

ges.: Schleifzugabe t_V (mm), Zustellung a_{eV} (mm), Vorschub f_V (mm)

geg.: Auszug a_e – **Tabelle** (Zustellungsrichtwerte in µm)

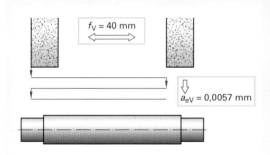

Längsschleifen				
	vorschleifen IT 7		fertigschleifen IT 5	
SK	Scheibenbreite b_s in mm			
	30...60	80...100	30...60	80...100
0,20	8,6	5,7	4,2	2,8
0,25	9,0	6,0	4,7	3,1
0,30	9,3	6,2	5,1	3,4

1 Verfahrensprinzip Vorschleifen

2. **Fertig**schleifen (Bild 2)

ges.: Schleifzugabe t_F (mm), Zustellung a_{eF} (mm), Vorschub f_F (mm)

geg.: a_e-Tabelle

Lösung:

Schleifzugabe t_V:

$$t_V = t - 0,05 \text{ mm}$$

(0,05 mm bleiben fürs Fertigschleifen)

$$t_V = 0,25 \text{ mm} - 0,05 \text{ mm}$$

$$t_V = 0,20 \text{ mm}$$

Zustellung: $a_{eV} = 0,0057$ mm (s. Tabelle)

Vorschub: $f_V = 0,5 \cdot b_s$
$f_V = 0,5 \cdot 80$ mm

Lösung: $f_V = 40$ mm

Schleifzugabe: $t_F = 0,05$ mm

Zustellung: $a_{eF} = 0,0028$ mm (s. Tabelle)

Vorschub f_F: $f_F = 20$ mm

(Praktischer Erfahrungswert)

2 Verfahrensprinzip Fertigschleifen

Arbeitsschritt 60 (Einstechsitz):

geg.: Werkstückdurchmesser d_W = 700 mm, Schleifscheibenbreite b_s = 80 mm, Schleifzugabe t = 0,25 mm, Werkstücklänge l = 76 mm, Werkstückdrehzahl n_{W2} = 91 1/min, SK = 0,20 – festgelegt.

1. **Vor**schleifen (Bild 1):

geg.: Auszug aus a_e-Tabelle (Zustellungsrichtwerte)

ges.: Schleifzugabe t_V (mm), Zustellung a_{eV} (µm)

Lösung:

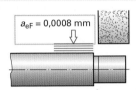

a_{eF} = 0,0008 mm

1 Verfahrensprinzip Vorschleifen

2. **Fertig**schleifen (Bild 2):

geg.: Auszug aus a_e-Tabelle (Zustellungsrichtwerte)

ges.: Schleifzugabe t_F (mm), Zustellung a_{eF} (µm)

Lösung:

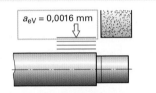

a_{eV} = 0,0016 mm

2 Verfahrensprinzip Fertigschleifen

Einstechschleifen

SK	Vorschleifen IT 7			Fertigschleifen IT 5		
	wirksame Scheibenbreite b_s in mm					
	30	60	100	30	60	100
0,20	3,0	2,0	1,2	1,5	1,0	0,6
0,25	3,2	2,2	1,5	1,8	1,3	0,9
0,30	3,4	2,5	1,7	2,2	1,6	1,2
0,35	3,6	2,7	2,0	2,4	1,8	1,5

Schleifzugabe t_V: $t_V = t - 0,05$ mm
(0,05 mm bleiben fürs Fertigschleifen)
$$t_V = 0,25 \text{ mm} - 0,05 \text{ mm}$$
$$t_V = 0,20 \text{ mm}$$

Zustellung: a_{eV} = **0,0016 mm** (s. Tabelle)

Mittelwert b_s 60/100 = **80** mm (s. Spalte für **SK 20**)

Schleifzugabe: t_F = 0,05 mm

(0,05 mm bleiben fürs Fertigschleifen)

Zustellung: a_{eF} = **0,0008 mm** (s. Tabelle)

Mittelwert b_s 60/100 = **80** mm (s. Spalte für **SK 20**)

Ergebniszusammenstellung:

Arbeitsschritt	Verfahrensskizze	Werkzeug	n_s/n_W (1/min)	t_V/t_F (mm)	a_{eV}/a_{eF} (mm)	f_V/f_F (mm)
10 Schleifkörper- auswahl und aufspannen		DIN 69120 – 1A – 630 x 80 x 305 – A 70 Jot 5 V – 35				
20 Drehzahl n_s einstellen			1365			
30 Schleifkörper abrichten						
40 Werkstück spannen und Drehzahl n_W			83/91			
50 Längsschleifsitz Vor- und Fertigschleifen				0,20 0,05	0,0057 0,0028	40 20
60 Einstechsitz Vor- und Fertigschleifen				0,20 0,05	0,0016 0,0008	

Übungsbeispiele:

Erarbeiten Sie anhand der vorgegebenen technologischen Abläufe die Arbeitsplanung der dargestellten Werkstücke. Ermitteln Sie aus den gegebenen Tabellen bzw. durch Berechnung alle erforderlichen Einstellwerte. Stellen Sie die Verfahrensskizzen, Werkzeuge sowie die Tabellen- und Einstellwerte in Tabellenform zusammen.

Gesucht: Verfahrensskizze, Werkzeug, Tabellen- und Einstellwerte n_s, n_W, t_V, t_F, a_{eV}, a_{eF}, f_V, f_F

1. **Getriebewelle:** Schleifbearbeitung nach dem gegebenen technologischen Ablauf (Bild 1):
   1. Profilabrichten des Schleifkörpers – Außendurchmesser, Kegelfase, linke Planseite
                                          – Radius 3 mm, rechte Planseite
   2. Messung der Axiallage des Werkstücks (Planseite) zwecks Verrechnung in der Z-Achse
   3. Einstechschleifen (messgesteuert) ⌀55h5
   4. Einstechschleifen (programmgesteuert) ⌀80h6
   5. Kegelschleifen (bahngesteuert)
   6. Planschleifen
   7. Mehrfacheinstechschleifen (messgesteuert) ⌀50g6
   8. Einstechschleifen (messgesteuert) ⌀30h6
   9. Radiusschleifen (bahngesteuert)

   geg.: Werkstoff E335, geforderte Rauheit R_z = 3,2 μm, Aufmaß t = 0,1 mm an der **Planseite**, Aufmaß t = 0,03 mm auf dem **Werkstückdurchmesser**

2. **Werkstückspindel** (Bild 2):
Schleifen der 5 gekennzeichneten Sitze ⌀ 55 ± 0,004 mm, ⌀60h5, ⌀62h6, ⌀ 65 ± 0,0025 mm und ⌀65g6 im **Einstechverfahren** (Anschlagschleifen) sowie Innenschleifen der Kegelbohrungen Morsekegel 5, Innenkegel 1 : 10. Die beiden Kegel sind vor- und fertigzuschleifen.

   geg.: Werkstoff: **20MnCr5 gehärtet**, t = 0,3 mm auf dem Werkstückdurchmesser, t = 0,1 mm auf der **Planseite** sowie t = 0,5 mm für das **Innenschleifen**, geforderte Rauheit R_a = 0,16 μm bzw. 1,25 μm.

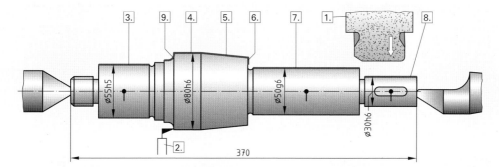

1   Getriebewelle

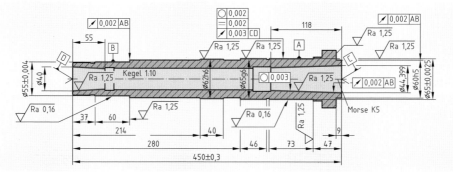

2   Werkstückspindel

Berechnung zur Arbeitsplanung (Schleifen)

Die Bearbeitungsschritte des Fertigungsbeispiels (Getriebewelle – Bild 1) der vorangegangenen Arbeitsplanung (Arbeitsschritte 50/60 Längs- und Einstechschleifsitze) dienen als Berechnungsbeispiele der **Hauptnutzungszeit t_h** für alle weiteren Schleifverfahren. Das Außenrundschleifen der Welle erfolgt durch die Verfahrensvarianten Längs- und Einstechschleifen. Der Schleifprozess wird in Vor- und Fertigschleifen unterteilt.

Berechnungsbeispiel:

Für das Außenrundschleifen der gegebenen Getriebewelle (Bild 2) mit Vor- und Fertigschleifen ist die Hauptnutzungszeit zu ermitteln.

geg.: ∅77h7 (Längsschleifsitz), ∅70h5 (Einstechschleifsitz), Werkstoff: C60 gehärtet, Schleifaufmaß: $t = 0,25$ mm, Schleifgeschwindigkeit: $v_c = 45$ m/s, Werkstückgeschwindigkeit: $v_W = 22$ m/min

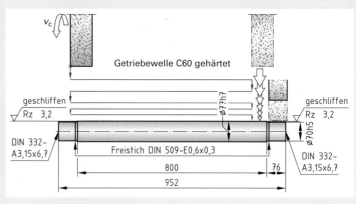

1 Getriebewelle

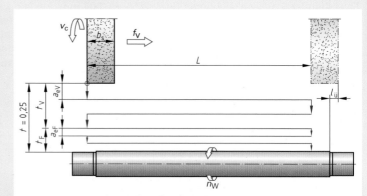

2 Berechnungsgrößen (Längsrundschleifen)

Vorschublänge L:

$$L = l - \frac{1}{3} \cdot b_s$$

Anzahl der Schnitte i:
(Außenrundschleifen)

$$i = \frac{d_1 - d}{2\,a} + 8$$

1. Längsschleifsitz:

geg.: Berechnungsgrößen (Bild 2) Werkstückdurchmesser $d_W = 77$ mm, Werkstückdrehzahl $n_W = 91\ \frac{1}{min}$, Schleifzugabe $t = 0,25$ mm/∅, Schleifkörperbreite $b_s = 80$ mm, Werkstücklänge $l = 800$ mm

ges.: Hauptnutzungszeit t_h, t_{hv}, t_{hf} (min)

Lösung: $$t_h = \frac{t \cdot L}{2 \cdot n_W \cdot a_e \cdot f} = \frac{L \cdot i}{n_W \cdot f}$$

Vorschleifen: Schleifzugabe **$t_v = 0,20$ mm** (Richtwert $t_v = t - 0,05$), Zustellung **$a_{ev} = 0,0057$ mm** (s. Tabelle S. 290 Sk 0,20), Längsvorschub **$f_v = 40$ mm** ($f_v = 0,5 \cdot b_s$)

$$t_{hv} = \frac{t_v \cdot L}{2 \cdot n_W \cdot a_{ev} \cdot f_v} = \frac{0,20 \text{ mm} \cdot 774 \text{ mm}}{2 \cdot 91\ \frac{1}{min} \cdot 0,0057 \text{ mm} \cdot 40 \text{ mm}}$$

$$t_{hv} = 3,73 \text{ min}$$

Fertigschleifen: Schleifzugabe $t_f = 0{,}05$ mm, Zustellung $a_{ef} = 0{,}0028$ mm

Längsvorschub $f_f = 20$ mm

$$t_{hf} = \frac{t_f \cdot L}{2 \cdot n_W \cdot a_{ef} \cdot f_f} = \frac{0{,}05 \text{ mm} \cdot 774 \text{ mm}}{2 \cdot 91 \frac{1}{\text{min}} \cdot 0{,}0028 \text{ mm} \cdot 20 \text{ mm}}$$

$$t_{hf} = 3{,}79 \text{ min}$$

Die **Hauptnutzungszeit** für den Längsschleifsitz $\varnothing 77h7$, 800 mm lang $t_h = t_{hv} + t_{hf}$ beträgt

$t_h = 3{,}73 \text{ min} + 3{,}79 \text{ min}$

$t_h = 7{,}52 \text{ min}$

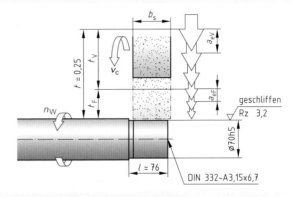

1 Berechnungsgrundlagen (Einstechschleifen)

2. Einstechsitz (Bild 1):

geg.: Werkstückdurchmesser $d_W = 70$ mm, Schleifkörperbreite $b_s = 80$ mm, Werkstückbreite $l = 76$ mm, Werkstückdrehzahl $n_W = 100 \frac{1}{\text{min}}$, Schleifzugabe $t = 0{,}25$ mm/$\varnothing$

ges.: Hauptnutzungszeit t_h, t_{hv}, t_{hf} (min)

Lösung: $$t_n = \frac{t}{2 \cdot n_W \cdot a_e}$$

Vorschleifen: Schleifzugabe $t_v = 0{,}20$ mm ($t_v = t - 0{,}05$), **Zustellung $a_{ev} = 0{,}0016$ mm** (aus Tabelle SK 20)

$$t_{hv} = \frac{t_v}{2 \cdot n_W \cdot a_{ev}} = \frac{0{,}20 \text{ mm}}{2 \cdot 100 \frac{1}{\text{min}} \cdot 0{,}0016 \text{ mm}}$$

$$t_{hv} = 0{,}63 \text{ min}$$

Fertigschleifen: Schleifzugabe $t_f = 0{,}05$ mm, Zustellung $a_{ef} = 0{,}0008$ mm

$$t_{hf} = \frac{t_f}{2 \cdot n_W \cdot a_{ef}} = \frac{0{,}05 \text{ mm}}{2 \cdot 100 \frac{1}{\text{min}} \cdot 0{,}0008 \text{ mm}}$$

$$t_{hf} = 0{,}31 \text{ min}$$

Die **Hauptnutzungszeit** für den Einstechsitz $\varnothing 70h5$, 76 mm breit $t_h = t_{hv} + t_{hf}$ beträgt

$t_h = 0{,}63 \text{ min} + 0{,}31 \text{ min}$

$t_h = 0{,}94 \text{ min}$

Handlungsanweisung zum Scheifen eines Spannkegels

Die Maß- und Formgenauigkeit des Spannkegels durch die Schleifbearbeitung an den Funktionsflächen garantiert in Zusammenwirkung mit der Spannhülse die kraftbetätigte Werkstückspannung.

Die Handlungsanweisung zum Schleifen des Spannkegels wird exemplarisch als Einzelanfertigung dargestellt. Die unterschiedlichen Fertigungsbedingungen in den Ausbildungsstätten werden durch die aufgeführten Varianten berücksichtigt.

Beim Hersteller der Spanndorne werden die veränderten Bedingungen der Serienfertigung beachtet.

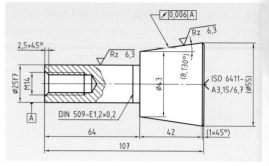

1　Spannkegel

Teilaufgaben der Schleifbearbeitung des Spannkegels	Hinweise zur Durchführung
1. Werkstückkontrolle	**Maßkontrolle** des Schleifaufmaßes ca. 0,3 mm, Kegelerzeugungswinkel 2/2 und Härteprüfung.
2. Spannmittel auswählen	Die Werkstückspannung zwischen zwei Spitzen ermöglicht die Bearbeitung des Zylinders und des Kegels in **einer Aufspannung**. Verwendung einer **HM-Zentrierspitze** sowie aufgrund der geforderten 6 µm Rundlauftoleranz ist ein **Zentrierschleifen** am Gewinde M14 erforderlich.
3. Auswahl der Schleifscheibe	Der Zylinder Ø 25f7 x 64 und der Kegel $l = 42$ mm müssen mit einer Scheibe $b > 50$ mm bearbeitet werden. Der Werkstoff des Spannkegels und der Härtezustand sind zu beachten.
4. Einstellwerte	Die Abhängigkeit der Einstellwerte q und v_W der durchzuführenden **Schleifverfahren** beachten. Pendelschleifen für Zylinder: f_v f_F a_{eV} a_{eF} Einstechschleifen des Kegels: a_{eV} a_{eF} t_V t_F
5. Schleifbearbeitung	Beachtung aller einschlägigen **UVV**
6. Zwischenkontrolle beim Schleifen	**Handhabung** der zu verwendeten Messmittel! Der Winkel von **8,130°** kann mit einer **Messuhr** bzw. einem **Sinuslineal** gemessen werden und muss bei Abweichungen durch Verstellung am Spannmittel korrigiert werden.
7. Endkontrolle	Messmittel zur Form- und Lagetoleranz

5.5.10 Grinding

Grinding is a manufacturing process with the help of geometrical-ly undefined cutting edges. The forming tool consists of countless bound grains is the grinding wheel (Figure 1).

Process advantages are:

- Dimensional and shape accuracy (... IT 5)
- Surface roughness (Rz ... 1 micron)
- Hard machining

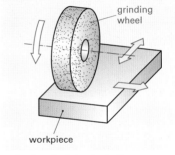

1   Basic principle of grinding

Movements and forces during grinding

A characteristic feature of grinding is the cutting movement of the grinding wheel and the work piece motion. The resulting effective movement is the instantaneous motion of an abrasive grain. Arrival, return, supply and adjusting movements are not directly involved in material removal.

The size of the individual forces is relatively small when grinding due to the different cutting geome-try of the abrasive grains and is defined by means of empirical values (Figure 2).

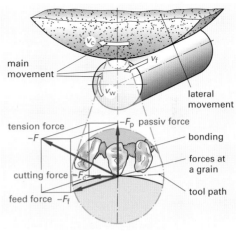

2   movements and forces in grinding

Cutting action and chip formation

The movement conditions, settings and the edge shape (grain) are characteristics of grinding, this means the depth of cut with geometrically unde-fined cutting edges.

Phases of chip formation (Figure 3):

- Elastic material deformation 1/6
- Plastic material deformation 2
- Separation of materials in the shear plane 3
- Complete material solidification 4/5

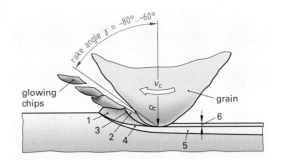

3   cutting edge engagement and chips formation

Grinding procedures

All grinding procedures with rotary tools and rotary or linear moving work pieces are classified accord-ing to DIN 8589 part 11 (1984-01).

Classification criteria (Figure 4):

- shape of workpiece
- location of the grinding wheel to the workpiece
- feed movement

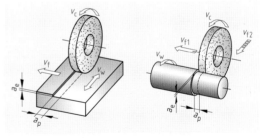

4   classification of grinding methods

Chronological word list		Tasks
1. Manufacturing process grinding		
Chip-removing manufacturing process	Spanabhebendes Fertigungsverfahren	1. Translate the text from the previous page into German
Geometric undefined cutting edges	Geometrisch unbestimmte Schneiden	2. Translate the terms in figure 1
Grain	Körner	3. Answer the following questions:
Grinding wheel	Schleifscheiben	■ Which difference does grinding have in comparison to other chip-removing manufacturing processes?
Tool	Werkzeug	■ How does the self-sharpening effect take place in grinding?
Workpiece	Werkstück	■ How can hard materials be ground?
2. Movements and forces during grinding		
Main movement	Hauptbewegungen	1. Translate the text from the previous page into German
Lateral movement	Nebenbewegungen	
Tool path	Werkzeugbahn	2. Translate the terms in figure 2
Bonding	Bindemittel	3. Answer the following questions:
Force at a grain F	Spankraft F	■ Explain the movement of the grinding wheel and the workpiece during grinding.
Cutting force F_e	Schnittkraft F_c	■ Evaluate the proportion of the cutting forces whilst grinding in comparison to other metal-cutting techniques .
Feed force F_r	Vorschubkraft F_f	■ Explain the continuously changing cutting forces whilst grinding.
Passive force F_p	Passivkraft F_p	
3. Cutting edge engagement		
Abrasive grain	Schleifkorn	1. Translate the text from the previous page into German
Elastic deformation	Elastische Verformung	2. Translate the terms in figure 3
Plastic deformation	Plastische Verformung	3. Answer the following questions:
Seperation of material	Werkstofftrennung	■ Name the special features of the cutting geometry of an abrasive grain.
Material solidification	Werkstoffverfestigung	■ Explain the stages of chip formation.
Rake angle	Spanwinkel	■ Explain the special features of the chip forms while grinding.
Glowing chips	aufglühende Späne	
4. Grinding procedures		
Rotating tool	rotierendes Werkzeug	1. Translate the text from the previous page into German
Workpiece form	Werkstückform	
Position of the grinding wheel	Lage der Schleifscheibe	2. Translate the terms in figure 4
		3. Answer the following questions:
Feed movement	Vorschubbewegungen	■ Choose two grinding procedures and mention the location of the axes.
Infeed movement	Zustellbewegungen	■ Name a matching manufacturing product from each technique.
		■ Sketch two grinding procedures and add arrows for infeed and feed movements and the related parameters.

5.6 Stoßen, Hobeln und Räumen

Stoßen gehört neben dem Hobeln zu den ältesten handwerklichen und später industriellen Fertigungsverfahren der Metalltechnik. Ebene Flächen in hoher Oberflächengüte und Aussparungen konnten früher nur durch Stoßen oder Hobeln hergestellt werden (Bild 1). Ebenso wie das Räumen sind diese Verfahren gekennzeichnet durch eine geradlinige Bewegung des Werkzeugs entlang der Werkstückoberfläche.

> Hobeln und Stoßen sind spanende Fertigungsverfahren zur Herstellung planer Flächen, bei denen sich Werkzeug und Werkstück geradlinig gegeneinander bewegen.

Beim **Stoßen** wird die Schnittbewegung durch das Werkzeug ausgeführt, während das Werkstück die Vorschub- und Zustellbewegung ausführt. Wird die Schnittbewegung durch das Werkstück erzeugt, handelt es sich um **Hobeln** (Bild 2). Hobeln ist ein heute in Deutschland nur noch selten anzutreffendes Fertigungsverfahren.

5.6.1 Stoßen

Das Stoßen ist dem Drehen prinzipiell sehr ähnlich. Der Prozess der Spanbildung, die Werkzeuge und die Benennung der Schneidengeometrie sind meist gleich denen des Drehmeißels (Bild 3).

Der Vorteil des Stoßens gegenüber dem Fräsen sind die geringen Einricht- und Werkzeugkosten. Außerdem erwärmt sich das Werkstück wenig. Dadurch entstehen keine Spannungen oder Gefügeänderungen in der bearbeiteten Randzone des Werkstücks.

Die Schnittgeschwindigkeiten liegen bei etwa 50 % bis 80 % der entsprechenden Drehwerte.

Ein wesentlicher Nachteil des Stoßes besteht darin, dass eine höhere Schnittgeschwindigkeit als ca. 50 m/min schwer beherrschbar ist. Der schnelle Wechsel zwischen Stillstand, Bewegung und Richtungsänderung stößt wegen der großen Massen an physikalische Grenzen. Deshalb wird eine maximale Schnitttiefe angestrebt, was wiederum einen geringen Standweg des Werkzeugs zur Folge hat.

Zur Erhöhung der Produktivität werden oft mehrere Werkstücke hintereinander gespannt. Die Werkzeugschneiden bestehen meist aus HSS; Hartmetall oder keramische Schneidstoffe sind oftmals ungeeignet.

Stoßmaschinen

Stoßmaschinen werden meist im Werkzeugbau und für die Bearbeitung relativ kurzer Werkstücke eingesetzt. Sie werden in waagerechter und senkrechter Bauform angeboten (Bild 4). Für die

1 Durch Hobeln und Stoßen herstellbare Formen

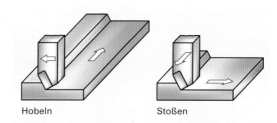

Hobeln · Stoßen

2 Unterschied der Bewegungen zwischen Hobeln und Stoßen

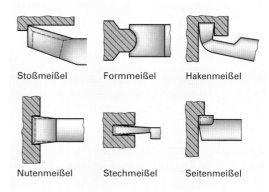

Stoßmeißel · Formmeißel · Hakenmeißel

Nutenmeißel · Stechmeißel · Seitenmeißel

3 Einige spezielle Meißelformen beim Stoßen

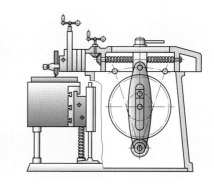

4 Waagerecht-Stoßmaschine

industrielle Massenfertigung werden sie nur noch selten genutzt. Kleinbetriebe jedoch schätzen folgende Vorteile:

- hohe Flexibilität in der Fertigung
- preiswerte und geometrisch einfache Werkzeuge
- hohe Oberflächengüte am Werkstück
- relativ geringer Anschaffungspreis
- im Betrieb relativ leise

Stoßmaschinen werden zum Teil speziell für die Fertigung bestimmter Werkstückkonturen angeboten. Sie werden dann Nutenstoßmaschine oder Zahnradstoßmaschine genannt. Prinzipiell erfolgt eine Einteilung jedoch nach der Stoßrichtung.

Waagerecht-Stoßmaschinen (auch Shaping- oder Kurzhobelmaschinen) eignen sich besonders für die Herstellung von Absätzen, Nuten und ebenen Flächen (Bild 4 der vorherigen Seite).

Senkrecht-Stoßmaschinen werden vorwiegend zur Herstellung von Stempeln, Innenvier- und Innensechskantprofilen sowie für Innenverzahnungen und Keilnuten eingesetzt (Bild 1).

Eine Sonderform des Stoßens ist das **Nutenziehen**. Hier ist die Richtung des Arbeitshubes entgegengesetzt dem Stoßen. Die Werkzeuge sind ebenfalls entsprechend angepasst (Bild 2).

Der Stößelantrieb kann wie auch der Tischantrieb hydraulisch, mechanisch und elektrisch erfolgen. Einige Maschinen sind mit einem dreh-, schwenk- und kippbaren Maschinentisch ausgerüstet, welcher zudem noch über eine Bahn- oder CNC-Steuerung bewegt werden kann. Das ermöglicht die Herstellung komplizierter Formen.

Heute werden neu gebaute Stoß- und **Nutenziehmaschinen** mit CNC-Steuerung angeboten (Bild 4). Dadurch können Werkstücke mit Konturen, die im Vergleich zu alternativen Fertigungsverfahren nur sehr aufwendig produziert werden könnten, relativ kostengünstig und schnell hergestellt werden (Bild 4). Das sind z. B.:

- Schmiernuten in zylindrischen Bohrungen
- Paralellnuten in konischer Bohrung
- Inverse Paralellnut in konischer Bohrung
- Gerade Nut mit schrägem Auslauf in zylindrischer Bohrung
- Gerade Nut mit invers schrägem Auslauf in zylindrischer Bohrung

Weitere Sonderstoßmaschinen

Zu den Sonderstoßmaschinen zählen:

- **Form- und Stempelstoßmaschinen** zur Herstellung stark untergliederter Formteile,
- **Blechkantenstoßmaschinen** zur Bearbeitung großer und sperriger Bleche an Seiten und Kanten,
- **Zahnradstoßmaschinen** zur Herstellung von Zahnprofilen in zylindrischen oder kegligen Grundkörpern.

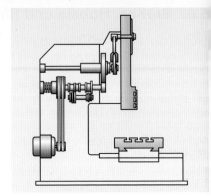

1   Senkrecht-Stoßmaschine

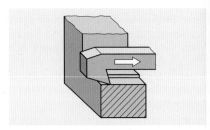

2   Nutenziehen

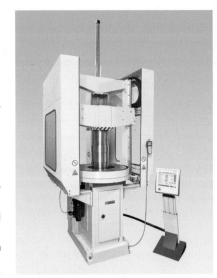

3   CNC-Nutenziehmaschine

4   Mit CNC-Stoßmaschinen herstellbare Werkstücke

Aufgaben

1 Wo liegt der Unterschied zwischen Hobeln und Stoßen?

2 Durch welches Fertigungsverfahren wurde Hobeln und Stoßen meist abgelöst?

3 Welche Vorteile hat das Stoßen gegenüber alternativen Fertigungsverfahren?

4 Welche Werkstückkonturen können besonders günstig auf Stoßmaschinen erzeugt werden?

5.6.2 Räumen

> Räumen ist ein spanendes Verfahren mit mehrschneidigem Werkzeug. Dabei erhält das Werkstück eine bestimmte Kontur, die im Räumwerkzeug vorgegeben ist.

Durch die versetzten Schneiden wird bei geringer Spandicke eine große Zustellung in einem Arbeitsgang erreicht (Bild 1). Dadurch können besonders schwierig herzustellende Profile mit hoher Oberflächengüte und Formgenauigkeit durch **Innen- oder Außenräumen** in kurzer Zeit hergestellt werden (Bild 2). Da das Räumwerkzeug nur für eine bestimmte Form zu verwenden ist, eignet sich dieses Fertigungsverfahren nur für große Stückzahlen.

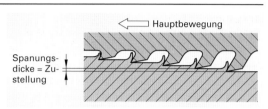

1 **Schneidengeometrie eines Räumwerkzeuges**

Verfahrensvarianten

Das **Druckräumen** ist das technisch einfachste Räumverfahren. Hier wird der **Räumdorn** durch den Stößel der Räummaschine am Werkstück vorbei oder durch eine vorgefertigte Öffnung des Werkstückes gedrückt (Bild 2). Es ist für die Klein- und Mittelserienfertigung besonders geeignet.

Der Nachteil liegt in der Knickbeanspruchung des relativ dünnen Räumdorns, die der Belastbarkeit Grenzen setzt. Außerdem können nur Werkstücke bearbeitet werden, die kürzer sind als die maximale Hubhöhe der Räummaschine.

Diese spielt beim **Zugräumen** kaum noch eine Rolle. Da das Räumwerkzeug durch Zug höher belastbar ist, können größere Schnittgeschwindigkeiten als beim Druckräumen eingestellt werden. Dadurch werden geringere Stückzeiten erreicht und ein Einsatz in der Massenfertigung lohnt trotz des höheren technischen Aufwands bei Werkzeug und Maschine.

Das Werkzeug zum Zugräumen von Werkstück-Innenkonturen ist die **Räumnadel** (Bild 3).

Ein spezielles Verfahren zum Zugräumen von Außenkonturen ist das **Kettenräumen**. Hier wird das Werkstück von Werkstückträgern, die an einer Kette befestigt sind, aufgenommen und an der feststehenden **Räumplatte** (Bild 4) vorbeigezogen.

Schraubräumen ist ein dem Gewindebohren ähnliches Spanungsverfahren. Das Werkstück wird drehbar gelagert und durch die schraubenförmig angeordneten Zahnflanken des Räumwerkzeuges so gedreht, wie es die Steigung vorgibt. Ebenso findet es bei der Herstellung von Außengewindeflächen Anwendung.

Beim **Formräumen** führt das Werkzeug eine gesteuerte, kreisförmige Schnittbewegung aus. So können Formflächen erzeugt werden.

Wird zusätzlich das Werkstück um seine Achse gedreht, heißt das Verfahren **Drehräumen**.

Je nach den geometrischen Formen, die dem Werkstück beim Räumen gegeben werden, spricht man von **Rundräumen, Profilräumen** oder **Planräumen**.

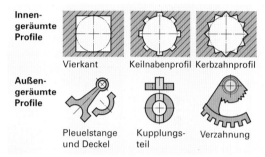

2 **Einige durch Räumen gefertigte Profile**

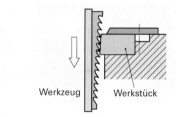

3 **Räumdorn**

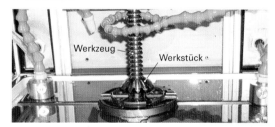

4 **Räumnadel**

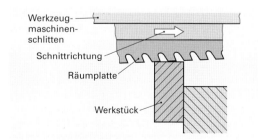

5 **Räumplatte beim Planräumen**

Räummaschinen

Auf der Räummaschine wird das mehrschneidige Werkzeug an der zu bearbeitenden Werkstückfläche vorbeigedrückt oder -gezogen. Dabei wird die Form in einem Arbeitsgang fertiggestellt.

Die Schnittbewegung wird je nach Verfahren meistens vom Werkzeug, manchmal auch vom Werkstück ausgeführt.

Durch die Schnittgeschwindigkeit kann die Oberflächenrauheit beeinflusst werden.

Die Zustellung ist durch das Räumwerkzeug vorgegeben.

Die Arbeitswerte für die Bearbeitung sind abhängig vom Material des Werkstückes sowie der Schneiden des Werkzeuges. Sie werden aus Richtwerttabellen ermittelt.

Je nach Fertigungsaufgabe wird in Innen- oder Außenräummaschinen unterschieden. Außerdem gibt es sie in senkrechter und waagerechter Bauform.

Räummaschinen werden hydraulisch betrieben und können numerisch gesteuert sein.

1 Senkrecht-Innenräummaschine

2 Waagerecht-Außenräummaschine

Waagerechträummaschinen benötigen viel Platz, da sie zur Bearbeitung besonders langer Werkstücke verwendet werden (Bild 2). Durch Teilung des Räumwerkzeuges, dessen Teile numerisch gesteuert nacheinander zum Einsatz gebracht werden, kann die Maschinenlänge erheblich geringer sein als das Gesamtwerkzeug.

Senkrechträummaschinen stehen oft wegen ihrer Höhe in einer Grube oder verfügen über einen erhöhten Bedienstand (Bild 1).

Dies ist bei **Hebetischmaschinen** nicht mehr nötig. Hier führt das Werkstück den Arbeitshub aus.

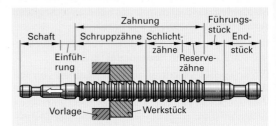

3 Prinzipieller Aufbau eines Räumwerkzeuges

Werkstückeinspannung beim Innenräumen

Nachdem das Werkstück auf der Spannplatte befestigt wurde, wird das am Endstückhalter hängende Werkzeug in die Bohrung des Werkstückes eingeführt und im Schafthalter verriegelt.

Räumwerkzeuge

Räumwerkzeuge sind meist aus Schnellarbeitsstahl, können jedoch auch mit andersartigen Schneiden bestückt sein. Damit sie nachgeschliffen werden können ohne das Endmaß zu verlieren, sind am Ende eines jeden Räumwerkzeuges Reservezähne zu finden (Bild 3).

Aufgaben

1 Warum ist Räumen nur für Mittel- und Großserienfertigung rationell?

2 Wann spricht man von einem Räumdorn, einer Räumnadel oder einer Räumplatte?

3 Wie hängen Aufbau und Funktion eines Räumwerkzeuges zusammen?

4 Wie kann eine Waagerecht-Außenräummaschine kürzer gebaut werden als das Werkzeug?

5 Wozu dienen die Reservezähne am Räumwerkzeug?

6 Aufbau, Funktion und Betrieb von Werkzeugmaschinen

6.1 Die Werkzeugmaschine als technisches System und Produktionsfaktor

Werkzeugmaschinen besitzen als **Produktionsfaktor** in der industriellen Produktion einen wesentlichen Anteil. Sowohl die **Qualität** der fertigen Produkte als auch die **Wirtschaftlichkeit** der Produktion hängen vom technischen Stand und der ständigen Weiterentwicklung der Werkzeugmaschinen ab.

Bild 1 zeigt die ersten **Mechanisierungsschritte** an einer Drehmaschine. Während bei der manuellen Fertigung der Drehmeißel noch von der Hand gehalten und geführt werden musste, wurde mit der ersten Weiterentwicklung der Maschine eine Mechanisierung der Werkzeugbewegung in axialer Richtung erreicht.

1 **Manuelles und maschinelles Drehen**

Um die Funktion und Wirkungsweise einer Werkzeugmaschine zu erkennen, kann man sie verallgemeinernd als **technisches System** betrachten, dem **Energie, Stoff** und **Information** zugeführt werden. Diese Eingangsgrößen werden in der Werkzeugmaschine umgesetzt und verlassen die Maschine als veränderte Ausgangsgröße (Bild 2).

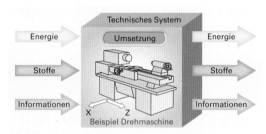

2 **Technisches System „Maschine"**

Mechanische Energie wird in potenzielle Energie (Energie der Lage) und kinetische Energie (Bewegungsenergie) unterteilt. **Elektrische Energie** ist im elektrischen Strom gespeichert und kann z. B. die Welle des Antriebsmotors einer Drehmaschine in Bewegung versetzen (Bild 3). **Wärmeenergie** liegt in erwärmten Körpern vor. Durch die Drehung des Antriebsmotors wird neben der beabsichtigten Bewegungsenergie ein Teil der elektrischen Energie in Wärme umgewandelt. Die Ursache hierfür ist hauptsächlich die Reibung. Wärmeenergie wird im System „Werkzeugmaschine" als eine Verlustenergie betrachtet, da sie technisch nicht genutzt wird.

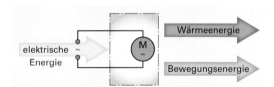

3 **Energiefluss beim System „Motor"**

Stoffe (Bild 4) werden im System „Werkzeugmaschine" mithilfe der Energie entweder von einem Ort zu einem anderen transportiert (Stofftransport) oder in eine andere Form gebracht (Stoffumformung).

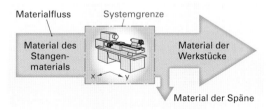

4 **Materialfluss beim System „Maschine"**

Informationen müssen der Maschine mitgeteilt werden, damit das gewünschte Arbeitsergebnis bezüglich der geometrischen Form und der geforderten Toleranzen erreicht wird. Die Informationen werden bei konventionellen Maschinen durch den Menschen und Hilfsmittel, z. B. Fertigungszeichnungen, gespeichert und übermittelt. Bei CNC-Maschinen werden die Informationen z. B. auf Festplatten oder Speicherkarten abgelegt und über Datenleitungen an die Maschinensteuerung weitergegeben (Bild 5).

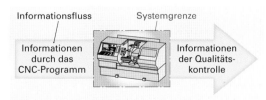

5 **Informationsfluss an einer Maschine**

6.2 Maschinenelemente

Werkzeugmaschinen setzen sich aus vielen Einzelteilen zusammen. Einige dieser Bau- und Funktionsteile werden unter dem Begriff Maschinenelemente zusammengefasst. Um eine Werkzeugmaschine bewusst bedienen zu können sowie um die Gründe eventuell auftretender Störungen schnell zu finden, ist es notwendig, ihre wesentlichen Bauteile, deren Aufgaben und Funktionsweise genau zu kennen.

Maschinenelemente sind bestimmte Bauelemente von Maschinen, die wirkungsvoll miteinander verbunden sind. Sie werden durch Zug, Druck, Verdrehung, Biegung oder Abscherung beansprucht.

Als **Funktionselemente** bezeichnet man Einzelteile oder Baugruppen einer Maschine, die eine genau bestimmte Funktion übernehmen.

Funktionsgruppen entstehen durch das Fügen von mindestens zwei Einzelteilen.

Dabei muss beachtet werden, dass beispielsweise für den Hersteller von Werkzeugmaschinen das Getriebe als Funktionselement gilt, während es für den Getriebehersteller eine Funktionsgruppe darstellt (Bilder 1 und 2).

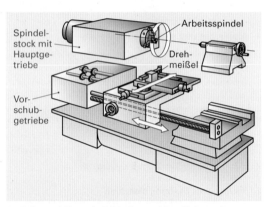

1   Leit- und Zugspindeldrehmaschine (Schema)

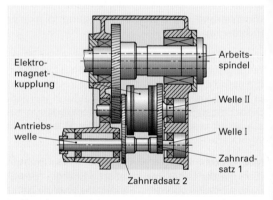

2   Kupplungsgetriebe

Maschinenelemente	
können beim Umsetzungsprozess von **Energien, Stoffen** oder **Informationen** diese:	werden deshalb unterschieden in:
▪ umformen, ▪ übertragen, ▪ verbinden, ▪ speichern, ▪ steuern, ▪ stützen, ▪ stoppen.	▪ Umformelemente (Bremse, Zahnradpaar), ▪ Übertragungselemente (Wellen, Rohre), ▪ Verbindungselemente (Schrauben, Stifte), ▪ Speicherelemente (Federn, Druckbehälter), ▪ Schaltelemente (Schrittschaltwerke), ▪ Stützelemente (Lager, Führungen), ▪ Isolierungen, Dichtungen (Silicone).

6.2.1 Verbindungselemente

Fast alle technischen Geräte bestehen aus mehreren Bauteilen, die nach unterschiedlichen Anforderungen aus miteinander verbundenen Einzelteilen bestehen und gleichfalls verbunden sind.

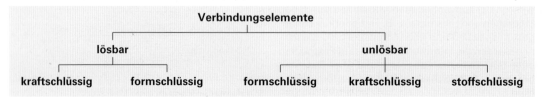

Lösbare Verbindungen ermöglichen die unkomplizierte Montage und Demontage von Maschinenelementen ohne großen Aufwand an Fertigungsmitteln. Die Möglichkeit zur Demontage ist oft wichtig, um Wartungs- und Reparaturaufgaben ausführen zu können.

Unlösbare Verbindungen entstehen durch das Wirken von Kohäsions- und Adhäsionskräften zwischen den Molekülen. Ihre Herstellung ist häufig mit höherem Aufwand an Fertigungsmitteln und speziell qualifizierten Arbeitskräften verbunden. Sie sind meist nur bei Zerstörung des Verbindungsmaterials zu trennen.

6.2.1.1 Schraubenverbindungen

Schrauben sind ein sehr oft verwendetes und vielfältig einsetzbares Maschinenelement. Sie werden häufig in Verbindung mit Muttern montiert.

> Schrauben und Muttern dienen meist dem lösbaren Verbinden von Maschinenelementen, was je nach Zweck sowohl form- als auch kraftschlüssig geschehen kann (Bild 1).

Für die unterschiedlichen Aufgaben und Anforderungen wurden zahlreiche Schraub- und Mutternarten entwickelt, die in der Regel genormt sind.

Schrauben werden auch als Verschlussschraube (z. B. Ölwanne), distanzbestimmendes Element (z. B. Werkzeughalter) oder als Messinstrument (z. B. Gewindespindel der Bügelmessschraube) verwendet.

Auf jedem Schraubenkopf ist die **Festigkeitsklasse** eingeprägt. Damit lassen sich Mindestzugfestigkeit (R_m) und Mindeststreckgrenze (R_e) rechnerisch oder über Tabellen ermitteln. Mit diesen Werten wird die zulässige Spannung ermittelt. Damit kann eine Überlastung der Schraubenverbindung ausgeschlossen werden (Bild 2).

Durch Erschütterungen, nachlassende Vorspannkraft oder „Kriechen" des Werkstoffs könnten Schraubenverbindungen sich ungewollt lösen. Das kann sehr wirkungsvoll durch vier grundsätzlich verschiedene Möglichkeiten der Schraubensicherung vermieden werden.

Setzsicherungen (z. B. Spannscheibe, Federring, Zahnscheibe) wirken **kraftschlüssig** und gleichen ein Nachlassen der Vorspannkraft aus.

Losdrehsicherungen (z. B. Sperrzahnschraube, gelackter Schraubenkopf, klebstoffbeschichtetes Gewinde) wirken oft **stoffschlüssig** und wirken sehr gut bei in Achsrichtung dynamisch belasteten Schraubenverbindungen.

Verliersicherungen (z. B. Sicherungsbleche, Drahtsicherung, Kronenmutter mit Splint) wirken **formschlüssig** und werden an Schraubenverbindungen

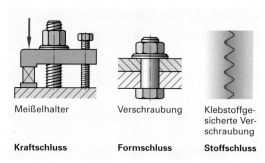

Meißelhalter Verschraubung Klebstoffge-
sicherte Ver-
schraubung

Kraftschluss **Formschluss** **Stoffschluss**

1 **Möglichkeiten der Schraubenverbindung**

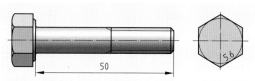

Bezeichnung:
Sechskantschraube DIN EN 24014 – M10 × 50 - 5.6

Berechnung:
Fertigkeitsklasse 5.6

R_m = erste Zahl × 100
R_m = 5 × 100 = 500 N/mm²

R_e = erste Zahl × zweite Zahl × 10
R_e = 5 × 6 × 10 = 300 N/mm²

2 **Sechskantschraube mit Bezeichnung und Berechnungsbeispiel**

bei Gewinde ohne Selbsthemmung   bei Gewinde mit Selbsthemmung

$\rho < \alpha$ $\rho > \alpha$

α Steigungswinkel; ρ Reibungswinkel

3 **Selbsthemmung**

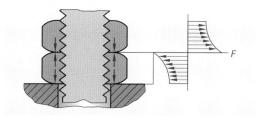

4 **Gegenmutter**

eingesetzt, bei denen die Vorspannkraft nur eine untergeordnete Rolle spielt.

Selbsthemmende Schrauben verfügen über Feingewinde mit geringer Steigung. Der Reibungswinkel ist größer als der Steigungswinkel (Bild 3).

Gegenmuttern (Kontermuttern) können schnell, preiswert und unkompliziert montiert werden (Bild 4).

6.2.1.2 Stift- und Bolzenverbindungen

Stift- und Bolzenverbindungen finden im Maschinenbau wegen ihrer schnellen, unkomplizierten Montage als **lösbare Verbindungen** mit Kraft- oder Formschluss ein großes Einsatzgebiet. Bolzen unterscheiden sich von Stiften durch ihre Kopfform, den Durchmesser sowie durch eine mögliche Splintbohrung. Nach EN ISO werden 28 verschiedene Stifte sowie 7 Bolzenarten unterschieden.

Funktionsarten von Stiften

- **Passstifte** setzt man zur Lagesicherung zweier Bauteile gegen seitliches Verrutschen ein.
- **Befestigungsstifte** verbinden Bauteile kraft- oder formschlüssig.
- **Abscherstifte** schützen wertvollere Bauteile, wie z. B. Getriebe, indem sie bei zu hoher Belastung zerstört werden (abscheren) und damit den Kraftfluss unterbrechen.
- **Haltestifte** (z. B. Einhängen einer Feder), **Sicherungsstifte** (z. B. Sichern einer Sechskantschraube) und **Mitnehmerstifte** (z. B. bei im Stillstand schaltbaren Getrieben) werden seltener genutzt.

Stiftformen (Bild 1)

- **Zylinderstifte** werden am häufigsten eingesetzt. Es gibt sie in gehärteter und ungehärteter Ausführung, mit oder ohne Fase sowie mit Linsenkuppe oder Kegelkuppe. Zylinderstifte erfüllen besonders hohe Anforderungen an Zentrierung und Lagesicherung verschiedener Bauteile zueinander. Die Aufnahmebohrungen der zu verbindenden Bauteile sollten möglichst zusammen gebohrt werden, um genaueste Funktionstüchtigkeit zu gewährleisten.

- **Kegelstifte** sind im Kegelverhältnis 1 : 50 verjüngt. Die Aufnahmebohrung muss so gewählt werden, dass sich bei Einsetzen des Stiftes mit Hand die Stiftkuppe noch 4 mm über der Lochkante befindet. Anschließend ist der Stift bündig einzuschlagen. Es entsteht eine form- und kraftschlüssige Verbindung, welche jedoch nicht rüttelsicher ist.

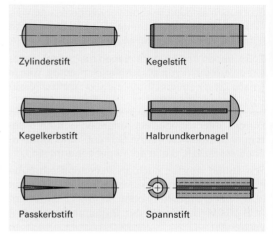

1   Die gebräuchlichsten Stiftarten

Beim **Einschlagen von Stiften** sollte beachtet werden, dass der Stift sich genau senkrecht zur Bohrung befindet und eingefettet ist. Die Größe des Hammers sollte der des Stiftes angepasst sein, da zu große Eintreibkräfte im Bauteil schädliche Spannungen ergeben.

6.2.1.3 Mitnehmerverbindungen

Müssen schnell rotierende, genau rundlaufende Teile große Drehmomente übertragen (Zahnräder, Fräser auf Frässpindel), sind Stiftverbindungen nicht geeignet. Stattdessen werden **Federn** eingesetzt. Diese verspannen die rotierenden Teile so, dass sie genau rund drehen und hohe Kräfte aufnehmen können.

Besonders in Werkzeugmaschinen sind viele Federn als Verbindungselement in Form einer **Welle-Nabe-Verbindung** zu finden (Bild 2). Da die Feder sowohl mit der Nut der Welle als auch mit der Nut der Nabe eine Passung bildet, spricht man von **Passfedern** (Bild 3). Am meisten werden Passfedern der **Formen A, B** und **Form C** verwendet.

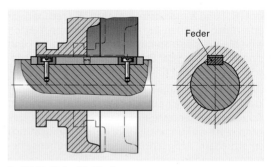

2   Welle-Nabe-Verbindung

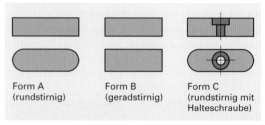

3   Formen von Passfedern

Müssen Welle und Nabe gegeneinander axial verschiebbar bleiben, wird dies durch eine entsprechende Toleranz (Gleitsitz) erreicht (z. B. Schieberadgetriebe der Hauptantriebseinheit der CNC-Fräsmaschine). Hier spricht man von **Gleitfedern** (Bild 1).

> Federn verbinden Bauteile lösbar durch Formschluss.

Für hochbeanspruchte rotierende Verbindungen mit wechselnder Drehrichtung (Schaltgetriebe) werden Feder und Welle aus einem Stück gefräst. Man erhält dadurch eine **Keilwelle**. Auch diese Verbindung kann durch eine entsprechende Toleranz axial verschiebbar gefertigt werden. Obwohl eigentlich von „Federwelle" gesprochen werden müsste, hat sich der Begriff der Keilwelle durchgesetzt (Bild 2).

Zum schnell **lösbaren Verbinden** zweier Bauteile werden **Keile** genutzt. Auch sie werden in Form A (rundstirnig) und Form B (geradstirnig) unterschieden. Durch Verspannen bilden Keile eine kraftschlüssige Verbindung (Bild 3).

Bei **Längskeilverbindungen** besteht gegenüber Federn der Nachteil, dass die Massenmittelpunkte aus der Drehachse geschoben werden (Bild 4). Wegen ungenügendem Rundlauf ist diese Art der Welle-Nabe-Verbindung nicht für schnell rotierende Teile geeignet (Bild 4).

> Keile verbinden Bauteile lösbar durch Kraftschluss.

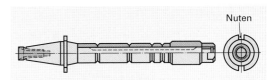

1 **Fräsdorn einer Waagerecht-(Konsol-)Fräsmaschine**

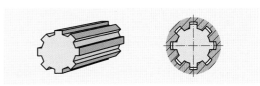

2 **Keilwelle**

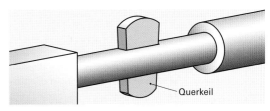

3 **Querkeilverbindung**

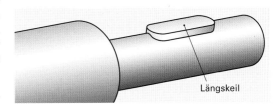

4 **Längskeilverbindung**

Aufgaben

1 Welche Aufgaben können Maschinenelemente erfüllen? Nennen Sie Beispiele aus Ihrer praktischen Ausbildung!

2 Worum handelt es sich bei einer Schraube mit folgender Bezeichnung:

   Sechskantschraube DIN EN 24014-M10 x 50 – 8.8?

3 Skizzieren und benennen Sie alle Schraubensicherungen, die Sie kennen!

4 Wozu werden welche Stifte oder Bolzen verwandt? Nennen Sie Beispiele!

5 Erklären Sie, welche Vorteile der Einsatz von Federn bietet!

6 Wann verwenden Sie Keile? Nennen Sie Nachteile gegenüber Federn!

7 Warum kann ein Maschinenschraubstock sowohl Funktionselement als auch Funktionsgruppe sein?

6.2.2 Führungen und Lager

Bewegliche Maschinenelemente müssen genau geführt werden und auch bei der Aufnahme radialer oder axialer Kräfte und Momente ihre Lage beibehalten. Dazu benötigt man **Führungen** und **Lager**.

Bei Werkzeugmaschinen gewährleisten sie z.B. die Bewegung der Arbeitstische und Supporte bzw. dienen der Lagerung der Hauptspindeln. Sie müssen folgende Eigenschaften besitzen:

- geringe Reibung, um den Stick-Slip-Effekt (der genaues Positionieren verhindert, vgl. S. 308) und schnellen Verschleiß zu vermeiden,
- hohe Steifigkeit und möglichst Spielfreiheit, um die Genauigkeit der Maschine nicht zu beeinträchtigen,
- gute Dämpfung, um Rattern und Schwingungen zu schwächen,
- einfache Wartungsmöglichkeit.

6.2.2.1 Lager

Lager haben die Aufgabe, radial oder axial belastete Wellen oder Achsen (vgl. S. 309 ff.) zu führen und zu stützen. Man unterteilt Lager in Gleitlager und Wälzlager. Beide gibt es, je nachdem aus welcher Richtung sie Belastungen aufnehmen müssen, als **Radiallager** oder **Axiallager**.

Gleitlager werden heute dort eingesetzt, wo stoßweise Belastungen auftreten und hohe Umlaufgeschwindigkeiten gegeben sind. Dabei gleitet der am Wellenende befindliche Zapfen in einer Lagerbuchse, welche aus verschiedensten Materialien bestehen kann. Die Lagerbuchse ist stets aus weicherem Material gefertigt als der Zapfen und verfügt über gute Gleiteigenschaften. Oft sind Gleitlager mit Schmiernuten versehen, da der Schmiermitteleinsatz erhebliche Vorteile erbringt (Bild 1).

Wälzlager bestehen aus Außenring, Innenring, Wälzkörper und Käfig. Man unterscheidet sie meist nach der Form der eingesetzten Wälzkörper (Bild 2). Eingesetzt werden dafür Kugeln, Zylinderrollen, Kegelrollen, tonnenförmige Rollen und Nadeln (Bild 3). Je nachdem in welcher Richtung axiale Kräfte aufgenommen werden sollen, unterscheidet man drei Lagerarten:

- **Festlager** nimmt beidseitig Axial- und Radialkräfte auf (Bild 4a).
- **Loslager** nimmt keine Axialkräfte auf (Bild 4b).
- **Stützlager** nimmt Axialkräfte in einer Richtung auf (Bild 4c).

Axialkraft: Belastung in Richtung der Achse

Radialkraft: Belastung 90° zur Achse

Die Lager einer Drehspindel müssen folgende Anforderungen erfüllen:

- hohe Werkstücklasten tragen,
- Stabilität gegen geringe Axialbelastung (beim Drehen zwischen Spitzen),
- ruhiger, schwingungsarmer Rundlauf.

Deshalb werden zur Lagerung von Drehspindeln Axialkugellager und Radialrollenlager verwendet (Bild 5).

In modernen CNC-Maschinen, die für Hochgeschwindigkeitsbearbeitung (HSC) ausgelegt sind, werden die direkt angetriebenen Motorspindeln häufig über **Hybridkugellager** gehalten (siehe auch S. 451, Linearantrieb). Während die Ringe aus Stahl sind, kann den hohen Fliehkräften durch festere und leichtere Kugeln aus Keramik (Siliziumnitrit) begegnet werden. Dadurch und wegen der sehr glatten Oberfläche werden Kugelschlupf und Reibung minimiert.

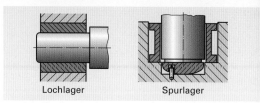

1 Gleitlager

2 Wälzlager

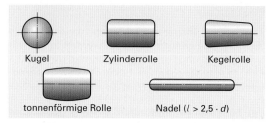

3 Wälzkörper

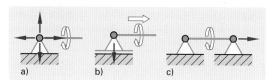

4 a) Festlager   b) Loslager   c) Stützlager

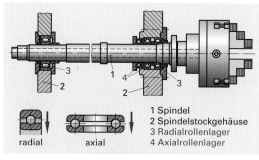

1 Spindel
2 Spindelstockgehäuse
3 Radialrollenlager
4 Axialrollenlager

radial   axial

5 Lagerung einer Drehmaschinenspindel

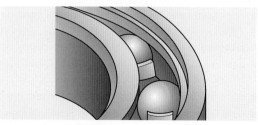

6 Hybridkugellager

6.2.2.2 Führungen

Führungen sollen die Längsbewegung anderer Bauelemente ermöglichen, wie z.B. das Führen des Maschinentisches einer Fräsmaschine. Der Maschinentisch bewegt sich auf Gleitbahnen, welche Bestandteil des Maschinengestells sind oder aufgeklebte bzw. geschraubte Leisten sein können. Meist wird für die Führungsbahn das härtere Material verwendet, da sich das geführte Teil bei Verschleiß oft besser ersetzen lässt. Man unterscheidet je nach der vorgegebenen Reibungsart und Bauweise in Gleitführung und Wälzführung.

Gleitführungen können offen oder geschlossen aufgebaut sein. **Geschlossene Führungen** können auch Kräfte quer zur Bewegungsrichtung aufnehmen, weil die Führungsbahn den Gleitkörper in allen, senkrecht zur Schieberichtung liegenden Richtungen hält, was bei **offenen Führungen** nicht der Fall ist (Bild 1).

Wegen ihres geringen Spieles und der oftmals vorhandenen Nachstellmöglichkeit werden Gleitführungen bei Werkzeugmaschinen mit hohen Genauigkeitsanforderungen eingesetzt.

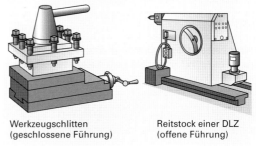

Werkzeugschlitten (geschlossene Führung) Reitstock einer DLZ (offene Führung)

1 Geschlossene und offene Gleitführung

Soll eine Führung besonders leicht beweglich sein oder sind kleinste Zustellungen gefordert, werden **Wälzführungen** angewandt. Hier befinden sich zwischen Führungsbahn und geführtem Teil Wälzkörper wie Kugeln, Rollen oder Nadeln (Bild 2).

Vorteile gegenüber der Gleitführung sind geringere Reibung, geringer Verschleiß, kein Ruckgleiten bei niedrigen Geschwindigkeiten. Sie lassen sich jedoch schwieriger herstellen, da große Anforderungen an Härte und Ebenheit gestellt werden.

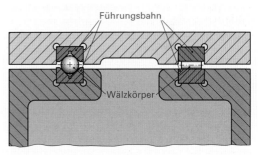

2 Wälzführung

6.2.2.3 Reibung

Die von Ihnen nach Arbeitsauftrag auf Seite 358 ff. aufzustellende CNC-Maschine soll inspiziert und gegebenenfalls gewartet werden. Besonders müssen Sie dabei bewegte Maschinenteile prüfen, zwischen denen **Reibung** zu erwarten ist, weil hier der Verschleiß einer Werkzeugmaschine große Auswirkungen auf die Produktqualität haben kann. Man unterscheidet je nach der Bewegung der Flächen gegeneinander die Reibungsarten Gleitreibung, Haftreibung, Rollreibung und Wälzreibung (Bild 3).

Gleitreibung tritt bei **Gleitführungen** und **Gleitlagern** auf. Zum Bestimmen der auftretenden Reibung zwischen gleichen oder verschiedenen Werkstoffen wird die Gleitreibungszahl μ (auch Gleitreibungskoeffizient) ermittelt. Sie errechnet sich aus der Reibkraft F_R und der Normalkraft F_N.

Die Reibung wird durch Werkstoffpaarung, Art des Schmiermittels, Rautiefe, Gleitgeschwindigkeit, Alter und Viskosität des Schmiermittels, Flächenpressung sowie die Lagergestaltung beeinflusst.

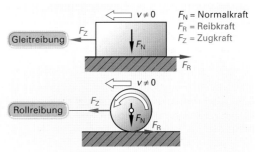

3 Wichtige Reibungsarten bei Bewegung

Werkstoffpaarung	Gleitreibungszahl μ		
	trocken	gefettet	geölt
Grauguss-Grauguss	0,25 … 0,15	0,1 … 0,05	0,1 … 0,02
Bronze-Grauguss	0,2	0,15	0,1
Stahl-Grauguss	0,2 … 0,15	0,1 … 0,15	0,05

Die Flächenpressung ergibt sich bei Führungen von Werkzeugmaschinen aus der Masse des Tisches und des Werkstücks. Sie kann durch Schmiermittel vermindert werden. Als **Schmiermittel** werden Gase, Festschmierstoffe, flüssige Schmierstoffe und Schmierfette genutzt.

> Schmiermittel haben die Aufgabe, die Reibung, den Verschleiß sowie die Wärmeentwicklung zu vermindern.

Außerdem dienen sie dazu, Schwingungen und Geräusche zu dämpfen, die Teile vor Korrosion zu schützen sowie Verschleißteilchen und Wärme abzuführen.

Unter **Viskosität** versteht man das Fließverhalten (Zähigkeit) einer Flüssigkeit. Da sie sich in Abhängigkeit zur Temperatur ändert, sind Viskositätsangaben für ein Schmiermittel nur mit der zulässigen Temperaturangabe sinnvoll. Durch chemische Reaktionen und Verschmutzung verschlechtern sich während des Einsatzes die Eigenschaften von Schmiermitteln. Ein regelmäßiger Austausch ist deshalb notwendig.

Ist das Schmiermittel aufgebraucht oder zu alt, kann **Festkörperreibung** auftreten (Bild 1). Es kommt dabei zum Abschleifen der Oberflächenrauheit. Die abgetragenen Werkstoffteilchen können so große Flächenpressungen erzeugen, dass es zum Kaltverschweißen führen kann. Geschieht dieses Verschweißen großflächig, bezeichnet man dies als „**Fressen**". Dabei werden große Teile der Oberfläche aus dem Material gerissen und damit die Führungsbahn zerstört.

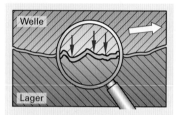

1 Festkörperreibung

Die Abhängigkeit der **Gleitreibungszahl** μ von der Gleitgeschwindigkeit v bei hydrodynamischer Gleitführung wird im sogenannten Stribeck-Diagramm deutlich (Bild 2).

Bei **hydrodynamischer Gleitführung** macht man sich den in der hydrodynamischen Schmiertheorie beschriebenen Effekt von Flüssigkeiten zunutze, dass die Schmierflüssigkeit mit zunehmender Geschwindigkeit einen Keil zwischen beiden Gleitflächen bildet. Dabei muss der Führung oder dem Lager drucklos Schmiermittel angeboten werden.

Mithilfe des **Stribeck-Diagrammes** lassen sich so die auftretenden Reibungszustände (Art der Reibung entsprechend den Betriebsbedingungen) erklären.

Im ruhenden Zustand liegt zwischen zwei Führungselementen **Haftreibung** vor. Die in diesem Bereich vorliegende Haftreibungszahl μ_0 ist etwa doppelt so groß wie die Gleitreibungszahl μ. Das heißt, dass zum Überwinden dieses Zustandes eine größere Kraft aufgebracht werden muss als im weiteren Verlauf der Bewegung.

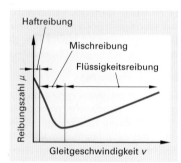

2 Stribeck-Diagramm

Im Bereich der **Mischreibung** nimmt die Reibungszahl μ mit zunehmender Geschwindigkeit ab. Dabei schiebt sich die Schmierflüssigkeit nur langsam zwischen die Gleitflächen, wobei sich aber einzelne Stellen noch berühren (Bild 3). Bei zu spätem Schmiermittelwechsel kann es auch hier wegen der gelösten Teilchen zum „Fressen" kommen.

In diesem Bereich tritt auch das **Ruckgleiten**, der sogenannte **Stick-Slip-Effekt**, auf. Er ist durch wechselndes Haften und Gleiten gekennzeichnet und sollte möglichst schnell überwunden werden, da der gesamte Bereich der Mischreibung ungünstige Eigenschaften besitzt. Im letzten Bereich spricht man von **Flüssigkeitsreibung**. Hier entwickelt der durch die hydrodynamische Schmiermitteltheorie beschriebene Schmiermittelkeil eine so große Kraft, dass die Gleitebenen vollständig voneinander getrennt werden (Bild 4). Deswegen kann kein mechanischer Verschleiß mehr erfolgen.

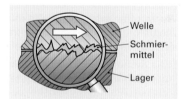

3 Stick-Slip-Effekt

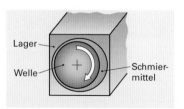

4 Schmiermittelkeil

Seltener werden Gleitführungen und Gleitlager hydrostatisch, aerostatisch oder elektromagnetisch geführt. Bei hydrostatischer bzw. aerostatischer Gleitführung wird eine Flüssigkeit bzw. ein Gas über ein Drucksystem (Pumpe) zwischen die Gleitflächen gepresst.

Der Vorteil dieser Führungsart liegt darin, dass die ungünstigen Bereiche der Haft- und Mischreibung ausgeschaltet werden, da sich beide Gleitflächen auch im Stillstand nicht berühren. Da diese Hydraulik- oder Luftdrucksysteme einen höheren Wartungsaufwand und höhere Betriebskosten erfordern, werden sie nur dort eingesetzt, wo eine hydrodynamische Schmierung wegen geringer Arbeitsgeschwindigkeiten nicht möglich ist oder hohe Präzisionsanforderungen von Beginn der Gleitbewegung an erfüllt werden müssen. Durchschnittlich sind nur etwa 7% der Lager und Führungen bei Werkzeugmaschinen hydrostatisch oder aerostatisch geschmiert.

Um den ungünstigen Bereich der Haft- und Mischreibung schneller zu verlassen, werden Lager und Führungen mit speziellen Formen und Segmenten ausgestattet (Bild 1). Sie ermöglichen einen schnelleren Aufbau des Schmiermittelkeils bzw. eine Erhöhung der Anzahl der Schmiermittelkeile und damit auch eine bessere Zentrierung der Welle. Schmiermittel in Gleitlagern können nur wirken, wenn die vorhandenen oder entstehenden **Auflagerkräfte** ausgeglichen werden können.

Wälzreibung tritt bei Wälzlagern und Wälzführungen auf. Die Reibungszahl liegt deutlich unter der von Gleitlagerungen. Ein weiterer Vorteil ist die hohe Tragfähigkeit der Lager auch bei geringen Geschwindigkeiten sowie der geringe Schmiermittelverbrauch.

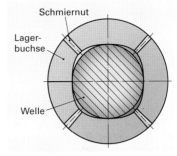

1 **Mehrflächengleitlager**

Aufgaben

1 Bei welchen Anforderungen werden Gleitlager eingesetzt?

2 Welche drei Lagerarten kennen Sie und wodurch unterscheiden sie sich?

3 Was verstehen Sie unter dem Stick-Slip-Effekt (Ruckgleiten)?

4 Welche Vorteile hat die Wälzführung gegenüber der Gleitführung?

5 Wodurch wird die Reibung beeinflusst?

6 Welche Aufgaben haben Schmiermittel?

6.2.3 Achsen

Achsen sind Maschinenelemente zum Tragen von ruhenden, umlaufenden oder pendelnden Maschinenteilen. Sie stützen sich dazu auf anderen Bauelementen ab oder rotieren in Lagern.

> Achsen übertragen keine Drehmomente!

Man unterscheidet stehende und umlaufende Achsen. Stehende Achsen werden auf Durchbiegung, umlaufende Achsen auf Umlaufbiegung (Torsion) beansprucht. Kurze stehende Achsen werden als Bolzen bezeichnet.

Achsen können gerade oder gekröpft sein und in Form verschiedener Profile eingesetzt werden (Bild 2). Die belastete Stelle einer Achse bezeichnet man als **Achskopf**, während die Lagerstelle **Zapfen** genannt wird. Die Zapfen treten in verschiedenen Formen auf, die denen der Wellen identisch sind (Tabelle 1).

An Nuten, Bohrungen oder Rillen treten starke Kerbwirkungen auf. Diese können durch entsprechende Gestaltung, wie Rundungen oder Eindrehungen, vermindert werden. Achsen sind in Drehmaschinen häufig zu finden.

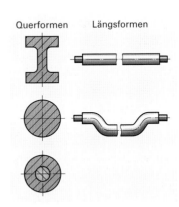

Querformen   Längsformen

2 **Achsformen**

Tabelle 1: Zapfenarten

	Zapfen				
	Tragzapfen			Spur- oder Stützzapfen	
Stirnzapfen	Halszapfen	Kegelzapfen	Ringzapfen	Kammzapfen	Kugelzapfen

6.2.4 Übertragungselemente

Übertragungselemente übertragen Drehmomente und Drehbewegungen oder verändern Drehrichtung oder Drehzahl.

Außerdem können sie eingesetzt werden, um Stöße und Schwingungen zu dämpfen, andere Maschinenelemente zu tragen und abzustützen sowie um andere Systeme vor Überlastung zu schützen.

Übertragungselemente werden nach ihrer Aufgabe folgendermaßen klassifiziert:

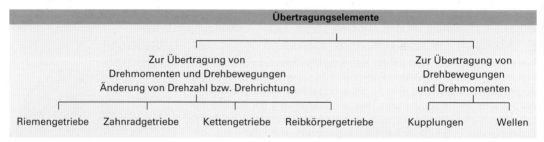

Übertragungselemente	
Zur Übertragung von Drehmomenten und Drehbewegungen Änderung von Drehzahl bzw. Drehrichtung	Zur Übertragung von Drehbewegungen und Drehmomenten
Riemengetriebe Zahnradgetriebe Kettengetriebe Reibkörpergetriebe	Kupplungen Wellen

6.2.4.1 Wellen

Starre **Wellen** stellen die einfachste Form von Übertragungselementen dar.

> Wellen dienen dem Übertragen von Drehmomenten sowie dem Tragen von Maschinenelementen.

Demzufolge werden sie auf Verdrehung und Biegung beansprucht.

Die zu tragenden Maschinenelemente können auf der Welle fest oder verschiebbar angeordnet sein. Der Durchmesser einer Welle ist meist im Verhältnis zur Länge relativ klein und richtet sich nach den auftretenden Kräften und Belastungen. In Werkzeugmaschinen werden Wellen, die Bewegungen von Werkzeugen oder Werkstücken übertragen, als **Spindeln** bezeichnet.

Entsprechend den Anforderungen weisen Wellen unterschiedliche Querschnitte und Längsformen auf (Bild 1).

Spezielle Arten außer der **starren Welle** sind die **Gelenkwelle** (z. B. Kupplung) und die **biegsame Welle** (z. B. Tachowelle) (Bild 2).

Besonders im Motorenbau werden **Kurbelwellen** benötigt. Sie wandeln geradlinige Bewegungen in Drehbewegungen (Abtrieb) um (Bild 3).

Die Lagerstellen der Welle werden als Zapfen bezeichnet. Sie sind in Funktion und Form mit denen bei den Achsen identisch (vorherige Seite).

Die **Wellenzapfen** sind zur Verschleißminderung meist geglättet.

Als **Sicherungselemente** finden häufig Sprengringe, Sicherungsringe, Stellringe und Sicherungsscheiben Verwendung. Bei auftretender Änderung des Durchmessers (z.B. der Übergang zum Zapfen) müssen die Übergänge durch Rundungen oder Kegel so gestaltet werden, dass der Dauerbruchgefahr durch Kerbwirkung entgegengewirkt und die Gestaltfestigkeit erhöht wird.

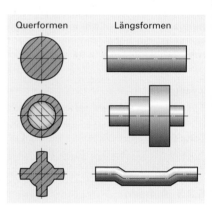

Querformen   Längsformen

1   Wellenformen

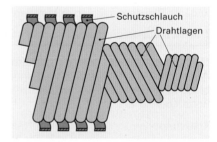

Schutzschlauch
Drahtlagen

2   Biegsame Welle

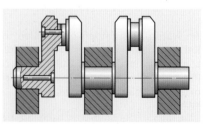

3   Kurbelwelle

6.2.4.2 Wellenkupplungen

Kupplungen (exakt: Wellenkupplungen) haben die Aufgabe, zwei Wellenenden zu verbinden und den Drehmomentenfluss eines Wellenstranges durch Form- oder Kraftanschluss gezielt zu unterbrechen bzw. herzustellen.

Da Wellenkupplungen zusätzlich auch andere Aufgaben erfüllen müssen, gibt es eine Vielzahl von unterschiedlichen Bauformen und Kupplungsprinzipien entsprechend ihrer jeweiligen Aufgabe. Grundsätzlich können sie jedoch wie in der nebenstehenden Übersicht unterteilt werden.

Nichtschaltbare starre Kupplungen verbinden Wellen, die ständig fluchtend zueinander stehen und nicht schaltbar sind. Häufig verwendet werden Muffenkupplungen und Scheibenkupplungen (Bild 1).

Nichtschaltbare bewegliche Kupplungen werden eingesetzt, wo Wellen nicht ständig fluchtend zueinander verlaufen. Sie können unterschiedliche Quer-, Winkel- oder Längsbewegungen oder auch ruck- oder stoßartige Bewegungen ausgleichen.

Eine typische Ausführung beweglicher Kupplungen ist die Gelenkkupplung, die dort eingesetzt wird, wo sich Wellen winklig zueinander bewegen müssen (Bild 2).

Schaltbare Kupplungen werden benötigt, um den Kraftfluss zwischen zwei Wellen zu trennen und bei Bedarf wieder herzustellen. Das Drehmoment wird durch Formschluss (Zähne, Bolzen) oder durch Kraftschluss (mechanische Federn, Hydraulik) übertragen.

Formschlüssige Kupplungen können nur während des Gleichlaufs beider Wellen (synchron) oder im Stillstand geschaltet werden (z.B. Klauenkupplung, Bild 3).

Durch Ersetzen der Formelemente durch Gummiformteile oder mechanische Federn erreicht man den Ausgleich radialer oder axialer Wellenversetzungen sowie das Dämpfen von Stößen und Schwingungen. Man spricht hier von **elastischen Kupplungen**.

Kraftschlüssige Kupplungen können auch bei unterschiedlichen Drehfrequenzen geschaltet werden. Außerdem gewährleisten sie eine materialschonende, allmähliche Erhöhung der Drehzahl. Sie werden deshalb häufig bei der Drehzahländerung durch Getriebe genutzt, um den Kraftfluss zwischen Motor und Getriebe beim Schalten zu unterbrechen. Wegen der leichten Schaltbarkeit bei hoher Kraftübertragung werden häufig Einscheibenkupplungen oder Lamellenkupplungen eingesetzt (Bild 4). Sie können mechanisch (Fußpedal, Hebel), hydraulisch oder elektrisch betätigt werden.

Kupplungsprinzipien

Wellen-kupplungen
- nicht schaltbar
  - starr
  - beweglich
- schaltbar
- selbstschaltend

Schraube — Mutter

1 Scheibenkupplung

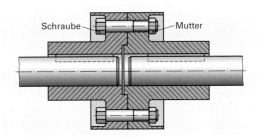

2 Gelenkkupplung (Gelenkwelle)

3 Klauenrückkupplung

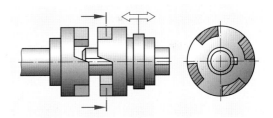

Feder

Reibbelag

Feder

4 Einscheibenkupplung

Selbstschaltende Kupplungen lösen den Schaltvorgang selbsttätig bei bestimmten, vorgegebenen Drehfrequenzen, Drehrichtungen oder Drehmomenten aus. Die Fliehkraftkupplung (oder auch Anlaufkupplung) schaltet erst bei einer bestimmten Drehzahl und entsprechend großer Fliehkraft den Antrieb zu. Dadurch wird der Motor vor ungünstigen Belastungen während der Anlaufphase geschützt (Bild 1).

6.2.4.3 Getriebe

Viele Antriebsmotoren der Werkzeugmaschinen liefern eine rotierende Bewegung, die nicht immer genau in dieser Drehzahl (Umdrehungsfrequenz), diesem Drehmoment oder überhaupt nicht als rotierende Bewegung benötigt wird. Dieses Problem kann durch Getriebe gelöst werden.

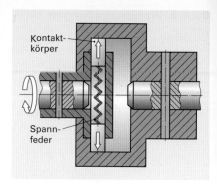

1   **Fliehkraftkupplung**

Getriebe sind mechanische Einrichtungen, die neben der Übertragung von Bewegungen und Kräften die Aufgabe haben, Drehzahl, Drehmoment und Drehrichtung zu ändern oder Maschinenelemente auf bestimmten Bahnen zu führen (Übersicht).

An Werkzeugmaschinen dienen Getriebe vorwiegend dem Verringern der oft hohen Drehzahlen des Antriebsmotors sowie dem Herstellen bestimmter Bewegungen wie der Vorschubbewegung des Werkzeugsupportes.

Ungleichförmig übersetzende Getriebe wandeln meist die gleichförmige, rotierende Antriebsbewegung in eine ungleichförmige geradlinige Bewegung um (Bild 2).

Schwingende Kurbelschleife	Schubkurbel	Kurvenscheibe
z. B. Waagerecht-stoßmaschine	z. B. Presse	z. B. Zustellbewegung am Drehautomaten

2   Weil mit ungleichmäßig übersetzenden Getrieben komplizierteste Bewegungsabläufe erzeugt werden müssen, existiert noch eine Vielzahl weiterer Mechanismen.

Eine weit größere Bedeutung haben **gleichförmig übersetzende Getriebe**. Hier steht die Abtriebsbewegung in einem festen Verhältnis zur Antriebsbewegung.

Bei **stufenlosen Getrieben** können Drehfrequenzen und Drehmomente in einem bestimmten Bereich beliebig gewählt werden (Bild 3). Man unterscheidet hier:

- **hydraulische Getriebe** (Schleifscheibenantrieb einer Zahnradschleifmaschine),
- **mechanische Getriebe** (Vorschubantrieb einer Waagerecht-Fräsmaschine),
- **elektrische Getriebe** (Getriebemotor).

Die elektrischen Getriebe werden jedoch bei Werkzeugmaschinen immer mehr von modernen Elektromotoren in Verbindung mit Leistungselektronik (Schrittmotoren) abgelöst.

Getriebe

Getriebe
- ungleichförmig übersetzende Getriebe
  - Kurbelgetriebe
  - Kurbelschwinggetriebe
  - Kurvengetriebe
- gleichförmig übersetzende Getriebe
  - gestufte Getriebe
    - Riemengetriebe
    - Kettengetriebe
    - Zahnradgetriebe
  - stufenlose Getriebe
    - Hydropumpe
    - Kegelscheibengetriebe

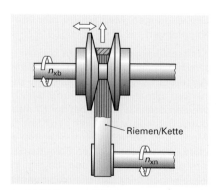

3   **Stufenlos verstellbarer Umschlingungstrieb**

Gestufte Getriebe erzeugen eine begrenzte Anzahl vorgegebener Drehfrequenzen und Drehmomente.

Die wichtigsten Getriebe mit gestufter Abtriebsdrehfrequenz sind **Umschlingungsgetriebe** mit Riementrieb oder Kettentrieb sowie **Rädergetriebe** als Zahnradgetriebe oder Reibkörpergetriebe.

Zu den ältesten bekannten Getrieben überhaupt zählt das **Riemengetriebe**. Es wird eingesetzt, wenn größere Abstände überbrückt werden sollen. Weiterhin schützt der Riemen die Maschine vor Überlastung und ist in der Lage, stoßartige Belastungen auszugleichen. Wegen dieser positiven Eigenschaften sind Riementriebe in fast jeder Werkzeugmaschine zu finden (Bilder 1 und 2).

Je nach Aufgabe gibt es verschiedenste Riemenquerschnitte und unterschiedlichste Materialien. Daraus ergeben sich vor allem unterschiedliche Übertragungskräfte (Bild 3).

Kettengetriebe funktionieren prinzipiell wie Riemengetriebe. Sie sind jedoch lauter und weniger elastisch, können dafür aber höhere Kräfte übertragen. Ketten und Kettenräder können aus unterschiedlichsten Materialien gefertigt sein und über verschiedenste Formen verfügen.

Zum Kettengetriebe können zusätzlich gehören:

- Kettenführung,
- Spanneinrichtung,
- Schwingungsdämpfung,
- Schmiereinrichtung.

Reibkörpergetriebe werden heute wegen vieler Nachteile kaum noch genutzt (Bild 4).

Zu Berechnungen eines **Flachriementriebes** (einfache Übersetzung) werden folgende Formeln benötigt:

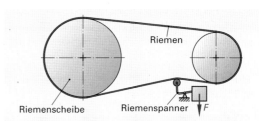

1 Riemengetriebe

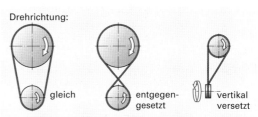

2 Möglichkeiten der Momentenübertragung

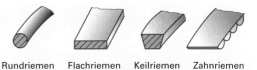

3 Riemenquerschnitte

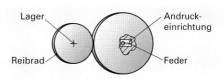

4 Reibkörpergetriebe (auch als stufenlos schaltbares Getriebe möglich)

$$v_{An} = v_{Ab}$$

d Durchmesser

$$\pi \cdot n_{An} \cdot d_{An} = \pi \cdot n_{Ab} \cdot d_{Ab}$$

n Drehzahl

$$i = \frac{d_{Ab}}{d_{An}} = \frac{d_2}{d_1}$$

v Umfangsgeschwindigkeit

d_{An} = Durchmesser Antrieb
d_{Ab} = Durchmesser Abtrieb

i Übersetzungsverhältnis

Bei Keilriemen wird der Wirkdurchmesser d_w verwendet!
Wirkdurchmesser d_w = Außendurchmesser $d_a - 2 \cdot$ Korrekturwert c
$$d_w = d_a - 2 \cdot c$$

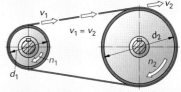

treibende Scheibe   getriebene Scheibe

5 Riemengetriebe

Berechnungsbeispiel: Flachriementrieb

geg.: Treibende Scheibe (1)   Getriebene Scheibe (2)   ges.:
    $n_1 = 300$ 1/min $d_2 = 120$ mm   a) Wie hoch ist der Abtrieb?
    $d_1 = 50$ mm   b) Wie groß ist das Übersetzungsverhältnis?

Lösung:
a) $\pi \cdot n_1 \cdot d_1 = \pi \cdot n_2 \cdot d_2$ b)

$$n_2 = \frac{\pi \cdot n_1 \cdot d_1}{\pi \cdot d_2} = \frac{300 \text{ 1/min} \cdot 50 \text{ mm}}{120 \text{ mm}} = 125 \text{ 1/min} \qquad i = \frac{d_2}{d_1} = \frac{120 \text{ mm}}{50 \text{ mm}} = 2{,}4 : 1$$

Wegen hoher Laufleistung, zuverlässiger Arbeitsweise und kompaktem Aufbau werden in Werkzeugmaschinen sehr häufig **Zahnradgetriebe** verwendet (Bild 1).

Man unterscheidet je nach den verwendeten Zahnradformen in Stirnrad-, Schneckenrad-, Zahnstangen- oder Kegelradgetriebe.

Von einem schaltbaren Getriebe spricht man, wenn mindestens zwei gegeneinander laufende Zahnradpaare wählbar vorhanden sind.

Die am häufigsten verwendeten Bauformen von Hauptgetrieben an Drehmaschinen sind das **Schieberadgetriebe** und das Lastschaltgetriebe.

> Schieberadgetriebe sind nur im Stillstand zu schalten!

Die Schieberadblöcke befinden sich auf einer Keilwelle. Durch einen Schalthebel oder eine entsprechende Einrichtung werden jeweils nur diejenigen Zahnradpaare in Eingriff gebracht, die für die gewünschte Drehzahl nötig sind. Durch die enge Anordnung der Schieberäder wird ein hoher Wirkungsgrad sowie eine kleine Bauform erreicht (Bild 2).

Beim **Lastschaltgetriebe** (Bild 3) erfolgt das Umschalten zwischen den gewünschten Arbeitsdrehzahlen durch Kupplungen (z.B. Lamellenkupplung). Der Vorteil liegt darin, dass der Schaltvorgang während des Betriebes (unter Last) erfolgen kann. Nachteilig sind die größere Bauform wegen der Kupplungen sowie ein geringerer Wirkungsgrad, da sich alle Zahnradpaarungen ständig im Eingriff befinden.

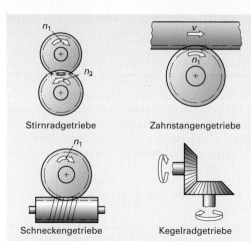

1 Zahnradgetriebe

Stirnradgetriebe Zahnstangengetriebe

Schneckengetriebe Kegelradgetriebe

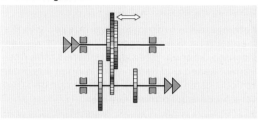

2 Schieberadgetriebe

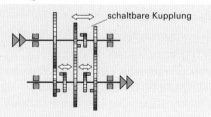

schaltbare Kupplung

3 Lastschaltgetriebe

Zur **Berechnung eines Stirnradtriebes** (einfache Übersetzung), werden folgende Formeln benötigt (Bild 4):

$$v_{an} = v_{ab}$$
$$\pi \cdot n_{an} \cdot d_{an} = \pi \cdot n_{ab} \cdot d_{ab}$$
$$n_{an} \cdot m \cdot z_{an} = n_{ab} \cdot m \cdot z_{ab}$$
$$i = \frac{n_{an}}{n_{ab}} = \frac{n_1}{n_2}$$

z_{an} Zähnezahl Antriebsrad
z_{ab} Zähnezahl Abtriebsrad

d Teilkreisdurchmesser
n Drehzahl
v Umfangsgeschwindigkeit
z Zähnezahl
i Übersetzungsverhältnis
m Modul

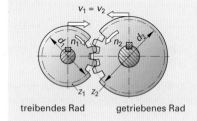

$v_1 = v_2$

treibendes Rad getriebenes Rad

4 Zahnradtrieb

Aufgaben

1 Erklären Sie, welche Aufgaben Übertragungselemente haben!

2 Erklären Sie den Unterschied zwischen Wellen und Achsen!

3 Erklären Sie, welche Aufgaben von allen Kupplungen erfüllt werden!

4 Erklären Sie, welche Aufgabe schaltbare Kupplungen erfüllen!

5 Notieren Sie die Unterschiede zwischen ungleichförmig übersetzenden und gleichförmig übersetzenden Getrieben!

6 Berechnen Sie die Abtriebsdrehzahl n und das Übersetzungsverhältnis eines Zahnradtriebes mit einfacher Übersetzung!

Das Antriebszahnrad hat 40 Zähne und eine Drehzahl von 400 1/min. Das getriebene Zahnrad hat 80 Zähne.

6.3 Einteilung der Werkzeugmaschinen nach den Fertigungsverfahren

Durch die Vielfalt der fertigungstechnischen Probleme hat sich ein breites Spektrum an unterschiedlichen Werkzeugmaschinen herausgebildet. Exemplarisch sind im Bild 1 zwei unterschiedliche Werkzeugmaschinen zum Umformen und Trennen aufgeführt. Zum Verständnis der Vielzahl der Fertigungsverfahren wird eine systematische Einteilung der Werkzeugmaschinen und Fertigungsanlagen durchgeführt (DIN 8580).

Bild 2 zeigt die Zuordnung der Werkzeugmaschinen für die Metallbearbeitung zu den Hauptfertigungsverfahren. Eine Werkzeugmaschine wird hierbei als eine **mechanisierte** oder **automatisierte Fertigungseinrichtung** betrachtet, mit der eine vorgegebene Form oder Veränderung am Werkstück erzeugt wird. Dieser Vorgang erfolgt durch eine relative Bewegung zwischen Werkzeug und Werkstück.

> Der Begriff der **Werkzeugmaschine** beschränkt sich in der Regel auf die Fertigungsverfahren **Umformen**, **Trennen** und **Fügen**.

Fertigungsanlagen zum **Urformen**, **Beschichten** oder zur **Änderung der Stoffeigenschaften** (z. B. Vergüten, Einsatzhärten, Aufkohlen) werden nicht der Gruppe der Werkzeugmaschinen zugeordnet.

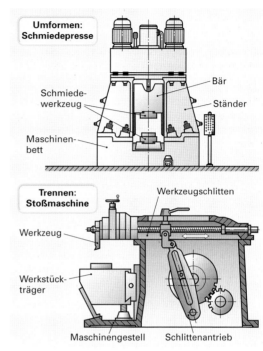

1 Beispiele für Werkzeugmaschinen

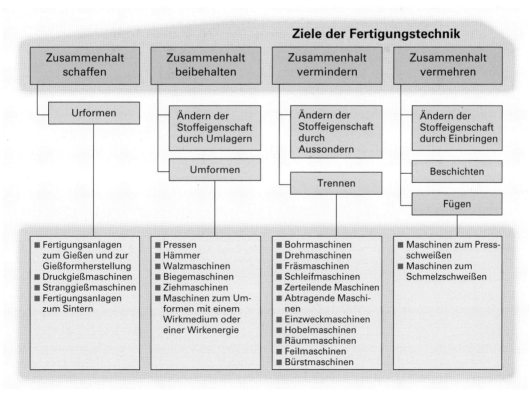

2 Einteilung der Werkzeugmaschinen nach den Fertigungsverfahren

6.3.1 Bohrmaschinen

Bohrmaschinen charakterisieren sich dadurch, dass auf allen Maschinen beliebige Bohrverfahren, wie z. B. das Bohren mit Spiral- und Hartmetallbohrern, das Senken, Reiben oder Gewindeschneiden, ausgeführt werden können.

> Bohrmaschinen sind spanende Werkzeugmaschinen für rotatorische bewegte Werkzeuge mit geometrisch bestimmter Schneide. Hierbei wird die vom Werkzeug ausgeführte Schnittbewegung durch eine axiale Vorschubbewegung des Werkzeugs oder auch des Werkstücks überlagert.

Bei der in Bild 1 dargestellten **Säulenbohrmaschine** lassen sich Gewinde mithilfe von Gewindeschneidköpfen schneiden. Der Vorschub wird bei dieser Maschine überwiegend von Hand oder durch den vom Hauptantrieb abgezweigten **Vorschubantrieb** ausgeführt. Je nach Werkstückgröße lässt sich der Tisch von Hand in die entsprechende Höhenlage justieren.

Größere Werkstücke können auf **Auslegerbohrmaschinen** (Bild 2) gefertigt werden. Die auch als **Radialbohrmaschinen** bezeichneten Maschinen besitzen einen schwenkbaren Ausleger, der um eine Säule um 360° geschwenkt werden kann. Der **Ausleger** trägt einen horizontal verfahrbaren **Bohrschlitten** mit dem entsprechenden Werkzeug.

Müssen größere Bohrungen gefertigt werden, so können die auftretenden **Bearbeitungskräfte** durch einen stabilen kastenförmigen Ständer aufgefangen werden. Bohrmaschinen in der **Zweiständer-Ausführung** werden als **Portalbohrmaschinen** oder **Lehrenbohrwerke** bezeichnet. Sie dienen zur Herstellung von Bohrungen mit höchster Maßgenauigkeit.

Zu den Bohrmaschinen zählen die in Tabelle 1 aufgeführten Maschinenarten.

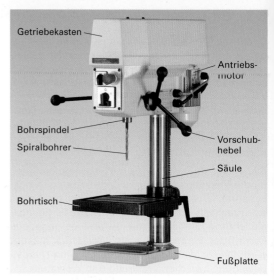

1 Säulenbohrmaschine

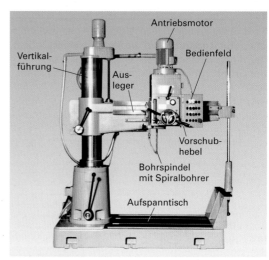

2 Auslegerbohrmaschine

Tabelle 1: Bohrmaschinenarten	
Maschinenart	**Beschreibung**
Handbohrmaschine	Handbohrmaschinen werden im privaten Haushalt, aber auch im gewerblichen Bereich aufgrund ihrer hohen Mobilität eingesetzt. Dabei kommen elektrische oder durch Druckluft verwendete Antriebseinheiten zur Anwendung.
Einspindel-bohrmaschinen	Einspindelbohrmaschinen werden als Säulen-, Ständer oder Auslegerbohrmaschinen ausgeführt. Säulenbohrmaschinen sind in der Regel nur für kleinere Bohrungen bis ca. 30 mm Bohrungsdurchmesser geeignet. Für größere Bohrungsdurchmesser werden Ständer- und Auslegerbohrmaschinen eingesetzt.
Mehrspindel-bohrmaschinen	Zur Fertigung von Werkstücken, bei denen eine große Anzahl von Bohrungen einzubringen ist, werden Bohrmaschinen mit Mehrspindelbohreinheiten eingesetzt. Durch eine gleichzeitige Fertigung der Bohrungen wird eine hohe Wirtschaftlichkeit erreicht.
Tiefbohr-maschinen	Bohrungen, bei denen das Verhältnis von Länge zu Durchmesser größer als 20 ist, werden auf eigens hierfür entwickelten Tiefbohrmaschinen gefertigt. Spezielle Werkzeuge werden hierbei mit Hochdruckspülungen beaufschlagt.

6.3.2 Drehmaschinen

Drehmaschinen (Bild 1) zeichnen sich durch die drehende Bewegung des Werkstücks aus, während das Werkzeug (Drehmeißel) nicht rotiert.

> **Drehmaschinen** sind spanende Werkzeugmaschinen zur Herstellung rotationssymmetrischer Werkstücke, die in der Grundausführung mit nicht angetriebenen Werkzeugen bearbeitet werden. Während das Werkstück die Schnittbewegung ausführt, wird die Vorschubbewegung über das Werkzeug erzeugt. Die Schneiden am Werkzeug sind geometrisch bestimmt. In der erweiterten Ausführung besitzen die Drehmaschinen heute vielfach angetriebene Werkzeuge.

1 **Drehmaschine**

Die Bezeichnung der Drehmaschinen orientiert sich an der jeweiligen Bettform der Maschine und an der Lage der Hauptantriebsspindel zum Fundament.

6.3.2.1 Flachbettdrehmaschinen

Bei Flachbettdrehmaschinen befinden sich der Längs- und Planschlitten in einer waagerechten Lage (Bild 2). Diese Drehmaschinen besitzen eine hohe Steifigkeit des Maschinengestells und werden deshalb zur Bearbeitung hochgenauer Werkstücke bevorzugt verwendet. Flachbettdrehmaschinen werden oft als handbediente **Universaldrehmaschinen** eingesetzt. Das Werkzeug befindet sich, wie in Bild 1 zu erkennen ist, vor der Drehmitte und ermöglicht eine gute Sicht für die Handbedienung der Maschine. Eingespannt wird das Werkzeug z. B. in einfache Meißelhalter oder Schnellwechselhalter.

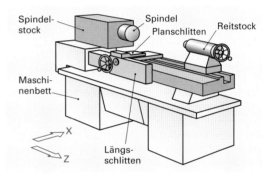

2 **Flachbettdrehmaschine**

6.3.2.2 Schrägbettdrehmaschinen

CNC-gesteuerte Drehmaschinen werden häufig mit der Schrägbett-Bauweise ausgeführt. Hierbei befindet sich das Werkzeug hinter der Drehmitte. Die erwärmten Späne fallen somit nicht auf das Werkzeug und können mit dem Kühlschmiermittel durch das schräge Maschinenbett schnell abtransportiert werden. Die Gefahr einer thermischen Belastung der Maschine wird somit gegenüber anderen Bauweisen deutlich reduziert. Die in Bild 3 skizzierte **Schrägbettdrehmaschine** besitzt für die Werkzeugaufnahme einen Trommelrevolver. Durch den automatischen Werkzeugwechsel ist die Komplettbearbeitung in einer Aufspannung möglich.

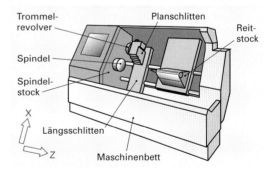

3 **Schrägbettdrehmaschine**

6.3.2.3 Frontalbettdrehmaschinen

Die Frontalbettdrehmaschine zeigt bei der automatisierten Bearbeitung von kurzen Werkstücken ihre Vorteile gegenüber anderen Bauformen. Die gute Zugänglichkeit zum Einspannfutter ermöglicht einen schnellen automatischen Werkstückwechsel. Die in Bild 4 verdeutliche Anordnung von zwei parallelen Spindelstöcken ermöglicht die gleichzeitige Bearbeitung von zwei identischen Werkstücken.

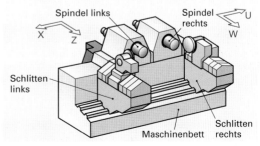

4 **Frontalbettdrehmaschine**

6.3.2.4 Senkrecht-Drehmaschine

Die Lage der Spindel bei den auf der vorigen Seite beschriebenen Drehmaschinen ist gekennzeichnet durch eine waagerechte Position. Die Senkrecht-Drehmaschine in Bild 1 besitzt eine Ständerbettform. Die **Antriebsspindel** hat bei dieser Maschine eine **senkrechte Lage**. Die auch als **Karusselldrehmaschine** bezeichnete Bauform ermöglicht eine Aufnahme von großen Werkstücken ohne Biegebeanspruchung der Spindel. Die Senkrecht-Drehmaschine ist für Werkstücke mit einem großen Durchmesser, aber nicht zu großen Längen geeignet. Das schwere Werkstück kann auf der Planscheibe relativ einfach aufgespannt werden. Im Ständer unter dem Drehtisch befindet sich der Hauptantrieb. Dieser Antrieb ermöglicht Drehmomente von bis zu 340 000 Nm und besitzt eine Leistungsabgabe von über 250 kW.

6.3.2.5 Drehautomaten

Werkzeugmaschinen, bei denen die Fertigungsvorgänge mechanisch selbstständig ablaufen, werden als Automaten bezeichnet. Da das hauptsächliche Arbeitsverfahren der Automaten durch das Drehen gekennzeichnet ist, werden sie als **Drehautomaten** bezeichnet. Neben den Drehwerkzeugen können aber auch z.B. Bohr- und Fräseinheiten aufgesetzt werden. Es können auch mehrere Bearbeitungsvorgänge gleichzeitig ausgeführt werden. Unterschieden wird zwischen Voll- und Teilautomaten. Während bei den **Vollautomaten** alle Arbeitsvorgänge vom Spannen bis zum Entnehmen des Werkstücks automatisch ablaufen, müssen bei den **Teilautomaten** einzelne Arbeitsvorgänge noch von Hand ausgeführt werden.

Drehautomaten (Bild 2) besitzen im Gegensatz zu CNC-Drehmaschinen (6.3.2.7) mechanische Steuerungen. Aufgrund der aufwendigen Planung der Arbeitsvorgänge und das zeitaufwendige Einrichten der Automaten werden Drehautomaten nur bei sehr großen Stückzahlen eingesetzt.

Der in Bild 2 gezeigte Drehautomat besitzt einen Revolverschlitten für die Längsbewegung. Zwei Planschlitten führen die Querbewegung der jeweiligen Arbeitsgänge aus. Die mechanische Steuerung der Drehautomaten erfolgt bei den meisten Maschinen über **Kurvenscheiben** (Bild 3). Hierbei werden die Bearbeitungsschritte zur Fertigung eines Werkstückes in der Geometrie der Kurvenscheibe gespeichert. Die Anfertigung der Kurvenscheibe wird durch die Arbeitsvorgangsfolge des Arbeitsplans bestimmt. Jede Kurvenscheibe steuert einen Schlitten.

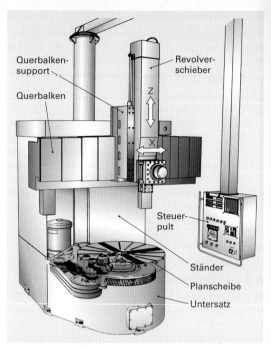

1   Senkrecht-Drehmaschine

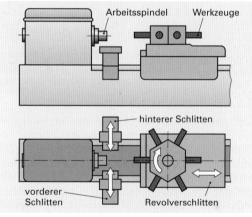

2   Drehautomat mit Revolverschlitten

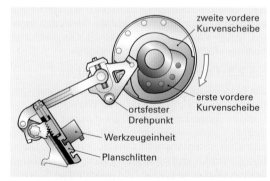

3   Kurvenscheibe für den Revolverschlitten

Beim Mehrspindeldrehautomaten sind mehrere Antriebsspindeln gleichzeitig im Einsatz. Bild 1 zeigt den Schnitt durch einen **mechanisch gesteuerten Mehrspindeldrehautomaten**. Mit den **sechs Arbeitspindeln**, die über Getriebe von einer **Zentralspindel** angetrieben werden, können auf diesem Automaten sechs Werkstücke stufenweise gefertigt werden. Die sechs Arbeitsspindeln befinden sich in einem Spindelbock. Nach jeder Fertigungsstufe dreht sich der Spindelbock um eine Position weiter. Jeder Arbeitspindel stehen ein **Planschlitten** oder eine Bohreinheit zur Verfügung. In der Mitte vor den Arbeitsspindeln befindet sich ein **zentraler Längsschlittenbock**, auf dem sich die Werkzeuge für die sechs Werkstücke bewegen. Die mechanische Steuerung der Schlitten erfolgt über mehrere Kurvenscheiben und -trommeln. Der dargestellte Automat wird daher als **kurvengesteuerter Drehautomat** bezeichnet.

Alle Werkzeuge können beim Mehrspindeldrehautomaten gleichzeitig arbeiten. Nachdem das Stangenmaterial vorgeschoben und gespannt wurde, wird z. B. die Stange auf der ersten Bearbeitungsspindel längsgedreht und vorgebohrt. Währenddessen werden auf den weiteren Arbeitsspindeln Folgeschritte ausgeführt. Nachdem die erste Arbeitstufe erfolgte, dreht der Spindelbock die Arbeitsspindeln um eine Position weiter. Während auf der ersten Bearbeitungspindel das Werkstück erneut längsgedreht und vorgebohrt wird, kann auf der zweiten Bearbeitungsspindel das Werkstück nachgebohrt und abgefast werden. Nach sechs Umdrehungen des Spindelbocks ist das Werkstück komplett fertig gestellt worden.

Der in Bild 2 dargestellte **Mehrspindeldrehautomat** besitzt eine **CNC-Steuerung**. Aufgrund der computerunterstützten Steuerung ist der Rüstaufwand bei der Maschine wesentlich geringer als beim kurvengesteuerten Automaten. Wie beim kurvengesteuerten Automaten wird an dieser Maschine eine Teilbearbeitung an jeder Spindel durchgeführt. Nach jeder Arbeitsstufe dreht sich der Spindelbock um eine Position weiter.

Bild 3 zeigt die **Spindel- und Werkzeugeinheit** des Mehrspindeldrehautomaten. Zu erkennen sind die sechs Antriebsspindeln. Bei jeder Spindel sind zwei Schlitten für die Fertigung der Werkstücke zuständig. Jeder Schlitten kann sowohl radial als auch axial bewegt werden.

Auf dem Schlitten können feste oder **angetriebene Werkzeuge** eingerichtet werden. Für das Spannen der Werkstücke auf der gegenüberliegenden Seite kann auf dem Schlitten eine mit der Antriebsspindel synchron laufende Spanneinheit installiert werden. Somit kann z. B. ein komplettes Abstechen des Werkstücks erfolgen, das anschließend auf der Rückseite weiter bearbeitet wird.

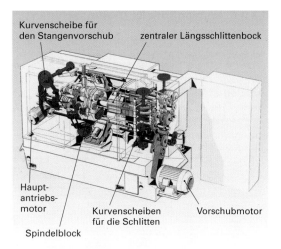

Kurvenscheibe für den Stangenvorschub

zentraler Längsschlittenbock

Hauptantriebsmotor

Kurvenscheiben für die Schlitten

Vorschubmotor

Spindelblock

1 Mehrspindeldrehautomat mit Kurvenscheiben

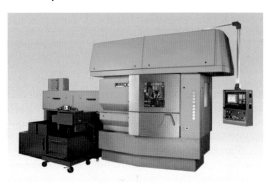

2 Mehrspindeldrehautomat mit CNC-Steuerung

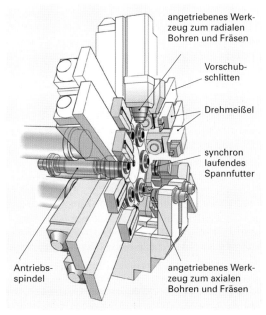

angetriebenes Werkzeug zum radialen Bohren und Fräsen

Vorschubschlitten

Drehmeißel

synchron laufendes Spannfutter

Antriebsspindel

angetriebenes Werkzeug zum axialen Bohren und Fräsen

3 Spindel- und Werkzeugeinheit des Drehautomaten

6.3.2.6 Konventionelle Drehmaschinen

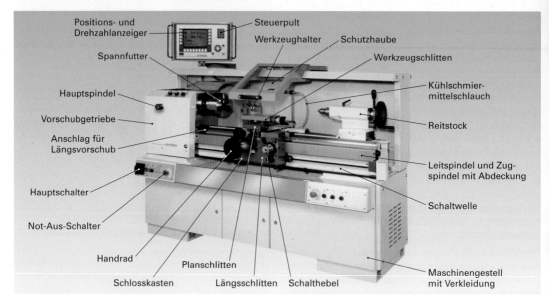

1 Konventionelle Drehmaschine

Konventionelle Drehmaschinen (Bild 1) werden vorwiegend in der Einzel- und Kleinserienfertigung eingesetzt. Der Vorteil dieser Maschinen liegt in der Flexibilität. Der Einsatzbereich von konventionellen Maschinen ist hinsichtlich der Werkstückform aber stark eingeschränkt, da nur eine **achsparallele Steuerung** (Streckensteuerung) der Schlitten vorhanden ist. Somit können keine Schrägen und Radien mit der Werkzeugbewegung am Werkstück erzeugt werden.

Bild 2 beschreibt den **Energiefluss** der konventionellen Drehmaschine. Im Unterschied zu CNC-Drehmaschinen werden konventionelle Drehmaschinen in der Regel nur mit **einem Antriebsmotor** (Dreh-

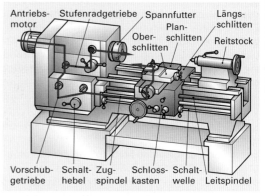

2 Energiefluss an der Drehmaschine

strommotor) für alle Schnitt- und Vorschubbewegungen ausgestattet. Hinter dem Antriebsmotor erfolgt die Drehzahlregelung des Spannfutters über ein Schieberadgetriebe.

Bei neueren Maschinen ist eine stufenlose Drehzahleinstellung des Antriebsmotors möglich. Hierbei wird mit einem Frequenzumrichter die Drehfrequenz des Asynchronmotors verändert. Hierdurch entfällt das Schieberadgetriebe.

Der Energiefluss verzweigt sich nach dem Antriebsmotor auch zum Vorschubgetriebe. Über den Schalthebel am Vorschubgetriebe wird die Zugspindel oder Leitspindel aktiviert. Während beim Längs- und Plandrehen der Vorschub über die **Zugspindel** ausgeführt wird, muss beim Gewindedrehen die **Leitspindel** eingeschaltet werden. Mit dem **Schlossmutterhebel** kann der Werkzeugschlitten in Bewegung gesetzt werden. Vorher muss aber am Schlosskasten der Vorschub für den Längs- oder den Planschlitten bestimmt werden. Der Drehvorgang beginnt mit der Betätigung der **Schaltwelle**. Hierbei wird für das Spannfutter auf Rechtslauf, Linkslauf oder Stillstand geschaltet.

Der **Reitstock** dient zur Abstützung langer Werkstücke und zur Aufnahme von Bohrwerkzeugen. Bei langen Werkstücken wird in dem Reitstock eine mitlaufende **Zentrierspitze** eingesetzt. Bei Werkstücken, die ausschließlich zwischen Spitzen gespannt werden, wird eine zweite Zentrierspitze in die Arbeitsspindel eingespannt. Hierdurch wird das Werkstück zentrisch geführt. Die Drehbewegung der Arbeitsspindel auf das Werkstück wird mit einem **Drehherz** oder einem **Stirnseiten-Mitnehmer** übertragen.

6.3.2.7 CNC-Drehmaschinen

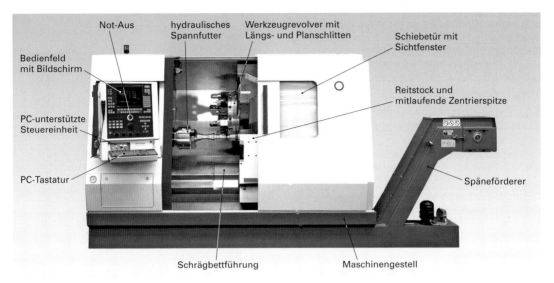

1 CNC-Drehmaschine

Die CNC-Drehmaschine (Bild 1) ist eine automatisierte Werkzeugmaschine mit einer **computerunterstützten numerischen Steuerung**. Eingesetzt wird sie in der Fertigung bei kleinen und mittleren Serien sowie in der Einzelteilfertigung von Werkstücken mit aufwendigen Konturen. Ziel des Einsatzes von CNC-Maschinen ist die Steigerung der Produktivität, Flexibilität sowie der Wirtschaftlichkeit bei einer hohen Fertigungsqualität.

Die CNC-Drehmaschine besitzt eine **Bahnsteuerung**, die eine Fertigung von Drehteilen mit beliebigen Konturen (Radien, Schrägen) ermöglicht. Sowohl die Schnittbewegung der Hauptantriebsspindel als auch die Vorschubbewegungen des Planschlittens in X-Richtung und des Längsschlittens in Z-Richtung werden durch getrennt gesteuerte Antriebsmotoren realisiert. Bild 2 verdeutlicht den Energiefluss ausgehend von den jeweiligen Motoren.

Im Gegensatz zu konventionellen Maschinen können bei der CNC-Maschine mehrere Werkzeugbewegungen mit unterschiedlichen Werkzeugen nacheinander ohne manuellen Eingriff abgefahren werden.

Die Arbeits- und Werkzeugbewegungen an der Maschine werden über CNC-Programme satzweise abgearbeitet. Die Eingabe der Programme erfolgt entweder am Bedienfeld der Maschine oder an externen Computern. Unterstützt wird die **CNC-Programmierung** durch grafische Darstellungen. Mit der in Bild 3 gezeigten **Benutzeroberfläche** kann nach der Programmerstellung eine **Simulation** der Bearbeitung durchgeführt werden. Hierdurch können eventuelle **Programmierfehler** und **Kollisionen** der Werkzeuge vermieden werden.

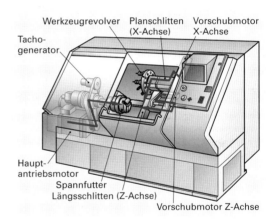

2 Energiefluss an der CNC-Drehmaschine

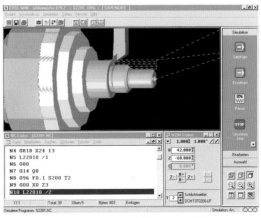

3 Benutzeroberfläche zur CNC-Programmierung

Ausbaustufen von CNC-Drehmaschinen

Die **CNC-Drehmaschine mit einer Hauptspindel und einem Werkzeugrevolver ohne angetriebene Werkzeuge** ermöglicht nur die Bearbeitung eines Werkstücks mit einer rotationssymmetrischen Geometrie. Passfedernuten, seitliche Löcher oder Bohrungen außerhalb der Drehmitte sind bei dieser Maschine nicht herstellbar.

Für die wirtschaftliche Drehbearbeitung von **Werkstücken mit komplexen Geometrien** können CNC-Drehmaschinen in unterschiedlichen Ausbaustufen eingesetzt werden. Bild 1 zeigt die CNC-Drehmaschine mit einer **Hauptspindel** und einer **Gegenspindel** sowie drei Werkzeugrevolvern bestückt mit festen und angetriebenen Werkzeugen. Die Spindeln können synchron oder mit unterschiedlichen Drehzahlen geschaltet werden. Die **Werkzeugrevolver** können sich in X- und Z-Richtung beliebig bewegen.

Die Bilder 2 bis 4 verdeutlichen die verschiedenen Möglichkeiten für den Einsatz der CNC-Drehmaschine in der Ausbaustufe. Mit der Verwendung von zwei Werkzeugrevolvern kann das Werkstück gleichzeitig mit dem **Revolver 1** längsrund gedreht werden und mit dem **Revolver 2** gebohrt werden. Durch den **angetriebenen Bohrer** können **unterschiedliche Schnittgeschwindigkeiten**, angepasst an die Werkzeuge, realisiert werden.

Ein **außermittiges Bohren** wird in Bild 3 durch den **Revolver 2** ausgeführt. Währenddessen kann eine **Passfedernut** über den **Revolver 1** in das Werkstück gefräst werden. Hierbei wird die Spindel in eine vorbestimmte Winkelstellung gestellt. Die Revolver enthalten angetriebene Werkzeuge.

Bild 4 zeigt ein Beispiel für die Verwendung der **Gegenspindel**. Nach dem Querplandrehen der rechten Seite wird das Werkstück von der **synchron** drehenden Gegenspindel aufgenommen und von zwei Werkzeugen gleichzeitig bearbeitet.

Nach dem Abstechen kann das Werkstück auf beiden Spindeln getrennt mit **unterschiedlichen Drehzahlen** gefertigt werden. Der zweite Werkzeugrevolver ist mit einer **mitlaufenden Zentrierspitze** ausgestattet und stützt das längere Werkstück ab.

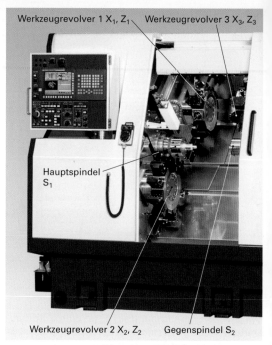

1   CNC-Drehmaschine in der Ausbaustufe

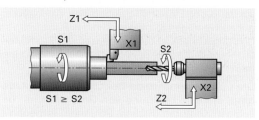

2   Konturdrehen und Bohren

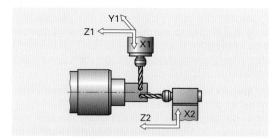

3   Axiales und außermittiges Bohren

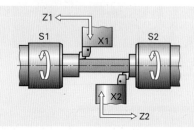

4   Drehen mit der Haupt- und Gegenspindel

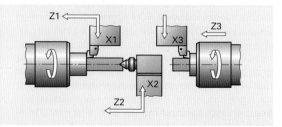

6.3.3 Fräsmaschinen

Fräsmaschinen sind spanende Werkzeugmaschinen mit Werkzeugen, die eine rotatorische Schnittbewegung ausführen. Die Werkzeugschneiden sind geometrisch bestimmt.

Die Vorschubbewegung wird je nach Fräsmaschine über das Werkzeug oder durch die Bewegung des Werkstücks ausgeführt. Hauptsächlich findet eine Vorschubbewegung senkrecht zur Achsrichtung der Hauptantriebsspindel statt.

Fräsmaschinen werden nach der Anordnung der Schlitten, der Lage der Arbeitsspindel oder der Art der Bearbeitungsauflage bezeichnet.

Nach der Anordnung der Schlitten wird grundsätzlich zwischen der Konsolfräsmaschine (Bild 1) sowie der Bettfräsmaschine (Bilder 2 und 3) und der Portalfräsmaschine (Bild 1, folgende Seite) unterschieden.

Wird eine Bezeichnung nach der **Lage der Arbeitsspindel** durchgeführt, so spricht man von einer **Waagerecht-** oder einer **Senkrechtfräsmaschine**. Ist die Arbeitsspindel je nach Bearbeitungsaufgabe in die senkrechte oder waagerechte Lage umschwenkbar, so spricht man von einer **Universalfräsmaschine** (Bild 1).

Zweckgebundene Fräsmaschinen werden nach der Art der **Bearbeitungsaufgabe** eingeteilt. So besitzen z. B. **Kopierfräsmaschinen** parallel zum Werkzeug einen Fühler, der die Aufgabe hat, ein Modell abzutasten. Das Werkstück wird entsprechend der Abtastung gefräst.

Bettfräsmaschinen

Das hier eingespannte Werkstück kann nicht wie bei der Konsolfräsmaschine (Bild 1) in der Höhe verfahren werden. Das findet nur durch den Fräskopf statt. Diese Bauart ermöglicht eine Bearbeitung schwerer Werkstücke. Je nach Maschinentyp kann die Querbewegung durch den Fräskopf erfolgen. In diesem Fall wird von einer **Kreuzbettbauweise** (Bild 2) gesprochen. Wird die Vorschubbewegung in der Querrichtung durch den mit dem Werkstück aufgespannten Querschlitten ausgeführt, so handelt es sich um eine **Kreuztischbauweise**. Wird die Vorschubbewegung in allen Achsen durch den Ständer bzw. dem Fräskopf betätigt, so liegt eine **Festständerbauweise** vor (Bild 3).

Universalfräsmaschinen

Bei Fräsmaschinen wird die **Hauptantriebsspindel** entweder in waagerechter oder in senkrechter Lage eingebaut. Während es sich in Bild 2 um eine **Waagerechtfräsmaschine** handelt, ist in Bild 3 eine **Senkrechtfräsmaschine** abgebildet. Bei der in Bild 1 gezeigten **Universalfräsmaschine** befindet sich die

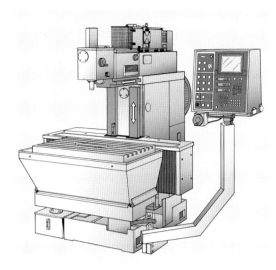

1 Universalfräsmaschine

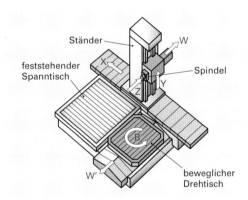

2 Bettfräsmaschine in Kreuztischbauweise

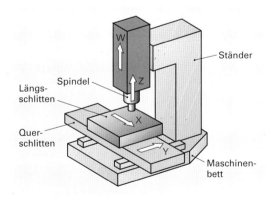

3 Bettfräsmaschine in Ständerbauweise

Arbeitsspindel in senkrechter Lage. Mittels eines aufgesetzten schwenkbaren Fräskopfes wird das Werkzeug in die waagerechte oder eine beliebige schräge Lage gedreht.

Portalfräsmaschinen

Besonders großflächige Werkstücke können auf den bisher betrachteten Fräsmaschinen nicht gefertigt werden. Bei diesen Werkstücken kommen die **Portalfräsmaschinen** zum Einsatz.

Das Werkzeug wird bei der Portalfräsmaschine durch das **Maschinenportal** in der Höhe zugestellt und in der Querrichtung bewegt. Bei der in Bild 1 gezeigten **Tischbauweise** wird der Vorschub in Längsrichtung durch die Bewegung des Tisches mit dem aufgespannten Werkstück ausgeführt. Der Platzbedarf dieser Maschine ist entsprechend groß. Bei der in Bild 2 dargestellten Portalfräsmaschine wird der **Vorschub in Längsrichtung** durch die Verfahrbewegung des gesamten Maschinenportals realisiert. Die Bauform dieser Maschine wird als **Gantrybauweise** beschrieben. Bei dieser Bauweise wird weniger Platz benötigt und es können schwerere Werkstücke als bei der Tischbauweise bearbeitet werden. Nachteilig ist die geringere Stabilität durch das in Längsrichtung verfahrende Portal.

Konsolfräsmaschinen

Die in Bild 3 dargestellte Konsolfräsmaschine besitzt eine in der Höhe verfahrbare Konsole. Durch das Auf- und Abfahren der Konsole wird die **Zustellbewegung** in Y-Richtung realisiert. Die **Vorschubbewegung** der Konsolfräsmaschine erfolgt über die gleichzeitige Verfahrbewegung des Längsschlittens in X-Richtung, an dem sich die Konsole befindet und der Querbewegung des Fräskopfes in Z-Richtung. Die Konsole ist schwenkbar und besitzt einen Drehtisch. Somit ist die Bearbeitung von Werkstücken in mehreren Bearbeitungsebenen möglich, ohne das Werkstück umzuspannen.

1 Portalfräsmaschine in Tischbauweise

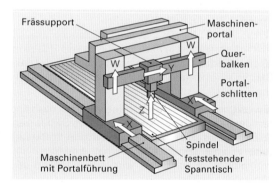

Frässupport · Maschinenportal · Querbalken · Portalschlitten · Spindel · feststehender Spanntisch · Maschinenbett mit Portalführung

2 Portalfräsmaschine in Gantrybauweise

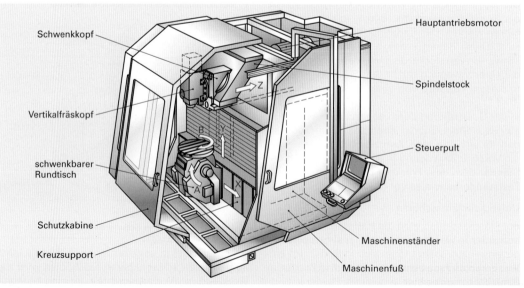

Schwenkkopf · Vertikalfräskopf · schwenkbarer Rundtisch · Schutzkabine · Kreuzsupport · Hauptantriebsmotor · Spindelstock · Steuerpult · Maschinenständer · Maschinenfuß

3 Konsolfräsmaschine mit Schwenk- und Rundtisch

Hochgeschwindigkeits-Fräsmaschinen

Hochgeschwindigkeitsfräsen (HSC-Fräsen) erfolgt mit wesentlich höheren Schnittgeschwindigkeiten als das übliche CNC-Fräsen. Die Schnittgeschwindigkeit liegt hierbei 5- bis 10-mal höher. Gleichzeitig wird der Vorschub erhöht, die radiale Schnitttiefe a_e aber verringert. Bevorzugt wird HSC-Fräsen beim Hartfräsen von gehärteten Stählen oder Schnellarbeitsstählen eingesetzt. Aufgrund der hohen Schnittgeschwindigkeiten ist eine gute Oberflächengüte erreichbar.

Die in Bild 1 gezeigte HSC-Fräsmaschine arbeitet mit fünf Achsen. Hierdurch ist das Fräsen von komplizierten Konturen möglich. Beim Einsatz von kleinen Formfräsern können nahezu alle beliebigen Innenkonturen gefräst werden, die bisher nur durch Senkerodieren hergestellt werden konnten. Das abgebildete Bearbeitungsbeispiel zum HSC-Fräsen verdeutlicht, dass selbst der kleine Zwischenraum zwischen den gefrästen Tasten der Werkzeugform für ein Handygehäuse mit dem HSC-Fräsen gefertigt werden kann. Die Werkzeugform wurde im gehärteten Zustand gefräst.

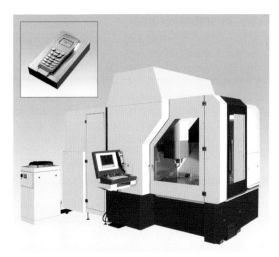

1   **Hochgeschwindigkeits-Fräsmaschine**

Unterschied zwischen der konventionellen und der CNC-Fräsmaschine

Beim Vergleich zwischen der konventionellen und der CNC-Fräsmaschine können grundsätzliche Unterschiede festgestellt werden. Die konventionelle Fräsmaschine (Bild 2) besitzt lediglich eine Steuerung. Für die Schnitt- und Vorschubbewegungen wird nur ein Antriebsmotor eingesetzt. Die notwendigen Drehbewegungen für die Fräs- und Vorschubspindeln werden über ein Getriebe eingestellt. Das Beenden der Vorschubbewegung für den Längs- und Querschlitten wird durch verstellbare Anschläge erreicht. Die Bewegung der Schlitten kann zusätzlich über Handräder manuell erfolgen.

Die CNC-Fräsmaschine besitzt eine Regelung mit einer Bahnsteuerung. Je nach Ausführung können zwei, drei oder mehrere Achsen gleichzeitig verfahren werden. Die Schnittbewegung wird von dem Hauptantriebsmotor, die Vorschubbewegungen werden von den jeweiligen Vorschubmotoren erzeugt. Die in Bild 3 abgebildete CNC-Fräsmaschine besitzt keine Handräder mehr. Jede Schlittenbewegung kann nur noch über das Bedienpult getätigt werden.

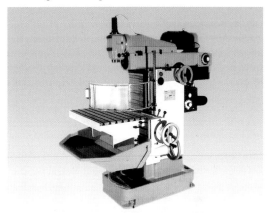

2   **Konventionelle Fräsmaschine**

Nach dem Einrichten der Maschine wird in der Regel ein komplettes CNC-Programm abgefahren. Hierbei wird die vollständige Kontur eines Werkstücks gefertigt, ohne dass der Maschinenbediener eingreifen muss. Die in Bild 3 gezeigte CNC-Fräsmaschine besitzt kein Werkzeugmagazin. Ist ein Werkzeugwechsel erforderlich, so muss der Maschinenbediener den Wechsel durchführen.

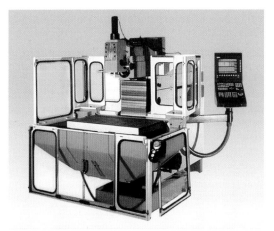

3   **CNC-Fräsmaschine**

CNC-Fräsmaschinen mit einem Werkzeugwechsler und einem Werkzeugmagazin ermöglichen den automatisierten Werkzeugwechsel.

6.3.4 Schleifmaschinen

> Schleifmaschinen besitzen meist ein zylindrisches Werkzeug, das die Schnittbewegung durch Rotation ausführt. Die Schnittbewegung wird durch eine oder mehrere Vorschubbewegungen des Werkstücks und Werkzeugs sowie eine Zustellbewegung des Werkzeugs überlagert.

Beim Schleifen sind die Aufgaben und Anforderungen an die Schleifmaschinen je nach Werkstückform und Werkstoff sehr unterschiedlich. Dementsprechend gibt es vielfältige Bauformen von Schleifmaschinen.

6.3.4.1 Rundschleifmaschinen

Rundschleifmaschinen zeichnen sich dadurch aus, dass eine Vorschubbewegung durch das rotierende Werkstück ausgeführt wird. Eine zweite Vorschubbewegung entsteht durch die Längsbewegung des Werkzeuges. Gleichzeitig kann in radialer Richtung das Werkzeug zugestellt werden.

Die **Außen-Rundschleifmaschine** (Bild 1) ist ausschließlich für die Außenbearbeitung konzipiert. Die angetriebene Schleifscheibe kann sich längs und quer zum Werkstück bewegen. Das Werkstück wird in zwei Zentrierspitzen geführt. Die Übertragung der Drehbewegung auf das Werkstück erfolgt auf der treibenden Seite durch einen Stirnseitenmitnehmer. Auf der anderen Seite wird das Werkstück in eine mitlaufende Zentrierspitze gespannt.

Das Werkzeug, die **Schleifscheibe**, wird auf einem Schleifspindelsupport angetrieben. Sie ist bei dieser Maschine nur in radialer Richtung zum Werkstück verfahrbar. Schrägschleifvorgänge können bei dieser Maschine durch Schwenken des gesamten Support durchgeführt werden. Die Zustellung des Werkstückes in Längsrichtung übernimmt bei der in Bild 1 dargestellten Maschine der gesamte Werkstücktisch.

Bei der **Spitzenlos-Rundschleifmaschine** (Bild 2) wird das Werkstück zwischen der Schleifscheibe und einer Regelscheibe lose hindurchgeführt. Damit das Werkstück nicht zwischen beiden Scheiben durchrutscht, wird es durch eine Auflagschiene gehalten. Die langsam umlaufende Regelscheibe veranlasst beim Werkstück den Rundvorschub. Eine leichte Neigung der Regelscheibe fördert das Werkstück langsam aus dem Arbeitsbereich heraus.

Werkzeugschleifmaschinen (Bild 3) werden zum Scharfschleifen von Dreh- und Hobelmeißeln, Bohrern, Fräsern, Messerköpfen und Sägeblätter verwendet. Bei der skizzierten Werkzeugschleifmaschine können spiralige und geradnutige Werkzeuge bearbeitet werden. Die Vorschub- und Schnittbewegungen erfolgen CNC-gesteuert. Hierdurch können komplizierte Werkzeugformen vollautomatisch geschliffen werden.

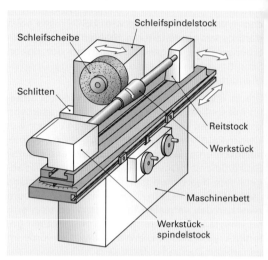

1 Außen-Rundschleifmaschine

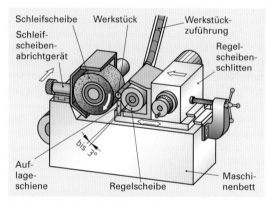

2 Spitzenlos-Rundschleifmaschine

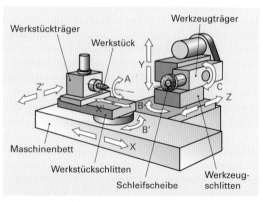

3 Werkzeugschleifmaschine

Die **Universal-Rundschleifmaschine** (Bild 1) unterscheidet sich von der normalen Rundschleifmaschine nur dadurch, dass sie zusätzlich eine Innenschleifeinrichtung besitzt. Mit dieser Einrichtung können Bohrungen ausgeschliffen werden. Die Innenschleifeinrichtung besteht aus einem Kreuzschlitten für die Aufnahme der Innenschleifspindel. Über den Kreuzschlitten wird somit der Längs- und Quervorschub realisiert.

Die Außenschleifeinrichtung besitzt wie die Innenschleifeinrichtung einen weiteren Kreuzschlitten. Auf diesem Schlitten ist die Schleifspindel schwenkbar angeordnet. Beim Längsschleifen übernimmt die Z-Achse den Vorschub und die X-Achse die schrittweise Zustellung. Beim Querschleifen sind Vorschub und Zustellung vertauscht. Schrägschleifen ist bei der Universal-Rundschleifmaschine über eine entsprechende Schrägstellung der Schleifspindel und dem gleichzeitigen Verfahren der X- und Z-Achse möglich.

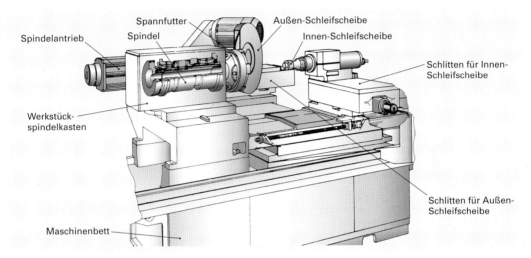

1   Universal-Rundschleifmaschine

6.3.4.2 Planschleifmaschinen

Mit der **Planschleifmaschine** (Bild 2) werden ebene Flächen erzeugt. Mit dieser Maschine können die Schleifverfahren Umfangs- und Seitenschleifen angewendet werden. Die Arbeitsspindel in der Planschleifmaschine hat eine waagerechte Lage. Das Werkstück wird auf einem Langtisch, der eine Vorschubbewegung in Längsrichtung erzeugt, aufgespannt.

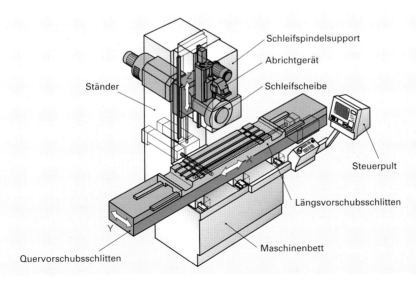

2   Planschleifmaschine

6.3.5 Einzweckmaschinen

> Zweckgebundene Werkzeugmaschinen sind nur für eine spezielle Bearbeitungsaufgabe konzipiert. Sie müssen häufig besondere kinematische Funktionen zur Fertigung des entsprechenden Werkstücks ausführen.

Aus der Vielzahl der **Einzweckmaschinen** wird exemplarisch die **Wälzfräsmaschine** vorgestellt (s. auch S. 4). Das Werkzeug der Wälzfräsmaschine stellt aus geometrischer Sicht eine Getriebeschnecke dar. Während der Bearbeitung wälzen das **Werkzeug als Schnecke** und das zu fertigende **Zahnrad als Schneckenrad** aufeinander ab. Bei der in Bild 1 dargestellten Wälzfräsmaschine werden die aufeinander abgestimmten **Vorschubbewegungen** und **Wälzbewegungen** des Werkstücks und Werkzeugs über einen geschlossenen Getriebezug realisiert. Bei **CNC-Wälzfräsmaschinen** wird die **kinematische Kopplung** der **Wälzachsen** durch einen elektronischen **Wälzmodul** realisiert.

6.3.6 Abtragende Maschinen

> Abtragende Maschinen bewirken die Trennung von Materialpartikeln an einem Werkstück durch eine chemische, elektrochemische oder thermische Einwirkung auf das Werkstück.

Während das **chemische Abtragen** durch Ätzanlagen erfolgt, beruht das **elektrochemische Abtragen** auf dem Ladungsaustausch zwischen der **Anode als Werkstück** und der **Kathode als Werkzeug** in einem **Elektrolyten**. Das kontinuierliche Senken der Kathode führt zu einer negativen Abbildung des Werkzeugs auf das Werkstück. Die hierfür eingesetzten **elektrochemischen Senkanlagen** verhindern durch eine starke Spülung die Ablagerung der vom Werkstück gelösten Partikel auf der Kathode.

Das **thermische Abtragen** wird z. B. mit der in Bild 2 gezeigten **funkenerosiven Senkanlage** durchgeführt. Die Bearbeitung des Werkstücks findet in einer elektrisch **nicht-leitenden Flüssigkeit (Dielektrikum)** statt. Das Werkzeug bewegt sich wie bei der elektrochemischen Senkanlage kontinuierlich nach unten (Bild 3). Das abgetragene Material wird durch eine Spülung und durch regelmäßiges Anheben des Werkzeugs entfernt. Die Abtragung erfolgt **punktförmig** an der engsten Stelle zwischen Werkstück und Werkzeug aufgrund einer **Funkenentladung**. Der vom **Impulsgenerator** bereitgestellte Strom bewirkt beim Abschalten des Impulses ein Zusammenbrechen des **Entladekanals,** was eine implosionsartige Verdampfung der Schmelze mit sich zieht.

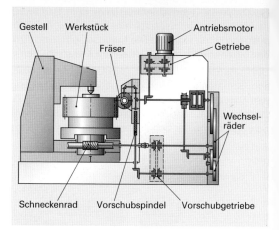

1 Wälzfräsmaschine

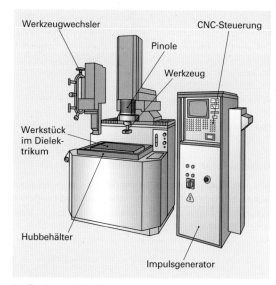

2 Funkenerosive Senkanlage

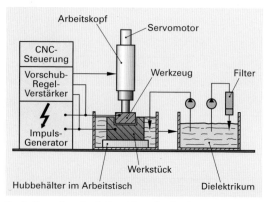

3 Aufbau einer funkenerosiven Senkanlage

6.4 Analyse, Projektierung und Inbetriebnahme einer Werkzeugmaschine

 Die Firma VEL Mechanik GmbH erhält den Auftrag, den in Bild 1 abgebildeten Maschinenschraubstock in Serie herzustellen.

Die Bearbeitung der Grundplatte (Bild 2) soll in einem neu einzurichtenden Bereich der Fertigung erfolgen. Als Mitarbeiter der Firma erhalten Sie den Auftrag, die CNC-Fräsmaschine (Bild 3) einer stillgelegten Abteilung auf Eignung zu untersuchen, die erforderlichen Spannmittel zum Spannen der Werkzeuge und des Werkstücks auszuwählen sowie die Inbetriebnahme der CNC-Fräsmaschine vorzubereiten.

6.4.1 Analyse der Werkzeugmaschine

Betrachtet man die Werkzeugmaschine als ein technisches System, so ist die Hauptfunktion die Fertigung des Werkstücks mit dem Fertigungsverfahren Fräsen. Zur Bewältigung der Hauptfunktion müssen verschiedene Teilaufgaben durchgeführt werden. So sind z. B. für den Antrieb des Werkzeugs mehrere Bauteile der Maschine beteiligt. Alle Bauteile der Werkzeugmaschine, die eine Aufgabe bzw. Funktion erfüllen, werden zu einer Einheit zusammengefasst. Man spricht dann von einer Funktionseinheit. Im Bild 3 sind die wichtigsten Funktionseinheiten der CNC-Fräsmaschine bezeichnet.

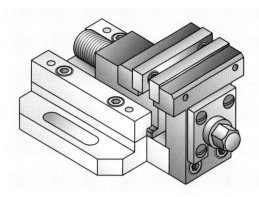

1 Maschinenschraubstock

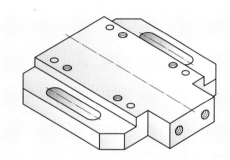

2 Grundplatte des Maschinenschraubstocks

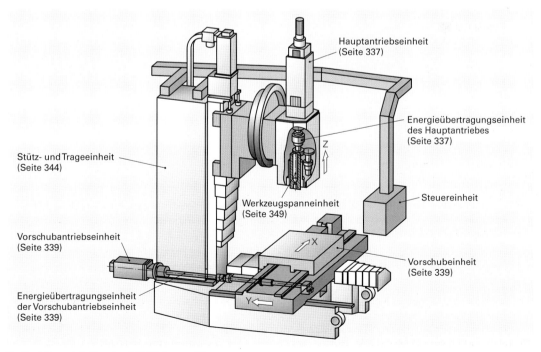

Hauptantriebseinheit (Seite 337)

Energieübertragungseinheit des Hauptantriebes (Seite 337)

Stütz- und Trageeinheit (Seite 344)

Z

Steuereinheit

Werkzeugspanneinheit (Seite 349)

Vorschubantriebseinheit (Seite 339)

X

Vorschubeinheit (Seite 339)

Energieübertragungseinheit der Vorschubantriebseinheit (Seite 339)

Y

3 Funktionseinheiten der CNC-Fräsmaschine

6.4.1.1 Antriebseinheiten

Die Antriebseinheiten der CNC-Fräsmaschine bestehen aus der Hauptantriebseinheit und der Vorschubantriebseinheit der jeweiligen Achsen.

> Während die **Hauptantriebseinheit** die Teilfunktion der Erzeugung einer Schnittbewegung erfüllt, soll die **Vorschubantriebseinheit** für jede Achse Vorschubbewegungen erzeugen.
>
> Eine vollständige Hauptantriebseinheit besteht aus dem Elektromotor, der Energieübertragungseinheit sowie der Regeleinheit.

Elektromotor der Hauptantriebseinheit

Die Hauptantriebseinheit wandelt elektrische Energie in mechanische Energie um und stellt somit Bewegungsenergie für die Hauptarbeitsbewegung der Werkzeugmaschine zur Verfügung.

Diese Bewegungen sind bei Dreh-, Fräs-, Bohr-, Schleif- oder Sägemaschinen Hauptspindelbewegungen, bei Pressen und Stoßmaschinen sind es Bewegungen des Stößels und bei Hobelmaschinen die Tischbewegung.

Der Hauptantriebsmotor einer Werkzeugmaschine kann durch zwei unterschiedliche Prinzipien realisiert werden, dem **elektrischen und hydraulischen Motor** (Bild 1).

Die meisten Werkzeugmaschinen für die spanende Formgebung zeichnen sich durch einen elektrischen Hauptantriebsmotor aus, der eine rotatorische (drehende) Bewegung erzeugt. Der Grund hierfür liegt in dem hohen Wirkungsgrad und der geringen Wärmeentwicklung eines Elektromotors.

Hydraulische Motoren werden aufgrund ihrer hohen Krafterzeugung vielfach bei Pressen eingesetzt.

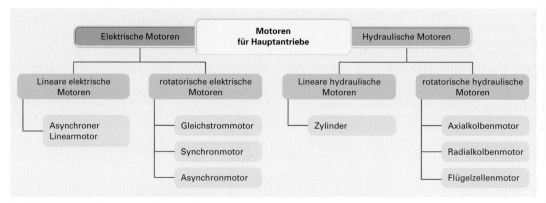

1 Gliederung der Motoren für Hauptantriebe

Stromarten

Beim Antrieb von Elektromotoren werden zwei unterschiedliche Stromarten eingesetzt:

- **Gleichstrom**   Kennzeichen: –   oder DC (= Direct Current)
- **Wechselstrom** Kennzeichen: ~   oder AC (= Alternating Current)

Ein Strom, der seine Richtung nicht ändert, heißt **Gleichstrom**. Diese Stromart wird durch eine Gleichspannung verursacht. Gleichstrom liefern z.B. Batterien oder Akkumulatoren. Aus dem Stromnetz kann man nur indirekt den Gleichstrom über Gleichrichter gewinnen.

Ein Strom, der seine Richtung ändert, heißt **Wechselstrom**. Dieser Strom wird durch eine Wechselspannung verursacht. Der Wechselstrom und damit auch die Wechselspannung ändert ständig die Richtung und Stärke. Hierbei pendelt der Strom zwischen einem positiven und negativen Höchstwert.

Ein vollständiger Wechsel zwischen positivem und negativem Höchstwert wird als eine **Periode** bezeichnet. Im europäischen Stromnetz beträgt die periodische Schwingung des Wechselstroms 50 Hz, d.h. der Strom wechselt 50 mal pro Sekunde seinen Höchstwert. Im Stromnetz werden drei zeitlich versetzte Wechselstromphasen bereitgestellt. Nutzt man alle drei Wechselstromphasen gleichzeitig, so erhält man einen **Drehstrom** (vgl. Seite 352).

Gleichstrommotoren

Gleichstrommotoren bieten gegenüber den Synchron- und Asynchronmotoren den wesentlichen Vorteil einer relativ **einfachen Drehzahlsteuerung**.

Betrachtet man den Aufbau des Gleichstrommotors (Bild 1), so besteht er aus einem drehbaren **Anker** mit seiner **Ankerwicklung** und einem **Dauermagneten,** der am Ständer des Motors befestigt ist. Der Dauermagnet erzeugt ein permanentes **Erregerfeld,** das **Ankerfeld** wird erst bei Stromzufuhr der Ankerwicklung erzeugt.

Die drehbar gelagerte **Ankerwicklung** (Bild 2) befindet sich zwischen dem Nord- und Südpol des **Dauermagneten.** Die Ankerwicklung wird über die **Kohlebürsten** und den **Kollektor** von einer **Gleichstromquelle** gespeist. Die nun stromdurchflossene Ankerwicklung baut ein Magnetfeld um ihre eigene Wicklung auf. Somit befindet sich wie bei dem Dauermagneten an dem einen Ende der Ankerwicklung der Nordpol und an dem anderen Ende der Wicklung der Südpol des Magnetfeldes.

Die Pole zwischen dem Dauermagneten und der Ankerwicklung ziehen sich an bzw. stoßen sich ab und führen somit zu einer **Drehbewegung** der Ankerwicklung. Erreicht die Ankerwicklung eine vermeindlich stabile Lage, so findet durch den Kollektor eine **Stromumkehr** in der Ankerwicklung statt. Diese Stromumkehr bewirkt auch eine Umkehr der Pole an der Ankerwicklung und führt zu einem Weiterdrehen des Ankers.

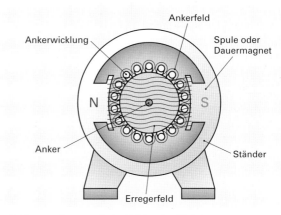

1   Aufbau und magnetische Felder des Gleichstrommotors

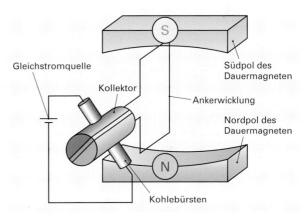

2   Bauteile des Gleichstrommotors (Prinzipdarstellung)

Kennlinien von Gleichstrommotoren

Gleichstrommotoren werden nach der Schaltung der Erreger- und Ankerwicklung unterschieden. Es wird hauptsächlich von dem Nebenschlussmotor und dem Reihenschlussmotor gesprochen. Diese Motoren zeichnen sich durch verschiedene Kennlinien aus, die den Einsatzbereich des Motors bestimmen. Die Abbildung im Bild 3 zeigt das Schaltbild des **Nebenschlussmotors** und seine Drehmomenten-Drehzahl-Kennlinie.

Die Erregerwicklung ist beim Nebenschlussmotor parallel zum Anker geschaltet. Der Nebenschlussmotor hat beim Anlaufen nur ein geringes Drehmoment. Erst beim Erreichen der Nenndrehzahl hat dieser Motor ein stabiles Drehmoment. Der Nebenschlussmotor wird z. B. bei Vorschubantrieben von CNC-Maschinen eingesetzt. Da das Werkzeug nicht zu Beginn im Eingriff ist, kann der Vorschub-

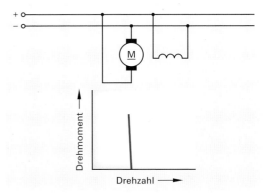

3   Kennlinie des Gleichstrom-Nebenschlussmotors

motor im unbelasteten Zustand seine Nenndrehzahl erreichen. Bei Belastung sinkt die Drehzahl nur geringfügig ab.

Beim **Reihenschlussmotor** (Bild 1) wird die Erregerwicklung mit der Ankerwicklung in Reihe geschaltet. Der Erregerstrom ist nun immer genauso groß
wie der Ankerstrom. Diese Abhängigkeit bewirkt im
Gegensatz zum Nebenschlussmotor, dass mit einer
steigenden Belastung des Motors die Drehzahl sehr
stark abnimmt.

Der Reihenschlussmotor hat dadurch aber auch den
Vorteil, dass er **sehr hohe Drehmomente zum Anlaufen** bringt, wie es z.B. bei elektrischen Anlassern
von PKWs erforderlich ist. Der Reihenschlussmotor wird für Maschinen mit einem schweren Anlauf
(z.B. Hebezeuge) verwendet.

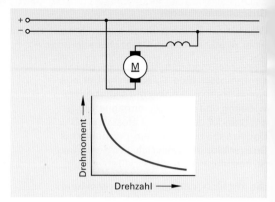

1   **Kennlinie des Gleichstrom-Reihenschlussmotors**

Erzeugung von Drehstrom

Die Stromanbieter im Versorgungsnetz stellen **drei zeitlich versetzte Wechselstromphasen**, den Drehstrom, zur Verfügung. Diese Stromart bietet gegenüber dem Gleichstrom folgende Vorteile:

- Die einzelnen Wechselstromphasen des Drehstroms lassen sich über weite Entfernungen mit nur geringen Verlusten übertragen. Bei Verwendung von Gleichstrom müssten große Leitungsquerschnitte
verwendet werden, um den Widerstand des Leiters und damit die Verluste durch die Stromübertragung
gering zu halten. Wechselstrom mit sehr großen Spannungen lässt sich dagegen bei verhältnismäßig
kleinen Leitungsquerschnitten transportieren. Die Verluste hierbei sind entsprechend klein. Diese
großen Spannungen werden mit Transformatoren erzeugt. Der Betrieb der Transformatoren ist aber
nur mit Wechselstrom möglich.

- Elektrische Hauptantriebe für Werkzeugmaschinen benötigen beim Einsatz des Drehstroms einfachere
Konstruktionsprinzipien als bei den im vorhergehenden Absatz beschriebenen Gleichstrommotoren.
Aufgrund ihres einfachen Aufbaus sind Drehstrommotoren preisgünstiger und wartungsärmer als
Gleichstrommotoren.

Drehstrom besteht aus drei gleichen Wechselspannungen, die gegeneinander um 1/3 Periodendauer
versetzt sind. Die Erzeugung von Drehstrom erfolgt durch Drehstromgeneratoren, die einem umgekehrten
Funktionsprinzip des Drehstrommotors folgen. Das Prinzip des Drehstromgenerators wird nachfolgend
verdeutlicht:

Bewegt man einen Magneten vor einer Spule, so wird in dieser Spule eine Spannung erzeugt. Je näher
sich der Magnet an der Spule befindet, desto größer ist der erzeugte Spannungswert in der Spule. Werden
drei **Spulen um 120° versetzt** angeordnet, kann durch den drehenden Dauermagneten in jeder Spule
eine Wechselspannung erzeugt werden. Die höchsten Spannungswerte jeder einzelnen Spule treten
dabei zeitlich versetzt auf. Mit den **drei Spannungen** wird im Stromkreis ein **Drehstrom** erzeugt (Bild 2).

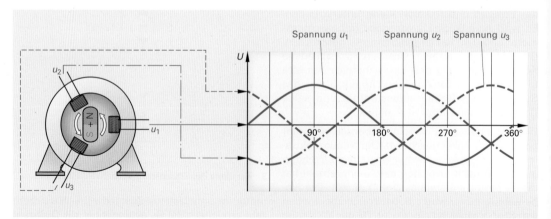

2   **Erzeugung von Drehstrom**

Drehstrommotoren

Werden die drei um 120° versetzten Spulen an einen Stromkreis mit Drehstrom angeschlossen, so entsteht in jeder Spule ein Magnetfeld, dessen Stärke sich mit der Spannungsgröße der einzelnen Phasen verändert. Da jede Spule zu einem anderen Zeitpunkt ihre höchste Magnetfeldstärke besitzt, entsteht in dem Motorständer ein in sich **drehendes Magnetfeld**. Befindet sich nun ein **Dauermagnet** in diesem Magnetfeld, so dreht sich der Magnet mit dem drehenden Magnetfeld. Das auf der vorigen Seite beschriebene Prinzip zur Erzeugung von Drehstrom wird beim Drehstrommotor also nur umgekehrt genutzt.

Bei Drehstrommotoren unterscheidet man zwischen zwei Funktionsprinzipien:

- **Synchronmotor**
- **Asynchronmotor**

Synchronmotor

Der **Aufbau eines Synchronmotors** wird nachfolgend in Bild 1 erläutert. Der Läufer besteht aus einem Dauermagneten. An dem Ständer des Motors sind drei Spulen um jeweils 120° versetzt befestigt. Die Spulen werden mit den Drehstromleitern des Versorgungsnetzes verbunden. Der Nullleiter des Stromnetzes schließt den Stromkreis.

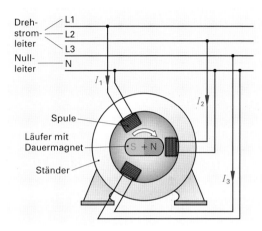

1 Aufbau eines Synchronmotors

Drehzahlkennlinie des Synchronmotors

Synchronmotoren laufen ohne Belastung, d. h. ohne äußere Einwirkung eines Drehmomentes synchron zum erzeugten Drehfeld der um 120° versetzten Spulen.

Wird der Synchronmotor belastet, so bleibt der Läufer hinter dem drehenden Magnetfeld ein wenig zurück, läuft aber dann weiter synchron mit. Der Winkel, um den der Läufer zurückbleibt, wird als **Lastwinkel** bezeichnet (Bild 2). Er steigt mit höherer Belastung. Bleibt der Läufer zu weit zurück, gerät der Motor „außer Tritt" und kann nicht mehr synchron mitlaufen. Der Läufer bleibt daraufhin stehen. Diese Belastung nennt man „**Kippmoment**". Sie ist etwa doppelt so hoch wie das vom Hersteller angegebene Nennmoment des Motors. Wie die **Drehmomenten-Drehzahl-Kennlinie** im Bild 2 verdeutlicht, bleibt bei steigender Belastung die Drehzahl weitgehend konstant und fällt dann beim Erreichen des Kippmoments schlagartig ab.

Drehzahlregelung des Synchronmotors

Die Drehzahl der Synchronmotoren ist abhängig von der Frequenz des Versorgungsnetzes. So ergibt sich bei einer Frequenz von 50 Hz eine anfallende Drehzahl von 3000 min^{-1}. Setzt man den Synchronmotor als Hauptantrieb der Werkzeugmaschine ein, so werden aber unterschiedliche Drehzahlen gefordert. Während bei **konventionellen Werkzeugmaschinen** die Drehzahl über **ein Stufengetriebe** verändert wird, müssen die Antriebe von **CNC-Werkzeugmaschinen stufenlose Drehzahlveränderungen** ermöglichen. Zur stufenlosen Drehzahlregelung werden elektronische Gleichrichter und Puls-Wechselrichter

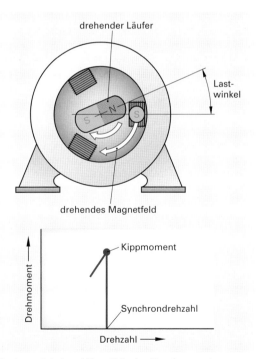

2 Lastwinkel und Kennlinie des Synchronmotors

eingesetzt. Der Drehzahlbereich des Synchronmotors kann hiermit ca. von -5000 min^{-1} bis $+5000$ min^{-1} gesteuert werden.

Asynchronmotor

Der Asynchronmotor ist im Aufbau dem Synchronmotor ähnlich. Der Unterschied zum Synchronmotor besteht darin, dass der Läufer nicht aus einem Dauermagneten, sondern aus einem Käfig mit **Leiterstäben** und einem Blechpaket besteht. Die Leiterstäbe werden miteinander verbunden. Man spricht von einem **Kurzschlussläufer.** Der Ständer beim Asynchronmotor hat drei um 120° versetzte Erregerspulen, die ein magnetisches Drehfeld (Erregerfeld) erzeugen.

Das Prinzip des **Asynchronmotors mit Kurzschlussläufer** wird in Bild 1 verdeutlicht. Das Drehfeld der Spu-

len bewirkt, dass in den Leiterstäben des stehenden Käfigs eine Spannung induziert wird. Dadurch, dass die Leiterstäbe miteinander verbunden sind, kann nun in den Leiterstäben ein Strom fließen. Jeder stromdurchflossene Leiter baut aber auch wiederum ein Magnetfeld um sich selbst auf. Dieses Magnetfeld läuft dem Erregerfeld hinterher. Würde das Läuferfeld genau mit dem Erregerfeld laufen, so hätten beide Felder keine Geschwindigkeitsdifferenz. Nur die Differenz der Umlaufgeschwindigkeiten führt aber zu einer Induktionsspannung im Läufer. Der Läufer wird daraufhin langsamer und kann eine Induktionsspannung aufbauen.

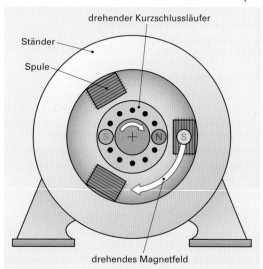

1   **Prinzip des Asynchronmotors mit Kurzschlussläufer**

Drehzahlkennlinie des Asynchronmotors

Die in Bild 2 dargestellte Drehmomenten-Drehzahl-Kennlinie des Asynchronmotors zeigt das **Betriebsverhalten des Motors** über den gesamten Drehzahlbereich. Der Motor kann bei einem kleineren Anzugsmoment anlaufen. Mit steigender Drehzahl erhöht sich die Belastbarkeit des Motors bis zum größten Moment, dem **Kippmoment.**

Ab dem Kippmoment liegt die Drehzahl des Käfigs nahe der Frequenz des Drehfeldes. Der **Käfig** läuft noch **asynchron** (ungleich) zur Bewegung des Drehfeldes. Doch der geringere Geschwindigkeitsunterschied zwischen Käfig und Drehfeld bewirkt, dass eine geringere Spannung im Käfig induziert und somit ein schwächeres Magnetfeld erzeugt wird. Die Belastbarkeit nimmt daher mit steigender Drehzahl ab. Würde der Käfig mit dem Drehfeld synchron laufen, könnte keine Spannung im Käfig induziert werden, da zwischen beiden kein Geschwindigkeitsunterschied vorliegt. Der Motor kann in diesem Punkt nicht mehr belastet werden.

Der Asynchronmotor wird nur für **Drehzahlen**, die **hinter dem Kippmoment** liegen, eingesetzt, da ab diesem Bereich bei sinkender Drehzahl eine steigende Belastung gewährleistet ist.

Drehzahlregelung des Asynchronmotors

Die stufenlose Veränderung der Drehzahl eines Asynchronmotors erfolgt wie beim Synchronmotor durch elektronische Baueinheiten. Hierbei wird mit einem **Frequenzumrichter** die Frequenz der Eingangsspannung stufenlos verändert. Die reduzierte oder erhöhte Frequenz bewirkt einen veränderten Lauf des Drehfeldes. Es werden sehr **reaktionsschnelle Drehzahlregelungen** ermöglicht.

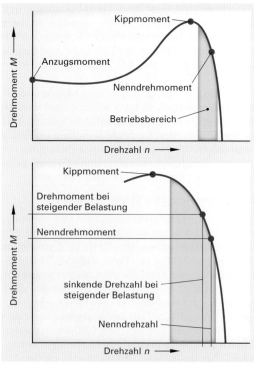

2   **Betriebsverhalten des Asynchronmotors**

Kennlinien elektronisch gesteuerter Drehstrommotoren

Elektromotoren für Hauptantriebe werden elektronisch in der Art gesteuert, dass sie die im Bild 1 dargestellten **Leistungs- und Drehmomentenkennlinie** aufweisen. Hierdurch wird gewährleistet, dass die Schnittleistung im gesamten Drehzahlbereich konstant bleibt, während das aufzubringende Drehmoment bei steigender Drehzahl sinkt.

Kennlinien des elektronisch gesteuerten Asynchronmotors

Asynchronmotoren für Hauptantriebe werden elektronisch in der Art gesteuert, dass sie die im Bild 2 dargestellte **Leistungs- und Drehmomentenkennlinie** aufweisen. Hierdurch wird gewährleistet, dass die Schnittleistung im oberen Drehzahlbereich konstant bleibt. Durch die elektronische Steuerung wird eine Reduzierung des Drehmomentes verursacht. Bei kleineren Drehzahlen ist das erzeugte Drehmoment konstant und die Leistung vergrößert sich mit der Drehzahl.

Begrenzung des Anlassstromes

Bei **Asynchronmotoren mit Schleifringläufern** werden die Leiterstäbe des Käfigs nicht mehr kurzge-

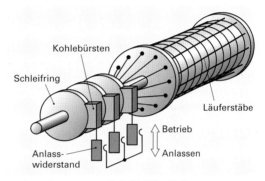

1 Leistungs- und Drehmomentenkennlinie von gesteuerten Hauptantrieben

2 Asynchronmotor mit Schleifringläufer

schlossen, sondern über **Schleifringe mit Anlasswiderständen** verbunden (Bild 2). Der Drehstrom hat bei Asynchronmotoren beim Anfahren eine drei- bis sechsfach größere Stromstärke als im Nennbetrieb. Durch die Anlasswiderstände kann die Größe des Stroms beim Anfahren begrenzt werden. Nach dem Anfahren werden die Widerstände so weit zurückgestellt, bis die Nenndrehzahl erreicht ist. Damit eine Abnutzung der Kohlebürsten nach dem Anlassvorgang verringert wird, hebt man die Bürsten ab und schließt die Leiterstäbe des Käfigs wie beim Kurzschlussläufermotor kurz.

Anforderungen an den Hauptantriebsmotor

Die **Auswahl eines Hauptantriebmotors für spanende Werkzeugmaschinen** (Dreh,- Fräs-, Bohr-, Schleif- oder Sägemaschine) hängt in erster Linie von der geforderten Qualität des Werkstücks und der benötigten Fertigungszeit ab. Es ergeben sich daher die im Bild 3 aufgeführten **Anforderungen an den Hauptantrieb** der zerspanenden Werkzeugmaschine. Die Hauptantriebe müssen die Schnittleistungen zum Zerspanen aufbringen, wobei die Drehzahl in einem möglichst großen Bereich verstellbar sein soll.

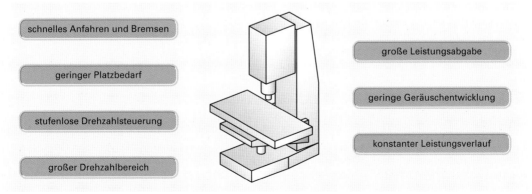

3 Anforderungen an den Hauptantriebsmotor

Aufgrund der genannten Anforderungen haben Hydraulikmotoren für Werkzeugmaschinen in der Zerspantechnik nur eine geringe Bedeutung. Die vorgenannten Anforderungen erfüllen in erster Linie Elektromotoren in der Ausführung als **fremderregte Gleichstrommotoren** und **Asynchronmotoren** (Bild 1).

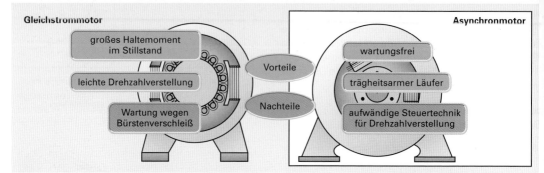

1   Vor- und Nachteile der verschiedenen Motoren für Hauptantriebe

Elektromotor der Vorschubantriebseinheit

Eine der wichtigsten Baueinheiten von CNC-Werkzeugmaschinen sind die Vorschubantriebseinheiten, die entsprechend den vorgegebenen Bewegungsanweisungen in Verbindung mit den Werkzeugen die Werkstückkontur erzeugen. Daher werden insbesondere an die **Vorschubmotoren** hohe Anforderungen gestellt, da sie als **Stellglied im Regelkreis** der Werkzeugmaschine die Bearbeitungsqualität wesentlich beeinflussen.

Die Forderungen an den Vorschubmotor lassen sich mit speziell entwickelten Elektro- und Hydraulikmotoren in Verbindung mit Regel- und Steuereinrichtungen verwirklichen (Bild 2). Bei **Werkzeugmaschinen** finden hauptsächlich **elektrische Vorschubantriebe** Anwendung. Mit diesen Vorschubmotoren lassen sich Geschwindigkeiten vom kleinsten Vorschub bis zum Eilgang verwirklichen. Es ist kein Schaltgetriebe zwischen Vorschub und Eilgang mehr erforderlich.

Der elektrische Vorschubantrieb wird in unterschiedlichen Ausführungen an zerspanenden Werkzeugmaschinen eingesetzt. Diese Motoren werden meistens als **Servoantriebe** realisiert (Bild 3). Servoantriebe sind Motoren, deren Drehzahlen und Winkelstellungen mit speziellen Regelkreisen sehr genau eingestellt werden. Durch kleinste Winkelbewegungen der Antriebswelle ist es möglich, den Vorschubschlitten im 1/1000-Millimeter-Bereich zu verfahren.

2   Anforderungen an den Vorschubmotor

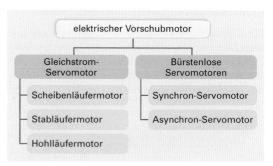

3   Gliederung der Vorschubmotoren

Gegenüberstellung von Gleichstrom- und Asynchronmotoren

Durch die Entwicklung neuer elektronischer Regeleinrichtungen werden Drehstrommotoren zunehmend anstelle von Gleichstrommotoren in CNC-Werkzeugmaschinen für den Hauptantrieb eingesetzt. Dabei wird der elektronisch geregelte Asynchronmotor für den Einsatz als Hauptantrieb favorisiert. Grund hierfür ist die größere Belastbarkeit des Asynchronmotors, der kurzzeitig das 10-fache seines Nennmomentes abgibt. Die kleine Motorbaugröße, die hohe Reaktionsschnelligkeit und der weitgehend wartungsfreie Antrieb machen den elektronisch gesteuerten Asynchronmotor als Hauptantrieb bei Werkzeugmaschinen interessant.

6.4.1.2 Energieübertragungseinheit des Hauptantriebs

Der Hauptantrieb hat die Aufgabe, eine Schnittbewegung des Werkzeuges zu erzeugen. Die mit dem Hauptantriebsmotor erzeugte Drehbewegung muss als Schnittbewegung an das Werkzeug übertragen werden. Die Drehbewegung des Motors wird in die Drehbewegung der Pinole übertragen. In der Pinole befindet sich das Werkzeug, das die Schnittbewegung ausführt. Alle Baugruppen und Bauteile, die sich zwischen dem Hauptantriebsmotor und der Pinole befinden, dienen zur Übertragung der Energie und werden entsprechend als Übertragungselement bezeichnet. Die wichtigsten **Übertragungselemente** der im Bild 1 dargestellten Energieübertragungseinheit sind Kupplungen, Wellen, Spindeln, Zahnräder und die Pinole. Die Wellen und Zahnräder sind in einem **Getriebe** zusammengefasst. Anstatt des Zahnrad-getriebes sind bei der Hauptantriebseinheit häufig auch Zugmittelgetriebe im Einsatz. Das **Zahnradge-triebe** hat die Funktion, die Drehzahl und somit die Schnittgeschwindigkeit des Werkzeugs in größeren Sprüngen zu verändern. Zwischen den Drehzahlbereichen kann die genau geforderte Drehzahl durch den Hauptantriebsmotor direkt eingestellt werden.

Beim Einsatz eines **Zugmittelgetriebes** in der Hauptantriebseinheit besteht die Möglichkeit, die Dreh-bewegung zwischen Motor und Spindel stufenlos und über eine größere Distanz zu übertragen. Durch die örtliche Trennung zwischen Motor und Spindel wird die Wärme- und Schwingungsübertragung des Motors auf die Spindel verringert.

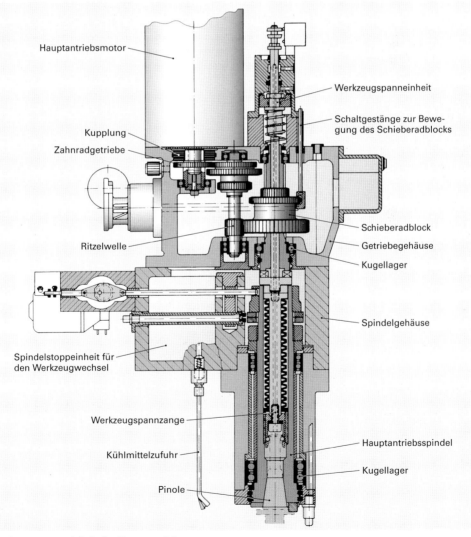

1 Energieübertragungseinheit des Hauptantriebes

Bild 1 zeigt die schematische Darstellung des **Schieberadgetriebes der Hauptantriebseinheit**. Zwischen dem Antriebsmotor und der Antriebswelle befindet sich eine nicht-schaltbare Wellenkupplung. Hierbei werden zwei Scheiben durch Schraubenverbindungen fest miteinander verbunden. Die Lagerung der Antriebs-, Ritzel- und Abtriebswelle erfolgt bei diesem Getriebe durch ein- oder zweireihige Kugellager.

Der **Schieberadblock** kann durch das Schaltgestänge axial zur Abtriebswelle bewegt werden. Das Schalten ist jedoch nur im Stillstand möglich. Die Übertragung des Drehmomentes zwischen dem Schieberadblock und der Antriebswelle erfolgt über eine Passfeder. Das Getriebe hat zwei Übersetzungsstufen. Während die erste Übersetzung vom Motor zum Getriebe nicht verändert werden kann, wird die Drehzahl an der Antriebswelle in der zweiten Übersetzungsstufe durch Verschieben des Schieberadblocks erhöht oder verringert. Die Zahnräder z_1 und z_2 sind bei diesem Getriebe dauerhaft im Eingriff. Je nach Stellung des Schieberadblockes sind folgende Zahnradpaarungen im Eingriff:

z_3 und z_4
z_5 und z_6 (derzeitige Stellung)
z_7 und z_8

In der nachfolgenden Berechnung erfolgt eine Auslegung des im Bild 1 dargestellten Schieberadgetriebes. Für die Auslegung müssen sowohl die fehlenden Zahnradgrößen als auch die einzustellenden Abtriebsdrehzahlen bestimmt werden. Folgende Größen des Schieberadgetriebes sind bekannt:

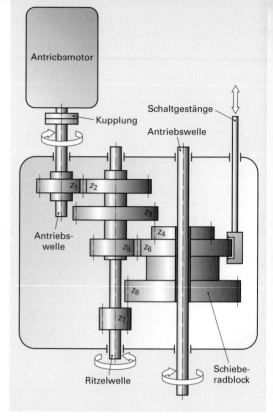

1   Schieberadgetriebe der Hauptantriebseinheit

Zähnezahlen der 1. Getriebestufe:	$z_1 = 20$	$z_2 = 32$	
Zähnezahlen der Zahnräder auf der Ritzelwelle:	$z_3 = 55$	$z_5 = 36$	$z_7 = 19$
Achsabstand zwischen der Ritzel- und Abtriebswelle:	$a = 86$ mm		
Modul der geradverzahnten Stirnräder:	$m = 2$ mm		

Die Abtriebsdrehzahlen von Werkzeugmaschinen mit einem Stufenradgetriebe sind genormt. Es werden nur die Drehzahlen von einer genormten geometrischen Grundreihe R20 abgeleitet. Die Grundreihe beginnt mit der Drehzahl 100 1/min. Jede weitere Drehzahl wird mit Faktor q = 1,12 bestimmt. Für die Grundreihe ergeben sich folgende Drehzahlen (in 1/min):

... 100, 112, 125, 140, 160, 180, 200, 224, 250, 280, 315, 355, 400, 450, 500, 560, 630, ...

Ermittlung der jeweiligen Abtriebsdrehzahlen

Die Drehzahl am Antriebsmotor des in Bild 1 gezeigten Schieberadgetriebes beträgt $n_1 = 2000$ 1/min. Durch die Verschiebung des Schieberadblockes können an der Abtriebswelle drei verschiedene Drehzahlen eingestellt werden, die nachfolgend berechnet werden:

Drehzahl der Ritzelwelle: Durch die Zahnradpaarung z_1 und z_2 wird die Drehzahl zwischen Antriebswelle und Ritzelwelle verringert und kann nicht verändert werden. Es ergibt sich aufgrund der unterschiedlichen Zähnezahl an dieser Zahnradpaarung folgende Drehzahl an der Ritzelwelle:

$$n_2 \cdot z_2 = n_1 \cdot z_1 \qquad n_2 = \frac{n_1 \cdot z_1}{z_2} = \frac{2000 \text{ 1/min} \cdot 20}{32} = 1250 \text{ 1/min}$$

Da sich jedes Zahnrad auf der Ritzelwelle mit der gleichen Drehzahl bewegt, sind die Drehzahlen der Zahnräder z_2, z_3, z_5, z_7 identisch: $n_2 = n_3 = n_5 = n_7 = 1250$ 1/min.

Zur Bestimmung der jeweiligen Abtriebsdrehzahlen müssen die Zähnezahlen der fehlenden Zahnräder festgelegt werden. Die Zähnezahl des 4., 6. und 8. Zahnrades lässt sich über den gegebenen Achsabstand zwischen der Ritzel und Abtriebswelle bestimmen:

$$a = \frac{m \cdot (z_3 + z_4)}{2} \qquad z_4 = \frac{2 \cdot a}{m} - z_3 = \frac{2 \cdot 86 \text{ mm}}{2 \text{ mm}} - 55 = 3 \qquad z_8 = \frac{2 \cdot a}{m} - z_7 = \frac{2 \cdot 86 \text{ mm}}{2 \text{ mm}} - 19 = 67$$

$$z_6 = \frac{2 \cdot a}{m} - z_5 = \frac{2 \cdot 86 \text{ mm}}{2 \text{ mm}} - 36 = 50$$

Drehzahlen der Abtriebswelle: Durch Verschieben des Schieberadblockes können an der Abtriebswelle drei unterschiedliche Dehzahlen eingestellt werden. Die momentane Stellung des Schieberadblockes verbindet die Zahnräder z_5 und z_6 miteinander. Es ergibt sich an der Abtriebswelle folgende Drehzahl n_{ab}:

$$n_6 \cdot z_6 = n_5 \cdot z_5 \qquad n_6 = \frac{n_5 \cdot z_5}{z_6} = \frac{1250 \text{ 1/min} \cdot 36}{50} = 900 \text{ 1/min}$$

$$n_{ab} = n_6 = 900 \text{ 1/min}$$

Wird der Schieberadblock so verschoben, dass die Zahnräder z_3 und z_4 verbunden sind, ergibt sich für die Abtriebswelle folgende Drehzahl:

$$n_{ab} = n_4 = 2240 \text{ 1/min}$$

Werden die Zahnräder z_7 und z_8 zusammengeführt, so dreht die Abtriebswelle mit der Drehzahl:

$$n_{ab} = n_8 = 355 \text{ 1/min}$$

Betrachtet man die drei errechneten Drehzahlen der Abtriebswelle n_8, n_6 und n_4, so kann eine geometrisch gestufte Drehzahlreihe festgestellt werden. Der Stufensprung dieser Reihe beträgt q = 2,48.

Es wurde somit jede 8. Drehzahl aus der geometrischen Grundreihe abgeleitet. Entsprechend wird die abgeleitete Reihe des berechneten Stufenradgetriebes mit R 20/8 bezeichnet.

6.4.1.3 Energieübertragungseinheit des Vorschubantriebs

Die mit dem Vorschubmotor erzeugte Drehbewegung muss als lineare Vorschubbewegung an das Werkstück übertragen werden. Bild 1 zeigt die **Vorschubeinheit einer CNC-Fräsmaschine**. Hierbei wird die Drehbewegung des Vorschubmotors in die lineare Bewegung des Querschlittens umgewandelt. Auf dem Querschlitten befindet sich die Vorschubeinheit des Längsschlittens. Auf dem Längsschlitten wird die Spanneinheit mit dem Werkstück befestigt.

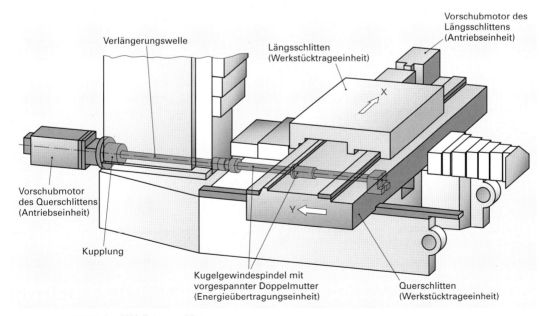

1 Vorschubeinheit der CNC-Fräsmaschine

Die **Vorschubeinheit** besteht aus der Antriebs-, Energieübertragungs- und Werkstücktrageeinheit. Die wichtigsten **Übertragungselemente** der Vorschubeinheit sind:

- **Kupplung**
- **Spindel-Mutter-System mit seiner Lagerung**
- **Führungen**

- **Längs- und Querschlitten**
- **Verlängerungswelle**

Bild 1 zeigt das **Spindel-Mutter-System** mit seiner Lagerung. Die Kugelgewindespindel wird hierbei direkt über die Verlängerungswelle und die Kupplung vom Vorschubmotor angetrieben. Die Lagerung der Kugelgewindespindel erfolgt durch Kugellager, die mit Spannmuttern gegen die Kugelgewindespindel verspannt sind. Auf der Spindel befindet sich eine vorgespannte Doppelmutter, die an dem Querschlitten befestigt ist.

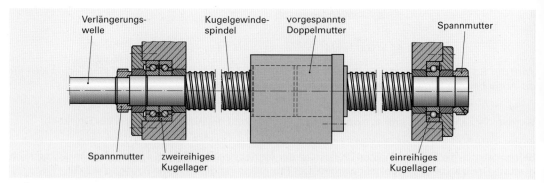

1　Übertragungselement Spindel-Mutter-System

Damit der Querschlitten schnell und genau bewegt werden kann, muss die Umwandlung der kreisförmigen in eine geradlinige Bewegung möglichst **spielfrei und reibungsarm** sein.

Konventionelle Werkzeugmaschinen besitzen häufig einen Trapezgewindeantrieb. Wegen der hohen Gleitreibung und des relativ großen Umkehrspiels ist dieser Antrieb jedoch für CNC-Werkzeugmaschinen nicht geeignet. Daher wird für den Schlittenantrieb der CNC-Fräsmaschine eine **Kugelgewindespindel mit vorgespannter Doppelmutter** verwendet (Bild 2).

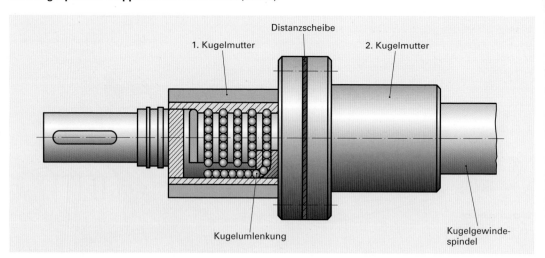

2　Kugelgewindespindel mit vorgespannter Doppelmutter

Zur Reduzierung der Reibung befinden sich zwischen der Spindel und der Mutter Kugeln. Die Reibung nimmt damit nur noch den Wert der **Rollreibung** an. Würde sich auf der Spindel nur **eine Kugelmutter** befinden, so wäre das **Umkehrspiel** immer noch zu groß. Um das Umkehrspiel zu verringern, werden bei der Kugelgewindespindel **zwei Kugelmuttern** gegeneinander verspannt. Die Verspannung erreicht man durch das Auseinanderziehen oder Zusammendrücken der Kugelmuttern.

Bild 1 verdeutlicht die Vorspannung der beiden Kugelmuttern durch das Auseinanderziehen. Zwischen den beiden Muttern wird eine kalibrierte Distanzscheibe eingesetzt, die ein Auseinanderdrücken der Muttern bewirkt. Die Spindel steht dabei unter Zugspannung. Alternativ kann eine Verschraubung der Muttern ein Zusammendrücken der Kugelmuttern bewirken. Ebenso kann die Vorspannung der Muttern konstruktiv durch ein Verdrehen erzeugt werden. Die verdrehte Lage wird anschließend durch Stifte fixiert.

Da sich die Kugeln in der Führungsnut der Kugelgewindespindel bewegen, ist eine Rückführung der Kugeln notwendig. Bei der **Rohrumlenkung** werden die Kugeln vom letzten Gewindegang der Mutter zum ersten Gewindegang über ein axiales Rohr zurückgeführt (Bild 2). Dieses Rohr befindet sich normalerweise innerhalb der Mutter, damit keine Beschädigung von außen stattfinden kann. Der Nachteil dieser Umlenkung ist die **starke Umlenkung** an den Knickstellen des Rohres, was die gleichförmige Bewegung der Kugeln beeinträchtigt.

Die zweite Variante der Kugelrückführung wird als **Innenumlenkung** bezeichnet. Bei dieser Variante werden die Kugeln durch ein als Führungskanal ausgebildetes Umlenkstück am Ende eines jeden Gewindeganges zurückgeführt (Bild 3). Somit befindet sich in der Kugelmutter nach jedem Gewindegang ein **geschlossener Kugelkreislauf**. Der Vorteil dieser Umlenkungsmethode liegt im geringen Platzbedarf. Nachteilig ist auch bei der Innenumlenkung, dass die Kugeln bei der Rückführung in den vorhergehenden Gewindegang sehr stark umgelenkt werden. Hierdurch wird die gleichförmige Bewegung der Kugeln beeinträchtigt. Gegenüber dem Trapezspindeltrieb erfüllen die Kugelgewindespindeln die hohen Anforderungen an das Übertragungsverhalten eines Vorschubantriebs. Hierzu tragen die folgenden positiven **Eigenschaften des Kugelgewindetriebes** entscheidend bei:

- sehr guter Wirkungsgrad aufgrund der geringen Rollreibung
- kein Stick-Slip-Effekt (Ruckgleiten durch den Übergang von Haft- in Gleitreibung)
- geringer Verschleiß und dadurch bedingt eine hohe Lebensdauer
- geringe Erwärmung
- hohe Positioniergenauigkeit aufgrund der nahezu erreichten Spielfreiheit
- hohe Verfahrgeschwindigkeit

Neben der Kugelgewindespindel kommt in Vorschubantrieben auch die **hydrostatische Spindelmutter** zum Einsatz (Bild 4). Hierbei läuft die hydrostatische Mutter auf einem einfachen Trapezgewinde. In den eingearbeiteten Öltaschen der Mutter wird ein hoher Öldruck aufgebaut.

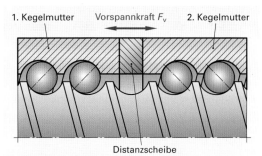

1. Kegelmutter   Vorspannkraft F_v 2. Kegelmutter

Distanzscheibe

1   Auseinanderziehen der Kugelmuttern

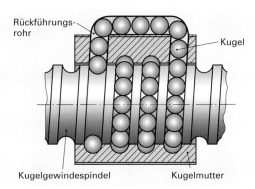

Rückführungsrohr

Kugel

Kugelgewindespindel   Kugelmutter

2   Rohrumlenkung der Kugelgewindespindel

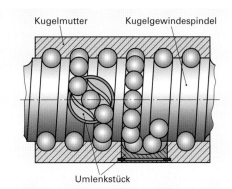

Kugelmutter   Kugelgewindespindel

Umlenkstück

3   Innenumlenkung der Kugelgewindespindel

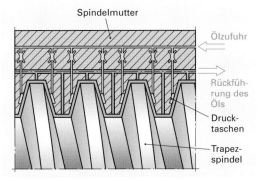

Spindelmutter

Ölzufuhr

Rückführung des Öls

Drucktaschen

Trapezspindel

4   Prinzip einer hydrostatischen Spindelmutter

Schlittenführungen der Vorschubeinheit

Zur Erzielung der geforderten Werkstückkontur müssen die Schlitten der CNC-Fräsmaschine genau geführt werden. In Bild 1 ist die **Schlittenführung** des Längsschlittens verdeutlicht. Hierbei befinden sich zwei Führungsleisten auf dem Querschlitten. Der Querschlitten wird wiederum durch eine Führungseinheit auf dem Maschinenbett geführt. Der Querschlittenantrieb wird zum Schutz vor herabfallenden Spänen und Verschmutzung mit einer Teleskopabdeckung verkapselt. Die Führung der im Bild 1 dargestellten CNC-Fräsmaschine wird als Flachführung bezeichnet.

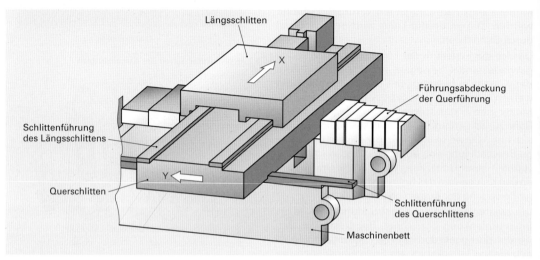

1 Schlittenführung der CNC-Fräsmaschine

Für Werkzeugmaschinen werden neben dieser Flachführung häufig auch Prismen-Flach- und Schwalbenschwanz-Führungen eingesetzt, die in den folgenden Bildern dargestellt sind. Die verschiedenen Konstruktionen der Führungen beruhen darauf, dass unterschiedliche **Anforderungen** an Führungen gestellt werden:

- Das Spiel der Führung darf nur gering sein, damit die Führung sich sehr exakt bewegt.
- Das Spiel darf sich bei größerer Erwärmung des Schlittens (z.B. durch warme herabfallende Späne) nur geringfügig vergrößern.
- Die Führung braucht eine ausreichende Steifigkeit und Schwingungsdämpfung, damit die auftretenden Bearbeitungskräfte und Schwingungen von der Führung aufgenommen werden.
- Die Reibung zwischen den Führungsflächen sollte möglichst gering sein.
- Die Führungen sollten so gebaut sein, dass die Späne und der Schmutz die genaue Bewegung des Schlittens nicht behindern.

Eine der heute gebräuchlichsten Führungsformen ist die **Flachführung** (Bild 2). Sie ist einfach zu bearbeiten und hat eine sehr hohe Steifigkeit. Zur einwandfreien seitlichen Führung des Schlittens besitzt die Flachführung eine zusätzliche Schmalführung. Falls sich der Schlitten aufgrund von Erwärmung ausdehnt, wird durch die Schmalführung das Spiel trotzdem gering gehalten. Gegen das Abheben befinden sich an dem Schlitten Passleisten.

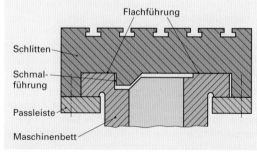

2 Flachführung

Bei der **Prismen-Flachführung** (Bild 1) ist eine sehr genaue Führung des Schlittens gegeben.

> Der Schlitten kann sich bei der Prismen-Flachführung unter Wärmeeinwirkung ohne Klemmen oder Spielvergrößerung ausdehnen.

Vergleicht man die Flachführung mit der Prismen-Flachführung, so zeigt sich, dass die Prismen-Flachführung eine Führungsfläche weniger hat. Die Prismen-Flachführung zeichnet sich durch einen günstigen Selbstreinigungseffekt aus, da der Schmutz gut abfließt.

Die **Schwalbenschwanz-Führung** (Bild 2) besitzt mit ihren abgeschrägten Seitenflächen eine Dreiecksform. Durch die Abschrägung wird das Abheben des Schlittens verhindert. Sie braucht daher keine Passleisten für den Umgriff. Dementsprechend kann die Schwalbenschwanz-Führung sehr niedrig gebaut werden und findet bei Stoßmaschinen und kleinen bis mittelgroßen Fräsmaschinen Anwendung.

Sowohl die Prismen-Führung als auch die Schwalbenschwanzführung sind in der Fertigung nur mit einem großen Aufwand herzustellen. Der Grund hierfür liegt in der Verwendung teurer Werkzeuge (z. B. Einsatz eines Winkelfräsers zur Fertigung der Schwalbenschwanzführung) mit langen Bearbeitungszeiten.

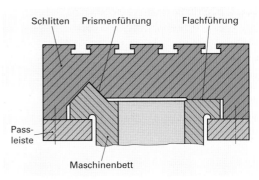

1 Prismen-Flachführung

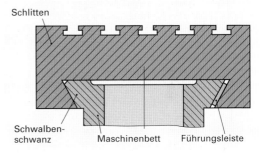

2 Schwalbenschwanz-Führung

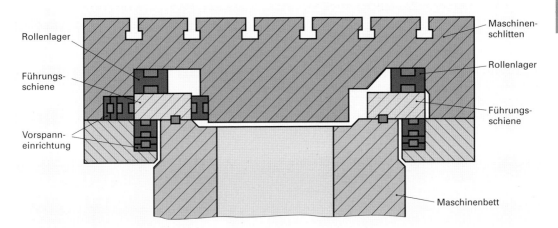

3 Wälzgelagerte Schlittenführung

Außer Gleitführungen finden auch **wälzgelagerte Führungen** im Werkzeugmaschinenbau eine breite Anwendung. Bild 3 zeigt das Beispiel einer wälzgelagerten Schlittenführung. Damit das Spiel der Rolllager auf ein Minimum reduziert werden kann, sind die Lager gegeneinander verspannt.

Die Wälzkörper der Rollenlager bewegen sich auf der gehärteten und geschliffenen Führungsschiene des Maschinenbettes. Die Rollenlager sind mit dem Maschinenschlitten fest verbunden. Die entstehende Rollreibung ist wie bei den Kugellagern wesentlich geringer als bei den Gleitlagern. Ebenso tritt bei einem langsamen Anfahren der Stick-Slip-Effekt (Ruckgleiten) nicht mehr auf. Der Nachteil der wälzgelagerten Schlittenführungen ist aber der hohe konstruktive Aufwand. Daher werden diese Führungen vorwiegend bei sehr genauen CNC-Fräs-, Dreh- und Schleifmaschinen eingesetzt.

6.4.1.4 Stütz- und Trageeinheit

Das Maschinengestell bildet die Stütz- und Trageeinheit. Es besteht aus verschiedenen Bau- und Funktionselementen, die in ihrer Größe und Gestalt durch die jeweiligen Aufgaben der Maschine festgelegt sind.

Bild 1 zeigt das **Maschinengestell einer CNC-Fräsmaschine** als Stütz- und Trageeinheit. Das Maschinengestell unterteilt sich hierbei in Maschinenbett und Maschinenständer. Der Maschinenständer dient zur Aufnahme des Arbeitskopfes mit der Hauptantriebseinheit und dem Werkzeug. Der gesamte Arbeitskopf kann in vertikaler Richtung (z-Richtung) verfahren werden.

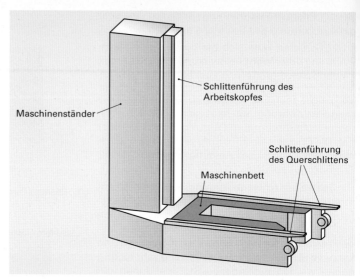

1   Maschinenbett und -ständer einer CNC-Fräsmaschine

Auf dem Maschinenbett liegt die Vorschubeinheit mit dem Längsschlitten (x-Richtung) und dem Querschlitten (y-Richtung).

Das **Maschinengestell** muss hauptsächlich folgende Funktionen übernehmen:

- Aufnehmen und Weiterleiten der Gewichts- und Bearbeitungskräfte
- Dämpfung auftretender Schwingungen
- Schutz vor Verschmutzung
- Weiterleiten der erzeugten Wärmeenergie

Je nach Bauform gibt es große Unterschiede in der Art des Maschinengestells. Prinzipiell können zwei mögliche Bauformen von CNC-Werkzeugmaschinen am Beispiel von Fräsmaschinen unterschieden werden (Bild 2).

Während das **Maschinengestell der Bettfräsmaschine** aus Maschinenständer und -bett besteht, hat die Konsolfräsmaschine lediglich einen Maschinenständer mit einem Maschinenfuß.

Das Maschinenbett der Bettfräsmaschine ist eine wesentlich kompaktere Einheit als der **Maschinenfuß der Konsolfräsmaschine**. Verantwortlich hierfür ist der auf dem Maschinenbett aufliegende Quer- und Längsschlitten. Diese Maschine ist für größere Werkstücke konzipiert. Das Maschinenbett kann somit hohe Gewichtskräfte durch das auf dem Schlitten liegende Werkstück aufnehmen.

Der Maschinenfuß der Konsolfräsmaschine sorgt lediglich für einen stabilen Stand der Maschine und dient als Auffangeinheit für Späne und Kühlschmiermittel.

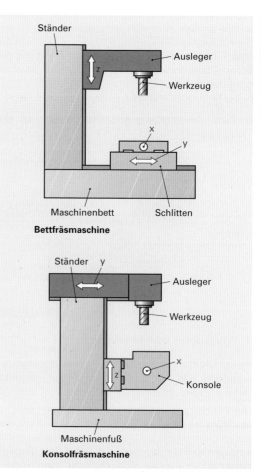

Bettfräsmaschine

Konsolfräsmaschine

2   Bauformen von CNC-Fräsmaschinen

Jeder Maschinenständer zeigt aufgrund der Biegebeanspruchung durch die Bearbeitungskräfte eine bestimmte **Nachgiebigkeit** (Bild 1). Die Bearbeitungskräfte müssen von dem Maschinengestell aufgefangen werden. Durch die Belastung gibt der Maschinenständer nach und verzieht sich um die im Bild 1 etwas übertrieben dargestellte Nachgiebigkeit f.

Je genauer eine Werkzeugmaschine arbeiten soll, desto geringer darf die Nachgiebigkeit sein, da sonst das gewünschte Bearbeitungsergebnis nicht erreicht wird.

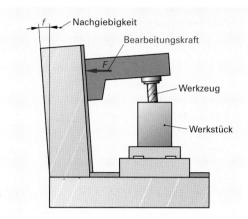

1 Ständernachgiebigkeit

Die Nachgiebigkeit eines Ständers ist in erster Linie von drei Bedingungen abhängig.

1. Die Wahl eines geeigneten Werkstoffs:

Maschinengestelle bestehen meistens aus Grauguss oder Stahl. Die Gestelle aus Grauguss haben den Vorteil, dass komplizierte Formen wie Krümmungen, Wölbungen oder Durchbrüche gut eingearbeitet werden können. Außerdem zeigt Grauguss ein sehr gutes Dämpfungsverhalten. Daher werden bei diesen Gestellen Schwingungen gut aufgenommen.

2. Die Wahl eines geeigneten Ständerquerschnitts:

Durch die Verrippung im Ständerquerschnitt kann die Nachgiebigkeit eines Maschinengestells verringert werden (Bild 2).

3. Die Art der Fügeverbindung:

Die einzelnen Bauteile des Gestells (Ständer, Bett, Führungen u.a.) werden kraft- oder formschlüssig miteinander verbunden. Schraubverbindungen zeigen hierbei eine große Nachgiebigkeit. Um das zu verringern, ist die Anzahl der Schrauben an einer Fügestelle des Gestells besonders hoch.

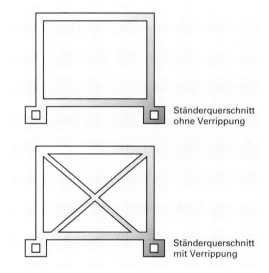

2 Querschnittsformen von Maschinenständern

Eine weitere Maßnahme zur Verbesserung des Bearbeitungsergebnisses ist die **Temperierung des Gestells** (Bild 3).

Da das Maschinengestell die Wärme umliegender Bauteile (z.B. des Elektromotors) und heiß gewordener Späne aufnimmt, wird bei genauer arbeitenden Werkzeugmaschinen dem Maschinengestell durch große Kühlwasserreservoirs die Wärme entzogen. Mit dieser Maßnahme kann der Verzug des Maschinengestells durch Wärmeeinflüsse verringert werden.

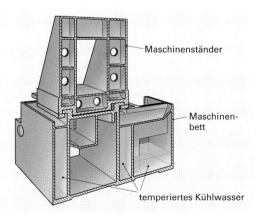

3 Temperierung des Maschinenständers

Vertiefungsaufgaben

Als Mitarbeiter der Firma VEL-Mechanik erhalten Sie den Auftrag, die im Kapitel 6.4.1 beschriebene CNC-Fräsmaschine (Bild 1) für die Fertigung der in Bild 2 dargestellten Grundplatte eines Maschinenschraubstocks zu analysieren.

Analyse der Hauptantriebseinheit

1 Geben Sie an, welche Motoren für den Hauptantrieb geeignet sind.

2 Welche Anforderungen werden an einen Hauptantrieb gestellt?

3 Beschreiben Sie, warum sich bei einem Gleichstrommotor die Ankerwicklung dreht.

4 Erläutern Sie den Unterschied zwischen einem Gleichstrom-Nebenschlussmotor und einem Gleichstrom-Reihenschlussmotor.

5 Sie benötigen einen Gleichstrommotor für einen Lastenkran und einen zweiten Gleichstrommotor für den Vorschubmotor der Fräsmaschine. Welchen der in Aufgabe 4 genannten Motoren würden Sie für den jeweiligen Anwendungsfall einsetzen?

6 Nennen Sie Vorteile des Drehstroms gegenüber dem Gleichstrom.

7 Erläutern Sie das Prinzip eines Drehstromgenerators.

8 Warum dreht sich der Läufer eines Synchronmotors?

9 Wodurch unterscheidet sich der Asynchronmotor vom Synchronmotor?

10 Warum sind die Leiterstäbe eines Asynchronmotors kurzgeschlossen?

11 Beschreiben Sie die Drehmomenten-Drehzahl-Kennlinie eines Asynchronmotors.

12 Wie erfolgt die stufenlose Drehzahlregelung beim Asynchronmotor?

13 Für den Hauptantrieb der in Bild 1 dargestellten Fräsmaschine stehen ein Synchronmotor und ein Asynchronmotor zur Verfügung. Wählen Sie einen geeigneten Motor aus und begründen Sie Ihre Antwort.

Analyse der Energieübertragungseinheit des Hauptantriebs

14 Aus welchen Übertragungselementen kann sich die Energieübertragungseinheit des Hauptantriebs zusammensetzen?

15 Für die Fräsmaschine soll ein Schieberadgetriebe mit drei Drehzahleinstellungen eingesetzt werden. Die kleinste einzustellende Drehzahl der Abtriebswelle beträgt 355 min^{-1}. Der Stufensprung wird mit q = 2,48 angegeben. Wie groß sind die übrigen Drehzahlen?

16 Das Stufenradgetriebe soll durch einen Riementrieb ersetzt werden. Welche Vorteile bietet der Einsatz dieses Zugmittelgetriebes?

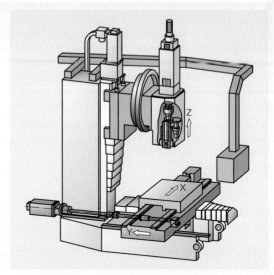

1 CNC-Fräsmaschine

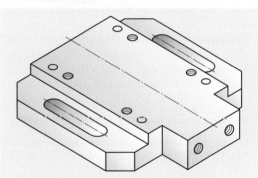

2 Grundplatte für den Maschinenschraubstock

17 Was bedeutet die Bezeichnung R 20/4 bei einem Stufenradgetriebe?

Analyse der Energieübertragungseinheit des Vorschubantriebs

18 Aus welchen Übertragungselementen kann sich die Energieübertragungseinheit des Vorschubantriebs zusammensetzen?

19 Wodurch wird bei einer Kugelgewindespindel die Spielfreiheit erreicht?

20 Wie können bei einer Kugelgewindespindel die Kugeln zum Anfang des Gewindes zurückgeführt werden?

21 Welche verschiedenen Arten von Führungen können bei der CNC-Fräsmaschine eingesetzt werden?

Analyse der Stütz- und Trageeinheit

22 Welche Funktionen muss das Maschinengestell übernehmen?

23 Von welchen Bedingungen ist die Wahl eines Werkstoffs für das Maschinengestell abhängig?

6.4.2 Spannmittel für Werkzeuge und Werkstücke zum Bohren, Fräsen und Planschleifen

Für die Projektierung der Werkzeugmaschine wird in diesem Kapitel eine Auswahl an Spannmitteln sowohl für Werkzeuge als auch für Werkstücke vorgestellt.

Je nach Fertigungsverfahren und Bearbeitungsaufgabe werden unterschiedliche Spannmittel benötigt. Im nachfolgenden Abschnitt werden mögliche Spannmittel für die Bearbeitungsaufgabe „Fertigung der Grundplatte des Maschinenschraubstocks (Bild 1)" aufgeführt.

Spannmittel haben im Wesentlichen drei Aufgaben:

- Sicherung der Lage des Werkzeugs oder des Werkstücks
- Übertragung der Schnittbewegung
- Aufnahme der Schnittkräfte

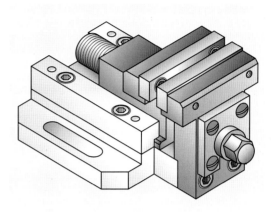

1 Maschinenschraubstock

Die Bearbeitung der Grundplatte des Maschinenschraubstocks erfolgt mit den Fertigungsverfahren Bohren, Gewindebohren, Fräsen und Planschleifen. Einen Überblick möglicher Spannmittel für Werkzeuge und Werkstücke wird in der folgenden Tabelle gegeben.

Spannmittel für Werkzeuge	Spannmittel für Werkstücke
Aufnahme Spindel	**Mechanische Spannmittel**
■ Morsekegel	■ Spannelemente
■ Steilkegelschaft (SK)	■ Schraubstöcke
■ Hohlkegelschaft (HSK)	■ Spannvorrichtungen
■ Polygonschaft	
	Hydraulische Spannmittel
	■ hydraulischer Kompaktspanner
Aufnahme Werkzeug	■ hydraulische Spannpratzen
■ Dreibacken-Bohrfutter	**Magnetische Spannmittel**
■ Schnellspann-Bohrfutter	■ Elektromagnete
■ Spannzangenfutter	■ Permanentmagnete
■ Aufsteckfräsdorn	
■ Einschraubfräseraufnahme	**Vakuum-Spannmittel**
■ Zylinderschaftaufnahme	■ Vakuum-Spannplatte
■ Gewindebohreraufnahme	■ Vakuum-Spannvorrichtung
	Ausricht-Einheit
	■ Sinustisch

Spannmittel für Bohrwerkzeuge

Spiralbohrer mit einem Durchmesser, der kleiner als 10 mm ist, besitzen in der Regel einen zylindrischen Bohrerschaft. Zum Spannen dieser Bohrer wird das **Dreibacken-Bohrfutter** (Bild 2) benötigt. An dem Bohrfutter befindet sich ein Kegeldorn, der durch eine selbsthaltende Kegelaufnahme in der Pinole der Werkzeugmaschine festgehalten wird. Das Spannen der Werkzeuge erfolgt im Dreibacken-Bohfutter über einen Zahnkranz, der mit einem Bohrfutterschlüssel gedreht wird. Zahnkranz und Schlüssel sind genormt, damit eine Austauschbarkeit gewährleistet ist.

2 Dreibacken-Bohrfutter

Während beim Dreibacken-Bohrfutter das Festspannen des Bohrers mit einem passenden Schlüssel erfolgt, kann das **Schnellspann-Bohrfutter** mit der Hand angezogen werden (Bild 1). Größere Spiralbohrer besitzen in der Regel einen kegeligen Schaft mit einem **Morsekegel** unterschiedlicher Größe und werden direkt in die Spindel aufgenommen. Durch den Kegel wird die Zerspankraft kraftschlüssig übertragen. Kleine Kegel am Bohrer können durch Aufstecken entsprechender **Reduzierhülsen** dem Innenkegel der Spindel angepasst werden. Da der Morsekegel eine Selbsthaltung in der Spindel besitzt, muss er axial mit einem Keil ausgetrieben werden (Bild 2).

Der Morsekegel ist für einen schnellen und automatischen Werkzeugwechsel nicht geeignet. Daher wurden für CNC-Werkzeugmaschinen und Bearbeitungszentren **Kegelschafte** zum Einspannen der Werkzeugaufnahme in der Spindel entwickelt, die **keine Selbsthaltung** besitzen. Am Ende des Kegelschafts ist der entsprechende **Aufnahmeschaft** für die zu spannenden Werkzeuge.

Bild 3 zeigt **Steilkegelschafte (SK)** nach DIN 69871 und DIN 2080. An der Stirnseite des jeweiligen Steilkegelschafts befindet sich eine innen liegende Gewindebohrung. Hierdurch wird ein axiales Spannen des Steilkegelschafts mit der Maschinenspindel ermöglicht. Die Spannkräfte führen zu einer **kraftschlüssigen Verbindung** zwischen dem Kegelschaft und der Kegelaufnahme in der Spindel. Wird der Steilkegel nicht mehr an die Spindel gezogen, geht die kraftschlüssige Verbindung verloren, da durch den Steilkegel keine Selbsthaltung erfolgt. Im Gegensatz zum Morsekegel sind beim Steilkegelschaft kürzere Spannzeiten zu verzeichnen.

Die **Mitnehmernut** am Ende des Steilkegelschafts nach DIN 2080 führt zu einer zusätzlich **formschlüssigen Verbindung**. Hierdurch werden ruckartige Bewegungen aufgefangen. Der Steilkegelschaft nach DIN 69871 wird mit einer Ringnut ausgeführt. Hierdurch kann ein sicheres Greifen des Werkzeugs für den automatisierten Werkzeugwechsel erfolgen.

Eine weiter entwickelte Variante des Steilkegelschafts stellt der **Hohlschaftkegel (HSK)** dar (Bild 4). Mit seinem Einsatz kann ein einfacher und schneller Werkzeugwechsel automatisiert ausgeführt werden. Im unteren Teil von Bild 4 wird die **Funktionsweise des Hohlschaftkegels** verdeutlicht. Dieser ist am Außendurchmesser kegelförmig ausgeführt. In der Innenbohrung des Hohlschaftkegels befindet sich eine schrägwandige Nut.

Die Spindel ist mit einer **Kegelaufnahme**, einem **Schieber** und einem **Spannkeil** versehen. Vor der Einspannung befindet sich der Spannkeil flach auf dem Schieber. Wird der Schieber zur Spindelseite (im Bild nach rechts) angezogen, so drückt er den Spannkeil in die innen liegende Nut des Hohlschaftkegels. Hierdurch wird der Hohlschaftkegel axial an die Spindel gedrückt. Es erfolgt eine kraftschlüssige Verbindung an den kegeligen Anlageflächen. Zusätzlich wird eine formschlüssige Verbindung durch die stirnseitige Mitnehmernut gewährleistet.

Der Hohlschaftkegel ist besonders für hohe Drehzahlen geeignet, da durch die **Zentrifugalkraft** der Spannkeil weiter

1 Schnellspann-Bohrfutter

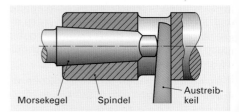

Morsekegel   Spindel   Austreib-keil

2 Morsekegel mit Austreibkeil

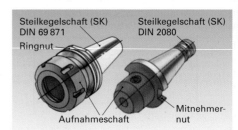

Steilkegelschaft (SK) DIN 69871   Steilkegelschaft (SK) DIN 2080
Ringnut
Aufnahmeschaft   Mitnehmer-nut

3 Steilkegelschaft

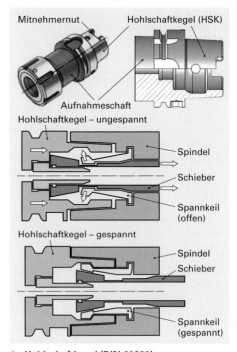

Mitnehmernut   Hohlschaftkegel (HSK)
Aufnahmeschaft
Hohlschaftkegel – ungespannt
Spindel
Schieber
Spannkeil (offen)
Hohlschaftkegel – gespannt
Spindel
Schieber
Spannkeil (gespannt)

4 Hohlschaftkegel (DIN 69839)

nach außen gedrückt wird und sich somit die Spannkraft erhöht.

Mit dem **Polygonschaft** (Bild 1) findet eine formschlüssige Verbindung zwischen der Spindelaufnahme und dem Werkzeughalter statt. Diese Verbindung ermöglicht ein schnelles und automatisiertes Wechseln der Werkzeughalter. Die axiale Sicherung des Polygonschafts gegen das Herausrutschen wird über einen seitlich eingesetzten Stift durchgeführt, der sich mit dem Spannvorgang in die Bohrung des Schafts setzt.

In der Innenbohrung des Polygonschafts können sich **Kühlwasserbohrungen** befinden. Hierdurch kann das Kühlwasser direkt über die Spindel durch den Polygon- und Aufnahmeschaft zum Werkzeug gelangen. Das Kühlwasser wird dann am Außendurchmesser des Werkzeuges und bei Vorhandensein einer Kühlwasserbohrung im Werkzeug auch direkt zur Schneide geführt.

Sowohl beim Kegelschaft als auch beim Polygonschaft befindet sich am gegenüberliegenden Ende der Aufnahmeschaft mit der jeweils ausgeführten Aufnahme für das Werkzeug.

Bild 2 zeigt die Aufnahme mit einem Spannfutter. Mit dieser Aufnahme können Fräser und Bohrer mit unterschiedlichen zylindrischen Schaftdurchmessern eingespannt werden. Je nach Schaftdurchmesser des Werkzeugs muss das innen eingesetzte **Spannzangenfutter** ausgewechselt werden. Das Werkzeug wird durch das Anziehen der Spannmutter mit einem **Hakenschlüssel** gespannt.

Zur Aufnahme des Messerkopfs oder eines Walzenfräsers dient die in Bild 3 dargestellte Aufnahme mit dem **Aufsteckfräsdorn**. Hierbei wird der Fräser auf den Dorn geschoben und mit der Anzugsschraube axial gesichert. Die formschlüssige Kraftübertragung erfolgt über Nutsteine, die sich an der Stirnseite der Aufnahme befinden. An dem Fräser befindet sich die entsprechende Quernut, in der die Nutsteine eingesetzt werden.

Messerköpfe mit einem kleineren Durchmesser werden, wie in Bild 4 verdeutlicht, direkt auf den **Gewindedorn der Aufnahme** geschraubt. Entsprechende Werkzeuge werden als **Einschraubfräser** bezeichnet.

Die axiale Sicherung des eingesetzten Bohrers oder Fräsers erfolgt über die seitliche **Klemmschraube**. Im Gegensatz zum Spannzangenfutter können bei der Zylinderschaftaufnahme hohe Drehzahlen eingestellt werden. Die Kraftübertragung ist bei dieser Aufnahme kraftschlüssig durch die Reibungskräfte zwischen der Aufnahme und dem Werkzeug gegeben.

Der Einsatz eines Gewindebohrers ist über die in Bild 5 gezeigte Aufnahme möglich. In dieser **Gewindebohreraufnahme** sind eine **Rutschkupplung** und ein **Längenausgleich** eingearbeitet. Der Gewindebohrer wird mit seinem zylindrischen Schaft in die Bohrung der Aufnahme eingesetzt und mit den seitlichen Klemmschrauben fixiert.

Mit der Rutschkupplung kann das maximal genutzte Drehmoment für den Gewindebohrer eingestellt werden. Übersteigt das Drehmoment z. B. durch ein Verklemmen

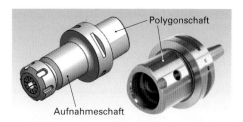

1 Polygonschaft (ISO 26623-1)

2 Aufnahme mit Spannzangenfutter

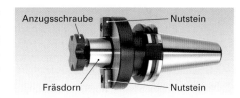

3 Aufnahme mit Aufsteckfräsdorn

4 Aufnahme für Einschraubfräser

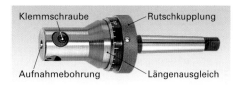

5 Gewindebohreraufnahme

des Bohrers den eingestellten Wert, so rutscht die Kupplung automatisch durch. Gleichzeitig wird über den Längenausgleich ein Bruch des Bohrers vermieden. Die Gewindebohreraufnahme ist nur für Werkzeugmaschinen mit **Drehrichtungsumkehr** geeignet.

Spannmittel für Werkstücke

Während der Bearbeitung muss die Grundplatte (Seiten 346 und 347) auf der Werkzeugmaschine in einer möglichst starren Lage auf dem Maschinenschlitten bzw. -tisch eingespannt sein. Das Werkstück darf sich durch die Spanneinheit nicht verspannen. Die Bearbeitungskräfte müssen von der Spanneinheit aufgenommen werden und die Oberfläche des Werkstücks darf nicht beschädigt werden.

Für die Bearbeitung der Grundplatte können mechanische, hydraulische, magnetische oder Vakuum-Spannmittel verwendet werden.

Mechanische Spannmittel

Im Unterschied zu den Spanneinheiten an Drehmaschinen (z.B. Drehmaschinenfutter) besteht die Spanneinheit der Fräsmaschine oft aus einzelnen Bauteilen, die in einem kompletten Baukastensystem in verschiedenen Größen zusammengefasst sind. Der Baukasten kann unterschiedliche Spannpratzen, Spannunterlagen und Spannschrauben enthalten.

Bei der **Spannpratze mit Treppenbock** hat die Spannpratze die Aufgabe, die Spannkraft über das Werkstück auf den Maschinenschlitten bzw. -tisch zu übertragen. Der Treppenbock bildet hierbei ein gestuftes Gegenstück zum Werkstück (Bild 1). Ist die Spannpratze auch mit einer Treppenstufe versehen, kann eine feiner gestufte Höheneinstellung erfolgen.

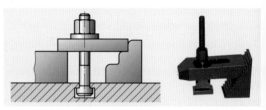

1   Spannpratze mit Treppenbock

Für feinere Abstufungen ist die in Bild 2 dargestellte **Spannpratze ohne Treppenstufe mit verstellbarer Spannunterlage** geeignet. Die Höheneinstellung der Spannunterlage wird durch zwei fein gestufte Keile erreicht, die aufeinander versetzt werden können. Als verstellbare Spannunterlagen sind verschiedene Größen aus einem Baukastensystem einzusetzen.

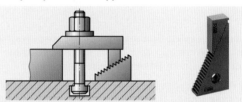

2   Spannpratze mit verstellbarer Spannunterlage

Eine **stufenlose Verstellung** kann mit der in Bild 3 gezeigten Spannpratze mit Schraubbock ausgeführt werden. Der Schraubbock kann über eine Schraube in seiner Höhe genau eingestellt werden. Durch die stufenlose Verstellung der Spannunterlage kann die Höhe der Spannpratze genau an das Werkstück angepasst werden. Je nach Ausführung kann die Spannpratze gekröpft oder flach geformt sein.

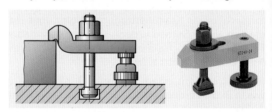

3   Spannpratze mit Schraubbock

Ein direktes Spannen ohne Spannunterlage wird durch die Spannschraube mit **Kugelscheibe** und **Kugelpfanne** ermöglicht (Bild 4). Hierbei befinden sich die Spannschrauben in bereits eingearbeiteten Bohrungen des Werkstücks. Die Kugelpfanne und die Kugelscheibe dienen zum Ausgleich von Schrägen und Unebenheiten auf der Werkstückoberfläche.

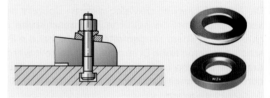

4   Spannschraube mit Kugelscheibe und Kugelpfanne

Bei großen Stückzahlen ist ein schnelles Spannen des Werkstücks erforderlich. Hierbei kann die in Bild 5 dargestellte Schnellspannpratze verwendet werden. Schnellspannpratzen haben keine losen Teile und können daher mit wenigen Handgriffen eingerichtet werden. Weitere Vorteile der Schnellspannpratze sind der geringe Platzbedarf und die schnelle Anpassung der Spannpratze auf die jeweilige Werkstückhöhe.

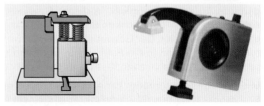

5   Schnellspannpratze

Bild 1 zeigt den Einsatz einer **Tiefenspannbacke**. Durch dieses Spannelement können niedrige Werkstücke gespannt werden. Der Einsatz einer Tiefenspannbacke ermöglicht ein völliges Freihalten der zu bearbeitenden Oberfläche. Die Tiefenspannbacke wird im gelösten Zustand an das Werkstück angelegt und auf dem Maschinenschlitten befestigt. Durch das Anziehen der seitlichen Backenschraube kann das Werkstück gespannt werden.

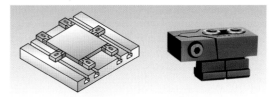

1 Tiefenspannbacke

Der **Maschinenschraubstock** (Bild 2) wird zum Spannen kleinerer Werkstücke verwendet. Als Universal-Maschinenschraubstock kann er je nach Bearbeitungsvorgang geschwenkt und gedreht werden. Wird die feste Backe des Schraubstocks parallel zur Maschinentischführung ausgerichtet, kann die Einrichtarbeit des Spannens wesentlich erleichtert werden.

Mit dem **Präzisions-Maschinenschraubstock** (Bild 3) können flache Werkstücke genau eingespannt werden. Der Schraubstock ist modular aufgebaut, d.h. sämtliche Bauelemente sind austauschbar und können somit für die jeweilige Spannaufgabe angepasst werden. Durch die kompakte Bauweise hat der Präzisions-Maschinenschraubstock eine hohe Steifigkeit.

2 Maschinenschraubstock

3 Präzisions-Maschinenschraubstock

Der **Doppel-Maschinenschraubstock** (Bild 4) ermöglicht das parallele Einspannen von zwei Werkstücken. In der Mitte des Schraubstocks befindet sich eine feste Spannbacke. Die Spannbacken an den Enden des Schraubstocks werden gleichzeitig durch die Hebeldrehung zueinander bewegt und ermöglichen ein paralleles Spannen der Werkstücke.

Der in Bild 5 gezeigt **CNC-Maschinenschraubstock** ist besonders für das Einspannen von unterschiedlichen Werkstückgrößen beim Einsatz von CNC-Fräsmaschinen geeignet. Die hintere Spannbacke ist bei diesem Schraubstock fest angeordnet. Mit dem seitlichen Steckbolzen kann die vordere lose Spannbacke (im Bild 5 rechts) verschoben und somit auf die Werkstückgröße angepasst werden. Der Spannvorgang wird beim CNC-Maschinenschraubstock hydraulisch ausgeführt. Durch die Kombination zwischen Steckbolzen und hydraulischer Bewegung der losen Backe wird von einer **mechanisch-hydraulischen Ausführung** gesprochen.

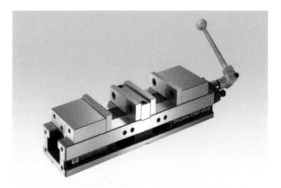

4 Doppel-Maschinenschraubstock

Je nach Werkstückgeometrie können die einzelnen Backen oder die gesamte Spannbackeneinheit ausgetauscht werden. Auf der Oberseite der festen und der beweglichen Spannbacke befinden sich Nuten und Gewindebohrungen. Dies ermöglicht eine Befestigung von Aufsatzbacken, mit denen der Spannbereich des Schraubstocks erweitert werden kann.

Mit den seitlichen Richtnuten kann der CNC-Maschinenschraubstock auf dem Nutentisch der Werkzeugmaschine sehr präzise positioniert werden.

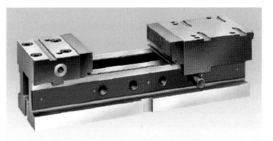

5 CNC-Maschinenschraubstock

Der **Spannwürfel** (Bild 1) ermöglicht ein gleichzeitiges Einspannen von vier Werkstücken. Der Spannwürfel besteht aus einer Grundplatte und einer Tragsäule, an der vier gleichartige Maschinenschraubstöcke senkrecht befestigt sind. Wegen der senkrechten Lage können bei diesem Spannmittel die vier Werkstücke nur in vertikaler Richtung bearbeitet werden.

Alternativ zum Spannwürfel können **modulare Vorrichtungselemente** (Bild 1) verwendet werden. Sie dienen zum schnellen und genauen Spannen von Werkstücken und bieten einen flexiblen Einsatz für die unterschiedlichsten Spannaufgaben. Das Bohrungssystem besteht aus Gewindebohrungen. Werkstücke können hierbei beliebig angeschraubt oder durch Spannelemente befestigt werden.

1   **Spannwürfel und modulare Vorrichtungselemente**

Mit dem **CNC-Rundtisch** (Bild 2) können Winkelschrittbewegungen ausgeführt werden. Hierdurch wird die Bearbeitung eines Werkstückes von verschiedenen Seiten in einer Aufspannung ermöglicht. Der CNC-Rundtisch ist in horizontaler oder vertikaler Richtung einsetzbar.

2   **CNC-Rundtisch**

Mit dem **Universal-Teilapparat** (Bild 3) erfolgt die Drehung des Werkstückes manuell. Der Antrieb des Teilapparates kann auch durch den Maschinentisch erreicht werden. Mit dem Teilapparat können Werkstücke gespannt werden, die z.B. am Umfang verteilte oder kreisförmige An- oder Ausfräsungen (Sechskant, Keilwelle u. a.) erhalten sollen. Durch den Universal-Teilapparat besteht die Möglichkeit, direktes und indirektes Teilen sowie Differentialteilen durchzuführen.

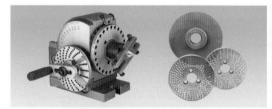

3   **Universal-Teileapparat**

Das **direkte Teilen** erfolgt über eine 24er-Raster-Teilscheibe. Hierbei wird das Werkstück direkt ohne ein zwischengeschaltetes Getriebe angetrieben.

Beim **indirekten Teilen** wird die Drehung des Werkstückes über ein Schneckengetriebe ermöglicht. Angetrieben wird das Werkstück mit einer Kurbel, hinter der sich eine auswechselbare Lochscheibe befindet.

Beim **Differentialteilen** können über die Wechselräder Teilungen vorgenommen werden, für die keine Lochscheiben vorhanden sind.

4   **Hydraulischer Kompaktspanner**

Hydraulische Spannmittel

Da das mechanische Spannen von Werkstücken hohe Nebenzeiten erfordert, werden in der Serienfertigung häufig hydraulische Spanneinrichtungen verwendet. Durch den Einsatz eines **hydraulischen Kompaktspanners** (Bild 4) können sehr hohe Spannkräfte schnell erreicht werden. Der hydraulische Kompaktspanner bietet durch die schnelle Bewegung der Spannbacken den Vorteil, dass die Werkstücke in einer kurzen Zeit gespannt werden können.

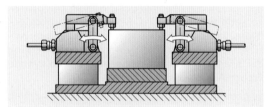

5   **Hydraulische Spannpratzen**

Hydraulische Spannpratzen (Bild 5) werden direkt am Maschinentisch befestigt. Über Steuerventile können sehr große Spannkräfte auf das Werkstück ausgeübt werden. Hydraulische Spannpratzen schwenken sich nach Betätigung direkt über die Spannstelle und pressen das Werkstück an den Schlitten.

Magnetische Spannmittel

Eine Alternative zu den mechanischen und hydraulischen Spanneinrichtungen bieten die in Bild 1 gezeigten **Permanentmagnete**. Das Magnetfeld des aufgeführten Spannblocks und des Spannblocks wird durch ein mechanisches Verschieben des Magneten unterbrochen. Durch die Kombination der Legierungselemente Neodym, Eisen und Bor werden zurzeit die stärksten Dauermagnete hergestellt. Es werden Haltekräfte bis zu 180 N/cm² erreicht. Diese Magnete können auch bei der Zerspanung mit hohen Bearbeitungskräften eingesetzt werden.

Bei den **Elektromagneten** (Bild 2) wird das Magnetfeld über eine Spule und einen Eisenkern mittels eines hohen Stromflusses aufgebaut. Die Größe des Magnetfeldes kann über den Stromfluss gesteuert werden. Durch den Widerstand des Stromleiters kann sich der Elektromagnet aufwärmen. Um die Wärmeentwicklung zu verringern, werden daher häufig Elektromagnete mit dem gleichzeitigen Einbau von Permanentmagneten kombiniert. Der Eisenkern des Elektromagneten muss nach der Bearbeitung mit einer entsprechenden Steuerung entmagnetisiert werden.

Vakuum-Spannmittel

Durch die Bildung eines Vakuums zwischen der Spannplatte und der Werkstückoberfläche lassen sich hohe Spannkräfte erzeugen. Bild 3 stellt zwei Prinzipien von Vakuum-Spannplatten dar. Bei der **Vakuum-Raster-Spannplatte** wird das Vakuum zwischen den Rasterflächen erzeugt. Je nach Größe des Werkstückes wird die nicht verwendete Spannfläche mit Dichtschnüren in den Rasterschlitzen abgedichtet. Das Werkstück wird auf die Dichtschnüre gelegt, wobei sich an der Spannfläche keine Schnüre befinden.

Bei der **Vakuum-Schlitz-Spannplatte** wird das Vakuum in den Längsschlitzen erzeugt. Zum Spannen muss die Werkstückspannfläche die gesamte Platte überdecken. Ist das Werkstück kleiner als die Spannplatte, können Abdeckmatten eingesetzt werden. Die Werkstückspannfläche muss beim Einsatz dieses Spannmittels eben und glatt sein. Die Vakuum-Schlitz-Spannplatte wird bei leichten Zerspanungsarbeiten (Gravieren, Bohren von Leiterplatinen u. a.) eingesetzt. Hierbei können sehr kleine Werkstücke mit komplizierten Werkstückformen gespannt werden.

Ausrichteinheit

Zum Ausrichten einer Spanneinheit (Schraubstock, Permanentmagnet u. a.) kann der **Sinustisch** eingesetzt werden. Der Sinustisch kann um die Längs- und Querachse geschwenkt werden. Unter jeder

1 Permanentmagnete

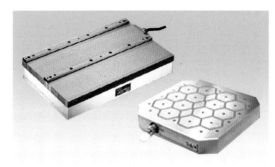

2 Elektromagnete

3 Vakuum-Spannplatte

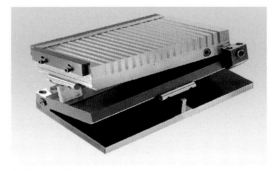

4 Sinustisch

Platte befindet sich ein Endmaß. Der Neigungswinkel wird durch die Größe des Endmaßes nach dem Sinusprinzip berechnet.

Vertiefungsaufgaben

Für die Fertigung der in Bild 1 dargestellten Grundplatte eines Maschinenschraubstocks erhalten Sie als Mitarbeiter der Firma VEL-Mechanik den Auftrag, die infrage kommenden Spannmittel zu analysieren und auszuwählen. Folgende Fertigungsverfahren müssen für die Bearbeitung der Grundplatte ausgeführt werden:

- Fräsen der Stirnseiten

- Fräsen der Absätze auf der oberen Planfläche und an der rechten Stirnseite

- Fräsen der Nuten

- Fräsen der 45°-Schrägen

- Zentrieren, Vorbohren und Senken der Pass- und Gewindebohrungen

Spannmittel für Werkzeuge

1 Geben Sie an, welche Spannmittel für die jeweiligen Bohrwerkzeuge einzusetzen sind.

2 Zum Fräsen der Absätze und der Nuten sollen Schaftfräser mit Zylinderschaft eingesetzt werden. Welches Spannmittel muss für diese Fräser eingesetzt werden?

3 Das Planfräsen der rechten Stirnseiten der Grundplatte soll mit einem Messerkopf erfolgen. Der Messerkopf hat einen Steilkegelschaft. Beschreiben Sie dieses Spannmittel und erläutern Sie, wie die Kraftübertragung erfolgt.

4 Das Gewinde M6 an der Stirnseite der Grundplatte soll auf einer Ständerbohrmaschine ohne Drehrichtungsumkehr der Spindel gefertigt werden. Welches Spannmittel wird für diese Bearbeitungsaufgabe eingesetzt?

5 Wodurch unterscheidet sich das Gewindeschneidfutter vom Gewindeschneidapparat?

Spannmittel für Werkstücke

Die Grundplatte des Maschinenschraubstocks soll in mehreren Aufspannungen bearbeitet werden.

In der **1. Aufspannung** erfolgt das Planfräsen und das Fräsen der Absätze an der rechten Stirnseite. Anschließend werden die Gewindebohrungen gefertigt.

In der nächsten bzw. den **nächsten Aufspannungen** soll die Grundplatte fertig gestellt werden.

6 Die Grundplatte soll zunächst als Modell hergestellt werden. Ermitteln Sie, wie viele Aufspannungen notwendig sind, und wählen Sie für jede Aufspannung ein geeignetes Spannmittel aus.

7 Erstellen Sie für jede Aufspannung eine Aufspannskizze, in der erkennbar ist, wie die Grundplatte gespannt ist und in welchem Bearbeitungsstadium sich die Grundplatte befindet.

8 Die Grundplatte soll in Serie gefertigt werden. Zur Reduzierung der Spannzeiten ist eine Bearbeitung der Grundplatte in zwei Aufspannungen gewünscht. Wählen Sie Spannmittel, die eine Bearbeitung der Grundplatte in nur zwei Aufspannungen ermöglicht.

9 Skizzieren Sie die Grundplatte in ihrer jeweiligen Aufspannungen. Erläutern Sie die Bearbeitung der Grundplatte in der entsprechenden Aufspannung.

10 Die Grundplatte soll mit einem Spannwürfel gespannt werden. Erläutern Sie den Einsatz dieses Spannmittels.

11 Die Grundplatte soll auf der oberen und unteren Planfläche nach der Bearbeitung geschliffen werden. Wählen Sie für diesen Fertigungsschritt Spannmittel aus. Begründen Sie Ihre Wahl.

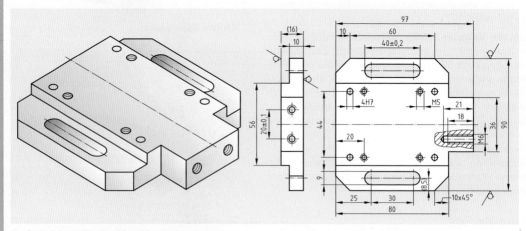

1   Grundplatte für den Maschinenschraubstock

6.4.3 Spannmittel für Werkzeuge und Werkstücke zum Drehen und Rundschleifen

Die Ausbildungsabteilung der Firma VEL-Mechanik soll die Fertigung der in Bild 1 dargestellten Keilprofilwelle übernehmen. Die Bearbeitung der Keilprofilwelle erfordert den Einsatz unterschiedlicher Spannmittel sowohl für das Werkstück als auch für das Werkzeug.

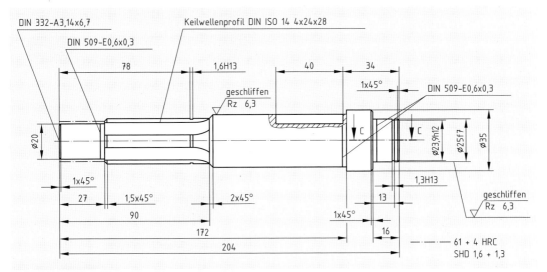

1   Keilprofilwelle

Spannmittel für Werkzeuge zum Drehen

Beim Drehen werden kleinere Bohrer sowie Zentrierbohrer in ein Dreibackenfutter gespannt, an dem sich eine Kegelaufnahme mit einem Morsekegel befindet (vgl. 6.4.2 Spannmittel für Bohrwerkzeuge). Der **Reitstock** der Drehmaschine bietet eine Aufnahme für den Morsekegel (Bild 2). Größere Bohrer können wie an der Bohrmaschine direkt in die Aufnahme des Reitstocks eingetrieben werden.

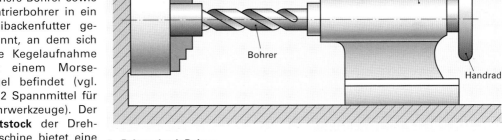

2   Reitstock mit Bohrer

Durch den **Morsekegel** am Schaft des Bohrers wird die Zerspankraft auf den Reitstock kraftschlüssig übertragen.

Die einfachste und kostengünstigste Form der Einspannung eines Drehwerkzeuges bietet der **Vierfachdrehmeißelhalter** (Bild 3). Die Aufnahme des Meißelhalters ermöglicht das gleichzeitige Einspannen von vier unterschiedlichen Drehwerkzeugen. Durch Schwenken des Meißelhalters um je 90° kann der benötigte Drehmeißel schnell in die gewünschte Arbeitsstellung gebracht werden.

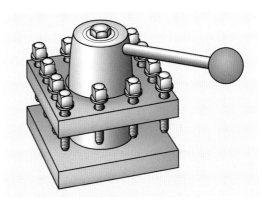

3   Vierfachdrehmeißelhalter

Der in Bild 1 aufgeführte **Schnellwechselhalter** erlaubt ein Ausrichten des Drehmeißels außerhalb der Drehmaschine. Bei diesem Wechselhalter bleibt der Schaft des Drehmeißels im Schnellwechselhalter eingespannt und kommt beim Wiedereinspannen genau in die gleiche Lage, in der er vorher war. Das Einstellen des Drehmeißels auf die richtige Höhe erfolgt mithilfe einer Stellschraube. Für die Bearbeitung wird der Schnellwechselhalter auf den Stahlhalterkopf geschoben. Der **Stahlhalterkopf** befindet sich auf dem Werkzeugschlitten der Maschine. Durch die Betätigung des Spannhebels wird der Schnellwechselhalter gespannt. Zwischen dem Schnellwechselhalter und dem Stahlhalterkopf erfolgt eine formschlüssige Kraftübertragung.

Beim Einsatz von CNC-Drehmaschinen mit einem Werkzeugrevolver wird eine schnelle und hohe Wechselgenauigkeit für die Einspannung des Drehwerkzeugs gefordert. Der in Bild 2 aufgeführte **VDI-Werkzeughalter nach DIN 69880** ermöglicht die genaue Positionierung des Werkzeughalters in die Aufnahme des Werkzeugrevolvers der Drehmaschine. Die Verbindung zum Werkzeugrevolver erfolgt hierbei formschlüssig.

Die Verwendung eines **Schaftdrehmeißels** (Bild 2) führt zu einer geringen Wechselgenauigkeit. Für eine genauere Fixierung des Werkzeugs eignet sich der Werkzeughalter mit einer **Polygonbuchse** (Bild 3). Am Werkzeug oder an eine weitere Aufnahme für das Werkzeug befindet sich ein **Polygonschaft** (vgl. 6.4.2), durch den eine formschlüssige Verbindung mit dem Werkzeughalter erreicht wird. Der Polygonschaft wird axial durch eine seitliche Schraube in der Aufnahmebuchse gehalten.

Für den Einsatz automatischer Werkzeugwechselsysteme eignet sich besonders das **Schneidkopf-System**. Der auszuwechselnde Drehmeißel besteht hierbei nur noch aus einem kleinen Schneidkopf, der auf dem Werkzeughalter mittels einer Kupplung befestigt wird (Bild 4).

Spannmittel für die Keilprofilwelle

Umlaufende Werkstücke müssen an Drehmaschinen so gespannt werden, dass die Werkstücke nach dem Spannen genau rund laufen. Ebenso sollen die Werkstücke möglichst schnell gespannt werden.

Drehmaschinenfutter dienen zum raschen und zentrischen Spannen verschieden geformter Werkstücke. Bei zylindrischen Teilen (oder regelmäßig geformten 3-, 6- oder 12-kantigen Werkstücken) werden Drehmaschinenfutter mit drei Backen verwendet (Bild 5). Bei formgenauen 4- oder 8-kantigen Werkstücken werden Vierbackenfutter eingesetzt. Der Spannvorgang erfolgt mechanisch (Bild 5). An CNC-Drehmaschinen werden die Backen hydraulisch betätigt. Die Spannkraft des Drehmaschinen-

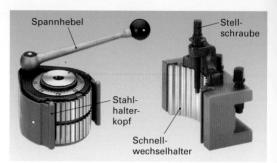

1 Stahlhalterkopf mit Schnellwechselhalter

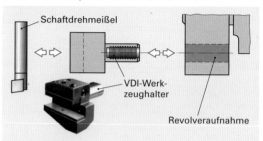

2 VDI-Werkzeughalter (DIN 69880)

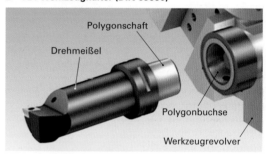

3 Werkzeughalter mit Polygonbuchse

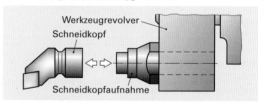

4 Schneidkopf-System

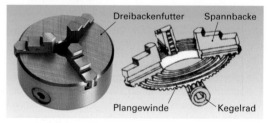

5 Drehmaschinenfutter

futters muss groß genug sein, um das erforderliche Drehmoment übertragen zu können.

Bei flachen unsymmetrisch geformten Werkstücken müssen **Planscheiben mit Backen** (Bild 1) eingesetzt werden. Hierbei werden die Backen mit den jeweiligen Gewindespindeln einzeln eingestellt. Größere unregelmäßig geformte Werkstücke werden über Vorrichtungen an einer **Planschiebe mit Aufspannschlitz** gespannt.

Eine alternative Möglichkeit des Spannens längerer Werkstücke auf **Drehmaschinen** oder **Rundschleifmaschinen** ist das **Spannen zwischen Spitzen**. Hierfür erhält das Werkstück an beiden Stirnseiten Zentrierbohrungen. Das Einspannen des Werkstücks erfolgt auf der treibenden Seite mit einem **Stirnseiten-Mitnehmer** (Bild 2) und auf der nicht-angetriebenen Seite durch eine **mitlaufende Zentrierspitze** (Bild 3).

Die mitlaufende Zentrierspitze drückt das Werkstück gegen die Hauptspindelspitze des **Stirnseiten-Mitnehmers**. Während das Werkstück durch die Zentrierspitzen nur zentrisch geführt wird, erfolgt die Drehbewegung der Arbeitsspindel auf dem Werkstück durch eine Mitnehmerscheibe.

Die **Mitnehmerscheibe** wird auf den Stirnseiten-Mitnehmer geschoben und mit einer Anpresskraft gegen die Stirnseite des Werkstücks gedrückt. Hierbei dringen die Zacken der Mitnehmerscheibe in das Werkstück ein. Es erfolgt eine formschlüssige Übertragung der Drehbewegung auf das Werkstück. Die Stirnfläche des Werkstückes muss aufgrund der Zackenabdrücke nachgearbeitet werden.

Eine Alternative zum Stirnseiten-Mitnehmer bietet das **Drehherz** (Bild 4). Das Drehherz wird auf das Werkstück geschoben und mit einer Schraube an das Werkstück festgeklemmt. Das Werkstück wird über einen Mitnehmeranschlag in Drehung versetzt. Das Drehherz muss durch einen Deckel verschlossen sein.

Für schnelles und zentrisches Spannen stehen **Sicherheits-Drehherzen** zur Verfügung. Hierbei klemmen sich Hebel-Kurvenstücke umso stärker an die Werkstückoberfläche, je größer die Schnittkraft ist. Die Drehbewegung wird somit von der Hauptspindel auf das Werkstück übertragen.

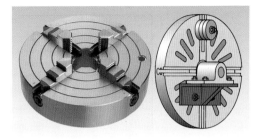

1 **Planscheiben**

2 **Stirnseiten-Mitnehmer und Mitnehmerscheiben**

3 **Zentrierspitze**

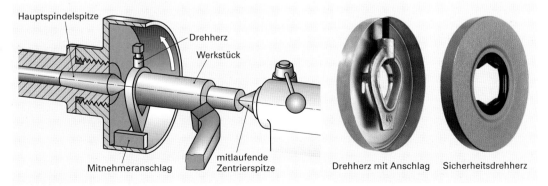

Hauptspindelspitze

Drehherz

Werkstück

Mitnehmeranschlag

mitlaufende Zentrierspitze

Drehherz mit Anschlag   Sicherheitsdrehherz

4 **Drehherz**

Vertiefungsaufgaben

Als Auszubildender der Firma VEL-Mechanik erhalten Sie den Auftrag, die Spannmittel sowohl für die Werkzeuge als auch für das Werkstück zu bestimmen. Die Bearbeitung der Keilprofilwelle (Bild 1) erfolgt durch folgende Arbeitsschritte an der Dreh-, Fräs- und Außenrundschleifmaschine:

- Plandrehen der Stirn-seiten,

- Herstellung der Zentrierbohrungen,

- Längsrunddrehen der Absätze,

- Einstechen der Ringnut,

- Fräsen der Passfedernut,

- Fräsen der Keilwelle,

- Außenrundschleifen der zu schleifenden Absätze.

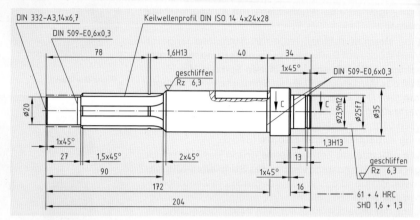

1 Keilprofilwelle

Spannmittel für Dreh- und Fräswerkzeuge

1 Erläutern Sie das Einspannen des Zentrierbohrers.

2 Wie wird der Schrupp- und Schlichtdrehmeißel bei einer konventionellen Drehmaschine im Unterschied zur CNC-Drehmaschine eingespannt?

3 Die Keilwelle soll mit einem Scheibenfräser an einer konventionellen Fräsmaschine gefertigt werden. Wie wird der Scheibenfräser an der Fräsmaschine eingespannt?

Spannmittel für die Keilprofilwelle an der Drehmaschine und Außenrundschleifmaschine

4 Welches Spannmittel wird zum Plandrehen der Keilprofilwelle eingesetzt?

5 Zeigen Sie Möglichkeiten zum Spannen der Keilprofilwelle beim Schruppen auf.

6 Mit welchen Spannmitteln kann die Keilprofilwelle beim Schlichten gefertigt werden?

7 Welche Spannmittel werden beim Außenrundschleifen der Keilprofilwelle verwendet?

Spannmittel für das Fräsen der Keilprofilwelle

8 In welches Spannmittel wird die Keilprofilwelle für das Fräsen der Passfedernut eingespannt?

9 Mit welchem Spannmittel erreicht man die Bearbeitung der Keilwelle? Erläutern Sie die schrittweise Vorgehensweise bei der Fertigung des Keilwellenprofils DIN ISO 14 – 4x24x28.

6.4.4 Inbetriebnahme und Sicherheitsbestimmungen für Werkzeugmaschinen

Die neue CNC-Fräsmaschine (Bild 2) der Firma VEL-Mechanik GmbH soll aufgestellt und eine Inbetriebnahme durchgeführt werden.

6.4.4.1 Inbetriebnahme der Werkzeugmaschine

Für die Inbetriebnahme der Werkzeugmaschine sind folgende Punkte zu beachten:

- **Transport der Werkzeugmaschine**
- **Eingangskontrolle und Reinigung**
- **Aufstellung der Werkzeugmaschine**
- **Personalbereitstellung und Personalschulung**
- **Ausrichtung der Werkzeugmaschine**
- **Abnahme der Werkzeugmaschine**

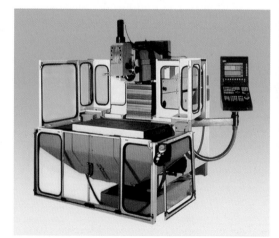

2 CNC-Fräsmaschine

Bei der Inbetriebnahme einer Werkzeugmaschine geht es darum, den Transport, die Aufstellung und die Abnahme der Maschine so zu planen, dass das Produktionsmittel schnell und reibungslos der bestimmungsgemäßen Verwendung übergeben werden kann. Wichtige Informationen zur Inbetriebnahme sind Bestandteil der **Betriebsanleitung** des jeweiligen Herstellers der Maschine.

Transport der Werkzeugmaschine

Für den Transport der Werkzeugmaschine sollten die nachfolgend aufgeführten Punkte durchgeführt werden.

- Befestigung von allen **beweglichen Teilen** der Maschine vor dem Transport,
- **Einweisung** der Beschäftigten,
- Überprüfung der **Durchgänge** und der **Transportwege** hinsichtlich der Höhe und Breite auf Eignung,
- Berücksichtigung der **Boden- und Deckenbelastung,**
- Beschaffung geeigneter **Fördermittel** und Fahrzeuge für den Transport,
- Wird ein **Brückenkran** (Bild 1) eingesetzt, so müssen die vom Hersteller vorgesehenen **Aufhängepunkte** verwendet werden.

Eingangskontrolle und Reinigung

Vor dem Transport sind die Werkzeugmaschine und ihr Zubehör auf Vollständigkeit und Schadensfreiheit zu überprüfen. Festgestellte Schäden sind aufzunehmen und umgehend weiterzuleiten. Ist auf den Führungsbahnen Korrosionsöl vorhanden, so muss es mit einem weichen Lappen entfernt und geeignetes Gleitöl aufgetragen werden.

Aufstellen der Werkzeugmaschine

Bei der Planung der Aufstellung einer Werkzeugmaschine muss die **Funktionsfähigkeit** (z. B. Genauigkeit und Bearbeitungsgüte) als auch das **Umweltverhalten** (z. B. Erschütterungen) berücksichtigt werden. Zur Aufstellung einer Maschine gehören in der Regel die **Aufstellelemente** und das **Fundament,** dessen Eigenschaften an die jeweiligen Erfordernisse angepasst werden müssen. Folgendes muss beachtet werden:

- Justierung und Ausrichtung der Maschine,
- zusätzliche Versteifung der Maschine durch das Fundament,
- Gewährleistung der Standsicherheit,
- passive Isolierung gegenüber dynamischen Störungen von außen,
- aktive Isolierung zum Schutz der Umgebung vor Erschütterungen,
- allseitige Zugänglichkeit der Maschine für die Wartung und Reparatur.

1   Transport der CNC-Fräsmaschine

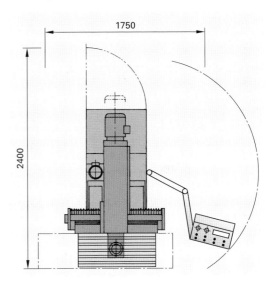

2   Aufstellplan der CNC-Fräsmaschine

Die Fundamentanschlüsse und der Platzbedarf für die Werkzeugmaschine sind dem **Aufstellplan** (Bild 2) zu entnehmen.

Für die Aufstellung der Werkzeugmaschine sind die statischen und dynamischen Eigenschaften der Maschine selbst sowie die Vorschriften des Maschinenherstellers zu beachten. Die einschlägigen **Sicherheitsvorschriften** zur Aufstellung der Maschine müssen ebenso mit einbezogen werden.

Je nach Größe und Eigenschaft der Maschine werden an das Fundament entsprechende Forderungen gestellt, nach denen das Fundament angelegt werden muss.

Personalbereitstellung und Personalschulung

Vor dem Eintreffen der Werkzeugmaschine müssen Schulungstermine und Schulungsinhalte festgelegt werden. Für die Inbetriebnahme sollte für die aufgeführten Aufgaben folgendes Personal bereit gestellt werden:

- Verantwortliche für den Transport,
- Verantwortliche für die Vorbereitung zur Abnahme,
- Fachkräfte für die Bedienung und Wartung sowie zum Programmieren,
- verantwortliche Ansprechpartner für die vom Hersteller entsandten Monteure.

Ausrichten der Werkzeugmaschinen

Mit dem Ausrichten wird der Längs- und Querschlitten der Werkzeugmaschine in die Waagerechte gebracht. Bei **Drehmaschinen** wird hierfür der Längsschlitten in die Mitte der Maschine gefahren. Anschließend wird eine Richtwaage auf das linke und rechte Ende der Führungsbahn in Längs- und Querrichtung gelegt.

Beim Ausrichten der **Fräsmaschine** wird eine Richtwaage auf den Maschinentisch aufgelegt und der Tisch genau in die Waagerechte gebracht.

Abnahme der Werkzeugmaschinen

Für die erforderliche Arbeitsgenauigkeit einer Maschine ist die Qualität der gefertigten Werkstücke ausschlaggebend. Bei Bearbeitungstests wird eine Anzahl gleicher Werkstücke von vorgeschriebener Geometrie und bestimmtem Werkstoff nacheinander zerspant und anschließend gemessen. Mithilfe einer statistischen Auswertung kann man systematische Fehler von zufälligen Einflüssen trennen.

Eine Problematik der Beurteilung der **Arbeitsgenauigkeit** von Maschinen und Anlagen liegt im Messen der Prüfwerkstücke. Die meisten CNC-Werkzeugmaschinen arbeiten heute mit derartig geringen Ungenauigkeiten, dass die zu untersuchenden Abweichungen nur noch mit 3-D-Messmaschinen festzustellen sind.

In den Gemeinschaftsrichtlinien zur Durchführung von Bearbeitungstests vom Verein Deutscher Ingenieure und der Deutschen Gesellschaft für Qualitätssicherung VDI/DGQ 3441 ff. werden für nicht werkstückgebundene Maschinen **einheitliche Prüfwerkstücke** und Bearbeitungsbedingungen festgelegt. Die Prüfwerkstücke sind von einfachster Kontur und werden unter Beachtung statistischer Gesichtspunkte angefertigt, gemessen und ausgewertet. Da unter Schlichtbearbeitungsbedingungen gefertigt wird, treten wesentliche Belastungen nicht auf.

Die Auswertung erfolgt nur hinsichtlich Geometrie und Positionsgenauigkeit.

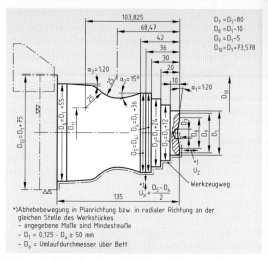

1 Prüfwerkstück für CNC-Drehmaschinen nach VDI 2851 Bl. 2

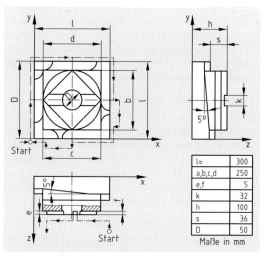

2 Prüfwerkstück für CNC-Fräsmaschinen nach VDI 2851 Bl. 3

Für **CNC-Drehmaschinen** ist das empfohlene **Prüfwerkstück** nach VDI 2851 Bl. 2 (Bild 1) zu entnehmen. Hiermit können Prüfungen von Umkehrspanne, Maßabweichungen, Winkelabweichungen, das Langsamfahrverhalten und Bahnabweichungen ermittelt werden.

Prüfwerkstücke für **CNC-Fräsmaschinen** sind in der Richtlinie VDI 2851 Bl. 3 festgelegt. Anhand dieser Werkstücke lassen sich bei Gleich- und Gegenlauffräsbearbeitung folgende Merkmale der Maschine beurteilen: Positionsgenauigkeit, Umkehrspanne und die Interpolation bei geringen Steigungen.

Eine weitere Möglichkeit, die Maschineneigenschaften indirekt durch Bearbeitungstests zu beurteilen, stellen die sogenannten Maschinen- und Prozessfähigkeitsindizes dar.

Bei der **Maschinenfähigkeitsuntersuchung** wird in einer Vorabnahme vom Hersteller durchgeführt. Es werden 50 Teile auf der zu prüfenden Maschine hintereinander bearbeitet und die kritischen Maße der gefertigten Teile vermessen. Die Maschinenfähigkeitsuntersuchung dient als Nachweis, dass die Werkzeugmaschine unter möglichst gleichbleibenden Bedingungen dauerhaft in der Lage ist, in der Toleranz liegende Teile zu fertigen.

Ist die Maschine beim Anwender installiert, so wird das Langzeitverhalten durch eine **Prozessfähigkeitsuntersuchung** anhand von 300 Teilen ermittelt. Im Gegensatz zur Maschinenfähigkeitsuntersuchung werden aber nicht eine bestimmte Anzahl von Teilen hintereinander gefertigt, sondern es werden aus dem realen Prozess über einen begrenzten Zeitraum meist 10 Stichproben zu je 5 Teile entnommen. Mit der Prozessfähigkeitsuntersuchung werden mögliche Einflüsse wie z.B. Bedienerwechsel oder Klimawechsel einbezogen.

Nach der Aufstellung, Ausrichtung und Abnahme sind alle Funktionseinheiten der Werkzeugmaschine zu prüfen. Das Ergebnis wird in einem Inbetriebnahmeprotokoll (Bild 1) dokumentiert. Nach der erfolgreichen Inbetriebnahme ist die Maschine verwendungsbereit.

6.4.4.2 Anschlagmittel und Hebezeuge für den Transport von Lasten

Der Transport der Werkzeugmaschine und der schweren Gegenstände, die zum Rüsten der Maschine benötigt werden (Vorrichtungen, Spannmittel u.a.) erfolgt mit einem Hebezeug, z.B. einem Kran (Bild 1, S. 359). Wo immer Lasten gehoben oder zum Transport bewegt werden, nutzt man **Anschlagmittel**. Sie sind die Verbindung zwischen dem Hebezeug (vgl. S. 491) und der Last.

> Unter dem Anschlagen von Lasten versteht man die sichere Befestigung von Lasten zum Heben und Transportieren. Die hierfür eingesetzten **Anschlagmittel** sind beim Einsatz eines Krans die Ketten, Seile, Hebebänder oder Rundschlingen. An ihnen können entsprechende **Lastaufnahmemittel** (z.B. Lasthaken, Schäkel u.a.) vorhanden sein.

Bild 2 zeigt eine Übersicht von unterschiedlichen Anschlagmitteln. Als **Anschlagketten** werden Rundstahlketten mit entsprechenden Güteklassen eingesetzt. Das **Anschlagseil** besteht aus einem Verbund von verdrehten Stahldrähten mit einer hohen Festigkeit.

Inbetriebnahmeprotokoll für technische Betriebsmittel

Ort der Inbetriebnahme: _____

Maschinen-/Anlagenbezeichnung:
Maschinen-Nr.: _____
Inventar-Nr.: _____
Teilnehmer: (Namentlich, Firma)
Hersteller / Lieferant: _____
Anwender / Kunde: _____
Bei der Maschine wurde Folgendes geprüft/festgestellt:
○ Vollständigkeit: _____
○ Funktionsprüfung: _____
 – Maschine: _____
 – Steuerung: _____
 – Sicherheitseinrichtungen: _____
 – Hydraulische Ausrüstung: _____
 – Pneumatische Ausrüstung: _____
 – Elektrische Ausrüstung: _____
○ Umweltschutz: _____
○ Behördl. Genehmigungen: _____
○ Tech.-Dokumentation: _____
Festgestellte Abweichungen: _____

Getroffene Vereinbarungen: _____

Die Maschine wurde voll funktionsfähig übergeben/übernommen. Die Ausführung entspicht dem Kundenauftrag.

Ort: _____ Datum: _____

Unterschriften:
Hersteller / Lieferant: _____
Betreiber: _____

1 Inbetriebnahmeprotokoll

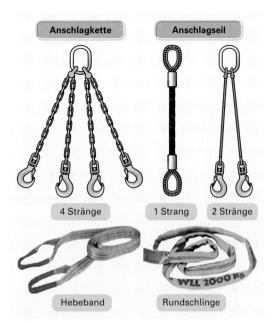

2 Übersicht der Anschlagmittel

Hebebänder und **Rundschlingen** bestehen in der Regel aus flach gewebten Chemiefasern (Bild 2, Seite 361). Rundschlingen sind endlos gewebte Bänder und haben häufig eine schützende Außenummantelung.

Anschlagketten

Anschlagketten stellen die Verbindung zwischen dem Hebezeug und der Last dar. Sie müssen sowohl die Vorschriften der Berufsgenossenschaft zum Betreiben von Arbeitsmitteln (BGR 500) als auch die Anforderungen nach EN 814-4 erfüllen.

Anschlagketten dürfen nur zum Heben und Transportieren von Lasten eingesetzt werden. An allen Anschlagketten ist ein Kennzeichnungsanhänger montiert. Der in Bild 1 gezeigte Anhänger wird für Ketten mit der Güteklasse 8 verwendet. Alle Anschlagketten mit dieser Güteklasse erhalten einen roten achteckigen Anhänger mit folgenden Angaben:

- Tragfähigkeit (bei einem Strang – direkte Angabe, bei mehrsträngigen Ketten – Angabe für den Bereich des Neigungswinkels)
- Strangzahl
- Nenndicke der Kette in mm
- Herstelldatum
- Herstellerangabe
- CE-Zeichen

Bild 2 zeigt einen Überblick der Güteklassen von Anschlagketten. Die Anhänger der Güteklasse 10 sind nicht genormt. Die Farben und Formen der Anhänger dieser Sondergüteklasse werden vom Hersteller festgelegt.

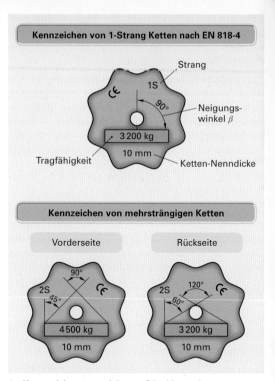

1   **Kennzeichnungsanhänger Güteklasse 8**

Güteklasse	2	5	8	Sondergüte
Norm	DIN 32891	DIN 5687 Teil 1	DIN 5687 Teil 3 DIN EN 818	
Bruchspannung	250 N/mm²	500 N/mm²	800 N/mm²	> 940 N/mm²
Werkstoff DIN EN 10027	Unlegierter Baustahl	Edelstahl	Edelstahl	Ni 0,7 % Cr 0,4 % Mo 0,15 %
Verhältnis von Tragfähigkeit zu Prüfkraft zu Bruchkraft	1 : 2 : 4		1 : 2,5 : 4	
Kennzeichnung Form und Farbe	farblos	grün	rot	pink

2   **Kettennormen und Güteklassen**

Tragfähigkeit von Anschlagketten

Die Auswahl der geeigneten Anschlagkette hängt von dem anstehenden Transport ab. Sie müssen von ihrer Art und Länge sowie für die einzusetzende Befestigungsmethode an der Last geeignet sein. Durch eine falsche Auswahl kann ein Bruch der Anschlagkette verursacht werden.

> Anschlagketten dürfen niemals über ihre Tragfähigkeit hinaus belastet werden.

Je nach Lastaufnahme werden Anschlagketten mit einem bis vier Strängen eingesetzt (Bild 1). Werden **mehrsträngige Anschlagketten** verwendet, wird die Tragfähigkeit in Abhängigkeit des Neigungswinkelbereichs von 0° bis 45° und von 45° bis 60° angegeben.

Ist eine **ungleichmäßige Lastverteilung** von 3 oder 4 Ketten vorhanden, darf nur die Tragfähigkeit einer 2-Strang-Anschlagkette zugrunde gelegt werden. Hierbei muss von dem größten Neigungswinkel ausgegangen werden. Bei einer ungleichmäßig belasteten 2-Strang-Kette (Bild 2) wird die Tragfähigkeit der 1-Strang-Kette genommen.

Bild 3 gibt die **Tragfähigkeit in kg** für ein- und mehrsträngige Anschlagketten der **Güteklasse 8** bei verschiedenen Neigungswinkeln und bei einer symmetrischen Belastung der Stränge wieder. Bei einem Temperaturbereich außerhalb −40°C bis +200°C muss mit einer reduzierten Tragfähigkeit gerechnet werden.

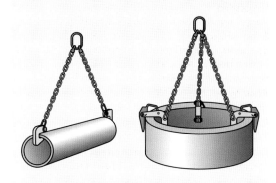

1 **Lastaufnahme mit einer mehrsträngigen Anschlagkette**

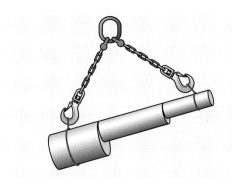

2 **Lastaufnahme mit ungleichem Neigungswinkel**

Nenn-größe	1-Strang direkt	2-Strang direkt		3- und 4-Strang direkt		endlos geschnürt
	Neigungswinkel β					
(mm)	0°	bis 45°	45° bis 60°	bis 45°	45° bis 60°	0°
6	1.120	1.600	1.120	2.360	1.700	1.800
8	2.000	2.800	2.000	4.250	3.000	3.150
10	3.150	4.250	3.150	6.700	4.750	5.000
13	5.300	7.500	5.300	11.200	8.000	8.500
16	8.000	11.200	8.000	17.000	11.800	12.500
18	10.000	14.000	10.000	21.200	15.000	16.000
19	11.200	16.000	11.200	23.600	17.000	18.000
20	12.500	17.000	12.500	26.500	19.000	20.000
22	15.000	21.200	15.000	31.500	22.400	23.600
26	21.200	30.000	21.200	45.000	31.500	33.500
Anschlag-faktoren	1,0	1,4	1,0	2,1	1,5	1,6

3 **Tragfähigkeit von hochfesten Anschlagketten der Güteklasse 8**

Anschlagseile

Anschlagseile werden in der Fördertechnik vielfältig eingesetzt. Im Gegensatz zu Ketten besitzen die Seile ein geringeres Eigengewicht, eine höhere Elastizität und können mit höheren Fördergeschwindigkeiten beaufschlagt werden. Nachteilig sind die geringere Tragfähigkeit der Anschlagseile gegenüber den Ketten und die schlechtere Beständigkeit gegen Korrosion.

Zusammengesetzt sind die **Anschlagseile** aus dünnen Drahtseilen, die schraubenförmig zu Litzen gebündelt werden. Mehrere Litzen werden wiederum um eine Kerneinlage im Gleichschlag oder Kreuzschlag schraubenförmig gedreht (Bild 1). Der Kern besteht aus einer Fasereinlage. Das gesamte Gebinde ergibt den Nenndurchmesser des Anschlagseils.

Die **Enden der Anschlagseile** werden zu Schlaufen oder Kauschen mit **Aluminiumklemmen** gepresst oder als Spleiß verbunden (Bild 2). **Schlaufen** werden für das direkte Anschlagen in größere Aufnahmen (z. B. Kranhaken) eingesetzt. Durch die große Schlaufenöffnung kann das andere Ende des Seils durchgesteckt und somit die Anschlagart im Schnürgang ausgeführt werden. Wird anstatt der starren Aluminiumpressklemme eine Verspleißung angewendet, so ist das Seil an jeder Stelle auf Biegung beanspruchbar.

Die nach Euro-Norm geformte **Kausche** stellt ein zusätzliches Bauteil in der Seilendverbindung dar. Durch die Kausche wird das Seil vor den einliegenden Beschlagteilen geschützt.

Bild 3 zeigt den Einsatz verschiedener **Beschlagteile** verbunden mit der Kausche. Für das obere Seilende werden zur Verbindung mehrerer Stränge **Aufhängegarnituren** verwendet. Zum Einhängen in den Kranhaken kann bei einem einsträngigen Seil ein **Aufhängering** mit der Kausche umschlossen werden. Am unteren Seilende können an die Kausche **Haken** oder **Schäkel** angebracht werden.

Welche **Kombinationen in der Ausführung der Seilenden** möglich sind, wird durch Bild 4 verdeutlicht. Bei der Kombination Schlaufe und Kausche ohne Beschlagteile kann an dem oberen Seilende der Kranhaken eingehängt werden. An dem unteren Seilende kann z. B. eine Verbindung mit dem Schäkelbolzen genutzt werden. Das Anschlagseil mit dem Haken in der Kausche an dem unteren Seilende und der gepressten Schlaufe an dem oberen Ende bietet die Möglichkeit, Lasten direkt oder mit Lastaufnahmemitteln am Kranhaken zu transportieren. Anschlagseile mit **Seilgleithaken** können für selbstzuziehende Schnürverbindungen verwendet werden. Hierbei wird der Haken in die Kausche gehängt.

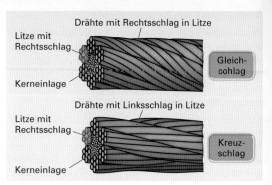

1 **Seilschlagarten**

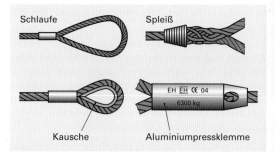

2 **Enden der Anschlagseile**

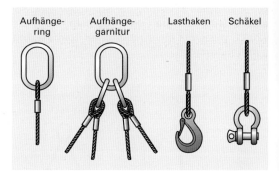

3 **Beschlagteile in der Kausche**

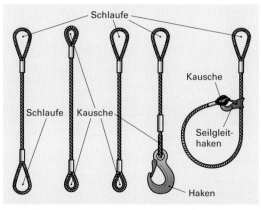

4 **Kombination in der Ausführung der Seilenden**

Tragfähigkeit von Anschlagseilen

Anschlagseile aus Stahldraht sind gemäß Euro-Norm auf der **Aluminiumpressklemme** oder bei einem Drahtseilgehänge auf einem fest angebrachten **Tragfähigkeitsanhänger** (Bild 1) zu kennzeichnen. Der Anhänger beinhaltet die zulässige **Tragfähigkeit WLL** (Working Load Limit) in kg.

Der **Mindestdurchmesser** eines Anschlagseils beträgt 8 mm. Bild 2 verdeutlicht Möglichkeiten der Beschädigung von Anschlagseilen. Treten diese Beschädigungen auf, müssen die Anschlagseile ausgesondert werden, es wird von einer **Ablegereife** gesprochen.

Bei einzelnen **Drahtbrüchen** muss das Seil erst bei einer bestimmten Anzahl von sichtbaren Brüchen auf einer auf den Durchmesser bezogenen Länge ausgesondert werden. Bei einem Litzenseil dürfen nicht mehr als 4 Brüche auf einer Länge von 3 d zu sehen sein. Bei einer Länge von 6 d dürfen 6 Brüche, bei einer Länge von 30 d dürfen maximal 16 Brüche sichtbar sein.

Treten an einer Stelle des Anschlagseils **Litzenbrüche**, **Quetschungen** oder **Knickungen** sowie **Klanken** oder **Aufdoldungen** auf (Bild 2), so hat das Seil seine Ablegereife erreicht. Sind starke **Korrosionserscheinungen** zu erkennen oder findet eine **Berührung des Seils mit einem spannungsführenden Teil** statt, so muss das Seil auch ausgesondert werden.

Bild 3 gibt die **Tragfähigkeit WLL** in kg für Anschlagseile in Abhängigkeit von der Strangzahl und der Anschlagart wieder. Bei der Anschlagart unterscheidet man zwischen einer direkten oder einer geschnürten Aufhängung.

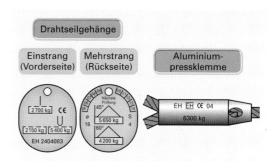

1 Kennzeichnung von Anschlagseilen

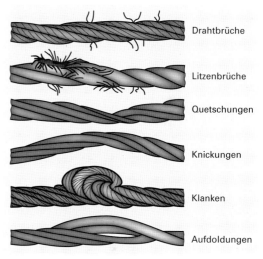

2 Ablegereife von Anschlagseilen

Seil-∅	1-Strang		2-Strang				3- und 4-Strang	
	direkt	geschnürt	direkt		geschnürt		direkt	
Neigungswinkel β								
(mm)	0°	0°	bis 45°	45° bis 60°	bis 45°	45° bis 60°	bis 45°	45° bis 60°
8	700	560	950	700	770	560	1.500	1.050
10	1.050	840	1.500	1.050	1.150	840	2.250	1.600
12	1.550	1.240	2.120	1.550	1.700	1.240	3.300	2.300
14	2.120	1.690	3.000	2.120	2.330	1.690	4.350	3.150
16	2.700	2.150	3.850	2.700	2.950	2.150	5.650	4.200
18	3.400	2.700	4.800	3.400	3.700	2.700	7.200	5.200
20	4.350	3.450	6.000	4.350	4.750	3.450	9.000	6.500

3 Tragfähigkeiten WLL in kg für Anschlagseile nach EN 13414, Teil 1

Hebebänder und Rundschlingen

Hebebänder sind flach gewebte Chemiefasern aus Polyester (PES), Polyamid (PA) oder Polypropylen (PP), **Rundschlingen** bestehen aus dem gleichen Bandmaterial, sind aber endlos gewebt und haben zum Schutz vor Abrieb und Beschädigung häufig eine Außenummantelung. Bild 1 zeigt eine Auswahl von Hebebändern und Rundschlingen.

Nach EN 1492 haben Rundschlingen und Hebebänder einen **Aufnäher**, dessen Farbe den Werkstoff des Bandmaterials kennzeichnet (**PES – blau, PA – grün, PP – braun**). Die Farbe der Rundschlinge oder des Hebebandes gibt Aufschluss über die Tragfähigkeit des Einzelbandes. Bild 1 gibt die **Zuordnung der Bandfarben zur Tragfähigkeit** in kg wieder.

Bei Beschädigung eines Bandes oder einer Schlinge muss es ausgesondert werden. Die **Ablegereife** (Bild 2) ist gegeben bei:

- einer Beschädigung der Webkanten
- einer starken Verformung des Band- oder Schlingenprofils
- einem Einschnitt im Bandgewebe
- einer Schlaufen- oder Maschenbildung
- einer beschädigten Ummantelung der Schlinge
- einer Beschädigung der tragenden Nähte

Die **Verwendung von Hebebändern und Rundschlingen** erfordert einen sachgemäßen Umgang. Folgende Punkte müssen dabei beachtet werden:

- Hebebänder und Rundschlingen dürfen nicht über scharfkantige oder raue Oberflächen gezogen werden.
- Lasten dürfen nie auf einem Hebeband oder einer Rundschlinge abgesetzt werden. Die Last darf auch niemals über den Boden gezogen werden.
- Hebebänder oder Rundschlingen dürfen nicht verknotet oder verdreht werden. Ist ein axiales Verdrehen der schwebenden Last möglich, so muss die Last zusätzlich mit einer Sicherungsleine geführt werden.

6.4.4.3 Betriebssicherheit von Werkzeugmaschinen

Die rechtzeitige Beseitigung von **Störstellen** führt zur Betriebssicherheit von Werkzeugmaschinen. Werden Störstellen nicht frühzeitig beseitigt, so können infolge des Sachschadens Personen gefährdet werden. Zudem können sich Produktionsausfälle ergeben. Der Bediener der Werkzeugmaschine hat zum Auffinden von Störstellen folgende Möglichkeiten:

- **Geräuscherkennung** – Es wird auf ungewöhnliche Maschinengeräusche geachtet. Treten neue Geräusche auf, so werden sie lokalisiert und die Ursachen ermittelt.

Hebebänder mit Schlaufen	Rundschlingen ohne und mit Gehänge	Band- farbe	Trag- fähigkeit in kg
		violett	1 000
		grün	2 000
		gelb	3 000
		grau	4 000
		braun	6 000
		blau	8 000
		orange	10 000

1   **Hebebänder und Rundschlingen und deren Bandfarbe mit der jeweiligen Tragfähigkeit**

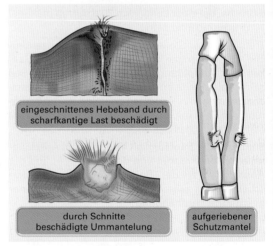

eingeschnittenes Hebeband durch scharfkantige Last beschädigt

durch Schnitte beschädigte Ummantelung

aufgeriebener Schutzmantel

2   **Ablegereife von Hebebändern und Rundschlingen**

- **Sichtprüfung** – Die auftretende Verschmutzung der Kontakte, Dichtungen, Führungsbahnen u.a. durch Späne und Schmiermittel wird beobachtet. Es besteht z.B. die Möglichkeit, dass sich Späne zwischen Schlitten und Führungsbahn einklemmen.
- **Wärmeprüfung** – Verschiedene Bauteile der Maschine werden regelmäßig auf ihre Wärmeentwicklung beobachtet. So kann z.B. durch vorsichtiges Fühlen mit der Hand eine Überhitzung am Lagergehäuse festgestellt werden.
- **Überprüfung der Hydraulik** – Regelmäßige Kontrolle der Manometer zur Überprüfung des Arbeitsdrucks
- **Überprüfung der elektrischen Versorgung** – Regelmäßige Sichtung der Kontakte und Steckverbindungen.

Sicherheitsbestimmungen für den Betrieb einer Werkzeugmaschine

In den Sicherheitsbestimmungen für den Betrieb einer Werkzeugmaschine werden folgende Maßnahmen festgelegt:

- **Maßnahmen, die dem Schutz des Maschinenbedieners dienen.**
- **Maßnahmen, die unsere Umwelt vor Beeinträchtigungen schützen.**
- **Maßnahmen, die den Werterhalt der Werkzeugmaschine ermöglichen.**

Schutz des Maschinenbedieners

Eine Werkzeugmaschine muss so gebaut werden, dass von ihr keine Gefahr ausgeht. Die **Verkapselung einer CNC-Werkzeugmaschine** dient zum Schutz des Maschinenbedieners (Bild 1). Sie schützt den Maschinenbediener nicht nur vor beweglichen Maschinenteilen, sondern verhindert auch das Austreten von Spänen und Kühlschmierstoff. Ohne die Verkapselung gelangen Kühlmittelspritzer in die gesamte Umgebung der Maschine.

Der **Sicherheitsschalter** an der Schiebetür verhindert das Arbeiten an der Maschine bei offener Tür. Der **Fußschalter** setzt die Sicherheitsverriegelung beim Einrichten außer Kraft. Diese Arbeit darf nur von erfahrenen Fachkräften durchgeführt werden.

Größere Maschinenanlagen, z. B. flexible Fertigungszellen, werden neben der Verkapselung der einzelnen Maschine außerdem mit **Schutzgittern** ausgerüstet. Hierdurch wird z. B. der Arbeitsbereich einer Handhabungseinrichtung gesperrt.

Ein weiterer Schutz für den Maschinenbediener stellt der **Not-Aus**-Schalter dar (Bild 2). Dieser Schalter dient dem sofortigen Stillstand der Maschine bei auftretender Gefahr. Weitere Sicherheitseinrichtungen der Werkzeugmaschine sind z. B. Kontrolllampen, Störungsanzeigeleuchten, Zweihandschalter, Lichtschranken oder Schlüsselschalter.

Schutz der Umwelt

Zum Schutz der Umwelt dürfen von einer Werkzeugmaschine keine Schadstoffe in die Umgebung getan werden. Anfallende Späne müssen nach Werkstoff getrennt gesammelt und recycelt werden. Kühlschmierstoff ist ein Gefahrenstoff und muss nach dem Austausch in entsprechende Behälter gesammelt und entsorgt werden.

Werteerhalt der Werkzeugmaschine

Für den Werteerhalt der Maschine sind mechanische und elektronische Sicherheitseinrichtungen vorgesehen. Hierbei stellt z. B. der **Grenztaster eines Weg-Messsystems** eine Schutzmaßnahme dar. Diese mechanische Absicherung verhindert das

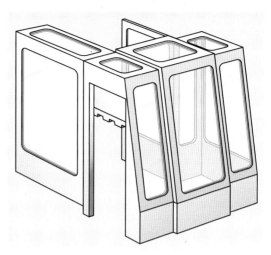

1   Verkapselung der CNC-Werkzeugmachine

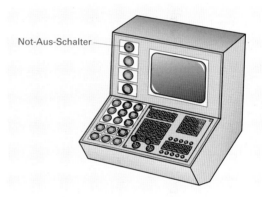

Not-Aus-Schalter

2   Bedienfeld der CNC-Werkzeugmaschine

gewaltsame Auffahren des Maschinenschlittens auf den Endschalter. Bei der Werkzeugmaschine werden jede Bearbeitungsachse sowie Zusatzeinrichtungen (z. B. der Werkzeugwechsler) mit einem Grenztaster abgesichert. Kleinere Prüfungen an der Maschine durch den Bediener können zusätzlich den Wert der Maschine erhalten.

Sicherheitsvorschriften

- **Sicherheitseinrichtungen dürfen zur Fertigung eines Werkstückes nicht außer Kraft gesetzt werden.**
- **Bei Wartungs- und Reparaturarbeiten im Arbeitsbereich muss die Werkzeugmaschine durch den Aus-Schalter am Bedienfeld und den Hauptschalter am Schaltschrank außer Betrieb gesetzt werden.**
- **Arbeiten und Reparaturen an elektrischen Einrichtungen der Maschine dürfen nur von Elektrofachkräften durchgeführt werden.**
- **Undichtigkeiten, z. B. am Hydrauliksystem, müssen sofort beseitigt werden.**

Mit der Prüfung der Werkzeugmaschine sollen die Störungen in erster Linie eingegrenzt und kleinere Störungen vom Bediener behoben werden. Störungen in elektrischen und hydraulischen Funktionseinheiten müssen von Fachkräften beseitigt werden. Beim Ausfall der Maschine erfolgt eine Instandsetzung durch geschulte Fachkräfte.

Diagnosesysteme erleichtern die Störstellensuche bei Werkzeugmaschinen. Jede Art von Störung wird mit einer Fehlernummer belegt. Anhand einer Störstellenliste kann die Art der Störung der angezeigten Fehlernummer zugeordnet werden.

Vertiefungsaufgaben

Die in Bild 1 dargestellte CNC-Fräsmaschine soll in einem neu einzurichtenden Fertigungsbereich aufgestellt werden. Die nachfolgend aufgeführten Fragen sollen Sie für die vorbereitenden Planungen zum Aufstellen der Maschine beantworten.

1 Welche Punkte sollten bei der Inbetriebnahme der CNC-Fräsmaschine beachtet werden?

2 Woher erhalten Sie die notwendigen Informationen für die Inbetriebnahme der Maschine?

3 Was sollten Sie beim Transport der CNC-Fräsmaschine berücksichtigen?

4 Auf den Führungsbahnen der Werkzeugmaschine befindet sich noch Korrosionsöl. Welche Maßnahmen müssen Sie für den Transport einleiten?

5 Auf dem Nachbargelände der Fertigungshalle befindet sich eine Kurbelpresse für große Werkstücke. Welche Maßnahmen müssen vor dem Aufstellen der Fräsmaschine durchgeführt werden?

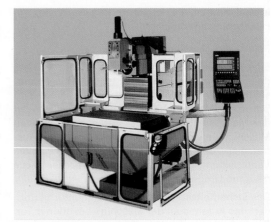

1   **CNC-Fräsmaschine**

6 Welche Informationsmittel ziehen Sie für die Planung des Aufstellplatzes der CNC-Fräsmaschine heran?

7 Welche Qualifikationen benötigt das Personal für die Inbetriebnahme der Werkzeugmaschine?

8 Welchen Vorgang müssen Sie durchführen, nachdem die CNC-Fräsmaschine aufgestellt wurde?

9 Mit welchen Verfahren kann die Abnahme der CNC-Fräsmaschine durchgeführt werden?

10 Für die Abnahme der CNC-Fräsmaschine sollen Prüfwerkstücke gefertigt werden. Welche Merkmale müssen nach der Fertigung am Werkstück geprüft werden?

11 Beschreiben Sie die Prozessfähigkeitsuntersuchung.

12 Wodurch unterscheidet sich die Maschinenfähigkeitsuntersuchung von der Prozessfähigkeitsuntersuchung?

6.5 Instandhaltung von Werkzeugmaschinen

Die Instandhaltung soll den sicheren und störungsfreien Fertigungsablauf gewährleisten.

Sie besteht aus den Elementen Wartung, Inspektion und Instandsetzung, wobei die Instandsetzung nur ausnahmsweise zum Aufgabengebiet eines Zerspanungsmechanikers gehören kann. Die sinnvoll geplante und nach betrieblich festgelegten Plänen durchgeführte Wartung und Inspektion gewährleisten die Qualitätssicherung über den gesamten Fertigungsprozess. Es wird dabei auch zwischen vorbeugender und vorausschauender Instandhaltung unterschieden (Tabelle 1).

Tabelle 1: Maßnahmen der Instandhaltung

Instandhaltung (DIN 31051)

Maßnahmen zur Bewahrung, Feststellung und Wiederherstellung des Sollzustandes einer Maschine

Wartung	Inspektion	Instandsetzung
Maßnahmen zur Bewahrung des Sollzustandes	Maßnahmen zur Feststellung des Istzustandes	Maßnahmen zur Wiederherstellung des Sollzustandes

Vorbeugende Instandhaltung fasst die geplanten Tätigkeiten zur Beseitigung der Ausfallursachen der Anlagen zusammen. Dazu werden nach Erfahrungswerten z. B. Austauschzyklen einzelner Aggregate festgelegt, um dem Ausfall der Maschine vorzubeugen und Stillstandszeiten zu vermeiden.

Unter **vorausschauender Instandhaltung** versteht man Tätigkeiten, die auf die Vermeidung potenzieller Ausfälle der Fertigungseinrichtung abzielen. Beide Tätigkeiten werden abgeleitet aus den laufenden Prozessdaten und der fortschreitenden Entwicklung des Produktionsprozesses. Alle **Instandhaltungsmaßnahmen** werden dokumentiert und ausgewertet. Aus diesen Daten lassen sich Schlussfolgerungen für die Optimierung der zukünftigen Maßnahmen ableiten. Ziel ist die ständige Verbesserung der Effizienz der Fertigungseinrichtungen und des Fertigungsprozesses.

Die Organisation muss die Ressourcen für die Instandhaltung bereithalten und ein System für die **Instandhaltungsplanung** aufbauen. Hierzu zählen die geplanten Instandhaltungsmaßnahmen, die Lagerung der Prüf- und Betriebsmittel sowie die Dokumentation und Bewertung der Instandhaltungsaufgaben.

6.5.1 Wartung

Die Wartung umfasst alle Tätigkeiten, die dem Erhalt des Sollzustandes des technischen Systems dienen.

Die regelmäßige und effiziente Wartung hat das Ziel, den bestmöglichen technischen Zustand zu sichern, mindestens jedoch die unvermeidliche Abnutzung zu verzögern. Der vorhandene **Abnutzungsvorrat** soll so langsam wie möglich abgebaut werden. Unter Abnutzungsvorrat versteht man die Lebensdauer eines Bauteils bis zum Erreichen der Abnutzungsgrenze aufgrund des Verschleißes. Die durchzuführenden Wartungsarbeiten hängen weitgehend von den Vorgaben des Herstellers ab, werden jedoch aufgrund betrieblicher Untersuchungen und Einsatzbedingungen zum Teil erweitert und konkretisiert (Tabelle 2).

Um **Zuverlässigkeitsaussagen** für die Werkzeugmaschine bzw. einzelne Bauteile und Aggregate treffen zu können, werden die Ausfälle protokolliert und statistisch ausgewertet. Aus diesen Ergebnissen werden vielfach betriebsspezifische Wartungsvorschriften erarbeitet, die die Wartungspläne der Hersteller ergänzen. Wartungsarbeiten als werterhaltende Maßnahmen lassen sich in mehrere Bereiche unterteilen.

Tabelle 2: Maßnahmen der Wartung

Tätigkeit	Beispiel
Reinigen	Späne und Hilfsstoffe entfernen
Auffüllen	Kühlschmierstoff, Getriebeöl
Schmieren	Laufbahnen, Getriebe, Spindeln
Auswechseln	Leuchtmittel, Filter
Nachstellen	Justierschrauben, Anschläge, Maschinenuhr

1 Wartungsunterweisung an einer Drehmaschine

> Wartungs- und Instandsetzungsarbeiten dürfen nur von Personen ausgeführt werden, die dafür ausgebildet und autorisiert sind.

Die durchzuführenden Maßnahmen hängen von dem zu wartenden Gegenstand und den konkreten Einsatzbedingungen ab. In der Regel gelten die vom Hersteller vorgegebenen Pläne. Die **Wartungspläne** der Hersteller beinhalten mindestens die Beschreibung der Wartungseinheit, die durchzuführenden Wartungsmaßnahmen, die Wartungsstellen und Wartungszeiten sowie die zu verwendenden Hilfsmittel und Schmierstoffe. Vielfach wird unterschieden in Maschinenschmierplan mit Schmiervorschrift nach DIN 8659 (Bilder 1–3) und Wartungsplan (Bild 4).

Angegebene **Wartungsintervalle** gelten meist für den Einschichtbetrieb und müssen dementsprechend der betrieblichen Wirklichkeit angepasst werden.

Ähnliche Wartungspläne werden vom Hersteller auch für Pneumatik- und Hydraulikeinheiten sowie für alle weiteren Peripheriegeräte und -anlagen erstellt. Darüber hinausgehende Wartungsarbeiten sowie Instandsetzungsarbeiten und Maßnahmen an sicherheitsrelevanten Bauteilen werden an speziell dafür ausgebildete Dienstleistungsfirmen oder betriebsinterne Instandhaltungsabteilungen per Wartungsauftrag übergeben.

Da nicht alle **Wartungstätigkeiten** vom Zerspanungsmechaniker ausgeführt werden dürfen, legt der Hersteller die durchzuführenden Tätigkeiten fest und unterscheidet dabei je nach Qualifikation darüber, ob der Maschinenbediener, ausgebildetes Personal der Organisation, ein autorisierter Dienstleister oder nur der Hersteller selbst die jeweilige Instandhaltungsmaßnahme durchführt (Bild 5).

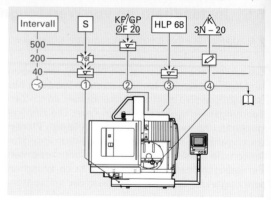

1   Schmierplan

⊻	Ölstand kontrollieren, nachfüllen
⊻	Schmierstoff wechseln, Mengenangabe
⊡	Mit Fett abschmieren
⊿	Mit Öl abschmieren
▨	Filter wechseln
HLP 68	Schmierstoff nach DIN 51 502

2   Symbole im Schmierplan

Intervall in Stunden	Pos	Eingriffstelle	Tätigkeit	Symbol
40	①	Kühlschmierstoffbehälter	Füllstand kontrollieren, nachfüllen (möglichst voll halten)	⊻
	③	Nebelöler	Füllstand kontrollieren, nachfüllen (ca. 0,2 l)	⊻
200	①	Kühlschmierstoffbehälter	Bei Bedarf: Entleeren, reinigen, neu füllen (ca. 76 l)	⊻
	④	Rundtisch	Mit Fett abschmieren	⊡
500	②	Zentralschmieraggregat	Füllstand kontrollieren, nachfüllen	⊻

3   Schmiervorschrift

Ausführung der Wartungstätigkeit durch:
A = Einrichte- oder Bedienpersonal des Kunden
B = geschultes Servicepersonal des Kunden
C = Servicepersonal des Herstellers/der Vetretung (lt. Wartungsvertrag)

Position	Tätigkeiten	8h	40h	200h	1000h
22	Überprüfen der Führungsabdeckungen auf Beschädigung	A			
23	Überprüfen von Umkehrspiel und Referenzpositionen aller Achsen			B	
24	Überprüfen der Achsmotoren und -antriebe (Kabelanschlüsse)				C
26	Austausch der Fettpakete an den Führungsschuhen der Achsen				C
30	Säubern des Spindelkonus	A			
31	Sichtkontrolle und Reinigen der Magazinglieder		A		
33	Sichtkontrolle der Kunststoffrollen der Magazinkette		B		

5   Auszug aus einer Wartungsanleitung

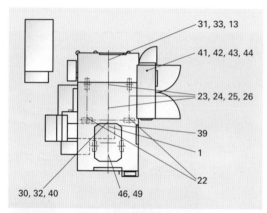

31, 33, 13
41, 42, 43, 44
23, 24, 25, 26
39
1
22
30, 32, 40   46, 49

4   Schmier- und Wartungspunkte an einem Bearbeitungszentrum (Auszug)

6.5.2 Inspektion

Ziel der Inspektion ist die regelmäßige Überprüfung der Maschinen und Zusatzaggregate zur Früherkennung von Abnutzungserscheinungen und zur Gewährleistung der geforderten Qualität. Nur dann können rechtzeitig entsprechende Maßnahmen getroffen werden. Zur Gewährleistung der Regelmäßigkeit werden die Inspektionen in vorgeschriebenen Intervallen durchgeführt, bei Fertigungseinrichtungen in der Regel auf der Basis von Betriebsstunden und dem jeweiligen Einsatzfall.

Tabelle 1: Elemente der Inspektion

Inspektion		
Maßnahmen zur Feststellung des Istzustandes		
Ermittlung und Analyse des Istzustandes	Analyse der Verschleißursachen und weiterer störender Einflüsse	Ermittlung und Einleitung geeigneter Gegenmaßnahmen

Die Ermittlung und Analyse des Istzustandes erfolgt durch **Sinneswahrnehmung** oder mithilfe von **Geräten und Prüfmitteln**.

Tabelle 2: Inspektion durch Sinneswahrnehmung

	Sehen	Hören	Riechen	Fühlen
Unregelmäßigkeit	z. B. ■ Feuchtigkeit ■ Rauchbildung ■ Risse	z. B. ■ Knirschen ■ Quietschen ■ Rattern	z. B. ■ verschmutztes Kühlmittel ■ Schmoren von Leitungen	z. B. ■ Vibrationen ■ Temperatur ■ gelöste Verbindung
Ursache	defekter Kühlmittelbehälter	Trockenlauf einer Antriebsspindel	Kühlmittel zu spät gewechselt	Arbeitsspindel schlägt
Gegenmaßnahme	Hersteller zwecks Austausch informieren	Fetten der Antriebsspindel	sofortiger Austausch	Einstellwert überprüfen und justieren

Geräte und Prüfmittel (Bild 1) als Hilfsmittel bei Inspektionen sind genauer, ergeben häufig konkrete Messergebnisse und können durch die Objektivität des Ergebnisses exakter bewertet werden. Gemessen werden z. B. Frequenzen von Antriebssträngen und Lagern, Temperaturen von Lagern und Motoren, Ölstände und -drücke oder Anzugsmomente von Schraubverbindungen.

Zu den elementaren Aufgaben des Zerspanungsmechanikers gehört die regelmäßige Untersuchung des **Kühlschmierstoffes (KSS)**. Dabei ist zu beachten, dass beim Umgang mit KSS durch Hautkontakt oder Einatmen gesundheitsschädigende Gefahren bestehen (ausführlich auf S. 26 ff.).

1 Prüfkoffer zur Untersuchung von KSS

> KSS sind gemäß der Gefahrstoffverordnung als krebserzeugend anzusehen, wenn der Massengehalt an krebserzeugenden N-Nitrosodiethanolamin (NDELA) gleich oder größer als 0,0005 % beträgt.

Schon aus Gründen der Betriebssicherheit, aber insbesondere auch der Qualitätssicherung müssen KSS inspiziert, gereinigt und gepflegt werden. So schreibt die TRGS 611 (Technische Regeln für Gefahrstoffe) die regelmäßige Überwachung vor.

Dazu gehören z. B. die Bestimmung der Gebrauchskonzentration mittels Handrefraktometer (Bild 2), die Kontrolle des pH-Wertes mit pH-Testpapier, die Bestimmung des Nitritgehaltes mittels Teststäbchen sowie die Kontrolle der Temperatur.

2 Kontrolle des KSS mit Handrefraktometer

Die Kontrolle von Maschinen, in denen der gleiche KSS eingesetzt wird und die unter gleichen oder ähnlichen Bearbeitungs- und Einsatzbedingungen laufen, kann durch Stichprobenmessungen bei repräsentativen Maschinen durchgeführt werden, um der vorgenannten Messverpflichtung zu entsprechen. In jedem Fall ist die Untersuchung des KSS schriftlich zu dokumentieren (Bild 1) und archivieren, um Veränderungen im eingesetzten KSS erkennen zu können und um den Einfluss einer optimalen Kühlung und Schmierung auf die Qualität des Produktes nachweisen zu können.

1　Dokumentation der KSS-Untersuchung

Zur Durchführung der **KSS-Untersuchung** und **-Pflege** ist der jeweilige Maschinenführer verpflichtet, darüber hinaus empfiehlt es sich, einen **sachkundigen KSS-Beauftragten** zu benennen.

6.5.3 Instandsetzung

Die Instandsetzung gehört in der Regel nicht zu den Aufgaben eines Zerspanungsmechanikers. Seine Aufgabe besteht meist darin, einen Instandsetzungsauftrag auszulösen. Die Durchführung eines Instandsetzungsauftrages findet im Gegensatz zur Wartung und Inspektion in vielen Fällen nicht aufgrund eines Zeit- oder Arbeitsplanes statt, sondern wird häufig durch **Inspektionsbefunde** ausgelöst.

Die Instandsetzung umfasst alle Maßnahmen, die dazu dienen, den Sollzustand der Werkzeugmaschine wieder herzustellen. Die Einsatzfähigkeit der Maschine kann z.B. durch Nachstellen, Reparieren oder Austauschen von Bauteilen erreicht werden.

Die Instandsetzung kann nach unterschiedlichen **Instandhaltungskonzepten** erfolgen, die in intervallabhängige, zustandsbedingte, ausfallbedingte und qualitätssichernde Instandhaltung eingeteilt werden.

Tabelle 1: Instandhaltungskonzepte				
	intervallabhängig	**zustandsbedingt**	**ausfallbedingt**	**qualitätssichernd**
Durchführung	unabhängig vom Zustand der Maschine nach festgelegter Laufzeit.	laufende, messende Überwachung der Maschine, Instandsetzung bei Überschreitung von bestimmten Maßen.	bei Störungen oder Ausfall der Maschine oder einzelner Bauteile.	auf Basis der Auswertung der Dokumentationen der Instandhaltungstätigkeiten.
Vorteile	gute Planbarkeit, hohe Zuverlässigkeit der Maschinen, Personalbedarf gut planbar.	maximale Nutzung der Lebensdauer der Bauteile, Zuverlässigkeit gesichert.	Ausnutzung des Abnutzungsvorrats, geringer Planungsaufwand.	höchstmögliche Verfügbarkeit der Maschine, Sicherung der Produktionsqualität.
Nachteile	Abnutzungsvorrat nicht ausgenutzt, Ersatzteilbedarf hoch, hohe Instandhaltungskosten.	hoher Messaufwand, erhöhter Planungs- und Kostenaufwand, Personalbedarf schlechter planbar.	Maschinenausfälle, höhere Kosten für Beschaffung oder Lagerung von Ersatzteilen, ggf. Fertigungsausfall.	Planung etwas aufwendiger, da zum Teil für jede Maschine einzeln notwendig.

Die Wahl des jeweils ökonomischsten und ökologistischsten Instandhaltungskonzeptes ist vom jeweiligen Unternehmen und den Qualitätsanforderungen abhängig. Oftmals stellt eine Kombination aus vorbeugender, zustandsbedingter und qualitätssichernder Instandhaltung die optimale Lösung dar.

6.6 Steigerung der Qualitätsfähigkeit

Mit den ständig steigenden Anforderungen an die Genauigkeit der gefertigten Teile wächst auch die Notwendigkeit, die Fähigkeit der Maschinen und des Prozesses genaueren Untersuchungen zu unterziehen und Verbesserungen vorzunehmen.

Genauigkeitsmessung

Die Bearbeitungsergebnisse einer Maschine, wie die Toleranzhaltigkeit von Werkstücken oder die Oberflächengüte, wird wesentlich durch die statische und dynamische Genauigkeit der Maschinenbewegungen beeinflusst. Für Präzisionsbearbeitungen ist es daher wichtig, die Bewegungsabweichungen zu erfassen und zu kompensieren. So geht die Tendenz zu Messgeräten, die dynamische und statische Abweichungsanteile direkt erfassen und mithilfe von PC-Auswerte-Software aufnehmen und auswerten. Bei diesen Prüfmethoden liegt der Vorteil gegenüber der alleinigen Kontrolle des Bearbeitungsergebnisses in der Trennung der Technologieeinflüsse von den Maschineneinflüssen.

1 Kreisformtest mit Kreuzgitter – Messgerät
© HEIDENHAIN

Ein Beispiel für diese Messungen ist der **Kreisformtest** mit Kreuzgitter-Messgeräten (Bild 1), bei dem die tatsächlich gefahrene Kreisbahn der Spindeln von CNC-Maschinen aufgenommen und mithilfe der Software die Abweichung zur idealen Kreisbahn ermittelt wird. Die ermittelten Daten ermöglichen Rückschlüsse auf die Ursachen, wie z. B. Kippen der Maschinenachsen oder unterschiedliche Wärmeausdehnung der Maschinenkomponenten.

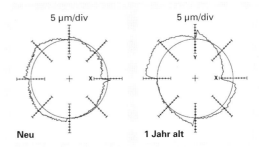

2 Kreisformtest eines Bearbeitungszentrums
© HEIDENHAIN

Wenn durch die Genauigkeitsmessung solche Ergebnisse wie in Bild 2 festgestellt werden, ist die Fähigkeit einer Werkzeugmaschine, ein gewünschtes Bearbeitungsergebnis zu erreichen, nicht mehr gegeben. Hier werden in zunehmendem Maße konstruktive Maßnahmen wie z. B. der Einbau von Längenmessgeräten vorgenommen.

Die Genauigkeit von Werkzeugmaschinen hängt insbesondere von der Fähigkeit ab, wechselnde Einsatzbedingungen zu kompensieren. So verändern sich beim Übergang von der Schruppbearbeitung zum Schlichten beispielsweise die mechanischen und thermischen Belastungszustände. Von besonderer Bedeutung sind hier insbesondere die Vorschubantriebe. Sie werden durch hohe Vorschubgeschwindigkeiten und Beschleunigungen stark beansprucht und erzeugen viel Wärme. Die Temperaturverteilungen in den Kugelgewindespindeln ändern sich dadurch sehr schnell, wodurch es innerhalb von kurzer Zeit zu Positionierfehlern bis zu 100 μm kommen kann. Die Maßhaltigkeit der Werkstücke ist somit nicht mehr gegeben. Um diese Fehler zu vermeiden, ist eine geeignete Positionsmesstechnik notwendig. Hier gibt es unterschiedliche Strategien, z. B. die Erfassung der Position einer Vorschubachse über die Kugelgewindespindel mithilfe eines Drehgebers. Allerdings wird hier die Antriebsposition nur über die Spindelsteigung ermittelt und verschleiß- oder temperaturbedingte Veränderungen nicht berücksichtigt. Mit dem Einsatz von Längenmessgeräten können diese Fehlerquellen unterdrückt werden.

Durch Verwendung von Längenmessgeräten zur Erfassung der Schlittenposition wird die gesamte Vorschubmechanik durch die Positionsregelschleife erfasst (Bild 1). Bei dieser Variante haben Spiel und Ungenauigkeiten in den Übertragungselementen keinen Einfluss auf die Positionserfassung. Die Genauigkeit der Messung hängt nur von Präzision und Einbauort des Längenmessgerätes ab. Weitere Fehlerquellen wie Positionierfehler durch Erwärmung der Kugelumlaufspindel, Umkehrfehler oder Fehler durch Verformung der Antriebselemente durch Bearbeitungskräfte werden ausgeschlossen.

Neben dem auf S. 373 beschriebenen Kreuzgitter-Messgerät gibt es von verschiedenen Herstellern weitere Messgeräte und Prüfmethoden, um die Erfassung von Maschinengenauigkeiten und den Einfluss von steigenden Bearbeitungsgeschwindigkeiten nachzuweisen. Dazu zählen z. B. der Freiformtest oder der Step-Response-Test, der Auskünfte über den Einfluss der Haftreibung bei Umkehrbewegungen und darüber, wie genau Positionen eingehalten werden können, gibt. Diese Tests werden durchgeführt bei Maschinen, die bei hochpräzisen Bearbeitungen 0,1 µm bis 0,01 µm Maßgenauigkeit einhalten müssen.

Die aufgrund dieser **Genauigkeitsmessungen** mögliche korrekte Einstellung der Werkzeugmaschine bzw. die Kompensierung der Ergebnisse ermöglicht vielfach erst die Fertigung in einer geforderten Qualität mit ausreichender Wiederholgenauigkeit.

Ferndiagnose

Mit der Diagnose von Fehlern über größere Entfernungen ist eine weitere Entwicklungsrichtung vorgegeben, wie Teleservice durch den Maschinenhersteller oder im Intranet der Organisation. Teilweise sind hierbei die Maschinensteuerungen online fernbedienbar, ohne jedoch Maschinenbewegungen auslösen zu können. Die Probleme und Störungen an Werkzeugmaschinen, die den Fertigungsprozess negativ beeinflussen oder sogar zum Fertigungsstillstand führen können, sind so schneller zu analysieren und zu beheben.

Aus diesen Entwicklungen ergeben sich veränderte Anforderungen im Geschäftsprozess des Zerspanungsmechanikers.

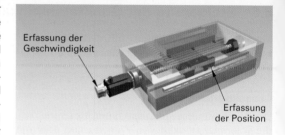

1 Positionsregelung mit Längenmessgerät
© HEIDENHAIN

2 Vergleichsmessgerät auf dem Bearbeitungstisch einer Fräsmaschine
© HEIDENHAIN

Dazu zählen:

- Die Fähigkeit, sich selbstständig in neue Fertigungs- und Prüftechnologien einarbeiten zu können.
- Eine vollständige gedankliche Durchdringung des Fertigungsprozesses.
- Ein sicherer Umgang mit digitaler Diagnosetechnik.
- Das Erkennen und die präzise Beschreibung auftretender Fehler an der Werkzeugmaschine, ggf. in englischer Sprache.

Aufgaben:

1 Erläutern Sie den Unterschied zwischen vorbeugender und vorausschauender Instandhaltung!

2 Bestimmen Sie die Eigenschaften der Schmierstoffe des Schmierplans auf S. 370!

3 Begründen Sie, warum die Dokumentation aller Instandhaltungsmaßnahmen von großer Bedeutung ist!

4 An einer Werkzeugmaschine werden Abweichungen vom Soll-

zustand oftmals durch Sinne wahrgenommen. Beschreiben Sie 3 eigene Beispiele!

5 Warum sind die Ergebnisse bei der Inspektion mit Geräten und Prüfmitteln exakter als bei der Inspektion durch Sinneswahrnehmung?

6 Wählen Sie aus den Instandhaltungskonzepten (S. 372) das günstigste für Ihr Unternehmen aus und begründen Sie Ihre Entscheidung!

6.7 Machine tools

1. Components of a pillar drilling machine

A machine tool is usually a device for machining of metals or other solid materials.

The cutting motion of the tool is related to the drive of the drill bit generated by the pillar drill. The drill is driven by the drive motor, the belt transmission and the drill spindle. The work piece is clamped on the machine table. Depending on the work piece size, the table can be set to the correct working height by the wheel for vertical adjustment.

The locking lever fixes the position of the table. Drilling is carried out by the feed lever which moves the drill downwards.

2. Drive unit of the pillar drill

The drive unit generates a rotary motion from the drive motor for the drill spindle, in which the tool is clamped. The speed of the drill spindle can be changed by using different transmission belts. If the upper pulley shown in Figure 2 is engaged, a higher drill speed is set. If the lower double pulley is engaged, it produces a slow rotation.

3. Functional units of a lathe

The overall function of a machine tool usually can easily be identified. The main task of the conventional lathe (Figure 3) is to turn cylindrical work pieces.

A detailed analysis of the machine tool is necessary to see how the main task is fulfilled. The operation of the machine can be illustrated if the different units of the system are categorized. Each of the color-coded functional units in Figure 3 performs a specific task.

The drive unit performs a cutting motion to the work piece.

The work units allow the "turning operation" of the work piece. For the feed movements of the longitudinal and cross slide, the feed gear unit and transmission units are required. The guiding unit enables the linear movement of the carriage. The disposal unit with its chip tray is used to collect the chips. All functional units are attached or integrated in the support and structural unit.

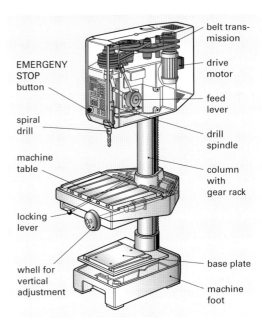

1 components of a pillar drilling machine

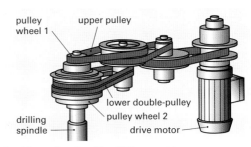

2 drive units of a pillar drilling machine

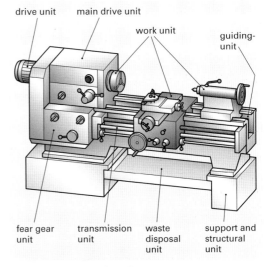

3 functional units of a lathe

Chronological word list		Tasks
1. Components of a pillar drilling machine		
Machine tool	Werkzeugmaschine	**1. Translate the text from the previous page into German**
Pillar drilling machine	Ständerbohrmaschine	
Cutting operation	spanende Bearbeitung	**2. Translate the terms in figure 1**
Material	Werkstoff	**3. Answer the following questions:**
Spiral drill, drill	Spiralbohrer, Bohrer	■ How is the drill of a pillar drilling machine moved downwards?
Tool	Werkzeug	
Cutting movement	Schnittbewegung	■ How is the cutting movement of the tool at a pillar drilling machine created?
Drive motor	Antriebsmotor	
Belt transmission	Riemengetriebe	■ Where can the workpiece be clamped?
Machine table	Maschinentisch	■ What do you have to do in order to drill a high workpiece?
Locking lever	Feststellhebel	
Wheel for vertical adjustment	Stellrad für Höhenverstellung	■ How can the machine table of a pillar drilling machine be fixed?
Feed lever	Vorschubhebel	■ Which machine components can be combined into a unit? Explain the different units.
Machine foot	Fußplatte, Maschinenfuß	
2. Drive unit of a pillar drill		
Drive unit	Antriebseinheit	**1. Translate the text from the previous page into German**
Drive motor	Antriebsmotor	
Drill spindle	Bohrspindel	**2. Translate the terms in figure 2**
Rotational movement	Drehbewegung	**3. Answer the following questions:**
Speed	Drehzahl	■ How can the rotational speed of the drive unit be changed?
Pulley	Riemen	
Double-pulley	Doppelriemen	■ Which pulleys perform a slow rotational movement?
Pulley wheel	Riemenscheibe	
3. Functional units of a lathe		
Lathe	Drehmaschine	**1. Translate the text from the previous page into German**
Overall function	Gesamtfunktion	
Main task	Hauptaufgabe	**2. Translate the terms in figure 3**
Functional unit, unit	Funktionseinheit, Einheit	**3. Answer the following questions:**
Conventional work unit	konventionelle Arbeitseinheit	■ What is the main task of a lathe?
To chip	zerspanen	■ How can you recognize, that the main task of a lathe is fulfilled?
Mode of operation in a system	Wirkungsweise System	
Turning operation	Drehbearbeitung	■ Which functional unit does a conventional lathe have?
Feed movement	Vorschubbewegung	
Longitudinal slide	Längsschlitten	■ Which tasks does the drive unit of a conventional lathe fulfill?
Cross slide	Querschlitten	
Feed gear unit	Vorschubgetriebeeinheit	■ What does the work unit of a lathe enable?
Power transmission unit	Energieübertragungseinheit	■ Which units do the slides of the conventional lathe contain?
Guiding unit	Führungseinheit	■ Which task does the guiding unit have?
Disposal unit	Entsorgungseinheit	■ What is the function of the disposal unit?
Chips	Späne	■ Which tasks do the support and structural unit of a lathe have?
Chips tray	Spänewanne	
Support and structural unit	Stütz- und Trageeinheit	

7 Automatisierung durch Steuern und Regeln

Seit Beginn der Industrialisierung im 18. Jahrhundert hat sich das Leben der Menschen in den industrialisierten Ländern fundamental geändert. Im Bereich der Technik geschah dies vor allem durch eine permanente Steigerung der Produktivität. In den letzten Jahrzehnten erfolgte dies durch die weitgehende Automatisierung der Fertigung mit Hilfe der Steuerungs- und Regelungstechnik.

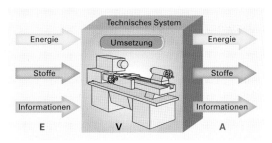

1 Technisches System

7.1 Automatisierung der Fertigung

Am Beginn der Entwicklung der Menschheit stand als erstes Werkzeug der Faustkeil (Bild 115-1). Schon damals kamen Grundprinzipien zur Geltung, die noch heute Anwendung finden (Bild 1). Der Mensch musste Informationen darüber haben, wie der Werkstoff zu bearbeiten ist und wie das Fertigteil aussehen soll. Auch bei den ersten Drehmaschinen, von denen wir aus dem Mittelalter wissen, wurden alle Bewegungen durch den Energieaufwand des Menschen durchgeführt. Erst nach der Erfindung der Dampfmaschine konnte die menschliche Energie durch maschinell umgewandelte Bewegungsenergie ersetzt werden. Diese wurde über eine Hauptwelle und Transmissionsriemen zur Einzelmaschine geleitet. Zuerst wurde die Schnittbewegung, später über Getriebe und Spindeln auch die Vorschubbewegung durch die Maschine bewirkt (Bild 301-1). Am Computer erstellte Programme ersetzten am Ende der Entwicklung dann auch die direkte Eingabe von Informationen durch den Menschen.

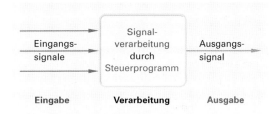

2 Funktionsprinzip des Steuerns

> Automatisierung der Fertigung bedeutet, mithilfe des Einsatzes technischer Mittel den Produktionsprozess selbstständig ablaufen zu lassen.

Das wesentliche Mittel dafür ist die computergestützte Anwendung der Steuerungs-, Regelungs- und Leittechnik bei der Durchführung von Produktionsverfahren.

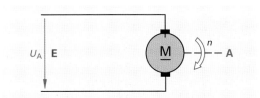

3 Drehzahlgesteuerter Gleichstrommotor

7.2 Steuern

Am Beispiel eines einfachen Gleichstrommotors (auch auf S. 331) ist das Prinzip des Steuerns erkennbar: Die Ankerspannung bewirkt eine bestimmte Drehfrequenz (Bild 3). Wird eine schnellere oder langsamere Drehbewegung benötigt, muss sie über die Änderung der Ankerspannung eingestellt werden.

Beim Härteofen wird die benötigte Temperatur über die Menge des zuströmenden Brenngases gesteuert (Bild 5).

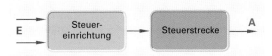

4 Blockschaltbild einer Steuerung

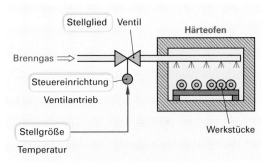

5 Härteofen mit Temperatursteuerung

Steuern bedeutet die Beeinflussung von Ausgangsgrößen durch Eingangsgrößen in einem System, dessen Gesetzmäßigkeiten dem Ziel des Vorgangs entsprechen.

Häufig bewirken mehrere Eingangsgrößen eine oder mehrere Ausgangsgrößen. Gleichfalls kann innerhalb der Steuerstrecke das Signal durch weitere Steuerglieder geändert werden (Bilder 2 und 4 auf der vorherigen Seite). Zur Wiederholung eines Arbeitsvorgangs löst ein Rücksignal von Neuem das Eingangssignal aus.

Trotz der vielfältigen Aufgaben kann man bei allen Steuerungen eine ähnliche Struktur feststellen. Die Teile mit gleichen Funktionen werden als Ebenen bezeichnet (Bild 1). In der Eingabeebene werden die Signale der Steuerung zugeleitet. In der Verarbeitungsebene werden die Signale so verknüpft, dass die Bedingungen der Aufgabenstellung erfüllt werden. In der Ausgabeebene wird das Ausgangssignal der Verarbeitungsebene in eine Form gebracht, die zur Ansteuerung des **Stellgliedes** geeignet ist. Dabei können z.B. bei einer Werkzeugmaschine die Spanungsgrößen eingestellt werden. Das **Arbeitsglied** kann der Antrieb einer Werkzeugmaschine sein.

7.3 Regeln

Wird ein Vorgang durch äußere Einwirkungen, **Störgrößen** genannt, beeinflusst, kann das richtige Ergebnis nicht mehr durch eine Steuerung bewirkt werden. Um das beabsichtigte Ziel zu erreichen, ist eine ständige Anpassung durchzuführen, so dass die Störgrößen das Ergebnis nicht beeinträchtigen. Das geschieht durch die Regelung des Vorgangs.

Unter Regeln versteht man ein Vorgehen, durch das eine Ausgangsgröße trotz der Einwirkung von Störgrößen auf dem beabsichtigten Sollwert gehalten wird.

Der Wirkungsablauf findet hier in einem Regelkreis statt (Bild 2). Der **Istwert**, die **Regelgröße**, muss ständig von einem Messglied erfasst werden. Weicht er vom **Sollwert**, der **Führungsgröße**, ab, muss die **Regeldifferenz** im Regler zur neuen **Stellgröße** führen.

Die Fliehkraftregelung des in Bild 3 dargestellten Gleichstrom-Nebenschlussmotors ändert den Erregerstrom, wenn die Drehzahl infolge unterschiedlicher Belastung vom Sollwert abweicht.

Typisch für den Einsatz von Regeleinrichtungen ist die Temperaturregelung eines Härteofens (Bild 4 und S. 92, Bild 3). Ändert sich infolge äußerer Einflüsse die Innentemperatur des Ofens, wird mit Hilfe des Ventils die Brenngaszufuhr vergrößert oder verkleinert.

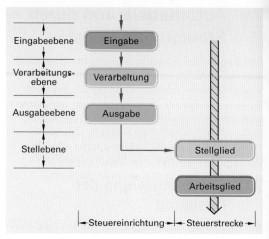

1 Steuerungsstruktur

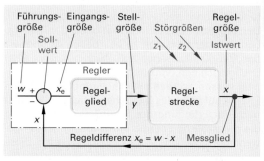

2 Regelkreis

Regeldifferenz $x_e = w - x$

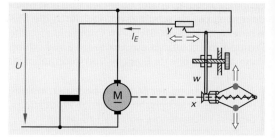

3 Drehzahlregelung eines Elektromotors

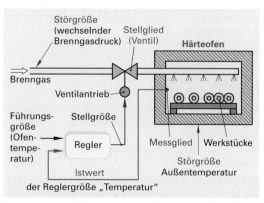

4 Härteofen mit Temperaturregelung

Als Mitarbeiter der Firma VEL-Mechanik GmbH erhalten Sie den Auftrag, einen Handarbeitsplatz im Bereich der spanenden Fertigung mithilfe einer pneumatischen Steuerung zu automatisieren.

An diesem Arbeitsplatz werden quadratisch zugeschnittene Bleche mit einer zentralen Durchgangsbohrung versehen. Wegen der geringen benötigten Stückzahl wurde die Säulenbohrmaschine bislang manuell bedient. Aufgrund eines stark erhöhten Bedarfs sollen die Bereitstellung, das Spannen, Bohren und das Abtransportieren der Werkstücke automatisiert werden.

Im Verlauf des vorliegenden Kapitels wird gezeigt, wie Anlagen der Steuerungs- und Reglungstechnik aufgebaut sind, wie man den Ablauf eines Steuerungsvorgangs plant, welche Bauteile benötigt werden und wie der Vorgang mit Hilfe von Schaltplänen dargestellt werden kann.

In dem nebenstehenden Technologieschema sind alle Bauteile zu erkennen, mit deren Hilfe das Werkstück eingelegt und gespannt wird, der Bohrer und die Vorrichtung zum Abtransport. Das Schema in Bild 2 zeigt den möglichen Ablauf des Fertigungs-Prozesses. Ihre **Hauptaufgabe** wird es sein, am Beispiel der auf den folgenden Seiten beschriebenen Biegevorrichtung für die Bohrvorrichtung einen Schaltplan wie auf Seite 390 zu entwickeln.

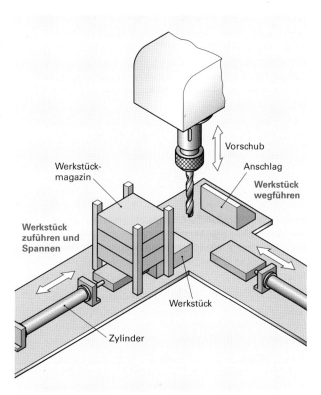

1   Planungsskizze einer automatisierten Bohrvorrichtung

Aufgaben:

1 Erläutern Sie die grundsätzliche Bedeutung des E-V-A-Prinzips: Eingabe – Verarbeitung – Ausgabe.

2 Diskutieren Sie im Unterricht die Vorteile der Automatisierung der Fertigung, obwohl dadurch „Arbeitsplätze vernichtet werden".

3 Worin besteht der grundsätzliche Unterschied zwischen der Steuerungs- und der Regelungstechnik?

4 Wovon hängt es ab, ob ein technischer Vorgang gesteuert oder geregelt wird?

5 In der oben vorgestellten Hauptaufgabe soll ein Fertigungsauftrag automatisiert werden, der vorher nur von Hand durchgeführt wurde. Listen Sie die dabei bisher erforderlichen einzelnen Arbeitsschritte auf, stellen Sie fest, wie viel Zeit für jeden davon benötigt wird, und berechnen Sie die Gesamtzeit.

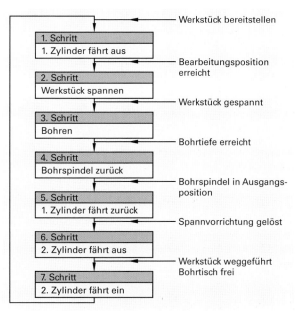

2   Planung einer automatisierten Bohrvorrichtung

7.4   Steuerungsarten

Steuerungen lassen sich nach verschiedenen Gesichtspunkten unterscheiden. Es hängt davon ab, ob die Art der Signale, die Verarbeitung der Signale oder der Energieträger beim Entwurf maßgeblich sind (Bild 1). Diese drei Arten können dann noch weiter eingeteilt werden.

Betrachtet man die **Signalart**, so lassen sich analoge von binären und digitalen Steuerungen unterscheiden (Bild 2).

Analoge Steuerungen verarbeiten analoge Signale. Diese wirken stetig und ändern sich innerhalb der vorgegebenen Grenzen proportional zur Messgröße (Bild 3). Analoge Signale sind anschaulich und lassen sich mit einfachen technischen Mitteln erzeugen.

Beispiel: Flüssigkeitsthermometer stellen den Wert der Messgröße Temperatur mit einer entsprechenden Höhe der Flüssigkeitssäule dar, Analoguhren geben die Zeit über die Winkelstellung der Zeiger an.

Weitere Beispiele für analoge Steuerungen sind Helligkeitseinstellungen von Beleuchtungen mittels Dimmer oder Drehzahlvorgaben von Elektromotoren mittels Stelltransformatoren.

Binäre Steuerungen verarbeiten Zweipunktsignale. Die Signale können zwei unterschiedliche (diskrete) Werte bzw. Zustände annehmen, z.B. „1" oder „0" bzw. „Ein" oder „Aus".

Beispiel: der Vorschubtisch einer Schleifmaschine soll ständig aus seinen Endlagen heraus eine Vor- und Zurückbewegung ausführen (Bild 5).

Digitale Steuerungen arbeiten mit verschlüsselten (codiert) Signalen. Mehrere binäre Signale werden in der Weise zusammengefasst, dass ein Zahlenwert dargestellt wird. Die Zuordnung binärer Signale zu Zahlenwerten erfolgt nach dem binären Zahlensystem.

Beispiel: Die digitale Steuerung einer Verpackungsanlage von ungeordneten Teilen (z.B. Muttern) arbeitet mit binären Signalen. Die Muttern passieren einzeln auf einem Förderband eine Lichtschranke. Jede Unterbrechung des Lichtstrahls erzeugt ein binäres Signal. Nach Erreichen der vorgegebenen Stückzahl beendet die Steuerung den Abfüllvorgang der Packungseinheit, der nächste Zählvorgang beginnt.

> In technisch ausgeführten Steuerungen werden vorwiegend binäre und digitale Signale verarbeitet.

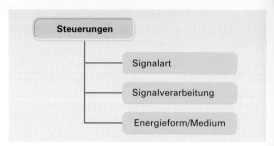

1   Einteilung von Steuerungen nach der Steuerungsart

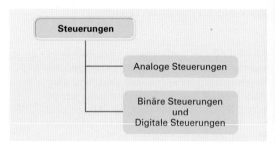

2   Einteilung von Steuerungen nach ihrer Signalart

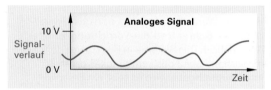

3   Zeitverlauf eines analogen Signals

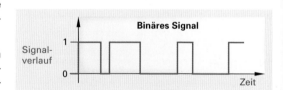

4   Zeitverlauf eines binären Signals

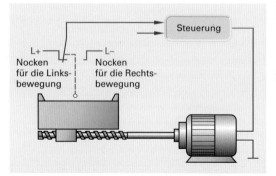

5   Binäre Steuerung

Nach der Art der **Signalverarbeitung** lassen sich Verknüpfungssteuerungen von Ablaufsteuerungen (Bild 1) unterscheiden.

Verknüpfungssteuerungen erzeugen Stellbefehle aus der Verknüpfung mehrerer, zeitgleich anliegender Signale.

Beispiel: Das Sicherheitsventil eines Behälters soll öffnen, wenn mindestens zwei von drei Drucksensoren zeitgleich ansprechen.

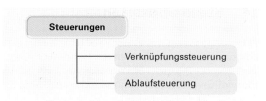

1 Einteilung von Steuerungen nach der Signalverarbeitung

Ablaufsteuerungen automatisieren Arbeits- und Produktionsvorgänge, die in einer fest vorgegebenen Schrittfolge ausgeführt werden. Das Weiterschalten in der Prozesskette zum Folgeschritt erfolgt entweder zeitabhängig (z.B. durch ein Zeitrelais oder einen Taktgeber) oder prozessabhängig (z.B. durch Betätigung von Grenztastern).

> Ablaufsteuerungen automatisieren Prozesse, die schrittweise ablaufen. Ablaufsteuerungen arbeiten seriell als Zeitplansteuerung oder Wegplansteuerung.

Eine weitere Einteilungsmöglichkeit für Steuerungen ergibt sich aus der Art der eingesetzten **Energieform** oder des **Mediums** (Bild 2).

Häufig kommt es vor, dass Steuerungsaufgaben in der betrieblichen Praxis durch den parallelen Einsatz mehrerer Energieformen ausgeführt werden: Erfolgen zum Beispiel die Signaleingabe und die Signalverarbeitung elektrisch und wird die Befehlsumsetzung mit Druckluft erreicht, handelt es sich um eine **elektropneumatische Steuerung**.

Anlagen, in denen große Kräfte erzeugt werden, besitzen häufig **hydraulische Steuerungen**. Hydraulische Steuerungen lassen sich sinnvoll mit elektrischen Steuerungen zu **elektrohydraulischen Steuerungen** kombinieren.

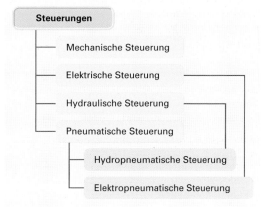

2 Einteilung von Steuerungen nach der verwendeten Energieform

Hydraulische Steuerungen besitzen gegenüber pneumatischen Steuerungen u.a. den Nachteil der Umweltgefährdung durch Hydrauliköl-Leckagen!

Mechanische Steuerungen werden seit der Frühphase der Industrialisierung verwendet. Sie stellen heute bei der Automation von Produktionsprozessen keine Alternative mehr zu modernen Steuerungen dar. Der Aufwand für mechanische Steuerungen dort ist wirtschaftlich nicht mehr vertretbar.

Mechanische Steuerungen können sinnvoll eingesetzt werden, wenn

- exakte Verstellwege
- mit hoher Stellgeschwindigkeit
- verzögerungsfrei
- über einen großen Einsatzzeitraum benötigt werden.

Als Beispiel sei die Ventilsteuerung im Verbrennungsmotor durch die Nockenwelle angeführt.

Bei der Entscheidung für die Energieform muss neben dem apparativen Aufwand (z.B. Art und Anzahl der Bauteile) die Einbindungsmöglichkeit in bestehende Systeme berücksichtigt werden. Ebenso sind Sicherheitsaspekte wie Zuverlässigkeit der Steuerung und von ihr ausgehende Zündgefahren bei elektrischen Steuerungen in explosionsgefährdeten Arbeitsbereichen zu prüfen.

7.5　Entwurf einer Steuerung

In Besprechungen mit einem Meister der Fertigung und Ihrem wurden Ihnen die betrieblichen Randbedingungen, die beim Betrieb der Bohrvorrichtung (auf S. 379) zu berücksichtigen sind, mitgeteilt. Da die Bohrvorrichtung geschützt vor feuchter Luft, Stäuben und unbefugten Eingriffen in einer Halle steht, sind Störeinflüsse auf die Anlage nicht zu erwarten.

Es wird vorgeschlagen, die Anlage mithilfe einer Steuerung zu automatisieren.

Der Weg vom Automatisierungswunsch bis zur Umsetzung umfasst Planungsschritte, die anhand einer Biegevorrichtung auf den folgenden Seiten erläutert werden. Zum Verständnis des Aufbaus und der Funktionsweise einer Steuerung und deren Bauteile werden zunächst die logischen Grundfunktionen dargestellt. Durch den planmäßigen Einsatz dieser Grundfunktionen lassen sich in Folgeschritten komplexere Steuerungen zusammenstellen.

7.5.1　Logische Grundschaltungen

Mit Ausnahme der nicht binären, der analogen Steuerungen, erfolgen in Steuerungen die Eingabe, Verarbeitung und Ausgabe von Signalen mit dem Zahlensystem auf der Basis der Zahl 2, dem binären Zahlensystem. Dies gilt unabhängig davon, ob die Steuerung als Speicherprogrammierbare Steuerung (SPS), pneumatische oder hydraulische Steuerung ausgeführt wird.

Die binären Ein- und Ausgangssignale einer Steuerung nehmen ausschließlich die Zustände ‚0'oder ‚1' an:

> ‚1' steht für **‚Signal gesetzt'**　　　　　　　　　　　‚0' steht für **‚Signal nicht gesetzt'**
> Weitere mögliche Formulierungen für **‚1'**: betätigt / geschaltet / liegt an / ‚an' / richtig
> 　　　　　　　　　　　　für **‚0'**: nicht betätigt / nicht geschaltet / liegt nicht an / ‚aus' / falsch

Die Signalverknüpfung in der Steuerung erfolgt nach den Regeln der Bool'schen Algebra. Diese baut auf den logischen Grundfunktionen GLEICH, UND, ODER sowie NICHT auf.

Weitere Bool'sche Funktionen, z.B. die NOR (NICHT-ODER)-Funktion, die NAND (NICHT-UND)-Funktion lassen sich aus den Grundfunktionen ableiten.

Diese Grundfunktionen lassen sich anschaulich darstellen mit

- Logiksymbolen
- Funktionstabellen,
- Pneumatikventilen,
- Hydraulikventilen,
- elektrischen Kontakten oder
- Programmen.

Funktionstabelle

Zur tabellarischen Beschreibung von Schaltfunktionen eignen sich **Funktionstabellen**. In einer Wahrheitstabelle werden systematisch die möglichen Kombinationen der Signalzustände der Eingänge erfasst. Für jede Signalbelegung der Eingänge wird der Zustand des Ausgangs der Steuerung notiert.

Die Anzahl der Zeilen in einer Wahrheitstabelle richtet sich dabei nach der Anzahl der Eingänge (‚n'). Es ergeben sich 2-zeilige Wahrheitstabellen für den Fall, dass die Steuerung lediglich einen einzigen Eingang besitzt, 4-zeilige bzw. 8-zeilige Wahrheitstabellen ergeben sich für Steuerungen mit 2 bzw. 3 Eingängen. Die Anzahl der Zeilen ‚z' einer Wahrheitstabelle ergibt sich mit ‚$z = 2^n$'.

GLEICH-Funktion (Identität)

Beispiel: Rufsignal. Ein akustisches oder optisches Signal – zum Beispiel zur Anforderung von Hilfestellung an einem Arbeitsplatz innerhalb einer Fließfertigung – soll bei Betätigung eines Tasters gesendet werden.

Elektrische Realisierung: Zur Darstellung der GLEICH-Funktion wird der Taster als „Schließer" ausgeführt. Der Stromfluss zum Ausgang A (elektrischer Verbraucher, z.B. eine Leuchte) erfolgt bei Betätigung.

Pneumatische Realisierung: Bei Betätigung eines ebenfalls als Schließer ausgeführten Pneumatikventils wird Druckluft zum Arbeitselement, z.B. einem Signalhorn, geleitet.

Logiksymbol	Funktions-tabellle	pneumatische Realisierung	elektrische Realisierung	Programm
E—[1]—A	Eingang Ausgang E | A 0 | 0 1 | 1			UE = A
Schaltalgebra A = E				

1 GLEICH-Funktion (Identität)

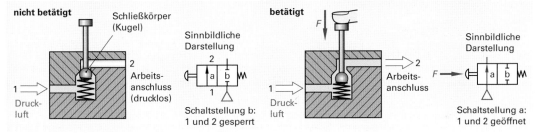

2 GLEICH-Funktion durch 2/2-Wegeventil verwirklicht

NICHT-Funktion (Negation)

Beispiel: Stummschaltung: Ein Verbraucher, z.B. ein akustischer Melder, soll bei Betätigung eines Tasters verstummen.

Elektrische Realisierung: Zur Darstellung der NICHT-Funktion wird der Taster zur Signaleingabe als „Öffner" ausgeführt:

Der Stromfluss zum Ausgang A (elektrischer Verbraucher, z.B. ein Summer) wird bei Betätigung des Tasters unterbrochen.

Pneumatische Realisierung: Das Eingangssignal E wird der Steuerung durch ein als Öffner ausgeführtes Pneumatikventil übermittelt. Das Ventil leitet im nicht geschalteten Zustand z.B. Druckluft zum Horn.

Logiksymbol	Funktions-tabellle	pneumatische Realisierung	elektrische Realisierung	Programm
E—o[1]—A	Eingang Ausgang E | A 0 | 1 1 | 0		+	UN E = A
Schaltalgebra A = $\overline{E}$				

3 NICHT-Funktion (Negation)

UND-Funktion (Konjunktion)

Beispiel: Zweihandsteuerung: Eine Fertigungsmaschine soll ausschließlich unter der Voraussetzung eine Arbeitsbewegung ausführen, dass der Bediener beidhändig die Signale E1 und E2 erteilt.

Elektrische Realisierung: Im Steuerteil werden zur Darstellung der UND-Funktion zwei Taster zur Eingabe von E1 und E2 in Reihe geschaltet. Erst bei zeitgleicher Betätigung der Schließkontakte E1 und E2 entsteht Stromfluss zum Ausgang A, einem Relais. Das Relais K schaltet z.B. im Leistungsteil der Steuerung einen Motor ein.

Pneumatische Realisierung: Die Eingangssignale werden der Steuerung durch Wegeventile übermittelt. Die Signalglieder zur Eingabe von E1 und E2 werden im einfachsten Fall in Reihe geschaltet. Bei zeitgleicher Erteilung von E1 und E2 strömt Druckluft zum Ausgang A (Bilder 1 und 2 der folgenden Seite).

Logiksymbol	Funktions-tabelle			pneumatische Realisierung	elektrische Realisierung	AWL
E1 ─┐ & ├─ A E1 ─┘	E2	E1	A		+ ─────●─────	U E1
	0	0	0		E1 ┝--\	U E2
Schaltalgebra	1	0	0		E2 ┝--\	= A
	0	1	0		A ⌇/	PE
A = E1∧E2	1	1	1		─────●─────	

1 UND-Funktion (Konjunktion)

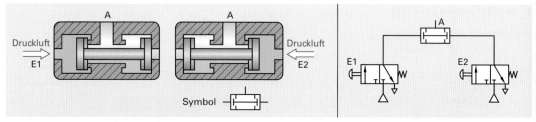

2 UND-Funktion mit Zweidruckventil

Anmerkung: Statt der Reihenschaltung der Signalglieder wird in der betrieblichen Praxis die UND-Funktion durch den Einsatz von Zweidruckventilen realisiert (Bild 2).

ODER-Funktion (Disjunktion)

Beispiel: Rufsignal: Das Rufsignal zur Anforderung von Hilfestellung (s. GLEICH-Funktion) soll sich von zwei Bedienstellen aus betätigen lassen. Das Rufsignal soll erteilt werden, wenn mindestens eins von zwei Signalgliedern bedient wird.

Elektrische Realisierung: Zur Darstellung der ODER-Funktion werden E1 und E2 parallel geschaltet. Bereits bei der Betätigung eines Schließkontaktes entsteht Stromfluss durch den elektrischen Verbraucher, den Ausgang A.

Pneumatische Realisierung: Bild 3 stellt die Verschaltung der Signalglieder E1 und E2, hier ausgeführt als 3/2-Wegeventile, dar.

Logiksymbol	Funktions-tabelle			pneumatische Realisierung	elektrische Realisierung	Programm
E1 ─┐ ≥1 ├─ A E2 ─┘	E2	E1	A		+ ─────●──────●──	U E1
	0	0	0		E1 ┝--\ E2 ┝--\	O E2
Schaltalgebra	1	0	1			= A
	0	1	1		A ⊗	PE
A = E1∨E2	1	1	1		─────────────	

3 ODER-Funktion (Disjunktion)

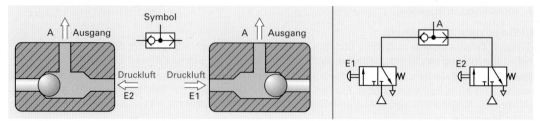

4 ODER-Funktion mit Wechselventil

Anmerkung: In der betrieblichen Praxis werden zur Darstellung der ODER-Funktion die Ausgänge der Signalglieder auf ein Wechselventil gelegt.

7.5.2 Darstellung der Steuerung

Für die Planung einer Prozess- oder Anlagensteuerung ist neben der Beschreibung des gerätetechnischen Aufbaus der Steuerung die Beschreibung der Steueraufgabe bzw. der Funktion der Steuerung zweckmäßig. Der Übersichtlichkeit und Verständlichkeit halber werden diese Darstellungen grafisch angelegt.

Als leicht nachvollziehbares Verständigungsmittel zwischen dem oftmals mit der Steuerungstechnik wenig vertrauten Anwender und dem beauftragten Entwickler der Steuerung eignen sich **Funktionspläne**. Sie werden unabhängig von der verwendeten Gerätetechnik erstellt und können die Schaltfunktionen von Verknüpfungs- und Ablaufsteuerungen darstellen.

Verknüpfungssteuerungen

werden grafisch mit den Symbolen der logischen Grundfunktionen dargestellt.

Beispiel: Teilautomatisierte Biegevorrichtung

Ein Zylinder soll ein von Hand vorgelegtes Blech gegen einen Anschlag schieben, um dieses für die anschließende Bearbeitung (Biegen) zu positionieren (Bild 1).

Das Biegewerkzeug wird über einen handbetätigten Hebel abgesenkt.

Der Positionierzylinder fährt aus, wenn der Bediener der Anlage durch Betätigung mindestens eines der Signalglieder E1 und E2 den Startbefehl erteilt. Voraussetzung für den Start des Arbeitsprozesses ist, dass der Kolben des Positionierzylinders eingefahren ist (Signal E3).

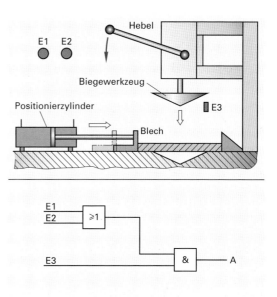

1 Teilautomatisierte Biegevorrichtung

Ablaufsteuerungen

Funktionspläne für Ablaufsteuerungen stellen den Prozessablauf in definierten (in abgegrenzten, genau beschriebenen) Einzelschritten dar, die nacheinander gesetzt und ausgeführt werden. Zu beachten ist, dass der Befehl eines gesetzten Schrittes bestehen (gespeichert) bleibt, bis dieser durch einen Gegenbefehl aufgehoben wird.

Häufig werden noch Funktionspläne für Ablaufsteuerungen genutzt,weil sie anschaulich sind. Die Norm DIN EN 60848 ersetzt seit 2005 den „alten" Funktionsplan mit dem Nachfolger „GRAFCET".

GRAFCET ist ein Kunstwort und wurde aus dem Französischen **GRA**phe **F**onctionnel de **C**ommande **E**tape **T**ransition" abgeleitet und bedeutet in der deutschen Übersetzung: „Darstellung der Steuerungsfunktion mit Schritten und Weiterschaltbedingungen".

Weil zahlreiche Anlagensteuerungen bis zum Jahr 2005 mit Funktionsplänen dokumentiert wurden, soll nachfolgend die Struktur des Funktionsplans dargestellt und am Beispiel einer Biegevorrichtung vertieft werden (Bild 1).

Anschließend werden Unterschiede des Funktionsplans mit GRAFCET dargestellt.

Die wesentlichen Elemente im Funktionsplan für Ablaufsteuerungen sind das Schritt- und das Befehlssymbol (Bild 2).

Schrittsymbol:

Jeder Schritt erhält neben der Schrittnummer einen erklärenden Text in Kurzform.

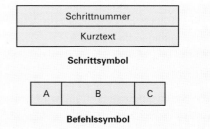

2 Schrittsymbol und Befehlssymbol im Funktionsplan

Befehlssymbol:

Feld A beschreibt die Art des Befehls,

Feld B die Wirkung des Befehls,

Feld C gibt die Abbruchbedingung für den gesetzten Schritt an (Bild 2 von Seite 385).

Folgende Befehlsarten sind u.a. für das Feld A des Befehlssymbols definiert:

S   = speichernd

NS = nicht speichernd

D   = verzögert

T   = zeitlich begrenzt

Wirkungslinien verbinden die Schrittsymbole und verdeutlichen die Reihenfolge der Programmschritte bzw. den Signalfluss (Bild 1).

In der Ablaufkette wird der Folgeschritt gesetzt, wenn die **Weiterschaltbedingung** erfüllt ist.

Beispiel: Vollautomatisierte Biegevorrichtung

Ein vorgelegtes Werkstück (Blech) soll nach Erteilung des Startbefehls (E1) mit einem Kolben gegen einen Anschlag in der Arbeitsstellung positioniert werden. Der Kolben des Biegewerkzeugs verformt danach das Blech. Der Kolben des Positionierzylinders fährt in seine Grundstellung zurück. Danach fährt das Biegewerkzeug in die Ausgangsstellung zurück. Das bearbeitete Werkstück wird manuell entnommen.

Setzbedingungen für Schritt 1:

■ Der Kolben des Biegewerkzeugzylinders ist eingefahren (Signal auf E3)

■ Starttaster E1 betätigt

Sind diese Bedingungen erfüllt, wird Schritt 1 gesetzt und ausgeführt: Der Kolben des Positionierzylinders fährt aus.

Setzbedingungen für Schritt 2:

■ Vorbereitungssignal von Schritt 1 liegt an

■ Positionierzylinder ausgefahren (Signal auf E4)

Sind diese Bedingungen erfüllt, wird Schritt 2 gesetzt: Der Kolben des Biegezylinders senkt sich und formt das Werkstück.

Setzbedingungen für Schritt 3:

■ Vorbereitungssignal von Schritt 2 liegt an

■ Kolben des Biegezylinders in unterer Endlage (Signal auf E5)

Sind diese Bedingungen erfüllt, wird Schritt 3 gesetzt: Der Kolben des Positionierzylinders fährt ein.

Setzbedingungen für Schritt 4:

■ Vorbereitungssignal von Schritt 3 liegt an

■ Kolben des Positionierzylinders ist eingefahren (Signal auf E6)

Sind diese Bedingungen erfüllt, wird Schritt 4 gesetzt: Der Kolben des Biegezylinders fährt ein. Die Grundstellung ist erreicht. Ein neuer Programmdurchlauf kann gestartet werden.

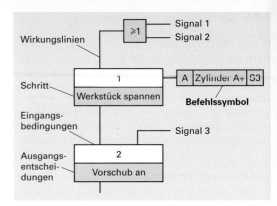

1 Symbole des Funktionsplans (Ablaufsteuerungen)

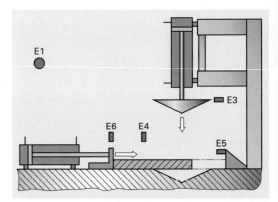

2 Vollautomatisierte Biegevorrichtung

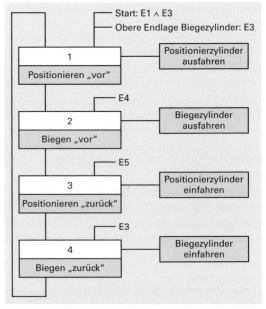

3 Funktionsplan der Biegevorrichtung (vereinfacht)

GRAFCET

Mit der Weiterentwicklung der Automatisierungstechnik erkannte man die Grenzen der Möglichkeiten des Funktionsplans zur Beschreibung von Ablaufsteuerungen:

- GRAFCET eignet sich zur Darstellung von Steuerungen mit Hierarchie-Ebenen. Moderne, flexibel produzierende Anlagen und Maschinen verfügen über mehrere unterschiedliche Betriebsarten, die bezüglich ihrer Hierarchie aufeinander abgestimmt werden müssen. Die oberste Priorität besitzt die NOT-AUS-FUNKTION. Mit Erteilung des NOT-AUS-Befehls verlässt die Steuerung die gültige Ablaufkette und wechselt umgehend in das Ablaufprogramm, das die Anlage bzw. Maschine in einen sicheren Betriebszustand überführt.

- Gegenüber dem Funktionsplan lässt sich eine in GRAFCET beschriebene Steueraufgabe eindeutiger in moderne SPS-Programmiersprachen übersetzen.

- Die Darstellung der Befehle und Schritte in GRAFCET wurde gegenüber dem Funktionsplan optimiert. Sie ist übersichtlicher und eindeutiger.

Eine weitgehende Übereinstimmung von GRAFCET mit dem Funktionsplan ist erkennbar, wenn wir den grundsätzlichen Aufbau betrachten. So hat sich die Darstellung einer Ablaufsteuerung in GRAFCET durch eine Schrittkette mit ihren möglichen Verzweigungen, Zusammenführungen, Sprüngen und Schleifen gegenüber dem Vorgänger, dem Funktionsplan, nicht grundlegend geändert.

Abläufe in GRAFCET werden wie im Funktionsplan für Ablaufsteuerungen in **Schritte** unterteilt. Die Schrittkette beginnt mit dem **Anfangsschritt**. Die Steuerung befindet sich dabei in ihrer Grundstellung. Dies ist der Zustand, den die Steuerung unmittelbar nach dem Einschalten annimmt. Schritte werden durch Quadrate wiedergegeben. In der oberen Hälfte des Quadrats kennzeichnet ein alphanumerisches Zeichen, meistens eine Ziffer, den Schritt. Der Startschritt erhält gewöhnlich die Bezeichnung „1" und wird optisch durch ein mit doppelter Umrisslinie gezeichnetes Quadrat hervorgehoben. Kommentare zu den Schritten dürfen frei formuliert werden, müssen aber in Anführungszeichen rechts neben dem Schrittsymbol angeordnet sein.

Aktionen beschreiben, was mit einer Ausgangsvariablen beim Setzen des zugehörigen Schrittes geschehen soll. Sie beschreiben somit die Wirkung des gesetzten Schrittes. Aktionen werden in GRAFCET in Rechtecken beschrieben, die rechtsstehend auf Höhe des zugehörigen Schrittes angeordnet sind. Die Höhe des Rechtecks sollte der des Schrittsymbols entsprechen, die Breite des Rechtecks ist abhängig vom Platzbedarf der formulierten Aktion. Es dürfen mehrere Aktionen pro Schritt beschrieben werden.

Der Ablaufpfad in der Schrittkette zum Folgeschritt wird durch **Wirkverbindungen** dargestellt. Diese Linien verlaufen senkrecht und legen den Ablauf der Schritte in der Richtung von oben nach unten fest. Programmverzweigungen in die Waagerechte sind erlaubt. Pfeile in den Wirkverbindungen werden gesetzt, wenn die Konvention (Abmachung) über die Leserichtung des GRAFCET-Plans nicht eingehalten werden kann (siehe Bild 1).

Der Programmablauf wird zum Folgeschritt weitergeschaltet, wenn die Übergangsbedingung, die **Transition**, erfüllt ist.

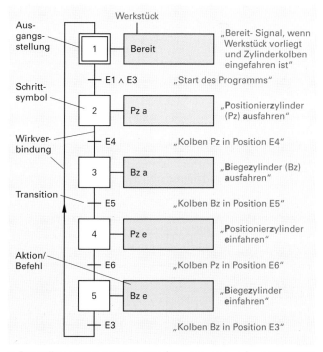

1 Darstellung eines Arbeitszyklus (Biegevorrichtung) mit GRAFCET

Die **Transition** wird in GRAFCET durch einen kurzen waagerechten Strich auf der senkrechten Wirkverbindung dargestellt. Die Weiterschaltbedingung steht rechts vom waagerechten Strich und wird mit der „Bool"schen Algebra formuliert. Ein „Punkt" bzw. „Stern" legt eine UND-Verknüpfung der Variablen fest, das Plus-Zeichen steht für die ODER-Verknüpfung und der „Strich" beschreibt die NICHT-Funktion. Neben den logischen Operationen können vom Anwender zum Beispiel **Transitionsbedingungen** formuliert werden, die zeitliche Verzögerungen im Steuerprogramm festlegen.

Transitionen dürfen mit einem erklärenden Kurztext ergänzt werden. Dieser muss in Anführungszeichen stehen, um Missdeutungen und Verwechselungen zu vermeiden.

Zustandsdiagramme

Zustandsdiagramme beschreiben grafisch die Lage (hier: „Zustand" genannt) und die Bewegung („Zustandsänderung") ausgewählter Bauelemente einer Steuerung. Zustandsdiagramme eignen sich zur Darstellung des Bewegungsablaufs der Arbeitselemente mechanischer, pneumatischer, hydraulischer und elektrischer/elektronischer Steuerungen.

Das Zustandsdiagramm ist eine 2-dimensionale Darstellung: Auf der vertikalen (senkrechten) Achse wird der Zustand des betrachteten Arbeitselementes in Abhängigkeit von dem auf der horizontalen (waagerechten) Achse gezählten Arbeitsschritt bzw. von der gemessenen Zeit dargestellt. Die Bewegung des Arbeitselementes wird über eine breite Volllinie beschrieben.

Signallinien (schmale Volllinien) zeigen, wo Signale erfasst werden und auf welche Bauteile der Steuerung die Signale wirken.

Zustandsdiagramme, die den Zustand (die Lage) des Arbeitselementes in Abhängigkeit vom Arbeitsschritt darstellen, werden als **Weg-Schritt-Diagramme** bezeichnet.

Weg-Zeit-Diagramme stellen den Zustand (die Lage) des Arbeitselementes in Abhängigkeit von der Zeit dar.

Beispiel: Biegevorrichtung mit automatischer Werkstückpositionierung.

Das Weg-Schritt-Diagramm im Bild 1 zeigt den Bewegungsablauf der Arbeitselemente „Positionierzylinder" (Zylinder A) und „Biegewerkzeug" (Zylinder B).

Der Zustand „1" besagt, dass der Zylinderkolben ausgefahren ist.

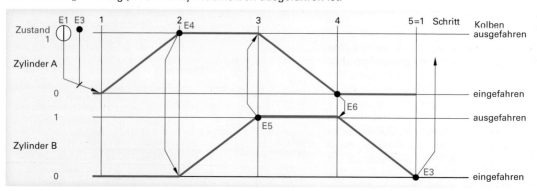

1　Weg-Schritt-Diagramm der vollautomatischen Biegevorrichtung

Die VDI-Norm 3260 gibt für Zustandsdiagramme die zur Betätigung der Steuerung verwendeten Symbole für Signale, Signalverknüpfungen und Bewegungen der Arbeitselemente an (Bild 2).

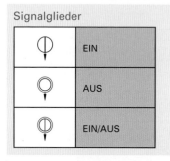

Signalglieder		Signalverknüpfungen		Arbeitsbewegungen	
⌀	EIN	⋎	ODER-Bedingung	→	geradlinige Bewegung
⌀	AUS	⋎	UND-Bedingung	○	Drehbewegung EIN
⌀	EIN/AUS				

2　Symbole in Funktionsdiagrammen

7.6 Technische Ausführung einer Steuerung

Ist die zur Automation einer Anlage erforderliche Steueraufgabe beschrieben, kann die Planung des apparativen Aufbaus der Steuerung erfolgen. Jetzt muss sich der Anwender auf die Gerätetechnik (Pneumatik, Hydraulik, elektrische Steuerung, SPS, ...) festlegen. Geeignete Darstellungsmittel für den hardwaremäßigen Aufbau von Steuerungen sind Schaltpläne oder am Computer erstellte Programme.

7.6.1 Aufbau pneumatischer Steuerungen

Der grundsätzliche gerätetechnische Aufbau einer pneumatischen Steuerung folgt der Systematik der **Steuerkette** nach VDI 3260 (Bild 1). Die Steuerung einer Anlage besteht in den meisten Fällen aus mehreren, parallel zueinander angeordneten Steuerketten. Jede einzelne Steuerkette umfasst das Arbeitselement und die für die Steuerung des Arbeitselementes notwendigen Bauteile.

Bei pneumatischen Steuerungen dient die Druckluft sowohl der **Energieversorgung** als auch als Informationsträger. Die Energieversorgung mit Druckluft ist daher die notwendige betriebliche Voraussetzung. Durch die Betätigung von **Signalgliedern/Eingabeelementen** wird der Arbeitsvorgang (im Beispiel Biegevorrichtung: „Positionieren und Biegen eines Werkstücks") gestartet.

Steuerelemente verarbeiten die Signale der Eingabeelemente bzw. der Signalglieder. Aus Sicherheitsgründen soll der Start des Arbeitsvorgangs erst dann wirksam werden, wenn Signalglieder die Startvoraussetzung für den Arbeitsprozess (z.B.: Kolben im eingefahrenen Zustand) melden. Die Steuerelemente bilden das „Rechenwerk" der Steuerung.

Die Ausgänge der Steuerelemente wirken auf das **Stellglied**. Zur Betätigung des Stellgliedes reicht die kurzzeitige impulsartige Belüftung über einen der Steuereingänge. Das Stellglied wechselt in die neue Schaltstellung und behält diese auch nach Wegnahme des Belüftungsimpulses bei. Mithilfe von Stellgliedern lassen sich in Ablaufsteuerungen Schaltzustände speichern.

Der Ausgang des Stellgliedes wird zum **Arbeitselement** geführt und schaltet dieses. Das Arbeitselement (im Beispiel: Positionierzylinder) leistet mechanische Arbeit und setzt die Befehle in dem zu steuernden Prozess um.

Die Steuerkette stellt den prinzipiellen Aufbau einer pneumatischen Steuerung dar. Soll der technische Aufbau einer mit Druckluft betriebenen Steuerung exakt dokumentiert werden, nutzt man den **pneumatischen Schaltplan**.

Dieser Schaltplan stellt sämtliche Bauteile der Steuerung symbolisch dar. Durch Linien, die Rohrleitungen für Druckluft darstellen, werden die Verknüpfungen der Bauteile beschrieben.

Der Anwender entnimmt dem pneumatischen Schaltplan neben dem technischen Aufbau auch die Funktionen der Bauteile und der Steuerung.

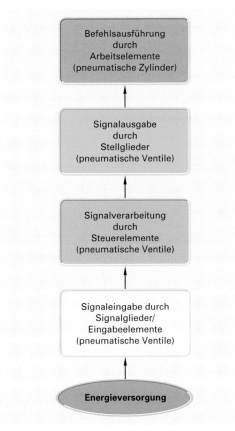

1 Steuerkette einer pneumatischen Steuerung

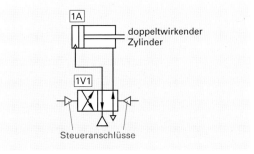

2 Impulsventil als Stellglied

Hinweise zur Schaltplanerstellung:

- Die Bauteile der Steuerung sind nach Möglichkeit in Reihenfolge des Bewegungsablaufes nebeneinander von unten nach oben in Richtung des Energieflusses zu zeichnen.
- Leitungen zwischen den Bauteilen sollen geradlinig in vertikaler oder horizontaler Richtung gezeichnet werden.
- Die Leitungen kreuzungsfrei zu ziehen verbessert die Übersichtlichkeit.
- Der pneumatische Schaltplan wird in der Ausgangsstellung dargestellt. Darunter wird die Schaltstellung verstanden, aus der heraus das vorgesehene Schaltprogramm startet.

<table>
<tr><th></th><th>Kennbuchstabe</th><th>Art des Betriebsmittels</th></tr>
<tr><td></td><td>P</td><td>Messgeräte, Klingeln</td></tr>
<tr><td></td><td>F</td><td>Sicherungen, Schutzschalter</td></tr>
<tr><td>1 – 1 S 2</td><td>M</td><td>Motoren, Stellantriebe</td></tr>
<tr><td></td><td>S</td><td>Schalter, Taster, Ventile</td></tr>
<tr><td></td><td>G</td><td>Generator, Batterie, Pumpe</td></tr>
<tr><td></td><td>R</td><td>Rückschlagventil, Diode</td></tr>
</table>

Anlagen-Nummer   Schaltkreis-Nummer   Bauelement-Kennzeichnung   Bauelement-Elementenummer

1   Kennzeichnung von Bauelementen

Beispiel: Biegevorrichtung

Bild 2 stellt den pneumatischen Schaltplan der vollautomatisierten Biegevorrichtung für die Arbeitselemente „Positionierzylinder A" (Bezeichnung im Plan: 1A1) und „Biegewerkzeugzylinder B" (Bezeichnung im Plan: 2A1) dar (Seite 386). Der Schaltplan zeigt zwei Steuerketten.

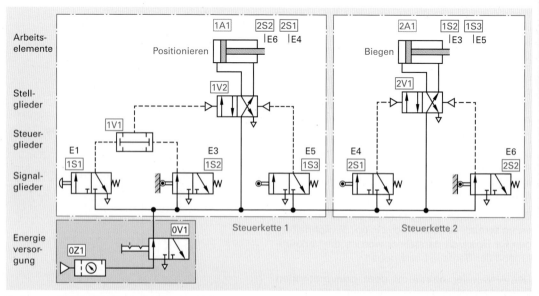

2   Pneumatischer Schaltplan der Biegevorrichtung

Taktstufensteuerungen

Sie stellen eine Alternative und Ergänzung zur pneumatischen Wegplansteuerung dar. Mit Taktstufensteuerungen (Bild 1) lassen sich die in Funktionsplänen dargestellten Schritte von Ablaufsteuerungen direkt umsetzen. Der folgerichtige Ablauf der Schritte (Takte) wird durch ein Vorbereitungssignal des vorausgehenden Taktes und durch ein Löschsignal des nachfolgenden Taktes gewährleistet.

Dass die Steuerung als Ablaufkette vorliegt und die Steuerung die Befehle schrittweise ausführt, erleichtert die Fehlersuche.

Taktstufensteuerungen besitzen den Nachteil einer hohen Anzahl an Bauteilen. Der Markt bietet aber auch standardisierte Taktstufenbausteine an, die in sich die Bauteile für mehrere Taktstufen kompakt integrieren.

1 **Taktstufenbaustein**

> In Taktstufensteuerungen wird der gewünschte Ablauf der Takte durch ein Vorbereitungssignal des vorhergehenden Taktes und durch ein Löschsignal des Folgetaktes abgesichert.

Beispiel: Vollautomatisierte Biegevorrichtung

Im betrieblichen Einsatz erwies sich der Bewegungsablauf der Arbeitselemente als ungünstig. Vereinzelt ergaben sich Ausfallzeiten der Biegevorrichtung durch Verrutschen des Blechs, wenn der Positionierzylinder nicht genau sichert. Es wurde der Verbesserungsvorschlag formuliert, die Arbeitselemente die Bewegungsfolge A+B+B-A- (1A1+2A1+2A1-1A1-) ausführen zu lassen (Kurzzeichen im Bild 2).

Diese Maßnahme soll sicherstellen, dass der Positionierzylinder das Blech während der Biegebearbeitung gegen Verrutschen des Blechs sichert.

| X + | Zylinderkolben X fährt aus |
| X – | Zylinderkolben X fährt ein |

2 **Kurzbeschreibung von Zustandsänderungen für Arbeitselemente**

> Taktstufensteuerungen eignen sich für Steueraufgaben mit **Signalüberschneidung**.

Die Signalüberschneidung im Beispiel zeigt Bild 3: Nach Ablauf des Schrittes 2 wird das Signalglied E4 von Zylinder 1A1 betätigt und bleibt in diesem Zustand bis zum Ende des 4. Schrittes.

Zylinder 2A1 gibt am Ende des 3. Schrittes ein Signal über das Signalglied E5.

Die Folge ist, dass die Signalglieder E4 und E5 zu Beginn des 3. Schrittes gleichzeitig anstehen: Ihre Signale stehen sich am Stellglied gegenüber, das steuerungstechnisch folgerichtige Schalten des Stellgliedes ist nicht gewährleistet!

Die Aufgabe für den Entwickler der Steuerung besteht darin, technische Maßnahmen zur kurzfristigen Abschaltung der anliegenden Signale von E4 und E6 zu treffen.

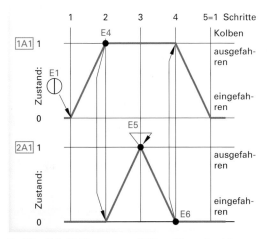

3 **Weg-Schritt-Diagramm mit Signalüberschneidung**

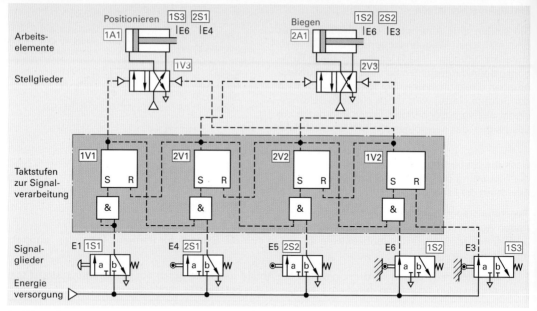

1 Taktstufensteuerung verhindert Signalüberschneidung

Tastrollen, z.B. mit **Leerrücklauf** (Bild 2), erlauben die Beibehaltung der gewohnten Schaltplan-Struktur. Der Einsatz dieser Bauteile ist jedoch sicherheitstechnisch bedenklich, da Störungen durch Klemmen der Schaltklinken, speziell in staubiger Umgebung, auftreten können.

Nachteile von Wegeventilen mit Leerrücklaufrolle bzw. Rollenhebel:

- Klemmgefahr der Klinke bei Verschmutzung
- Einbau des Ventils in der Endlage des Kolbens nicht möglich
- Großer Betätigungsweg erforderlich
- Bei hoher Kolbengeschwindigkeit ist der Druckluftstrom sehr kurzzeitig geschaltet

Die Signalabschaltung mit zeitverzögernd schaltenden Ventilen – **Verzögerungsventilen** – (Bild 1 S. 393) erlaubt einen sicheren Ablauf des Arbeitsablaufs selbst bei schnellen Bewegungen der Bauteile.

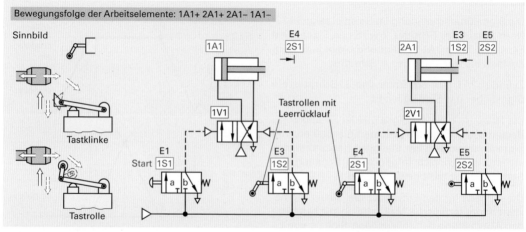

2 Biegevorrichtung (Signalüberschneidung, Signalabschaltung durch Leerrücklaufrollen)

Ein erneuter Arbeitsablauf der Zylinder1A1 und 2A1 lässt sich dann ausschließlich starten, wenn die Steuerleitung 14 des Impulsventils 1V1 entlüftet ist. Diese Schaltvoraussetzung zum Neustart wird technisch durch den Einsatz des Verzögerungsventils 1V2 geschaffen: Mit Erreichen des Systemdrucks im Druckluftspeicher wechselt 1V2 verzögert in die Schaltstellung ‚a' und sperrt den Druckluftstrom nach 1V1.

Das Zeitverzögerungsventil 2S1 ermöglicht die impulsartige Belüftung zum Schalter des Stellgliedes 2V2. Das schnelle Schalten des Verzögerungsventils 2V1 wird durch das weit geöffnete Drosselventil erzielt.

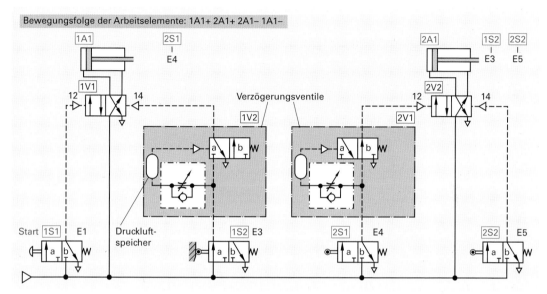

1 Biegevorrichtung (Signalabschaltung durch Verzögerungsventile)

Auch **Umschaltventile** ermöglichen eine sichere Abfolge der Schaltschritte (Bild 2).

Dieses Steuerungskonzept bezeichnet man als **Kaskadensteuerung**. Die Signalabschaltung wird dabei durch die wechselnde Umschaltung des Druckluftstromes zwischen den Strängen I und II erreicht. Die Aufgabe des Umschaltventils erfüllt das Impulsventil 0V1, das dauerhaft mit Druckluft aus dem Netz versorgt wird.

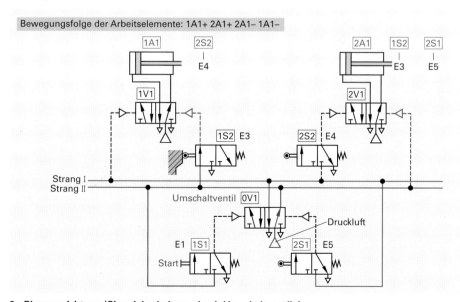

2 Biegevorrichtung (Signalabschaltung durch Umschaltventile)

7.6.2 Bauteile pneumatischer Steuerungen

Zur Übermittlung von Signalen und zur Erzeugung von mechanischer Arbeit verbrauchen pneumatische Steuerungen Druckluft. Diese wird im Produktionsbetrieb von einer Druckluftanlage erzeugt und verteilt. Eine Druckluftanlage besteht aus den Einheiten Drucklufterzeugung, Druckluftaufbereitung und Druckluftverteilung (Bild 1).

Die Bildzeichen zur sinnbildlichen Darstellung der Anlagenbauteile und deren Benennung gibt die DIN EN ISO 1219 vor.

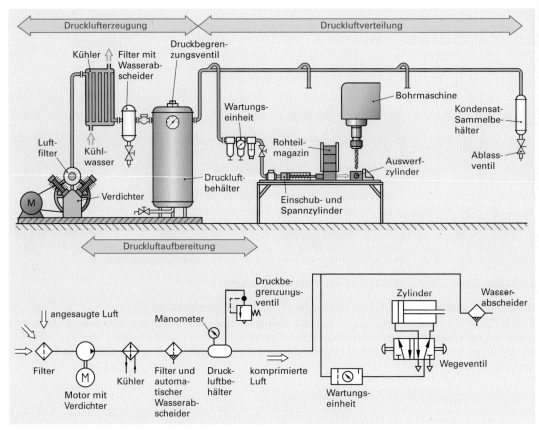

1 Druckluftanlage und Fertigungsbeispiel – Aufbau und symbolische Darstellung

Drucklufterzeugung

Zur Erzeugung der Druckluft werden Verdichter benötigt. Diese werden als Kolben-, Membran- oder Schraubenverdichter ausgeführt (Bild 2).

Der **Kolbenverdichter** saugt im ersten Arbeitstakt – Herabfahren des Kolbens – über das Saugventil gefilterte Luft an, um sie im zweiten Arbeitstakt – bei geschlossenem Saug- und geöffnetem Druckventil – zu verdichten.

Die Funktionsweise des **Membranverdichters** entspricht der des Kolbenverdichters. Da die bewegten Massen geringer als beim Kolbenverdichter sind, läuft der Membranverdichter schneller und gleichmäßiger. Die im Membranverdichter verdichtete Luft ist ölfrei.

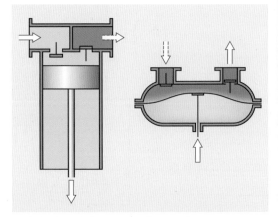

2 Kolben- und Membranverdichter – Schema

Im **Schraubenverdichter** (Bild 1) drehen sich ineinander greifende gegenläufige Schraubenwellen. Die Luftkammern um die Schraubenwellen verkleinern sich stetig bis zur Austrittsöffnung des Verdichters, so dass das Volumen der Luft sinkt und der Druck der Luft steigt.

Druckluftaufbereitung und Druckluftverteilung

Verdichter saugen staubhaltige Umgebungsluft mit Umgebungstemperatur und einer gewissen, vom Wetter abhängigen Feuchte an. Sie wird gefiltert. Durch das Verdichten (Komprimieren) der Luft entsteht Wärme, die die Temperatur der Luft stark ansteigen lässt. Zur Vermeidung von Wasser-Kondensation an den Verbraucherstellen wird die verdichtete Luft im **Nachkühler** gekühlt, häufig bis auf eine Temperatur von 4 °C herab. Dadurch entsteht Kondenswasser (Kondensat), das sich im Wasserabscheider sammelt. Da im Kondensat organische Verunreinigungen, zum Beispiel Ölspuren, zu erwarten sind, muss das Kondensat fachgerecht entsorgt werden.

Zur Speicherung der Druckluft und zur Vergleichmäßigung des Netzdrucks (Ausgleich von Druckschwankungen beim Einsatz eines Kolbenverdichters) dient der **Druckluftbehälter**. Von dort aus erfolgt die Verteilung der Druckluft über das **Druckluftnetz** (Bild 2) zu den Verbrauchsstellen.

Um Kondensationswasser gezielt abzuleiten, werden die Druckluftleitungen mit einem Gefälle in Richtung zur Kondensatableitung verlegt.

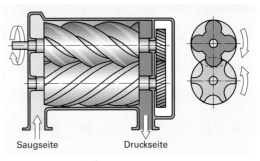

1 **Schraubenverdichter**

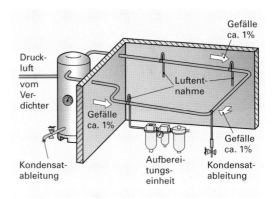

2 **Druckluftnetz**

Den pneumatischen Steuerungen vorgeschaltet sind zusätzlich **Wartungseinheiten** (Bild 3). Diese scheiden Staub bzw. Kondensat ab und erlauben eine Feineinstellung des Arbeitsdruckes der Druckluft. Sie beaufschlagen die Druckluft gegebenenfalls mit Ölnebel (Schmierfähigkeit der Druckluft).

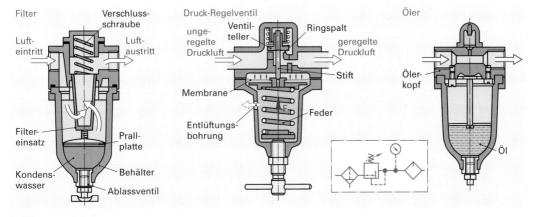

3 **Wartungseinheit**

Arbeitselemente

Arbeitselemente leisten mechanische Arbeit. Die dazu erforderliche Energie wird ihnen über die Druckluft zugeführt. Als Arbeitselemente finden häufig **Druckluftzylinder** ihren Einsatz. Über die Kolbenstange überträgt der Druckluftzylinder die ihm zugeführte Energie in geradliniger Bewegung auf den zu steuernden Prozess. Dabei wird mechanische Arbeit verrichtet.

1 Pneumatikzylinder

Der Druckluftzylinder der automatischen Werkstückzufuhr-/Spannvorrichtung der Biegevorrichtungen (Bilder 385-1 und 386 2) führt das zu bearbeitende Werkstück aus dem Magazin in die Bearbeitungsposition. Dann übt der Kolben in der ausgefahrenen Endlage Haltekräfte auf das Werkstück aus. Der Zylinder leistet nur Arbeit in eine Richtung.

Nach Verrichtung der Transport- und Haltearbeit soll die Kolbenstange in die Ausgangslage zurückkehren. Für die Rückführung sind Kräfte nötig. Wäre der Zylinder senkrecht eingebaut, ließe sich zur Rückstellung die Gewichtskraft des Kolbens nutzen. Unabhängig von der Einbaulage des Zylinders funktioniert die federbetätigte Rückstellung des Kolbens (Bild 2).

> Einfachwirkende Zylinder verrichten Arbeit in nur eine Richtung. Zur Rückführung des Zylinderkolbens in die Ausgangslage ist eine äußere Kraft notwendig.

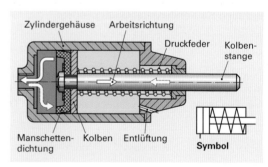

2 Einfachwirkender Zylinder

Die wirksame **Kolbenkraft F** des Arbeitselements Druckluftzylinder lässt sich aus den geometrischen Daten des Zylinders, dem Arbeitsdruck der Druckluft und dem Wirkungsgrad η des Zylinders ermitteln:

Kolbendurchmesser $d = 100$ mm

Arbeitsdruck $p_e = 6000$ hP$_a = 60\ \dfrac{\text{N}}{\text{cm}^2}$

Wirkungsgrad $\eta = 85\ \%$

$$F = p_e \cdot A \cdot \eta = p_e \cdot \frac{\pi \cdot d^2}{4} \cdot \eta$$

$$F = 60\ \frac{\text{N}}{\text{cm}^2} \cdot \frac{\pi \cdot (10\ \text{cm})^2}{4} \cdot 0{,}85 = \textbf{4006 N} \mathrel{\hat=} \textbf{4 kN}$$

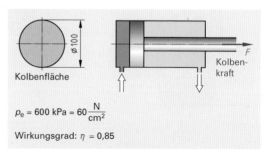

$p_e = 600$ kPa $= 60\ \dfrac{\text{N}}{\text{cm}^2}$

Wirkungsgrad: $\eta = 0{,}85$

3 Bestimmung der Kolbenkraft

Nach der Werkstückbereitstellung wie in den Beispielen ab S. 385 soll nun der Bohrvorgang mit der Auf- und Abbewegung der Bohrspindel automatisiert werden. Als Antrieb für die Bohrspindel eignet sich ein **Doppelwirkender Zylinder** (Bild 1), da Bewegungen in zwei Richtungen (Vorschub und Rückstellung) zu steuern sind. Im doppeltwirkenden Zylinder werden die Zylinderräume links und rechts des Kolbens wechselweise mit Druckluft beaufschlagt bzw. entlüftet. Der Kolben bewegt sich in die gewünschte Richtung, wenn der nicht druckluftbeaufschlagte Raum entlüftet wird.

> Beim doppeltwirkenden Zylinder lassen sich Einfahr- und Ausfahrbewegung als Arbeitsbewegung nutzen.
>
> Durch Umkehrung der Druckluftbeaufschlagung fährt der Zylinderkolben in die Ausgangslage zurück.

Die **Endlagendämpfung** beginnt, sobald der Dämpfungszapfen an der Kolbenstange in die Bohrung am Zylinderboden (oder Deckel) eintaucht und verhindert das schnelle Ausströmen der restlichen Luftmenge aus dem Raum zwischen Kolben und Boden (Bild 1). Diese Luftmenge wird durch den Kolben verdichtet und bremst ihn kurz vor dem Hubende ab. Dann wird das Luftpolster über eine Drosselbohrung und ein Drosselrückschlagventil langsam entlüftet. Zum Anfahren in Gegenrichtung hat die Druckluft freien Durchgang durch das Drosselrückschlagventil.

Zylinder ohne Dämpfung sollten ausschließlich bei geringen Kolbengeschwindigkeiten verwendet werden. Andernfalls besteht die Gefahr von Schlägen in den Zylinderendlagen.

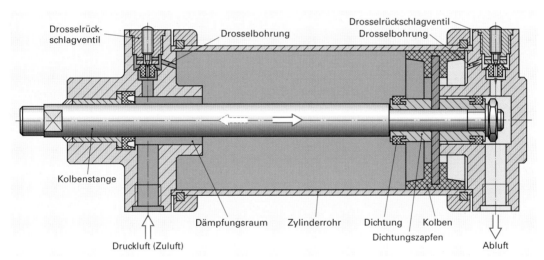

Drosselrück-
schlagventil

Drosselbohrung

Drosselrückschlagventil
Drosselbohrung

Kolbenstange

Dämpfungsraum   Zylinderrohr   Dichtung   Kolben
Dichtungszapfen

Druckluft (Zuluft)

Abluft

1 Doppeltwirkender Zylinder mit Endlagendämpfung

In der Fertigung finden außer den Druckluftzylindern **Druckluftmotoren** als Arbeitselemente Verwendung.

Druckluftmotoren erzeugen eine drehende Arbeitsbewegung und treiben z.B. Druckluftwerkzeuge (Schrauber, Handschleifgeräte) und Hebezeuge an. Sie werden als Kolbenmotoren und Zahnradmotoren gebaut, am häufigsten jedoch als Druckluft-Lamellenmotor mit radial in Schlitzen verschiebbaren Lamellen (Bild 2).

Gegenüber Elektromotoren besitzen sie u.a. den Vorteil des niedrigen Leistungsgewichts.

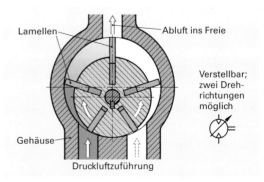

Lamellen

Abluft ins Freie

Verstellbar;
zwei Drehrichtungen
möglich

Gehäuse

Druckluftzuführung

2 Druckluft-Lamellenmotor

Signalverarbeitung

In pneumatischen Steuerungen dient Druckluft auch als Medium (Mittel) zur Signaleingabe, Signalverarbeitung und Signalausgabe. Dazu müssen Richtung, Start und Stop, Druck sowie Durchflussmenge der Druckluft beeinflusst werden. Diese Aufgabe erfüllen in den pneumatischen Steuerungen die Ventile.

Wegeventile:

Bild 1 zeigt eine einfache Schaltung zur Betätigung eines pneumatischen Arbeitselements. Bei einer Bohrvorrichtung wie im Beispiel auf Seite 379 könnte es sich hier um einen pneumatisch betätigten Ausstoßzylinder handeln, der das fertig bearbeitete Werkstück auf Tastendruck aus der Bohrvorrichtung entfernt.

Das Wegeventil wechselt bei Betätigung von Schaltstellung **a** über in die Schaltstellung **b**. Druckluft vom Druckluftanschluss **1** strömt durch das Ventil und gelangt über die Arbeitsleitung **4** in das Arbeitselement, den doppelt wirkenden Zylinder. Der Kolben fährt aus.

Zur Rückstellung des Zylinderkolbens muss das Wegeventil zurück in die Schaltstellung **a** geführt werden. Dann strömt die Druckluft aus dem Anschluss **1** über die Arbeitsleitung **2** in die rechte Kammer des Zylinders, der Kolben fährt ein.

> Wegeventile steuern Start und Stop des Druckluftstroms sowie seine Richtung.

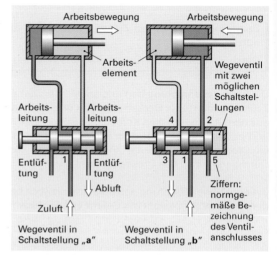

1 Wegeventil

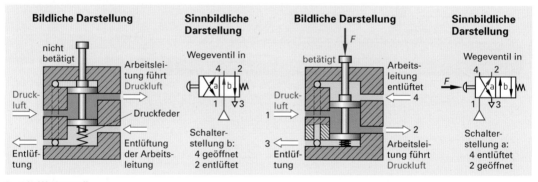

2 4/2-Wegeventil

In der **sinnbildlichen Darstellung** in den Schaltplänen geht die Anzahl der möglichen Schaltstellungen eines Wegeventils aus der Anzahl der Felder (Rechtecke) hervor. Anschlüsse der Ventile werden als Linien an die Felder gezeichnet, Linien innerhalb eines Feldes symbolisieren Leitungswege der Druckluft. Pfeile geben die Durchflussrichtung an, Querstriche innerhalb der Felder stehen für Absperrungen der Druckluft. In der **Kurzbezeichnung** werden Wegeventile nach der Anzahl der gesteuerten Anschlüsse und nach Anzahl ihrer möglichen Schaltstellungen bezeichnet.

Kennzeichnung der Anschlüsse		
Anschluss	**alte Norm**	**DIN-ISO 5599**
Druckversorgung	P	1
Arbeitsleitung	A	4
Arbeitsleitung	B	2
Entlüftung	R	3
Entlüftung	S	5
Steueranschluss	Z	14
Steueranschluss	Y	12

3 Darstellung von Wegeventilen (Beispiel)

Die Sinnbilder für die **Betätigung** von Ventilen stehen außerhalb der Felder (Bild 1).

Muskelkraftbetätigungen

⊨⊏ allgemein

⟨⊏ Druckknopf

⊏ Hebel

⊐⊏ Pedal

Mechanische Betätigungen

⟨⊏ Taster

⊙⊏ Rolle

⟨⊏ Rolle in einer Richtung wirkend

⩗⩗⊏ Feder

Elektrische Betätigungen

⊏⊐ Elektromagnet

Druckbetätigungen

–▷–⊏ Druckbeaufschlagung

–◁–⊏ Druckentlastung

Kombinierte Betätigungen

⊏⊐⊏ Elektromagnet mit Vorsteuerventil

Sinnbilder für die Betätigung von Ventilen stehen außerhalb der Felder

1 Betätigungsarten von Ventilen – Symbole nach DIN ISO 1219

Stromventile

Damit lässt sich der Volumenstrom (Durchflussmenge) der Druckluft in einer Steuerung einstellen. In der Pneumatik wird hauptsächlich das **Drosselventil** (Bild 2) zur Veränderung des Volumenstroms verwendet.

Die Drosselwirkung des Ventils wird durch eine Verengung des Strömungsquerschnitts erzeugt. Drosselventile mit verstellbarer Verengung haben sich gegenüber Ausführungen mit konstanter, fest vorgegebener Verengung weitgehend durchgesetzt.

| Stromventile beeinflussen den Volumenstrom der Druckluft in beide Strömungsrichtungen.

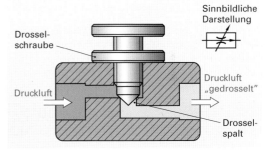

Sinnbildliche Darstellung

Drosselschraube

Druckluft

Druckluft „gedrosselt"

Drosselspalt

2 Drosselventil

Drosselrückschlagventile

Sie drosseln die Druckluft nur in einer Strömungsrichtung (Bild 2). In Gegenrichtung passiert die Druckluft ein Drosselrückschlagventil ungehindert über ein Rückschlagventil. Dieses sperrt den Durchfluss der Druckluft in einer Richtung und gibt ihn in der entgegengesetzten frei. Rückschlagventile besitzen als Sperrkörper häufig Kugeln oder Kegel.

Einstellen der Kolbengeschwindigkeit: Aus technischen Gründen ist es nicht möglich, dass die Druckluftzylinder in Bruchteilen von Sekunden ihren Arbeitshub verrichten. Deshalb werden zur Einstellung der Kolbengeschwindigkeit den Arbeitselementen Drosselrückschlagventile vorgeschaltet.

Beim doppelt wirkenden Zylinder soll dessen Kolben-Ausfahrgeschwindigkeit in Anfahr-Richtung einstellbar sein. Das bewirkt eine **Abluftdrosselung**. Sie besitzt den Vorteil, dass die auf das Arbeitselement geschaltete Druckluft ohne Verzögerung am Kolben anliegt und sich die Bewegung des Kolbens gleichmäßig und ruckfrei vollzieht.

Falls der Zuluftstrom in das Arbeitselement gedrosselt wird, handelt es sich um eine Zuluftdrosselung.

3 Drosselrückschlagventile

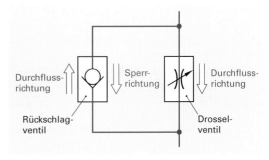

Durchflussrichtung

Sperrrichtung

Durchflussrichtung

Rückschlagventil

Drosselventil

4 Drosselrückschlagventil

Sperrventile

Rückschlagventile gehören zu den Sperrventilen. Hierzu zählen auch **Wechselventile** und **Zweidruckventile** (Bild 1). Wechselventile erfüllen in pneumatischen Steuerungen die **ODER-Funktion**, Zweidruckventile werden zum Aufbau von **UND-Funktionen** verwendet (s. S. 383 und 384).

> Sperrventile „sperren" den Durchfluss der Druckluft in einer Richtung.
>
> In entgegengesetzter Richtung strömt das Druckmittel ungehindert.

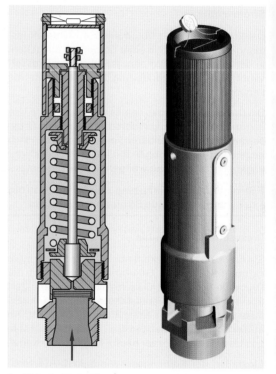

1　Wechselventil

Durchfluss nach 2 von 10 oder 11 möglich
hier: Zuluft von 11

Druckventile

Zu dieser Gruppe zählen die **Druckregelventile**, die zur Vergleichmäßigung des Arbeitsdrucks eingesetzt werden. Druckregelventile dienen in der Aufbereitungseinheit der Druckluft zur Konstanthaltung des Arbeitsdrucks in der Steuerung.

Als Sicherung gegen unzulässige Drücke, z.B. in Behältern oder Apparaten, können **Sicherheitsventile** eingesetzt werden (Bild 2). Sie schützen bei Abweichungen vom bestimmungsgemäßen Betrieb – in der Regel in Gefahrsituationen – gegen gefährliche Über- oder Unterdrücke, die letztlich zur Zerstörung der Behälter oder Apparate führen würden. Sicherheitsventile sind somit **Druckbegrenzungsventile**.

Spricht ein Sicherheitsventil auf einen unzulässigen Druck im zu schützenden Apparat oder Behälter an, reißt die Versiegelung (Plombe) (Bild 2, rechts oben). Das Sicherheitsventil muss danach ausgetauscht werden.

> Mit Druckventilen lässt sich der Druck in der pneumatischen Steuerung beeinflussen bzw. einstellen.

2　Sicherheitsventil

Aufgaben:

1　Weshalb ist bei doppeltwirkenden Zylindern eine Endlagendämpfung nötig und wie funktioniert sie?

2　Auf den folgenden Seiten lernen Sie, wie elektrische Steuerungen aufgebaut sind und wie sie funktionieren. Entwerfen Sie eine für die Bohrvorrichtung und stellen Sie den entscheidenden Unterschied gegenüber einer pneumatischen Steuerung fest.

3　Besteht in der geplanten Steuerung Signalüberschneidung?

4　Wie lassen sich die Geschwindigkeiten der Arbeitszylinder einstellen?

5　Wodurch entsteht Kondensat in Druckluftnetzen?

6　Wozu wird der Druckluftbehälter in Druckluftnetzen benötigt?

7.6.3 Elektrische Steuerungen

Pneumatische Steuerungen werden vorzugsweise zur Automation „einfacher" Funktionen eingesetzt. Bei aufwändigeren Fertigungsprozessen werden (vorzugsweise) elektrische Steuerungen verwendet, weil diese kompakter gebaut werden können als pneumatische Steuerungen und weniger wartungsintensiv sind. Zudem lassen sich die elektrischen Signale der Steuerung zum Zwecke der Prozessbeobachtung und -dokumentation aufbereiten.

Über Sensoren, Taster und/oder Schalter werden einer elektrischen Steuerung Signale zugeführt. Das Steuerprogramm gibt die Anweisungen zur Signalverarbeitung vor. Die Umsetzung der Befehle auf die Anlage (auf den zu steuernden Prozess) erfolgt über Aktoren (Arbeitselemente).

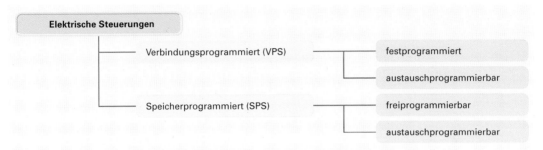

1 Einteilung elektrischer Steuerungen nach der Technik der Signalverarbeitung

Verbindungsprogrammierbare Steuerung

Die Bauelemente der VPS sind durch Leitungen fest untereinander verbunden. Ist die VPS aufgebaut, lassen sich Änderungen in der Schaltung nur mit hohen Aufwand realisieren. Nachträgliche, geringfügige Anpassungen der Steuerung lassen sich durch Verwendung von Wahlschaltern oder Kreuzschienenverteilern ausführen.

Speicherprogrammierbare Steuerungen

Sie sind frei- oder austauschprogrammierbar. Freiprogrammierbarkeit bedeutet, dass sich bei einer Änderung der Steuerungsaufgabe das vorhandene Steuerprogramm in Teilen oder vollständig umschreiben lässt. Ein mechanischer Eingriff wie bei der VPS ist nicht nötig. Die Änderung des Steuerprogramms in einer austauschprogrammierbaren SPS erfordert den Ersatz des Programmspeichers.

Entwicklung der SPS und VPS

Als die Informationstechnik so weit entwickelt war, dass Schaltvorgänge durch elektronische Bauteile realisiert werden konnten, fand man einen Ersatz für die aufwendigen Schütz- bzw. Relaissteuerungen – die SPS. Zum Standard jeder modernen SPS gehört heute das Ausführen von Rechen-, Zeit- und Zählfunktionen.

2 Automatisierungsgerät einer SPS

Leistungsfähigere SPS bieten zudem die Möglichkeit, Prozessabläufe zu visualisieren (grafisch darzustellen), regelungstechnische Aufgaben zu erfüllen und als Leitrechner in informationsmäßig vernetzten Produktionsbetrieben eingesetzt zu werden.

Die VPS haben ihre Bedeutung in der Automatisierung von Produktionsprozessen verloren. Weil sie eine lange Gebrauchsdauer besitzen, werden sie auch noch heute benutzt. Der Einsatz einer VPS bleibt wirtschaftlich und technisch dann sinnvoll, sofern einfache Prozesse mit nur wenigen Signalverarbeitungsschritten gesteuert werden sollen. Beispiel: Anfahrschaltung eines größeren Elektromotors.

Tabelle 1: Vor- und Nachteile elektrischer Steuerungen (Auswahl)

	Vorteile	Nachteile
VPS	■ störunempfindlich, robust ■ niedrige Kosten bei einfachen Steueraufgaben ■ niedrige Kosten bei hohen Stückzahlen ■ parallele Signalverarbeitung	■ hoher Platzbedarf ■ verarbeitet ausschließlich binäre Signale ■ Änderung des Steuerprogramms aufwändig ■ Erhöhter Aufwand für Wartungsarbeiten (Verschleiß, Korrosion)
SPS	■ geringer Platzbedarf ■ hohe Zuverlässigkeit wegen kontaktloser Bauelemente ■ Überwachung des Programmablaufs und des Steuerprozesses möglich ■ Fehlersuche durch Programmtests ■ Programmänderung durch Softwareaustausch	■ hoher gerätetechnischer Aufwand schon bei einfachen Steuerungsaufgaben

Aufbau und Bauteile der verbindungsprogrammierbaren Steuerung (VPS)

Die **Signaleingabe** erfolgt über Hand-, Grenz- oder Endtaster sowie Schalter, die als Öffner oder Schließer ausgeführt werden.

Die **Signalverarbeitung** innerhalb einer verbindungsprogrammierten Steuerung erfolgt mit Relais oder Schütz. Diese Bauteile erlauben das Leiten und das Sperren elektrischer Signale.

In **Ablaufsteuerungen** erfüllt das Relais bzw. das Schütz die Funktion eines Speichers für binäre Signale.

Ein **Schütz** wird zum Schalten großer Ströme eingesetzt.

Das **Relais** (Bild 1) ist nicht auf das Schalten hoher elektrischer Leistungen ausgelegt. Es wird zur Signalverarbeitung in Schaltungen eingesetzt. Im Gegensatz zum Schütz besitzt ein Relais mehrere Ausgänge und bietet daher die Möglichkeit der Signalvervielfachung.

In einer **elektropneumatischen Steuerung** schaltet das Stellglied „Magnetventil" einen Pneumatikzylinder: Liegt eine Spannung am elektrischen Eingang des Magnetventils an, erzeugt die Spule des Ventils ein Magnetfeld. Die Kraft des Magnetfeldes sperrt oder öffnet das Ventil für den Durchfluss der Druckluft zum Arbeitselement – Beispiel auf Seite 403.

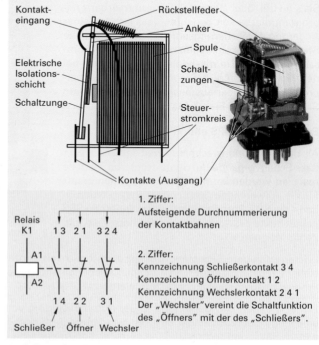

1 Aufbau eines Relais

Stromlaufplan

Die Anordnung der Bauelemente einer VPS häufig auch als „Schütz- oder Relaissteuerung" bezeichnet, geht aus dem Stromlaufplan hervor. Der Stromlaufplan gliedert sich in den aus Sicherheitsgründen mit niedriger Spannung (24 V) versorgten Steuerungsteil und den mit höherer Spannung betriebenen Leistungsteil.

Beispiel:
Ein Relais schaltet ein Magnetventil, wenn einer der Taster S1 oder S2 und der Taster S3 betätigt wird (siehe Logikplan rechts)

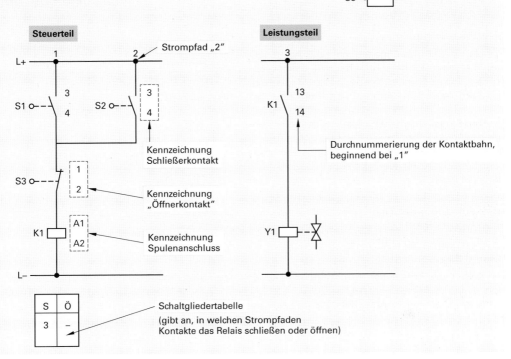

1   Beispiel des Stromlaufplans einer VPS-Steuerung

Regeln, die beim Zeichnen von Stromlaufplänen zu beachten sind:

- Der Steuerteil (Steuerstromkreis) gibt die Bauteile für die Signaleingabe und -verarbeitung.
- Der Leistungsteil (Hauptstromkreis) zeigt die Bauteile zur Steuerung der Arbeitselemente.
- Die Betriebsmittel/Bauteile der Steuerung werden fortlaufend durchnummeriert.
- Die Schaltzeichen der Bauteile werden in der Reihenfolge des Stromdurchgangs in senkrecht verlaufenden Strompfaden gezeichnet.
- Die Strompfade werden links beginnend nach rechts fortlaufend durchnummeriert.
- Die tatsächliche Lage/Position eines Bauteils in der Steuerung kann dem Stromlaufplan nicht entnommen werden.

- Die Kontakte eines Relais (Schützes) erhalten die Kennzeichnung der Antriebsspule.
- Öffnerkontakte erhalten die Kennzeichnung: 1 / 2
- Schließerkontakte erhalten die Kennzeichnung: 3 / 4
- Wechslerkontakte erhalten die Kennzeichnung: 2 4 / 1
- Die Schaltgliedertabelle zeigt die Nummer des Strompfades/der Strompfade an, in denen das Relais eine Schaltfunktion ausübt.

Tabelle 1: Kennzeichnung der Betriebsmittel					
Kenn-buch-stabe	Bezeichnung	Kenn-buch-stabe	Bezeichnung	Kenn-buch-stabe	Bezeichnung
A	Baugruppen	H	Hupe, Signalleuchte	Q	Starkstromschaltgeräte,
B	PE-Wandler	K	Schütz, Relais		Motorschutzschalter
	Umsetzer nicht elektri-	L	Spule	R	Widerstand
	scher Größen auf	M	Motor	S	Schalter, Wähler
	elektrische Größen	N	Verstärker, Regler	T	Transformator, Verstärker
C	Kondensatoren	G	Batterie, Generator	Y	Elektrisch betätigte
F	Schutzeinrichtungen	P	Messinstrumente		mechanische Einrichtung
	Sicherungen				

Selbsthalteschaltung

In vielen Steuerungsaufgaben muss das Ausgangs-signal eines zuvor betätigten Bauteils gespeichert werden, bis es durch einen Gegenbefehl aufgeho-ben wird. In VPS-Steuerungen erfordert dies den Aufbau einer Selbsthalteschaltung im Steuerteil: Ein zum Eingabeelement parallel geschalteter Kon-takt des Relais K1 zieht nach Betätigung des Tasters S2 (Schließer) an und hält den Spulenstrom auch dann aufrecht, wenn das Tastersignal S1 nicht mehr gegeben wird.

Das durch den Taster S1 kurzzeitig gegebene Signal wird gehalten (gespeichert), bis durch Betätigung eines Öffners (hier: S2) der Stromfluss durch die Spule des Relais (K1) unterbrochen wird.

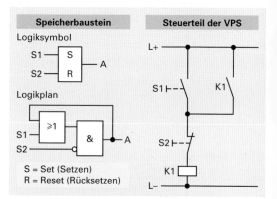

1 Speichern von Signalzuständen

Beispiel Biegevorrichtung:

Die Kolben der Arbeitselemente (doppeltwirkende Pneumatikzylinder) sollen nach Erteilung des Start-befehls in der Reihenfolge 1A1 + 2A1 + 2A1– 1A2– aus- bzw. einfahren. Stellglieder der Zylinder sind impulsgeschaltete Magnetventile, die im Leistungsteil einer VPS-Steuerung angeordnet sind (Bild 2).

Die VPS soll als löschende Taktkette aufgebaut werden. Das heißt, dass der jeweils gesetzte Schritt den Folgeschritt vorbereitet und gesetzt bleibt, bis dieser vom erfolgreich gesetzten Folgeschritt gelöscht wird.

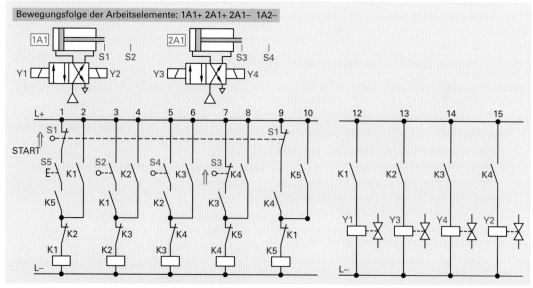

2 Stromlaufplan einer VPS mit Selbsthalteschaltung

7.6.4 Speicherprogrammierbare Steuerungen (SPS)

Eine speicherprogrammierbare Steuerung (SPS) mit ihren zugehörigen Peripheriegeräten (Netzteil, Bediengerät, Monitor, ...) kann als ein speziell auf Steuerungsaufgaben zugeschnittener Computer betrachtet werden. Eine SPS besitzt eine Eingabeebene, eine Verarbeitungsebene und eine Ausgabeebene für elektrische Signale.

Aufbau der SPS

Die **Eingabeebene** besteht aus Sensoren und der Eingabebaugruppe der SPS. Die Eingabebaugruppe bildet die Schnittstelle zwischen der Anlage und der Steuerung.

In der **Verarbeitungsebene** befindet sich das „Herz" der SPS, der Mikroprozessor (CPU). Er ist das Rechenwerk der SPS und führt die logischen Verknüpfungen der Eingangssignale gemäß den Softwareanweisungen aus.

Das **Steuerungsprogramm** enthält die Anweisungen, welche Befehle in welcher Folge die SPS ausführt. Der Programmierer nutzt zur Eingabe der einzelnen Befehlsschritte in die SPS ein Programmiergerät. Die **Firmware** (als Teil der Software) stellt der Hersteller der SPS bereit. Zur Firmware zählt das Betriebssystem. Zum Produktschutz, aber auch als Schutz vor Störungen, absichtlichen oder irrtümlichen Manipulationen, wird die Firmware in Nur-Lesespeichern abgelegt, häufig in **ROM**-Speicherbausteinen.

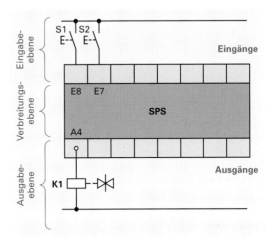

1 Baugruppen der SPS

Die **Ausgabeebene** setzt über die Ausgabebaugruppe und die Aktoren die Befehle der SPS in der Anlage um.

Ist ein SPS-Programm erfolgreich ausgetestet, muss das Programm vor Eingriffen geschützt werden. Dazu wird das SPS-Programm in ein **EPROM** übertragen. Das in den EPROM „gebrannte" Programm ist gegen Datenverlust bei Spannungsausfall geschützt. Man spricht von einem remanenten Speicherverhalten.

Da die SPS in Wechselwirkung mit der zu automatisierenden Anlage und dem Bediener steht, besitzt eine SPS Bausteine zur Speicherung flüchtiger Daten: **RAM**-Speicher eignen sich als Arbeitsspeicher zur Aufnahme von Daten, die fortlaufend überschrieben bzw. geändert werden. Im Gegensatz zu einem Magnetspeicher (z.B. Festplatte) sind die Zugriffszeiten der CPU auf ein RAM extrem kurz.

Integrierte Speicherbausteine	
Bezeichnung	**Eigenschaft**
RAM (**R**andom **A**ccess **M**emory)	Schreib-/Lesespeicher: Der Inhalt des Speichers (Daten, Programme) kann beliebig oft gelöscht oder überschrieben werden. Kein remanenter (flüchtiger) Speicher! Folge: Verlust der gespeicherten Daten bei Spannungsausfall.
ROM (**R**ead **O**nly **M**emory)	Nur-Lese-Speicher: Die Programmierung des Bausteins erfolgt beim Hersteller, remanenter Speicher.
PROM (**P**rogrammable **ROM**)	Nur-Lese-Speicher: Die programmierung des Bausteins erfolgt einmalig durch den Anwender.
EPROM (**E**rasable **PROM**)	Nur-Lese-Speicher: Inhalt (Programm) des Bausteins lässt sich mit UV-Licht löschen.

Die Kommunikation zwischen den Speicherbausteinen und der CPU erfolgt über elektrische Leitungen, die als „Busse" (Bild 1) bezeichnet werden.

Adressbus: Spricht gezielt den Baustein an, aus dem gelesen oder in den geschrieben wird.

Datenbus: Transportiert die gelesenen bzw. zu schreibenden Informationen/Daten in den adressierten Baustein.

Steuerbus: Bestimmt, ob aus einem Baustein Informationen gelesen oder in ihn geschrieben werden.

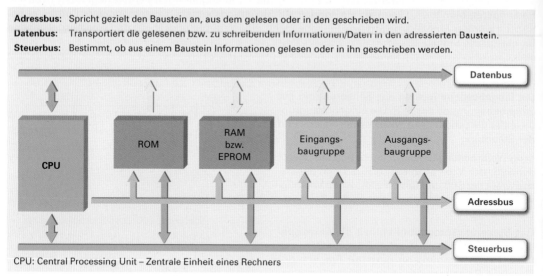

CPU: Central Processing Unit – Zentrale Einheit eines Rechners

1 Busstruktur in einer SPS

Arbeitsweise der SPS

Die Befehle, die die Steuerung ausführt, sind im Programmspeicher abgelegt. Sie werden entsprechend ihrer aufsteigenden Adresse aus dem Programmspeicher gelesen und ausgeführt. Dabei ist die Geschwindigkeit der Befehlsverarbeitung sehr hoch. Ein Durchlauf des Steuerprogramms dauert nur wenige Millisekunden! Durch einen unbedingten Sprungbefehl in der letzten Zeile des Steuerprogramms kehrt das Steuerprogramm nach jedem Durchlauf sofort zum Programmanfang zurück.

Wegen der zyklischen (das Programm in einer Schleife durchlaufenden) Arbeitsweise der SPS und der geringen Zeit des einzelnen Programmdurchlaufs lassen sich Arbeitsprozesse kontinuierlich steuern.

> SPS-Steuerprogramme werden fortwährend in einer Schleife mit sehr hohe Geschwindigkeit abgearbeitet.

Programmierung

Zur Erleichterung der SPS-Programmierung wurden anwendungsorientierte Programmiersprachen, wie z.B.

- die Anweisungsliste (AWL) und
- der Kontaktplan (KOP)

entwickelt.

Diese **Programmiersprachen** erfüllen unterschiedlichste branchenspezifische Anforderungen und besitzen daher unterschiedliche Funktionalitäten.

Handelt es sich bei der Programmiersprache „Anweisungsliste" um eine reine „Textsprache", basiert die Programmiersprache „KOP", auf grafischen Elementen. Trotz ihrer Unterschiede lassen sich die Sprachen vom Anwender miteinander kombinieren, sodass sich innerhalb größerer SPS-Programmpakete die Vorteile der einzelnen Sprachen nutzen lassen.

Operationsteil		Operandenteil	
L	Laden	Kennzeichen	Parameter z.B. 1.1
U	UND-Verknüpfung		
O	ODER-Verknüpfung	E = Eingang	
N	NICHT-Verknüpfung	A = Ausgang	
Z	Zuweisung		
PE	Programmende		

Baugruppe — Eingang

Adresse	Anweisung	Kommentar

- Der Operationsteil bestimmt die Art des Befehls, der ausgeführt wird: „Was ist zu tun?"

- Der Operandenteil gibt an, welche Ein- und Ausgänge an der Befehlverarbeitung beteiligt sind: „Wer ist beteiligt?"

Beispiel: UND-Funktion als AWL

Adresse	Anweisung	Kommentar
000	U E 1.0	Abfrage Eingang S1
001	U E 1.1	Abfrage Eingang S2
002	U E 1.2	Abfrage Eingang S3
003	= A2.0	Ausgang A
004	PE	Programmende

2 SPS-Programmierung mit der AWL

Die **Anweisungsliste** (AWL) ist eine textuelle Programmiersprache für SPS-Steuerungen und besteht aus einer Folge von Steuerungsanweisungen bzw. Befehlen (Bild 2 der vorigen Seite).

Unter Beachtung der Reihenfolge der Befehlsausführung schreibt der Anwender mithilfe eines Programmiergerätes das Programm in Befehlszeilen in den Programmspeicher.

Die Befehle der AWL bestehen aus einem **Operationsteil** und einem **Operandenteil**. Sie werden in abgekürzter Form eingegeben. Das Bild 1 der vorigen Seite zeigt die AWL für ein SPS-Programm, das die Eingänge S1, S2 und S3 mit der UND-Funktion verknüpft. Die SPS-Steuerung übersetzt das Steuerungsprogramm in die Maschinensprache und arbeitet die Befehle nach ihrer aufsteigenden Adresse ab.

Zur Erleichterung des Programmverständnisses bietet die AWL die Möglichkeit, einzelne Programmzeilen mit kurzen, frei formulierbaren Texten zu ergänzen. In der Kommentarzeile im Beispiel von Bild 2 wird die Zuordnung der Signalbezeichnungen zu den Ein- und Ausgängen der SPS dokumentiert. Übersichtlicher für den Anwender ist jedoch die Zuordnung in einer getrennt geführten Tabelle. Sollten die Bezeichnungen der Ein- und Ausgänge modifiziert werden, bleibt das SPS-Programm von den Änderungen ausgenommen.

Der „**Kontaktplan**" (KOP) wurde in den USA („ladder diagram") aus dem Stromlaufplan direkt verdrahteter Relaissteuerungen entwickelt. Dadurch, dass die einzelnen Strompfade im Kontaktplan nicht senkrecht, sondern waagerecht geführt werden, können zur grafischen Darstellung von Leitungen und Schalterelementen (z.B. Schließer und Öffner) in Steuerungen die Zeichensätze von Schreibmaschinen eingesetzt werden.

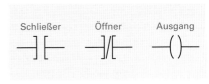

1 Symbole im KOP

Die einzelnen Strompfade werden im Kontaktplan parallel zueinander angeordnet. In der Leserichtung von links nach rechts gehen die Strompfade von einer senkrechten Linie, der Spannungsquelle, aus. Die Ausgänge der Steuerung werden zum Schließen des Stromkreises auf eine rechtsseitig senkrecht gezeichnete Stromschiene gelegt.

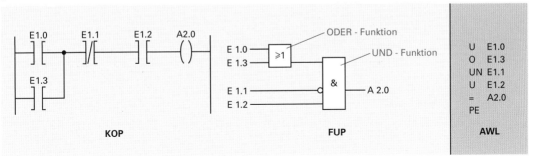

2 Beschreibung einer Steuerung durch KOP, FUP und AWL

Weitere SPS-Programmiersprachen:

Zur Vollständigkeit seien noch der **Strukturierte Text** (ST) und die **Ablaufsprache** (AS) aufgeführt.

ST ist eine an die Hochsprache „Pascal" angelehnte Textsprache und besteht aus Anweisungen und Ausdrücken wie z.B. „IF",. „THEN", „ELSE", „FOR". ST wird vorzugsweise zur Programmierung von z.B. Algorithmen (Rechenoperationen) in Steuerungen genutzt.

AS wird zum Entwurf und zur Strukturierung von Ablaufsteuerungen eingesetzt. AS stellt dabei die Steueraufgabe in Schritten, die Bearbeitungszustände darstellen, dar. Ein Schritt besteht aus Aktionen. Da sich die Aktionen wiederum durch weitere untergeordnete Aktionen beschreiben lassen, besitzt der Anwender mit der Programmiersprache AS die Möglichkeit eine hierarchische Struktur in seiner Steuerung zu programmieren.

Aufgaben:

1 Entwickeln Sie jetzt den Schaltplan für die pneumatische Steuerung der Bohrvorrichtung. Die Ausführung der Steuerung (Wegplansteuerung, Taktstufensteuerung oder Kaskadensteuerung) wählen Sie aus..

2 Erstellen Sie den FUP, den KOP und die AWL für die Abfrage, ob im Werkstückmagazin der Bohrvorrichtung noch mindestens ein Blech enthalten ist.

Aufgabe 3:

Die Firma VEL-Mechanik GmbH baut an die vorhandene Bohrvorrichtung eine zusätzliche Vorrichtung. Sie besteht aus einem doppeltwirkenden Zylinder als Arbeitselement, dessen Funktion nachfolgend beschrieben wird:

Nach der spanenden Bearbeitung in der Bohrvorrichtung werden das Werkstück und die auf ihm oben liegenden Metallspäne aus der Bearbeitungsposition abgeführt.

Nicht maßgenaue Bohrungen ergeben sich, wenn die Folgewerkstücke nicht mehr exakt positioniert werden können, z.B. wegen der Ansammlung von Restspänen vor dem Anschlagwinkel. Um die exakte Bearbeitungslage der Werkstücke sicherzustellen, wird die Bohrvorrichtung mit einer „Kehrvorrichtung" ausgestattet, um Restspäne durch Schubbewegungen sicher aus der Bearbeitungsposition zu entfernen.

Die Kehrbewegung führt ein doppeltwirkender Zylinder aus. Da die Späne sich vorzugsweise nahe der Entnahmestelle des Werkstücks anhäufen, fährt der Kolben des Zylinders zunächst

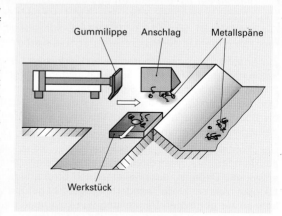

1 Prinzipskizze einer Kehrvorrichtung

vollständig aus, führt eine vom Anwender vorgegebene Anzahl „kurzer" Kehrbewegungen durch und kehrt in seine Ausgangsstellung zurück.

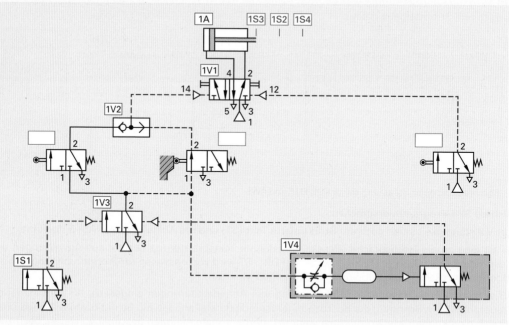

2 Pneumatischer Schaltplan der Kehrvorrichtung

a) Ergänzen Sie im pneumatischen Schaltplan (Bild 2) die fehlenden Bezeichnungen der Signalglieder (nicht im Buch, sondern in einer Skizze).

b) Der Timer wird auf eine Zeit von 13 Sekunden eingestellt. Bestimmen Sie die Anzahl der Kehrbewegungen mit kurzem Hub für den Fall, dass für das vollständige Aus- und Einfahren des Kolbens vier Sekunden und für eine Kurzbewegung zwei Sekunden angesetzt werden.

c) Zeichnen Sie das Weg-Schritt-Diagramm zur Beschreibung des Bewegungsablaufs des Zylinders.

8 Programmiertes Spanen und rechnergestützte Fertigung

In den letzten Jahrzehnten ist die rechnergestützte Fertigung für viele metallverarbeitende Unternehmen zu einer grundlegenden Voraussetzung für eine qualitativ und quantitativ hochwertige sowie kundenorientierte Produktion geworden. Wegen der breiten effektiven Einsatzmöglichkeit von der Einzelfertigung über die Kleinserien- bis zur Großserienfertigung sind CNC-Werkzeugmaschinen heute in der industriellen spanenden Fertigung das Standardarbeitsmittel und damit die Grundlage für die Realisierung unterschiedlicher Fertigungskonzepte.

8.1 Konsequenzen des Einsatzes von CNC-Werkzeugmaschinen

Vor allem Werkstücke mit komplexer Geometrie lassen sich auf CNC-Maschinen weitaus schneller und sicherer fertigen als früher. Die technologischen Werte können optimal angepasst werden. Durch Komplettbearbeitung und die Verbindung von Drehen und Fräsen auf einer Anlage entfällt oft das kostspielige Umspannen und Ausrichten der Werkstücke. Dadurch verbessert sich auch die Qualität. Die beliebige und exakte Wiederholung des programmierten Fertigungsablaufes, die automatische Verschleißkorrektur und Standzeitüberwachung für die Werkzeuge und der fast vollständige Ausschluss des Menschen von der direkten Fertigung garantieren eine gleichmäßige Qualität der Werkstücke.

Erforderliche Qualitätskontrollen können deshalb nach den Vorschriften des Qualitätsmanagements auf Stichproben beschränkt werden. An modernen Steuerungen kann der programmierte Fertigungsablauf vorab simuliert und auf Kollisionsfreiheit geprüft werden (Bild 1). Dadurch wird die Bearbeitungssicherheit weiter erhöht. Wegen der beträchtlichen Anschaffungskosten und der hohen Innovationsgeschwindigkeit dieser Technik ist aus betriebswirtschaftlicher Sicht eine optimale Auslastung der Produktionskapazität von CNC-Maschinen dringend geboten.

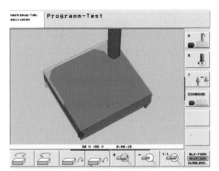

1 3D-Simulation der Fertigung

Die Arbeitsabläufe von CNC-Bearbeitung und herkömmlicher Fertigung unterscheiden sich in wesentlichen Punkten. Der Bediener hat an der CNC-Werkzeugmaschine fast nur noch arbeitsvorbereitende Aufgaben zu lösen. Die eigentliche Fertigung wird von der Steuerung der CNC-Anlage organisiert. Die Steuerung übernimmt meist auch den Werkzeugwechsel und bei Dialogprogrammierung die Programmerzeugung.

Mit dem Einsatz von CNC-Technik verringert sich die körperliche Beanspruchung des Facharbeiters. Die Maschine führt z. B. Zustellbewegungen aus, schaltet die Spindeldrehzahl und wechselt die Werkzeuge (Bild 2).

Jedoch steigen die Anforderungen an die geistigen Fähigkeiten des Zerspanungsmechanikers. Der Fertigungsablauf wird in der Regel vor Beginn der Arbeit vollständig geplant. Die Verfügbarkeit von Drehachsen erhöht die Komplexität der Kinematik der Werkzeugmaschine. Dadurch erhöhen sich die Anforderungen an das räumliche Vorstellungsvermögen des Facharbeiters. Sein technologisches Grundverständnis, das er von der herkömmlichen Fertigung her hat, gilt als Grundvoraussetzung für effizientes Arbeiten an der CNC-Technik. Zusätzlich muss der Facharbeiter die Maschine bedienen und programmieren können. Durch die Arbeit an und mit moderner CNC-Technik entwickelt sich der Zerspanungsmechaniker zu einer Fachkraft mit hoher fachlicher Kompetenz und Bereitschaft zur ständigen Weiterbildung.

2 Anforderungen an den Bediener

8.2　Aufbau und Wirkungsweise von CNC-Werkzeugmaschinen

Mit dem Verbinden von Werkzeugmaschine und computerunterstützter numerischer Steuerung ergeben sich vielfältige Möglichkeiten, die Fertigung qualitativ und quantitativ zu verbessern sowie effektiver zu gestalten. Die Nutzung dieses Potenzials erfordert konstruktive Veränderungen an der Werkzeugmaschine.

8.2.1　Vergleich von CNC-Maschinen mit herkömmlichen Werkzeugmaschinen

Der Vergleich von CNC- und herkömmlichen Werkzeugmaschinen zeigt neben Gemeinsamkeiten vor allem wesentliche Veränderungen im Aufbau und eine komplexere Funktionalität (Bild 1).

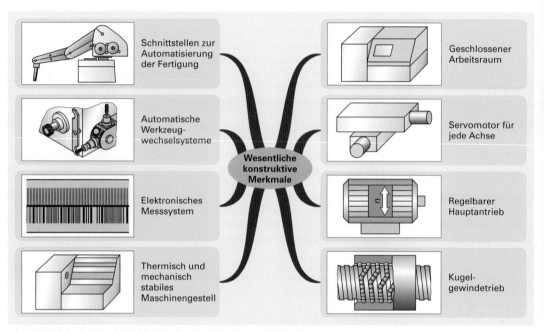

Schnittstellen zur Automatisierung der Fertigung

Geschlossener Arbeitsraum

Automatische Werkzeugwechselsysteme

Servomotor für jede Achse

Wesentliche konstruktive Merkmale

Elektronisches Messsystem

Regelbarer Hauptantrieb

Thermisch und mechanisch stabiles Maschinengestell

Kugelgewindetrieb

1　Wesentliche konstruktive Merkmale von CNC-Werkzeugmaschinen

Auf CNC-Werkzeugmaschinen wird mit wesentlich höheren Schnitt- und Vorschubgeschwindigkeiten sowie größerem Kühlschmiermitteldruck gearbeitet als bei herkömmlichen Maschinen. Aus Gründen der Arbeitssicherheit und des Umweltschutzes hat die CNC-Werkzeugmaschine **einen geschlossenen Arbeitsraum**. Entstehende Späne verbleiben im Arbeitsraum bzw. werden über einen installierten Späneförderer abtransportiert. Das verwendete Kühlschmiermittel wird innerhalb der Maschine gesammelt, aufbereitet und dem Kreislauf wieder zugeführt.

Aus ergonomischen Gründen ist der Arbeitsraum über große, weit zu öffnende Türen gut zugänglich und leicht einsehbar.

Beim Arbeiten an CNC-Drehmaschinen wird oft eine konstante Schnittgeschwindigkeit benötigt. Die dafür erforderliche veränderliche Drehzahl liefert ein **stufenlos regelbarer Elektromotor**, der an modernen Maschinen direkt in die Antriebsspindel integriert ist (Bild 2). Diese konstruktive Lösung sichert auch an CNC-Fräsmaschinen ein hervorragendes dynamisches Verhalten über den gesamten Drehzahlbereich in einer einzigen Getriebestufe.

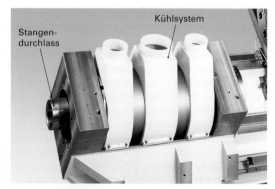

Kühlsystem

Stangendurchlass

2　Spindelintegrierter Antriebsmotor

Um auf der CNC-Werkzeugmaschine komplexe Formen herstellen zu können, wird jede Achse durch einen eigenen, meist digitalen **Servomotor** angetrieben. Zunehmend werden dafür auch Linearantriebe eingesetzt (Bild 1). Sie besitzen ein hochdynamisches Beschleunigungs- und Verzögerungsverhalten und sind verschleißfrei. Mit ihnen lässt sich auch über sehr lange Verfahrwege eine exakte Positionierung der Achse erreichen.

Die Vielfalt der herstellbaren Formen wird durch eine größere Anzahl der gesteuerten Achsen, wie z. B. die Bewegungen des 2-Achs-NC-Tisches an CNC-Fräsmaschinen und die definierte Drehbewegung der Arbeitsspindel als Vorschub oder Zustellung, weiter vergrößert (Bild 2).

Mit der Verfügbarkeit eines programmierbaren Reitstocks, angetriebener Werkzeuge im Werkzeugrevolver und vor allem einer Gegenspindel ergeben sich an CNC-Drehmaschinen hinsichtlich der Komplettbearbeitung weitere Fertigungsmöglichkeiten (Bild 3).

Um die Rechengenauigkeit der Steuerung und die Positioniergenauigkeit der rotatorischen Servomotoren auf die Bewegung von Werkstück und Werkzeug zu übertragen, findet als Übertragungselement der **Kugelgewindetrieb** Anwendung (Bild 4). Dieser arbeitet nahezu spielfrei und überträgt auch sehr langsame Bewegungen kontinuierlich (kein Slip-Stick-Effekt). Die dazu eingesetzten Führungselemente vereinen die Vorteile von Gleit- und Rollreibung.

Bei der Arbeit an CNC-Maschinen wird meist ein sehr hohes Zeitspanungsvolumen Q erreicht. Positionierbewegungen werden mit sehr hohen Geschwindigkeiten durchgeführt. Der damit verbundenen hohen mechanischen und thermischen Beanspruchung des Maschinengrundkörpers wird durch moderne Konstruktionen und innovative Werkstoffe Rechnung getragen. So wird bei der Konstruktion von Fräsmaschinen z. B. besonders darauf geachtet, dass während der Fertigung so wenig wie möglich Masse bewegt werden muss. Um eine bessere Abfuhr der Späne, des Kühlschmiermittels und damit der Wärme zu gewährleisten, besitzen CNC-Drehmaschinen meist eine Schrägbettführung. Beim Aufbau von CNC-Universal-Fräsmaschinen gewinnen die Zugänglichkeit und Beweglichkeit des Maschinentischs zunehmend an Bedeutung.

An CNC-Werkzeugmaschinen erfolgt der **Werkzeugwechsel** in nahezu allen Fällen automatisch. Damit während der Programmabarbeitung alle notwendigen Werkzeuge zur Verfügung stehen, besitzen Drehmaschinen mindestens einen **Werkzeugrevolver**, Fräsmaschinen ein **Werkzeugmagazin** und einen **Werkzeugwechsler** (Bild 1, folgende Seite). An neueren Maschinen sind der Werkzeugrevolver bzw. das Werkzeugmagazin mit Messsystemen ausgerüstet und werden mit Servomotoren angetrieben. Dadurch wird eine höhere Positioniergenauigkeit erreicht und ein schnellerer Werkzeugwechsel ermöglicht.

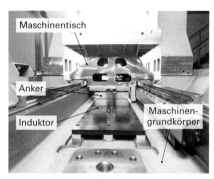

Maschinentisch

Anker

Induktor

Maschinengrundkörper

1 Linearantrieb

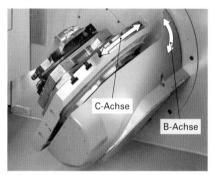

C-Achse

B-Achse

2 2-Achs-NC-Tisch

Werkzeugsrevolver

Gegenspindel

Hauptspindel

3 Arbeitsraum einer CNC-Drehmaschine

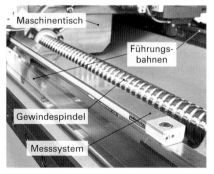

Maschinentisch

Führungsbahnen

Gewindespindel

Messsystem

4 Kugelgewindetrieb

Moderne CNC-Werkzeugmaschinen verfügen über eine **standardisierte Schnittstelle** zum Anschluss peripherer automatisierungstechnischer Einrichtungen. Durch die ergänzende Ausstattung der Maschine mit **Palettenwechsler** und **Werkstückspeicher** sowie Systemen zum **Werkstückhandling** kann der Automatisierungsgrad der Fertigung weiter erhöht werden (Bilder 2, 3).

1 Werkzeugrevolver   **2 Werkstückspeicher**   **3 Werkstückhandling**

Damit die Steuerung auswertbare Informationen über die aktuellen Positionen der Maschinenschlitten, des Rundtischs oder der Spindel erhält und Ergebnisse der Verfahr- bzw. Positionierbewegungen auswerten kann, besitzt die CNC-Werkzeugmaschine für jede gesteuerte Achse ein **elektronisches Messsystem**. Seit einigen Jahren werden auch die Hauptachsen herkömmlicher Werkzeugmaschinen zunehmend mit solchen Messsystemen ausgestattet. Dadurch können Funktionen, wie z. B. die Streckensteuerung, realisiert werden, die den Bedienkomfort dieser Maschinen entscheidend verbessern (vgl. S. 418). Auch andere für CNC-Werkzeugmaschinen entwickelte Konzepte, wie stufenlos regelbare Hauptantriebe und Servomotoren oder spezielle Führungs- und Übertragungselemente, werden zunehmend an herkömmlichen Maschinen verwendet. Die klassische konventionelle Dreh- oder Fräsmaschine findet man im industriellen Bereich fast nur noch in der Berufsausbildung.

8.2.2 Messsysteme

Ein Messsystem hat die Aufgabe, Signale zu erzeugen, aus denen die Steuerung die aktuelle Achsposition der gesteuerten Einheit bestimmen kann. Es besteht aus einer Maßverkörperung und einer Abtasteinheit.

Für die Lösung dieser Aufgabe werden in der Praxis verschiedene Prinzipien verwendet (Bild 4). Sie unterscheiden sich vor allem durch die Art von Signalgewinnung und Maßverkörperung, die Anbaumöglichkeit an die Maschine, die Genauigkeit und den Preis.

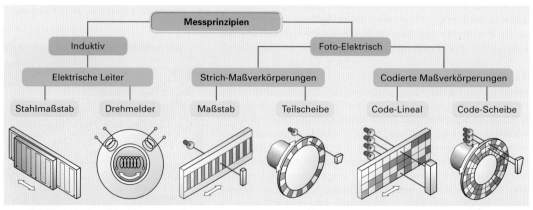

4 Grundprinzipien der Messverfahren (Auswahl)

In Abhängigkeit von der zu messenden Bewegung und den konkreten Einsatzbedingungen an der Werkzeugmaschine werden die Messsysteme technisch unterschiedlich ausgeführt (Bild 1).

Die **induktive Messung** verwendet eine elektrische Spannung als Signalträger. Die Abtasteinheit enthält zwei Leiterwicklungen, die mit unterschiedlichen Wechselspannungen gespeist werden (Bild 2). Sie induziert durch ihre Relativbewegung in der Maßverkörperung eine **phasenverschobene Spannung**. Über diese werden der Verfahrweg und die Verfahrrichtung bestimmt. Um die im Abstand von 360° periodisch wiederkehrenden Zustände voneinander zu unterscheiden, wird ein Zähler verwendet, der sie aufsummiert.

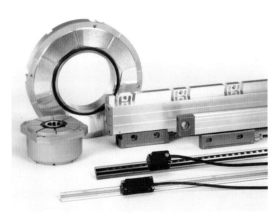

1 **Bauformen moderner Messsysteme**

Bei der **fotoelektrischen Messung** wird das Signal durch Beleuchten oder Durchleuchten der Maßverkörperung gewonnen (Bild 3). Beim Durchlichtverfahren hat die Maßverkörperung transparente und lichtundurchlässige Zonen. Soll das Auflichtverfahren zum Einsatz kommen, muss sie reflektierende und nichtreflektierende Bereiche besitzen. Die Abtasteinheit besteht aus Lichtquelle mit Optik und Abtastgitter sowie Empfänger mit Fotoelementen. Sie erhält durch ihre Relativbewegung zur Maßverkörperung über die Fotoelemente **Hell-Dunkel-Signale**, die zum Bestimmen der Achsposition verwendet werden.

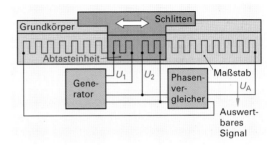

2 **Induktive Messung**

Das Abtasten von **Strich-Maßverkörperungen** wird als **inkrementale Messung** bezeichnet (Bild 4). Dabei entstehen Hell-Dunkel-Signale, die in Zählimpulse umgewandelt werden. Die Anzahl dieser Impulse (Inkremente) ist ein Maß für den zurückgelegten Weg oder Winkel, während deren Art das Merkmal für die Bestimmung der Bewegungsrichtung liefert.

Um daraus die aktuelle Position der gesteuerten Einheit ermitteln zu können, muss das Messsystem der Maschine geeicht sein. Dieses Eichen geschieht meist nach dem Einschalten der Maschine durch Anfahren einer auf der Maßverkörperung liegenden **Referenzmarke**. Dort nimmt die Steuerung die absolute Achsposition bezogen auf das Maschinenkoordinatensystem auf.

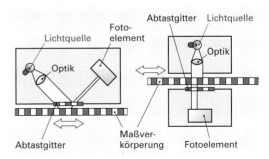

3 **Auflicht- und Durchlichtverfahren**

Moderne lineare Messsysteme besitzen auf der Maßverkörperung mehrere Referenzmarken, die definierte Abstände zueinander haben. Damit lassen sich Messfehler, die durch Störimpulse auftreten könnten, leichter ausgleichen. Auch ist nach einem Stromausfall das Messsystem schneller wieder geeicht, da der Weg zur Referenzmarke kürzer ist.

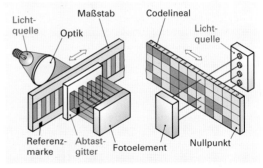

4 **Inkrementale und absolute Messung**

Die **absolute Messung** ist eine Lagemessung. Da **codierte Maßverkörperungen** zum Einsatz kommen, ist jedem Weg- oder Winkelelement ein eindeutiger Zahlenwert zugeordnet (Bild 4, S. 413). Damit kann die Achsposition direkt ermittelt werden und ist immer bekannt. Das Anfahren einer Referenzmarke zum Eichen des Messsystems ist somit nicht erforderlich.

Wegen der großen Anzahl der zu lesenden Codespuren ist die Abtasteinheit kompliziert aufgebaut. Der technische Aufwand für die Auswertung der abgetasteten Hell-Dunkel-Signale ist dann jedoch geringer als bei einem inkrementalen Wegmesssystem.

Insgesamt gesehen sind inkrementale Wegmesssysteme in der Herstellung bzw. Anschaffung noch kostengünstiger. Trotzdem sind bereits heute absolute Wegmesssysteme an CNC-Werkzeugmaschinen der unteren und mittleren Preisklasse Ausstattungsoption und an höherwertigen CNC-Anlagen Standard.

Nach der Art der zu messenden Relativbewegung und der dazu eingesetzten Maßverkörperung wird in direkte und indirekte Messung unterschieden.

Bei der **direkten Wegmessung** wird die Schlittenbewegung mittels eines **Maßstabs** ermittelt. Dabei kann die Maßverkörperung am Schlitten und die Abtasteinheit am Maschinengestell oder umgekehrt angebracht sein (Bild 1).

Wird zum Messen der Schlittenbewegung eine fest mit der Vorschubspindel verbundene **Drehscheibe** als Maßverkörperung verwendet, erfolgt eine **indirekte Wegmessung** (Bild 2). Dabei wird aus der Anzahl der Umdrehungen der Drehscheibe und der Steigung der Vorschubspindel der zurückgelegte Weg ermittelt. Steigungsfehler und mechanische Belastungen der Vorschubspindel können bei diesem Prinzip das Messergebnis verfälschen.

Da auch für größere Verfahrwege heute hinreichend lange Maßstäbe verfügbar sind, rüsten die meisten Werkzeugmaschinenhersteller ihre Maschinen mit direkten Wegmesssystemen aus.

Eine **direkte Winkelmessung** findet statt, wenn z. B. die Positionierbewegung der Arbeitsspindel einer Drehmaschine mithilfe einer **Drehscheibe** gemessen wird (Bild 3). Dieses Prinzip wird auch an Fräsmaschinen zum Messen der Dreh- bzw. Schwenkbewegung des 2-Achs-NC-Tisches oder des Spindelkopfes verwendet.

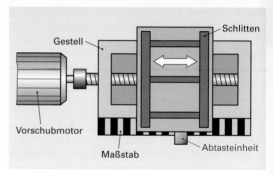

1 Direkte Wegmessung

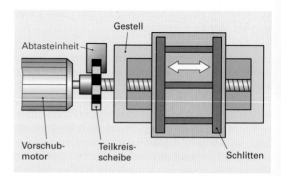

2 Indirekte Wegmessung

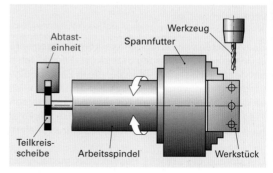

3 Direkte Winkelmessung

Aufgaben

1 Beschreiben Sie, welche Konsequenzen der Einsatz von CNC-Technik für die Unternehmen hat.

2 Wie verändern sich die Anforderungen an den Facharbeiter beim Einsatz an CNC-Werkzeugmaschinen gegenüber der Arbeit an herkömmlicher Technik?

3 Durch welche konstruktiven Merkmale unterscheidet sich eine CNC-Maschine von einer herkömmlichen Werkzeugmaschine?

4 Erläutern Sie das Prinzip der inkrementalen Messung am NC-Rundtisch einer CNC-Fräsmaschine.

8.2.3 Steuerung

Das „Nervenzentrum" der CNC-Anlage ist die Steuerung. Sie besteht aus mehreren Funktionseinheiten, deren Zusammenwirken durch ein NC-Betriebssystem ermöglicht und unterstützt wird (Bild 1). Sie ist Bindeglied zwischen Mensch und Werkzeugmaschine. Deshalb hat sie Schnittstellen, die die Kommunikation in diese beiden Richtungen ermöglichen. Das Kernstück der Steuerung ist ein Rechnersystem.

Die **Schnittstelle zum Menschen** hin (Human Interface) besteht aus dem Steuerungstableau, einem elektronischen Handrad sowie genormten Anschlüssen für Datenübertragung und externe Speicher. Der konkrete Aufbau des Bedienpults ist abhängig vom Hersteller und vom Leistungsumfang der Steuerung. Prinzipiell besteht es aus Anzeigen, Maschinen-, Programmier- und Steuerungsbedienelementen (Bild 2). Anzeigegerät ist heute meist ein TFT-Farbdisplay. Bedienelemente sind Tasten, Wahlschalter und Potenziometer. Die kennzeichnenden Symbole sind genormt nach DIN 24900 und DIN 55003. Viele Steuerungen sind zusätzlich mit einer Standardtastatur, einige auch mit Touchpad oder alternativ mit Touchscreen ausgestattet.

Die **Schnittstelle zur eigentlichen Werkzeugmaschine** wird durch die Anpasssteuerung, die Antriebs- und die Lageregelung verkörpert (Bild 1). Die **Anpasssteuerung** ist eine speicherprogrammierbare Steuerung (SPS). Sie kommuniziert mit den an der Werkzeugmaschine vorhandenen Aktoren und Sensoren. Vom Rechnersystem erzeugte Signale werden von ihr so verstärkt, dass sie für Schaltaufgaben, wie z. B. „Werkzeug spannen" und „Kühlschmierstoffzufuhr schalten", verwendet werden können. Gleichzeitig werden sämtliche mit dem jeweiligen Stellbefehl zusammenhängende Bedingungen wie „erforderlicher Spannmitteldruck vorhanden", „Arbeitsraum geschlossen" usw. logisch verknüpft und berücksichtigt.

Die **Lageregelung** empfängt vom Wegmesssystem Informationen über die aktuellen Achspositionen (Istwerte) und steuert in Zusammenwirkung mit der Antriebsregelung die Achsantiebe. Für die Kommunikation mit zusätzlichen Handhabeeinrichtungen oder Palettenwechsler bzw. die Einbindung in eine Transferstraße können an die CNC-Steuerung über standardisierte Schnittstellen weitere speicherprogrammierbare Steuerungen angeschlossen werden.

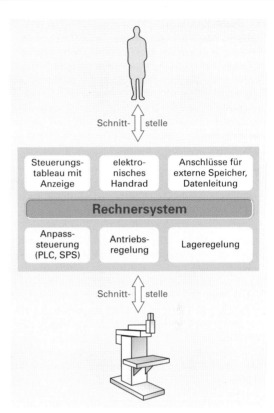

1 Blockschaltbild der Steuerung

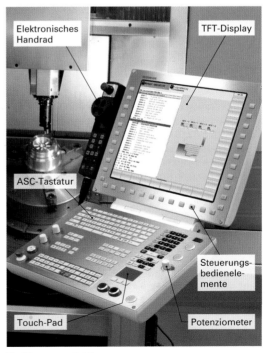

2 Steuerungstableau

Das **Rechnersystem** besteht aus mehreren Mikroprozessoren. Sie organisieren das Zusammenwirken aller Baugruppen der Steuerung, verwalten die Programm-, Technologie- und Systemspeicher und überwachen die Schnittstelle zum Menschen. Ein Prozessor berechnet mithilfe des Interpolationsprogramms die Zwischenwerte für die Verfahrbewegungen. So entstehen die Sollgrößen für die Lageregelung.

Die **Lageregelung** erhält den Istwert der Verfahrbewegung vom Wegmesssystem. Sie vergleicht ihn mit dem vom CNC-Programm geforderten oder vom Interpolationsprogramm berechneten Sollwert. Besteht eine Differenz, liefert sie ein Signal an die Antriebsregelung (Bild 1). Diese erzeugt die zugehörige Stellgröße, die eine Verfahrbewegung auslöst. Das Wegmesssystem registriert einen neuen Wert als Regelgröße, der erneut abgefragt wird. Der neue Istwert wird wieder mit dem Sollwert verglichen usw. Der beschriebene Prozess wiederholt sich mehrere 1000-mal in einer Sekunde, bis der vom Wegmesssystem zurückgegebene Istwert dem Sollwert entspricht. Dann hat die gesteuerte Einheit ihre Position erreicht. An den meisten Steuerungen besitzt die Lageregelung jeder Achse einen eigenen Prozessor.

Verfahrbewegungen, die nicht achsparallel oder auf Kreisbahnen verlaufen, entstehen durch Überlagern der erforderlichen Achsbewegungen. Die Geschwindigkeiten, mit der die Achsantriebe arbeiten, sind beim Verfahren dann sehr unterschiedlich (Bild 2). Ihre Berechnung und Einstellung sowie die Abstimmung zwischen den beteiligten Achsen übernimmt die ebenfalls prozessorgesteuerte **Antriebsregelung**.

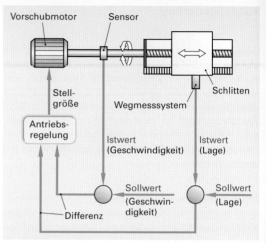

1 Blockschaltbild der Geschwindigkeits- und Lageregelung

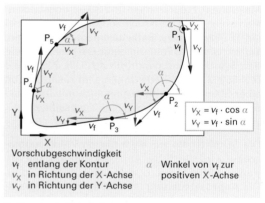

Vorschubgeschwindigkeit
v_f entlang der Kontur
v_X in Richtung der X-Achse
v_Y in Richtung der Y-Achse

α Winkel von v_f zur positiven X-Achse

$$v_X = v_f \cdot \cos \alpha$$
$$v_Y = v_f \cdot \sin \alpha$$

2 Geschwindigkeitskomponenten

Der **Istwert der Verfahrgeschwindigkeit** wird permanent von einem Sensor ermittelt und mit dem berechneten Sollwert verglichen. Besteht eine Differenz, korrigiert die Antriebsregelung die Verfahrgeschwindigkeit (Bild 1). Die veränderte Geschwindigkeit wird vom Sensor registriert und der Antriebsregelung erneut als Istwert zur Verfügung gestellt. Der neue Istwert wird wieder mit dem Sollwert verglichen usw. Auch die Geschwindigkeitsregelung arbeitet mit einer sehr hohen Taktfrequenz. So wird sichergestellt, dass das System hinreichend schnell arbeitet und beim Herstellen nicht achsparalleler Konturen keine Konturverletzungen auftreten.

Um z. B. beim Plandrehen mit konstanter Schnittgeschwindigkeit arbeiten oder beim Gewindebohren die notwendige Umkehr der Drehrichtung allmählich vollziehen zu können, muss die Drehzahl der Hauptspindel „stufenlos" einstellbar sein. Auch diese Funktion übernimmt die Antriebsregelung.

Zur **Datenspeicherung** in der CNC-Steuerung werden verschiedene Speichermedien eingesetzt. Das Betriebssystem ist in elektronisch programmierten Nur-Lese-Speichern (EPROM), Programme und Technologiedaten sind auf Magnetplatte und teilweise in Schreib-Lese-Speichern (RAM) gespeichert. Für das Erhalten der gespeicherten Daten nach dem Ausschalten der Maschine wird in den Schaltkreisen eine elektrische Spannung benötigt. Diese liefert eine Pufferbatterie. Je nach Steuerungshersteller wird dafür ein Akkumulator oder eine nicht wiederaufladbare und deshalb meist jährlich auszutauschende Batterie verwendet.

Aus gerätetechnischer Sicht betrachtet, ist die CNC-Steuerung ein sehr kompaktes System, das nur wenig Platz benötigt. Sie ist modular aufgebaut und kann je nach Komplexität der zu steuernden Werkzeugmaschine erweitert werden. Neben dem Bedientableau und einer ggf. zusätzlichen speicherprogrammierbaren Steuerung (SPS) findet man den NC-Kern (NCU), die Stromversorgung und die Komponenten zur Ansteuerung von Vorschubantrieben und Arbeitsspindel, welche in genormten Gehäusen eingebaut sind (Bild 1). Der **Datentransport** in der Steuerung erfolgt über ein Leitungssystem – den Bus.

Das **CNC-Betriebssystem** ermöglicht das Zusammenwirken der Komponenten der Steuerung sowie die Kommunikation mit dem Bediener und der Werkzeugmaschine. Grundsätzliche Bestandteile sind Ein- und Ausgaberoutinen, ein Editor, ein Verwaltungsprogramm für die Speicher, das Interpolationsprogramm und der NC-Interpreter. Die Leistungsfähigkeit der Steuerungen wurde von den Herstellern in den letzten Jahren wesentlich weiterentwickelt (Bild 2). Neben Leistungsvermögen und Anzahl der verfügbaren Funktionen gelten sowohl die Einhaltung von Normen und Standards in der Steuerungsarchitektur als auch die individuelle Anpassbarkeit als wesentliche Qualitätsmerkmale einer modernen Steuerung.

Durch die Verknüpfung unterschiedlicher Funktionen, wie z. B. Fertigungssimulation und Kollisionsüberwachung, kann an einigen Steuerungen die geplante Fertigung auf einer sogenannten virtuellen Maschine vorab vollständig überprüft werden.

Vor allem beim Fertigen von 3D-Formflächen im Werkzeug- und Formenbau besteht die Forderung nach einem Höchstmaß an Genauigkeit und Oberflächengüte bei minimalem Zeitaufwand. Diese Anforderungen erfüllt die Hochgeschwindigkeitsbearbeitung (HSC, vgl. S. 446 ff.). Beim Einsatz dieser Technologie kommt es darauf an, das Verhalten der CNC-Steuerung und die dynamischen Eigenschaften der Maschine abzustimmen. Dies leisten neuartige Funktionen der Steuerung, die der Bediener einfach beeinflussen und aktivieren kann (Bild 3).

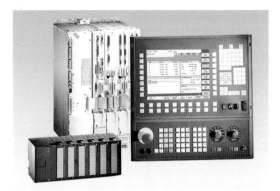

1   Komponenten einer modernen CNC-Steuerung

2   Funktionen einer CNC-Steuerung (Auswahl)

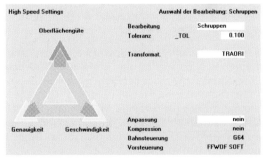

3   Einstellungen für HSC

Durch eine Vorausschau im Fertigungsprogramm werden Richtungsänderungen in der Bearbeitung vorab erkannt und die Dynamik der Bearbeitung unter Berücksichtigung des Beschleunigungsvermögens der Antriebe dementsprechend angepasst. So werden Konturverfälschungen und auch ruckhafte Geschwindigkeitsänderungen, die Maschinenschwingungen erzeugen können, vermieden. Neuartige Methoden zur Berechnung von Zwischenwerten für die Verfahrbewegungen ermöglichen zudem um ein Vielfaches höhere Bahngeschwindigkeiten.

CNC-Steuerungen beinhalten heute auch umfangreiche Konzepte zur Überwachung von Geschwindigkeit, Stillstand und Position. Um zu gewährleisten, dass eine Anlage auch im Störungsfall im sicheren Zustand bleibt, sind entsprechende Funktionen mehrfach eingebunden und sicherheitsrelevante Informationen aus der Maschine werden untereinander verglichen und überprüft.

8.2.4 Steuerungsarten

An numerisch gesteuerten Werkzeugmaschinen gibt es verschiedene Steuerungsarten. Man unterscheidet Punktsteuerungen, Strecken-steuerungen und Bahnsteuerungen.

Die **Punktsteuerung** positioniert Werkzeuge wie Bohrer oder Schweiß-elektroden auf festgelegte Punkte, an denen nach dem Programm eine Fertigungsaufgabe auszuführen ist (Bild 1). Das Werkzeug kann sich während der Positionierbewegung nicht im Eingriff befinden, da der Verfahrweg im Eilgang zurückgelegt wird. Die Achsantriebe werden hintereinander oder gleichzeitig eingeschaltet, ohne dass die Verfahr-geschwindigkeit geregelt wird. Anwendung findet die Punktsteuerung bei Bohr-, Punktschweiß- oder Stanzmaschinen.

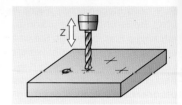

1　Punktsteuerung

Bei der **Streckensteuerung** wird jeweils eine Achse gesteuert. Deshalb ist es möglich, achsparallele Verfahrbewegungen im Arbeitsvorschub zu erzeugen (Bild 2). Die Streckensteuerung findet bei einfachen Werk-zeugmaschinen und in Montagegeräten Anwendung. Stattet man eine konventionelle Werkzeugmaschine mit einem elektronischen Wegmesssystem aus, verfügt man damit meist bereits über eine einfache Streckensteuerung.

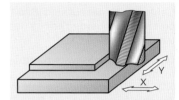

2　Streckensteuerung

Mit einer **Bahnsteuerung** können beliebige Verfahrbewegungen re-alisiert werden. Dafür werden mindestens zwei Achsantriebe aufein-ander abgestimmt angesteuert. Die Abstimmung erfolgt über Inter-polationsprogramm, Lageregelung und Geschwindigkeitsregelung. Je nach Anzahl der gleichzeitig und unabhängig voneinander steu-erbaren Achsen unterscheidet man 2D-, 2½D-, 3D- und mehrachsige Bahnsteuerungen.

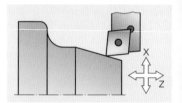

3　2D-Bahnsteuerung an einer Drehmaschine

Bei einer **2D-Bahnsteuerung** liegen die beiden gemeinsam steuer-baren Achsen fest. Besitzt die Maschine eine dritte Achse, so kann diese nur unabhängig von den beiden anderen gesteuert werden (Bild 3). Diese Steuerungsart wird für Drehmaschinen verwendet, die keine angetriebenen Werkzeuge im Revolver und keine steuerbare Arbeitsspindel besitzen.

Kann der Bediener wählen, welche beiden Achsen er gemeinsam steuern will, so spricht man von einer **2½D-Bahnsteuerung**. Zum Programmanfang muss der Bediener der Steuerung mitteilen, welche Arbeitsebene er nutzen will (Bild 4, S. 421). Die **3D-Bahnsteuerung** ermöglicht das gleichzeitige Steuern von mindestens drei Achsen. Damit können komplizierte dreidimensionale Verfahrbewegungen erzeugt werden. Diese Steuerungsart ist bei Dreh- und Fräsmaschinen heute Standard (Bild 4).

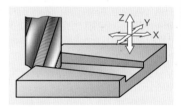

4　3D-Bahnsteuerung an einer Fräsmaschine

An Drehmaschinen mit mehreren Werkzeugrevolvern, Fräsmaschinen mit NC-Rundtisch oder 2-Achs-NC-Tisch sowie Bearbeitungszentren werden Bahnsteuerungen eingesetzt, mit denen mehr als drei Achsen gleichzeitig gesteuert werden können (Bild 5).

5　5-Achs-Bearbeitung

Aufgaben

1 Beschreiben Sie den grundsätzlichen Aufbau und die wich-tigsten Funktionen einer CNC-Steuerung.

2 Erklären Sie die Regelung der Hauptspindeldrehzahl beim Plandrehen mit konstanter Schnittgeschwindigkeit.

3 Welche Steuerungsart ist erforderlich, um an einem Drehteil einen exzentrischen Lagersitz zu fertigen?

4 Berechnen Sie die Drehzahl des Vorschubmotors der X-Achse am Punkt P5 (Bild 2, S. 416), wenn gilt: $\alpha = 47°$, $v_f = 300$ mm/min, $P = 5$ mm.

8.3   Programmieren nach DIN 66025 und PAL

Für eine Kleinserie von Maschinenschraubstöcken sind an einer CNC-Werkzeugmaschine die Grundplatten zu fertigen (Bild 1). Die verfügbare Senkrecht-Fräsmaschine ist mit einem 2-Achs-NC-Tisch ausgestattet. Dadurch wird es möglich, die Fertigung als 5-Seiten-Bearbeitung zu organisieren. Die CNC-Steuerung der Maschine wird nach DIN 66025 programmiert. Gleichzeitig stehen Bearbeitungszyklen nach PAL zur Verfügung.

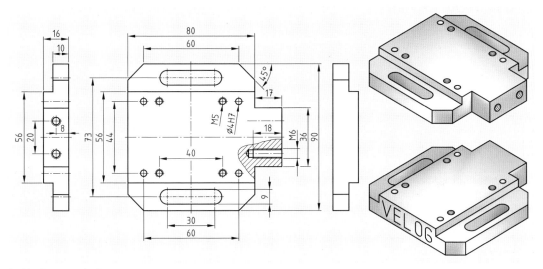

1   Fertigungsaufgabe

Die Fertigung wurde so geplant, dass in der 1. Aufspannung alle Konturen hergestellt werden können. Nach dem Umspannen müssen noch die Unterseite des Werkstücks auf Maß bearbeitet sowie die Durchgangsbohrungen und Nuten angefast werden. Das Werkstück wird dazu in einem auf dem 2-Achs-NC-Tisch befestigten, hydraulisch betätigten, kompakt gebauten Maschinenschraubstock gespannt (Bild 2). Entsprechend der herzustellenden Konturen und ausgewählten Verfahren wurden unterschiedliche Werkzeuge festgelegt und entsprechende technologische Daten ermittelt (Bild 3).

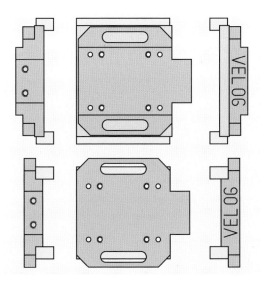

Werkzeug Nr, Bezeichnung; Schneidstoff	Schnittgeschwindigkeit v_c in m/min	Vorschub f_z bzw. f in mm	Zähnezahl z
– Werkzeugliste –			
T01 Messerkopf ø100; HC	200	0,05	8
T02 Schaftfräser ø16; HC	200	0,08	4
T03 Schaftfräser ø25; HC	200	0,10	4
T04 Bohrnutenfräser ø6; HC	200	0,06	2
T05 NC-Anbohrer ø12; HC	200	0,06	2
T06 Spiralbohrer ø4,2; HSS	40	0,10	
T07 Spiralbohrer ø3,8; HSS	40	0,10	
T08 Spiralbohrer ø5,0; HSS	40	0,10	
T09 Gewindebohrer M5; HSS	15		
T10 Gewindebohrer M6; HSS	15		
T11 Reibahle ø4H7; HSS	15	0,12	
T12 Gravurstichel ø1; HSS	50	0,05	

2   Spannskizzen   **3   Werkzeugliste**

8.3.1 Grundlagen

Die Steuerung benötigt zur Organisation einer Fertigungsaufgabe eine Vielzahl von Informationen, die alle dafür notwendigen Schritte exakt beschreiben. Die Gesamtheit dieser Informationen wird durch ein CNC-Programm zur Verfügung gestellt.

Aufbau eines CNC-Programms

> Ein CNC-Programm besteht aus Sätzen. Ein **Satz** des Programms besteht aus Worten. Die **Worte** setzen sich meist aus einem **Adressbuchstaben** und einer **Zifferfolge** mit oder ohne Vorzeichen zusammen.

Die **Worte** können programmtechnische, geometrische und technologische Informationen enthalten. Dabei ist die Reihenfolge der Eintragung vorgeschrieben.

Der **Satz** beginnt mit dem Wort für die Satznummer. Danach werden die Weginformationen und dann die Schaltinformationen angegeben. Die **Satznummer** dient zur Kennzeichnung des aktuellen Bearbeitungsschritts, hat jedoch keinen Einfluss auf die Reihenfolge der Satzabarbeitung. Dafür sind die Reihenfolge der Sätze im Programm bzw. spezielle Befehle maßgebend.

Die **Weginformationen** setzen sich aus den Wegbedingungen und den ggf. notwendigen Koordinatenwerten zusammen (Bild 1).

% 7707; Grundplatte				
N01	G17			
N02	G54			
N03	G97	S630	T01	M06
N04	G90			
N05	G00	X-55	Y0	Z2
N06	G00	Z0		
N07	G01	X150	F250	M13

Programminformationen:	Programmsatz 07
Weginformationen:	Geradeninterpolation zu X-Koordinate = 150
Schaltinformationen:	Vorschubgeschwindigkeit 250 mm/min, Spindel (Rechtslauf) und Kühlschmiermittel einschalten

1 Programmauszug

Adressbuchstaben nach DIN 66025 (Auswahl)			
A	Drehachse um X	M	Maschinenfunktion
B	Drehachse um Y	N	Satznummer
C	Drehachse um Z	R	Parameter
F	Vorschub	S	Drehzahl oder Schnittgeschwindigkeit
G	Wegbedingung		
I	Interpolation in X	T	Werkzeug
J	Interpolation in Y	X	Linearachse X
K	Interpolation in Z	Y	Linearachse Y
L	Frei verfügbar	Z	Linearachse Z

Die **Schaltinformationen** können Angaben zu Vorschubgeschwindigkeit, Spindeldrehzahl, Werkzeug und verwendeten Maschinenfunktionen sein. Enthält die Zifferfolge eines Programmwortes einen Dezimalbruch, so wird dieser durch den Dezimalpunkt vom ganzzahligen Teil getrennt.

Moderne Steuerungen lassen die Berechnung bzw. Zuweisung von Werten im Programm zu. Das Wort besteht dann aus einer Adresse (Buchstabe und Ziffer) und einer mathematischen Berechnung oder Zifferfolge, die durch ein Gleichheitszeichen verbunden sind. Die Verwendung der Adressbuchstaben ist nach DIN 66025 vorgeschrieben. Die Steuerungshersteller nutzen den durch die DIN gegebenen Spielraum zur Verwendung bestimmter Adressbuchstaben, um Leistungsumfang und Komfort ihrer Steuerungen zu erhöhen. Nach PAL sind auch Buchstabenkombinationen zur Adressierung zulässig.

Koordinatensysteme

Um die Programmierung von CNC-Werkzeugmaschinen zu vereinheitlichen, sind Lage und Richtung der Koordinatenachsen am Werkstück und die Bewegungsrichtungen an der Maschine in DIN 66217 festgelegt.

> Die Grundlage bildet ein rechtwinkliges rechthändiges **Koordinatensystem** mit den Achsen X, Y und Z (Bild 2).

Die Zuordnung der Koordinatenachsen kann durch Daumen, Zeigefinger und Mittelfinger der rechten Hand dargestellt werden (Bild 2).

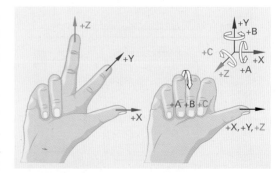

2 Achsrichtungen

Das **Koordinatensystem** ist auf die Hauptführungsbahnen der Werkzeugmaschine ausgerichtet. Die Z-Achse liegt in Richtung der Arbeitsspindel, während die X-Achse der Längsbewegung des Maschinenschlittens folgt. Die positive Richtung der Z-Achse zeigt immer vom Werkstück zum Werkzeug. Dementsprechend gelten abhängig von der Bauform der Fräsmaschine unterschiedliche Koordinatensysteme (Bild 1).

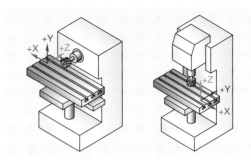

1 Koordinaten an Fräsmaschinen

Bei Maschinen mit rotierenden Werkstücken verläuft die X-Achse von der Werkstückachse zum Werkzeugträger (Bild 2). An modernen CNC-Maschinen werden von verschiedenen Baugruppen wie z. B. Arbeitsspindel, NC-Rundtisch oder 2-Achs-NC-Tisch gesteuerte Drehbewegungen ausgeführt. Diese werden mit A, B und C bezeichnet. Umfasst man eine Linearachse mit der rechten Hand, so zeigen die Finger in die positive Richtung der zugehörigen Drehachse (Bild 2, vorherige Seite).

Werkzeug vor Spindelachse

Werkzeug hinter Spindelachse

2 Koordinaten an Drehmaschinen

Über 3 Linearachsen und 2 Drehachsen ist theoretisch jeder Punkt im Arbeitsraum mit der gewünschten Werkzeugorientierung anfahrbar. Die Hersteller von CNC-Werkzeugmaschinen haben für verschiedene Anforderungen unterschiedliche Kinematiklösungen entwickelt. Neben der Möglichkeit beide Drehachsen im Fräskopf zu integrieren, ist auch die Variante weit verbreitet, bei der sich beide Drehachsen im Maschinentisch befinden (Bild 3). Auch die Verteilung der beiden Drehachsen auf Fräskopf und Maschinentisch findet man oft in der Praxis. Führt das Werkstück die tatsächliche Drehbewegung an der Maschine aus, wird die Drehachse neben dem Buchstaben mit einem Hochkomma bezeichnet.

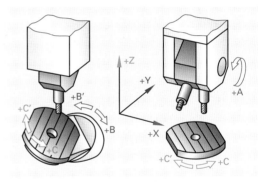

3 Kinematiklösungen (Beispiele)

8.3.2 Schreiben des CNC-Programms

%7707 ;Grundplatte	;Programmnummer Hauptprogramm
N01 G17	;Wahl der Bearbeitungsebene
N02 G54	;Nullpunktverschiebung
N03 G97 S630 T01 M06	;Werkzeugaufruf mit Wertzuweisung
N04 G90	;Absolute Maßangaben

Nach dem Festlegen der Programmnummer und dem Kennzeichnen als Hauptprogramm mithilfe des %-Zeichens ist das Programm für die Steuerung eindeutig beschrieben. Damit sind alle verfügbaren Funktionen wie Aktivieren, Ändern und Simulieren auf das Programm anwendbar. Der Bediener kann mit der Programmeingabe fortfahren. Bei CNC-Fräsmaschinen mit 2½D-Bahnsteuerung und Drehmaschinen mit angetriebenen Werkzeugen muss der Programmierer am Anfang des Programms der Steuerung die Hauptbearbeitungsebene mitteilen (Bild 4).

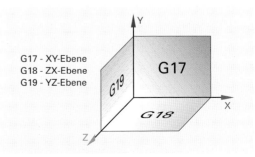

G17 - XY-Ebene
G18 - ZX-Ebene
G19 - YZ-Ebene

4 Hauptbearbeitungsebenen

Bei 3D-Frässteuerungen wird diese Ebenenanwahl u. a. zur Festlegung der Positionierlogik genutzt. Dadurch können Positionierbewegungen des Werkzeuges in einem Satz programmiert werden. Die Maschine verfährt beim Anstellen zunächst die Schlitten der beiden durch die Bearbeitungsebene definierten Achsen und dann die Zustellachse (Bild 1).

> Nach DIN 66025 werden die Wegbedingungen **G17, G18** und **G19** zur Auswahl der **Hauptbearbeitungsebene** verwendet. Davon ausgehend kann eine beliebig im Raum liegende Bearbeitungsebene, verbunden mit der zugehörigen **Werkstückkoordinaten-Transformation**, angewählt werden. So wird es möglich, eine Mehrseitenbearbeitung zu organisieren.

Null- und Bezugspunkte

Das Steuern der Bewegungen auf CNC-Werkzeugmaschinen erfolgt über die Verarbeitung von auf die Maschine bezogenen Koordinatenwerten. Der Programmierer schreibt das Programm jedoch mit werkstückbezogenen Koordinaten.

> Um ein CNC-Programm richtig abarbeiten zu können, müssen das Werkstückkoordinatensystem mit dem Maschinenkoordinatensystem in Beziehung gesetzt und Werkzeugmaße verrechnet werden.

Dafür werden unterschiedliche Null- und Bezugspunkte benötigt (Bild 2). Einige dieser Beziehungen sind der Steuerung bekannt, andere müssen ihr im Programm z. B. durch Aufrufen einer **Nullpunktverschiebung** bzw. eines Werkzeuges mitgeteilt werden.

Der **Maschinennullpunkt M** wird vom Hersteller der Werkzeugmaschine festgelegt und ist vom Bediener nicht veränderbar. Er ist der Nullpunkt des Maschinenkoordinatensystems und liegt oft am Rand oder sogar außerhalb des Arbeitsraumes der Werkzeugmaschine an einer mechanisch und thermisch günstigen Stelle. Deshalb ist er durch Verfahrbewegungen meist nicht erreichbar.

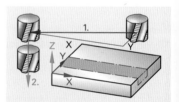

1 Positionierlogik

Der **Werkstücknullpunkt W** ist der Ursprung des Werkstückkoordinatensystems und damit Ausgangspunkt für die Programmierung. Er ist vom Programmierer frei wählbar und muss der Steuerung bekannt gegeben werden. Dies geschieht beim Einrichten der Maschine durch Setzen von Achswerten und Eingabe einer Nullpunktverschiebung im Programm.

Der **Referenzpunkt R** ist bei Maschinen, die mit inkrementalen Wegmesssystemen ausgestattet sind, der wichtigste Bezugspunkt im System. Seine Lage zum Maschinennullpunkt ist genau vorbestimmt. Da der Maschinennullpunkt meist nicht anfahrbar ist, dient der Referenzpunkt zur Eichung des Wegmesssystems. Wenn die Maschine den Referenzpunkt angefahren hat, ist sie auf ihr Koordinatensystem eingerichtet. Auch die inkrementalen Messsysteme der Drehachsen (NC-Rundtisch, Arbeitsspindel) werden durch Anfahren von Referenzmarken geeicht.

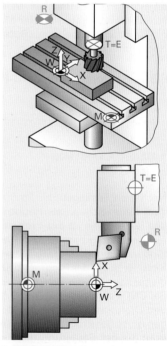

Der **Werkzeugträgerbezugspunkt T** wird von Mittelachse und Planfläche der Werkzeugaufnahme gebildet. Wenn der Steuerung kein Werkzeug angemeldet wurde, sind die aktuellen Achspositionen auf diesen Punkt bezogen.

Werkzeuge werden meist außerhalb der Maschine vermessen. Die dabei ermittelten Maße (z. B. Länge, Radius für Fräswerkzeuge) beziehen sich auf den **Werkzeugeinstellpunkt E**. Wird das Werkzeug in den Werkzeugträger eingesetzt, so fallen Werkzeugträgerbezugspunkt und Werkzeugvoreinstellpunkt zusammen. Deshalb können die gemessenen Werte direkt in die Steuerung übernommen werden.

2 Null- und Bezugspunkte

Prinzipiell wählt der Programmierer die **Lage des Werkstücknullpunktes W** frei. Trotzdem haben sich Richtlinien herausgebildet, die auch beim Erstellen der Fertigungszeichnungen beachtet werden. So liegt der Nullpunkt bei Frästeilen oft an einer Ecke des Werkstücks. Die Nullpunktlage in Richtung der Zustellachse wird durch die Oberfläche oder die Grundfläche des Fertigteils bestimmt (Bild 1). Bei Drehteilen liegt der Nullpunkt in der Symmetrieachse des Werkstücks an der Planfläche oder Anlagefläche des Fertigteils.

Je nach Art und Weise der Maßangaben auf der Fertigungszeichnung können auch andere Punkte bevorzugt bzw. mehrere Nullpunkte verwendet werden. Meist wird dies über zusätzliche programmierte Nullpunktverschiebungen erreicht. Wird das Werkstück in mehreren Ebenen bearbeitet, wird für jede Ebene ein Nullpunkt definiert (Bild 2). Er muss entweder durch Antasten gesetzt werden oder wird durch Verschiebung, ausgehend vom ersten Nullpunkt und verbunden mit einer Koordinatentransformation, programmiert. Nach diesen Anweisungen kann wie gewohnt weiter gearbeitet werden.

Weg- und Schaltinformationen

> Für die Angabe der **Wegbedingungen** ist nach DIN 66025 der Adressbuchstabe **G** (geometric function) reserviert.

Dem Buchstaben wird eine zweistellige Schlüsselzahl zugeordnet. Neuere Steuerungen haben auch G-Worte mit einer dreistelligen Schlüsselzahl im Befehlsumfang. Einige Wegbedingungen gelten nur satzweise, die meisten sind aber modal wirksam, d.h. sie sind so lange aktiv, bis eine andere Wegbedingung sie ersetzt. Nicht alle G-Befehle erfordern direkt im Satz die Zuordnung von Koordinatenwerten.

Die Schaltinformationen beschreiben den technologischen Teil des CNC-Programms.

> Für den **Vorschub** und die **Spindel**drehzahl sind die Adressbuchstaben **F** (feed function) und **S** (spindle speed function) reserviert.

Ist die Wegbedingung G94 aktiv, wird unter F die Vorschubgeschwindigkeit in mm/min programmiert. Soll unter F der Vorschub in mm/U angegeben werden, muss die Wegbedingung G95 aktiv sein. Ist die Wegbedingung G96 aktiv, wird unter S eine konstante Schnittgeschwindigkeit in m/min angegeben. Soll unter S eine Spindeldrehzahl in min^{-1} programmiert werden, muss die Wegbedingung G97 aktiv sein. Die programmierten Werte sind modal wirksam und lassen sich nur durch Überschreiben mit einem neuen Wert ändern.

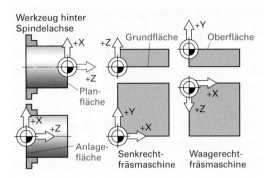

1 Nullpunktlagen an Fräs- und Drehteilen

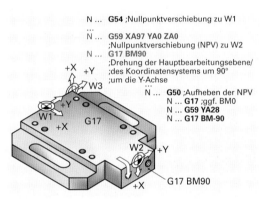

```
N … G54 ;Nullpunktverschiebung zu W1
…
N … G59 XA97 YA0 ZA0
       ;Nullpunktverschiebung (NPV) zu W2
N … G17 BM90
       ;Drehung der Hauptbearbeitungsebene/
       ;des Koordinatensystems um 90°
       ;um die Y-Achse
N … G50 ;Aufheben der NPV
N … G17 ;ggf. BM0
N … G59 YA28
N … G17 BM-90
```

2 Verschieben von Nullpunkten und Drehen des Koordinatensystems

Wegbedingungen nach DIN 66025 (Auswahl)	
G00	Verfahrbewegung im Eilgang
G01	Geraden-Interpolation
G02	Kreis-Interpolation im Uhrzeigersinn
G03	Kreis-Interpolation gegen Uhrzeigersinn
G09	Genauhalt
G17	Ebenenanwahl XY
G18	Ebenenanwahl ZX
G19	Ebenenanwahl YZ
G40	Aufheben der Werkzeugbahnkorrektur
G41	Werkzeugbahnkorrektur, links
G42	Werkzeugbahnkorrektur, rechts
G53	Aufheben der Nullpunktverschiebung
G54	Nullpunktverschiebung
G59	Additive Nullpunktverschiebung
G90	Absolute Maßangaben
G91	Inkrementale Maßangaben
G94	Vorschubgeschwindigkeit in mm/min
G95	Vorschub in mm/U
G96	Konstante Schnittgeschwindigkeit in m/min
G97	Spindeldrehzahl in 1/min

Das Programmieren des **Werkzeugs** erfolgt durch den Adressbuchstaben **T** (tool function).

Die zugehörige Schlüsselzahl bezeichnet die Nummer des Werkzeugs, die für den manuellen oder automatischen Werkzeugwechsel benötigt wird. Nach PAL können ergänzend ein Korrekturwertspeicher angewählt und temporäre Änderungen der dort gespeicherten Werte durchgeführt werden (Bild 1).

Das Programmwort für die Zusatz- bzw. **Maschinen**funktionen besteht aus dem Adressbuchstaben **M** (machine function) und aus einer zweistelligen Schlüsselzahl.

Einige Maschinenfunktionen werden sofort am Satzanfang wirksam, andere erst zu Satzende. Weiterhin wirken einige Funktionen satzweise, andere sind modal wirksam, d.h. sie sind aktiv, bis sie durch eine andere Funktion aufgehoben werden. Nach PAL sind maximal zwei M-Befehle in einem Programmsatz zulässig.

Koordinatenwerte

Beim Erstellen der Zeichnungen wird der Bearbeitung auf CNC-Maschinen durch fertigungsgerechte NC-Bemaßung Rechnung getragen. Je nach Fertigungsaufgabe gibt der Konstrukteur oder Zeichner jedoch einer bestimmten Bemaßung den Vorzug. Damit der Programmierer ohne großen Rechenaufwand die herzustellenden Konturen beschreiben kann, bieten die Steuerungen verschiedene Möglichkeiten für die Eingabe der benötigten Koordinatenwerte.

In den meisten Fällen werden die Koordinatenwerte **absolut**, d. h. bezogen auf den aktuellen Werkstücknullpunkt, eingegeben. Enthält die Fertigungszeichnung Kettenmaße oder wird ein bestimmter Programmteil mehrfach benötigt, dann sollte **relativ (inkremental)**, d. h. bezogen auf den im vorhergehenden Satz angefahrenen Punkt bzw. die aktuelle Werkzeugposition, programmiert werden (Bild 2).

Bei der **Absolut-Programmierung** wird immer der **Punkt** beschrieben, **auf** den die Steuerung das Werkzeug verfahren soll. Bei der **Relativ-Programmierung** wird immer der **Weg** beschrieben, **um** den die Steuerung das Werkzeug verfahren soll.

Durch die Eingabe des Programmwortes **G90** oder **G91** wird der Steuerung die Art der Programmierung angekündigt. Zusätzlich kann bei vielen Steuerungen unter Verwendung von anderen Adressbuchstaben oder Buchstabenkombinationen die Angabe von Koordinatenwerten gemischt erfolgen.

1 Werkzeugaufruf

Zusatzfunktionen nach DIN 66025 (Auswahl)

Befehl	Bedeutung	Wirksamkeit
M00	Programmierter Halt	
M03	Spindeldrehrichtung im Uhrzeigersinn	
M04	Spindeldrehrichtung gegen Uhrzeigersinn	
M06	Werkzeugwechsel	
M08	Kühlschmiermittel Ein	
M09	Kühlschmiermittel Aus	
M17	Unterprogrammende	
M30	Hauptprogrammende mit Rücksetzen	
Satzanfang	Satzende	modal	satzweise

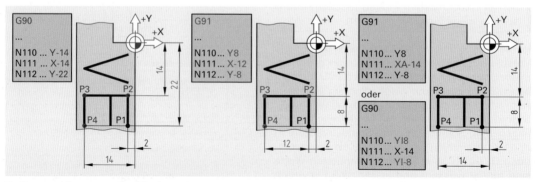

2 Programmierung von Koordinatenwerten

Für bestimmte Konturen verwendet der Zeichner oder Konstrukteur zur Bemaßung polare Maßangaben. Der Programmierer muss den mathematischen Zusammenhang von kartesischen und Polarkoordinaten kennen und trigonometrische Berechnungen durchführen, um die kartesischen Koordinaten zu erhalten (Bild 1). Viele Steuerungen ermöglichen inzwischen die direkte Verwendung von Polarkoordinaten. Dabei kann der Programmierer auch entscheiden, ob er absolute oder inkrementale Werte verwenden will. Nach PAL ist es auch möglich, für die Programmierung kartesische und Polarkoordinaten zu kombinieren.

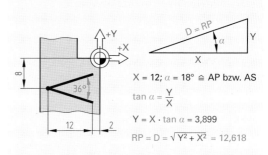

$X = 12; \alpha = 18° \cong$ AP bzw. AS

$\tan \alpha = \dfrac{Y}{X}$

$Y = X \cdot \tan \alpha = 3{,}899$

$RP = D = \sqrt{Y^2 + X^2} = 12{,}618$

1 Von kartesischen Koordinaten zu Polarkoordinaten

...;Gravur V	
N100 G00 X-14 Y-8 Z2	;Verfahrbewegung im Eilgang zu P1
N101 G01 Z-1 F100 M13	;Geradeninterpolation, Eintauchen bei P1
N102 G01 X-2 AS-18 F400	;Geradeninterpolation mit Mischkoordinaten zu P2
N103 G00 Z2	;Verfahrbewegung im Eilgang, Rückziehen bei P2
N104 G00 X-14 Y-8	;Verfahrbewegung im Eilgang zu P1
N105 G01 Z-1 F100	;Geradeninterpolation, Eintauchen bei P1
N106 G11 RP12.618 AP18 F400	;Geradeninterpolation mit Polarkoordinaten zu P3
N107 G00 Z2	;Verfahrbewegung im Eilgang, Rückziehen bei P2
...	

Verfahrbewegungen

Das Programmieren der Verfahrbewegungen erfolgt unabhängig von der Maschinenkinematik. Es wird nicht berücksichtigt, ob und wie sich während der Bearbeitung Werkstück und Werkzeug bewegen (Bild 2).

Beim Eingeben der Koordinatenwerte wird zudem unabhängig von der Werkzeuglänge die Werkzeugspitze programmiert. Auch beim Programmieren der Schwenkbewegung der Hauptbearbeitungsebene wird die konkrete Kinematikauflösung der Werkzeugmaschine nicht beachtet.

> Der Programmierer geht immer davon aus, dass das Werkzeug eine Relativbewegung zum Werkstück ausführt.

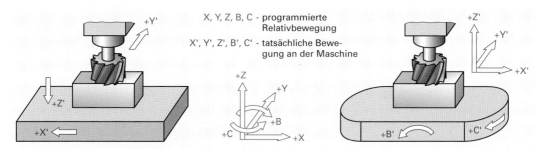

X, Y, Z, B, C - programmierte Relativbewegung

X', Y', Z', B', C' - tatsächliche Bewegung an der Maschine

2 Relative und tatsächliche Bewegungen (Beispiele)

Verfahrbewegung im Eilgang

Durch die Wegbedingung **G00** (G0) wird das Werkzeug in allen Achsrichtungen mit maximaler Achsgeschwindigkeit zum im Satz angegebenen Zielpunkt verfahren. Bei älteren Steuerungen wird das Interpolationsprogramm während des Verfahrens nicht benutzt, sodass die Werkzeugbahn nicht exakt bestimmbar ist. Gegebenenfalls muss ein zwischen Start- und Zielpunkt der Bewegung liegendes „Hindernis" (Spannmittel, Werkstückkante) mittels mehrerer G00-Sätze umfahren werden. Moderne Steuerungen besitzen eine räumliche Positionierlogik, die Zustell- und Rückzugsbewegungen organisiert. Nach PAL kann mithilfe der Wegbedingung G10 der Zielpunkt der Verfahrbewegung im Eilgang unter Angabe von Polarkoordinaten programmiert werden.

Geradeninterpolation im Arbeitsvorschub

Wird das Werkzeug vom Start- zum Zielpunkt auf einer geraden Linie verfahren, spricht man von **Geradeninterpolation** (Bild 1). Die dafür anzugebende Wegbedingung ist **G01** (G1). Ergänzend müssen dazu im Satz die Koordinaten des **Zielpunktes** der Verfahrbewegung nach den zugehörigen Adressbuchstaben entsprechend der gewählten Programmierart (absolut/relativ) eingetragen werden. Angegebene Koordinatenwerte sind modal wirksam. Deshalb müssen im Programmsatz nur die Achsrichtungen angegeben werden, in deren Richtung eine Bewegung erfolgen soll. Der Programmierer muss spätestens im ersten G01-Satz eines Programms mit einem programmierten Arbeitsvorschub der Steuerung dessen Größe mitteilen. Nach PAL kann mithilfe der Wegbedingung **G11** der Zielpunkt der Geradeninterpolation unter Angabe von Polarkoordinaten prorammiert werden.

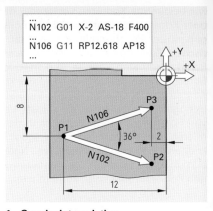

1   Geradeninterpolation

...;Gravur 0	
N123 G00 X-6 Y-34	;Verfahrbewegung im Eilgang zu P1
N124 G01 Z-1 F100	;Geradeninterpolation, Eintauchen bei P1
N125 G01 X-10 F400	;Geradeninterpolation zu P2
N126 G03 X-10 Y-42 I0 J-4	;Kreisinterpolation zu P3
N127 G01 X-6	;Geradeninterpolation zu P4
N128 G03 X-6 Y-34 R4	;Kreisinterpolation zu P1
N129 G00 Z2	;Verfahrbewegung im Eilgang, Rückziehen bei P1
N130 G10 RP4 AP45 IA-10 JA-48	;Verfahrbewegung im Eilgang zu P5
N131 G01 Z-1 F100	;Geradeninterpolation, Eintauchen bei P5
N132 G02 X-10 Y-44 IA-10 JA-48 F400	;Kreisinterpolation zu P6
N133 G01 X-6	;Geradeninterpolation zu P7
N134 G12 AP-30 IA-6 JA-48	;Kreisinterpolation mit Polarkoordinaten zu P8
N135 G00 Z2	;Verfahrbewegung im Eilgang, Rückziehen bei P8
...	

Kreisinterpolation im Arbeitsvorschub

Wird das Werkzeug vom Start- zum Zielpunkt auf einer Kreisbahn verfahren, spricht man von **Kreisinterpolation**. Um diese Art der Verfahrbewegung berechnen und ausführen zu können, benötigt die Steuerung Informationen zur **Drehrichtung**, über die Koordinaten des **Zielpunkt**es und zur Lagebestimmung des **Mittelpunkt**es der Kreisbewegung. Die Drehrichtung wird über die Wegbedingungen **G02** (G2) oder **G03** (G3) angegeben. Blickt man in die negative Richtung der dritten Achse, so wird die Bewegung im Uhrzeigersinn mit G02 beschrieben. Bewegt sich das Werkzeug gegen den Uhrzeigersinn, so muss der Programmierer die Wegbedingung G03 verwenden (Bild 2). Die Koordinaten des Zielpunktes werden wie in G00- und G01-Sätzen hinter den zugehörigen Adressbuchstaben absolut oder relativ angegeben.

Durch die Angabe der **Interpolationsparameter** I, J oder K bzw. IA, JA oder KA erhält die Steuerung Informationen über die Lage des **Mittelpunkt**es der Kreisbahn, auf der das Werkzeug verfahren soll. Die Parameter sind den Achsrichtungen X, Y und Z eindeutig zugeordnet und werden **inkremental bezogen auf den Startpunkt** (I, J, K) bzw. **absolut** (IA, JA, KA) angegeben (Bild 2). Wie bei den meisten Steuerungen

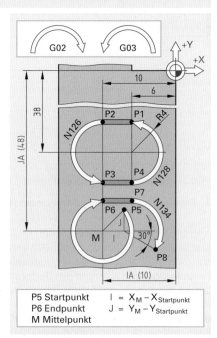

P5 Startpunkt	$I = X_M - X_{Startpunkt}$
P6 Endpunkt	$J = Y_M - Y_{Startpunkt}$
M Mittelpunkt	

2   Kreisinterpolation

wird nach PAL alternativ der Radius des Kreisbogens zur Bestimmung des Mittelpunktes akzeptiert. Die Unterscheidung der geometrisch möglichen Lösungen erfolgt dabei über das Vorzeichen der Adresse R. Mithilfe der Wegbedingung **G12** bzw. **G13** kann der Zielpunkt der Kreisinterpolation unter Angabe von Polarkoordinaten programmiert werden.

...;Absatz oben/unten	
N22 G97 F1020 S2550 T03 M06	;Werkzeugaufruf Schaftfräser d = 25 mm
N23 G00 X-15 Y43 Z2	;Positionieren
N24 G00 Z-6 M13	;Zustellen
N25 G41	;Aufrufen der Werkzeugbahnkorrektur
N26 G01 X-15 Y28	;Anfahren an die Kontur
N27 G01 X100	;Fertigen des Absatzes
N28 G40	;Abwählen der Werkzeugbahnkorrektur
N29 G01 X95 Y43	;Abfahren von der Kontur
...	
N33 G41 G45 D13 X100 Y-28	;Tangentiales Anfahren, Werkzeugbahnkorrektur
N34 G01 X0	;Fertigen des Absatzes
N35 G40 G46 D13	;Tangentiales Abfahren, Werkzeugbahnkorrektur
...	

Werkzeugkorrektur

> Die Werkzeugkorrektur ist eine Funktion der CNC-Steuerung, die die automatische Verrechnung der Werkzeugmaße mit den im Programm angegebenen Koordinatenwerten ermöglicht. Sie vereinfacht wesentlich das Programmieren der Verfahrbewegungen, erlaubt eine weitgehend voneinander unabhängige Programmierung von Geometriedaten und technologischen Daten und erleichtert dem Maschinenbediener das zielgerichtete Eingreifen in die laufende Bearbeitung.

Werkzeugvermessung

Hat die Steuerung keine Informationen über das verwendete Werkzeug, bezieht sie den programmierten Zielpunkt der Bewegung auf ihren Werkzeugträgerbezugspunkt T. Deshalb müssen die Werkzeuge vermessen, die Messgrößen im Werkzeugspeicher der Steuerung den Werkzeugen zugeordnet und die Werkzeuge im Programm aufgerufen werden. Die unbedingt notwendigen Größen sind bei Bohrwerkzeugen die Länge, bei Fräswerkzeugen die Länge und der Radius und bei Drehwerkzeugen die Ausladung in X- und Z-Richtung, der Eckenradius und die Lage der Werkzeugschneide (Bild 1).

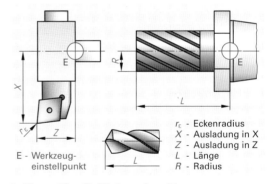

E - Werkzeugeinstellpunkt

r_E - Eckenradius
X - Ausladung in X
Z - Ausladung in Z
L - Länge
R - Radius

1 Messgrößen für Werkzeugkorrektur

Werkzeuglängenkorrektur

Mit dem Werkzeugaufruf und/oder der Anwahl des Korrekturspeichers übernimmt die Steuerung die Länge des Fräsers oder Bohrers bzw. die Ausladung des Drehwerkzeuges aus dem Werkzeugspeicher und verrechnet sie mit den aktuellen Achspositionen. Bei allen nachfolgenden Verfahrbewegungen korrigiert die Steuerung die programmierten Koordinaten automatisch um die Maße des aktuellen Werkzeuges und verfährt die Achsen der Maschine entsprechend (Bild 2). Werden jedoch die Korrektur des Fräserradius bzw. des Schneidenradius des Drehmeißels benötigt, muss das der Steuerung über eine zusätzliche Wegbedingung mitgeteilt werden.

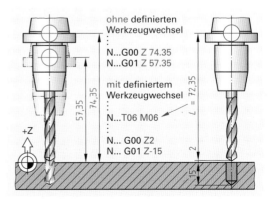

ohne definierten Werkzeugwechsel
:
N...G00 Z 74.35
N...G01 Z 57.35

mit definiertem Werkzeugwechsel
N...T06 M06
:
N... G00 Z2
N... G01 Z-15

2 Prinzip der Werkzeuglängenkorrektur

Werkzeugbahnkorrektur beim Fräsen

Im Einschaltzustand der Maschine arbeitet die Steuerung ohne Fräserradiuskorrektur. Programmierte Koordinaten beschreiben die Mittelpunktsbahn der Werkzeugbewegung. Zum Konturfräsen muss die Mittelpunktsbahn jedoch gegenüber der Kontur meist um den Werkzeugradius versetzt sein (Bild 1). Der Programmierer berechnet erforderliche Punkte, um die Bahn beschreiben zu können. Muss mit einem anderen Fräserradius gearbeitet werden, ist es erforderlich, das Programm zu verändern.

Die **Fräserradiuskorrektur** erlaubt es, die herzustellende Kontur unabhängig vom Werkzeugradius zu programmieren. Der Programmierer beschreibt die Kontur, teilt der Steuerung mit, auf welcher Seite der Kontur das Werkzeug verfährt und welches Werkzeug bzw. welcher Werkzeugkorrekturspeicher verwendet wird. Entscheidend für die Angabe „links oder rechts der Kontur" ist die Blickrichtung in Richtung der Relativbewegung des Werkzeugs. Die Steuerung berechnet aus diesen Angaben die **Äquidistante**. Diese Bahn gleichen Abstands von der Kontur ist beim Fräsen meist deckungsgleich mit der Mittelpunktsbahn des Fräsers.

Soll sich das Werkzeug **links** von der herzustellenden Kontur bewegen, muss die Wegbedingung **G41** verwendet werden. **G42** ist programmiert, wenn das Werkzeug sich **rechts** von der herzustellenden Kontur bewegt. Die Werkzeugradiuskorrektur wird mit der Wegbedingung **G40 aufgehoben** (Bild 2).

Aus rechentechnischen und mechanischen Gründen ist die Art der Anfahr- und Abfahrbewegung entscheidend für die exakte Funktion der Fräserradiuskorrektur. Um eine hohe Qualität der entstehenden Kontur zu gewährleisten, soll das An- und Abfahren rechtwinklig zur Kontur, besser tangential – linear oder auf einem Kreisbogen – erfolgen. Um den dadurch entstehenden Rechen- und Programmieraufwand zu verringern, bieten viele Steuerungen, so auch PAL, spezielle Befehle, mit denen die Anfahr- und Abfahrbedingungen im Zusammenhang mit der Fräserradiuskorrektur effektiver beschrieben werden können (Bild 3).

Moderne Frässteuerungen verfügen über eine **3D-Werkzeugkorrektur**. Diese wird bei komplizierten Formfräsarbeiten wie der Herstellung von Tiefziehgesenken eingesetzt. Zusätzlich zu Werkzeuglänge und Fräserradius wird dafür der Eckenradius des Fräsers verrechnet.

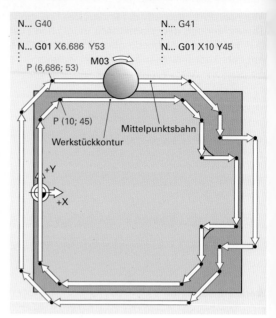

1 Programmieren ohne und mit Fräsenradiuskorrektur

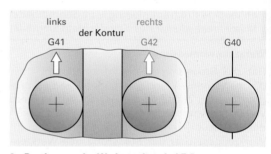

2 Bestimmen der Werkzeuglage bei Fräsen

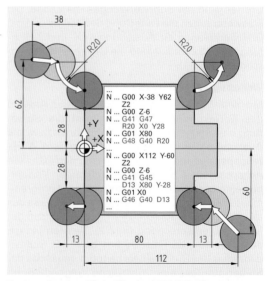

3 Anweisungen für Anfahr- und Abfahrbedingungen

Werkzeugradiuskorrektur beim Drehen (Schneidenradiuskompensation)

Um die Standzeit des Drehwerkzeuges und die Qualität der Werkstückoberfläche zu erhöhen, ist die Schneidenspitze am Drehmeißel verrundet.

Ist die Schneidenradiuskompensation nicht aktiv (Einschaltzustand), verfährt die Steuerung den **theoretischen Schneidenpunkt S** entsprechend der programmierten Koordinaten. Dadurch entstehen bei nicht achsparallelen Bewegungen Konturfehler und Verzerrungen am Werkstück (Bild 1).

Das Aktivieren der Schneidenradiuskompensation bewirkt das Berechnen einer **Äquidistante**, die im Abstand des Schneidenradius entlang der herzustellenden Kontur verläuft (Bild 2). Dadurch werden Konturabweichungen vermieden.

> Die CNC-Steuerung benötigt zur Schneidenradiuskompensation neben dem Schneidenradius die Lage des Werkzeuges zum Werkstück und die Lage der Werkzeugschneide.

Für die Lage des Werkzeuges zum Werkstück gilt analog zum Fräsen die Richtung der Relativbewegung als Blickrichtung (Bild 2).

Je nach der Lage des Werkzeuges befindet sich der theoretische **Schneidenpunkt S** links oder rechts bzw. ober- oder unterhalb vom Mittelpunkt des Schneidenradius P (Bild 3). Die Steuerung muss dies bei der Berechnung der Werkzeugbahn beachten. Deshalb wird im Korrekturspeicher zusätzlich zum Schneidenradius eine Lagekennzahl eingetragen.

In den Werkzeugkorrekturspeicher können auch Korrekturmaße für den Verschleiß oder die Aufmaßbildung eingetragen werden. Manche Steuerungen ermöglichen die Übernahme von Ergebnissen aus Messzyklen, die dann zur Werkzeugkorrektur verwendet werden. Damit verbessern sich die Möglichkeiten des Maschinenbedieners, in die Bearbeitung einzugreifen.

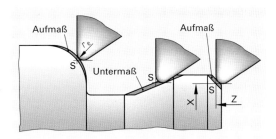

1 Konturfehler durch Schneidenradius

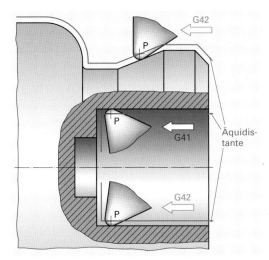

2 Bestimmen der Werkzeuglage beim Drehen

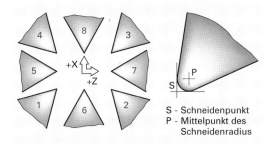

S - Schneidenpunkt
P - Mittelpunkt des Schneidenradius

3 Lagekennzahlen

Aufgaben

1 Aus welchen Elementen besteht ein CNC-Programm?

2 Erläutern Sie folgende Befehlsfolge:
N20 G02 X40 Y30 I0 J15 F120

3 Welche Bedeutung hat der Werkstücknullpunkt für das Erstellen und Abarbeiten des CNC-Programms?

4 Begründen Sie, warum beim Drehen „vor Drehmitte" die Anweisungen G02 und G03 scheinbar vertauscht sind.

5 Unter welchen Bedingungen wird ein Programm oder Programmteil inkremental programmiert?

6 Programmieren Sie die Fertigung der Außenkontur mit dem Werkzeug T02 (vgl. S. 419).

7 Diskutieren Sie das Eingeben falscher Werkzeugmaße in den Werkzeugspeicher.

8 Welche Möglichkeiten ergeben sich durch die Werkzeugkorrektur hinsichtlich der Vor- und Fertigbearbeitung?

Bearbeitungszyklen

```
...;Nut oben/unten
N39 G97 F1250 S10610 T04 M06                    ;Werkzeugaufruf Bohrnutenfräser d = 6 mm
N40 G74 ZI-10.5 LP39 BP9 D3.5 V2 W2 EP3 I114 M13 E200   ;Definition Nuten-Fräszyklus
N41 G79 X25 Y36.5 Z-6                           ;Zyklusaufruf für Nut oben
N42 G79 X25 Y-36.5 Z-6                          ;Zyklusaufruf für Nut unten
...
```

Das Herstellen von Konturen bedarf oft einer Vielzahl von einzelnen Verfahrbewegungen. Deshalb
werden häufig benötigte Folgen von Bearbeitungsschritten von den Steuerungsherstellern auch auf
Kundenwunsch vorprogrammiert und als Bearbeitungszyklen definierten Wegbedingungen zugeordnet. Anzahl und Leistungsumfang der an einer
Steuerung verfügbaren Bearbeitungszyklen sind
wesentliche Merkmale für die Qualität der Steuerung.

Durch Angabe der Wegbedingung wird der Steuerung die Art des Zyklus bekannt gegeben. Entsprechend der vorgegebenen Syntax werden die
Geometrie der herzustellenden Kontur beschrieben
und technologische Festlegungen getroffen (Bild 1).

Ein Zyklus kann einmalig oder mehrfach aufgerufen werden. Der Aufruf erfolgt durch die Angabe
der entsprechenden Wegbedingung gefolgt von
den Koordinaten des Startpunktes. Liegen die herzustellenden Konturen auf einer Linie oder einem
Teikreis, kann der Zyklusaufruf durch Verwendung
spezieller Wegbedingungen vereinfacht werden
(Bild 1, folgende Seite).

Bearbeitungszyklen nach PAL (Auswahl)

G72	Rechtecktaschen-Fräszyklus
G73	Kreistaschen-Fräszyklus
G74	Nuten-Fräszyklus
G75	Kreisbogennut-Fräszyklus
G81	Bohrzyklus
G82	Tiefbohrzyklus mit Spanbruch
G83	Tiefbohrzyklus mit Entspänen
G84	Gewinde-Bohrzyklus
G85	Reibzyklus
G86	Ausdrehzyklus
G88	Innengewinde-Fräszyklus
G89	Außengewinde-Fräszyklus

Zyklenaufruf nach PAL

G76	Mehrfachaufruf auf einer Linie
G77	Mehrfachaufruf auf einem Teilkreis
G78	Aufruf an einem Punkt (Polarkoordinaten)
G79	Aufruf an einem Punkt (kartesische Koordinaten)

G74 ZI/ZA.. LP.. BP.. D.. V.. W.. AK.. AL.. EP.. AE.. O.. Q.. H.. E.. F.. S.. M..
Notwendige Adressen:
ZI/ZA Tiefe der Nut inkremental ab Werkstückoberfläche oder absolut
LP   Länge der Nut in X-Richtung
BP   Länge der Nut in Y-Richtung
D   Zustelltiefe
V   Sicherheitsabstand von der Materialoberfläche
Optionale Adressen:
W Rückzugsabstand absolut, AK/AL Aufmaß auf Rand/Boden
EP Setzpunkt: 0 – Nutmitte, 1 – rechts, 3 – links
AE Werkzeug-Eintauchwinkel
O Zustellbewegung: O1 – senkrecht, O2 – pendelnd
Q Bewegungsrichtung: Q1 – Gleichlauffräsen, Q2 – Gegenlauffräsen
H Bearbeitungsart: H1 – Schruppen, H4 – Schlichten,
   H14 – Schruppen und Schlichten
E Vorschub beim Eintauchen,   F Vorschub in der Hauptbearbeitungsebene
S Drehzahl,   M Zusatzfunktion
Voreinstellung für optionale Adressen: W = V, EP3, AE aus Korrekturspeicher,
AK0, AL0, O1, Q1, H1, E = F, F und S sind die aktuell programmierten Werte.
Hinweis:
Der Fräserdurchmesser muss zwischen 55 % und 90 % der Nutbreite liegen.

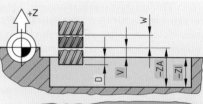

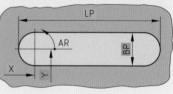

G79 X.. Y.. Z.. AR.. (Beispiel mit EP3)
Adressen:
X, Y, Z Koordinaten des Startpunktes
AR   Drehwinkel zur positiven X-Achse

1   Definition und Aufruf des Nuten-Fräszyklus

Mehrfachaufruf auf einer Linie (Lochreihe)
G76 X Y Z **AS D O** AR W H
Notwendige Adressen:

AS	Winkel der Lochreihe zur positiven X-Achse
D	Abstand der Aufrufpunkte
O	Anzahl der Aufrufpunkte

Optionale Adressen:

X, Y, Z	Startpunktkoordinaten der Lochreihe
AR	Winkellage der Tasche/Nut zur positiven X-Achse
W	Rückzugsebene absolut
H	Rückfahrposition zwischen zwei Positionen:
	H1 - Sicherheitsebene, H2 - Rückzugsebene

Voreinstellung für optionale Adressen:
X, Y, Z   Aktuelle Werkzeugpositionen, AR0, H1

Mehrfachaufruf auf einem Teilkreis (Lochkreis)
G77 IA JA Z **R AN/AI AI/AP O** AR Q W H
Notwendige Adressen:

R	Radius des Teilkreises
AN	Winkel des ersten Aufrufpunktes zur positiven X-Achse
AI	Winkel zwischen zwei benachbarten Aufrufpunkten
AP	Winkel des letzten Aufrufpunktes zur positiven X-Achse
O	Anzahl der Aufrufpunkte

Optionale Adressen:

IA, JA, Z	Mittelpunktkoordinaten des Teilkreises
AR	Winkellage der Tasche/Nut zur positiven X-Achse
Q	Orientierung der Tasche/Nut:
	Q1 - Mitdrehen, Q2 - feste Orientierung
W	Rückzugsebene absolut
H	Rückfahrposition zwischen zwei Positionen:
	H1 - Sicherheitsebene, H2 - Rückzugsebene

Voreinstellung für optionale Adressen:
IA, JA, Z Aktuelle Werkzeugposition, AR0, Q1, H1

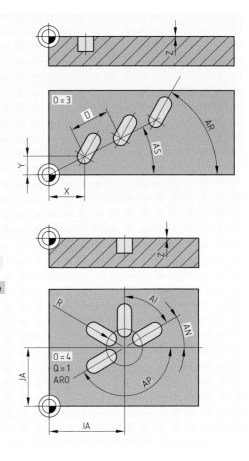

1   Aufruf von Zyklen auf Linie oder Teilkreis

Neben dem beschriebenen Zyklus zur Fertigung gerader Nuten verfügt diese Steuerung über weitere Bohr- und Fräszyklen, z. B. den Gewindebohrzyklus G84. Mit der PAL-Steuerung kann auch das Fräsen von Innen- und Außengewinden sowie von Konturtaschen per Zyklusdefiniton organisiert werden.

Gewindebohrzyklus
G84 **ZI/ZA**.. **F**.. **M**.. **V**.. W.. S.. M..
Notwendige Adressen:

ZI/ZA	Tiefe der Bohrung inkremental ab Werkstückoberfläche oder absolut
F	Gewindesteigung
M	Drehrichtung des Werkzeuges beim Eintauchen:
	M3 – Rechtsgewinde, M4 – Linksgewinde
V	Sicherheitsabstand von der Materialoberfläche

Optionale Adressen:

W	Rückzugsabstand absolut
S	Drehzahl
M	Zusatzfunktion

Voreinstellung für optionale Adressen:
W = V, S ist der aktuell programmierte Wert.

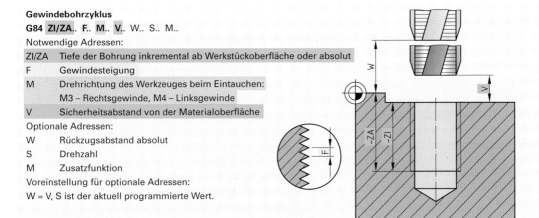

2   Definition Gewindebohrzyklus

```
...;Außenkontur
N09 G97 F1250 S3980 T02 M06                ;Werkzeugaufruf Schaftfräser d = 16 mm
N10 G00 X120 Y-40 Z2
N11 G00 Z-4.25 M13                         ;Zustellen 1. Schnitt
N12 G22 L2002 H1                           ;Aufruf Unterprogramm
N13 G00 Z-8.5                              ;Zustellen 2. Schnitt
N14 G22 L2002 H1                           ;Aufruf Unterprogramm
N15 G00 Z-12.75                            ;Zustellen 3. Schnitt
N16 G22 L2002 H1                           ;Aufruf Unterprogramm
N17 G00 Z-17                               ;Zustellen 4. Schnitt
N18 G22 L2002 H1                           ;Aufruf Unterprogramm
N19 F800 T02 TC2 M06                       ;Werkzeugaufruf zum Schlichten
N20 G23 N17 N18 H1                         ;Programmteil-Wiederholung
N21 G00 Z2 M09
...
```

Unterprogramme

Häufig vorkommende Bearbeitungsfolgen, die vom Steuerungshersteller nicht vorprogrammiert wurden, kann der Maschinenbediener selbst durch Unterprogramme beschreiben. Unterprogramme können **feste Werte** oder **Parameter** (Variablen) enthalten. Sie werden vom Hauptprogramm aus durch Angabe des Adressbuchstaben L aufgerufen. Anschließend wird nach dem Adressbuchstaben H die Anzahl der Durchläufe angegeben (Bild 1). Nach dem Abarbeiten eines Unterprogramms und dem Lesen der Anweisung **M17** setzt die Steuerung die Bearbeitung mit dem nächsten Satz des Hauptprogramms fort.

Im Beispiel wird die **Außenkontur** in vier Schnitten vorgeschruppt und abschließend nach dem Aufruf eines neuen Werkzeugradius aus dem Korrekturspeicher und eines reduzierten Vorschubes geschlichtet. Dieser Fertigungsablauf wird mithilfe eines Unterprogramms realisiert. Das Programm enthält zunächst feste Koordinatenwerte. Start- und Endpunkt der Konturbeschreibung im Unterprogramm sind identisch. Im Hauptprogramm werden lediglich die Werkzeugaufrufe und die Zustellung für den jeweiligen Schnitt realisiert.

Der Einsatz von Unterprogrammen ermöglicht eine Modularisierung von CNC-Programmen. Der Programmieraufwand reduziert sich erheblich. Gleichzeitig steigen die Anforderungen an die Programmverwaltung und -dokumentation.

Der Aufruf der Wegbedingung **G23** ermöglicht die Wiederholung eines an anderer Stelle beschriebenen Programmteils (Bild 1). Auch die Verwendung dieser Anweisung reduziert den Schreibaufwand beim Programmieren und erhöht gleichzeitig den Dokumentationsbedarf.

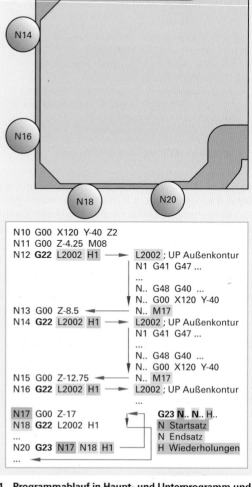

1   Programmablauf in Haupt- und Unterprogramm und Prinzip der Programmteil-Wiederholung

...;Wertzuweisungen	
N.. G97 F1250 S3980 T02 M06	;Werkzeugaufruf Schaftfräser d = 16 mm
N.. P1=80 P2=60 P3=90 P4=36 P5=17	;Angaben zur Werkstückgeometrie
N.. P6=4.25	;Festlegung der Schnitttiefe
N.. G00 X=P1+P5+3*PCR Y=-(P4/2+3*PCR) Z2	;Anfahren Startpunkt P0
N.. G00 Z=-P6 M13	;Zustellen 1. Schnitt
N.. G22 L2002 H1	;Aufruf Unterprogramm
N.. G00 Z=-2*P6	;Zustellen 2. Schnitt
N.. G22 L2002 H1	;Aufruf Unterprogramm
N.. G00 Z=-3*P6	;Zustellen 3. Schnitt
...	

Die Maschinenschraubstöcke sollen in unterschiedlichen Baugrößen hergestellt werden. Die zugehörigen Grundplatten stellen eine Teilefamilie dar. Sie haben bei gleicher Grundform unterschiedliche Größen (Bild 1). Um das beschriebene Unterprogramm zur Fertigung der Außenkontur für alle Grundplatten der Teilefamilie verwenden zu können, muss es grundsätzlich wertfrei geschrieben werden. Dazu werden die Zahlenwerte der Programmadressen durch **Parameter** bzw. Berechnungsvorschriften ersetzt.

Beim Programmieren muss zwischen Benutzerparametern und Systemparametern unterschieden werden. An der verwendeten Steuerung werden **Benutzerparameter** mit dem Adressbuchstaben P gefolgt von einer Zahl zwischen 0 und 9999 programmiert (Bild 2). Die **Wertzuweisung** erfolgt durch ein Gleichheitszeichen und die Angabe eines Zahlenwertes oder einer Berechnungsvorschrift. Im Hauptprogramm werden die notwendigen Parameter definiert. Daraus berechnet die Steuerung während des Programmablaufs die erforderlichen Endpunktkoordinaten.

Auf **Systemparameter** kann während des Programmablaufes lesend zugegriffen werden. Sie werden durch eine Buchstabenkombination gekennzeichnet und enthalten immer die aktuell gültigen Werte. Im Beispiel wird der Systemparameter PCR benutzt, um den Startpunkt der Bearbeitung und die Adresswerte für die Anfahr- und Abfahrbedingungen zu ermitteln. So wird sichergestellt, dass die Anfahr- und Abfahrbewegungen für die Fräserradiuskorrektur immer auf das aktuell verwendete Werkzeug abgestimmt sind.

Das Auswerten von Systemparametern wird in einigen Anwendungsfällen auch zum Programmieren

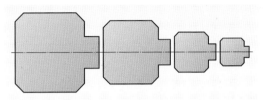

1 Teilefamilie

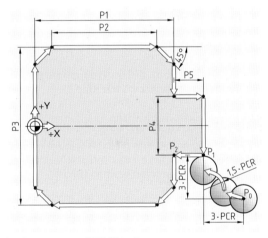

2 Parameter und UP-Ablauf

Systemparameter Fräsmaschine (Auswahl)

PXA	Aktuelle X-Koordinate absolut
PNX	Aktueller Werkstücknullpunkt in X-Richtung
PF	Aktueller Vorschub
PS	Aktuelle Spindeldrehzahl mit Vorzeichen
PSX	Maximale Spindeldrehzahl
PT	Aktuelle Werkzeugnummer
PCR	Fräserradius

von bedingten Programmsprüngen verwendet. Nach Angabe der dafür erforderlichen Wegbedingung **G29** werden zwei Adresswerte über die ausgewählte Vergleichsrelation verglichen. Falls die Vergleichsaussage wahr ist, erfolgt ein Sprung zur angegebenen Satznummer, falls nicht, wird die nächste Programmzeile abgearbeitet. Die Angabe der Wegbedingung **G09** – Genauhalt – bei der Konturbeschreibung bewirkt das exakte Anfahren der programmierten Koordinatenwerte. Die Vorschubgeschwindigkeit wird mit Erreichen des Zielpunktes bis auf null verzögert, bevor die Bewegung zum nächsten Konturpunkt beginnt. Dadurch sollen Bearbeitungsspuren vermieden werden.

L2002	;UP Außenkontur mit Parametern
N01 G41 G47 R=1.5*PCR X=P1+P5 Y=-P4/2	;Aufruf FRK, Anfahren an P1
N02 G09 G01 X=P1	;Anfahren an P2 mit Genauhalt
N03 G01 Y=-(P3-(P1-P2))/2	
N04 G01 X=P1-(P1-P2)/2 Y=-P3/2	
N05 G01 X=(P1-P2)/2	
N06 G01 X0 Y=-(P3-(P1-P2))/2	
N07 G01 Y=(P3-(P1-P2))/2	
N08 G01 X=(P1-P2)/2 Y=P3/2	
N09 G01 X=P1-(P1-P2)/2	
N10 G01 X=P1 Y=(P3-(P1-P2))/2	
N11 G09 G01 Y=P4/2	
N12 G01 X=P1+P5	
N13 G01 Y=-P4/2	
N14 G46 G40 D=PCR	;Abwahl FRK, Abfahren von der Kontur
N15 G00 X=P1+P5+3*PCR Y=-(P4/2+3*PCR)	;Anfahren Startpunkt P0
N16 M17	

Verringerung des Programmieraufwandes

Die meisten Steuerungen verfügen über Befehle,
mit denen der qualifizierte Maschinenbediener seine Programmiertätigkeit effizienter gestalten kann.
So verringert sich bei Verwendung der Adresse **RN**
die Anzahl der erforderlichen Programmsätze zur
Beschreibung der Außenkontur (Bild 1).

Ist an zwei nicht rechtwinklig zueinander liegenden Kanten eine Verrundung oder ein Kantenbruch
notwendig, kann mithilfe dieser Anweisung ohne
weiteren Rechenaufwand das entsprechende Kon-
turelement programmiert werden (Bild 1).

Durch den Einsatz der Wegbedingungen **G66** und
G67 kann der Programmierer das Werkstück-Koordinatensystem manipulieren und bereits beschriebene Konturen ohne weiteren Programmieraufwand gespiegelt oder skaliert fertigen (Bild 2).

Die Hersteller von CNC-Steuerungen ermöglichen
den Maschinenherstellern und teilweise auch den
Anwendern, individuelle Bearbeitungszyklen zu definieren. Auch so wird es möglich, den Programmieraufwand zu verringern.

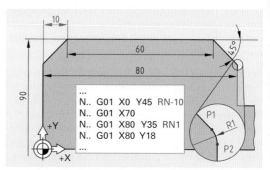

1 Programmieren von Konturelementen

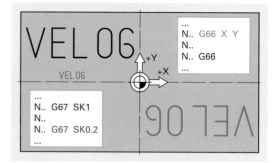

2 Spiegeln und Skalieren von Konturen

Aufgaben

1 Erläutern Sie die Vor- und Nachteile des Einsatzes von Bearbeitungszyklen.

2 Programmieren Sie unter Verwendung der Werkzeugliste
(vgl. Bild 3, S. 419) die vollständige Fertigung der Gewindebohrungen M5 und der Bohrung Ø4H7 der Grundplatte.

3 Erläutern Sie die Konsequenzen des Einsatzes von Unterprogrammen.

4 Beschreiben Sie das Prinzip der Parametrisierung von Unterprogrammen.

5 Unterscheiden Sie Bearbeitungszyklen und Unterprogramme.

6 Berechnen Sie die Koordinaten der Übergangspunkte P1 und
P2 (Bild 1), wenn der Verrundungsradius RN = 0,8 mm beträgt.

8.4 Übersicht über andere Programmierverfahren

Neben dem **manuellen Programmieren** nach DIN 66025 gibt es weitere Möglichkeiten zum Erstellen von CNC-Programmen. Die Steuerungshersteller haben über die Vorgaben der DIN hinaus den Befehlsvorrat ihrer Steuerungen beträchtlich erweitert und dabei steuerungsspezifische Besonderheiten entwickelt, die speziellen Anforderungen entsprechen (Bild 1). Vor allem die Realisierung von Funktionen für die Hochgeschwindigkeits- und 5-Achs-Bearbeitung hat zur Entwicklung einer CNC-Hochsprache geführt. Aber auch traditionelle Funktionen der CNC-Steuerung werden dort zunehmend berücksichtigt.

```
...   10 TOOL CALL 1 Z S630; Werkzeugaufruf
      11 M13; Spindeldrehrichtung, Kühlschmierstoff
      12 FN 0: Q40 = + 0; Zustellung
      13 FN 0: Q88 = + 250; Arbeitsvorschub
      14 CALL LBL 1; Aufruf Unterprogramm

...   50 LBL1; Unterprogramm Überfräsen
      51 L X-55 Y0 Z2 R0 FMAX
      52 L Z + Q40 R0 FMAX
      53 L X150 R0 FQ88
      54 L Z + 2 R0 FMAX
      55 LBL0; Ende Unterprogramm
```

1 Programm mit hoher Steuerungsspezifik (Auszug)

Infolge der schnellen Weiterentwicklung der Rechentechnik sind die Voraussetzungen gegeben, Programmiersysteme mit Benutzeroberflächen zu entwickeln, die eine komfortable und umfassende Programmerstellung im Dialog ermöglichen. Die **Dialogprogrammierung** kann direkt an der Maschine (Werkstatt-Programmierung) oder an speziellen Programmierarbeitsplätzen (AV-Programmierung) erfolgen. Sie löst die manuelle Programmierung zunehmend ab.

Jedoch erfordern das Optimieren der Programme an der Maschine und das sichere Bedienen der Anlage vor allem bei Störfällen vom Facharbeiter weiterhin grundlegende Kenntnisse zur manuellen Programmierung. Bei der **manuellen Programmerstellung** entsteht, wie im vorigen Abschnitt beschrieben, das Programm durch Eingabe des CNC-Code.

Bei der **Werkstatt-Programmierung** werden CNC-Programme im Klartext oder mithilfe leicht verständlicher Grafiken erzeugt. Die Steuerung stellt dem Bediener am Bildschirm Fragen zu Geometrie und Technologie, die er durch Eingabe von Maßen, Zahlenwerten oder Auswahl von Symbolen beantworten muss, und entwickelt daraus den CNC-Code (Bild 2). Die Bedienerführung ist intuitiv und orientiert sich am Fertigungsplan. Auch wegen der wesentlich höheren Genauigkeitsanforderungen wird an CNC-Schleifmaschinen schon lange ausschließlich im Dialog programmiert.

R40 = 85	(mmD Hindernisdurchmesser)
R1 = 50.01	(mmD Fertigmaßdurchmesser)
R3 = -11	(mmZ-Position)
R9 = 0.3	(mmD X-Aufmaß)
R10 = 0	(mmZ-Aufmaß)
R20 = 13	(µmD Umschaltpunkt vv/vvv)
R25 = 0	(mm Zwischenmessposition Z)
R28 = 0	(mm Oszillierweg +/-)
R17 = 0.9	(mm/min GAP)
R12 = 1.4	(mm³/mm/s Q')
R16 = 18	(m/min WUG)
R18 = 4	(Ausfunkumdrehung)
R11 = 0	(µmD X-Vormaß)
R30 = 0	(µmD Entlastung nach Zw.-Abr.)
R19 = 1	(Abrichtprogramm-Nr.)
R22 = 0	(mm/min Oszilliergeschwind.)
R29 = 0	(Oszillierhübe)
L950 P1	(Einstechschleifen)

2 Zyklusdefinition Einstechschleifen

Es besteht die Möglichkeit, parallel zur Abarbeitung eines Programmes ein anderes in die Steuerung einzugeben. Jedoch beeinträchtigt der durch die Fertigung entstehende Lärm die Arbeit des Bedieners erheblich. Auch deshalb richten viele Betriebe im Bereich der Arbeitsvorbereitung (AV) Programmierplätze ein oder lassen die Programme außer Haus vom Dienstleister erstellen.

Bei der **AV-Programmierung** wird das Programm zunächst maschinen- und steuerungsunabhängig erstellt. Der Bediener legt im Dialog mit dem System das Rohteil fest und beschreibt die herzustellenden Konturen. Ein Geometrieprogramm ermöglicht die Berechnung von fehlenden Konturpunkten. Durch Verbindung mit einem CAD-System können die Geometriedaten auch direkt aus der Zeichnungsdatei übernommen werden.

Für Werkstücke mit 3D-Formen, wie sie z. B. im Formenbau vorkommen, ist diese Vorgehensweise üblich, da eine manuelle Programmierung komplexer Geometrien nicht möglich ist.

Nach dem Beschreiben der Konturen oder Einlesen der Geometriedaten des herzustellenden Werkstücks legt der Bediener den Fertigungsablauf gemäß dem Fertigungsplan fest (Bild 1). Entsprechend der verfügbaren Informationen schlägt das System Werkzeuge und Schnittwerte vor, die der Bediener akzeptieren oder ändern kann.

Anschließend wird mittels einer Software (Postprozessor) ein steuerungsspezifisches Programm generiert, welches simuliert und an die entsprechende Maschine übertragen werden kann.

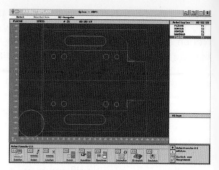

1   Definieren der technologischen Werte

8.5   Einrichten der Maschine

Beim Einrichten der Maschine muss der Bediener eine Vielzahl von Tätigkeiten gewissenhaft ausführen, um eine sachgerechte Lösung der Fertigungsaufgabe zu gewährleisten. Voraussetzung dafür ist die Bereitstellung aller notwendigen Informationen. Die wichtigsten Dokumente sind neben der Fertigungszeichnung, dem Fertigungsplan und dem Programm das Einrichteblatt mit den Spannskizzen und dem Werkzeugplan.

Eichen des Messsystems

Sind CNC-Werkzeugmaschinen mit inkrementalen Messsystemen ausgestattet, muss der Bediener nach dem Einschalten der Maschine die Referenzpunkte aller gesteuerten Einheiten anfahren, um die Messsysteme zu eichen. Bei Maschinen mit absoluten Messsystemen entfällt diese Tätigkeit.

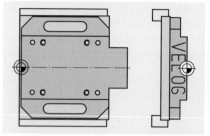

2   Spannskizze mit dem ersten Nullpunkt

Aufspannen und Ausrichten des Rohteils

Entsprechend der in den technologischen Unterlagen mitgelieferten Spannskizzen fixiert der Bediener das Werkstück auf dem Maschinentisch oder im angegebenen Spannmittel (Bild 2). Die Angaben zu Art und Weise der Werkstückspannung sind bei der Programmerstellung berücksichtigt worden. Eigenmächtige Änderungen der Spannmethode können während der Programmabarbeitung zu Kollisionen zwischen Werkzeug und Spannmittel führen und müssen deshalb vermieden werden.

3   Werkstück-Tastsystem

An modernen CNC-Maschinen erfolgt das Ausrichten des Werkstücks sehr effektiv mit einem schaltenden Tastsystem unter Verwendung eines Messzyklus der Steuerung (Bild 3).

Für die Fertigung der Grundplatte wird eine Fräsmaschine mit 2-Achs-NC-Tisch verwendet. Die B-Achse ist zwischen –5° und +110° schwenkbar. Die C-Achse ist 360° umlaufend beweglich. Somit ist es möglich, jede beliebige Arbeitsebene einzustellen und eine Mehrseitenbearbeitung zu organisieren. Auch beim Programmieren der Drehachsen gilt der Grundsatz, dass das Werkzeug eine Relativbewegung zum Werkstück ausführt. Die Steuerung rechnet die programmierte Anweisung auf die Kinematik der angeschlossenen Maschine um. Im Beispiel wird das Schwenken der Hauptbearbeitungsebene mit der Anweisung **G17 BM-90** programmiert. Die Anweisung wird an der Maschine durch Schwenken der B-Achse um +90° und Drehen der C-Achse um +180° realisiert.

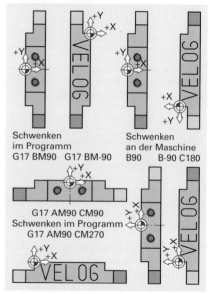

4   Schwenken und Achsrichtungen

Dadurch verändern sich Achsrichtungen so stark, dass der Facharbeiter Probleme bekommt, die Bearbeitung zu überwachen. Auch die Gestaltung und Optimierung technologischer Abläufe wird erschwert. Um dieses Problem zu lösen, werden in der Praxis die Schwenkbewegungen oft über die C-Achse und die A-Achse programmiert, ganz gleich, welche Achsen an der Maschine tatsächlich vorhanden sind (Bild 4, vorige Seite). Das zur Fertigung notwendige Schwenken der Hauptbearbeitungsebene G17 wird im Beispiel, entgegen der Annahme des Programmierers, tatsächlich durch das Werkstück ausgeführt. Die Schwenkbewegung des Werkstücks kann der Bediener der Werkzeugmaschine mithilfe seiner linken Hand darstellen (Bild 1).

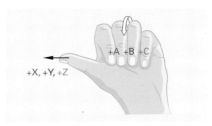

1 Linke-Hand-Regel

Vermessen und Einrichten der Werkzeuge

Entsprechend der im Einrichteblatt zum CNC-Programm definierten Werkzeuge bestückt der Bediener das Werkzeugmagazin bzw. den Werkzeugrevolver. Er prüft die zugehörigen Daten im Werkzeugspeicher. Liegen die Werkzeugdaten noch nicht im Werkzeugspeicher vor, müssen sie noch erfasst werden. Die Daten können z. B. vom auf der Werkzeugaufnahme aufgeklebten Etikett abgelesen und manuell über die Tastatur eingegeben werden oder vom DNC-Rechner (vgl. S. 439) übertragen werden. Beim Einsatz der Radio-Frequency-Identification-Technologie (RFID) werden alle Werkzeugdaten auf einem fest mit dem Werkzeug oder der Werkzeugaufnahme verbundenen Datenträger gespeichert. Diese Informationen werden beim Einwechseln des Werkzeuges in die Steuerung übernommen und dort so lange gepflegt, wie sich das Werkzeug im Magazin der CNC-Maschine befindet. Ist es notwendig Werkzeuge zu vermessen, kann das direkt in der Werkzeugaufnahme der Maschine durch Ankratzen bzw. mithilfe spezieller Gerätetechnik (interne Vermessung) oder auf einem Voreinstellgerät (externe Vermessung) erfolgen (Bild 2 und Bild 3).

2 Interne Werkzeugvermessung

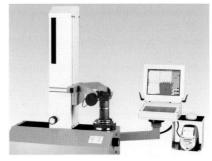

3 Werkzeugvoreinstellgerät

Beim Bestücken des Werkzeugrevolvers an der CNC-Drehmaschine muss der Bediener darauf achten, dass an den meisten Maschinen nicht an jedem Revolverplatz ein angetriebenes Werkzeug eingesetzt werden kann. Die unterschiedliche Ausladung der verwendeten Werkzeuge erhöht die Kollisionsgefahr zwischen Werkzeug und Werkstück besonders während des Schwenkens des Werkzeugrevolvers. Deshalb sollte zum Werkzeugwechsel grundsätzlich der Werkzeugwechselpunkt angefahren werden (vgl. S. 442). Als effizienteste Belegung des Werkzeugrevolvers bzw. des Werkzeugmagazins gilt üblicherweise die mit den geringsten Werkzeugwechselzeiten.

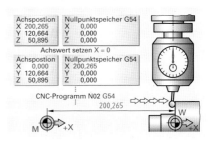

Achspostion		Nullpunktspeicher G54	
X	200,265	X	0,000
Y	120,664	Y	0,000
Z	50,895	Z	0,000

Achswert setzen X = 0

Achspostion		Nullpunktspeicher G54	
X	0,000	X	200,265
Y	120,664	Y	0,000
Z	50,895	Z	0,000

CNC-Programm N02 G54
200,265

4 Achswert setzen mit 3D-Taster

Für deren Umsetzung bietet sich an CNC-Fräsmaschinen das Prinzip der variablen Platzcodierung an. Der Bediener setzt das Werkzeug an einer beliebigen Stelle im Magazin ein und die Steuerung übernimmt nachfolgend die Platzverwaltung. Beim Werkzeugwechsel wird das in der Arbeitsspindel der Maschine befindliche Werkzeug gegen das im Wechsler befindliche getauscht. Danach wird das ausgewechselte Werkzeug im nächsten freien Magazinplatz abgelegt. Die Steuerung aktualisiert danach im Werkzeugspeicher die Position des Werkzeuges im Magazin.

Achswerte setzen

Die Werkzeugmaschine ist nach dem Einschalten bzw. dem Anfahren des Referenzpunktes auf ihr Koordinatensystem geeicht. Das CNC-Programm ist bezogen auf den Werkstücknullpunkt erstellt worden. Durch Setzen der Achswerte wird der Steuerung die Verschiebung zwischen Maschinen-Koordinatensystem und Werkstück-Koordinatensystem mitgeteilt, die dann im CNC-Programm aufgerufen wird (Bild 4).

8.6   Testen und Abarbeiten des Programmes

Hat der Bediener das CNC-Programm nicht an der Maschine erstellt, muss er es zunächst aus der Programmverwaltung abrufen und auf die entsprechende CNC-Maschine übertragen.

> Um ein CNC-Programm an der Maschine testen und abarbeiten zu können, muss der Bediener das Programm in der Steuerung aktivieren.

Die meisten CNC-Steuerungen und Programmiersysteme ermöglichen einen komfortablen und gefahrlosen Programmtest. Auf dem Bildschirm werden der Bearbeitungsablauf simuliert sowie Werkstück und Werkzeug dargestellt. Gleichzeitig wird von der Steuerung eine Kollisionsüberprüfung durchgeführt.

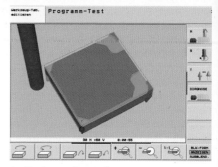

1   Fertigungskontrolle

Durch das Auswählen verschiedener Modi z. B. Zoom, Einzelsatz, Restmaterial usw. kann der Bediener die ihn interessierenden Details anzeigen bzw. simulieren lassen und somit den Fertigungsablauf überprüfen (Bild 1). Wenn die Fertigungskontrolle keinen Fehler ergeben hat, beginnt der Bediener mit der **Programmabarbeitung**.

Bei der erstmaligen Fertigung mit dem Programm empfiehlt sich der Einzelsatzmodus und wenn möglich ein **reduzierter Vorschub**. Hat der Bediener festgestellt, dass das eingewechselte Werkzeug die richtige Startposition angefahren hat, kann er die Bearbeitung im Folgesatzmodus fortsetzen. Hat der Bediener beim Abarbeiten des Programms Unzulänglichkeiten z. B. ungünstige Schnittwerte festgestellt, so kann er das CNC-Programm direkt an der Maschine optimieren. Kommt es während der Programmabarbeitung zu Störungen z. B. Werkzeugbruch, NOT-AUS oder Stromausfall muss der Bediener nach Beseitigung des Fehlers das Programm an der richtigen Stelle fortsetzen. Ein Neustart des Programms würde vor allem bei langwierigen Bearbeitungen einen Verlust an Arbeitszeit und Geld bedeuten.

Die bei der Mehrseitenbearbeitung auftretenden Schwenkbewegungen und vor allem die bei der 5-Achs-Bearbeitung auftretenden komplexen Bewegungsabläufe erhöhen die Kollisionsgefahr zwischen Werkzeug und Werkstück bzw. Spannmittel oder Maschinentisch deutlich. Deshalb haben Kollisionsbetrachtungen eine noch höhere Bedeutung als bei der klassischen Bearbeitung im 2D-Bereich.

Virtuelle Maschine

Diese Simulationssoftware bildet komplette Bearbeitungsprozesse ab. Sie prüft virtuell die Realisierbarkeit der einzelnen Arbeitsschritte und trägt durch deren Visualisierung, Prüfung und Optimierung zur Erhöhung der Prozesssicherheit der Fertigungsabläufe bei. Bei vollständiger Integration in die CAD/CAM-Umgebung des Unternehmens ist die Software ein wesentlicher Baustein der vollständigen Prozesskette. Die Software nutzt Kenndaten wie Geometrie des Arbeitsraums und kinematisches Verhalten der realen Maschine. Der Bediener wird dadurch in die Lage versetzt, den Fertigungsablauf unter Bedingungen, wie sie auf der CNC-Maschine herrschen, umfassend zu simulieren und nicht nur das vorweggenommene Fertigungsergebnis zu überprüfen, sondern auch drohende Kollisionen zwischen Werkzeug und Werkstück bzw. Spannmittel oder Endschalter-Betätigungen zu erkennen.

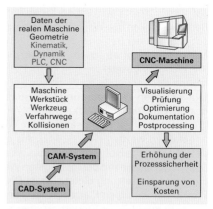

2   Einordnung der virtuellen Maschine

Im Fehlerfall kann der Bediener Veränderungen am CNC-Programm oder an der Werkstück- bzw. Werkzeugspannung vornehmen. Er kann auch Zustellungen und Verfahrwege der Werkzeuge unter Berücksichtigung der realen Maschinenbedingungen optimieren. Seine Unsicherheit, durch Kollisionen Werkstücke zu beschädigen und teure Reparaturen an den Maschinen zu verursachen, ist nachvollziehbar und führt sehr oft zu übervorsichtigem Handeln. Virtuell geprüfte NC-Programme laufen auf der Maschine sicher durch. Sie geben dem Bediener die Gewissheit, auf zeitaufwändige und damit kostenintensive Einfahrroutinen verzichten zu können. Die Erstellung von Spannskizzen und Einrichteblättern kann für virtuell geprüfte Programme entfallen.

8.7 Kommunikation in der Fertigung

In der modernen Fertigung besteht die Notwendigkeit eines permanenten **Informationsaustauschs**. Deshalb sind in vielen Unternehmen die Steuerungen der CNC-Maschinen mit einem Rechner verbunden, der als zentraler Datenspeicher fungiert. Gegebenenfalls sind auch vorhandene Werkzeugvoreinstellgeräte oder Koordinaten-Messmaschinen in das Netzwerk eingebunden (Bild 1). Dieses Konzept hat die Bezeichnung Distributed Numerical Control **(DNC)**.

Ursprünglich heißt das Konzept Direct Numerical Control. Es wurde entwickelt, als numerische Steuerungen keine eigenen internen Datenspeicher besaßen und diente ursprünglich der zeitgerechten Verteilung von Steuerinformationen an mehrere Maschinen und dem Ersatz von Wechseldatenträgern sowie ihren Eingabe- und Ausgabegeräten durch direkte Datenübertragung. Moderne DNC-Systeme leisten jedoch wesentlich mehr (Bild 2).

Die **Datenverwaltung** ist in der Lage, ein Archiv von mehreren tausend Teileprogrammen sicher zu verwalten und zu klassifizieren. Sie ermöglicht eine termintreue und sichere Bereitstellung bzw. Verteilung der benötigten Programme. Das DNC-System organisiert die Übertragung der Daten zwischen dem Zentralrechner, den einzelnen Steuerungen und anderen angeschlossenen Einheiten über die erforderlichen Schnittstellen und Protokolle. Über das **NC-Programmiersystem** kann auf die zentral gespeicherten Programme zugegriffen werden, um erforderliche Änderungen durchführen zu können. Entstehende Betriebsdaten der angeschlossenen Maschinen werden permanent über das **DNC-System** erfasst und zur Auswertung bereitgestellt. Innerhalb flexibler Fertigungssysteme sind Bearbeitungsmaschinen durch Werkstücktransporteinrichtungen miteinander verkettet. Dafür ist das DNC-System eine wichtige Voraussetzung. Das Ausnutzen moderner Kommunikationstechnologien ermöglicht den Abruf von Supportleistungen beim Maschinenhersteller oder die Einbindung von Endgeräten der Mitarbeiter zwecks Überwachung der automatischen Fertigung und Benachrichtigung bei Fehlfunktionen.

Ist das Werkzeugvoreinstellgerät in das DNC-Netzwerk integriert, können die Messgrößen für jedes Werkzeug im Zentralrechner gespeichert werden. Ergänzt durch Angaben über den Aufbau der Werkzeuge, über Schneidstoffe, zugehörige Spannmittel, Schnittdaten, Ersatzteile usw. entsteht eine Menge von Informationen, die in einer Werkzeugdatenbank strukturiert gespeichert werden und auf die über eine Benutzeroberfläche jederzeit zugegriffen werden kann (Bild 3).

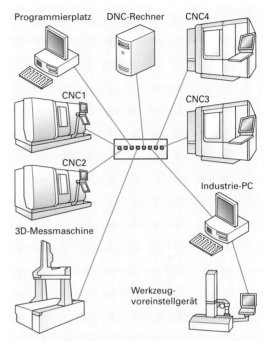

1 **DNC-Netzwerk**

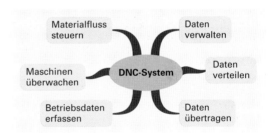

2 **Aufgaben eines DNC-Systems**

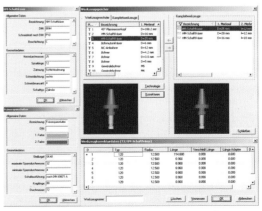

3 **Benutzeroberfläche der Werkzeugdatenbank**

8.8 Beispiel für ein CNC-Drehprogramm

Das im Kapitel 5.2 beschriebene Werkstück soll auf einer CNC-Drehmaschine hergestellt werden. Die Steuerung der Maschine wird nach DIN 66025 programmiert. Gleichzeitig stehen Bearbeitungszyklen nach PAL zur Verfügung. Entsprechend der in der ersten Aufspannung zu lösenden Fertigungsaufgabe werden die Werkzeuge und Schnittdaten ausgewählt (Bild 1).

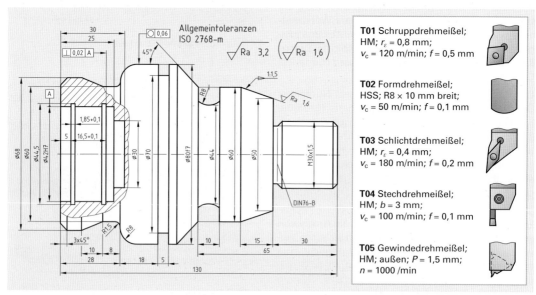

1 Fertigungsaufgabe

%5895	;1. Aufspannung
N01 G18 DIA HS	;Wahl der Drehebene ZX
N02 G54	;Nullpunktverschiebung
N03 G96 S120 T01 M06	;Werkzeugaufruf
N04 G92 S5000	;Drehzahlbegrenzung
N05 G90 G00 X95 Z0.5 M04	
N06 G95 F0.5	;Vorschub pro Umdrehung
N07 G01 X-2 M08	;Plandrehen, Schruppen
N08 G00 X90 Z2 M09	
...	

Aufbau und Syntax des Programms an einer CNC-Drehmaschine sind denen an einer CNC-Fräsmaschine prinzipiell gleich. Die verfahrensspezifischen Besonderheiten äußern sich jedoch in einer Anzahl von Unterschieden, die in diesem Abschnitt vorrangig betrachtet werden.

Mit der Wegbedingung **G18** wird die ZX-Ebene als Bearbeitungsebene bestimmt. Anschließend wird durch die Angabe der Adresse **DIA** festgelegt, dass alle X-Werte von Ziel- und Kreismittelpunkten durchmesserbezogen angegeben werden müssen (Bild 2). Mit der Adresse **HS** wird die Hauptspindel als aktuelle Werkstückspindel angewählt. Die nachfolgend mit der Wegbedingung **G54** programmierte Nullpunktverschiebung bezieht sich dementsprechend auf die Hauptspindel.

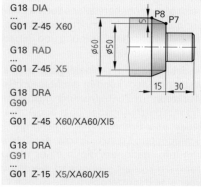

2 Angabe der X-Koordinaten

Der Bediener setzt den Werkstücknullpunkt an die Planfläche des Fertigteils. Im Programm wird der Steuerung die Lage des Punktes durch die Wegbedingung G54 mitgeteilt. Da beim Drehen die Planfläche meist noch bearbeitet wird, liegt der Nullpunkt zu Beginn der Bearbeitung im Material und die Adresse Z hat beim Ausführen des Planschnitts einen positiven Wert in der Größe des Schlichtaufmaßes (Bild 1). Dazu wird ein negativer X-Wert programmiert, um das Verbleiben von Restmaterial in der Mitte der Planfläche zu vermeiden.

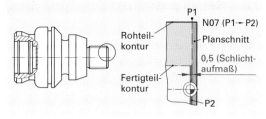

1 Nullpunktlage und Planschnitt

N09 G81 D3 H3 AK 0.5	;Zyklusdefinition
N10 G22 L1206 /1 H1	;Unterprogramm Außenkontur
N11 G80	;Ende der Konturbeschreibung für den Zyklus
N12 G14 H2	;Anfahren des Werkzeugwechselpunktes
...	

Die Bearbeitung von Drehteilen ist teilweise sehr komplex. Deshalb werden die Fertigungsaufgaben oft unter Verwendung von **Bearbeitungszyklen** gelöst. Die beschriebene Steuerung verfügt über eine große Anzahl komfortabler Zyklen.

Für die Vorbearbeitung der Außenkontur wird ein **Längs-Schruppzyklus** eingesetzt. Durch Angabe von Wegbedingung und Adressen wird der Zyklus definiert und die Technologie dieses Arbeitsschrittes konkret beschrieben (Bild 2). Anschließend wird die Kontur programmiert, gegen die gearbeitet werden soll. Dies kann direkt nachfolgend oder am Ende des Hauptprogramms erfolgen. Dann muss dieser Programmteil mit der Wegbedingung **G23** aufgerufen werden.

Bearbeitungszyklen nach PAL (Auswahl)	
G31	Gewindezyklus
G81	Längs-Schruppzyklus
G82	Plan-Schruppzyklus
G83	Konturparalleler Schruppzyklus
G84	Bohrzyklus
G85	Freistichzyklus
G86	Radialer Stechzyklus
G87	Radialer Konturstechzyklus
G88	Axialer Stechzyklus
G89	Axialer Konturstechzyklus

Längs-Schruppzyklus

G81 D.. / H4 H.. AK.. AZ.. AX.. AE.. AS.. AV.. O.. Q.. V.. E.. F.. S.. M..

Notwendige Adressen:

D/H4   Schnitttiefe / Nur Schlichten

Optionale Adressen:

H	Bearbeitungsart:
	H1 – Schruppen, Abheben unter 1 × 45°,
	H2 – Schruppen, Abheben entlang der Kontur,
	H3 – wie H1 und abschließender Konturschnitt
	H4 – Schlichten
	H24 – H2 und H4
AK	Konturparalleles (äquidistantes) Aufmaß
AZ	Aufmaß in Z AX Aufmaß in X
AE	Eintauchwinkel AS Austauchwinkel
AV	Sicherheitsabschlag für AE und AS
O	Bearbeitungsstartpunkt:
	O1 – aktuelle Werkzeugposition,
	O2 – aus der Kontur berechnet
Q	Leerschnittoptimierung: Q1 – aus, Q2 – an
V	Sicherheitsabstand in Z bei Leerschnittoptimierung

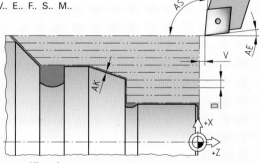

Hinweis:

Der Zyklus verwendet intern die Schneidenradiuskompensation G41/G42

Voreinstellung für optionale Adressen:

H2, AK0, AZ0, AX0, AE und AS aus Werkzeugspeicher, AV1, O1, Q1, V1, E = F,

F und S sind die aktuell programmierten Werte.

2 Längs-Schruppzyklus

Diese **Konturbeschreibung** (vorherige Seite) wird nahezu identisch auch für das nachfolgende Schlichten benötigt. Zur besseren Übersicht wird sie deshalb in einem Unterprogramm gespeichert (Bild 1). Der Gewindefreistich wird nur beim Schlichten berücksichtigt. Deshalb werden die alternativ zu verwendenden NC-Sätze in unterschiedliche Ausblendebenen geschrieben. Beim Unterprogrammaufruf wird die zu verwendende Ausblendebene angegeben.

Die Wegbedingung **G80** schließt die Konturbeschreibung für den Bearbeitungszyklus ab. Optional können dazu über die Adressen ZA und XA achsparallele Begrenzungslinien definiert werden, die bei der Zyklusbearbeitung vom Werkzeugschneidenpunkt nicht überfahren werden dürfen (Bild 2). So wird es z. B. möglich, die Bearbeitung der Kontur unter Verwendung unterschiedlicher Schruppzyklen zu organisieren.

Mit der Wegbedingung **G14** wird der **Werkzeugwechselpunkt** angefahren. Durch Angabe des gewünschten Adresswertes zum Buchstaben H kann festgelegt werden, ob der Punkt in beiden Achsrichtungen gleichzeitig oder nacheinander angefahren wird.

```
L1206; UP Außenkontur 1. Aufspannung
N01 G01 X27 Z0 M08                      ;P1
N02 G01 X30 Z-1.5                       ;P2
/1 N03 G01 Z-30                         ;P3
/2 N03 G85 Z-30 X30 I1.15 K3.8 H1
N04 G01 X50                             ;P4
N05 G01 X60 Z-45 F0.15                  ;P5
N06 G01 Z-65 F0.22                      ;P6
N07 G01 X85 Z-77.5 M09                  ;P7
N08 M17
```

1 Unterprogramm

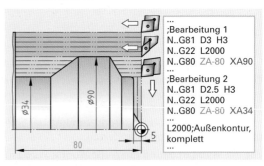

2 Strategie zur Vorbearbeitung einer Kontur

```
N13 G96 F0.22 S180 T03 M06        ;Werkzeugaufruf
N14 G00 X32 Z0 M08
N15 G01 X-1                       ;Fertigdrehen Planfläche
N16 G00 X23 Z2 M09                ;Startpunkt für Konturschlichten
N17 G42
N18 G22 L1206 /2 H1               ;Unterprogramm Außenkontur
N19 G40
N20 G14 H2
...
```

Der Schlichtdrehmeißel hat einen Eckenradius von $r_\varepsilon = 0{,}4$ mm. Er wird unter Drehmitte bewegt, um sicherzustellen, dass kein Butzen an der Planfläche verbleibt. Entsprechend der nachfolgend herzustellenden Fase (1 x 45°) wird das Werkzeug im Satz N16 positioniert.

Da die herzustellende Fertigkontur nicht achsparallele Konturelemente enthält, muss sie mit Schneidenradiuskompensation hergestellt werden. Mit dem Konturschnitt wird auch der Gewinde-Freistich durch einen Zyklus gefertigt (Bild 3). Das Einblenden des erforderlichen NC-Satzes erfolgt beim Aufruf des Unterprogramms.

Die unterschiedliche Oberflächenrauheit wird durch verschiedene Vorschubwerte realisiert. Um zu vermeiden, dass am Ø80 Grat entsteht, wird der Punkt P7 angefahren, der in derselben Richtung, jedoch außerhalb des fertigen Werkstücks liegt.

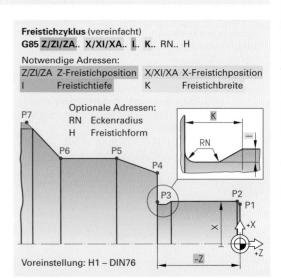

3 Außenkontur und Freistichzyklus

N21 G96 F0.1 S100 T04 M06	;Werkzeugaufruf
N22 G00 Z-65 X61	
N23 G86 Z-65 X60 ET48 EB10 D3 AK0.2 H1 M08	;Stechzyklus
N24 G14 H1 M09	
N25 G96 F0.1 S50 T02 M06	;Werkzeugaufruf
N26 G00 Z-65 X61	;Startpunkt Formdrehen
N27 G01 X44 M08	
N28 G04 U1	;Verweilzeit
N29 G01 X61	
N30 G14 H1 M09	
...	

Radialer Stechzyklus (vereinfacht)

G86 Z/ZI/ZA.. X/XI/XA.. ET.. EB.. AS.. AE.. RO.. RU.. D.. AK.. EP.. H.. DB.. E.. F.. S.. M..

Notwendige Adressen:

Z/ZI/ZA Z-Koordinate der Einstichposition absolut oder inkremental

X/XI/XA X-Koordinate der Einstichposition absolut oder inkremental

ET   Durchmesser des Einstichgrundes

Optionale Adressen:

EB	Breite und Lage des Einstichs
	+/- in Richtung Z +/- von der progr. Einstichposition
AS	Flankenwinkel des Einstichs am Startpunkt
AE	Flankenwinkel des Einstichs am Endpunkt
RO	+ Verrundung, - Fase an den oberen Ecken
RU	+ Verrundung, - Fase an den unteren Ecken
D	Zustelltiefe
AK	Konturparalleles (äquidistantes Aufmaß)
EP	Setzpunkt: EP1 – Einstichöffnung, EP2 – Einstichgrund
H	Bearbeitungsart: H1 – Vorstechen,
	H2 – Stechdrehen, H4 – Schlichten,
	H14 – H1 und H4, H24 – H2 und H4
DB	Zustellung in % der Meißelbreite
E	Vollmaterial-Einstechvorschub, F Vorschub
S	Schnittgeschwindigkeit, M Zusatzfunktion

Voreinstellung für optionale Adressen:

EB = Meißelbreite, AS0, AE0, RO0, RU0, D = (X-ET)/2, AK0, H4, E = F,
F, S und M sind die aktuell programmierte Werte.

1 Radialer Stechzyklus

Das Fertigen des Formelements R8 am Ø44 erfolgt in zwei Arbeitsschritten. Zunächst wird mit einem Stechdrehmeißel die Kontur unter Verwendung des radialen Stechzyklus vorgearbeitet, danach mit einem Formdrehmeißel fertiggestellt (Bild 1). Der Stechdrehmeißel ist auf beiden Seiten vermessen und die Maße sind in den Werkzeugspeicher der Steuerung eingetragen (Bild 2).

Die Steuerung berechnet dann aus diesen Angaben die erforderlichen Koordinatenwerte zur Bearbeitung beider Flanken des Einstichs. Der Formdrehmeißel ist nur auf der linken Seite vermessen. Dementsprechend muss er positioniert werden. Nach dem Erreichen des Einstichgrundes ist mit der Wegbedingung **G04** eine Verweilzeit von einer Sekunde festgelegt. So wird gewährleistet, dass das Formelement exakt gefertigt wird. Um die gewünschte Oberflächengüte zu erzielen, erfolgt die Rückstellbewegung im Arbeitsvorschub.

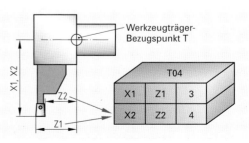

	T04	
X1	Z1	3
X2	Z2	4

2 Vermessen eines Stechdrehmeißels

N31 G97 S1000 T05 M06	;Werkzeugaufruf
N32 G00 Z2 X30	
N33 G31 Z-27 XA30 F1.5 D0.92 DU2 Q8 O1 H4 M03 M08	;Gewindezyklus
N34 G14 H0 M09	
N35 M00 ...	;Programmierter Halt

Gewindezyklus (vereinfacht)

G31 **Z/ZI/ZA**.. **X/XI/XA**.. **F**.. **D**.. ZS.. XS.. DA.. DU.. Q.. O.. H.. S.. M..

Notwendige Adressen:

Z/ZI/ZA	Z-Koordinate des Gewindeendpunktes absolut oder inkremental vom Gewindestartpunkt
X/XI/XA	X-Koordinate des Gewindeendpunktes absolut oder inkremental vom Gewindestartpunkt
F	Gewindesteigung
D	Gewindetiefe

Optionale Adressen:

ZS	Gewindestartpunkt absolut in Z
XS	Gewindestartpunkt absolut in X
DA	Anlaufweg
DU	Überlaufweg
Q	Anzahl der Schnitte
O	Anzahl der Leerdurchläufe
H	Zustellart und Restschnitte
S	Drehzahl/Schnittgeschwindigkeit
M	Zusatzfunktion

Voreinstellung für optionale Adressen:
ZS, XS – akt. Werkzeugposition, DA0, DU0, Q1, O0,
H1, S und M sind die aktuell programmierte Werte.

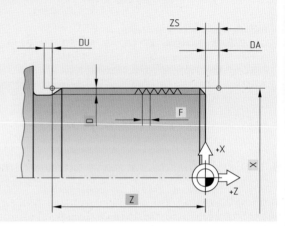

1   Gewindezyklus

Mit dem Aufruf des Gewindedrehmeißels wird die Wegbedingung G97 – konstante Drehzahl – eingestellt. Dies ist vor allem bei älteren Maschinen für die Gewindeherstellung von grundsätzlicher Bedeutung. Beim Gewindedrehen an CNC-Maschinen wird meist über Kopf gearbeitet. Deshalb wird die Drehrichtung der Arbeitsspindel auf „im Uhrzeigersinn" geändert. Der Anlauf- und Überlaufweg beim Gewindedrehen ist von der Steigung des Gewindes, der eingestellten Drehzahl und dem dynamischen Verhalten der Maschine abhängig. Bei der Zyklusdefinition wird der Steuerung neben den geometrischen Angaben und der Anzahl der Schnitte auch die Art und Weise der Zustellung mitgeteilt (Bild 1). Nach dem programmierten Halt kann der Bediener das Werkstück umspannen und die Bearbeitung in der zweiten Aufspannung fortsetzen.

Aufgaben

1 Vergleichen Sie die verschiedenen Methoden der Programmierung von CNC-Werkzeugmaschinen.

2 Erläutern Sie, welche Folgen das Nichtbeachten der Spannskizze für die Abarbeitung des Programms hat.

3 Erläutern Sie, warum der Steuerung die Lage des Werkstücknullpunktes bekannt gegeben werden muss?

4 Erläutern Sie die Notwendigkeit, im Programmsatz N04 mit der Wegbedingung G92 die Drehzahl zu begrenzen (vgl. S. 440).

5 Die Bearbeitung des Beispielwerkstücks wird in der zweiten Aufspannung fortgesetzt. Erstellen Sie unter Berücksichtigung der verfügbaren Werkzeuge einen Fertigungsplan und schreiben Sie das erforderliche CNC-Programm (Bild 2).

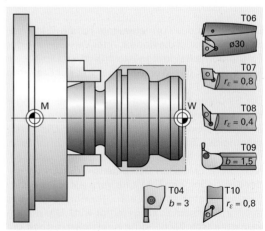

2   Werkzeuge, Spannskizze für die 2. Aufspannung

9 Fertigungsoptimierung und Feinbearbeitung

Die moderne Zerspanungstechnik wird durch zwei zentrale Zielvorgaben bestimmt:

- Hohe Werkstückqualität
- Große Wirtschaftlichkeit

Qualitätskriterien wie Oberflächengüte und Maßgenauigkeit konnten in den vergangenen Jahren immer weiter gesteigert werden. Möglich wird dies durch Verbesserungen in den prozessbestimmenden Parametern (Bild 1).

Eingangsparameter	Prozessparameter	Beurteilungsparameter	
• Bearbeitungsverfahren	• Schnittkräfte	• Qualitative Merkmale	
• Werkzeug	• Schnittleistung	• Maßgenauigkeit	
• Werkzeugmaschine	• Zerspanungs-	• Oberflächengüte	**Produkt**
• Werkstoff	temperatur	• Technologische Merkmale	
• Kühlschmierstoff	• Bearbeitungs	• Werkzeugverschleiß	
• Werkstückgeometrie	stabilität	• Wirtschaftliche Merkmale	
		• Fertigungskosten	

1 Prozessparameter

9.1 Fertigungstechnische Entwicklungstrends

Moderne Dreh- und Fräsbearbeitungszentren mit hohen Spindelfrequenzen und großer Dynamik in den Linearachsen sowie automatischen Werkzeugwechselsystemen und Werkstückhandhabungseinrichtungen reduzieren die Fertigungszeiten, die Span-zu-Span-Zeit und damit die Fertigungskosten eines Produkts.

Schwingungsdämpfende Konstruktionsprinzipien mit hoher Maschinensteifigkeit erlauben bei entsprechender Spindelleistung hohe Vorschubgeschwindigkeiten der Werkzeuge. Die Kompensation des Temperaturganges der Werkzeugmaschine über die Steuerung entkoppelt den Fertigungsprozess von äußeren Einflüssen und garantiert bei entsprechenden Maschinenlaufzeiten hohe Prozesssicherheit.

Weiter verbesserte oder neuartige Schneidstoffe und Hartstoffschichten ermöglichen Zerspanungsanwendungen, die vor wenigen Jahren in dieser Form noch nicht möglich waren. Schwer zu zerspanende Werkstoffe, wie z. B. gehärteter Stahl, werden heute mit polykristallinem kubischem Bornitrid unter Anwendung hoher Schnittwerte erfolgreich zerspant. Hierbei ergänzt die Zerspanung mit geometrisch bestimmter Schneide den klassischen Schleifprozess (Bild 2).

Mit optimierten Schneidstoffsorten kann die Nassschmierung häufig durch eine prozesssichere und wirtschaftlichere Trockenbearbeitung ersetzt werden. Dort, wo die Trockenbearbeitung Probleme bereitet, führt häufig die Minimalmengenschmierung (MMS) zum Erfolg (Bild 3).

2 Zerspanungswerkzeuge

3 Minimalmengenschmierung beim Fräsen

9.2 Hochgeschwindigkeits-bearbeitung – HSC

Die permanente Forderung an die Fertigung nach Verkürzung der Bearbeitungs- und Durchlaufzeiten bei gleichzeitig hoher Maß- und Formgenauigkeit sowie Oberflächenqualität macht die Einführung neuer Produktionstechnologien notwendig (Bild 1). Der steigende Wettbewerb auf den globalisierten Märkten und die Entwicklung leistungsfähiger Fertigungsverfahren zwingen Werkzeug- und Maschinenhersteller, aber auch den Anwender, ständig die Effektivität der etablierten Produktionstechniken zu überdenken. Durch innovative Weiter- und Neuentwicklungen ist die Wirtschaftlichkeit und Qualität des Prozesses sicherzustellen oder besser noch zu steigern. Eine Entwicklungsstrategie zur Erfüllung dieser Anforderungen ist die **Hochgeschwindigkeitsbearbeitung – High speed cutting – HSC.**

Bereits 1931 wurde ein deutsches Patent zur „Hochgeschwindigkeitsbearbeitung" erteilt. Allerdings scheiterte die praktische Umsetzung in der Fertigung an den damaligen Möglichkeiten der Maschinen- und Werkzeughersteller. Wissenschaftliche Untersuchungen brachten aber grundlegende Erkenntnisse über die Auswirkungen hoher Schnittgeschwindigkeiten auf den Zerspanungsvorgang (Bild 2).

9.2.1 Merkmale der HSC-Technologie

Eine eindeutige, allgemeingültige Abgrenzung der Hochgeschwindigkeitsbearbeitung gegenüber der Normalbearbeitung ist aufgrund der unterschiedlichen Anwendungsbereiche, Werkstoffe und Bearbeitungsstrategien schwierig. Je nach Zerspanungsphilosophie wird der Begriff unterschiedlich definiert:

- Zerspanung mit hoher Schnittgeschwindigkeit
- Zerspanung mit hoher Spindeldrehzahl n
- Zerspanung mit hohen Vorschüben f, f_z
- Zerspanung mit hoher Schnittgeschwindigkeit und großem Vorschub bei geringen Schnitttiefen

Bestimmend für die Entwicklung und Einführung einer modernen HSC-Technologie waren die Anforderungen des Werkzeugbaus mit der Fräsbearbeitung von gehärteten Werkzeugstählen bei Spritzgussformen und Umformgesenken (Bild 3, 4). Auch die Komplettbearbeitung weicherer Werkstoffe wie Grafit in der Elektrodenherstellung für das Senkerodieren gehört zum Aufgabenspektrum eines leistungsfähigen Werkzeugbaus.

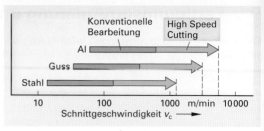

1 Schnittgeschwindigkeitsbereiche

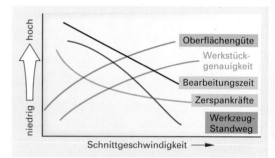

2 Einfluss der Schnittgeschwindigkeit

3 Formenfräsen mit HSC

4 Fräsbearbeitung im Werkzeugbau

Um ein hohes Rationalisierungspotenzial zu erzielen, ist eine ganzheitliche Betrachtung des Fertigungsprozesses nötig. Dies ist bei Schruppoperationen mit hoher Zerspanungsleistung und mittleren Zerspanungsgeschwindigkeiten genauso wichtig wie bei der Schlicht- und Feinschlichtbearbeitung mit hohen Zerspanungsgeschwindigkeiten bei geringeren Schnitttiefen im Gesamtprozess (Bild 1). Durch die je nach Werkstoff 5- bis 10-fach höhere Schnittgeschwindigkeit als bei der konventionellen Bearbeitung verbessern sich die Oberflächengüten bis zu einer Schleifqualität und die Fertigungszeit reduziert sich erheblich.

Die Steigerung der Schnittgeschwindigkeit gegenüber den konventionellen Werten kann entweder durch Erhöhung der Rotationsgeschwindigkeit der Werkzeugachse oder bei konstanter Drehzahl durch die Vergrößerung des Werkzeugdurchmessers erfolgen. Werkzeuge mit kleinem Durchmesser benötigen sehr hohe Spindeldrehzahlen, um im echten HSC-Bereich arbeiten zu können (Bild 2).

Entsprechend diesen Voraussetzungen ergeben sich zwei grundsätzliche Zerspanungsstrategien:

HSC (High speed cutting)

Fräsbearbeitung mit sehr hoher Schnitt- und Vorschubgeschwindigkeit bei geringen axialen und radialen Schnitttiefen im Bereich kleiner bis mittlerer Zerspanungsleistungen. Überwiegend Schlichten von Leichtmetalllegierungen, Kupfer, Grafit und gehärteten Stahlwerkstoffen.

HPC (High performance cutting)

Bearbeitung mit Zerspanungsgeschwindigkeiten, die in dem Übergangsbereich zwischen den konventionellen und den HSC-Werten liegen. Ziel ist, mit einem hohen Spindeldrehmoment bei mittleren Spanungsdicken ein großes Zeitspanvolumen zu erreichen (Bild 3).

9.2.2 Technologischer Hintergrund

Reduzierte Schneidkantentemperatur

Erhöht man, ausgehend von den konventionellen Schnittwerten, die Schnittgeschwindigkeit, so beobachtet man, dass die Temperatur an der Werkzeugschneide bis zu einem Maximalwert zunimmt. Eine weitere Schnittgeschwindigkeitszunahme bewirkt die Abnahme der Zerspanungstemperatur.

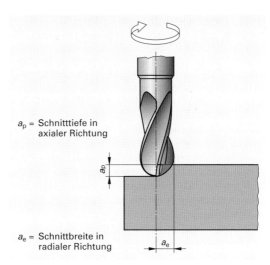

a_p = Schnitttiefe in axialer Richtung

a_e = Schnittbreite in radialer Richtung

1 Schnitttiefen beim HSC-Fräsen

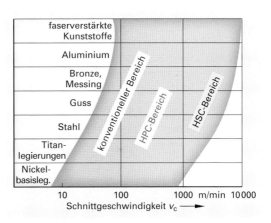

2 Bereiche unterschiedlicher Schnittgeschwindigkeiten beim Zerspanen

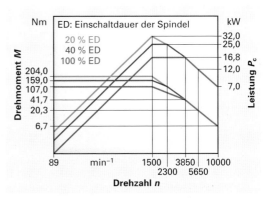

3 Drehzahl-Drehmoment-Leistungsdiagramm (Spindel: 16.000 min⁻¹)

Bei der Zerspanung von Eisenwerkstoffen fällt der Temperaturabfall bei erhöhter Schnittgeschwindigkeit an der Schneide geringer aus als bei Aluminiumlegierungen (Bild 1). Die bei der HSC-Bearbeitung typische geringe Schnitttiefe in Verbindung mit hoher Vorschubgeschwindigkeit und Spindeldrehzahl reduziert die Eingriffs- bzw. Kontaktzeit der Schneidkante. Die in der Scherzone entstehende **Zerspanungswärme** benötigt für die Wärmeübertragung zum Schneidstoff eine Mindestkontaktzeit. Steht diese Zeit für den Wärmeübergang nicht zur Verfügung und hat der Schneidstoff eine geringe Wärmeleitfähigkeit, so bleibt die entstehende Zerspanungswärme zum größten Teil im Span und wird mit diesem abgeführt (Bild 2).

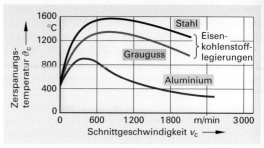

1 Abhängigkeit der Zerspanungstemperatur von der Schnittgeschwindigkeit

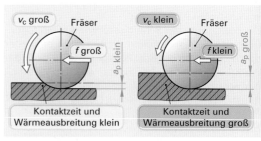

2 Kontaktzeit bei HSC und konventioneller Bearbeitung

Reduzierte Schnittkräfte

Die hohen Zerspanungsgeschwindigkeiten bei der HSC-Bearbeitung setzen in der Scherzone des Werkstoffs kurzzeitig große Energiemengen in Form von Wärme frei. Dadurch reduziert sich in dem Scher-, Stauchungs- und Umformungsbereich des Spanes mit zunehmender Schnittgeschwindigkeit die spezifische Schnittkraft k_c des Werkstoffs. Die Zerspanungskräfte und die notwendige Zerspanungsleistung nehmen ebenfalls ab (Bild 3). Die geringer wirkenden Radial- und Axialkräfte auf das Werkstück und das Werkzeug erlauben den Einsatz längerer Werkzeuge bei geringerem Vibrationsrisiko. Eine schwingungsarme Bearbeitung mit niedrigen Schnittkräften ermöglicht im Werkzeugbau die Herstellung form- und maßgenauer, dünnwandiger Werkstückwände, die bisher nur mit der Funkenerosion erzeugt werden konnten.

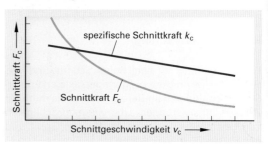

3 Verringerung der Schnittkraft mit zunehmender Schnittgeschwindigkeit

9.2.3 Bearbeitungsstrategien

Die HSC-Fräsbearbeitung (Bild 4) von vergüteten und gehärteten Werkzeugstählen im Formenbau beinhaltet ein erhebliches Rationalisierungspotenzial. Dies erfordert aber eine „Fräsintelligenz", die angepasste Bearbeitungsstrategien integriert. Die Programmiersoftware in der CAD-CAM-Prozesskette muss an die speziellen Erfordernisse beim HSC-Fräsen angepasst werden. Bei konvex und konkav gekrümmten Werkzeugbahnen oder bei sehr engen Fräsbahnradien ergeben sich abhängig vom Werkzeugdurchmesser unterschiedliche Schneidkantenlängen im Eingriff, die stark schwankende Kräfte, Momente und elastische Werkzeugauslenkungen hervorrufen (Bild 4).

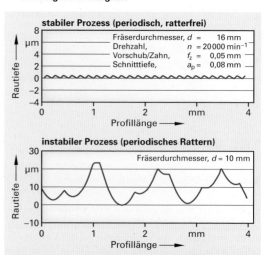

4 Rautiefe der Werkstückoberfläche bei unterschiedlichen Eingriffsbedingungen der Schneide

Bei der **HSC-Schruppbearbeitung** wird das zu zerspanende Material in konstante Schnitte aufgeteilt. Für das nachfolgende Schlichten wird ein annähernd gleichmäßiges Aufmaß mit konstanten Spanungsquerschnitten erzeugt. Damit der Schruppfräser kontinuierlich im Gleichlauf arbeiten kann, wird die Werkstückkontur umrissförmig programmiert.

Der Eingriffswinkel φ_s (Umschlingungswinkel) des Werkzeugs wird von der Bearbeitungsstrategie beeinflusst:

- von innen nach außen oder
- von außen nach innen

Taucht das Werkzeug rampenförmig in das Werkstück ein und fräst die Kontur dann umrissförmig von außen nach innen ab, ist der abzutragende Werkstoff immer innenliegend. Diese Bearbeitungsstrategie ergibt Werkzeugeingriffswinkel zwischen $\varphi_s = 90°$ bis $180°$. Nachteilig ist die erste Bahn mit $180°$ = Eingriffswinkel (Bild 1).

Die umgekehrte Strategie von innen nach außen ergibt in den Innenecken ungünstige Eingriffswinkel von bis zu $270°$ (75 % vom Werkzeugumfang), da der Werkstoff immer außen an der Kontur steht.

Die Restrauigkeit aus der Schruppbearbeitung entsteht durch die radiale Zustellung (Zeilensprung $a_e = 35$ % bis 40 % des Fräserdurchmessers). Die entstehenden Stufen bzw. Werkstoffspitzen müssen in einem Vorschlichtprozess abgetragen werden, um für die eigentliche Schlichtbearbeitung ein gleichmäßiges Aufmaß mit geringen Schnittkraftschwankungen zu erzielen (Bild 2).

Hauptanwendungsbereich für die HSC-Technologie ist die Herstellung von Druckguss-, Spitzguss- und Tiefziehformen für die Blechumformung sowie Schmiedegesenken für die Warm- und Kaltumformung aus Qualitäts- und Werkzeugstählen mit hohen Werkstoffhärten (Tabelle 1).

Für die meist stark gekrümmten Freiformflächen kommt das sonst zur Schlichtbearbeitung übliche achsparallele oder pendelförmige Abscannen der gesamten Geometrie nicht infrage. Wie bei der Schruppbearbeitung sollte eine konturbezogene Umrissbahn programmiert werden. Die Größe des Zeilensprungs (radiale Zustellung a_e) richtet sich nach der gewünschten Restrauigkeit der Oberfläche.

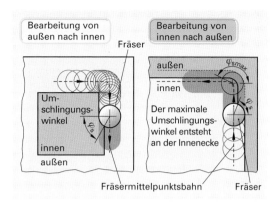

1   Bearbeitung von außen nach innen und von innen nach außen

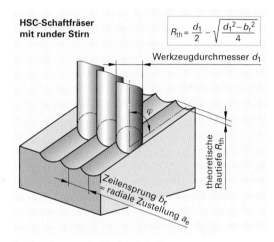

$$R_{th} = \frac{d_1}{2} - \sqrt{\frac{d_1^2 - b_r^2}{4}}$$

2   Berechnung der Restrauigkeit

Tabelle 1: Typische Schnittdaten im Werkzeugbau

Gültig für Hartmetall-Schaftfräser mit TiCN oder TiALN-Beschichtung bei der Bearbeitung von gehärtetem Stahl:

Schruppen:

Echte v_c 100 m/min bis 150 m/min
a_p 6 % bis 8 % des Fräserdurchmessers,
a_e 25 % bis 40 % des Fräserdurchmessers,
f_z 0,05 mm bis 0,15 mm

Vorschlichten:

Echte v_c 100 m/min bis 250 m/min
a_p 3 % bis 4 % des Fräserdurchmessers,
a_e 10 % bis 25 % des Fräserdurchmessers,
f_z 0,05 mm bis 0,20 mm

Schlichten und Feinschlichten:

Echte v_c 250 m/min bis 300 m/min
a_p 0,1 % bis 0,2 % des Fräserdurchmessers,
a_e 0,1 % bis 0,2 % des Fräserdurchmessers,
f_z 0,02 mm bis 0,20 mm

Bei der **HSC-Schlichtbearbeitung** von horizontal liegenden Konturflächen schneidet der Kugelkopierfräser wegen der geringen axialen Zustellung nur im unteren achsnahen Zentrumsbereich (Bild 1). Da sich die Schnittgeschwindigkeit hier stark verringert, verschlechtern sich die Zerspanungsbedingungen und damit auch die Werkzeugstandzeit.

Ein schräges Anstellen des Werkzeugs auf horizontal liegenden Werkstückflächen verbessert die Situation, vorausgesetzt die Werkzeugmaschine lässt diese Möglichkeit zu. Hierbei kommt der Führung des Werkzeuges (Bild 2) eine besondere Bedeutung zu. Die Fräseranstellrichtung (in oder quer zur Vorschubrichtung), der Anstellwinkel der Fräserachse, die Schnittrichtung (Zieh- oder Bohrschnitt) und das Bearbeitungsverfahren (Gleich- oder Gegenlauf) beeinflussen den Werkzeugstandweg, die Bauteilqualität und die Prozesssicherheit.

Unabhängig von der Werkzeuganstellung erfolgt die Spanabnahme bei Kugelkopffräsern immer auf der stirnseitigen Kugelkalotte (Bild 3). Bei sich verändernder Werkstückkontur ergeben sich bei gleichem Anstellwinkel der Werkzeugachse unterschiedliche Kontakt- und Eingriffsbedingungen. Gute Zerspanungsbedingungen für die Werkzeugschneide ergeben sich bei einem Anstellwinkel β von 10°...20° in Vorschubrichtung (Ziehschnitt/längs). Bei Kippwinkeln der Werkzeugachse unter 10° nehmen wegen der geringen Schnittgeschwindigkeit zur Werkzeugmitte hin die Reib- und Quetschvorgänge zu. Dies führt zu höheren Prozesstemperaturen und zur Bildung von Aufbauschneiden. Bei Kippwinkeln über 20° führt die zunehmende Eingriffslänge der Schneide (Schnittlänge) zu erhöhter Schneidenbelastung.

9.2.4 Maschinentechnologie

Die Technologie der Hochgeschwindigkeitsbearbeitung erfordert neben einer hohen Umdrehungsfrequenz der Spindel und hohen Vorschubgeschwindigkeiten auch eine entsprechende Zerspanungsleistung an der Werkzeugschneide. Um bei großen Spindelfrequenzen eine unter optimalen Zerspanungsbedingungen echte Produktivitätssteigerung realisieren zu können, sind in den Vorschubachsen enorme Beschleunigungs- und Verzögerungswerte notwendig.

Durch einwechselbare Motorspindeln mit unterschiedlichen Leistungskenndaten besteht die Möglichkeit, in einer Aufspannung mit hohem Spindeldrehmoment bei geringerer Drehfrequenz (z. B. P_e = 25 kW, n bis 14.000 1/min) größere Spanungsquerschnitte, wie sie bei der Schruppbearbeitung notwendig sind, zu bearbeiten. Die Schlichtbe-

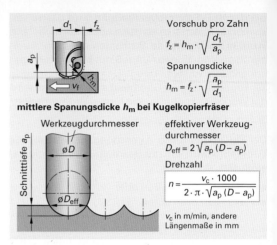

mittlere Spanungsdicke h_m bei Kugelkopierfräser

Vorschub pro Zahn
$$f_z = h_m \cdot \sqrt{\frac{d_1}{a_p}}$$

Spanungsdicke
$$h_m = f_z \cdot \sqrt{\frac{a_p}{d_1}}$$

effektiver Werkzeugdurchmesser
$$D_{eff} = 2\sqrt{a_p(D - a_p)}$$

Drehzahl
$$n = \frac{v_c \cdot 1000}{2 \cdot \pi \cdot \sqrt{a_p(D - a_p)}}$$

v_c in m/min, andere Längenmaße in mm

1 Eingriffsbedingungen am Kugelkopierfräser

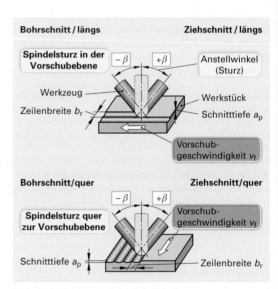

2 Frässtrategien und Anstellwinkel

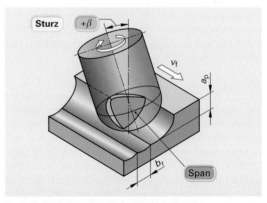

3 Schnittbedingungen an der Kugelkalotte

arbeitung erfolgt mit hohen Spindelfrequenzen in einem reduzierten Leistungsbereich (z. B. P_e = 7 kW, n bis 30.000 ^{1}/min). Die Maschine kann so in kürzester Zeit für unterschiedliche Zerspanungsaufgaben umgerüstet werden.

9.2.5 Antriebskonzepte

Wegen der großen Dynamik in den Rotations- und Linearachsen sind leistungsfähige Antriebskonzepte erforderlich.

Um entsprechend große Beschleunigungswerte sowie Vorschub- und Eilganggeschwindigkeiten in den translatorischen Achsen realisieren zu können, werden zwei verschiedene Antriebstechniken eingesetzt:

- digitalgeregelter Antrieb über Kugelrollspindel
- Linearmotoren (Transfer – Direkt – Drive)

Beim **Linearantrieb** erzeugen flache Drehstrom-Linearmotoren (Bild 1) direkt eine Linearbewegung. Die Motoren bestehen aus dem stationären Primärteil (Stator) und einem beweglichen Sekundärteil (Läufer).

Die im Primärteil befindliche Drehstromwicklung erzeugt ein magnetisches Wanderfeld. Der bewegliche Sekundärteil ist mit einer Reihe von Permanentmagneten bestückt. Das magnetische Wanderfeld des Stators induziert im Läufer durch magnetische Kräfte eine gerichtete Schubkraft. Die Kraftrichtung und die Bewegungsrichtung des Sekundärteils werden von der Bewegungsrichtung des Wanderfeldes im Primärteil bestimmt.

Dieses Antriebskonzept kommt beim Transrapid zum Einsatz.

Das im Motoraufbau integrierbare Messsystem kann als analoges Linearpotentiometer oder als

digitales Auflichtmesssystem mit Glasmaßstab ausgeführt werden (Bild 2).

Durch das Fehlen von Spiel in den mechanischen Übertragungseinheiten und die starre Verbindung des Läufers mit dem zu bewegenden Teil der Maschine sind bei großen Verfahrensgeschwindigkeiten präzise Regelvorgänge möglich.

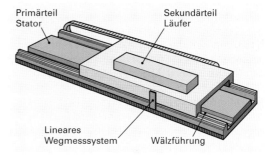

1 Aufbau eines Linearantriebs

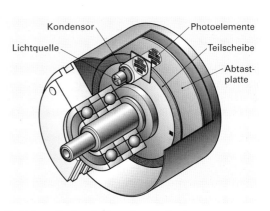

2 Schematischer Aufbau eines Drehgebers

Tabelle 1: Vergleich von Linearmotor und Kugelgewindetrieb		
Kriterium	**Linearmotor**	**Kugelgewindetrieb**
Geschwindigkeit	sehr hoch, begrenzt durch den Linearmaßstab und die Linearführung	hoch, begrenzt durch Reibungsverluste und Verschleißverhalten sowie kritischer Eigenfrequenz der Spindel
Beschleunigung	bis 120 m/s^2 (Eigenbeschleunigung)	bis 30 m/s^2 begrenzt durch Massenträgheitsmomente
Vorschubkräfte	durch Schaltung mehrerer Motoren fast unbegrenzt	sehr hoch durch Untersetzung
Antriebskühlung	unbedingt erforderlich	bei sehr hoher Eilganggeschwindigkeit Kühlung der Gewindespindel erforderlich
Verschleiß	gering, die Linearführung ist das einzige Verschleißteil	hoch, insbesondere für höhere Eilgänge

9.2.6 HSC-Werkzeuge

Im Werkzeug- und Formenbau werden bevorzugt Schaftfräserwerkzeuge mit gerader Stirn, Radius- oder Kugelkopffräser eingesetzt. Die unterschiedlichen Werkzeugformen bestimmen abhängig von der radialen Eingriffsbreite a_e neben der Oberflächenqualität auch die Bearbeitungszeit des Werkstückes (Bild 1).

Bei vorgegebener Rautiefe ermöglicht der **Schaftfräser** mit gerader Stirn die größte Zeilenbreite, wobei sich aber die Schneidenecke des Fräsers im Oberflächenprofil der bearbeiteten Fläche abbildet.

Mit dem **Radiusfräser** sind im Vergleich zum Kugelkopffräser bei gleich guter Oberflächengüte größere Zeilenbreiten möglich, da der Schaftfräser mit Eckenradius kleinere Restaufmaße hinterlässt. Neben diesen geometrischen Vorteilen bietet der Radiusfräser auch in technologischer Hinsicht Vorteile. Ein Schnittgeschwindigkeitsabfall im Zentrum des Werkzeugs bis auf null ist nicht vorhanden. Dadurch lassen sich auch hochharte und temperaturbeständige Schneidstoffe wie z. B. PKD und CBN einsetzen.

Bei der Bearbeitung von gehärtetem Stahl ist der klassische **Kugelkopffräser** gut geeignet, da er mit seinem großen Radius die Schnittkräfte und die Zerspanungswärme besser aufnehmen kann.

Eine für die Bearbeitung gehärteter Stähle notwendige Schneidkantenstabilität und Verschleißfestigkeit ist bei konventionellen Hartmetallen, vor allem bei sehr hohen Schnittgeschwindigkeiten, nur bedingt vorhanden. Für den HSC-Einsatz vorgesehene Schneidplatten und Vollhartmetallwerkzeuge werden deshalb aus Feinstkornhartmetall der Anwendungsgruppe K hergestellt (Bild 2). Mit abnehmender Wolframcarbid-Korngröße < 1 μm nehmen sowohl Härte und Kantenstabilität als auch Biegebruchfestigkeit zu.

Durch Hartstoffbeschichtungen wird die Verschleißfestigkeit des Feinkornsubstrats weiter verbessert. Als Hartstoffschichten werden TiN, TiCN, Al_2O_3 und TiAlN in Einlagen- oder Mehrkomponenten-Beschichtung eingesetzt. Mehrlagenschichten (Multilayer) bieten bei gleicher Schichtdicke wie Einlagenschichten (Monolayer) bessere Schichthaftung und größere Sicherheit gegen die Ausbreitung von Rissen, wobei die Dicke der einzelnen Schicht unter 0,2 μm liegt. Bei HSC-Werkzeugen ist die Schichtdicke der Hartstoffschicht wegen der hohen Schnittkräfte auf max. 10 μm begrenzt.

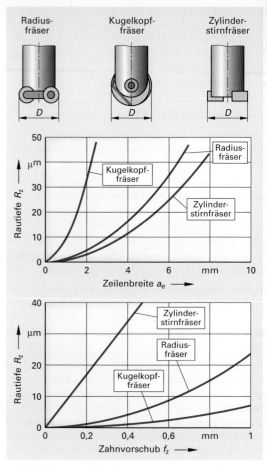

1 Einfluss unterschiedlicher Werkzeuggeometrien auf die Rautiefe und die Zeilenbreite

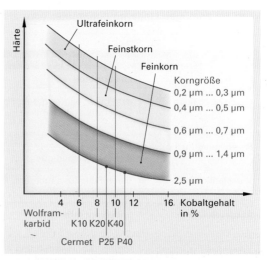

2 Korngrößen bei Hartmetallwerkzeugen

9.2.7 Werkzeugaufnahme

Für den Einsatz in der HSC-Technologie geeignete Werkzeugspannsysteme müssen sich durch besondere Merkmale auszeichnen:

- hohe Wechselgenauigkeit
- hohe Rundlaufgenauigkeit
- große Übertragungsmomente bei hoher Drehzahl
- hohe Radialsteifigkeit
- geringe Unwucht
- werkstattgerechte Handhabung

Normale Spannmittel können diese Anforderungen nur teilweise erfüllen. Für die HSC-Technologie besonders gut geeignet sind (Bild 1):

- Warmschrumpffutter
- Kraftspannfutter
- Hydro-Dehnspannfutter

Warmschrumpffutter

Schrumpffutter sind einteilige Werkzeugaufnahmen mit einer sehr genauen zentrischen Aufnahmebohrung. Die rotationssymetrische Bauform des Spannfutters erreicht wegen der gleichmäßigen Massenverteilung höchste Wuchtgüten (s. S. 455). Die Rundlaufgenauigkeit zwischen Aufnahmekegel und Werkzeugaufnahmebohrung ist besser als 3 µm, bezogen auf einen Messdorn mit 3d Ausspannlänge.

Beim thermischen Schrumpfspannen wird das Spannfutter auf etwa 200 °C erwärmt. Hierbei vergrößert sich der Durchmesser der Aufnahmebohrung im Futter und das Werkzeug kann eingefügt werden. Nach Abkühlung erzielt diese Einspannung eine sehr große Festigkeit.

Kraftschrumpffutter

Bei Kraftschrumpfsystemen wird das Drehmoment durch die elastischen Rückverformungskräfte der Werkzeugaufnahmebohrung übertragen. Im Ursprungszustand ist die Werkzeugaufnahmebohrung nicht exakt rund, sondern entspricht einem verrundeten gleichseitigen Dreieck, einem Polygon (Bild 2). Durch das Aufbringen von Radialkräften mit einer hydraulischen Spannvorrichtung wird die Aufnahmebohrung im Spannfutter kreisrund verformt.

Nach der Aufnahme des Werkzeugs wird das Spannmittel entlastet und die Aufnahmebohrung verformt sich wieder elastisch zurück.

Hydrodehn-Spannfutter

Bei der Hydrodehn-Spanntechnik wird das Prinzip der gleichmäßigen Druckverteilung in Flüssigkeiten in einem geschlossenen System genutzt.

Über eine Spannschraube mit Anschlag wird ein Kolben betätigt. Durch das Eindrehen der Schraube steigt der Druck des Hydrauliköls im Kammersystem des Spannfutters an. Dabei verformt sich eine dünnwandige Dehnbüchse in der Werkzeugaufnahmebohrung auf der ganzen Länge gleichmäßig zur Mittelachse der Aufnahmebohrung. Nach der Druckentlastung geht die Dehnbüchse wieder in ihren Ausgangsdurchmesser zurück (Bild 3).

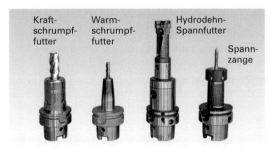

1   Werkzeugaufnahmen

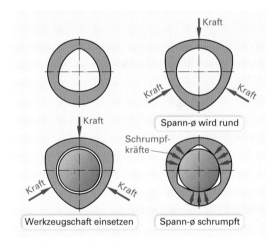

2   Kraftschrumpftechnik

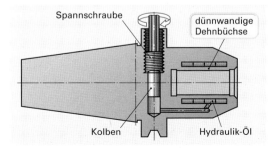

3   Funktion eines Hydro-Dehnspannfutters

9.2.8 Unwucht rotierender Systeme

Werkzeugmaschinen mit hochdrehenden Spindelantrieben benötigen Werkzeugaufnahmen und Werkzeuge mit geringstmöglicher Unwucht. In Bezug auf die Rotationsachse verursachen schon sehr kleine ungleiche Massenverteilungen Schwingungen und Rundlauffehler im Spannfutter und im Werkzeug, die auf die Spindellagerung, Oberflächengüte und Werkzeugstandzeit negative Auswirkungen haben. Aus diesem Grund werden Werkzeugkomponenten ausgewuchtet und nach VDI-Richtlinie 2060 in entsprechende Wuchtgüteklassen (G0,4...G80) klassifiziert (Tabelle 1, Bild 1).

Unwucht

Man unterscheidet drei Arten der Unwucht:

- **Statische Unwucht:**
  Der Schwerpunkt eines rotierenden Systems liegt außerhalb der Hauptträgheitsachse.

- **Momentenunwucht:**
  Die Schwerpunktachse eines rotierenden Systems liegt nicht parallel zur Hauptträgheitsachse.

- **Dynamische Unwucht:**
  Kombination aus statischer und Momentenunwucht (Bild 2).

Die Unwucht erzeugt in einem rotierendem System durch die Trägheitskraft der Masse eine nach außen gerichtete **Fliehkraft**, die den Rotationskörper in radialer Richtung auslenkt und die Laufruhe beeinträchtigt. Die Fliehkraft wächst linear mit der Unwucht U und quadratisch mit der Winkelgeschwindigkeit ω (Omega) bzw. mit der Drehzahl n:

$$F = U \cdot \omega^2$$

F = Fliehkraft in N
U = Unwucht in gmm
ω = Winkelgeschwindigkeit in 1/s
$\omega = \dfrac{2\,\pi \cdot n}{60\ \text{s/min}}$
n = Drehzahl in 1/min

Die Unwucht U gibt an, wie viel unsymmetrisch verteilte Masse in radialer Richtung von der Rotationsachse entfernt ist.

Die Unwucht wird in Grammmillimeter (g mm) angegeben.

$$U = m \cdot e$$

U = Unwucht in gmm
m = Gesamtmasse
e = Schwerpunktabstand

Durch die Unwucht wird der Schwerpunkt von der Rotationsachse um den **Schwerpunktsabstand e** in Richtung der Unwucht verlagert (Bild 3).

Tabelle 1: Zulässige Restexzentrizitäten und spezifische Restunwuchten

Wucht-güte	Drehfrequenz in min⁻¹					
	10 000	15 000	20 000	25 000	30 000	40 000
	Restexzentrizität in µm, spezifische Restunwucht in g mm/kg					
G 2,5	2,5	1,7	1,25	1	0,9	0,65
G 6,3	6,3	4,3	3,2	2,6	2,1	1,6
G 16	16	11	8	6,1	5,5	4
G 40	40	27	20	16	13	10

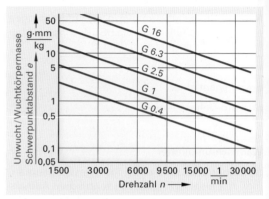

1   Auswucht-Gütestufen nach DIN ISO 1040

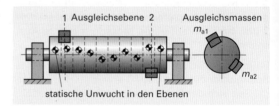

2   Dynamische Unwucht

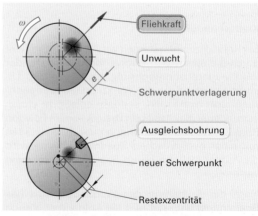

3   Schwerpunktverlagerung durch Unwucht

Um die erforderliche symmetrische Massenverteilung wieder herzustellen und die asymmetrischen Fliehkräfte auszugleichen, wird beim Auswuchten durch Ausgleichsbohrungen bzw. -flächen der Schwerpunktsabstand und damit die Unwucht verringert. Innerhalb technisch machbarer Grenzen ergibt sich dann eine tolerierbare Restexzentrität (e zulässig), die eine Restunwucht erzeugt.

Wuchtgüte

> Die Wuchtgüte G entspricht der zulässigen Umfangsgeschwindigkeit v_{zul} des Schwerpunktes um das Rotationszentrum.

Z. B. bedeutet G 2,5 v_{zul} = 2,5 mm/s (s. Bild 1 der vorigen Seite).

> $G = e \cdot \omega$ G = Wuchtgüte in mm/s
> e = Schwerpunktabstand in mm
> ω = Winkelgeschwindigkeit in 1/s

Setzt man in die Gleichung $G = e \cdot \omega$ den Schwerpunktsabstand mit $e = U/m$ ein, so lässt sich bezüglich der Wuchtgüte G folgender Zusammenhang ableiten:

> $G = U/m \cdot \omega$

> Ein Körper mit großer Unwucht kann bei geringer Drehfrequenz die gleiche Wuchtgüte haben, wie ein Körper mit geringer Unwucht bei hoher Drehfrequenz!

Ein Körper mit einer bestimmten Unwucht hat bei einer geringeren Drehfrequenz eine bessere Wuchtgüte als der gleiche Körper bei einer hohen Drehfrequenz. G ist umgekehrt proportional zur Wuchtkörpermasse m.

Bei gleicher Drehfrequenz hat ein Körper mit geringerer Masse aber großer Unwucht die gleiche Wuchtgüte, wie ein Körper mit geringerer Unwucht aber großer Masse!

Mithilfe der angestrebten Wuchtgüte lässt sich die **zulässige Restunwucht** bestimmen:

> $U_{zul} = G \cdot m / \omega$ U_{zul} = Restunwucht in gmm
> G = Wuchtgüte in mm/s
> $U_{zul} = \dfrac{G \cdot m}{2 \cdot \pi \cdot n}$ m = Wuchtkörpermasse in g
> n = Drehzahl in 1/60 s

Zur Bestimmung der Gesamtrestunwucht werden die Teilunwuchten addiert:

> $U_{ges} = U_{spindel} + U_{Werkzeugaufnahme} + U_{Werkzeug}$

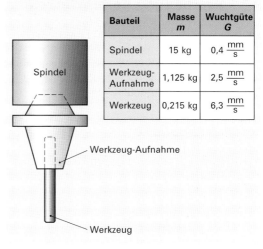

Bauteil	Masse m	Wuchtgüte G
Spindel	15 kg	0,4 $\frac{mm}{s}$
Werkzeug-Aufnahme	1,125 kg	2,5 $\frac{mm}{s}$
Werkzeug	0,215 kg	6,3 $\frac{mm}{s}$

1 Gesamtsystem: Spindel, Aufnahme, Werkzeug

Beispiel:

Berechnung der Restunwucht für
n = 30 000 1/min

$$U = \frac{G}{2 \cdot \pi \cdot n} \cdot m$$

$$U_{Spindel} = \frac{0,4\,\frac{mm}{s} \cdot 15\,000\ g}{2 \cdot \pi \cdot 30\,000\,\frac{1}{min} \cdot \frac{1\ min}{60\ s}} =$$

$$= 1,910\ gmm$$

$$U_{Aufnahme} = \frac{2,5\,\frac{mm}{s} \cdot 1125\ g}{2 \cdot \pi \cdot 30\,000\,\frac{1}{min} \cdot \frac{1\ min}{60\ s}} =$$

$$= 0,895\ gmm$$

$$U_{Werkzeug} = \frac{6,3\,\frac{mm}{s} \cdot 215\ g}{2 \cdot \pi \cdot 30\,000\,\frac{1}{min} \cdot \frac{1\ min}{60\ s}} =$$

$$= 0,431\ gmm$$

m_{ges} = 16340 g
U_{ges} = 3,236 gmm

Berechnung der Gesamtwuchtgüte G_{ges}

$$G = U_{ges} \cdot \frac{2 \cdot \pi \cdot n}{m_{ges}}$$

$$G = 3,236\ gmm \cdot \frac{2 \cdot \pi \cdot 30\,000\,\frac{1}{min} \cdot \frac{1\ min}{60\ s}}{16\,340\ g} =$$

$$= 0,62\ mm/s$$

9.3   Bearbeitung harter Werkstoffe

Bauteile werden aufgrund hoher Einsatzbelastungen häufig in einem Wärmebehandlungsprozess gehärtet. Die konventionelle, zeit- und kostenIntensive Prozesskette, ausgehend vom Halbzeug bis zum Fertigteil, ist durch das Spanen mit geometrisch bestimmter Schneide, dem nachfolgenden Härtungsvorgang und einer Endbearbeitung durch Schleifen gekennzeichnet.

9.3.1 Hartzerspanung durch Drehen und Fräsen

Weil für alle Schleifverfahren geometrische Einschränkungen und geringe Zeitspanvolumina sowie hoher Kühlschmierstoffeinsatz gelten, wird angestrebt, die Prozesskette durch Hartzerspanung zu verkürzen (Bild 1) und den spezifischen Energiebedarf zu verringern (Tabelle 1). Hierbei ist die Verfügbarkeit von leistungsfähigen und verschleißbeständigen Werkzeugen eine wesentliche Voraussetzung. Für die Hartzerspanung von Bauteilen, die im letzten Arbeitsgang bislang ausschließlich durch Schleifen oder Honen fertigbearbeitet werden konnten, werden beschichtete Hartmetalle, Mischkeramiken und Schneidplatten mit polykristallinem kubischem Bornitrid (PCBN) eingesetzt. Diese Schneidstoffe erfüllen Anforderungen wie Diffusions- und Wärmebeständigkeit und besitzen eine ausreichende Druck- und Kantenfestigkeit. Die Schneidplatten mit einer gelasertern Spanleitgeometrie haben eine für die Hartzerspanung optimierte Mikrogeometrie an der Schneidkante (Bild 2).

9.3.2 Ultraschallzerspanung

Moderne Hochleistungswerkstoffe, wie technische Keramiken, faserverstärkte Kunststoffe oder technische Gläser, bilden in vielen Industriebereichen die Grundlage für technologische Innovationen. Die Anwendung dieser Werkstoffe hängt im besonderen Maße von den Fertigungsmöglichkeiten ab. In der Hartzerspanung erschließen Läppverfahren, die mit ultraschallfrequent schwingenden Werkzeugen arbeiten, völlig neue Bearbeitungsmöglichkeiten. Während das konventionelle Läppen nur zur Feinbearbeitung und zum Polieren von Oberflächen eingesetzt werden kann, ermöglicht das ultraschallunterstützte Läppen die formgebende Hartbearbeitung. Ursache hierfür sind lose Läppkörner, die in einer Flüssigkeit gleichmäßig verteilt sind. Das Werkzeug schwingt in jeder Sekunde mit 20.000 Schwingungen. Dabei werden die Läppkörner in die Werkstückoberfläche gehämmert. In der Randzone entstehen mikroskopische Risse und der Werkstoff wird abgetrennt (Bild 3).

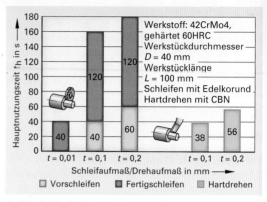

1   Vergleich der Hauptnutzungszeiten

Tabelle 1: Vergleich des spezifischen Energiebedarfs		
Prozess	Benötigte Energie zur Spanbildung (J = Joule)	
Drehen, Fräsen, Bohren	1..3	J/mm³
Schleifen	30..60	J/mm³
Hartdrehen	6..10	J/mm³
Zum Vergleich:		
Funkenerosion	100..200	J/mm³
Elektroerosion	200..500	J/mm³

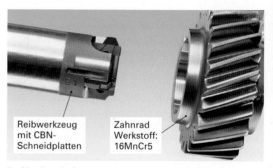

2   Hartbearbeitung

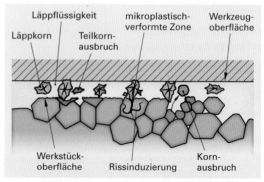

3   Hartbearbeitung durch Ultraschallzerspanung

9.3.3 Arbeitsbeispiel

Hartfräsen statt Schleifen

Durch Hartfräsen soll an einem gehärtetem Werkstück eine vorgearbeitete Nut fertigbearbeitet werden (Bild 1).

Werkzeug: Feinstkornhartmetall-Schaftfräser TiCN-Monolayer-Beschichtung
Durchmesser d = 10 mm
Zähnezahl z = 6 (Bild 2)

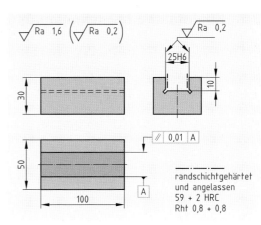

2   TiCN-beschichteter Schaftfräser zum Hartfräsen

Werkstoff: X153CrMoV12 (1.2379)

Schnitt-   Vorschub / Zahn f_z = 0,07 mm
parameter: Schnitttiefe a_p = 10 mm
                  Schnittbreite a_e = 0,2 mm

1. In einem Zerspanungsversuch wird der Standweg in Abhängigkeit von der Schnittgeschwindigkeit untersucht (Bild 3).

   Wie groß ist die maximale Standmenge N?

$$N = \frac{L}{l} = \frac{\text{Standweg}}{\text{Vorschubweg}} = \frac{32000 \text{ mm}}{200 \text{ mm}} = 160$$

2. Vergleich der Hauptnutzungszeiten beim Hartfräsen und Seitenschleifen.

   Bearbeitungszugabe je Seite f = 0,2 mm

Hartfräsen:

Drehzahl: $n = \dfrac{v_c}{\pi \cdot d} = \dfrac{70 \text{ m/min}}{\pi \cdot 0,01 \text{ m}} = 2228 \text{ min}^{-1}$

Vorschub: $f = f_z \cdot z = 0,07 \text{ mm} \cdot 6 = 0,42 \text{ mm}$

beidseitige Bearbeitung der Nut, Schnitt i = 2

Vorschubweg $L = l_a + l + l_u = 100 \text{ mm} + 2 \text{ mm} + 2 \text{ mm}$

Hauptnutzungszeit $t_h = \dfrac{L \cdot i}{n \cdot f}$

$$t_h = \frac{104 \text{ mm} \cdot 2}{2228 \text{ min}^{-1} \cdot 0,42 \text{ mm}} = 0,22 \text{ mm}$$

Hauptnutzungszeit Hartfräsen t_h = <u>13,3 s</u>

1   Hartfräsen einer Nut

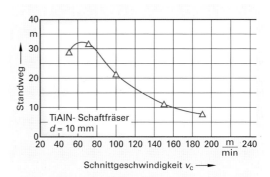

3   Standweg in Abhängigkeit von der Schnittgeschwindigkeit

Seitenschleifen:

Scheibendurchmesser: D = 200 mm
Quervorschub: f = 0,04 mm / Hub
Vorschubweg: $L = l + l_a + l_u$
eine Nutseite
L = 100 mm + 45 mm + 45 mm = 190 mm
Schleifbreite B = 0,2 mm

Hubzahl $n = \dfrac{v_f}{L} = \dfrac{20 \text{ m/min}}{0,19 \text{ m}} = 105 \text{ Hub/min}$

Anzahl der Schnitte $i = \dfrac{t}{a} + 2 = \dfrac{0,2 \text{ mm}}{0,04 \text{ mm}} + 2 = 7$

Hauptnutzungszeit t_h

$$t_h = \frac{i}{n} \cdot \left(\frac{B}{f} + 1 \right) = \frac{7}{105 \text{ min}^{-1}} \cdot \left(\frac{0,2 \text{ mm}}{0,04 \text{ mm}} + 1 \right)$$

eine Nutseite t_h = 0,40 min

Hauptnutzungszeit Seitenschleifen
t_h = 0,8 min = <u>48 s</u>

9.4   Minimalmengenschmierung

Bei der konventionellen Zerspanung metallischer Werkstoffe mit Vollkühlung beträgt der werkstückbezogene Anteil der Kosten für Kühlschmierstoffe (KSS) an den Fertigungskosten bis zu 16 %. Hierin enthalten sind die Kosten für Beschaffung, Aufbereitung, Wartung und Entsorgung. Es ist zu erwarten, dass die Entsorgungskosten sowie der Aufwand zur Späne- und Werkstückreinigung noch steigen werden. Deshalb ist es aus betriebswirtschaftlichen, aber auch aus ökologischen Gesichtspunkten heraus überlegenswert, den Werkstoff ganz ohne KSS, d.h. als absolute Trockenzerspanung, zu bearbeiten.

Die dabei auftretenden hohen Zerspanungstemperaturen führen aber in vielen Anwendungsfällen zu Nachteilen wie geringer Werkzeugstandzeit, Aufbauschneidenbildung, thermischer Gefügebeeinflussung in der Randschicht des Werkstoffs, eingeschränktem Spänetransport oder Maß- und Formungenauigkeiten wegen mangelnder Kühlung des Werkstücks.

1   Minimalmengenschmierung mit äußerer Zufuhr

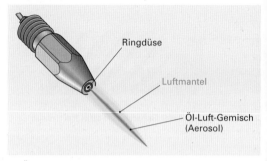

2   Äußere MMS-Zufuhr über eine Ringdüse

9.4.1 Quasi-Trockenbearbeitung

Die Minimalmengenschmierung (MMS) oder Quasi-Trockenbearbeitung vermindert weitgehend die Nachteile der reinen Trockenbearbeitung und reduziert die betrieblichen Stoffumläufe.

Bei der MMS wird eine geringe Menge Öl mit Druckluft zerstäubt und mittels einer Zuführeinrichtung auf die Werkstück- bzw. Werkzeugoberfläche aufgesprüht. Die Tröpfchengröße des Schmiermittels im Luftstrom beträgt hier etwa 0,5 µm bis 2 µm. Bei der konventionellen Vollkühlung werden ca. 20 l/h bis 100 l/h Kühlschmierstoff in einem überwachten Kreislaufsystem umgesetzt, während im Vergleich bei der MMS weniger als 50 ml/h Schmierstoff verbraucht werden (Bilder 2 und 3).

Diese kleinsten Mengen an Schmierstoff reichen aus, um die Reibungsvorgänge merklich zu reduzieren und dadurch Verschweißungen auf der Spanfläche bzw. in den Spanräumen des Werkzeugs zu verhindern.

Der Schmierstoff verbraucht sich während des Bearbeitungsprozesses vollständig (Verlustschmierung). Die im Wirkbereich einbezogenen Objekte und die anfallenden Späne tragen im Allgemeinen nur unbedenkliche Rückstände. Der Anteil der Ölrückstände auf den Spänen liegt unter der Grenze von 0,3 Gewichtsprozent, was ein Wiedereinschmelzen ohne vorherige Reinigung erlaubt.

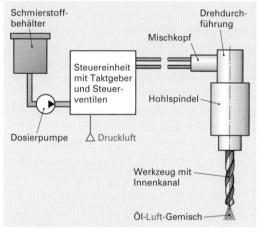

3   MMS mittels innerer Zufuhr

4   Prinzipieller Aufbau der MMS-Technik

9.4.2 Dosiersysteme und Zuführung

Ein vollständiges MMS-System besteht aus den Baugruppen Dosiereinrichtung, Mischsystem und Zuführsystem.

Zur Erzeugung eines Aerosols ist das exakte Mischen von Schmierstoff und Druckluft notwendig. Grundsätzlich kommen hierbei zwei Funktionsprinzipien zum Einsatz (Bild 1):

Bei dem **Einkanalprinzip** entsteht das Öl-Luft-Gemisch in einem Aerosol-Erzeuger (Aerosol-Booster). Der druckbeaufschlagte Schmierstoff wird mit Druckluft zerstäubt und durch eine Zuleitung zum Werkzeug befördert.

Bei dem **Zweikanalprinzip** entsteht das Aerosol in einem Mischkopf erst dicht vor dem Werkzeug. Die Stoffströme (Luft und Schmierstoff) werden in zwei getrennten Leitungen zur Zweistoffdüse geführt.

Unabhängig von der Art der Dosiereinrichtung ist die Steuerung der Schmierstoffzuführung an die Maschinensteuerung gekoppelt, damit bei einem Werkzeugwechsel die Druckluft- und die Schmierstoffzufuhr reduziert bzw. abgestellt werden.

Die Zuführung des Öl-Luft-Gemisches zur Wirkstelle kann entweder durch außenliegende Düsenanordnungen oder durch innenliegende Kanäle in der Maschinenspindel und im Werkzeug erfolgen.

9.4.3 Schmiermittel

In den MMS-Systemen werden gesundheitlich unbedenkliche Schmierstoffe wie native Öle (z. B. Rapsöl), Fettalkohole oder synthetische Fettstoffe (Ester) verwendet, die sich durch gute Benetzungseigenschaften und geringe Verharzungsneigung auch bei hohen Temperaturen auszeichnen.

Die Preise für diese Schmierstoffe übersteigen das Preisniveau der herkömmlichen Schmiermittel. Aufgrund des sehr geringen Schmiermittelverbrauches fallen die höheren Anschaffungskosten bei einer Gesamtkostenrechnung nicht ins Gewicht.

9.4.4 Vorteile der Minimalmengenschmierung

Durch den Wegfall nahezu sämtlicher Ver- und Entsorgungstechnik für den Kühlschmierstoff entstehen große **Einsparungspotenziale**. Es sind bei optimierten Prozessen mit MMS höhere Standzeiten als bei der Trockenbearbeitung möglich und in Einzelfällen lässt sich die Prozessdauer um bis zu 30% reduzieren. Die Kosten für Kauf, Lagerung und Transport sowie Entsorgung des KSS werden stark reduziert bzw. fallen weg. Der Aufwand für Prüfen und Pflegen des KSS entfällt. Je nach Anwendung können aufwendige Folgeprozesse für das Reinigen der Werkstücke reduziert oder eingespart werden. Die trockenen Späne können als Recycling-Material verkauft werden, während nasse Späne als Sondermüll entsorgt werden müssen. **Ökologische Vorteile** ergeben sich, da keine umweltschädlichen Altemulsionen anfallen. Im **Gesundheitsschutz** werden durch Kühlschmierstoff verursachte Erkrankungen z.B. im Bereich der Atemwege und allergische Hautreaktionen vermieden.

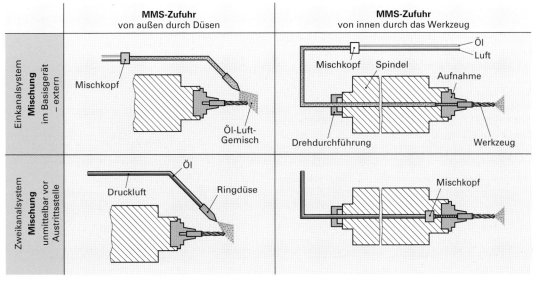

1 MMS-Zuführsysteme

9.5 Trockenbearbeitung

Um einen Bearbeitungsprozess aus wirtschaftlicher (Bild 1) und technologischer Sicht „trocken" zu legen, genügt es nicht, einfach die Kühlschmiermittelzufuhr abzustellen. Bei der Trockenzerspanung fehlen die primären Funktionen des Kühlschmierstoffs wie Schmieren, Kühlen und Spülen. Dies bedeutet für alle am Zerspanungsprozess beteiligten Komponenten eine geänderte Aufgabenverteilung und eine höhere thermische Belastung von Werkstoff und Schneidstoff.

Für ein großes Spektrum an Werkstoffen, wie z. B. Vergütungsstahl, Aluminium und Grauguss, wird die Trockenbearbeitung bzw. MMS bereits prozesssicher beherrscht. Problematisch ist jedoch nach wie vor die Zerspanung hochlegierter Stähle. Hier kommt es aufgrund der hohen spezifischen Zerspankräfte einerseits und des hohen Legierungsgehalts andererseits zu fest anhaftenden Materialablagerungen (Aufbauschneide) an der Werkzeugschneide (Bild 2).

9.5.1 Vollschmierung kontra Trockenbearbeitung

Betrachtet man im Falle der Vollkühlung die freiwerdende Wärme in der Umgebung der Scherzone, so ergibt sich, dass über 70 % der Wärme mit dem ablaufenden Span und dem KSS abgeführt werden. Weniger als 10 % verbleiben im Werkstück und weniger als 20 % im Werkzeug. Bei Vollkühlung entsteht zwischen der Spanober- und Spanunterseite ein größerer Temperaturunterschied, der das Spanbruchverhalten und damit die Entstehung kürzerer Spanformen günstig beeinflusst (Bild 3). Die Verteilung der Wärmeströme ist bei der Trockenbearbeitung ähnlich, jedoch sind die Temperaturen in der Scherzone und in den Spänen höher.

Wegen der höheren Prozesstemperaturen bei der Trockenzerspanung erhöht sich die Spanablaufgeschwindigkeit v_{sp} gegenüber der vergleichbaren Nassbearbeitung, da die Spandicke h_1 wegen der geringeren Umformungskräfte bei der Spanbildung geringer eingestellt wird. Die Spandickenstauchung λ_h (Lambda), das Verhältnis von Spanungsdicke h zu Spandicke h_1, wird kleiner (Bild 4):

$$\lambda_h = h_1 / h \quad \lambda_h < 1$$

Die Spangeschwindigkeit v_{sp} ergibt sich zu:

$$v_{sp} = v_c / \lambda_h \quad v_{c1} \text{ Schnittgeschwindigkeit}$$

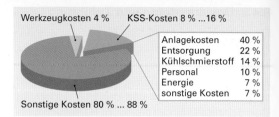

1 Anteil der Kühlschmierstoffkosten an den Fertigungskosten

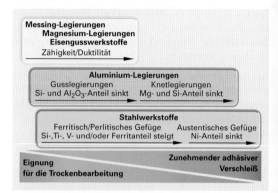

2 Werkstoffe für die Trockenbearbeitung

3 Trockenbearbeitung beim Drehen

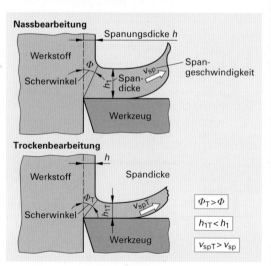

4 Vergleich von Nass- und Trockenbearbeitung

Je geringer die Spandickenstauchung λ_h ausfällt, desto größer kann die Geschwindigkeit des ablaufenden Spans werden. In direktem Zusammenhang mit der Spandickenstauchung steht der Scherwinkel Φ (Phi):

$$\tan \Phi = \frac{\cos \gamma}{\gamma_h - \sin \gamma}$$

Φ = Scherwinkel
γ = Spanwinkel (Gamma)

Wird die Spandickenstauchung geringer, so wird die Neigung der Scherebene zur Bearbeitungsebene in Form des Scherwinkels Φ größer, damit verlagert sich der für die Spanfläche des Werkzeugs stark belastende Kontaktbereich mit dem Werkstück mehr in Richtung der vorderen Schneidkante.

9.5.2 Kontaktzeit

Steigert man bei der Bearbeitung den Vorschub f bzw. die Schnittgeschwindigkeit v_c, so verringert sich die Kontaktzeit zwischen Werkzeug und Werkstück. Dies führt zu einer abnehmenden Werkstücktemperatur bei nahezu konstanter Werkzeugtemperatur. Infolge der Verringerung der Kontaktzeit steht für den Wärmeübergang aus der Scher- und Umformungszone in das Werkstück weniger Zeit zur Verfügung. Mehr Wärme bleibt im Span und wird mit diesem abgeführt.

Zerspanungsverfahren mit offener Schneide, bei denen die Späne ungehindert abgeführt werden können, wie z. B. beim Drehen und Fräsen von Stählen, Gusseisenwerkstoffen und Aluminiumlegierungen, sind für die Trockenbearbeitung besonders geeignet. Bei den hohen Zerspanungstemperaturen in der Kontaktzone werden Schneidstoffe bzw. Hartstoffschichten mit hoher Warmhärte und geringer Wärmeleitfähigkeit wie beschichtete Hartmetalle, Cermets, Schneidkeramiken und Bornitrit prozesssicher und wirtschaftlich eingesetzt (Bild 1).

Hartstoffschichten wie TiN, TiAlN, TiCN und Al_2O_3 isolieren wegen der geringen Wärmeleitfähigkeit thermisch das darunterliegende Grundsubstrat und sind zur Beschichtung von Werkzeugen für die Trockenbearbeitung besonders geeignet. Sie bilden ein Hitzeschild zwischen Werkzeug und Werkstück, sodass die Wärmeenergie zum größten Teil mit den Spänen abgeführt und nicht von der Werkzeugschneide aufgenommen wird (Tabelle 1).

Die Späne erzeugen durch die trockene Flächenpressung in der Kontaktzone der Spanfläche zusätzlich Wärme. Um diese Wärmeentwicklung durch einen reibungsarmen und schnellen Spanabfluss möglichst gering zu halten, ist die Spanfläche des Werkzeugs im Kontaktzonenbereich in einer guten Oberflächengüte auszuführen.

Besonders kritische Zerspanungsverhältnisse herrschen beim Trockenbohren, insbesondere bei Bohrungstiefen $L > 4d$, da die Späne ohne Unterstützung eines Kühlmittelstrahls über die Spannuten des Werkzeugs aus der Bohrung abtransportiert werden müssen. Abhilfe bringen vergrößerte Spannuten des Bohrwerkzeugs mit darauf aufgebrachten Gleit- und Schmierschichten, die den Späneabtransport aus den Spankammern verbessern. Häufig kommt hier die Minimalmengenschmierung zur Anwendung.

Tabelle 1: Eigenschaften von Hartstoffschichten

Merkmal	TiN	TiAN	TiCN
Struktur	mono	mono	multi
Layer	1	1	bis 7
Farbe	Gold	Schwarz-Violett	Violett
Dicke in µm	1,5 bis 3	1,5 bis 3	4 bis 8
Härte HV 0,05	2200	3300	3000
Reibungskoeffizient, Stahl	0,4	0,3	0,25
Wärmeübertragung	0,07 kW/mK	0,05	0,1
Max. Anwendungstemperatur	600 °C	800 °C	450 °C

TiN, Titannitrid: Allroundschicht, für Stähle und Gusseisen

TiCN, Titancarbonitrid: für schwer zu bearbeitende Stahllegierungen und Gusseisenwerkstoffe

TiAlN: Titanaluminiumnitrid: für Hartmetall und HSS-Werkzeuge, Bearbeitung von Aluminium- und Nickellegierungen, Gusseisenwerkstoffe, geeignet für die Hochgeschwindigkeits- und MMS-Bearbeitung

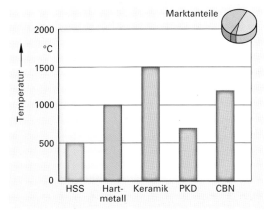

1 Maximale Einsatztemperaturen bei unterschiedlichen Werkzeugschneiden

9.6 Feinbearbeitungsverfahren

Viele Werkstücke müssen aus funktionellen Gründen oder wegen des Designs mit einer hohen Oberflächengüte sowie höchster Maß- und Formgenauigkeit hergestellt werden. Das wird sowohl durch eine Optimierung der herkömmlichen Fertigungsverfahren als auch durch spezielle Feinbearbeitungsverfahren wie **Walzen**, **Honen**, **Läppen** und **Erodieren** für die Herstellung bestimmter Produkte unverzichtbar. Technologien und Werkzeuge werden permanent weiterentwickelt und angepasst. Um Feinbearbeitung handelt es sich dann, wenn eine Oberflächengüte des Toleranzgrades IT 6 oder besser erreicht wird.

Feinbearbeitungsverfahren		
Umformende Verfahren ■ Glattwalzen ■ Kalibrieren	**Abtragende Verfahren** ■ elektrochemisches Abtragen ■ Honen ■ Läppen und Ultraschall- schwingläppen ■ Erodieren ■ Schaben ■ Schleifen ■ High Speed Cutting	**Strukturgebende Verfahren** ■ Laserhonen ■ Laserstrukturieren ■ Beschichten und Honen

9.6.1 Umformende Feinbearbeitungsverfahren

Besteht die Möglichkeit zur Anwendung, werden diese spanlosen Bearbeitungsverfahren bevorzugt genutzt. Bei Erreichen genauester Abmaße kann gleichzeitig die oftmals gewünschte Verfestigung der Oberfläche und eine Vergrößerung des Traganteils erreicht werden. Das geht schnell und benötigt wenig Energie. Die wichtigsten Verfahren sind Glattwalzen und Kalibrieren.

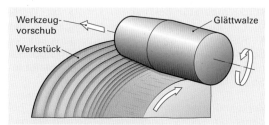

1   **Glattwalzen einer Welle**

Glattwalzen

Beim Glattwalzen, auch **Rollieren** genannt, wird in speziellen Glattwalzmaschinen oder auch auf herkömmlichen Dreh-, Fräs- oder Bohrmaschinen die Oberfläche des zylindrischen Werkstückes durch kräftiges Andrücken eines Glattwalzwerkzeuges geglättet (Bild1, 2). Dabei finden in der Werkstückoberfläche eine Kaltumformung sowie eine Materialverfestigung von bis zu 70% statt. Gute Laufeigenschaften, größere Traganteile bei Lagerflächen und eine verbesserte Korrosionsbeständigkeit sind die Folge. Es werden dabei Rautiefen von unter Rz = 0,5 μm bis 0,1 μm erreicht (Bild 1 nächste Seite).

2   **Glattwalzwerkzeuge**

Dieses Verfahren wird bei Kegeln, Wellen, Lagern, aber auch innerhalb von Rohren oder Fittings verwendet (Bild 3). Das Werkstück muss gereinigt werden und darf eine maximale Härte von 50 HRC (65 HRC mit Sonderwerkzeugen) und muss eine Mindestrautiefe von 10 μm (hochvergütete Stähle) bis 25 μm aufweisen. Der Einsatz von Kühlschmiermittel ist notwendig.

Beim Glattwalzen werden die Abmaße je nach Werkstoff und Vorbearbeitungsrautiefe unterschiedlich stark verändert. Aufmaß, Drehzahl und Vorschub werden nach den Vorschlägen der Werkzeughersteller oder über Versuche ermittelt.

3   **Glattgewalzte Produkte**

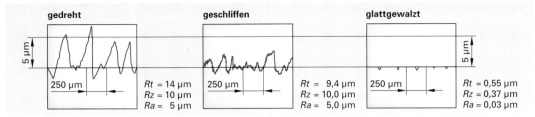

1 Erreichbare Rauigkeitswerte verschiedener Bearbeitungsverfahren

Kalibrieren

Das Feinbearbeitungsverfahren Kalibrieren wird aus unterschiedlichen Gründen angewendet.

Werden hohe Anforderungen an die Maßgenauigkeit gestellt, können manche Formteile nach dem Urformen nicht direkt verwendet werden, weil z. B. das Schwindmaß nicht exakt genug bestimmt werden kann. In diesem Fall wird das Werkstück ohne Erwärmung über einen Dorn (Bohrung, Fitting, Rohrstück) oder durch eine Matrize (formgenaues Gegenstück für Wellen oder Rohre) gezogen und erreicht damit genaueste Abmaße. Durch den hohen Druck auf die Werkstückoberfläche tritt außerdem eine meist gewünschte Kaltverfestigung auf.

Das Kalibrieren wird nur bei hohen Stückzahlen (z. B. Halbzeuge) angewendet, da spezielle Maschinen mit hoher Presskraft notwendig und die Werkzeuge (Matrizen) nicht universell einsetzbar sind.

Bei der Herstellung **gesinterter Formteile** hat der Kunde meist nicht nur besonders hohe Ansprüche an die Oberflächengüte sowie die Maß- und Formgenauigkeit der bestellten Ware, sondern auch hinsichtlich der Festigkeit. Durch Kalibrieren können diese Eigenschaften erreicht werden. Soll die Festigkeit erhöht werden, werden Sinterteile aus Stahlpulver einer Wärmebehandlung oberhalb der Rekristallisationstemperatur unterzogen und anschließend kalibriert. Wird dieses Verfahren mehrfach wiederholt, kann eine beträchtliche Erhöhung der Zug- und Druckfestigkeit erreicht werden.

9.6.2 Abtragende Feinbearbeitung

Die Verfahren mit **geometrisch bestimmter Schneide** wie Feindrehen, Feinbohren oder Feinfräsen sind durch eine spezielle Schneidengeometrie sowie hohe Schnittgeschwindigkeit bei geringer Schnitttiefe und kleinem Vorschub gekennzeichnet (Bild 1 und nebenstehende Tabelle). Erforderlich sind dabei Werkzeugmaschinen mit hoher Steifigkeit und eine kurze, starre Einspannung von Werkzeug und Werkstück. Das Schaben wird derzeit kaum noch angewendet, weil ähnliche Ergebnisse mit anderen Fertigungsverfahren schneller und kostengünstiger erreicht werden können.

Die geringsten Oberflächenrauheiten werden jedoch durch spanende Feinbearbeitung mit **geome-**

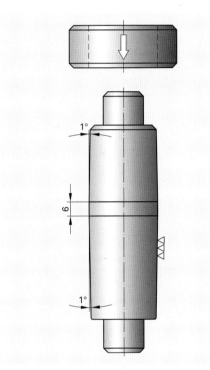

2 Kalibrierdorn

Durch Feindrehen erreichbare minimale Rautiefen		
Werkstoff	**Schneidstoff**	**Rautiefe R_z**
Stahl	HM, Cermet	3 µm
Grauguss	HM, Cermet	4 µm
Messing	HM	2,5 µm
	Diamant	0,2 µm
Bronze	HM	0,5 µm
	Diamant	0,2 µm

trisch unbestimmter Schneide erreicht. Wichtige Fertigungsverfahren mit geometrisch unbestimmter Werkzeugschneide bei gebundenem Korn sind neben dem Fein- und Schwingschleifen das Honen und Läppen. Beim elektrochemischen Abtragen ist **keine Werkzeugschneide** notwendig.

9.6.2.1 Elektrochemisches Abtragen

Besonders in der Lebensmittelindustrie, der Halbleiterherstellung (Reinraum) und im medizinisch-technischen Bereich werden an Geräte und Anlagen besondere Anforderungen gestellt, die nur durch eine chemische bzw. elektrochemische Oberflächenbehandlung erzielt werden können. Implantate und chirurgische Instrumente beispielsweise müssen besonders korrosionsbeständig und gut zu reinigen sein (Bild 1).

1 Elektropoliertes Produkt davor und danach

Ist eine Oberfläche auch im Mikrobereich besonders glatt, finden Schmutzpartikel und Mikroben kaum Halt und können leicht entfernt werden. Diese und weitere Eigenschaften erreicht man durch das **Elektropolieren**. Es ähnelt beim Verfahren und der Anlage nach dem Galvanisieren.

Das Werkstück als Anode (Pluspol) und eine oder mehrere Elektroden als Kathode (Minuspol) werden in einen Behälter mit einer Strom leitenden Flüssigkeit (Elektrolytlösung) getaucht und an eine Gleichstromquelle angeschlossen (Bild 2). Sobald Strom fließt, lösen sich Metallionen vom Werkstück und bewegen sich als Metallsalze auf die Kathode zu.

An mikroskopisch kleinen hervorstehenden Unregelmäßigkeiten oder Graten liegt eine erhöhte Stromstärke an. Dadurch erfolgt hier der Werkstoffabtrag etwas schneller. Die Rauigkeit wird im Mikrobereich (Mikrorauigkeit) verringert und die Oberfläche dadurch geglättet. Die abzutragende Menge an Metallionen kann über die Stromstärke, die Wahl des Elektrolyts und die Bearbeitungsdauer eingestellt werden. Üblich sind Bearbeitungszeiten von 2 bis 20 Minuten bei Stromdichten von 5 bis 25 A/dm³ und Temperaturen von 40 bis 75°C. Da die Elektrolytlösung oft aus Säuren besteht, müssen die Werkstücke in einem Abschlussbad mit z. B. Kalkmilch neutralisiert und mit Salpetersäure nachbehandelt werden (Bild 3). Wird dies versäumt, sind Flecken an der Oberfläche durch Anätzungen die Folge.

Bei **nichtrostenden Stählen** nutzt man die unterschiedliche Geschwindigkeit, mit der die Legierungsbestandteile in Lösung gehen. Da sich Eisen und Nickel schneller aus dem Kristallgitter herauslösen als Chromatome, entsteht eine besonders chromreiche Oberfläche. Nicht alle Stahlsorten sind dafür geeignet!

Durch Elektropolieren lassen sich Werkstücke in fast allen Größen und Formen bearbeiten.

Vorteile gegenüber anderen Verfahren mit ähnlichem Ergebnis (z. B. dem Hochglanzpolieren) sind:

- keine Störstellen durch eingedrückte Poliermittelrückstände, Verunreinigungen oder mikroskopische Kratzer

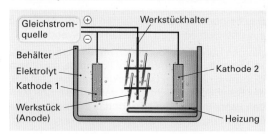

2 Verfahren Elektropolieren

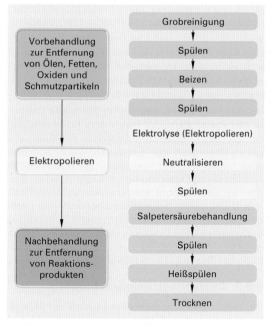

3 Verfahrensablauf Elektropolieren

- keine thermische oder mechanische Belastung während der Bearbeitung
- verzugsfreies Verfahren
- vollständige Ausschöpfung der dem Werkstoff innewohnenden Korrossionsbeständigkeit

Aufgabe

Ein Werkstück mit einem Nennmaß 250 mm soll fein bearbeitet werden. Ermitteln Sie die empfohlene Zuordnung von R_a und R_z zu IT 5 in µm und mm.

9.6.2.2 Honen

> Honen ist ein Feinbearbeitungsverfahren mit geometrisch unbestimmten Schneiden.

Ähnlich wie beim Schleifen wird ein Werkzeug mit gebundenem Korn verwendet. Der Unterschied zum Schleifen liegt im geringeren Werkstoffabtrag und der Arbeitsweise des Schleifmittels. Durch mehrere Bearbeitungsstufen mit immer feineren Honsteinen, verringerter Flächenpressung bzw. höherer Schnittgeschwindigkeit lassen sich Rautiefen von $R_z = 0,2$ µm erreichen.

Typische gehonte Werkstücke sind Lagerbuchsen, Nockenwellen und Zylinderlaufbuchsen.

Bei Gleit- und Führungsflächen sind die beim Honen entstehenden Riefen nützlich, da dadurch dem Schmierfilm eine gute Haftfähigkeit gewährleistet wird.

Beim Honen wird die Schnittbewegung in zwei Richtungen ausgeführt (Bild 1). Die Werkstückoberfläche wird dabei in erster Linie durch Anpressen und Verschieben des Werkstoffes geglättet und verfestigt. Mit der Verfestigung ist aber gleichzeitig eine Versprödung der Werkstoffoberfläche verbunden. Erst infolge der dadurch auftretenden Werkstoffermüdung findet ein Werkstoffabtrag durch die Schneidkörner statt. Zum Abspülen der abgetragenen Teilchen von Werkzeug und Werkstück kann Honöl verwendet werden.

Je nach Länge des Werkzeuges in einer der beiden Richtungen, dem Hub, wird in Langhubhonen und Kurzhubhonen unterschieden. Dadurch entstehen für diese Verfahren typische, mikroskopische Muster auf der Werkstückoberfläche (Bild 2).

Das **Kurzhubhonen** ist auch als Super-Finish-Verfahren bekannt. Hier erstreckt sich ein Hub über nur wenige mm Länge. Die für das Honen typische Schnittbewegung in die andere Richtung führt das Werkstück aus (Bild 3, 4). Kurzhubhonen wird vorwiegend zur Feinbearbeitung zylindrischer Außenflächen angewendet.

Der Honstein aus Edelkorund oder Siliciumkarbid wird im Hongerät festgeklemmt. Die Breite des Honsteines sollte etwa dem halben Werkstückdurchmesser entsprechen.

Honsteine sind ähnlich aufgebaut wie Schleifscheiben. Auch hier findet eine Selbstschärfung durch ab- und ausbrechendes Schleifmittel statt. In Abhängigkeit von der Schnittgeschwindigkeit (20 ... 80 m/min) und dem Anpressdruck (20 ... 400 N/mm²) fällt der Werkzeugverschleiß meist eher gering aus. Dadurch werden einzelne Körner stumpf, ohne rechtzeitig zu splittern, um neue Schneidkanten zu bilden. Das führt zu einem relativ schlechten Zerspanungsverhalten.

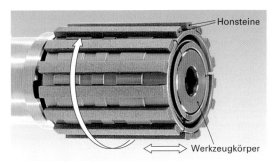

1   Schnittbewegung beim Innenhonen

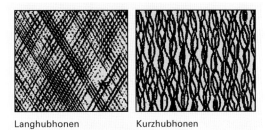

Langhubhonen   Kurzhubhonen

2   Werkstückoberfläche nach dem Honen

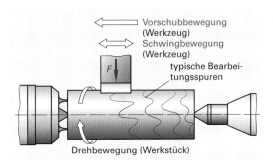

3   Bewegungen beim Kurzhubhonen

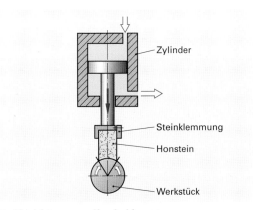

4   Vorrichtung zum Kurzhubhonen

Das Zerspanungsverhalten kann durch Richtungswechsel oder Überschleifen des Honsteines verbessert werden.

Das **Langhubhonen** (auch Ziehschleifen genannt) wird verwendet, um Bohrungen zu bearbeiten. Dabei können eine Formkorrektur, ein verbessertes Ölhaltevermögen sowie eine bessere Oberflächenqualität erreicht werden. Die Schnittbewegung entsteht durch die hin- und hergehende Hubbewegung und eine gleichmäßige Drehbewegung der Honahle (Bild 1). Dadurch kommt das für dieses Verfahren typische Kreuzschliff-Bild der Oberfläche zustande (vorherige Seite Bild 2).

Je länger die Bearbeitung erfolgt, umso größer wird der Werkstückdurchmesser.

Die **Honwerkzeuge** lassen sich am besten nach Anzahl und Form der Honleisten unterscheiden. **Honleisten** sind die Teile am Honwerkzeug, an denen das Schleifmittel, der Honstein, befestigt ist.

Honleisten sind oft verstellbar, damit der Verschleiß, der während der Bearbeitung an den Honsteinen auftritt, ausgeglichen werden kann. Außerdem kann so das Honwerkzeug genau dem gewünschten Durchmesser angepasst werden.

Die Verstellung der Honleisten erfolgt über den Zustellkonus, der durch die Honmaschine elektromechanisch oder hydraulisch bedient wird. Beim schnellen Zurückfahren können sie wiederum rückgestellt werden, sodass eine Beschädigung der eben bearbeiteten Fläche verhindert wird.

Die Honsteine sollen etwa 2/3 der Länge der zu bearbeitenden Bohrung besitzen. Der Hub muss so eingestellt werden, dass die Honsteine am unteren und oberen Umkehrpunkt 1/3 ihrer Länge über das Werkstück hinausragen. Dabei nutzt sich das Werkzeug gleichmäßig ab und die Bohrung erhält eine gute zylindrische Form (Bild 2).

Durch die Verstellung des Überlaufes kann an bestimmten Stellen der Bohrung eine besonders große Ausarbeitung erreicht werden; je nachdem, wo der größte Anteil der Werkzeugfläche vorbeigeführt wird. Damit können z.B. Formfehler ausgeglichen, aber auch bewusst bestimmte Formen herausgearbeitet werden (Bild 3).

Am unteren Ende von Sackbohrungen muss unbedingt ein Freistich mit 1/3 der Honsteinlänge angebracht werden, weil sonst ein bedeutender Formfehler entstehen kann.

Die wichtigsten Honmittel sind Diamantkorn und Bornitrit. Als Bindemittel werden meist Kunstharz oder Keramik verwendet.

Das **Flachhonen** ist ein dem Läppen (s. folgende Seite) sehr ähnliches Verfahren.

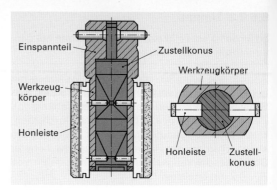

1 Honahle

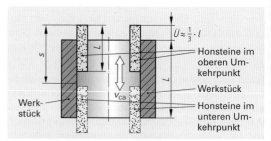

2 Überlauf bei einer Durchgangsbohrung

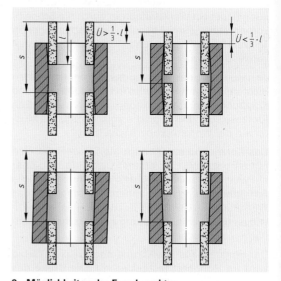

3 Möglichkeiten der Formkorrektur

Aufgaben

1 Welche Vorteile bietet das Honen gegenüber dem Schleifen?

2 Welches Honverfahren wird überwiegend zur Feinbearbeitung zylindrischer Außenflächen eingesetzt?

3 Wie kann ein stumpfes Honwerkzeug erneuert werden?

4 Was muss beim Langhubhonen alles beachtet werden?

9.6.2.3 Läppen

Eines der ältesten bekannten Oberflächen-Bearbeitungsverfahren ist das Läppen. Schon in der Steinzeit wurden mit etwas Sand, Wasser und einem Holzstück Oberflächen geglättet. Läppen ist heute ein hochentwickeltes Feinbearbeitungsverfahren. Am Verfahrensprinzip hat sich jedoch nichts geändert.

> Läppen ist ein spanendes Verfahren, das mit losem Korn die Werkstückoberfläche abträgt.

Die losen Körner werden zusammen mit einer Flüssigkeit zwischen Werkzeug und Werkstück gebracht. Dabei kann höchste Oberflächengüte (bis unter $R_z = 0,05$ µm) und Präzision erreicht werden (Bild 1). Diese geringe Rautiefe wird erreicht, weil die Läppkörner zwischen Werkzeug und Werkstück abrollen und viele winzige Krater in die Oberfläche drücken.

Benutzt man ein hartes Läppwerkzeug (meist feinkörniges Gusseisen), rollen die Körner des Läppmittels gut ab. Dadurch kommt es wegen der auftretenden Verfestigung zum Ausbrechen von Werkstoffteilchen. Die Oberfläche sieht matt aus.

In einem weichen Läppwerkzeug (Aluminium, Kupfer) verhaken sich die Schleifkörner und wirken durch die Bewegung spanend. Es entsteht eine glänzende Oberfläche (Polierläppen).

Beim Läppmittel handelt es sich heute meist um ein Gemisch aus leichtem Mineralöl oder Wasser verbunden mit dem Läpppulver der gewünschten Korngröße. Das Läppmittel besteht meist aus Korund, Bornitrid, Siliciumkarbid oder Diamant mit Korngrößen von 5 µm ... 100 µm.

Die Flüssigkeit hat die Aufgabe, auch flachen Körnern ein Abrollen zu ermöglichen. Würden sie rutschen, wären Bearbeitungsriefen wie beim Schleifen die Folge. Außerdem dient sie zum Korrosionsschutz und befördert den abgetragenen Werkstoff und verschlissene Läppkörner nach außen.

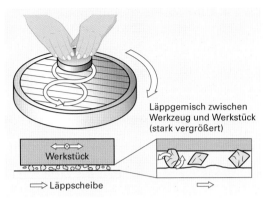

1 Prinzip des Läppens

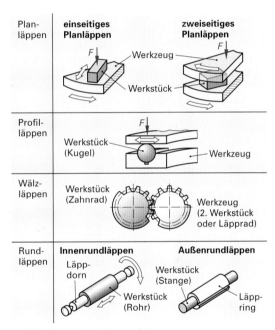

2 Die wichtigsten Läppverfahren

Arbeitsregeln:

- Während des Läppens ist das Werkstück möglichst ungleichmäßig gerichtet gegen das Werkzeug zu bewegen, damit keine regelmäßigen Bearbeitungsspuren entstehen (unerwünscht).
- Mit sinkendem Anpressdruck verringert sich der Werkstoffabtrag. Die Oberfläche wird feiner.
- Soll eine ebene Oberfläche entstehen, muss auch das Werkzeug (die Läppscheibe) eben sein.
- Je weniger Läppkörner in der Läpppaste sind, umso geringer ist der Werkstoffabtrag.
- Die Werkstücke sollten immer breiter sein als hoch. Dadurch wird ein eventuelles Kippen vermieden.
- Durch gleichmäßigen Anpressdruck wird das Arbeitsergebnis erheblich verbessert.

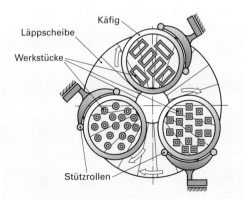

3 Planläppen mit Werkstücken in Käfigen

9.6.2.4 Ultraschallschwingläppen

Der Erfolg neuer Werkstoffe wie CFK oder spezieller Ingenieurkeramiken (Silicat-, Oxidkeramik) im Maschinenbau und Besonderheiten im Hochtechnologiebereich erschließt dem Ultraschallschwingläppen völlig neue Einsatzgebiete in der industriellen Fertigung. Es sind Werkstoffe, die sich mangels elektrischer Leitfähigkeit nicht durch Senkerodieren bearbeiten lassen. Wegen der großen Härte und Sprödigkeit der Oberflächen eignen sich herkömmliche spanende Verfahren wie Bohren oder Fräsen oftmals nicht.

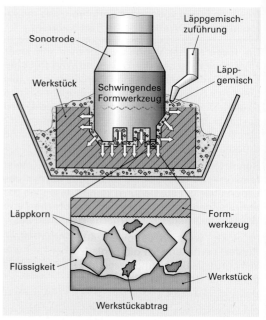

1 Ultraschallschwingläppen

Das Ultraschallschwingläppen, auch Ultraschallerosion genannt, dient nicht der Verbesserung von Oberflächenrauheiten, sondern der Erschaffung neuer Formen. Dementsprechend muss ein formideales Gegenstück, meist aus Stahl hergestellt, an der Sonotrode angebracht werden. Dieses Werkzeug wird in Schwingungen versetzt und auf die Werkstückoberfläche aufgelegt. Der optimale Anpressdruck wird am besten durch Versuche ermittelt.

Das eigentliche Werkzeug, eine Flüssigkeit mit kleinen Schleifmittelkörnern, wird in einem permanenten Schwall aufgebracht. Die Körner werden vom Formwerkzeug zum Schwingen gebracht und schlagen winzige Partikel aus der Werkstückoberfläche heraus. Durch die ständige Zuführung neuer Suspension werden abgetragene Werkstoffteilchen schnell entfernt. Nur so kann sich das Konturgegenstück in die Oberfläche einarbeiten (Bild 1).

Abhebezyklen und die permanente Absaugung der Läppflüssigkeit beschleunigen die Fertigung. Falls ein Rotieren des Formwerkzeuges möglich ist, z.B. beim Bohren, kann damit der Werkstoffabtrag pro Zeiteinheit erheblich erhöht werden.

Beim Herstellen des Formwerkzeuges muss beachtet werden, dass es während der Bearbeitung auch auf seiner Oberfläche zu einem Werkstoffabtrag kommt. Es muss also entsprechend überdimensioniert werden.

Ultraschallschwingläppen ist nach DIN 8589 dem Läppen zugeordnet, gehört jedoch nicht zu den Feinbearbeitungsverfahren. Die erreichbare Oberflächenqualität bewegt sich zwischen Rz 5 μm bis 8 μm an der Mantelfläche und Rz 8 μm bis 12 μm am Bearbeitungsgrund.

Gerätetechnik

Ein piezokeramischer Schallwandler erzeugt hochfrequente (HF) mechanische Schwingungen, die der Frequenz des Wechselstromes entsprechen. Die HF-Wechselspannung (19 kHz bis 22 kHz) muss von einem Ultraschall-Generator erzeugt werden. Ein Schallwandler, der Amplitudentransformator und die Sonotrode (Bohrrüssel) verstärken die Schwingungsamplitude auf 20 μm bis 40 μm.

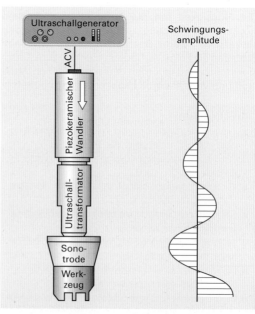

2 Gerätetechnik und Amplitudenverstärkung

9.6.2.5 Funkenerosives Abtragen

Schaut man sich den Kolben eines alten PKW-Motors mit hoher Laufleistung an, ist an der oberen Kolbenfläche eine starke Zerstörung der Oberfläche zu sehen, obwohl hier keinerlei Reibung stattfindet. Grund dafür ist das millionenfache Auftreffen des Zündfunkens während eines Motorlebens.

Dieser materialzerstörende Effekt wird beim funkenerosiven Abtragen sinnvoll genutzt. Mit diesem auch **Erodieren** genannten Fertigungsverfahren können alle elektrisch leitenden Werkstoffe geschnitten oder gesenkt werden. Es wird deshalb unterschieden in **funkenerosives Senken** und **funkenerosives Schneiden**. Funkenerosives Schneiden wird auch **Drahterodieren** genannt. Hier ist die Elektrode ein umlaufender Draht, meist aus einer Kupfer-Zink-Legierung. Damit können gehärtete Stähle, aber auch Hartmetalle sehr exakt geschnitten werden (Bild 1).

Wie hart der zu bearbeitende Werkstoff oder wie gut dessen Spanbarkeit ist, spielt beim **Erodieren** keine Rolle.

An Werkstück und Werkzeug wird je nach Maschinenausführung eine pulsierende Gleichspannung von 20 V bis 150 V angelegt. Die beiden Metalle werden so zu Elektroden. Zwischen den Elektroden befindet sich eine elektrisch nicht leitende Flüssigkeit (Dielektrikum). Diese Flüssigkeit bewirkt, dass sich ein starkes elektrisches Feld bilden kann, ehe es zur kraftvollen Entladung in Form eines Funkens kommt. Bei dieser Entladung herrschen kurzfristig Temperaturen von bis zu 12 000 °C und es werden von beiden Elektroden Werkstoffteilchen geschmolzen und verdampft (Bild 2).

Im Werkstück entsteht allmählich eine Gegenform des Werkzeuges. Das Dielektrikum (Mineralöl, entsalztes Wasser) kühlt und spült Werkstoffteilchen davon. Die Stärke des Werkstoffabtrages kann durch Einstellen des Entladungsstromes (bis 100 A) geregelt werden. Je stärker die Stromstärke, umso schlechter wird jedoch die Oberflächengüte. Unter dem Mikroskop sind auf der erodierten Werkstückoberfläche viele kleine Krater zu erkennen. Das ermöglicht Schmierstoffen eine gute Haftung bei gleichmäßiger Oberflächengüte.

Die Nachteile des **Senkerodierens** liegen vor allem in den relativ hohen Werkzeugkosten. Da auch das Werkzeug zerstört wird, muss oft zum Schlichten ein zweites formideales Gegenstück gefertigt werden. Außerdem ist beim Schlichten die Abtragsleistung sehr gering. Wegen des großen Bearbeitungsaufwandes werden diese Verfahren besonders dort eingesetzt, wo die Oberflächenschichten eines Werkstückes möglichst nicht durch Bearbeitungswärme beeinflusst werden dürfen.

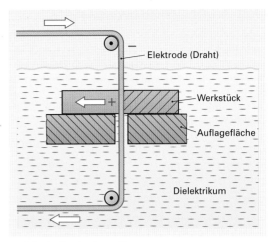

1 Prinzip des Drahterodierens

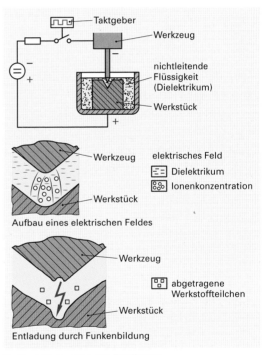

2 Funktionsweise des Erodierens
(am Beispiel des funkenerosiven Senkens)

Aufgaben

1 Wie kann beim Läppen eine möglichst geringe Rautiefe erreicht werden?

2 Weshalb wird das relativ aufwändige Verfahren des funkenerosiven Abtragens angewendet?

9.6.3 Strukturgebende Verfahren

Insbesondere die immer höheren Anforderungen an Umweltschutz und Energieeffizienz im Motorenbau haben die Entwicklung strukturgebender Verfahren vorangetrieben. Forscher, die sich mit der Reibungslehre, der **Tribologie** befassen, haben herausgefunden, wie Oberflächen bestenfalls beschaffen sein müssen, um

- hohe Tragfähigkeit der Laufflächen,
- geringen Schmiermittelverbrauch,
- geringen Verschleiß,
- optimierte Laufeigenschaften oder
- eine besondere Haftung

zu gewährleisten.

Geeignete Fertigungsverfahren sind:
- Laserhonen
- Laserstrukturieren
- Positionshonen
- Formhonen
- Beschichten und Honen

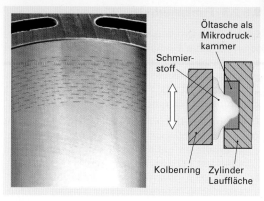

1   Lauffläche eines Zylinders nach dem Laserhonen

2. Oberflächenstruktur nach Laserbehandlung (links) und anschließendem Honen (rechts)

9.6.3.1 Laserhonen

Bei diesem Feinbearbeitungsverfahren werden mit einem Laser kleine Taschen in die Lauffläche eines tribologischen Systems (z.B. Zylinder und Kolben) eingeschmolzen (Bild 1). An den Vertiefungen bilden sich dadurch Schmelz- und Oxydaufwürfe, welche die Ränder unförmig gestalten. Durch anschließendes Entgraten und Honen wird eine Glättung erreicht (Bilder 2 und 4).

Wegen der spezifischen Eigenschaften des Laserlichts und der kurzen Einwirkdauer erwärmt sich das Werkstück trotz der hohen Temperatur beim Verdampfen des Werkstoffs praktisch nicht. Eigenschaftsänderungen der Oberfläche durch Prozesswärme können damit bei diesem Verfahrensschritt nahezu ausgeschlossen werden. Am Ende der Bearbeitung sind sehr gute Gleitflächen mit einer Rauigkeit von $Rz = 1$ µm bis 2 µm möglich.

Während beim einfachen Honen die Oberflächenstruktur durch die entstehenden Riefen eher zufällig entsteht und damit nicht optimal gestaltet werden kann, werden die Lage, Tiefe und Struktur der Taschen beim Laserhonen durch eine NC-Steuerung genau nach den technologischen Vorgaben hergestellt.

Weil sich in den Taschen der Schmierstoff ansammeln kann, erreicht man wesentlich bessere Gleiteigenschaften bei geringerem Verschleiß und eine höhere Lebensdauer durch eine deutliche Reduzierung der Reibkräfte zwischen den Gleitflächen.

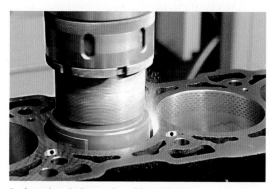

3   Laserbearbeitung eines Motorblocks

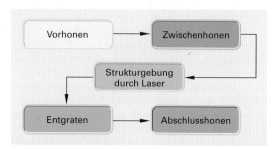

4   Verfahrensschritte beim Laserhonen

9.6.3.2 Laserstrukturieren

Nicht immer sind bessere Gleiteigenschaften einer Werkstoffpaarung das Ziel der Fertigung. In einigen Fällen ist es konstruktiv notwendig, eine besondere Oberfläche zu erzeugen, um beispielsweise eine bessere Haftung verschiedener Bauteile zu erreichen oder Hightechmaterialien, wie Dünnschicht-Solarmodule, Katalysatoren für chemische Prozesse oder Miniaturgeräte, herzustellen.

Auch das fälschungssichere, kontraststarke und dauerhafte Beschriften durch eine speziell strukturierte Oberfläche von Buchstaben am Produkt ist denkbar. Mit einem NC-gesteuerten Laser lassen sich nahezu alle gewünschten Strukturierungen bis in den Mikrobereich hinein auf die Oberfläche vieler Werkstoffe aufbringen (Bild 1). Auch sehr kleine oder komplizierte 3-D-Formen können erzeugt werden. Das geht schnell und verursacht keinen Werkzeugverschleiß.

Das Laserlicht entwickelt beim Auftreffen auf die Oberfläche eine so hohe Temperatur, dass Werkstoffpartikel verdampfen (Bild 2). Da sich Laserstrahlen über Spiegel sehr schnell und präzise steuern lassen, sind auch komplizierte Oberflächenstrukturen kein großes Problem.

Maschinen zur Laserbearbeitung werden meist für spezielle Produkte gefertigt und somit oft im Sondermaschinenbau hergestellt. Wegen der zunehmenden Nachfrage nach Mikrostrukturen haben erste Maschinenhersteller begonnen, für 5-Achs-CNC-Bearbeitungszentren eine Option zur Laserstrukturierung zu schaffen (Bild 2). Über eine HSK-Schnittstelle (Hohlschaftkegel) kann der Faserlaser-Scankopf in wenigen Minuten in die Maschine eingebaut werden. Damit ist ein Umspannen gefräster Werkstücke zur Weiterbearbeitung nicht mehr nötig.

Durch diese Entwicklungen rückt das Laserstrukturieren zunehmend in den Aufgabenbereich des Zerspanungsmechanikers, insbesondere im Werkzeug- und Modellbau.

Ein Laserstrahl kann unterschiedlich erzeugt werden. Im fertigungstechnischen Bereich wird der **Faserlaser** häufig verwendet. Er zeichnet sich durch einen relativ einfachen, kompakten Aufbau und eine lange Lebensdauer aus (Bild 3).

Beim Betrieb von Lasereinrichtungen gelten **besondere Unfallverhütungsvorschriften**. Es gilt die berufsgenossenschaftliche Vorschrift **BGV B2 Laserstrahlung**. Beispielsweise muss vom Unternehmer ein Laserschutzbeauftragter schriftlich bestellt werden.

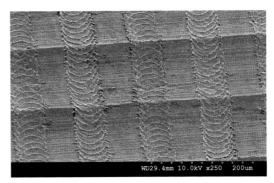

1   Laserstrukturierte Oberfläche

2   Laserbearbeitung

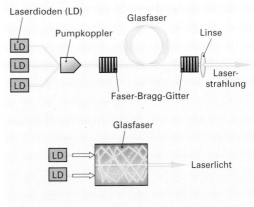

Das Licht aus einer oder mehrerer Laserdioden wird in einer langen, speziellen Glasfaser verstärkt. An den Gittern werden die gewünschten Wellenlängen des Lichts selektiert.

3   Funktion Faserlaser

9.6.3.3 Beschichten und Honen

Spezielle Bauteile verlangen gegensätzliche Werkstoffeigenschaften wie beispielsweise einen leichten, preiswerten und gut spanbaren Grundkörper mit einer harten, verschleißfesten Oberfläche. Das sind Eigenschaften, die in einem einzigen Werkstoff allein kaum zu finden sind.

Deshalb wurden Verfahren entwickelt, mit denen zwei Werkstoffschichten so gut miteinander verbunden werden können, dass trotz sehr anspruchsvoller Bedingungen wie große Wärme, Vibrationen, dauerhafte chemische Einwirkungen und permanente Reibung eine hohe Lebensdauer garantiert werden kann (Bild 1). Eine solche Verbindung muss also eine hohe **Haftungsfestigkeit** aufweisen. Genormt sind die Verfahren des **Thermisches Spritzens** in DIN EN 657 (Bilder 1, 2 und 3).

Bevor die Oberfläche mit einem anderen Werkstoff überzogen werden kann, muss sie aufgeraut, entfettet und getrocknet werden, weil der größte Teil der Haftung durch **mechanische Verklammerung** zustande kommt. Spanende Verfahren wie Bohren oder Drehen sind zum Erreichen der gewünschten Rauigkeit gut geeignet.

Anschließend wird der **Spritzzusatz**, Metalldraht oder Pulver, über den jeweiligen Schmelzpunkt erhitzt (Bild 4). Die teigigen bis flüssigen Werkstoffpartikel werden nun mit hoher Geschwindigkeit (100 m/s bis 2000 m/s) auf den Grundkörper geschleudert. Dort zerplatzen die Kügelchen, umschließen Rauheitsspitzen und kühlen schlagartig über der kalten Oberfläche ab. Die Werkstückoberfläche wird nicht angeschmolzen und erwärmt sich nur mäßig. Es bildet sich die gewünschte, z.B. harte, verschleißfeste und duktile, Schicht.

In einem letzten Schritt muss die neue Oberfläche herkömmlich gehont werden, um Rundlauf, Abmaße und Oberflächengüte nach den technologischen Vorgaben zu erfüllen. Das Ergebnis ist eine geringe Porosität, weitgehende Rissfreiheit und eine homogene Mikrostruktur. Lage-, Maß- und Formgenauigkeiten können nur bedingt durch **Positionshonen** ausgeglichen werden, weil dadurch eine ungleichmäßige Schichtdicke entstehen würde. Diese Parameter sollten vorab geprüft werden.

Für die Oberfläche kann aus einer Vielzahl von Beschichtungswerkstoffen und Stoffgemischen gewählt werden. Dabei müssen nicht alle Bestandteile schmelzbar sein. Möglich sind derzeit viele Metalle, Legierungen, Karbidpulver, Cermetpulver, Keramikpulver oder bestimmte Kunststoffe.

Die Beschichtung erfolgt in speziellen NC-gesteuerten Maschinen, mit einem Roboterarm oder per Hand mit einer Spritzpistole.

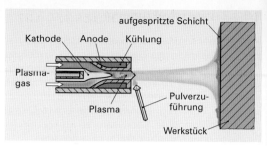

1   Plasmaspritzen

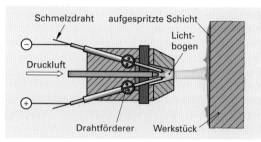

2   Lichtbogenspritzen

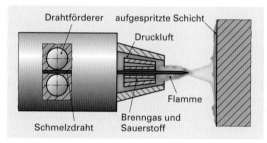

3   Flammspritzen

	Massivdraht	Fülldraht
Pulver		
Draht		

Sehr selten werden auch Schnüre, Stäbe oder Flüssigkeiten verwendet.

4   Spritzzusätze

10 Produktionsprozesse und Fertigungssysteme

Die Firma VEL-Mechanik plant die in Bild 1 dargestellte Keilprofilwelle in Serie zu fertigen. Die Keilprofilwelle wird hierbei in unterschiedlichen Varianten und Baugrößen für verschiedene Erzeugnisse benötigt.

Als Mitarbeiter der VEL-Mechanik GmbH werden Sie beauftragt, den Produktionsprozess und geeignete Fertigungssysteme und Materialflusssysteme zur Produktion der Keilprofilwelle zu analysieren.

Kenntnisse über betriebliche Kennzahlen sollen eine Bewertung der Produktionsprozesse ermöglichen.

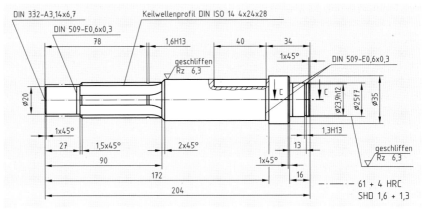

1 Keilprofilwelle

10.1 Planung des Produktionsprozesses

> Die Planung des Produktionsprozesses umfasst den gesamten Produktionsbereich des Unternehmens. Die Produktionsbereiche Konstruktion, Arbeitsvorbereitung, Fertigung und Montage sowie die Qualitätssicherung stehen in ständiger Wechselwirkung miteinander.

Die Planung der Produktionsprozesse zwischen diesen Bereichen lässt sich heute zum größten Teil nur durch den Einsatz von **computerunterstützten Systemen** ermöglichen. Bild 2 verdeutlicht die Vernetzung der verschiedenen Bereiche eines Unternehmens. Der **Informationsfluss** der Unternehmensbereiche beginnt mit der Angebotsbearbeitung und führt letztendlich zur Planung und Steuerung der Produktion.

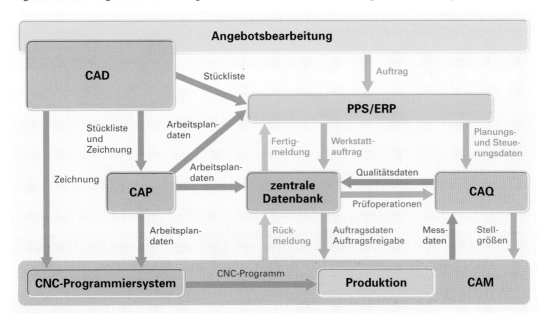

2 Vernetzung der Produktionsprozesse

Grundlage der **Angebotsbearbeitung** sind Informationen aus der Konstruktion. Hier werden Zeichnungen und Stücklisten erstellt. Aufgrund der vorliegenden Zeichnungsdaten können CNC-Programme generiert werden. Die rechnerunterstützte Konstruktion wird als **CAD** (Computer Aided Design) bezeichnet.

Anhand der **Konstruktionsunterlagen** aus der CAD-Abteilung können Arbeitspläne für die Produktion angefertigt werden. Erfolgt die Arbeitsplanung computerunterstützt, so wird vom **CAP** (Computer Aided Planning) gesprochen. Hier werden die jeweiligen Arbeitsschritte für die Fertigung und Montage von Bauteilen, Baugruppen und Erzeugnissen festgelegt. Weiterhin wird die Dauer der einzelnen Arbeitsschritte bestimmt. Die Arbeitspläne werden einerseits für die Erstellung von CNC-Programmen benötigt, andererseits dienen sie als Grundlage für die Produktionsplanung und -steuerung.

Die **Produktionsplanung und -steuerung (PPS)** unterstützt die gesamte Auftragsabwicklung von der Angebotsbearbeitung bis hin zum Versand. Grundlegendes Modul der Produktionsplanung und -steuerung ist die Fertigungsplanung und die Fertigungssteuerung. Die rechnerunterstützte Produktionsplanung und -steuerung bietet eine Oberfläche für die Verwaltung einer zentralen Datenbank, in der alle Daten des Produktionsprozesses zusammenfließen.

PPS-Systeme, die ihre Funktionen auf alle Unternehmensbereiche erweitern, werden als **ERP**-Systeme bezeichnet (Enterprise Resource Planning – unternehmensübergreifende Ressourcenplanung). Bild 1 zeigt die Module des ERP-Programms „PMS-ERM". Deutlich wird, dass verschiedene Unternehmensbereiche (Einkauf, Verkauf, Fertigung, Lager, Kalkulation) und Unternehmensdaten (Teile, Stücklisten, Arbeitsplätze, Arbeitspläne, Personal) in diesem Programm verwaltet werden.

Der **CAQ**-Bereich (Computer Quality Assurance) ist für die computerunterstützte **Qualitätssicherung** zuständig. Zur Festlegung der Prüfmerkmale bedient sich der CAQ-Bereich aus der zentralen Datenbank.

Die rechnerunterstützte Produktion (Computer Aided Manufacturing – **CAM**) erhält vom PPS- bzw. ERP-System den Werkstattauftrag. Die mit dem PPS- bzw. ERP-System durchgeführte Fertigungssteuerung ermittelt, welcher Arbeitsplatz zu welcher Zeit für die Produktion eingeplant wird. Nach Beendigung des Werkstattauftrags erfolgt vom jeweiligen Arbeitsplatz eine Fertigmeldung.

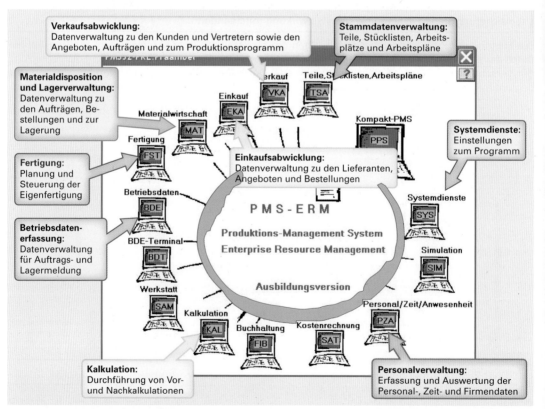

1 Module des ERP-Programms „PMS-ERM"

10.1.1   Fertigungsplanung

Die Fertigungsplanung eines Unternehmens bezieht sich auf die Gesamtheit der zu produzierenden Erzeugnisse. Mit der Fertigungsplanung wird festgelegt, wie der Ablauf der Produktion für die jeweiligen Erzeugnisse ausgeführt werden soll. Die **Ablaufplanung** orientiert sich an den Grobplänen der Erzeugnisse. Der in Bild 1 aufgeführte **Grobplan** der Keilprofilwelle beschreibt die **Reihenfolge** der **Arbeitsplätze** mit Angabe der Produktionszeiten für jeden Arbeitsplatz.

Die **Fertigungszeiten** (Rüst- und Stückzeiten bzw. Zeiten je Einheit) für die Produktion werden mit der **Feinplanung** ermittelt. Hierbei werden die Arbeitsvorgänge in Fertigungsfolge für den jeweiligen Arbeitsplatz detailliert aufgeführt. Anschließend werden die Hauptnutzungszeiten und Nebenzeiten für den entsprechenden Arbeitsvorgang bestimmt. Die Summe aller Hauptnutzungszeiten und Nebenzeiten werden mit einem Zuschlag als Stückzeit bzw. Zeit je Einheit zusammengefasst.

Blatt		Bearbeiter			Datum			Start-Termin		End-Termin	
1 von 1											

Plan-Nr.		Klassifizierungs-Nr.				Benennung			Werkstoff/Abmessungen		
1 0 0 0 1		B M B * * A C * A E *					Keilprofilwelle				ø80 × 26 S235JR

Pos.Nr.	Platz-Nr.	Platzbezeichnung	Lohn-art	Überlap-pungsmenge	Splittungs-faktor	Rüstzeit	Zeit je Einheit	Zwischen Zeit	Zusatz-Zeit	Bezugs-Menge	Kurztext
110	501001	Lager/Bereitst.						25,0			Bereitstellen
			Text: Material aus dem Lager holen								
120	100401	Kreissäge klein	ZL	1	1	23	3,4				
			Text: Kreissäge einrichten,								
130	100501	CNC-Drehmasch.									
			Text: Drehmaschine einrichten								
140	100604	Nutenfräsmasch.									
			Text: Fräsmaschine einrichten, Nuten fräsen								
150	101004	Werks./Bereits.									Bereitstellen
			Text: Material transportieren und bereitstellen								

Grobplanung
Planung der Arbeitsplätze in der Fertigungsreihenfolge mit Angabe der Produktionszeiten für jeden Arbeitsplatz

Blatt		Benennung				Feinplanung	
1 von 1		Antriebswelle					

Plan-Nr.		Pos.Nr.	Platz-Nr.	Platzbezeichnung			
1 0 0 0 1		120	100401			Kreissäge klein	

Stückzahl	Werkstoff		Rüstzeit		Stückzeit (Zeit je Einheit)	
	S235JR		t_r 23		t_e 3,4	

AVG-Nr.	Arbeitsvorgangsbeschreibung		Rüstgrundzeit t_r	Hauptzeit t_h	Nebenzeit t_n
10	Säge einrichten				
20	Stangenmaterial spannen				
30	Rundeisen sägen				1, 7

Feinplanung
Planung der Arbeitsschritte für den jeweiligen Arbeitsplatz und Ermittlung der Fertigungszeiten

1   Ausschnitt eines Grob- und Feinplanes

Sind die Grobpläne für das zu produzierende Spektrum an Erzeugnissen angefertigt, so kann nun mit der Ablaufplanung der **Material- und Informationsfluss** festgelegt werden. Die Grobpläne dienen als Grundlage für die Gestaltung des Arbeitsprozesses in der Produktion.

Die **Arbeitsmittelplanung** ergibt sich aus der Ablaufplanung. Mit dieser Planung werden alle benötigten Maschinen, Vorrichtungen, Werkzeuge u. a. für die entsprechenden Arbeitsplätze bestimmt.

Für die Arbeitsplätze werden **Arbeits- und Pausenzeiten** definiert. Ebenso wird festgelegt, an welchen Tagen im Unternehmen gearbeitet wird. Nur die Tage, an denen gearbeitet wird, werden in einem **Betriebskalender** ausgewiesen. Der Betriebskalender hat somit eigene Betriebskalendertage und ist für eine Fertigungsplanung unverzichtbar.

Mit der **Arbeitskostenplanung** werden die grundsätzlichen Arbeitskosten eines Arbeitsplatzes ermittelt. Wesentlicher Bestandteil der Arbeitskostenplanung ist die Festlegung der **Lohnkosten** und der **Maschinenstundensätze** sowie der **Gemeinkostenzuschläge** pro Arbeitsplatz.

10.1.2 Fertigungssteuerung

Die Fertigungssteuerung findet anhand der vorliegenden Kundenaufträge statt. Sie spiegelt den maßgeblichen **Informationsfluss** vom Auftragseingang bis zur Auslieferung der Erzeugnisse wieder. Grundlage der Fertigungssteuerung ist die zentrale Datenbank, in der alle Informationen über die Erzeugnisse (Arbeitspläne, Stücklisten u. a.) und die Daten über die Arbeitsplätze gespeichert sind.

Mit der **Produktionsprogrammplanung** als erste Aufgabe der Fertigungssteuerung wird die Art und Menge der herzustellenden Erzeugnisse bestimmt. Einerseits werden bei dieser Planung konkrete Kundenaufträge einbezogen, andererseits wird ein möglicher Absatz prognostiziert und somit eine kundenneutrale Produktion durchgeführt. Welche Menge produziert wird, hängt auch davon ab, welche Produkte bereits im Lager vorhanden sind und welche Ressourcen (Arbeitsplätze) für die Produktion zur Verfügung stehen. Die Produktionsprogrammplanung erfolgt in enger Abstimmung zwischen dem Vertrieb und der Produktion. Ergebnis der Planung ist das **Produktionsprogramm**.

Ist bekannt, welches Erzeugnis in welchem Zeitraum und in welcher Menge produziert werden soll, kann nun die Mengenplanung durchgeführt werden. Mit der **Mengenplanung** wird aus dem Bedarf an Erzeugnissen der Bedarf an Eigenfertigungsteilen und Fremdbezugsteilen bestimmt. Aus der Mengenplanung gehen die Fertigungs- und Montageaufträge für die jeweiligen Arbeitsplätze hervor. Ergebnis der Mengenplanung ist somit das **Fertigungsprogramm**.

Die **Terminplanung** stellt die zeitlichen Zusammenhänge zwischen den Fertigungsaufträgen her. Hierbei wird ermittelt, welche Arbeitsvorgänge für einen konkreten Auftrag hintereinander und welche Arbeitsvorgänge gleichzeit durchgeführt werden können. Für jeden Arbeitsvorgang werden Anfangs- und Endzeiten sowie mögliche Pufferzeiten bestimmt.

Mit der **Kapazitätsplanung** werden aufgrund der festgelegten Anfangs- und Endzeiten die Arbeitsplätze festgelegt, auf denen die Arbeitsvorgänge durchgeführt werden sollen. Je nach Auftragsgröße können für einen Arbeitsvorgang durchaus mehrere Arbeitsplätze in Anspruch genommen werden. Das Ergebnis der Termin- und Kapazitätsplanung ist das **Werkstattprogramm**.

Nach der Verfügbarkeitsprüfung der Arbeitsplätze werden die Werkstattaufträge zur Bearbeitung in der Produktion freigegeben. Mit der **Auftragsfreigabe** erfolgt eine Belegerstellung der Arbeitszuteilung.

Mit der Auftragsfreigabe setzt auch die **Auftragsüberwachung** ein. Hier wird eine ständige Überwachung des freigegebenen Auftrages im Hinblick auf die geforderte Menge und den einzuhaltenden Fertigungstermin durchgeführt. Bei festgelegten Soll-Ist-Abweichungen werden von der Auftragsüberwachung entsprechende Gegenmaßnahmen eingeleitet. Nach Fertigstellung des Auftrages erfolgt eine **Rückmeldung** an die Auftragsüberwachung.

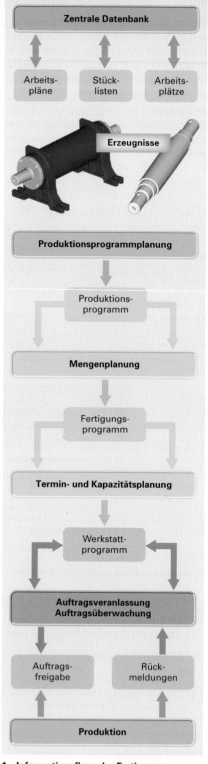

1 Informationsfluss der Fertigungssteuerung

10.1.3 Ermittlung der Auftragszeit

Zur Berechnung der Lohneinzelkosten und der anfallenden Maschinenkosten ist die Ermittlung der **Auftragszeit** (Bild 1) notwendig. Die Auftragszeit ist immer auf einen Arbeitsplatz bezogen. Hierbei kann es sich sowohl um einen manuellen als auch um einen maschinellen Arbeitsplatz handeln.

Handelt es sich um einen manuellen Arbeitsplatz, so wird zu der **Grundzeit** (Arbeitszeit) ein Erhol- und Verteilzeitzuschlag gewährt. Bei einem automatisierten Arbeitsplatz wird nur ein **Verteilzeitzuschlag** zur Grundzeit hinzugefügt. Die Auftragszeit enthält keine Liege- und Transportzeiten (Zwischenzeiten bzw. Übergangszeiten) des Materials.

Die Auftragszeit bestimmt sich aus der **Rüstzeit** t_r und **der Zeit je Einheit** t_e multipliziert mit der zu produzierenden Menge je Einheit pro Auftrag (Losgröße). Besteht eine Einheit aus einem Werkstück oder einer Baugruppe, so wird die Zeit je Einheit auch als **Stückzeit**, die Menge je Einheit als **Stückzahl** bezeichnet.

Die **Rüstzeit** t_r ist die Zeit, die zur Vorbereitung und Nachbereitung einer Bearbeitungsaufgabe benötigt wird. Tätigkeiten wie z. B. Zeichnungslesen, CNC-Programmierung, Werkzeuge einrichten oder Maschinen anlaufen lassen werden der Rüstzeit zugeordnet. Die Rüstzeit wird nur einmal für ein Auftrag (Los) gezählt, unabhängig davon, wie groß die Stückzahl des Auftrages ist. Während das eigentliche Einrichten des Arbeitsplatzes oder der Maschine der Rüstgrundzeit angerechnet wird, werden Vorgänge wie z. B. das Anlaufen der Maschine mit der Rüstverteilzeit verrechnet.

Die **Zeit je Einheit** t_e gibt die Bearbeitungszeit an einem Arbeitsplatz an. Sie wird genauso wie die Rüstzeit in die Grundzeit und die Verteil- und Erholungszeit aufgeteilt. Die Grundzeit t_g ergibt sich bei Fertigungsprozessen aus der Summe der Hauptnutzungszeiten und den Nebenzeiten. Bei Montageprozessen wird die Grundzeit für den jeweiligen Montagevorgang direkt angegeben.

Die **Hauptnutzungszeit** ist die Zeit, in der eine Arbeitsbewegung des Werkzeugs stattfindet. Bei der Zerspanung befindet sich das Werkzeug in dieser Zeit im Eingriff mit dem Werkstück bzw. das Werkzeug ist kurz vor oder hinter dem Werkstück.

Die **Nebenzeit** setzt sich aus verschiedenen Zeitanteilen zusammen. Zur Nebenzeit werden bei der maschinellen Bearbeitung folgende Zeiten berücksichtigt:

- Zeiten zum Einspannen, Umspannen und Ausspannen des Werkstücks
- Zeiten, bei denen sich das Werkzeug im Eilgang bewegt
- Zeiten zum Prüfen des Werkstücks
- Zeiten, die für den Werkzeugwechsel benötigt werden.

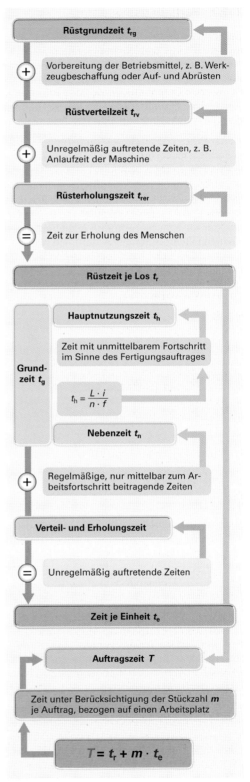

1 **Ermittlung der Auftragszeit**

10.1.4   Kalkulation

Die Kalkulation der Erzeugnisse erfolgt über die Kostenrechnung. Die **Kostenrechnung** wird in drei Teilgebiete eingeteilt (Bild 1). Die **Kostenarten-rechnung** erfüllt den ersten Schritt im Kostenrechnungssystem. Mit ihr werden alle im Verlauf einer Abrechnungsperiode angefallenen Kosten erfasst und getrennt nach Arten, wie z. B. Personalkosten, Materialkosten oder Vertriebskosten, gegliedert.

Im zweiten Schritt werden die Kosten auf die erzeugten Produkte und Dienstleistungen aufgeteilt. Eine direkte Zuordnung der Kosten ist jedoch nur für Material- und Lohnkosten möglich. Diese Kosten werden als **Einzelkosten** bezeichnet. Sie können direkt von der Kostenartenrechnung in die nachfolgende **Kostenstellenrechnung** übernommen werden. Alle übrigen Kosten werden zunächst den Betriebsbereichen, in denen sie angefallen sind, zugeordnet. Diese Kosten werden als **Gemeinkosten** bezeichnet. Die Kostenstellenrechnung beantwortet somit die Frage, wo diejenigen Gemeinkosten, die nicht direkt zugeordnet werden können, angefallen sind.

Mit der **Kostenträgerrechnung** werden im dritten Schritt die Kosten für die Erzeugnisse ermittelt. Diese Kosten stellen die Grundlage für die Angebotsbearbeitung mit der **Vorkalkulation** der Erzeugnisse dar. Nach der Produktion erfolgt über die **Nachkalkulation** ein Vergleich mit den tatsächlich angefallenen Kosten.

Die **Zuschlagskalkulation** (Bild 2) zeichnet sich durch die Aufteilung der Gesamtkosten in Einzel- und Gemeinkosten aus. Die Einzelkosten für Material und Löhne werden direkt aufgeführt. Die entsprechenden Einzelkosten werden dann mit vorher festgelegten Gemeinkostenzuschläge beaufschlagt. Die Gemeinkosten werden somit über prozentuale Zuschläge auf die Einzelkosten verteilt.

Lohneinzelkosten und Maschinenkosten werden über die Auftragszeit und den Lohn- bzw. **Maschinenstundensatz** (Bild 3) eines Arbeitsplatzes berechnet. Während die Lohnkosten direkt abgerechnet werden, müssen die Maschinenkosten den Fertigungsgemeinkosten zugerechnet werden. Die Summe der Lohneinzelkosten und deren lohnabhängige bzw. maschinenabhängige Zuschläge ergeben die **Fertigungskosten**.

Die gesamten Materialkosten und Fertigungskosten für ein Erzeugnis zusammengerechnet werden als **Herstellkosten** bezeichnet. Werden die Entwicklungs- und Verwaltungs- sowie die Vertriebskosten als Zuschlag hinzugefügt, so erhält man die Selbstkosten für ein Produkt. Mit einem Gewinnzuschlag wird der **Verkaufspreis** des Erzeugnisses bestimmt.

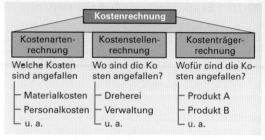

1   Teilgebiete der Kostenrechnung

Materialeinzelkosten	
+	Materialgemeinkosten
=	**Materialkosten**
	Lohneinzelkosten
+	lohnabhängige Fertigungsgemeinkosten
+	maschinenabhängige Fertigungsgemeinkosten
=	**Fertigungskosten**
	Materialkosten
+	Fertigungskosten
+	Sondereinzelkosten der Fertigung
=	**Herstellkosten**
+	Entwicklungs- und Konstruktionseinzelkosten
+	Verwaltungs- und Vertriebsgemeinkosten
+	Sondereinzelkosten des Vertriebs
=	**Selbstkosten**
+	Gewinnzuschlag
=	**Verkaufspreis**

2   Zuschlagskalkulation

Kostenart	Kosten in €/h
Kalkulatorische Abschreibungskosten	
$\dfrac{\text{Beschaffungspreis}}{\text{Nutzungsdauer} \cdot \text{Einsatzzeit}}$	
Kalkulatorische Zinskosten	
$\dfrac{\text{Beschaffungspreis}}{2 \cdot \text{Einsatzzeit}} \cdot \dfrac{\text{Zinssatz}}{100\,\%}$	
Raumkosten	
$\dfrac{\text{Flächenbedarf} \cdot \text{kalkulatorischer Mietpreis}}{\text{Einsatzzeit}}$	
Energiekosten	
$\text{Leistung} \cdot \text{Strompreis}$	
Instandhaltungskosten	
$\dfrac{\text{Beschaffungspreis}}{\text{Einsatzzeit}} \cdot \dfrac{\text{Kosten für die Instandhaltung}}{100\,\%}$	
Maschinenstundensatz	
Summe der Kosten	

3   Ermittlung des Maschinenstundensatzes

10.2 Organisation der Fertigung

Die Fertigung lässt sich nach unterschiedlichen Prinzipien organisieren. Damit wird die **räumliche Anordnung** der Maschinen und Arbeitsplätze festgelegt. Entsprechend wird bestimmt, wie und in welcher Reihenfolge Rohmaterialien, Einzelteile oder Baugruppen die Produktion durchlaufen sollen. In dieser Reihenfolge verläuft dann der Material- und Informationsfluss der Fertigungsaufträge durch die Produktion.

Bei den **Fertigungsprinzipien** wird zwischen der Werkstättenfertigung, der Gruppenfertigung und der Fließfertigung unterschieden.

Das charakteristische Merkmal der **Werkstättenfertigung** (Bild 1) ist die Zusammenfassung von Maschinen mit gleichen Bearbeitungsverfahren zu einer fertigungstechnischen Einheit in der Werkstatt. Bei dieser Organisationsform bilden z. B. alle Drehmaschinen eine räumliche Nachbarschaft in der Werkstatt. Ein zu fertigendes Teil muss dementsprechend alle notwendigen Werkstattbereiche nach und nach durchlaufen. Demzufolge ergeben sich bei diesem Organisationsprinzip große Transportwege zwischen den jeweiligen Arbeitsplätzen. Zur Anwendung kommt die Werkstättenfertigung hauptsächlich in der auftragsorientierten Einzelfertigung und der gemischten Kleinserienfertigung.

Bei der **Gruppenfertigung** (Bild 2) werden die Maschinen unterschiedlicher Bearbeitungsverfahren zusammengefasst, die zur vollständigen Herstellung einer definierten Werkstückgruppe notwendig sind. Der Materialfluss ist innerhalb der Maschinengruppen variabel. Im übergeordneten Zusammenhang des gesamten Fertigungsbereiches wird die Maschinengruppe als Einheit nur einmal angesteuert. Da in dieser Einheit meist eine Fertigbearbeitung der Werkstücke möglich ist, wird die Anzahl der Transportvorgänge verkürzt. Die Abgrenzung der Maschinen untereinander ist produktbezogen, wobei innerhalb jeder Gruppe eine hohe Variantenvielfalt möglich ist.

Beim **Fließprinzip** (Bild 3) bestimmt die Arbeitsgangreihenfolge der Werkstückbearbeitung die Maschinenanordnung. Der Vorteil einer Fließfertigung kommt dann zum Tragen, wenn entweder alle oder einzelne Abschnitte der Arbeitsvorgangsfolge immer wieder gleich oder zumindest ähnlich sind. Mit der räumlichen Anordnung der Maschinen ergibt sich eine produktbezogene Gliederung. Voraussetzung für den Einsatz der Fließfertigung sind allerdings Stückzahlen, die eine befriedigende Auslastung der Maschinen in einer solchen Anordnung zulassen. Typisches Beispiel für die Fließfertigung ist die Automobilherstellung.

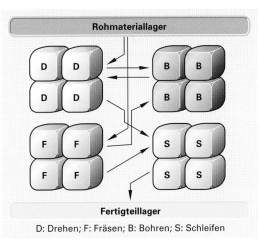

D: Drehen; F: Fräsen; B: Bohren; S: Schleifen

1 Werkstättenfertigung

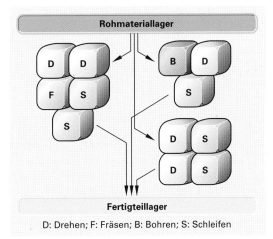

D: Drehen; F: Fräsen; B: Bohren; S: Schleifen

2 Gruppenfertigung

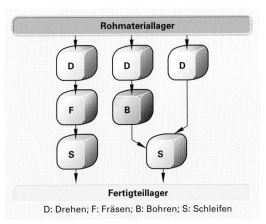

D: Drehen; F: Fräsen; B: Bohren; S: Schleifen

3 Fließfertigung

10.3 Flexible Fertigungsanlagen und Fertigungssysteme

Durch eine Verkettung der räumlich angeordneten Werkzeugmaschinen können unterschiedliche **flexible Fertigungsanlagen** gestaltet werden (Bild 1). Die Grundbausteine einer flexiblen Fertigungsanlage sind die numerisch gesteuerte Werkzeugmaschine oder das Bearbeitungszentrum (BAZ). Mit der CNC-Werkzeugmaschine kann hauptsächlich ein Fertigungsverfahren ausgeführt werden.

Kann die Maschine dagegen unterschiedliche Bearbeitungsverfahren (z.B. Drehen, Fräsen und Bohren) in einer Aufspannung automatisch durchführen, handelt es sich um ein Bearbeitungszentrum (BAZ).

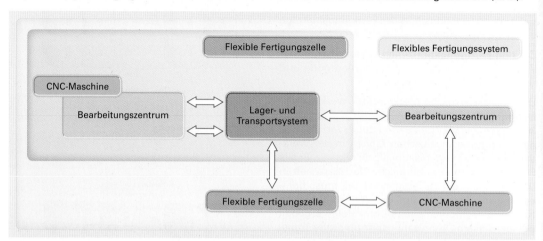

1   Struktur einer flexiblen Fertigungsanlage

Die kleinste Stufe einer flexiblen Fertigungsanlage stellt die **flexible Fertigungszelle** dar. Hierbei wird das Werkstück von einem Werkstückspeicher zur CNC-Maschine bzw. zum Bearbeitungszentrum automatisch transportiert. Nach der Bearbeitung wird das gefertigte Werkstück automatisch der Maschine entnommen.

Das **flexible Fertigungssystem** kennzeichnet sich durch eine höhere Stufe des Automatisierungsgrades. Durch einen automatisierten Werkstücktransport zwischen den CNC-Maschinen, Bearbeitungszentren oder flexiblen Fertigungszellen werden beim flexiblen Fertigungssystem die einzelnen Einheiten miteinander verkettet.

Die **flexible Fertigungsstraße** stellt einen Sonderfall dar, bei dem die Fertigungseinheiten in einer Reihe miteinander verkettet sind. Auf den nachfolgenden Seiten werden die flexiblen Fertigungsanlagen näher erläutert.

Im nebenstehenden Diagramm wird verdeutlicht, in welcher Situation der Einsatz von flexiblen Fertigungsanlagen sinnvoll ist (Bild 2). Das Diagramm zeigt ein gegenläufiges Verhalten zwischen **Flexibilität und Produktivität** von flexiblen Fertigungsanlagen. Durch die Erhöhung des Automatisierungsgrades erreicht man eine Steigerung der Produktivität, d.h. Erhöhung der Stückzahl. Gleichzeitig verringert sich aber die Flexibilität und somit die Möglichkeit zur Bearbeitung von sehr unterschiedlichen Werkstücken.

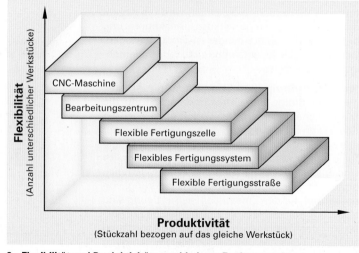

2   Flexibilität und Produktivität verschiedener Fertigungsanlagen

10.3.1 Einmaschinen-system

Schon mithilfe einer einzelnen Maschine, die mit einer Peripherie von Hilfseinrichtungen ausgerüstet wird, lässt sich eine flexible Fertigung durchführen.

CNC-Maschine und Bearbeitungszentrum

Die **CNC-Maschine** hat als Grundbaustein einer flexiblen Fertigungsanlage den geringsten Automatisierungsgrad. Der Steuerungsrechner der Maschine übernimmt die Aufgabe, die Schnitt- und Vorschubbewegung sowie den Werkzeugwechsel automatisch zu regeln. Im Unterschied zum Bearbeitungszentrum kann mit der CNC-Werkzeugmaschine hauptsächlich nur ein Fertigungsverfahren (z. B. Drehen) ausgeführt werden.

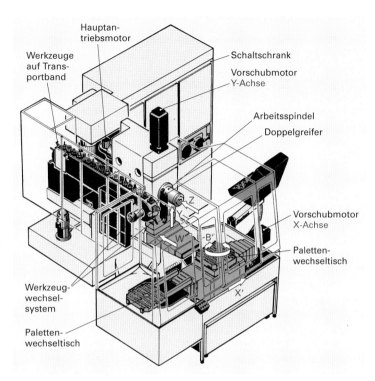

Hauptantriebsmotor
Werkzeuge auf Transportband
Schaltschrank
Vorschubmotor Y-Achse
Arbeitsspindel
Doppelgreifer
Vorschubmotor X-Achse
Palettenwechseltisch
Werkzeugwechselsystem
Palettenwechseltisch

1 Bearbeitungszentrum mit Palettenwechseltisch

Beim **Bearbeitungszentrum** ist die Bearbeitung eines Werkstückes in einer Aufspannung mit unterschiedlichen Fertigungsoperationen möglich (Bild 1). Die Rundumbearbeitung des Werkstückes wird mit einen Drehtisch realisiert. Durch einen zusätzlichen Palettenwechseltisch kann gleichzeitig während der Bearbeitung ein anderes Werkstück aufgespannt werden.

Merkmale der CNC-Werkzeugmaschine (Bild 2):

- Einmaschinenkonzept,
- Bearbeitung eines Werkstückes hauptsächlich durch ein Fertigungsverfahren,
- automatische Werkzeugmagazinierung,
- automatische Steuerung der Vorschub- und Schnittbewegung,
- automatischer Werkzeugwechsel mit einem maschineninternen Steuerungsrechner.

Merkmale des Bearbeitungszentrums (Bild 3):

- Einmaschinenkonzept,
- Bearbeitung eines Werkstückes durch mehrere Fertigungsverfahren in einer Aufspannung,
- automatische Steuerung eines Drehtisches zur Rundumbearbeitung des Werkstücks,
- automatische Steuerung der Vorschub- und Schnittbewegung,
- automatische Werkzeugmagazinierung und automatischer Werkzeugwechsel mit einem maschineninternen Steuerungsrechner.

> Die CNC-Werkzeugmaschine und das Bearbeitungszentrum bilden die Grundbausteine einer flexiblen Fertigungsanlage.

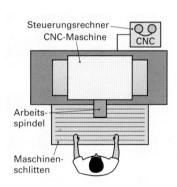

Steuerungsrechner CNC-Maschine
CNC
Arbeitsspindel
Maschinenschlitten

2 CNC-Maschine

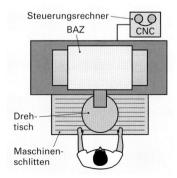

Steuerungsrechner BAZ
CNC
Drehtisch
Maschinenschlitten

3 Bearbeitungszentrum

Flexible Fertigungszelle

Die **flexible Fertigungszelle** stellt die niedrigste Stufe einer flexiblen Fertigungsanlage dar. Durch die Erweiterung der CNC-Maschine oder des Bearbeitungszentrums mit einem Werkstückspeicher, einem Transportsystem und einer Werkstückwechselstation wird eine flexible Fertigungszelle gebildet (Bild 1). Mit der nachfolgend gezeigten flexiblen Fertigungszelle können alle Fertigungsverfahren zur Herstellung der Keilprofilwelle von Seite 473 durchgeführt werden. Neben einem großen Werkzeugmagazin und einer Werkzeugspannstation versorgen zwei Werkstückspeicher über einen Linienportalroboter die Maschine mit Werkzeugen und Werkstücken.

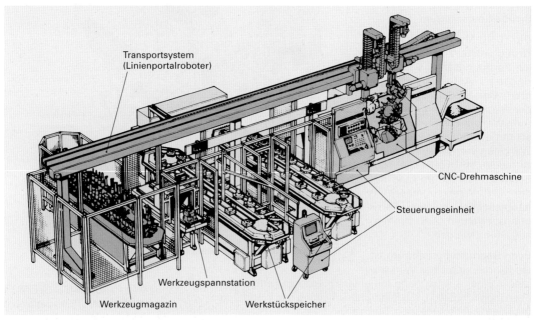

1   **Ausführung einer flexiblen Fertigungszelle**

Flexible Fertigungszellen werden hauptsächlich in der Klein- und Mittelserienfertigung bei verschiedenartigen Einzelteilen eingesetzt. Mithilfe von flexiblen Fertigungszellen kann keine Komplettbearbeitung von Baugruppen mit sehr unterschiedlichen Fertigungsverfahren durchgeführt werden.

Merkmale der flexiblen Fertigungszelle (Bild 2):

- Einmaschinenkonzept,
- automatische Steuerung der Vorschub- und Schnittbewegung,
- automatische Werkzeugmagazinierung und automatischer Werkzeugwechsel mit einem maschineninternen Steuerungsrechner,
- automatische Speicherung der Werkstücke,
- das Werkzeugmagazin und der Werkstückspeicher sind mit einem gemeinsamen Werkstücktransportsystem verbunden,
- die benötigten Werkzeuge werden der Maschine automatisiert bereitgestellt, gespannt und gewechselt,
- Vorgänge, wie z.B. Prüfen oder Entgraten, können zusätzlich durch entsprechende Einrichtungen automatisiert durchgeführt werden,
- die Steuerung der flexiblen Fertigungszelle übernimmt ein zentraler Steuerungsrechner.

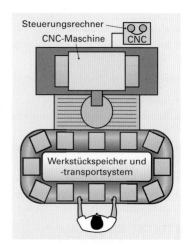

2   **Flexible Fertigungszelle**

10.3.2 Mehrmaschinensystem

Flexible Fertigungssysteme umfassen mehrere CNC-Maschinen, Bearbeitungszentren oder flexible Fertigungszellen. Hierbei erfolgt der Werkstücktransport zwischen den Bearbeitungsstationen gesteuert durch einen übergreifenden **Leitrechner**. Das hier gezeigte flexible Fertigungssystem besteht aus vier Bearbeitungszentren (Bild 1).

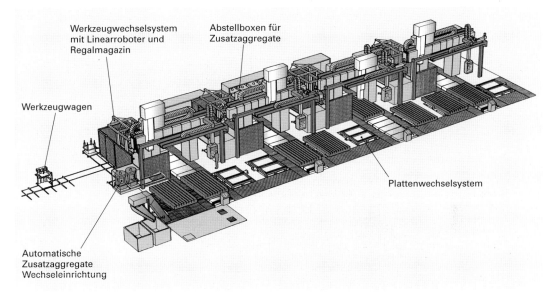

Werkzeugwechselsystem mit Linearroboter und Regalmagazin

Abstellboxen für Zusatzaggregate

Werkzeugwagen

Plattenwechselsystem

Automatische Zusatzaggregate Wechseleinrichtung

1 Ausführung des flexiblen Fertigungssystems

Die zu fertigende Keilprofilwelle durchläuft alle drei Bearbeitungsstationen. Der **Werkstücktransport** zwischen den Bearbeitungsstationen wird mit einem **Portalroboter** geregelt, der über einen **zentralen Leitrechner** gesteuert wird. Je nachdem, an welcher Bearbeitungsstation sich die Welle befindet, erhalten die Bearbeitungsstationen über den zentralen Leitrechner Informationen, wann die Bearbeitung der Welle stattfinden soll. Die Bearbeitung innerhalb der Bearbeitungsstation wird von ihren separaten Steuerungsrechnern geregelt. Nach der Bearbeitung wird die gefertigte Welle mit dem Portalroboter auf den in der Mitte stehenden Werkstückspeicher transportiert.

Mittels **eines fahrerlosen Transportsystems** werden die Halbzeuge vom Sägezentrum zum flexiblen Fertigungssystem transportiert. Im Anschluss der Bearbeitung werden die Werkstücke mit dem fahrerlosen Transportsystem zur Härterei bzw. Schleiferei befördert. Die Steuerung des fahrerlosen Transportsystems übernimmt ebenso der zentrale Leitrechner.

Merkmale des flexiblen Fertigungssystems (Bild 2):

- Mehrmaschinenkonzept,
- die Bearbeitungsstationen werden durch automatisierte Werkstücktransportsysteme verbunden,
- der Werkstücktransport zu und zwischen den Stationen wird durch einen übergeordneten Leitrechner organisiert,
- der jeweilige Beginn eines Fertigungsvorganges an der Bearbeitungsstation wird über den Leitrechner gesteuert,
- es kann eine komplette Bearbeitung eines Werkstückes oder einer Baugruppe in dem flexiblen Fertigungssystem durchgeführt werden,
- Werkstücke können zwischen den Bearbeitungsstationen unterschiedliche Wege haben bzw. Stationen überspringen.

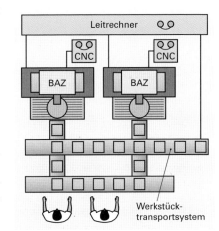

Leitrechner

CNC CNC

BAZ BAZ

Werkstück-transportsystem

2 Flexibles Fertigungssystem

Flexible Fertigungsstraße

Für die Bearbeitung fertigungsähnlicher Werkstücke in sehr großen Stückzahlen, die einen hohen Fertigungsaufwand erfordern, können **flexible Fertigungsstraßen** eingesetzt werden. Hierbei werden die Bearbeitungsstationen in einer festgelegten Reihenfolge aufgestellt (Bild 1). Die Werkstücke durchlaufen in der Regel alle Bearbeitungsstationen der Fertigungslinie.

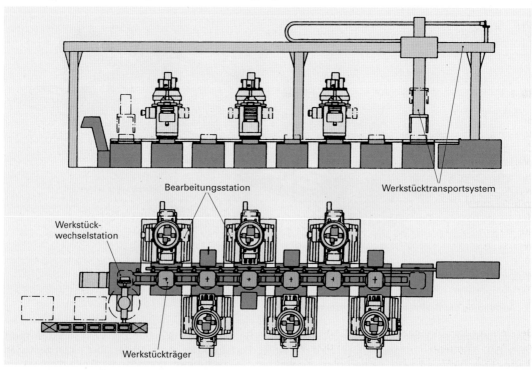

1   Ausführung einer flexiblen Fertigungsstraße

Die in Bild 1 in zwei Ansichten dargestellte Fertigungsstraße besitzt jeweils drei gegenüberliegende **Bearbeitungsstationen (BAS)**. Hierbei handelt es sich nicht um Einzweckmaschinen mit fest vorgegebenem Werkzeug, sondern um Maschinen mit Werkzeugwechselsystemen. Eine Alternative für die Bearbeitungsstationen stellen Montagestationen dar, die in einer flexiblen Fertigungsstraße integriert sein

können. Neben den Steuerungsrechnern für die Bearbeitungsstationen kann der Werkstücktransport zu und zwischen den Maschinen von einem Steuerungsrechner geregelt werden.

Merkmale der flexiblen Fertigungsstraße (Bild 2):

- mehrere Bearbeitungsstationen sind in einer Fertigungslinie aufgestellt, d.h. ein Werkstück muss alle Bearbeitungsstationen passieren,
- die Bearbeitungsstationen sind durch ein automatisiertes Werkstückflusssystem verknüpft,
- der Werkstücktransport zu und zwischen den Stationen kann durch einen Steuerungsrechner gesteuert werden,
- zwischen den Bearbeitungsstationen können sich Ausgleichspuffer befinden, um die unterschiedlichen Fertigungszeiten an den jeweiligen Stationen auszugleichen.

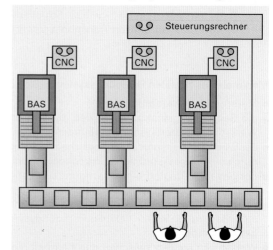

2   Flexible Fertigungsstraße

10.4 Handhabungssysteme für flexible Fertigungsanlagen

Für die automatische Bearbeitung in einer flexiblen Fertigungsanlage müssen die Werkzeuge und Werkstücke an den jeweiligen Bearbeitungsstationen zu- und abgeführt bzw. gehandhabt werden. Diese Funktionen werden von Handhabungssystemen übernommen. Man unterscheidet zwischen **Werkzeug- und Werkstück-Handhabungssystemen**.

> Handhaben ist das Schaffen, definierte Verändern oder vorübergehende Aufrechterhalten einer räumlichen Anordnung von geometrisch bestimmten Körpern in einem Bezugskoordinatensystem.

10.4.1   Werkzeug-Handhabungssysteme

Bild 1 zeigt einen Ausschnitt des bereits im Abschnitt 10.3.1 vorgestellten Bearbeitungszentrums. Zu erkennen ist ein **Werkzeugkettenmagazin mit Werkzeugwechsler**. Die für die Bearbeitung über einen längeren Zeitraum benötigten Werkzeuge werden in dem Kettenmagazin gespeichert und mithilfe des Werkzeugwechslers in die Arbeitsspindel eingespannt. Der Werkzeugwechsler besteht aus einem Schwenkgreifer. Das jeweils benötigte Werkzeug wird mit der Kette zu dem Schwenkgreifer positioniert. Durch die Betätigung des Greifers wird anschließend das Werkzeug aus dem Kettenmagazin entnommen und durch Schwenken zur Arbeitsspindel hingeführt.

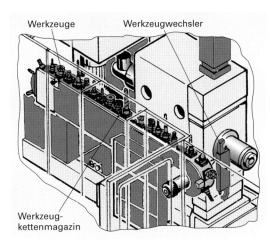

Werkzeuge   Werkzeugwechsler

Werkzeug-
kettenmagazin

1   Werkzeug-Handhabungssystem

Bei den Werkzeugmagazinen wird grundsätzlich zwischen Magazinen mit beweglichen und stationären Werkzeugen unterschieden (Bild 2). Zu den **beweglichen Werkzeugmagazinen** gehören u. a. neben dem Kettenmagazin das Scheiben-, Trommel- und Sternmagazin.

Auswahlkriterien für den Einsatz eines Werkzeugmagazins sind Schnelligkeit des Werkzeugwechsels, Platzbedarf des Magazins in der Maschine sowie Anzahl der einsetzbaren Werkzeuge in dem jeweiligen Magazin.

Bei **stationären Magazinen** befinden sich die Werkzeuge auf feststehenden Paletten oder Leisten. Um das Werkzeug aus dem Magazin zu entnehmen, muss ein Greifer zuerst das Werkzeug anfahren. Anschließend fährt er zur Maschine und setzt es dort in die Arbeitsspindel oder den Werkzeughalter. Die Entnahme bzw. Zuführung des Werkzeuges erfolgt durch eines der in den nachfolgenden Abschnitten beschriebenen Handhabungsgeräte.

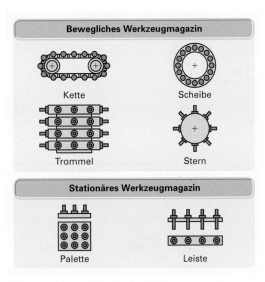

Bewegliches Werkzeugmagazin

Kette   Scheibe

Trommel   Stern

Stationäres Werkzeugmagazin

Palette   Leiste

2   Bewegliche und stationäre Werkzeugmagazine

> Werkzeug-Handhabungssysteme bestehen grundsätzlich aus einem Magazin- und Greifersystem.

Hierbei ist der Werkzeugplatz beweglich oder stationär. Um das richtige Werkzeug zu greifen, muss jedes Werkzeug oder der entsprechende Platz im Magazin kodiert sein.

10.4.2   Werkstück-Handhabungssteme

Werkstück-Handhabungssysteme bestehen aus der Fördereinheit und dem Handhabungsgerät zur Entnahme des Werkstückes.

In Bild 1 wird exemplarisch die **Fördereinheit** des Bearbeitungszentrums dargestellt. Der Handhabungsvorgang zur Förderung der Werkstücke läuft wie folgt schrittweise ab:

- Der Spannvorgang findet am Montageplatz des **Palettenpools** statt. Hier wird jeweils ein Werkstück von einem Handhabungsgerät (z. B. einem Schwenkarmroboter) auf eine Palette eingespannt.

- Durch die Drehung des Palettenpools wird das eingespannte Werkstück zum **Palettenwechseltisch** des Bearbeitungszentrums gefördert.

- Der Palettenwechseltisch entnimmt dem Palettenpool die Palette mit dem Werkstück und schiebt es auf den **Maschinenschlitten**. Hier kann das Werkstück gefräst und geschliffen werden.

- Nach der Bearbeitung wird die Palette auf den Palettenwechseltisch zurückgeführt und auf den Palettenpool geschoben. Von dort aus wird sie zum Montageplatz gefördert. Das Werkstück kann nun von dem Handhabungsgerät ausgespannt werden.

Während das erste Werkstück auf dem Bearbeitungszentrum gefräst und geschliffen wird, können von dem Handhabungsgerät bis zu sieben weitere Paletten bestückt werden, die sich dann auf dem Palettenpool befinden.

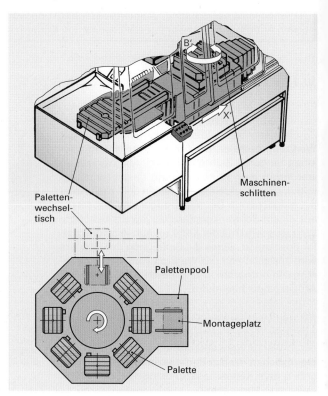

1   **Fördereinheit des Bearbeitungszentrums**

Der Palettenpool dient dementsprechend als **Palettenspeicher**.

Als Handhabungsgeräte werden alle Geräte bezeichnet, die einen Körper zu einer bestimmten Position hinbewegen und ihn so weit drehen, dass sich der Körper dann in der richtigen Lage befindet.

Für flexible Fertigungsanlagen unterscheidet man zwischen Einlegegeräten und Industrierobotern.

Unter **Einlegegeräten** versteht man einfache Bewegungsautomaten mit festen Bewegungsabläufen. Die Bewegungen werden meistens über einfache mechanische Steuerungen realisiert. Die Geräte sind in ihrer Flexibilität sehr eingeschränkt und werden daher oft nur für einfache Montagetätigkeiten innerhalb einer flexiblen Fertigungsanlage eingesetzt.

Industrieroboter sind universell einsetzbare Bewegungsautomaten, die sich in mehreren Achsen gleichzeitig bewegen können. Die Bewegungen der Achsen werden nur durch computerunterstützte Steuerungen geregelt. Neben den Handhabungsaufgaben können Industrieroboter auch Fertigungsaufgaben, wie z.B. Schweißen oder Lackieren, ausführen.

Bei den Industrierobotern unterscheidet man hauptsächlich zwischen vier **Roboterbauarten**:

- Lineararmroboter
- Portalroboter
- Schwenkarmroboter
- Knickarmroboter

Lineararmroboter

Der Lineararmroboter ist für einfache Handhabungsaufgaben geeignet (Bild 1). Der Greifer des Roboters kann sich nur in einem verhältnismäßig kleinen Arbeitsraum bewegen. Die Länge des quaderförmigen **Arbeitsraumes** kann mehrere Meter betragen. Die Breite ist durch die kleinere Armbewegung der Achse 3 begrenzt. Der Lineararmroboter kann kleine bis mittelgroße Werkstücke befördern.

Der im Bild 1 dargestellte Lineararmroboter besitzt **4 Bewegungsachsen**. Die erste, zweite und dritte Achse können nur translatorisch (geradlinig) bewegt werden. Mit der vierten Achse wird eine rotatorische (drehende) Bewegung des Greifers ausgeführt.

Einsatzbeispiele eines Lineararmroboters sind neben der Werkzeugmaschinenbeschickung Montage- und Prüfaufgaben.

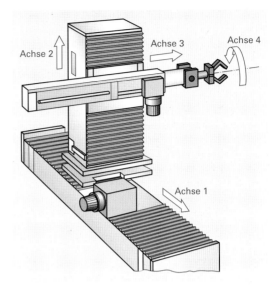

1   Lineararmroboter

Portalroboter

Der **Portalroboter** kann Handhabungsaufgaben in einem sehr großen Arbeitsraum ausführen (Bild 2). Er eignet sich daher für die Beschickung von mehreren Bearbeitungsstationen in einem flexiblen Fertigungssystem. Im Gegensatz zum Lineararmroboter kann der Portalroboter Werkstücke mit einem Gewicht bis ca. 100 kg befördern.

Der **Arbeitsraum des Portalroboters** beträgt in seinen Abmessungen in der Länge bis zu 20 m, in der Breite bis zu 6 m und in der Höhe bis zu 2 m. Der quaderförmige Arbeitsraum des Portalroboters wird bestimmt durch die drei translatorischen Achsen in der Länge, Breite und Höhe sowie die rotatorische Achse des Greifers ähnlich wie beim Lineararmroboter. Es handelt sich dementsprechend um einen Roboter mit vier Bewegungsachsen.

Einsatzbeispiele eines Portalroboters sind neben der Werkzeugmaschinenbeschickung Palettieren, Punktschweißen und kleinere Montagetätigkeiten.

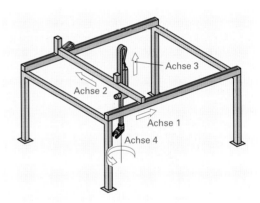

2   Portalroboter

Schwenkarmroboter

Der Schwenkarmroboter ist vorwiegend für Montagetätigkeiten konzipiert worden (Bild 3). In der horizontalen Ebene ist dieser Robotertyp durch seine Gelenke sehr nachgiebig, dagegen ist er in der vertikalen Richtung sehr steif. Dieses Verhalten ist beim Fügen vorteilhaft, da die meisten Fügebewegungen, bei denen größere Kräfte gebraucht werden, in der senkrechten Richtung stattfinden.

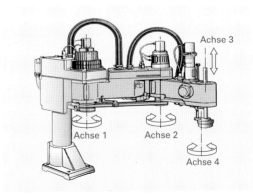

3   Schwenkarmroboter

Der C-förmige **Arbeitsraum des Schwenkarmroboters** (Bild 1) ergibt sich aus den Drehbewegungen der auf Seite 487, Bild 3 eingetragenen Achsen 1 und 2 des Schwenkarmroboters. Der Arbeitsraum umspannt eine Länge bis 2 m und eine Breite bis 1,5 m. In der Höhe kann der Schwenkarmroboter mit seiner dritten translatorischen Achse nur ca. 0,3 m verfahren. Mit der vierten rotatorischen Achse kann wie bei den vorhergehenden Robotertypen der Greifer gedreht werden. Da diese Achse mehrere Umdrehungen ausführen kann, ist z. B. das Einsetzen von Schrauben möglich.

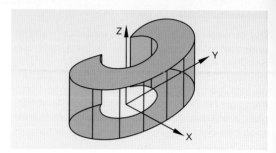

1 **Arbeitsraum des Schwenkarmroboters**

Knickarmroboter

Der Knickarmroboter kann neben der Handhabung wie z.B. Einlegen oder Maschinenbeschickung auch Fertigungsaufgaben ausführen (Bild 2). Es ergibt sich somit ein Aufgabenbereich vom Schweißen, Kleben, Beschichten, Pressen oder Lackieren bis hin zum Fräsen und Bohren. Der Knickarmroboter kann Werkstücke mit einem Gewicht bis zu 100 kg handhaben oder entsprechende Kräfte z.B. zum Pressen aufbringen.

Der **Arbeitsraum des Knickarmroboters** ergibt sich durch fünf rotatorischen Drehachsen. Da alle Achsen des Roboters Drehachsen sind, kann sich der Greifer in einem kugelförmigen Arbeitsraum bewegen. Mit der ersten Achse dreht sich der Knickarmroboter um sich selbst und durch die zweite sowie dritte Achse wird eine Schwenkbewegung der Roboterarme ausgeführt. Mit den drei ersten Achsen wird der Greifer an einem bestimmten Punkt im Raum positioniert. Mit der vierten und fünften Achse wird die Lage des Greifers durch Drehen und Schwenken bestimmt.

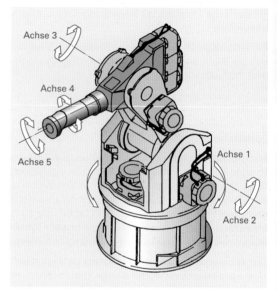

2 **Knickarmroboter**

Industrieroboter

Alle Industrieroboter arbeiten mit einer computerunterstützten Steuerung, die mit der Steuerung einer CNC-Werkzeugmaschine vergleichbar ist (Bild 3). Diese Steuerung ist in ein Gesamtsystem eingebunden. Neben den Eingabegeräten kann die Bewegung des Roboters über die Steuerung durch Sensoren beeinflusst werden.

Eingabegeräte sind das Handbediengerät, externe Datenträger, Lesegeräte oder die Tastatur mit Bildschirm. Während über die Tastatur oder über externe Datenträger Programme für den Bewegungsablauf eingegeben werden, kann mit dem Handbediengerät der Industrieroboter von Hand verfahren werden.

Sensoren befinden sich im Arbeitsraum und dienen der Überprüfung z.B. der Greifertätigkeit. So kann durch eine Lichtschranke überprüft werden, ob sich im Greifer ein Werkstück befindet. Falls nicht, muss der Greifer seine Bewegungen zur Entnahme des Werkstücks wiederholen.

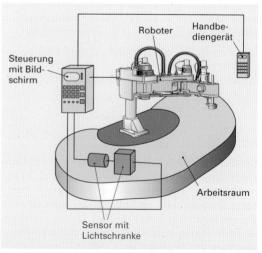

3 **Steuerungssystem eines Industrieroboters**

Programmierung von Industrierobotern

Die Bewegung eines Industrieroboters wird auf zwei unterschiedliche Arten gesteuert, mit der Punkt- und der Bahnsteuerung. Bei der **Punktsteuerung** wird der Steuerung lediglich der Anfangs- und Endpunkt der Greiferbewegung mitgeteilt (Bild 1). Mit dieser Steuerungsart fährt der Greifer auf dem schnellsten Weg vom Anfangs- zum Endpunkt. Dieser Weg ist nicht unbedingt der kürzeste Verfahrweg für den Greifer, da z.B. von einem Schwenkarmroboter eine kreisförmige Bewegung schneller ausgeführt wird als eine lineare Bewegung.

Bei der **Bahnsteuerung** bewegt sich der Greifer des Roboters auf einer vorgegebenen Bahn (Bild 2). Hierbei sind in der Regel kreisförmige oder lineare Bewegungen mit einer festgelegten Vorschubgeschwindigkeit möglich. Diese Bewegungsart ist für den Computer des Roboters wesentlich aufwendiger zu berechnen, da hierbei zwischen dem Anfangs- und Endpunkt eine Vielzahl von Zwischenpunkten berechnet bzw. interpoliert werden muss. Die Bahnsteuerung wird vor allem bei langsamen und genauen Bewegungen, z.B. beim Schweißen oder beim letzten Anfahrweg des Greifers zum Werkstück, eingesetzt.

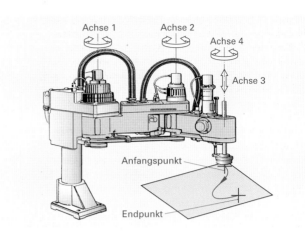

1 Bewegung des Greifers mit der Punktsteuerung

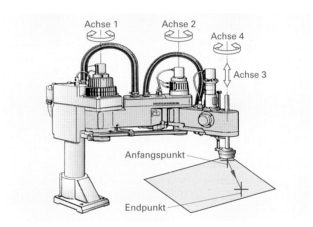

2 Bewegung des Greifers mit der Bahnsteuerung

Programmierarten für Industrieroboter

Um einen komplexeren Bewegungsablauf des Greifers festzulegen, wird die Steuerung programmiert. Hierbei wird zwischen der Programmierung direkt am Roboter **(On-Line)** und der Programmierung unabhängig vom Roboter **(Off-line)** unterschieden (Bild 3). Während die Teach-In- und Play-Back-Programmierung am Roboter erfolgen, kann die textuelle Programmierung am Roboter oder unabhängig vom Roboter eingesetzt werden.

Für die **Teach-In-Programmierung** wird z.B. ein **Handbediengerät** benötigt (Bild 4). Hierbei wird der Greifer zu einem bestimmten Punkt mit dem Handbediengerät gefahren. Die entsprechende Greiferposition kann dann unter einem festgelegten Punktnamen gespeichert werden.

Programmierarten für Industrieroboter		
On-Line-Programmierung		Off-Line-Programmierung
Teach-In-Programmierung	Play-Back-Programmierung	Textuelle Programmierung
Anfahren und Speichern des Endpunktes	Abfahren einer Bahn und Speichern der Daten	Programmiersprachen: z.B. SRCL (KUKA), MANUTEC (Siemens), BAPS (Bosch), ROLF (CLOOS).

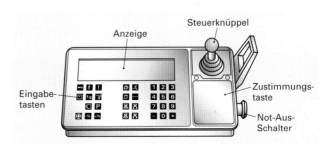

3 Handbediengerät

Während bei der Teach-In-Programmierung der Robotergreifer zu wenigen festgelegten Punkten auf seiner Bewegungsbahn mithilfe des Handbedienungsgerätes gefahren wird, kann bei der **Play-Back-Programmierung** die gesamte Bewegungsbahn des Robotergreifers durch eine Vielzahl von Punkten festgelegt werden. Hierbei wird der Greifer vom Bediener unmittelbar über Handgriffe eine bestimmte Bahn entlanggeführt (Bild 1). Während dieser Phase speichert die Steuerung selbsttätig in einem festen Zeittakt alle für die Wiedergabe (Playback) der Bahn notwendigen Daten. Die Play-Back-Programmierung wird dort eingesetzt, wo der Robotergreifer schwierige Konturen nachfahren muss, z. B. bei Lackier- und Schweißarbeiten.

10.5 Transport und Materialfluss

Durch einen **Transportvorgang** werden Gegenstände fortbewegt. Es wird ein **Materialfluss** in Gang gesetzt. Die Bewegung kann in beliebiger Richtung über eine begrenzte Entfernung unter Hinzunahme von Fördermitteln erfolgen. Man unterscheidet zwischen **flurgebundenen, flurfreien** und **aufgeständerten Fördermitteln**. Der Materialfluss kann je nach Fördermittel **stetig** (ohne Unterbrechung) oder **unstetig** (mit Unterbrechung) erfolgen.

10.5.1 Flurgebundene Fördermittel

Flurgebundene Fördermittel bewegen sich ebenerdig auf den dafür vorgesehenen Transportwegen. Bei fast allen flurgebundenen Fördermitteln wird der Materialfluss unstetig durchgeführt. Bild 2 zeigt einen **Wagen** und einen **Stapler**. Beide Fahrzeuge sind die meistgebräuchlichen Fördermittel. Der Wagen kann von Hand gezogen oder mit einem Antrieb versehen werden. Der **Antrieb** des Wagens erfolgt mit einem Elektromotor. Der Stapler kann beim Einsatz im Außenbereich mit einem Dieselmotor angetrieben werden. Der Wagen und der Stapler sind mit vorderen oder seitlich angeordneten **Greifern** meist in Form einer Gabel versehen. Sie können hiermit Hubbewegungen und je nach Ausführung auch Schubbewegungen ausführen.

Das automatische **Flurförderzeug** kann sich als flurgebundenes Fahrzeug geführt auf Leiterschleifen oder frei verfahrbar bewegen. Dieses Fahrzeug wird als „Fahrerloses Transportsystem" (FTS) bezeichnet (Bild 3). Es wird hierbei häufig durch einen übergeordneten Rechner gesteuert. Die Führung des automatischen Flurförderzeuges erfolgt meistens mit magnetischen Leitlinien, die auf oder in dem Boden verlegt sind. Frei verfahrbare Fahrzeuge arbeiten in der Regel mit Bildverarbeitungssystemen und programmierten Verfahrwegen. Automatische Flurförderzeuge können entweder mit Gabeln Palet-

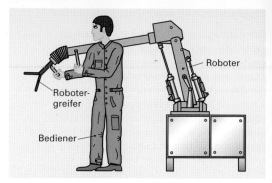

1 Play-Back-Programmierung

2 Hubwagen und Elektrostapler

3 Fahrerloses Transportsystem (FTS)

ten selbstständig aufnehmen oder müssen, wie der im Bild 3 gezeigte Wagen, mit einem Hubtisch von einem zusätzlichen Bediengerät beladen werden.

10.5.2 Flurfreie Fördermittel

Flurfreie Fördermittel sind in der Regel schienengebunden oder können sich drehend auf einer Stütze bewegen. Bild 1 zeigt die Ausführung einer **Elektrohängebahn**. Sie kann in verschiedenen Automatisierungsgraden aufgebaut werden. Das an Schienen hängende Fahrzeug der Elektrohängebahn verfügt über einen eigenen Antrieb. Die Elektrohängebahn dient als universelles Fördermittel in und zwischen unterschiedlichen Betriebsbereichen.

Zu den **flurfreien Förderzeugen** zählen auch die **Krane** in unterschiedlichsten Ausführungen. Krane werden als Hebezeuge für den vertikalen und horizontalen Transport von Gütern eingestuft. Je nach Lastaufnahmeeinrichtung am Kran können Schütt- oder Stückgüter transportiert werden.

Eine in der Produktion häufig anzutreffende Kranbauart stellt der in Bild 2 gezeigte **Brückenkran** dar. Er erstreckt sich von einer Laufbahn zu anderen über die gesamte Produktionshalle. Ein Transport von Lasten zu anderen Hallenschiffen kann jedoch mit dem Brückenkran nicht durchgeführt werden. Der **Stapelkran** (Bild 3a) ist eine Kombination aus Brückenkran und Gabelstapler. An der Laufkatze befindet sich wie beim Hochregalstapler eine teleskopartig bewegliche Stapelsäule, die zudem noch drehbar ist. Stapelkrane sind gut automatisierbar, da ihre Lastaufnahme nicht wie beim Brückenkran pendelt. **Portalkrane** (Bild 3b) sind aufgebaut wie Brückenkrane, besitzen jedoch noch Stützen, die ebenerdig schienengeführt verfahrbar sind. Der Einsatzbereich der Portalkrane liegt meist im Freien.

Drehkrane gibt es in verschiedenen Ausführungen. Sie sind in der Regel bis auf den Turmdrehkran ortsfest. Der Ausleger des Drehkrans befindet sich auf einer Säule (Bild 3c) oder einem Turm. Der Radius des Auslegers kann durch eine verfahrende oder wippende Bewegung verändert werden.

1 Elektrohängebahn

2 Brückenkran

3 Stapelkran, Portalkran und Säulendrehkran

10.5.3 Aufgeständerte Fördermittel

Aufgeständerte Fördermittel transportieren überwiegend Materialien stetig (ohne Unterbrechung) vom Anfangs- zum Zielpunkt. Sie stellen durch ihren erhöhten Bau oftmals ein Hindernis dar. Zum Be- und Entladen müssen zusätzlich Fördermittel zum Umschlagen eingesetzt werden.

Bei der in Bild 1 gezeigten **geraden und kurvengängigen Rollenbahn** wird das Fördergut durch die Schwerkraft bewegt. Die Fördergeschwindigkeit wird durch die Neigung der Bahnen bestimmt. Eine zusätzliche Kontrolle der Geschwindigkeit erfolgt z. B. durch Bremsen. Die zu transportierenden Güter müssen entweder eine ebene Auflagefläche besitzen oder sie müssen auf Ladehilfsmitteln bewegt werden.

Mit den in Bild 2 dargestellten **Kugelbahnen** kann das Fördergut in beliebige Richtungen bewegt werden. Der Antrieb wird durch eine manuelle Bewegung oder durch Schwerkraft auf einer leicht geneigten Bahn durchgeführt.

Wird ein **elektrischer Antrieb** eingesetzt, so eignen sich hierfür z. B. die Rollenbahn oder der Bandförderer. Bei der **Rollenbahn** werden die Rollen über Ketten oder Riemen bewegt. Es kann jede Rolle, aber auch nur jede dritte oder vierte Rolle angetrieben werden. Die in Bild 3 aufgeführten **Bandförderer** besitzen Zugmittel als Bänder. Die Zugmittel stellen zugleich das Zug- und Tragorgan dar, auf dem sich das zu fördernde Gut befindet. Die Bänder umlaufen mindestens zwei Rollen, von denen eine mit einem Antrieb und die zweite mit einer Spannvorrichtung versehen wird. Das Fördergut kann ohne Ladehilfsmittel bewegt werden.

Der **Paternoster** (Bild 4) ist ein umlaufender Stückgutförderer. Der Antrieb erfolgt über zwei parallel laufende Kettenstränge. Das Tragorgan hängt an den Ketten pendelfrei durch die Befestigung an den zwei Ketten und befindet sich immer mit seiner Ladefläche in einer waagerechten Lage. Nach einem ähnlichen Prinzip arbeitet der **Schaukelförderer** (Bild 4). Nur hängt hierbei das Tragorgan pendelnd an den Ketten. Die **Rutsche** (Bild 4) gehört zu den einfachsten Stetigförderern, bei denen das Fördergut ohne Antrieb auf eine niedrigere Ebene gleitet.

Beim **Wandertisch** (Bild 5) sind die durch eine Kette angetriebenen Platten nicht überdeckend und auch nicht direkt gekoppelt. Die als Tische bezeichneten Platten besitzen jeweils eigene Laufrollen, die sich auf einer ebenen Fläche abwälzen. Enthält der einzelne Tisch eine Kippvorrichtung, so lässt sich das Fördergut unter Nutzung der Schwerkraft seitlich abgleiten. In diesem Fall wird von einem **Kippschalenförderer** gesprochen.

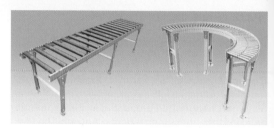

1   Rollenbahn

2   Kugelbahn

3   Bandförderer

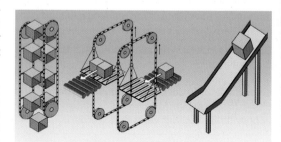

4   Paternoster, Schaukelförderer, Rutsche

5   Wandertisch

10.6 Betriebliche Kennzahlen

Die Firma VEL-Mechanik benötigt zur Beurteilung des Unternehmenserfolges die Kennzahlen Wirtschaftlichkeit, Rentabilität und Produktivität.

Bild 1 gibt zur Berechnung der geforderten Kennzahlen eine Liste der im letzten Jahr zusammengestellten Unternehmensdaten wieder.

Ein Hilfsmittel zur Beurteilung eines Unternehmens und seiner Produktionsprozesse ist das Aufstellen von betrieblichen Kennzahlen. Ziel eines Produktionsprozesses ist die „Steigerung der Wirtschaftlichkeit". Ein Unternehmen, das unwirtschaftlich arbeitet, wird keinen dauerhaften Erfolg am Markt erzielen.

> Wirtschaftlich handeln heißt, mit möglichst geringen Mitteln einen möglichst hohen Erfolg zu erreichen.

Die **Wirtschaftlichkeit** (Bild 2) bezeichnet man als das Verhältnis von Ertrag zum Aufwand. Der **Ertrag** sind u. a. die Einnahmen aus dem Verkauf der Erzeugnisse. Der **Aufwand** setzt sich aus den auftretenden Kosten der Produktion (Materialkosten, Fertigungslöhne, Gemeinkosten) zusammen. Eine Wirtschaftlichkeit ist dann erreicht, wenn das Verhältnis von Ertrag zu Aufwand größer als 1 ist.

Die Kennzahl „**Rentabilität**" (Bild 3) gibt Auskunft über das Verhältnis des Gewinns zum eingesetzten Kapital. Der **Gewinn** berechnet sich aus dem Ertrag abzüglich der auftretenden Kosten.

> Rentabilität ist eine Angabe über die Verzinsung des eingesetzten Kapitals.

Mit der Kennzahl „**Produktivität**" (Bild 4) wird nicht eine wertemäßige, sondern die mengenmäßige Betrachtung durchgeführt. Die Produktivität eines Betriebes misst die Produktionsleistung im Verhältnis zu dem, was mengenmäßig für die Produktion eingesetzt wurde.

Die Produktionsleistung gibt den Ertrag oder den Ausstoß an Erzeugnissen wieder. Der Ertrag wird in €, der Ausstoß an Erzeugnissen mit der Einheit „Stück" erfasst. Je nach Erzeugnis kann die Produktionsleistung aber auch in „kg" oder „m³" angegeben werden. Der **Einsatz für die Produktion** kann der für die Herstellung der Erzeugnisse benötigte Materialeinsatz sein. Alternativ können aber auch die Anzahl der Beschäftigten (Beschäftigtenproduktivität) oder die benötigten Arbeitsstunden herangezogen werden.

Für den Produktionsbereich „Fertigung der Keilprofilwellen" wurden bezogen auf das vorhergehende Geschäftsjahr folgende betriebliche Kennzahlen festgehalten:

Unternehmensdaten	
Produktion pro Jahr	9 000 Keilprofilwellen
Verkaufspreis je Stück	118 €
Kosten der Produktion pro Jahr	960 000 €
Anzahl der Beschäftigten	16
Investiertes Kapital	1 275 000 €

1 Unternehmensdaten der Firma VEL-Mechanik GmbH

$$\text{Wirtschaftlichkeit} = \frac{\text{Ertrag}}{\text{Kosten des Einsatzes}}$$

Ertrag = Verkaufspreis · Produktion pro Jahr
Ertrag = 118 € · 9 000 Keilprofilwellen
Ertrag = 1 062 000 €

Kosten des Einsatzes = 960 000 €

$$\text{Wirtschaftlichkeit} = \frac{1\,062\,000\ €}{960\,000\ €} = 1{,}11$$

2 Wirtschaftlichkeit

$$\text{Rentabilität} = \frac{\text{Gewinn}}{\text{eingesetztes Kapital}} \cdot 100\ \%$$

Gewinn = Ertrag − Kosten
Gewinn = 1 062 000 € − 96 000 €
Gewinn = 102 000 €

eingesetztes Kapital = 1 275 000 €

$$\text{Rentabilität} = \frac{102\,000\ €}{1\,275\,000\ €} \cdot 100\ \% = 8\ \%$$

3 Rentabilität

$$\text{Produktivität} = \frac{\text{Ertrag}}{\text{Anzahl der Beschäftigten}}$$

Ertrag = 1 062 000 €
Anzahl der Beschäftigten = 16

$$\text{Produktivität} = \frac{102\,000\ €}{16} = 66\,375\ €$$

4 Produktivität

> Die Produktivität misst den Erfolg eines Unternehmens anhand der Mengenzahl durch den Vergleich mit Größen aus vorhergehenden Zeiträumen oder den Kennzahlen branchenverwandter Unternehmen.

Vertiefungsaufgaben

Die in Bild 1 (Seite 473) abgebildete Keilprofilwelle soll in unterschiedlichen Baugrößen und Varianten im nächsten Geschäftsjahr hergestellt werden. Es sollen zunächst 75 der dort abgebildeten Keilprofilwellen gefertigt werden.

Für die Ermittlung der Auftragszeit an der CNC-Drehmaschine der 75 Keilprofilwellen sind folgende Größen angegeben worden:

Rüstgrundzeit: 45 min;
Hauptnutzungszeiten: 4,67 min; Nebenzeiten: 5,33 min;
Verteil- und Erholzeitzuschlag für alle Zeiten: 12 %

Für die Kalkulation einer Keilprofilwelle sind folgende Daten bekannt:

Materialeinzelkosten: 4,50 €;
Gemeinkostenzuschlag für das Material: 67 %;
Stundenlohn an der CNC-Maschine: 23,20 €/h;
gesamte Lohneinzelkosten an den weiteren Maschinen: 7,20 €;
Gemeinkostenzuschlag für den Fertigungslohn: 115 %;
Maschinenstundensatz aller Maschinen: 35,40 €/h;
Gemeinkostenzuschlag für die Verwaltung: 45 %;
Gemeinkostenzuschlag für den Vertrieb: 58 %;
Gewinnzuschlag: 30 %.

Analyse des Produktionsprozesses

1. Nachdem sich die Firma VEL-Mechanik zur Serienproduktion der Keilprofilwellen entschlossen hat, sollen computerunterstützt Fertigungszeichnungen und Arbeitspläne erstellt werden.

   Welche Bereiche der Firma VEL-Mechanik sind für diese Aufgaben zuständig? Beschreiben Sie das Aufgabenfeld der jeweiligen Bereiche.

2. Erläutern Sie, welche Aufgaben durch ein computergesteuertes ERP-System für die Auftragsabwicklung erfüllt werden.

3. Beschreiben Sie den Unterschied zwischen der Grobplanung und der Feinplanung.

4. Warum werden in Firmen Betriebskalender eingesetzt?

5. Wodurch unterscheidet sich die Fertigungssteuerung von der Fertigungsplanung?

6. Erläutern Sie den Informationsfluss der Fertigungssteuerung.

7. Aus welchen Zeiten setzt sich die Nebenzeit zusammen?

8. Bestimmen Sie die Grundzeit einer Keilprofilwelle an der CNC-Drehmaschine.

9. Berechnen Sie die Auftragszeit an der CNC-Drehmaschine für die Fertigung der Keilprofilwellen.

10. Bestimmen Sie den Verkaufspreis einer Keilprofilwelle.

11. Welche Aufgaben werden der Kostenstellenrechnung zugeteilt?

Analyse der Fertigungssysteme

12. Beschreiben Sie den Unterschied zwischen der Werkstättenfertigung und der Fließfertigung.

13. Geben Sie die Merkmale eines Bearbeitungszentrums an.

14. Die CNC-Drehmaschine soll für die Produktion der Keilprofilwellen zu einer flexiblen Fertigungszelle erweitert werden. Mit welchen Einheiten wird die flexible Fertigungszeile erweitert?

15. Wodurch unterscheidet sich das flexible Fertigungssystem von der flexiblen Fertigungslinie?

16. Zeigen Sie den Unterschied zwischen beweglichen und stationären Werkzeug-Handhabungssystemen auf.

17. Bei Industrierobotern unterscheidet man hauptsächlich zwischen vier Roboterbauarten. Beschreiben Sie die jeweiligen Bauarten und geben Sie für jeden Robotertyp ein Einsatzbeispiel an.

18. Erläutern Sie den Unterschied zwischen der Punktsteuerung und der Bahnsteuerung.

19. Wodurch unterscheidet sich die Teach-In-Programmierung von der Play-Back-Programmierung?

20. Welche Vor- und Nachteile besitzen flurfreie Fördermittel gegenüber den flurgebundenen Fördermitteln?

21. Beschreiben Sie jeweils zwei Beispiele flurgebundener und flurfreier Fördermittel.

22. Die Keilprofilwellen sollen von der CNC-Drehmaschine zur Fräsmaschine vereinzelt auf einem aufgeständerten Fördermittel transportiert werden. Geben Sie ein geeignetes Fördermittel an. Beschreiben Sie Ihr gewähltes Fördermittel.

Betriebliche Kennzahlen

Für das laufende Geschäftsjahr sind folgende Daten bekannt: 11 000 Keilprofilwellen pro Jahr; Verkaufspreis je Stück – siehe Aufgabe 10; Kosten der Produktion pro Jahr: 970 000 €, Anzahl der Beschäftigten: 18; Investiertes Kapital: 1 300 000 €.

23. Bestimmen Sie die Wirtschaftlichkeit der Firma VEL-Mechanik und vergleichen Sie die Zahlen mit dem Vorjahr (siehe Kapitel 10.6).

24. Geben Sie die Verzinsung des eingesetzten Kapitals an.

25. Wie hoch ist die Beschäftigtenproduktivität der Firma VEL-Mechanik?

11 Qualitätsmanagement

11.1 Zielsetzung

Wer für den Markt produziert und seine Produkte an Kunden verkaufen will, muss die geforderten Eigenschaften des Produktes erfüllen. Bei bestimmten Produkten sind das die Schönheit, die Neuartigkeit oder die abwechslungsreiche Gestaltung. Solche Eigenschaften unterliegen der subjektiven Betrachtung, der Mode und der Manipulation. Der Zerspanungsmechaniker ist solchen willkürlichen Betrachtungsweisen weniger ausgesetzt. Er bekommt konkrete Anforderungen über Größe, Lage und Beschaffenheit der Oberfläche seiner Werkstücke vorgegeben. Dies kann geprüft und meistens auch gemessen werden.

Unter den heutigen Produktionsbedingungen wird es meist nicht mehr einem Facharbeiter überlassen, wie und wie oft er zu prüfen hat. Die Prüfung wird geplant (S. 64).

Um Fehlerquellen auszuschalten, wird abgesichert, dass die Maschinen und Prüfmittel und der gesamte Fertigungsprozess die geforderte Qualität beständig ermöglichen (S. 64 bis 66).

All diese Tätigkeiten sind zu dokumentieren, damit festgestellt werden kann, ob an jedem Arbeitsplatz entsprechend der Qualitätsanforderungen gehandelt wurde (S. 505 bis 507). Dafür ist insbesondere das Qualitätsmanagement zuständig.

> Das Qualitätsmanagement beinhaltet die Gesamtheit aller qualitätsbezogenen Tätigkeiten und Zielsetzungen.

Über die Kunden bzw. direkten Nutzer der Produkte hinaus müssen zunehmend die Interessen der gesamten Gesellschaft berücksichtigt werden. All dies fließt in den sogenannten Qualitätskreis ein (folgende Seite).

11.2 Qualität

Qualität ist die Beschaffenheit einer Einheit bezüglich ihrer Eignung, die Qualitätsanforderungen zu erfüllen.

Unter „Einheiten" werden sowohl Waren wie die gefertigte Welle als auch Dienstleistungen, zu denen das Kundengespräch und der gesamte Service gehören, verstanden.

Die Qualitätsanforderungen teilen sich dabei in die konkreten Anforderungen, wie sie z. B. aus der Zeichnung ersichtlich sind, als auch Erwartungen des Kunden an Liefertermin, Kundendienst und den Preis und eventuell verbesserte Qualität, die er aber nicht zusätzlich vergüten will.

quanti-tative	Länge, Durchmesser, Rundheit, Rundlauf, Rauheit, Ebenheit, Parallelität, Winkligkeit, Formen wie Gewinde und Zahnräder	maßlich prüfbar
quali-tative	Sauberkeit, Oberflächenglanz, Dichtheit, Korrosionsfreiheit, Funktionsfähigkeit, ästhetische Gestaltung	nicht maßlich prüfbar

1 Qualitätsmerkmale

Kunden-interessen	Hersteller-interessen	öffentliche Interessen
günstiges Preis-Leistungs-Verhältnis	Marktakzeptanz durch gute Qualität und Service	Umweltverträglichkeit in der Produktion, beim Gebrauch und bei der Lagerung
Zuverlässigkeit des Produktes	hohe Gewinne durch geringe Kosten und/oder hohe erzielte Preise	
leistungsfähiger Kundenservice		ungefährlicher Umgang
		allgemeine Interessen, z. B. einheimische Produktion

2 Berücksichtigung unterschiedlicher Interessen in der modernen Fertigung

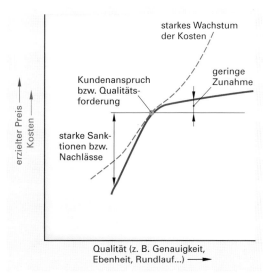

3 Zusammenhang zwischen Qualität, Preis und Kosten

11.3 Qualitätskreis

> Qualität wird nicht allein durch genaues Prüfen erreicht, sondern entsteht durch die Verkettung aller Abteilungen, die alle auf die Erfüllung der Qualitätsanforderungen ausgerichtet sind.

Im Qualitätskreis wird dieser Zusammenhang veranschaulicht. Ausgangs- und Endpunkt des Qualitätskreises sind die Forderungen und Erwartungen der Kunden. Daraus werden die Qualitätsanforderungen abgeleitet (Bild 1).

Die **Qualitätsanforderung** an das Produkt ist die geforderte Beschaffenheit. Dazu gehören:

- Zuverlässigkeit (Funktionsfähigkeit, Instandhaltbarkeit, Verfügbarkeit)
- Sicherheit bei der Handhabung
- Austauschbarkeit
- Umweltverträglichkeit
- Wirtschaftlichkeit
- ästhetische Gestaltung

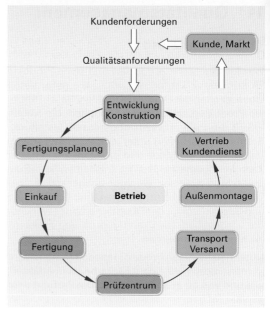

1 Qualitätskreis

Wirtschaftlichkeit

Um ein Produkt qualitätsgerecht und wirtschaftlich herzustellen, muss im gesamten Qualitätskreis bzw. in allen Phasen des Qualitätsmanagements die Einhaltung der Qualitätsanforderungen im Mittelpunkt stehen. Dabei gilt:

> Fehler vermeiden ist kostengünstiger als Fehler suchen und beseitigen.

Die Möglichkeit, Kosten zu sparen, ist besonders hoch in der Konzeptions- und Entwicklungsphase; die Beseitigung von Fehlern wiederum kostet besonders viel, wenn das Produkt schon beim Kunden ist.

Hier kostet es neben Geld auch noch Ansehen und führt zu einem Imageverlust, der meist schwer revidierbar ist. Um diese Verluste zu verhindern, ist die intensive Kommunikation zwischen den einzelnen Abteilungen notwendig. Ohne Rückmeldungen können die jweils vorherigen Abteilungen im

2 Kosten der Fehlerbeseitigung im Qualitätskreis

Qualitätskreis nicht auf die Fehler reagieren. Hier hat sich die **F**ehler- **M**öglichkeits- und **E**influss-**A**nalyse (FMEA) als hilfreich erwiesen, durch die Fehler frühzeitig erkannt und vermieden werden können.

Fehler und Mängel am Produkt			
Produkte, die vom Kunden abgelehnt werden, können fehler- oder mangelhaft sein.			
Fehler = Nichterfüllung einer exakt festgelegten Forderung	Fehler	objektiv feststellbar	behebbar
Mangel = Nichterfüllung einer festgelegten Forderung oder einer angemessenen Erwartung (z.B. Aussehen, Neuartigkeit, Bedienerfreundlichkeit)	Mangel	objektiv/subjektiv feststellbar	teilweise behebbar Vergleich nötig
Deshalb: Durch Marktforschung Erwartungen der Kunden ermitteln!			

11.4 Qualitätsmanagementsysteme

Die Einhaltung geforderter Eigenschaften eines Produktes wird in den meisten Unternehmen durch ein Qualitätsmanagementsystem (QM-System) realisiert. Die Einführung eines QM-Systems führt nicht zu höherwertigen Produkten, sondern zur Erreichung der vorgegebenen Qualität. Bekannte QM-Systeme basieren auf dem EFQM-Modell (European Foundation for Quality Management) oder auf der ISO 9001. Beide Systeme dienen der Sicherung der Prozessqualität. Bei beiden Systemen wird mithilfe von Audits untersucht, ob die festgelegten Anforderungen an das QM-System erfüllt werden (siehe S. 510). Die Durchführung der Audits durch autorisierte Institutionen kann bei positivem Ergebnis zu Zertifizierungen führen. Im Folgenden wird näher auf Vorgaben der ISO 9001 eingegangen.

11.4.1 Prozessorientierung

Die Normenreihe ISO 9001 ist grundsätzlich prozessorientiert aufgebaut und regelt, welche Prozesse in einer Organisation offengelegt werden müssen und wie diese beschrieben werden. Die Beschreibung erfolgt meist in einem Qualitätshandbuch (Q-Handbuch). Die ISO 9001 legt die Mindestanforderungen an ein QM-System fest, die die Organisation erfüllen muss, um Produkte und Dienstleistungen zu erzeugen, die auf dem Markt bestehen können.

Der prozessorientierte Ansatz des Qualitätsmanagements basiert auf dem nach William Edwards Deming benannten Demingkreis (engl. PDCA).

Der PDCA-Kreis besteht aus den vier Elementen **P**lan – **D**o – **C**heck – **A**ct. Man versteht darunter, dass jeder Prozess vor seiner eigentlichen Umsetzung geplant und getestet werden muss. Wenn im Unternehmen Verbesserungspotenzial erkannt wird (Plan), werden neue Konzepte mit schnell realisierbaren, einfachen Mitteln getestet, z. B. an einem Arbeitsplatz (Do). In der Phase Check werden der getestete Prozessablauf und seine Resultate sorgfältig überprüft und bei Erfolg für die Umsetzung als Standard freigegeben. Dieser neue Standard wird für den gesamten Bereich eingeführt, festgeschrieben und regelmäßig auf Einhaltung überprüft (Act).

Die Verbesserung dieses Standards beginnt wiederum mit der Phase Plan.

Elementare Grundsätze des QM-Systems

- Kundenorientierung
- Verantwortlichkeit der Leitung
- Einbeziehung aller Mitarbeiter
- Prozessorientierung
- Kontinuierlicher Verbesserungsprozess (KVP)
- optimale Lieferantenbeziehungen

1 Prozessorientierung nach ISO 9001

Entsprechend der Prozessorientierung nach ISO 9001 lassen sich vier entscheidende Prozesse ableiten.

Verantwortlichkeit der Leitung	Ressourcenmanagement	Produktherstellung	Messung und Analyse
■ Erarbeitung und Umsetzung eines Q-Leitbildes ■ Festlegung der Strategie zur Kundenorientierung ■ Umsetzung eines QM-Systems	■ Personalbefähigung ■ Bereitstellung aller benötigten materiellen Ressourcen ■ Realisierung des Informationsflusses ■ Finanzen	■ Erfassung der Kundenanforderungen ■ Produktentwicklung ■ Kontrolle und Sicherstellung der Produktfertigung ■ Produktprüfung	■ Erfassung der Kundenzufriedenheit ■ Definition von Erfolgskenngrößen ■ Erfassung und Korrektur von Fehlern

Ein dauerhafter Erfolg am Markt lässt sich in der Regel nur durch kontinuierliche Verbesserung ausgehend von der Erfassung veränderter Kundenanforderungen und durch die Erfassung der Kundenzufriedenheit realisieren.

11.4.2   Komponenten des Qualitätsmanagements

Das **Q-Handbuch** ist das zentrale Element der Qualitätsdokumentation eines Unternehmens. Es beinhaltet in der Regel mindestens die Festlegungen zur Qualitätspolitik, die Qualitätsziele, die angewandte Norm, Aufbau- und Ablauforganisation des Unternehmens und den Aufbau des QM-Systems.

Unter der Qualitätspolitik versteht man die Zielsetzungen des Unternehmens zum Umgang mit den Anforderungen und Bedürfnissen aller Interessenspartner. Die wichtigsten Interessenspartner sind die Kunden, die Lieferanten und die Mitarbeiter, darüber hinaus Teile der Gesellschaft wie Bürger und Institutionen oder auch Partnerunternehmen.

Die Qualitätsziele und -aufgaben eines Unternehmens unterteilen sich in die Komponenten Qualitätsplanung, Qualitätslenkung, Qualitätssicherung und Qualitätsverbesserung. Eine übergeordnete Zielstellung besteht in der zunehmenden und dauerhaften Zufriedenheit des Interessenpartners.

Qualitätsmanagement		
Qualitätsplanung	**Qualitätslenkung**	**Qualitätsprüfung**
■ Planung der Qualitätsanforderung, d.h. die Forderungen an die Beschaffenheit des Produkts ■ Festlegung der Qualitätsmerkmale ■ Klassifizieren und Gewichten der Qualitätsmerkmale	Vorbeugende, überwachende und korrigierende Tätigkeiten beim Herstellen des Produkts, d.h. Beseitigung von Ursachen von vorhandenen oder möglichen Fehlern oder Mängeln, um die Qualitätsanforderungen zu erfüllen	Feststellen, ob das Produkt die Qualitätsanforderungen erfüllt. Die Prüfung kann sich auf eine Forderung oder auf alle Qualitätsanforderungen an das Produkt beziehen. Prüfungen erfolgen vom Einkauf über die Fertigung bis zum Verkauf.
Qualitätsförderung		
Alle Maßnahmen, die auf die Erhöhung der Fähigkeit zur Erfüllung der Qualitätsanforderungen gerichtet sind. Dazu gehören Maßnahmen sowohl im technischen und organisatorischen Bereich als auch im Bereich der Mitarbeiter. Qualitätsorientiertes Denken und Handeln ist Ziel dieser Maßnahmen. Dazu gehören Arbeit mit Verbesserungsvorschlägen, Anerkennung der Leistungen der Mitarbeiter, Mitarbeit in Qualitätsteams, die Information aller Mitarbeiter über die Ziele des Qualitätsmanagements und ihre Umsetzung.		

Qualitätsplanung

Die Qualitätsplanung beinhaltet alle Planungstätigkeiten, die vor Beginn der Produktion auf die Einhaltung der Qualitätsanforderungen gerichtet sind. Hierbei sind von den Erwartungen des Kunden ausgehend alle Phasen des Qualitätskreises im Blick zu behalten. Für die spanende Fertigung leiten sich daraus folgende Überlegungen ab:

Der Qualitätskreis zeigt, dass alle Abteilungen des Betriebes Einfluss auf die Qualität des Produktes nehmen. Der eindeutige Durchlauf des Produktes entspricht aber nicht einem ebenso einseitigen Ablauf der Entscheidungen. Bei der Qualitätsplanung und Qualitätslenkung arbeiten alle Abteilungen zusammen. Beim Bestimmen der Qualitätsanforderungen und der Auswahl der Qualitätsmerkmale ist bereits zu bedenken:

■ Welche Maschinen stehen für die Fertigung zur Verfügung? Welche Qualität ist auf diesen Maschinen erreichbar?

■ Welches Facharbeiterpotenzial ist vorhanden? Sind bestimmte Qualitätsanforderungen durchsetzbar? Unter welchen Bedingungen sind sie durchsetzbar (Lehrgänge u.a.)?

■ Welche Prüfmittel sind vorhanden? Lassen sich die Qualitätsmerkmale damit prüfen?

Nach diesen Überlegungen kommt es auch zu Entscheidungen, ob bestimmte Einzelteile in Eigenfertigung produziert werden oder als Kaufteile erworben werden.

In vielen Betrieben werden zwischen den Abteilungen Marktbedingungen hergestellt. Die Abteilung „Spanende Fertigung" tritt so im Wettbewerb mit fremden Firmen gegenüber der eigenen Montageabteilung wie ein Verkäufer auf. Der Kunde Montageabteilung entscheidet, bei wem er seine Einzelteile kauft.

Die Abteilung „Spanende Fertigung" wird dadurch gezwungen, hohe Qualität bei niedrigen Preisen zu liefern. Das erfordert höchste Produktivität bei fehlerfreier Produktion.

11.4.3   Kundenorientierung

Für jedes Unternehmen gilt der Grundsatz, sich optimal den Wünschen und Anforderungen des Kunden anzupassen, wenn der Erfolg am Markt dauerhaft gewährleistet sein soll. Der Kunde hat oftmals eine große Auswahl an Lieferanten, daher wird er sich für denjenigen entscheiden, der beim gewünschten Produkt die beste Qualität zu einem optimalen Preis-Leistungs-Verhältnis anbieten und garantieren kann. Entscheidend für die Erteilung eines Auftrages ist somit die positive Außendarstellung der Organisation, z. B. durch nachgewiesene Zertifizierungen oder Referenzaufträge. Bei Aufträgen in der Serienfertigung erfolgt in der Regel eine Betriebsführung mit dem Kunden, bei der sich dieser überzeugen kann, wie vor Ort die Einhaltung der geforderten Qualität gewährleistet wird (Bild 1). Hier geht es nicht ausschließlich um die reine Fertigung, sondern um den Nachweis, dass der gesamte Prozess durch ein effektives Qualitätsmanagementsystem betreut und abgesichert wird.

Vor Beginn der Produktion werden die Zulieferer z. B. von Rohteilen, Hilfsstoffen oder Halbzeugen untersucht und der Nachweis von deren Qualitätsfähigkeit archiviert und dem Kunden vorgestellt.

Während der Produktion werden die festgelegten Maße und Oberflächengüten geprüft. Um die Einhaltung der geforderten Qualität zu gewährleisten, werden die Prüfmittel in festgelegten Abständen kalibriert, auch hierfür werden die entsprechenden Nachweise gesichert und dem Kunden dokumentiert (Bild 2).

Ein weiteres wichtiges Element der **Kunden-Lieferanten-Beziehung** besteht in der Betreuung des Kunden über die Lieferung hinaus. Durch das Qualitätsmanagement werden geeignete Instrumentarien der Kundenbetreuung entwickelt und die zeitliche Abfolge sowie die Art und Weise der Durchführung verbindlich im QM-Handbuch festgelegt. Ein typisches Verfahren ist hierbei die **Kundenzufriedenheitsanalyse**, die z. B. durch den Außendienst bei regelmäßigen Besuchen des Kunden durchgeführt werden kann (Bild 3).

Nur durch die effiziente Pflege der Beziehungen zum Kunden, organisiert und verantwortet vom Qualitätsmanagement und umgesetzt von jedem einzelnen Mitarbeiter, kann das Unternehmen langfristig am Markt bestehen und erfolgreich sein.

1   Betriebsführung bei einem Lieferanten für Getriebeteile

[DE] QS Kalibrationsdaten für: 102H7GRLD/402

Kopfdaten zu 102H7GRLD/402

Prüfmittelstatus	FREIGEGEBEN
nächste Prüfung	17.03.2014
Prüfmitteluntergruppe	Lehren ISO 286 T1/
Prüfmittelbezeichnung	DIN 7163/7164
Prüfmittelbezeichnung	Grenzlehrdorn
Prüfintervall	1 Jahr
Details 1	Nennmaß 102.
Details 2	Toleranzfeld H7
Details 3	
Details 4	

2   Kalibrierungsprotokoll für Grenzlehrdorn (Auszug)

Kundenzufriedenheitsanalyse

MECHANIK GmbH

Firma: _____
VEL-Mitarbeiter: _____
Datum: _____

Untersuchungsgegenstand	Bewertung				
	5 Punkte	4 Punkte	3 Punkte	2 Punkte	1 Punkt
Qualität der Produkte					
Maßhaltigkeit					
Oberflächengüte					
Äußerer Zustand					
Erfüllung aller weiteren Vorgaben					
Produktpalette					
Auftragsbearbeitung					
Bearbeitungszeiten (Auftragsabwicklung)					
Flexibilität (kurzfristige Wünsche)					
Lieferzeiten					
Liefertreue (Lieferzustand)					
Unternehmen allgemein					
Betreuung durch Außendienst					
Kooperationsbereitschaft					
Bearbeitung von Beanstandungen					
Image					

Was kann die VEL GmbH in Zukunft verbessern?
_____
_____

Haben Sie weitere Anregungen zur Optimierung der Zusammenarbeit?
_____
_____

Kunde: _____

3   Kundenzufriedenheitsanalyse

11.5 Qualitätssicherung in der Fertigung

Unternehmen der Zerspantechnik sind überwiegend in der Zuliefererindustrie angesiedelt. Lieferanten müssen gewährleisten, dass die Qualitätsanforderungen des Kunden bei jedem Bauteil eingehalten werden. Der Kunde legt fest, welche Normen durch den Zulieferer einzuhalten sind. Typische Normen sind z. B. die DIN ISO 9000 ff. oder bei Unternehmen der Automobilindustrie die ISO/TS 16949. In vielen Fällen wünscht der Kunde aber auch unabhängig von genormten Qualitätssicherungsverfahren den Nachweis, dass alle Anforderungen an das Bauteil in der Fertigung eingehalten werden. Der Lieferant steht in der Pflicht, die geforderte Qualität lückenlos zu fertigen und jederzeit nachweisen zu können.

Die Bezeichnung der einzelnen Glieder der Lieferkette entspricht der Internationalen Norm nach DIN EN ISO 9001:2008. Die Lieferkette kann betriebsextern – Übergabe des Fertigteils an einen Kunden außerhalb des eigenen Betriebes – oder betriebsintern – Übergabe des Fertigteils an eine andere Abteilung innerhalb des Betriebes – bestehen. Im Folgenden werden einzelne Elemente dargestellt, die in der Fertigung zur Qualitätssicherung dienen. Der grundsätzliche Ablauf besteht in der Untersuchung der Maschinen- und Prozessfähigkeit vor dem Start einer Serienfertigung. Ist diese nachgewiesen, wird der Prozess kontinuierlich mithilfe statistischer Methoden überwacht.

1 Zertifikate verschiedener Qualitätsnormen

2 Bezeichnung der Lieferkette nach DIN EN 9001:2008

11.5.1 Untersuchung der Maschinenfähigkeit

Die Begriffe Maschinen- und Prozessfähigkeit wurden in der Automobilindustrie mit dem Ziel entwickelt, ein einheitliches Werkzeug für die Sicherung der Qualitätsfähigkeit von Prozessen zu schaffen. Für das Erreichen hoher Fähigkeitskennwerte ist es notwendig, in sichere und beherrschte Produktionsprozesse zu investieren. Die Grundidee ist es, Fehler zu vermeiden, nicht zu beseitigen, da die Beseitigung eines Fehlers in der jeweils nächsten Produktionsstufe ein Vielfaches an Kosten (etwa das Zehnfache) verursacht.

Voraussetzung für die Fertigung in der gewünschten Qualität mit einer beherrschten Technologie sind Fertigungsanlagen, die es der Organisation ermöglichen, bei Einhaltung aller relevanten Bearbeitungsparameter im ständigen Konkurrenzkampf auf dem Weltmarkt zu bestehen. So werden an die Werkzeugmaschinen stetig steigende Anforderungen zur Effizienz- und Leistungssteigerung gestellt. Durch immer höhere Fertigungsparameter wie Schnitt- und Vorschubgeschwindigkeiten werden die Bearbeitungszeiten fortlaufend reduziert bei gleichzeitig zunehmenden Anforderungen an die Genauigkeit durch immer engere Tolerierung der Werkstücke.

Konkret geht es bei der Maschinen- und Prozessfähigkeit um die Ausführungsqualität industrieller Erzeugnisse, die sich durch Übereinstimmung mit vorgegebenen technischen Normen überprüfen lässt. Ein Produkt oder der Prozess werden als fehlerhaft angesehen, wenn die Abweichung außerhalb eines zulässigen Toleranzbereiches liegt.

Die **Maschinenfähigkeitsuntersuchung (MFU)** dient zur Untersuchung der Fähigkeit einer Fertigungseinrichtung, bestimmte Toleranzen, Bearbeitungsgeschwindigkeiten, Wiederholgenauigkeiten und andere festgelegte Parameter einzuhalten. Langzeit- und Umgebungseinflüsse werden dabei nicht betrachtet.

Vor Beginn einer Serienfertigung sowie bei der Abnahme werden alle Maschinen einer MFU unterzogen. Hierzu wird festgelegt, welche Parameter die Maschine mit ihrer gesamten Peripherie (Handhabungs- und Zuführsysteme, Spannmittel, Messmaschine usw.) erfüllen muss. Dieses wird in den **Abnahmebedingungen** festgeschrieben.

Vor Auftragserteilung legt in der Regel der Kunde konkrete Anforderungen an z. B. Maßgenauigkeiten und Oberflächengüten fest, die dann Bezug nehmend auf ein bestimmtes Produkt untersucht werden. Nach Auswahl des Bauteils werden die Taktzeiten einschließlich der Nebenzeiten, wie z. B. die Beladevorgänge, verankert und dokumentiert. Konkrete Randbedingungen für die MFU sind eine betriebswarme Maschine, ein definiertes Werkzeug und eine festgelegte Rohteilcharge.

Ablauf der MFU

■ Es werden 50 Teile hintereinander gefertigt.

■ Die Bauteile werden in der gefertigten Reihenfolge gemessen und die Messergebnisse in Urwertkarten dokumentiert.

■ Standardabweichung und Mittelwert werden berechnet.

■ Fähigkeitsindizes c_m (Capability – Maschinenfähigkeit) und c_{mk} (kritische Maschinenfähigkeit) werden berechnet (S. 503).

1 Durchführung einer Maschinenfähigkeits-untersuchung

Der Start wird auf einem Merkblatt mit Uhrzeit und Stückzählerstand der Maschine vermerkt. Alle Eingriffe an der Maschine während der MFU, wie z. B. Werkzeugverschleiß, Fehlermeldungen, verwendetes Kühlschmiermittel usw., werden auf dem Merkblatt notiert. Nach dem letzten Teil werden wieder die Uhrzeit sowie die tatsächliche Taktzeit aus der Maschinenuhr dokumentiert.

Die **Auswertung der MFU** erfolgt anhand der aufgenommenen Messreihen und zeigt, ob die Maschine fähig ist. Dies ist der Fall, wenn die Messreihen keine „Ausreißer" haben, d. h. dass die Messwerte sich um den Mittelwert normal mit einer geringen Streuung verteilen. Zum Nachweis der Maschinenfähigkeit sollen mindestens 99,994 % der gefertigten Teile innerhalb der Toleranz liegen. Die Ergebnisse werden in einem Abnahmeprotokoll festgehalten und erst nach erfolgreicher MFU wird die Maschine für die Fertigung freigegeben.

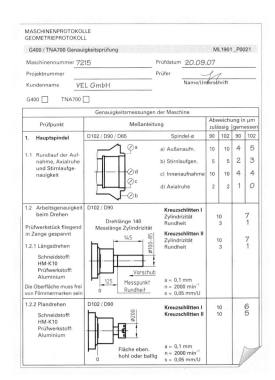

2 Maschinenabnahmeprotokoll

11.5.2 Ermittlung der Maschinenfähigkeit

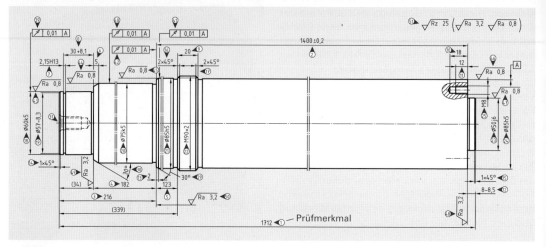

1 Welle

Die Getriebewelle soll als Serienfertigung für einen Kunden in einer Losgröße von 10.000 Stück hergestellt werden. Das Maß 85h5 ist für die Funktion der Getriebes von besonderer Bedeutung; daher verlangt der Kunde, eine MFU für dieses Maß durchzuführen. Der Kunde fordert Fähigkeitskennwerte von $c_m \geq 1{,}67$ und $c_{mk} \geq 1{,}33$.

Der Stichprobenumfang soll $n = 5$ Teile betragen und die Anzahl der Stichproben $m = 10$. Die Teile werden in der gefertigten Reihenfolge mit einer Bügelmessschraube mit Feinzeiger geprüft und die Maße notiert. Anschließend wird für jede Stichprobe der arithmetische Mittelwert $\bar{x}$ und die Spannweite R ermittelt.

Stich-probe	1	2	3	4	5	6	7	8	9	10
x1	84,991	84,991	84,993	84,994	84,993	84,994	84,992	84,991	84,990	84,993
x2	84,991	84,993	84,991	84,990	84,994	84,992	84,991	84,989	84,991	84,991
x3	84,993	84,994	84,992	84,993	84,991	84,991	84,993	84,989	84,993	84,992
x4	84,994	84,992	84,991	84,990	84,991	84,994	84,993	84,990	84,992	84,990
x5	84,995	84,993	84,992	84,991	84,994	84,991	84,991	84,998	84,989	84,991
Σ x	424,964	424,963	424,959	424,958	424,963	424,962	424,960	424,947	424,955	424,957
$\bar{x}$	84,9928	84,9926	84,9918	84,9916	84,9926	84,9924	84,9920	84,9894	84,9910	84,9914
R	0,004	0,003	0,002	0,004	0,003	0,003	0,002	0,003	0,004	0,003

Nun folgen die Berechnungen für die Erstellung des **Histogramms**. Das Histogramm dient der grafischen Darstellung der Häufigkeitsverteilung der Messwerte in Form von Säulen, deren Höhe den relativen Anteil der Werte in einer Klasse darstellt. Die Lage und Streuung der Messwerte lassen sich somit gut abschätzen. Die entsprechenden Gesetzmäßigkeiten sind leicht erkennbar.

Zunächst werden die Spannweite und die Anzahl der Klassen berechnet. Im nächsten Schritt wird die Klassenbreite ermittelt. Die Klassenuntergrenze der ersten Klasse beginnt bei x_{min} durch die Addition der Klassenbreite wird die Klassenobergrenze ermittelt. Dies erfolgt für alle gewählten 7 Klassen.

$$R = x_{max} - x_{min} = 84{,}995 \text{ mm} - 84{,}988 \text{ mm} = 0{,}007 \text{ mm}$$

$$k = \sqrt{50} = 7{,}07 \qquad \text{(gewählt 7 Klassen)}$$

$$w \approx \frac{R}{K} \approx \frac{0{,}007 \text{ mm}}{7} \approx 0{,}001 \text{ mm}$$

Im Histogramm werden die 7 Klassen eingetragen, die Messwerte ausgezählt und den entsprechenden Klassen zugeordnet. Die absolute und relative Häufigkeit der Verteilung der Messwerte auf die einzelnen Klassen werden ermittelt.

Klassen	Strichliste und Histogramm		
von ... bis		n_j absolute Häufigkeit	h_j in % relative Häufigkeit
84,988 ... 84,989	III	1	2
84,989 ... 84,990	III	3	6
84,990 ... 84,991	IIIII	5	10
84,991 ... 84,992	IIIII IIIII IIIII I	16	32
84,992 ... 84,993	IIIII II	7	14
84,993 ... 84,994	IIIII IIIII	10	20
84,994 ... 84,995	IIIII III	8	16

Bei der Auswertung des Histogramms lässt sich feststellen, dass die gemessenen Werte normal verteilt sind mit leichter Tendenz in Richtung Höchstmaß. Die sich ergebende Vermutung, dass die Maschinenfähigkeit gewährleistet ist, wird im Anschluss rechnerisch überprüft.

Bei der Berechnung der Maschinenfähigkeit c_m kann bei $n = 5$ Stichproben auch mit dem Schätzwert für die Standardabweichung σ gerechnet werden.

$$c_m = \frac{T}{6 \cdot \hat{\sigma}}$$

$$\bar{R} = 0{,}0031$$

$$\hat{\sigma} = 0{,}43 \cdot \bar{R} = 0{,}001333$$

$\hat{\sigma}$ = Schätzwert für Standardabweichung

$$c_m = \frac{0{,}0015 \text{ mm}}{6 \cdot 0{,}001333 \text{ mm}} = \underline{1{,}875}$$

$\bar{R}$ = mittlere Spannweite aus m Stichproben

z_{krit1} = Höchstmaß – Gesamtmittelwert

$$\bar{R} = \frac{R1 + R2 + R3 + ... Rm}{m}$$

z_{krit1} = 85,000 mm – 84,9917 mm = 0,0083 mm

z_{krit2} = Gesamtmittelwert – Mindestmaß

$$c_{mk} = \frac{z_{krit}}{3 \cdot \hat{\sigma}}$$

z_{krit2} = 84,9917 mm – 84,9850 mm = 0,0067

Da z_{krit2} der kleinere Abstand zur Toleranzgrenze ist, wird dieser eingesetzt.

z_{krit} = kleinster Abstand des Gesamtmittelwertes zur Toleranzgrenze

$$c_{mk} = \frac{0{,}0067 \text{ mm}}{3 \cdot 0{,}001333 \text{ mm}} = \underline{1{,}675}$$

Die Werte für die Maschinenfähigkeit und für die kritische Maschinenfähigkeit erfüllen die Vorgaben des Kunden. Sowohl die Streuung der Messwerte als auch ihre Lage innerhalb der Toleranz genügen den Anforderungen. Damit ist nachgewiesen, dass die Maschine fähig ist, die Werkstücke in der geforderten Qualität und Wiederholgenauigkeit zu fertigen.

11.5.3 Untersuchung der Prozessfähigkeit

Auch wenn alle verwendeten Maschinen ihre Fähigkeit laut MFU nachgewiesen haben, können im Prozess Fehler auftreten, z. B. durch häufiges Umspannen, innerbetrieblichen Transport und Lagerung oder veränderte Umwelteinflüsse. Daher muss der gesamte Prozess vom Wareneingang bis zum Kunden untersucht und optimiert werden, bis die Wiederholgenauigkeit in der geforderten Qualität erreicht ist.

> Die **Prozessfähigkeitsuntersuchung (PFU)** dient zur Untersuchung der Fähigkeit des gesamten Fertigungsprozesses, ein Produkt in der geforderten Qualität zu fertigen. Hierbei werden alle Langzeit- und Umgebungseinflüsse mit betrachtet.

Bei der PFU ist der Beweis zu erbringen, dass die Fertigung und somit die Qualität des Produktes jederzeit wiederholbar ist. Ziel ist der Nachweis fähiger Fertigungsprozesse in der laufenden Serienfertigung. Neben exakten Festlegungen für alle vorgelagerten betrieblichen Abteilungen und Abläufe werden in der Regel in einer laufenden Fertigung Stichproben entnommen, da die große Menge an Produkten bei hochproduktiven Anlagen die Prüfung jedes Teils nicht zulässt, die Prüfung selbst oft zeitaufwendig ist und die dadurch entstehenden Kosten sich auf den Preis des Produktes niederschlagen würden.

Tabelle 1: Stichprobenanzahl nach Prüfniveau

Losgröße	Prüfniveau		
	1	2	3
bis 15	2	3	4
16 ... 25	3	4	5
26 ... 50	5	7	9
51 ... 100	9	13	17
101 ... 150	13	19	25
151 ... 300	17	21	27
ab 301	7,5 %	10 %	12,5 %

Ab ca. 125 Stichproben geht man bei normalverteilten Werten in einer Serienfertigung davon aus, dass die Untersuchungsergebnisse genügend Aussagekraft besitzen, um eine Grundgesamtheit genügend genau zu beschreiben. Die Anzahl der zu entnehmenden Stichproben pro Losgröße unterliegt der Entscheidung der Organisation, abhängig vom jeweiligen Fertigungsauftrag, und wird als **Prüfniveau** festgelegt (Tabelle 1).

Ablauf der PFU

- 20 bis 25 Stichproben zu je 5 Teilen werden aus der laufenden Fertigung entnommen.

- Die vom Kunden festgelegten Merkmale werden gemessen und die Ergebnisse in Regelkarten festgehalten.

- Besondere Störeinflüsse werden auf der Regelkarte vermerkt.

- Die Standardabweichung und der Mittelwert der Stichproben werden berechnet.

- Fähigkeitsindizes c_p (Prozessfähigkeit) und c_{pk} werden berechnet (vgl: Tabellenbuch).

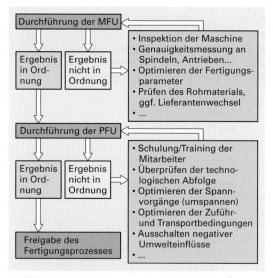

1 **Fähigkeitsuntersuchungen zur Freigabe des Fertigungsprozesses**

Der Fertigungsprozess gilt in der Regel als fähig, wenn mindestens 99,73 % der gefertigten Teile innerhalb der Toleranzgrenzen liegen. Die tatsächlich geforderten Werte können hiervon abweichen und werden vom Kunden festgelegt (vgl. Kundenorientierung).

Erst wenn der gesamte Prozess sicher und beherrscht die geforderten Bedingungen erfüllt, wird die Fertigung freigegeben. Alle prozessbeeinflussenden Größen wie die Fertigungsparameter, die Spannung von Werkzeugen und Werkstücken oder andere Bedingungen im Umfeld werden dokumentiert und archiviert und der Nachweis der Einhaltung der geforderten Parameter wird dem Kunden übergeben.

11.6 Statistisches Qualitätsmanagement

> Das statistische Qualitätsmanagement umfasst die qualitätsbezogenen Aktivitäten eines Betriebes, bei denen statistische Methoden eingesetzt werden, z.B. die kontinuierliche Überwachung des Fertigungsprozesses.

Diese Methoden werden sowohl in der Qualitätsplanung als auch in der Qualitätslenkung und -prüfung eingesetzt.

Zunehmend werden die statistischen Methoden in der Qualitätsplanung vor Aufnahme der Fertigung angewandt (**Preline-Qualitätsmanagement**).

Bereits durchgesetzt hat sich die Anwendung statistischer Methoden während der Fertigung (**Online-Qualitätsmanagement**).

Die Qualitätssicherung nach der Fertigung (**Postline-Qualitätssicherung**) wird dadurch eine geringere Bedeutung erhalten.

Für die spanende Fertigung steht heute die Fertigungsüberwachung, d.h. die Online-Prüfung der laufenden Produktion im Mittelpunkt. Für Fertigungsüberwachung wird auch die Abkürzung SPC (**S**tatistical **P**rocess **C**ontrol) verwendet.

Ziel der Fertigungsüberwachung:

■ Qualitätsmängel während der Fertigung feststellen   ■ durch Gegenmaßnahmen Mängel beseitigen

Der Einsatz statistischer Methoden setzt die Kenntnis einiger Begriffe und Zusammenhänge voraus:

11.6.1 Grundlagen des statistischen Qualitätsmanagements

Zufällige und systematische Einflüsse

Auf die Herstellung eines Werkstückes haben sehr viele innere und äußere Bedingungen Einfluss. Sie alle bewirken, dass das Werkstück niemals ideal den Qualitätsmerkmalen entsprechen kann.

> Zufällige Einflüsse bewirken zufällige Abweichungen (Fehler), systematische Einflüsse bewirken systematische Abweichungen (Fehler).

Beispiele für zufällige Einflüsse:
- wechselnde Werkstoffzusammensetzung
- wechselnde Spanungsbedingungen
- wechselnde Spannung (Spannkraft, Ausrichtung)
- wechselnde Prüfbedingungen
- Verschleiß des Werkzeuges
- wechselnde äußere Bedingungen (Licht u.a.)

Beispiele für systematische Einflüsse:
- eine deutlich abweichende Werkstoffzusammensetzung
- ausgebrochenes Werkzeug
- Prüfmittelfehler
- ständig andere Temperatur zu einer bestimmten Zeit

> Die Ursachen für systematische Einflüsse können ermittelt und abgestellt werden. Die zufälligen Einflüsse können nur berücksichtigt werden.

Wahrscheinlichkeit P (Probability)

> Die Wahrscheinlichkeit für das Eintreffen eines Ereignisses ist gleich dem Verhältnis der günstigen (gewollten) Fälle zu allen möglichen Fällen.

$$P = \frac{\text{Anzahl der günstigen Fälle}}{\text{Anzahl der möglichen Fälle}}$$

Zur Veranschaulichung:
Die Wahrscheinlichkeit, eine „6" zu würfeln, ist 1/6, d.h., bei 600-mal Würfeln wird man wahrscheinlich 100-mal eine „6" würfeln. Je häufiger gewürfelt wird, desto sicherer wird die Aussage.

Normalverteilung

Der Mathematiker C.F. Gauß hat entdeckt, dass bestimmte Merkmalswerte durch zufällige Einflüsse immer um einen Mittelwert schwanken. Das von ihm aufgestellte **Fehlerverteilungsgesetz** ergibt grafisch eine Glockenkurve (Bild 1).

Beispiel: Ohne das Auftreten von systematisch bedingten Einflüssen werden Wellen, die einen Durchmesser von 25 mm haben sollen, zufällig um diesen Wert schwanken.

Um in der Fertigung von vergleichbaren Daten ausgehen zu können, wird mit standardisierten Werten gearbeitet.

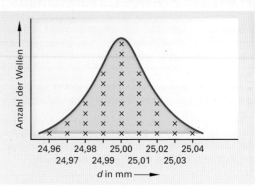

1   Gaußsche Glockenkurve

Mittelwert $\bar{x}$

> Der Mittelwert $\bar{x}$ ist das arithmetische Mittel aller Einzelwerte aus der Stichprobe.

$$\bar{x} = \frac{x_1 + x_2 + x_3 + ... + x_n}{n}$$

Median $\tilde{x}$

> Der Median $\tilde{x}$ ist ein Zentralwert, auf beiden Seiten von ihm liegt eine gleiche Anzahl von Messwerten.

Stichproben Wellendurchmesser (in mm)
25,01; 25,02; 25,04; 24,99; 24,98; 25,00; 24,97

$$\bar{x} = \frac{25,01 + 25,02 + ... + 24,97}{7} = 25,0014 \text{ mm}$$

$$\tilde{x} = 25,00 \text{ mm}$$

2   Vergleich Mittelwert und Median

Standardabweichung s und Spannweite R

> R und s sind Maße für das Abweichen vom Mittelwert.

Die Standardabweichung s (auch σ) ist der Abstand vom Mittelwert zum Wendepunkt der Glockenkurve. Die Spannweite R ist die Differenz aus dem größten und kleinsten Messwert der Stichprobe. R und s ergeben Aussagen über die Form der Glockenkurve (schlank, breit) und damit über die Streuung der Messwerte (Bild 3).

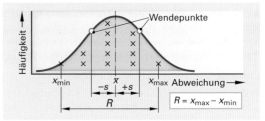

3   Standardabweichung und Spannweite

11.6.2   Qualitätsregelkarten als Instrumente der Fertigungsüberwachung

> Eine Qualitätsregelkarte (QRK) dient dem Zweck, ein Qualitätsmerkmal (z.B. eine Länge, einen Winkel) während der laufenden Produktion zu überwachen und Störungen zu ermitteln.

Mit der QRK sollen die zufälligen Schwankungen erfasst und die systematischen Störungen entdeckt werden. Der Prozess soll immer unter statistischer Kontrolle sein; ist er außer statistischer Kontrolle, muss eingegriffen werden. Auf die Kostenentwicklung hat es großen Einfluss, dass bei wirklichen Störungen eingegriffen wird, übervorsichtiges Agieren ist genauso falsch wie sorgloses.

Der **Fertigungsprozess** kann sich nur in zwei Zuständen befinden: **gestört** oder **ungestört**. Der Bediener oder der Rechner kann dazu jeweils zwei Entscheidungen treffen: **eingreifen** oder **nicht eingreifen**.

ungestörter Prozess	*eingreifen*	blinder Alarm	falsch
	nicht eingreifen		richtig
gestörter Prozess	*eingreifen*		richtig
	nicht eingreifen	unterlassener Alarm	falsch

Konstruktion der Qualitätsregelkarten (QRK)

> Um möglichst wenig Fehler zuzulassen, werden die QRK so konstruiert, dass sie auf Störungen hinweisen.

Bei der Konstruktion der QRK ist festzulegen:

- Stichprobenumfang
- zeitlicher Abstand der Stichproben
- Eingriffsgrenzen

> Die **Eingriffsgrenzen** (einseitig oder zweiseitig) sind Grenzen, bei deren Überschreiten (obere Eingriffsgrenze) oder Unterschreiten (untere Eingriffsgrenze) ein festgelegter Eingriff erfolgen muss.

Es sind z. B. alle Teile seit der letzten Stichprobe nachzumessen.

Die Eingriffsgrenzen werden berechnet.

Werden die Eingriffsgrenzen zu eng an die Mittellinie gelegt, werden schon bei zufälligen Abweichungen blinde Alarme ausgelöst.

Werden die Eingriffsgrenzen zu weit gezogen, kann der Eingriff zu spät erfolgen.

Oftmals werden zusätzliche **Warngrenzen** gezogen (95%-Grenze). Auch hier werden festgelegte Schritte eingeleitet, z. B.: Sofort wieder Probe ziehen.

In die QRK können die gemessenen Werte oder die berechneten bzw. ermittelten Werte wie Mittelwert, Median, Standardabweichung oder Spannweite eingetragen werden. Deshalb gibt es auch verschiedene QRK. Teilweise werden die Karten zusammen eingesetzt, wie die $\tilde{x}$-R-Karte oder die $\tilde{x}$-s-Karte.

Aus den QRK lassen sich viele Störungen bzw. Einflüsse auf den Fertigungsprozess erkennen.

- alle Werte pendeln um die Mittelachse:
  beherrschte Fertigung
- die Mittelwerte bzw. Mediane driften in eine Richtung: *Trend,* die Ursache kann gleichmäßiger Verschleiß sein
- die Mittelwerte oder Mediane liegen über sieben Stichproben hinweg auf einer Seite der Mittellinie: *Run,* die Ursache können Werkzeugwechsel, Werkzeugbruch, neues Material sein
- die Werte liegen weiter auseinander als vorher: *Streuungszunahme,* die Ursache kann ein allgemeiner Verschleiß der Maschine sein
- die Messwerte liegen außerhalb der Eingriffsgrenzen: die Ursache können ein Messfehler, eine zufällige Abweichung oder eine grundlegende Störung sein.

In den Firmenanweisungen steht, was zu tun ist.

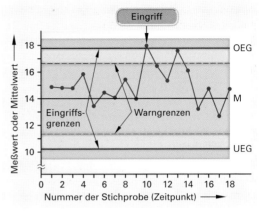

1 Qualitätsregelkarte (allgemeiner Aufbau)

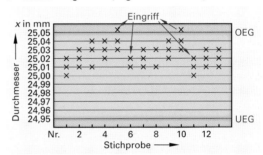

2 Qualitätsregelkarte (Urwertkarte)

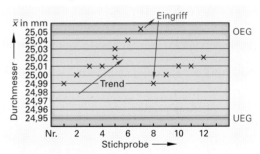

3 Qualitätsregelkarte $\tilde{x}$-Karte, mit Trend

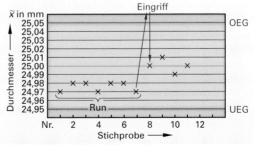

4 Qualitätsregelkarte $\tilde{x}$-Karte, mit Run

R-Karten und s-Karten

Um die Streuung der Messwerte und damit der Fertigung zu dokumentieren, eignen sich besonders die Spannweitenkarte (R-Karte) und die Standardabweichungskarte (s-Karte). Die Werte für die Standardabweichung haben darüber hinaus Bedeutung für die Maschinenfähigkeit und Prozessfähigkeit (s. S. 502 ff.).

Beim Einsatz der QRK hat es sich als günstig erwiesen, dass die R-Karte und die s-Karte jeweils mit einer der Mittelwertskarten in Kombination eingesetzt werden. Mit dieser Kombination sind auf einen Blick die Lage und die Streuung der Messwerte zu erfassen.

Wenn es darum geht, mit relativ geringem Aufwand von Hand die Streuung zu bestimmen, hat sich die Kombination Medianwert (Zentralwert)-Spannweiten-Karte ($\tilde{x}$-R-Karte) durchgesetzt. Wenn die Streuung genauer verdeutlicht werden soll, ist der Einsatz der Mittelwert-Standardabweichungs-Karte ($\tilde{x}$-s-Karte) notwendig.

Die Empfindlichkeit der $\bar{x}$-s-Kombination ist größer. Allerdings erfordert der Einsatz der $\tilde{x}$-s-Karte, dass das Berechnen und Auswerten der Werte für die QRK durch Rechner erfolgt.

Prüfung und Rechnersteuerung

Wie oben erwähnt, erfordert das schnelle und präzise Beherrschen großer Datenmengen die Unterstützung durch Rechentechnik. Beim Einsatz der $\bar{x}$-s-Karte lassen sich die Werteverläufe für $\bar{x}$ und s am Monitor ablesen.

Bei einer Vielzahl von Prozessen werden heute Messrechner zur statistischen Überwachung und Steuerung der Fertigung eingesetzt.

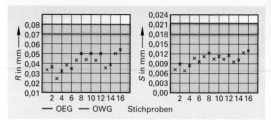

1 R-Karte und s-Karte

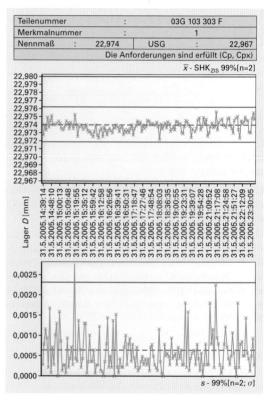

2 $\bar{x}$-s-Karte am Monitor

Einsatz von Ampelkarten

Das Berechnen der Eingriffsgrenzen bei der Gestaltung der QRK ist sehr aufwendig. Deshalb wurde nach Möglichkeiten gesucht, den Prozess zu vereinfachen. Es wurden QRK entwickelt, bei denen die Toleranzgrenzen als Eingriffsgrenzen verwendet werden. Dadurch wird der Aufwand beim Einführen der Karten und auch bei ihrer Handhabung im Fertigungsprozess verringert.

Eine dieser Ampelkarten ist die **Precontrol-Karte (preset control)**. Sie wird vor allem in der Automobilindustrie eingesetzt. Als Stichprobe werden alle zwei Stunden zwei aufeinander folgende Teile entnommen und geprüft. Nach einem auf der Karte vorgegebenen Algorithmus ist dann zu verfahren. Es erfolgen die Bewertungen: „Weiter", „Korrektur" und „Korrektur und Sortierung". Voraussetzung für die Anwendung dieser Karten ist eine hohe Prozesssicherheit der vorhandenen Maschinen und Anlagen, da der Abstand von einer Stichprobe zur anderen recht hoch ist. Gegner des Einsatzes dieser Karten sind der Auffassung, dass bei nicht so hoher Prozesssicherheit Fehler hier zu spät entdeckt werden.

Die Verwendung der Ampelfarben ist günstig für die Anwendung, da diese Farben aus dem Alltag eine hohe Signalwirkung besitzen.

In die Karte werden auch alle Eingriffe eingetragen, sodass der Fertigungsprozess einschließlich seiner Störungen nachvollziehbar wird.

11.7 Stärkung des Unternehmens durch Qualitätsmanagement

Nachdem in den vorigen Abschnitten die Qualitätssicherung in der Fertigung dargestellt wurde, sollen im Folgenden weitere Elemente des Qualitätsmanagements beleuchtet werden, die zum dauerhaften Markterfolg des Unternehmens sowie insgesamt zur Stärkung der Position des Unternehmens auf dem Markt beitragen können. Hierzu zählen insbesondere die Elemente Kontinuierlicher Verbesserungsprozess, Auditierung und Zertifizierung, Managementprozesse zur Umweltpolitik, zur Produktsicherheit, zur Arbeitssicherheit und zum Notfallmanagement.

11.7.1 Kontinuierlicher Verbesserungsprozess

Der Kontinuierliche Verbesserungsprozess (**KVP**) ist ein unverzichtbarer Bestandteil der ISO 9001 (siehe S. 497). Eine Organisation, welche ein Qualitätszertifikat nach ISO 9001 erhalten will, muss z. B. nachweisen, welche organisatorischen Maßnahmen sie festgelegt hat, damit KVP geplant und durchgeführt wird. Die Durchführung dieser Maßnahmen und die Ergebnisse sind zu dokumentieren. KVP ist somit ein elementarer Bestandteil im genormten Qualitätsmanagement für alle Unternehmensbereiche und auch das Managementsystem selbst.

Eine vergleichbare Philosophie ist die japanische **KAIZEN** (japanisch Kai = Veränderung; Zen = zum Besseren). Beide Begriffe werden meist synonym verwendet. KVP verfolgt mehrere Ziele. Vordergründig wird eine höhere Kundenzufriedenheit angestrebt. Um Kundenzufriedenheit zu gewährleisten, werden Kostensenkung, Qualitätssicherung und Schnelligkeit (Zeiteffizienz) in der Problembehandlung als besonders wichtige Ziele angesehen. Grafisch wird der KVP oft im Fischgrätendiagramm nach Ishikawa dargestellt (Bild 1).

KVP und KAIZEN beruhen auf der Annahme, dass jeder gegenwärtige Zustand verbesserungswürdig ist und man daran arbeiten muss, ihn zu verbessern. Des Weiteren ist Optimierung im Bereich der Mitarbeiter erwünscht. So soll deren Engagement durch ständige Weiterbildung gewährleistet werden, innerbetriebliche Hierarchien sind dabei so zu gestalten, dass jeder Mitarbeiter ein Mitspracherecht bei Veränderungen hat. Die Vorgehensweise beim KVP sollte gezielt erfolgen (Bild 1). Wenn ein Mitarbeiter in seinem Arbeitsbereich Verbesserungspotenzial erkennt, wird auf seinen Hinweis hin in einer Arbeitsgruppe oder einem Q-Zirkel das konkrete Problem beschrieben, die Wichtigkeit bewertet und die Problemanalyse durchgeführt.

Anschließend werden Lösungsideen gesammelt, entsprechende Maßnahmen abgeleitet und nach Klärung der notwendigen Ressourcen diese Maßnahmen vereinbart, umgesetzt und z. B. im Q-Handbuch dokumentiert. Durch den KVP werden z. B.:

- Kundenzufriedenheit und Produktqualität verbessert,
- Kosten verringert,
- Ressourcen besser ausgenutzt,
- Synergieeffekte entdeckt und genutzt,
- Arbeitsabläufe und Prozesse optimiert,
- Motivation und Fähigkeit der Mitarbeiter erhöht,
- die Unternehmenskultur verbessert, sodass sich alle Mitarbeiter mit dem Unternehmen identifizieren können (Corporate Identity).

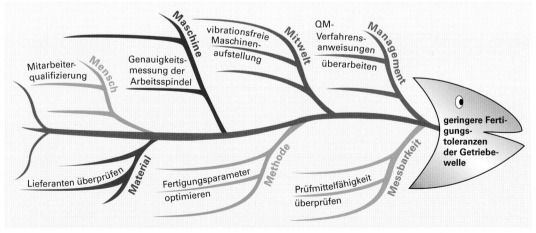

1 Kontinuierlicher Verbesserungsprozess der Fertigung einer Getriebewelle (z. B. von Seite 502), dargestellt als Ishikawa-Diagramm

In den QM-Systemen stehen unterschiedliche Methoden zur Verfügung. Ursprünglich aus dem KAIZEN stammt das **Ishikawa-Diagramm** (auf S. 509). Hierbei handelt es sich um ein Ursache-Wirkungs-Diagramm. Es ist wie ein Fischskelett aufgebaut, wird daher auch Fischgrätendiagramm genannt. Der Fischkopf stellt das Problem bzw. das zu verbessernde Element dar und die sieben „M" die wichtigsten Faktoren, die immer wieder überprüft und kontinuierlich verbessert werden müssen. Im konkreten Beispiel auf S. 509 soll die Fertigungstoleranz der Getriebewelle (S. 502) auf Wunsch des Kunden verringert werden, um den Einbau in das Getriebe zu erleichtern und die Getriebegeräusche zu verringern.

11.7.2 Zertifizierung als ein Ziel des Qualitätsmanagements

Das **Audit** (lateinisch Auditio = Anhörung) ist ein Soll-Ist-Vergleich, um zu überprüfen, ob festgelegte Forderungen eingehalten werden. Dabei wird untersucht:

- ob Festlegungen eingehalten werden

- ob diese Festlegungen geeignet sind, die gewünschten Ziele zu erreichen

Ein Audit ist ein systematischer, unabhängiger und dokumentierter Prozess, um Nachweise zu erlangen, inwieweit bestimmte Qualitätsanforderungen erfüllt sind. Es dient dazu, Fehlerquellen und Verbesserungsmöglichkeiten aufzudecken. In diesem Sinne erfüllt es eine prophylaktische Funktion. Das Audit ist aber auch ein Führungsinstrument, das zur Vorgabe von Zielen und zur Information des Managements über die Zielerreichung eingesetzt werden kann.

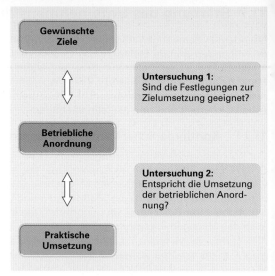

1 Untersuchungen bei einem Audit

Nach ISO 9001 muss in regelmäßigen Abständen die Wirksamkeit des Managementsystems durch Audits nachgewiesen werden. Dabei ist zwischen **internen und externen Audits** zu unterscheiden. Interne Audits dienen meist der Erkennung von Schwachstellen oder systematischen Fehlern innerhalb der Organisation. Externe Audits werden in der Regel mit dem Ziel der Zertifizierung durchgeführt.

Ein Leitfaden für Audits von QM- und/oder Umweltmanagementsystemen ist mit der ISO 19011 vorgegeben.

Arten von Audits	Lieferantenaudit	Produktaudit	Prozessaudit	QM-Systemaudit
Durchführung	extern Kunde bei seinem Lieferanten	intern/extern Stichprobenprüfung von Qualitätsmerkmalen	intern/extern systematische Prüfung der QS, der Fertigungsprozesse, organisatorischer Abläufe	intern und extern Soll-Ist-Vergleich der Forderungen und Festlegungen des Q-Handbuches mit dem betrieblichen Ablauf
Ziele/Ergebnisse	Beurteilung der Qualitätsfähigkeit und Zuverlässigkeit des Lieferanten – Lieferantenaudit	Erkennen von systematischen Fehlern und Trends – Abgleich mit den Kundenerwartungen	Erkennen von Defiziten in Fertigungsprozessen, Überprüfung der Wirksamkeit organisatorischer Abläufe	intern: Überprüfung, ob alle Regelungen eingehalten werden und sinnvoll sind extern: Zertifizierung des Unternehmens

Die **Zertifizierung** (lateinisch „certe" = bestimmt, gewiss, und „facere" = machen, schaffen) ist ein Verfahren, mit dessen Hilfe die Einhaltung bestimmter Anforderungen nachgewiesen wird. Es gibt zwar keine Rechtsvorschrift, die einem Unternehmen vorschreibt, sein QM-System zertifizieren zu lassen, aber nach DIN 9001, Kapitel 4 „Anforderungen" ist der Kunde, der ein entsprechendes QM-System unterhält, verpflichtet, die Qualitätsfähigkeit und Zuverlässigkeit seiner Lieferanten zu beurteilen und zu überwachen. Da die Unternehmen der Zerspantechnik in der Regel Lieferanten sind, ist also eine Zertifizierung sinnvoll und meist „lebensnotwendig", um am Markt bestehen zu können.

Um einem QM-Zertifikat nach ISO 9001 internationale Anerkennung zu verleihen, müssen die Forderungen nach ISO 19011 eingehalten werden. Die Zertifizierung darf nur durch eine akkreditierte (staatlich anerkannte) Stelle durchgeführt werden. In der Bundesrepublik Deutschland ist der Deutsche Akkreditierungsrat (DAR) für die Zulassung und Registrierung von Zertifizierungsunternehmen zuständig.

Beurteilt wird zur Zertifizierung die Umsetzung und Aufrechterhaltung der dokumentierten QS-Forderungen laut Q-Handbuch. Das Zertifikat bescheinigt die angemessene Erfüllung der genannten QS-Norm mit einer Gültigkeit von drei Jahren.

Vorabgespräch, auf Wunsch Voraudit zur Feststellung der Zertifizierungsfähigkeit

Zertifizierungsaudit mit Prüfung der Dokumente und der Erfüllung des zu zertifizierenden Regelwerks

Überwachungsaudit (i. d. R. jährlich) zur Überwachung der weiteren Entwicklung des QM-Systems

Wiederholungsaudit oder Rezertifizierung, wird i. d. R. alle drei Jahre durchgeführt

1 Ablauf einer Zertifizierung

Aufgaben:

1 Die Berücksichtigung der Kundeninteressen ist neben anderen Interessen entscheidend für den Erfolg eines Unternehmens. Welche Elemente des QM-Systems dienen zu ihrer Erfassung und Erfüllung?

2 Erläutern Sie, wer ihrer Meinung nach im Unternehmen verantwortlich für die Qualität der Erzeugnisse ist!

3 Erklären Sie den Zusammenhang und die Unterschiede von Maschinenfähigkeitsuntersuchung und Prozessfähigkeitsuntersuchung!

4 Bei einer Maschinenabnahme wurden c_m = 2,067 und c_{mk} = 1,654 ermittelt! Interpretieren Sie die Werte mit Hilfe Ihres Tabellenbuchs!

5 Die PFU zur Freigabe der Serienfertigung der Getriebewelle führt zu einem unbefriedigenden Ergebnis. Stellen Sie in einem Ishikawa-Diagramm mindestens je 3 mögliche Ursachen zusammen!

6 Begründen Sie, warum eine Zertifizierung zur Stärkung eines Unternehmens auf dem Markt beitragen kann!

Sachwortverzeichnis

Vorbemerkung: Die Begriffe werden sowohl in der Einzahl als auch in der Mehrzahl aufgeführt, je nachdem wie sie im Lehrbuch benutzt oder im Allgemeinen verwendet werden. Es werden nur Seiten genannt, auf denen auch eine Aussage zum betreffenden Begriff zu finden ist. Die englischen Begriffe entsprechen der Bedeutung, die sie im betreffenden Zusammenhang hätten, auch wenn es noch andere Möglichkeiten der Übersetzung gibt.

Normen und Vorschriften

Auf dem Gebiet der spanenden Metallbearbeitung gibt es Tausende von Normen und anderer Vorschriften. Sie behandeln die Werkstoffe, die Fertigungsverfahren, die Werkzeugmaschinenkonstruktionen und den Arbeitsschutz. Die Titel der Normen wurden teilweise vereinfacht.

Die folgende Auswahl soll einen Einblick in das umfangreiche Normen- und Vorschriftenwerk geben. Dabei wurde versucht, für jedes Sachgebiet charakteristische Normen, Richtlinien und Vorschriften aufzuführen.

DIN 202	Gewinde; Übersicht
DIN 862	Messschieber
DIN 863-1...4	Messschrauben
DIN 1301-1	Einheiten; Einheitennamen, Einheitenzeichen
DIN 1301-2	Einheiten; Allgemein angewendete Teile und Vielfache
DIN 1304-1	Formelzeichen; Allgemeine Formelzeichen
DIN 1305	Masse, Wägewert, Kraft, Gewichtskraft, Last
DIN 1319-1	Grundbegriffe der Messtechnik; Allgemeine Grundbegriffe
DIN 1319-2	Grundbegriffe der Messtechnik; Begriffe für die Anwendung von Messgeräten
DIN 1319-3	Grundbegriffe der Messtechnik; Auswertung einzelner Messungen
DIN 1319-4	Grundbegriffe der Messtechnik; Auswertung von Messungen, Messunsicherheit
DIN 2244	Gewinde; Begriffe
DIN 2258	Grafische Symbole in der Längenprüftechnik
DIN 6580	Begriffe der Zerspantechnik; Bewegungen und Geometrie des Zerspanvorganges
DIN 6581	Begriffe der Zerspantechnik; Bezugssysteme und Winkel am Schneidteil des Werkzeugs
DIN 6582	Begriffe der Zerspantechnik; ergänzende Begriffe am Werkzeug, am Schneidkeil und an der Schneide
DIN 6583	Begriffe der Zerspantechnik; Standbegriffe
DIN 6584	Begriffe der Zerspantechnik; Kräfte, Energie, Arbeit, Leistungen
DIN 8580	Fertigungsverfahren; Begriffe; Einteilung, Übersicht
DIN 8589-0	Fertigungsverfahren Spanen; Einordnung, Unterteilung, Begriffe
DIN 8589-1	Fertigungsverfahren Drehen
DIN 8589-2	Fertigungsverfahren Bohren, Senken, Reiben
DIN 8589-3	Fertigungsverfahren Fräsen
DIN 8589-4	Hobeln, Stoßen
DIN 8589-5	Fertigungsverfahren Räumen
DIN 8589-6	Sägen
DIN 8589-11	Schleifen mit rotierendem Werkzeug
DIN 8589-14	Honen
DIN 8589-15	Läppen
DIN 8590	Fertigungsverfahren Abtragen
DIN 17022-1...3	Wärmebehandlung von Eisenwerkstoffen
DIN 24900-10	Bildzeichen für den Maschinenbau; Werkzeugmaschinen
DIN 30910-4	Sintermetalle für Formteile
DIN 40150	Begriffe zur Ordnung von Funktions- und Baueinheiten
DIN 66025-1	Programmaufbau für numerisch gesteuerte Arbeitsmaschinen; Allgemeines
DIN 66025-2	Programmaufbau für numerisch gesteuerte Arbeitsmaschinen; Wegbedingungen, Zusatzfunktionen
DIN IEC 60050-351	Leittechnik
DIN ISO 286-1	ISO-Toleranzsystem für Längenmaße; Grundlagen
DIN ISO 513	Harte Schneidstoffe für die Metallzerspanung
DIN ISO 525	Schleifkörper aus gebundenem Schleifmittel
DIN ISO 1832	Wendeschneidplatten für Zerspanwerkzeuge
DIN ISO 2768-1	Allgemeintoleranzen für Längen- und Winkelmaße
DIN ISO 2768-2	Allgemeintoleranzen für Form und Lage
DIN ISO 2806	Industrielle Automatisierungs-Systeme; Numerische Steuerung von Maschinen; Begriffe
DIN ISO 7083	Symbole für Form- und Lagetolerierung
DIN ISO 11054	Schneidwerkzeuge – Schnellarbeitsstahlgruppen
DIN ISO 14617	Graphische Symbole
DIN EN 10020	Einteilung der Stähle, Begriffe
DIN EN 10027-1	Bezeichnungssystem für Stähle; Kurznamen
DIN EN 10027-2	Bezeichnungssystem für Stähle, Nummernsystem
DIN EN 10083-1...3	Vergütungsstähle
DIN EN 10084	Einsatzstähle
DIN EN 10085	Nitrierstähle
DIN EN 14070	Sicherheit von Werkzeugmaschinen
DIN EN ISO 148-1	Kerbschlagbiegeversuch nach Charpy
DIN EN ISO 1101	Geometrische Tolerierung von Form, Richtung, Ort und Lauf
DIN EN ISO 1302	Angabe der Oberflächenbeschaffenheit
DIN EN ISO 4287	Geometrische Produktspezifikation – Oberflächenbeschaffenheit – Tastschrittverfahren
DIN EN ISO 4957	Werkzeugstähle
DIN EN ISO 6506-1	Härteprüfung nach Brinell
DIN EN ISO 6507-1	Härteprüfung nach Vickers
DIN EN ISO 6508-1	Härteprüfung nach Rockwell
DIN EN ISO 6892-1	Zugversuch

**Berufsgenossenschaftliches Vorschriften-
und Regelwerk – Auswahl**

Herausgeber: Deutsche Gesetzliche Unfallversicherung
– DGUV, 10117 Berlin

Vertrieb: **Wolters Kluwer GmbH**, Carl Heymanns
Verlag, Luxemburger Straße 449, 50939 Köln
www.arbeitssicherheit.de

Seit dem 1. Mai 2014 ist eine neue Systematik des
Regelwerks in Kraft getreten. Es gliedert sich auf
in Grundsätze (G), Vorschriften (V), Informationen (I)
und Regeln (R).
Eine Langfassung würde beispielsweise lauten:
DGUV Information 204-022 Erste Hilfe … .

V 1	Grundsätze der Prävention
V 3	Elektrische Anlagen und Betriebsmittel
I 204-006	Anleitung zur Ersten Hilfe
I 204-007	Handbuch zur Ersten Hilfe
I 204-022	Erste Hilfe im Betrieb
I 204-034	Notruf – was ist zu melden?
I 204-035	Ersthelfer
I 209-001	Sicherheit beim Arbeiten mit Handwerkzeugen
I 209-002	Schleifen
I 209-004	Sicherheitslehrbrief – Umgang mit Gefahrstoffen
I 209-024	Minimalmengenschmierung
I 209-026	Brand- und Explosionsschutz an Werkzeugmaschinen
I 209-066	Maschinen der Zerspanung
I 209-074	Industrieroboter
R 109-003	Tätigkeiten mit Kühlschmierstoffen
R 109-005	Gebrauch von Anschlag-Drahtseilen
R 109-006	Gebrauch von Anschlag-Faserseilen
§ 14 GefStoffV	Unterrichtung und Unterweisung der Beschäftigten

Weiterführende Literatur

Die im Folgenden aufgeführten Bücher zu den einzelnen Sachgebieten dieses Lehrbuches bilden nur eine kleine Auswahl der erhältlichen Fachbücher, Lehrbücher und Informationsschriften. Daneben versenden viele Firmen und Institutionen Broschüren mit speziellen Informationen zu bestimmten Themen.

Böge, A.; Arbeitshilfen und Formeln für das technische Studium, Bd. 3; Vieweg, Wiesbaden

Degner, W. u.a.; Spanende Formung; Hanser, München

Dutschke, W./Keferstein, C.; Fertigungsmesstechnik; Teubner, Wiesbaden

Herr, H. u.a., Formeln der Technik; Europa-Lehrmittel, Haan

Kammer, C. u.a.; Werkstoffkunde für Praktiker; Europa-Lehrmittel, Haan

König/Klocke; Fertigungsverfahren 1; Drehen, Fräsen, Bohren; Springer, Berlin/Heidelberg

Müller, G. u.a.; Lexikon Technologie; Europa-Lehrmittel, Haan

Paetzold; CNC für die Aus- und Weiterbildung; Europa-Lehrmittel, Haan

Reichard, A. u.a.; Fertigungstechnik 1; Handwerk und Technik, Hamburg

Scheipers, P. u.a.; Handbuch der Metallbearbeitung; Europa-Lehrmittel, Haan

Schmid, D. u.a.; Automatisierungstechnik in der Fertigung; Europa-Lehrmittel, Haan

Schmid, D. u.a.; Produktionsorganisation; Europa-Lehrmittel, Haan

Schmid, D. u.a.; Steuern und Regeln in Maschinenbau und Mechatronik; Europa-Lehrmittel, Haan

Schmid, D. u.a.; Industrielle Fertigung – Fertigungsverfahren, Mess- und Prüftechnik; Europa-Lehrmittel, Haan

Schmid, D. u.a.; Qualitätsmanagement; Arbeitsschutz und Umweltmanagement; Europa-Lehrmittel, Haan

Tschätsch, H.; Praxis der Zerspantechnik; Springer/Vieweg, Wiesbaden

Tschätsch, H.; Werkzeugmaschinen; Hanser, München

Weck, M.; Werkzeugmaschinen, Bd. 1...5; Springer, Berlin/Heidelberg

Wienecke, F.; Produktionsmanagement; Europa-Lehrmittel, Haan

DIN-Taschenbücher; Beuth, Berlin
Sie enthalten alle für ein bestimmtes Fachgebiet relevanten Normen im Originaltext, verkleinert auf das Format A5.

1	Mechanische Technik; Grundnormen
3	Maschinenbau; Normen für Studium und Praxis
6/1	Bohrer, Senker, Reibahlen
6/2	Gewindebohrer, Gewindeschneideisen, Gewindefurcher
10	Mechanische Verbindungselemente 1 – Schrauben
11/1	Längenprüftechnik 1; Grundnormen
11/2	Längenprüftechnik 2; Lehren
11/3	Längenprüftechnik 3; Messgeräte, Messverfahren
14	Werkzeugspanner
19	Mechanisch-technologische Prüfverfahren
40	Drehwerkzeuge
41	Schraubwerkzeuge
43	Mechanische Verbindungselemente 2 – Bolzen, Stifte, Niete, Keile
151	Werkstückspanner und Vorrichtungen
167	Fräswerkzeuge
204	Antriebselemente
220	Fertigungsverfahren 2; Trennen, Zerteilen, Spanen, Abtragen, Zerlegen, Reinigen
223	Qualitätsmanagement und Statistik; Begriffe
226	Qualitätsmanagement, QM-Systeme und Verfahren
404/1	Stahl und Eisen; Gütenormen 4/1; Maschinenbau, Werkzeugbau

Bildquellenverzeichnis

Airtec Pneumatik GmbH, Kronberg

Alfotec GmbH, Wermelskirchen

Alzmetall GmbH & Co. KG, Altenmarkt/Alz

ANCA (Europa) GmbH, Mannheim

ATOMIT DURAWID GmbH Werkzeugfabrik, Plettenberg

Berufliches Schulzentrum Werdau

Blohm Maschinenbau GmbH, Hamburg

BSZ Technik, Freundeskreis des e.V., Annaberg-Buchholz

BSZ für Technik III., Richard Hartmann, Chemnitz

Buderus Schleiftechnik GmbH, Aßlar

Ceram Tec AG, Ebersbach

Carl Zeiss, Oberkochen

De Beers Industrie GmbH, Willich

Deckel-Maho Drehmaschinen GmbH, Pfronten

Demag Cranes & Components GmbH, Wetter/Ruhr

Diamant Board Deutschland GmbH, Haan

Diamant-Gesellschaft Tesch GmbH, Ludwigsburg

DMG Vertriebs- und Service GmbH, Bielefeld

Dörries

EMCO-Maier GmbH, Hallein (Österreich)

Emuge Werk, Lauf

ESKA Sächsische Schraubenwerke GmbH, Chemnitz

Fertigungstechnik „Nord" GmbH, Gadebusch

Fooke GmbH, Borken

Frömag GmbH & Co. KG, Fröndenberg/Ruhr

Gehring Technologies GmbH, Ostfildern

Gildemeister AG, Bielefeld

Gildemeister Devlieg, Bielefeld

Gildemeister Drehmaschinen GmbH, Bielefeld

GKN Sintern Metals GmbH & Co. KG, Radevormwald

Wolfgang Grießhaber GmbH, Esslingen

Gühring oHG, Albstadt

Handtmann Metallguss GmbH, Biberach/Riss

Dr. Johannes Heidenhain GmbH Traunreut

Hohenstein Vorrichtungsbau und Spannsystem GmbH, Hohenstein-Ernstthal

Hommel-ETAMIC GmbH, Villingen-Schwenningen

Hommel + Keller, Aldingen

Hydro-Aluminium Deutschland GmbH, Grevenbroich

KADIA Produktion GmbH + Co., Nürtingen

Kirchner und MüllerLasertechnik GmbH – Dremicut GmbH, Dresden

Karl Klink GmbH Werkzeug- und Maschinenfabrik, Niefern-Öschelbronn

Klüber Lubrication München KG, München

Knuth GmbH & Co. Werkzeugmaschinen KG, Wasbeck

Kuka GmbH, Schwarzenberg

Linde AG, Aschaffenburg

LU Leuchtenumformtechnik, Otto Vollmann GmbH & Co. KG, Scheibenberg

Mahr GmbH, Esslingen

Mahr GmbH, Göttingen

Mahr Kundenzentrum Berlin/Chemnitz

MAN Roland Druckmaschinen AG, Werk Plamag Plauen

Mitsubishi Carbide, Meerbusch

Nabertherm GmbH, Lilienthal

Optimum Maschinen Germany GmbH, Hallstadt/Bamberg

Preisser Messtechnik, Gummertingen

psb GmbH Materialfluss und Logistik, Pirmasens

REFA, Muggensturm

Reik Schleifmittelwerke Dresden, Dresden

Richter Vorrichtungsbau GmbH, Langenhagen

Röders GmbH, Soltau

Röhm GmbH, Sontheim

R. & S. Keller GmbH, Wuppertal

Sandvik GmbH Geschäftsbereich Coromant, Düsseldorf

Sandvik GmbH; ESKA Automotive GmbH, Chemnitz

Schaudt Maschinenbau GmbH, Hartmannsdorf

Schließanlagen GmbH, Pfaffenhain/Sachsen

Schweriner Ausbildungszentrum, Schwerin

Siemens Pressebild

Siemens VDO Automotive AG, Limbach-Oberfrohna

SL-Automatisierungstechnik, Iserlohn

STRUERS GmbH, Willich

TEDI Technische Dienste GmbH, Gadebusch

TN Werkzeugmaschinen GmbH, Vösendorf (Österreich)

TU Chemnitz, Chemnitz

VDI Verlag, Düsseldorf

Verlag Bundesanzeiger,
Bd. 1 ISBN 3-89817-390-9;
Bd. 2 ISBN 3-89817-360-7

Verlag Europa-Lehrmittel, Haan,
Aus den folgenden Werken: „Der Werkzeugbau";
„Fachkunde Metall"; „Steuern und Regeln";
„Rechenbuch Metall"; „Produktionsmanagement";
„Industrielle Fertigung"; „Elektrische und elektronische Steuerungen"; „Fachkunde Mechatronik"

Manfred Wader-plastic, Elterlein

Waldrich, Adolf, Werkzeugmaschinenfabrik GmbH & Co., Coburg

Webomatik Maschinenfabrik, Bochum

Wollschläger, Bochum

Zentrale für Gussverwertung, Düsseldorf